U0309413

世界航天器大全

陈求发　主编

中国宇航出版社

·北京·

ISBN 978-7-5159-0342-2

内 容 简 介

　　本书是介绍世界航天器的专业性参考工具书。全书共分三个部分：第一部分为综述，介绍航天器的发展简史和基本概念、世界航天器数据统计分析、国外航天器的发展与展望以及中国航天器的发展概况等内容；第二部分为航天器条目，按照通信广播卫星、对地观测卫星、导航定位卫星、科学与技术试验卫星、空间探测器、载人及货运航天器等六种类型，分别介绍了各国发展的重要航天器或航天器系列，介绍其发展概况和主要性能参数；第三部分为附录，包括世界航天器一览表，航天器条目的中、外文索引和缩略语表。

　　本书可供从事航天器研制、应用和管理等领域的领导、专家和从业人员查阅和借鉴，亦可供对航天知识感兴趣的广大读者学习参考。

版权所有　侵权必究

图书在版编目（CIP）数据

世界航天器大全 / 陈求发主编 . -- 北京 ：中国宇航出版社，2012.11
ISBN 978-7-5159-0342-2

Ⅰ.①世… Ⅱ.①陈… Ⅲ.①航天器—介绍—世界 Ⅳ.①V47

中国版本图书馆 CIP 数据核字（2012）第 287497 号

策划编辑 艾小军		**责任校对** 杨 洁	
责任编辑 阎 列		**装帧设计** 文道思	

出 版
发 行　中国宇航出版社

社 址 北京市阜成路 8 号	**邮 编** 100830	**版 次** 2012 年 11 月第 1 版
（010）68768548		2012 年 11 月第 1 次印刷
网 址 www.caphbook.com		**规 格** 889×1194
经 销 新华书店		**开 本** 1/16
发行部 （010）68371900	（010）88530478（传真）	**印 张** 47
（010）68768541	（010）68767294（传真）	**字 数** 1520 千字
零售店 读者服务部	北京宇航文苑	**书 号** ISBN 978-7-5159-0342-2
（010）68371105	（010）62529336	**定 价** 698.00 元
承 印 北京画中画印刷有限公司		

本书如有印装质量问题，可与发行部联系调换

序

走出地球，认知宇宙，是人类亘古不变的理想与追求。两千三百多年前，我国伟大诗人屈原面对浩瀚星空，无限感慨地对天发问："日月安属？列星安陈？"人类对宇宙的无限遐想，自有史记录以来就不曾停止，从神话传说中的夸父追日、嫦娥奔月，到万户飞天以及科幻小说中的月球旅行、星际旅行，几千年来，人类始终对太空充满了想象与向往，并为之付出不懈的努力甚至是生命的代价。

近半个多世纪以来，人类的活动实现了从陆地、海洋、大气层到地球外层空间的一次次重大飞跃，大大增强了人类认识自然和改造自然的能力，促进了生产力的发展和人类社会的进步。航天已经成为人类认识世界、获取资源和走向未来的战略高边疆。航天技术在推进以信息化为主要特征的全球新军事变革，带动和催生国民经济新的增长点，解决人口、环境和资源等全球问题，推动科技创新等方面发挥着日益重要的作用。

航天器是人类探索和利用空间的主要工具和载体。五十多年来，世界各国发射了 6000 多个航天器，包括通信、导航和科学试验等不同用途、运行在不同轨道的卫星，以及各种深空探测器和载人航天器等，每个航天器都是各国科学家和技术人员智慧的结晶。伴随着人类航天事业的巨大进步，我国航天事业也取得了辉煌成就。但一直有一个遗憾：由于世界航天器种类之多、数目之大、功能不一，国内外鲜有系统、全面地对迄今所有航天器进行收录、介绍和分析的书籍。今天十分欣喜的是，国家航天局陈求发局长主持编写的《世界航天器大全》将填补这一空白，对促进航天事业发展具有重要意义！

该书系统收录了自 1957 年以来至 2012 年 6 月 30 日为止全世界成功

发射的 6491 个航天器，不仅介绍了航天器相关的专业技术信息，同时深入浅出地介绍了其概念、用途、发展历程与现状等科普知识，是一部内容全面、重点突出、编撰严谨的工具书，可供从事航天器研制、应用和管理等领域的领导、专家和从业人员查阅和借鉴，亦可供对航天知识感兴趣的广大读者学习参考。

祝贺该书的出版，也衷心祝愿中国航天事业更上一层楼！

2012 年 11 月 2 日

主编的话

　　人类的太空梦由来已久。19 世纪末 20 世纪初，俄国的齐奥尔科夫斯基、美国的戈达德和德国的奥伯特成为影响世界的"航天先驱"。液体运载火箭的出现，为人类触及太空奠定了重要的技术基础，并由此产生了航天技术。自 1957 年 10 月 4 日苏联发射第一颗人造地球卫星以来，人类航天活动由近至远，从无人飞行到载人飞行，取得了突飞猛进的发展。世界航天器已经从技术试验和验证为主的探索初期，转变到全面应用和加速发展的新阶段，迄今为止，世界上有 60 多个国家、地区和国际组织参与航天器的研制和发射，超过 170 个国家、地区和国际组织在应用航天技术。短短 55 年间，航天器已广泛应用于人类生活和社会活动各个领域，极大促进了科技发展和社会进步。航天技术成为衡量一个国家综合国力的重要标志，也决定着其在国际政治舞台的地位。

　　中国的航天事业坚持独立自主、自力更生，走出了一条具有中国特色的创新发展道路。一代又一代航天人肩负党和人民的重托，满怀为国争光的雄心壮志，建立了独立完整的航天科技工业体系，取得了以"两弹一星"和载人航天为代表的辉煌成就，成为世界上第五个把卫星送上天、第三个将航天员送上太空、第五个发射月球探测器的国家，攀登了世界航天领域一个又一个科技高峰，孕育了具有鲜明时代特征的"两弹一星"精神和载人航天精神，使我国空间技术发展跨入了世界先进行列，极大地增强了我国的经济实力、科技实力、国防实力和民族凝聚力，谱写了中华民族自强不息、锐意创新的壮丽篇章。

　　当前，我国正处于全面建设小康社会的关键时期，航天事业的发展站在了新的历史起点。未来我国将建立天地协调发展，满足国家各行业需求的空间技术设施体系。航天人将积极探索，努力创新，服务于国家经济建设和社会发展，服务于国防安全和科技进步，为建设世界科技强国，实现中华民族的伟大复兴作出新的更大贡献。

为全面系统收录世界航天器产品，分析掌握其发展趋势，为我国航天器发展提供参考，同时，为促进公众对世界航天器的了解，鼓励公众参与和支持中国航天事业，我们主持编写了这部《世界航天器大全》。全书主要分为三大部分：第一部分为综述，介绍航天器的发展简史和基本概念、世界航天器数据统计分析、国外航天器的发展与展望以及中国航天器的发展概况等内容；第二部分为航天器条目，按照通信广播卫星、对地观测卫星、导航定位卫星、科学与技术试验卫星、空间探测器、载人及货运航天器等六种类型，分别介绍了各国发展的重要航天器或航天器系列，介绍其发展概况、主要性能参数和图片；第三部分为附录，其中的世界航天器一览表全面收录自1957年以来全球成功发射的所有航天器；最后给出航天器条目的中、外文索引和缩略语表，便于读者查询和检索。

在本书的编写过程中，中国航天科技集团公司及其所属中国空间技术研究院和上海航天技术研究院等单位的领导、专家给予了大力支持，北京空间科技信息研究所做了大量工作，在此向他们表示衷心感谢！

本书力求做到系统性、准确性和专业性，同时兼顾科普性。由于时间仓促且编者水平有限，本书错误和疏漏之处在所难免，恳请关心和关注我国航天事业的各级领导、专家、科研人员和广大读者给予批评指正。

陈求发

2012年10月19日

凡　例

一、收录

1. 本书收录的航天器为截至 2012 年 6 月 30 日全世界已成功发射、具有由国际科学联合会空间研究委员会（COSPAR）统一规定的国际编号的航天器，共 6491 个。所有航天器的发射时间统一采用世界时。

2. 本书选收了 370 个航天器系列或航天器，以单独条目进行重点介绍；在附录"世界航天器一览表"中给出了所有航天器的基本信息。

二、编排

3. 本书收录的航天器主要分成通信广播卫星、对地观测卫星、导航定位卫星、科学与技术试验卫星、空间探测器、载人及货运航天器等六大类，少数不适合归入上述类型的航天器则归入"其他"。

4. 各类航天器条目按所属国家、地区或国际组织进行介绍。凡属苏联的航天器，归入"俄罗斯/苏联"；凡属欧盟或欧洲航天局的航天器，分别归入"欧盟"或"欧洲航天局"；凡属多国合作的航天器，归入"国际"；凡属双边合作的航天器，以谁为主则归入哪个国家。

5. 国家、地区或国际组织按汉语拼音排序。第一字同音时，按阴平、阳平、上声、去声的声调顺序排列；同音、同调时，按笔画多少和笔顺排列。第一字的音、调、笔画、笔顺均相同时，按第二字的音、调、笔画、笔顺排列，依次类推。

6. 各个国家、地区或国际组织的航天器按首次成功发射时间排序。

7. 全书开篇有"综述"，介绍航天器的发展简史和基本概念、世界航天器数据统计分析、国外航天器的发展与展望以及中国航天器的发展概况等内容；每类航天器有"概述"，介绍该类航天器的概念、用途、原理组成、特点和分类等内容；每个国家、地区或国际组织有"简介"。

三、条目

8. 每个条目包含条目名称、释文以及图表。

9. 条目名称上方加注汉语拼音，下方附有条目外文名称。条目名称的编写规则为：对于卫星条目，卫星外文名称的最后一个单词为"Satellite"的，条目名称即为卫星名称；卫星外文名称的最后一个单词不是"Satellite"的，条目名称为卫星名称后加"卫星"；同此，对于空间探测器和载人航天器条目，视需要加"探测器"、"载人飞船"或"飞行器"等，以表明其用途；航天器名称加引号，凡带有"－1"等表示编号的航天器名称不加引号。例如：

Nawo Weixing	Alianqiu Weixing	Diqiu Guance －1 Weixing
"那沃"卫星	"阿联酋卫星"	地球观测－1 卫星
Nahuel	Yahsat	EO－1

10. 条目释文分"概况"和"主要性能参数"两个部分。在"概况"的开头给出条目外文全称和缩写。

11. 在条目释文中配有必要的图表，力求图文并茂，丰富条目信息和提高形象化程度，并能起到反映、补充和拓展释文知识量的作用。

四、世界航天器一览表

12. 世界航天器一览表的具体表项包括航天器的序号，国际代号，外文名，中文名，所属国家、地区或组织，发射地点，发射工具外文名，发射工具中文名，发射时间和航天器类型等。

五、索引

13. 本书给出条目的中文和外文索引，中文索引按汉语拼音排列，外文索引按拉丁字母排列。

六、缩略语

14. 本书附有缩略语表，给出了缩略语的外文全称及其中文译名。

目　录

综　述

问天，追梦！从千年之前的古人面对浩瀚苍穹，到今天的遨游太阳系，探索人类生存新家园，航天已成为人类认识和改造自然进程中最活跃、最有影响的科学技术领域，取得了大量前所未有的重要发现，极大拓展了人类的活动疆域。航天取得的成果惠及几乎所有的科学门类，衍生的服务和产品深入到人类生活的方方面面，对人类思想的影响旷日持久。航天器的产生和深入应用，已成为人类文明高度发展的重要标志。

航天又称空间飞行或宇宙航行。狭义的航天指人类在太空的航行活动；广义的航天指的是人类探索、开发和利用太空以及地球以外天体的活动。各类航天活动是在航天系统的支撑下，通过航天器实现的；人类对空间认知的不断加深，也不断推动着满足不同任务需求的众多航天器走向太空。

绪　论

航天器发展简史

1957 年 10 月 4 日，苏联成功发射世界上第一颗人造地球卫星，开启了人类探索太空的新纪元。随后，美国于 1958 年 2 月 1 日成功发射了其第一颗人造地球卫星——探险者 - 1。由此，太空成为世界各国关注的焦点，一场旷日持久的太空竞赛拉开序幕。

虽然人类历经千年的努力才得以摆脱地球引力的束缚，但距首颗卫星成功发射不到 4 年，人类就成功踏入太空。1961 年 4 月 12 日，27 岁的苏联航天员尤里·加加林成为进入太空的第一人。此次任务中，加加林搭乘东方 - 1 载人飞船共计飞行 108 分钟，环绕地球一圈后安全返回地面。为了纪念这一历史性的时刻，每年的 4 月 12 日被定为"世界航天日"。

1969 年 7 月 20 日，美国航天员阿姆斯特朗和奥尔德林驾驶阿波罗 - 11 载人飞船的登月舱降落在月球赤道附近的静海区域。在全世界现场直播的电视画面上，月球印上了人类的第一个脚印。第一次载人登月和月面行走，标志着人类航天史的又一次巨大飞跃，人类第一次具备了探索太空新家园的能力。

空间站和航天飞机的出现，筑起了航天器发展史的重要里程碑，也极大增强了人类遨游太空和探索空间的能力。人类在 1971 年成功发射了第一座空间站——苏联的礼炮 - 1，此后空间站便成为美苏两国的竞争焦点，这场激烈竞赛一直持续到冷战结束。"和平"空间站坠落后，目前在轨的空间站只剩下多国参与研制的"国际空间站"。它的建设充分借鉴了"和平"空间站的技术基础，结构复杂，性能先进，是迄今为止人类最强大的在轨飞行载人航天器。自 1981 年 4 月 12 日美国成功发射"哥伦比亚"航天飞机开始，30 年间，航天飞机总计成功完成任务 133 次，将 1750t 货物、355 名航天员送入太空。

从第一颗人造地球卫星上天以来，人类已成功发射 6491 个航天器。航天器的规模和技术水平飞速进步，在通信广播、对地观测、导航定位、科学与技术试验、空间探测和载人航天等领域开展了广泛的科学研究和社会应用，发展前景广阔。

航天器的概念和分类

航天系统又称航天工程系统，是由航天器、航天运输系统、航天器发射场、航天测控网、应用系统组成的完成特定航天任务的工程系统。其中，航天器是航天工程系统的核心要素。航天器是在外层空间基本按照天体力学的规律运行，执行特定任务的飞行器，又称空间飞行器。为了完成航天任务，航天器必须与航天运输系统、航天器发射场、航天测控网、应用系统互相配合，协调工作。

航天器的出现使人类的活动范围从地球大气层扩展到广阔无垠的宇宙空间，实现了人类认识自然和改造自然能力的飞跃，对人类社会政治、经济、军事、科技、文化等的发展产生重大影响。航天器在地球大气层以外运行，摆脱了大气层阻碍，可以接收到来自宇宙天体的各种电磁辐射信息，实现了全波段天文观测；航天器从近地空间飞行到行星际空间飞行，实现了对空间环境的直接探测以及对月球和其他天体的逼近观测与原位取样观测；环绕地球运行的航天器从几百千米到数万千米的距离观测地球，迅速而大量地收集有关地球大气、海洋和陆地的各种各样的电磁辐射信息，直接服务于气象观测、军事侦察和资源勘察等方面；人造地球卫星作为空间无线电中继站，实现了全球卫星通信和广播，而作为空间基准点，可以进行全球卫星导航和大地测量；利用空间高真空、强辐射、微重力、超低温等特殊环境，可以在航天器上进行各种重要的科学实验研究。

航天器按是否载人可分为无人航天器和有人航天器。无人航天器按是否绕地球运行分为人造地球卫星和空间探测器；因此，航天器通常按人造地球卫星、空间探测器、载人航天器进行分类，这些航天器按用途还可进一步分类（见图 0-1）。

人造地球卫星简称人造卫星，是发射数量最多、用途最广的航天器，约占航天器总数的90%。人造卫星按用途可分为应用卫星、科学卫星和技术试验卫星。应用卫星是直接为经济社会、商业和军事目的服务的卫星，按用途分为通信广播、对地观测和导航定位三大类；科学卫星是用于科学探测和研究的卫星，主要包括空间物理探测卫星、天文卫星和生物卫星；技术试验卫星是进行新技术试验或为应用卫星进行先期试验的卫星。

空间探测器又称深空探测器或宇宙探测器，是对月球和月球以远的天体、空间环境进行探测的无

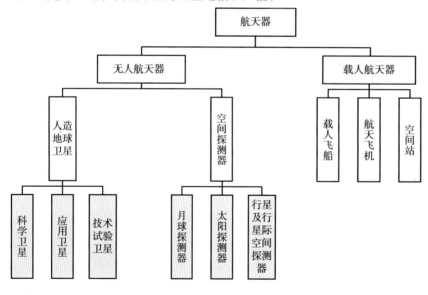

图 0-1　航天器的分类

人航天器。按探测目标分为月球探测器、太阳探测器、行星及行星际空间探测器。探测的主要目的是研究月球和太阳系的起源和现状，通过对太阳系各大行星及其卫星的考察研究，进一步揭示地球环境的形成和演变情况；认识太阳系的进化，探寻生命的起源和演变历史；利用宇宙空间的特殊环境进行各种科学实验，直接为国民经济服务。

载人航天器是供人驾驶或乘坐并从事各种航天活动的航天器。按飞行和工作方式分为载人飞船、航天飞机、空间站。载人飞船是可返回的一次性使用的航天器。航天飞机是可部分重复使用的天地往返运输系统。空间站能长期在轨运行，可供航天员生活和工作，并具备一定的试验或生产条件。

为便于读者参考，突出航天器的性能和特点，同时考虑到不同类别卫星数量的均衡，本书将依照通信广播卫星、对地观测卫星、导航定位卫星、科学与技术试验卫星、空间探测器、载人及货运航天器六个部分对世界航天器进行划分和介绍。其中的通信广播卫星、对地观测卫星、导航定位卫星、科学与技术试验卫星属于航天器中的人造地球卫星类别；而货运飞船虽然属于无人航天器范畴，但由于它是载人航天器发展过程中衍生出来的航天器品类，且二者技术相似度较高，因此本书将其与载人航天器合并介绍。

航天器的战略地位和作用

服务国民经济建设和社会进步

航天器技术是当今世界高新科技群体中对现代社会最有影响的科学技术之一，对国民经济和社会进步具有重大的促进作用。航天器技术的应用不仅给国民经济众多部门带来直接的经济效益，而且通过把航天活动中发展的新技术、新工艺、新材料等向国民经济各部门推广和转移，还可带来十分可观的间接经济效益。随着航天器技术的应用在全球迅速扩展，通信、导航、对地观测等领域已经形成新兴产业，并广泛渗透到社会活动和人类生活的众多方面。

带动科学技术创新和发展

以航天器技术为核心的空间技术是高度综合的现代科学技术，空间技术的发展必然带动和促进其他众多科学技术的全面进步。随着空间技术的发展，首先带动发展的是与航天器技术密切相关的各种高新技术，如自动控制技术、计算机技术、光电技术、微电子技术、精密制造技术、新材料和新能源技术等。与此同时，又形成了许多交叉和边缘学科，如卫星遥感、卫星通信、卫星导航、卫星测地以及空间电子、空间能源、空间材料等。同时，航天器技术的发展还为天文学、地球科学、生命科学等基础科学和研究提供了先进手段，促进了基础科学的飞速发展，并且形成了一些新的学科分支，如空间天文学、空间物理学、空间生命科学、空间天气与空间环境科学等，这些学科的发展又带动了更多的基础科学学科的交叉、渗透与共同发展。

增强国家综合国力和民族凝聚力

开发和利用太空的能力，是衡量一个国家综合国力和科技实力的重要标志。航天器的发展水平，不仅能影响国家在国际政治舞台上的地位，更能唤起民族的自信心、自豪感和凝聚力。同时，航天器系统具有全球部署、覆盖范围广和信息量大、在使用中不受领空和领土限制等特点，其全球信息获取能力以及快速的信息传输能力对一个国家制定国内、外政策方面具有重要的作用。因此，世界各国都把开发和利用太空、发展航天能力做为国家战略的重要组成部分，并将其做为增强国家综合国力、提高民族凝聚力的重要手段。

保障国家安全，促进新军事变革

航天器作为信息化武器装备的核心组成部分，不仅在信息获取、传输、控制中发挥着其他信息装备无法取代的优势，还显著提高了高技术主战武器的作战效能，使武器系统反应时间显著减少，打击命中精度成倍提高，从根本上改变了传统作战模式，对战争进程和结局具有决定性影响。以航天器技术为核心的航天武器装备在战略、战役、战术层的广泛应用和其发挥的突出作战效能，极大地改变了现代高技术战争的模式，从而引发武装力量结构、作战理论以及作战模式的重大变革，有力推动新军事变革进程。

世界航天器的数据统计分析

迄今为止的航天器发射数据统计

截至 2012 年 6 月 30 日，全球共成功发射 6491 个航天器。其中俄罗斯/苏联航天器数量达到 3352 个；美国数量为 2045 个；以欧洲航天局成员国为主的欧洲国家总数量为 360 个；中国数量为 185 个（不含中国台湾地区）；日本数量为 164 个；印度数量为 58 个；其他国家、地区及国际组织的航天器总数量为 327 个（见图 0 - 2）。

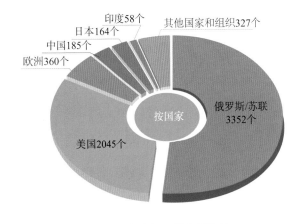

图 0 - 2　全球航天器发射统计

按照航天器类型统计，截至 2012 年 6 月 30 日，全球共发射人造地球卫星 5780 颗，空间探测器 187 个，载人航天器 524 个。

不同阶段的航天器发射数据统计

在过去的 50 余年间，世界航天器经历了三个主要的发展阶段。

1957 年 ~20 世纪 60 年代，航天器处于探索阶段。这一期间，美国、苏联、欧洲研制和发射的航天器主要用于技术概念验证和空间环境探测。在通信广播、对地观测等领域也开展了初步应用，载人航天取得了多项重大突破。全球航天器年度发射平均约 100 个（见图 0 - 3）。

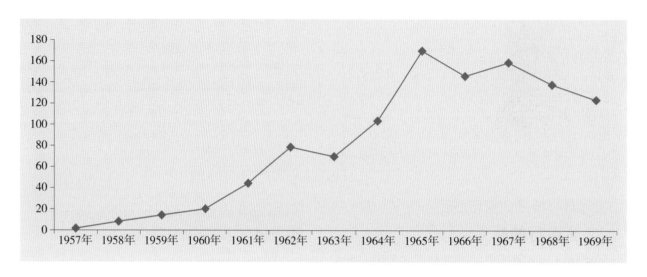

图 0 - 3　1957 年 ~20 世纪 60 年代全球年度航天器发射数量统计

20 世纪 70 ~ 80 年代，航天器进入推广应用阶段，通信广播、对地观测等卫星已经具有应用服务能力，但卫星寿命不长，需要通过增加发射数量来保证应用服务的连续性。这一期间，载人航天、空间探测活动更为活跃，全球航天器年度发射平均约 150 个（见图 0 - 4）。

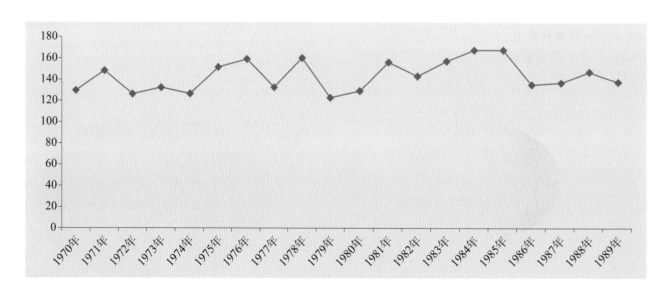

图 0 - 4　20 世纪 70 ~80 年代全球年度航天器发射数量统计

20 世纪末以来，航天器进入全面发展阶段，航天器技术水平大幅增长，工作寿命显著增长，全球年度发射数量下降，基本维持在每年 100 个左右（见图 0 - 5）。

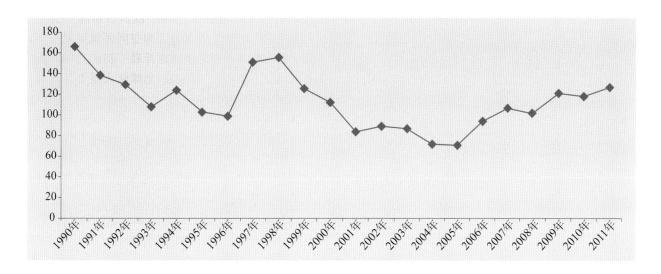

图 0 – 5　20 世纪 90 年代 ~ 2011 年全球年度航天器发射数量统计

目前在轨运行的航天器数据统计

截至 2012 年 6 月 30 日，全球共有 1011 个航天器在地球轨道上运行工作。按用途性质划分，商用航天器数量为 469 个，军用航天器数量为 300 个，民用航天器数量为 218 个，军民两用航天器数量为 24 个。按国家划分，美国是拥有在轨工作航天器最多的国家，数量达到 447 个；俄罗斯拥有 104 个；法国、德国、英国、意大利、西班牙、比利时等欧洲国家共有 165 个；日本拥有 45 个；印度拥有 27 个；其他国家和地区拥有 223 个（见图 0 – 6）。

从全球航天发展态势上，世界主要航天国家和地区都将航天视为战略高技术领域，瞄准新一轮科技革命与产业革命，大力支持航天发展。美、欧颁布新版航天政策和航天发展规划，推动航天发展转型与调整，着力确保航天强国优势地位；俄罗斯加大航天投入，发布未来战略规划，大力实施航天工业改革和现代化改造，加快逆境重生步伐；日本、印度等航天国家技术水平快速提升，启动了应用卫星、月球和火星探测、载人航天等重大工程，充分展示加快发展航天的雄心，显现奋起直追态势。

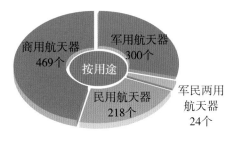
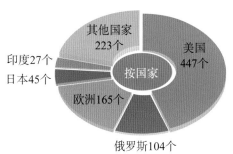

图 0 – 6　全球在轨工作航天器统计

从全球航天技术发展趋势上，各主要航天国家加速推动航天技术创新和产品的升级换代。通信广播、导航定位和对地观测等卫星连续稳定运行并向功能多样化、长寿命、高可靠、低成本方向发展，新产品和新服务不断满足个性化需求。月球探测与利用成为空间探索的热点，火星探测获得冰冻水等重大发现，对太阳系遥远区域的科学探索实现多项重大突破，小行星探测成果显著，新一代空间望远镜相继发射。国际空间站建设基本完成，全面进入应用阶段；多国积极开发新型飞船，规划地球以远的载人深空探索。

国外航天器的发展与展望

从 1957 年第一颗人造地球卫星发射至今，短短半个世纪的时间，航天器实现快速发展，已经从技术试验和验证为主的探索初期转变到全面应用和加速发展的新阶段，实现了难以估量的经济效益和社会效益，极大地提升了人类对宇宙的探索、认识和应用能力。

通信广播卫星

通信广播卫星是现代重要的通信手段，极大地改变了人们的生产和生活方式。通信广播卫星按业务类型可以划分为固定通信卫星、移动通信卫星、电视广播卫星和数据中继卫星。由于通信广播卫星位置高远，可覆盖大片区域，与微波中继和光缆等手段相比，更适用于远距离通信。同时，通信广播卫星不受地理条件限制，对地面设施的依赖程度较低，在重大自然灾害和战争情况下，比其他通信方式更安全可靠，有时甚至是唯一的应急通信手段。

19 世纪末至 20 世纪初，全球通信技术迅速发展，电话和电报深入人们的生活。随着经济和社会的发展，远距离通信需求不断增长，传统通信技术已无法满足人们的需求。1945 年，英国人 A·C·克拉克首次提出卫星通信概念，在地球静止轨道部署 3 颗人造地球卫星，作为太空中的中继站，在两个或多个地球站之间转发或反射无线电信号，实现全球通信。

20 世纪 50 年代，航天技术发展初期，通信卫星就成为发展的重点。1958 年，美国发射世界第一颗通信卫星——"斯科尔"卫星，首次进行了电话电报存储转发试验，通信卫星进入试验阶段。1960 年，美国发射了"回声"卫星，这颗卫星实际上是直径为 30m 的气球，表面为镀铝层，通过反射无线电信号实现电话及电视传输。1962 年，美国又相继发射了电星－1 和中继－1 等卫星，电星－1 在美国和欧洲之间成功地进行了横跨大西洋电视传输及多路电话信号的传输试验，中继－1 在日本茨城和美国莫哈维之间成功地进行了首次横跨太平洋的电视传输。这两颗卫星技术上有所进步，首次装载了转发器设备，为后来通信卫星的迅速发展奠定了基础。

进入 20 世纪 60 年代，商业通信卫星迅猛发展，主要用于国际电话、电报以及电视信号传输，逐渐成为国际通信领域的主要手段。1961 年，利用卫星开展商用通信业务的概念开始出现，发展实用通信卫星的呼声日益高涨。1962 年，美国政府通过了《通信卫星法案》，为通信卫星的商业运营铺平了道路，许多商业公司纷纷提出发展通信卫星的计划。1964 年，国际通信卫星组织成立。1965 年，世界第一颗商用国际通信卫星——"晨鸟"发射，卫星进入大西洋上空的同步轨道，成为第一代国际通信卫星。1967 年，苏联发射了业务型"闪电"卫星。自此，通信卫星进入实用阶段。从第一代商用卫星通信开始，卫星通信的发展突飞猛进，美国与欧洲地区实现了跨洋通信；1966 年至 1967 年，第二代国际通信卫星发射，实现了美国与日本之间的跨洋通信；1968 年，第三代国际通信卫星发射，覆盖印度洋地区，首次实现通信卫星全球覆盖。

20 世纪 70 年代，世界范围内出现了发展国内通信卫星系统的浪潮，区域通信卫星系统也逐步形成。1972 年，加拿大发射世界第一颗国内通信卫星——阿尼克－A；1974 年，美国发射了西联星－1；1976 年，印度尼西亚发射了帕拉帕－A1 卫星；苏联、日本、印度、欧洲等国家和地区相继建立国内或区域卫星通信系统。其他一些国家则通过购买或租用国际通信卫星的转发器建立国内卫星通信网。到 80 年代，法国、德国、意大利、巴西、澳大利亚、墨西哥、阿拉伯等国家和地区也都相继建立了卫星通信网。这一阶段的国内通信卫星数量众多、业务种类多，主要业务类型包括电话、电视和基本的数据传输业务。此外，技术的进步也推动了应用的发展。1976 年，"海事卫星"成功发射，首次引入了卫星移动通信服务，填补了海上卫星通信的空白；1979 年，国际海事卫星组织成立，海事通信卫星迅速发展，通信卫星成为海事通信的重要手段。

20 世纪 80 年代，商用和民用通信广播卫星全面发展，数据中继卫星开始出现。小型地球站的出现促进了卫星固定通信业务的应用；国际海事卫星通信系统正式运营，卫星移动通信业务从海洋延展到陆地；卫星电视直播逐渐从试验走向应用，展示出蓬勃发展的前景。在商用通信卫星领域，1982 年，国际海事卫星系统正式进入运营；1984 年，日本第一个卫星电视直播到户系统投入运行；1987—1990 年，国际海事卫星系统成功进行了地面移动卫星数据通信试验，逐步将业务领域扩展到地面。在民用通信卫星领域，1983 年起，美国相继发射多颗"跟踪与数据中继卫星"，为航天飞机、空间站、低轨对地观测卫星等提供卫星通信服务。

20 世纪 90 年代，地面无线移动通信和光纤通信技术发展迅猛，对通信卫星产生了巨大的挑战。在星上技术发展的基础上，通信卫星不断寻找新的业务领域，军用、民用和商用等领域均呈现出新的态势。一方面，用于固定通信的甚小孔径终端（VSAT）系统应用和卫星电视直播业务继续保持增长，通信卫星逐步向移动通信和数字电视直播方向发展；另一方面，具备抗干扰、安全保密特性的军用通信卫星开始出现。这一阶段最具代表性的是低轨道通信卫星星座。1990—1992年，国际电信联盟召开全球无线电大会，为卫星移动通信业务分配了频谱，多个国际组织或商业公司宣布了发展非静止轨道通信卫星星座的计划，用于面向个人的卫星移动通信。1997—1999年，"铱"卫星和"全球星"等星座相继部署完成，开始提供商业服务，实现了真正意义上的全球无缝覆盖的个人移动通信。这一时期，通信卫星逐步实现了商业化、批量化生产，可以支持视频广播、音频广播、互联网干线传输、个人移动通信等多种类型的业务。

21世纪以来，人们对通信大容量、高速率的要求越来越高，开始出现面向个人的卫星宽带接入服务，各个业务领域全面发展。在卫星固定通信领域，一方面，企业网、干线传输、视频采集和传输成为常规业务，面向多媒体的固定通信业务平稳发展，结合IP技术，提供视频会议、远程教育、远程医疗和流媒体等新兴业务。另一方面，通信卫星技术的发展和高频段资源的应用推动了宽带通信卫星的迅速发展，北美、欧洲和亚洲均出现了面向个人宽带接入的卫星通信业务。例如泰国的"互联网协议星"、美国的"狂蓝"卫星和"太空之路"卫星，改变了人们对卫星通信数据速率较低的传统看法。而欧洲于2010年底发射的"Ka频段卫星"和美国于2011年发射的卫讯－1卫星，整星吞吐量分别高达70Gbit/s和140Gbit/s，单个用户传输速率可与地面电缆接入的传输速率相当，有可能改变卫星通信与地面通信技术竞争的格局。

在移动通信领域，通信卫星呈现两极化发展的态势。一方面，低轨道小型通信卫星组网运行，除了传统的电话、电报和短消息等业务以外，数据业务的重要性逐渐提升，并且出现了机器对机器的新型通信业务，结合物联网的发展，在数据采集、远程监控和资产跟踪等领域开辟了新天地。另一方面，高轨道大型通信卫星向天地一体化方向发展，利用高功率和大天线等特性支持手持终端移动用户。自2000年印度尼西亚发射格鲁达－1卫星以来，阿联酋发射了"瑟拉亚"系列卫星，美国相继发射了中圆轨道－G1、"地网星"和"天地通"等多颗地球

静止轨道移动通信卫星，与地面移动通信网络相结合，提供天地一体化的综合移动通信服务。

卫星广播业务领域分视频广播和音频广播两大部分。视频广播业务逐渐发展成为卫星通信产业的支柱，是卫星服务业的主要收入来源。在北美、欧洲和亚洲，视频广播业务市场已经非常成熟，家庭用户仅需直径数十厘米的天线就可以接收电视广播信号，非常便捷。音频广播业务主要在北美地区开展，利用"天狼星"和XM卫星为美国和加拿大部分地区在家中或旅行中的人们提供无线电音频广播节目。

在数据中继业务领域，包括美国、俄罗斯、欧洲和日本在内的多个国家和地区都发展了专用的数据中继卫星，为载人航天器、空间站、低轨对地观测卫星提供测控和数据传输服务。欧洲的"阿特米斯"卫星和日本的"光学轨道间通信工程试验卫星"成功实现了星间激光通信，未来应用前景广阔。

在军用卫星通信领域，通信卫星逐渐形成了宽带、窄带和防护三大系列，采用先进的卫星通信技术，满足各级战术和战略卫星通信需求，成为作战信息保障的重要手段。在海外作战时，通信卫星更是主要的、有时甚至是唯一的通信手段。

未来卫星通信业务将是以视频通信为主体的多媒体服务，形成通信与广播、通信与互联网等方式相融合的宽带多媒体服务。人们对信息传输和容量的需求不断增长，卫星通信的服务对象也将从以企业和集体用户为主逐渐向以个人为主的方向发展。卫星固定通信业务、卫星移动通信业务和卫星广播业务将逐步融合，个人化、综合化和宽带化将成为未来卫星通信业务的主要特征。面向家庭和商业用户的高速互联网接入、电子商务、远程医疗、远程教育、视频会议、交互式双向视频直播和个人移动宽带多媒体等业务，面向企业的双向虚拟专网、高速互联网连接等业务都将是未来常规的卫星通信业务。

未来卫星通信将与地面通信相结合，通信卫星将成为集传输、交换、信号处理于一身的空间节点，与地面蜂窝网、光纤网络、有线电视网都将融为一体，相互支持相互补充，构成完整的天地一体化通信网络。移动多媒体广播卫星、宽带多媒体通信卫星将成为未来卫星通信领域发展的新亮点。

从技术角度来看，高中低轨道和大中小通信卫星全面发展，实现网络化、综合化应用，高轨通信卫星组网运行，中低轨道通信卫星星座化发展。通信卫星整体的技术指标将大幅度提升，通信频率将向更高频段发展，Ka频段将成为主流，空间激光通信技术和太赫兹通信技术有可能得到大规模应用，

以支持各类宽带多媒体高数据速率业务；星上信号处理、路由和交换技术将得到更广泛的应用，通信卫星更加智能化，满足灵活组网和不同类型网络融合的需要；多点波束技术和频率复用技术将进一步提升频率利用率，提高通信卫星系统容量；自动增益控制、多波束调零天线、扩频跳频、跳波束、星间链路等多种手段综合利用，提升通信链路质量和可靠性，提供安全保密的通信服务。

对地观测卫星

对地观测卫星，观测范围广，能有效获得地球表面、大气云层、海洋环境、植被覆盖、人类活动等多种信息。对地观测卫星的产生和不断发展，大幅增强了人类对地球的认识和理解能力，尤其是系统化和综合化的认知能力。随着性能和技术水平的不断提升，对地观测卫星的时间分辨率、空间分辨率、光谱分辨率都迅速提高，开启了人类认识地球的新纪元。

对地观测卫星按用途可分为气象卫星、地球资源卫星、海洋观测卫星、环境监测卫星和侦察卫星等。对地观测卫星具有观测范围广、生存能力强、能够长期稳定运行等优点，可完成其他传统观测手段难以完成的任务，是人类认识自然、扩展对地球认识的不可或缺手段，在农业、林业、地质、海洋、气象、水文、军事和环保等领域有着广泛的应用，对于统筹规划国土资源、国防安全与现代化战争、保证国家经济发展等方面也具有极为重要的意义。

随着人类对地球的不断开发和破坏，目前人类及其生存的地球正面临严峻的挑战，而全球性的环境问题也越来越受到人们的关注，如何发现、分析进而解决这些全球性、大范围的问题成为研究的热点问题。此外，地球本身是一个非常复杂的综合体，包含了太多的复杂系统，陆地、海洋、大气、生物圈以及固体地球等，同时孕育着资源、环境、社会和经济等多个要素。这就需要我们了解这个系统并对它进行实时监测，而对地观测卫星是实现上述目标的必不可少的技术手段。

早在 1959 年，美国发射的先驱者－4 探测器在近地轨道就拍摄到了地球的云图，但真正利用卫星对地球进行长期观测是从 1960 年美国发射泰罗斯－1 卫星才开始的。

20 世纪 60 年代，对地观测卫星处于起步阶段，各个地学领域开始大量使用对地观测卫星数据，美国和苏联发展的返回式光学成像侦察卫星系统，为各自政府和军方提供了重要的军事侦察能力。

20 世纪 70 年代，对地观测卫星进入初步应用阶段。1972 年，美国陆地卫星－1 的发射标志着空间对地观测进入实用阶段，卫星图像数据首次实现以数字形式直接传输。这一时期，全天候的微波遥感技术正成为对地观测领域中的重要发展方向。

20 世纪 80 年代至 90 年代，对地观测卫星无论在技术上，还是应用上都有了很大的发展。法国 1986 年 2 月发射的斯波特－1 卫星，是第一颗能在穿轨方向进行立体成像的卫星，首次采用推扫成像线性阵列遥感器，全色分辨率 10m。欧洲航天局于 1991 年 7 月发射了欧洲遥感卫星－1，这是一颗微波遥感卫星，采用合成孔径雷达成像，空间分辨率为 30m。日本于 1992 年 2 月发射了日本地球资源卫星－1，通过增加 L 频段，拓宽了合成孔径雷达的应用。这些微波遥感卫星获取的卫星数据，增进了人类对地球环境和气候现象的认识，形成了多种业务应用，如海冰制图和沿海地带研究等。

近十余年来，对地观测卫星开始向高空间分辨率和高光谱分辨率发展。1999 年，美国成功发射首颗携带中分辨率成像光谱仪的卫星——"土"卫星，欧洲航天局和日本成功发射高光谱卫星，高光谱遥感器进入航天遥感领域，并在应用的深度上不断突破。高光谱成像技术的发展已经成为 21 世纪国际遥感界的一个热点，也是目前国际对地观测领域的重点发展部分。进入 21 世纪以来，全球高分辨率对地观测技术发展迅速，光学成像卫星的地面分辨率已达 0.1m，雷达成像卫星的分辨率达到 0.3m，美国、法国、俄罗斯、以色列、日本和印度等多个国家也都已拥有本国独立研制的高分辨率对地观测卫星，沙特、泰国、马来西亚、阿联酋、阿尔及利亚等国也都通过国际合作的方式发射了自己的高分辨率对地观测卫星。

目前，全球共有 220 余颗对地观测卫星在轨运行。美国、欧洲、日本和印度等国家或地区均已建立了比较成熟和完善的各类对地观测卫星系统，各国在陆地、海洋和大气监测活动中对对地观测卫星的依赖程度进一步加大。光学成像卫星的观测谱段已开始从可见光向紫外、红外、甚至远红外等谱段发展，空间分辨率、时间分辨率、光谱分辨率和观测带宽不断提高，观测模式已跨越到多角度、宽视场、立体成像等模式，系统的长寿命与高可靠性技术也不断增强，相关的新技术、新概念不断涌现。同时，雷达成像卫星也逐步成为各国竞相发展的热点，加拿大、俄罗斯、德国、意大利、印度、韩国和美国也在研制自己的雷达卫星或者雷达卫星座，以增强数据获取能力，因为雷达卫星具有穿透云雾，甚至部分植被和土壤的能力，具有全天候、全天时观测能力，并能通过多频、多极化、多入射角等手段提高对目标的识别能力，可以弥补光学卫星的不足。

地球是一个一体化的系统，所有影响条件，无论是生态的、生物的、气候的还是地理的，都是互相联系且相互影响的，只有采用一体化的方法来收集和分析数据，将地球作为一个整体进行综合观测，重视系统的顶层设计，统筹规划系统功能，建立天、空、地一体化的综合对地观测系统，以全球性的整体观、系统观和多时空尺度来研究地球整体行为，对地观测系统才能得到综合提高。因而，美欧等国家正在建立以地球观测系统（EOS）和全球环境与安全监测系统（GMES）为代表的天、空、地一体化的综合对地观测系统，形成了航天、航空、原位相结合，大、小卫星相辅相成的全球性、立体、多维空间的观测体系，进而孵化出的新发现、新学科、新技术层出不穷，人类已开始进入将地球作为一个整体进行综合观测的新阶段。这种天、空、地一体化的综合对地观测计划能联合各自分散的遥感力量，构建全面的、协调的、可持续的综合对地观测系统，并提供运营服务，实现最佳应用效益。

当前，对地观测卫星技术日臻成熟，以美国为代表的高分辨率商业遥感卫星系统发展迅速，其性能指标日益逼近甚至超过了一般国家的军用对地观测卫星。越来越多的国家正研制与发射高分辨率商业遥感卫星，应用技术水平日益提高，并形成了成熟的民用、商用卫星应用产业链。世界各国已经将高分辨率对地观测信息广泛应用于经济、环境监测、减灾防灾、科研、资源勘查、环境、农林业估产等领域，并扩展到了政治、外交、社会经济建设的方方面面，取得了显著的经济和社会效益。先进国家的对地观测应用系统日益完善，应用技术水平日益提高，促进了空间信息产业链的形成。

特别需要关注的是，随着经济的高速发展、生产规模的扩大以及资源的过度开发，自然灾害损失呈逐年上升趋势，各国更加关注一些关乎人类生存发展的重大公益性问题，包括全球环境变化和区域响应、自然灾害减缓和预防等。空间对地观测等技术凭借其高效、全面和多样等特点，已经成为世界主要国家灾害应急管理的主要组成部分和内容，美国、日本和印度等国家均投入了大量资源极力建设和发展本国的卫星减灾系统，国际遥感界也开始了相关行动，建成了一系列基于国际合作的、应对自然灾害的组织和机制，并共同研发所需的对地观测卫星系统。

同时，受经济发展的需求和商业利益的驱动，世界航天强国很重视商业遥感的发展，全球卫星遥感图像产品和服务收入猛增，全球卫星遥感产业已经形成较为完整的产业价值链，卫星遥感应用市场已成为继卫星通信、卫星导航之后的又一重大应用领域，并迎来了快速发展的机遇期，正在进入真正的商业发展阶段。美国、俄罗斯、法国、印度和加拿大等国家都已经销售商业遥感图片，美国更是从政策层面促进商业遥感的发展，于2003年宣布了新的遥感政策，批准了0.25m分辨率商业遥感卫星的许可证，鼓励商业遥感卫星的发展。另外，随着世界各国，尤其是发达国家，在陆地、海洋和大气监测活动中对遥感卫星的依赖程度不断加大，具有上述各类监测功能的卫星遥感业务领域将成为低碳经济时代下各运营商争先抢占的市场制高点。

在人类生活、科学研究和军事需要等多种需求的推动下，对地观测卫星的重要性将日益增加。为此，各国的航天发展均将对地观测卫星作为重点，继续大力发展气象卫星、地球资源卫星、海洋观测卫星、环境监测卫星和侦察卫星等传统对地观测卫星，以保持观测数据连续性；重视新技术概念和技术手段的探索与验证，积极发展新型空间对地观测技术，提高数据性能，以更加适应未来科技的发展和需求；一些尚不具备卫星研制能力的国家也表现出对对地观测卫星的极大兴趣，积极通过国际合作等方式获取具有较高技术水平的对地观测卫星，越来越多的国家或地区将拥有空间对地观测能力。

对地观测卫星技术将步入一个能快速、及时提供多种对地观测数据的新阶段。卫星的空间分辨率和时间分辨率不断提高，观测手段更加多样化，观测要素更加全面，观测范围不断扩展。未来将更注重卫星的业务化和商业化运行，重视地球环境监测和地球科学研究，广泛开展国际合作，将地球作为一个整体综合观测，积极发展综合型对地观测卫星系统，建立全球资源、环境监测网络，实现全球天基对地观测能力的全面提升。

导航定位卫星

人类文明的发展与进步始终伴随着定位、导航与授时技术的发展与进步；而定位、导航与授时技术的发展与进步也在不断地推动与促进人类文明的发展与进步。现代天文导航技术的出现催生了大航海时代的到来，使人类走向海洋文明；无线电导航定位技术的出现使人类能够飞向太空，加速航天时代来临。

导航定位卫星是在太空运行，组成导航卫星系统空间部分的人造地球卫星，通过播发无线电导航信号为地面、海洋、空中与空间用户提供高精度定位、导航与授时服务。

导航定位卫星系统的出现为全球定位、导航与授时服务带来了革命性的变化。当今社会，导航卫星系统已经成为保障国家安全，促进经济发展，提高人们生活质量的重要保障。在军事领域，卫星导航的应用几乎涉及所有方面，从武器制导到精确作战，从力量部署到后勤保障，从目标定位到搜索救援，卫星导航应用无处不在。GPS系统在战争中的应用不仅极大地提高了作战效能，并导致现代战争模式和战争理论的改变。民用领域，在交通运输、基础设施建设、精细农业、通信与网络、金融保险、电力生产、海洋渔业、休闲旅游以及人们的日常生活中均有广泛且极其重要的用途。卫星导航应用的发展催生了新兴的卫星导航应用高技术产业，与互联网、移动通信共同成为二十一世纪信息技术领域发展的三大支柱产业。

导航定位卫星的发展最早可以追溯到20世纪50年代末。1957年10月，苏联第一颗人造地球卫星发射后，美国的科研人员在对该卫星信号的观测过程中发现：在观测站位置精确已知的条件下，利用测量到的卫星信号的多普勒频移数据可以确定卫星的轨道；反之，在卫星轨道精确已知的条件下，通过测量卫星信号的多普勒频移，可以确定信号测量、接收装置的位置。以此发现及其推论为基础，加上美国装备"北极星"战略导弹的新型核动力潜艇对全球导航定位的重大需求，催生了世界首个基于多普勒测速技术的卫星导航系统——"子午仪"导航卫星系统。

1959年9月，首颗"子午仪"卫星发射。虽然该卫星发射失败，但并没能影响美国海军发展导航卫星系统的决心。1964年9月，"子午仪"系统完成部署，交付美国海军，发挥了极其重要的作用。"子午仪"系统由空间段、控制段和用户段3部分组成。空间段包括5～6颗卫星，轨道高度950～1075km，轨道倾角为90°，轨道周期107d。"子午仪"卫星在150MHz和400MHz各播发一个导航信号，利用双频测量可消除电离层产生的误差。"子午仪"系统静态用户的二维定位精度约25m，海上航行船舶的典型定位精度约200～500m。美国军方使用"子午仪"系统时间长达32年。

几乎与美国发展"子午仪"导航卫星系统同时，苏联也开展了多普勒测速导航卫星系统的研究，先后发展了"帆"、"蝉"等导航卫星系统。但是由于技术原因，直到1976年"帆"系统才交付海军，投入使用。随后，又部署了"帆"系统的民用版本"蝉"系统。

"子午仪"系统的成功应用，展示了导航卫星系统巨大的发展前景。然而，多普勒测距体制的导航卫星系统存在导航、定位精度低，不能提供连续的导航、定位信息，且难以为高动态用户提供服务的缺点；时间测距导航定位理论的出现为实现全天时、全天候、高精度的卫星导航定位提供了理论支撑。

20世纪60年代末，美国海军与空军分别启动了621B和导航星全球定位系统（NavStar GPS，又称GPS）计划，70年代初两项计划合并为GPS计划。1973年美国空军成立联合计划办公室统一管理GPS计划，全球导航卫星系统的发展进入了新时代。

20世纪70年代末至20世纪80年代，为争夺定位、导航与授时技术的制高点，美国和苏联展开了激烈的竞争。1978年2月，美国成功发射首颗GPS卫星，至1985年10月美国成功发射GPS卫星10颗，并于1987年完成了GPS卫星的在轨试验、测试和GPS系统的在轨组网验证工作，转入系统部署阶段。同期，苏联开展了同样基于时间测距体制的"格洛纳斯"（GLONASS）全球导航卫星系统的发展工作。1982年10月成功发射首颗"格洛纳斯"卫星，至1985年"格洛纳斯"系统试验、测试阶段完成，进入系统部署阶段，共发射卫星11颗。

20世纪90年代，是全球导航卫星系统发展的第一个黄金十年，也是"格洛纳斯"系统命运多舛的十年。1994年3月，24颗卫星组成的GPS系统空间段部署完成，1995年4月达到全面运行能力。美国于1996年3月发布了《全球定位系统政策》。欧洲也于1998年11月启动了自主导航卫星系统——"伽利略"（Galileo）系统的方案论证工作。在成功发射71颗卫星后，"格洛纳斯"系统于1996年1月完成部署，投入全面运行。然而，由于政治、经济等因素，"格洛纳斯"系统投入全面运行后即陷入星座卫星数量不足的境地，2002年9月星座卫星数量一度降到7颗，无法提供定位、导航与授时服务。

进入21世纪，全球导航卫星系统迎来了第二个黄金发展期。2000年，美国启动GPS系统现代化计划，进行GPS系统星座和地面控制段的现代化改进，并于2004年12月发布了《天基导航定位授时政策》，主要目标是提升GPS系统的导航战能力，增强GPS系统在全球卫星导航市场的竞争能力，使

GPS 系统成为全球导航卫星系统的领导者。GPS 现代化的主要内容包括：8 颗 GPS－2RM 卫星、12 颗 GPS－2F 卫星的现代化改进；研制新一代的 GPS－3 卫星，数量多达 32 颗。截至 2012 年 6 月底，美国 GPS 系统在轨卫星 31 颗，其中经现代化改进的卫星 9 颗。

2001 年 8 月，俄罗斯批准"格洛纳斯"系统 2002—2011 年发展计划，做出恢复"格洛纳斯"系统并进行现代化改造的决定；2005 年 7 月，俄罗斯实施《2006—2015 年航天发展规划》，恢复"格洛纳斯"系统、实现现代化成为重要目标之一，并启动了新一代格洛纳斯－K 卫星的研制工作。2008 年，为增强"格洛纳斯"系统的全球竞争力，俄罗斯宣布增加 2 个 CDMA 民用信号，星座卫星数量增加至 30 颗；2010 年，俄罗斯将"格洛纳斯"系统 CDMA 信号的数量增加至 8 个。2011 年 2 月，首颗现代化的格洛纳斯－K1－01 卫星发射；2011 年底，"格洛纳斯"系统全面恢复。截至 2012 年 6 月底，"格洛纳斯"系统在轨卫星 31 颗，其中 24 颗卫星提供服务。

2002 年 3 月，欧盟正式批准"伽利略"计划。"伽利略"系统是欧洲自主发展的全球导航卫星系统，是欧洲摆脱对美国 GPS 系统的依赖，建立独立的卫星导航能力的重要项目。截至 2012 年 6 月，"伽利略"系统仍处于试验、验证阶段，已发射试验与验证卫星 4 颗。

日本与印度分别于 2002 年、2006 年正式启动了区域导航卫星系统发展计划。日本首颗"准天顶卫星"于 2010 年 9 月成功发射，并提供服务。

未来，全球卫星导航领域将摆脱 GPS 系统一家独霸的局面，进入多系统共存的时代，并将提供精度更高、可用性、完好性更强的定位、导航与授时服务。"格洛纳斯"和"伽利略"等系统将成为 GPS 系统的主要竞争对手。全球导航卫星系统间兼容与互操作能力的发展将使全球卫星导航用户普遍受益。不仅如此，定位、导航与授时能力的竞争将脱离导航卫星系统的局限，定位、导航与授时体系将成为新的竞争平台，为定位、导航与授时技术与能力的发展提供更加广阔的空间。微机电技术、微制造技术的发展使地下、水下、室内的高精度定位、导航与授时成为可能。

更远的未来，脉冲星定位、导航与授时技术的发展值得期待，将使导航卫星系统不再依赖地面系统的控制与支持，实现导航卫星系统的自主运行，为人类探索更远的太空提供可靠的导航定位手段。

科学与技术试验卫星

科学与技术试验卫星是人类最早研制的卫星类型之一，在人类叩开太空之门、探索认识广袤宇宙、解释验证重大理论、加速技术成熟与成果转化方面发挥重要作用。从应用角度上划分，科学与技术试验卫星主要包括科学卫星和技术试验卫星两类。科学卫星主要用于人类对空间科学的探索研究；技术试验卫星主要用于航天技术的飞行试验与验证。

（1）科学卫星

空间科学是随着空间技术的发展而逐渐发展起来的一门新兴的综合交叉学科，主要利用航天器来研究发生在宇宙空间的物理、天文、化学和生命等自然现象及其规律，是当代科学前沿。以空间科学研究为主要任务的科学卫星，主要包括天文卫星、空间物理探测卫星和生物卫星等几种类型。半个多世纪以来，人类利用科学卫星获得了宇宙天体、空间物理等方面的丰硕科学探测和科学实验成果，促进了航天器技术的快速发展，也极大地激发了人类对未知领域的探索和创新精神。

科学卫星的发展最早可以追溯到 20 世纪 50 年代末期。1957 年，苏联发射了人造地球卫星－2，是世界第一颗把动物送入轨道的卫星。1961 年，美国发射了世界第一颗天文卫星——探险者－11，用于伽马射线探测。在 20 世纪 60～70 年代，美国相继发射了"轨道天文观测台"系列天文卫星和"高能天文观测台"系列天文卫星，成为空间天文发展的主要国家。这一时期的空间天文活动主要在地面难以进行的高能谱段附近开展。欧洲在空间天文方面也取得显著成果。1968 年欧洲发射了欧洲空间研究组织－2B 卫星，用于宇宙射线和太阳 X 射线探测。这一期间，世界空间物理研究方面也取得显著成果。1977 年，美国成功实施了"国际日－地探险者"（ISEE）计划，拓宽了各国科学家进行日地空间研究的途径，提高了对日地空间现象的认识。

20 世纪 80 年代，美国、欧洲保持空间科学领域的领先地位，开展广泛合作。1983 年，美国与欧洲联合研制的红外天文卫星－1 发射升空。该卫星是世界上首颗红外天文卫星，首次揭示了银河系的核心，探测到 35 万个新的红外辐射源，使探测到红外辐射源的数量增加了 70%，还探测到宇宙空间中大量正在形成的新恒星。这些发现大大增进了人们对宇宙的认识并推动了红外天文学的发展。1989 年发射的美国"宇宙背景探测器"（COBE）是第一颗宇宙微波探测卫星，探测到宇宙背景辐射微弱的各向异性，证明了大爆炸理论提出的早期宇宙的暴涨理论，使人类对宇宙的早期演化有了一个革命性的认识。COBE 团队的两名主要研究人员还获得 2006 年诺贝尔物理学奖，以表彰他们在宇宙微波背景辐射研究方面的重大发现。

20 世纪 90 年代以来，美国、欧洲的空间天文活动更为活跃，日本、俄罗斯也发射了天文卫星。这一时期最为著名的是美国"大型空间天文台"系列的四大空间望远镜：1990 年发射的"哈勃空间望远镜"、1991 年发射的"康普顿伽马射线天文台"、1999 年发射的"钱德拉 X 射线天文台"和 2003 年发射的"斯皮策空间望远镜"。特别是"哈勃空间望远镜"取得了极为丰硕的成果，截至 2010 年已拍摄恒星、行星、星云、类星体、褐矮星和超新星等 90 多万张宇宙图像，对 2 万多个天体进行了研究，成功测定了宇宙的年龄约为 137 亿年，证实了星系中央存在大质量黑洞。这些成果大大促进了人类天文学的进步，开阔了人类的视野，也激励了更多的年轻人投身于天文领域。欧洲 2009 年发射的"普朗克"空间望远镜，以有史以来最高空间分辨率和时间分辨率研究宇宙微波背景的分布。日本也在 2005 年发射了其新一代 X 射线天文卫星——天文 – E2，在 2006 年发射了其第一颗红外天文卫星——天文 – F。这一期间，全球空间物理卫星、空间生物卫星也实现快速发展。美国主导实施的"国际日 – 地物理"计划对空间物理研究具有重要推动作用。最初该计划包括"极"卫星、"风"卫星和"地球磁层尾观测"卫星，此后陆续有其他国家的科学卫星加入，开展太阳事件的发生、传播和对近地空间环境影响等全面的日地空间研究。俄罗斯利用"光子"卫星，支持欧洲各国开展空间生命科学、空间材料科学等实验，取得了丰硕的科学研究成果。

（2）技术试验卫星

航天具有高技术、高风险的特点，这就要求航天发展中产生的新技术、新方案、新仪器和新材料在进行空间飞行试验和验证后，才能投入实际应用。技术试验卫星就是专门承担此类任务的卫星类型。尽管技术试验卫星不直接服务于人类的生产和生活，但却在推动通信广播、导航定位等应用卫星技术发展，支持载人航天、空间探测技术突破等方面发挥着不可或缺的作用，不断开拓着航天器的应用领域。

技术试验卫星的发展经历了两个高速发展阶段。1957 年到 20 世纪 70 年代中期，全球空间技术处于

探索阶段。这一时期，苏联、美国、法国、英国、德国等国家发射了数量众多的技术试验卫星，开展卫星技术验证、新应用领域的概念与技术验证以及空间环境探测。例如，美国的"应用技术卫星"系列，包括 6 颗卫星，开展了多个应用领域的技术验证，显著推动了美国通信、导航、对地观测等应用卫星技术的发展。这一时期，经过大量的技术飞行试验，主要航天国家掌握了航天基础技术，开拓了新的空间应用领域，满足了人类空间探索和空间资源利用的早期需求。

从 20 世纪 90 年代中期开始，随着科学技术特别是信息、电子、新材料技术的飞速发展，出现了大量可提高航天器性能水平的新技术、新材料和新设备，世界各国又开始了新一轮的技术试验卫星研制热潮。美国制定了"新盛世计划"，通过一系列小型低成本航天器任务，降低未来空间科学任务采用新技术的风险。"战术卫星"验证了"作战响应空间"技术和能力实现的可行性，在军事航天战术应用、低成本航天器研制、商用现货技术发展等方面具有极为重要的影响。日本的"工程试验卫星"系列、欧洲的"星上自主项目"系列也开展了多项成功的飞行任务，推动了航天器小型化、激光通信、在轨服务等众多技术领域的发展。

未来，随着人类航天发展速度加快和活动领域拓展，科学与技术试验卫星将在人类探索、认识宇宙，推动航天技术发展过程中发挥更为重要的作用。

在科学卫星领域，全球空间科学活动将更为活跃，主要航天国家纷纷制定中长期科学探索计划并开展广泛合作。继"大型空间天文台"计划之后，美国制定了更为长远、系统和宏伟的空间天文计划，最终目的是研究太阳系外的行星。美国正在研制的"詹姆斯·韦伯空间望远镜"投资超过 80 亿美元，计划于 2018 年发射，将代替"哈勃空间望远镜"，成为有史以来最大的空间望远镜。此外，具有全谱段联合探测、高时间分辨率、高空间分辨率、高光谱分辨率探测能力的空间天文卫星也将陆续发射。在空间物理探测方面，美国主导实施的"日地探测器"（STP）计划和"与星同在"（ILWS）计划，将对日地物理空间进行整体探测和研究。空间物理卫星将具有小型化、低成本、高精度、多星多任务综合探测的显著特点。低成本、高性能，用于空间生命科学和空间生物技术开发的科学卫星也将成为未来的发展热点。

在技术试验领域，随着应用卫星、载人航天和空间探测等领域的不断发展和延伸，技术试验卫星

将形成多种试验平台和各种发展模式并存的格局。通信广播、对地观测、导航定位等应用卫星的新载荷、新电源、新材料、新推进等技术的试验验证仍将占有一定比例。空天飞机、在轨服务、自主运行、即插即用以及微小卫星、立方体卫星、分离模块航天器等将成为新的技术试验热点。

空间探测器

一直以来，探索未知神秘的浩瀚宇宙是人类的不懈追求。空间探测能够帮助人类研究太阳系及宇宙的起源、演变和现状，认识空间现象和地球自然系统之间的关系，并为人类今后开拓更为广阔的疆域打下基础，也是了解地球、太阳系和宇宙，进而考察、勘探和驻留在太阳系内其他天体的第一步。空间探测器是用于对地球大气层以外整个太阳系内的空间，包括除地球以外的所有天体——太阳、月球、行星（矮行星）、小行星以及彗星等进行就近探测或实地考察的无人航天器，按照探测目标分类，可分为月球探测器、火星探测器、其他行星探测器、小行星探测器、彗星探测器等。

从 1958 年 10 月美国发射第一个月球探测器——先驱者 - 1 开始至今，人类迈向太阳系空间的探测活动已有 50 余年的历史。美国、俄罗斯/苏联、欧洲、日本和印度等国家和组织先后发射了210 多个空间探测器，已探测的太阳系天体有月球、火星、金星、木星、水星、土星、天王星、海王星、彗星和小行星等，实现了月球、火星、金星、土卫六和小行星着陆，并实现了月球、小行星、太阳风粒子和彗星粒子采样返回，甚至有的探测器正在飞出太阳系。

人类通过空间探测活动所获得的对太阳系和宇宙的认识，千倍乃至万倍于此前几千年科学发展的所知所获，这些新知识、新发现，推动了对太阳系和生命起源与演化规律的研究，深化了对我们生存环境的理解，促进了人类文明的持续发展。

20 世纪 60 年代至 70 年代是美国、苏联两国在冷战背景下，以相互展示国家意志和能力为特征的"竞争期"。双方不计代价，在航天领域展开激烈竞争，密集地向月球、金星和火星发射探测器，并不断追求到达更远的目标。在苏联和美国你追我赶的过程中，空间探测技术和能力飞速增长。近 20 年间，两国共实施了近 70 余次空间探测任务。

苏联的月球和金星探测在这一时期取得了巨大成就，尤其是在月球探测领域取得多个第一，例如第一次飞越月球，第一次实现月球撞击，第一次获得月球背面照片，第一次实现月球软着陆，第一次进入月球轨道，第一次实现月球采样返回等。在金星探测方面，苏联开创了金星探测的先河，是世界上发射金星探测器数量最多的国家，取得金星探测史上的多个第一，例如 1961 年发射的金星 - 1 是世界上第一个金星探测器，1965 年发射的金星 - 3 是世界上第一个撞击金星的探测器，1967 年发射的金星 - 4 是世界上第一个进入金星大气的飞行器，1970 年发射的金星 - 7 第一次实现金星软着陆等。苏联在金星着陆探测方面取得十多次成功，为金星科学研究提供了大量宝贵资料。在火星探测方面，苏联是世界上最先开展火星探测的国家，以探测器发射数量多著称，实施了近 20 次火星探测任务。1962 年发射的火星 - 1 是人类第一个飞往火星的探测器；1971 年发射的火星 - 3 是第一个在火星表面着陆的探测器。但受当时运载火箭和计算机技术可靠性的限制，苏联大部分火星探测任务遭受失败。

这一时期，美国实现了对地球以外的七大行星的探测，在月球、火星、金星、巨行星探测等方面成就斐然。美国发射了"先驱者"、"勘测者"、"月球轨道器"、"水手"、"海盗"和"旅行者"等 6 个系列空间探测器，实现了月球着陆、金星着陆、火星着陆和水星探测。在月球探测方面，美国通过实施"勘测者"和"月球轨道器"计划突破了月球着陆技术，获得了月面全景图像、月球地形地貌和化学物理特性数据，以及月球重力场、磁场、电磁辐射等相关数据，为"阿波罗"载人登月提供了重要数据，奠定了技术基础。相比苏联火星探测的连续受挫，美国的火星探测取得巨大成功，尤其是海盗 - 1 和海盗 - 2 火星探测器在火星成功着陆并工作数年，获得大量火星环境数据，为美国后来的火星探测任务打下基础。此外，美国还进行了金星、木星、水星等探测任务，其中先驱者 - 金星 - 2 成功探测金星，水手 - 10 是世界上第一个飞越水星的探测器。特别是 1977 年发射的旅行者 - 2 是世界第一次完成木星—土星—天王星—海王星"四星联游"的探测器；而旅行者 - 1 造访了木星和土星，已在太空飞行了 35 年，成为离地球最远的人造物体，并且即将飞出太阳系。

20 世纪 80 ~ 90 年代中期是全球空间探测活动的"平静期"。美国、俄罗斯/苏联空间竞争的重点转向空间站、航天飞机等载人航天项目，空间探测活动略显沉寂，15 年间全世界仅实施了 16 次探测任务。美国发射了"麦哲伦"金星探测器、"伽利略"木星探测器、"克莱门汀"月球探测器、"火星探路者"火星探测器等，均获得成功。俄罗斯/苏联发射"维加"系列探测器，释放了金星气球，探测金星和彗星取得成功，但发射的"火卫一"系列、"火星96"和"福布斯－土壤"等任务遭受失败，火星探测活动严重受挫。在此期间，欧洲、日本也开始参与到空间探测活动中，成功实施了"乔托"、"先驱"等彗星探测任务、"飞天"月球探测任务和"尤里塞斯"太阳探测任务等。

20世纪90年代中期至今，随着航天技术的发展和进步，空间探测进入以科学探测为主要驱动力的"成熟期"。越来越多的国家和组织参与到空间探测活动中，纷纷制定了目标宏伟、各具特色的战略规划；渐进、持续地开展了规模适度的空间探测活动，并在相互竞争中积极谋求国际合作。美国、俄罗斯、欧洲和日本继续开展空间探测活动，扩展探测范围。其中美欧合作的"卡西尼－惠更斯"探测器实现了土星绕飞和土卫六着陆，"尤里塞斯"探测器第一次进行太阳两极的探测；美国"星尘"和"起源"探测器带回彗星粒子和太阳风粒子，"索杰纳"、"勇气"和"机遇"漫游车登陆火星；欧洲"金星快车"探测器进入金星轨道；日本"隼鸟"探测器实现小行星采样返回。进入21世纪，印度也加入世界空间探测阵营，成功发射了月船－1月球探测器。与"竞争期"相比，这一时期的空间探测任务数量适中，但效果更好，保持了较高的任务成功率；运用大量新技术，获得了众多新发现，取得了前所未有的科学和技术成就。

目前全球空间探测活动的重点领域包括月球探测、火星探测、水星与金星探测、巨行星及其卫星探测、小行星与彗星探测。主要特点是参与空间探测的国家不断增加、探测对象多元化、探测距离由近及远、探测方式多样化、探测手段不断扩展和丰富、国际合作更加广泛。随着全球空间探测技术的不断发展，人类从太阳系进入更广袤的宇宙空间进行空间探测活动的梦想正在逐步实现。

随着空间探测的深入推进，人类将进入向地球以外的其他星球探取资源的时代。月球探测的下一步将是利用机器人技术、先进钻岩技术、先进测量分析技术等对月球资源及其蕴藏量进行全面深入的勘察，为载人登月和建立月球基地获取重要的数据资料。俄罗斯、日本等已提出要在2020年左右建立自动化月球基地，勘探、开发和利用月球资源，并将月球作为进行天文观测的基地。火星是离地球最近的类地行星，具备了生命存在的必要条件，有可能成为人类未来移民的理想星球。美国、欧洲已将

火星作为未来太空探索蓝图的新目的地，稳步推进火星探测活动，为2030年后进行载人火星探测奠定基础。随着火星飞行越来越频繁和任务规模日益扩大，人类也会在火星建立功能齐全的火星基地。

除月球、火星外，美国和欧洲也相继提出了木星和土星的探测任务。美国提出了新型"土星"探测器项目，拟在2016年启程飞往土星，登陆土卫六的湖面，在地外海洋上航行。欧洲航天局于2012年5月批准了"木星冰月探测器"项目，计划在2022年前往木星，探测木卫二、木卫三和木卫四存在生命的可能性。美国、欧洲和俄罗斯都相继启动了"近太阳探测"项目，未来几年将发射距离太阳更近的探测器，有的将进入距太阳仅9.5个太阳半径的轨道上，近日点距离太阳仅6.4×10^6km，这里是从未有航天器接近过的禁区。可以预见，这些近太阳探测任务将为揭示太阳奥秘做出卓越贡献，能够使未来空间天气预报、地球灾害预警更加精确。

小行星探测也成为未来空间探测的热点之一，美国、日本都提出了在未来几年实施新的小行星采样返回任务。而一些大胆的企业家还将近地小行星作为新的资源发掘地。2012年4月，美国资源公司宣布要在近地小行星上勘探和采矿，计划用10年的时间完成小行星勘探。

空间探测永远充满着风险与挑战，更有新的奥秘等待解答。尽管宇宙探索的道路崎岖不平，但人类走出地球，探索和利用太空的步伐永远不会停止。

载人及货运航天器

载人航天是一个国家综合国力、国家威望和民族自豪感的集中体现。实施载人航天计划，可以彰显强大的国家实力和科技水平，大幅提升国家威望，对于激发民族自豪感、增强民族凝聚力意义重大。

载人航天器包括载人飞船、航天飞机、空间站等，主要用于太空探索、开展空间科学实验、技术试验、在轨维修和燃料补给等。货运航天器拥有较大的货舱体积，可比载人飞船携带更多的货物，用于向地外宇宙空间定期补给食品、燃料、仪器设备等物资、协助提升空间站轨道等。

1961年至今，世界载人航天走过了50多年辉煌历程。从加加林首次飞天到阿姆斯特朗首次登月，从航天飞机巡游太空到"和平"空间站的长期运行，从多国联合建造"国际空间站"到各国竞相提出载人深空探索构想，载人航天能力不断提升，规模不断扩大，范围不断拓展，从近地空间迈向月球，

并以向深空延伸作为未来发展的目标。

20 世纪 50 年代末至 70 年代初，美国和苏联为了争夺世界霸权，在载人航天领域展开了激烈的"太空竞赛"。在这一时期，载人航天是竞争的最主要内容。苏联于 20 世纪 50 年代后期启动第一代飞船——"东方"载人飞船计划。1961 年 4 月 12 日，苏联航天员加加林乘坐东方－1 载人飞船完成的太空之行，突破了载人航天基本技术，揭开了载人航天的序幕。苏联成为世界上首个将航天员送入太空的国家，在太空竞赛中取得了首轮胜利。此后，苏联发展了第二代载人飞船——"上升"飞船。1965 年 3 月 18 日，载有 2 名航天员的上升－2 成功发射，列昂诺夫进行了世界上第一次舱外活动，实现了载人航天又一技术突破。苏联抢先美国将人送入太空的同期，美国发展了"水星"载人飞船、"双子座"载人飞船。1966 年 3 月 16 日，美国发射载有航天员阿姆斯特朗和斯科特的双子座－8，由航天员手控操作完成世界上首次空间交会对接，这是载人航天史上的又一里程碑。1969 年 7 月 20 日，美国航天员阿姆斯特朗和奥尔德林乘坐阿波罗－11 飞船在月球上软着陆，首次在月表留下人类的足迹，阿姆斯特朗成为人类踏上月球的第一人。这一壮举成为 20 世纪轰动世界的历史事件，创造了人类发展的历史性奇迹。"阿波罗"计划共进行了 12 次载人航天飞行，先后 6 次登月，将 12 名航天员送上月面，不仅实现了美国赶超苏联的目标，也突破了重型运载火箭、先进载人航天器、完备的发射和着陆回收系统、月球轨道交会对接等关键技术，确立了美国在航天及其他相关科技领域的全球领先地位。其二次开发应用带来了巨大的经济效益和社会效益，远远超过"阿波罗"计划本身所带来的直接经济与社会效益。"阿波罗"计划后，作为"阿波罗"应用计划的一部分，美国利用"阿波罗"剩余硬件建造了其第一个空间站——"天空实验室"。

此后，载人航天一直是大国较量的重要领域。苏联在 20 世纪 70 年代调整其载人航天活动重点，建造载人空间站成为其载人航天活动的目标。1971 年 4 月 19 日发射的礼炮－1 是世界上第一个空间站。1971—1982 年，苏联研制并发射了 7 个"礼炮"空间站，开展了空间生命科学、对地观测、天文观测、植物生长实验等应用，取得了一系列突破性的进展。1986 年开始在轨建造"和平"空间站，该空间站是世界上首次采用舱体组合式构型的空间站。"和平"空间站在轨运行 15 年，共有俄罗斯、美国、日本等 12 国航天员到访，开展了太空动植物培育、生物技

术、材料加工、太空制药、弱 γ 射线监测、深空探测、对地观测等大规模空间应用。开展空间站计划期间，苏联研制并发射用于空间站人员和货物运输的"联盟"载人飞船和"进步"货运飞船，成为俄罗斯/苏联载人航天计划中重要的载人天地往返运输系统和货物运输系统。美国于 1972 年 1 月开始研制航天飞机，作为部分可重复使用的航天运载器，有效载荷近 30t，成为航天技术发展的一个重要里程碑。历史上共有 5 架航天飞机执行过飞行任务，它们是"哥伦比亚"、"挑战者"、"发现"、"阿特兰蒂斯"和"奋进"。1981 年 4 月 12 日成功发射了世界上第一架航天飞机——"哥伦比亚"。2011 年 7 月，"阿特兰蒂斯"航天飞机完成谢幕之旅，航天飞机结束了 30 年的飞行旅程。5 架航天飞机在 30 年的职业生涯中，成功完成了 133 次飞行任务，飞行总里程近 8.7×10^8 km，把 16 个国家的 355 名航天员送往太空，共飞行 852 人次，并运送了 1750t 货物。30 年中，航天飞机完成了涵盖地球、天文、生物、材料科学等学科的 2000 多项科学实验。航天飞机曾为"和平"空间站和"国际空间站"提供服务。共向太空部署了 180 组有效载荷，回收了 52 组，利用航天飞机收回、维修后重新部署了 7 个航天器。航天飞机取得的最突出的成就之一是"哈勃空间望远镜"的发射及在轨维护任务。航天飞机取得巨大成绩的同时也发生过惨痛事故，执行任务期间共发生两次灾难性事故，分别是 1986 年 1 月 28 日"挑战者"航天飞机起飞事故和 2003 年 2 月 1 日"哥伦比亚"航天飞机返回事故，共造成 14 名航天员丧生。

20 世纪 90 年代，随着谋求发展载人航天技术国家的不断增多，美国、俄罗斯、欧洲、日本、加拿大等国共同参与建造了"国际空间站"。"国际空间站"耗资超千亿美元，目前总质量达 417t，是当今规模最大、结构最复杂、技术最先进、功能最完善的长期在轨载人航天器。"国际空间站"总体设计选择了桁架挂舱式结构，即以桁架为基本结构，加压舱和其他各种服务设施挂靠在桁架上，站上各种结构件、舱体、设备等分多次运往轨道，然后由站上的航天员和遥控机械臂在轨道上进行组装，逐步形成规模庞大、结构完善的空间站。1998 年 11 月，"国际空间站"第一个舱段——俄罗斯研制的"曙光"舱发射升空，拉开了"国际空间站"建造的序幕。建造期间，先后发射了美国、俄罗斯、欧洲和日本提供的研究舱体和实验设备，以及加拿大提供的移动服务系统等。"国际空间站"目前已基本建造完成，进入全面应用阶段。"国际空间站"在轨

期间，美国航天飞机、俄罗斯"联盟"飞船和"进步"飞船、欧洲货运飞船——"自动转移飞行器"、日本货运飞船——"H2 转移飞行器"为其提供人员往返运输和货物补给。2012 年 5 月，美国商业货运飞船——"龙"飞船成功执行首次"国际空间站"验证飞行任务，扩展了"国际空间站"货物运输手段。按照计划，"国际空间站"将运行至 2020 年以后。作为一个大规模的空间科学研究与试验平台，"国际空间站"在航天医学、生物学与生物技术、物理科学、技术开发与验证、地球与空间科学、教育等领域发挥了重要作用。

未来，载人航天仍然是人类探索未知世界的重要途径。随着低地球轨道载人航天技术日臻成熟，低地球轨道以远载人航天探索活动正逐渐成为热点。世界各国均将月球及以远作为未来载人航天探索的目标，提出载人深空探索构想，正在研制或研究新型载人飞船和运载火箭，将具备到达包括月球、小行星、火星及附近区域的能力。欧洲、日本和印度将突破载人航天技术，将工作重点放在独立掌握天地往返技术上，发展具备独立开展载人航天活动的能力。

美国、欧洲主要航天国家将着重以"国际空间站"为平台，积极开展载人航天活动。载人登月及建立月球基地将成为载人航天活动的重点方向，重点突破登月舱、月面活动机器人、月球车等关键技术，使月球成为人类拓展与开发利用地外空间的理想基地和前哨站。不仅如此，美国、欧洲、俄罗斯等国家和地区已经将火星作为载人深空探索的最终目标，通过合作的方式，开展载人火星探索。

中国航天器的发展概况

中国航天事业起步于 1956 年。这一年的 10 月 8 日，中国第 1 个火箭导弹研究机构——国防部第五研究院正式成立，标志着中国航天事业从此开始登上历史舞台。

1958 年 5 月 17 日，毛泽东同志在中国共产党八届二中全会召开时指出："我们也要搞人造卫星"。1968 年 2 月 20 日，中国空间技术研究院正式成立，中国空间事业进入到有计划、有步骤、有组织、有领导地开展航天器研制工作的时期。在基础工业比较薄弱、科技水平相对落后和特殊的国情、特定的历史条件下，中国走出了一条适合本国国情和有自身特色的航天发展道路。

1970 年 4 月 24 日，中国第一颗人造地球卫星——东方红 - 1 成功发射，并用 20.009MHz 的频率向全世界播送"东方红"乐曲，开启了中国探索太空的新纪元，树立起中国航天事业发展的第一个里程碑，标志着中国成为世界上第五个独立研制、发射人造卫星的国家。

1975 年 11 月 26 日，首颗返回式卫星发射成功，使中国成为世界上第三个掌握卫星返回技术的国家。1975—2006 年，中国成功发射和回收了 23 颗返回式卫星。1988 年 9 月 6 日，第一颗气象卫星——风云 - 1 发射成功，使中国成为世界上第三个独立研制和发射极轨气象卫星的国家。目前，中国已基本建成"风云"、"海洋"、"资源"、"遥感"、"天绘"等卫星系列和"环境与灾害监测预报小卫星星座"，初步形成对地观测卫星应用体系，正在全面实施高分辨率对地观测系统重大科技专项。

1984 年 4 月 8 日，中国首次成功发射地球静止轨道试验通信卫星——东方红 - 2，使中国成为世界上第五个独立研制和发射地球静止轨道卫星的国家，迈出了中国通信卫星的第一步。此后，中国的通信卫星逐步从试验走向实用，从国内走向国际。目前，中国已研制了三代东方红系列通信卫星平台：东方红 - 2、东方红 - 3 和东方红 - 4，突破了大容量地球静止轨道卫星公用平台技术，卫星性能大幅提升。中国研制的商业通信卫星已经成功进入国际市场，实现了"尼日利亚通信卫星"、"委内瑞拉卫星"和"巴基斯坦卫星"的整星出口和在轨交付。

1994 年，中国正式启动了"北斗"卫星导航试验系统的工程建设，历时 9 年建成系统并使中国成为全球第三个拥有卫星导航能力的国家。中国的"北斗"卫星导航系统按照从试验系统，到区域系统，再到全球系统的"三步走"发展思路进行构建。按计划，中国将在 2012 年底建成"北斗"卫星导航区域系统，具备提供覆盖亚太地区的导航定位、授时和短报文通信服务的能力；2020 年左右，建成覆盖全球的"北斗"卫星导航系统。

载人航天是中国航天发展史中的重要里程碑。1999 年 11 月 19 日，中国第一艘无人试验飞船——神舟 - 1 成功发射，正式揭开了中国载人航天工程的发展序幕。之后的 4 年间，神舟 - 2 至神舟 - 4 成功发射，为中国开展正式载人航天飞行奠定了坚实基础。2003 年 10 月 15—16 日，中国第一艘载人航天器——神舟 - 5 成功发射并返回，实现了中华民族千年的飞天梦想，树立了中国航天事业发展的第二个里程碑，使中国成为世界上第三个能够独立开展载人航天活动的国家。随后，2005 年 10 月 12 日，神舟-6发射成功，首次实现了中国的"多人多天"载人航天飞行。2008年9月25日，神舟-7飞船任务实现了中国首次太空漫步。2011年11月3日，神舟-8飞船首次完成了与天宫-1的无人交会对接。2012年6月18日，神舟-9飞船首次完成了与天宫-1的载人交会对接。这一系列的辉煌成就，标志着中国载人航天工程的巨大成功和快速进步。

2007年10月24日，中国航天在腾飞过程中又迎来了第三个发展里程碑。中国第一个空间探测器——嫦娥-1飞向月球，并于同年11月20日开始传回清晰月面图像，标志着中国已经跨入世界上为数不多的具有深空探测能力国家的行列。2010年10月1日，中国又成功发射了嫦娥-2探测器，获取了高分辨率的月球虹湾区局部影像图，为后续的月球着陆探测返回任务奠定了重要基础。嫦娥-2在完成既定任务后，首先转移往拉格朗日L2点完成了对日观测任务，随后飞往4179号"图塔蒂斯"小行星。

50余年来，中国走过了一条从无到有、努力进取的奋斗道路，研制并成功发射了包括返回式遥感、传输型遥感、通信广播、导航定位、科学与技术试验、载人航天、深空探测等各类航天器，在国民经济、国防建设、文化教育和科学研究等方面得到了广泛应用。在航天器研制中取得的新技术成果，又快速推广到国民经济建设的各个部门，有力地推动了传统产业的技术改造和技术进步。

当前，中国正处于全面建设小康社会的关键时期。国家战略规划、经济社会发展、科技进步等对航天发展提出了新的迫切需求。面对国家加快培育和发展战略性新兴产业的重大历史机遇，中国航天事业发展已站在了新的历史起点。未来，中国将建立起天地协调发展、满足国家各行业需求的空间基础设施体系。中国航天人将积极探索，努力创新，全面服务于国家战略，服务于经济和社会发展，为建设创新型国家、带动科技进步、培养新一代科研队伍、实现经济社会又好又快发展作出新的更大贡献！

结束语

开发和利用外层空间是人类社会文明进步的一个永恒主题。21世纪，国家对空间能力的依赖可以与19世纪和20世纪工业的生存与发展对电力和石油的依赖相比拟。世界各国瞄准未来竞争的战略需要，大力支持前沿技术和基础技术的研发，不断深化天地一体化和综合集成创新，推动航天器技术水平、数量规模和应用程度的持续提升，全力争夺国际竞争新的战略制高点。可以预见，在不远的将来，航天器将具有对经济、社会和科技发展的更大基础性、支撑性和带动性作用，成为服务国家核心利益的重要装备和关键设施。

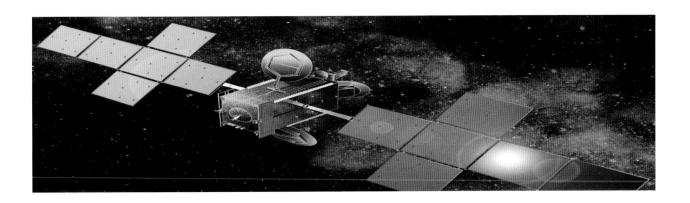

通信广播卫星

通信广播卫星是运行在太空中用作无线电通信中继站的人造地球卫星，是卫星通信系统的空间部分，通过转发无线电通信信号，实现地球站（含手持机终端）与地球站之间或航天器与地球站之间的通信，可提供固定通信、移动通信和广播通信等多种业务。

通信广播卫星接收地球站或航天器发来的微弱无线电信号，加以放大、变频，或解调、重新调制，再经功率放大后转发给另一地球站或航天器。通信卫星一般由有效载荷和卫星平台两部分组成。有效载荷包括通信转发器和通信天线，完成通信任务；卫星平台包括结构与机构、电源、热控制、姿态与轨道控制、推进、测控及数据管理等分系统，为有效载荷正常工作提供各方面的支持和保障。

卫星通信具有覆盖面积大、通信距离远、传输容量大、不受地形环境限制、通信质量好和成本效益高等优点，已经成为现代通信的重要手段。同时，卫星通信灵活组网和对地面系统依赖性低的特点，使其在广域覆盖和应急通信方面具有独特的优势。

通信广播卫星按轨道可分为地球静止轨道通信卫星、大椭圆轨道通信卫星、中轨道通信卫星和低轨道通信卫星；按服务区域可分为国际通信卫星、区域通信卫星和国内通信卫星；按用途可分为军用通信卫星、民用通信卫星和商用通信卫星；按通信业务种类又可分为固定通信卫星、移动通信卫星、广播卫星和跟踪与数据中继卫星等。

阿根廷

为了发展农村地区的电话及电视服务，促进本国及周边国家的经济和社会发展，阿根廷政府决定建立通信卫星系统。

1992年，阿根廷政府成立了国家电信委员会，负责发展国内通信卫星系统。1993年，阿根廷那沃卫星公司成立，该公司取得了通信卫星运营牌照，并通过购买和运营"那沃"（Nahuel）系列卫星提供卫星通信业务。

2006年，阿根廷政府成立了阿根廷卫星公司，负责接管Nahuel系列卫星，并发展新的"阿根廷卫星"（Arsat）系列。Arsat卫星由阿根廷应用研究公司与欧洲的阿斯特里姆和泰雷兹·阿莱尼亚航天公司合作研制。

Nawo Weixing

"那沃"卫星
Nahuel

概 况

"那沃"（Nahuel）卫星是阿根廷的民商两用通信卫星，用于固定通信和直播到户电视广播业务。卫星最初由那沃卫星公司运营，后移交给阿根廷卫星公司。

Nahuel系统的组建经历了过渡期和最终期2个阶段：过渡期包括Nahuel - C1和C2卫星，均为直接购买的在轨卫星；最终期包括Nahuel - 1A（见图1-1）和1B卫星，均为采购的新卫星。

Nahuel - C1和C2卫星原名阿尼克 - C1和C2（Anik C1和C2），分别于1985年4月12日和1983年6月18日发射，目前均已退役。Nahuel - 1A卫星于1997年1月30日发射，定点西经71.8°，在被阿根廷卫星公司接管后更名为Nahuel - 1，目前已退役。Nahuel - 1B卫星原计划2003年发射，但因资金问题而取消发射，后被卖给美国的通用电气公司（GE），并更名为通用电气公司 - 5（GE - 5）。

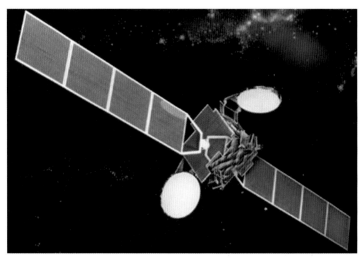

图 1 - 1   Nahuel - 1A 卫星

主要性能参数

Nahuel - C1 和 C2 卫星由美国休斯公司研制，采用 HS - 376 平台，圆柱体星体，直径 2.16m，收拢高度 2.82m，展开高度 6.43m。每颗卫星装有 16 路转发器，每路转发器可支持 90Mbit/s 的数据传输或 2 路电视信号。

Nahuel - 1A 卫星由德国道尼尔公司、法国宇航公司和阿莱尼亚公司联合研制，采用空间客车 - 2000NG（Spacebus - 2000NG）平台，主体尺寸 1.64m×1.46m×2.2m。卫星装有 2 副赋形抛物面反射器天线，可形成 3 个覆盖不同区域的波束：其中一个覆盖阿根廷、智利、巴拉圭和乌拉圭；一个覆盖巴西；另一个覆盖整个拉丁美洲、加勒比海和美国南部地区。Nahuel - 1A 卫星性能参数见表 1 - 1。

表 1 - 1　Nahuel - 1A 卫星性能参数

参数	指标
卫星平台	Spacebus - 2000NG
发射质量/kg	1790
功率/kW	2.9（寿命末期）
设计寿命/年	12
稳定方式	三轴稳定
推进	统一双组元推进
转发器	18 路 Ku 频段，单路带宽 54MHz；上行频率 13.75 ~ 14.5GHz，下行频率 11.45 ~ 12.2GHz
天线	2 副赋形抛物面反射器天线，均为双线性极化

阿联酋

阿联酋拥有"瑟拉亚"（Thuraya）商用通信卫星系统和"阿联酋卫星"（Yahsat）军商两用通信卫星系统。Thuraya 卫星系统包括 3 颗卫星——Thuraya – 1、2 和 3，Yahsat 卫星系统包括 2 颗卫星——Yahsat – 1A 和 1B。

Selaya Weixing
"瑟拉亚"卫星
Thuraya

概 况

"瑟拉亚"（Thuraya）卫星（见图 1 – 2）是瑟拉亚卫星通信公司运营的商用通信卫星，主要用于卫星移动通信业务。

Thuraya 卫星系统包括 3 颗卫星：Thuraya – 1 卫

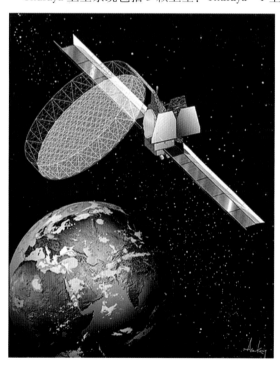

图 1 – 2　Thuraya 卫星

星于 2000 年 10 月 21 日发射，在轨期间太阳翼上出现聚光镜雾化问题，导致功率供给下降，于 2007 年 5 月提前退役；Thuraya – 2 和 3 卫星分别于 2003 年 6 月 10 日和 2008 年 1 月 15 日发射，定点东经 44°和东经 98.6°。

主要性能参数

Thuraya 卫星由波音卫星系统公司（BSS）研制，采用地球静止轨道移动卫星平台（BSS – GEM），星上波束成型网络能够根据地面通信容量变化灵活地控制波束的方向和功率。Thuraya 卫星性能参数见表 1 – 2。

表 1 – 2　Thuraya 卫星性能参数

参数		指标
卫星平台		BSS – GEM
发射质量/kg		5250
功率/kW		13（寿命初期），11（寿命末期）
设计寿命/年		12
稳定方式		三轴稳定
推进		双组元液体推进，1 台 436N 液体远地点发动机（远地点机动），2 台 10N 和 8 台 22N 推力器（位置保持）
转发器	C 频段	2 个主份和 2 个备份 TWTA，功率 125W；上行频率 6425 ~ 6725MHz，下行频率 3400 ~3625MHz
	L 频段	128 个 17W 功率的 SSPA，每个馈源 1 个；上行频率 1626.5 ~ 1660.5MHz，下行频率 1525 ~1559MHz
天线		1 副直径 1.27m 的赋形天线，C 频段，圆极化；1 副大型可展开多波束天线，L 频段，物理尺寸 12.2m × 15.8m，128 个偶极子馈源，形成 512 个直径 600km 的点波束

Alianqiu Weixing

"阿联酋卫星"
Yahsat

概　况

　　"阿联酋卫星"（Yahsat）是阿联酋卫星通信公司（YAHSAT）运营的军商两用通信卫星，主要用于直播到户电视广播和军事通信业务。Yahsat 卫星共发射了 2 颗：Yahsat－1A 卫星于 2011 年 4 月 22 日发射，定点东经 52.5°；Yahsat－1B 卫星于 2012 年 4 月 23 日发射，定点东经 47.6°。

主要性能参数

　　Yahsat 卫星（见图 1－3）的卫星平台由欧洲航空航天防务集团阿斯特里姆公司（EADS Astrium）研制，有效载荷由泰雷兹·阿莱尼亚航天公司（TAS）研制，卫星采用欧洲星－3000（Eurostar－3000）平台，功率 15kW，设计寿命 15 年。

　　Yahsat－1A 卫星发射质量 5965kg，装有 14 路 C 频段和 25 路 Ku 频段的商用转发器，以及 Ka 频段军用转发器，卫星共装有 9 副反射器天线。

　　Yahsat－1B 卫星发射质量 6100kg，装有 46 路 Ka 频段转发器，其中 25 路为商用转发器，21 路为军用转发器。

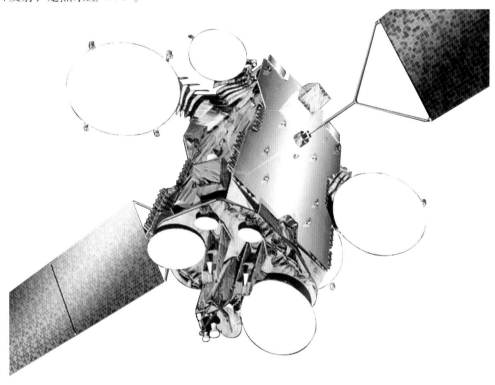

图 1－3　Yahsat 卫星

埃 及

埃及无线电与电视联盟（ERTU）负责埃及广播卫星的最初研究。1996年，尼罗河卫星公司成立，负责运营埃及的通信卫星。

Niluohe Weixing
"尼罗河卫星"
Nilesat

概 况

"尼罗河卫星"（Nilesat）是埃及尼罗河卫星公司运营的民用通信卫星，用于数字通信和直播到户电视广播、无线电广播和多媒体业务。Nilesat卫星使用西经7°的轨道位置，共发射3颗：Nilesat-101卫星（见图1-4）于1998年4月28日发射；

Nilesat-102卫星于2000年8月17日发射；Nilesat-201（见图1-5）卫星于2010年8月4日发射。

主要性能参数

Nilesat-101和102卫星由欧洲航空航天防务集团阿斯特里姆公司（EADS Astrium）研制，卫星采用欧洲星-2000（Eurostar-2000）平台，东西位置保持精度0.09°，南北位置保持精度0.07°，每颗卫星装有12路Ku频段转发器。

Nilesat-201卫星由泰雷兹·阿莱尼亚航天公司（TAS）研制，采用空间客车-4000B2（Spacebus-4000B2）平台，装有24路Ku频段转发器和4路Ka频段转发器。Nilesat卫星性能参数见表1-3。

图1-4　Nilesat-101和102卫星

图 1 – 5　Nilesat – 201 卫星

表 1 – 3　Nilesat 卫星性能参数

卫星名称		Nilesat – 101 和 102	Nilesat – 201
卫星平台		Eurostar – 2000	Spacebus – 4000B2
发射质量/kg		1840（Nilesat – 101）；1827（Nilesat – 102）	3129
功率/kW		3.02（Nilesat – 101）；3.06（Nilesat – 102）	5.9（寿命末期）
设计寿命/年		15	15
稳定方式		三轴稳定	三轴稳定
转发器	Ku 频段	12 路，带宽 33MHz，功率 100W；上行频率 17.3 ~ 17.7GHz 和 17.4 ~ 17.9GHz；下行频率 11.7 ~ 12.1GHz 和 11.8 ~ 12.3GHz；EIRP：50.1dBW；G/T：1.5dB/K	24 路，带宽 33MHz（卫星广播业务）或 54MHz（卫星固定通信业务），输出功率 138W；上行频率 17.3 ~ 18.35GHz；下行频率 11.7 ~ 12.75GHz；EIRP：51.7dBW
	Ka 频段	无	4 路，带宽 33MHz，输出功率 126W；上行频率 27.5 ~ 27.58GHz；下行频率 21.4 ~ 21.48GHz；EIRP：53dBW

澳大利亚

澳大利亚从 1966 年开始研究建设通信卫星系统，其建设过程可分为 3 个阶段：

1969—1979 年，澳大利亚租用"国际通信卫星"（Intelsat）系统开展洲际电话业务，并使用美国的应用技术卫星 -1（ATS - 1）开展试验，积累相关经验，以便规划本国的卫星通信系统；

1979 年中期，澳大利亚政府成立了澳塞特公司，负责采购并运营本国的通信卫星；

1991 年起，澳大利亚政府开始对澳塞特公司进行私有化改造，2001 年 10 月 23 日该公司成为新加坡电信公司的全资子公司，更名为新加坡电信 - 澳普图斯公司。

Aoputusi Weixing

"澳普图斯"卫星
Optus

概　况

"澳普图斯"（Optus）卫星原名"澳塞特"（Aussat），是澳塞特公司运营的民用通信卫星。2001 年 10 月 23 日，澳塞特公司完成私有化改造，更名为新加坡电信 - 澳普图斯公司，Aussat 卫星也更名为 Optus 卫星，主要为澳大利亚和新西兰等地区提供移动和固定通信业务。此外，Optus - C1 卫星还为澳大利亚国防部提供军事通信业务。

Optus 卫星共发射了 10 颗，目前仍在轨运行的有 5 颗。Aussat - A1 和 A2 卫星均由航天飞机发射。1985 年 8 月 27 日，Aussat - A1 卫星由"发现"航天飞机发射，定点东经 160°；1985 年 11 月 28 日，Aussat - A2 卫星由"阿特兰蒂斯"航天飞机发射，定点东经 164°；1987 年 9 月 16 日，Aussat - A3 卫星由阿里安 - 3 运载火箭发射，定点东经 152°。这 3 颗卫星目前均已退役。

Optus - B 系列卫星均由中国的长征 - 2E 运载火箭发射。Optus - B1 卫星于 1992 年 8 月 13 日发射，定点东经 160°；Optus - B2 卫星于 1992 年 12 月 21 日发射，由于运载火箭发生故障，导致发射失败；Optus - B2 卫星发射失败后，于 1994 年 8 月 27 日发射了 Optus - B3 卫星，定点东经 164°。目前，Optus - B3 卫星仍在轨运行。

Optus - C1 卫星于 2003 年 6 月 11 日发射，装有商用和军用有效载荷，是当时最大的商用、军用混合通信卫星。该卫星定点东经 156°，目前仍在轨运行。

Optus - D1 卫星于 2006 年 10 月 13 日发射，定点东经 160°，取代了 Optus - B1 卫星；Optus - D2 卫星于 2007 年 10 月 5 日发射，定点东经 152°；Optus - D3 卫星于 2009 年 8 月 21 日发射，定点东经 156°。这 3 颗卫星目前均在轨运行。

主要性能参数

Aussat - A 系列卫星（见图 1 - 6）由休斯公司研制，采用 HS - 376 平台，圆柱体星体，直径 2.2m，高度 2.9m，展开高度 6.3m，卫星采用双自旋稳定，位置保持精度 0.5°。Aussat - A 系列卫星寿命初期功率 1050W，设计寿命 10 年，装有 15 路带宽为 45MHz 的 Ku 频段转发器。Aussat - A1 和 A2 卫星在轨质量 654kg，Aussat - A3 卫星在轨质量 696kg。

Optus - B 系列卫星（见图 1 - 7）原计划包括 Optus - B1 和 B2 两颗卫星，Optus - B2 卫星发射失败后，又增加了 Optus - B3 卫星。Optus - B 系列卫星由休斯公司研制，采用 HS - 601 平台，立方体星体，边长 2.29m，太阳翼翼展 20.6m，天线展开跨度 11.1m。卫星采用三轴稳定，设计寿命 10 年。Optus - B 系列卫星装有与 Aussat - A 系列卫星相似的 Ku 频段转发器，并增加了 3 个有效载荷：1 路 L

频段转发器，1个用于精密测距、支持时间同步传输的激光反光镜，以及1个用于信号传输研究的28GHz（Ka频段）信标。

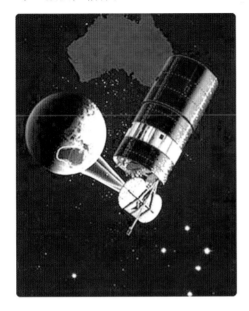

图1-6　Aussat-A卫星

图1-7　Optus-B卫星

Optus-C1卫星（见图1-8）由日本的三菱电机公司（MELCO）和美国的劳拉空间系统公司（SS/L）研制，其中，通信系统由MELCO制造。卫星采用LS-1300平台，长方体星体，三轴稳定，采用统一双组元液体推进，设计寿命15年。卫星装有用于商业卫星通信业务的Ku频段转发器，以及供澳大利亚国防部使用的UHF、X和Ka频段转发器。

Ku频段有效载荷的20路转发器与1个覆盖澳大利亚和新西兰的区域波束相连，另外4路转发器

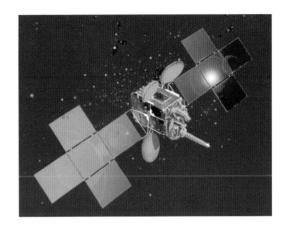

图1-8　Optus-C1卫星

与覆盖亚太地区的波束相连；X和Ka频段有效载荷与3个波束相连，分别为1个覆盖澳大利亚及邻近地区的区域波束、1个可控点波束和1个全球波束；UHF频段有效载荷有1个由卫星对地面大型螺旋天线形成的全球波束。X频段上行链路可与Ka频段下行链路实现连接，反之亦然。

Optus-D系列卫星（见图1-9）由轨道科学公司（OSC）研制，采用星-2（Star-2）平台，仅装有商业通信有效载荷。

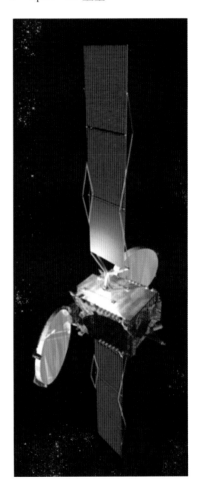

图1-9　Optus-D卫星

在轨运行的 Optus 卫星性能参数见表 1-4。

表 1-4 在轨运行的 Optus 卫星性能参数

卫星名称	Optus - B3	Optus - C1	Optus - D1	Optus - D2	Optus - D3
卫星平台	HS - 601	LS - 1300	Star - 2	Star - 2	Star - 2
质量/kg	2858	4725	2299	2401	2501
功率/kW	3	10	4.7	6.1	5
设计寿命/年	10	15	15	15	15
稳定方式	三轴稳定	三轴稳定	三轴稳定	三轴稳定	三轴稳定
转发器	15 路 Ku 频段、1 路 L 频段转发器；Ka 频段信标和激光反光镜	24 路 Ku 频段、5 路 Ka、4 路 X 频段和 6 路 UHF 频段转发器	32 路 Ku 频段转发器	32 路 Ku 频段转发器	32 路 Ku 频段转发器

巴基斯坦

巴 基斯坦的通信卫星由国家航天机构空间和高层大气研究委员会（SUPARCO）负责运营，其通信卫星发展分为两个阶段，第一阶段是租用的巴基斯坦-1卫星（Paksat-1），第二阶段是采购的 Paksat-1R 卫星。

2002 年 12 月，巴基斯坦为了保留其东经 38°的轨道位置，租用了印度尼西亚于 1996 年 1 月发射的帕拉帕-C1（Palapa-C1）卫星，并将其更名为 Paksat-1 卫星。

2008 年 10 月 5 日，巴基斯坦与中国签署协议，向中国长城工业总公司（CGWIC）采购了 Paksat-1R 卫星，以取代 Paksat-1 卫星。

Bajisitan Weixing
"巴基斯坦卫星"
Paksat

概　况

"巴基斯坦卫星"（Paksat）是空间和上层大气研究委员会运营的民用通信卫星，主要为巴基斯坦提供通信、广播和宽带多媒体业务，包括 Paksat-1 和 1R 两颗卫星。Paksat-1 卫星是巴基斯坦于 2002 年 12 月租用的 Palapa-C1 卫星；Paksat-1R 卫星（见图 1-10）于 2011 年 8 月 11 日发射，定点东经 38°，取代了之前租用的 Paksat-1 卫星。

主要性能参数

Paksat-1R 卫星由中国空间技术研究院（CAST）研制，采用东方红-4 平台，长方体星体，星体尺寸 2.36m × 2.1m × 3.6m，发射质量约 5115kg，寿命末期功率 7.75kW，设计寿命 15 年。卫星装有 12 路 C 频段和 18 路 Ku 频段转发器，能够同时发送 150～200 路电视信号。为了满足特殊的覆盖要求，Paksat-1R 卫星装有 3 副接收天线和 2 副发射天线，并配有天线指向机构，可覆盖印度次大陆、中东、东非和西欧部分地区。

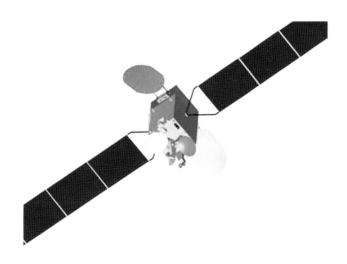

图 1-10　Paksat-1R 卫星

巴 西

从 1968 年起，巴西政府成立了一家公司，负责发展本国的卫星通信业务。

巴西通信卫星发展共经历了三个阶段：20 世纪 70 年代，巴西使用美国的应用技术卫星 – 3（ATS – 3）开展了卫星通信试验，并租用"国际通信卫星"（Intelsat）的转发器和地面终端开展国内卫星通信业务；20 世纪 80 年代，巴西开始采购并运营本国的通信卫星；20 世纪 90 年代，巴西对卫星运营公司进行私有化改造，并于 2000 年 12 月与 SES 阿斯特拉公司合作成立了星一公司，负责采购并运营巴西的通信卫星。

Xingyi Weixing
"星一"卫星
Star One

概 况

"星一"（Star One）卫星原名"巴西卫星"（Brasilsat），最初是民用通信卫星。2000 年 12 月，巴西完成了对卫星运营公司的私有化改造，与 SES 阿斯特拉公司合作成立了星一公司，其运营的卫星也更名为 Star One 卫星，主要为拉美地区提供双向高速通信业务，并为巴西国内提供电话、电视、互联网和数据传输等业务。此外，Brasilsat – B 和 Star One – C 系列卫星也用于为巴西提供军事通信业务。

Star One 卫星共发射了 8 颗，目前在轨运行的有 4 颗。

Brasilsat – A 系列卫星（见图 1 – 11）由晶石宇航有限公司和休斯空间与通信公司研制。Brasilsat – A1 卫星于 1985 年 2 月 8 日发射，定点东经 65°，是南美地区第一颗国家通信卫星。1997 年 11 月，Brasilsat – A1 卫星达到设计寿命，被租借给泛美卫星公司，并运行至 2002 年 3 月，工作寿命达到 17 年。Brasilsat – A2 卫星于 1986 年 3 月 28 日发射，定点东经 70°，后被 Brasilsat – B4 卫星取代。

Brasilsat – B 系列卫星（见图 1 – 12）由休斯空间与通信公司研制。Brasilsat – B1 卫星于 1994 年 8 月 10 日发射，定点东经 70°；Brasilsat – B2 卫星于

1995 年 3 月 28 日发射，定点东经 65°；Brasilsat – B3 卫星于 1998 年 2 月 4 日发射，定点东经 84°；Brasilsat – B4 卫星于 2000 年 8 月 17 日发射，定点东经 92°。

Star One – C 系列卫星（见图 1 – 13）由泰雷兹·阿莱尼亚航天公司（TAS）研制。Star One – C1 卫星于 2007 年 11 月 14 日发射，定点东经 65°；Star One – C2 卫星于 2008 年 4 月 18 日发射，定点东经 70°。

主要性能参数

Brasilsat – A 系列卫星采用 HS – 376 平台，圆柱体星体，直径 2.16m，高 2.95m，在轨质量 671kg，采用自旋稳定方式，位置保持精度 0.1°，远地点机动采用固体发动机，在轨位置保持采用单组元液体推进。卫星装有 24 路 C 频段转发器，采用双极化频率复用技术。馈电喇叭和大型反射器可形成覆盖巴西的波束。目前 Brasilsat – A 系列卫星均已退役。

Brasilsat – B 系列卫星采用 HS – 376 平台，圆柱体星体，直径 3.65m，展开高度 8.3m，在轨质量 1052kg，采用自旋稳定方式，位置保持精度 0.1°，采用统一双组元液体推进。Brasilsat – B1 和 B2 卫星装有 28 路 C 频段转发器，用于取代 Brasilsat – A 系列卫星，另外还装有用于军事通信的 X 频段转发器。Brasilsat – B3 和 B4 卫星装有 28 路 C 频段转发器。目前 Brasilsat – B1 和 B2 卫星已退役，Brasilsat – B3 和 B4 卫星仍在轨运行。

Star One – C 系列卫星采用空间客车 – 3000B3（Spacebus – 3000B3）平台，卫星装有 28 路 C 频段、16 路 Ku 频段转发器和 1 路 X 频段转发器，可覆盖

几乎整个拉丁美洲和美国的佛罗里达州。卫星的 C 频段转发器主要用于话音、电视、无线电和互联网等业务；Ku 频段转发器主要用于直接到户的直播到户电视广播，以及宽带互联网和远程电话业务；X 频段转发器专门用于军事通信。

Star One 卫星性能参数见表 1 – 5。

图 1 – 12　Brasilsat – B 卫星

图 1 – 11　Brasilsat – A 卫星

图 1 – 13　Star One – C 卫星

表 1 – 5　Star One 卫星性能参数

卫星名称	卫星平台	发射质量/kg	功率（寿命初期）/kW	寿命/年	稳定方式
Brasilsat – A1	HS – 376	1140	0.982	9	自旋稳定
Brasilsat – A2	HS – 376	1140	0.982	11	自旋稳定
Brasilsat – B1	HS – 376	1757	1.8	12	自旋稳定
Brasilsat – B2	HS – 376	1757	1.8	12	自旋稳定
Brasilsat – B3	HS – 376	1757	1.8	12.6	自旋稳定
Brasilsat – B4	HS – 376	1757	1.8	12.6	自旋稳定
Star One – C1	Spacebus – 3000B3	4100	10.5	15	三轴稳定
Star One – C2	Spacebus – 3000B3	4100	10.5	15	三轴稳定

德　国

在1974年，德国与法国联合研制发射了欧洲第一颗通信卫星——"交响乐"（Symphonie）卫星。1980年，德国和法国达成协议，联合研制电视直播卫星，该项目在德国称为"电视广播卫星"（TV Sat），包括2颗卫星。

德国的军事通信卫星称为"联邦国防军通信卫星"（COMSATBw），共经历了三个发展阶段：第一个阶段和第二个阶段主要以租用卫星通信链路为主；从第三个阶段开始采取公私合营的方式发展本国军事通信卫星系统。2006年7月，德国国防部（GMD）委托军用卫星服务公司（由欧洲航空航天防务集团和总部设在德国的ND卫星通信公司联合成立）管理军用通信卫星项目。

Dianshi Guangbo Weixing
"电视广播卫星"
TV Sat

概　况

"电视广播卫星"（TV Sat）是联邦德国航空航天试验研究院（DFVLR）运营的民用通信卫星，主要为德国提供电视广播和高质量立体声广播业务。

TV Sat 包括 TV Sat-1 和 2（见图1-14）2颗卫星；TV Sat-1 卫星于1987年11月21日发射，定点西经19°，由于太阳翼和天线均未展开，1988年宣布失效；TV Sat-2 卫星于1989年8月8日发射，定点西经19°。1995年2月，卫星租借给挪威电信卫星广播公司，并移至西经1°附近位置，向斯堪的纳维亚半岛提供广播业务。

主要性能参数

TV Sat 卫星的主承包商是德国梅塞施密特-博尔科-布洛姆公司，星体为长方体，太阳翼翼展19m，在轨质量1190kg，采用三轴稳定方式，位置保持精度0.1°。卫星装有5路Ku频段转发器，天线模块由馈源塔和2个大型可展开反射器组成。其他性能参数见表1-6。

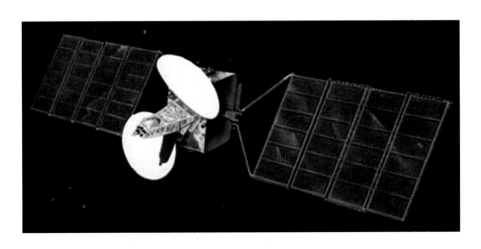

图1-14　TV Sat-1和2卫星

表1-6 TV Sat-1和2卫星性能参数

卫星名称	TV Sat-1	TV Sat-2
轨道位置	西经19°	西经19°
发射质量/kg	2077	2080
功率/kW	3.09（寿命末期）	3.09（寿命末期）
设计寿命/年	9	9
推进	统一双组元推进	统一双组元推进
转发器	5路 Ku 频段，27MHz 带宽，每路配有1个230W功率的TWTA和1个备份TWTA；最低 EIRP 为65.5dBW，G/T 值为12dB/K；上行频率17.7~18.1GHz；下行频率11.7467、11.8234、11.9001、11.9768和12.0535GHz	
天线	1个1.397m×2.629m 单喇叭偏馈抛物面反射器，形成0.72×1.62°的发射波束，增益约45dB，左旋圆极化；1个2m的偏馈抛物面反射器，形成0.7°的接收波束，右旋圆极化	

Lianbang Guofangjun Tongxin Weixing

"联邦国防军通信卫星" COMSATBw

概　况

"联邦国防军通信卫星"（COMSATBw）是德国国防部（GMD）的军用通信卫星，主要为德国国防部提供话音、数据、传真、视频和多媒体传输等业务。

COMSATBw 卫星系统的主承包商为欧洲航空航天防务集团阿斯特里姆公司（EADS Astrium），由泰雷兹·阿莱尼亚航天公司（TAS）负责卫星的研制工作，由军用卫星服务公司负责卫星的运行管理，并提供固定和移动地面站。

COMSATBw 系统包括2颗卫星：COMSATBw-1和 COMSATBw-2（见图1-15），分别于2009年10月1日和2010年5月21日发射。

图1-15　COMSATBw-1和2卫星

主要性能参数

COMSATBw 卫星由泰雷兹·阿莱尼亚航天公司（TAS）研制，卫星采用空间客车-3000B（Spacebus-3000B）平台，星体尺寸2.86m×2.95m×1.80m，太阳翼翼展17.23m。其他性能见表1-7。

表1-7　COMSATBw 卫星性能参数

参数	指标
轨道位置	COMSATBw-1：东经63°；COMSATBw-2：东经13.2°
卫星平台	Spacebus-3000B
质量/kg	2500（发射质量），1040（干质量）
寿命末期功率/W	3200
设计寿命/年	15
蓄电池类型	锂离子电池
稳定方式	三轴稳定，使用反作用飞轮
推进	远地点发动机：双组元推进；姿态与轨道控推力器：单组元推进
转发器	4路 SHF 频段转发器和5路 UHF 频段转发器
天线	1副 UHF 频段全球覆盖发射螺旋天线；1副 UHF 频段全球覆盖接收螺旋天线；1副 SHF 频段全球覆盖喇叭天线；1副 SHF 频段可移动窄点波束天线；2副 SHF 频段可移动宽点波束天线

俄罗斯/苏联

  苏联的通信卫星研制工作始于20世纪60年代，首先发展了低地球轨道的"天箭座"（Strela）卫星和大椭圆轨道的"闪电"（Molniya）卫星。20世纪70年代，苏联开始发展地球静止轨道通信卫星，并相继发展了"虹"（Raduga）、"荧光屏"（Ekran）、"地平线"（Gorizont）、"急流"（Potok）、"射线"（Luch）等卫星系列。苏联当时发展的通信卫星设计寿命普遍较短、替换频繁，导致需要发射相当大数量的通信卫星。

  苏联解体之后，俄罗斯继承了苏联所有的通信卫星项目，并积极与欧洲其他国家开展合作，先后发展了"信使"（Gonets）、"航向"（Gals）和"子午线"（Meridian）等通信卫星。与此同时，俄罗斯开始积极尝试通信卫星的商业化途径，将"快讯"（Express）卫星的运营权移交给俄罗斯卫星通信公司（RSCC）。随后，俄罗斯天然气工业股份公司也发展了"亚马尔"（Yamal）卫星，在满足自身卫星通信需求之余，也对外提供商业卫星通信业务。

  俄罗斯/苏联发展的通信卫星绝大部分由应用力学科研生产联合体（NPO PM，现为ISS Reshetnev，信息卫星系统–列舍特涅夫公司）研制，其中既有Molniya、Raduga、Gorizont、Express、Meridian等多用途的通信卫星，也有重点针对某一业务领域的专用卫星，并对军事与民用系统进行了较为明确的划分，例如：Strela和Gonets卫星分别用于军事、民用存储转发通信业务，Potok和Luch卫星分别用于军事、民用数据中继业务，Ekran和Gals卫星用于电视广播业务等。

Tianjianzuo Weixing
"天箭座"卫星
Strela

概　况

  "天箭座"（Strela）是俄罗斯/苏联低轨道存储转发式军用通信卫星，全部编入"宇宙"（Cosmos）系列编号，主要为俄罗斯/苏联军方和情报部门提供VHF/UHF频段的高保密存储转发通信。

  Strela卫星由俄罗斯/苏联应用力学科研生产联合体（NPO PM）研制，共发展了3代，成功发射566颗。第一代有Strela – 1和Strela – 1M两个型号：Strela – 1卫星1964—1965年共成功发射26颗；Strela – 1M卫星1970—1992年共成功发射360颗。第二代Strela卫星有Strela – 2和Strela – 2M两个型号：Strela – 2卫星1965—1968年共成功发射3颗；

Strela – 2M卫星1970—1994年共成功发射49颗。第三代Strela卫星——Strela – 3卫星是俄罗斯现役低轨存储转发卫星，1985年1月15日首次发射，至2010年9月8日共成功发射133颗。

  Strela卫星的后续型号为Strela – 3M，于2005年12月21日首发，共发射3颗，全部发射成功。

  Strela卫星布署情况见表1 – 8。

表1 – 8　Strela卫星部署情况

阶段	卫星名称	首发时间	发射数量	发射失败数量
第一代	Strela – 1	1964 – 08 – 18	29	3
第二代	Strela – 2	1965 – 12 – 28	5	2
	Strela – 2M	1970 – 06 – 27	51	2
第三代	Strela – 3	1985 – 01 – 15	142	9
	Strela – 3M	2005 – 12 – 21	3	0

主要性能参数

Strela－1 卫星（见图 1－16）是 NPO PM 于 1961 年开始为苏联国防部研制的试验通信卫星，后被 Strela－1M 取代。卫星发射质量 50kg，高 0.8m，直径 0.75m，功率 15W，设计寿命 3 个月，采用一箭双星、一箭三星或一箭五星方式发射，部署在同一轨道面上，轨道高度约 1500km，倾角 74°，周期 115min。

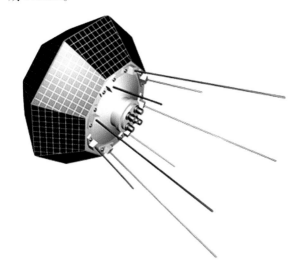

图 1－16　Strela－1 卫星

Strela－1M 卫星（见图 1－17）是在 Strela－1 卫星基础上研制的业务星，发射质量 90kg，功率 8W，设计寿命 6 个月，采用一箭八星方式发射。

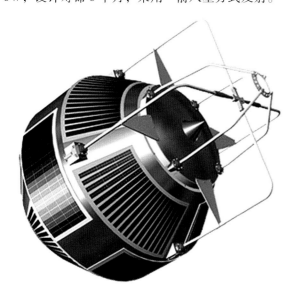

图 1－17　Strela－1M 卫星

Strela－2 卫星（见图 1－18）与 Strela－1M 卫星共同组成早期的 Strela 系统，发射质量 850kg，功率 150W，自旋稳定，设计寿命 6 个月，采用单星发射，由运行在同一轨道面、相位间隔 120° 的 3 颗卫星组成星座，轨道高度约 800km，倾角 74°。

图 1－18　Strela－2 卫星

Strela－3 卫星于 20 世纪 90 年代初先后取代 Strela－1M 和 Strela－2 卫星，是俄罗斯现役的低轨存储转发卫星。卫星发射质量 225kg，功率 50W，设计寿命 1 年，一般采用一箭六星方式发射，轨道高度约 1400km，倾角 82.6°。

Shandian Weixing

"闪电"卫星
Molniya

概　况

"闪电"（Molniya）卫星是俄罗斯/苏联的军民两用通信卫星，由俄罗斯/苏联应用力学科研生产联合体（NPO PM）研制，由俄罗斯/苏联航天部队负责运行管理，用于军事通信、民用通信、电视分发和多媒体业务。

苏联从 20 世纪 60 年代初开始发展 Molniya 卫星系统，发展了三代，共发射 175 颗卫星，其中 3 颗发射失败。第一代有 Molniya－1 和 Molniya－1T 两个型号，1964 年 8 月 22 日首颗 Molniya－1 卫星成功发射，1976 年 1 月 22 日第一颗 Molniya－1T 卫星发射。

截至 2004 年 2 月 18 日，第一代 Molniya 卫星共成功发射 97 颗。第二代 Molniya-2 卫星于 1971 年 11 月 24 日首发，至 1979 年 1 月 18 日共成功发射 20 颗。第三代有 Molniya-3 和 Molniya-3K 两个型号，Molniya-3 卫星于 1974—2003 年共成功发射 54 颗，其改进型 Molniya-3K 卫星首发于 2001 年 7 月 20 日，随后又在 2005 年 6 月 21 日进行了一次发射，但因火箭故障星箭俱毁。此后，Molniya 卫星逐渐被新一代的"子午线"（Meridian）卫星取代。

目前共有 2 颗 Molniya 卫星在轨，分别是 2003 年 4 月 2 日发射的 Molniya-1T-98 卫星和 2003 年 6 月 19 日发射的 Molniya-3-55 卫星。

主要性能参数

Molniya 卫星采用密封增压结构，可为内部电子设备提供恒温恒压环境，卫星装有 6 个太阳翼，典型高度 4.4m，最大跨度 8.2m。Molniya 卫星的典型轨道近地点高度 400km，远地点高度 40000km，倾角 63.4°，周期 12h。这种轨道的远地点在北半球上空，卫星运行 1 圈大约有 2/3 的时间处于北半球，且相对地球站的运动速度较慢，便于跟踪，对高纬度地区卫星通信极为有利。由于 Molniya 卫星最先采用了该轨道，因此这种 12h 周期的大椭圆轨道也被称为闪电轨道。

Molniya-1 卫星发射质量 1600kg，功率 460W，三轴稳定，设计寿命 2 年，用于 C 和 Ku 频段的军事及政府通信。

Molniya-1T 卫星发射质量 1600kg，功率 930W，设计寿命 2 年。卫星装有 1 路 40W 功率的 X 频段转发器，主要用于军事通信业务。

Molniya-2 卫星采用库尔-2（KAUR-2）平台，发射质量 1700kg，功率 960W，设计寿命 1 年。

Molniya-3 卫星采用 KAUR-2 平台，发射质量 1740kg，功率 1000W，设计寿命 3 年，主要用于国内及国际民用通信及电视分发业务。卫星装有功率为 40W 和 80W 的 3 路 C 频段转发器，带宽 50MHz，配有 30W 功率的 TWTA，上行频率 5.975~6.225GHz，下行频率 3.650~3.900GHz，圆极化。4 颗 Molniya-3 卫星组网运行，可支持地面直径 12m 的抛物面接收天线。

Molniya-3K 卫星（见图 1-19）发射质量 1740kg，功率 1470W，设计寿命 5 年，为俄罗斯军方及政府部门提供 C 和 Ku 频段通信及多媒体业务。

图 1-19　Molniya-3K 卫星

Hong Weixing
"虹"卫星
Raduga

概　况

"虹"（Raduga）卫星是俄罗斯/苏联的军民两用通信卫星，也是俄罗斯/苏联的第一个地球静止轨道通信卫星系列，卫星由俄罗斯/苏联航天部队负责运行管理，用于提供 C 频段国内、国际民用通信业务和 X 频段军事通信业务。

1960 年苏联开始发展静止轨道通信卫星，以"静止"（Statsionar）系统的名称申请了若干地球静止轨道卫星轨道位置。卫星由俄罗斯/苏联应用力学科研生产联合体（NPO PM）研制，无线电科研生产联合体（NPO Radio）负责卫星有效载荷的研制。

Raduga 卫星系列共发展了三代，共发射 45 颗，其中 2 颗发射失败。第一代 Raduga 卫星首发于 1975 年 12 月 22 日，1975—1996 年共发射 35 颗，其中 2 颗发射失败。第二代 Raduga-1 卫星首发于 1989 年 6 月 21 日，1989—2009 年共发射 8 颗，全部发射成功。第三代 Raduga-1M 卫星已发射 2 颗，分别发射于 2007 年 12 月 9 日和 2010 年 1 月 28 日。

目前共有 3 颗 Raduga 卫星在轨，分别是位于东经90°的 Raduga - 1 - 08、位于东经70°的 Raduga - 1M - 01 和位于东经90°的 Raduga - 1M - 02。

主要性能参数

Raduga 卫星（见图 1 - 20）采用库尔 - 3（KAUR - 3）平台，装有 2 组共 6 路 C 频段转发器，分别用于军事及民用通信，以及 1 路又称"航向"（Gals）有效载荷的 X 频段转发器。其他性能参数见表 1 - 9。

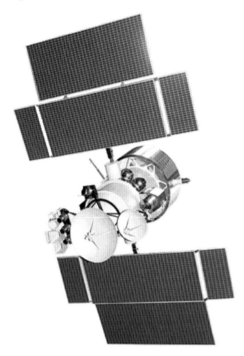

图 1 - 20　Raduga 卫星

表 1 - 9　Raduga 卫星性能参数

参数		指标
卫星平台		KAUR - 3
发射质量/kg		2000
功率/W		1250
设计寿命/年		3
稳定方式		三轴稳定，东西位置保持精度 0.5°，无南北位置保持
转发器	C 频段	6 路，带宽 34MHz，15W 功率的 TW-TA；上行频率 5.75 ~ 6.25GHz，下行频率 3.42 ~ 3.92GHz；覆盖区域边缘 EIRP：26dBW（全球波束），35dBW（区域波束），45dBW（点波束）
	X 频段	1 路，上行频率 7.9 ~ 8.4GHz，下行频率 7.25 ~ 7.75GHz

Raduga - 1 卫星是 Raduga 的后续型号，卫星采用 KAUR - 3 平台，星体高度 5.5m，直径 2.5m，太阳翼翼展 9.5m，发射质量 2420kg，功率 1600W，设计寿命 3 年，装有 6 路 C 频段转发器，总输出功率 195W，可为固定和移动终端提供通信业务。

Raduga - 1M 卫星是 Raduga - 1 卫星的改进型，卫星采用 MSS - 2500 - GSO 平台，发射质量约 2500kg，设计寿命约为 5 年，装有厘米波和分米波频段的多通道转发器，可为地面移动站提供稳定的卫星通信业务。

Yingguangping Weixing
"荧光屏"卫星
Ekran

概况

"荧光屏"（Ekran）卫星是俄罗斯/苏联电视广播卫星，也是世界上首个用于直播到户（DTH）电视广播的卫星系列，用于为俄罗斯提供 UHF 频段电视直播业务。Ekran 卫星最初由俄罗斯/苏联航天部队负责运行控制，1994 年 1 月，卫星运营权被移交给俄罗斯卫星通信公司（RSCC），具体由俄罗斯应用力学科研生产联合体（NPO PM）负责。

Ekran 系列卫星共发展了两代，由 NPO PM 研制，无线电科研生产联合体（NPO Radio）负责有效载荷的研制。第一代 Ekran 卫星使用"质子"（Proton）火箭发射，于 1976 年 10 月 26 日首发，至 1988 年共发射 21 颗，其中 4 颗发射失败。第二代 Ekran - M 卫星同样使用 Proton 火箭发射，1987—2001 年共成功发射 4 颗。

主要性能参数

Ekran 卫星（见图 1 - 21）采用库尔 - 3（KAUR - 3）平台，星体呈圆柱体，直径 2m，高约 5m。其他性能见表 1 - 10。

图 1 - 21　Ekran 卫星

表 1 - 10　Ekran 卫星性能参数

参数	指标
卫星平台	KAUR - 3
质量/kg	2000（发射质量），320（有效载荷质量）
功率/W	1800
设计寿命/年	1
稳定方式	三轴稳定，东西位置保持精度 0.5°，无南北位置保持
频段	C 频段上行，UHF 频段下行
转发器	1 路，2:1 备份，带宽 24MHz，上行右旋圆极化、下行左旋圆极化，功率 200W；上/下行频率：6.2GHz/714MHz（转发器 1），6.0GHz/754MHz（转发器 2）；波束中央 EIRP 为 49dBW，波束中央 G/T 为 -12dB/K
天线	1 副接收天线，形成 3.5°×3.5°波束；1 副相控阵发射天线，96 个螺旋阵子，面积 12m²，形成 3.0°×8.5°波束

Ekran - M 卫星发射质量 2100kg，功率 1800W，设计寿命 3 年，装有 2 路 300W 功率的转发器。

Dipingxian Weixing
"地平线"卫星
Gorizont

概　况

"地平线"（Gorizont）卫星是俄罗斯/苏联民用通信卫星系列，最初几颗 Gorizont 卫星专门用于 1980 年莫斯科奥运会的电视信号转播。除电视广播之外，Gorizont 系列卫星还用于俄罗斯/苏联的民用通信、海事通信和国际通信。

Gorizont 卫星由俄罗斯/苏联应用力学科研生产联合体（NPO PM）研制，有效载荷由航天仪表科学研究所（NII KP）研制。卫星使用"质子"（Proton）火箭发射，1978—2000 年共发射 35 颗，其中 2 颗发射失败。第 1 颗 Gorizont 卫星是 Gorizont - 1，发射于 1978 年 12 月 19 日，最后一颗 Gorizont - 33 卫星发射于 2000 年 6 月 6 日。随后，Gorizont 卫星被"快讯"（Express）卫星取代。

主要性能参数

Gorizont 卫星（见图 1 - 22）采用密封增压结构，圆柱体星体，直径 2m，高 5m，太阳翼翼展 9.46m，设计寿命 3 年，但实际寿命一般为 5～7 年，最长可达到 10 年左右。除 C 频段转发器之外，卫星还装有称为"射线"（Luch 或 Loutch）有效载荷的 Ku 频段转发器。Gorizont 卫星性能参数见表 1 - 11。

图 1 - 22　Gorizont 卫星

表 1 - 11　Gorizont 卫星性能参数

参数		指标
发射质量/kg		2200
功率/W		1280
设计寿命/年		3
稳定方式		三轴稳定，东西位置保持精度 0.5°，无南北位置保持
转发器	C 频段	1 路，带宽 40MHz，65W 功率的 TWTA，2:1 备份，右旋圆极化；上行频率 6.000GHz，下行频率 3.375GHz；EIRP：最高 46.1dBW、最低 43.0dBW（点波束），最高 35.6dBW、最低 32.6dBW（全球波束）；
		5 路，带宽 34MHz，5 台 15W 功率的 TWTA，右旋圆极化；上行频率 6.050～6.250GHz，下行频率 3.725～3.925GHz；EIRP：最高 31.0dBW、最低 28.0dBW（半球波束），最高 28.5dBW、最低 25.5dBW（全球波束），最高 34.0dBW（区域波束）
	Ku 频段	1 路，带宽 36MHz，15W 功率的 TWTA，2:1 备份；上行频率 14.325GHz，下行频率 11.525GHz；EIRP：最高 39.2dBW，最低 36.0dBW
天线		共 11 副天线，可形成 4.6°的点波束、6°×12°的区域波束、9°×18°的半球波束和全球波束

表 1－12　Potok 卫星性能参数

参数	指标
卫星平台	KAUR－4
发射质量/kg	2300
功率/W	1700
设计寿命/年	3
稳定方式	三轴稳定，指向精度 0.1°
频段	C 频段
转发器	上行频率 4.40 ~ 4.68GHz，下行频率 3.95 ~ 4.00GHz
天线	八边形相控阵天线，天线指向精度 0.5°

Jiliu Weixing

"急流" 卫星
Potok

概　况

"急流"（Potok）卫星，又称"喷泉"（Geizer）卫星，是俄罗斯/苏联军用数据中继卫星。Potok 卫星均混编入"宇宙"（Cosmos）系列编号之中，主要为俄罗斯/苏联的成像侦察卫星及军事通信卫星等低地球轨道（LEO）军用卫星提供 C 频段数据中继业务。

苏联的数据中继卫星系统于 1976 年 2 月正式立项，Potok 卫星属于该系统的军用部分。苏联向国际电信联盟（ITU）申请了东经 80°、西经 13.5° 和西经 168° 共 3 个轨道位置用于部署 Potok 卫星，但西经 168° 轨道位置一直未使用。

Potok 卫星由俄罗斯/苏联应用力学科研生产联合体（NPO PM）研制，使用"质子"（Proton）火箭发射，1982—2000 年共发射 10 颗，首颗 Potok 卫星发射于 1982 年 5 月 17 日。

Potok 卫星的后续替代型号为"鱼叉"（Garpun）卫星，原计划于 2001 年开始部署，但首颗 Garpun 卫星直到 2011 年 9 月 20 日才发射，目前只发射了 1 颗。

主要性能参数

Potok 卫星（见图 1－23）采用库尔－4（KAUR－4）平台，太阳翼翼展 16m，其性能参数见表 1－2。

图 1－23　Potok 卫星

Shexian Weixing

"射线" 卫星
Luch

概　况

"射线"（Luch 或 Loutch）卫星是俄罗斯/苏联民用数据中继卫星系列，主要为俄罗斯/苏联"和平"（Mir）空间站、"暴风雪"（Buran）航天飞机、"联盟"（Soyuz）飞船等载人航天器以及其他卫星提供数据中继业务，另外也用于卫星固定通信业务。

苏联于 1976 年 2 月开始正式发展民用数据中继卫星系统，力图建立与美国"跟踪与数据中继卫星系统"（TDRSS）相似的系统，称为"卫星数据中继网"。1981 年，苏联向国际电信联盟（ITU）登记了 3 个轨道位置，分别为东经 95°、西经 16° 和西经 160°，以建立中部、西部和东部卫星数据中继网，实现全球覆盖，解决苏联领土之外的航天器测控和数据传输问题。

Luch 卫星共发展了两代。第一代 Luch 卫星于 1985—1995 年共发射 5 颗，其中前 3 颗卫星混编入"宇宙"（Cosmos）系列编号之中。1985 年，第 1 颗 Cosmos－1700 卫星定点于东经 95°，构成"中部卫星数据中继网"；1993 年，第 3 颗 Cosmos－2054 卫星定点于西经 16°，建立了"西部卫星数据中继网"，为"和平"空间站和"联盟"飞船等航天器提供数据中继支持。但西经160°轨道位置上一直未部署卫星，也未建立"东部卫星数据中继网"。第二代Luch卫星目前仅发射了1颗，即2011年12月11日发射的Luch-5A卫星，现运行于东经95°，用于转发国际搜救卫星组织（COSPAS-SARSAT）的遇险信号、气象卫星数据以及"国际空间站"（ISS）的数据。除此之外，Luch-5A卫星也用于支持"格洛纳斯"（GLONASS）卫星导航系统的差分校正与监测。尚在研制中的Luch-5B卫星将在Luch-5A卫星的基础上增加1个激光通信有效载荷。Luch卫星部署情况见表1-13。

俄罗斯曾计划研制Luch-4卫星作为Luch-5A和5B卫星的补充。后来，该卫星改为技术试验卫星，并更名为叶尼塞-A1（Yenisey-A1），用于测试大型可展开天线等新技术，不再归入Luch系列。

表1-13　Luch卫星部署情况

阶段	卫星名称	发射时间	运载工具	工作状态
第一代	Luch-01	1985-10-25	质子-K/上面级DM-2	退役
	Luch-02	1987-11-26	质子-K/上面级DM-2	退役
	Luch-03	1989-12-27	质子-K/上面级DM-2	退役
	Luch-1	1994-12-16	质子-K/上面级DM-2	退役
	Luch-2-1	1995-10-11	质子-K/上面级DM-2	退役
第二代	Luch-5A	2011-12-11	质子-M/微风M-P3	东经95°

主要性能参数

第一代Luch卫星（见图1-24）由俄罗斯/苏联应用力学科研生产联合体（NPO PM）研制，无线电科研生产联合体（NPO Radio）负责卫星有效载荷的研制。卫星采用库尔-4（KAUR-4）平台，太阳翼翼展16m。其他性能参数见表1-14。

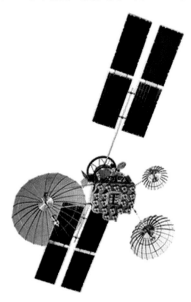

图1-24　第一代Luch卫星

表1-14　第一代Luch卫星性能参数

参数		指标
卫星平台		KAUR-4
发射质量/kg		2400
功率/W		1750
设计寿命/年		3
稳定方式		三轴稳定，东西位置保持精度0.5°，指向精度0.1°
转发器	UHF频段	5.0°波束，TWTA，上行频率900MHz，下行频率700MHz；EIRP为40.7dBW
	Ku频段	0.5°波束，TWTA，上行频率15.05GHz，下行频率13.5GHz，EIRP为56.2dBW
		1.0°波束，TWTA，上行频率14.62GHz，下行频率11GHz，发送电视信号的EIRP为42.3dBW，发送话音信号的EIRP为34.2dBW
天线		主动扫描天线阵，指向精度0.5°；3副大型网格抛物面天线；多副小型螺旋天线

Luch - 5A 卫星（见图 1 - 25）由俄罗斯信息卫星系统 - 列舍特涅夫公司（ISS Reshetnev）研制，卫星采用快讯 - 1000A（Express - 1000A）平台。其他性能参数见表 1 - 15。

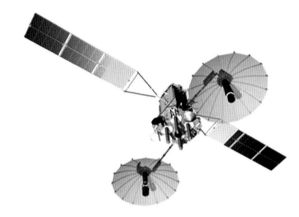

图 1 - 25　Luch - 5A 卫星

表 1 - 15　Luch - 5A 卫星性能参数

参数	指标
卫星平台	Express - 1000A
发射质量/kg	1165
功率/W	2200
设计寿命/年	10
稳定方式	三轴稳定
转发器	6 路 S 和 Ku 频段转发器； 　信道容量：5Mbit/s（S 频段），150Mbit/s（Ku 频段）； EIRP：23.9 ~ 59.6dBW； G/T：- 12.6 ~ + 24.1dB/K
天线	1 副 S 频段高增益天线，直径 4.2m； 1 副 Ku 频段高增益天线，直径 4.2m； 多副螺旋全向天线

Xinshi Weixing

"信使" 卫星
Gonets

概　况

"信使"（Gonets）卫星是俄罗斯的存储转发型民用通信卫星，主要为俄罗斯、独联体国家及其他国家提供类似电子邮件功能的报文通信。

Gonets 卫星共发展了两代。第一代 Gonets 卫星的研制工作始于 1991 年，是天箭座 - 3（Strela - 3）军事通信卫星的民用版本。1992 年 7 月，2 颗编入"宇宙"（Cosmos）系列的 Gonets - D 试验卫星成功发射。除 2 颗 Gonets - D 卫星外，第一代 Gonets 卫星还包括 Gonets - D1 业务卫星。Gonets - D1 卫星使用旋风 - 3（Tsiklon - 3）火箭以一箭三星方式发射，共发射 12 颗，其中 3 颗发射失败。由 6 颗 Gonets - D1 卫星组成的星座可同时为 1 万名位于俄罗斯境内的用户提供服务。

2001 年，俄罗斯启动了第二代 Gonets 系统的建设，又称为 Gonets - D1M "多功能个人卫星通信系统"，用户为俄罗斯联邦航天局，主承包商为信息卫星系统 - 列舍特涅夫（ISS Reshetnev）公司，运营商为信使卫星系统（GONETS Satellite System）公司。Gonets - D1M 系统包括 Gonets - M 卫星和正在研制中的 Gonets - M1 卫星，目前共发射了 2 颗 Gonets - M 卫星。

主要性能参数

Gonets 系统采用多颗卫星组成星座，可以实现全球覆盖，卫星采用圆形近极轨道，轨道高度约 1400km，倾角 82.5°。

Gonets - D1 卫星（见图 1 - 26）由俄罗斯应用力学科研生产联合体（NPO PM）研制，卫星对 Gonets - D 的电源、热控系统和转发器进行了改进，上/下行数据率 2.4kbit/s，星上存储容量 1.5Mbit。

图 1 - 26　Gonets - D1 卫星

Gonets - M 卫星（见图 1 - 27）除报文通信业务外，还用于采集"格洛纳斯"（GLONASS）定位数据、移动目标跟踪数据，以及环境、工业与科学监测数据。卫星上行链路速率为 2.4kbit/s、4.8kbit/s 和 9.6kbit/s，下行链路速率为 2.4kbit/s、9.6kbit/s、38kbit/s 和 76kbit/s，星上存储容量为 8Mbit。1 颗 Gonets - M 卫星的报文传递时间在 1～2min 到 6h 之间，随着卫星数量的增加，报文传递时间也将随之缩短。

图 1 - 27　Gonets - M 卫星

Gonets - M1 卫星主要用于为边远地区提供通信，也用于采集生态、工业和科学监视数据。俄罗斯计划在 2012—2015 年发射 16 颗 Gonets - M1 卫星。卫星采用非增压结构，计划以一箭四星方式发射，卫星容量与 Gonets - M 卫星相比将提高 20 倍。Gonets - M1 卫星发射后，Gonets 系统可为全球 100 万用户提供实时的通信和数据传输业务。

Gonets 卫星性能参数见表 1 - 16。

表 1 - 16　Gonets 卫星性能参数

卫星名称	Gonets - D1	Gonets - M	Gonets - M1
发射质量/kg	225	280	250
功率/W	50	100	
设计寿命/年	1.5	5	10
转发器	1 个收发共用信道；工作频段 200～300MHz	12 个上行信道和 2 个下行信道；工作频段 200～400MHz	

Hangxiang Weixing
"航向" 卫星
Gals

概　况

"航向"（Gals）卫星是俄罗斯静止轨道电视广播卫星，同时也是俄罗斯首颗进行南北位置保持的卫星。卫星的日常运行控制由俄罗斯应用力学科研生产联合体（NPO PM）负责，其主控制中心位于西伯利亚的克拉斯诺亚尔斯克。

Gals 卫星使用"质子"火箭发射，共发射 2 颗，分别为 1994 年 1 月 20 日发射的 Gals - 1 卫星和 1995 年 11 月 17 日发射的 Gals - 2 卫星。Gals 卫星支持地面多种不同的直播用户，包括使用 2.5m 直径天线的专业广播公司、使用 1.5m 直径天线的集体接收用户和使用 0.6～0.9m 直径天线的个人用户等。

主要性能参数

Gals 卫星（见图 1 - 28）由 NPO PM 研制，采用 MSS - 2500 - GSO - 01 平台，星体直径 4.1m，高 6.6m，太阳翼翼展 21m，发射质量 2500kg，有效载荷质量 420kg，功率 2400W，设计寿命 5 年。卫星装有 3 路 Ku 频段转发器，其中 1 路功率为 40W，另外 2 路功率为 80W。

图 1 - 28　Gals 卫星

Kuaixun Weixing
"快讯"卫星
Express

表 1 - 17　Express - 1 和 2 卫星性能参数

概况

"快讯"（Express）卫星是俄罗斯民商两用通信卫星，用于替换"地平线"（Gorizont）系列卫星，卫星最初由俄罗斯航天部队负责运行控制，为俄罗斯提供民用通信广播业务，后经过商业化改革，归俄罗斯卫星通信公司（RSCC）所有，为俄罗斯、欧洲、南亚和中东地区提供电视及无线电广播、电话及数据传输、视频会议和 VSAT 通信等业务。

Express 卫星目前已发展了三代，1994—2011 年共发射 15 颗，其中 1 颗发射失败。早期的 Express 卫星使用质子 - K 火箭发射，现已改用质子 - M 火箭和微风 - M 上面级发射。第一代 Express 卫星于 1994 年 10 月 13 日首发，共发射 2 颗。第二代 Express - A 卫星于 1999 年 10 月 27 日首发，共发射 4 颗，其中第 1 颗 Express - A1 卫星发射失败。第三代 Express 卫星包括 Express - AM 和 Express - MD 两个系列，于 2003 年 12 月 28 日首发，目前共发射 9 颗。

主要性能参数

Express - 1 和 2 卫星（见图 1 - 29）的平台由俄罗斯应用力学科研生产联合体（NPO PM）研制，有效载荷由俄罗斯航天仪表科学研究所（NII KP）研制。卫星直径 2m，太阳翼翼展 21m，装有 C 频段电视广播和固定通信有效载荷，以及 Ku 频段"射线"（Luch）数据中继有效载荷。其他性能参数见表 1 - 17。

参数	指标
卫星平台	MSS - 2500，密封增压结构
质量/kg	2500（发射质量），430（有效载荷质量）
功率/W	2400
设计寿命/年	5
稳定方式	三轴稳定，位置保持精度 0.2°，指向精度 0.1°
推进	液体肼发动机，8 台 SPT - 1000 等离子推力器
转发器 C 频段	电视广播有效载荷：1 路，带宽 40MHz，右旋圆极化，1 台功率为 60 ~ 80W 的 TWTA；上行频率 6GHz，下行频率 3.675GHz；EIRP 为 32.6 ~ 35.6dBW（全球波束），43.0 ~ 46.1dBW（可控点波束）
	固定通信有效载荷：9 路，带宽 36MHz，右旋圆极化，10.5W 功率的 TWTA；上行频率 6.050 ~ 6.450GHz，下行频率 3.725 ~ 4.125GHz；EIRP 为 35 ~ 38dBW（可控点波束），31.7 ~ 34.7dBW 或 36.2 ~ 39.2dBW（可控椭圆波束），25.9 ~ 28.9dBW 或 30.4 ~ 33.4dBW（固定准全球波束）
Ku 频段	2 路，带宽 36MHz，上行垂直极化、下行水平极化，功率为 15W 的 TWTA；中心频率：上行 14.325GHz 或 14.425GHz，下行 11.525GHz 或 11.625GHz；EIRP：36.6 ~ 39.2dBW
天线	共 7 副天线，形成 1 个 C 频段全球波束、2 个 14.6°C 频段固定准全球波束、2 个 4.6°/10.6°C 频段可控椭圆波束、1 个 4.6°C 频段可控点波束和 1 个 4.6°Ku 频段点波束

Express - A1R 又称 Express - A4 卫星，卫星平台由 NPO PM 研制，有效载荷由法国阿尔卡特航天公司研制，定点西经 14°，其性能参数见表 1 - 18。

Express - AM44 卫星的平台由信息卫星系统 - 列舍特涅夫公司（ISS Reshetnev）研制，有效载荷由阿尔卡特航天公司研制，定点西经 11°，用于接替 Express - A3 卫星，其性能参数见表 1 - 19。

Express - MD1 卫星（见图 1 - 30）是由俄罗斯赫鲁尼切夫科研生产联合体研制的小型静止轨道通信卫星，有效载荷由泰雷兹·阿莱尼亚航天公司（TAS）研制，卫星定点东经 80°，其性能参数见表 1 - 20。

图 1 - 29　Express - 1 和 2 卫星

表 1 – 18　Express – A1R 卫星性能参数

参数		指标
卫星平台		MSS – 2500，密封增压结构
发射质量/kg		2500
功率/W		3600
设计寿命/年		7
稳定方式		三轴稳定，位置保持精度 0.05°
转发器	C 频段	12 路，带宽 36MHz 或 40MHz，上行左旋圆极化、下行右旋圆极化；输出功率：20W、40W 或 75W；上行频率 5.925～6.525GHz，下行频率 3.600～4.200GHz；波束中心 EIRP：32.0～48.0dBW；波束中心 G/T： – 6.0dB/K 或 + 1.0dB/K
	Ku 频段	5 路
天线		1 副可控准全球发射天线和 4 副区域发射天线；1 副全球接收天线和 1 副固定接收天线；

表 1 – 19　Express – AM44 卫星性能参数

参数		指标
卫星平台		MSS – 2500，密封增压结构
发射质量/kg		2532
功率/W		6770（寿命末期），4410（有效载荷）
设计寿命/年		12
稳定方式		三轴稳定
转发器	C 频段	10 路，带宽 40MHz，上行左旋圆极化、下行右旋圆极化；上行频率 5.975～6.525GHz，下行频率 3.650～4.200GHz
	Ku 频段	16 路，带宽 54MHz，上行水平极化、下行垂直极化；上行频率 14.000～14.500GHz，下行频率 10.950～11.200GHz、11.450～11.700GHz

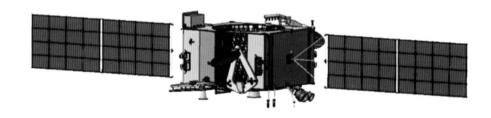

图 1 – 30　Express – MD1 卫星

表 1 – 20　Express – MD1 卫星性能参数

参数		指标
质量/kg		1140（发射质量），225（有效载荷质量）
有效载荷功率/W		1300
设计寿命/年		10
稳定方式		三轴稳定，位置保持精度 0.05°，指向精度 0.1°
转发器	C 频段	8 路，40MHz，线性极化，输出功率 80W 或 100W；上行频率 6GHz，下行频率 4GHz
	L 频段	1 路，1MHz，输出功率 80W

Yamaer Weixing

"亚马尔"卫星
Yamal

概　况

"亚马尔"（Yamal）卫星是俄罗斯民用通信卫星，卫星得名于西伯利亚地区的一个地名，由俄罗斯天然气工业股份公司的子公司天然气通信公司负责运营，用于为天然气工业股份公司及其子公司提供卫星通信业务，也向俄罗斯部分地区提供区域通信和电视广播业务。

Yamal 卫星的研制始于1995年，共发展了两代。第一代 Yamal - 100 卫星共发射2颗，即于1999年9月6日采用一箭双星方式发射的 Yamal - 101 和 102 卫星。Yamal - 101 卫星因故障未投入业务运行，因此 Yamal - 102 卫星也被称为 Yamal - 100 卫星。Yamal - 102 卫星一直运行于东经90°轨道位置，2009年达到设计寿命，2010年正式退役。第二代 Yamal - 200 卫星目前已发射2颗，即于2003年11月24日采用一箭双星方式发射的 Yamal - 201 和 202 卫星，这两颗卫星目前分别运行于东经90°和东经49°轨道位置。

主要性能参数

Yamal - 100 卫星的主承包商为天然气通信公司，卫星平台由俄罗斯能源火箭航天公司研制，C 频段有效载荷由天然气通信公司研制，但使用的是从美国劳拉空间系统公司（SS/L）采购的元器件。Yamal - 100 卫星是俄罗斯首颗采用非密封增压平台的卫星，并采用了碳纤维加固塑料结构和全新的星上系统，卫星可覆盖除远东地区以外的整个俄罗斯、日本、韩国、部分中亚国家、巴基斯坦至土耳其及东欧地区。

Yamal - 201 卫星（见图 1 - 31）由俄罗斯能源火箭航天公司研制，装有 C 和 Ku 频段有效载荷，并增加了1副天线，用于数据通信、视频会议、电视分发和卫星互联网接入业务。

图 1 - 31　Yamal - 201 卫星

Yamal - 202 卫星由俄罗斯能源火箭航天公司研制，仅装有 C 频段有效载荷，主要用于干线通信，也用于电视分发业务，并针对面向商业用户的点对点连接和 VSAT 网络进行了优化。

Yamal 卫星的性能参数见表 1 - 21。

表 1 - 21　Yamal 卫星性能参数

卫星名称		Yamal - 100	Yamal - 201	Yamal - 202
质量/kg		1254	1330	1330
功率/W		1300	2000	2000
设计寿命/年		10	12	12
稳定方式		三轴稳定，位置保持精度0.1°，指向精度0.1°		
转发器	C 频段	10 路，带宽 32MHz，圆极化；25W 功率的线性 SSPA；上/下行频率：6GHz/4GHz；最高 EIRP：41dBW；最高 G/T：+1dB/K	9 路，带宽 72MHz，圆极化；线性 TWTA；固定增益，自动电平控制；最高 EIRP：44dBW；最高 G/T：+2dB/K	18 路，带宽 72MHz，圆极化；线性 TWTA；固定增益，自动电平控制；最高 EIRP：44dBW；最高 G/T：+2dB/K
	Ku 频段	无	6 路，带宽 72MHz，线性极化；线性 TWTA；固定增益，自动电平控制；最高 EIRP：50dBW；最高 G/T：+4dB/K	无

Ziwuxian Weixing

"子午线"卫星
Meridian

概　况

"子午线"（Meridian）卫星是俄罗斯新一代闪电轨道军事通信卫星，用于接替"闪电"（Molniya）卫星，卫星由俄罗斯航天部队负责运行管理，为北冰洋区域的船舶和飞机，以及远东和西伯利亚地区的地面站提供通信业务。

Meridian 卫星于 2006 年 12 月 24 日首发，至 2011 年 12 月 23 日共发射 5 颗，其中 2 颗发射失败。2009 年 5 月 20 日发射的 Meridian – 2 卫星由于"联盟"火箭的"弗雷盖特"上面级故障，未能进入预定轨道，而处于近地点 290km、远地点 36460km、倾角 62.8°的轨道上，但仍具有一定的通信能力。Meridian – 3 和 4 卫星目前仍在轨运行。Meridian 卫星部署情况见表 1 – 22。

表 1 – 22　Meridian 卫星部署情况

卫星名称	发射时间	运载工具	工作状态
Meridian – 1	2006 – 12 – 24	联盟 – 2 – 1a/弗雷盖特	退役
Meridian – 2	2009 – 05 – 20	联盟 – 2 – 1a/弗雷盖特	发射失败
Meridian – 3	2010 – 11 – 02	联盟 – 2 – 1a/弗雷盖特	在轨
Meridian – 4	2011 – 05 – 04	联盟 – 2 – 1a/弗雷盖特	在轨
Meridian – 5	2011 – 12 – 23	联盟 – 2 – 1a/弗雷盖特	发射失败

主要性能参数

Meridian 卫星（见图 1 – 32）由俄罗斯信息卫星系统 – 列舍特涅夫（ISS Reshetnev）公司研制，卫星基于格洛纳斯 – M（GLONASS – M）卫星平台，采用密封增压结构和三轴稳定方式，卫星质量约 2000kg，功率约 3kW，设计寿命 7 年，装有 3 路转发器。

图 1 – 32　Meridian 卫星

法　国

法国卫星通信的历史较为悠久，早在 1967 年就与德国合作开始静止轨道卫星通信的研究，于 1974 年发射了"交响乐"（Symphonie）卫星。1979 年，法国政府开始"电信"（Telecom）系列卫星的研制，自 1984 年起先后发射了两代 Telecom 系列卫星，主要用于法国与其海外领土之间的通信。1980 年，法国和德国达成协议，联合研制电视直播卫星，称为"法国电视直播卫星"（TDF），共包括 2 颗卫星。

法国的军事卫星通信计划称为"锡拉库斯"（Syracuse），共经历三个发展阶段：第一阶段是在第一代 Telecom 卫星上搭载军用通信有效载荷；第二阶段是在第二代 Telecom 卫星上搭载军用通信有效载荷；第三阶段是发展 2 颗独立的 Syracuse – 3 通信卫星。

Jiaoxiangyue Weixing
"交响乐"卫星
Symphonie

概　况

"交响乐"（Symphonie）卫星是欧洲首颗通信卫星，由法国和德国共同研制，法国国家空间研究中心（CNES）和联邦德国航空航天试验研究院（DFVLR）共同运管。卫星主要目的是积累通信卫星研制经验、发展相关技术，并开展传输链路试验。卫星最初主要为欧洲地区服务，后来覆盖区域扩展至北美、非洲和亚洲部分国家和地区。

Symphonie 卫星共包括 2 颗：Symphonie – 1 卫星于 1974 年 12 月 19 日发射，1984 年退役；Symphonie – 2 卫星于 1975 年 8 月 27 日发射，1985 年退役。

主要性能参数

Symphonie 卫星（见图 1 – 33）的主承包商为法德交响乐卫星产业联盟（CIFAS），由法国和德国的 6 家公司组成。卫星采用三轴稳定方式，星体为六边体，直径 170cm，高 50cm，在轨展开后伸出 3 个太阳翼，整星直径达 7m。卫星配备 3 副天线，其中 1 副覆盖欧洲和非洲大部分地区，另外 2 副覆盖美国东部、加拿大和南亚部分地区。Symphonie 卫星性能参数见表 1 – 23。

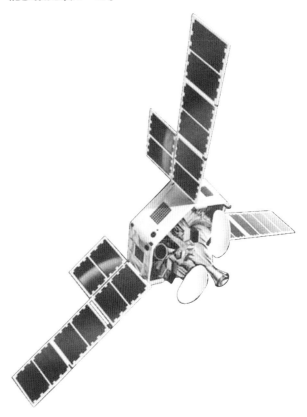

图 1 – 33　Symphonie 卫星

表1－23　Symphonie 卫星性能参数

参数	指标
稳定方式	三轴稳定
入轨质量/kg	244
功率/W	300（寿命初期），180（寿命末期）
设计寿命/年	5
推进	独立双组元液体推进系统，用于远地点机动
转发器	2路 C 频段，带宽90MHz，1 个 13W 的 TWTA 和 1 个隧道二极管前置放大器；上行频率 6065～6155 MHz 和 6320～6410 MHz，下行频率 3840～3930 MHz 和 4095～4185 MHz（Symphonie－1）；上行频率 5940～6030 MHz 和 6195～6410 MHz，下行频率 3715～3805 MHz 和 3970～4060 MHz（Symphonie－2）；最低 EIRP 为 29dBW，最低 G/T 值为 －15 dB/K
天线	全球覆盖喇叭天线，用于接收
	2 副椭圆偏馈反射器天线，用于发送

Dianxin Weixing

"电信" 卫星 Telecom

概　况

"电信"（Telecom）系列卫星是法国政府发展的军民两用通信卫星，为法国政府和军队提供本土与海外属地之间的通信。Telecom 系列卫星发展了两代，第一代包括 3 颗卫星，第二代包括 4 颗卫星。两代卫星均携带了军事通信载荷，在海上舰船、本土军事机构和海外属地军事机构之间提供通信业务。

Telecom－1A、1B 和 1C 卫星分别于 1984 年 8 月 4 日、1985 年 5 月 8 日和 1988 年 3 月 11 日发射。其中，Telecom－1B 卫星因电源故障提前结束寿命。目前，这 3 颗卫星均已退役。

Telecom－2A、2B、2C 和 2D 卫星分别于 1991 年 12 月 16 日、1992 年 4 月 15 日、1995 年 12 月 6 日和 1996 年 8 月 8 日发射，目前前 3 颗卫星均已退役。

主要性能参数

Telecom－1 系列卫星（见图1－34）的主承包商是马特拉公司，有效载荷由阿尔卡特航天公司提供。卫星在很大程度上继承了欧洲通信卫星－1（Eutelsat－1）的设计，星体呈长方体，本体尺寸为 1.7m × 1.8m × 1.9m，太阳翼翼展 18.2m。Telecom－1 卫星性能参数见表1－24。

图1－34　Telecom－1 卫星

表1－24　Telecom－1 卫星性能参数

参数		指标
在轨质量/kg		650（寿命初期）
功率/kW		1.1（寿命末期）
设计寿命/年		7
稳定方式		三轴稳定
转发器	C 频段	2路 40MHz 带宽、2路 120MHz 带宽；上行频率 5.925～5.965GHz、5.980～6.100GHz、6.115～6.155GHz 和 6.300～6.420GHz，下行频率 3.700～3.740GHz、3.755～3.875GHz、3.890～3.930GHz 和 4.075～4.195GHz；最低 EIRP 为 26.5dBW，最低 G/T 值为 －12dB/K
	X 频段	2路，带宽40MHz；上行频率 7.980～8.020GHz 和 8.055～8.095GHz，下行频率 7.330～7.370GHz 和 7.255～7.295GHz；最低 EIRP 为 27dBW
	Ku 频段	6路转发器，带宽36MHz；上行频率 14.004～14.250GHz，下行频率 12.504～12.750GHz；EIRP 为 47dBW，G/T 值为 ＋6.3dB/K
天线	C 频段	1 副全球覆盖喇叭天线，6 副螺旋天线
	X 频段	2 副全球覆盖喇叭天线，收发分置
	Ku 频段	2 副反射器天线，其中 1 副用于发送，1 副收发共用

Telecom - 2 系列卫星（见图 1 - 35）的主承包商是马特拉公司，有效载荷由阿尔卡特航天公司提供，有效载荷的设计与 Telecom - 1 卫星相似。卫星采用欧洲星 - 2000（Eurostar - 2000）平台，本体尺寸为 2.0m × 2.0m × 2.1m，天线展开跨度 7.3m，太阳翼翼展 22m。其他性能参数见表 1 - 25。

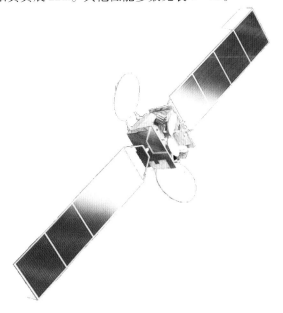

图 1 - 35　Telecom - 2 卫星

表 1 - 25　Telecom - 2 卫星性能参数

参数		指标
卫星平台		Eurostar - 2000
稳定方式		三轴稳定
入轨质量/kg		1005（寿命初期）
功率/kW		3.575（寿命末期）
设计寿命		10 年 3 个月
转发器	C 频段	4 路 92 MHz 带宽和 6 路 50 MHz 带宽；上行频率 5.925 ~ 6.425 GHz，下行频率 3.7 ~ 4.2GHz；最低 EIRP 为 33.9dBW，最低 G/T 值为 - 12dB/K
	X 频段	3 路 40 MHz 带宽，1 路 60 MHz 带宽和 1 路 80 MHz 带宽转发器；上行频率 7.9 ~ 8.4 GHz，下行频率 7.25 ~ 7.75 GHz；最低 EIRP 为 28.5dBW，最低 G/T 值为 - 12dB/K
天线	C 频段	1 副 2.2m 口径偏馈抛物面反射器天线
	X 频段	1 副 2.2m 口径偏馈抛物面反射器天线，1 副 0.9m 口径抛物面天线
	Ku 频段	1 副双栅偏馈抛物面反射器天线

"法国电视直播卫星" TDF

概　况

"法国电视直播卫星"（Télédiffusion de France，TDF）是由法国和德国联合研制的民商两用通信卫星，用以提供电视广播业务。卫星的研制始于 1981 年，共包括 3 颗，其中法国、德国各 1 颗，另有 1 颗作为备份。后来卫星数量扩展至 4 颗，每个国家各 2 颗。

TDF - 1 和 2 卫星分别于 1988 年 10 月 28 日和 1990 年 7 月 24 日发射，目前均已退役。

主要性能参数

TDF 卫星（见图 1 - 36）的主承包商为法国宇航公司，2 颗卫星的设计基本相同。采用空间客车 - 300（Spacebus - 300）平台，星体呈长方体，收拢尺寸 1.7m × 2.2m × 2.4m，太阳翼翼展 19m。其他性能参数见表 1 - 26。

图 1 - 36　TDF 卫星

表 1 - 26　TDF 卫星性能参数

参数	指标
在轨质量/kg	1190（寿命初期）
功率/kW	3.09（寿命末期）
设计寿命/年	9
推进	统一双组元液体推进，用于远地点机动
转发器	5 路 Ku 频段，27 MHz 带宽，每路配有 1 个 260W 的 TWTA 放大器和 1 个备份；上行频率 17.3 ~ 17.7 GHz，下行频率 11.7275、11.8234、11.9001、11.9768 和 12.0535 GHz；最低 EIRP 为 63.8dBW，G/T 值为 12.5dB/K
天线	1 副 0.9m × 2.4m 口径反射器天线，形成 0.98° × 2.5° 的发射波束，增益为 41dB，右旋圆极化；1 副 2m 口径反射器天线，形成 0.7° 的接收波束，左旋圆极化

Xilakusi Weixing
"锡拉库斯" 卫星
Syracuse

概 况

"锡拉库斯"（Systeme de Radio Communication Utilisant un Satellite，Syracuse）卫星是法国武器装备部（DGA）采办的军事通信卫星，为法国和北约提供军事卫星通信服务。Syracuse 卫星属于法国军事卫星通信计划的第三阶段，因而称为 Syracuse - 3。

Syracuse - 3 卫星共包括 2 颗，即 Syracuse - 3A 和 3B，分别于 2005 年 10 月 13 日和 2006 年 8 月 11 日发射，分别定点在东经 47°和西经 5.17°。这两颗卫星目前均在轨运行。

主要性能参数

Syracuse - 3 卫星（见图 1 - 37）由阿尔卡特航天公司研制，采空间客车 - 4000B3（Spacebus - 4000B3）平台，收拢尺寸 4m × 2.3m × 2.3m，太阳翼翼展 30m。

卫星提供 1 个 SHF 频段全球波束和 1 个 EHF 频段全球波束，1 个 SHF 频段固定波束，4 个 SHF 频段可移动波束和 2 个 EHF 频段可移动波束（见表 1 - 27）。其中 EHF 频段主要用于技术试验。卫星采用数字信道化处理技术，星上数据交换灵活性高，具有较强的抗干扰和抗核加固能力。

图 1 - 37 Syracuse - 3 卫星

表 1 - 27 Syracuse - 3 卫星性能参数

参数		指标
发射质量/kg		3750
功率/kW		6
设计寿命/年		12
转发器	SHF 频段	9 路 40MHz 带宽转发器
	EHF 频段	6 路 40MHz 带宽转发器
天线	SHF 频段	星上能够形成 1 个全球波束，1 个固定首都波束，4 个点波束
	EHF 频段	星上能够形成 1 个全球波束，2 个点波束

菲律宾

菲律宾是岛国，地形崎岖、人口分散，地面通信设施容易受台风和地震的损害，因此，1974 年，菲律宾提出发展本国卫星通信。菲律宾最初计划租用"国际通信卫星"（Intelsat），后改为使用印度尼西亚的"帕拉帕"（Palapa）卫星系统开展卫星通信。

1994 年底，马部海菲律宾卫星公司（MPSC）成立，负责采购和运营国内通信卫星系统。1996 年夏，MPSC 公司购买了印度尼西亚的在轨卫星帕拉帕 – B2P（Palapa – B2P），将其更名为阿吉拉 – 1（Agila – 1），为 1996 年 11 月召开的亚太经合组织（APEC）会议提供卫星通信服务。MPSC 公司随后又采购了 Agila – 2 卫星。

1998 年底，菲律宾政府允许外国通信卫星运营商参与国内市场竞争。2009 年以后，菲律宾主要依靠国外通信卫星来提供卫星通信服务。

Ajila Weixing
"阿吉拉" 卫星
Agila

概况

"阿吉拉"（Agila）卫星是由马部海菲律宾卫星公司（MPSC）运营的商业通信卫星，用于提供固定通信和电视广播业务。Agila 系列卫星共包括 2 颗，Agila – 1 卫星为 MPSC 公司购买的在轨卫星，于 1987 年发射，原名为 Palapa – B2P。Agila – 2 卫星（见图 1 – 38）由劳拉空间系统公司（SS/L）研制，于 1997 年 8 月 19 日发射，定点东经 147°。

图 1 – 38　Agila – 2 卫星

主要性能参数

Agila – 2 卫星采用 LS – 1300 平台，携带 C 频段和 Ku 频段转发器。C 频段转发器的覆盖范围包括日本、中国、印度、印度尼西亚和夏威夷；Ku 频段转发器的覆盖范围包括菲律宾、中国的沿海城市和台湾地区。Agila – 2 卫星性能参数见表 1 – 28。

表 1 – 28　Agila – 2 卫星性能参数

参数		指标
卫星平台		LS – 1300
尺寸		本体：2.7m×2.2m×2.4m 太阳翼翼展：30m
稳定方式		三轴稳定
质量/kg		1545（入轨质量）
功率/kW		10（寿命初期），8.2（寿命末期）
设计寿命/年		12
转发器	C 频段	30 路，单路带宽 36MHz；上行频率 5.925 ~ 6.725GHz，下行频率 3.56 ~ 4.2GHz；最低 EIRP 为 37dBW，最低 G/T 值为 –5dB/K；
	Ku 频段	24 路，单路带宽 36MHz；上行频率 14.0 ~ 14.5GHz，下行频率 12.2 ~ 12.7GHz；最低 EIRP 为 29dBW，最低 G/T 值为 3dB/K

国 际

本 部分主要介绍由国际组织或前身为国际组织的机构发展的通信卫星系统，一般可分为两类：一类是全球性通信系统，如"国际通信卫星"（Intelsat）；另一类是区域性的通信系统，如"阿拉伯卫星"（Arabsat）。全球系统具有覆盖数个大洲、跨越数个海洋区域的能力，而区域卫星系统主要覆盖1个大洲。

随着商业通信卫星的发展，区域系统和全球系统之间的区别也日益减小，运营管理组织的性质也逐渐发生变化。自20世纪90年代起，许多起初为政府间组织的机构逐渐经过私有化，转变为纯商业公司，包括国际通信卫星公司（前身为国际通信卫星组织）、欧洲通信卫星公司（前身为欧洲通信卫星组织）和国际移动卫星公司（前身为国际海事卫星组织）等。

本部分主要收录的卫星系统包括："国际通信卫星"（Intelsat）、"纳托"卫星（NATO）、"欧洲通信卫星"（Eutelsat）、"阿拉伯卫星"（Arabsat）、"国际移动卫星"（Inmarsat）、"世广"（WorldSpace）卫星，以及"非洲区域卫星通信组织"（Rascom－QAF）卫星。

Guoji Tongxin Weixing
"国际通信卫星"
Intelsat

概 况

"国际通信卫星"（Intelsat）是由国际通信卫星（INTELSAT）公司运营的全球通信卫星，提供固定通信和电视传输等业务。国际通信卫星公司的前身是国际通信卫星组织，于1964年8月20日在美国成立，2001年7月18日，国际通信卫星组织由组织转变为私营公司，即国际通信卫星公司。

首颗 Intelsat 卫星又名"晨鸟"（Earlybird），是全球首颗实用通信卫星，也是 Intelsat 第一代卫星。自此之后，Intelsat 卫星逐步发展，成为覆盖全球的卫星系列。1965—2004年，Intelsat 有10代卫星 Intelsat－1 ～ Intelsat－10 相继投入使用，有些卫星还有子代卫星（例如第五代卫星拥有子代卫星 Intelsat

－5A）。2004年之后，卫星不再划代，而是通过自主采购、在轨购买等方式扩展在轨卫星编队。INTELSAT 公司自主采购的卫星有 Intelsat－14、15、16、17、"新黎明"（New Dawn）、18、22、19和22等卫星。Intelsat 卫星发射情况见表1－29。

主要性能参数

Intelsat 卫星自1965年发射 Intelsat－1 以来，已先后推出了十代卫星，其中，Intelsat－4、5、7和8分别推出了子代卫星。每代卫星相对前一代都有一定的改进，或增加转发器的数量和带宽，或提供更高的功率，或采用更先进的天线技术，适应通信发展的需求。Intelsat－1 ～ Intelsat－5 卫星性能参数见表1－30，Intelsat－6 ～ Intelsat－10 卫星参数见表1－31。

2004年之后，国际通信卫星公司先后订购了 Intelsat－14、15、16、17、"新黎明"（New Dawn）（见图1－39）、18、22、19和22等卫星，用于在轨容量的备份、补充和扩展。Intelsat－14 ～ Intelsat－17 卫星性能参数见表1－32，Intelsat－New Dawn ～ Intelsat－22 卫星性能参数见表1－33。

表 1 – 29　Intelsat 卫星发射情况

卫星系列	卫星	发射年份	制造商
Intelsat – 1	Intelsat – 1	1965	休斯空间与通信公司
Intelsat – 2	Intelsat – 2 – 1 ~ 4	1966—1967	休斯空间与通信公司
Intelsat – 3	Intelsat – 3 – 1 ~ 8	1968—1970	汤普森 – 拉莫 – 伍尔德里奇公司（TRW）
Intelsat – 4	Intelsat – 4 – 1 ~ 8	1971—1975	休斯空间与通信公司
Intelsat – 4A	Intelsat – 4A – 1 ~ 6	1975—1978	休斯空间与通信公司
Intelsat – 5	Intelsat – 5 – 1 ~ 9	1980—1985	福特航天与通信公司
Intelsat – 5A	Intelsat – 5A – 10 ~ 15	1985—1989	福特航航天与通信公司
Intelsat – 6	Intelsat – 6 – 1 ~ 5	1989—1991	休斯空间与通信公司
Intelsat – 7	Intelsat – 7 – 1 ~ 5，Intelsat – 7 – 9	1993—1996	劳拉空间系统公司（SS/L）
Intelsat – 7A	Intelsat – 7A – 6 ~ 8	1995—1996	劳拉空间系统公司
Intelsat – 8	Intelsat – 8A – 1 ~ 4	1997	马丁 – 玛丽埃塔航天公司
Intelsat – 8A	Intelsat – 8 – 5 ~ 6	1998	马丁 – 玛丽埃塔航天公司
Intelsat – 9	Intelsat – 9 – 1 ~ 7	2001—2003	劳拉空间系统公司
Intelsat – 10	Intelsat – 10 – 2	2004	马特拉 – 马可尼航天公司、欧洲航空航天防务集团阿斯特里姆公司
	Intelsat – 14	2009	劳拉空间系统公司
	Intelsat – 15	2009	轨道科学公司
	Intelsat – 16	2010	轨道科学公司
	Intelsat – 17	2010	劳拉空间系统公司
	Intelsat – New Dawn	2011	轨道科学公司
	Intelsat – 18	2011	轨道科学公司
	Intelsat – 19	2012	劳拉空间系统公司
	Intelsat – 22	2012	波音公司

表 1 – 30　Intelsat – 1 ~ Intelsat – 5 卫星性能参数

卫星名称	Intelsat – 1	Intelsat – 2	Intelsat – 3	Intelsat – 4	Intelsat – 5
卫星平台	HS – 303	HS – 303A		HS – 312	
质量/kg	38.6	87	149.7	725.7	998
功率/W	45	85	160	570	1800
设计寿命/年	1.5	3	5	7	10
稳定方式	自旋稳定	自旋稳定	自旋稳定	自旋稳定	三轴稳定
转发器	2 路 C 频段	1 路 C 频段	2 路 C 频段	2 路 C 频段	21 路 C 频段 4 路 Ku 频段
天线	2 副阵列天线	1 副阵列天线 1 副喇叭天线	1 副喇叭天线	4 副喇叭天线 2 副窄波束天线	2 副全向天线 2 副反射器天线

表 1 - 31　Intelsat - 6 ~ Intelsat - 10 卫星性能参数

卫星名称	Intelsat - 6	Intelsat - 7	Intelsat - 8	Intelsat - 9	Intelsat - 10
卫星平台	HS - 389	LS - 1300	LM - 7000	LS - 1300	Eurostar - 3000
质量/kg	2100	1900	3245	4725	5575
功率/kW	2.6	3.97	4.83	8	8
设计寿命/年	13	10.9	10	13	13
稳定方式	自旋稳定	三轴稳定	三轴稳定	三轴稳定	三轴稳定
转发器	38 路 C 频段，10 路 Ku 频段	30 路 C 频段，12 路 Ku 频段	28 路 C 频段，3 路 Ku 频段	44 路 C 频段，12 路 Ku 频段	45 路 C 频段，16 路 Ku 频段
天线	2 副全向喇叭天线，2 副反射器天线	2 副全向喇叭天线，3 副反射器天线	2 副反射器天线，1 副方向性可控天线	2 副全向喇叭天线，1 副点波束天线	2 副反射器天线，1 副方向性可控天线

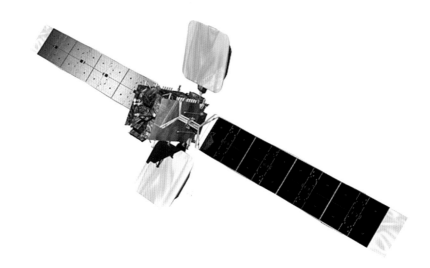

图 1 - 39　Intelsat - New Dawn 卫星

表 1 - 32　Intelsat - 14 ~ Intelsat - 17 卫星性能参数

卫星名称	Intelsat - 14	Intelsat - 15	Intelsat - 16	Intelsat - 17
卫星平台	LS - 1300	星 - 2（Star - 2）	Star - 2	LS - 1300
质量/kg	5663	2480	2060	5540
功率/kW	16	4.6	4.6	12.4（EOL）
设计寿命/年	16	17	15	15
转发器	40 路 C 频段，22 路 Ku 频段	11 路 Ku 频段	24 路 Ku 频段	24 路 C 频段，25 路 Ku 频段
频率	C 频段：下行频率 3.7 ~ 4.2GHz，上行频率 5.925 ~ 6.524GHz；Ku 频段：下行频率 11.45 ~ 11.95GHz，上行频率 11.40 ~ 14.5GHz	Ku 频段：下行频率 10.95 ~ 11.20GHz 和 11.50 ~ 11.75GHz；12.50 ~ 12.75GHz；上行频率 13.75 ~ 14.00 GHz 和 14.25 ~ 14.5GHz，14.00 ~ 14.25GHz	Ku 频段：下行频率 11.7 ~ 12.2GHz，上行频率 14.0 ~ 14.5GHz	C 频段：下行频率 3.625 ~ 4.2GHz，上行频率 5.85 ~ 6.425GHz；Ku 频段：下行频率 10.95 ~ 11.7GHz 和 12.5 ~ 12.5GHz，上行频率 13.75 ~ 14.5 GHz

表 1-33 Intelsat-New Dawn ~ Intelsat-22 卫星性能参数

卫星名称	Intelsat-New Dawn	Intelsat-18	Intelsat-19	Intelsat-22
卫星平台	Star-2	Star-2	LS-1300	BSS-702
质量/kg	3000	3200	5600	6199
功率/kW	6.75（寿命末期）	4.9	15	11.8（寿命末期）
设计寿命/年	15	15	18	18
转发器	28 路 C 频段，24 路 Ku 频段	24 路 C 频段，12 路 Ku 频段	24 路 C 频段，34 路 Ku 频段	24 路 C 频段，18 路 Ku 频段
频率	C 频段：下行频率 3.625~4.2GHz，上行频率 5.85~6.5GHz	C 频段：下行频率 3.7~4.2GHz，上行频率 5.925~6.425GHz	C 频段：下行频率 3.7~4.2GHz，上行频率 5.925~6.425GHz	C 频段：下行频率 3.625~4.2GHz，上行频率 5.85~6.425GHz
	Ku 频段：下行频率 10.95~11.70GHz，上行频率 14.00~14.50GHz	Ku 频段：下行频率 10.95~11.70 和 12.25~12.75 GHz，上行频率 14.0~14.5 GHz	Ku 频段：下行频率 12.25~12.75GHz，上行频率 14.00~14.50 GHz	Ku 频段：下行频率 11.45~11.70GHz，上行频率 14.00~14.50GHz

Natuo Weixing

"纳托" 卫星
NATO

概　况

"纳托"（North Atlantic Treaty Organization，NATO）系列卫星是北大西洋公约组织运管的通信卫星，主要用于满足美国与北约其他国家之间的通信需求。20 世纪 60 年代，北约主要使用美国"初级国防通信卫星计划"（IDCSP）进行卫星通信，并运营了 2 座地面站，为研制 NATO 卫星积累了经验。

此后，北约开始独立拥有自己专用的卫星通信系统。自 1970 年第 1 颗 NATO 卫星发射以来，至今 NATO 系列卫星共发射了 8 颗：NATO-2 卫星共包括 2 颗，分别于 1970 年 3 月 20 日和 1971 年 2 月 2 日发射；NATO-3 卫星共包括 4 颗，分别于 1976 年 4 月 22 日、1977 年 1 月 28 日、1978 年 11 月 19 日和 1984 年 11 月 14 日发射；NATO-4 卫星共包括 2 颗，分别于 1991 年 1 月 8 日和 1993 年 12 月 8 日发射。

主要性能参数

NATO-2A 和 2B 卫星的主承包商是菲歌·福特公司，由空军航天和导弹系统组织（即后来的空军航天和导弹系统中心）运营和管理。NATO-2B 卫星最初是作为 NATO-2A 卫星的备份星，用于为新建的地面站提供测试。NATO-2A 卫星失效后，它

的所有通信业务都转移到了 NATO-2B 卫星上。两颗卫星的平台与天网-1（Skynet-1）卫星的平台相同，本体为圆柱体，设计寿命 5 年。卫星采用自旋稳定方式，通信有效载荷安装在对地面的消旋平台上；星上装有 1 副机械消旋喇叭天线，覆盖区域从北美东海岸扩展至土耳其。

NATO-3 卫星的主承包商是福特航天与通信公司，采用 NATO-3 卫星平台，自旋稳定控制，本体呈圆柱形，星上的所有设备都安装在卫星的主体结构内；寿命初期功率为 538W，寿命末期最低功率为 375W，设计寿命 7 年。卫星装载 2 路转发器，装有 1 副宽波束接收天线，覆盖大西洋区域，另有 1 副宽波束发射天线和 1 副窄波束发射天线。

NATO-4 卫星（见图 1-40）主要为北约国家和英国国防部提供安全的军事话音和数据通信业务。卫星的主承包商是英国航天公司，采用"欧洲通信卫星"（ECS）平台，本体为长方体，尺寸为 2.1m×1.9m×1.4m，太阳翼翼展 16m。卫星发射质量 1430kg，寿命末期功率 1.2kW，设计寿命 7 年。星上装有 3 路 SHF 频段转发器，放大器输出功率 40W，2 路 UHF 频段转发器，放大器输入功率 25W。

图 1-40　NATO-4 卫星

Ouzhou Tongxin Weixing

"欧洲通信卫星"
Eutelsat

概　况

"欧洲通信卫星"（Eutelsat）是欧洲通信卫星公司运营的区域通信卫星，为东欧、中亚、中东、俄罗斯、非洲等国家和地区提供固定通信、移动通信和电视广播等业务。欧洲通信卫星公司的前身是欧洲通信卫星组织。该组织于1977年成立，2001年，欧洲通信卫星组织变为私营公司，即欧洲通信卫星公司。

1983年第1颗Eutelsat卫星发射，截至2012年6月30日，Eutelsat公司共运营了37颗卫星，在轨卫星数量为28颗（包括4颗租用的卫星）。从1983年到1994年，有两代Eutelsat卫星，即Eutelsat-1和2投入使用，之后按照业务和服务范围的不同运营了"热鸟"（Hot Bird）、W系列、"西伯利亚欧洲卫星"（Sesat）、"大西洋鸟"（Atlantic Bird）和"欧洲鸟"（Eurobird）等系列卫星以及1颗"Ka频段卫星"（KA-SAT）。卫星主要位于西经15°至东经75°之间的20个轨道位置。

Eutelsat-1系列卫星于1982—1988年发射，共发射了5颗，其中Eutelsat-1-3卫星发射失败；Eutelsat-2系列卫星于1990—1992年发射，共发射了5颗，其中Eutelsat-2-5卫星发射失败；Hot Bird系列卫星于1995—2009年发射，共发射了11颗，其中Hot Bird-7卫星发射失败；Sesat系列卫星于2000年发射，共发射了1颗；W系列卫星于1998起发射，共发射了11颗，其中W3B卫星发射失败；Atlantic Bird系列卫星于2002—2011年发射，共发射了3颗；Eurobird系列卫星于2001年起发射，共发射了2颗；KA-SAT卫星于2010年发射。

主要性能参数

Eutelsat-1系列卫星（见图1-41）的主承包商是英国航天公司，采用ECS平台，三轴稳定设计，天线指向精度0.2°，太阳翼翼展13.7m。Eutelsat-1-1卫星质量610 kg，Eutelsat-1-2～5卫星质量680 kg，寿命初期功率1120 W，寿命末期功率920 W，设计寿命7年。Eutelsat-1-1卫星装有10路Ku频

段转发器，Eutelsat-1-2～5卫星装有12路Ku频段转发器。卫星采用采用双极化频率复用，可传输1800条话路。

图1-41　Eutelsat-1卫星

Eutelsat-2系列卫星（见图1-42）的主承包商是法国宇航公司。卫星采用空间客车-2000（Spacebus-2000）平台，三轴稳定设计，本体为长方体，尺寸为2.7m×2.0m×2.4m，太阳翼翼展22.4m。卫星入轨质量907kg，寿命末期功率3kW，设计寿命7年。星上装载16路Ku频段转发器，带宽有36MHz和72MHz两种配置。星上装有2副1.6m×2.2m反射器天线，1副用于发射和接收，1副仅用于发射，双线性极化。

图1-42　Eutelsat-2卫星

Hot Bird卫星由多家制造商研制，Hot Bird-1卫星设计与Eutelsat-2系列卫星基本相同。Hot Bird-2～5和7卫星采用欧洲星-2000平台（Eurostar-2000）；Hot Bird-6和7A卫星采用Spacebus-3000B3平台；Hot Bird-8～10卫星采用Eurostar-3000平台。Hot Bird-8卫星见图1-43。部分Hot Bird系列卫星性能参数见表1-34。

W系列卫星由多家制造商研制，W1卫星采用Eurostar-2000平台；W2～W5卫星采用Spacebus-3kB2平台；W2A卫星采用Spacebus-4000C4平台；W2M卫星采用印度空间研究组织的I-3k平台；W3A卫星采用Eurostar-3000S平台；W3B和W3C卫星采用Spacebus-4000C3平台；W7卫星（见图1-44）采用Spacebus-4000C4平台。部分W系列卫星性能参数见表1-35。

Sesat卫星的主承包商是俄罗斯应用力学科研生产联合体（NPO PM），有效载荷由阿尔卡特航天公司提供。卫星采用三轴稳定设计，入轨质量2600 kg，功率5.3kW，设计寿命10年。星上装载18路Ku频段转发器，带宽72MHz，采用84W行波管

放大器，固定波束 EIRP 为 40～47dBW，可控波束最高 EIRP 为 47dBW。卫星定点东经 16°。

Atlantic Bird 卫星由多家制造商研制，Atlantic Bird - 1 卫星采用 GeoBus 平台；Atlantic Bird - 2 卫星采用 Spacebus - 3000B2 平台；AtlanticBird - 7 卫星（见图 1 - 45）采用 Eurostar - 3000 平台。Atlantic Bird 系列卫星的性能参数见表 1 - 36。

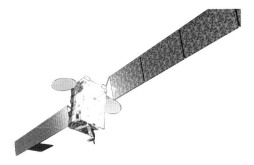

图 1 - 43　Hot Bird - 8 卫星

图 1 - 44　Eutelsat W7 卫星

表 1 - 34　部分 **Hot Bird** 系列卫星性能参数

卫星名称	Hot Bird - 5	Hot Bird - 6	Hot Bird - 8
卫星平台	Eurostar - 2000	Spacebus - 3000B3	Eurostar - 3000
发射质量/kg	2995	3905	4875
功率/kW	5.5（寿命末期）	9	17.5（寿命末期）
设计寿命/年	12	12	15
转发器	22 路 Ku 频段，带宽有 33、36 和 72MHz 三种配置，采用 135W TWTA	28 路 Ku 频段，带宽有 33 和 36MHz 两种配置；4 路 Ka 频段，带宽 72MHz	64 路 Ku 频段，带宽有 24、33、36、47 和 50MHz 多种配置

表 1 - 35　部分 **W** 系列卫星性能参数

卫星名称	W1	W5	W2M	W3A	W3B
卫星平台	Eurostar - 2000	Spacebus - 3k	I - 3k	Eurostar - 3000S	Spacebus - 4000C3
质量/kg	3250	3163	3463	4250	5370
功率/kW	5.9（寿命末期）	5.9（寿命末期）	7	9.6	12（寿命末期）
设计寿命/年	12	12	15	12	15
转发器	28 路 Ku 频段，带宽有 20、54、62、72MHz 等多种配置	24 路 Ku 频段，带宽 72MHz，可形成 2 个可控波束；EIRP 分别为 47dBW 和 52dBW	32 路 Ku 频段，可形成固定波束和可控波束	42 路 Ku 频段和 2 路 Ka 频段，带宽有 36、49.5、54、72 和 108MHz 等多种配置	53 路 Ku 频段和 3 路 Ka 频段，带宽有 36、54、72 和 108MHz 等多种配置

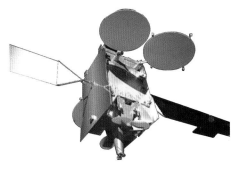

图 1 - 45　Atlantic Bird - 7 卫星

表 1 – 36　Atlantic Bird 系列卫星性能参数

卫星名称	Atlantic Bird – 1	Atlantic Bird – 2	Atlantic Bird – 7
卫星平台	GeoBus	Spacebus – 3000B2	Eurostar – 3000
发射质量/kg	2700	3060	4699
功率/kW	5（寿命初期）	7.4（寿命初期）	12（寿命末期）
设计寿命/年	15	12	15
转发器	24 路 Ku 频段，带宽有 36、54 和 72MHz 三种配置； 　3 个固定波束，最高 EIRP 分别为 49、48 和 45dBW	26 路 Ku 频段，带宽有 36、54 和 72MHz 三种配置； 　3 个固定波束和 1 个可控波束，最高 EIRP 分别为 53、40、45 和 53dBW	50 路 Ku 频段，带宽有 33、36、50、54、66 和 72MHz 等多种配置； 可形成 2 个波束，EIRP 分别为 43 ~49dBW 和 42 ~49dBW

　　Eurobird – 1 卫星（见图 1 – 46）的主承包商是阿尔卡特航天公司，采用 Spacebus – 3000B3 平台，三轴稳定设计，星体尺寸 3.48m×3.35m×2.26m，太阳翼翼展 29m。卫星发射质量 2950kg，寿命末期功率 5.5kW，设计寿命 12.5 年。星上装载 24 路 Ku 频段转发器，有 72MHz 和 33MHz 两种配置，下行链路频率为 11.2 ~12.75GHz。

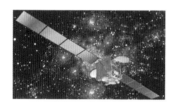

图 1 – 46　Eurobird – 1 卫星

　　Eurobird – 3 卫星的主承包商是波音公司，采用 BSS – 376HP 平台，三轴稳定设计，星体尺寸 3.16m ×2.16m×2.17m。卫星发射质量 1525kg，寿命末期功率 1.641kW，设计寿命 10 年。装载 20 路 Ku 频段转发器，带宽有 36MHz 和 108MHz 两种配置，EIRP 为 50dBW，下行链路频率为 10.95 ~12.75GHz。

　　"Ka 频段卫星"（KA – SAT）（见图 1 – 47）是 Eutelsat 系列首颗全 Ka 频段宽带卫星，主承包商是欧洲航空航天防务集团阿斯特里姆公司（EADS As-trium），天线分系统由加拿大麦克唐纳·德特威勒联合公司（MDA）提供。卫星采用 Eurostar – 3000 平台，发射质量 6150kg，整星功率 15kW，有效载荷功率 11kW，设计寿命 15 年。星上装载 Ka 频段弯管转发器，4 副 2.6m 口径多馈源反射器天线，可形成 82 个点波束。利用频率复用技术，使整星吞吐量达 70Gbit/s。信关站链路上行/下行频率为 27.5 ~29.5GHz/17.7 ~19.7GHz，用户链路上行/下行频率为 29.5 ~30GHz/19.7 ~20.2GHz。KA – SAT 卫星为欧洲和地中海地区国家用户提供卫星宽带、视频和

数据等业务，用户终端上行数据传输速率可达 1Mbit/s，下行数据传输速率可达 10Mbit/s。

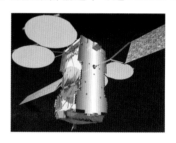

图 1 – 47　KA – SAT 卫星

Alabo Weixing

"阿拉伯卫星" Arabsat

概　况

　　"阿拉伯卫星"（Arabsat）是阿拉伯卫星通信组织运营的区域通信卫星系统，为阿拉伯国家和地区提供数字/模拟电视广播、VSAT 话音数据传输、高速互联网接入等业务。阿拉伯卫星通信组织于 1976 年底在美国成立，拥有 21 个成员国。

　　从 1985 年至今，发射了五代共 12 颗 Arabsat 卫星。1985—1992 年，共发射了 3 颗 Arbsat – 1 系列卫星；1996 年发射了 2 颗 Arbsat – 2 系列卫星；1996 年发射了 1 颗 Arbsat – 3 系列卫星；2006—2008 年发射了 3 颗 Arabsat – 4 系列卫星，其中，Arabsat – 4A 卫星发射失败，由 Arabsat – 4AR 卫星接替；2010—2011 年发射了 3 颗 Arabsat – 5 系列卫星。Arabsat 卫星主要位于东经 20°、东经 26°和东经 30.5°三个轨道位置。

主要性能参数

Arabsat-1 系列卫星（见图 1-48）的主承包商是法国宇航公司，采用空间客车-1000 平台（Spacebus-1000），三轴稳定设计，星体尺寸 2.2m× 1.5m×1.6m，太阳翼翼展 21m，天线展开跨度 5.64m。三颗卫星发射质量分别为 1170kg、1270kg 和 1360kg，寿命终期功率 1.3kW，设计寿命均为 7 年。星上装有 25 路 C 频段转发器和 1 路 S 频段转发器，带宽均为 33MHz；配备 2 副 C 频段反射器天线和 1 副 S 频段天线。

图 1-48　Arabsat-1 卫星

Arabsat-2 系列卫星（见图 1-49）的主承包商是法国宇航公司，采用 Spacebus-3000A 平台，三轴稳定设计，星体尺寸 1.8m×2.6m×2.3m，天线展开跨度 7m，太阳翼翼展 26.3m。卫星发射质量 2617kg，有效载荷质量 260kg，寿命末期功率 5.3kW，设计寿命 12 年。卫星装载 22 路 C 频段转发器，带宽为 54MHz 和 36MHz，最低 EIRP 分别为 35dBW 和 41dBW；另有 12 路 Ku 频段转发器，带宽 30MHz，最低 EIRP 为 41dBW。星上配备 2 副 C 频段和 1 副 Ku 频段天线。

图 1-49　Arabsat-2 卫星

Arabsat-3A 卫星（见图 1-50）的主承包商法国宇航公司，采用 Spacebus-3000B2 平台，三轴稳定设计，星体尺寸 3.83m×3.35m×2.26m，太阳翼翼展 29m。卫星发射质量 2708kg，寿命末期功率 6.4kW，设计寿命 13 年。星上装有 20 路 Ku 频段转发器，带宽为 34MHz，最高 EIRP 为 48.5dBW，最高 G/T 值 0.2dB/K。

Arabsat-4 系列卫星（见图 1-51）的主承包商是欧洲航空航天防务集团阿斯特里姆公司（EADS As-

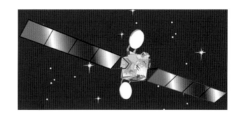

图 1-50　Arabsat-3 卫星

trium），由阿尔卡特航天公司提供有效载荷。卫星采用采用欧洲星-2000 平台（Eurostar-2000），三轴稳定设计，星体尺寸 2.9m×2.5m×1.8m，太阳翼翼展约 32m。该系列卫星定点东经 26°轨道位置。Arabsat-4 系列卫星的性能参数见表 1-37。

图 1-51　Arabsat-4 卫星

表 1-37　**Arabsat-4 系列卫星性能参数**

卫星名称	Arabsat-4B	Arabsat-4AR
卫星平台	Eurostar-2000	Eurostar-2000
发射质量/kg	3280	3346
功率/kW	5	7.8（寿命初期）
设计寿命/年	15	15
转发器	32 路 Ku 频段，带宽 36MHz，用于卫星固定业务和卫星广播业务； 卫星固定业务：上行频率 13.75～14.00GHz，下行频率 12.50～12.75GHz，EIRP 为 48～51.8dBW，G/T 值为 0.2dB/K； 卫星广播业务：上行频率 17.30～18.10GHz，下行频率 12.50GHz	24 路 C 频段，带宽 36MHz，上行频率 5.925～6.425GHz，下行频率 3.7～4.2GHz，最高 EIRP 为 41dBW，G/T 值为 -0.2dB/K； 20 路 Ku 频段，带宽 34MHz，上行频率 17.3～18.1GHz，下行频率 11.7～12.5GHz，EIRP 为 48～50dBW，G/T 值为 0.2dB/K
天线	2 副 2.5m 口径反射器天线；1 副 1.35m 口径反射器天线	2 副 2.5m 口径反射器天线；1 副 1.35m 口径反射器天线

Arabsat－5 系列卫星（见图 1－52）的主承包商是阿斯特里姆公司，有效载荷供应商为泰雷兹·阿莱尼亚航天公司（TAS），采用 Eurostar－3000 平台。Arabsat－5 系列卫星的性能参数见表 1－38。

图 1－52　Arabsat－5 卫星

表 1－38　**Arabsat－5 系列卫星性能参数**

卫星名称	Arabsat－5A	Arabsat－5B	Arabsat－5C
卫星平台	Eurostar－3000	Eurostar－3000	Eurostar－3000
尺寸	本体：2.1m×2.35m×4.5m；太阳翼翼展：39.4m	本体：2.1m×2.35m×4.5m；太阳翼翼展：39.4m	本体：2.1m×2.35m×4.09m；太阳翼翼展：30.75m
发射质量/kg	4939	3280	3346
功率/kW	12（寿命初期）	14（寿命末期）	有效载荷功率 10（寿命末期）
设计寿命/年	15	15	15
转发器	28 路 C 频段，带宽为 72MHz 和 36MHz，典型 EIRP 为 42.4～45dBW，典型 G/T 值为 0.4dB/K；24 路 Ku 频段，带宽为 72MHz 和 36MHz，典型 EIRP 为 51～54dBW，典型 G/T 值为 5.2dB/K	56 路 Ku 频段，带宽为 36、34 和 89MHz，典型 EIRP 为 51～52.5dBW，典型 G/T 值为 2.2～8.3dB/K；4 路 Ka 频段，带宽 36MHz，典型 G/T 值为 9dB/K	26 路 C 频段；12 路 Ka 频段，可形成 10 个点波束

"国际移动卫星"
Inmarsat

概 况

"国际移动卫星"（Inmarsat）是由国际移动卫星公司运营的全球移动通信卫星系统，提供传统的移动话音业务、低速率数据业务、高速互联网接入，以及全球海上遇险与安全业务服务。国际移动卫星公司的前身是国际海事卫星组织。该组织于 1979 年 10 月在伦敦成立，直接成员国有 89 个，总部设在伦敦。1999 年 4 月，该组织转变为私营公司，即国际移动卫星公司。

Inmarsat 卫星目前已发展了五代。第一代卫星主要是租用美国通信卫星公司的 3 颗 Marisat 卫星、欧洲的 2 颗 Marces 卫星和 Intelsat - 5 卫星。第二代卫星于 1990—1992 年发射，共计 4 颗；第三代卫星于 1996—1998 年发射，共计 5 颗；第四代卫星于 2005—2008 年发射，共计 3 颗，主要用于提供宽带业务；第五代卫星尚处于研制过程中，计划于 2014 年发射，共计 3 颗。

主要性能参数

第一、二代 Inmarsat 卫星系统的通信只能在船站与岸站之间进行，船站之间的通信则由岸站转接，形成"两跳"通信。第一代卫星租用 3 颗性能相同的 Marisat 卫星和 2 颗性能相同的 Marces 卫星。Inmarsat - 1 系列卫星的性能参数见表 1 - 39。

表 1 - 39　Inmarsat - 1 系列卫星性能参数

卫星名称	Marisat	Marces
卫星平台	HS - 356	ECS
发射质量/kg	655	1060
功率/W	330	955（寿命初期）
设计寿命/年	5	7
转发器	1 路 L 频段、1 路 C 频段和 3 路 UHF 频段转发器	1 路 L 频段和 1 路 C 频段转发器

Inmarsat - 2 卫星系统（见图 1 - 53）由 4 颗卫星组成，定点西经 179°、西经 98°、西经 169°和东经 109°。卫星的主承包商是马特拉 - 马可尼航天公司，采用欧洲星 - 1000 平台（Eurostar - 1000）。卫星装有 1 路 C 频段转发器和 4 路 L 频段转发器。卫星与移动终端间链路采用 L 频段，卫星与大型、固定信关站间链路采用 C 频段。

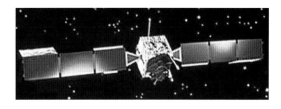

图 1 - 53　Inmarsat - 2 卫星

Inmarsat - 3 卫星系统（见图 1 - 54）由 5 颗卫星组成，定点东经 64°、西经 15.5°、西经 178°、西经 54°和东经 25°。卫星的主承包商是马丁 - 玛丽埃塔航天公司，有效载荷由马特拉 - 马可尼航天公司提供，采用 GE - 4000 平台。

图 1 - 54　Inmarsat - 3 卫星

Inmarsat - 4 卫星系统（见图 1 - 55）由 3 颗卫星组成，定点东经 64.5°、西经 54°和西经 98°。卫星的主承包商是欧洲航空航天防务集团阿斯特里姆公司。卫星采用 Eurostar - 3000 平台。卫星采用星上处理技术在波束间进行信道重分配，以满足用户的需求。

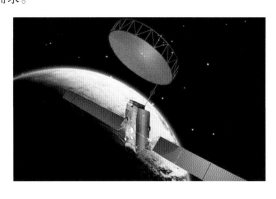

图 1 - 55　Inmarsat - 4 卫星

Inmarsat - 2 ~ 4 卫星的主要性能参数见表 1 - 40。

表 1 – 40 Inmarsat – 2 ~ 4 卫星主要性能参数

卫星名称	Inmarsat – 2	Inmarsat – 3	Inmarsat – 4
卫星平台	Eurostar – 1000	GE – 4000	Eurostar – 3000
尺寸	1.59m × 2.56m × 1.48m	2.1m × 1.79m × 1.70m	2.3 × 2.9 × 7m
太阳翼跨度/m	15.23	20	45
质量/kg	800	1133	5945
功率/kW	1.2（寿命初期）	2.8（寿命末期）	14（寿命初期）
设计寿命	10	13	13
转发器	4 路 L 频段和 1 路 C 频段转发器；卫星与岸站之间通信：上行频率 6.425 ~ 6.443GHz，下行频率 3.600 ~ 3.623GHz，全球覆盖波束 EIRP 为 24dBW；卫星与船只之间通信：上行频率 1.6265 ~ 1.6495GHz，下行频率 1.530 ~ 1.548GHz，波束边缘 EIRP 为 37.7dBW	1 路 L 频段转发器和 1 路 C 频段转发器；C 频段通信：上行频率 6.43 ~ 6.45GHz，下行频率 3.6 ~ 3.63GHz，C 频段波束 EIRP 27dBW；L 频段通信：上行频率 1.63 ~ 1.66GHz，下行频率 1.53 ~ 1.56GHz，L 频段波束 EIRP 为 48dBW	228 个点波束、19 个区域波束、1 个 L 频段全球波束和 1 个 C 频道全球波束；数据传输速率：最高 432kbit/s
天线	2 副 C 频段天线，1 副 L 频段天线	2 副 C 频段天线，2 副 L 频段天线	C 频段天线，L 频段天线

Shiguang Weixing

"世广" 卫星
WorldSpace

概 况

"世广"（WorldSpace）卫星是世广公司运营的音频广播卫星。世广卫星公司计划利用卫星为全球不发达国家和地区提供数字音频广播业务。整个计划最初由"非洲之星"（AfriStar）（见图 1 – 56）、"亚洲之星"（AsiaStar）和"美洲之星"（AmeriStar）组成，分别覆盖非洲和中东地区、亚洲地区和拉美地区。由于管制政策及资金问题，AmeriStar 卫星虽然研制完成，但并未发射。2006 年初，AmeriStar 被重新命名为 AfriStar – 2。

AfriStar – 1 卫星于 1998 年 10 月 28 日发射，定点东经 21°；AsiaStar – 1 卫星于 2000 年 3 月 21 日发射，定点东经 105°。

主要性能参数

AfriStar – 1 卫星和 AsiaStar – 1 的主承包商是玛特拉 – 马可尼航天公司，有效载荷由阿尔卡特 – 阿莱尼亚航天公司提供。这两颗卫星的设计基本相同，均采用欧洲星 – 2000（Eurostar – 2000）平台，三轴稳定设计。AfriStar – 1 卫星性能参数见表 1 – 41。

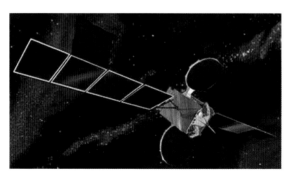

图 1 – 56 AfriStar 卫星

表1-41   AfriStar-1卫星性能参数

参数		指标
尺寸		本体：2.6m×2.5m×1.7m，太阳翼翼展：28m
发射质量/kg		2750
功率/kW		5.6（寿命末期）
设计寿命/年		12
转发器	L频段	3个发射波束，6个150W TWTA放大器；上行频率7.025～7.075GHz，下行频率1.467～1.492GHz；EIRP：53dBW（波束中心），49/45dBW（波束边缘）
天线	发射	2副2.4m口径反射器天线
	接收	2副反射器天线

Feizhou Quyu Weixing Tongxin Zuzhi Weixing
"非洲区域卫星通信组织" 卫星
Rascom – QAF

概 况

"非洲区域卫星通信组织"（Rascom – QAF）卫星是非洲区域卫星通信公司运营的区域通信卫星系统，提供固定通信和电视广播业务。非洲区域卫星通信公司的前身是非洲区域卫星通信组织，该组织于1992年成立，拥有44个成员国。2002年，非洲区域卫星通信组织变为私营公司，即非洲区域卫星通信公司，总部位于毛里求斯。

RASCOM – QAF – 1卫星（见图1 – 57）于2007年12月21日发射，由于推进剂泄漏导致卫星在轨寿命缩减至2年。其替代星RASCOM – QAF – 1R于2010年8月4日发射，卫星定点东经2.9°。

主要性能参数

RASCOM – QAF卫星的主承包商是阿尔卡特 – 阿莱尼亚航天公司，采用空间客车 – 4000B3（Spacebus – 4000B3）平台，两颗卫星的设计基本相同。RASCOM – QAF – 1卫星的主要参数见表1 – 42。

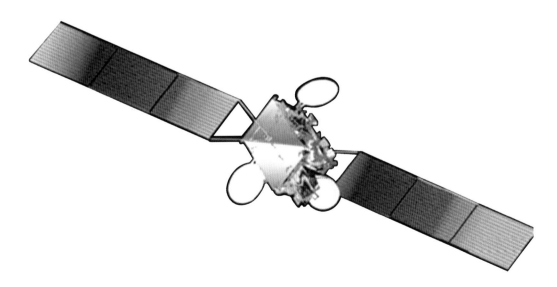

图1 – 57   Rascom – QAF – 1卫星

表 1 – 42　RASCOM – QAF – 1 卫星的主要参数

参数		指标
发射质量/kg		3160
卫星功率/kW		6.2（寿命末期）
设计寿命/年		15
稳定方式		三轴稳定
转发器	C 频段	8 路，上行频率 6.18 ~ 6.425GHz 和 6.725 ~ 7.025GHz，下行频率 3.95 ~ 4.2GHz 和 4.5 ~ 4.8GHz，最低 EIRP 为 37.5dBW，最低 G/T 值 – 7dB/K
	Ku 频段	12 路，上行频率 12.9 ~ 13.25GHz，下行频率 10.85 ~ 10.95GHz 和 11.2 ~ 11.45GHz，最低 EIRP 为 44.5dBW，最低 G/T 值为 – 2.5dB/K
天线		3 副抛物面反射器，1 副用于 C 频段接收，1 副用于 C 频段发送，1 副 Ku 频段收发共用

哈萨克斯坦

哈 萨克斯坦为了降低本国卫星通信的成本，逐步从租用国外卫星向发展本国通信卫星转变。2004 年和 2006 年，哈萨克斯坦与俄罗斯签署了 2 份合同，由俄罗斯研制并发射 2 颗通信卫星，从而拥有了本国通信卫星。

Hasakesitan Weixing

"哈萨克斯坦卫星"
KazSat

概 况

"哈萨克斯坦卫星"（KazSat）是哈萨克斯坦的民用通信卫星，为哈萨克斯坦和中亚地区提供电视广播、固定卫星通信和数据传输业务。KazSat 系列共包括 2 颗卫星，其中 KazSat - 1（见图 1 - 58）卫

星是哈萨克斯坦的首颗通信卫星，于 2006 年 6 月 16 日发射，定点东经 103°。2008 年 6 月，KazSat - 1 卫星因故障而提前退役。KazSat - 2 卫星于 2011 年 7 月 15 日发射，定点东经 86.5°。

主要性能参数

KazSat - 1 和 2 卫星均由俄罗斯的赫鲁尼切夫航天研制中心（Khrunichev）研制，采用轻舟（Yakhta）平台，主体为长方体结构，在轨位置保持采用氙离子推力器，位置保持精度为 0.05°。KazSat 卫星的性能参数见表 1 - 43。

图 1 - 58 KazSat - 1 卫星

表 1 - 43 **KazSat 卫星性能参数**

卫星名称	KazSat - 1	KazSat - 2
卫星平台	Yakhta	Yakhta
稳定方式	三轴稳定	三轴稳定
发射质量/kg	1092	1330
功率/kW	1.3	4.6
设计寿命/年	10	12
转发器	14 路 Ku 频段，单路带宽 72MHz	20 路 Ku 频段，单路带宽 54MHz

韩 国

在20世纪80年代末，韩国国内的通信需求不断增长，韩国电信公司（KT）开始研究发展通信卫星系统的可行性。1991年底，韩国电信公司向美国通用电气宇航公司订购了2颗通信卫星，命名为"高丽卫星"（Koreasat），开始发展国内通信卫星系统。

2002年，韩国电信公司完成私有化改造。目前，Koreasat是韩国唯一一个通信卫星系列，为政府、商业公司和军方提供卫星通信业务。

Gaoli Weixing

"高丽卫星"
Koreasat

概 况

"高丽卫星"（Koreasat）是韩国电信公司运营的多用途通信卫星，主要提供固定通信、移动通信和电视广播业务。Koreasat系列共包括5颗卫星，其中Koreasat-1和2卫星是民用通信卫星，Koreasat-3、5和6卫星是军商两用通信卫星。

Koreasat-1（见图1-59）卫星于1995年8月5日发射，定点东经116°。由于火箭发射部分失败，卫星消耗额外燃料才到达预定高度，导致卫星寿命减少了4.5年。2000年底，Koreasat-1卫星租给欧洲星公司，更名为欧洲星-B（Europe＊Star-B），目前已退役。

Koreasat-2和3卫星分别于1996年1月14日和1999年9月4日发射。其中，Koreasat-3（见图1-60）卫星是一颗移动通信卫星。目前这两颗卫星均在轨运行。

Koreasat-5（见图1-61）和6（见图1-62）卫星分别于2006年8月22日和2010年12月29日发射。其中，Koreasat-5卫星装有军事通信载荷。目前这两颗卫星均在轨运行。

图1-59　Koreasat-1和2卫星

图1-60　Koreasat-3卫星

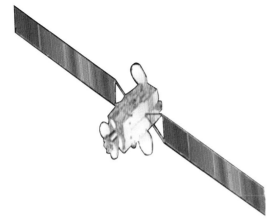

图 1 - 61　Koreasat - 5 卫星

图 1 - 62　Koreasat - 6 卫星

主要性能参数

Koreasat - 1 和 2 卫星均由美国通用电气宇航公司研制，采用 AS - 3000 平台。Koreasat - 3 卫星由洛克希德·马丁公司研制，采用 A2100 平台，携带 Ku 频段和 Ka 频段转发器，移动终端传输速率可达 64kbit/s。

Koreasat - 5 卫星由阿尔卡特 - 阿莱尼亚航天公司研制，采用空间客车 - 4000C1 （Spacebus - 4000C1）平台。卫星除了携带民用的 Ku 频段转发器外，还携带军用的 SHF 频段和 Ka 频段转发器。

Koreasat - 6 卫星的主承包商是泰雷兹·阿莱尼亚航天公司（TAS），采用轨道科学公司（OSC）的星 - 2（Star - 2）平台。

Koreasat 系列卫星性能参数见表 1 - 44。

表 1 - 44　Koreasat 系列卫星性能参数

卫星名称	Koreasat - 1、2	Koreasat - 3	Koreasat - 5	Koreasat - 6
卫星平台	AS - 3000	A2100	Spacebus - 4000C1	Star - 2
发射质量/kg	1459	2790	4500	2850
功率/kW	1.98	4	8.6	3.4
设计寿命/年	10	12	15	15
推进	固体推进系统；单组元液体推进系统	双组元液体推进系统	双组元推进系统	单组元推进系统
转发器	15 路 Ku 频段转发器	30 路 Ku 频段和 3 路 Ka 频段转发器	24 路 Ku 频段、8 路 SHF 频段和 4 路 Ka 频段转发器	30 路 Ku 频段转发器

荷 兰

在 1998年3月，荷兰成立了新天卫星公司，开始发展国内卫星通信系统。成立初期，新天卫星公司主要运营国际通信卫星组织转让的卫星，包括NSS-513、703、803、806和K卫星。

1999年9月，新天卫星公司订购了NSS-7卫星，这颗卫星成为了荷兰的首颗通信卫星。此后，荷兰的通信卫星由新天卫星公司负责采购和运营。2006年3月，新天卫星公司被SES公司并购，更名为SES新天公司。

Xintian Weixing
"新天卫星"
NSS

概 况

"新天卫星"（New Skies Satellites，NSS）是由SES新天公司运营的商业通信卫星，主要提供电视直播和宽带网络通信业务。除了国际通信卫星组织转让的5颗卫星以外，新天公司共订购了4颗卫星。

NSS-6卫星于2002年12月17日发射，定点东经95°；NSS-7卫星于2002年4月16日发射，定点西经22°；NSS-9卫星（见图1-63）于2009年2月11日发射，定点东经177°；NSS-12卫星（见图1-64）于2009年10月29日发射，定点东经57°。

主要性能参数

NSS-6和7卫星均由洛克希德·马丁公司（LM）研制，采用A2100AX平台。NSS-9卫星由轨道科学公司（OSC）研制，采用星-2（Star-2）平台。NSS-12卫星由劳拉空间系统公司（SS/L）研制，采用LS-1300平台。NSS卫星的性能参数见表1-45。

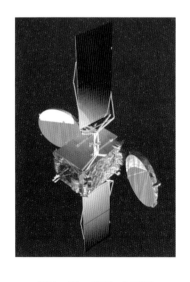

图1-63 NSS-9卫星

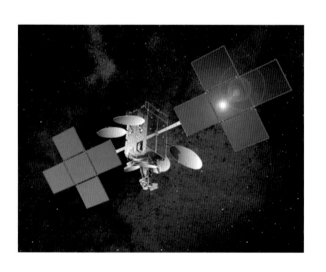

图1-64 NSS-12卫星

表1-45 NSS 卫星性能参数

卫星名称	NSS-6	NSS-7	NSS-9	NSS-12
卫星平台	A2100AX	A2100AX	Star-2	LS-1300
尺寸	7.3m×3.62m×3.62m	6.7m×3.62m×3.62m	3.05m×2.30m×4.10m	7.6m×2.9m×3.6m
稳定方式	三轴稳定	三轴稳定	三轴稳定	三轴稳定
发射质量/kg	4575	4692	2238	5622
功率/kW	10（寿命初期）	13.1（寿命初期）	2.3（寿命末期）	14.2（寿命末期）
设计寿命/年	14	12	15	15
转发器	50路Ku频段（36MHz）转发器：EIRP为51dBW，G/T为5dB/K，上行频率为13.78～14.48GHz，下行频率为10.95～11.20GHz、11.45～11.70GHz和12.50～12.75GHz； 12路Ka频段转发器：G/T为14dB/K，上行频率为29.50～30GHz	49路C频段转发器：EIRP为45dBW，上行频率为5.85～6.425GHz，下行频率为3.625～4.625GHz； 48路Ku频段转发器：EIRP为51dBW，上行频率为14.0～14.5GHz，下行频率为11.7～12.2GHz、10.95～11.20GHz、11.45～11.70GHz和12.5～12.75GHz	44路C频段转发器：EIRP为41.6dBW，上行频率为5.850～6.425GHz，下行频率为3.625～4.200GHz	40路C频段转发器：EIRP为41.7dBW，上行频率为5.85～6.425GHz，下行频率为3.625～4.625GHz； 48路Ku频段转发器：EIRP为52.3dBW，上行频率为13.75～14.50GHz，下行频率为10.95～11.20GHz、11.45～11.70GHz和12.25～12.75GHz

加拿大

加拿大从20世纪60年代末开始发展通信卫星，以解决国内特别是边远地区的通信问题，并在1969年成立了电信卫星公司，负责提供卫星通信业务。1972年，第1颗"阿尼克"（Anik）卫星发射升空，为加拿大提供卫星通信及电视广播业务。1999年，首颗"尼米克"（Nimiq）卫星成功发射之后，Anik系列卫星主要用于卫星通信业务，而电视广播业务则由Nimiq系列卫星承担。2007—2008年，电信卫星公司被美国劳拉空间与通信公司收购。此后，电信卫星公司开始接管劳拉公司名下的"电星"（Telstar）卫星。

加拿大的通信卫星研制能力有限，因此电信卫星公司的卫星均由美国或欧洲的卫星制造商研制。2012年，加拿大的麦克唐纳·德特威勒联合公司（MDA）与劳拉空间与通信公司达成协议，收购其子公司劳拉空间系统公司（SS/L）。此次收购将显著提高加拿大的通信卫星研制水平。

目前，电信卫星公司是全球第四大卫星固定通信业务运营商，共有13颗在轨卫星。

Anike Weixing
"阿尼克"卫星
Anik

概况

"阿尼克"（Anik）卫星是加拿大发展的通信卫星系列，也是加拿大的首个通信卫星系列，由加拿大电信卫星公司负责运营，用于提供C、Ku和Ka频段卫星通信业务。

加拿大从20世纪60年代末开始发展Anik卫星，目前已发展了六代。第一代Anik-A卫星首发于1972年11月10日，共发射了3颗；第二代Anik-B卫星仅发射了1颗，即1978年12月16日发射的Anik-B1卫星；第三代Anik-C卫星首发于1982年11月12日，共发射了3颗；第四代Anik-D卫星首发于1982年8月26日，共发射了2颗；第五代Anik-E卫星首发于1991年4月4日，共发射了2颗；第六代Anik-F卫星是现役的Anik卫星，首发于2000年11月21日，共发射了4颗，目前全部在轨运行。

主要性能参数

Anik-A卫星（见图1-65）由美国休斯空间与通信公司研制，用于C频段话音和电视广播业务。卫星采用HS-333平台，星体为圆柱体，直径1.9m，高3.41m，设计寿命7年，但3颗Anik-A卫星的实际运行寿命均在10年左右。每颗卫星装有12路转发器，可同时支持7000条电话线路或12路彩色电视信号。其他性能参数见表1-46。

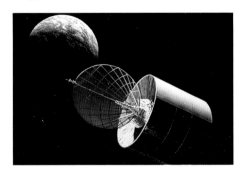

图1-65　Anik-A卫星

Anik-B1卫星由美国RCA宇航系统公司研制，星体为长方体，包括天线在内的总高度为3.3m，太阳翼翼展9.6m，除C频段有效载荷之外，卫星还装有用于试验的Ku频段有效载荷。Anik-B1卫星性能参数见表1-47。

表 1-46　Anik-A 卫星性能参数

参数	指标
卫星平台	HS-333
在轨质量/kg	297
功率/W	330（寿命初期），260（寿命末期）
设计寿命/年	7
稳定方式	自旋稳定，100r/min
推进	固体远地点发动机，位置保持使用肼推进
频段	C 频段
转发器	12 路，带宽 36MHz，每路转发器配有 1 个 5W 功率的 TWTA；上行频率 5927～6403MHz，下行频率 3702～4178MHz；最低 EIRP 为 33dBW
天线	1 副网格抛物面反射器天线，反射器直径 1.52m，可形成 1 个覆盖加拿大的区域赋形波束

表 1-47　Anik-B1 卫星性能参数

参数		指标
在轨质量/kg		461（寿命初期）
功率/W		840（寿命初期）
设计寿命/年		7
稳定方式		三轴稳定
推进		固体远地点发动机，位置保持使用肼推进
转发器	C 频段	12 路，带宽 36MHz，每路转发器配有 1 个 10W 功率的 TWTA；上行频率 5927～6403MHz，下行频率 3702～4178MHz；每个转发器的最低 EIRP 为 36dBW，G/T 最低值为 -6dB/K
	Ku 频段	6 路，带宽 72MHz，4 个 20W 功率的 TWTA；上行频率 14.00～14.48GHz，下行频率 11.70～12.18GHz；每个波束的最低 EIRP 为 46.5dBW，G/T 最低值为 -1dB/K
天线		1 副 C 频段偏馈抛物面天线，可形成 1 个覆盖加拿大的区域赋形波束；1 副 Ku 频段偏馈抛物面天线，可形成 1 个覆盖加拿大的区域赋形波束和 4 个 1.8°×2.0° 的发射波束

Anik-C 卫星（见图 1-66）由美国休斯空间与通信公司研制，用于 Ku 频段"点对点"商业通信业务，如音频、视频与数据传输业务等。卫星采用 HS-376 平台，"脱裙"式圆柱体星体，直径 2.16m，收拢高度 2.82m，展开高度 6.43m（含天线）。每颗卫星装有 16 路转发器，每路转发器可支持 90Mbit/s 的数据传输速率或 2 路电视信号。Anik-C 卫星性能参数见表 1-48。

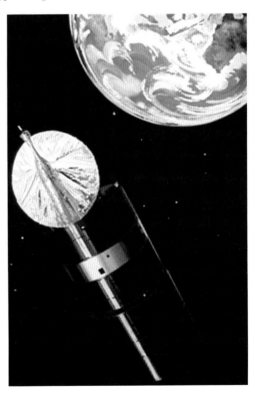

图 1-66　Anik-C 卫星

表 1 – 48　Anik – C 卫星性能参数

参数	指标
卫星平台	HS – 376
在轨质量/kg	562.5（寿命初期），99（推进剂）
功率/W	>900（寿命初期）
设计寿命/年	10
稳定方式	自旋稳定
推进	固体远地点发动机，姿态控制和位置保持使用 4 台肼推进器
频段	Ku 频段
转发器	16 路，带宽 54MHz，每路转发器配有 1 个 15W 功率的 TWTA，外加 4 个备份 TWTA；上行频率 14.003 ~ 14.497GHz，下行频率 11.703 ~ 12.197GHz；每路转发器 EIRP 为 48dBW，G/T 为 +2 ~ +3dB/K
天线	1 副网格双反射面天线，分别对应 2 种线性极化，反射器直径 1.8m，可形成 4 个区域发射波束和 1 个接收波束

Anik – D 卫星的主承包商为加拿大晶石宇航有限公司，美国休斯空间与通信公司是该卫星最大的分包商。Anik – D 卫星是

表 1 – 49　Anik – D 卫星性能参数

参数	指标
卫星平台	HS – 376
在轨质量/kg	634
功率/W	1000（寿命初期）
设计寿命/年	10
稳定方式	自旋稳定，50r/min，天线指向精度优于 ±0.05°
推进	固体远地点发动机，位置保持使用 4 台肼推进器
频段	C 频段
转发器	24 路，带宽 36MHz，双极化频率复用，每路转发器配有 1 个 11.5W 功率的 TWTA；上行频率 5.925 ~ 6.425GHz，下行频率 3.7 ~ 4.2GHz；加拿大境内最低 EIRP 为 33dBW，美国境内 EIRP 为 33 ~ 35dBW
天线	1 副网格双反射面天线，分别对应 2 种线性极化，反射器直径 1.81m，可形成覆盖加拿大的区域赋形波束

Anik – A 卫星的替代型号，Anik – D1 卫星用于 C 频段电视广播业务，Anik – D2 卫星用于 C 频段话音和数据业务。卫星外形结构与 Anik – C 卫星几乎完全相同，采用 HS – 376 平台，"脱裙"式圆柱体星体，直径 2.16m，收拢高度 2.82m，展开高度 6.57m（含天线）。卫星装有 24 路转发器，每路转发器可支持960 条单向话音线路或 1 路彩色电视信号。Anik – D卫星性能参数见表 1 – 49。

Anik – E 卫星由美国通用电气宇航公司研制，是 Anik – C 和 Anik – D 卫星的替代型号，用于为北美洲提供 C 和 Ku 频段卫星通信业务。卫星采用 AS – 5000 平台，长方体星体，外形尺寸 1.8m × 2.1m × 2.1m，太阳翼翼展 22m，天线展开跨度 8m。Anik – E 卫星性能参数见表 1 – 50。

表 1 – 50　Anik – E 卫星性能参数

参数		指标
卫星平台		AS – 5000
在轨质量/kg		约 1450（寿命初期）
功率/W		约 4300（寿命初期）
设计寿命/年		12
稳定方式		三轴稳定
推进		远地点机动使用液体双组元推进，位置保持使用单组元肼推进
转发器	C 频段	24 路，带宽 36MHz，双极化频率复用，6 组 11.5W 功率的 SSPA，每组 5 个，每组 SSPA 对应 4 路转发器；上行频率 5927 ~ 6423MHz，下行频率 3702 ~ 4198MHz；加拿大境内 EIRP 为 37 ~ 38dBW，G/T 值为 –3dB/K，美国大部地区 EIRP 为 35 ~ 37dBW
	Ku 频段	16 路，带宽 54MHz，双极化频率复用，2 组 50W 功率的 TWTA，每组 9 个，每组对应 8 路转发器；上行频率 14.003 ~ 14.497GHz，下行频率 11.903 ~ 12.197GHz；东部和西部波束 EIRP 为 45 ~ 52dBW，全国波束 EIRP 为 45 ~ 49dBW，跨境波束 EIRP 为 43 ~ 45dBW，加拿大境内 G/T 值为 1.5 ~ 2.5dB/K
天线		1 副 C 频段偏馈网格双反射面天线，分别对应 2 种线性极化，反射器直径 2.1m；1 副 Ku 频段偏馈网格双反射面天线，分别对应 2 种线性极化，反射器直径 2.1m，用于形成全国、东部和西部波束；1 副 Ku 频段偏馈网格反射面天线，单线性极化，反射器直径 1m，用于形成跨境波束

Anik‐F1 卫星由波音卫星系统公司（BSS）研制，位于西经107.3°，用于 C 和 Ku 频段商业卫星通信业务。卫星天线和太阳翼可在轨展开，收拢尺寸 2.1m×3.4m×4m，太阳翼翼展40.4m，天线展开跨度9m。Anik‐F1 卫星性能参数见表 1–51。

表 1–51 Anik–F1 卫星性能参数

参数		指标
卫星平台		BSS–702
质量/kg		4710（发射质量），3015（寿命初期在轨质量）
功率/W		17.5（寿命初期），15（寿命末期）
设计寿命/年		15
稳定方式		三轴稳定
推进		远地点机动使用液体双组元发动机，位置保持使用 12 台氙离子推进器
转发器	C 频段	36 路和 8 路备份，带宽 36MHz，44 个 40W 的 TWTA；上行频率 5925 ~ 6425MHz，下行频率 3700 ~ 4200MHz；加拿大境内 EIRP 为 42dBW，北美波束 EIRP 为 34dBW，南美波束 EIRP 为 36dBW
	Ku 频段	48 路和 10 路备份，带宽 27MHz，58 个 115W 的 TWTA；上行频率 13.75 ~ 14.5GHz，下行频率 11.45 ~ 12.2GHz；加拿大南部 EIRP 为 48dBW，北美波束 EIRP 为 40dBW，南美波束 EIRP 为 43dBW，全球波束 EIRP 为 33dBW
天线		2 副天线，分别为 C 和 Ku 频段，反射器直径 2.4m，形成北美波束； 2 副天底点天线，分别为 C 和 Ku 频段，反射器直径 2.2m，形成南美波束； 2 副喇叭天线，形成全球波束

Anik‐F2 卫星（见图 1–67）由波音卫星系统公司研制，位于西经111.1°，用于 C 和 Ku 频段商业卫星通信业务。卫星天线和太阳翼可在轨展开，收拢尺寸 3.8m×3.4m×7.3m，太阳翼翼展47.9m，天线展开跨度8.2m，除 C 和 Ku 频段有效载荷外，还装有 1 个 Ka 频段试验有效载荷。Anik‐F2 卫星性能参数见表 1–52。

Anik‐F1R 和 F3 卫星由欧洲航空航天防务集团‐阿斯特里姆公司（EADS Astrium）研制，分别位于西经107.3°和西经118.7°，用于 C、Ku 和 Ka 频段的通信、广播和互联网业务。卫星采用欧洲星‐3000（Eurostar‐3000）平台，长方体星体，星

体尺寸 4.8m×2.4m×2.9m，太阳翼翼展 36m。Anik‐F1R 和 Anik‐F3 卫星性能参数见表 1–53。

图 1–67 Anik–F2 卫星

表 1–52 Anik–F2 卫星性能参数

参数		指标
卫星平台		BSS–702
质量/kg		5950（发射质量），3805（寿命初期在轨质量）
功率/kW		16（寿命初期），15（寿命末期）
设计寿命/年		15
稳定方式		三轴稳定
推进		远地点机动使用液体双组元发动机，位置保持使用 4 台氙离子推进器
转发器	C 频段	24 路，带宽 36MHz，24 个 30W 的 TWTA；上行频率 5925 ~ 6425MHz，下行频率 3700 ~ 4200MHz
	Ku 频段	32 路和 8 路备份，带宽 27MHz，40 个 127W 的 TWTA；上行频率 14.0 ~ 14.5GHz，下行频率 11.7 ~ 12.2GHz
	Ka 频段	38 路和 12 路备份，37 个 90W 的 TWTA
天线		2 副双面网格反射器天线，分别为 C 和 Ku 频段，反射器直径 2.2m；4 副 Ka 频段发射反射器天线，反射器直径 1.4m；4 副 Ka 频段接收反射器天线，反射器直径 0.9m；2 副 Ku 频段跟踪反射器天线，反射器直径 0.5m

表1-53 Anik-F1R和Anik-F3卫星性能参数

卫星名称		Anik-F1R	Anik-F3
卫星平台		Eurostar-3000	Eurostar-3000
发射质量/kg		4500	4600
功率/kW		10（寿命末期）	10（寿命末期）
设计寿命/年		15	15
稳定方式		三轴稳定	三轴稳定
转发器	C频段	24路，带宽36MHz	24路，带宽36MHz
	Ku频段	32路，带宽27MHz	32路，带宽27MHz
	Ka频段	无	2路，带宽120MHz
天线		1副C频段抛物面天线，直径2.4m；1副Ku频段格里高利天线，直径2.4m	3副反射器天线，直径2.4m；1副固定天线，直径0.5m

Nimike Weixing
"尼米克"卫星
Nimiq

概况

"尼米克"（Nimiq）卫星是加拿大电视广播卫星，由加拿大电信卫星公司负责运营，用于代替阿尼克-E（Anik-E）卫星向加拿大及美国提供卫星电视广播业务。

Nimiq卫星使用"质子"（Proton）火箭发射，共发射5颗，第1颗Nimiq-1卫星发射于1999年5月20日。目前，5颗Nimiq卫星全部在轨运行。Nimiq卫星部署情况见表1-54。

表1-54 Nimiq卫星部署情况

卫星名称	发射时间	运载工具	工作频段	定点位置
Nimiq-1	1999-05-20	质子-K/上面级DM-3	Ku	西经91°
Nimiq-2	2002-12-29	质子-M/微风M-M1	Ku、Ka	西经91°
Nimiq-4	2008-09-19	质子-M/微风M-P1	Ku、Ka	西经82°
Nimiq-5	2009-09-17	质子-M/微风M-P2	Ku	西经72.7°
Nimiq-6	2012-05-17	质子-M/微风M-P3	Ku	西经91.1°

主要性能参数

Nimiq-1和2卫星（见图1-68）由美国洛克希德·马丁公司（LM）研制，定点西经91°，用于Ku和Ka频段电视直播业务。卫星采用A2100AX平台，太阳翼翼展27m。

Nimiq-4卫星由欧洲航空航天防务集团-阿斯特里姆公司（EADS Astrium）研制，定点西经82°轨位，用于Ku和Ka频段电视直播业务。卫星采用欧洲星-3000（Eurostar-3000）平台，太阳翼翼展39m。

Nimiq-5卫星（见图1-69）由美国劳拉空间系统公司（SS/L）研制，定点西经72.7°，用于为美国回声星公司提供Ku频段电视直播业务。卫星采用LS-1300平台，太阳翼翼展26m，卫星天线由加拿大麦克唐纳·德特威勒联合公司（MDA）提供。

Nimiq-6卫星由美国劳拉空间系统公司研制，定点西经91.1°，用于Ku频段电视直播业务。

Nimiq卫星性能参数见表1-55。

图1-68 Nimiq-1和2卫星

图 1 - 69　Nimiq - 5 卫星

表 1 - 55　Nimiq 卫星性能参数

卫星名称		Nimiq - 1 和 Nimiq - 2	Nimiq - 4	Nimiq - 5	Nimiq - 6
卫星平台		A2100AX	Eurostar - 3000	LS - 1300	LS - 1300
发射质量/kg		3530（Nimiq - 1），3529（Nimiq - 2）	4800	4745	4491
功率/kW		8.6（寿命末期）	12kW		
设计寿命/年		12	15	15	15
稳定方式		三轴稳定	三轴稳定	三轴稳定	三轴稳定
转发器	Ku 频段	32 路	32 路，带宽 24MHz	32 路	32 路
	Ka 频段	8 路	2 路，带宽 54MHz	无	无
天线		2 副可展开抛物面天线，双圆极化			

"电星"卫星
Telstar

概　况

"电星"（Telstar）卫星是加拿大电信卫星公司运营的商业通信卫星，用于 C 和 Ku 频段卫星通信业务。

Telstar 卫星最初是美国 AT&T 公司发展的通信卫星系列，后被劳拉空间与通信公司收购。2007—2008年，劳拉空间与通信公司收购了电信卫星公司，并将 Telstar 系列卫星的运营权移交给电信卫星公司。目前共有 4 颗 Telstar 卫星在轨运行。Telstar 卫星部署情况见表 1 - 56。

表 1 - 56　Telstar 卫星部署情况

卫星名称	发射时间	运载工具	工作频段	定点位置
Telstar - 12	1999 - 10 - 19	阿里安 - 44LPH10 - 3	Ku	西经 15°
Telstar - 18	2004 - 06 - 29	天顶 - 3SL	C、Ku	东经 138°
Telstar - 11N	2009 - 02 - 26	陆射天顶 - 3SLB	Ku	西经 37.5°
Telstar - 14R	2011 - 05 - 20	质子 - M/微风级 - P3	Ku	西经 63°

主要性能参数

电信卫星公司运营的 Telstar 卫星均由劳拉空间系统公司（SS/L）研制，并均采用 LS－1300 平台。

Telstar－12 卫星又称奥里昂－2（Orion－2），定点西经 15°，为北美、南美、欧洲和南非提供 Ku 频段卫星通信业务。Telstar－12 卫星性能参数见表 1－57。

表 1－57　Telstar－12 卫星性能指标

参数	指标
发射质量/kg	3814
功率/kW	10.6
设计寿命/年	13
稳定方式	三轴稳定
频段	Ku 频段
转发器	38 路，带宽 54MHz，正交线性极化；上行频率：14.0～14.25GHz（欧洲专用）、14.25～14.5GHz（欧洲共享）、13.75～14GHz（欧洲扩展）和 14～14.5GHz（泛美区域）；下行频率：12.5～12.75GHz（欧洲专用）、11.45～11.7GHz（欧洲共享）、10.95～11.2GHz（欧洲扩展）和 11.7～12.2GHz（泛美区域）

Telstar－18 卫星又称亚太星－5（APStar 5），定点东经 138°，为亚太地区提供 C 和 Ku 频段数据和广播业务。Telstar－18 卫星性能参数见表 1－58。

表 1－58　Telstar－18 卫星性能参数

参数		指标
发射质量/kg		4640
功率/kW		10.6（寿命初期），9.5（寿命末期）
设计寿命/年		13
稳定方式		三轴稳定
转发器	C 频段	18 路，36MHz，双线性极化，60W 功率的 TWTA；上行频率 5.85～6.425GHz 和 6.425～6.65GHz，下行频率 3.7～4.2GHz 和 3.4～3.7GHz；最高 EIRP 为 40.4dBW，最高 G/T 为 0.2dB/K
	Ku 频段	10 路，36MHz，双线性极化，139W 功率的 TWTA；上行频率 14.0～14.5GHz，下行频率 12.25～12.75GHz；EIRP：45～59dBW（波束 1），46～50dBW（波束 2）；G/T：－4.5～9.5dB/K（波束 1），－4dB/K（波束 2 覆盖区域边缘）

Telstar－11N 卫星是 Telstar－11 卫星的接替星，定点西经 37.5°，用于为北美、欧洲和非洲提供 Ku 频段视频与数据通信业务。Telstar－11N 卫星性能参数见表 1－59。

表 1－59　Telstar－11N 卫星性能参数

参数	指标
卫星平台	LS－1300
发射质量/kg	4012
设计寿命/年	15
稳定方式	三轴稳定
推进	1 台 R－4D－11 远地点发动机，4 台 SPT－100 离子推进器
频段	Ku 频段
转发器	39 路，其中 6 路带宽为 27MHz，33 路带宽为 54MHz；上行频率 14.00～14.50GHz，下行频率 11.45～11.70GHz 和 12.25～12.75GHz；覆盖区域中央 EIRP 为 46dBW，G/T 值为 +1dB/K

Telstar－14R 卫星（见图 1－70）又称南方之星－2（Estrela do Sul 2），定点西经 63°，用于北美、南美及跨大西洋两岸的 Ku 频段视频和数据通信业务。卫星具有星上交换能力，可根据市场需求对容量分配进行动态调整。Telstar－14R 卫星性能参数见表 1－60。

图 1－70　Telstar－14R 卫星

表 1－60　Telstar－14R 卫星性能参数

参数	指标
卫星平台	LS－1300
质量/kg	4970（发射质量），2150（干质量）
功率/kW	约 12
设计寿命/年	15
稳定方式	三轴稳定
推进	R－4D－11 远地点发动机
频段	Ku 频段
转发器	58 路，带宽 36MHz

卢森堡

从 20世纪80年代初开始，卢森堡开展了通信卫星相关研究。由于卢森堡国土面积较小，利用通信卫星为国内服务的需求不高，所以在研究之初就把卫星的覆盖范围扩展到了整个欧洲。

1985年3月，欧洲卫星公司（SES）在卢森堡政府的支持下成立，而卢森堡政府在其中拥有20%的股份。此后，SES公司开始运营和发展"阿斯特拉"（Astra）系列通信卫星，为欧洲提供电视广播业务。

SES公司通过并购等商业手段，逐步发展成为覆盖全球的通信卫星运营商，在卢森堡的运营公司则更名为SES阿斯特拉。本部分仅就SES阿斯特拉公司运营的Astra系列通信卫星进行介绍。

Asitela Weixing
"阿斯特拉"卫星
Astra

概况

"阿斯特拉"（Astra）卫星是由SES阿斯特拉公司运营的商业通信卫星，主要提供电视直播到户业务。Astra卫星包括3个系列共19颗卫星，分别定点在3个不同轨位：Astra-1系列包括13颗卫星，定点东经19.2°；Astra-2系列包括4颗卫星，定点东经28.2°；Astra-3系列包括2颗卫星，定点东经23.5°。

Astra-1A和1B卫星由美国通用电气宇航公司研制，分别于1988年12月11日和1991年3月2日发射，目前均已退役。Astra-1C～1H卫星由休斯空间与通信公司研制，于1993—1999年发射，目前均在轨运行。Astra-1K卫星由阿尔卡特航天公司研制，2002年11月25日发射失败。Astra-1KR和1L卫星由洛克希德·马丁公司（LM）研制，分别于2006年4月20日和2007年5月4日发射，用于替代Astra-1A和1B卫星，目前均在轨运行。Astra-1M和1N卫星（见图1-71）由欧洲航空航天防务集团阿斯特里姆公司（EADS Astrium）研制，分别于2008年11月5日和2011年8月6日发射，目前均在轨运行。

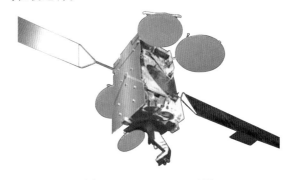

图1-71　Astra-1N卫星

Astra-2A、2C和2D卫星由休斯空间与通信公司研制，分别于1998年8月30日、2001年6月16日和2000年12月20日发射，目前均在轨运行。Astra-2B卫星（见图1-72）由EADS Astrium公司研制，于2000年9月14日发射，目前在轨运行。

Astra-3A和3B卫星分别由波音公司和EADS Astrium公司研制，于2002年3月29日和2010年5月21日发射，目前均在轨运行。

图1-72　Astra-2B卫星

主要性能参数

Astra – 1A 卫星采用三轴稳定方式，3 个轴向的指向精度分别为 0.06°、0.04° 和 0.22°。远地点机动采用固体发动机，在轨位置保持采用单组元液体推力器。Astra – 1B 卫星采用三轴稳定方式，3 个轴向的指向精度分别为 0.07°、0.09° 和 0.35°。远地点机动采用双组元液体发动机，在轨位置保持采用单组元液体推力器。与 Astra – 1A 卫星相比，Astra – 1B

卫星采用了更高功率的发射器，还配置了 1 副尺寸更大、焦距更长的天线。

Astra – 1C、1D、1E、1F 和 1H 卫星均采用统一双组元液体发动机，Astra – 1G 卫星远地点机动采用统一双组元液体发动机，南北位置保持采用离子推进。此外，Astra – 1G 和 1H 卫星采用了砷化镓太阳电池阵。Astra – 2A 和 2C 卫星采用三轴稳定方式，南北方向位置保持采用离子推进。

Astra 卫星性能参数见表 1 – 61。

表 1 – 61　Astra 卫星性能参数

卫星名称	卫星平台	稳定方式	尺寸	发射质量/kg	功率/kW	设计寿命/年	转发器
Astra – 1A	GE – 4000	三轴稳定	1.5m×2.1m×1.1m，太阳翼翼展 19.2m	1045	2.8	10	16 路 Ku 频段转发器和 6 路备用转发器
Astra – 1B	GE – 5000	三轴稳定	2.8m×2.3m×2.2m，太阳翼翼展 24m	1590	4.8	10	16 路 Ku 频段转发器和 6 路备用转发器
Astra – 1C	HS – 601	三轴稳定	2.1m×2.1m×2.1m，太阳翼翼展 21m	2796	3.3	15	18 路 Ku 频段转发器
Astra – 1D	HS – 601	三轴稳定	2.1m×2.1m×2.1m，太阳翼翼展 21m	2924	3.5	15	18 路 Ku 频段转发器
Astra – 1E	HS – 601	三轴稳定	2.1m×2.1m×2.1m，太阳翼翼展 26m	3010	4.7	14	18 路 Ku 频段转发器
Astra – 1F	HS – 601	三轴稳定	2.1m×2.1m×2.1m，太阳翼翼展 26m	3010	4.7	15	22 路 Ku 频段转发器
Astra – 1G	HS – 601HP	三轴稳定	2.1m×2.1m×2.1m，太阳翼翼展 26m	3300	8	15	32 路 Ku 频段转发器
Astra – 1H	HS – 601HP	三轴稳定	2.1m×2.1m×2.1m，太阳翼翼展 26m	3728	8	15	32 路 Ku 频段和 2 路 Ka 频段转发器
Astra – 1K	Spacebus – 3000B	三轴稳定	长方体，高 7.6m	5250	13	13	52 路 Ku 频段和 2 路 Ka 频段转发器
Astra – 1KR	A2100AX	三轴稳定	长方体，太阳翼翼展 27m	4332	12	15	32 路 Ku 频段转发器
Astra – 1L	A2100AX	三轴稳定	7.7m×2.62m×3.62m	4498	13	15	29 路 Ku 频段和 2 路 Ka 频段转发器
Astra – 1M	Eurostar – 3000	三轴稳定	4m×2.4m×2.9m，太阳翼翼展 35m	5320	12	15	36 路 Ku 频段转发器
Astra – 1N	Eurostar – 3000	三轴稳定	6.5m×2.8m×3.2m，太阳翼翼展 39.8m	5330	>13	15	55 路 Ku 频段转发器
Astra – 2A	BSS – 601HP	三轴稳定	太阳翼翼展 26m	3635	8	15	32 路 Ku 频段转发器
Astra – 2B	Eurostar – 2000 +	三轴稳定		3315	>6.4	15	30 路 Ku 频段转发器
Astra – 2C	BSS – 601HP	三轴稳定	太阳翼翼展 26m	3643	8.5	15	32 路 Ku 频段转发器
Astra – 2D	BSS – 376HP	自旋稳定	圆柱体，直径 2.1m，高约 7m	1414	1.6	12	16 路 Ku 频段转发器
Astra – 3A	BSS – 376HP	自旋稳定	圆柱体，直径 2.17m，高 3.15m	1495	1.6	10	24 路 Ku 频段转发器
Astra – 3B	Eurostar – 3000	三轴稳定	4.5m×3.2m×2.8m，太阳翼翼展 39.8m	5471	>10	15	60 路 Ku 频段和 4 路 Ka 频段转发器

马来西亚

马 来西亚最初依靠"国际通信卫星"（Intelsat）和印度尼西亚的"帕拉帕"（Palapa）卫星提供卫星通信业务。为降低卫星通信成本，马来西亚政府于1991年决定发展本国的卫星通信系统，由宾那亮公司负责采购和运营，开始发展"马来西亚东亚卫星"（Measat）系列通信卫星。

Malaixiya Dongya Weixing
"马来西亚东亚卫星"
Measat

概 况

"马来西亚东亚卫星"（Measat）是由马来西亚东亚卫星公司运营的商用通信卫星，主要提供直播到户和固定通信业务。整个系列包括4颗卫星，Measat-1、2、3和3A卫星分别于1996年1月12日、1996年11月13日、2006年12月11日和2009年6月21日发射，目前均在轨运行。Measat-1和2卫星见图1-73，Measat-3卫星见图1-74，Measat-3A卫星见图1-75。

主要性能参数

Measat-1和2卫星均由休斯空间与通信公司研制，采用HS-376HP平台，星体为圆柱体，采用体装式砷化镓太阳电池。两颗卫星均携带C频段和Ku频段转发器，其中C频段用于常规通信，Ku频段主要用于电视直播。C频段覆盖马来西亚、印度尼西亚、菲律宾、澳大利亚部分地区和夏威夷；Ku频段覆盖马来西亚、印度、菲律宾、越南和澳大利亚东部。

Measat-3卫星由波音卫星系统公司（BSS）研制，采用BSS-601HP平台，携带C频段、扩展C频段和Ku频段转发器。C频段为全球波束；Ku频段主要覆盖马来西亚、印度尼西亚和南亚国家。

Measat-3A由轨道科学公司（OSC）研制，采用星-2（Star-2）平台，携带C频段Ku频段转发器。C频段为全球波束；Ku频段有2个区域波束，分别覆盖印度尼西亚和马来西亚。

Measat卫星性能参数见表1-62。

图1-73 Measat-1和2卫星

图1-74 Measat-3卫星

图 1 - 75　Measat - 3A 卫星

表 1 - 62　Measat 卫星性能参数

卫星名称	Measat - 1 和 2	Measat - 3	Measat - 3A
卫星平台	HS - 376HP	BSS - 601HP	Star - 2
稳定方式	自旋稳定	三轴稳定	三轴稳定
发射质量/kg	1450（Measat - 1），1512（Measat - 2）	4765	2471
功率/kW	1.7	10.8	3.6
设计寿命/年	12	15	15
转发器	MEASat - 1：12 路 C 频段 36MHz 带宽转发器和 5 路 Ku 频段 54MHz 带宽转发器； MEASat - 2：6 路 C 频段 72MHz 带宽和 11 路 Ku 频段 48MHz 带宽转发器； C 频段下行频率为 3700 ~ 4200MHz，上行频率为 5925 ~ 6425MHz； Ku 频段下行频率为 10.95 ~ 11.2、11.45 ~ 11.7、12.2 ~ 12.5/12.62（1/2）GHz，上行频率为 13.75 ~ 14.5GHz	24 路 C 频段 26MHz 带宽和 24 路 Ku 频段 26MHz 带宽转发器； C 频段下行频率为 3400 ~ 4200MHz，上行频率为 5925 ~ 6725MHz； Ku 频段下行频率为 10.95 ~ 12.75GHz 中的部分频段，上行频率为 13.75 ~ 14.5GHz	12 路 C 频段 36MHz 带宽和 12 路 Ku 频段 36MHz 带宽转发器； C 频段下行频率为 3400 ~ 4200MHz，上行频率为 5925 ~ 6425MHz； Ku 频段下行频率为 12.2 ~ 12.5GHz 中的部分频段，上行频率为 13.75 ~ 14.25GHz

美 国

美 国是全球通信卫星发展最全面、技术水平最高、产业基础最强大、市场最成熟、应用最广泛的国家。美国发展通信卫星的历史比较悠久、国内政策较为宽松，在商业通信卫星和军事通信卫星领域都已经形成了先进的通信卫星系列。截至 2012 年 6 月 30 日，美国共计成功发射 500 多颗通信卫星，其中有 300 多颗在轨运行。

美国研制通信卫星的历史始于 20 世纪 50 年代末，先后经历了从无源到有源、从透明转发到星上处理、从试验到实用再到大规模应用的过程，逐步渗透到民用、商用和军用各个领域。到 20 世纪 60 年代初，美国通信卫星一直处于试验阶段，美国军方、美国国家航空航天局（NASA）和商业公司积极开展通信卫星技术试验，先后发展了"斯科尔"（SCORE）、"回声"（Echo）、"信使"（Courier）、"电星"（Telstar）和"中继"（Relay）等卫星，使有源通信技术得到了验证，并逐步成为未来通信卫星的发展方向。

20 世纪 60 年代中期到 80 年代末，商业通信卫星蓬勃发展。1962 年颁布的《通信卫星法案》提供了良好的政策环境，通信卫星运营商开始出现，美国广播公司、西联电报公司、美国卫星公司和通信卫星公司纷纷成立。这一时期的商业通信卫星主要提供国际和国内卫星固定通信和电视广播业务，典型通信卫星包括"西联星"（Westar）、"通信星"（Comstar）、"卫星通信"（Satcom）、"卫星商用系统"（SBS）、"银河"（Galaxy）、"空间网"（Spacenet）和"泛美卫星"（PAS）等。另一方面，政府和军方也开始发展和使用通信卫星，NASA 除开展技术试验以外，发展了"跟踪与数据中继卫星"（TDRS），为载人航天和低轨航天器提供测控和数据中继服务；军方也发展了"国防卫星通信系统"（DSCS）、"卫星数据系统"（SDS）、"舰队卫星通信"（Fltsatcom）等系统，以满足军事通信需要。

20 世纪 90 年代至今，卫星产业竞争激烈，通信卫星运营公司数量减少，卫星资源也逐步集中。同时，卫星制造业经历了并购和重组，逐渐形成了波音、洛克希德·马丁公司（LM）、劳拉空间系统公司（SS/L）和轨道科学公司（OSC）等几个主要的卫星制造商，通信卫星平台技术进一步发展，形成了公用化、模块化和标准化的系列平台产品，促进了通信卫星的发展。

在商业领域，固定、移动和广播通信卫星全面发展，面向个人用户的宽带多媒体业务成为主要推动力。高吞吐量的宽带通信卫星进入商业运营，包括"太空之路"（Spaceway）、"狂蓝"（WildBlue）和"卫讯"（ViaSat）等；高轨和低轨移动通信卫星并行发展，包括"铱"（Iridium）、"全球星"（Globalstar）、"轨道通信"（Orbcomm）、"地网星"（TerreStar）和"天地通"（SkyTerra）等；卫星直播成为产业支柱，电视直播和音频广播业务全面发展，包括"直播电视"（DirecTV）、"回声星"（EchoStar）和"天狼星"（Sirius）等。

美国在 20 世纪 90 年代先后发展了"军事星"（Milstar）和"特高频后继"（UFO）卫星系列，形成了宽带、窄带和防护系列军事通信卫星，满足军方战略、战术和保密卫星通信的需求。自 2007 年起，军事通信卫星开始更新换代，新一代的"宽带全球卫星通信"（WGS）、"移动用户目标系统"（MUOS）和"先进极高频"（AEHF）卫星相继发射，呈现出宽带化和网络化的发展态势。

Sikeer Weixing
"斯科尔" 卫星
SCORE

概　况

"斯科尔"（Signal Communication by Orbiting Relay Equipment，SCORE）卫星（见图 1 - 76）是世界上第一颗验证延迟转发技术可行性的通信卫星，全称为"轨道中继设备信号通信"。卫星于 1958 年 12 月 18 日由宇宙神 - 2 火箭发射。卫星的研制目的是验证"宇宙神"导弹能否发射入轨，以及卫星的通信中继能力。所有的通信分系统都是通过对商用设备进行改造来研制的，导弹表面上安装了 4 副天线，其中 2 副是发射天线，2 副是接收天线。卫星没有太阳电池，通过蓄电池供电。

图 1 - 76　SCORE 卫星

主要性能参数

SCORE 卫星由美国国防高级研究计划局（DARPA）研制，通信设备由美国陆军信号研究与开发实验室研制，其性能参数见表 1 - 63。

表 1 - 63　SCORE 卫星性能参数

参数	指标
轨道/倾角	185km × 1484km/32°
质量/kg	44.55（通信设备）
功率/W	56
容量	1 路电话或 6 路电报
寿命	2 星期
收发装置	发射机：电子管，132MHz，输出功率 8W； 接收机：晶体管，150MHz，噪声系数 10dB

Guofang Weixing Tongxin Xitong Weixing
"国防卫星通信系统" 卫星
DSCS

概　况

"国防卫星通信系统"（Defense Satellite Communication System，DSCS）卫星是美国超高频（SHF）宽带地球静止轨道军事通信卫星，为美军提供全球军事卫星通信业务。

目前，DSCS 卫星已经发展了三代，第一代 DSCS 卫星又称"初级国防通信卫星计划"（IDCSP）卫星，从 1966 年 6 月 16 日至 1968 年 6 月 13 日进行了 5 次发射，共成功发射了 27 颗卫星，其中有 1 次发射失败，损失 7 颗卫星。

第二代 DSCS 卫星（DSCS - 2）从 1971 年 11 月 3 日至 1982 年 10 月 30 日进行了 9 次发射，共发射了 16 颗卫星，其中有 2 次发射失败，损失 4 颗卫星。

第三代 DSCS 卫星（DSCS - 3）从 1982 年 10 月 30 日至 2003 年 8 月 29 日共发射 14 颗。目前在役卫星均为 DSCS - 3 卫星（见图 1 - 77）。

图 1 - 77　DSCS - 3 卫星

主要性能参数

DSCS - 3 卫星由洛克希德·马丁公司（LM）研制，采用三轴稳定方式。DSCS - 3 卫星是世界上首次采用电子切换超高频多波束天线的卫星，卫星通信波束可由地面站控制。多波束天线具备调零能力，结合扩频和跳频等技术，卫星具有较强的抗干扰生存能力。DSCS - 3 卫星性能参数见表 1 - 64。

表 1 - 64　DSCS - 3 卫星性能参数

参数	指标
卫星平台	GE - 3000
稳定方式	三轴稳定
尺寸	本体：2.04m×1.89m×1.92m，太阳翼翼展：11.22m
在轨质量/kg	1114（寿命初期）
功率/kW	1.24（寿命初期），0.98（寿命末期）
设计寿命/年	10
转发器	6 路 SHF 频段转发器，上行频率为 7.9 ~ 8.4GHz，下行频率为 7.25 ~ 7.75GHz；1 路 UHF 频段单信道转发器
天线	1 副 1.13m 口径多波束接收天线，可形成 61 个波束；2 副 0.7m 口径多波束发射天线，可形成 19 个波束；1 副 0.83m 口径的抛物面发射天线；2 副喇叭发射天线和 2 副喇叭接收天线

Weixing Shuju Xitong Weixing

"卫星数据系统" 卫星
SDS

图 1 - 78　收拢状态的 SDS - 1 卫星

概　况

"卫星数据系统"（Satellite Data System，SDS）卫星是美国国家侦察局（NRO）研制并运行的军用数据中继卫星，为国家侦察局的成像侦察卫星提供数据中继服务，有些卫星还带有通信载荷，为美国高纬度地区的部队，特别是核力量提供通信支持。

SDS 项目发展了 SDS - 1、SDS - 2 和 SDS - 3 三代卫星系统，目前在役卫星为 SDS - 3。第一代 SDS - 1 卫星（见图 1 - 78）在 1976—1987 年共发射了 7 颗，第二代 SDS - 2 卫星在 1989—1996 年共发射了 4 颗，第三代 SDS - 3 卫星在 1998—2012 年共发射了 7 颗。

主要性能参数

SDS - 1 和 2 卫星均采用自旋稳定平台，部署在大椭圆轨道上。SDS - 3 卫星开始采用三轴平台，部分卫星部署在地球静止轨道（GEO）上。SDS 卫星主要性能参数见表 1 - 65。

表 1-65 SDS 卫星主要性能参数

卫星名称	SDS-1	SDS-2	SDS-3
卫星平台	HS-376	HS-376	HS-601
发射时间	1976—1987	1989—1996	1998—2012
卫星数量/颗	7	4	7
稳定方式	自旋稳定	自旋稳定	三轴稳定
尺寸/m	高6，直径3	收拢状态高2.9，直径4.25	
轨道/倾角	大椭圆/63°	大椭圆	大椭圆（3颗），GEO（4颗）
发射质量/kg	630	2340	3600
功率/kW	0.98（寿命末期）	1.238（寿命末期）	
设计寿命/年	7	7	
转发器	12 路 UHF 频段	38 路 C 频段，10Ku 频段	
天线	直径 3m 的主发射天线	2m 的 Ka 频段下行天线	

Jiandui Weixing Tongxin Weixing

"舰队卫星通信" 卫星 Fltsatcom

概　况

"舰队卫星通信"（Fleet Satellite Communication System，Fltsatcom）卫星是美国海军运管的军事通信卫星，主要为海军提供抗干扰的舰队广播和舰艇、潜艇、飞机与海岸站的保密通信，也能为地面机动部队和空军的飞机提供移动通信服务。

Fltsatcom 卫星（见图 1-79）由汤普森-拉莫-伍尔德里奇公司（TRW）研制，在 1978—1989 年共计发射 8 颗卫星，其中 FLTSATCOM-4、5、6 出现发射或在轨故障，系统最终由 5 颗工作卫星组成。20 世纪 90 年代末，FLTSATCOM 卫星逐步由"特高频后继"（UFO）卫星取代，但 FLTSATCOM-7 和 8 卫星目前仍在轨运行。

主要性能参数

卫星星体呈六边形，三轴稳定，直径 2.5m，高 1.2m，太阳翼翼展 13.2m。卫星入轨质量 1035kg，寿命末期功率为 1540W，在阴影区期间利用镍镉蓄电池提供电源，设计寿命为 5 年。星上装载多副天线，其中抛物面反射器天线直径为 5m，螺旋天线长 3.4m，基座直径 0.33m。

每颗卫星均工作在 UHF 和 SHF 频段，Fltsatcom-7 和 8 上还有 EHF 频段转发器，用于"军事星"（Milstar）地面终端的试验。每颗卫星可为海军提供 9 路 25kHz 带宽的信道和 1 路 25kHz 带宽的舰队广播信道，为空军小型移动用户终端提供 12 路 5kHz 的信道，另外还有 1 路 500kHz 信道为国家指挥当局专用信道。

图 1-79　Fltsatcom 卫星

望远镜和空间站等无人和载人航天器，以及低轨对地观测卫星提供测控和数据中继服务。

TDRS 计划于 1973 年确定，至今共发展三代。第一代 TDRS 卫星（见图 1 - 80）均采用航天飞机发射，1983—1995 年共发射了 7 颗，其中 TDRS - 2 卫星因"挑战者"航天飞机事故而损毁，后研制 TDRS - 7 卫星进行了补网发射。第二代 TDRS 卫星（见图 1 - 81）采用宇宙神 - 2A 运载火箭发射，2000—2002 年共发射了 3 颗。第三代目前处在研制过程中。

Genzong yu Shuju Zhongji Weixing

"跟踪与数据中继卫星" TDRS

概　况

"跟踪与数据中继卫星"（Tracking and Data Relay Satellite，TDRS）是美国国家航空航天局（NASA）运管的数据中继卫星，为航天飞机、天文

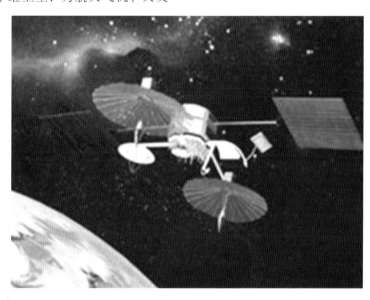

图 1 - 80　第一代 TDRS 卫星

图 1 - 81　第二代 TDRS 卫星

主要性能参数

第一代 TDRS 卫星由汤普森 - 拉莫 - 伍尔德里奇公司（TRW）研制，星上携带 S 频段多址链路载荷、S 和 Ku 频段单址链路载荷、天地链路载荷和商业通信载荷，但从 TDRS - 7 卫星开始，取消了商业通信有效载荷。多址链路可同时提供 1 路前向和 5 路返向链路，单址载荷可同时提供 S 频段和 Ku 频段中继链路。

第二代 TDRS 卫星由波音公司研制，卫星多址载荷的相控阵天线接收和发射阵元不再共用，多址数据中继的前向传输速率提高至 300kbit/s，返向传输速率提高至 3Mbit/s。此外，单址链路载荷还增加了 Ka 频段中继能力，使中继数据速率提高至 800Mbit/s。

TDRS 卫星主要性能参数见表 1 - 66。

表 1 – 66　TDRS 卫星主要性能参数

卫星名称	TDRS – 1 ～ 7	TDRS – 8、9、10
卫星平台	TRW 平台	BSS – 601
发射质量/kg	2200	3180
入轨质量/kg	2120	1781
展开尺寸/m	天线 13，太阳翼翼展 17.4	天线 13，太阳翼翼展 21
设计寿命/年	10	11
卫星功率/kW	2.4（寿命初期），1.85（寿命末期）	初期 2.3（寿命初期），2.042（寿命末期）
稳定方式	三轴稳定	三轴稳定
多址相控阵天线	螺旋天线 30 个阵元，前向与返向链路共用 12 个阵元	共 51 个贴片天线阵元，15 个前向链路，36 个返向链路
单址天线	直径 4.9m； 径向肋条式可展开反射器； 指向变化：东西 ±22.5°，南北 ±31.0°	直径 4.6m； 柔性回弹式可展开反射器； 指向变化：东西 ±22.5°，南北 ±31.0°； 扩展模式下东西指向可向星体外侧提高到 +77.5°
前向链路	S 频段多址	信道：1 路； 传输速率：10kbit/s； EIRP：34.0dBW	信道：1 路； 传输速率：300kbit/s； EIRP：42.0dBW
	S 频段单址	传输速率：7Mbit/s； EIRP：43.6 ~ 48.5dBW	传输速率：7Mbit/s； EIRP：43.6 ~ 48.5dBW
	Ku 频段单址	传输速率：25Mbit/s； EIRP：46.5 ~ 48.5dBW	传输速率：25Mbit/s； EIRP：46.5 ~ 48.5dBW
	Ka 频段单址	无	传输速率：25Mbit/s； EIRP：63dBW
返向链路	多址	信道：5 路； 传输速率：300kbit/s； G/T 值：3.1dB/K	信道：5 路； 传输速率：3Mbit/s； G/T 值：4.5dB/K
	S 频段单址	传输速率：6Mbit/s； G/T 值：9.0dB/K	传输速率：6Mbit/s； G/T 值：9.0dB/K
	Ku 频段单址	传输速率：300Mbit/s； G/T 值：24.4dB/K	传输速率：300Mbit/s； G/T 值：24.4dB/K
	Ka 频段单址	无	传输速率：300Mbit/s 或 800Mbit/s； G/T 值：26.5dB/K
Ku 频段天地链路	传输速率：300Mbit/s	传输速率：800Mbit/s
跟踪测距精度/m	150（3σ）	150（3σ）

Yinhe Weixing

"银河"卫星
Galaxy

概 况

"银河"（Galaxy）卫星是美国的商业通信广播卫星，为全球用户提供卫星电话、传真、电报、广播、网络通信、卫星电视直播等业务。Galaxy系列卫星的制造商包括休斯空间与通信公司、轨道科学公司（OSC）、劳拉空间系统公司（SS/L）和泰雷兹·阿莱尼亚航天公司（TAS）。

从1983年6月发射Galaxy-1卫星开始，到2008年9月，共发射Galaxy系列卫星24颗。"银河"系列卫星最初为休斯通信公司所有，早期多采

用休斯空间与通信公司的HS-376自旋稳定平台，现已全部退役，目前在轨的15颗卫星全部采用三轴稳定方式。1997年5月，Galaxy系列卫星被泛美卫星公司收购。2006年7月，泛美卫星公司被国际通信卫星公司收购。

主要性能参数

在轨卫星中，Galaxy-3C、11和13的主承包商为波音公司，采用BSS-601和BSS-702平台研制；Galaxy-16、18、19（见图1-82）、23、25、26、27和28卫星的主承包商为劳拉空间系统公司，采用LS-1300平台研制；Galaxy-12、14和15的主承包商为轨道科学公司，采用星-2平台（Star-2）研制；Galaxy-17（见图1-83）卫星的主承包商为泰雷兹·阿莱尼亚航天公司，采用空间客车-3000B3平台（Spacebus-3000B3）研制。部分Galaxy卫星性能参数见表1-67。

图1-82 Galaxy-19卫星

图1-83 Galaxy-17卫星

表1-67 部分Galaxy卫星性能参数

卫星名称	Galaxy-3C	Galaxy-15	Galaxy-17	Galaxy-19
卫星平台	BSS-702	Star-2	Spacebus-3000B3	LS-1300
尺寸	3.2m×3.3m×7.3m	3.3m×1.9m×1.5m	2.75m×1.8m×2.3m	
发射质量/kg	4860	2033	4100	4690
功率/kW	15（寿命末期）	2.9（寿命初期）	8.6（寿命末期）	10（寿命末期）
设计寿命/年	15	15	15	13
转发器 C频段	24路,带宽36MHz,上行/下行频率:5.925~6.425/3.7~4.2GHz;EIRP:39dBW;G/T:0dB/K	24路,带宽36MHz;上行/下行频率:5.925~6.425/3.7~4.2GHz;EIRP:36dBW;G/T:6dB/K	24路,带宽36MHz;上行/下行频率:5.925~6.425/3.7~4.2GHz;EIRP:41dBW;G/T:0dB/K	24路,带宽36MHz;上行/下行频率:5.925~6.425/3.7~4.2GHz;EIRP:35.5dBW;G/T:-4dB/K
转发器 Ku频段	54路,带宽24、27、54MHz,上行/下行频率:14~14.5GHz/11.7~12.2GHz;EIRP:45dBW;G/T:0dB/K	无	24路,带宽36MHz,上行/下行频率:14~14.5GHz/11.7~12.2GHz;EIRP:48dBW;G/T:1dB/K	28路,带宽27、54MHz,上行/下行频率:14~14.5GHz/11.7~12.2GHz;EIRP:40.5dBW;G/T:-3.5dB/K

Fanmei Weixing

"泛美卫星"
PAS

概　况

"泛美卫星"（PanAmSat，PAS）是美国泛美卫星通信公司运营的商业通信卫星。1988年6月由通用电气公司（GE）制造的首颗卫星PAS-1发射，定点在西经45°，为北美、南美和欧洲等地用户提供数据和图像业务。

继PAS-1卫星后，泛美卫星公司开始实施全球卫星通信服务发展计划。1991年8月从美国休斯空间与通信公司订购了3颗HS-601卫星，分别命名为PAS-2、PAS-3、PAS-4。1995年8月PAS-4卫星发射并投入使用，建立了泛美全球卫星通信网，可提供全球视频和数据等业务。至2001年5月，泛美卫星共发射13颗，工作寿命大都在15年以上。2005年8月，国际通信卫星公司出资32亿美元收购泛美卫星通信公司，在轨8颗卫星的名称也进行了相应更改。

主要性能参数

PAS卫星均为向不同制造商采购，包括波音公司、洛克希德·马丁公司（LM）、劳拉空间系统公司（SS/L）、通用电气公司等。卫星主要使用的平台包括BSS-601、BSS-702、LM-3000和LS-1300等。PAS卫星主要采用C频段和Ku频段，为全球用户提供话音、数据和视频服务。

从卫星质量看，4000kg以上的卫星由波音公司制造，其中质量最大的是采用BSS-702平台研制的PAS-1R卫星（见图1-84），发射质量4758kg，干质量3000kg，太阳翼翼展45m，寿命末期功率14kW，星上装载了36路C和36路Ku频段转发器，容量相当于PAS-1的3倍。劳拉空间系统公司和通用电气公司研制的卫星均为中等容量卫星。PAS在轨卫星性能参数见表1-68。

图1-84　PAS-1R卫星

表1-68　PAS在轨卫星性能参数

卫星原名	PAS-1R	PAS-5	PAS-7	PAS-8	PAS-9	PAS-10	PAS-11	PAS-12
现名	Intelsat-1R	Intelsat-5	Intelsat-7	Intelsat-8	Intelsat-9	Intelsat-10	Intelsat-11	Intelsat-12
轨位	西经50°	东经169°	东经68.5°	东经166°	西经58°	东经68.5°	西经43°	东经45°
平台	BSS-702	601-HP	LS-1300	LS-1300	601-HP	601-HP	Star-2	LS-1300
稳定方式	三轴稳定	三轴稳定	三轴稳定	三轴稳定	三轴稳定	三轴稳定	三轴稳定	三轴稳定
转发器	36路C频段，36路Ku频段	24路C频段	14路C频段，30路Ku频段	24路C频段，24路Ku频段	24路C频段，24路Ku频段	24路C频段，24路Ku频段	16路C频段	30路Ku频段
带宽/MHz	36	36	36	36	36		54，64	36
极化方式	线极化		线极化	线极化	线极化	线极化	线极化	线极化
EIRP/dBW	C频段：41，Ku频段：51		C频段：36，Ku频段：54	C频段：40，Ku频段：54	C频段：38（美），35（欧），Ku频段：50		>36（美，欧）	52（欧、中东、南非），53（印度、东南亚）

Tegaopin Houji Weixing

"特高频后继" 卫星 UFO

概况

"特高频后继"（UHF Follow-on，UFO）卫星是美国军事窄带移动通信卫星，为美军舰船、飞机和各种固定、移动终端提供移动话音和数据通信业务，用于更新美国海军以前由"租赁卫星"（Leasat）和"舰队卫星通信"（Fltsatcom）构成的特高频军用卫星通信网。

美国共研制了11颗UFO卫星（见图1-85），8颗为工作星，3颗为在轨备份星。卫星从1993年开始发射，至2003年底已发射完毕。目前有7颗卫星在轨运行，覆盖全球。

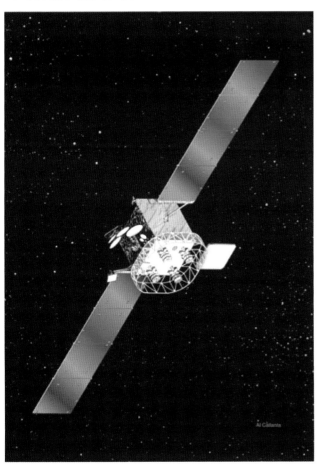

图1-85 UFO卫星

主要性能参数

UFO卫星由波音公司制造，采用601卫星平台，三轴稳定，卫星设计寿命14年。11颗UFO卫星虽然同属一个系列，但仍有不断的改进。第1～3颗卫星载有UHF和SHF频段有效载荷；第4～6颗卫星增加了EHF频段有效载荷；第7颗卫星的EHF频段有效载荷提供了2倍的能力；在第8～10颗卫星上的SHF频段有效载荷被全球广播系统（GBS）替换。UFO卫星性能参数见表1-69。

表1-69 UFO卫星性能参数

平台	BSS-601
稳定方式	三轴稳定
入轨质量/kg	1186（UFO-1～3）； 1386（UFO-4～7和UFO-11）； 1532（UFO-8～10）
尺寸	本体：3.38m×3.2m×3.35m； 太阳翼翼展：18.3m（UFO-1～7）， 22.9m（UFO-8～11）
功率/W （寿命末期）	2460（UFO-1～3）； 2800（UFO-4～7和UFO-11）； 3800（UFO-8～10）
设计寿命/年	14
有效载荷	UHF和SHF（UFO-1～3）； EHF（UFO-4～7和UFO-11）； GBS（UFO-8～10）
频率	下行频率 UHF：243～270MHz；EHF：20GHz；GBS：20.2～20.7GHz
	上行频率 UHF：292～318MHz；SHF：8GHz；EHF：44GHz；GBS：30.0～30.5GHz
EIRP/dBW	UHF：29（广播和2个中继通道），27（其他中继通道），21（窄带通道）； GBS：窄点波束覆盖区边缘最低值53.2，宽点波束覆盖区边缘最低值40.7
(G/T) / (dB/K)	UHF：-14.3（边缘）；SHF：-17.2（边缘）；GBS：固定波束覆盖区边缘最低值2.25，可控波束1.75

"先进通信技术卫星" ACTS

概 况

"先进通信技术卫星"（Advanced Communication Technology Satellite，ACTS）是美国国家航空航天局（NASA）"空间通信计划"的重要组成部分，是一个试验性的在轨先进通信卫星技术试验平台，也是第一颗高速率全数字通信卫星。ACTS 卫星的设计与制造涉及多家宇航企业。卫星平台和系统集成由洛克希德·马丁公司（LM）负责；汤普森－拉莫－伍尔德里奇公司（TRW）负责提供卫星通信有效载荷；摩托罗拉公司负责提供基带处理器；电磁科学公司负责提供点波束成形网络。

ACTS 卫星于 1993 年 9 月 12 日由"发现"航天飞机从肯尼迪航天中心发射，轨道位置为西经 100°。1998 年 7 月 ACTS 卫星停止南北位置保持。2000 年 8 月，试验任务完成，卫星被转移到西经 105.2°进入弃置轨道。

ACTS 卫星（见图 1－86）的主要目的是试验能在 21 世纪广泛应用的卫星通信新技术，提高美国在国际市场的竞争力。卫星在轨期间共进行了 104 项试验项目，开展了 80 余项演示验证，试验验证项目涉及多波束天线、中频交换矩阵、基带处理器、大功率行波管放大器、低噪声接收机等星上新技术。2000 年 5 月该计划结束，项目达到了试验目的。

图 1－86 ACTS 卫星

主要性能参数

卫星采用三轴稳定姿态控制，发射质量 2767kg，干质量 1463kg，星体尺寸 2.03m×2.13m×1.90m，太阳翼翼展 14m，寿命初期功率 1770W，寿命末期功率 1400W，设计寿命为 4 年。

ACTS 卫星有 3 个 Ka 频段信道，每个信道带宽 900MHz，共计 2.7GHz。卫星装载 2 副多波束天线，1 副抛物面可控天线和 1 副椭圆反射面天线，可形成 3 个固定波束、2 个扫描波束和 1 个可控波束。下行频率为 19.2~20.2GHz，上行频率为 29~30GHz，覆盖区域为美国东北部两个相邻区域。每个固定或扫描波束 EIRP 为 59~60dBW，可控波束的 EIRP 为 53dBW。

"直播电视"卫星 DirecTV

概 况

"直播电视"卫星（DirecTV）是美国直播电视集团有限公司运营的地球静止轨道电视直播卫星，为美国 1950 万用户和拉美地区的 1060 万用户提供电视直播服务。截至 2012 年 6 月 30 日，共有 9 颗卫星在轨工作，可为用户提供无商业广告的音频节目、交互式电视和高清电视业务，有 170 多个频道的全天时高清晰电视节目，还能在特定市场为用户提供地方台节目。DirecTV－12 卫星见图 1－87。

图 1－87 DirecTV－12 卫星

主要性能参数

在 DirecTV 的现有在轨卫星中，5 颗由波音公司研制，4 颗由劳拉空间系统公司（SS/L）研制，均采用三轴稳定方式。DirecTV 在轨卫星性能参数见表 1 - 70。

表 1 - 70　DirecTV 在轨卫星性能参数

卫星名称	轨道位置	质量/kg	设计寿命/年	转发器		
				数量及频段	极化方式	EIRP/dBW
DirecTV - 1R	西经 72.5°	3446（发射） 2304（在轨）	15	16 路 Ku		
DirecTV - 4S	西经 101.2°	4260（发射） 2800（在轨）	15	38 路 Ku		
DirecTV - 5	西经 110.1°	3640（发射） 1426（在轨）	10	32 路 Ku		
DirecTV - 7S	西经 119.05°	5483（发射） 3500（在轨）	15	44 路 Ku		
DirecTV - 8	西经 100.85°	3711（发射） 1488（在轨）	15	16 路 Ku	左旋圆极化和 右旋圆极化	46 ~ 54
DirecTV - 9S	西经 101.1°	5535（发射） 2364（在轨）	15	54 路 Ku		
DirecTV - 10	西经 102.8°		15	32 路 Ku， 55 路 Ka		
DirecTV - 11	西经 99.2°	6060（发射） 3700（在轨）	15	32 路 Ku， 55 路 Ka		
DirecTV - 12	西经 102.8°		15	32 路 Ku， 55 路 Ka		

Junshixing Weixing
"军事星" 卫星
Milstar

概　况

"军事星"（Military, Strategic and Tactical Relay Satellite, Milstar）卫星是美国陆、海、空三军共用的、战略与战术相结合的地球静止轨道军用通信卫星，全称为"军事战略和战术中继卫星"，为美军提供全球抗干扰军事卫星通信业务。

Milstar 卫星项目于 20 世纪 80 年代开始启动，共发展了两代，第一代 2 颗，第二代（见图 1 - 88）4 颗，由美国空军航天司令部空间和导弹系统中心负责系统采办，各军种分别负责各自的卫星终端开发。卫星主承包商为洛克希德·马丁公司（LM），有效载荷主要由诺斯罗普·格鲁门公司和波音卫星系统公司（BSS）研制。

第一代首颗卫星于 1994 年 2 月发射，至 2003 年 4 月两代卫星全部发射完毕，其中第二代的首颗卫星由于火箭故障未进入预定轨道。

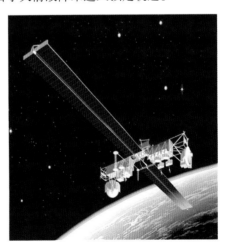

图 1 - 88　第二代 Milstar 卫星

主要性能参数

Milstar卫星是世界上首先采用星上基带处理技术的通信卫星，第二代卫星增加了抗干扰的自适应多波束调零天线、抗核加固、采用高频段、扩频跳频、星上交换、星间链路、提高自主运行能力等技术，使卫星具有很强的抗干扰、防侦收、防截获、灵活性和生存能力。

Milstar卫星采用桁架式结构和三轴稳定方式，卫星结构分成平台和2个可展开支架。2个可展开支架能够在轨一次展开，改变构型，增大了卫星的对地安装面积，满足了天线安装面积的要求以及点波束对指向精度的要求。

第一代卫星载有具有抗核加固的低数据率载荷、UHF频段载荷和星间链路载荷；第二代卫星还增加了中数据率载荷，其主要性能参数见表1-71。

表1-71　Milstar-2卫星主要性能参数

参数		指标
卫星总体	质量/kg	4500
	长度/m	15.5（沿星体长轴方向）
	太阳翼电池阵发电功率/kW	8（第二代）
	轨道	地球静止轨道
	设计寿命/年	10
LDR 载荷	频率/GHz	EHF上行频率：44.5，SHF下行频率：20.7
	天线	1部上/下行共用全球覆盖天线； 2部上/下行共用窄点波束天线； 1部上/下行共用宽点波束天线； 5部上行波束捷变天线； 1部下行波束捷变天线
	信道数量	数据率75bit/s时192条，2400bit/s时100条
	质量/kg	270
	功耗/W	350
MDR 载荷	频率/GHz	EHF上行频率：44.5，SHF下行频率：20.7
	天线	6副分散用户覆盖天线；2副自适应调零天线
	信道数量	32条信道，数据率4.8kbit/s～1.544Mbit/s
	质量/kg	500
	功耗/W	860
星间链路载荷	频率/GHz	60
	天线	2副星间链路天线
	数据率/（Mbit/s）	10
	质量/kg	360
	功耗/W	260
UHF 载荷	频率/MHz	上行频率300，下行频率250
	天线	1副上行接收天线和1副下行发射天线，均为全球覆盖波束
	信道数量	4个空军卫星通信信道，1个舰队广播信道

Guidao Tongxin Weixing
"轨道通信"卫星
Orbcomm

概　况

"轨道通信"（Orbcomm）卫星是轨道通信公司运营的低轨道商业移动通信卫星，提供短数据通信业务，包括后勤物资跟踪、遇险搜救、报文通信以及双向短信息等业务，同时也应用于军事领域。

Orbcomm 卫星（见图 1-89）共发展了两代，第一代包括试验卫星、业务卫星和补网卫星，目前均已发射完毕，共计 42 颗。第二代卫星尚处于研制过程中。

轨道科学公司（OSC）于 1991 年发射了 1 颗 Orbcomm-X 试验卫星，对系统概念和技术进行验证，该卫星入轨 1d 后失效。1995 年 4 月发射首颗 Orbcomm 卫星，1998 年组成星座开始正式提供商业服务。1995—1999 年共发射 35 颗卫星，完成第一代卫星组网。

2008 年 6 月 19 日，轨道科学公司采用一箭六星的方式对第一代星座进行了 5 颗卫星补网和 1 颗 CDS 概念验证卫星的发射。德国不莱梅轨道高技术公司（OHB）为其主承包商，俄罗斯鄂木斯克飞行生产联合体提供卫星平台，轨道科学公司提供有效载荷。其中的 5 颗卫星在业务型卫星载荷的基础上增加了"自动识别系统"（AIS）载荷，能够接收船只发射的 AIS 信号，对海上船只进行实时监测。这 6 颗卫星全部位于倾角为 48.45° 的轨道平面上，轨道高度 661km/672km。

主要性能参数

第一代 35 颗业务卫星均由轨道科学公司研制，采用"微星"（Microstar）卫星平台。卫星收拢状态下呈圆饼形，直径 104cm，厚 16.5cm，入轨后太阳翼翼展 2.24m，卫星展开跨度 4.32m。卫星采用可承力的饼状结构，8 颗卫星上下叠放在一起（见图 1-90），用 1 枚火箭一次发射。单颗卫星发射质量 42kg，设计寿命 5 年，寿命末期功率 200W。卫星采用三轴稳定方式，姿态测量采用地球敏感器和磁强计组合，辅以磁力矩器的重力梯度稳定方式，指向精度 5°。推进系统采用压缩氮推力器，用于轨道

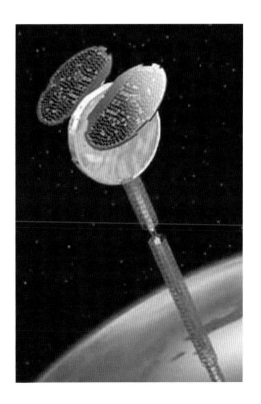

图 1-89　Orbcomm 卫星

保持。

卫星装有 1 台用户下行链路发射机，1 台关口站下行链路发射机，频率为 137.0～138.0MHz，EIRP 为 16.5dBW；1 台时间同步信号发射机，频率 400.1MHz，EIRP 为 19.5dBW。卫星装有 7 台用户上行链路接收机，2 台关口站上行链路接收机，频率为 148～150.05MHz。

卫星的 3 副四臂螺旋天线均安装在可伸展支杆上，1 副为直径 20cm、长 64cm 的 VHF 频段关口站天线，1 副为直径 20cm、长 180cm 的 VHF 频段用户天线，1 副为直径 15cm、长 43cm 的 UHF 频段授时天线。

关口站与卫星之间的通信速率为 57.6kbit/s。用户上行发射数据速率 2.4kbit/s，用户下行接收数据速率 4.8kbit/s。

第一代"轨道通信"卫星主星座由 4 个轨道面（A、B、C、D）组成，每个轨道面上部署 8 颗卫星，轨道面之间的间隔为 45°。A、B、C 轨道面的倾角均为 45°，轨道高度 825km；D 轨道面的 8 颗卫星（实际上只发射 7 颗，D1 卫星没有发射）的轨道倾角为 0°，轨道高度 825km。另有 2 个补充性的轨道面（F 和 G），每个轨道面上有 2 颗卫星，轨道高度为 780km，轨道间隔 180°。F 轨道面倾角为 70°，G 轨道面倾角为 108°。

图 1 - 90　8 颗叠放在一起的 Orbcomm 卫星

Yidong Weixing

"移动卫星"

MSat

概　况

　　"移动卫星"（MSat）是美国移动卫星风险公司和加拿大电信卫星公司联合运营的商业移动通信卫星。共有 MSat - 1 和 MSat - 2（又名 AMSC - 1）两颗卫星，分别于 1996 年 4 月 20 日和 1995 年 4 月 7 日发射，目前均在轨运行。

主要性能参数

　　MSat - 1 和 2（见图 1 - 91）卫星的设计基本相同，平台均是由休斯空间与通信公司提供，转发器和天线有效载荷均由晶石宇航有限公司提供，两颗卫星互为备份。这两颗卫星的主要性能参数见表 1 - 72。

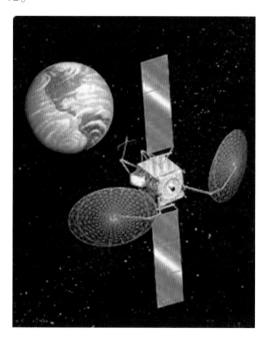

图 1 - 91　MSat - 2 卫星

表 1 -72　MSat - 1 和 MSat - 2 主要性能参数

参数		指标
卫星平台		HS - 601
卫星尺寸		本体：1.8m×2.1m×2.1m，太阳翼翼展：21m，天线展开跨度：16.2m
发射质量/kg		2850
功率/kW		3.3
设计寿命/年		10
稳定方式		三轴稳定
推进		双组元液体推进
容量		1800 路全双工话音信道
转发器	L 频段	上行频率/下行频率：1530 ~ 1559MHz/1631.5 ~ 1660.5MHz；矩阵放大器，功率 288W，EIRP 值为 57.3dBW；7 台接收机，6 台工作，1 台备份；覆盖区域内最低 G/T 值为 1.8dB/K
	Ku 频段	上行频率/下行频率：10.75 ~ 10.95GHz/13.0 ~ 13.15GHz 和 13.2 ~ 13.25GHz；行波管放大器，功率 120W；覆盖区域内最低 EIRP 为 35dBW；2 台接收机，1 台工作，1 台备份；95% 的陆地区域 G/T 值为 -3dB/K
天线		L 频段：2 副可展开偏馈反射器天线，口径为 5.2m×6.8m，发射/接收增益为 31.1/30.4dB，东西波束间的最小隔离度为 23dB，圆极化；Ku 频段：1 副偏馈赋形反射器天线，直径 0.76m，线极化

Huishengxing Weixing
"回声星" 卫星
EchoStar

概 况

"回声星"（EchoStar）卫星是美国回声星卫星公司运营的商业直播卫星，提供电视直播到户业务。在1995—2010年共发射13颗卫星，其中，EchoStar-2、4和5已经退役，另外，EchoStar-12是购买有线电视公司的在轨卫星，原名虹-1（rainbow-1）。EchoStar卫星目前在轨运行卫星11颗。

主要性能参数

EchoStar-1和2由洛克希德·马丁公司（LM）研制，其主要性能参数见表1-73。

表1-73　EchoStar-1和2主要性能参数

参数	指标
卫星平台	GE-7000
卫星尺寸	3.4m×2.2m×2.5m；太阳翼翼展24m
发射质量/kg	3287（EchoStar-1），2885（EchoStar-2）
功率/kW	7
设计寿命/年	12
稳定方式	三轴稳定
推进	双组元液体推进系统
转发器	16路Ku频段转发器，带宽24MHz
	下行频率：12.2~12.7GHz；24个130W的TWTA；EIRP值为49dBW~53dBW
	上行频率：17.3~17.8GHz 3台接收机，1台工作，2台备份 G/T值为+1dB/K~+2dB/K
天线	发射：2副2.4m口径偏馈反射器天线，每个反射器有1个馈源喇叭，圆极化 接收：1副0.9m口径偏馈抛物面反射器，1个馈源喇叭，圆极化

　　EchoStar-3、4、7、10和12由洛克希德·马丁公司研制，采用A2100AX平台，发射质量分别为3674kg、3478kg、4027kg、4333kg和4328kg，功率分别为10kW、10kW、12kW、13kW和12kW，设计寿命为13~15年，卫星均为三轴稳定方式。

　　EchoStar-3、4卫星装有32路Ku频段转发器，行波管放大器功率120W，带宽24MHz，最高EIRP值53dBW。下行频率12.2~12.7GHz；上行频率17.3~17.8GHz。天线与EchoStar-1和2相同。初始定点位置为西经61.5°。覆盖范围为美国大陆、阿拉斯加、夏威夷、波多黎各。

　　EchoStar-12卫星（见图1-92）装载36路Ku频段转发器，带宽24MHz，行波管放大器功率为135W及65W，可完全覆盖美国大陆。下行频率12.2~12.7GHz；上行频率17.3~17.8GHz。

图1-92　EchoStar-12卫星

　　EchoStar-5、6、8、9、11、14、15由劳拉空间系统公司（SS/L）研制，采用LS-1300平台，发射质量为3602kg、3700kg、4660kg、4737kg、4333kg、6384kg和5521kg，电源功率为10kW、10kW、10kW、10kW、13kW、19kW和19kW，寿命为12~15年，卫星均为三轴稳定方式。

　　EchoStar-9卫星星体为长方体，是一颗C、Ku

和 Ka 频段混合卫星。装有 32 路 Ku 频段转发器, 行波管放大器功率为 110W, 24 路 C 频段转发器, 带宽 36MHz, 最高 EIRP 值为 41dBW, 4 个 Ka 频段点波束: 上行频率 28.4 ~ 28.6GHz 和 29.3 ~ 30.0GHz, 下行频率 18.3 ~ 18.5GHz, 18.6 ~ 18.8GHz 和 19.7 ~ 20.2GHz。卫星位于西经 121°。

EchoStar – 14 卫星 (见图 1 – 93) 带有 2 副口径为 2.8m × 3.5m 的点波束天线, 发射质量 6384kg, 干重 3223kg, 功率 20kW, 三轴稳定, 设计寿命 15 年, 配备 103 路 Ku 频段转发器, 上行频率 17.3 ~ 17.8GHz, 下行频率 12.2 ~ 12.7GHz。卫星位于西经 118.9°。

图 1 – 93　EchoStar – 14 卫星

EchoStar – 15 卫星发射质量 5521kg, 功率 20kW, 三轴稳定, 设计寿命 15 年, 配备 32 路 Ku 频段转发器, 总带宽 768MHz。上行频率 17.3 ~ 17.8GHz, 下行频率 12.2 ~ 12.7GHz。卫星位于西经 61.55°。

Meiguo Tongxin Weixing
"美国通信" 卫星 AMC

概　况

"美国通信" (Americom, AMC) 卫星是由 SES 美国通信公司运营的商业通信卫星, 提供直播到户广播服务。AMC 系列卫星 (又称 "通用电气公司" 卫星——GE 卫星) 共 18 颗, 目前在轨 16 颗。AMC – 10 和 AMC – 11 卫星用于替代 Satcom – C3 和 Satcom – C4 卫星的 C 频段, 卫星主要用来支持有线电

视业务。AMC – 14 和 AMC – 17 是 SES 美国通信公司计划中为美国提供的卫星直播业务所保留的卫星名称。AMC – 14 卫星通过 12.2 ~ 12.7GHz 的卫星广播业务频段发射信号。AMC – 18 是为支持 AMC – 10 和 AMC – 11 卫星而研制的地面备份星。

主要性能参数

AMC – 1 ~ 4、6 ~ 8、10、11、15、16、18 卫星由洛克希德·马丁公司 (LM) 研制, 采用 A2100AX 平台, 发射质量为 2081 ~ 4312kg, 设计寿命 15 年, 采用三轴稳定方式。AMC – 4 卫星主要性能参数见表 1 – 74。

表 1 – 74　AMC – 4 卫星主要性能参数

参数	指标	
卫星平台	A2100AX	
卫星尺寸/m	26.8 (太阳翼翼展)	
发射质量/kg	3909	
电源/kW	3 (寿命末期)	
设计寿命/年	15	
稳定方式	三轴稳定	
转发器	C 频段	24 路 36MHz 带宽转发器, 双极化频率复用; 上行频率/下行频率: 3700 ~ 4200MHz/5925 ~ 6425MHz; 32 个 20W 固态功率放大器; 2 台工作加 2 台备份接收机; EIRP 值 37 ~ 40dBW, G/T 值为 + 1 ~ +5dB/K
	Ku 频段	24 路 36MHz 带宽及 4 路 72MHz 带宽转发器, 双极化频率复用; 上行频率/下行频率: 11.7 ~ 12.2GHz/14.0 ~ 14.5GHz; 36 个 110W 线性 TWTA; 4 台工作加 2 台备份接收机; EIRP 值 46 ~ 49dBW, G/T 值为 + 3 ~ +6dB/K
定点位置	西经 67°	

AMC – 5 由德国道尼尔卫星系统公司、法国宇航公司和意大利阿莱尼亚公司研制, 采用空间客车 – 2000 平台 (Spacebus – 2000), 星体尺寸 1.5m × 1.6m × 2.2m, 太阳翼翼展 22.9m, 发射质量 1721kg, 寿命末期功率 3150W, 设计寿命 12 年。卫星采用 16 路 Ku 频段转发器, 带宽 54MHz, 双极化

频率复用，22 个 55W 功率的 TWTA。定点位置西经 80.9°。

AMC - 9 卫星由阿尔卡特航天公司研制，是美国通信公司被 SES 公司收购后发射的第一颗 C 和 Ku 混合频段卫星。定点位置西经 83°。AMC - 9 卫星主要性能参数见表 1 - 75。

表 1 - 75　AMC - 9 卫星主要性能参数

参数		指标
卫星平台		Spacebus - 3000B3
发射质量/kg		4100
功率/kW		10
稳定方式		三轴稳定
设计寿命/年		15
转发器	C 频段	24 路转发器，带宽 36MHz； 上行频率/下行频率：3700 ~ 4200MHz/5925 ~ 6425MHz，2 台工作加 2 台备份接收机； 20W 功率的 SSPA； EIRP 值 37 ~ 40dBW，G/T 值为 + 1 ~ + 5dB/K
	Ku 频段	24 路转发器，带宽 36MHz； 上行频率/下行频率：11.7 ~ 12.2GHz/14.0 ~ 14.5GHz，2 台工作加 2 台备份接收机； EIRP 值 46 ~ 49dBW，G/T 值为 + 3 ~ + 6dB/K

AMC - 21 卫星（见图 1 - 94）由轨道科学公司（OSC）研制，采用星 - 2（Star - 2）平台，发射质量 2473kg，设计寿命 15 年，卫星为三轴稳定设计，装有 24 路 Ku 频段转发器，带宽 36MHz，110W 的 TWTA。定点位置西经 125°。

图 1 - 94　AMC - 21 卫星

AMC - 23 卫星由阿尔卡特航天公司研制，又名 GE - 23，定点位置东经 172°，其主要性能参数见表 1 - 76。

表 1 - 76　AMC - 23 卫星主要性能参数

参数		指标
卫星平台		Spacebus - 4100
发射质量/kg		4967
稳定方式		三轴稳定
寿命/年		15
转发器	C 频段	18 路转发器； 80W TWTA； 　上行频率/下行频率：5.925 ~ 6.425MHz/3.7 ~ 4.2 MHz； 　EIRP 值 37 ~ 40dBW，G/T 值为 + 1 ~ + 5dB/K
	Ku 频段	20 路转发器； 138W TWTA； 上行频率/下行频率：14.0 ~ 14.5MHz/10.9 ~ 12.8 MHz； 　EIRP 值 46 ~ 49dBW，G/T 值为 + 3 ~ + 3dB/K

Yi Weixing
"铱" 卫星
Iridium

概 况

"铱"（Iridium）卫星是"铱通信"公司运营的商业低轨道移动通信卫星，由 Iridium 卫星组成的星座是世界上第一个低轨道话音移动通信系统。Iridium 卫星系统的主承包商是摩托罗拉公司，洛克希德·马丁公司（LM）负责卫星研制。

第一代 Iridium 卫星星座原设计为在 7 条极地轨道上部署 77 颗卫星，与铱元素的电子数相同，故称为"铱"卫星星座。后来的星座改为运行在 6 个极地轨道平面的 66 颗卫星。从 1997 年 5 月 5 日的首次发射到 2002 年 6 月 20 日的最后一次发射，共发射了 95 颗卫星，截至 2012 年 6 月 30 日，共有 71 颗 Iridium 卫星在轨运行。该星座于 1998 年 11 月 1 日正式提供移动通信业务。第一代 Iridium 卫星见图 1-95。

第二代 Iridium 系统由泰雷兹·阿莱尼亚航天公司（TAS）研制，计划采购 72 颗卫星，计划首发时间为 2015 年。

美国国防部目前是 Iridium 卫星系统最大的用户，英国国防部等部门先后成为该系统的用户。Iridium 卫星手机为海外作战的美军官兵广泛使用，主要用于战斗员之间的通信和美军中央司令部物资运输监测。

图 1-95 第一代 Iridium 卫星

主要性能参数

Iridium 卫星采用洛克希德·马丁公司的 LM -

700 卫星平台，星体呈三棱柱体，高 4.3m，每个面宽 1m，太阳翼翼展 8.4m，这种构型便于一箭多星发射。卫星发射质量 690kg，设计寿命 5~8 年，携带有 115kg 的肼燃料。卫星带有 2 个砷化镓太阳电池翼以及 50A·h 氢镍蓄电池组，寿命末期功率 1.2kW。

卫星具有 3 副主任务相控阵天线，每副天线尺寸 86cm×188cm，质量 30kg，由 106 个阵元组成，提供 16 个 L/S 频段通信波束。卫星还装有 4 副 Ka 频段星间链路天线，其中 2 副用于轨道面内通信，另外 2 副用于轨道面之间的通信；4 副 Ka 频段星地通信天线，用于卫星与地面关口站之间的通信。Iridium 卫星主要性能参数见表 1-77。

表 1-77 Iridium 卫星主要性能参数

参数	指标
通信频率/GHz	上行 S 频段，2.4835~2.5000 下行 L 频段，1.6100~1.6265
通信体制	FDMA/TDMA
数字话音和数据传输速率/（kbit/s）	2.4
单星通信容量	1100 条信道
星间链路频率/GHz	Ka 频段，23.18~23.38
卫星-关口站通信频率/GHz	上行 29.1~29.3，下行 19.4~19.6

该星座的每个轨道平面上分布 11 颗卫星和 1 颗备份星，轨道倾角为 86.4°，除了第 1 轨道面和第 6 轨道面的间隔为 22°外，其余轨道面之间的间隔都是 31.6°，轨道高度 780km，轨道周期 100min28s。

Quanqiuxing Weixing
"全球星" 卫星
Globalstar

概 况

"全球星"（Globalstar）卫星是全球星公司运营的商业移动通信卫星，提供话音、定位、传真和数据等业务，也为美国军队提供移动通信业务。1998 年 2 月 14 日以一箭四星的方式进行了第 1 次发射，到 1999 年 11 月 22 日完成了由 48 颗卫星组成的星座，并开始提供服务。到 2007 年 10 月 20 日，第一代 Globalstar 系统共发射了 72 颗卫星（卫星名称为 Globslstar－1～72），其中成功发射 60 颗卫星，目前在轨运行 48 颗卫星，在轨备份 4 颗卫星，可完全覆盖美国、俄罗斯、中国、澳大利亚和欧洲大部地区。Globalstar 系统在赤道和纬度高于 60° 的区域覆盖率较低。

第二代 Globalstar 包括 48 颗低地球轨道卫星（卫星名称为 Globalstar－73～120）。卫星的设计寿命为 15 年。与第一代 Globalstar 低轨星座一样，第二代卫星将覆盖地球上除两极地区以外的所有区域。第二代星座目前已于 2010 年 10 月 19 日、2011 年 7 月 13 日和 12 月 28 日完成了 3 次一箭六星 18 颗卫星的发射，该星座卫星预计可以服务到 2025 年。

主要性能参数

第一代 Globalstar 卫星（见图 1－96）由劳拉空间系统公司（SS/L）研制，采用 LS－400 卫星平台，外形为截顶三棱柱，便于一箭多星发射。卫星采用三轴稳定设计，尺寸 0.6m×1.5m×1.6m，两侧带有可展开太阳电池翼，翼展 12m，发射质量 450kg，寿命末期功率 1200W，设计寿命 7.5 年。位于卫星面对地球一侧有 2 副六角形阵列天线，其中较大的 1 副是 L 频段接收天线阵列。卫星上还安装有 GPS 接收机。

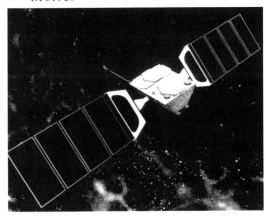

图 1－96　第一代 Globalstar 卫星

卫星采用透明转发器，每颗卫星的馈电链路采用全球波束，用户链路有 16 个点波束，每颗卫星提供 2500 条 2.4kbit/s 的信道。一颗卫星的过顶时间约 10～15min，每颗卫星的波束覆盖区直径约 5800km。

从用户到卫星的返向链路采用 L 频段，从卫星到用户的前向链路采用 S 频段，卫星和关口站之间上下行通信链路采用 C 频段。每个关口站可以与 4 颗卫星通信。

卫星返向链路天线采用 61 元 L 频段相控阵天线，前向链路采用 91 元 S 频段相控阵天线，均产生 16 个波束。卫星与关口站的通信采用 C 频段全球覆盖天线，圆极化复用。

卫星采用 CDMA 体制，以 1.2288MHz 扩频码扩频，每通道带宽 1.23MHz。用户终端和关口站均监测接收的功率电平，对发射功率电平进行控制，关口站还可以向用户终端发送功率控制指令，以降低平均发射功率电平，保持功率平衡，提高系统容量，也可以提高功率电平以应对信号遮挡或在大气中传播的衰减。

第一代 Globalstar 卫星主要性能参数见表 1－78。

表 1－78　第一代 Globalstar 卫星主要性能参数

参数		指标
用户前向链路	频率/GHz	S 频段，2.4835～2.5000
	转发器	16 路 C 频段至 S 频段转发器
	天线	91 元相控阵天线，16 个波束
	EIRP/dBW	29
用户返向链路	频率/GHz	L 频段，1.61000～1.6265
	转发器	16 路 L 频段至 C 频段转发器
	天线	61 元相控阵天线，16 个波束
	(G/T)/(dB/K)	－18
信关站上行链路	频率/GHz	5.091～5.250
	天线	全球覆盖喇叭天线，用于接收
	(G/T)/(dB/K)	－29～－24
信关站下行链路	频率/GHz	6.700～7.075
	天线	全球覆盖喇叭天线，用于发射
	EIRP/dBW	32.6

Globalstar 系统空间段的卫星分布在 8 个倾角为 52° 的圆形轨道平面上，相同轨道平面内卫星间隔为 60°，轨道平面间隔 45°。轨道高度约 1414km，轨道周期 113min。

第二代 Globalstar 卫星（见图 1－97）由泰雷兹·阿莱尼亚航天公司（TAS）研制，星座构型未变，卫星发射质量 700kg，设计寿命 15 年，寿命末期功率 1700W。

卫星部署在倾角 52°，高度为 920km 的轨道上，然后上升到 1410km 的 52° 轨道上。卫星配备有 16 路 C－S 频段转发器和 16 路 L－C 频段接收器。

图 1-97　第二代 Globalstar 卫星

Tianlangxing Weixing

"天狼星"卫星
Sirius

概　况

　　"天狼星"（Sirius）卫星是美国天狼星卫星广播公司运营的商业音频广播卫星，由劳拉空间系统公司（SS/L）研制。Sirius 共包括 4 颗卫星 Sirius-1、2、3 和 FM-5（见图 1-98），目前均在轨运行，其全国服务开始于 2002 年 7 月，主要为汽车用户提供高品质数字音频广播节目。

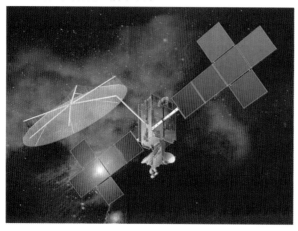

图 1-98　Sirius FM-5 卫星

主要性能参数

　　Sirius -1~3 卫星运行于倾斜的地球同步轨道上，轨道面间隔为 120°，倾角为 63.4°。每颗卫星在赤道北侧运行 16 h，此时其 S 频段发射器处于工作状态；在赤道南侧运行 8 h，此时 S 频段发射器处于非工作状态。轨道的南半球近地点为 24500km，北半球远地点为 47100km。Sirius-1~3 卫星的主要性能参数见表 1-79。

表 1-79　Sirius-1、2 和 3 的主要性能参数

参数	指标
发射质量/kg	3800
稳定方式	三轴稳定
功率/kW	11（寿命初期），8.5（寿命末期）
寿命/年	15
转发器	上行链路为 X 频段，下行链路为 S 频段；上行频率/下行频率：7060.0~7072.5MHz/2320.0~2332.5MHz；32 个 120W 的 TWTA 共同提供约 4kW 的射频功率，16 个 TWTA；覆盖区域边缘的 EIRP 最低值为 60.3dB，G/T 最低值为 -0.1dB/K
天线	格里高利双轴 S 频段发射天线，具有 360° 旋转的副反射器，增益为 27.2dBi，左旋圆极化，椭圆方向图中心位于美国大陆；偏馈双轴 X 频段接收天线，0.75m 反射器，右旋圆极化

　　Sirius FM-5 卫星由劳拉空间系统公司研制，采用 LS-1300 平台，三轴稳定，9m 可展开反射器天线，发射质量 5820kg，功率 20kW，设计寿命 15 年。卫星具有 1 路 X 频段接收器和 1 路 S 频段转发器。

XM Weixing

XM 卫星
XM

XM 卫星是美国 XM 广播公司运营的商业音频广播卫星,为汽车用户提供数字音频广播业务。XM 卫星共包括 5 颗卫星,处在西经 85°和西经 115°的轨道位置上。

XM - 1 和 XM - 2 卫星(又名"罗克"和"罗尔",见图 1 - 99)分别于 2001 年 5 月 8 和日 2001 年 3 月 18 日发射,目前均在轨运行。星上太阳翼聚光器曾出现过效率下降的问题,使卫星的预期寿命末期功率大为降低。

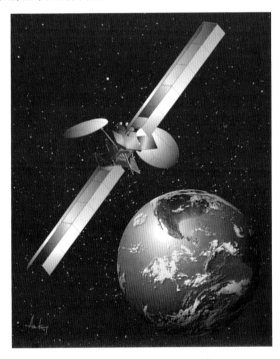

图 1 - 99　XM - 1 和 2 卫星

XM - 3 卫星(又名"韵律")于 2005 年 3 月 1 日发射,XM - 4 卫星(又名"布鲁斯")于 2006 年 10 月 30 日发射,目前均在轨运行。

XM - 5 卫星作为 XM 卫星的备份星于 2010 年 10 月 14 日发射,是高功率数字音频广播卫星,为北美的汽车用户提供高质量的数字音乐、娱乐、天气预报和金融等广播节目。

XM - 1、2、3、4 由波音卫星系统公司(BSS)研制,有效载荷由阿尔卡特航天公司研制。星上有效载荷负责接收并通过 S 频段发射数字音频广播信号,具有两路工作转发器,每路转发器有 16 个 228W 的 TWTA,在美国大陆地区的 EIRP 值为 65 ~ 70dBW。XM - 1、2、3 和 4 卫星主要性能参数见表 1 - 80。

表 1 - 80　XM - 1、2、3 和 4 卫星主要性能参数

参数	指标
平台	BSS - 702
稳定方式	三轴稳定
尺寸/m	长方体,太阳翼翼展 40.4,天线展开跨度 14.2
发射质量	4672kg(XM - 1);4666kg(XM - 2);4703kg(XM - 3);5193kg(XM - 4)
功率	寿命初期 18kW,寿命末期 15.5kW
设计寿命/年	15
推进	远地点机动用液体双组元推进系统,在轨运行用离子推进系统
转发器	X 频段上行,S 频段下行; 1.9MHz 数字音频广播信道带宽; 13.3kW 数字音频广播; 　西经 85°位置的上行中心频率为 2333.465MHz 和 2344.045MHz; 　西经 115°位置的上行中心频率为 2335.305MHz 和 2342.205MHz; 　每路转发器具有 16 个工作加 6 个备份的 228W 功率 TWTA; 上行频率 7.050 ~ 7.075GHz; 下行频率 2.3325 ~ 2.345GHz; EIRP 值 68dBW,G/T 值 -7.3dB/K
天线	2 副 2.5m 可展开反射器天线,左旋圆极化,用于发射; 　1 副全球覆盖天线,右旋圆极化(正常),左旋圆极化(冗余),用于接收

XM - 5 由劳拉空间系统公司(SS/L)研制,采用 LS - 1300S 平台,三轴稳定。卫星发射质量 5983kg,寿命初期功率 19.5kW,寿命末期功率 18kW,在轨设计寿命 15 年;携带哈里斯公司提供的 2 副 9m 反射器天线,上行频率:X 频段 7.025 ~ 7.075GHz;下行频率:S 频段 2.3205 ~ 2.3320GHz 和 2.332 ~ 2.234GHz。

"太空之路" 卫星 Spaceway

Taikongzhilu Weixing

"太空之路" 卫星
Spaceway

概况

"太空之路"（Spaceway）卫星是休斯网络系统公司运营的商业宽带通信卫星，用于提供卫星宽带接入业务。Spaceway 共包括 3 颗卫星。

Spaceway-1 和 2 分别于 2005 年 4 月 26 日和 11 月 16 日发射，后转卖给直播电视公司，提供高清电视节目服务，目前在用。

Spaceway-3 于 2007 年 8 月 14 日发射，采用高性能、星载数字处理、分组交换和点波束技术，为北美、阿拉斯加、夏威夷和部分拉丁美洲地区的企业、政府机构及消费者提供因特网、广泛的 IP 数据、语音、视频及多媒体应用的双向高速通信业务。

主要性能参数

Spaceway-1、2 和 3 由波音卫星系统公司（BSS）研制。Spaceway-1 和 2 装有 72 路 Ka 频段转发器，上行链路频率 29 GHz，下行链路频率 19GHz。Spaceway-3 卫星（见图 1-100）的 Ka 频段转发器具有再生处理功能，采用跳点波束，卫星总吞吐量为 10Gbit/s，用户链路上行传输速率最高可达 500kbit/s，下行链路传输速率最高可达 5Mbit/s。发射天线为 1500 个单元组成的相控阵天线，能产生 24 个可变点波束；接收天线为双偏置馈源反射器。Spaceway 卫星主要性能参数见表 1-81。

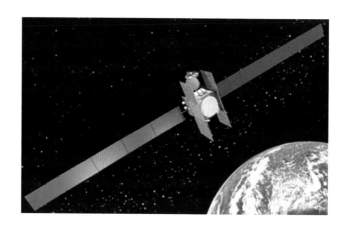

图 1-100　Spaceway-3 卫星

表 1-81　Spaceway 卫星主要性能参数

卫星名称	Spaceway-1	Spaceway-2	Spaceway-3
卫星平台	BSS-702		
稳定方式	三轴稳定		
卫星尺寸	本体尺寸：3.4m×3.2m×5.1m；太阳翼翼展：40.9m；天线展开跨度：7.3m		
电源系统	太阳电池阵，氢镍蓄电池组		
发射质量/kg	6116	6116	6075
寿命初期功率/kW	15.9	15.9	16
寿命末期功率/kW	13.9	13.9	12.9
寿命/年	12～15		
推进系统	液体双组元推进系统（远地点机动）；氙离子推力器（在轨位置保持）		
定点位置	西经 102.925°	西经 99.115°	西经 94.95°

Kuanglan Weixing
"狂蓝"卫星
WildBlue

概况

"狂蓝"(WildBlue)卫星是美国狂蓝公司运营的商业宽带通信卫星,为地面小口径天线用户提供高速互联网业务。2009年10月,狂蓝公司被卫讯卫星公司以5.68亿美元的价格收购。

WildBlue卫星仅有1颗,即WildBlue-1(见图1-101),由劳拉空间系统公司(SS/L)研制,于2006年12月8日发射,定点西经111.1°。

图1-101 WildBlue-1卫星

系统性能参数

WildBlue-1卫星采用LS-1300平台研制,利用多点波束和频率复用技术扩展系统通量,使整星吞吐量相当于传统Ku频段卫星的10倍,其性能参数见表1-82。

表1-82 WildBlue-1卫星性能参数

参数	指标
卫星平台	LS-1300
稳定方式	三轴稳定
质量	4735kg(发射质量),1995kg(干质量)
功率/kW	10(寿命末期)
设计寿命/年	12
转发器	48路Ka频段转发器,41个点波束,弯管透明转发; 上行频率:28.35～28.60GHz和29.25～29.5GHz; 下行频率:19.7～20.2GHz
	用户链路上行最高传输速率256kbit/s,下行最高传输速率1.5Mbit/s

Kuandai Quanqiu Weixing Tongxin Weixing
"宽带全球卫星通信"卫星
WGS

概况

"宽带全球卫星通信"(Wideband Global SATCOM,WGS)卫星是美国新一代静止轨道军事通信卫星,用于替代"国防卫星通信系统"(DSCS)卫星,为美军提供宽带卫星通信业务。

WGS卫星(见图1-102)的主承包商是波音公司,分三个阶段部署,目前处于第二阶段。第一阶段包括3颗卫星,分别于2007年10月10日、2009年4月4日和2009年12月6日发射;第二阶段包括3颗卫星,已于2012年1月20日发射一颗WGS-4;第三阶段卫星包含国际合作,数量未确定。

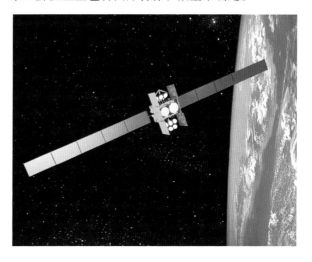

图1-102 WGS卫星

主要性能参数

WGS卫星采用BSS-702商业卫星平台,单星发射质量5900kg,入轨质量3450kg,功率13kW,设计寿命14年。卫星采用三轴稳定方式,星上配备双组元推进系统,用于远地点机动;4台氙离子推力器,用于南北位置保持和静止轨道位置机动。

WGS卫星利用X和Ka频段提供宽带双向通信和单向广播业务,整星吞吐量可达3.6Gbit/s。其中,X频段总带宽500MHz,上行频率7.9～8.4GHz,下行频率7.25～7.75GHz;Ka频段总带宽1GHz,上行频率30～31GHz,下行频率20.2

~21.2GHz。

WGS卫星采用数字信道化技术，可将接收到的上行链路信号分解成近1900条独立的子信道，单个子信道带宽为2.6MHz，可独立路由和交换。第二阶段卫星增加了射频旁路能力，支持传输速率高达311Mbit/s的无人机数据中继链路。

WGS卫星共装载14副通信天线，在平台对地面安装有2副大型X频段相控阵天线，在两个角上分别安装有X频段全球覆盖喇叭天线，接收和发射均分置。卫星采用可展开支架扩大通信天线的安装面，装有10副指向机械可控的碟形天线。

14副天线共提供19个相互独立的覆盖区域，包括：

1）1个X频段全球覆盖波束，由X频段全球覆盖接收和发射喇叭天线产生；

2）8个X频段可控/可赋形波束，波束宽度2.2°~9°，由收发分置的X频段相控阵天线产生；

3）8个Ka频段窄点波束，波束宽度1.5°，由8副碟形天线产生，其中2副天线极化方向可变；

4）2个Ka频段宽点波束，波束宽度4.5°，由2副碟形天线产生，其中1副天线极化方向可变。

Zhongyuan Guidao – G1 Weixing
中圆轨道 – G1 卫星
ICO – G1

概　况

中圆轨道 – G1（ICO – G1）卫星是DBSD北美公司运营的商业移动通信卫星，为北美地区提供新一代的卫星移动通信业务。ICO – G1卫星是美国首颗使用DVB – SH标准的移动视频广播卫星，主要面向汽车等移动载体提供实时的移动视频、数据等业务，同时也向手持终端（如手机）提供移动多媒体业务。系统用户链路采用与地面移动3G系统相近的频率，以利于与地面系统的互联互通，也有效地提高了频谱的利用率。ICO – G1卫星又名DBSD – G1，于2008年4月14日发射，定点西经92.9°，目前在轨运行。覆盖美国本土、阿拉斯加、夏威夷、波多黎各和维尔京群岛地区。

主要性能参数

ICO – G1卫星（见图1 – 103）由劳拉空间系统

公司（SS/L）研制，采用LS – 1300卫星平台。卫星高8.24m，太阳翼翼展30.48m，天线展开口径15.8m。卫星发射质量6634kg，功率16kW，设计寿命15年。ICO – G1卫星首次使用了地基波束成形技术（Ground – based Beam Forming，GBBF），可以形成250个发送及250个接收的S频段波束。卫星采用透明转发方式，其转发器为S频段和Ka频段（用户链路为S频段，馈电链路为Ka频段），信标频率为3701MHz（H），4196MHz（V），20.199GHz（L）。

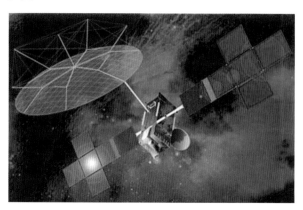

图1 – 103　ICO – G1 卫星

Yuanhengxing Weixing
"原恒星" 卫星
ProtoStar

概　况

"原恒星"（ProtoStar）卫星是原恒星公司运营的商业通信卫星，用于提供卫星电视业务。ProtoStar卫星共包括2颗。ProtoStar – 1卫星于2008年7月7日发射，定点西经31.5°；ProtoStar – 2卫星于2009年5月16日发射，定点东经108.2°。原恒星公司破产后，这两颗卫星分别被拍卖，ProtoStar – 1卫星被国际通信卫星公司购买，改名为Intelsat – 25；ProtoStar – 2卫星被SES公司购买，改名为SES – 7。

主要性能参数

ProtoStar – 1卫星由劳拉空间系统公司（SS/L）研制，其性能参数见表1 – 83。ProtoStar – 2卫星（见图1 – 104）由波音公司研制，采用波音公司BSS – 601HP平台。卫星发射质量为4007kg，三轴稳定，设计寿命 15 年。装有 27 路高功率 Ku 频段转发器和 13 路 S 频段转发器。

表 1 – 83　ProtoStar – 1 卫星性能参数

参数	指标
卫星平台	LS – 1300
稳定方式	三轴稳定
发射质量/kg	4100
功率/kW	11
设计寿命/年	16
转发器 C 频段	34 路 36MHz，2 路 72MHz 转发器； 下行频率：3.4 ~ 4.2GHz； 上行频率：5.845 ~ 6.645GHz； EIRP 最低值 33.5dBW； G/T 最低值 – 9.0dB/K
转发器 Ku 频段	6 路 72MHz，10 路 36MHz； 下行频率：11.45 ~ 12.75GHz； 上行频率：13.75 ~ 14.50GHz； EIRP 值：西非 18.7 ~ 56.6dBW，大西洋 43.9 ~ 55.2dBW； G/T 值：西非 1.0 ~ 11.6dB/K，大西洋 – 4.0 ~ 8.8dB/K

图 1 – 104　ProtoStar – 2 卫星

"地网星" 卫星 TerreStar

概　况

"地网星"（TerreStar）是美国地网星网络公司运营的商业移动通信卫星，由劳拉空间系统公司（SS/L）研制。TerreStar 共包括 2 颗卫星，其中，TerreStar – 1 于 2009 年 7 月 1 日发射，目前在轨运行，定点西经 111°；另一颗卫星尚未发射。

TerreStar – 1 卫星采用大型 S 频段天线，可生成数百个波束，覆盖美国 50 个州及美属维京群岛、加拿大和波多黎各。整个卫星通信系统采用了地面辅助组件技术，在卫星信号被建筑物所遮挡的地区提供覆盖。TerreStar 卫星通信系统利用频谱复用技术构建混和网络，形成真正的"星地联合"，提供高质量、低成本、无缝隙的网络，为北美地区的乡村、城市和其他偏远地区提供全覆盖的下一代 2GHz 的移动话音、数据通信、监视和信息等业务。

主要性能参数

TerreStar – 1 卫星（见图 1 – 105）采用劳拉空间系统公司（SS/L）的 LS – 1300S 平台，其大型 S 频段网状可展开天线由哈里斯公司制造，直径达 18m。卫星发射质量 6910kg，设计寿命 15 年。卫星与用户终端之间使用 S 频段链路，与地面网关站之间使用 Ku 频段链路。S 频段上行/下行频率 2180 ~ 2200MHz/2000 ~ 2020MHz；Ku 频段上行/下行频率 11GHz 或 12GHz/13GHz 或 14GHz。

图 1 – 105　TerreStar – 1 卫星

Xianjin Jigaopin Weixing
"先进极高频"卫星
AEHF

概 况

"先进极高频"（Advanced Extremely High Frequency，AEHF）卫星是美国新一代高防护性能的地球静止轨道军事通信卫星，用于替代"军事星"（Milstar）卫星，在包括核战争在内的各种规模战争中，为关键战略和战术部队提供防截获、抗干扰、高保密和高生存能力的全球卫星通信。

AEHF卫星（见图1-106）的主承包商是洛克希德·马丁公司（LM），有效载荷由诺斯罗普·格鲁曼公司提供。截至2012年6月30日，美军共订购了4颗该卫星，其中前2颗分别于2010年8月14日和2012年5月4日发射。

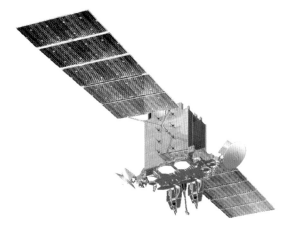

图1-106 AEHF卫星

AEHF-1卫星发射后，星上远地点发动机发生故障，通过挽救进入预定轨道。

主要性能参数

AEHF卫星采用A2100M平台，板箱式结构。主体为长方体，南北两侧带有2个太阳翼，平台和有效载荷舱的核心结构都由铝蜂窝石墨环氧树脂夹层面板构成。

卫星采用双模式推进系统，包括双组元和单组元两种发动机。其中，1台液体远地点发动机是日本公司研制的BT-4型450N四氧化二氮/肼发动机，比冲329s；6台22N单组元肼推力器用于远地点发动机工作期间的姿态控制；12台0.9N单组元肼推力器用于姿态控制以及东西位置保持。

此外，AEHF卫星还配备有4台航空喷气公司研制的BPT-4000霍尔效应电推力器，用于轨道转移和南北位置保持。每台推力器质量7.5kg，尺寸约16cm×22cm×27cm，标称功率4.5kW，标称电压350V，推力约270mN，比冲1950s。

AEHF卫星共装有15副通信天线，因天线数量较多，在对地面板东西两侧各带有1个可展开支架，以扩大天线对地安装面。其中，对地面板上装有7副天线，可展开支架上装有8副天线。

AEHF卫星单星容量为430Mbit/s，单条链路传输速率可达8.192Mbit/s，可同时支持2000个用户终端。星间链路具备路由和抗干扰能力，传输速率为60Mbit/s。

AEHF-1卫星性能参数见表1-84。

表1-84 AEHF-1卫星性能参数

参数	指标
质量/kg	6600（发射），4100（入轨）
设计寿命/年	14
通信频率	星地：上行EHF频段44GHz，下行SHF频段20GHz；星间：60GHz
天线	2副喇叭天线，接收和发射分置，提供全球低增益通信覆盖；2副调零天线，波束宽度1°，具有自适应干扰抑制能力；1副相控阵接收天线和2副相控阵发射天线，可产生波束宽度1°的捷变点波束，拥有160个波束跳变位置；6副驻留波束天线，可机械控制天线指向；2副星间链路天线
波束覆盖	1个全球波束；2个调零点波束；4个捷变点波束；24个时分复用波束；6个驻留波束
通信速率	75bit/s～8.192Mbit/s，其中：高生存通信速率（抗核闪烁效应）<19.2kbit/s，高防护通信速率<8.192Mbit/s

"天地通" 卫星
SkyTerra

概况

"天地通"（SkyTerra）卫星是在"移动卫星"基础上发展的第二代移动通信卫星，由美国光平方公司运营，利用地面辅助组件技术实现天地融合的宽带移动通信服务。SkyTerra 共包括 2 颗卫星，目前仅发射了 1 颗。SkyTerra - 1 卫星于 2010 年 11 月 14 日发射，星上大型空间可展开网格天线曾出现展开故障，后研制商采取措施成功挽救。

主要性能参数

SkyTerra - 1 卫星（见图 1 - 107）由美国波音公司研制，天线由美国哈里斯公司研制。其有效载荷采用了多项技术，包括数字信道化器、高功率固态功率放大器和大型可展开天线，其天线口径达 22m，是目前口径最大的在轨通信卫星反射器天线。SkyTerra - 1 卫星主要性能参数见表 1 - 85。

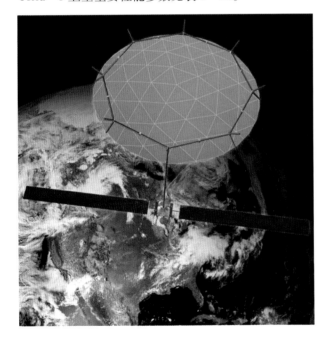

图 1 - 107　SkyTerra - 1 卫星

表 1 - 85　SkyTerra - 1 卫星主要性能参数

参数		指标
卫星平台		BSS - 702HP
卫星尺寸	在轨尺寸	22m × 29m × 41m
	收拢尺寸	9m × 3m × 4m
卫星质量 /kg	发射质量	5400
	在轨质量	3200（寿命初期）
设计寿命/年		15
推进系统		450N 液体远地点发动机
		轴向：18 ~ 22N 推力器
		南北位置保持：氙离子推力器
		东西位置保持：10 ~ 18N 推力器
电源	太阳能电池	14kW（寿命初期）/13kW（寿命末期）
		2 个太阳翼，每翼 5 块电池板，超三结砷化镓太阳电池
	蓄电池	2 个锂离子蓄电池组
有效载荷		数字信道化器
		L 频段 SSPA
		Ku 频段 100W TWTA
频率		Ku 频段：上行频率 12.75 ~ 13.25GHz 和 13.2 ~ 13.25GHz，下行频率 10.75 ~ 10.95GHz 和 11.2 ~ 11.45GHz
天线		22m 口径 L 频段反射器天线
		2m 口径 Ku 频段反射器天线
定点位置		西经 101.3°

"卫讯" 卫星
ViaSat

概况

"卫讯"（ViaSat）卫星是由美国卫讯公司运营的商业宽带通信卫星，利用大容量 Ka 频段点波束技术为北美地区提供高速的因特网宽带卫星通信业务。ViaSat - 1 卫星于 2011 年 10 月 19 日用俄罗斯质子 - M 运载火箭发射，定点西经 115°。

卫讯公司希望通过这一计划，使民众尤其是宽带服务落后地区的民众能享受比目前 ADSL 速率更快的服务，而且其价格与目前的卫星宽带价格一致。

主要性能参数

ViaSat‐1 卫星（见图1‐108）由劳拉空间系统公司（SS/L）研制，采用 LS‐1300 平台，发射质量6200kg，设计寿命15年。卫星有72个点波束，其中63个覆盖美国，9个覆盖加拿大。加拿大波束归卫星运营商电信卫星公司所有，用于加拿大农村广播业务。卫星利用冲浪波束地面网络技术，优化 ViaSat‐1 卫星和地面系统，使卫星的吞吐量达到130Gbit/s，这颗卫星能提供的容量超过目前北美地区所有在轨卫星上 C、Ku 和 Ka 频段的容量之和。

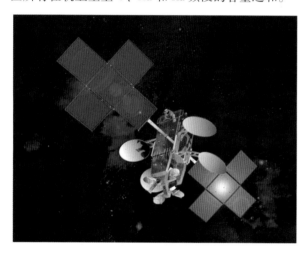

图1‐108　ViaSat‐1 卫星

Yidong Yonghu Mubiao Xitong Weixing
"移动用户目标系统" 卫星 MUOS

概　况

"移动用户目标系统"（Mobile User Objective System，MUOS）卫星是美国新一代军用地球同步轨道移动通信卫星，用于接替"特高频后继"（UFO）卫星，为美军提供窄带移动通信业务。

MUOS 卫星的主承包商为洛克希德·马丁公司（LM），部分 UHF 频段有效载荷由波音公司提供，星载大型可展开天线由哈里斯公司提供。根据美军规划，MUOS 卫星共包括5颗，其中4颗为工作星，形成全球覆盖，另有1颗在轨备份星。4颗工作星计划分别部署在西经177°、西经100°、西经15.5°

和东经75°，在轨备份星部署在东经72°，可提高中东和南亚等热点地区的通信保障能力。

目前，MUOS 卫星仅发射了1颗，发射日期为2012年2月24日。

主要性能参数

MUOS 卫星（见图1‐109）采用 A2100M 平台研制，卫星干质量约3100kg，高7.9m，宽4.3m，太阳翼翼展28m，功率9800W。卫星与用户终端通信使用 UHF 频段，星上采用弯管式透明转发方式，处理和交换由地面控制段完成，卫星与地面控制段通信采用 Ka 频段。

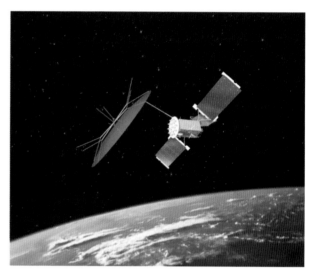

图1‐109　MUOS 卫星

卫星带有类似于 UFO 卫星的有效载荷，采用直径6m的可展开网格天线，提供1个全球覆盖波束，可兼容已大量部署的 UFO 卫星终端。此外，MUOS 卫星还带有全新的通信载荷，采用了属于第三代移动技术的频谱自适应‐宽带码分多址（SA‐WCDMA）体制，天线采用直径14m的折叠径向肋可展开网格天线，产生16个点波束。

目前在轨的整个 UFO 卫星星座能提供1111个2.4kbit/s 终端的同时接入，总容量为2.666Mbit/s。而单颗 MUOS 卫星就能提供4083个2.4kbit/s 新的 WCDMA 终端同时接入，并能同时提供106个 UFO 终端接入，单星容量可达10.054Mbit/s。

墨西哥

墨西哥不具备自主研制和发射通信卫星的能力，通过商业采购来发展卫星通信。墨西哥早在 1966 年就加入了国际通信卫星组织，1968 年建立地球站，实现墨西哥城奥运会卫星转播。20 世纪 80 年代起，墨西哥通过采购建设本国通信卫星系统。1985 年，墨西哥首颗国内通信卫星发射，随后有 5 颗通信卫星相继发射，卫星命名为"墨西哥卫星"（Satmex）。

21 世纪以来，卫星直播到户业务（DTH）需求渐长。墨西哥政府于 2005 年发放 DTH 运营牌照，由圣鸟卫星公司在中北美洲地区开展直播到户业务。

域不断扩展。Satmex 卫星性能参数见表 1 – 86。

Moxige Weixing

"墨西哥卫星"
Satmex

概　况

"墨西哥卫星"（Satmex）是墨西哥的民商两用通信卫星，为墨西哥国内及周边地区提供卫星固定通信业务。Satmex 系列包括 3 代共 6 颗通信卫星，最初由政府出资采购和运营，20 世纪 90 年代中期以后由政府参股的商业公司运营。

第一代 Satmex 包括 2 颗，Satmex – 1 和 2，又名"莫雷洛斯"（Morelos），分别于 1985 年 6 月 17 日和 1985 年 11 月 27 日发射。目前这两颗卫星均已退役。

第二代 Satmex 包括 2 颗，Satmex – 3 和 4，又名"团结"（Solidaridad），分别于 1993 年 11 月 20 日和 1994 年 10 月 8 日发射。目前 Satmex – 3 已退役，Satmex – 4 仍在轨运行。

第三代 Satmex 包括 2 颗，Satmex – 5 和 6，分别于 1998 年 12 月 6 日和 2006 年 5 月 27 日发射。目前这两颗卫星仍在轨运行。

主要性能参数

第一代和第二代卫星均由休斯空间与通信公司研制，同代卫星设计基本相同。Satmex – 5（见图 1 – 110）由波音公司研制，Satmex – 6 由劳拉空间系统公司（SS/L）研制。卫星性能逐代提升，覆盖区

图 1 – 110　Satmex – 5 卫星

表 1 – 86　Satmex 卫星性能参数

卫星名称	Satmex – 1 和 2	Satmex – 3 和 4	Satmex – 5	Satmex – 6
卫星平台	HS – 376	HS – 601	BSS – 601	LS – 1300
尺寸	本体：6.63m × 2.16m	本体：2.1m × 2.1m × 2.4m 太阳翼翼展：21m	本体：5.5m × 3.5m × 2.6m 太阳翼翼展：21m	本体：7.4m × 2.8m × 3.4m 太阳翼翼展：31.4m
稳定方式	自旋稳定	三轴稳定	三轴稳定	三轴稳定
发射质量/kg	1140	1637（入轨质量）	4144	5456
功率/kW	0.94（寿命初期）	3.3	10（寿命初期）	14
设计寿命/年	10	14	15	15
轨道位置	退役	退役（Satmex – 3） 西经 115°（Satmex – 4）	西经 117°	西经 113°
转发器	12 路 C 频段，带宽 36MHz，最低 EIRP 为 36dBW； 6 路 C 频段，带宽 72MHz，最低 EIRP 为 39dBW； 4 路 Ku 频段，带宽为 108MHz，最低 EIRP 为 44dBW	18 路 C 频段，16 路 Ku 频段，采用 42.5W 的 TWTA； 1 路 L 频段，采用 21W 的 SSPA	24 路 C 频段，带宽 36MHz，ERIP 为 38dBW； 24 路 Ku 频段，带宽 36MHz，形成 2 个波束，EIRP 分别为 49 和 46dBW	36 路 C 频段，带宽 36MHz； 24 路 Ku 频段，带宽 36MHz
天线	1 副 1.8m 口径反射器天线，C 频段和 Ku 频段共用	2 副 1.8m × 2.4m 口径反射器天线，C 频段和 Ku 频段共用； 1 副偶极子阵列天线，用于 L 频段	1 副反射器天线，用于 C 频段，2 副反射器天线，用于 Ku 频段	5 副反射天线

Shengniao Weixing

"圣鸟卫星"
QuetzSat

概　况

　　"圣鸟卫星"（QuetzSat）是圣鸟卫星公司运营的商业广播通信卫星，为中北美洲地区提供直播到户业务。目前，圣鸟卫星公司仅有 QuetzSat – 1 卫星在轨。圣鸟卫星公司是墨西哥通信集团与欧洲 SES 公司合资建立的公司，于 2005 年获得在西经 77°轨道位置开展直播到户业务的运营牌照。由于资金问题，直到 2009 年才宣布卫星采购计划，此前主要依靠租用其他卫星开展业务。

　　QuetzSat – 1 由劳拉空间系统公司（SS/L）研制，于 2011 年 9 月 29 日发射。星上容量已全部租给回声星公司，为墨西哥全国提供 DTH 业务。

主要性能参数

　　QuetzSat – 1 卫星（见图 1 – 111）采用 LS – 1300 平台，发射质量 5514kg，功率 20kW，设计寿命 15 年。卫星的主要特点是高功率，以满足直播到户业务需要。星上装载 32 路大功率 Ku 频段转发器，总带宽 768MHz，上行频率 17.3 ~ 17.8GHz，下行频率 12.2 ~ 12.7GHz。覆盖区域内最高 EIRP 为 57.6dBW，最高 G/T 值为 13dB/K。

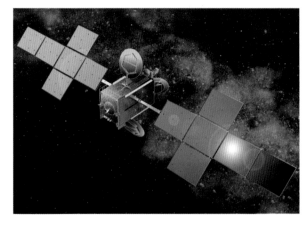

图 1 – 111　QuetzSat – 1 卫星

尼日利亚

尼日利亚处于非洲中部，通信设施不发达，尼日利亚航天局计划用通信卫星来提升国内通信水平，促进国内信息化建设和经济发展。2003年，尼日利亚宣布通信卫星系统采购计划，公开竞标后中国长城工业公司成为主承包商，承担卫星的研制和发射任务。

2007年，尼日利亚通信卫星-1（NigComSat-1）发射，后出现在轨故障。尼日利亚决定采购替代星，NigComSat-1R于2011年发射。

Niriliya Tongxin Weixing
"尼日利亚通信卫星" NigComSat

概 况

"尼日利亚通信卫星"（NigComSat）是尼日利亚政府采购的民用通信卫星，也是本国首颗通信卫星，为尼日利亚提供通信广播、导航和宽带多媒体等业务。NigComSat共有两颗，分别为NigComSat-1和1R。这两颗卫星均由中国研制，其中，NigComSat-1是中国首颗整星出口的卫星。

NigComSat-1（见图1-112）和1R分别于2007年5月13日和2011年12月19日发射，定点东经42°和东经42.5°。

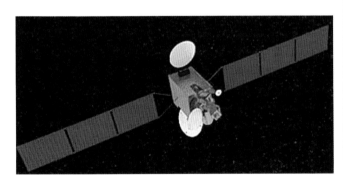

图1-112 NigComSat-1卫星

主要性能参数

两颗NigComSat卫星均由中国空间技术研究院（CAST）研制，采用东方红-4公用卫星平台。卫星装载L、C、Ku和Ka频段有效载荷，技术复杂度较高。其他性能参数见表1-87。

表1-87 NigComSat-1和1R性能参数

参数		指标
卫星平台		东方红-4
稳定方式		三轴稳定
尺寸		本体：2.36m×2.1m×3.6m；太阳翼翼展：26m
发射质量/kg		5086
功率/kW		8（寿命末期），砷化镓太阳能电池，氢镍蓄电池
设计寿命/年		15
转发器	L频段	2路转发器，提供导航增强服务
	C频段	4路转发器，36MHz带宽
	Ku频段	14路转发器，36MHz带宽
	Ka频段	8路转发器，120MHz带宽
天线		7副反射器天线，最大口径3m

挪　威

挪威作为北欧最重要的国家之一，曾参与多个通信卫星研制计划，一方面可以提供电视直播业务，另一方面可以提升本国航天实力。由于资金和技术问题，许多计划未能取得成功。挪威转而通过采购卫星来实现国内卫星通信。

挪威的通信卫星由政府控股的挪威电信卫星广播公司负责采购和运营，整个系列命名为"索尔"（Thor）。

Suoer Weixing
"索尔"卫星
Thor

概　况

"索尔"（Thor）卫星是挪威电信卫星广播公司运营的商业通信卫星，为北欧地区提供固定通信和电视广播业务。Thor系列共包括5颗卫星，第1颗为购买自其他卫星运营公司的在轨卫星，其余4颗均向制造商采购。

Thor-1于1990年8月18日发射，原为英国的马可波罗-2（Marcopolo-2）卫星，1992年购买后正式更名，目前已退役。Thor-2、3、5和6分别于1997年5月20日、1998年6月11日、2008年2月11日和2009年10月29日发射。其中，Thor-3、5和6目前在轨运行。

主要性能参数

Thor-1、2和3卫星均由休斯空间与通信公司研制，其中Thor-2和3卫星的设计基本相同。Thor-5卫星（见图1-113）由轨道科学公司（OSC）研制，Thor-6卫星由泰雷兹·阿莱尼亚航天公司（TAS）研制。Thor卫星性能参数见表1-88。

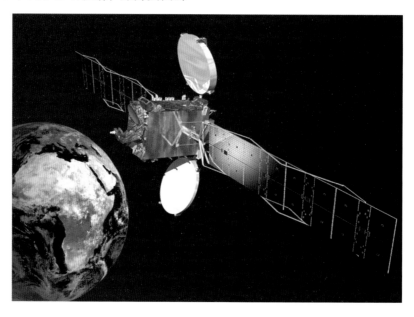

图1-113　Thor-5卫星

表 1－88　Thor 卫星性能参数

卫星名称	Thor－1	Thor－2 和 3	Thor－5	Thor－6
卫星平台	HS－376	HS－376	Star－2	Spacebus－4000B2
尺寸	本体：2.7m×2.16m	本体：2.7m×2.16m	本体：1.75m×1.7m×1.8m（平台尺寸）	本体：2.8m×1.8m×2.3m，太阳翼翼展：29.6m
稳定方式	自旋稳定	自旋稳定	三轴稳定	三轴稳定
发射质量/kg	1250	1467	2012	3050
功率/kW	1.024（寿命初期）	1.2（载荷功率）	3.6（载荷功率），超三结砷化镓太阳能电池，锂离子蓄电池	6.395（寿命末期）
设计寿命/年	10	12	15	15
转发器	6 路 Ku 频段，55W 的 TWTA，带宽 27MHz	15 路 Ku 频段，40W 的 TW-TA，带宽 26MHz（Thor－2）；14 路 Ku 频段，47W 的 TWTA，带宽 33MHz（Thor－3）	24 路 Ku 频段，55W 和 150W TWTA，带宽分别为 27MHz 和 33MHz	36 路 Ku 频段，带宽分别为 27MHz 和 33MHz
天线	1 副反射器天线	1 副 2.4m 口径反射器天线	2 副 2.3m 口径反射器天线，1 副 0.75m 口径可控天线	3 副反射器天线

欧洲航天局

欧洲航天局（ESA）成立于 1975 年 5 月，由欧洲航天研究组织（ESRO）和欧洲运载火箭发展组织（ELDO）合并而成，目的是为欧洲国家提供航天科学技术合作机会，促进航天技术应用。ESA 下设通信部，致力于增强并促进欧洲通信产业的发展。通信项目在先进通信系统研究（ARTES）框架下，分技术、用户段、在轨演示和星间链路等 8 个领域。通过研制项目逐步提升欧洲通信卫星技术水平，增强通信卫星产业基础。

ESA 发展了多个通信卫星项目，最早于 20 世纪 70 年代发展"轨道试验卫星"（OTS），开展面向欧洲的区域卫星通信系统试运行试验。在 OTS 基础上研制的业务卫星称为"欧洲通信卫星"（ECS），成为欧洲通信卫星公司的第一代通信卫星。ESA 在 ECS 卫星的基础上又发展了"欧洲海事通信卫星"（Marecs），面向海洋通信，为欧洲卫星移动通信技术奠定了基础。

1982 年，ESA 开始研制"奥林匹斯"（Olympus）卫星，通过大型通信卫星平台对多项通信新技术进行在轨验证。

1989 年，ESA 批准数据中继和技术计划，利用"阿特米斯"（Artemis）卫星开展移动通信、数据中继和导航等多项技术试验和验证，通信有效载荷研制成果应用于多颗业务卫星。

2001 年，ESA 支持阿斯特里姆公司和阿尔卡特航天公司联合研发"阿尔法平台"（Alphabus），推动了欧洲超大型通信卫星平台技术的发展。

Atemisi Weixing
"阿特米斯"卫星
Artemis

概况

"阿特米斯"（Advanced Data Relay and Technology Mission Satellite，Artemis）卫星是在 ESA 的支持下发展的试验通信卫星，全称为"先进中继和技术试验任务卫星"，主要目标是验证移动通信和数据中继相关的通信技术。此外，Artemis 卫星还采用了包括离子推力器在内的多项先进平台技术，配备先进的精确加速度计，对星体细微振动进行测量，以满足星载光学通信设备对姿态稳定性的要求。

Artemis 卫星于 2001 年 7 月 12 日发射，在变轨过程中火箭上面级发生故障，未能将卫星送入预定轨道。由于卫星集成多种先进平台技术，具备挽救条件，星上软件可编程能力也发挥了重要作用。Artemis 卫星一方面利用试验型离子推进系统进行轨道修正和轨道抬升，另一方面借助新的姿态和轨道控制方案，使卫星在向预定轨道飞行过程中，星上载荷设备可以工作。卫星历时 18 个月到达预定的地球静止轨道。期间完成了有效载荷、卫星工作模式和相关设备的测试。

2001 年 11 月，Artemis 卫星与斯波特 - 4（SPOT - 4）卫星成功完成了全球首次星间光通信试验（见图 1 - 114）。2005 年 12 月，Artemis 卫星与日本"轨道间光通信工程试验卫星"（OICETS）进行了星间光学链路试验。

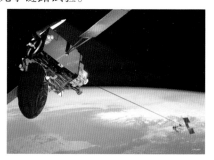

图 1 - 114　Artemis 卫星与 SPOT - 4 卫星进行星间光通信试验

主要性能参数

Artemis 卫星的主承包商为阿莱尼亚航天公司，欧洲 10 多家公司参与了研制。卫星共携带多种通信有效载荷，包括 S 和 Ka 频段数据中继载荷、光学数据中继载荷、移动通信载荷和导航有效载荷等。Artemis 卫星性能参数见表 1 - 89。

表 1 - 89　Artemis 卫星性能参数

参数		指标
稳定方式		三轴稳定，控制精度约为 0.1°
发射质量/kg		3105
功率/kW		2.8（寿命末期）
设计寿命/年		10
轨道位置		东经 21.36°
推进		液体双组元发动机用于远地点推进； 离子推力器用于东西位置保持；工作功耗 600W
通信载荷	S 和 Ka 频段数据中继载荷	S 频段：1 路转发器，返回速率 3Mbit/s，前向速率 1Mbit/s，EIRP 为 25 ~ 45dBW，G/T 值为 6.8dB/K； Ka 频段：1 路转发器，返回速率 450Mbit/s（3 条链路），前向速率 10Mbit/s，EIRP 为 45 ~ 61dBW，G/T 值为 22.3dB/K
	光学数据中继载荷	星间光通信链路：800 ~ 850nm 波段，返回速率 50Mbit/s，误码率 < 10^{-6}； 发射机：半导体激光二极管，输出功率峰值 160mW，波束宽度 0.0004°； 接收机：雪崩光电二极管配合低噪互阻抗放大器，有效接收功率 1.5nW
	数据中继载荷星地链路	3 路转发器，上行频率 27.5 ~ 30GHz，下行频率 18.1 ~ 20.2GHz； EIRP 为 43dBW，G/T 值为 0dB/K，带宽 234MHz
	移动通信载荷	1 个欧洲波束和 3 个点波束，最多提供 650 条双向链路，EIRP > 19dBW； 信道可调，极化方向可变
	导航有效载荷	作为欧洲静止轨道导航增强系统的组成部分，下行广播信道带宽 4MHz，中心频率 1575.42MHz，最低 EIRP 为 27dBW
	天线	2 副 2.85m 口径反射器天线，其中 1 副用于星间链路，1 副用于移动通信； 1 副 1m 口径反射器天线，用于星地链路； 1 副 45cm 口径喇叭天线

日　本

日本参与卫星通信的历史最早可以追溯到 20 世纪 60 年代初期，1964 年东京奥运会的电视广播就是通过卫星发送到美国的。1969 年，日本颁布了首部航天法，决心依靠本国力量独自发展航天事业。然而受运载能力和航天研究、开发政策、能力和管理水平限制，制定的开发计划迟迟不能实现，无法满足民众日益增长的航天应用与服务需求。20 世纪 70 年代中期，日本制定了"依靠美国技术、与其合作发展航天事业"的政策，以美国公司为主承包商、日本公司为副承包商，研究、开发了第一代试验用中型通信广播卫星（樱花-1 和百合-1 卫星）；接着，又以日本公司为主承包商、美国公司分包商，开发了第二代实验用中型通信卫星（樱花-2A、2B 和百合-2A、2B）；之后，又完全依靠本国力量开发了第三代通信卫星（樱花-3A、3B 和百合-3A、3B）。

然而，在强调"研究开发高、精、尖技术"的政策、美国宣传"研制远不如买卫星划算"的舆论及"削减美日贸易逆差"的影响下，日本在资金、政策方面放慢了对本国通信广播卫星的研发和国产化的支持，转向大量订购美国通信广播卫星，使日本国内通信广播卫星开发几乎处于原地踏步状态。从 20 世纪 80 年代末以来，日本先后发展了"日本通信卫星"（JCSAT）、"超鸟"（Superbird）卫星、"广播卫星"（BSat）等多个通信卫星系列，全部都是向美国订购，共计 40 多颗。

在日本宇宙航空研究开发机构（JAXA）的支持下，三菱电机公司（MELCO）在研制"数据中继试验卫星"（DRTS）和工程试验卫星-8（ETS-8）的同时，积极发展以 DS-2000 平台为基础的大型通信卫星，研制了多用途运输卫星-2（MTSat-2）和 Superbird-7 等卫星，为结束日本大型通信广播卫星完全依赖美国的被动局面奠定了基础。2011 年日本还获得土耳其 2 颗通信卫星订单，其通信卫星开始走向国际市场。此外，日本还研制了宽带互联网通信、激光通信等多颗技术试验卫星。

Riben Tongxin Weixing
"日本通信卫星"
JCSAT

概　况

"日本通信卫星"（Japanese Communications Satellite, JCSAT），是日本卫星公司（JSAT）运营的商业通信卫星系列。首颗 JCSAT 卫星于 1989 年 3 月 6 日发射，截至 2012 年 6 月 30 日，JCSAT 系列卫星共成功发射 11 颗，所有卫星均由美国制造商研制。

目前 JCSAT 系列在轨有 7 颗卫星，包括 JCSAT-5、6、8、9、10、12 和 13。此外，JSAT 公司还通过购买、租赁其他国际商业卫星运营商的转发器，成为日本国内最大的卫星固定业务运营商。

主要性能参数

JCSAT-1~6 均由美国休斯空间与通信公司研制。JCSAT-1（见图 1-115）和 2 卫星星体高 3.4m，直径 3.7m，天线展开时高 10m，位置保持精度为 ±0.05°。卫星可容纳 1 路高质量电视，45 路数据传输和 250 路电话。JCSAT-1 和 2 卫星主要性能参数见表 1-90。

表 1－90　JCSAT－1 和 2 卫星主要性能参数

项目	参数
卫星平台	HS－393
稳定方式	自旋稳定
质量/kg	2280（发射），1364（入轨）
功率 W	2350（寿命初期）
设计寿命/年	10
轨道位置	东经 150°（JCSAT－1），东经 154°（JCSAT－2）
转发器	32 路 Ku 频段转发器，带宽 27MHz，下行频率 12.25～12.75GHz，上行频率 14～14.5GHz；EIRP 值为 46dBW，G/T 值为 10dB/K
天线	1 副抛物面天线，1 副全向天线

图 1－115　JCSat－1 卫星

JCSAT－3 和 4 卫星为长方体，尺寸 2.4m×2.4m×2.0m，太阳电池翼翼展 26.2m。卫星装有 3 副 Ku 频段天线，1 副天线波束覆盖日本，1 副覆盖东亚和东印度地区，1 副覆盖澳大利亚和新西兰；另有 1 副 C 频段天线覆盖东南亚和夏威夷地区。JC-SAT－3 和 JCSAT－4 卫星主要性能参数见表 1－91。

JCSAT－5 和 6 卫星也采用 HS－601 平台，外形与 JCSAT－3 和 4 卫星相似。JCSAT－5 卫星（见图 1－116）有 2 副天线，1 副用来覆盖日本，另 1 副用来覆盖亚洲和夏威夷地区。JCSAT－6 卫星有 2 副天线，均用来覆盖日本。JCSAT－5 和 JCSAT－6 卫星主要性能参数见表 1－92。

表 1－91　JCSAT－3 和 JCSAT－4 卫星主要性能参数

项目		参数
卫星平台		HS－601
稳定方式		三轴稳定
质量/kg		3105（发射），1841（入轨）
功率/kW		5.2
设计寿命/年		12
轨道位置		东经 128°（JCSAT－3），东经 124°（JCSAT－4）
转发器	C 频段	12 路 36MHz 转发器，下行频率 3.94～4.2GHz，上行频率 6.225～6.485GHz； EIRP：亚洲波束为 36dBW，亚太波束为 28dBW（JCSAT－3）； G/T：亚洲波束为 －5dB/K，亚太波束为 －9dB/K（JCSAT－3）
	Ku 频段	12 路 36MHz 和 16 路 27MHz 转发器，下行频率 12.2～12.75GHz，上行频率 13.75～14.5GHz； EIRP：日本波束为 46dBW，2 个亚洲波束分别为 38dBW 和 44dBW（JCSAT－3）； G/T：日本波束为 ＋2dB/K，2 个亚洲波束分别为 －7dB/K 和 －1dB/K（JCSAT－3）

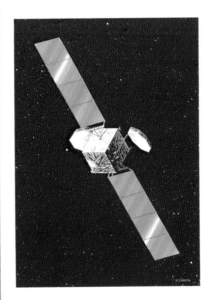

图 1－116　JCSAT－5 卫星

表 1 – 92　JCSAT – 5 和 JCSAT – 6 卫星主要性能参数

参数	指标
卫星平台	HS – 601
稳定方式	三轴稳定
质量/kg	发射：2982（JCSAT – 5），2900（JCSAT – 6） 入轨：1841
功率/kW	5.2
设计寿命/年	12（JCSAT – 5），14.5（JCSAT – 6）
轨道位置	东经 150°（JCSAT – 5），东经 124°（JCSAT – 6）
转发器	16 路 27MHz 带宽 Ku 频段和 16 路 36MHz 带宽 Ku 频段转发器（JCSAT – 5），32 路 27MHz 带宽 Ku 频段转发器（JCSAT – 6）； 下行频率 12.2～12.75GHz，上行频率 13.75～14.5GHz； EIRP：日本波束为 46dBW，2 个亚洲波束分别为 38dBW 和 44dBW，夏威夷波束为 54dBW（JC-SAT – 5）； G/T：日本波束为 +2dB/K，2 个亚洲波束分别为 –7dB/K 和 –1dB/K，夏威夷波束为 –1dB/K（JCSAT – 5）

　　JCSAT – 8 卫星由波音卫星系统公司（BSS）研制。卫星天线展开跨度 7.6m，太阳电池翼翼展 21m。C 频段波束覆盖蒙古、中国、印度、澳大利亚、新西兰和夏威夷等地区，Ku 频段波束覆盖日本。其他性能参数见表 1 – 93。

表 1 – 93　JCSAT – 8 卫星主要性能参数

参数		指标
卫星平台		BSS – 601
稳定方式		三轴稳定
质量/kg		2600（发射），1600kg（入轨）
功率/kW		4.1（寿命初期）
设计寿命/年		11
轨道位置		东经 154°
转发器	C 频段	11 路 36MHz 和 5 路 54MHz 转发器，下行频率 3.7～4.2GHz，上行频率 5.9～6.5GHz； 波束边缘 EIRP 值为 30dBW，G/T 值为 –9dB/K
	Ku 频段	16 路 57MHz 转发器，下行频率 12.25～12.75GHz，上行频率 14.0～14.5GHz； EIRP：日本主要岛屿为 57dBW，波束边缘为 48dBW； G/T：日本主要岛屿为 10dB/K，波束边缘为 2dB/K

　　JCSAT – 9～13 卫星均由洛克希德·马丁公司（LM）研制，采用 A2100AX 平台，提供固定和移动通信（见表 1 – 94）。JCSAT – 10～12 均采用基本相同的设计，主要为日本、亚太地区和夏威夷提供通信及广播电视业务。JCSAT – 13 卫星见图 1 – 117。

表 1 – 94　JCSAT – 9 ~ 13 卫星主要性能参数

参数		指标
卫星平台		A2100AX
稳定方式		三轴稳定
发射质量/kg		4401（JCSAT – 9），4048（JCSAT – 10），4007（JCSAT – 11），4500（JCSAT – 12），4528（JCSAT – 13）
功率/kW		11.9（JCSAT – 13，寿命末期）
设计寿命/年		12（JCSAT – 9），15（JCSAT – 10 ~ 13）
轨道位置		东经132°（JCSAT – 9），东经128°（JCSAT – 10, 12），东经124°（JCSAT – 13）
转发器	C 频段	20 路 36MHz 转发器（JCSAT – 9），12 路 36MHz 转发器（JCSAT – 10 ~ 12）
	Ku 频段	12 路 36MHz 和 8 路 54MHz 转发器（JCSAT – 9），18 路 27MHz 和 12 路 36MHz 转发器（JCSAT – 10 ~ 12），44 路高功率转发器（JCSAT – 13）
	S 频段	1 路转发器（JCSAT – 9）

图 1 – 117　JCSAT – 13 卫星

Chaoniao Weixing

"超鸟"卫星
Superbird

概况

　　"超鸟"（Superbird）卫星是日本发展的商业通

信广播卫星，由航天通信公司运营。1985 年，日本三菱集团和美国福特航天与通信公司合作成立了航天通信公司，由福特航天与通信公司负责研制首批 2 颗 Superbird 卫星，包括 Superbird – A 和 Superbird – B。20 世纪 90 年代初，日本收回了福特航天与通信公司占有的股权，使航天通信公司成为完全本土化的企业。之后，航天通信公司先后向美国休斯空间与通信公司、洛克希德·马丁公司（LM）和波音卫星系统公司（BSS）采购卫星，最新的一颗 Superbird 卫星（Superbird – 7）则是由日本三菱电机公司

（MELCO）自行研制。

主要性能参数

Superbird – A 和 B 卫星均由福特航天与通信公司研制。星体为长方体，收拢尺寸为 2.4m × 2.6m × 2.2m，太阳电池翼翼展 20.4m。其 X 频段转发器主要供日本自卫队用于移动通信。Superbird – A 和 B 卫星主要性能参数见表 1 – 95。Superbird – A 卫星（见图 1 – 118）于 1989 年 6 月 5 日发射。1990 年 12 月，由于地面控制人员操作失误，Superbird – A 卫星推进分系统发生故障而彻底失效。Superbird – B 卫星于 1990 年 2 月发射，由于运载火箭爆炸，卫星发射失败。因此，福特航天与通信公司又为航天通信公司研制了 Superbird – B1 和 A1 这 2 颗卫星，并分别于 1992 年 2 月 26 日和 12 月 1 日发射入轨。

表 1 – 95　Superbird – A 和 B 卫星主要性能参数

参数		指标
卫星平台		LS – 1300
稳定方式		三轴稳定
质量/kg		2800（发射），1400（入轨）
功率/kW		4
设计寿命/年		10
轨道位置		东经 158°（Superbird – A），东经 162°（Superbird – B）
转发器	Ku 频段	19 路/23 路 36MHz 转发器（Superbird – A/ Superbird – B），下行频率 12.35GHz ~ 12.75GHz，上行频率 14.0 ~ 14.4GHz，波束边缘 EIRP 值 39dBW，G/T 值 +9dB/K
	Ka 频段	10 路/3 路 100MHz 转发器（Superbird – A/ Superbird – B），下行频率 17.775GHz ~ 18.115GHz 和 18.495 ~ 19.315GHz，上行频率 27.5 ~ 30GHz
	X 频段	1 路/2 路 40MHz 转发器（Superbird – A/ Superbird – B），下行频率 7.25GHz ~ 7.75GHz，上行频率 7.9 ~ 8.4GHz

图 1 – 118　Superbird – A 卫星

Superbird – C 卫星和 Superbird – B2（也称 Superbird – 4）卫星（见图 1 – 119）均由休斯空间与通信公司研制，星体尺寸 2.3m × 2.3m × 2.4m，太阳电池翼翼展 26.2m，天线展开跨度分别为 7.5m 和 7m，

其主要性能参数见表 1 - 96。两颗卫星分别于 1997 年 7 月 28 日和 2000 年 2 月 18 日发射，目前均在轨工作，其中 Superbird - C 改名为 Superbird - A3。

图 1 - 119 Superbird - B2 卫星

表 1 - 96 **Superbird - C 和 Superbird - B2 卫星主要性能参数**

卫星名称	Superbird - C	Superbird - B2
卫星平台	HS - 601	HS - 601HP
稳定方式	三轴稳定	三轴稳定
发射质量/kg	3100	4060
功率/kW	4.5	5.5
设计寿命/年	13	13
轨道位置	东经 144°	东经 162°
转发器	Ku 频段	4 路 54MHz、4 路 36MHz 和 16 路 27MHz 转发器	23 路 36MHz 转发器
	Ka 频段	无	1 路 200MHz 和 5 路 100MHz 转发器
天线	2 副 2.16m 和 1 副 0.56m 口径 Ku 频段天线	2 副 Ku 频段天线和 1 副 Ka 频段天线

Superbird - D （也称 N - 星 - 110 或 Superbird - 5）卫星由洛克希德·马丁公司研制，采用 A2100AX 平台，发射质量为 3530kg，设计寿命为 13 年，装有 24 路 Ku 频段转发器和供日本自卫队

使用的 X 频段转发器。1997 年，航天通信公司和日本卫星公司均向日本政府申请发展东经 110° 的 Ku 频段卫星，最终两家公司进行合作运营，各获得 50% 卫星资源，但卫星由航天通信公司负责控制。卫星于 2000 年 10 月 6 日发射，定点东经 110°。

Superbird - A2 （也称 Superbird - 6）卫星（见图 1 - 120）由波音公司研制，采用 BSS - 601 平台，装有 23 路 Ku 频段和 4 路 Ka 频段转发器。卫星于 2004 年 4 月 16 日发射，发射质量为 3100kg，设计寿命为 13 年，寿命末期功率为 7100W。卫星原计划用于替换 Superbird - A1 卫星，但卫星在轨道转移过程中，供配电分系统和推进分系统出现问题，最终卫星没有投入正常运营。

图 1 - 120 Superbird - A2 卫星

Superbird - C2 （也称 Superbird - 7）卫星（见图 1 - 121）由日本三菱电机公司研制，采用 DS - 2000 平台，发射质量为 4820kg，设计寿命为 15 年。卫星为三轴稳定，太阳电池翼翼展 31.6m，天线展开跨度 8.1m，装有 28 路 Ku 频段转发器，其中 8 路转发器带宽为 36MHz，20 路转发器带宽为 27MHz。这是日本商业通信卫星公司首次采购日本制造的通信卫星。卫星于 2008 年 8 月 14 日发射，定点东经 144°。

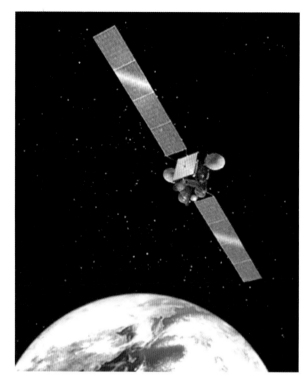

图 1 - 121　Superbird - C2 卫星

Shuju Zhongji Shiyan Weixing

"数据中继试验卫星"
DRTS

概　况

"数据中继试验卫星"（Data Relay Test Satellite，DRTS）是日本宇宙开发事业团（NASDA）为满足地球观测卫星及"国际空间站"日本实验舱的数据传输需求而开发的中继卫星。为发展数据中继技术，日本先后研制了工程试验卫星 - 6（ETS - 6）和"通信工程试验卫星"（COMETS），开展相关技术试验，在此基础上，进一步发展了 DRTS 卫星。卫星由三菱电机公司（MELCO）作为主承包商，研制工作始于 1996 年。日本原计划发射 2 颗 DRTS 卫星，分别定点东经 90°和西经 170°的地球静止轨道上。2002 年 9 月 10 日，第 1 颗 DRTS 卫星发射，2003 年 1 月开始业务运行，并起名为"回声"（Kodama）。第 2 颗卫星取消发射。

主要性能参数

DRTS 卫星（见图 1 - 122）呈长方体，收拢尺寸 2.2m×2.4m×2.2m。天线和太阳电池翼展开后最大包络为 6.65m×16.36m×6.23m。平台结构为中央承力筒式。热控分系统为被动式和主动式并用。供配电分系统采用 32～51.5V 浮动母线，有 2 组 50A·h 氢镍蓄电池，采用数字式程序分流方式。姿态控制采用整星动量偏置方式，控制精度在正常模式下为 0.05°（滚动和俯仰）、0.15°（偏航）；当天线转动时，姿态误差最大不超过 0.07°（滚动和俯仰）、0.2°（偏航）。推进分系统包括 500N 远地点发动机、20N 和 1N 推力器，南北轨道控制采用 200mN 电弧推力器。

图 1 - 122　DRTS 卫星

DRTS 卫星与低地球轨道上的"先进陆地观测卫星"（ALOS）和日本实验舱开展了通信试验，同时，其星间链路与美国的"跟踪与数据中继卫星"（TDRS）及欧洲的"阿特米斯"（Artemis）卫星可互操作。迄今，DRTS 卫星与 6 个不同的航天器开展了数据中继试验，其 Ka 频段前向速率为 100kbit/s～50Mbit/s，返向速率为 100kbit/s～240Mbit/s；S 频段前向速率为 100bit/s～300kbit/s，返向速率为 100kbit/s～6Mbit/s。DRTS 卫星主要性能参数见表 1 - 97。

表 1 – 97　DRTS 卫星主要性能参数

参数		指标
卫星平台		DRTS 平台
稳定方式		三轴稳定
质量/kg		2800（发射）/1500（入轨）
功率/W		2100（寿命末期）
设计寿命/年		7
轨道位置		东经90°
转发器	S 频段	1 个前向和 2 个返向信道，下行频率 2.025 ～ 2.11GHz，上行频率 2.2 ～2.29GHz
	Ka 频段	1 个前向和 1 个返向信道，下行频率 23.175 ～ 23.545GHz，上行频率 25.45 ～27.5GHz
	馈电链路	下行频率 19.7 ～ 20.2GHz，上行频率 29 ～30GHz
天线		1 副 3.6m 口径星间链路天线和 1 副 1.8m 口径星地链路天线

Yidong Guangbo Weixing
"移动广播卫星" MBSat

　　"移动广播卫星"（Mobile Broadcasting Satellite，MBSat）是日本和韩国联合发展的为移动用户提供高质量数字业务的多媒体广播卫星，由日本移动广播公司和韩国电信公司联合运营。卫星由美国劳拉空间系统公司（SS/L）研制，日本多家公司提供了地球敏感器、环形激光陀螺、等离子推力器、三结砷化镓太阳电池、Ku 频段和 S 频段转发器等星上有效载荷。卫星于 2004 年 3 月 13 日由"宇宙神"火箭发射。

主要性能参数

　　MBSat 卫星（见图 1 – 123）干质量 1760kg，采用氢镍蓄电池，装有 1 副直径 12m 的大型网状天线，

推进系统采用双组元推进和等离子推进，这也是劳拉空间系统公司第一颗使用等离子推力器的卫星。MBSat 卫星主要性能参数见表 1 – 98。

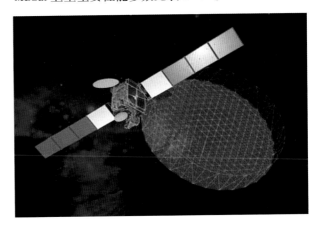

图 1 – 123　MBSat 卫星

表 1 – 98　MBSat 卫星主要性能参数

参数		指标
卫星平台		LS – 1300
稳定方式		三轴稳定
发射质量/kg		4140
功率/kW		7.6（寿命末期）
设计寿命/年		12
轨道位置		东经114°
转发器	Ku 频段	2 路 25MHz 转发器（日本与韩国各 1 路），上行频率 13.824 ～ 13.883GHz，下行频率 12.214 ～ 12.239GHz，4 个 150W 行波管放大器（日本 2 个，韩国 2 个），EIRP 值 54dBW，G/T 值 ≥ 11dB/K
	S 频段	2 路 25MHz 转发器（日本与韩国各 1 路），工作频率 2.63 ～2.655GHz，36 个 135W 行波管放大器（日本 24 个，韩国 12 个），EIRP 值 67 ～70dBW
天线		Ku 频段：2.4m（覆盖日本），1.2m（覆盖韩国），指向精度 0.12°；S 频段：12m 网状天线，指向精度 0.13°

"宽带互联网工程试验与验证卫星"

WINDS

概 况

"宽带互联网工程试验与验证卫星"（Wideband Internetworking Engineering Test and Demonstration Satellite，WINDS），也称"绊"（Kizuna）卫星，是日本发展的高速卫星宽带通信试验卫星，由日本宇宙航空研究开发机构（JAXA）和国家信息与通信技术研究所（NICT）共同研制，主要目标是建立宽带多媒体卫星通信系统，对高速卫星通信系统的相关技术进行演示验证，为灾后恢复、边远山区和岛屿的宽带通信提供便利。

21 世纪初，日本政府制定了名为"e - 日本战略"的信息化发展战略，希望通过发展高速互联网使日本在 IT 产业方面成为世界强国。WINDS 卫星项目就是该发展战略的一部分，旨在解决基于 Ka 频段卫星高速数据传输中的关键技术。该项目于 2001 年正式启动，卫星于北京时间 2008 年 2 月 23 日由 H - 2A 火箭从日本种子岛宇宙中心发射，3 月 14 日定点东经 143°。

主要性能参数

WINDS 卫星（见图 1 - 124）呈长方体，尺寸 3m×2m×8m，采用三轴姿态稳定方式，发射质量 4850kg，设计寿命 5 年。采用多结砷化镓太阳能电池，太阳电池翼翼展 21.5m，可提供 7kW 功率。卫星配备有 2 副 Ka 频段多波束天线、1 副 Ka 频段有源相控阵发射天线和 1 副 Ka 频段有源相控阵接收天线。

卫星同时配置有再生式和弯管式 2 种转发器，支持弯管、再生和混合 3 种工作模式。普通用户通过口径为 45cm 的小型天线，可达到上行 1.5 ~ 6Mbit/s、下行 155Mbit/s 的传输速率，企业用户通过口径 5m 的天线，可实现 1.2Gbit/s 的点对点传输。WINDS 卫星主要性能参数见表 1 - 99。

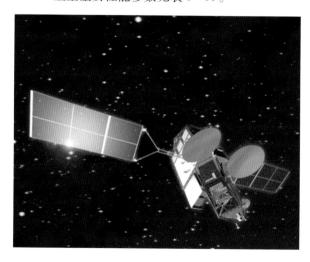

图 1 - 124　WINDS 卫星

表 1 - 99　WINDS 卫星主要性能参数

任务类型	超高速通信（Gbit/s 级）	高速多媒体通信
数据中继方式	弯管式	再生式
工作频率	上行：27.5 ~ 28.6GHz 下行：17.7 ~ 18.8GHz	
传输方式	TDMA	下行：MF - TDMA 上行：TDM/TDMA
等效全向辐射功率(EIRP)	>68dBW（多波束天线） >55dBW（有源相控阵天线）	
G/T	>18dB/K（多波束天线） >7dB/K（有源相控阵天线）	

瑞 典

瑞 典具备一定的卫星研制能力，但国内多颗通信卫星均为采购。1980 年，瑞典提出"电视广播试验卫星"（Tele－X）计划，在政府支持下购买通信卫星，发展北欧地区卫星电视广播业务。卫星由北欧卫星公司运营，随着政府资本的逐渐退出，实现了商业化运营。

1993 年底，北欧卫星公司购买英国的在轨卫星马可波罗－1（Marcopolo－1）。此后相继采购了 3 颗通信卫星，整个系列命名为"西利乌斯"（Sirius）。

Xiliwusi Weixing
"西利乌斯"卫星
Sirius

概　况

"西利乌斯"（Sirius）卫星是北欧卫星公司运营的商业通信卫星，为北欧和波罗的海周边国家提供电视广播和数据通信业务。2010 年，北欧卫星公司被欧洲卫星公司（SES）收购。Sirius 系列共包括 4 颗卫星，除第 1 颗为在轨购买外，其余 3 颗均为向制造商采购。

Sirius－1 卫星由休斯空间与通信公司研制，于 1989 年 8 月 27 日发射，原名 Marcopolo－1，1993 年购买后正式更名，目前已退役。Sirius－2 和 3 卫星分别由法国宇航公司和休斯空间与通信公司研制，于 1997 年 11 月 12 日和 1998 年 10 月 5 日发射，目前均已退役。Sirius－4 卫星（见图 1－125）由洛克希德·马丁公司（LM）研制，于 2007 年 11 月 17 日发射，定点东经 4.85°，已更名为阿斯特拉－4A（Astra－4A），目前在轨运行。

主要性能参数

Sirius 卫星由不同制造商研制，每颗卫星所用平台均不相同，整体性能差别较大，其性能参数见表 1－100。

图 1－125　Sirius－4 卫星

表1-100 Sirius卫星性能参数

卫星名称	西利乌斯-1	西利乌斯-2	西利乌斯-3	西利乌斯-4
卫星平台	HS-376	空间客车-3000 (Spacebus-3000)	HS-376HP	A2100AX
尺寸	本体：2.7m×2.16m	本体：1.8m×2.3m×2.9m	本体：7.6m×2.1m	本体：2m×3m×8.3m； 太阳翼翼展：26.8m
稳定方式	自旋稳定	三轴稳定	自旋稳定	三轴稳定
发射质量/kg	1250	2920	1465	4385
功率/kW	1.024（寿命初期）	5.8（寿命末期）	1.8（寿命初期）	11.3（寿命末期）
设计寿命/年	10	12	12	15
转发器	6路Ku频段	26路Ku频段，带宽33MHz，用于卫星广播业务； 6路Ku频段，带宽36MHz，用于卫星固定业务	14路Ku频段，带宽33MHz； 地面主接收地区EIRP为55dBW	40路Ku频段，带宽33MHz，用于卫星广播业务； 12路Ku频段，带宽36MHz，用于卫星固定业务； 2路Ka频段，带宽分别为125MHz和250MHz
天线	1副反射器天线	2副1.8m口径反射器天线；1副可控天线	1副2m口径反射器天线	4副反射器天线

泰　国

泰 国自20世纪60年代末起就一直利用"国际通信卫星"（Intelsat）开展国际通信业务。80年代末，泰国政府开始寻求商业资本采购和运营国内通信卫星，并提供相关政策便利。

1991年，泰国西那瓦集团获得30年运营牌照，向休斯空间与通信公司订购2颗通信卫星。此后该公司相继采购3颗通信卫星，整个系列命名为"泰国通信"。

Taiguo Tongxin Weixing
"泰国通信" 卫星
Thaicom

概　况

"泰国通信"（Thaicom）卫星是泰国通信卫星公司运营的商业通信卫星，为亚洲、大洋洲、非洲和欧洲部分地区提供固定通信、电视广播和宽带通信业务。Thaicom系列共包括5颗卫星，其中第4颗卫星专门提供宽带通信服务。

Thaicom-1和2卫星均由休斯空间与通信公司研制，分别于1993年12月18日和1994年10月8日发射，目前均已退役。

Thaicom-3卫星由阿尔卡特航天公司研制，于1997年4月16日发射，由于在轨故障，于2006年提前退役。

Thaicom-4卫星（见图1-126）由劳拉空间系统公司（SS/L）研制，于2005年8月11日发射，定点东经119.5°，又称"互联网协议星"（iP-STAR），是新一代的宽带通信卫星，目前在轨运行。

Thaicom-5卫星由阿尔卡特-阿莱尼亚航天公司研制，于2006年5月27日发射，定点东经78.5°，替代Thaicom-1和2卫星，目前在轨运行。

主要性能参数

Thaicom-1、2、3和5均为传统的固定通信卫星。Thaicom-4为新型宽带通信卫星，整星吞吐量达45Gbit/s，相当于1000多路传统转发器。Thaicom卫星性能参数见表1-101。

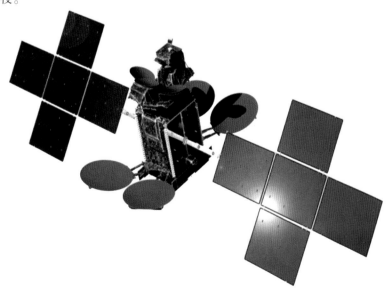

图 1-126　Thaicom-4 卫星

表 1 – 101　Thaicom 卫星性能参数

卫星名称	Thaicom – 1 和 2	Thaicom – 3	Thaicom – 4	Thaicom – 5
卫星平台	HS – 376	空间客车 – 3000（Spacebus – 3000）	LS – 1300SX	Spacebus – 3000
稳定方式	自旋稳定	三轴稳定	三轴稳定	三轴稳定
尺寸	本体（在轨展开）：7.7m × 2.16m	本体（在轨展开）：1.8m × 2.6m × 7m；太阳翼翼展：25m	整星（在轨展开）：8m × 10m × 26m	本体：3.7m × 3.3m × 2.2m；太阳翼翼展：26.2m
发射质量/kg	1080	2650	6500	2766
功率/kW	0.8（寿命初期）	5.3（寿命末期）	14.5（寿命末期）	5（寿命末期）
设计寿命/年	13.5	14	12	12
转发器	10 路 C 频段，带宽 36MHz；2 路 Ku 频段，带宽 54MHz	25 路 C 频段，带宽 36MHz；12 路 Ku 频段，带宽 36MHz；2 路 Ku 频段，带宽 54MHz	Ku 频段：84 个点波束、10 个赋形波束；Ka 频段：18 个波束，用于信关站	25 路 C 频段，带宽 36MHz；14 路 Ku 频段，带宽有 36MHz 和 54MHz 两种配置
天线	1 副 1.8m 口径反射器天线	3 副反射器天线，形成 4 个区域波束	7 副反射器天线	4 副反射器天线

土耳其

土耳其自 1968 年起开始使用"国际通信卫星"（Intelsat），并且是欧洲通信卫星组织的创始成员国。20 世纪 80 年代末，土耳其政府决定通过商业公司采购和运营国内通信卫星，国内运营商为土耳其卫星公司，卫星系列命名为"土耳其卫星"（Turksat）。土耳其计划通过 Turksat 系列卫星积累经验，培养本国技术人员，未来自主研制大型通信卫星。

Tuerqi Weixing

"土耳其卫星"
Turksat

概　况

"土耳其卫星"（Turksat）是土耳其卫星公司运营的商用通信卫星，提供电视广播和固定通信业务。Turksat 系列共包括 5 颗卫星，最初仅为土耳其语言地区服务，后覆盖范围逐渐扩展。

Turksat－1 系列共包括 3 颗，均由法国宇航公司研制。Turksat－1A 卫星于 1994 年 1 月 24 日发射，因火箭故障而坠毁；Turksat－1B 卫星于 1994 年 8 月 10 日发射，定点东经 42°；Turksat－1C 卫星于 1996 年 7 月 9 日发射，替代 1A 卫星。后两颗卫星目前均在轨运行。

Turksat－2 系列仅有 1 颗卫星，为 Turksat－2A，由法国宇航公司研制。卫星于 2001 年 1 月 10 日发射，又称"欧亚卫星"（Eurasiasat），目前在轨运行。

Turksat－3 系列仅有 1 颗卫星，为 Turksat－3A（见图 1－127），由阿尔卡特·阿莱尼亚航天公司研制。卫星于 2008 年 6 月 12 日发射，目前在轨运行。

图 1－127　Turksat－3A 卫星

主要性能参数

Turksat 卫星性能参数见表 1 - 102。

表 1 - 102　Turksat 卫星性能参数

卫星名称	Turksat - 1A、1B 和 1C	Turksat - 2A	Turksat - 3A
平台	HS - 376	空间客车 - 3000B3（Spacebus - 3000B3）	Spacebus - 4000B2
稳定方式	自旋稳定	三轴稳定	三轴稳定
尺寸	本体：1.6m×1.4m×2.1m；太阳翼翼展：22.3m	本体（在轨展开）：5.0m×2.5m×3.5m；太阳翼翼展：36.6m	本体：2.8m×2.3m×1.8m；太阳翼翼展：30m
发射质量/kg	1738	3535	3070
功率/kW	2.9（寿命末期）	8.7（寿命末期）	6.8
设计寿命/年	10	15	15
轨道位置	发射失败（Turksat - 1A），退役（Turksat - 1B），东经 31°（Turksat - 1C）	东经 42°	东经 42°
转发器	16 路 Ku 频段	20 路 Ku 频段，带宽为 33MHz，用于卫星广播业务；12 路 Ku 频段，带宽为 36MHz，用于卫星固定业务	12 路 Ku 频段，带宽 36MHz；12 路 Ku 频段，带宽 72MHz
天线	1 副反射器天线，3 个区域波束（Turksat - 1B），2 个区域波束（Turksat - 1C）	2 副反射器天线，形成 2 个固定区域波束，用于卫星广播业务业务；2 个可控点波束，用于卫星固定业务业务	反射器天线

委内瑞拉

委内瑞拉是南美安第斯共同体（CAN）的一员，与其他成员国一起致力于拥有拉丁美洲国家独立的通信卫星系统。2000 年，CAN 内部出现分歧，委内瑞拉开始寻求通过商业采购拥有本国通信卫星系统。

2005 年 11 月，委内瑞拉与中国签署卫星合同，由中方为其研制并发射委内瑞拉卫星－1（Venesat－1），这是委内瑞拉的首颗、同时也是目前唯一一颗在轨的通信卫星。

Weineiruila Weixing
"委内瑞拉卫星"
Venesat

概　况

"委内瑞拉卫星"（Venesat）是委内瑞拉国内通信卫星，而 Venesat－1 也是委内瑞拉第一颗自主拥有的通信卫星，主要提供固定通信和电视广播业务。Venesat－1 卫星的设计、研制、发射以及地面系统建设和技术人员培训均由中国负责。这颗卫星也是中国向南美洲整星出口的第一颗商业卫星。

Venesat－1 于 2008 年 10 月 29 日发射，定点西经65°。该轨道位置归乌拉圭所有，以星上 10% 容量换取轨道位置使用权。

主要性能参数

Venesat－1 卫星（见图 1－128）由中国空间技术研究院（CAST）研制，应用了星上数据管理系统，可自动进行星上设备工作温度控制和蓄电池充放电管理。另外，卫星首次使用了中国自行研制的先进双栅天线技术。该卫星的性能参数见表 1－103。

图 1－128　Venesat－1 卫星

表 1 – 103　Venesat – 1 卫星性能参数

参数		指标
卫星平台		东方红 – 4
稳定方式		三轴稳定
尺寸		本体：2.36m×2.1m×3.6m，在轨展开：26m×9m×6.4m
发射质量/kg		5050
功率/kW		8，砷化镓太阳电池，氢镍蓄电池组
设计寿命/年		15
转发器	C 频段	14 路转发器，单路带宽为 36MHz； 上行频率 6.045～6.425GHz，下行频率 3.82～4.2GHz； 覆盖区域边缘 EIRP 为 38dBW
	Ku 频段	12 路转发器，单路带宽为 54MHz； 上行频率 14.08～14.5GHz，下行频率 11.28～11.7GHz； 2 个固定波束，各 6 路转发器，平均 EIRP 为 49.6dBW
	Ka 频段	2 路转发器，单路带宽为 120MHz； 上行频率 28.8～29.1GHz，下行频率 19～19.3GHz； 覆盖区域边缘 EIRP 为 47dBW
天线		4 副反射器天线，最大口径为 3m

西班牙

西班牙具备一定的卫星研制能力，但其通信卫星系统均为商业采购获得，并由商业公司运营。西班牙共拥有3个系列通信卫星，军、民、商共用是其主要特点。

20世纪80年代末，在电视广播和军事通信等需求的推动下，西班牙提出了自主的国内通信卫星系统计划，即"西班牙卫星"系列，由西班牙卫星公司运营。2001年，西班牙卫星公司与美国劳拉空间通信公司合资成立了XTAR公司，利用商业通信卫星为政府和军事用户提供卫星通信业务。2004年，西班牙卫星公司推出了新的"亚马逊"（Amazonas）系列商业通信卫星，覆盖区域扩展至整个美洲，同时引入了互联网和宽带通信等业务。

Xibanya Weixing
"西班牙卫星"
Hispasat

概　况

"西班牙卫星"（Hispasat）是西班牙卫星公司运营的多用途通信卫星，为西班牙政府、军队和商业公司提供电视广播和固定通信业务。Hispasat共包括5颗，覆盖欧洲、美洲和非洲等地区，其中前2颗卫星携带军事通信载荷。

Hispasat-1A和1B分别于1992年9月10日和1993年7月22日发射，目前均已退役。

Hispasat-1C、1D和1E分别于2000年2月3日、2002年9月18日和2010年12月29日发射，目前均在轨运行。

主要性能参数

Hispasat-1A和1B均由马特拉-马可尼航天公司研制，设计基本相同，主要提供电视广播和军事通信业务。Hispasat-1C和1D均由由法国宇航公司研制，设计基本相似。Hispasat-1E（见图1-129）由劳拉空间系统公司（SS/L）研制。Hispasat卫星性能参数见表1-104。

图1-129　Hispasat-1E卫星

表 1 – 104　Hispasat 卫星性能参数

卫星名称	Hispasat – 1A 和 1B	Hispasat – 1C 和 1D	Hispasat – 1E
卫星平台	Eurostar – 2000	Spacebus – 3000B2	LS – 1300
稳定方式	三轴稳定	三轴稳定	三轴稳定
尺寸	本体：1.8m×1.8m×2.1m；太阳翼翼展：21m	本体：1.8m×2.3m×2.85m（平台）；太阳翼翼展：29m	本体：5.4m×2.8m×2.2m；太阳翼翼展：26.7m
发射质量/kg	2200	3113（Hispasat – 1C），3288（Hispasat – 1D）	5300
功率/kW	3.5（寿命末期）	6（Hispasat – 1C），6.257（Hispasat – 1D）	14（寿命末期）
设计寿命/年	10	15	15
轨道位置	退役	西经30°	西经30°
转发器	12 路 Ku 频段，带宽有 27MHz、36MHz、72MHz 等多种配置；3 路 X 频段，带宽 20～40MHz，EIRP 为 42dBW	24 路 Ku 频段，带宽 36MHz，两个波束，最低 EIRP 为 41dBW（Hispasat – 1C）；28 路 Ku 频段，带宽有 36MHz 和 72MHz 两种配置，两个波束，最低 EIRP 为 41dBW（Hispasat – 1D）	53 路 Ku 频段，EIRP 为 36～50dBW
天线	3 副 Ku 频段反射器天线；1 副 X 频段反射器天线	3 副反射器天线	5 副反射器天线

X Xing Weixing

"X 星" 卫星
XTAR

概　况

"X 星"是 XTAR 公司运营的商业通信卫星，为美国、西班牙及其盟国的军方和政府提供军事、外交和保密通信业务。XTAR 公司由美国劳拉空间通信公司和西班牙卫星公司共同组建，共拥有 2 颗卫星，分别为"X 星 – 欧洲"（XTAR – EUR）和"X 星 – 大西洋"（XTAR – LANT）。XTAR – LANT 卫星又名"西班牙星"（Spainsat），星上 8 路 X 频段转发器由 XTAR 公司运营。

XTAR – EUR 和 XTAR – LANT 卫星均由劳拉空间系统公司（SS/L）研制，分别于 2005 年 2 月 12 日和 2006 年 3 月 11 日发射，定点东经 29°和东经 13°，目前均在轨运行。

主要性能参数

XTAR – EUR（见图 1 – 130）和 XTAR – LANT 均采用 LS – 1300 平台，设计基本相同，XTAR – LANT 卫星有 4 路 X 频段和 1 路 Ka 频段转发器，供西班牙国防部专用。XTAR 卫星性能参数见表 1 – 105。

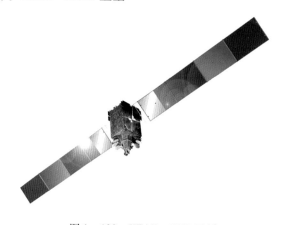

图 1 – 130　XTAR – EUR 卫星

表 1 - 105　XTAR 卫星性能参数

卫星名称		XTAR - EUR	XTAR - LANT
卫星平台		LS - 1300	LS - 1300
稳定方式		三轴稳定，控制精度 ±0.05°	三轴稳定，控制精度 ±0.05°
发射质量/kg		3631	3692
功率/kW		5.773（寿命初期）， 4.6（寿命末期）	5.773（寿命初期）， 4.6（寿命末期）
设计寿命/年		15	15
转发器	X 频段	12 路，带宽 72MHz； 　上行频率 7.9 ~ 8.4GHz，下行频率 2.25 ~ 7.75GHz； 　EIRP（区域边缘）：点波束 44dBW，全球波束 34dBW； 　G/T 值（区域边缘）：点波束 - 1.4 ~ - 0.6dB/K，全球波束 - 11dB/K	12 路，带宽 72MHz； 上行频率 7.9 ~ 8.4GHz，下行频率 2.25 ~ 7.75GHz； EIRP（区域边缘）：点波束 44dBW，全球波束 34dBW； 　G/T 值（区域边缘）：点波束 - 1.4 ~ - 0.6dB/K，全球波束 - 11.6dB/K
	Ka 频段	无	1 路，上行频率 30 ~ 31GHz，下行频率 20.2 ~ 21.2GHz
天线波束	全球波束	1 个上行右旋/下行左旋圆极化波束，1 个极性相反波束	1 个上行右旋/下行左旋圆极化波束，1 个极性相反波束
	固定波束	1 个，宽度 4.5°，指向西班牙	1 个，宽度 4°，指向美国东岸
	移动波束	4 个，宽度 4.5°，指向可控	3 个，宽度 4.5°，指向可控
	其他波束	无	4 个，西班牙国防部专用

希 腊

在 21世纪初，为积累卫星运营经验，并且为雅典奥运会提供卫星电视转播，希腊与塞浦路斯合资建立希腊卫星公司，通过商业采购发展通信卫星系统。2002年6月，希腊卫星公司租借了德国直播卫星-3（DFS-3）卫星，将其移至东经39°轨道位置，在国内首颗卫星发射之前提供商业服务，这颗卫星在希腊称为希腊卫星-1（Hellas Sat-1）。同年7月，希腊卫星公司与欧洲航空航天防务集团阿斯特里姆公司（EADS Astrium）签订合同，研制希腊首颗通信卫星希腊卫星-2（Hellas Sat-2）。

颗，其中第1颗为租借卫星，第2颗为采购。

Hellas Sat-1 原名直播卫星-3（DFS-3），于1992年10月12日发射，2002年希腊卫星公司从德国电信租借，目前已退役。Hellas Sat-2 于2003年5月13日发射，定点东经39°，目前在轨运行。

Xila Weixing
"希腊卫星"
Hellas Sat

概 况

"希腊卫星"（Hellas Sat）是希腊卫星公司运营的民商两用通信卫星，为希腊及周边国家提供音频、视频广播和固定通信业务。Hellas Sat 卫星共包括 2

主要性能参数

Hellas Sat-2 卫星（见图1-131）由欧洲航空航天防务集团阿斯特里姆公司（EADS Astrium）研制，采用欧洲星-2000 平台（Eurostar-2000）。其他性能参数见表1-106。

图1-131 Hellas Sat-2 卫星

表1-106 Hellas Sat-2 性能参数

参数	指标
卫星平台	Eurostar-2000
稳定方式	三轴稳定
尺寸	本体：4.9m×1.7m×2.5m；太阳翼翼展：32.3m
发射质量/kg	3250
功率/kW	7.5（寿命末期）
设计寿命/年	15
转发器	30路 Ku 频段，带宽36MHz： 下行频率10.95~12.75GHz，上行频率13.75~14.5GHz； 2个固定波束对应的转发器数量分别为12路和6路； 2个可控波束对应的转发器数量分别为6路和6路
天线	2副双馈源、偏馈反射器天线，2.5m 口径，产生2个固定覆盖波束，EIRP 为55dBW，G/T 值分别为8dB/K 和11dB/K； 2副格里高利赋形反射器可控天线，1.3m 口径，产生2个可控波束，EIRP 为53dBW，G/T 值为5dB/K

以色列

以色列国家虽小，却具有静止轨道通信卫星研制能力，从1992年开始发展"阿莫斯"（A-MOS）军民两用静止轨道通信卫星系统，为军方和政府部门提供固定卫星通信业务。卫星的主要研制单位为以色列航空航天工业公司（IAI），运营商为空间通信公司。近年来，空间通信公司的卫星通信业务逐渐向商业市场发展，需求不断增加。AMOS系列迄今共发射了4颗卫星，其中1颗由俄罗斯研制。此外，IAI公司正在研制另外2颗AMOS卫星。

Amosi Weixing

"阿莫斯"卫星
AMOS

概 况

"阿莫斯"（Afro - Mediterranean Orbital System，AMOS）卫星，全称为"非洲 - 地中海轨道系统"卫星，为以色列空间通信公司所有，是以色列军民两用静止轨道通信卫星系统。

目前，AMOS卫星已发射4颗，AMOS - 1 ~ 3均由以色列航空航天工业公司（IAI）研制，AMOS - 5由俄罗斯列舍特涅夫公司研制。AMOS - 1卫星于1996年5月16日发射，目前已经退役；AMOS - 2卫星于2003年12月27日发射；AMOS - 3卫星于2008年4月28日发射；AMOS - 5卫星于2011年12月11日发射。AMOS - 4和AMOS - 6卫星均已签署合同，由IAI公司研制，其中AMOS - 4发射质量提高到3500kg，共有9副抛物面天线，计划2013年发射；AMOS - 6发射质量提高到5000kg，计划2015年发射。

主要性能参数

AMOS - 1卫星发射质量998kg，干质量471kg，寿命末期功率1150W，其中有效载荷功耗800W，设计寿命11年。卫星装有9路Ku频段转发器，1副1.7m口径赋形抛物面天线，采用线极化，提供1个中欧波束和1个中东波束，主要提供卫星固定通信和卫星广播业务。

AMOS - 2卫星（见图1 - 132）呈长方体，尺寸2.4m×2.3m×2.5m，太阳电池翼翼展11m，轨道保持精度为南 - 北±0.1°，东 - 西±0.08°。卫星装有1副赋形抛物面天线，采用线极化，提供1个中东波束、1个中欧波束和1个北美波束，波束指向精度优于0.12°，主要提供卫星固定通信和卫星广播业务。

AMOS - 3卫星（见图1 - 133）呈长方体，尺寸2.4m×2.3m×2.7m，太阳电池翼翼展11m，轨道保持精度为南 - 北±0.05°，东 - 西±0.05°。卫星装有1副Ku频段赋形抛物面天线和3副Ka频段点波束天线，波束指向精度优于0.12°。

图1 - 132　AMOS - 2卫星

图1 - 133　AMOS - 3卫星

AMOS - 2和AMOS - 3卫星主要性能参数见表1 - 107。

表 1 –107　AMOS –2 和 AMOS –3 卫星主要性能参数

卫星名称		AMOS –2	AMOS –3
卫星平台		AMOS	AMOS
稳定方式		三轴稳定	三轴稳定
质量/kg		1360（发射质量），640（干质量）	1263（发射质量），837kg（干质量）
功率/kW		2.4（寿命初期），1.85（寿命末期）	2.8（寿命初期），2.45（寿命末期）
设计寿命/年		12	15
轨道位置		西经4°	西经4°
转发器	Ku 频段	11 路 72MHz 转发器； 　EIRP：57dBW（欧洲和中东波束），53dBW（北美波束）； 　G/T：14.5dB/K（欧洲波束），15dB/K（中东波束），9dB/K（北美波束）	12 路 72MHz 转发器； 　EIRP：59dBW（欧洲和中东波束），52dBW（北美波束）； 　G/T：15dB/K（欧洲和中东波束），11dB/K（北美波束）
	Ka 频段	无	1 路转发器，可用带宽 125MHz、250MHz 和 450MHz

AMOS – 5 卫星（见图 1 – 134）采用快讯 – 1000N（Express – 1000N）平台，为三轴稳定方式，发射质量 1500kg，有效载荷功率 5.9kW，设计寿命 17 年。卫星装有 18 路 C 频段转发器（其中 14 路为 72MHz 带宽，4 路为 36MHz 带宽）和 18 路 Ku 频段转发器（72MHz 带宽）。卫星定点东经 17°，主要为泛非洲地区提供固定通信业务。

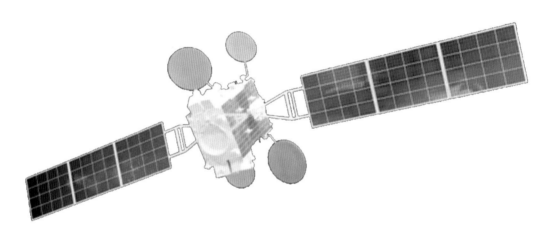

图 1 – 134　AMOS – 5 卫星

意大利

意大利具有通信卫星研制能力，是世界上少数几个发展军用通信卫星的国家之一。1979年，意大利政府批准了"国家空间研究与发展"计划，其中一项主要的计划就是设计、制造与发射试验型国内通信卫星，即"意大利卫星"。该卫星由意大利阿莱尼亚航天公司主承包，一些分系统及有效载荷由法国、德国、美国和日本等国提供。

21世纪初，意大利发展了"锡克拉"（SICRAL）系列军用通信卫星，并于2001年发射了首颗卫星。2005年，法国与意大利合作成立阿尔卡特－阿莱尼亚航天公司，2007年又重组为泰雷兹·阿莱尼亚航天公司（TAS）。第2颗SICRAL卫星便由泰雷兹·阿莱尼亚航天公司负责研制。

此外，意大利航天局（ASI）在欧洲航天局（ESA）的组织框架下，参与欧洲通信卫星技术的开发工作，如欧洲正在研制的"阿尔法卫星"（Alphasat）上搭载的一个有效载荷是由ASI研制的Q/V频段通信试验有效载荷。

Yidali Weixing
"意大利卫星"
Italsat

概　况

"意大利卫星"（Italsat）是意大利的试验和第一颗准实用国内通信卫星。Italsat是发展卫星通信技术方面具有重要意义的一项计划。它与美国的"先进通信技术卫星"（ACTS）一样，都采用了2项关键技术，即Ka频段转发器和基频转换技术。卫星在经过试验阶段后，转入商业运营。Italsat（见图1－135）包括Italsat－1和Italsat－2两颗卫星，由意大利阿莱尼亚航天公司研制。Italsat－1卫星发射于1991年1月15日，于2001年1月退役；Italsat－2卫星发射于1996年8月8日，于2002年7月退役。

主要性能参数

Italsat－1卫星采用GeoBus平台，发射质量1650kg，太阳电池翼翼展21m，提供功率1450W，设计寿命6年，采用双组元统一推进系统。卫星定点东经13°。

卫星为三轴稳定，姿态控制系统包括8个互为

图1－135　Italsat卫星

备份的推进器、2个旋转轴在俯仰－偏航面内（相对于俯仰轴成45°角）的动量轮和1个与俯仰轴排成

一线的反作用飞轮。姿态确定传感器装置包括 1 个自动陀螺仪组件和 1 组互为备份的红外和太阳敏感器。采用俯仰偏置动量轮，南北位置保持精度为 ±0.15°。

卫星装有多波束载荷、全国波束载荷及传播实验载荷。多波束载荷包括 6 路 Ka 频段转发器，每路转发器的带宽为 120MHz，数据传输率为 147.5Mbit/s。传播实验载荷主要是 2 台信标发射机，一台工作频率是 40GHz，另一台是 50GHz，接收范围为欧洲地区。为了获得三重相干频率，40GHz 信标机采用圆极化并调相在 500MHz 频率上。50GHz 信标机是线极化，并且具有极化转换功能。传播实验有效载荷总质量为 11kg，所需功率 43W，地影期不工作。

Italsat-2 卫星的主要性能参数与 Italsat-1 卫星基本相似，设计寿命提高到 8 年，携带 Ka、Ku 频段转发器和 ESA 的首个移动业务有效载荷。卫星太阳电池翼翼展 23.8m，提供 2700W 功率。由于推进和姿态控制系统多次发生故障，Italsat-2 卫星提前退役。

Xikela Weixing
"锡克拉" 卫星
SICRAL

概　况

"锡克拉"卫星（Sistema Italiana de Communica-zione Riservente Allarmi，SICRAL），意大利的军事通信卫星系列，全称为"意大利保密通信和告警系统"卫星。意大利于 1996 年开始发展独立于美国和北约的军用通信卫星系统，2001 年 2 月 7 日发射了首颗军事通信卫星——SICRAL-1 卫星，定点东经 16.2°。SICRAL-1B 卫星于 2009 年 4 月 20 日发射，定点东经 11.8°。未来意大利与法国将联合发展军事通信卫星，包括用于窄带军事移动通信的 SICRAL-2 卫星和用于宽带抗干扰通信的"雅典娜-法意军民两用卫星系统"卫星，计划 2013 年后发射。

主要性能参数

SICRAL-1 卫星由意大利阿莱尼亚航天公司研制，装有 UHF、SHF 和 EHF 频段有效载荷，其中 UHF 频段主要为机载、舰载和车载终端提供低数据率移动通信业务，SHF 频段主要为固定和移动中高数据率通信终端提供宽带通信业务，EHF 频段作为试验有效载荷，主要用于 UHF 频段广播的上行链路以及遥测与指令加密通信链路。卫星支持 EHF/SHF 频段 FDMA-PAMA 网络的数据率为 64kbit/s ~ 2Mbit/s，支持 EHF/SHF 频段 SCPC-DAMA 网络的数据率为 32 ~ 64kbit/s，支持 UHF 频段 TDMA-DAMA 网络的数据率为 2.4 ~ 16kbit/s。

SICRAL-1B 卫星（见图 1-136）由泰雷兹·阿莱尼亚航天公司（TAS）研制，同样装有 UHF、SHF 和 EHF 频段的载荷，质量、功率、设计寿命均有所提高，并具备抗核电磁脉冲加固能力。

SICRAL-1 与 SICRAL-1B 卫星主要性能参数见表 1-108。

图 1-136　SICRAL-1B 卫星

表 1－108 **SICRAL －1 与 SICRAL －1B 卫星主要性能参数**

卫星名称		SICRAL －1	SICRAL －1B
卫星平台		GeoBus	GeoBus
稳定方式		三轴稳定	三轴稳定
姿态敏感器		地球和太阳敏感器	地球和太阳敏感器
发射质量/kg		2500（有效载荷 450）	3060（有效载荷 538）
整星功率/W		3000（有效载荷 1500）	4200W（有效载荷 2270）
遥测与指令		S 和 EHF 频段	S 和 EHF 频段
天线指向误差/（°）		0.2	0.17
推进系统		液体双组元	液体双组元
设计寿命/年		10	13
抗核电磁脉冲加固		无	有
UHF 载荷	转发器	3 路 150kHz	3 路 150kHz
	频率	上行：300MHz； 下行：260MHz	上行：300MHz； 下行：260MHz
	天线波束	1 个全球波束、1 个半球波束、1 个区域波束	1 个全球波束、1 个半球波束、1 个区域波束
SHF 载荷	转发器	4 路 50MHz	5 路 50MHz
	频率	上行：7.9～8.4GHz； 下行：7.25～7.75GHz	上行：7.9～8.4GHz； 下行：7.25～7.75GHz
	天线波束	1 个欧洲地中海赋形波束； 1 个中东东非赋形波束； 2 个 3.2°移动点波束	1 个欧洲地中海赋形波束； 1 个中东东非赋形波束； 2 个 3.2°移动点波束
EHF 载荷	转发器	4 路 50MHz	1 路 50MHz
	频率	上行：43.5～45.5GHz； 下行：20.2～21.2GHz	上行：43.5～45.5GHz； 下行：20.2～21.2GHz
	天线波束	1 个全球波束； 1 个意大利赋形波束	1 个全球波束； 1 个意大利赋形波束

印 度

从 20 世纪 60 年代，印度采取了一系列措施发展卫星通信技术。例如在联合国开发计划的支持下，印度建立了试验性卫星通信地面站；利用美国的应用技术卫星 – 6（ATS – 6）等通信卫星对其地面站和综合设备进行了试验。

1978 年 1 月，印度空间研究组织（ISRO）开始研制印度首颗试验通信卫星，取名为"艾普尔"（APPLE），卫星发射于 1981 年 6 月 19 日，在轨运行 2 年，为印度发展国家通信卫星系统积累了经验。

印度先后发展了"印度卫星"（INSAT）和"地球静止卫星"（GSAT）两大静止轨道通信卫星系列，共发射卫星 24 颗，其中 INSAT 系列的前 4 颗向美国购买，后续卫星均由 ISRO 研制。在自行研制的 20 颗通信卫星中，有 15 颗发射成功，3 颗发射失败，2 颗发射部分失败。印度在 GSAT 系列中专门发展了一颗教育卫星，用于视听多媒体教学，构建数字交互式远程教育系统。印度研制了 I – 1k、I – 2k 和 I – 3k 系列通信卫星平台，目前正在研制 I – 4k 平台。

Yindu Weixing
"印度卫星"
INSAT

概 况

"印度卫星"（Indian Satellite, INSAT）是印度发展的以通信为主、气象为辅的多功能卫星系列，是印度国家卫星系统两大系列之一，由印度空间研究组织（ISRO）、印度电信部、印度气象局、印度广播公司等负责研发，并成立了协调委员会进行总体协调和管理。INSAT 系列卫星从 1983 年开始研制，已发展 INSAT – 1、INSAT – 2、INSAT – 3 和 INSAT – 4 共四代，其中第一代包括 INSAT – 1A ~ 1D 共 4 颗卫星，由美国福特航天与通信公司研制，后续卫星由 ISRO 自行研制；第二代包括 INSAT – 2A ~ 2E 共 5 颗卫星；第三代包括 INSAT – 3A ~ 3E 共 5 颗卫星（INSAT – 3D 为纯气象卫星，尚未发射）；第四代已成功发射 INSAT – 4A 和 4B 共 2 颗卫星（INSAT – 4C 发射失败，INSAT – 4CR 发射部分失败）。截至 2012 年 6 月 30 日，该系列卫星在轨运行的有 7 颗，未来几年印度还将发射多颗 INSAT – 4 系列卫星，但新卫星的名称逐渐与 GSAT 系列融合在一起，并以 GSAT 为主线进行发展。

主要性能参数

INSAT – 1A ~ 1D 于 1982 年 4 月 10 日至 1990 年 6 月 12 日期间发射，每颗卫星装有 12 路 C 频段和 2 路 S 频段转发器，设计寿命 7 年，发射质量 1152 ~ 1190kg。卫星为三轴稳定，太阳翼翼展为 19.5m，寿命初期功率为 1200W，天线指向精度为 ± 0.2°（滚动和俯仰）、± 0.4°（偏航）。该系列卫星在设计上考虑了国内通信、电视直播、气象观测和数据中继等多种功能。其中 INSAT – 1A 卫星发射失败。

INSAT – 2A 和 2B 卫星（见图 1 – 137）完全相同，分别于 1992 年 7 月 9 日和 1993 年 7 月 22 日由阿里安 – 4 火箭发射，可用于固定、广播、数据中继、海上搜救和气象业务。INSAT – 2C 和 2D 卫星分别于 1995 年 12 月 6 日和 1997 年 6 月 3 日由阿里安 – 4 火箭发射，可用于固定、广播和移动业务。INSAT – 2E 于 1999 年 4 月 2 日发射，主要用于固定、广播和气象业务。第二代 INSAT 卫星主要性能参数见表 1 – 109。

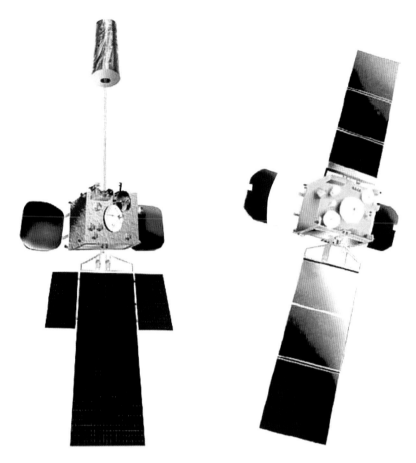

图 1 - 137　INSAT - 2A 和 2B（左），INSAT - 2C 和 2D（右）

表 1 - 109　第二代 INSAT 卫星主要性能参数

	卫星名称	INSAT - 2A 和 2B	INSAT - 2C 和 2D	INSAT - 2E
	卫星平台	INSAT - 2	INSAT - 2	INSAT - 2
	稳定方式	三轴稳定	三轴稳定	三轴稳定
	发射质量/kg	1906	2106（INSAT - 2C），2079（INSAT - 2D）	2550
	功率/W	1000	1320（INSAT - 2C），1650（INSAT - 2D）	2240
	设计寿命/年	7	7	7
	轨道位置	东经74°（INSAT - 2A） 东经93.5°（INSAT - 2B）	东经93.5°	东经83°
转发器	C 频段	12 路 C、6 路扩展 C 频段转发器	16 路 C、2 路高功率 C 频段转发器	12 路 C、5 路扩展 C 频段转发器，EIRP 值 36dBW
	Ku 频段	无	3 路转发器	无
	其他有效载荷	2 路 S 频段转发器，1 路数据中继转发器，1 台 406MHz 转发器（用于海上搜救）和 1 台辐射计	2 路 S 频段转发器	1 台辐射计和 1 台 CCD 相机

　　INSAT - 3B 是第三代卫星中发射的第一颗卫星，于 2000 年 3 月 21 日由阿里安 - 5 火箭发射，主要用于固定和移动业务。INSAT - 3A 于 2003 年 4 月 9 日由阿里安 - 5 火箭发射，可用于固定、广播、数据中继、海上搜救和气象等业务。INSAT - 3C 于 2002 年 1 月 23 日由阿里安 - 4 火箭发射，主要用于固定、广播和移动业务。INSAT - 3E（见图 1 - 138）于 2003 年 9 月 27 日由阿里安 - 5 火箭发射，专用于固

定通信业务。第三代 INSAT 卫星主要性能参数见表 1 – 110。

图 1 – 138　INSAT – 3E 卫星

INSAT – 4A 于 2005 年 12 月 21 日由阿里安 – 5 火箭发射，太阳翼翼展 15.16m，装有 2 副天线和 3 组 70A·h 氢镍蓄电池。INSAT – 4B（见图 1 – 139）类似于 INSAT – 4A，于 2007 年 3 月 11 日由阿里安 – 5 火箭发射，与 INSAT – 3A 共同定点东经 93.5°，主要用于印度直播入户电视业务。INSAT – 4C 于 2006 年 7 月 10 日由印度的"地球同步卫星运载火箭"（GSLV）发射时爆炸。INSAT – 4CR 是 INSAT – 4C 的备份星，于 2007 年 9 月 2 日由 GSLV 火箭发射，卫星进入比预定较低的轨道，后通过轨道提升，最终定点东经 74°，但卫星寿命减少 5 年。第四代 INSAT 卫星主要性能参数见表 1 – 111。

表 1 – 110　第三代 INSAT 卫星主要性能参数

卫星名称		INSAT – 3B	INSAT – 3A	INSAT – 3C	INSAT – 3E
卫星平台		INSAT – 3	INSAT – 3	INSAT – 3	INSAT – 3
稳定方式		三轴稳定	三轴稳定	三轴稳定	三轴稳定
发射质量/kg		2070	2950	2650	2775
功率/W		1712	3100	2765	
设计寿命/年		10	10	10	10
轨道位置		东经 83°	东经 93.5°	东经 74°	东经 55°
转发器	C 频段	12 路扩展 C 频段转发器	12 路 C、6 路扩展 C 频段转发器	24 路 C、6 路扩展 C 频段转发器	24 路 C、12 路扩展 C 频段转发器
	Ku 频段	3 路转发器	6 路转发器	无	无
	其他有效载荷	1 台移动业务有效载荷	1 路数据中继转发器，1 台 406MHz 转发器（用于海上搜救），1 台辐射计和 1 台 CCD 相机	2 路 S 频段转发器	无

图 1 – 139　INSAT – 4B 卫星

表1-111　第四代 INSAT 卫星主要性能参数

卫星名称		INSAT-4A	INSAT-4B	INSAT-4CR
卫星平台		I-3k	I-3k	I-2k
稳定方式		三轴稳定	三轴稳定	三轴稳定
发射质量/kg		3081	3025	2130
功率/W		5922	5859	3000
设计寿命/年		12	12	12
轨道位置		东经83°	东经93.5°	东经74°
转发器	C频段	12路转发器，采用63W的TWTA	12路转发器，采用63W的TWTA	无
	Ku频段	12路转发器，采用140W的TWTA	12路转发器，采用140W的TWTA	12路转发器，采用140W的TWTA

Diqiu Jingzhi Weixing

"地球静止卫星" GSAT

概　况

"地球静止卫星"（Geosynchronous Satellite, GSAT），印度自主发展的静止轨道通信卫星系列，是印度国家卫星系统两大系列之一，由印度空间研究组织（ISRO）研制，并计划采用印度自己的"地球同步卫星运载火箭"（GSLV）发射。截至2012年6月30日，GSAT 系列已发射7颗卫星，其中2颗发射失败，1颗卫星发射部分失败。此外，印度还将在未来几年发射 GSAT-6（也称 Insat-4E）、GSAT-7（也称 Insat-4F）、GSAT-9、GSAT-11（采用 I-4k 平台）和 GSAT-14 等卫星。

主要性能参数

GSAT-1 是一颗带有通信载荷的技术验证卫星，于2001年4月18日发射，采用 I-2k 平台，装有3路 C 频段和2路 S 频段转发器，发射质量1540kg。这也是 GSLV 火箭的第一次发射。卫星验证了推进、姿态控制和热控等分系统技术。2路 C 频段转发器采用10W 的 SSPA，1路 C 频段转发器采用50W 的 TWTA，S 频段转发器采用70W 的 TWTA。通信载荷主要验证数字音频、视频和因特网业务等。由于运载火箭上面级未将卫星送入预定高度，卫星姿态控制也出现了问题，最终进入周期为23h 的圆轨道，

只完成了部分技术试验。

GSAT-2 卫星于2003年5月8日发射，定点东经48°，发射质量1800kg，采用 I-2k 平台，太阳电池阵功率为1380W。卫星装有4路 C 频段和2路 Ku 频段转发器以及1个移动服务有效载荷，C 频段波束的 EIRP 为36dBW，Ku 频段为42dBW。此外，卫星还装有用于热辐射监测、表面充电监测、X 射线光谱测量和无线电信标等4台仪器设备。

GSAT-3 卫星（见图1-140）也称"教育卫星"（EduSat），于2004年9月20日发射，定点东经74°。卫星发射质量为1950kg，采用 I-2k 平台，设计寿命7年，太阳电池翼翼展10.9m，寿命末期功率为2040W。这是印度第一颗专用于教育的卫星，可用于音频-视频多媒体、数字交互式教学和多媒体会议。卫星装有6路 Ku 频段和6路扩展 C 频段转发器，其中1个 Ku 频段全国波束覆盖印度大陆地区，EIRP 值为50dBW；5个 Ku 频段点波束覆盖南部、西部、中部、北部和东北部地区，EIRP 值为55dBW；C 频段波束为全国波束，EIRP 值为37dBW。

图1-140　GSAT-3 卫星

GSAT-4 卫星采用 I-2k 平台，发射质量

2180kg，设计寿命大于 7 年，装有 8 路 Ka 频段再生式和弯管式转发器，主要用于 Ka 频段通信技术试验，同时试验电推进系统、平台管理单元、锂离子电池等新技术。卫星还装有导航和紫外线成像载荷。卫星于 2010 年 4 月发射，由于运载火箭故障而发射失败。

GSAT - 5P 卫星采用 I - 2k 平台，发射质量 2310kg，设计寿命为 14 年，装有 12 路 C 频段和 12 路扩展 C 频段转发器。卫星于 2010 年 12 月发射，由于运载火箭发生爆炸，卫星发射失败。

GSAT - 8 卫星（见图 1 - 141）也称 Insat - 4G，星体尺寸 2.0m × 1.77m × 3.1m，装有 3 组 100A·h 锂离子蓄电池，采用 440N 液体远地点发动机，三轴稳定姿态控制采用 8 个 10N 和 8 个 22N 推力器。除 Ku 频段转发器外，卫星还装有 2 个宽带载荷和 1 个导航载荷。GSAT - 8 卫星于 2011 年 5 月 20 日由阿里安 - 5 火箭发射。其主要性能参数见表 1 - 112。

表 1 - 112 GSAT - 8 卫星主要性能参数

参数	指标
卫星平台	I - 3k
稳定方式	三轴稳定
质量/kg	3093（发射），1426（干质量）
功率/W	6242
设计寿命/年	12
轨道位置	东经 55°
转发器	Ku 频段：24 路 36MHz 转发器，印度大陆波束 EIRP 值 52dBW，安达曼与尼古巴群岛波束 EIRP 值 51dBW
天线	2 副 2.2m 孔径成形波束天线；1 副螺旋天线用于导航信号传输

（PSLV）发射。其主要性能参数见表 1 - 113。

图 1 - 142 GSAT - 12 卫星

表 1 - 113 GSAT - 12 卫星主要性能参数

参数		指标
卫星平台		I - 1k
稳定方式		三轴稳定
质量/kg		1410（发射质量），559（干质量）
功率/W		1430
设计寿命/年		7
轨道位置		东经 83°
转发器	C 频段	12 路 36MHz 扩展 C 频段转发器，印度大陆波束 EIRP 值为 37dBW，岛屿为 33dBW
天线		1 副 0.7m 和 1 副 1.2m 孔径天线

图 1 - 141 GSAT - 8 卫星

GSAT - 12 卫星（见图 1 - 142）呈立方体，尺寸 1.485m × 1.480m × 1.446m，装有 1 组 64A·h 锂离子蓄电池，采用 440N 液体远地点发动机，三轴稳定姿态控制采用 10 个 10N 和 8 个 22N 推力器。该卫星于 2011 年 7 月 15 日由 "极轨卫星运载火箭"

印度尼西亚

印度尼西亚是较早拥有国内通信卫星的国家之一，由于国内不具备卫星研制和发射能力，所有通信卫星均为商业采购。自 1976 年起，印度尼西亚开始发展"帕拉帕"（Palapa）系列通信卫星。借助 Palapa 通信卫星系统，印度尼西亚积累了通信卫星运营和应用经验，建立了地面支持设施。后来，印度尼西亚在 Palapa 卫星的基础上，又发展了"电信"（Telkom）系列卫星。

20 世纪 90 年代中期，印度尼西亚逐步放松了对私人资本进入卫星通信运营领域的限制，国内出现了 2 家新的卫星运营商，分别发展了"印度尼西亚星"（Indostar）和"格鲁达"（Garuda）两个通信卫星系列，提供卫星直播到户业务和卫星移动通信业务，印度尼西亚的通信卫星开始全面发展。

Palapa Weixing
"帕拉帕"卫星
Palapa

概　况

"帕拉帕"（Palapa）卫星是印度尼西亚最早的通信卫星系统，提供固定通信和电视广播业务。Palapa 卫星共包括四代，以 A、B、C 和 D 进行编号。

第一代卫星包括 Palapa – A1 和 A2，分别于 1976 年 7 月 8 日和 1977 年 3 月 10 日发射，目前均已退役。

第二代卫星包括 Palapa – B1、B2、B2P、B2R 和 B4，分别于 1983 年 6 月 18 日、1984 年 2 月 4 日、1987 年 3 月 20 日、1990 年 4 月 13 日和 1992 年 5 月 14 日发射。其中 Palapa – B2 卫星发射失败，由航天飞机回收后重新发射，更名为 Palapa – B2R。目前，第二代卫星均已退役。

第三代卫星包括 Palapa – C1 和 C2，分别于 1996 年 2 月 1 日和 1996 年 5 月 16 日发射。其中，Palapa – C1 经过多次周转整星出售给巴基斯坦，成为巴基斯坦首颗通信卫星，目前已退役；Palapa – C2 卫星目前在轨运行。

第四代卫星包括 1 颗，即 Palapa – D1（见图 1 – 143），于 2009 年 8 月 31 日发射，用于替代寿命末期的 Palapa – C2 卫星，目前在轨运行。

主要性能参数

前三代卫星均由休斯空间与通信公司研制，同代卫星设计基本相同。其中，第一代卫星单星容量相当于 600 条双向话路或 1 路电视频道。第四代卫星由泰雷兹·阿莱尼亚航天公司（TAS）研制。Palapa 卫星性能参数见表 1 – 114。

图 1 – 143　Palapa – D1 卫星

表 1 – 114　**Palapa 卫星性能参数**

卫星	第一代卫星	第二代卫星	第三代卫星	第四代卫星
卫星平台	HS – 333	HS – 376	HS – 601	空间客车 – 4000B3（Spacebus – 4000B3）
稳定方式	自旋稳定	自旋稳定	三轴稳定	三轴稳定
尺寸	本体：3.41m × 1.9m	在轨展开：6.96m × 2.16m	本体：2.4m × 2.4m × 1.8m	本体：2.0m × 2.3m × 4.8m（平台尺寸）
质量/kg	279（入轨质量）	692（入轨质量）	2989（发射质量）	4100（发射质量）
功率/kW	0.3	1.06	3.73（寿命末期）	7.5（寿命初期）
设计寿命/年	7	8	12	15
轨道位置	退役	退役	退役（Palapa – C1），东经113°（Palapa – C2）	东经151°
转发器	12 路 C 频段；上行频率 5.927 ~ 6.403GHz，下行频率 3.702 ~ 4.178GHz；EIRP：32dBW；G/T：−7dB/K	24 路 C 频段，36MHz；上行频率 5.927 ~ 6.423GHz，下行频率 3.702 ~ 4.198GHz；EIRP：34dBW；G/T：−5dB/K	24 路标准 C，带宽 36MHz；6 路扩展 C，带宽 36MHz；4 路 Ku，带宽 72MHz；EIRP：37、37、50dBW，G/T：−2.5、−2.5、4dB/K	24 路标准 C；11 路扩展 C；5 路 Ku 频段：最低 EIRP 为 36dBW，最低 G/T 值为 4dB/K
天线	1 副 1.52m 口径反射器天线	1 副 1.83m 口径反射器天线	4 副反射器天线：2 副 2.16m 口径标准 C 频段；1 副 1.78m 口径扩展 C 频段；1 副 1.46m 口径 Ku 频段	反射器天线

"印度尼西亚星"卫星
Indostar

概 况

"印度尼西亚星"（Indostar）是印度尼西亚的直播卫星，提供音视频广播业务。整个计划包括4颗卫星，后因财务问题仅发射1颗，原计划被迫中止。

Indostar-1于1997年11月12日发射，用于数字电视广播，后出现在轨故障，星上容量降低，出售给国际通信卫星公司，更名为国际通信卫星-25（Intelsat-25），目前在轨运行。

Indostar-2非自主采购，仅指租用原恒星-2（Protostar-2）上的部分转发器，于2009年5月16日发射，目前在轨运行。

主要性能参数

Indostar-1（见图1-114）由CTA航天系统公司研制，是利用"星"（Star）平台研制的首颗卫星。Indostar-2由波音卫星系统公司（BSS）研制。Indostar卫星性能参数见表1-115。

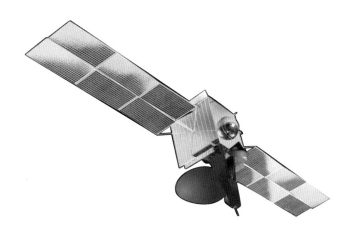

图1-144 Indostar-1卫星

表1-115 Indostar卫星性能参数

卫星名称	Indostar-1	Indostar-2
卫星平台	Star	BSS-601HP
稳定方式	三轴稳定	三轴稳定
尺寸	本体：1.68m×1.89m×1.52m	本体：4m×2.7m×3.6m，太阳翼翼展：26m
发射质量/kg	1350	3905
功率/kW	1.85（寿命末期）	9.9W（寿命初期）
设计寿命/年	10	15
轨道位置	东经107.5°	东经108°
转发器	5路S频，单路带宽24MHz； 上行频率8.12~8.27GHz，下行频率2.52~2.67GHz； EIRP：44.2dBW； G/T值：2.3dB/K	27路Ku频段； 13路S频段
天线	1副1.4m×2.3m口径反射器天线，用于接收，波束宽度2.7°； 1副1.4m×2.3m口径反射器天线，用于发送，波束宽度3.6°×8.3°	2副Ku频段收发共用，口径分别为2.718m和1.27m； 1副2.718m口径S频段天线，用于发送； 1副1.27m口径X频段天线，用于接收；

Dianxin Weixing

"电信" 卫星
Telkom

概 况

"电信"（Telkom）系列卫星是 PT 电信公司运营的商业通信卫星，提供电视广播和固定通信业务。Telkom 卫星共包括 2 颗，分别为 Telkom – 1 和 2。

Telkom – 1 和 2 卫星分别于 1998 年 8 月 12 日和 2005 年 11 月 16 日发射，定点东经 108° 和东经 118°，用于替代 Palapa – B2R 和 B4 卫星。这两颗卫星目前均在轨运行。

主要性能参数

Telkom – 1 卫星由洛克希德·马丁公司（LM）研制，采用双极化频率复用提升卫星容量。Telkom – 2 卫星（见图 1 – 145）由轨道科学公司（OSC）研制。Telkom 卫星性能参数见表 1 – 116。

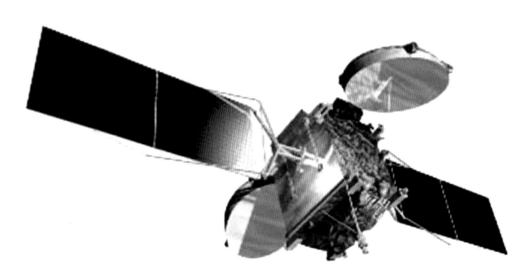

图 1 – 145　Telkom – 2 卫星

表 1 – 116　Telkom 卫星性能参数

卫星名称	Telkom – 1	Telkom – 2
卫星平台	A2100A	星 – 2（Star – 2）
稳定方式	三轴稳定	三轴稳定
尺寸	本体：2.3m×2.3m×2.4m（平台尺寸）	本体：2.4m×3.3m×1.9m，太阳翼翼展：12.6m
发射质量/kg	2763	1975
功率/kW	4	2.918（寿命末期）
设计寿命/年	15	15
轨道位置	东经 108°	东经 118°
转发器	24 路标准 C 频段，单路带宽 36MHz；12 路扩展 C 频段，单路带宽 36MHz	28 路 C 频段，采用 39W TWTA
天线	反射器天线	2 副 2m 口径反射器天线

"格鲁达"卫星
Garuda

概　况

"格鲁达"（Garuda）卫星是亚洲蜂窝卫星公司（ACeS）运营的商业移动通信卫星，为地面移动用户以及地面通信网络无法覆盖的固定用户提供话音、传真、数据和寻呼等移动通信业务，是世界首颗支持手持机移动通信的地球静止轨道通信卫星。

Garuda 卫星系统共包括 2 颗卫星，其中 Garuda－1 于 2000 年 2 月 12 日发射，目前在轨运行，覆盖范围西到印度和巴基斯坦，东到菲律宾、巴布亚新几内亚，南到印尼，北到中国和日本。由于资金问题，第 2 颗卫星未发射。

主要性能参数

Garuda－1 卫星（见图 1－146）由洛克希德·马丁公司（LM）研制，可容纳 200 万个用户，同时支持 11000 条话路。卫星利用 C 频段与信关站进行通信，利用 L 频段与用户终端进行通信；采用地基波束成形技术，形成收发各 140 个点波束，可实现 20 倍的频率复用。其性能参数见表 1－117。

图 1－146　Garuda－1 卫星

表 1－117　Garuda－1 卫星性能参数

参数	指标
卫星平台	A2100AX
稳定方式	三轴稳定
发射质量/kg	4500
功率/kW	14（寿命初期），9（寿命末期）
设计寿命/年	12
轨道位置	东经 123°
转发器	L 频段用于用户通信： 上行频率 1.6265～1.6605GHz，下行频率 1.525～1.559GHz； C 频段用于星地馈电链路： 上行频率 6.425～6.725GHz，下行链路频率 3.4～3.7GHz， 覆盖区域内最低 EIRP 为 73dBW，最低 G/T 值为 15dB/K
天线	2 副 12m 口径空间可展开网格天线，分别用于 L 频段接收和发送； 1 副 C 频段反射器天线

英　国

英　国很早就具备了通信卫星研制能力，是世界上少数几个拥有自己专用的军用卫星通信网的国家之一。

20 世纪 60 年代末期，英国开始发展第一代"天网"（Skynet）系列军用通信卫星。20 世纪 80 年代，英国先后为欧洲通信卫星组织、国际海事卫星组织研制了多颗民商用通信卫星。20 世纪 90 年代初期，英国和法国合作成立马特拉－马可尼航天公司，负责通信卫星研制，而英国不再独立研制通信卫星。2000 年，欧洲航空航天防务集团阿斯特里姆公司（EADS Astrium）成立后，英国的 Skynet 系列卫星便由 Astrium 公司负责研制。

近年来，在商用通信卫星方面，英国重视发展卫星宽带通信业务，阿万蒂通信公司发展了"高适应性卫星"（HYLAS）系列，另外三十亿人网络公司正在发展 O3b 星座。

Tianwang Weixing

"天网" 卫星
Skynet

概　况

"天网"（Skynet）卫星，英国的地球静止轨道军事通信卫星系列，为英国及北约陆海空三军提供战略和战术卫星通信业务。

Skynet 系列目前已经发展五代共 13 颗卫星，其中第一代 2 颗，第二代 2 颗，都位于印度洋上空，为驻扎在中东和远东的英国军队提供通信服务。1974 年英军从亚洲国家的驻地撤离后，决定取消第三代卫星计划。1980 年英国恢复了第四代 Skynet 系统的建设，共研制了 6 颗，后 3 颗卫星进一步提高了功率和抗干扰性能，从 1988 年 11 月开始发射，至 2001 年 2 月全部发射完毕。第五代计划研制 4 颗，目前已发射 3 颗。Skynet 系列卫星部署情况见表1－118。

主要性能参数

Skynet－1 卫星由美国福特航天与通信公司研制，自旋稳定，星体为圆柱体，直径 1.3m，高 0.81m，在轨展开后高 1.57m，入轨质量 129.2kg，功率 78W，设计寿命 3 年。卫星装有 2 个 3.5W 行波管放大器

表 1－118　**Skynet** 系列卫星部署情况

阶段	卫星名称	发射时间	运行情况
第一代	Skynet－1A	1969－11－21	退役
	Skynet－1B	1970－08－19	发射失败
第二代	Skynet－2A	1974－01－19	发射失败
	Skynet－2B	1974－11－23	退役
第四代	Skynet－4B	1988－12－11	退役
	Skynet－4A	1990－01－01	退役
	Skynet－4C	1990－08－30	东经 6.3°
	Skynet－4D	1998－01－10	退役
	Skynet－4E	1999－02－26	东经 35.4°
	Skynet－4F	2001－02－07	西经 34.1°
第五代	Skynet－5A	2007－03－11	东经 6.0°
	Skynet－5B	2007－11－14	东经 52.8°
	Skynet－5C	2008－06－12	西经 17.8°
	Skynet－5D	计划 2012 年底	未发射

（1 个备份）。Skynet－1A 定点东经 49°附近，运行了 1.5 年。Skynet－1B 在同步转移轨道时，远地点发动机出现故障，导致卫星发射失败。

Skynet－2 卫星是在美国的支持下由英国马可尼航天和国防系统公司研制的。卫星的设计与 Skynet－1 基本相同，尺寸和质量增大，直径 1.9m，高 1.3m，

在轨展开后高 2.0m，入轨质量 234.5kg，功率 200W，设计寿命 5 年。卫星装有 2 个 20W 行波管放大器（1个备份）。Skynet - 2A 发射失败，Skynet - 2B 定点东经 49°。

Skynet - 4 卫星（见图 1 - 147）由英国航天公司研制，分为 2 个阶段发展，第 1 阶段包括 Skynet - 4A ~ 4C 卫星，主要特征包括抗核电磁脉冲加固、星上信号处理、扩频及加密遥测和指令链路；第 2 阶段包括 Skynet - 4D ~ 4F，为改进型，增加了高功率放大器和可控点波束天线等设备。卫星星体尺寸为 1.5m × 1.8m × 1.8m，太阳电池翼翼展 16m。Skynet - 4 卫星主要性能参数见表 1 - 119。

图 1 - 147　Skynet - 4 卫星

表 1 - 119　Skynet - 4 卫星主要性能参数

参数		指标
卫星平台		ECS
稳定方式		三轴稳定
发射质量/kg		1430（Skynet - 4A ~ 4C），1490（Skynet - 4D ~ 4F）
功率/W		寿命初期 1600（Skynet - 4A ~ 4C），2000（Skynet - 4D ~ 4F）
设计寿命/年		7
轨道位置		西经 34°（Skynet - 4A），西经 1°（Skynet - 4B 和 4C），西经 34.5°（Skynet - 4D），东经 53°（Skynet - 4E），西经 35°（Skynet - 4F）
转发器	UHF	2 路 25kHz 带宽信道，星上处理；40W 固态放大器（4A ~ 4C），50W 固态放大器（Skynet - 4D ~ 4F）
	SHF	4 路带宽分别为 135MHz、85MHz、60MHz 和 60MHz 信道，星上处理；40W TWTA（Skynet - 4A ~ 4C），50W TWTA（Skynet - 4D ~ 4F）
	EHF	实验用上行链路接收器

Skynet - 5 卫星由欧洲航空航天防务集团阿斯特

里姆公司（EADS Astrium）研制，采用欧洲星 - 3000S（Eurostar - 3000S）平台，星体尺寸 3m × 4m × 4.5m，太阳电池翼翼展 34m。卫星发射质量 4700kg，整星功率 6000W，其中有效载荷功耗约 5000W。卫星进一步提升了抗核电磁脉冲加固能力。

Skynet - 5 卫星（见图 1 - 148）转发器全部采用 160W 的行波管放大器，点波束峰值 EIRP 达到 56dBW，全球波束峰值 EIRP 达到 41dBW。15 路 SHF 转发器带宽为 20 ~ 40MHz。SHF 频段接收天线采用有源相控阵多波束调零天线，大幅提高了抗干扰能力。SHF 发射天线中有多个机械指向可控的点波束天线，增强了系统的灵活性和信号强度。

图 1 - 148　Skynet - 5 卫星

Gaoshiyingxing Weixing

"高适应性卫星"
HYLAS

概　况

"高适应性卫星"（Highly Adaptable Satellite，HYLAS），英国阿万蒂通信公司发展的商用宽带卫星，主要用于为欧洲提供高速因特网连接和高清卫星电视业务。第1颗卫星HYLAS-1卫星由阿里安-5运载火箭于2010年11月26日从法属圭亚那库鲁航天发射中心发射,进入西经33.5°。第2颗卫星HYLAS-2由轨道科学公司(OSC)研制,采用星-2.4(Star-2.4)平台,主要为拉丁美洲、印度和非洲等地区提供高速数据和视频传输服务,计划2012年8月份发射。

主要性能参数

HYLAS-1卫星(见图1-149)由欧洲航空航天防务集团阿斯特里姆公司(EADS Astrium)研制,采用印度空间研究组织(ISRO)的I-2k平台,发射质量2300kg,卫星功率4kW,有效载荷功率大于2kW,设计寿命为15年,星体尺寸2.6m×2.5m×4.2m,太阳翼翼展9m。

卫星采用通用灵活有效载荷设计,波束之间的频率和功率可根据业务需求进行动态调整。卫星装有2路Ku频段和8路Ka频段转发器,提供1个Ku频段线极化波束和8个Ka频段圆极化点波束。其Ku频段波束覆盖整个欧洲,主要用于卫星电视广播业务,波束中心EIRP值为54dBW;Ka频段点波束覆盖欧洲的重点市场区域,主要用于宽带因特网连接,波束中心EIRP值为62dBW。

图1-149 HYLAS-1卫星

越 南

越南于1995年宣布国内通信卫星计划，通过商业采购发展国内通信卫星。2005年，越南经过长期轨道位置和频率协调获得东经132°轨道位置的使用权。同年订购2颗通信卫星，目前这两颗卫星均已发射。

Yuenan Weixing
"越南卫星"
VINASAT

概　况

"越南卫星"（VINASAT）是越南邮电集团（VNPT）运营的民用通信卫星，提供电视广播和固定通信业务。

VINASAT共包括2颗，均由洛克希德·马丁公司（LM）研制。VINASAT-1和2分别于2008年4月18日和2012年5月15日发射，目前均在轨运行。截至2012年5月，VINASAT-1卫星上Ku频段容量使用率为100%，C频段容量使用率超过80%。

主要性能参数

VINASAT-1卫星（见图1-150）的整星容量相当于10000条话路或120路电视频道，VINASAT-2卫星的整星容量相当于13000条话路或150路电视频道。VINASAT卫星性能参数见表1-120。

图1-150　VINASAT-1卫星

表1-120　VINASAT卫星性能参数

卫星名称		VINASAT-1	VINASAT-2
卫星平台		A2100A	A2100A
稳定方式		三轴稳定	三轴稳定
尺寸		本体：3.8m×1.9m×1.9m 太阳翼翼展：14.65m	本体：4.4m×1.9m×1.8m 太阳翼翼展：18.9m
发射质量/kg		2637	2969
功率/kW		4.618（寿命末期）	7.6（寿命末期）
设计寿命/年		15	15
转发器	C频段	8路主份，3路备份，带宽36MHz 上行链路6.425～6.725GHz，下行链路3.4～3.7GHz	无
	Ku频段	12路主份，4路备份，带宽36MHz 上行链路13.75～13.99GHz和14.255～14.495GHz 下行链路10.95～11.2GHz和11.45～11.7GHz	24路主份，6路备份，带宽36MHz

中 国

中国的通信卫星从 20 世纪 70 年代起步，先后取得了自行研制试验通信卫星、实用通信卫星、三轴稳定通信卫星平台、先进卫星通信广播地面设备、大容量通信广播卫星公用平台、通信卫星整星出口等成就。

中国的通信卫星研制单位是中国空间技术研究院（CAST），该机构研制了三代通信卫星平台，包括东方红－2、东方红－3、东方红－4。其中东方红－2 有 1 种改进型，称为东方红－2A；东方红－3 有 2 种改进型，称为东方红－3A 和东方红－3B；东方红－4 是目前主要使用的型号。

中国大陆先后组建过中国通信广播卫星公司、中国鑫诺卫星通信有限公司、中国东方卫星通信公司等企业，后合并为中国卫星通信集团有限公司；在中国香港组建了亚洲卫星控股有限公司、亚太卫星控股有限公司、亚洲广播卫星公司，目前均在运营。

中国卫星通信集团有限公司拥有"中星"系列卫星 8 颗，亚洲卫星控股有限公司拥有在轨卫星 4 颗，亚太卫星控股有限公司拥有在轨卫星 4 颗，亚洲广播卫星公司拥有在轨卫星 4 颗。

这些卫星为包括中国在内的整个亚洲、非洲大部分、欧洲一部分、印度洋地区和太平洋地区，提供通信、广播电视、电视直播和移动通信等业务。

Dongfanghong – 2 Weixing
东方红－2 卫星
DFH－2

概 况

东方红－2（DFH－2）卫星是中国自行研制的第一代地球静止轨道通信卫星，是试验和实用的通信广播卫星系列。东方红－2 卫星包括东方红－2 和东方红－2A 两个系列，分别为试验系列和实用系列，各发射 3 颗和 4 颗卫星。

东方红－2－1 卫星于 1984 年 1 月 29 日发射，因第三级火箭出现故障未进入预定轨道。

东方红－2－2 卫星于 1984 年 4 月 8 日发射，定点东经 125°。4 月 17 日起，北京、石家庄、乌鲁木齐、昆明和南京等地球站通过卫星成功地进行了电视、电话和广播节目等传输试验。4 月 25 日，卫星移交邮电部卫星通信管理中心试用。该卫星的成功发射标志着中国成为世界上第 5 个能够独立研制和发射静止轨道通信卫星的国家。

东方红－2－3 星于 1986 年 2 月 1 日发射。与上一颗卫星相比，该星提高了波束的等效全向辐射功率，使通信地球站接收的信号强度明显提高，电视图像传输质量大为改善。

东方红－2A 是东方红－2 卫星的改进型，是中国首批实用通信卫星。东方红－2A－1、2 和 3 卫星分别于 1988 年 3 月 7 日、1988 年 12 月 22 日和 1990 年 2 月 4 日发射，定点于东经 87.5°、东经 110.5° 和东经 98°。东方红－2A－4 星因运载火箭第三级故障未进入预定轨道。

主要性能参数

东方红－2 卫星由中国空间技术研究院（CAST）研制，采用覆球波束的定向喇叭天线，可传输 2 个频道的电视节目或 1000 路电话。东方红－2A 卫星（见图 1－151）可传输 4 个频道的电视节目或 3000 路电话。东方红－2 卫星性能参数见表 1－121。

图 1 – 151　东方红 – 2A 卫星

表 1 – 121　东方红 – 2 卫星性能参数

卫星名称	东方红 – 2	东方红 – 2A
尺寸	本体高 1.6m，直径 2.1m	本体高 1.6m，直径 2.1m
稳定方式	自旋稳定	自旋稳定
发射质量/kg	920	1040
功率/W	300	351
设计寿命/年	3	4
转发器	2 路 C 频段，上行频率 5.225 ~ 6.235GHz，下行频率 4.0 ~ 4.2GHz，TWTA 功率 8W	4 路 C 频段，上行频率 5.225 ~ 6.235GHz，下行频率 4.0 ~ 4.2GHz，TWTA 功率 10W
天线	1 副定向喇叭天线，覆球波束；东方红 – 2 – 3 卫星改为国内波束抛物面天线	2 副全向辐射天线和 1 副抛物面天线

Yazhou Weixing
"亚洲卫星"
AsiaSat

概　况

　　"亚洲卫星"（AsiaSat）是香港亚洲卫星控股有限公司运营的商业通信卫星，为欧洲、非洲和亚洲等地区提供固定通信、电视广播和直播到户等业务。AsiaSat 系列卫星共发射 7 颗，其中 AsiaSat – 3 卫星发射失败，目前有 4 颗卫星在轨运行。

　　AsiaSat – 1 卫星最初为西联星 – 6（Westar – 6），1984 年发射失败，利用航天飞机回收后改建，于 1990 年 4 月 7 日重新发射。AsiaSat – 2 卫星于 1995 年 11 月 28 日发射。目前这两颗卫星均已退役。AsiaSat – 3 卫星于 1997 年 12 月 24 日发射，因火箭故障未能进入预定轨道。AsiaSat – 3S、4（见图 1 – 152）、5 和 7 卫星于 1999—2011 年发射，目前均在轨运行。

图 1 – 152　AsiaSat – 4 卫星

主要性能参数

AsiaSat 卫星由多家制造商研制，包括休斯空间与通信公司、洛克希德·马丁公司（LM）和波音公司，卫星均为三轴稳定设计。AsiaSat 在轨卫星主要性能参数见表 1-122。

表 1-122　AsiaSat 在轨卫星主要性能参数

卫星名称		AsiaSat-3S	AsiaSat-4	AsiaSat-5	AsiaSat-7
卫星平台		HS-601HP	HS-601HP	LS-1300	LS-1300
轨道位置		东经 105.5°	东经 122°	东经 100.5°	东经 105.5°
发射质量/kg		3465	4137	3760	3760
功率/kW		9.9（寿命初期）	9.6（寿命初期）	11	10.5
设计寿命/年		15	15	15	15
转发器	C 频段	28 路 带宽 36MHz TWTA 功率 55W	28 路 带宽 36MHz TWTA 功率 55W	26 路 带宽为 36 和 72MHz TWTA 功率 65W	28 路 带宽 36MHz TWTA 功率 65W
	Ku 频段	18 路 带宽 54MHz TWTA 功率 140W	共计 20 路，16 路用于固定通信，4 路用于广播服务 带宽 54MHz 和 33MHz TWTA 功率 140W	14 路 带宽 54MHz TWTA 功率 150W	17 路 带宽 54MHz TWTA 功率 150W
天线		2 副 2.7m 口径反射器天线；1 副 1.27m 口径 Ku 频段反射器天线；1 副 1m 口径可控点波束天线	2 副 2.7m 口径反射器天线；2 副 1.27m 口径 Ku 频段反射器天线；		

Yataixing Weixing

"亚太星" 卫星
APStar

概　况

"亚太星"（APStar）是香港亚太卫星控股有限公司经营的通信广播卫星，为欧洲、非洲、亚洲和太平洋等地区提供固定通信、电视广播和直播到户业务。APStar 系列卫星共发射 7 颗，其中 APStar-2 卫星发射失败，目前有 4 颗卫星在轨运行。

APStar-1、1A、2R、5、6 和 7 卫星于 1994—2012 年发射，前 2 颗卫星已退役。其中，APStar-5 卫星原为亚太卫星控股有限公司采购，后因美国出口管制政策导致卫星转卖给加拿大运营商，名为电星-18（Telstar-18）。

主要性能参数

APStar-1 和 1A 卫星均由美国休斯空间与通信公司研制，二者设计基本相同。卫星采用 HS-376 自旋稳定卫星平台，星体为圆柱体，直径 2.2m，发射状态高 3.1m，在轨展开后高 7.5m。卫星干质量 557kg，功率 1.07kW，设计寿命 9 年。星上装载 24 路工作转发器和 6 路备份转发器，工作在 C 和扩展 C 频段，其中 4 路转发器为 72MHz 带宽，其余为 36MHz 带宽。星上行波管放大器功率为 15W，EIRP 为 35~36.4dBW。

APStar-2R 和 5 卫星由美国劳拉空间系统公司（SS/L）研制，采用 LS-1300 卫星平台。APStar-6 和 7 卫星（见图 1-153）由泰雷兹·阿莱尼亚航天公司（TAS）研制，分别采用空间客车-4000（Spacebus-4000）和 Spacebus-4000C2 平台。

图 1 – 153　APStar – 7 卫星

APStar 卫星性能参数见表 1 – 123。

表 1 – 123　APStar 卫星性能参数

卫星名称		APStar – 2R	APStar – 5	APStar – 6	APStar – 7
卫星平台		LS – 1300	LS – 1300	Spacebus – 4000	Spacebus – 4000C2
稳定方式		三轴稳定	三轴稳定	三轴稳定	三轴稳定
发射质量/kg		3700	4640	4680	5054
功率/kW		8.125（寿命初期）	10.6（寿命初期） 9.5（寿命末期）	8.846（寿命末期）	10.5（寿命初期） 8.4（寿命末期）
设计寿命/年		15	15	15	15
轨道位置		东经76.5°	东经138°	东经134°	东经76.5°
转发器	C 频段	28 路 带宽 36 和 30MHz TWTA 功率 60W	38 路 带宽 36 和 54MHz TWTA 功率 60W	38 路 TWTA 功率 64W	28 路 TWTA 功率 64W
	Ku 频段	16 路 带宽 36 和 54MHz TWTA 功率 110W	16 路 TWTA 功率 139W，形成 2 个波束，各分配 8 路转发器	12 路 TWTA 功率 145W	28 路 TWTA 功率 145W

Dongfanghong – 3 Weixing
东方红 – 3 卫星
DFH – 3

概 况

东方红 – 3（DFH – 3）卫星是中国自行研制的第二代地球静止轨道通信卫星，是实用通信广播卫星，由中国通信广播卫星公司运营（后并入中国卫星通信集团有限公司）。东方红 – 3 卫星共发射 2 颗，均由长征 – 3A 火箭在西昌卫星发射中心发射。

东方红 – 3 – 1 卫星于 1994 年 11 月 29 日发射，因推进剂泄漏，未能进入预定轨道。东方红 – 3 – 2 卫星于 1997 年 5 月 11 日发射，交付使用后更名为中星 – 6（Chinasat – 6）。

主要性能参数

东方红 – 3 卫星（见图 1 – 154）由中国空间技术研究院（CAST）研制，应用了公用卫星平台概念，采用舱段化、模块化设计，有效载荷承载能力达到 220kg。东方红 – 3 卫星的成功研制，实现了中国地球静止轨道通信卫星从自旋稳定型到三轴稳定型的跨越，标志着中国通信卫星技术跨上了一个新台阶，并形成了东方红 – 3 系列公用平台，广泛应用于通信卫星、导航卫星、月球探测器等多个型号，是中国应用最为广泛的卫星平台之一。东方红 – 3 卫星性能参数见表 1 – 124。

图 1 – 154　东方红 – 3 卫星

表 1 – 124　东方红 – 3 卫星性能参数

参数	指标
卫星平台	东方红 – 3
稳定方式	三轴稳定，天线指向精度 ±0.15°、±0.15°和 ±0.48°（俯仰、滚动和偏航）
尺寸	本体：1.7m×2.0m×2.2m，太阳翼翼展：18.1m
质量/kg	2330（平台）
功率/kW	2.049（寿命初期），1.7（寿命末期）
设计寿命/年	8
推进	双组元统一推进系统
轨道位置	东经 125°
转发器	24 路 C 频段：其中 6 路采用 16W TWTA，18 路采用 8W SSPA
天线	1 副 2m 口径赋形反射器天线

Zhongxing Weixing

"中星"卫星
Chinasat

概况

"中星"（Chinasat）卫星是中国卫星通信集团有限公司运营的通信卫星，提供固定通信和电视广播业务。"中星"系列通信卫星原由中国通信广播卫星公司经营，2009年中国卫星通信行业重组后，中国鑫诺卫星公司经营的"鑫诺"系列卫星和中国东方卫星通信公司经营的中卫-1卫星均并入"中星"系列。

除并购获得的卫星以外，已发射的"中星"系列通信卫星包括中星-6（又称东方红-3-2）、6B、7、9（见图1-155）和10（又称鑫诺卫星-5），分别于1997年5月11日、2007年7月5日、1996年8月18日、2008年6月9日和2011年6月20日发射。其中，中星-7发射失败，中星-6已经退役。

主要性能参数

"中星"系列卫星由多家制造商研制，包括中国空间技术研究院（CAST）和泰雷兹·阿莱尼亚航天公司（TAS），卫星均为三轴稳定设计。部分"中星"系列卫星性能参数见表1-125。

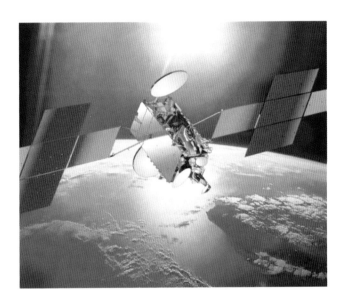

图1-155 中星-9卫星

表1-125 部分"中星"系列卫星性能参数

卫星名称	中星-6B	中星-9	中星-10
卫星平台	空间客车-4000C2（Spacebus-4000C2）	Spacebus-4000C2	东方红-4
发射质量/kg	4500	4500	5200
功率/kW	9.5（寿命末期）	11	10.5
设计寿命/年	15	15	13.5
轨道位置	东经115.5°	东经92.2°	东经110.5°
转发器	38路C频段，带宽36MHz；上行频率5.85~6.665GHz，下行频率3.4~4.2GHz；EIRP：36~42dBW；G/T：1.5dB/K；	22路Ku频段，其中4路带宽为54MHz，18路带宽为36MHz；上行频率17.3~17.8GHz，下行频率11.7~12.2GHz；EIRP：29~57.5dBW；G/T：0~5dB/K；	30路C频段；16路Ku频段

Zhongwei Weixing

"中卫" 卫星
Chinastar

概 况

　　"中卫"（Chinastar）卫星是中国卫星通信集团有限公司运营的通信广播卫星，提供固定通信和电视广播业务。"中卫"卫星共发射 1 颗，原隶属中国东方卫星通信公司，名为中卫 – 1，于 1998 年 5 月 30 日发射。2009 年东方卫星通信公司并入中国卫星通信集团公司，中卫 – 1 改名为中星 – 5A。

主要性能参数

　　中卫 – 1 卫星（见图 1 – 156）由洛克希德·马丁公司（LM）研制，采用 A2100A 卫星平台，定点东经 87.5°，提供公众通信网、VSAT 通信网、大型企业专网、广播电视服务、边远地区通信等业务。中卫 – 1 卫星主要性能参数见表 1 – 126。

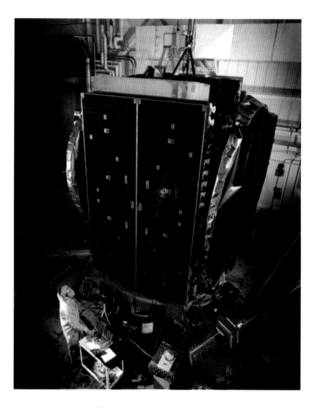

图 1 – 156　中卫 – 1 卫星

表 1 – 126　中卫 – 1 卫星主要性能参数

卫星名称		中卫 – 1
卫星平台		A2100A
稳定方式		三轴稳定
本体尺寸		1.8m×2.0m×2.8m
质量/kg		2984（发射质量），1418（干质量）
功率/kW		8.4（寿命初期），6.8（寿命末期）
设计寿命/年		15
转发器	C 频段	24 路 C 频段，带宽为 36MHz 和 72MHz，TWTA 功率 45W；上行频率 5.925 ~ 6.425GHz，下行频率 3.7 ~ 4.2GHz；波束中心 EIRP 为 41dBW，G/T 值为 1dB/K
	Ku 频段	24 路 Ku 频段，带宽为 36MHz 和 72MHz，TWTA 功率 85W 和 135W；上行频率 14.0 ~ 14.5GHz，下行频率 12.25 ~ 12.75GHz；波束中心 EIRP 为 52dBW 和 54dBW，G/T 值为 5dB/K
天线		1 副 C 频段天线，1 副 Ku 频段天线

编入"中星"系列。"鑫诺卫星"共发射了4颗卫星，分别为鑫诺卫星-1、2、3和6，其中鑫诺卫星-2在轨失效。

"鑫诺卫星"
Sinosat

概况

"鑫诺卫星"（Sinosat）是中国鑫诺卫星通信有限公司运营的通信卫星。2009年鑫诺卫星通信公司整体并入中国卫星通信集团有限公司，"鑫诺卫星"

主要性能参数

除鑫诺卫星-1由法国宇航公司研制以外，其余卫星均由中国空间技术研究院（CAST）研制。"鑫诺卫星"采用空间客车-3000A（Spacebus-3000A）、东方红-3和东方红-4共3种卫星平台，均为三轴稳定设计。鑫诺卫星-1和6性能参数见表1-127。

表1-127　鑫诺卫星-1和6性能参数

卫星名称		鑫诺卫星-1	鑫诺卫星-6
卫星平台		Spacebus-3000A	东方红-4
尺寸		太阳翼翼展：26.3m	本体：2.36m×2.1m×3.6m
发射质量/kg		2820	5200
功率/kW		5.3（寿命初期），3.913（寿命末期）	10.5
轨道位置		东经100.5°	东经125°
设计寿命/年		15	15
转发器	C频段	共24路，其中23路带宽36MHz，1路带宽54MHz	24路
	Ku频段	14路，带宽54MHz	8路
	S频段	无	1路
天线		星上共有3副天线，其中1.6m、1.8m直径的天线为Ku频段可控波束天线，1m直径天线为C频段固定波束天线	

公司。

"亚洲广播卫星"
ABS

概况

"亚洲广播卫星"（ABS）由香港亚洲广播卫星公司经营，为中亚、东北亚等地提供通信和电视广播业务。目前共有4颗卫星在轨运行，分别是ABS-1、1A、3、7，均是从其他运营商购买的在轨卫星。

ABS-1卫星（见图1-157）最初属于洛克希德·马丁全球卫星通信公司，原名LMI-1，于1999年9月27日发射，2006年9月出售给亚洲广播卫星

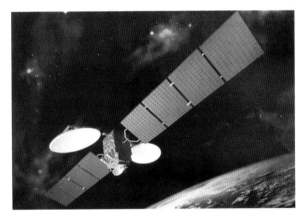

图1-157　ABS-1卫星

ABS-1A卫星最初属于韩国电信公司，原名Koreasat-2，于1996年1月14日发射，2009年7月出售给亚洲广播卫星公司。

ABS - 3 卫星最初属于马部海菲律宾卫星公司，原名阿吉拉 - 2（Agila - 2），于 1997 年 8 月 19 日发射，2009 年 7 月出售给亚洲广播卫星公司，更名为 ABS - 5。2011 年，卫星移至西经 3°，重新命名为 ABS - 3。

ABS - 7 卫星最初属于韩国电信公司，原名 Koreasat - 3，于 1999 年 9 月 4 日发射，2010 年 5 月出售给亚洲广播卫星公司。

主要性能参数

"亚洲广播卫星" 性能参数见表 1 - 128。

表 1 - 128   "亚洲广播卫星" 性能参数

卫星名称		ABS - 1	ABS - 1A	ABS - 3	ABS - 7
卫星平台		A2100AX	AS - 3000	LS - 1300	A2100AX
稳定方式		三轴稳定	三轴稳定	三轴稳定	三轴稳定
尺寸		本体：1.7m × 2.0m × 2.2m 太阳翼翼展：18.1m	本体：1.4m × 1.7m × 1.8m 太阳翼翼展：15m	本体：2.7m × 2.2m × 2.4m 太阳翼翼展：30m	太阳翼翼展：19.2m
发射质量/kg		1730（干质量）	1459	1545（入轨质量）	2790
功率/kW		7.56（寿命初期） 6.85（寿命末期）	1.98（寿命初期） 1.533（寿命末期）	10（寿命初期） 8.2（寿命末期）	4（寿命末期）
设计寿命/年		15	10	12	12
轨道位置		东经75°	东经75°	西经3°	西经116°
转发器	C 频段	28 路 带宽 36MHz TWTA 功率 45W	无	30 路，带宽 36MHz，TWTA 功率 27W	无
	Ku 频段	16 路，带宽 27MHz，TWTA 功率有 11W、90W、135W3 种	12 路，用于固定通信，带宽 36MHz，TWTA 功率 14W； 3 路，用于广播，带宽 27MHz，TWTA 功率 120W；	24 路，带宽 36MHz，TWTA 功率 110W 和 220W	30 路，带宽 27MHz 和 36MHz，TWTA 功率 150W 和 45W
	Ka 频段	无	无	无	3 路，带宽 200MHz，TWTA 功率 82W

Tianlian Weixing

"天链"卫星
Tianlian

概 况

"天链"卫星（Tianlian）是中国的跟踪与数据中继卫星，由中国航天科技集团公司所属中国空间技术研究院（CAST）为主研制。截至2012年6月30日，"天链"卫星有2颗在轨。

2颗"天链"卫星均由长征-3C火箭在西昌卫星发射中心发射。其中第1颗于2008年4月25日发射，定点东经77°；第2颗于2011年7月12日发射，定点东经177°。

主要性能参数

"天链"卫星采用东方红-3平台研制，主要为"神舟"飞船及空间实验室、空间站，以及中、低轨道资源卫星等航天器提供数据中继服务。

1颗"天链"中继卫星就能观测到大部分在近地轨道飞行的航天器。2颗"天链"和1座地球站组网，基本覆盖了整个中、低轨道，实现对中、低轨道航天器85%～100%的轨道覆盖。3颗"天链"卫星可实现全球覆盖。

2颗"天链"卫星先后支持了天宫-1与神舟-8、神舟-9的交会对接任务。任务过程中，"天链"卫星发挥高码速率、高动态和高轨道覆盖率等优势，提升了对飞船和天宫一号的测控覆盖率和数据传输能力，增强了空间交会对接任务实施的安全性和可靠性，为实施手控交会对接、开展空间科学实验等提供了稳妥高效的天基测控通信保障。

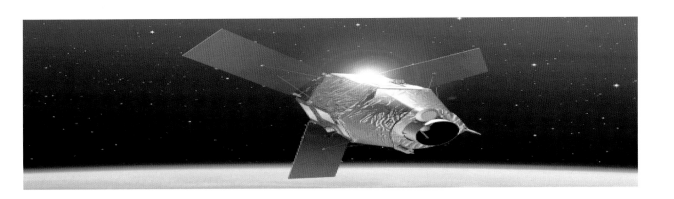

对地观测卫星

  对地观测卫星是在空间对地球及其大气层进行观测的人造地球卫星。这类卫星利用遥感器收集地球大气、陆地和海洋等目标辐射、反射或散射的电磁波信息，并加以记录，由信息传输设备发送回地面进行处理和加工，从而获取反映地球相关目标的信息。对地观测卫星按信息获取方式不同，分为返回式和传输式；按遥感器类型不同，分为光学型和雷达型；按用途不同，分为民用和军用遥感卫星，其中民用遥感卫星包括气象卫星、地球资源卫星、环境监测卫星和海洋观测卫星等，军用遥感卫星主要包括成像侦察卫星、导弹预警卫星、海洋监视卫星和军用气象卫星等。

  对地观测卫星通常由卫星平台、遥感器、信息处理设备和信息传输设备组成。根据不同的探测目的，对地观测卫星上装有可见光遥感器、红外遥感器、微波遥感器和多光谱遥感器等不同波长的遥感器。每类遥感器又包括：可见光遥感器有画幅式相机、电视摄像机和电荷耦合器件（CCD）相机等；红外遥感器有红外扫描仪、红外辐射计和红外相机等；微波遥感器有合成孔径雷达、微波辐射计和微波散射计等。

  对地观测卫星观测范围广、速度快、谱段多，能有效获得云层、大气温湿度、海面地形、有效波高、海面风速、海洋水色、海冰、海水盐度、地表地形、植被覆盖、矿产资源分布和土壤水分等多种信息。各国航天发展均将对地观测卫星作为重点，卫星的空间、时间和光谱分辨率不断提高，国际合作不断增强，并正在建立全球资源和环境监测网络，将为数字化地球和信息化社会提供更加精确的地球信息。

阿尔及利亚

首 颗阿尔及利亚-1（Alsat-1）卫星于2002年11月28日发射，该卫星为"灾害监测星座"（DMC）的一部分，目标是重大灾害的防范与管理。Alsat-1卫星的发射使发展航天技术成为阿尔及利亚的重要战略方针。随后，阿尔及利亚政府启动了Alsat-2高分辨率对地观测小卫星项目，旨在通过国际合作的方式拥有空间对地观测能力，促进可持续发展与环境保护，并推动遥感领域的应用。

Aerjiliya Weixing

"阿尔及利亚卫星"
Alsat

概　况

"阿尔及利亚卫星"（Algeria Satellite，Alsat）是阿尔及利亚空间技术中心（CNTS）的光学对地观测卫星，包括 Alsat-1 和 Alsat-2（2 颗）卫星。Alsat-1 卫星为"灾害监测星座"（DMC）的一部分，

Alsat-2 卫星用于获取高质量的图像，应用于制图、农业、林业、灾害监测和城市规划等多个领域。

Alsat-1 卫星于 2002 年 11 月 28 日发射，由阿尔及利亚和英国萨瑞卫星技术公司合作研制，可提供多光谱分辨率 32m、幅宽 600km 的图像。

2 颗 Alsat-2 卫星（见图 2-1）的主承包商为阿斯特里姆公司，Alsat-2A 卫星在阿斯特里姆法国公司总装并试验，于 2010 年 7 月 12 日成功发射；Alsat-2B 卫星计划在阿尔及利亚的小型卫星研发中心总装。截至 2012 年 6 月 30 日，Alsat-2B 卫星还在研制中。阿尔及利亚国家空间技术中心与阿尔及利亚航天局（ASAL）共同负责卫星的管理与运行。

图 2-1　Alsat-2 卫星

主要性能参数

Alsat-2卫星位于高度680km的太阳同步近圆轨道，轨道倾角98.1°。卫星采用"马里德"平台，质量120kg，寿命末期功率180W，设计寿命5年。

Alsat-2卫星结构呈长方体，尺寸为60cm×60cm×100cm。卫星为三轴姿态稳定，姿态测量部件包括3台太阳敏感器、1台星敏感器、1个磁强计和1台惯性基准单元；姿控执行机构包括4台反作用轮和1个磁力矩器。卫星上还安装了GPS接收机，用于星上定位和时间服务。卫星固态存容量为64Gbit。数据通过X频段下传，传输速率为60Mbit/s。

Alsat-2卫星主要有效载荷为1台高分辨率成像仪，全色分辨率为2.5m，多光谱分辨率为10m，含4个谱段（见表2-1）。

表 2-1　Alsat-2 卫星有效载荷基本参数

参数	指标
有效载荷类型	推扫式成像仪
光学系统	科尔斯型望远镜，采用三镜消像散设计，口径200mm
光谱谱段	全色：0.45~0.9μm 多光谱：0.45~0.52μm（蓝），0.53~0.60μm（绿），0.62~0.69μm（红），0.76~0.89μm（近红外）
地面分辨率/m	2.5（全色），10（多光谱）
探测器阵列	全色探测器阵列：像元数7000 多光谱探测器阵列：像元数1750
时间延迟积分（TDI）	提供全色谱段TDI业务，用于改进信号信噪比
幅宽/km	17.5（天底点）
视场/（°）	±30
数据量化/bit	10
有效载荷质量/kg	18

阿根廷

阿根廷政府重视对地观测卫星的发展，于1994年批准了国家空间计划，并将科学应用卫星（SAC）作为该计划的核心。阿根廷在对地观测领域广泛开展国际合作，与美国、丹麦、巴西、意大利和法国等合作研制并发射了SAC-C和SAC-D卫星。

Kexue Yingyong Weixing

"科学应用卫星"
SAC

概 况

"科学应用卫星"（Scientific Application Satellite，阿根廷称为Satélite de Aplicaciones Científicas，SAC）是阿根廷国家空间计划的核心计划，共包括4颗卫星，其中SAC-B为科学卫星，具有对地观测能力的卫星包括SAC-A、SAC-C和SAC-D。

SAC-A卫星是阿根廷国家空间活动委员会（CONAE）开发的技术试验卫星，于1998年12月4日由"奋进"航天飞机发射，卫星携带了1台CCD相机，用于获取数字图像。

SAC-C卫星（见图2-2）是阿根廷、美国、丹麦、巴西、意大利和法国等联合研制的对地观测卫星，目标是研究地球表面的结构和动力学、大气、电离层和地磁场。其中阿根廷国家空间活动委员会负责提供卫星平台和有效载荷，美国国家航空航天局（NASA）负责提供发射服务和2台有效载荷。2000年11月21日，SAC-C卫星由德尔它-2运载火箭发射，截至2012年6月30日，卫星仍在轨运行。

SAC-D卫星（见图2-3）是阿根廷国家空间活动委员会和NASA合作研制的地球观测卫星，用于观测全球海洋表面盐分、研究海洋环流。其中阿根廷国家空间活动委员会负责提供卫星平台，NASA负责提供"宝瓶座"有效载荷。2011年6月10日，SAC-D卫星由德尔它-2运载火箭发射，截至2012年6月30日，卫星仍在轨运行。

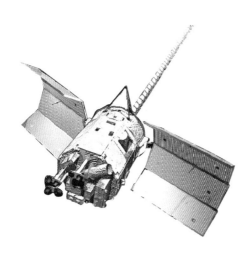

图2-2 SAC-C卫星

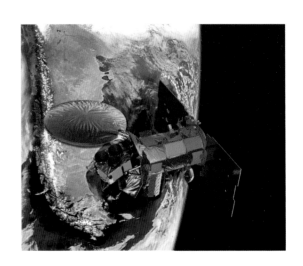

图2-3 SAC-D卫星

主要性能参数

（1） SAC - C 卫星

SAC - C 卫星运行在高度 705km 的太阳同步圆形极轨道，轨道倾角 98.2°，降交点地方时 10：21，轨道重复周期 16d。卫星质量 485kg，尺寸 1.85m × 1.68m × 2.4m，设计寿命 4 年。

SAC - C 卫星采用小卫星标准平台，三轴姿态稳定，指向控制精度 1.5°，控制稳定精度 0.1（°）/s。卫星安装了一对太阳翼，寿命末期功率 360W，另外还包括两组 12A·h 的镍氢电池，在星蚀期间可以提供 100W 的功率。测控链路采用 S 频段，实时传输速率 0.9435Mbit/s，延时传输速率 1.887Mbit/s。数据传输采用 X 频段，传输速率 3.774Mbit/s，星上存储容量 768Mbit。

SAC - C 卫星主要有效载荷为 "多光谱中分辨率扫描仪"、"高分辨率技术相机" 和 "地磁制图载荷"。

多光谱中分辨率扫描仪为 5 通道 CCD 推扫式成像仪，由阿根廷国家空间活动委员会提供，主承包商为阿根廷研究应用公司，用于监测农业生产以及气候异常对农业和林业的影响。该仪器质量 22kg，峰值功率 25W，数据量化 8bit，空间分辨率 150m，幅宽 360km。

"高分辨率技术相机" 为全色相机，可获取高分辨率图像。该仪器质量 8.5kg，功率 10.5W，光谱范围 0.4 ~ 0.9μm，空间分辨率 35m，扫描宽度 90km，数据量化 8bit。

"地磁制图载荷" 由丹麦空间研究所提供，用于绘制地球磁场。磁场测量分辨率为标量 1nT，矢量 2nT。

（2） SAC - D 卫星

SAC - D 卫星运行在高度 657km 的太阳同步圆轨道，轨道倾角 98°，升交点地方时 18：00，每 7 天能完成一次全球覆盖。卫星质量 1515kg，尺寸 2.74m × 4.85m，设计寿命 3 年。

SAC - D 卫星和 SAC - C 卫星一样采用小卫星标准平台，三轴稳定，姿态测量部件包括 2 个星跟踪器、2 个磁力计、8 个粗太阳敏感器和 2 个 GPS 接收器；姿控执行机构包括 4 个反作用轮和 3 个磁力矩器。姿态控制精度 0.04°，姿态敏感精度 0.002°。电源分系统由砷化镓电池和 50·Ah 的镍镉蓄电池组成，寿命末期功率 1.48kW。测控链路采用 S 频段，数据传输采用 X 频段，星上数据存储容量为 768Mbit，存储记录速率 64kbit/s，回放速率 5Mbit/s。

SAC - D 卫星主要有效载荷为 "宝瓶座" 微波辐射计与散射计，NASA 负责研制，由 L 频段推扫式微波辐射计和 S 频段散射计组成，微波辐射计用于测量海洋表面的微波辐射亮度温度，散射计用于测量海面粗糙度，对辐射亮度温度数据进行修正。"宝瓶座" 主要参数见表 2 - 2。

表 2 - 2 "宝瓶座" 主要参数

参数	指标
遥感器类型	辐射计：3 个，1.413GHz；散射计：1 个，1.26GHz
通道数目	3 个天线馈线通道，3 个偏振辐射计通道，1 个偏振散射计通道
散射计脉冲重复频率，脉宽，定标	100Hz，0.98ms，0.1dB
天线孔径（主反射器）/m	2.5（偏置抛物面反射器）
仪器质量/尺寸，功率	375kg/3m × 6m × 4m（天线展开）；375W（工作周期），50W（备份）
波束覆盖	76km × 94km，84km × 120km，96km × 156km（总幅宽约 390km）
雷达定标稳定性（7 天）/dB	0.13
指向要求（3σ）/（°）	0.1（精度）；0.5（控制与稳定性）

SAC - D 卫星还携带了 "Ka 频段微波辐射计"，阿根廷国家空间活动委员会负责提供，用来测量海面风、降雨、水汽以及海冰特征。该仪器质量 99kg，平均功率 96W，包括 2 通道（23.8GHz 和 37GHz），可进行垂直和水平极化，分辨率优于 50km，幅宽 390km。

阿联酋

阿   联酋重视发展本国的卫星对地观测能力。阿联酋先进科学与技术研究院（EIAST）于2009年7月发射了首颗对地观测卫星——迪拜卫星-1（DubaiSat-1），截至2012年6月30日，后续的 DubaiSat-2 和 DubaiSat-3 卫星还在研制中。

Dibai Weixing
"迪拜卫星"
DubaiSat

概　况

"迪拜卫星"（DubaiSat）是阿联酋先进科学与技术研究院（EIAST）的小型遥感卫星，主要应用于城市和基础设施规划、灾害监测等领域。

2006年5月，韩国卫星技术研究中心开创公司获得 DubaiSat-1 卫星（见图2-4）的研制合同，其中还包括为阿联酋培训10名工程师和科学家。DubaiSat-1 卫星于2009年7月27日由"第聂伯"运载火箭从拜科努尔航天发射中心发射，2010年1月开始正式提供服务。

主要性能参数

DubaiSat-1 卫星运行在高度686km的太阳同步近圆轨道，轨道倾角98.13°，周期约97.7min。卫星发射质量小于200kg，设计寿命5年。

DubaiSat-1 卫星呈六棱柱体，直径1.2m，高1.35m，采用 SI-200 平台。大部分组件单元安装在平台底部，反作用轮和陀螺仪安装在中部。电子光学分系统有效载荷的机械接口在平台中部。

卫星为三轴姿态稳定。姿态敏感设备由精太阳敏感器、粗太阳敏感器、磁强计、光纤陀螺仪和星敏感器组成；姿态执行机构由4台反作用轮和磁力矩器组成。指向敏感精度小于10°，控制稳定精度优于0.016（°）/s，可在沿轨和穿轨方向侧摆±45°。卫星电源分系统由3副太阳翼、3组镍镉电池和功率分配电子组件组成，寿命末期功率为330W，寿命末期电池容量为14.4A·h。

卫星指令与数据处理分系统包括2台星载计算机，用于控制卫星所有模块之间的通信流量。遥测、跟踪和指令数据传输采用S频段，下行传输速率为9.6或38.4kbit/s，上行传输速率为9.6kbit/s。数据下行链路采用X频段，传输速率为30Mbit/s。

DubaiSat-1 卫星的主要有效载荷是1台光学推扫式相机，由电子光学分系统和有效载荷管理分系统组成，含1个全色谱段和4个多光谱谱段（见表2-3）。

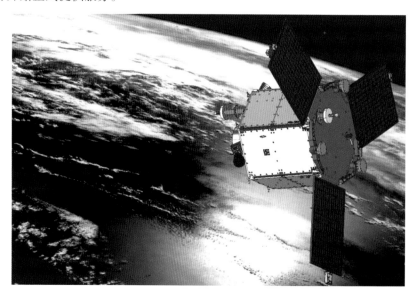

图 2-4　DubaiSat-1 卫星

表 2 - 3 DubaiSat - 1 卫星有效载荷主要参数

参数	指标
分辨率	全色 2.5m，多光谱 5m
光谱谱段	全色：0.42 ~ 0.89μm 多光谱：0.42 ~ 0.51μm（蓝），0.51 ~ 0.58μm（绿），0.6 ~ 0.72μm（红），0.76 ~ 0.89μm（近红外）
望远镜口径/cm	光学直径 30
瞬时视场/μrad	全色：3.68 多光谱：7.35
幅宽/km	20（天底点）
探测器类型	电荷耦合器件（CCD）
数据量化/bit	8
数据存储容量/Gbit	64
质量/kg	38.7
功率/W	52.3（峰值），14（备用）

德　国

德国是欧洲较早发展遥感卫星的国家。1994 年发射的"大气低温红外光谱计与望远镜"（CRISTA）卫星是德国的一颗技术试验卫星，用于测量地球大气的红外辐射。1995 年，德国发射了地球科学研究中心 – 1（GFZ – 1）卫星，用于测量地球重力场变化。2000 年 7 月发射的"挑战性小卫星有效载荷"（CHAMP）卫星主要用于地球科学和大气研究，是世界上首颗采用高低轨道、卫 – 卫跟踪技术的重力场测量卫星。

2006 年，德国开始发射"合成孔径雷达 – 放大镜"（SAR – Lupe）卫星星座，为德国军方提供全天时、全天候的空间侦察和监视能力。该星座在军事领域创造了多项"第一"，它是德国第一个军用侦察卫星系统，欧洲第一个军用雷达成像卫星系统。

德国在 X 频段合成孔径雷达（SAR）方面拥有较强的技术实力，曾参与航天飞机 C 频段/X 频段 SAR 和"航天飞机雷达地形任务"（SRTM）的研制。2007 年和 2010 年，德国分别发射了"X 频段陆地合成孔径雷达"（TerraSAR – X）卫星和"X 频段陆地雷达附加数字高程测量"（TanDEM – X）卫星，这两颗卫星共同构成干涉测量星座，是全球首个干涉测量卫星星座。

2008 年 8 月，德国发射了其首个"快眼"（RapidEye）商业遥感卫星星座，2009 年，该星座正式投入业务运行，向全球遥感客户销售图像产品。

Diqiu Kexue Yanjiu Zhongxin –1 Weixing
地球科学研究中心 –1 卫星
GFZ –1

概　况

地球科学研究中心 – 1（GeoForschungsZentrum – 1，GFZ – 1）卫星是德国开发的微型被动测地卫星，由凯塞 – 特雷德股份有限公司设计和建造。该卫星主要用于获取地球重力场信息，确定地球旋转参数与变化，测量地球重力场变化。国际测地学组织利用 GFZ – 1 卫星跟踪数据进行地球重力场分析。

GFZ – 1 卫星（见图 2 – 5）于 1995 年 4 月 9 日由进步 – M27 飞船带到"和平"空间站，1995 年 4 月 19 日，由"和平"空间站施放，进入预定轨道自主运行。寿命 4 年多。

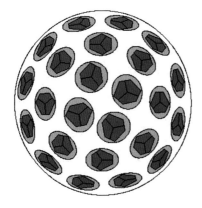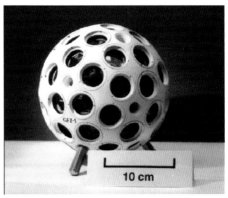

图 2 – 5　GFZ – 1 卫星

主要性能参数

GFZ 卫星采用近圆轨道,偏心率 < 0.01,初始轨道高度 383km/394km,寿命末期轨道高度 150km,倾角 51.6°,周期 92.3min,设计寿命大于 3 年。GFZ - 1 卫星是轨道最低的地球动力学卫星,具有高灵敏响应能力。

GFZ - 1 卫星呈球形,质量 20.63kg,直径 21.5cm。卫星采用黄铜材料,表面覆盖了 60 个激光反射器,除此之外,GFZ - 1 卫星上没有携带任何电子设备或传感器,也没有姿态控制系统。

GFZ - 1 卫星是无源测地卫星,其激光反射器阵列由 60 个棱镜角反射器组成,质心校正为 58mm ± 2mm。这些反射器的石英棱镜使用嵌入卫星主体结构中的专用固定器固定,外金属表面覆盖一层用于热控的白色涂料,使得 GFZ - 1 卫星在空间容易被观测到。

GFZ - 1 卫星通过地面站发射激光照射卫星表面的反射器阵列,测量激光往返时间,计算卫星和地面站之间的距离,测量精度为 1cm。通过这些测量结果可确定地球旋转特征参数与变化,并对地球重力场进行测量。

Tiaozhanxing Xiaoweixing Youxiaozaihe Weixing
"挑战性小卫星有效载荷" 卫星 CHAMP

概 况

"挑战性小卫星有效载荷"(Challenging Minisatellite Payload,CHAMP)卫星(见图 2 -6)是高低轨道、卫 - 卫跟踪重力场测量卫星,由德国地球科学研究中心(GFZ)和德国航空航天中心(DLR)合作研制。该卫星主要用于地球科学和大气研究,包括:1)高精度确定全球静态重力场中波和长波特性和重力场随时间的变化;2)估算地球及地壳磁场及其随时间、空间的变化;3)利用大气/电离层掩星探测进行导航、气象预报和全球气候变化研究。

2000 年 7 月 15 日,CHAMP 卫星由俄罗斯宇宙 -3M 运载火箭发射。2010 年 9 月 19 日,该卫星再入大气烧毁。

图 2 - 6　CHAMP 卫星

主要性能参数

CHAMP 卫星主体为正四棱体,长约 4.3m,高 0.75m,下底边宽约 1.6m,上底宽 0.4m,卫星从底部伸出一个长约 4m 的悬臂,指向卫星飞行方向。CHAMP 卫星性能指标见表 2 -4。

表 2 -4　CHAMP 卫星性能指标

参数	指标
卫星质量/kg	522,其中推进剂质量 30,有效载荷质量 32
几何尺寸	8333mm × 1621mm × 750mm
面积质量比/(m²/kg)	0.00138
姿态控制	三轴姿态稳定,地球指向
太阳电池功率/W	150
星上电池	镍氢电池,容量 16A·h
设计寿命/年	5
轨道	太阳同步轨道,高度 454km,倾角 87°,周期 94min
姿态控制精度	优于 2°
星上数据存储能力/Gbit	1
数据传输	下行频率 2.28GHz,数据率 1Mbit/s
遥测、跟踪与指令	上行:2.093GHz,4kbit/s 下行:2.28GHz,32kbit/s

CHAMP 卫星主要有效载荷包括"双频高精度 GPS 接收机"、"空间三轴加速度计"、"先进恒星罗盘"、"磁强计组合系统"、"数字离子偏流计和激光后向反射器"等。

"双频高精度 GPS 接收机"由 NASA 喷气推进实验室(JPL)研制,定位精度可达厘米级。它配备 4 副接收天线,1 副指向天顶方向,1 副指向天底方向,

2 副指向卫星尾部，具有跟踪、掩星和测高 3 种工作模式。

"空间三轴加速度计"由法国国家航空航天研究局（ONERA）研制，目标是测量卫星受到的所有非重力加速度（阻力、太阳和地球辐射压），高精度地确定地球重力场变化对卫星轨道的影响。

"先进恒星罗盘"由丹麦技术大学研制，为卫星和星上仪器提供姿态基准。CHAMP 卫星采用 2 部"先进恒星罗盘系统"，每部由 2 台相机和 1 个共用的数据处理单元组成，2 部先进恒星罗盘分别安装在悬臂和卫星本体上。安装在悬臂上的"先进恒星罗盘"提供磁场矢量测量所需的高姿态精度；安装在卫星本体上的"先进恒星罗盘"提供空间三轴加速度计和数字离子偏流计高姿态精度。

"磁强计组合系统"由 1 部"质子旋进磁强计"、2 部"磁通门矢量磁力仪"以及为"磁通门矢量磁力仪"提供姿态信息的星敏感器组成。"质子旋进磁强计"由法国研制，其动态测量范围 16000～64000nT，分辨率 0.1nT，绝对精度 0.5nT，取样速率 1Hz。

"数字离子偏流计"由美国空军研究实验室提供，用于测量卫星周转离子的速度矢量，以及离子密度与温度。利用电场、离子漂移速度和磁场的关系可获得当地的电场强度。"数字离子偏流计"质量 2.3kg，几何尺寸 150mm×128mm×112mm，功率 5W。

"激光后向反射器"由德国地球科学研究中心研制，用于地面对卫星的精确跟踪与测距。"激光后向反射器"由 4 个激光反射器组成，用于反射地面激光测距站发射的激光脉冲，地面激光脉冲持续时间 35～100ps，测距精度 2cm。

Zhongli he Qihou Shiyan Weixing
"重力和气候实验"卫星 GRACE

概　况

"重力和气候实验"（Gravity Recovery and Climate Experiment，GRACE）卫星（见图 2-6）是德国与美国合作开发的重力场测量卫星，属于 NASA "地球观测系统"（EOS）中的地球系统科学探路者（ESSP）计划的第二项任务，用于精确测量地球重力场的变化。

GRACE 卫星（见图 2-7）由美国德州大学航天研究中心、NASA 喷气推进实验室（NASA/JPL）、德国航空航天中心（DLR）和地球科学研究中心（GFZ）联合研制。其中阿斯特里姆公司负责提供卫星平台；德国负责卫星发射。

2002 年 3 月 17 日，GRACE 双星由"隆声"运载火箭发射。截至 2012 年 6 月 30 日，卫星已经在轨运行 10 年。

图 2-7　GRACE 卫星

主要性能参数

2 颗 GRACE 卫星结构设计完全相同，横截面呈梯形，长约 3122mm，高 720mm，下边宽约 1942mm，上边宽 693mm。卫星采用碳纤维增强塑料材料，设计寿命 5 年，轨道重复周期 30d，姿态控制精度优于 2°，星上数据存储能力 1Gbit。GRACE 卫星基本参数见表 2-5。

表 2-5　GRACE 卫星基本参数

参数	指标
卫星质量/kg	432（有效载荷 40，燃料 34）
卫星平台	柔性平台
姿态控制	三轴稳定，地球指向
功率/W	150～210，硅太阳能电池
蓄电池	10 组 16A·h 镍氢电池
轨道	圆形极轨道，高度 485km，倾角 89°，周期 94min，2 颗卫星同在一个轨道面上，GRACE-1 在 GRACE-2 之前，卫星间距离 170～270km
数据传输速率	实时传输 32kbit/s，延时传输 1Mbit/s
遥测、跟踪与指令	上行：2.093GHz，4kbit/s；下行：2.28GHz，32kbit/s
通信	上行	GRACE-1：2051.0MHz；GRACE-2：2073.5MHz
	下行	GRACE-1：2211.0MHz；GRACE-2：2260.8MHz

GRACE 卫星主要有效载荷包括："K/Ka 频段测距系统"、"超空间三轴加速度计"、"星相机组件"和"激光反射器"。

"K/Ka 频段测距系统"也称为高精度星间测距系统，由 NASA/JPL 研制，用于低－低轨道的超高精度卫星－卫星跟踪，是星上主要有效载荷，主要包括超稳定振荡器、微波采样器、喇叭型天线和数据处理单元。K 频段和 Ka 频段的频率分别约为 24GHz 和 32GHz。星间测距精度 10μm。

"超空间三轴加速度计"由法国国家航空航天研究局/法国国家空间研究中心（ONERA/CNES）研制，用于测量卫星上所受的非重力加速度。该仪器采用静电悬浮技术，利用 3 个电容敏感器作为测量元件，测量范围 $\pm 10^{-4} ms^{-2}$，分辨率优于 $\pm 3 \times 10^{-10} ms^{-2}$，频率范围 $10^{-1} \sim 10^{-4} Hz$。

"星相机组件"由 2 台星相机与 1 个共用数据处理单元组成，用于精确测量卫星姿态。其中星相机由丹麦技术大学研制，视场角均为 $18° \times 16°$，姿态测量精度优于 0.3mrad（目标为 0.1mrad）。

"激光反射器"由地球科学研究中心研制，包括 4 个激光反射器，地面激光脉冲持续时间 35 ～ 100ps，测距精度 1 ～ 2cm。

"合成孔径雷达－放大镜"卫星 SAR－Lupe

Hecheng Kongjing Leida － Fangdajing Weixing

概　况

"合成孔径雷达－放大镜"（SAR－Lupe）卫星是德国的军用雷达成像卫星座，由 5 颗卫星组成，用于为德国军方提供全天时、全天候的空间侦察和监视能力。

SAR－Lupe 卫星（见图 2－8）由德国不莱梅轨道高技术公司（OHB）负责建造，德国联邦国防技术和采购办公室（BWB）负责项目采办，阿尔卡特空间公司负责有效载荷的研制。

5 颗 SAR－Lupe 卫星分别于 2006 年 12 月 19 日、2007 年 7 月 2 日、2007 年 11 月 1 日、2008 年 3 月 27 日和 2008 年 7 月 22 日由宇宙－3M 火箭在俄罗斯普列谢茨克发射中心发射。

主要性能参数

5 颗 SAR－Lupe 卫星运行在高度 500km 的 3 个

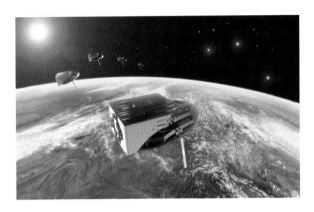

图 2－8　SAR－Lupe 卫星

近圆极轨道，第 1 和第 2 轨道面之间夹角 64°，第 2 和第 3 轨道面之间夹角 65.6°。第 1 和第 3 轨道面各部署 2 颗卫星，第 2 轨道面部署 1 颗卫星。卫星的相位角分别为：第 1 轨道面 0°和 69°，第 2 轨道面 34.5°，第 3 轨道面 0°和 69°。

SAR－Lupe 卫星尺寸约 4m × 3m × 2m，整星质量约 770kg，设计寿命 10 年。卫星采用三轴稳定姿态控制，姿态测量部件包括太阳敏感器和星敏感器，姿控执行机构包括反作用轮、磁力矩器和肼推力器，星上燃料可满足卫星工作 10 年的要求。天线和太阳翼均采用固定安装方式，以减少卫星姿态的扰动。SAR－Lupe 卫星的姿态敏捷度较高，可灵活改变卫星姿态，控制雷达指向，实现对多个目标成像或提高成像积分时间。

SAR－Lupe 卫星的太阳翼面积为 2.4m²，可提供 550W 的功率。蓄电池采用 2 组各为 66A·h 的锂离子电池。星上存储容量 128Gbit，数传、指令、遥测和遥控数据链路都进行了加密。数据传输使用 X 频段，与 SAR 共用天线，但两者不能同时使用。上行链路采用 S 频段，还具有 S 频段星间链路，用于传送指令和遥控数据。卫星控制数据既可以等待指定卫星过顶时上行发送，也可以直接发送给地面站可视范围内的卫星，再经由星间链路传递给目标卫星，大大缩短了系统响应时间。

SAR－Lupe 卫星有效载荷为 X 频段合成孔径雷达，中心频率 9.65GHz。天线为固定安装的抛物面天线，由萨博－爱立信公司研制，采用前端偏置馈源设计，尺寸 3.3m × 2.7m。卫星有两种成像模式：聚束模式和条带模式，能提供分辨率为 0.5m 的图像。

卫星的主要图像产品为 5.5km × 5.5km 单幅图像和 8km × 60km 条带图像。另外，还可利用多次过顶进行干涉测量，制作地面高程模型、目标立体图像、目标变化检测产品、提高辐射分辨率的产品等。

X Pinduan Ludi Hechengkongjing Leida Weixing
"X 频段陆地合成孔径雷达"卫星
TerraSAR – X

概　况

"陆地合成孔径雷达 – X"（TerraSAR – X）卫星是德国民用和商用高分辨率雷达成像卫星，广泛应用于农业和林业管理、地质调查、海事监测和制图，在军事侦察领域也具有非常高的应用潜力。

此外，德国还研制了一颗与 TerraSAR – X 几乎一样的"X 频段陆地雷达附加数字高程模型"（TanDEM – X）卫星。TanDEM – X 卫星在 TerraSAR – X 卫星基础上改进而成，有效载荷与 TerraSAR – X 卫星相同，增加了自主编队飞行控制能力，用作双星编队飞行的主卫星，并与 TerraSAR – X 卫星共同组成高分辨率干涉测量 X 频段 SAR 卫星星座，可获得满足高分辨率地形信息 – 3 模型要求的全球高精度数字高程模型。

TerraSAR – X/TanDEM – X 卫星的研制和应用均采取公私合营的方式。德国航空航天中心（DLR）负责卫星的运管以及科学应用，"信息地球"公司负责遥感数据的商业销售和市场开发。TerraSAR – X/TanDEM – X 卫星星座见图 2 – 9。

2007 年 6 月 15 日和 2010 年 6 月 21 日，TerraSAR – X 和 TanDEM – X 卫星分别由俄罗斯第聂伯 – 1 运载火箭从拜科努尔航天发射中心发射。

图 2 – 9　TerraSAR – X/TanDEM – X 卫星星座

主要性能参数

TerraSAR – X 卫星采用太阳同步圆轨道，轨道高度 514.8km，倾角 97.44°，升交点地方时为 18：00。轨道重复周期 11d，通过姿态机动，对地球上任意目标的重访时间为 4.5d。卫星质量 1230kg，有效载荷质量 400kg，设计寿命 5 年，目标 6.5 年，在轨寿命末期平均功率为 800W。

TerraSAR – X 卫星采用天体卫星 – 1000 平台，卫星外形呈六棱柱体，尺寸 5m（高）×2.4m（直径）。卫星承力结构采用碳纤维复合材料，在棱柱的 6 个面上分别安装 SAR 天线、太阳电池、辐射器等设备。SAR 天线尺寸 4.784m×0.704m，安装在其中的一个面上，指向偏离天底点 33.8°。在另一个对地面安装有 1 副 S 频段测控天线、1 副 X 频段数传天线以及 1 台用于精密定轨的激光反射器。X 频段数传天线安装在一个长 3.3m 的可展开桁架末端，以避免成像期间同步数传时与雷达之间相互干扰。在背地面上安装有"激光通信终端"和热辐射器。太阳翼面积约 5.25m²，带有 108A·h 的锂离子电池，提供峰值功率 1800W。TerraSAR - X 卫星 SAR 有效载荷技术指标如表 2 - 6 所示。

卫星带有"全球定位系统"（GPS）接收机和激光精密定轨反射器，轨道确定精度达到厘米级。卫星标准工作模式下，姿态测量由星跟踪器和全球定位系统接收机联合执行，安全模式下由地球敏感器和太阳敏感器提供，惯性基准单元、磁强计为所有任务阶段提供速率测量。卫星姿态执行机构采用一组大扭矩反作用轮，提供快速姿态机动能力。

TerraSAR - X 卫星带有一部"有源相控阵合成孔径雷达"，能进行高分辨率、多极化、多模式成像，其成像能力如表 2 - 7 所示。

表 2 - 6　TerraSAR - X 卫星 SAR 有效载荷技术指标

参数	指标
天线类型	有源相控阵
X 频段中心频率/GHz	9.65
天线孔径尺寸	4.784m × 0.704m
雷达质量/kg	394
峰值功率/W	2260
偏航姿态机动补偿	能
标称探测方向	星下点轨迹右侧
波束扫描范围/（°）	±0.75（方位向），±19.2（俯仰向）
入射角范围/（°）	15 ~ 60
系统噪声系数/dB	5.0
最大接收占空比/%	100、67、33
条带模式占空比/%	18（发射）
聚束模式占空比/%	20（发射）
脉冲重复频率范围/Hz	3000 ~ 6500
线性频率调制带宽范围/MHz	5 ~ 300
雷达数据压缩方式	分块自适应量化
可选分块自适应量化压缩比	8：4、8：3、8：2、旁路
信号量化/bit	8
固态存储器容量/Gbit	320（寿命初期），256（寿命末期）

表 2 - 7　TerraSAR - X 卫星成像能力

工作模式	高分辨率聚束模式	聚束模式	条带模式	扫描模式
分辨率（方位向×距离向）	1m × 1.2m	2m × 1.2m	3m × 3m	16m × 16m
标准覆盖（方位向×距离向）	5km × 10km	10km × 10km	50km × 30km	150km × 100km
入射角范围/（°）	20 ~ 55	20 ~ 55	20 ~ 45	20 ~ 45
噪声等效 σ0 　典型情况/dB 　最坏情况/dB	－23 －19	－23 －19	－22 －19	－21 －19
DTAR 模糊度比/dB	< －17	< －17	< －17	< －17
源数据率（8/4BAQ）/（Mbit/s）	340	340	580	580

　　TerraSAR - X 卫星还带有激光通信终端（LCT），用于验证星间和星地激光链路技术。

　　TanDEM - X 卫星与 TerraSAR - X 卫星性能基本相同，两者采用螺旋轨道星座，以紧密编队方式飞行。按不同纬度获得数字高程模型的要求，2 颗卫星之间的距离可在 200 ~ 3000m 之间调整，以得到有效的观测基线。此外，TanDEM - X 与 TerraSAR - X 卫星采用不同的轨道偏心率，使 2 颗卫星在垂直方向上实现在地球南、北方向上分离。

　　TanDEM - X 卫星加装了 S 频段接收机，工作在 TerraSAR - X 卫星的下行频段，用于实时接收 Terra-SAR - X 卫星广播的卫星状态与位置信息，建立"单向链路"。星间链路则采用 X 频段，以在 2 颗卫星间建立相位基准，实现相位同步。

　　TerraSAR - X/TanDEM - X 星座可提供全球陆地高精度数字高程模型要求的观测数据，即空间分辨率 10m × 10m，绝对垂直精度 10m（90%），相对垂直精度 2m，绝对水平精度优于 10m（90%），相对水平精度优于 3m（90%）。

Kuaiyan Weixing
"快眼" 卫星
RapidEye

　　"快眼"（RapidEye）卫星星座是德国"快眼"公司发展并经营的由 5 颗多光谱小卫星组成的商业遥感卫星系统（见图 2 - 10），提供商业遥感卫星服务，且具有较强的军事测绘制图应用潜力。

　　2002 年 9 月，"快眼"公司将 RapidEye 卫星的研制合同授予了加拿大麦克唐纳·德特威尔联合公司（MDA），合同内容包括空间段和地面段的研制，以及发射和入轨测试及定标。加拿大麦克唐纳·德特威尔联合公司将卫星平台和卫星控制中心的研制以及整星总装测试分包给了英国萨瑞卫星技术公司，有效载荷的研制授予了德国耶拿光电股份有限公司。

　　2008 年 8 月 29 日，5 颗 RapidEye 卫星由第聂伯-1 运载火箭以一箭五星的方式从拜科努尔航天发射中心发射，2009 年 2 月 2 日，卫星正式投入业务运行，向全球遥感客户销售图像产品。

图 2 - 10　RapidEye 卫星星座

主要性能参数

　　RapidEye 采用高度 630km（±10km）、倾角 97° 的太阳同步圆轨道，轨道周期 96.7min，降交点地方时 11：00。5 颗卫星运行在同一轨道面内，等间隔分布，卫星飞行间隔时间约 19min。结合侧摆机动能力，RapidEye 星座可对南北纬 70° 范围内的目标实现当天重访，在客户提出需求后的 24 小时内交付产品。RapidEye 卫星性能指标见表 2 - 8。

表 2 – 8　**RapidEye 卫星性能指标**

项目	指标
星座卫星数量/颗	5
卫星质量/kg	发射质量 156（其中有效载荷 43、燃料 12）
卫星尺寸	0.78m × 0.94m × 1.17m
卫星功率/W	64（寿命初期）
设计寿命/年	7
卫星平台	SSTL – 150 平台
姿态控制精度/（°）	0.2
姿态机动能力/（°）	±25 侧摆（沿轨和穿轨）
有效载荷	"快眼地球成像系统"
成像谱段	5 个，覆盖 0.4 ~ 0.850μm
天底点分辨率/m	≤6.5
幅宽/km	77
全球覆盖时间/d	<5（参考纬度 45°）
CCD 探测器	线阵 CCD，12000 像元
星上存储容量/Gbit	48
数据传输速率	X 频段，80Mbit/s

RapidEye 卫星有效载荷为"快眼地球成像系统"，是 1 台推扫式多光谱相机，质量 43kg，功率 93W。"快眼地球成像系统"采用三镜消像散设计，望远镜焦距 633mm，有效口径 147mm，采用全铝结构，反射镜表面涂有镍涂层。"快眼地球成像系统"具有 5 个谱段，天底点分辨率 6.5m，成像幅宽 77km（对应视场 ±6.75°），数据量化 12bit。

俄罗斯/苏联

俄罗斯/苏联的对地观测卫星发展早，发射数量多，起初以军用侦察类为主，后来在民用遥感领域也形成了气象类、资源类等多个系列的卫星系统；俄罗斯对地观测卫星系统基本形成了一个较为完整的体系，但各系列卫星的实际在轨运行数量并不多。

苏联从20世纪60年代开始发展成像侦察卫星，最早发展的是"天顶"系列胶片返回式照相侦察卫星。在此后的几十年中，苏联又发展了"琥珀"系列成像侦察卫星。"琥珀"系列卫星中既有胶片返回式的，又有光电传输型的；既有高分辨率详查的，又有中分辨率普查的。俄罗斯/苏联的大部分卫星对外冠以"宇宙"系列编号。从20世纪60年代末到90年代初，苏联每年发射的成像侦察卫星都在30颗左右，形成持续在轨侦察能力。2008年发射的"角色"卫星是俄罗斯最新一代详查卫星，分辨率达0.33m，但电子器件故障导致卫星在2009年失效。

到目前为止，俄罗斯在轨运行的民用对地观测卫星较少。为了增强航天实力，2006年俄罗斯政府批准了《2025年前俄罗斯航天遥感系统的发展纲要》，并制定了《2006—2015年俄罗斯联邦航天计划》。该纲要规划了多类新型民用对地观测卫星，包括光学遥感卫星、雷达遥感卫星、极轨气象卫星和静止轨道气象卫星、测绘卫星和由多颗小卫星组成的灾害监测星座。

2012年4月，俄罗斯制定了《2030年及未来俄罗斯航天发展战略（草案）》，该战略规划了对地观测领域的预期成果，包括2015年以恢复能力为目标，2020年以巩固能力为目标，2030年实现突破，建立数量和质量都能满足用户需求的卫星系统。

Tianding Weixing

"天顶"卫星
Zenit

概　况

"天顶"（Zenit）卫星（见图2-11）是苏联最早的返回式军事侦察卫星，包括4种主要型号，即Zenit-2、Zenit-4、Zenit-6和Zenit-8，共发射了684颗，成功660颗。

1957年在国防部的要求下苏联试验设计局开始对照相侦察卫星项目进行初步研究，1961年，该项目正式定名为Zenit。Zenit系列卫星发射时，以宇宙系列编号。Zenit系列卫星发射概况见表2-9。后期的Zenit-4系列卫星由试验设计局三部研制。

图2-11　Zenit卫星

表2-9　Zenit系列卫星发射概况

卫星名称	首次发射时间	末次发射时间	发射数量（含发射失败）
Zenit-2	1961-12-11	1970-05-12	81颗
Zenit-2M	1968-03-21	1979-08-17	101颗
Zenit-4	1963-11-16	1970-08-07	76颗
Zenit-4M	1968-10-31	1974-07-25	61颗
Zenit-4MK	1969-12-23	1977-06-22	79颗
Zenit-4MT	1971-12-27	1982-08-03	23颗
Zeit-4MKM	1977-07-12	1988-10-10	38颗
Zenit-4MKT	1975-09-25	1985-09-06	27颗
Zenit-6	1976-11-24	1984-06-19	96颗
Zenit-8	1984-06-11	1994-06-07	102颗

主要性能参数

（1）Zenit-2

Zenit-2卫星是在苏联"东方"飞船的基础上发展的。Zenit-2由2个舱组成，总长约5m（不包括天线），在轨质量4610~4740kg。当从提尤腊塔姆发射时，轨道倾角通常是52°~65°，当从普列谢茨克发射时，轨道倾角通常是72°~81°，卫星平均轨道高度200km。密封球形返回舱直径2.3m，质量约2400kg，舱内有相机、胶卷、回收信标机、降落伞和应急自毁炸药。密封服务舱内有电池、定向设备、环境控制系统、无线电系统和液体推进剂制动火箭。服务舱长度约为3m，直径2.43m，舱质量约2300kg。

Zenit-2卫星最常用的相机组合方式称为相机系统-2R（Ftor-2R），它由4个固定的相机组成：其中3个是1000mm焦距SA-20相机，其空间分辨率为10~15m；1个是200mm焦距SA-10相机，后一个相机用于拍摄低分辨率照片，为同时拍摄的高分辨率图像提供参照。每个相机装有1500幅胶卷，主相机的图像尺寸是300mm×300mm，小相机是180mm×180mm，成像带宽180km，每幅胶片覆盖3600km²。每次任务可以拍摄$1×10^7$km²的面积。成像模式有3种，一是单个照片拍照模式，二是沿地面轨迹拍照模式，三是使用微调推力器滚转拍照模式。

Zenit-2卫星还有一个特殊的照相电视系统，称为贝加尔，它是胶片读出装置，可以对照片图进行扫描，然后用无线电方法将扫描结果发送到控制中心。在1961—1963年期间有6颗早期的Zenit-2试验卫星安装了该系统。

Zenit-2M为Zenit-2的改进型，升级了成像系统，改用Ftor-2R3相机套件。

（2）Zenit-4

Zenit-4质量约5500kg，携带2台相机：1台详查相机和1台普查相机。详查相机焦距为3000mm，空间分辨率为1~2m。普查相机焦距为200mm。

Zenit-4M是Zenit-4的改进型，它升级了Ftor-4相机套件，改用Ftor-6套件。Zenit-4M首次采用可重新启动的发动机，因此可以在执行任务时变轨。此外，还有Zenit-4MK、Zenit-4MKT、Zenit-4MT等改进型号。其中Zenit-4MK的分辨率比Zenit-4M略高，Zenit-4MT携带SA-106测绘载荷和激光高度计。Zenit-4MKT携带多光谱Priroda-3相机。

（3）Zenit-6

Zenit-6卫星是一种通用型号，既可以用于对地观测任务也可用于高分辨率侦察任务。设计寿命14d，总质量6300kg。

（4）Zenit-8

Zenit-8卫星是胶片返回式军用测绘卫星，其平台是改造的"东方"载人飞船。它使用"联盟"运载火箭从拜科努尔航天发射中心和普列谢茨克航天发射中心发射，轨道寿命为15d。该系列卫星轨道高度为350~420km，轨道倾角70°。该星载荷为KFA-3000相机，空间分辨率为2~3m。该系列卫星的最后两颗，即宇宙-2260和宇宙2281还有另外一种命名方式，即资源卫星-T。

Liuxing Weixing

"流星"卫星
Meteor

概况

"流星"（Meteor）卫星是俄罗斯/苏联发展的极轨气象卫星系列，与俄罗斯/苏联发展的地球静止轨道气象卫星——"电子"（Elektro）系列卫星共同组成天基气象观测体系。截至2012年6月30日，Meteor系列卫星已经发展了4代，即Meteor-1、Meteor－2、Meteor－3 和 Meteor－3M、Meteor－M 卫星。最新一代 Meteor－M 卫星由俄罗斯航天局、俄罗斯水文组织、行星科学生产联合体共同投资。4 代 Meteor 卫星均由全俄罗斯机电科学研究所研制。4 代 Meteor 系列卫星发射情况见表 2－10。

最新一代 Meteor－M1（见图 2－12）卫星用于提供水文气象学和太阳地球物理学数据，包括：大

气温度和湿度，数值天气预报；云、陆地和海洋表面成像；臭氧和其他微量元素；海冰和雪覆盖等。

除为俄罗斯提供气象服务外，Meteor－M 卫星通过采用符合世界气象组织（WMO）标准要求的观测数据传输方式，满足全球卫星气象观测数据交换和共享的要求。

表 2－10　4 代 Meteor 系列卫星发射情况

卫星名称	首次发射时间	末次发射时间	发射数量
Meteor	1964－08－28	1969－02－01	11 颗（试验型）（其中 1 颗失败）
Meteor－1	1969－03－26	1981－07－10	31 颗
Meteor－2	1975－07－11	1993－08－31	21 颗
Meteor－3	1984－11－27	1994－01－25	7 颗（其中 1 颗失败）
Meteor－3M	2001－12－10	2001－12－10	1 颗
Meteor－M	2009－09－17		1 颗（截至 2012 年 6 月）共规划 5 颗

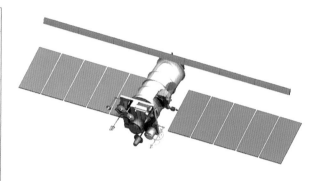

图 2－12　Meteor－M1 卫星

主要性能参数

前 3 代"流星"系列卫星总体参数见表 2－11。

表 2－11　前 3 代"流星"系列卫星总体参数表

卫星名称	轨道类型	轨道高度/km	轨道倾角/（°）	有效载荷
Meteor－1	非太阳同步极轨道	约 900	81～82	"电视相机系统"、"红外电视扫描仪"、"辐射平衡遥感器"
Meteor－2	非太阳同步极轨道	约 900	81～82	"电视型（帧技术）可见光和红外相机"、"10 通道扫描辐射计"、"近地空间辐射通量密度探测器"
Meteor－3	非太阳同步轨道	1230	82.5	"电视相机系统"、"红外辐射计"、"多通道光谱仪"、"辐射测量装置"、NASA 提供的"臭氧总量制图分光计"和法国/苏联/德国共同研制的"辐射平衡扫描仪"
Meteor－3M	近圆太阳同步极轨道	1012	99.6	"电视相机系统"、"多通道光谱仪"、"微波扫描辐射计"、"多通道高分辨率成像仪"、"气溶胶探测器"

Meteor－M 卫星是俄罗斯发展的第四代极轨气象卫星，也是俄罗斯的现役极轨气象卫星。首颗 Meteor－M1 卫星运行在近圆太阳同步极轨道，轨道高度 830km，轨道倾角 98.07°，质量 2700kg，有效载荷质量 1200kg，设计寿命 5 年。卫星采用三轴稳定方式，指向控制精度 0.1°，姿态稳定度 0.0005（°）/s。卫星采用 GPS/GLONASS 兼容接收机，提供轨道确定与授时服务。太阳翼翼展 14m，面积 23m²，功率 2kW。

Meteor－M 卫星数据通信采用国际气象组织的低速率信息传输和高速率信息传输标准，满足国际数据交换的要求。

Meteor－M 卫星主要有效载荷包括："低分辨率多光谱扫描仪"、"星载 X 频段合成孔径雷达"、"红

外傅里叶光谱仪 - 2"、"多光谱成像扫描仪"、"微波成像仪/探测辐射计" 和 "数据采集系统" 等。

Meteor - M 有效载荷参数见表 2 - 12。

表 2 - 12　Meteor - M 有效载荷参数

载荷名称	应用	谱段	幅宽/km	分辨率/km
低分辨率多光谱扫描仪	绘制全球和区域云覆盖图，测量地表和海表温度	0.5 ~ 12.5μm（6 通道）	3000	1
多光谱成像扫描仪	地球表面监测	0.4 ~ 0.9μm（3 通道）	100	0.06/0.1
微波成像仪/探测辐射计	大气温度和湿度垂直分布图，海表面风	10 ~ 183GHz（29 通道）	1500	16 ~ 198（水平）1.5 ~ 7（垂直）
红外傅里叶光谱仪	大气温度和湿度垂直分布图	5 ~ 15μm	2000	35
星载 X 频段合成孔径雷达	冰监测	9500 ~ 9700MHz	450	0.4 ~ 1

"低分辨率多光谱扫描仪"由俄罗斯空间设备工程科学研究所研制，用于全球和区域云覆盖绘图、海表温度和地面温度测量。"低分辨率多光谱扫描仪"工作在可见光与红外谱段。

"多光谱成像扫描仪"由俄罗斯空间研究所研制，用于地球表面监测。"低分辨率多光谱扫描仪"由 3 台推扫式相机组成，分别为 2 台焦距 100mm 的相机和 1 台焦距 50mm 的相机，工作在可见光和近红外谱段。2 台焦距 100mm 的相机在穿轨方向倾斜安装，与星下点间的夹角为 ±14°。

"微波成像仪探测辐射计"继承自 Meteor - 3M 卫星，是被动型 29 通道微波辐射计，用途是监测海表与陆表，以及全球大气参数，比如温度和水汽垂直分布，获取海表风垂直分布。

Leidaxing Haiyang Jianshi Weixing
"雷达型海洋监视卫星" RORSAT

概　况

"雷达型海洋监视卫星"（Radar Ocean Reconnaissance Satellite，RORSAT，代号 US - A）是苏联发展的海洋监视卫星，它与"电子型海洋监视卫星"（EORSAT，代号 US - P）构成苏联海洋监视卫星系统，两种卫星组网工作。

苏联从 1965 年至 1969 年发射了 5 颗试验型 RORSAT 卫星，其中第 5 颗卫星发射失败；从 1967 年 12 月 27 日开始发射实用型 RORSAT 卫星。1975 年 10 月 RORSAT 卫星系统正式投入使用。1967 - 1989 年，共进行了 32 次发射，其中 1 次发射失败。

最开始 RORSAT 卫星（见图 2 - 13）采用化学电池，从 20 世纪 70 年代初开始使用星载核反应堆，虽然有一系列防护措施，RORSAT 卫星仍发生过多次核污染事故。

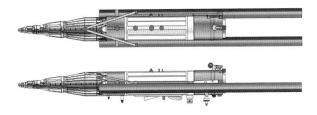

图 2 - 13　RORSAT 卫星

主要性能参数

RORSAT 卫星采用平均轨道高度约 250km、倾角 65°的低地球轨道。卫星质量 3800kg，核反应堆和用于携带核反应堆进入废弃轨道的推进器总质量 1250kg。核反应堆燃料为高浓缩铀 - 235，质量约 30kg。

RORSAT 卫星装有 1 部星载雷达，采用双馈源抛物面天线。雷达频率为 8.2GHz，脉冲宽度 1.5ms，脉冲重复频率 162.76Hz，波束转换速率为 8138Hz，天线增益 44.8dB，发射功率 200kW，地面分辨率 35m，沿轨方向覆盖区域约为 450km。

Chunüdi Weixing

"处女地"卫星
Tselina

概况

　　"处女地"（Tselina）卫星是俄罗斯/苏联的低地球轨道电子侦察卫星，用于侦收电子设施电磁辐射信号，获取情报信息。

　　从20世纪60年代初期开始，俄罗斯/苏联一直发展低地球轨道电子侦察卫星。第一代电子侦察卫星由两个型号组成，一个是设计比较简单的 Tselina – O 卫星及其改进型 Tselina – OK 卫星，另一个是 Tselina – D 卫星及其改进型 Tselina – R 卫星。第二代电子侦察卫星为 Tselina – 2 卫星，是第一代卫星的换代系统。第三代电子侦察卫星称为莲花 – S（Lotos – S）卫星（见图2 – 14），与俄罗斯新一代电子型海洋监视卫星介子 – NKS（Pion – NKS）卫星共

同组成俄罗斯新一代的"蔓藤"电子侦察综合卫星系统。

　　南方设计局为 Tselina 系列卫星的主承包商，负责提供卫星平台。进步中央特别设计局为 Lotos 卫星

图2 – 14　Lotos – S 卫星

的主承包商，负责提供卫星平台。截至2012年6月30日，仅有1颗 Tselina – 2 和1颗 Lotos – S 卫星在轨运行。Tselina 系列电子侦察卫星发射情况见表2 – 13。

表2 – 13　Tselina 系列电子侦察卫星发射情况

卫星名称	首次发射	末次发射	总数量/颗	运行状态	备注
Tselina – O	1967 – 10 – 30	1982 – 03 – 31	41	退役	2次发射失败，3颗为 Tselina – OK 改进型卫星
Tselina – D	1970 – 12 – 18	1994 – 05 – 25	73	退役	2次发射失败
Tselina – 2	1984 – 09 – 28	2007 – 06 – 29	23	仅1颗卫星在轨运行	4颗发射失败
Lotos – S	2009 – 11 – 20	——	1	仅1颗卫星在轨运行	——

主要性能参数

　　Tselina 系列卫星主体呈圆柱体，其下部安装了两个天线阵，一个是穿轨天线阵，一个是沿轨天线阵，共同组成交叉基线干涉仪。星体两侧对称安装了两副太阳翼。Tselina – 2 卫星采用三轴稳定控制方式，寿命初期功率350W，寿命末期功率约为315W。Tselina 系列电子侦察卫星参数见表2 – 14。

表2 – 14　Tselina 系列电子侦察卫星参数

卫星名称	卫星质量/kg	载荷质量/kg	轨道高度/km	轨道倾角/（°）	寿命/月
Tselina – O	434	190	525/525	74	6
Tselina – D	约2000	630	544/566	82	6
Tselina – R	约2000	350	544/566	82	6
Tselina – 2	3200	1120	850/850	71	12
Lotos – S	5000		900	67.2	

Yanjing Weixing

"眼睛" 卫星
Oko

概　况

"眼睛"（Oko）卫星是俄罗斯/苏联的大椭圆轨道导弹预警卫星，代号为 US－K，用于为苏联提供弹道导弹的早期预警信息。

苏联于 1967 年启动了 Oko 卫星项目，目的是研制能够与美国"国防支援计划"（DSP）卫星相抗衡的天基导弹预警卫星系统。彗星中央科学研究所是 Oko 卫星系统的主承包商，负责提供卫星平台。Oko 卫星系统能够提供 15～30min 的洲际弹道导弹预警时间。

苏联于 1972 年 9 月 19 日利用闪电－M 运载火箭从普列谢茨克发射中心发射了首颗 Oko 卫星；在 1972—1975 年间，共发射 4 颗 Oko 卫星，用于试验导弹预警卫星技术。1976 年 10 月 22 日，首颗业务型 US－K 卫星（见图 2－15）发射，标志着 US－K 卫星系统从试验阶段进入了部署应用阶段。截至 2012 年 6 月 30 日，共发射了 86 颗 Oko 卫星，最后一颗卫星于 2010 年 9 月 30 日发射。目前，仅有 4 颗 Oko 卫星在轨运行。

主要性能参数

US－K 卫星星座由 9 颗卫星组成，分布于 9 个不同的轨道面，轨道面间隔 40°，标称轨道高度约 600km×40000km，倾角 62.8°。每颗卫星均在远地点附近执行预警探测，每轨工作 5～6h，整个星座可以保证任一时刻至少有 2 颗卫星执行预警任务。利用双星进行立体观测，提高预警的准确性和精度；同时即便其中 1 颗卫星失效，其他 8 颗卫星仍能正常工作。

US－K 卫星发射质量 2400kg，干质量 1250kg。卫星主体呈圆柱结构，长 2m，直径 1.7m。卫星采用三轴稳定控制方式，由推进舱、设备舱和光学舱 3 部分组成，两侧带有太阳翼。卫星主光学系统带有 1 个可伸缩的套筒，内部装有 1 台口径 0.5m 的望远镜。设备舱内带有红外线阵探测器，用来探测导弹尾焰的红外辐射。此外，卫星还带有几部小型相机，工作在可见光和红外谱段。卫星向地面控制站实时下传图像数据。

图 2－15　US－K 卫星

"琥珀"卫星
Yantar

概 况

"琥珀"（Yantar）卫星是俄罗斯/苏联发展的光学成像侦察卫星，为俄罗斯/苏联提供军事侦察能力，是继"天顶"（Zenit）卫星之后的第二个光学成像侦察卫星系列。

1964年，国家南方设计局开始研制Yantar卫星；1967年，研制工作转交给进步中央特别设计局。1974年12月13日，首颗Yantar系列卫星——Yantar-2K卫星发射成功，Yantar-2K卫星及其系列改进型号逐渐成为俄罗斯/苏联的主要侦察卫星系列。

以Yantar平台为基础，苏联先后发展了Yantar-2K、Yantar-4K1、Yantar-4K2和Yantar-4K2M返回式详查卫星，Yantar-1KFT返回式测绘卫星，Yantar-4KS1和Yantar-4KS1M传输型成像侦察卫星。另外，还发展了寿命更长、且拥有多个胶片回收舱的蔷薇辉石-1（Orlets-1）和蔷薇辉石-2（Orlets-2）返回式成像侦察卫星。目前，仅有1颗Yantar-4K2M卫星在轨运行。Yantar系列卫星的统计情况见表2-15。

表2-15　Yantar系列卫星统计表

卫星名称	西方命名	首发时间	末次发射	发射数量（发射失败）/颗	分辨率/m	返回式/传输型
Yantar-2K	凤凰（Feniks）	1974-05-23	1983-06-28	30（2）	0.5	返回式
Yantar-4K1	辛烷（Oktan）	1979-04-27	1983-11-30	12	0.5	返回式
Yantar-1KFT	廓影（Sliuet）/彗星（Kometa）	1981-02-18	2005-09-02	21（1）	2/10	返回式
Yantar-4K2	钴（Kobalt）	1981-08-21	2002-02-25	82（4）	0.3	返回式
Yantar-4KS1	特丽伦（Terilen）	1982-12-28	1990-12-21	15（2）	2	传输型
Orlets-1	顿河（Don）	1989-07-18	2006-09-14	8		返回式
Yantar-4KS1M	涅曼（Neman）	1991-07-10	2000-05-03	9	1	传输型
Orlets-2	叶尼塞（Uenisey）	1994-08-26	2000-09-25	2		返回式
Yantar-4K2M	钴-M（Kobalt-M）	2004-09-24	2012-05-17	8	0.2	返回式

主要性能参数

（1）Yantar-2K卫星

Yantar-2K卫星运行在近地点约170km、远地点约340km、倾角为64.9°~70°的轨道上。质量约6.6t，设计寿命30d。

Yantar-2K卫星星体呈圆锥状，长6.3m。组合舱长约1.2m，直径2.7m，主要装载变轨发动机、推力器和蓄电池组。推进系统可保证卫星实施多达50次轨道机动。组合舱两侧各安装1副太阳翼，单翼翼展约6m。仪器舱长约1m，直径2.4m，装有姿态控制分系统和遥测遥控分系统等。专用设备舱长约3.3m，直径2.2m，装有相机、主回收舱和自毁系统。卫星外侧装有2个胶片回收舱、红外地球敏感器和星敏感器。

Yantar-2K卫星主相机为珍珠-4相机系统，由克拉斯诺戈尔斯克光学机械厂研制。相机配备伸缩式镜头，外侧带有长2.5m、直径0.9m的遮光罩。相机连同胶片一同回收。珍珠-4相机镜头口径约为600mm，焦距3000~4000mm，采用折叠光路，地面分辨率优于0.5m。

（2）Yantar-4K1卫星

Yantar-4K1卫星是Yantar-2K的改进型号，其卫星外形和发射质量与Yantar-2K卫星几乎相同，主要改进为采用珍珠-18相机系统，可携带更多胶片，并可对卫星地面轨道两侧60°范围内的地面目标进行成像。Yantar-4K1卫星设计寿命提高至45d。

（3） Yantar – 1KFT 卫星

Yantar – 1KFT 卫星（见图 2 – 16）采用 65°和 70°两个轨道倾角，近地点 189 ~ 212km，远地点 233 ~ 327km。卫星发射质量 6.6t，设计寿命 45d，具有轨道机动能力。

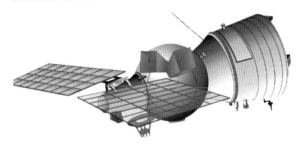

图 2 – 16 Yantar – 1KFT 卫星

星上有效载荷主要包括 TK – 350 主测绘相机和 KVR – 1000 型相机。TK – 350 主测绘相机是高精度广角测绘相机，焦距 350mm，谱段 510 ~ 760nm，视场角 75°，相对孔径 f/5.6，地面分辨率 10m，可绘制 1: 50000 比例尺的地图。相邻图像有 60% ~ 80% 重叠，以构成立体像对。

KVR – 1000 为高分辨率侦察相机，焦距 1000mm，地面分辨率 2m。该相机可提供地面目标的详细情况，有利于 TK – 350 相机制图，也可用于绘制 1: 10000 比例尺的地图。

（4） Yantar – 4K2/4K2M 卫星

Yantar – 4K2 和 Yantar – 4K2M 卫星是 Yantar – 2K 和 Yantar – 4K1 的替代型号。Yantar – 4K2 卫星外形和有效载荷均与 Yantar – 2K 和 Yantar – 4K1 卫星相似，主要改进包括分辨率提高至 0.3m，在轨工作寿命达 60d。Yantar – 4K2M 卫星是 Yantar – 4K2 的改进型号，主要改进包括分辨率提高至 0.2m，在轨工作寿命超过 100d。

（5） Yantar – 4KS1/4KS1M 卫星

Yantar – 4KS1 卫星（见图 2 – 17）为苏联首个传输型成像侦察卫星，采用 Yantar 平台，保留了组合舱与仪器舱，而专用设备舱则由呈圆柱状的光电数字成像系统取代。Yantar – 4KS1 卫星长约 8.3m，质量 6700kg。用于安装 CCD 相机系统的专用设备舱长约 3.2m，直径 2.1m，其前端安装主镜头遮光罩，遮光罩长约 2m。

Yantar – 4KS1 卫星的 CCD 相机工作在可见光和近红外谱段，地面分辨率优于 2m，具有一定的轨道机动能力。为保证侦察数据的传输，Yantar – 4KS1

卫星组合舱安装了 2 副数据中继天线，利用苏联"急流"数据中继卫星将 Yantar – 4KS1 卫星拍摄的可见光与近红外图像数据发送到国内的地面接收站。

图 2 – 17 Yantar – 4KS1 卫星

Yantar – 4KS1M 是 Yantar – 4KS1 卫星的改进型号。Yantar – 4KS1M 与 Yantar – 4KS1 卫星基本相同，主要改进包括可携带更多的燃料，在轨工作时间更长，地面分辨率提高至 1m。

（6） Orlets – 1/2 卫星

Orlets – 1 卫星质量约 7t，设计寿命 60d，Orlets – 1 卫星拥有 8 个胶片回收舱。Orlets – 2 是 Orlets – 1 卫星的改进型号，质量超过 12t，拥有 22 个胶片回收舱。

Dianzixing Haiyang Jianshi Weixing
"电子型海洋监视卫星" EORSAT

概　况

"电子型海洋监视卫星"（ELINT Ocean Reconnaisance Satellite，EORSAT）是俄罗斯/苏联发展的海洋监视卫星，主要通过电子侦察手段探测海上目标的位置、航向和航速，并根据电子信号特性分析辐射源的类型，进而判断舰船的型号。

苏联于 1961 年批准研制海洋监视卫星系统，共分两类，一类是"电子型海洋监视卫星"，具有电子侦察与定位功能；另一类是"雷达型海洋监视卫星"（RORSAT），具有成像侦察与定位功能。两类卫星组网工作，一般 2 颗 RORSAT 卫星位于 250km 轨道，1 颗（或 2 颗）EORSAT 卫星位于 400 ~

450km 轨道，轨道倾角均为 65°。

目前，苏联共发展了两代 EORSAT 卫星，第一代卫星代号为 US－P（见图 2－18），第二代卫星代号为 US－PM。US－P 卫星从 1974 年 12 月 24 日首次发射至 1991 年 1 月 18 日末次发射，共发射了 37 颗。US－PM 从 1993 年 3 月 30 日首次发射至 2006 年 6 月 25 日末次发射，共发射了 13 颗。目前，俄罗斯没有海洋监视卫星在轨运行，但正在全力研制新一代的介子－NKS（Pion－NKS）卫星，以接替 US－PM 卫星。

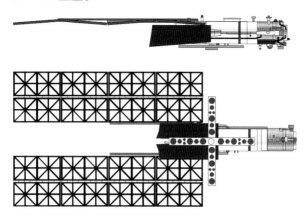

图 2－18　US－P 卫星

主要性能参数

US－P 卫星运行在高度 420km、倾角为 65°的近圆轨道。卫星质量 3300kg，采用 US 平台。星上带有无线电技术侦察系统。卫星具有一定的轨道机动能力。卫星两侧带有太阳翼。US－P 卫星采用基线干涉定位体制。US－P 卫星截收到信号后，对其进行处理测量出雷达主要参数，比较出各基线的相位差，将其转化成数字信号，传回地面。

US－PM 是 US－P 卫星的改进型，用于替换 US－P 卫星。US－PM 卫星在外形和系统能力上与 US－P 卫星相同。

Haiyang Weixing

"海洋"卫星
Okean

概　况

"海洋"（Okean）卫星是俄罗斯/苏联在 1976—1992 年间发展的对地观测卫星，苏联解体后，俄罗斯与乌克兰继续开展 Okean 卫星的研制工作。Okean 卫星的用途是对海表温度、风速、海洋水色、冰覆盖、云覆盖、降水等进行观测，其中 Okean－O1 卫星采用极轨运行轨道，为研究极地冰层提供了非常有价值的数据。

海洋系列卫星共发展了 4 代，第一代为 Okean－E 系列卫星，共发射 2 颗；第二代为 Okean－OE 系列卫星，共发射 2 颗；第三代为 Okean－O1 系列卫星，共发射 9 颗（其中第 8 颗卫星的名称为西奇－1，第 9 颗卫星的名称为西奇－1M）；最后一代为 Okean－O 卫星（见图 2－19），发射 1 颗。

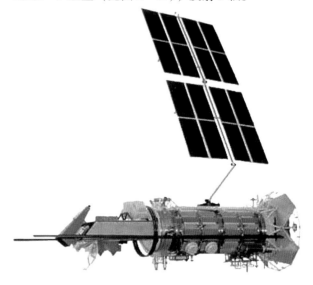

图 2－19　Okean－O 卫星

主要性能参数

（1）Okean－E 和 Okean－OE 系列卫星

Okean－E 系列卫星的有效载荷包括"无源毫米波辐射计"、"非扫描型偏振器"、"红外光谱仪"、"多光谱扫描仪"。"无源毫米波辐射计"用于测量大气、海洋的辐射，工作频率为 37.5GHz、22.22GHz、9.37GHz 和 3.53GHz；"非扫描型偏振器"用于测量 3.2cm 波长的辐射；"多光谱扫描仪"是一个 4 谱段可见光扫描仪，用于监视海洋水色，幅宽 1900km，分辨率 1.8km。

Okean－OE 系列卫星与 Okean－E 系列卫星结构相似。

（2）Okean－O1 系列卫星

Okean－O1 系列卫星采用近圆极轨，高度 650km，轨道周期 98min，设计寿命 2 年。

Okean－O1 系列卫星结构呈 3 段式梯形柱体，

高3m、底部直径1.4m、上部直径0.8m、质量约1950kg，携带有效载荷的能力为550kg。卫星主结构被加压以保证支持系统和有效载荷电路工作在同一标准温度下。2副太阳翼可提供110~270W的功率，尺寸为1.6m×2.0m。卫星为三轴姿态稳定，从顶部伸出1根重力梯度杆，进行辅助姿态控制。底部有4块支撑板，安装有效载荷和发射机。

Okean-O1系列卫星的有效载荷包括"侧视真实孔径雷达"、"被动毫米波扫描辐射计"、"低分辨率多光谱扫描仪"、"中分辨率多光谱扫描仪"。

"侧视真实孔径雷达"是Okean-O1系列卫星的主载荷，天线长11.1m。工作在X频段（9.7GHz），波长3.2cm，沿轨分辨率为2.1~2.8km，穿轨分辨率为0.7~1.2km，幅宽450km，脉冲峰值功率100kW，脉冲重复频率100Hz，采用垂直极化。

"被动毫米波扫描辐射计"工作频率为36.6GHz，波长0.8cm，分辨率15km×20km，幅宽550km。用于监测大气水蒸气、海冰、海表温度，其中海表温度的测量精度为1~2K。

"低分辨率多光谱扫描仪"由莫斯科空间设备工程研究所开发，分辨率1.0km×1.7km，幅宽1900km。用于云和海表温度监测。

"中分辨率多光谱扫描仪"也由莫斯科空间设备工程研究所开发，分辨率250m，幅宽1100km。

（3）Okean-O卫星

Okean-O卫星质量6150kg，有效载荷质量1520kg，轨道高度670km，倾角98.00°，设计寿命3年。

Okean-O卫星有效载荷包括："侧视真实孔径雷达"、"中分辨率多通道扫描仪"、"低分辨率多通道扫描仪"、"高分辨率多通道扫描仪"，"数据接收发射机"、"微波扫描辐射计"、"跟踪UHF辐射计"、"偏振频谱辐射计"。Okean-O卫星有效载荷参数见表2-16。

表2-16　Okean-O卫星有效载荷参数

参数	"中分辨率多通道扫描仪"	"低分辨率多通道扫描仪"	"高分辨率多通道扫描仪"	"微波扫描辐射计"	"侧视真实孔径雷达"	R-600	R-225	"偏振频谱辐射计"	"数据接收发射机"
分辨率	160~600m	2.0km	50~275m	20~100km	2.0km	130km×130km	130km×130km		
幅宽/km	600	1900	200	800	470				
光谱范围（或工作波长/频率）	0.5~11.8μm	0.5~1.1μm	0.45~12.6μm	0.8~4.5cm	3.2cm	6cm	2.25cm	0.43~0.8μm	1533MHz
通道数	5	4	8	4	1			62	

Ziyuan Weixing

"资源"卫星 Resurs

概况

"资源"（Resurs）卫星是俄罗斯/苏联的对地观测卫星，包括Resurs-F系列、Resurs-O系列、Resurs-DK系列和Resurs-P系列。Resurs-F卫星是胶片返回式遥感卫星、Resurs-O卫星是数据传输型遥感卫星、Resurs-DK卫星是传输型高分辨率光学成像遥感卫星、Resurs-P卫星是正在研制的下一代高分辨率遥感卫星。Resurs系列卫星主要用于农业、林业、地质、海洋和环境监测等。

Resurs-F系列的第一颗卫星于1979年9月5日由SL-4联盟火箭从普列谢茨克航天发射中心发射，第一颗业务型卫星于1989年5月25日发射。Resurs-O系列的第一颗卫星于1985年10月3日发射，Resurs-O系列共发射4颗。2006年6月15日，Resurs-DK卫星从拜科努尔航天发射中心由"联盟"运载火箭发射，是现役的资源卫星。

Resurs-DK卫星是俄罗斯发展的高分辨率光学成

像卫星。该卫星在满足民用遥感应用的同时也开展了商业化运营，面向全球销售高分辨率遥感卫星图像。

主要性能参数

（1）Resurs – F 系列

Resurs – F 系列卫星是在"东方"成像侦察卫星平台的基础上发展的，其有效载荷参数见表 2 – 17。Resurs – F1 卫星长 7m，最大直径 2.4m，质量 6300kg，设计寿命 15d。卫星的中央部分是一个直径为 2.3m 的球体，内装成像系统、电子控制系统和回收系统。俄罗斯分别于 1997 年 11 月和 1999 年 9 月发射了 2 颗 Resurs – F1M 卫星，它是 Resurs – F1 的改进型，卫星的设计寿命延长到 19d。

Resurs – F2 卫星相对 Resurs – F1 卫星的最大改进在于其增加了 2 副太阳翼（Resurs – F1 卫星没有太阳翼），使工作寿命延长到近 1 个月。Resurs – F3 卫星携带了 KFA – 3000 相机，该相机具有长焦距，工作谱段 1 个，空间分辨率很高。

表 2 – 17　Resurs – F 卫星有效载荷参数表

参数		Resurs – F1M		Resurs – F2	Resurs – F3
轨道高度		240km/355km		180km/355km	275km/420km
轨道倾角/（°）		82.3		82.3	82.3
相机		KFA – 1000（3 台）	KATE – 200（1 台）	MK – 4（1 台）	KFA – 3000（2 台）
焦距/mm		1000	200	300	3000
相幅		30cm×30cm	18cm×18cm	18cm×18cm	30cm×30cm
空间分辨率/m	黑白胶片	3.5～7.0	15.0～30.0	6.0～11.0	2.0～3.0
	滤光胶片			7.5～14.0	
幅宽/km		216～319（3 相幅幅宽）	216～319（单相幅幅宽）	100～200（单相幅幅宽）	55～84（双相幅幅宽）
单幅图像覆盖区域/km²		5184～11342	46656～102080	10160～39521	756～1764
重叠率/%		20；60	60	60	10＋/－5

（2）Resurs – O 系列

Resurs – O 卫星有效载荷包括"高分辨率多光谱扫描仪"、"锥扫描型多光谱扫描仪"、"多光谱扫描仪"、"反射器阵列"、MP – 900B 视频相机、"辐射测量控制器"、"太阳常数测试仪"、"核分析仪"、"辐射收支扫描仪"和"卫星跨大陆信息救援装置"。

（3）Resurs – DK 卫星

Resurs – DK 卫星（见图 2 – 20）有效载荷包括 Geoton – 1 相机、"反物质探测与轻核天体物理载荷"以及"阿瑞纳"科学载荷。"反物质探测与轻核天体物理载荷"为意大利研制的用于研究宇宙高能粒子的磁谱仪，尺寸 1.23m×0.7m×0.7m，质量 470kg，平均功率 360W。"阿瑞纳"是俄罗斯研制的用于研究地震的高能电子和质子探测仪，质量约 8kg。

图 2 – 20　Resurs – DK 卫星

Resurs – DK 卫星性能指标见表 2 – 18。

表 2 – 18　Resurs – DK 卫星性能指标

参数	指标
轨道	高 360km/604km、倾角 70.4°
质量/kg	6570，其中有效载荷 1200
尺寸	7.93m（长）×2.72m（直径），太阳翼翼展 14m
寿命/年	5

续表

参数	指标
姿态稳定度/[（°）/s]	0.005
姿态敏捷能力	侧摆 ±30°（星下点两侧 ±448km）
光学系统	口径 0.5m，焦距 4m，相对孔径 f/8
光谱谱段	全色：0.58～0.8μm 多光谱-绿：0.5～0.6μm 多光谱-红：0.6～0.7μm 多光谱-近红外：0.7～0.8μm
探测器	36000 元，像元尺寸 9μm
TDI 级数	可在 128、64、32、16、8 间选择
数据量化/bit	10
全色分辨率/m	1
多光谱分辨率/m	2～3
幅宽	星下点：28.3km
图像定位精度/m	100
存储容量/Gbit	768
数据传输速率/（Mbit/s）	300

Cedi – IK Weixing

测地 – IK 卫星
Geo – IK

概况

测地-IK（Geo-IK）卫星，是俄罗斯/苏联的低地球轨道大地测量卫星，主要用于接替之前的"球面"（Sfera）卫星。

Geo-IK 系列卫星一共发射 14 颗，主承包商为应用力学科学生产联合体（NPO PM）。首颗卫星于 1981 年 1 月 23 日发射，由于火箭原因，发射失败。第二颗于 1981 年 9 月 30 日从普列谢茨克航天发射中心由旋风-3 火箭发射升空。该系列卫星最后一颗的发射时间是 1994 年 11 月 29 日。

1982 年，NPO PM 开始发展新型军用地理测绘卫星系统，即 Geo-IK-2。随着苏联解体，该项计划被搁浅。20 世纪 90 年代中期，NPO PM 重新设计 Geo-IK-2 卫星；1997 年，俄罗斯政府停止了 Geo-IK-2 工程的资金支持。

随着俄罗斯经济的复苏，2001 年俄罗斯列舍特涅夫信息卫星公司继续研制 Geo-IK-2 卫星。2011 年 2 月 1 日首颗 Geo-IK-2 卫星发射。由于运载火箭上面级出现故障，没有把卫星送入预定轨道。2012 年 1 月，俄罗斯官方宣布恢复了与卫星的通信，卫星进入试运行阶段，但是卫星的部分功能无法正常发挥。2012 年 6 月，官方宣布第二颗 Geo-IK-2 卫星已经制造完毕，同时国防部正在考虑发展下一代低轨测地卫星。

主要性能参数

（1）Geo-IK

Geo-IK 卫星质量 1530kg，设计寿命 1～2 年，运行轨道高度约为 1500km，倾角 73.6°～82°。卫星主体为圆柱体，高 3m，直径 2.04m，顶部伸出 1 个重力梯度杆，底部安装有效载荷天线等。太阳翼从卫星底部展开，用于提供能源。

Geo-IK 携带的有效载荷包括：1 个 9.4GHz 的雷达高度计，测高精度 5m；1 个双频率（150MHz 和 400MHz）的多普勒系统，精度 3cm；1 个 5.7/3.4GHz 的指令转发器；1 个激光反射器，测量精度 1.5m；1 个光信号系统以 1/3Hz 的速率产生高强度闪光，该系统共 9 个光源，每天工作 55 次，便于地面观测台确定卫星位置。

（2）Geo-IK-2

Geo-IK-2 卫星（见图 2-21）质量约 1400kg，轨道高度 1000km，轨道倾角为 99.4°。俄罗斯军用地理测绘网络使用 2 颗 Geo-IK-2 卫星，工作方式分别为雷达和激光测量。

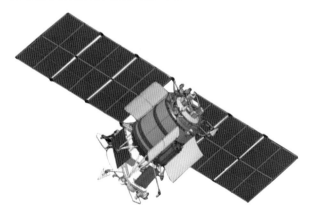

图 2-21　Geo-IK-2 卫星

第一颗 Geo-IK-2 卫星的主有效载荷为雷达

高度计，由法国泰雷兹·阿莱尼亚航天公司设计，原型为波塞冬－2高度计。波塞冬－2高度计是法国2006年发射的贾森－1（Jason－1）卫星使用的。Geo－IK－2仍然携带多普勒系统、时间同步器、激光反射器和测距仪。此外，还有一个复杂的双模接收和发射天线，由列舍特涅夫信息卫星公司负责研发。

第二颗Geo－IK－2卫星携带1个改进型雷达高度计。

Biaozhunju Weixing
"标准具"卫星
Etalon

概况

"标准具"（Etalon）卫星是苏联的无源大地测量卫星，该系列卫星包括2颗相同的卫星。Etalon卫星利用卫星激光测距进行地球科学研究，包括地球动力学过程、高精度全球基准坐标系统的建立、长周期的扰动和重力场模型等。Etalon卫星还用于为俄罗斯"格洛纳斯"（GLONASS）导航卫星进行精确定轨。

Etalon卫星任务包括：建立全球高精度的参考坐标系，确定地球自转参数；确定基线的长度；改进地球重力场参数；改进月心重力场常数。

Etalon－1卫星1989年1月10日从拜科努尔航天发射中心发射，又称为宇宙－1989。Etalon－2卫星1989年5月31日从拜科努尔航天发射中心发射。这两颗卫星都是由位于莫斯科的联合空间器件公司建造。

俄罗斯设立了3个卫星激光测距站对Etalon进行跟踪。另外，俄罗斯之外还有10个站点进行卫星数据测量。德国地球科学研究中心负责Etalon卫星激光测距数据在欧洲的数据收集和分发。

主要性能参数

Etalon－1卫星（见图2－22）运行在高度19095km/19156km的近圆轨道，偏心率0.00061，轨道倾角64.24°，周期675min。Etalon－2卫星运行在高度19079km/19146km的近圆中地球轨道，偏心率0.00066，轨道倾角65.5°，周期675min。卫星主体为一个直径1.294m、质量1415kg的球体，与"三

棱镜反射器"的接触面直径为1.284m。该球体由2140块熔石英材料制造的"三棱镜反射器"（共304列，每列7个"三棱镜反射器"，还有2列，每列6个"三棱镜反射器"）和6块锗材料的"三棱镜反射器"组成。锗材质的"三棱镜反射器"是用于未来可能进行的红外干涉测量。

图2－22　Etalon－1卫星

Yubao Weixing
"预报"卫星
Prognoz

概况

"预报"（Prognoz）卫星是俄罗斯/苏联发展的静止轨道导弹预警卫星，用于提供弹道导弹发射的早期预警信息。

苏联在发展"眼睛"（Oko）大椭圆轨道导弹预警卫星的同时，也发展了静止轨道预警卫星系统。苏联共发展了两代Prognoz卫星，第一代卫星系统代号为US－KS，第二代卫星系统代号为US－KMO（见图2－23）。

拉沃奇金科研生产联合体是卫星系统的主承包商，负责研制卫星平台。1981年苏联用"预报"的名称申请了7个静止轨道卫星轨位，包括12°E、35°E、80°E、130°E、166°E、159°W和24°W，用于部

署 Prognoz 卫星。Prognoz 卫星发射情况见表 2 – 19。

苏联于 1975 发射了首颗 US – KS 试验卫星，试验了静止轨道导弹预警卫星技术。随后于 1984 年 3 月 29 日发射了第一颗业务型 US – KS 卫星。US – KMO 卫星系统不仅能够探测美国本土范围内的洲际弹道导弹发射，还能够探测海上进行的弹道导弹发射。

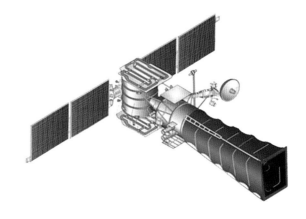

图 2 – 23　US – KMO 卫星

表 2 – 19　Prognoz 卫星发射情况

阶段	型号	首次发射	末次发射	总数量/颗	运行状态
第一代	US – KS	1975 – 10 – 08	1997 – 08 – 14	7	退役
第二代	US – KMO	1991 – 02 – 14	2012 – 03 – 30	8	仅 1 颗在轨运行

主要性能参数

（1）US – KS 卫星

US – KS 卫星在卫星结构上与"眼睛"卫星基本相同（参见《"眼睛"卫星》）。发射质量 2400kg，干质量 1250kg。卫星主体呈圆柱结构，长 2m，直径 1.7m。卫星采用三轴稳定控制方式，由推进舱、设备舱和光学舱 3 部分组成，两侧带有太阳翼。卫星主光学系统带有 1 个可伸缩的套筒，内部装有 1 台口径 0.5m 的望远镜。设备舱内带有红外线阵探测器，用来探测导弹尾焰的红外辐射。此外，卫星还带有几部小型相机，工作在可见光和红外谱段。卫星向地面控制站实时下传图像数据。

（2）US – KMO 卫星

US – KMO 卫星质量约 2600kg，设计寿命 5 ~ 7 年。星体呈圆柱体，两侧带有太阳翼。星上带有 1 个大型红外望远镜，主镜口径为 1m。望远镜外部装有防止杂散辐射干扰的防护套筒，展开后长约 4.5m。US – KMO 卫星最大的特征是具有较强的下视探测能力。

Dianzi Weixing

"电子"卫星
Elektro

概　况

"电子"（Elektro）卫星，是俄罗斯/苏联发展的地球静止轨道气象卫星，与俄罗斯发展的极轨气象卫星——"流星"（Meteor）系列卫星共同组成俄罗斯的天基气象观测体系。截至 2012 年 6 月 30 日，该系列共发射 2 颗卫星，即 Elektro – 1 卫星和 Elektro – L1 卫星。

Elektro – 1 卫星是俄罗斯/苏联发展的第一颗试验型地球静止轨道气象卫星。20 世纪 70 年代初，苏联军事工业委员会计划研制地球静止轨道气象卫星，即 Elektro 卫星系列，苏联水文气象和环境监测委员会参与了该计划。苏联解体后，Elektro 项目由俄罗斯航天局负责，莫斯科行星科学生产联合体负责气象卫星的运行和数据服务；全俄罗斯机电科学研究所为主承包商，负责卫星的研制。

1994 年 10 月 31 日，Elektro – 1 卫星由"质子"运载火箭从俄罗斯拜科努尔航天中心发射，定位 76°E。1998 年，Elektro – 1 卫星失效。

Elektro – L1 卫星由俄罗斯水文气象和环境监测

委员会、行星科学生产联合体和俄罗斯航天局共同发起，为 Elektro - 1 卫星的后继型号，是俄罗斯发展的第二代地球静止轨道气象卫星，主承包商为俄罗斯拉沃奇金科研生产联合体。

Elektro - L 卫星的总体任务和用途包括：提供大气多谱段图像和水文气象数据，利用卫星全盘覆盖提供地球表面图像；收集日球层、电离层和磁层的数据；利用地面段设备对所有数据的传输和交换

提供必需的通信服务；为地面段"数据采集平台"提供数据收集服务，并且提供搜索和救援服务。

2011 年 1 月 20 日，Elektro - L1 卫星（见图 2 - 24）由"天顶"运载火箭从拜科努尔航天中心发射，卫星定位 76°E，实现了俄罗斯本土的最佳覆盖。俄罗斯计划发射 3 颗 Elektro - L 卫星，截至 2012 年 6 月 30 日，另外 2 颗卫星还在研制中。

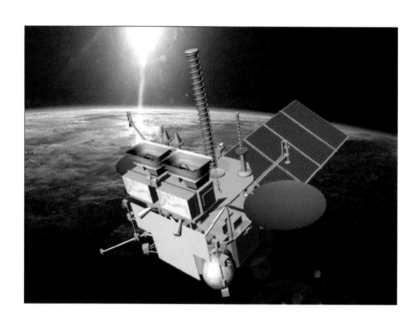

图 2 - 24   Elektro - L1 卫星

主要性能参数

（1）Elektro - 1 卫星

Elektro - 1 卫星质量 2520kg，其中有效载荷质量 800kg，三轴姿态稳定，指向精度为 2′～5′，设计寿命 2～3 年。

Elektro - 1 卫星主要有效载荷包括：

1）"扫描电视辐射计"，提供可见光和红外图像。视场 13500km × 13500km，星下点地面分辨率 1.25km（可见光）、6.5km（红外），直接数据传输率 2.56Mbit/s。

2）"辐射测量系统"，电子通量密度能量 0.04～1.7MeV，4 个谱段；质子通量密度能量 0.5～90MeV，4 个谱段；α 粒子密度能量 5～12MeV；银河系宇宙辐射强度能量大于 600MeV；太阳 X 射线辐射强度能量 3～8keV。

（2）Elektro - L 卫星

Elektro - L1 卫星采用"导航者"平台，三轴姿态稳定，指向精度 0.05°，姿态稳定度 0.0005（°）/s。Elektro - L1 卫星总体参数见表2 - 20。

表 2 - 20   Elektro - L1 卫星总体参数表

参数	指标
卫星质量/kg	1620 ～ 1766（寿命初期），1180（寿命末期）
有效载荷质量/kg	430
总功率/W	1700
有效载荷功率/W	800
设计寿命/年	10

Elektro - L1 卫星主要有效载荷包括：

1）"多光谱扫描仪"，为 10 通道扫描仪，包括 3 个可见光谱段和 7 个红外谱段，目标是获得太阳光反射谱图像和大气顶层、海表和陆表的亮温度测量，此外还可测量对流层水分含量。该仪器数据传

输速率为 2.56～15.36Mbit/s，其参数见表 2 – 21。

表 2 – 21 "多光谱扫描仪"仪器参数

谱段	谱段数	空间分辨率/km	300K下的噪声等效温差	应用
可见光和近红外	3	1		云覆盖
中波红外1	1	1	800	夜间云覆盖
中波红外2	3	4	400 100～200 100～200	水汽
红外热像1	2	4	100～200 100～200	海表温度和水汽
红外热像2	1	4	100～200	海表温度和水汽
信噪比	≥200（可见光近红外谱段）			
功率/W	≤150			
质量/kg	106			
设计寿命/年	10			

2）"太阳物理遥感器"，任务是捕获粒子（包括质子、电子和 α 粒子），测量太阳 X 射线辐射、太阳常数和磁场。监测和预测太阳活动及近地空间的辐射场和磁场变化。"太阳物理遥感器"由 7 部分组成，分别为："微粒子辐射谱仪"、"太阳宇宙线谱"、"银河宇宙线探测器"、"太阳常数遥感器"、"太阳紫外线辐射遥感器"、"X 射线辐射通量遥感器"和"磁强计"。

图 2 – 25　Araks 卫星

Alakesi Weixing
"阿拉克斯"卫星
Araks

概　况

"阿拉克斯"（Araks）卫星是俄罗斯发展的传输型成像普查卫星，为苏联军方于第十一个五年计划（1981—1985 年）中规划的第三代传输型成像侦察卫星，用户为俄罗斯总参谋部情报总局——格鲁乌，Araks 取自于高加索地区一条河流的名称。

Araks 卫星（见图 2 – 25）由拉沃奇金科研生产联合体研制，列宁格勒光学机械联合体负责研制星上相机，数传通信分系统由维加科学生产联合体研制。

首颗试验型 Araks – 1 卫星（Cosmos – 2344）于 1997 年 6 月 6 日由"质子"火箭从拜科努尔航天发射中心发射；1997 年 9 月 Araks – 1 故障，整星失

效。2002 年 7 月 25 日，发射 Araks – 2 卫星（Cosmos – 2392），但卫星在轨运行不足 1 年。

主要性能参数

Araks – 1 卫星质量约 6000kg，运行在高度 2000km/30000km、倾角 63°的椭圆轨道上。卫星采用反射式光学系统，系统等效焦距 27m，覆盖从可见光到近红外区域（0.4～1.1μm）的 8 个谱段，相机视场角约为 0.5°。卫星具有 20°左右的侧摆能力，相机能对远离星下点 1000km 距离范围内的多个目标区进行成像，分辨率为 2～10m，幅宽 15～35km。

Araks 卫星轨道比较特殊，拍照时的高度较其他成像侦察卫星高出 1000km 以上。卫星主要用于普查。在高轨道上，卫星过顶时间长，观测范围和图像幅宽大，单次过顶可拍摄目标多。

Kangpasi Weixing
"康帕斯"卫星
COMPASS

概 况

"康帕斯"（Complex Orbital Magneto – Plasma Autonomous Small Satellite，COMPASS）卫星全称为"综合轨道磁 – 等离子自主小卫星"，主要用于探测由灾难性事件（如地震、飓风、强磁暴等）引发的大气层、电离层和磁层的异常物理现象。

COMPASS 卫星由俄罗斯地球磁性、电离层和无线电传输研究所负责研制，波兰、匈牙利和乌克兰是其合作方。COMPASS – 2 卫星的"无线电频率分析仪"由波兰科学院空间研究中心、瑞典空间物理研究所等合作研制；"辐射和紫外线探测器"由莫斯科国立大学核物理研究所设计制造。

2001 年 12 月 10 日，COMPASS – 1 卫星由天顶 – 2 运载火箭发射，但发射后不久就出现了故障。

2006 年 5 月 26 日，俄罗斯使用静海 – 1 运载火箭从巴伦支海的"叶卡捷琳堡"核潜艇上发射了 COMPASS – 2 卫星（见图 2 – 26）。截至 2012 年 6 月 30 日，卫星仍在轨运行。

图 2 – 26　COMPASS – 2 卫星

主要性能参数

COMPASS – 2 卫星的平台像一个倒置的金字塔，三轴姿态稳定。指向精度 1°，GLONASS/GPS 接收系统提供实时定轨和星上授时服务。卫星太阳翼提供 27V、50W 的功率（寿命末期）。NiCd 蓄电池容量为 4A·h。星载计算机提供所需的全部控制和处理功能。星上数据存储容量 100Mbit。卫星质量 85kg（COMPASS – 1 为 64kg），设计寿命 5 年。

COMPASS – 2 的有效载荷包括"超低频分析仪"、"无线电频率分析仪"、GLONASS/GPS 接收系统、"电子总量探测器"、"辐射和紫外线探测器"和"双频无线电发射机"。

"超低频分析仪"的用途包括：测试 1Hz ~ 20kHz 频率范围内的超低频辐射的电矢量和磁矢量；探索地震与超低频辐射的关联性，这种关联性用于研究预测地震前兆的可能性；在近地球空间环境中持续监测超低频电磁波活动；观测等离子体层边界的改变和其他地球物理学现象。

"无线电频率分析仪"主要用于分析 0.1 ~ 15.1MHz 范围内电磁辐射的高频频谱。瑞典空间物理研究所为 RFA 提供了数字接收模块，它负责原始频率扫描，该过程由 RFA 计算机在星上完成。数字接收模块使用 14 位模数转换器，并使用了截止频率为 18MHz 的消除锯齿滤波器。数字混合器负责频率扫描。

"电子总量探测器"用于高精度的电子集中度分布探测（从较低的电离层到卫星轨道高度）。试验目的是：研究电离层垂直结构的全局分布；分析人为因素对电离层等离子体的影响，自然因素在地球大气层中引发的效应，包括地震区域上空产生的效应。

"电子总量探测器"包括一个带有电子模块和天线的接收机。天线基本参数是：在 7° ~ 90°间增益不小于 45dB，频率范围 1250 ~ 1600MHz。

"辐射和紫外探测器"用于监测源自地球大气层的辐射、宇宙射线和紫外辐射。

"双频无线电发射机"用于探测电子集中结构的时空分布。

Juese Weixing
"角色"卫星
Persona

概 况

"角色"（Persona）卫星是俄罗斯最新一代传输型详查遥感卫星，为俄罗斯军方提供光学成像侦察能力。

卫星主承包商为俄罗斯进步号中央专业设计局，有效载荷由列宁格勒光学机械联合体、俄罗斯瓦维洛夫国家光学研究所和光学科研生产联合体研制，俄罗斯航天部队负责卫星发射和运行管理。

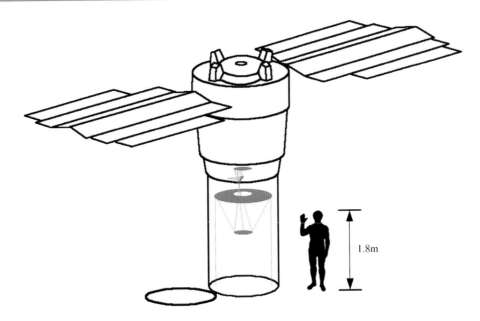

图 2 – 27   Persona 卫星

Persona 卫星于 2008 年 7 月 26 日从俄罗斯普列谢茨克发射场由"联盟"火箭发射，卫星公开编号为宇宙 – 2441（Cosmos – 2441）（见图 2 – 27）。Persona 卫星源自于俄罗斯军民两用的资源 – DK（Resurs – DK）卫星平台，而资源 – DK 卫星平台是在"琥珀"（Yantar）成像侦察卫星的基础上发展而来的。但由于星上电子设备发生故障，Persona 卫星于 2009 年 2 月失效。

主要性能参数

Persona 卫星发射质量 6500kg，主体为长 7m、最大直径 2.7m 的圆柱体。卫星运行在高度 714km/732km 的太阳同步近圆轨道，倾角 98.3°。卫星设计寿命 7 年。

Persona 卫星光学系统采用三镜消像散的科尔斯型望远镜，光学口径 1.5m，焦距 20m，相对孔径 f/13.3。相机焦平面单元由光学科研生产联合体研制，采用俄罗斯电子光导科研生产联合公司研制的 CCD 相机，像元尺寸 9μm。Persona 卫星星下点全色分辨率 0.33m，是俄罗斯目前分辨率最高的传输型成像卫星。

法 国

法国在对地观测卫星的研制与应用方面居于世界前列。法国的航天政策灵活,广泛开展国际合作,将发展对地观测技术作为一项可持续发展的政策,形成了完整配套的对地观测系统。

在军用领域,20 世纪 70 年代,法国提出了侦察卫星发展计划。20 世纪 80 年代,法国发展了"太阳神"(Helios)光学成像侦察卫星系列,是当时欧洲唯一的军用光学成像侦察卫星系统,现已发射两代。20 世纪 90 年代,法国开始部署电子侦察卫星,建立空间监视系统,最新的卫星系统是 2004 年发射的"蜂群"(Essaim)试验型电子侦察小卫星星座。21 世纪,法国开始启动预警卫星计划,2009 年发射的"螺旋"卫星是法国建造天基预警系统的第一步,为未来国防预警系统奠定基础。

在民用领域,早在 20 世纪 60 年代,法国就发展了激光测地卫星。1975 年,法国发射了"激光测地卫星"(Starlette),并同步开展了"斯波特"(SPOT)系列地球资源卫星的研制。自 20 世纪 80 年代第一颗 SPOT 卫星发射以来,已发射了 6 颗,SPOT – 7 卫星在研制之中。经过 20 多年的发展,SPOT 系列卫星已经成为世界卫星遥感市场上重要的数据源。21 世纪初,法国开始研制新一代军民两用高分辨率光学成像卫星"昴宿星"(Pleiades)。2011 年 12 月 17 日,法国首颗高分辨率对地观测卫星 Pleiades – 1 卫星发射。

此外,法国还通过国际合作形式,发展了气象卫星、海洋卫星等民用卫星。

Sibote Weixing

"斯波特"卫星
SPOT

概 述

"斯波特"(Satellite Pour l'Observation de la Terre, SPOT)卫星是法国发展的民用光学成像系列卫星,主要用于农业、森林、制图和区域规划等陆地应用领域。

法国共发展了 4 代 SPOT 系列卫星。第一代和第二代 SPOT 卫星主承包商为马特拉 – 马可尼空间公司,第三代 SPOT 卫星主承包商为阿斯特里姆公司。SPOT 系列卫星发射和运行情况见表 2 – 22。

表 2 – 22　SPOT 系列卫星发射和运行情况

卫星	发射日期	发射地点	运载火箭	备注
SPOT – 1	1986 – 02 – 22	圭亚那航天中心	阿里安 – 1	2003 年正式退役
SPOT – 2	1990 – 01 – 22	圭亚那航天中心	阿里安 – 4	2009 年正式退役
SPOT – 3	1993 – 09 – 26	圭亚那航天中心	阿里安 – 4	1996 年 11 月失效
SPOT – 4	1998 – 03 – 24	圭亚那航天中心	阿里安 – 4	预计运行至 2012 年
SPOT – 5	2002 – 05 – 04	圭亚那航天中心	阿里安 – 4	预计运行至 2015 年

主要性能参数

（1）第一代 SPOT 卫星

第一代 SPOT 卫星包括 SPOT-1、SPOT-2 和 SPOT-3，均采用第一代 SPOT MK.1 卫星平台，轨道高度 832km，倾角 98.7°，周期 101min。卫星发射质量 1907kg，有效载荷质量 790kg，设计寿命 3 年。卫星尺寸 2m×2m×4.5m，太阳翼展 8.14m。

卫星平台采用三轴稳定姿态控制，指向精度 0.1°。数据传输采用 X 频段，频率 8.253GHz，具有 2 个通道，每个通道数据传输速率为 25Mbit/s。

第一代 SPOT 卫星带有 2 台高分辨率可见光相机，采用多光谱和全色扫描模式，侧摆观测范围为 ±27°。每部高分辨率可见光相机都由 1 个望远镜和 1 组 CCD 探测器焦平面组成。高分辨率可见光相机参数见表 2-23。

表 2-23 高分辨率可见光相机参数

模式	光谱范围	空间分辨率
多光谱	0.5~0.59μm（绿色）	20m×20m
多光谱	0.61~0.68μm（红色）	20m×20m
多光谱	0.79~0.89μm（近红外）	20m×20m
全色	0.51~0.73μm（可见光）	10m×10m

（2）第二代 SPOT 卫星

第二代 SPOT 卫星为 SPOT-4 卫星，采用第二代 SPOT MK.2 平台，轨道高度 832km，倾角 98.8°，周期 101.5min，发射质量 2755kg，卫星尺寸 2m×2m×5.6m，设计寿命 5 年。姿态测量部件包括 4 个速率陀螺仪、2 个数字地球敏感器和 2 个数字太阳敏感器。卫星带有 2 台"高分辨率可见光和红外相机"和 1 台"植被监测仪"。"高分辨率可见光和红外相机"参数见表 2-24。

表 2-24 高分辨率可见光和红外相机参数

谱段名称	谱段范围	空间分辨率/m
B1	0.5~0.59μm	20
B2	0.61~0.68μm	20
B3	0.79~0.89μm	20
全色	0.61~0.68μm	10
短波红外（SWIR）	1.58~1.75μm	20

（3）第三代 SPOT 卫星

第三代 SPOT 卫星为 SPOT-5 卫星（见图 2-28），采用改进型 SPOT MK.3 平台，轨道高度 832km，倾角 98.7°，周期 101.4min，发射质量 3000kg，卫星尺寸 3.4m×3.1m×6m。卫星装载 SED-16 星跟踪器，指向精度达到 0.05°。卫星带有 90Gbit 固态存储器，采用了新的文件管理系统，使得图像存储数量达到 550 幅。数据传输采用 X 频段，具有 2 个通道，每个通道的数据率为 50Mbit/s。卫星带有 2 台"高分辨率几何相机"、1 台"高分辨率立体双线阵测绘相机"和 1 台"植被监测仪"。"高分辨率几何相机"和"高分辨率立体双线阵测绘相机"性能指标见表 2-25 和表 2-26，"植被监测仪"光谱参数见表 2-27。

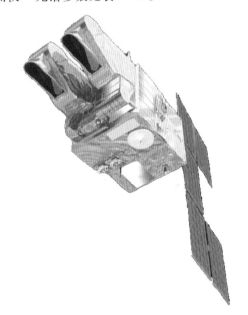

图 2-28 SPOT-5 卫星

表 2-25 "高分辨率几何相机"性能指标

参数	指标
质量/kg	356
尺寸	2.65m×1.42m×0.96m
最大功率/W	344
侧摆观测范围/（°）	±27
光学系统	带有球面镜的折反式施密特光学系统
焦距/m	1.082
幅宽/km	星下点 60（视场 ±2°）

续表

参数	指标		
谱段	全色	多光谱	短波红外
光谱范围	0.49 ~ 0.69μm	B1:0.5 ~ 0.59μm B2:0.61 ~ 0.68μm B3:0.78 ~ 0.89μm	1.58 ~ 1.75μm
线阵数量	2个,偏置	3个,配准	1个
每线阵像元数	12000	6000	3000
像元尺寸/μm	6.5	13	26
积分时间/ms	0.752	1.504	3.008
分辨率/m	5 2.5("超级模式"下)	10	20
信噪比	170	240	230
调制传函	>0.2	>0.3	>0.2

表2-26　"高分辨率立体双线阵测绘相机"性能指标

参数	指标	参数	指标
质量/kg	90	信噪比	>120
最大功率/W	128	尺寸	1m × 1.3m ×0.4m
前/后视角度/(°)	±20	光学形式	折射式光学系统
每线阵像元数	12000	口径/m	0.12
像元尺寸/nm	6500	焦距/m	0.58
分辨率	5m×10m	光谱范围	0.48 ~ 0.7μm
积分时间/ms	0.752	幅宽/km	120（视场±4°）

表2-27　"植被监测仪"光谱参数

通道	光谱范围	表面反射范围（反照率）	辐射分辨率 NE△R
B0（蓝）	0.43 ~ 0.47μm	0.0 ~ 0.5	0.003
B2（红）	0.61 ~ 0.68μm	0.0 ~ 0.5	0.001 反照率≤0.1
B3（近红外）	0.78 ~ 0.89μm	0.0 ~ 0.7	0.003 反照率为0.5
SWIR（短波红外）	1.58 ~ 1.75μm	0.0 ~ 0.7	0.003

Taiyangshen Weixing
"太阳神"卫星
Helios

概　述

　　"太阳神"（Helios）卫星是法国20世纪80年代发展的光学成像侦察卫星，由法国国防部负责管理，法国国家空间研究中心（CNES）代为控制，并为参与国提供军事情报信息。

　　Helios卫星已发展2代，共发射了4颗卫星。第一代Helios卫星系统，即Helios-1卫星，于1986年开始研制，马特拉-马可尼空间公司是卫星系统的主承包商，法国索丹纳公司负责研制侦察相机，法国阿尔卡特航天公司负责研制相机电子设备和通信分系统。另外，法国国家空间研究中心（CNES）也参与了卫星系统的研制工作。第二代Helios卫星系统，即Helios-2卫星（Helios-2B卫星见图2-29），1998年7月正式立项开始研制。Helios卫星发射运行情况见表2-28。

图2-29　Helios-2B卫星

表 2 - 28　Helios 卫星发射运行情况

卫星名称	发射时间	运载火箭	发射地点	运行时间
Helios - 1A	1995 - 07 - 07	阿里安 - 4	圭亚那航天中心	现役
Helios - 1B	1999 - 12 - 03	阿里安 - 4	圭亚那航天中心	2004 年 10 月 21 日失效
Helios - 2A	2004 - 12 - 18	阿里安 - 5	圭亚那航天中心	现役
Helios - 2B	2009 - 12 - 18	阿里安 - 5	圭亚那航天中心	现役

主要性能参数

Helios 卫星运行在高度 680km、倾角 98.1°的太阳同步圆轨道，轨道周期 98min，升交点地方时约 13：30。

第一代 Helios 卫星包括 2 颗卫星，即 Helios - 1A 和 Helios - 1B。单星重访周期为 48h，两颗卫星组成星座后重访周期缩短至 24h。Helios - 1 卫星利用相机的摆镜实现侧摆成像，可对星下点两侧约 400km 范围内的目标进行成像。Helios - 1A 星上带有 2 台磁带记录仪，总容量 120Gbit；Helios - 1B 卫星改用固态存储器，Helios - 1B 卫星可在飞经地面站时按地面控制人员的选择以任意顺序下传卫星图像，这是 Helios - 1A 卫星的磁带记录仪无法实现的，既能缩短图像在星上的滞留时间，又能增加星上存储器的可靠性。Helios - 1 卫星主要性能指标见表 2 - 29。

表 2 - 29　Helios - 1 卫星主要性能指标

参数		Helios - 1A	Helios - 1B
卫星质量/kg		2500	
卫星平台		采用 SPOT MK.2 平台	
电源		单太阳翼，总功率 2.4kW，带有 4 个 40A·h 的蓄电池组	
姿态控制系统		2 个数字地球敏感器、2 个数字太阳敏感器、4 个陀螺、1 个星敏感器	
姿态控制精度/ (°)		0.005	
CCD 相机	焦距/m	11.05	
	像元尺寸/μm	13	
	全色分辨率/m	1	
设计寿命/年		5	

第二代 Helios 卫星包括 2 颗卫星，即 Helios - 2A 和 Helios - 2B。Helios - 2 卫星的轨道相位根据任务要求进行了优化。卫星姿态控制系统方面有较大改进，姿态控制精度大幅提高，并具备姿态机动成像能力。Helios - 2 卫星主要性能指标见表 2 - 30。

表 2 - 30　Helios - 2 卫星主要性能指标

参数	Helios - 2A	Helios - 2B
卫星质量/kg	4200	
卫星平台	采用 SPOT MK.3 平台	
卫星尺寸	3.6m×3.4m×6m	
电源	单太阳翼，总功率 2900W	
设计寿命/年	5	

Helios - 2 卫星主要有效载荷包括：

1）"高分辨率变焦相机"，质量 1124kg，待机状态下功率 418W，成像期间功率 893W。"高分辨离变焦相机"采用推扫成像方式，有 2 个可见光焦平面和 1 个红外焦平面，分别对应于高分辨率通道、超高分辨率通道和红外通道。高分辨率通道分辨率 0.5m，超高分辨率通道分辨率 0.25 ~ 0.35m，红外通道可拍摄红外图像，使法国具备了夜间光学侦察能力。

2）"宽视场相机"，与 SPOT - 5 卫星"高分辨率几何相机"相同，标称分辨率为 5m，幅宽 60km，也带有侧摆成像反射镜，可对星下点两侧 ±27°范围内的目标成像。采用卫星姿态机动时，观测范围扩大。

Jiasen Weixing

"贾森" 卫星
Jason

概　况

"贾森"（Jason）卫星是法国国家空间研究中心（CNES）和美国国家航空航天局（NASA）联合研制的海洋地形卫星，"托佩克斯/波塞冬"（TOPEX/Poseidon）卫星的后继星，属于美国"地球观测系统"（EOS）的高度计任务，用于海洋表面地形和海平面变化测量。法国国家空间研究中心负责提供卫星平台、高度计和"多里斯"（DORIS）接收机；NASA 负责提供发射服务。

2001 年 12 月 7 日，Jason – 1 卫星由德尔它 – 2 火箭发射；2008 年 6 月 20 日，Jason – 2 卫星（见图 2 – 30），也称为"海洋表面地形任务"，由德尔它 – 2 火箭发射。截至 2012 年 6 月 30 日，2 颗卫星均在轨运行。

图 2 – 30　Jason – 2 卫星

主要性能参数

Jason 卫星和 TOPEX/Poseidon 卫星一前一后运行于同一轨道，高度 1336km，倾角 66.038°，轨道重复周期 9.9d。卫星采用"可重构的观测、通信与科学平台"，三轴姿态稳定。Jason – 1 和 Jason – 2 卫星参数表 2 – 31。

表 2 – 31　Jason – 1 和 Jason – 2 卫星参数表

参数	Jason – 1	Jason – 2
卫星质量/kg	500	510
设计寿命	3 年，目标寿命为 5 年	5 年
数据存储容量/Gbit	2	2
指向精度/（°）	0.035	0.15
功率/W	450	580
数据传输	S 频段，下行传输速率 650kbit/s，上行传输速率 4kbit/s	S 频段，下行传输速率 838kbit/s，上行传输速率 4kbit/s

Jason – 1 卫星主要有效载荷为波塞冬 – 2 和"贾森微波辐射计"，Jason – 2 卫星进行了改进，主要携带了波塞冬 – 3 和先进微波辐射计，此外 Jason – 2 卫星还携带了"多里斯"系统。

波塞冬 – 2 和波塞冬 – 3 均为 C 频段（5.3GHz）和 Ku 频段（13.575GHz）双频天底点雷达高度计，用于测量海表高度。2 台仪器发射脉冲宽度均为 105.6μs，带宽 320MHz（C 频段）和 320/100MHz（Ku 频段），脉冲重复频率 1800Hz（Ku 频段）和 300Hz（C 频段），功率 78W，数据传输速率 22.5kbit/s。瞬时视场 20°，测高精度 4.2cm。此外波塞冬 – 3 还增加了一个试验模式，可对臭氧层、湖泊和河流进行测量。

"贾森微波辐射计"和"先进微波辐射计"均为 3 波段（18.7、23.8 和 34GHz）无源微波辐射计，用于测量大气水汽和液态水含量，为波塞冬 – 2 数据进行水汽校正。2 台仪器质量均为 27kg，功率 31W，数据传输速率 100bit/s，温度分辨率优于 1K。

Fengqun Weixing
"蜂群" 卫星
Essaim

概　述

"蜂群"（Essaim）卫星是法国研制的试验型电子侦察小卫星，任务是监测来自地面的各种电磁信号，并验证相关技术以及在大范围内实施空间计划的可行性。

Essaim 卫星由法国武器装备部（DGA）出资，阿斯特里姆公司负责空间与地面部分系统设计、人员培训和系统运行。

Essaim 卫星星座（见图 2 – 31）由 4 颗卫星组成，其中工作星 3 颗，备份星 1 颗；4 颗 Essaim 卫星于 2004 年 12 月 18 日由阿里安 – 5 火箭发射。

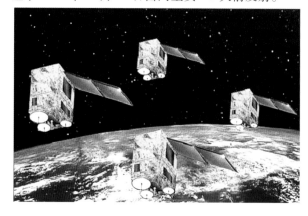

图 2 – 31　Essaim 卫星星座

主要性能参数

Essaim 卫星呈六面体，质量 120kg，轨道高度680km，采用"马里德"小卫星平台，底部装有磁力计等定位装置，顶面装有天线、接收机和数据存储装置等。卫星由可展开太阳翼和锂电池提供功率，法国国家空间研究中心（CNES）的图卢兹航天中心控制，设计工作寿命为 3 年。

4 颗 Essaim 卫星分别在两条不同的、彼此相距数千米的轨道上飞行，共同组成菱形编队，前 3 颗卫星工作，第 4 颗卫星起备份作用，彼此间隔10km，每 24h 绕地球飞行 15 周。Essaim 卫星星座可对给定地区上空提供 10min 侦收时间，发现新出现的通信信号，初步确定信号格式以供其他系统深入分析。

Yun – Qirongjiao Jiguang Leida he Hongwai Tanluzhe Weixing Guance Weixing

"云－气溶胶激光雷达和红外探路者卫星观测"卫星 CALIPSO

概　况

"云－气溶胶激光雷达和红外探路者卫星观测"（Cloud – Aerosol Lidar and Infrared Pathfinder Satellite Observations，CALIPSO）卫星是法国与美国合作研制的对地观测卫星，属于美国"地球观测系统"（EOS），又名地球系统科学探路者－3（ESSP－3），用于探测云层和气溶胶的垂直分布及其对地球冷热变化的影响。

CALIPSO 计划由法国国家空间研究中心（CNES）、美国国家航空航天局（NASA）、美国汉普顿大学、法国拉普拉斯物理研究所等共同负责。法国国家空间研究中心负责星载"红外成像仪"的研制以及卫星的建造和运行；NASA 负责星载"云－气溶胶激光雷达"的研制以及该计划的管理和卫星发射；卫星平台由泰雷兹·阿莱尼亚航天公司研制。

CALIPSO 卫星（见图 2－32）于 2006 年 4 月 28日由德尔它－7420 运载火箭发射。截至 2012 年 6 月30 日，卫星运行正常。

图 2 - 32　CALIPSO 卫星

主要性能参数

CALIPSO 卫星运行在高度 705km 的近太阳同步轨道，轨道倾角 98.05°，升交点地方时约 13：30。卫星质量为 635kg（包括 28kg 肼），设计寿命 3 年。

卫星采用增强型"可重构的观测、通信与科学平台"，尺寸 2.46m×1.51m×1.91m，翼展 9.72m，三轴姿态稳定。姿态测量部件由双轴陀螺仪、磁强计、粗太阳敏感器和星跟踪器组成；姿态执行机构由反作用轮和磁力矩器组成。电源分系统采用锂离子电池，平均功率 560W。

CALIPSO 卫星星上数据存储容量为 60Gbit，平台星务数据容量为 2Gbit。测控链路采用 S 频段，下行传输速率为 727kbit/s，上行传输速率为 4kbit/s。数据传输采用 X 频段，传输速率为 80Mbit/s。

CALIPSO 卫星主要有效载荷为"云－气溶胶激光雷达"、"红外成像仪"和"宽视场相机"。

"云－气溶胶激光雷达"采用双波长（532nm、1064nm）的正交极化雷达，可提供高分辨率（30m）的气溶胶和云的垂直分布。雷达质量 156kg，功率124W，数据传输速率 316kbit/s。该雷达有 3 个通道，1 个通道测量 1064nm 的后向散射强度，另外 2个通道测量 532nm 后向散射信号的正交极化部分。水平分辨率 333m，垂直分辨率 30m，视场 130μrad。

"红外成像仪"为非扫描式垂直对地成像仪，含8.65μm、10.6μm 和 12.05μm 三个通道。质量 24kg，尺寸 490mm×550mm×320mm，功率 27W。空间分辨率 1km×1km，视场 64km×64km。温度 210K 时，等效噪声温度（NEΔT）<0.5K；绝对校准精度 <1K。

"宽视场相机"为推扫型 CCD 相机，垂直对地成像，采用单一谱段（0.645μm），光谱带宽 50nm，单像素瞬时视场 125m×125m，幅宽 61km。

Luoxuan Weixing
"螺旋" 卫星
SPIRALE

概　述

"螺旋"（Système Préparatoire Infra – Rouge pour l 'Alerte，SPIRALE）卫星，又称"红外预警准备系统"，是法国发展的天基预警验证卫星，包括 SPIRALE – A 和 SPIRALE – B 卫星 2 颗，任务是收集地球红外辐射信号，模拟天基红外预警系统，为未来发展实用型天基预警系统奠定基础。

法国武器装备局（DGA）授权阿斯特里姆公司为主承包商，负责系统工程、发射段、地面段、运营管理和数据处理。泰雷兹·阿莱尼亚航天公司负责空间段的研发和卫星的研制。

2 颗 SPIRALE 卫星于 2009 年 2 月 11 日由阿里安 – 5 火箭从法属圭亚那发射场发射，截至 2012 年 6 月 30 日，SPIRALE 卫星（见图 2 – 33）在轨运行。

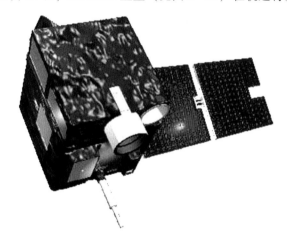

图 2 – 33　SPIRALE 卫星

主要性能参数

2 颗 SPIRALE 卫星运行在同一高椭圆轨道，近地点 600km、远地点 36000km，轨道倾角 2°。卫星呈立方体，侧面为 4 块铝合金蜂窝板，上面安装有卫星的主要部件，卫星有效载荷通过上层面板直接连接在卫星平台上，这样卫星结构紧凑，使得温度梯度和形变降至最低。

2 颗 SPIRALE 卫星均采用"马里德"卫星平台，三轴姿态稳定，姿态测量部件采用 1 个星敏感器、3

个太阳敏感器和 3 个单轴陀螺测试仪。电源系统包括太阳翼、电源调节与分配单元和锂电池。测控链路采用 S 频段测控通信，上行传输速率为 20kbit/s，下行传输速率为 25kit/s，数据传输采用 X 频段，传输速率为 4Mbit/s。卫星主要参数见表 2 – 32。

表 2 – 32　卫星主要参数

参数	指标
卫星质量/kg	120
卫星平台尺寸	60cm × 60cm × 60cm
电源系统	待机模式：80W
	成像模式：100W
	1 副太阳翼：5.7A
	锂电池容量：15A·h
姿态控制系统	三轴稳定
	4 个 0.12N·m·s 反作用轮
	标称模式星敏感器，光纤陀螺仪备份
	安全模式：光纤陀螺仪和太阳敏感器
	推进剂初始质量：4.6kg
指向精度/（°）	0.1
星上计算机	处理器：T805；大容量存储器：60MByte

Maosuxing Weixing
"昴宿星" 卫星
Pleiades

概　述

"昴宿星"（Pleiades）卫星是法国发展的新一代军民两用高分辨率光学成像卫星，由 2 颗卫星组成星座运行，与"斯波特"（SPOT）系列卫星相互补充，完成成像侦察任务。

欧洲航空航天防务集团阿斯特里姆公司是 Pleiades 卫星系统的主承包商，主要负责卫星平台、卫星控制与管理、有效载荷数据操作和传输，以及卫星验证工作。泰雷兹·阿莱尼亚航天公司为卫星有效载荷分包商。

Pleiades – 1 卫星于 2011 年 12 月 17 日由"联盟"运载火箭从法属圭亚那航天中心发射。Pleiades – 2 卫星将于 2013 年发射。Pleiades 卫星见图 2 – 34。

图 2 – 34   Pleiades 卫星

主要性能参数

Pleiades 卫星运行在高度 694km、倾角 98.2°的太阳同步轨道，降交点地方时 10：30，单星重访周期为 2d（侧摆 47°），轨道重复周期 26d。Pleiades 卫星质量约 940kg，其中燃料 75kg，有效载荷质量 195kg，寿命末期功率 1500kW，平均功率 850W，设计寿命 5 年。

Pleiades 卫星采用紧凑型设计，六面体构型，3 副太阳翼以 120°间隔均匀配置，并采取固定安装方式，直接与平台结构相连。卫星的有效载荷安装在平台内部，目标是高敏捷性和高定位精度。卫星采用高效三结砷化镓太阳电池，面积约 5m²，锂离子电池容量 150A·h。

Pleiades 卫星采用天体卫星 – 1000 平台，三轴姿态稳定。姿态测量部件采用星跟踪器与陀螺仪组合系统，直接安装在有效载荷结构上。陀螺仪采用控制动量陀螺组件，每个控制动量陀螺输出动量矩 45N·m，角动量 15N·m·s。卫星最大侧摆角 60°，侧摆 5°耗时 8s，侧摆 10°耗时 10s，侧摆 60°耗时 25s。

卫星测控链路采用 S 频段。有效载荷数据传输采用 X 频段，含 3 个相互独立的通道（155Mbit/s），数据传输总速率约 465Mbit/s。Pleiades 卫星轨道测量采用星载多普勒和无线电定位系统，测量精度 1m，同时它还提供系统时间同步信息。

卫星有效载荷为 1 台全色和多光谱相机，用于提供高分辨率多光谱图像和高地理定位精度。相机采用推扫成像方式，全色分辨率 0.7m，多光谱分辨率 2.8m。Pleiades 卫星有效载荷性能指标见表 2 – 33。

表 2 –33   Pleiades 卫星有效载荷性能指标

参数	指标
有效载荷质量/kg	195
尺寸	1594mm（长）×980mm（宽）×2235mm（高）
功率/W	400
谱段	全色：0.48 ~ 0.82μm 多光谱 – 蓝：0.45 ~ 0.53μm 多光谱 – 绿：0.51 ~ 0.59μm 多光谱 – 红：0.62 ~ 0.7μm 多光谱 – 近红外：0.775 ~ 0.915μm
光学系统	口径 0.65m，焦距 12.905m，相对孔径 f/20，三镜消像散镜组
探测器	全色：5 ×6000 元，像元尺寸 13μm 多光谱：5 ×1500 元，像元尺寸 52μm
空间分辨率/m	全色：0.7；多光谱：2.8
幅宽/km	20（星下点）
数据量化/bit	12
图像定位精度/m	有地面控制点：1 无地面控制点：10（90%），20（99.7%）

国 际

地球是一个一体化的系统，所有影响条件，无论是生态的、生物的、气候的还是地理的，都是相互联系且相互影响的，只有采用一体化的方法来收集和分析数据，将地球作为一个整体进行综合观测，重视系统的顶层设计，统筹规划系统功能，建立天、空、地一体化的综合对地观测系统，以全球性的整体观、系统观和多时空尺度来研究地球整体行为，对地观测系统才能得到综合提高。然而，单靠一个国家的努力，无法对上述领域进行一体化的观测，积极开展对地观测领域的国际合作对于提高对地观测卫星系统的整体技术水平和应用能力很关键。

美国提出的"地球观测系统"（EOS）计划和"地球科学事业"计划、欧洲提出的"全球环境与安全监测"（GMES）计划、欧洲航天局（ESA）倡导的"生存行星计划"和国际地球观测组织倡导的"全球综合对地观测系统"（GEOSS）无不涉及国际合作。

其中，"灾害监测星座"（DMC）是国际合作项目的典范，参与该项目的国家包括阿尔及利亚、土耳其、尼日利亚、中国、西班牙和英国。DMC星座也参与了《空间和重大灾害国际宪章》。同时，DMC通过欧洲航天局的第三方合作计划参与了欧洲的GMES计划。

《空间和重大灾害国际宪章》的成员包括欧洲航天局（ESA）、法国国家空间研究中心（CNES）、加拿大航天局（CSA）、美国国家海洋和大气管理局（NOAA）、印度空间研究组织（ISRO）、阿根廷国家航天活动委员会（CONAE）、日本宇宙航空研究开发机构（JAXA）、美国地质调查局（USGS）、灾害监测国际图像公司、中国国家航天局、德国航空航天中心（DLR）、韩国航空航天研究院（KARI）、巴西国家空间研究院（INPE）和欧洲气象卫星开发组织（EUMETSAT）。

Zaihai Jiance Xingzuo Weixing
"灾害监测星座"卫星
DMC

概 况

"灾害监测星座"（Disaster Monitoring Constellation，DMC）是全球首个由多个国家协作完成的国际灾害监测卫星星座，包括阿尔及利亚、中国、尼日利亚、土耳其、西班牙和英国等多个国家的多颗小卫星，目标是实现对地球上任何地方24h重访，为快速监测自然和人为灾害以及其他动态现象提供服务。

英国萨瑞卫星技术公司（SSTL）是DMC国际合作计划的倡导者，负责设计并建造所有DMC卫星；DMC国际图像有限公司负责DMC的商业运行，各所属国拥有卫星并控制卫星的轨道运行。

截至2012年6月30日，DMC星座卫星（见图2-35）已发展2代，DMC1和DMC2，共有在轨卫星6颗，还有数颗尼日利亚的小卫星正在制造中。DMC1和DMC2星座的卫星概况见表2-34。

表 2 −34 DMC1 和 DMC2 星座的卫星概况

星座	卫星名称	所属国家	发射时间	任务状态	合作研制机构
DMC1	Alsat − 1	阿尔及利亚	2002 − 11 − 28	退役	阿尔及利亚国家空间技术中心（CNTS）
	BILSAT − 1	土耳其	2003 − 09 − 27	退役	土耳其信息技术与电子研究所（BILTEN）
	NigeriaSat − 1	尼日利亚	2003 − 09 − 27	在轨运行	尼日利亚国家空间研究发展局（NASRDA）
	UK DMC − 1	英国	2003 − 09 − 27	退役	英国国家空间中心
	Beijing − 1	中国	2005 − 10 − 27	在轨运行	北京宇视蓝图信息技术公司
DMC2	UK DMC − 2	英国	2009 − 07 − 29	在轨运行	SSTL 独资
	Deimos − 1	西班牙	2009 − 07 − 29	在轨运行	西班牙德莫斯成像公司
	NigeriaSat − 2	尼日利亚	2011 − 08 − 17	在轨运行	NASRDA
	NigeriaSat − X	尼日利亚	2011 − 08 − 17	在轨运行	NASRDA

图 2 −35 DMC 星座卫星

主要性能参数

DMC 星座卫星采用太阳同步圆轨道，轨道高度 686km，倾角 98.2°，轨道周期 97.7min，升交点地方时 10：15。DMC 卫星单星重访周期为 4d，通过组网，重访周期可达 24h，实现每天重复观测。卫星全色分辨率 4m，多光谱分辨率 32m。DMC 卫星均采用 SSTL 公司的"微小卫星"平台。该系列平台在 DMC 中的应用和平台参数见表2 −35。

表 2 −35 "微小卫星"系列平台在 DMC 中的应用和平台参数

平台名称	采用该平台的 DMC 卫星	平台性能
微小卫星 −100（SSTL −100i）	Alsak − 1；NigeriaSat − 1；NigeriaSat − NX；Deimos − 1；UK − DMC −1/2；	平台质量 90 ~ 140kg，可承载有效载荷质量为 40kg
微小卫星 −150（SSTL −150i）	Beijing − 1；BILSAT − 1	平台质量 103kg，可承载有效载荷质量为 50kg
微小卫星 −300（SSTL −300i）	NigeriaSat − 2	平台质量 218kg，可承载有效载荷质量为 150kg

（1）阿尔及利亚卫星 −1

阿尔及利亚卫星 −1（Algeria Satellite −1，Alsat −1）有效载荷是萨瑞"6 通道 3 谱段多光谱线性成像仪"，它是 SSTL 研制的标准中分辨率多光谱成像仪，其参数见表 2 −36。

表 2 −36 "6 通道 3 谱段多光谱线性成像仪"参数表

参数	指标
相机	推扫式相机，包括 6 个通道
谱段	0.52 ~ 0.62μm（绿）；0.63 ~ 0.69μm（红）；0.76 ~ 0.9μm（近红外）
空间分辨率/m	32
幅宽/km	600
视场/（°）	26.62
光学系统	焦距 150mm，相对孔径 f/6.3
量化值/bit	10

（2）信息技术与电子研究所卫星-1

信息技术与电子研究所卫星-1（BILTEN Satellite-1，BILSAT-1）的有效载荷包括"全色相机"、"多光谱成像系统"和"多谱段相机"。

"全色相机"基于萨瑞大学卫星-12（UoSat-12）研制，望远镜口径400mm，空间分辨率12m，幅宽25km，视场300km。全色相机与星相机安装在同一光学平台上。

"多光谱成像系统"由4台独立相机组成，采用凝视型阵列，每台相机运行在独立的谱段（红、蓝、绿、近红外），空间分辨率26m，幅宽55km。

"多谱段相机"是土耳其研制的低分辨率多光谱成像仪，由8台相机组成，空间分辨率为120m。

（3）尼日利亚卫星-1

尼日利亚卫星-1（NigeriaSat-1）卫星运行于太阳同步圆轨道，高度686km，倾角98.9°，轨道周期97.7min。卫星质量98kg，有效载荷与Alsat-1卫星相同。

（4）灾害监视星座卫星-1

灾害监视星座卫星-1（UK DMC-1）的主要有效载荷与Alsat-1和NigeriaSat-1卫星一样。

此外，卫星还载有数个试验型载荷，包括GPS反射计试验载荷、水电阻加热推力器试验载荷、思科公司的低地球轨道路由器、抗网络延迟和中断试验载荷。

（5）北京-1

北京-1（Beijing-1）卫星质量166.4kg，外形尺寸900mm × 770mm × 912mm，运行轨道高度686km，设计寿命5年。Beijing-1卫星采用倾角98.17°的太阳同步轨道，升交点地方时10∶45。

Beijing-1卫星的有效载荷包括1台较高分辨率的全色相机（称为"中国制图望远镜"）和1台"多光谱成像仪"。全色相机的成像模式为推扫式，覆盖谱段范围为全色0.5～0.8μm，分辨率4m，幅宽24km，全色相机可侧摆±30°，影像产品的标准景大小为24km×24km；"多光谱成像仪"分3个谱段，即0.52～0.66μm、0.63～0.69μm和0.76～0.9μm，每个谱段由2台相机成25.2896°交角组合成像，约重叠567个像素，空间分辨率为32m，影

像产品的标准景为600km×600km。

（6）灾害监视星座卫星-2和德莫斯-1卫星

灾害监视星座卫星-2（UK DMC-2）和德莫斯-1（Deimos-1）卫星均携带改进型"多光谱成像仪"（其参数见表2-37），分辨率提高到22m。

表2-37　改进型"多光谱成像仪"参数表

参数	指标
CCD	线阵CCD，14400个阵列，像元尺寸5.0μm×5.0μm
谱段	0.52～0.62μm、0.62～0.69μm和0.76～0.9μm
镜头	焦距155.9mm，相对孔径f/5
瞬时视场/（°）	0.00184
空间分辨率/m	22
每通道视场/（°）	26.6
总幅宽/km	660
标准景	80km×80km
量化值/bit	8或10
信噪比	>100

（7）尼日利亚卫星-2、尼日利亚卫星-X

尼日利亚卫星-2（NigeriaSat-2）携带"甚高分辨率成像仪"，该载荷提供2.5m分辨率的全色图像和5m分辨率的4谱段多光谱数据，用于绘图、水资源管理、农业用地监测、人口评估、环境危害监测以及防灾减灾等。"甚高分辨率成像仪"由SSTL设计制造，是Beijing-1的"中国制图望远镜"的改进型，基于卡塞格林结构，主镜口径为385mm，焦距1000mm，幅宽为20km。"甚高分辨率成像仪"使用低膨胀材料制造，支撑结构使用碳纤维复合材料，光学系统使用微晶玻璃和熔石英，光具座使用低膨胀铝材料。

NigeriaSat-2卫星另一个有效载荷是"中分辨率成像仪"，它是32m中分辨率4谱段多光谱成像仪，幅宽300km。

尼日利亚卫星-X（NigeriaSat-X）卫星携带改进型"多光谱成像仪"，多光谱分辨率22m。

韩 国

在 1996 年，韩国制定了未来 20 年的航天总体规划，包括研制和发射 20 颗卫星，目标是跻身世界十大航天强国行列。2000 年，韩国又对该计划进行了修订，以更好地满足本国对卫星的需求，并保持卫星数据的连续性。"韩国多用途卫星"（Kompsat）系列和"通信、海洋与气象卫星"（COMS）等对地观测卫星计划均是在这种背景下启动的。

Kompsat 系列卫星是韩国主要的对地观测项目，担负着对全球，特别是对朝鲜半岛及周边地区的侦察监视、测绘制图、海洋观测、环境和灾害监测等任务，在韩国现有的四大卫星系列中占据重要地位，是政府重点投入发展的项目。而 COMS-1 卫星项目的实施缓解了韩国对突发性气象灾害的预报需求，标志着韩国成为拥有气象卫星的国家。

Hanguo Duoyongtu Weixing

"韩国多用途卫星" Kompsat

概 况

"韩国多用途卫星"（Korea Multi-Purpose Satellite, Kompsat），也称"阿里郎"（Arilang）卫星，是韩国航空航天研究院（KARI）发展的对地观测卫星，用于为韩国军民用户以及国外商业用户提供卫星图像。截至 2012 年 6 月 30 日，已发射 3 颗卫星。

Kompsat-1 卫星是低轨道光学成像卫星，由美国汤普森-拉莫-伍尔德里奇（TRW）公司（现并入诺思罗普-格鲁曼公司）负责卫星的研制，地面段由韩国自主研发。Kompsat-1 卫星于 1999 年 12 月 21 日利用美国轨道科学公司（OSC）的"金牛座"运载火箭发射，2008 年 1 月卫星失效。

Kompsat-2 卫星平台由韩国研制，欧洲阿斯特里姆公司提供技术指导与支持，星上相机则由韩国和以色列光电工业公司（El-Op）联合研制。2006 年 7 月 28 日，该卫星由俄罗斯"隆声"运载火箭发射。截至 2012 年 6 月 30 日，Kompsat-2 卫星仍在轨运行。

2004 年 7 月，韩国启动了 Kompsat-3 和 3A 光学成像卫星项目，用于接替 Kompsat-2 卫星。Kompsat-3 和 3A 卫星采用阿斯特里姆德国公司研制的相机。其中，Kompsat-3 卫星于 2012 年 5 月 17 日由日本 H-2A 运载火箭发射。

主要性能参数

（1）Kompsat-1 卫星

Kompsat-1 卫星运行在高度 685km、倾角 98.1° 的太阳同步圆轨道，升交点地方时为 10：50，轨道重复周期 28d。

Kompsat-1 卫星（见图 2-36）基于汤普森-拉莫-伍尔德里奇公司（TRW）的标准平台研制，外形为六面柱体，直径 1.33m，长 2.33m；质量为 510kg，功率为 630W（寿命末期 500W），设计寿命 3 年。

图 2-36 Kompsat-1 卫星

Kompsat – 1 卫星主要有效载荷包括："光电相机"、"海洋多光谱扫描成像仪"和"空间物理探测器"。"光电相机"是一种全色推扫相机，质量为 35kg，功率 46W；工作谱段 510 ~ 730nm，数据量化 8bit，全色分辨率 6.6m（天底点），幅宽 17km，相机可侧摆 ± 45°，能异轨立体成像，满足 1：25000 比例尺的制图要求。"海洋多光谱扫描成像仪"质量 15kg，功率 30W，有 6 个通道，光谱范围 0.4 ~ 0.9μm，中心波长分别为 0.443μm、0.490μm、0.51μm、0.555μm、0.67μm、0.865μm，数据量化 10bit，地面分辨率 1km，幅宽 800km。"空间物理探测器"由"高能精确探测器"和"电离层测量敏感器"组成。

（2）Kompsat – 2 卫星

Kompsat – 2 卫星的运行轨道与 Kompsat – 1 卫星一样，2 颗卫星轨道相位相差 180°。卫星采用零动量偏置三轴姿态稳定，由星跟踪器、陀螺仪、三轴磁强计、磁力矩器和反作用轮组成，具有非常高的姿态控制精度。滚动和俯仰方向的指向敏感精度为 0.020°，控制精度优于 0.025°；偏航方向的指向敏感精度为 0.045°，控制精度优于 0.080°。推进分系统采用可多次启动的单组元肼推力器，携带 73kg 燃料。卫星配备 GPS 接收机，用于卫星定轨。Kompsat – 2 卫星具有较强的姿态机动能力，可在沿轨方向

侧摆 ± 30°，穿轨方向侧摆 ± 56°，实现多轨立体成像。

Kompsat – 2 卫星（见图 2 – 37）主要有效载荷为 1 台"多光谱相机"，质量约 150kg，功率 350W。全色谱段是 0.5 ~ 0.9μm，分辨率是 1m；多光谱谱段为 0.45 ~ 0.52μm、0.52 ~ 0.6μm、0.63 ~ 0.69μm、0.76 ~ 0.9μm，分辨率是 4m。相机有两种成像模式：一种是自动标称成像模式，一种是立体成像模式。相机的每轨占空比为 20%。时间延迟积分（TDI）级数最高能够达到 32 级，可显著提高信噪比，满足低光照条件的成像要求。

（3）Kompsat – 3 卫星

Kompsat – 3 卫星（见图 2 – 38）用于接替 Kompsat – 2 卫星，执行高分辨率成像和测绘任务，卫星敏捷性能进一步提高，并且具有 1d 的自主运行能力。星上存储器寿命末期容量 384Gbit，数据传输速率 600Mbit/s。

卫星有效载荷为先进地球成像系统，是一台高分辨率推扫成像仪，由阿斯特里姆德国公司协助研制，主要用于全色和多光谱制图及灾害监测。全色谱段为 0.45 ~ 0.9μm，分辨率 0.7m；多光谱谱段为 0.45 ~ 0.52μm、0.52 ~ 0.6μm、0.63 ~ 0.69μm、0.76 ~ 0.9μm，分辨率 2.8m。

图 2 – 37　Kompsat – 2 卫星

图 2 – 38　Kompsat – 3 卫星

Kompsat 各卫星参数的比较见表 2 – 38。

表 2 – 38 Kompsat 卫星参数比较

卫星名称		Kompsat – 1	Kompsat – 2	Kompsat – 3
发射日期		1999 – 12 – 21	2006 – 07 – 28	2012 – 05 – 17
运行状况		2008 年 1 月失效	在轨运行	在轨运行
卫星尺寸/m	直径	1.33	1.85	2
		2.33	2.6	3.4
卫星质量/kg		510	765	900
功率/W		630	955	1200
设计寿命/年		3	3	4
运行轨道	轨道类型	太阳同步圆轨道		
	高度/km	685		
	倾角/ (°)	98.1		
	升交点地方时	10:50		
	重复周期/d	28		
指向精度/ (°)	滚转	0.01	0.020	
	俯仰	0.18	0.020	
	偏航	0.50	0.045	
上行链路传输速率/ (kbit/s)		2	2.048	
下行链路传输速率/ (Mbit/s)	S 频段	1.5	1.5	
	X 频段	45	320	600
固态存储器容量/Gbit		8	128	384

"通信、海洋和气象卫星" COMS

概况

"通信、海洋和气象卫星"（Communication、Ocean and Meteorological Satellite，COMS）是韩国发展的地球静止轨道卫星，用于提供朝鲜半岛及周边区域的气象和海洋监测。

2002 年，韩国科技部、气象厅、信息通信部和海事渔业部等多个政府部门共同启动 COMS – 1 项目。COMS – 1 卫星能在多个领域得到应用：1）试验通信。能在轨验证成熟的通信技术，试验宽带多媒体通信服务。2）海洋水色监测。监测海洋环境和生态系统，与渔业信息相关的数据产品。3）气象观测。从地球静止轨道对地面进行连续监测并获得气象数据，恶劣天气现象的早期预警，监测海表温度和云的长期变化。

2010 年 6 月 26 日，COMS – 1 卫星（见图 2 – 39）由阿里安 – 5 运载火箭发射。截至 2012 年 6 月 30 日，COMS – 2 卫星还在研制中。

图 2 – 39 COMS – 1 卫星

主要性能参数

COMS－1 卫星采用欧洲星－E3000 平台。卫星总体为箱形结构，采用双组元推进系统。入轨定位后，COMS－1 卫星的"气象成像仪"和"数据及通信分系统"天线朝向地球，单翼的砷化镓太阳翼面积约 10.6m²，可展开的 Ka 频段天线反射器则被安置在东、西两侧。星上携带有"气象成像仪"、"地球静止海洋水色成像仪"和"Ka 频段通信载荷" 3 个有效载荷。COMS－1 卫星的主要技术指标见表 2－39。

"气象成像仪"的尺寸为 1.3m×0.8m×0.9m，质量约 100kg。它可提供 5 个通道的图像和地球表面云层辐射资料，这 5 个通道的带宽分别是 0.55～0.80μm、3.50～4.00μm、6.50～7.00μm、10.3～

11.3μm、11.5～12.5μm。该成像仪每隔 15min 便可传送高清晰气象数据，其主要任务包括监测云层等气象变化，提取和形成气象资料，及早发现恶劣天气现象；补充现有静止气象卫星网络，为数值天气预报模型的改进提供新数据等。此外，通过韩国的气象资料处理系统，卫星还可提供沙尘暴、海水和地面温度等 16 项气象信息。

"地球静止海洋水色成像仪"的尺寸是 1.39m× 0.89m×0.85m，质量约 84kg，功率小于 100W（含温度控制系统），望远镜焦距 1171mm，空间分辨率为 500m×500m，覆盖范围不小于 2500km×2500km，谱段为 0.4～0.9μm。该成像仪可监测朝鲜半岛周边海洋环境和海洋生态，还提供海岸带资源管理和渔业信息等。

表 2－39 COMS－1 卫星的主要技术指标

参数	指标
运行轨道	地球静止轨道，定点在东经 128.2°
卫星发射质量/kg	约 2460
有效载荷质量和功率	316kg，1077W
卫星尺寸	2.6m×1.8m×2.8m
太阳翼面积/m²	10.6
功率/kW	2.5（寿命末期）
设计寿命/年	≥10
姿态和轨道控制系统	采用三轴稳定方式； 滚动和俯仰指向精度优于 0.05°； 指向稳定度为 10μrad（8s）和 55μrad（120s）
天线指向精度/(°)	优于 0.11
位置保持精度/(°)	±0.5
观测数据及 TT&C 传输	L 和 S 频段
通信有效载荷频率	Ka 频段（27.0～31.0GHz 和 18.1～21.2GHz）

加拿大

加拿大政府优先发展对地观测卫星，同时重视对地观测卫星系统的商业化发展。自1995年首颗对地观测卫星雷达卫星-1（RADARSAT-1）发射以来，为全球用户提供了许多高分辨率的卫星图像。

为了保持"雷达卫星"数据的连续性，加拿大与麦克唐纳·德特威勒联合公司（MDA）采用公私合营的方式研制并成功发射了3m分辨率的RADARSAT-2，巩固了其"雷达卫星"在国际商业遥感市场的主导地位。

未来，加拿大计划发射RADARSAT-2卫星的后续系统，称为"雷达卫星星座任务"（RCM），该系统由3颗小卫星组成，可进一步扩大覆盖范围、缩短重访周期、降低风险以及提高系统可靠性。该卫星星座将进一步增强加拿大对地观测卫星的竞争力，促进对地观测活动的商业化发展。

Leida Weixing
"雷达卫星"
RADARSAT

概　况

"雷达卫星"（RADARSAT）是加拿大航天局（CSA）的雷达成像卫星，主要用于地球环境监测、资源调查等。

图2-40　RADARSAT-2卫星

RADARSAT卫星系列目前已发射RADARSAT-1和RADARSAT-2两颗。RADARSAT-1卫星是加拿大发展的第一颗商业地球观测卫星，由加拿大航天局和加拿大的四个省（魁北克、安大略、萨斯喀彻温和不列颠哥伦比亚）以及雷达卫星国际公司〔RSI，后改为加拿大麦克唐纳·德特威勒联合公司（MDA）旗下的国际地理空间服务公司〕联合开发，并且由NASA提供卫星发射服务。卫星的主承包商是加拿大斯帕航空航天公司，卫星平台由美国鲍尔航空航天技术公司（BATC）提供。1995年11月4日，RADARSAT-1卫星从范登堡空军基地发射，1996年4月1日投入运行。截至2012年6月30日，卫星仍在轨运行，处于超期服役状态。

RADARSAT-2卫星作为RADARSAT-1卫星的后续型号，是全球第一颗提供多极化图像的商业雷达成像卫星，由加拿大航天局和加拿大麦克唐纳·德特威勒联合公司通过公私合营的方式合作开发，麦克唐纳·德特威勒联合公司负责卫星运行，意大利阿莱尼亚航天公司负责提供卫星平台。RADARSAT-2卫星（见图2-40）采用多种极化方式，最高分辨率3m，为世界上最先进的民用高分辨率合成孔径雷达卫星之一。RADARSAT-2卫星于2007年12月14日从拜克努尔航天发射中心发射，2008年4月24日投入运行。

主要性能参数

（1）RADARSAT-1卫星

RADARSAT-1卫星采用高度798km的近圆太阳同步轨道，轨道倾角98.6°，升交点地方时18：00，周期100.7min，轨道重复周期24d。卫星发射质量3200kg，设计寿命5年。其性能参数见表2-40。

表2-40　RADARSAT-1卫星性能参数

参数	指标
太阳翼功率/kW	2.5
星上存储器	磁带记录器
分辨率/m	8（最高）
成像频率	C频段，5.3GHz，中心波长为5.6cm
极化方式	HH
成像模式切换时间/s	约14
SAR天线侧视方向	右视
推进剂	67kg肼
电池	3组镍镉电池，每组容量48A·h

星上装载的唯一有效载荷为"合成孔径雷达"（SAR），质量1540kg，由发射器、接收器和下行链路数据发射器组成。成像频段为C频段，通信带宽为11.6MHz、17.3MHz或30.0MHz；发射器平均功率300W，峰值功率5kW，发射器和接收器采用水平极化。天线尺寸为1.5m×15m，由1个固定和4个可展开面板组成。

星载合成孔径雷达具有2种工作模式：即聚束模式和扫描模式。其中聚束模式又可分为5种工作方式，扫描模式又可分为2种工作方式。因此，RADARSAT-1卫星共有7种工作方式，可形成25个波束位置，35个入射角。雷达可在"高占空比"条件下运行，每轨成像时间28min，最高分辨率8m，最大覆盖范围300km×300km。

（2）RADARSAT-2卫星

RADARSAT-2卫星和RADARSAT-1卫星在同一轨道面运行，两星彼此之间间隔30min（具有相同的地面轨迹和重复周期）。卫星发射质量2200kg，设计寿命7年。

RADARSAT-2卫星平台基于"多用途可重构意大利卫星平台"研制，高3.7m，宽1.36m。星上装有2副太阳翼，每副由3块太阳电池板组成，每块尺寸3.73m×1.8m，寿命末期功率2.4kW，采用氢镍蓄电池。

RADARSAT-2卫星为三轴姿态稳定，姿态控制分系统配备2个星跟踪器用于精确测量，姿态测量精度为±0.02°，姿态控制精度±0.05°（每轴3σ）。卫星图像定位精度优于300m，处理后精度优于100m。卫星可根据指令进行灵活的左、右视成像切换，不仅缩短了重访周期，并拥有获取立体图像的能力。RADARSAT-2卫星性能参数见表2-41。

表2-41　RADARSAT-2卫星性能参数

参数	指标
星上存储器	固态存储器
空间分辨率/m	3~100
极化方式	HH、HV、VV、VH
成像模式切换时间/ms	<10
SAR天线侧视方向	左视和右视

RADARSAT-2卫星与RADARSAT-1卫星相比，增加了3m分辨率的超精细成像模式和8m分辨率的全极化模式，可更好地区分、识别地面目标，且RADARSAT-2卫星的所有工作模式均支持左视和右视观测。RADARSAT-2卫星合成孔径雷达参数见表2-42。

表2-42　RADARSAT-2卫星合成孔径雷达参数

参数	指标
中心频率	5.405GHz，C频段（波长5.5cm）
通信带宽/MHz	11.6，17.3，30，50或100
发射器功率（峰值）/W	1650（正常模式），2280（超精细模式）
SAR天线	天线尺寸：15m×1.37m，质量：750kg 类型：二维有源相控阵天线 512个接收/发射模块，排列成32行，每行16个模块
天线极化方向	全极化（HH，VV，HV，VH） 两种极化同时接收：H和V或LHC和RHC 极化隔离优于25dB（≥25dB）
延迟成像时间/ms	10
最大传输速率/（Mbit/s）	105

马来西亚

马来西亚重视对地观测卫星数据的应用。早在 20 世纪 70 年代，马来西亚在林业领域就开始利用卫星对地观测数据。如今，马来西亚已广泛使用对地观测卫星图像，但这些卫星图像数据和信息都由国外卫星提供。

为了满足本国的用途和需要，更加及时地获得对地观测卫星数据和信息，2009 年马来西亚与韩国合作，研制并发射了一颗高分辨率小卫星，即中等口径相机卫星（MACSAT）。该卫星分辨率 2.5m，用于城市规划、土地利用和国家安全等多种目的。

Zhongdengkoujing Xiangji Weixing
"中等口径相机卫星" MACSAT

概　况

"中等口径相机卫星"（Medium – sized Aperture Camera Satellite，MACSAT）是马来西亚的高分辨率对地观测小卫星，目标是证明马来西亚的卫星设计和制造能力，以及低轨高分辨率成像和数据处理能力。

图 2 – 41　RazakSat 卫星

MACSAT 项目于 2000 年启动，由马来西亚航天技术公司（ATSB）和韩国卫星技术研究中心开创公司合作研制，联合工程师小组于 2001 年 11 月成立。项目主要资金由马来西亚航天技术公司提供，合作内容还包括培训马来西亚工程师。2003 年 8 月 7 日，马来西亚的首相在视察马来西亚航天技术公司时为该卫星赠名为"拉扎克卫星"（RazakSat）（见图 2 – 41）。MACSAT 为卫星的工程名称，RazakSat 为卫星的官方名称。MACSAT 卫星于 2009 年 7 月 14 日由法尔肯 – 1 运载火箭发射。

主要性能与参数

RazakSat 卫星轨道比较特殊，采用近赤道低轨道，轨道高度 685km，倾角 7.5°～9°，可为马来西亚和赤道附近的国家提供高分辨率卫星图像。卫星发射质量 190kg，寿命末期功率高于 330W。

RazakSat 卫星结构呈六面柱体，由铝蜂窝材料、侧板和可展开太阳翼组成。卫星采用 SI – 200 平台，为三轴姿态稳定。姿态测量部件由粗太阳敏感器、精太阳敏感器、磁强计、2 台星敏感器和陀螺仪组成；姿控执行机构由 3 个磁力矩器和 4 组反作用轮组成。卫星指令与数据处理分系统采用分布式网络结构，与星载计算机连接。RazakSat 卫星基本参数见表 2 – 43。

表 2 - 43　**RazakSat 卫星基本参数**

参数	指标
卫星质量/kg	190
卫星结构与热控	直径 1200mm，高度 1200mm 模块结构 被动与主动热控制
电源分系统	砷化镓/锗太阳电池 镍镉电池（18A·h） 寿命末期功率 >300W
姿态确定和控制分系统	三轴姿态稳定 指向控制精度 <0.2°（2σ） 指向敏感精度为 1′（2σ）
偏轴成像能力/（°）	±30
卫星指令与数据处理分系统	2 台星载计算机 遥测与指令模块 模拟遥测信道：多达 90 个 数字遥测信道：多达 120 个
S 频段跟踪、遥测与控制分系统传输速率/（kbit/s）	上传：9.6 和 1.2 下传：38.4、9.6 和 1.2
数据传输速率/（Mbit/s）	30（X 频段）
设计寿命/年	>3

RazakSat 卫星的有效载荷为 1 台中等口径相机。该相机是高分辨率多光谱推扫式成像仪，由电子光学分系统和有效载荷管理分系统组成。电子光学分系统包括 1 个口径 300mm 的里奇 - 克莱琴望远镜、焦平面装置和信号处理装置。表 2 - 44 为星载中等口径相机成像仪的主要参数。

表 2 - 44　**成像仪参数**

参数	指标
光谱谱段	全色：0.51~0.73μm 　　多光谱：0.45~0.52μm，0.52~0.6μm，0.63~0.69μm，0.76~0.89μm
分辨率/m	全色 2.5，多光谱 5.0
瞬时视场/（°）	全色 3.65，多光谱 1.675
信噪比	≥50
数据存储容量/Gbit	32
质量/kg	42.1
尺寸	光学系统：直径 450mm×755mm 电子组件：320mm×215mm×162mm
数据量化/bit	8
功率/W	峰值 63，备用 12.8

美 国

美国是发展对地观测卫星最早的国家，1959 年 2 月 28 日发射了发现者-1（Discoverer-1）军用光学成像侦察卫星；1960 年 4 月 1 日发射了世界第一颗试验性气象卫星——泰罗斯-1（TIROS-1），开始了人类从空间观测地球的新时代。半个多世纪以来，美国对地观测卫星得到了迅速发展，从试验到业务、从军用到民商、从返回式到数据传输式、从单一仪器观测到综合仪器观测，目前已经形成了军用、民用和商用等领域的系列卫星。

军用卫星包括成像侦察（含光学和雷达）、电子侦察、海洋监视、导弹预警和军用气象等类型，主要有"锁眼"（KH）系列光学成像侦察卫星、"作战响应空间"（ORS）光学成像侦察卫星、"长曲棍球"（Lacrosse）系列雷达成像侦察卫星、"未来成像体系-雷达"（FIA Radar）雷达成像侦察卫星，"海军海洋监视卫星"（NOSS）系列，"国防支援计划"（DSP）系列导弹预警卫星、"天基红外系统"（SBIRS）导弹预警卫星，"国防气象卫星计划"（DMSP）军用气象卫星。各类军用卫星的相继投入使用，为提升美国军事实力起到了重要作用。

民用卫星包括气象、海洋、陆地观测等类型，其典型型号是"诺阿"（NOAA）系列极轨气象卫星、"地球静止环境业务卫星"（GOES）系列，"海洋卫星"（Seasat）系列，"陆地卫星"（Landsat）系列。20 世纪 90 年代，美国国家航空航天局（NASA）启动了一项长期、大型的民用对地观测计划——"地球观测系统"（EOS）计划，截至 2012 年 6 月 30 日，该计划下发射的各类卫星数量（包括已失效和发射失败）有 25 颗。民用对地观测卫星数据广泛应用在资源、环境、土地、农业、林业、水利、城市、海洋及灾害等领域。

20 世纪 80 年代，美国开始推动商业遥感市场的发展。90 年代后，在商业遥感政策的支持下，发展了"伊科诺斯"（Ikonos）、"快鸟"（Quickbird）系列、"世界观测"（WorldView）系列和"地球眼"（GeoEye）系列等高分辨率商业遥感卫星。这些卫星的图像除了满足美国军方和政府机构的需要之外，在促进商业遥感图像市场的发展和繁荣方面也发挥了重要作用。

Suoyan Weixing

"锁眼"卫星
Keyhole

概况

"锁眼"（Keyhole，KH）卫星是美国军用光学成像侦察卫星，已经发展了 12 个型号。KH 系列卫星主要由洛克希德·马丁（LM）公司研制，美国国家侦察局（NRO）负责运行，为美国提供了重要的军事侦察能力，并为美国建立全球地理信息系统与全球地理框架提供了重要的基础与支撑。20 世纪 90 年代后，KH 卫星的应用逐渐向战术领域拓展。

自 20 世纪 50 年代末首颗 KH-1 卫星发射以来，美国已经先后发展了 KH-1、2、3、4、4A、4B、5、6、7、8、9、10、11 和 12 等型号，其中 KH-12 卫星为美国现役光学成像侦察卫星。

KH-1~6 卫星统称为"科罗纳"卫星，KH 也是卫星配备的相机的名称，代号的不同表示相机型号不同。1958 年 2 月，"科罗纳"卫星计划正式启动。

1959—1972 年，美国共发射"科罗纳"卫星 145 颗，其中成像任务卫星 136 颗，回收胶片舱 167 个，提供的侦察胶片的总长度超过 60 万米。

KH-7 和 KH-8 卫星也称为"先手"卫星，是美国第一代返回式详查卫星。主承包商为美国通用电气公司。KH-9 卫星（见图 2-42）也称为六角体卫星，俗称"大鸟"卫星。KH-1~9 卫星均为返回式成像侦察卫星。

KH-10 相机为"载人轨道实验室"（MOL）的有效载荷，"载人轨道实验室"是 1963 年提出的小型军用空间站计划，后于 1969 年取消。KH-11 卫星也称为"凯南"或"晶体"卫星，是美国第一代传输型详查卫星，承包商是汤普森-拉莫-伍尔德里奇（TRW）公司，卫星平台由洛克希德·马丁公司研制，光学系统由柯达公司研制。KH-12 卫星是 KH-11 卫星的改进型号，为传输型详查卫星。

KH 卫星系列发射情况见表 2-45。

图 2-42　KH-9 卫星

表 2-45　KH 卫星系列发射情况

卫星型号	卫星类型	发射时间	卫星数量	发射成功	发射失败	任务成功
KH-1		1959—1960 年	10 颗	7 次	3 次	1 次
KH-2		1960—1961 年	10 颗	7 次	3 次	4 次
KH-3		1961—1962 年	6 颗	5 次	1 次	4 次
KH-4		1962—1963 年	26 颗	24 次	2 次	21 次
KH-4A		1963—1969 年	52 颗	49 次	3 次	49 次
KH-4B	返回式成像侦察卫星	1967—1972 年	17 颗	16 次	1 次	16 次
KH-5		1962—1964 年	12 颗	9 次	3 次	6 次
KH-6		1963 年	3 颗	2 次	1 次	1 次
KH-7		1963—1967 年	38 颗	36 次	2 次	
KH-8		1966—1984 年	54 颗	51 次	3 次	
KH-9		1971—1986 年	20 颗	19 次	1 次	
KH-10		原计划为 1963 年提出的载人轨道实验室的载荷，1969 年取消				
KH-11	传输型成像侦察卫星	1976—1988 年	9 颗	8 次	1 次	
KH-12		1992—2011 年	6 颗	6 次	0 次	
总计			263 颗	239 次	24 次	

主要性能参数

其主要参数见表 2-46。

（1）KH-1~6 卫星

KH-1~6 卫星采用全景式相机或画幅式相机，

表 2-46　KH-1~6 卫星主要参数

卫星型号	KH-1	KH-2	KH-3	KH-4	KH-4A	KH-4B	KH-5	KH-6
卫星质量/kg	864	1151	1151	1200	1500	2000	1150	500
回收舱/个	1	1	1	1	2	2	1	1
寿命/d	1	2~3	1~4	6~7	4~15	18	3~7	3
平均近地点/km	200	252	217	211	172	170	308	150
平均远地点/km	826	704	252	415	389	318	516	495
相机类型	全景式	全景式	全景式	全景式	全景式	全景式	画幅式	画幅式
焦距/cm	60	60	60	60	60	60	7.5	165
F 数	f/5	f/5	f/3.5	f/3.5	f/3.5	f/3.5		f/5
分辨率/m	12	7.5	3.6~7.5	3.0~7.5	2.7~7.5	1.8	140	1.2~1.8

(2) KH-7、KH-8 卫星

KH-7 卫星质量 2000kg，含运载火箭"阿金纳"上面级长 10.79m，直径 1.52m，轨道高度为 148km/300km，倾角 97.21°，分辨率 0.6m，成像幅宽 22.5km，带有 2 个胶片回收舱，平均在轨寿命 5.47d。

KH-7 相机是一种"条带式相机"，使用宽 23cm 的大幅面胶片，可拍摄宽 22.5km、长 740km 的地面区域。KH-7 卫星一般与 KH-4 卫星配合工作，达到普查与详查结合、相互补充的目的。

KH-8 卫星是 KH-7 卫星的改进型号。卫星质量 3000kg，含运载火箭"阿金纳"上面级长 14.02m，直径 1.52m，典型轨道高度 135km × 409km，倾角 104.2°，分辨率达到 0.15m。此外，卫星除了红外和多光谱相机之外，还装备了高分辨率主题测绘全景相机，配备 4 个胶片回收舱，平均在轨寿命 30.4d。

(3) KH-9 卫星

KH-9 卫星发射质量约 13000kg，直径 3.05m，长度 15.2~16.31m，采用太阳同步轨道，典型轨道高度为 162km/256km，倾角 96.4°，带有 4 个胶片回收舱，平均在轨寿命 137.8d。KH-9 卫星配备 2 台焦距为 1.5m 的侦察相机，有 12 颗 KH-9 卫星还装有焦距为 0.3m 的测绘相机。侦察相机分辨率 0.6m，测绘相机分辨率 6m、幅宽 130km。该型号系列中部分卫星进行了传输侦察试验，在星上将胶片扫描为数字图像数据下传回地面。

(4) KH-11 卫星

KH-11 卫星发射质量 13500~17000kg，卫星主体呈圆柱体，高约 13m，直径 2.8~3m，轨道高度为 259km/738km，倾角 97.2°。KH-11 卫星轨道比 KH-9 卫星高，一般每 3 个月进行一次轨道提升。星体两侧装有 2 副柔性太阳阵，对太阳单轴定向，可提供功率 3kW。KH-11 卫星可为有效载荷舱和卫星支持舱，有效载荷舱装有反射式卡塞格伦光学系统和可见光与近红外电荷耦合器件（CCD）焦平面数字成像系统，卫星支持舱内装有卫星电子设备和推进分系统。相机主镜的口径约为 2.4m 左右，焦距约 27m，采用光电数字成像和实时图像传输技术。卫星分辨率 0.15m，带有数据中继系统，能够实时传输获取的图像。

(5) KH-12 卫星

KH-12 卫星轨道高度为 300km/1000km，倾角 97.9°。KH-12 卫星发射质量超过 15000kg，干质量约 10000kg。卫星直径 4m，长约 15m，其中前部的有效载荷舱长约 11m，用于承载相机系统；卫星支持舱长约 4m，装有卫星电子设备和推进分系统。星体两侧装有 2 副刚性太阳翼，对太阳单轴定向，功率 3kW。卫星配备的 KH-12 相机光学系统仍采用反射式卡塞格伦系统，口径约为 3m 左右，地面分辨率 0.1m。KH-12 卫星还增加了红外相机，红外分辨率 0.6~1m。

Nuoa Weixing

"诺阿" 卫星
NOAA

概　况

"诺阿"（NOAA）卫星是美国发展的民用极轨气象卫星，也称为"极轨环境卫星"（POES），主要用于全球大气、海洋、地表、空间等环境监测，包括全球影响、全球和区域表面和水文观测，提供直读数据、搜索和救援，进行空间环境和臭氧观测，建立进行气候监测和变化预测的长期数据库。

NOAA 卫星由美国国家航空航天局（NASA）和美国国家海洋和大气管理局（NOAA）合作研制，其他国际合作伙伴包括法国、加拿大、英国和欧洲气象卫星开发组织（EUMETSAT）。NASA 戈达德航天飞行中心（GSFC）负责 NOAA 卫星设计、研制、总装和发射，而 NOAA 负责卫星的运行，数据的接收、归档和分发。

美国 NOAA 卫星从 1970 年 12 月发射第一颗以来，共经历了 5 代，其发展情况见表 2 – 47。目前使用较多的为第五代 NOAA 卫星。2011 年 8 月，NOAA – 19 卫星因检修失误损毁。

NOAA 卫星采用双星运行模式，上、下午各获取一次图像。NOAA – 17 卫星见图 2 – 43。

图 2 – 43　NOAA – 17 卫星

表 2 – 47　NOAA 气象卫星发展阶段表

阶段及时间	卫星
第一代，1960—1965 年	"泰罗斯"（TIROS）系列，TIROS – 1 ~ 10
第二代，1966—1969 年	发射前称 TOS（TIROS 业务系统）系列，发射在轨后卫星称为"艾萨"（ESSA），ESSA – 1 ~ 9
第三代，1970—1976 年	发射前称"伊托"（ITOS，改进型 TIROS 业务系统）系列，发射入轨后称 NOAA，NOAA – 1 ~ 5
第四代，1978—1994 年	ATN（先进 TIROS – N）系列，此系列卫星发射后依次称为 NOAA – 6 ~ 14
第五代，1998—2009 年	NOAA – 15、16 发射时间为 1998 年 5 月 13 日和 2000 年 9 月 21 日，NOAA – 17 发射时间为 2002 年 6 月 24 日，NOAA – 18 于 2005 年 5 月 20 日发射，NOAA – 19 于 2009 年 2 月 6 日发射

主要性能和参数

（1）第一代 NOAA 卫星

TIROS 卫星的目的是验证从卫星上利用遥感设备获取气象数据的总体方案和技术手段的可行性。TIROS 卫星运行在近地点 680 ~ 848km，远地点 743 ~ 2967km 的太阳同步轨道，轨道周期 97.4 ~ 119min。卫星星体呈 18 面柱体，质量 122 ~ 138kg，采用自旋稳定方式，每分钟 10 转。星上主要遥感器是"电视摄像机"。有些卫星还装有"5 通道中分辨率红外辐射计"和"全向红外辐射计"。

（2）第二代 NOAA 卫星

TOS 卫星运行在近地点 1522 ~ 1646km，远地点 1639 ~ 1730km 的近极地太阳同步轨道，轨道周期 100 ~ 113min。星体呈帽盖形，卫星质量 130 ~ 145kg，采用自旋稳定，每分钟 12 转。卫星侧面装有 2 台摄像机。卫星工作在近极地太阳同步轨道，2 台摄像机可交替对准地面，实现对全部地球光照面的气象监视。2 颗卫星组成一对，同时在轨道上运行。星上仪器主要是"高级光导摄像机"和可存储云图的磁带记录器。

（3）第三代 NOAA 卫星

ITOS 卫星运行在近地点 1422～1504km，远地点 1458～1518km 的近极地太阳同步轨道，轨道周期 101～116min，质量 280kg，采用先进的三轴稳定方式。该系列卫星装载有自动图片传输系统（"电视照相机"和"双信道扫描辐射计"）、全球观测系统（"先进光导摄像机"和"双信道扫描辐射计"）、"太阳质子传感器"等。

（4）第四代 NOAA 卫星

卫星运行在近地点 801～852km，远地点 823～989km 的近极地太阳同步轨道，轨道周期 101～102min，质量 723kg。卫星携带主要仪器包括："高级甚高分辨率辐射计"（5 通道，星下点地面分辨率 1.1km）、TIROS 业务垂直探测仪（TOVS，20 通道）、"高分辨率红外探测器"、"平流层探测器和微波探测器"、"自动信标数据收集和定位设备以及空间环境检测仪"。NOAA-8 卫星增加了"探索搜救系统"，NOAA-9 和 NOAA-10 增加了"地球辐射收支实验器"，NOAA-9 卫星还增加了"太阳紫外后向散射辐射计"。NOAA-11 卫星以前的卫星一般是双序号卫星携带 4 通道扫描辐射仪，单序号卫星携带 5 通道扫描辐射仪，自 NOAA-12 开始，"高级甚高分辨率辐射计"均改为 5 通道。

（5）第五代 NOAA 卫星

NOAA-15～19 卫星星体高 4.19m，直径 1.89m，运行在近地点 808～854km，远地点 986～990km 的近极地太阳同步轨道，轨道周期 101～102min，轨道高度 830km，设计工作寿命是 2 年。包括燃料在内，卫星的发射质量为 2.2t。主要有效载荷包括"第三代先进甚高分辨率辐射计"、"第三代高分辨率红外辐射探测器"、"先进微波探测仪"、"平流层探测仪"、"空间环境监测仪"、"地球辐射预算试验仪"、"太阳反向散射紫外线遥感器"、"微波温度测量器"、"微电场仪器"、"自动信标数据收集"和"定位设备数据采集系统"等。

"第三代先进甚高分辨率辐射计"：用于土地、水、云覆盖、海面温度、冰雪和植被测量。第三代先进甚高分辨率辐射计为 6 通道，新增加了 1.66μm 近红外通道，幅宽 3000km。

"第三代高分辨率红外辐射探测器"：用于测量大气温度和湿度、云层的高度和地表反射率。这种仪器探测大气层放射的能量，以构成从地球表面到 40km 左右高度的一个温度垂直分布图。测量结果是在红外谱段 20 个光谱区里取得的。谱段范围 0.69～14.95μm，幅宽 2160km，空间分辨率 20.3km（瞬时视场 1.4°）、18.9km（瞬时视场 1.3°）。

"先进微波探测仪"：由 2 台仪器组成，1 台用于温度探测的 15 通道先进微波探测仪-A，1 台是着重湿度探测的 5 通道先进微波探测仪-B。"先进微波探测仪"是一种全天候的温度、湿度遥感仪器，可以改善有云状态下的大气温湿度分布的探测，还能够测量降水，探测海冰以及土壤湿度等。其水平分辨率为 50km（先进微波探测仪-A）、15km（先进微波探测仪-B）。

Guofang Qixiang Weixing Jihua Weixing

"国防气象卫星计划"卫星 DMSP

概　述

"国防气象卫星计划"（Defense Meteorological Satellite Program，DMSP）卫星是美国国防部发展的军用极轨气象卫星，主要用于获取全球气象、海洋和空间环境信息，为军事作战提供信息保障。

美国空军在发展军事航天计划的早期就实施了"国防卫星应用计划"（DSAP），1973 年 3 月，美空军解密了该计划，并命名为 DMSP，主承包商为洛克希德公司。

截至 2012 年 6 月 30 日，DMSP 卫星共发展了 12 个型号，发射卫星 51 颗，成功 46 颗，具体发射情况见表 2-48。

表2-48 DMSP卫星发射表

型号	发射数量	成功数量	首发时间	稳定方式
DSAP-1	11	8	1962-05-23	自旋稳定
DSAP-2	3	2	1965-09-10	自旋稳定
DSAP-3	1	1	1965-05-20	自旋稳定
DSAP-4A	4	4	1966-09-16	自旋稳定
DSAP-4B	3	3	1968-05-22	自旋稳定
DSAP-5A	3	3	1970-02-11	三轴稳定
DSAP-5B	5	5	1971-10-14	三轴稳定
DMSP-5C	3	3	1974-08-09	三轴稳定
DMSP-5D1	5	4	1976-09-11	三轴稳定
DMSP-5D2	9	9	1982-12-21	三轴稳定
DMSP-5D3	4	4	1999-12-12	三轴稳定

主要性能参数

DMSP-5D3卫星运行在太阳同步轨道，标称轨道高度850km，降交点地方时在5：30至8：30之间。卫星呈圆柱体，直径1.2m，长4.3m，太阳翼展6.4m。卫星发射质量1155kg，其中有效载荷质量270kg。太阳翼面积9.29m²，功率2200W。卫星设计寿命5年，具有60d的自主运行能力。

DMSP-5D3卫星（见图2-44）主要由4个部分构成，分别为安装有效载荷的仪器舱、安装电子设备和反作用轮的功能舱、安装推进系统的推进舱，以及可展开太阳翼。DMSP-5D3卫星采用三轴稳定方式，指向精度为0.01°。

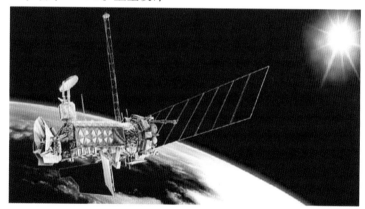

图2-44 DMSP-5D3卫星

DMSP-5D3卫星带有多种气象和环境载荷，主要包括：

1）"业务型线性扫描系统"：主要用于获取全球云分布图及云顶温度，探测通道为可见光和热红外，其中可见光为0.4~0.11μm，热红外为10~13.4μm，分辨率有0.55km和2.7km两档。另外在可见光通道还带有光电倍增管，可在夜间进行微光成像。光学系统采用卡塞格伦系统，口径20.3cm，等效焦距122cm，扫描视场为±56.25°，对应扫描幅宽3000km。

2）"微波成像仪/探测器"：为美国空军和海军联合研制的多通道被动微波遥感器，用于测量地球表面和大气的辐射微波能量，反演出大气温湿度垂直分布。质量96kg，功率135W，天线反射器直径61cm，以偏离星下点45°进行圆锥扫描，幅宽1700km，通道24个。

3）"紫外临边成像仪"：为美国海军研究实验室设计并研制的一台光谱仪，用于测量地球极远和远紫外辐射的垂直分布。探测高度为 50 ~ 750km，光谱范围 0.08 ~ 0.17μm，观测视场光谱分辨率 1.5nm。

4）"紫外光谱成像仪"：主要用于测量地球大气和电离层的紫外辐射，以及大气辉光和陆地反照的可见光辐射，可获得夜气辉和夜晚极光的广度测量数据。该成像仪指向天底点，天底点空间分辨率 10km。

5）"空间环境探测器组件"：包括电离层等离子体漂移/闪烁监测仪 -3、沉降电子/质子光谱仪 -5 和桁架磁强计。

Anna Weixing
"安娜"卫星
Anna

概 况

"安娜"（Anna）卫星是美国首颗专用测地卫星。1958 年开始研制，由约翰·霍普金斯大学应用物理实验室制造。Anna - 1A 和 Anna - 1B 由"雷神 - 艾布尔星"运载火箭分别于 1962 年 5 月 10 日和 1962 年 10 月 31 日发射。其中，Anna - 1A 因运载火箭故障而发射失败。Anna - 1B 卫星见图 2 - 45。

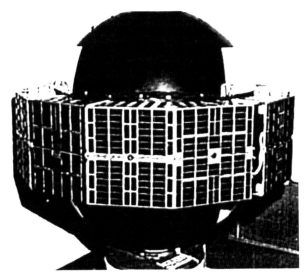

图 2 - 45 Anna - 1B 卫星

主要性能参数

Anna 卫星质量 161kg，采用太阳能电池，近地点 1075km，远地点 1181km，轨道倾角 50.1°。Anna 卫星的主要有效载荷包括卫星跟踪的氙闪光灯光学

信标和"无线电应答机"以及海军的 4 台"多普勒发射机"。该卫星用于试验各种卫星测地方法，精确测定地球表面上任一点的准确位置，定位精度为 15m。通过对 Anna 卫星轨道的测定获取地球形状、大小和重力场的资料。

Xikeer Weixing
"西可尔"卫星
SECOR

概 况

"西可尔"（SECOR）卫星是美国发展的小型军事测地卫星，由美国陆军测量情报研究与发展局负责研制。SECOR 卫星的目标是为美国陆军导弹弹道计算提供数据，进行内陆、洲际联测以及对太平洋中的岛屿进行位置和距离的测量，最终为陆军建立一个全球测地控制网。

1964 年 1 月至 1969 年 4 月共发射 14 颗 SECOR 卫星，其中 4 颗失败，SECOR 卫星发射情况见表 2 - 49。SEOCR - 1 卫星见图 2 - 46。

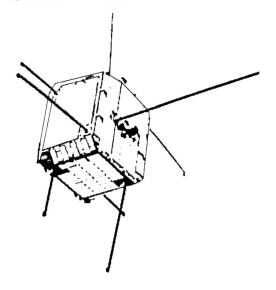

图 2 - 46 SECOR - 1 卫星

图 2 - 49 SECOR 卫星发射情况

卫星	发射日期	运载火箭
SECOR（1）	1962 - 01 - 24	雷神 - 艾布尔星（发射失败）
SECOR 1	1964 - 01 - 11	加大推力雷神 - 阿金纳 D
SECOR 2	1965 - 03 - 09	雷神 - 阿金纳 D

续表

卫星	发射日期	运载火箭
SECOR 3	1965 – 03 – 11	雷神 – 艾布尔星
SECOR 4	1965 – 04 – 03	宇宙神 SLV3 – 阿金纳 D
SECOR 5	1965 – 08 – 10	侦察兵 – B
SECOR 6	1966 – 06 – 09	宇宙神 SLV3 – 阿金纳 D
SECOR 7	1966 – 08 – 19	宇宙神 SLV3 – 阿金纳 D
SECOR 8	1966 – 10 – 05	宇宙神 SLV3 – 阿金纳 D
SECOR 9	1967 – 06 – 29	雷神 – 博纳 2 – 星 13A
SECOR 10	1968 – 05 – 18	长贮箱加大推力雷神 – 阿金纳 D（发射失败）
SECOR 11	1968 – 08 – 16	宇宙神 SLV3 – 博纳 2（发射失败）
SECOR 12	1968 – 08 – 16	宇宙神 SLV3 – 博纳 2（发射失败）
SECOR 13	1969 – 04 – 14	长贮箱加大推力雷神 – 阿金纳 D

主要性能参数

SECOR 卫星有两种型号：球形和立方体形。球形卫星直径 51cm，质量 17kg。立方体形的卫星尺寸为 25.2cm×29.8cm×34.9cm，质量 17.6kg。

SECOR 卫星是一种无线电相位测距卫星，星上带有应答机，工作频率为 224.5MHz 和 449MHz。SECOR 卫星主要利用三角法进行大地测量，全天候工作，精度为 10～15m。5.44kg 固体器件应答机从 4 个地面站转发信号。3 个地面站设在已知地点，第 4 个位置由卫星测量而定。8 根天线从侧面伸出，1 根从上面伸出。卫星还装载有遥测、遥控、能源等分系统。立方体形 SECOR 卫星主要由铝材料构成，包括 4 个结构组件：基板、中心承力筒、电源系统和蒙皮组件。

Yuyun Weixing
"雨云"卫星
Nimbus

概　况

"雨云"（Nimbus）卫星是美国早期的试验型气象卫星，由通用电气公司负责研制，主要用来试验地球环境卫星上使用的新遥感器和数据收集系统，研究和探索新的太空遥感技术，同时也提供部分实用气象探测资料。

Nimbus 系列卫星从 1964 年 8 月到 1978 年 10 月共发射了 8 颗卫星（失败 1 颗）。

Nimbus 系列卫星原设想是为改进预报验证的初步业务气象卫星，后发展成为一个主要"地球科学"计划，进而产生出了"地球资源技术卫星"〔现称为"陆地卫星"（Landsat）〕。Nimbus – 1～5 卫星提供的数据覆盖了海洋学、水文学、地质学、地形学、地理学、制图学和农业等学科。Nimbus – 6 卫星和 Nimbus – 7 卫星分别见图 2 – 47 和图 2 – 48。

图 2 – 47　Nimbus – 6 卫星

图 2 – 48　Nimbus – 7 卫星

主要性能参数

（1）Nimbus – 1 ~ 6 卫星

Nimbus1 ~ 6 卫星呈蝶形，高 2.5 ~ 3m，翼展约 3.4m。卫星质量 300 ~ 900kg，采用三轴姿态控制稳定方式。卫星上部安装姿态控制、温度控制和电源等系统，下部直径约 1.5m 的环状体装有紫外、可见光、红外和微波波段的多种观测仪器。Nimbus – 1 卫星首次利用"高分辨率红外辐射计"获得夜间云图；Nimbus – 3 卫星利用"红外分光计"和"红外干涉分光计"探测的数据，首次反演出大气垂直分布图；Nimbus – 5 卫星首次采用微波遥测技术，实现了有云天气条件下的大气垂直温度的探测等。Nimbus – 1 ~ 6 卫星参数见表 2 – 50。

表 2 – 50　Nimbus – 1 ~ 6 卫星参数表

卫星	Nimbus – 1	Nimbus – 2	Nimbus – 3	Nimbus – 4	Nimbus – 5	Nimbus – 6
发射时间	1964 – 08 – 28	1966 – 05 – 15	1969 – 04 – 14	1970 – 04 – 08	1972 – 12 – 11	1975 – 06 – 12
发射地点	范登堡	范登堡	范登堡	范登堡	范登堡	范登堡
运载器	阿金纳 – B	阿金纳 – B	阿金纳 – D	阿金纳 – D	德尔它 – 900	德尔它 – 900
卫星质量/kg	376	413	757	675	768	827
运行轨道	椭圆形太阳同步轨道	近圆形太阳同步轨道	近圆形太阳同步轨道	近圆形太阳同步轨道	近圆形太阳同步轨道	近圆形太阳同步轨道
轨道高度	422km×932km	1100km×1181km	1007km×1131km	1093km×1107km	1089km×1102km	1092km×1104km
倾角/（°）	98.6	100	99	104.9	99	99.9
有效载荷	"高级光导摄像机"、"自动图片发送摄像机"、"高分辨率红外辐射计"	"高级光导摄像机"、"自动图片发送摄像机"、"高分辨率红外辐射计"、"中分辨率红外辐射计"	"中分辨率红外辐射计"、"高分辨率红外辐射计"、"红外干涉分光计"、"红外分光计"、"影像分析照相系统"、"询问记录定位系统"、"太阳紫外线监视器"	"影像分析照相系统"、"温度湿度红外辐射计"、"红外干涉分光计"、"红外分光计"、"太阳紫外线监视器"、"反射紫外线光谱仪"、"5 通道微波辐射计"、"选择调制辐射计"、"询问定位记录系统"	"红外温度廓线仪"、"选择调制辐射计"、"雨云 E 微波辐射仪"、"电子扫描微波辐射计"、"表面成分图像辐射计"、"温度湿度红外辐射计"	"地球辐射收支仪"、"电子扫描微波辐射计"、"高分辨率红外辐射计"、"临边逆辐射计"、"压力调制辐射计"、"平流层和散逸层探测器"、"温度湿度红外辐射计"、"热带风能转换和参考层试验仪器"、"跟踪和数据中继试验"
终止运行时间	1967	1969 – 01 – 17	1972 – 01 – 23	1980 – 09 – 30	1973	1983

（2）Nimbus – 7 卫星

Nimbus – 7 卫星呈蝶形，卫星采用 2 副太阳翼，底部直径 1.5m，高 3m，质量 907kg。太阳同步轨道，轨道高度 943km/953km，倾角 99.29°，周期 104.08min。卫星为三轴对地定向，星体上部是姿态控制和能源系统，星体下部是探测仪器及电子设备，由锥状骨架连接。星上共携带有 8 种遥感器。

"海岸带水色扫描仪"：用于测量海洋和海岸带水色，测量叶绿素浓度、沉积物分布等。具有 5 个通道，通道波长：0.44μm、0.56μm、0.67μm、0.75μm、11.5μm。幅宽 1556km，空间分辨率 825m。

"地球辐射收支仪"：用于地球吸收太阳辐射与

散射的热量平衡的测量。22 个通道，通道波长：10 个太阳观测通道覆盖 0.2～50μm，12 个地球观测通道覆盖 0.2～50μm。

"平流层临边红外探测器"：测量平流层垂直气体浓度和温度垂直分布。6 个通道，波长分别为 6.25μm、6.75μm、9.65μm、11.35μm、15.25μm，另外还包括 1 个 13.3～17.2μm 的宽通道。

"平流层气溶胶测量仪"：测量气溶胶消失和消失比率垂直分布，作为高度、纬度和经度函数的平流层光学深度。含 3 个通道，波长范围为 0.37～1μm。

"平流层和散逸层探测器"：测量平流层和散逸层中的垂直气体浓度和温度剖面。含 9 个通道，光谱范围为 4.1～15μm 和 25～100μm。

"太阳散射紫外/臭氧总含量探测仪"：测量垂直臭氧剖面、太阳辐照率、地球辐射率。8 个通道，通道波长：范围为 0.255～0.38μm，连续扫描 0.16～0.4μm。

"多通道微波辐射仪"：观测海冰参数、海面状况、大气状况、陆地参数、冰川特征。8 个通道，中心频率分别为：6.6GHz、10.7GHz、18.0GHz、21.0GHz、37.0GHz。

"温度湿度红外辐射仪"：观测表面温度和云顶温度。2 个通道，通道波长 6.75μm 和 11.5μm。数据采用 S 频段下行。

Diqiu Guidao Cedi Weixing
"地球轨道测地卫星" GEOS

概　况

"地球轨道测地卫星"（Geodetic Earth Orbiting Satellite，GEOS）是美国"国家测地卫星计划"的一部分，由约翰·霍普金斯大学应用物理实验室设计和制造。GEOS 共有 3 颗卫星，前二颗卫星 GEOS－1 和 GEOS－2 编入"探险者"（Explorer）计划，即 Explorer－29 和 Explorer－36，用于重力场测量；第三颗卫星 GEOS－3 主要用于海洋动力学实验。

GEOS－1 卫星于 1965 年 11 月 6 日在卡纳维拉尔角由"德尔它"运载火箭发射。GEOS－2 卫星于 1968 年 1 月 11 日由"德尔它"运载火箭从美国范登堡空军基地发射。GEOS－3 卫星于 1975 年 4 月 9 日在范登堡空军基地由"德尔它"运载火箭发射。

主要性能参数

（1）GEOS－1 卫星

GEOS－1 卫星采用重力梯度稳定设计，以太阳能电池为动力，在轨质量 387kg。卫星采用椭圆轨道，近地点 1113km，远地点 2275km，轨道倾角 59.3°，偏心率 0.07193，轨道周期 120.3min。

GEOS－1 卫星（见图 2－49）是"国家测地卫星"计划中首颗成功发射的卫星。

图 2－49　GEOS－1 卫星

GEOS－1 卫星有效载荷包括光学信标系统、激光跟踪反射器、无线电测距/测速系统和多普勒信标系统。有效载荷的设计旨在实现三维地球质心坐标系下精度优于 10m 的观测定位（测量控制站），确定地球的重力场，并比较星上各系统的精度和可靠性。

（2）GEOS－2 卫星

GEOS－2 卫星采用逆行椭圆极地轨道，轨道高度为108km/1570km，偏心率0.03165，倾角105.8°，周期112min。

星上有效载荷包括"光学信标系统"、"激光跟踪反射器"、"无线电测距/测速系统"、"多普勒系统"、SECOR、"C频段雷达转发器"、"微型跟踪系统"、"电子探测器"和"磁力计"。

（3）GEOS-3卫星

GEOS-3卫星采用椭圆轨道，近地点840km，远地点860km，偏心率0.00115，发射质量为345.91kg，轨道倾角115°，周期102min。

GEOS-3卫星为八面棱锥体，棱柱高1.11m，宽1.22m，卫星质量241kg。姿态控制采用重力梯度稳定和三轴稳定。卫星的有效载荷包括"雷达高度计系统"、"S频段应答机系统"、"C频段系统"、"激光立体反射器系统"和"多普勒系统"。其中，"雷达高度计系统"可测量卫星到卫星星下点海面的距离，测高精度达60cm，为海洋水准面的测量提供精确数据，精确测量地球形状和大小等信息。GEOS-3卫星所获数据能提高各种卫星的精确星历表计算精度，改进地面点定位精度。

"国防支援计划"卫星 DSP

概　述

"国防支援计划"（Defense Support Program, DSP）卫星是美国发展的导弹预警卫星，其任务是为美国国家指挥机构和作战司令部提供导弹发射和核爆炸的探测和预警。

DSP卫星自1970年11月6日发射第一颗以来，共经历了3个阶段，发射23颗卫星，是美国导弹预警卫星系统。1992年后DSP计划纳入"天基红外系统"（SBIRS）计划。

1970—1973年为第一阶段（DSP-Ⅰ），共发射了4颗卫星；1975—1987年为第二阶段（DSP-Ⅱ），共发射了9颗卫星；1989—2007年为第三阶段（DSP-Ⅲ），共发射了10颗卫星。最后一颗DSP卫星DSP-23于2008年9月在轨出现故障。截至2012年6月，5颗DSP-Ⅲ卫星在轨运行，3颗工作星，2颗备份星。DSP-4卫星、DSP-5卫星、DSP-8卫星、DSP-13卫星和DSP-14卫星见图2-50～图2-54。

图2-50　DSP-4卫星

图2-51　DSP-5卫星

图 2 - 52　DSP - 8 卫星

图 2 - 53　DSP - 13 卫星

图 2 - 54　DSP - 14 卫星

主要性能参数

DSP 卫星和遥感器的技术性能不断改进。DSP - Ⅰ 卫星部署后建立起最初的运行星座，卫星装载有 2000 个硫化铅红外传感器。DSP - Ⅱ卫星呈圆柱形，探测器性能有所改进，扩大了红外探测器扫描范围，消除了 DSP - Ⅰ中的扫描盲区；提高了探测器灵敏度，降低虚警概率，提高工作可靠性；加装核爆炸探测器，探测大气层内的核爆炸，提高卫星抗核打击能力。DSP - Ⅲ卫星外形为长 10m、直径 6.74m 的圆柱体，DSP - Ⅲ 的性能改进主要有：1）红外探测器能工作在两种不同的红外波段，这样，当一种波段被激光致盲时还可启用另一波段继续监视，大大增加了预警系统的实战可用性；2）提高探测灵敏度，能较好地探测红外特性不很明显的中、短程导弹；3）提高了红外探测器的分辨能力和扫描速度，更利于探测火焰燃烧时间较短的战术导弹，显著增加对战术导弹的预警时间；4）携带动能碰撞敏感器，能在动能武器来袭时自动实施机动躲避。经过这一系列改进，DSP - Ⅲ的作战范围和实战能力都有了很大提高，更适合于面对导弹技术日益扩展的新局面。该系统可对洲际导弹、战术导弹分别给出 20 ~ 30min 和 1.5 ~ 2min 的预警时间。DSP 卫星主要技术指标见表 2 - 51。

表 2 - 51　DSP 卫星主要技术指标

年份	1970 - 1973	1975 - 1977	1979 - 1984	1984 - 1987	1989 - 2007
卫星型号	DSP - Ⅰ	DSP - Ⅱ	DSP - Ⅱ（改进）	DSP - Ⅱ（升级）	DSP - Ⅲ
卫星编号	DSP - 1 ~ 4	DSP - 5 ~ 7	DSP - 8 ~ 11	DSP - 12 ~ 13	DSP - 14 ~ 23
平均实际寿命/年	3	5	5	7	7 ~ 10
质量/kg	900	1040	1200	1680	2360
功耗/W	400	480	500	705	1274
主探测器波段/μm	2.7	2.7	2.7	2.7 + 4.3	2.7 + 4.3
探测元件数/个	2000	2000	2000	6000	6000

Ludi Weixing

"陆地卫星"
Landsat

概　述

"陆地卫星"（Landsat）是美国发展的民用陆地资源卫星，也是"地球观测系统"（EOS）中的中等分辨率遥感系统，主要用于陆地资源及水资源的调查和管理、测绘制图等，美国国家地理空间情报局等军事部门也大量使用该卫星数据。

1966 年美国启动"地球资源观测卫星"（EROS）计划，1972 年 7 月 23 日，EROS 计划中的首颗卫星地球资源技术卫星 - 1（ERTS - 1）发射，1975 年 1 月 22 日和 1978 年 3 月 5 日又分别发射了 ERTS - 2 和

ERTS - 3 卫星。1975 年,美国将 ERTS 卫星项目更名为 Landsat,原 ERTS - 1 至 ERTS - 3 卫星更名为 Landsat - 1 至 Landsat - 3 卫星。1983 年,Landsat 项目移交给国家海洋与大气管理局(NOAA),至今已发展了三代,第四代正在研制之中。Landsat 系列卫星发射情况见表 2 - 52。

表 2 - 52 Landsat 系列卫星发射表

阶段	卫星	发射日期	有效载荷	设计寿命/年	运行状态
第一代	Landsat - 1	1972 - 07 - 23	"多光谱扫描仪"	1	1978 年 1 月失效
	Landsat - 2	1975 - 01 - 22	"反束光导摄像管"		1982 年 2 月失效
	Landsat - 3	1978 - 03 - 05	"数据采集系统"		1983 年 3 月失效
第二代	Landsat - 4	1982 - 07 - 16	"主题制图仪"	3	2001 年 6 月失效
	Landsat - 5	1984 - 03 - 01	"多光谱扫描仪"		运行
第三代	Landsat - 6	1993 - 10 - 05	"增强主题制图仪"	5	发射失败
	Landsat - 7	1999 - 04 - 15	"增强主题制图仪改进型"	7	运行

主要性能参数

(1) 第一代 Landsat 卫星

第一代 Landsat 卫星包括 Landsat - 1、Landsat - 2 和 Landsat - 3 卫星,均运行在高度 907 ~ 915km 的太阳同步近圆轨道上,降交点地方时 9:45。

卫星采用雨云 - 4(Nimbus - 4)气象卫星平台,星体高 3m,直径 1.5m,2 副太阳翼翼展 4m,Landsat - 1 卫星(见图 2 - 55)发射质量 816kg,Landsat - 2 卫星发射质量 953kg,Landsat - 3 卫星发射质量 960kg。卫星采用三轴稳定控制,姿态控制精度 0.7°,寿命初期太阳电池功率 1000W,寿命末期为 515W,数据传输速率 15Mbit/s。

图 2 - 55 Landsat - 1 卫星

卫星有效载荷包括"多光谱扫描仪"、"反束光导摄像管"和"数据采集系统"。"数据采集系统"主要用于接收地面远程数据采集平台收集的数据,上行频率 401.55MHz,下行频率 2 287.5MHz,带宽 1.024MHz,接收范围为星下点半径 3000km 区域。主要载荷性能指标见表 2 - 53。

表 2 - 53 主要载荷性能指标

	项目	指标
多光谱扫描仪	质量/kg	64
	功率/W	50
	望远镜尺寸	53cm × 58cm × 127cm
	光学系统	卡塞格伦光学系统,口径 22.9cm,f/3.6
	谱段	0.5 ~ 0.6μm;0.6 ~ 0.7μm;0.7 ~ 0.8μm;0.8 ~ 1.1μm
	分辨率	56m(穿轨)×80m(沿轨)
	视场(幅宽)/(°)	11.56(185km)
	数据量化/bit	6
反束光导摄像管	探测形式	3 台反束光导管摄像机,每台一个谱段
	谱段	0.48 ~ 0.58μm;0.58 ~ 0.68μm;0.7 ~ 0.83μm
	分辨率/m	80
	幅宽	185km × 185km

(2) 第二代 Landsat 卫星

第二代 Landsat 卫星包括 Landsat - 4(见图 2 - 56)和 Landsat - 5 卫星,运行于高约 705km 的太阳

同步近圆轨道，降交点地方时为 9：30 至 10：00。虽然轨道比第一代卫星低，但多光谱扫描仪的扫描视场从 11.56° 增大到 14.92°，从而保持图像幅宽不变。

图 2 - 56　Landsat - 4 卫星

第二代 Landsat 卫星采用"多任务模块化卫星"（MMS）平台，零动量三轴姿态稳定，姿态控制精度 0.01°。Landsat - 4 卫星发射质量 1941kg，Landsat - 5 卫星质量 1938kg。卫星带有单太阳翼，对太阳单轴定向，寿命初期功率 1430W。X 频段数据传输速率 85Mbit/s。

卫星带有试验型 GPS 接收机，成为世界上第一颗采用全球定位系统（GPS）接收机的卫星。另外，卫星装有"跟踪与数据中继卫星"（TDRS）的数据中继终端，通过安装在长 4m 的可展开杆顶端的 Ku 频段"高增益天线"与 TDRS 实现中继通信。

卫星主有效载荷为新研制的"主题制图仪"，"多光谱扫描仪"仅作为次级有效载荷。

"主题扫描仪"主要由休斯飞机公司设计和建造，尺寸为 2.0m×1.1m×0.7m，质量 258kg，峰值功率 385W，量化值 8bit，设计寿命 2 年。可在可见光和红外谱段进行多光谱成像，视场为 ±7.2°，多光谱分辨率 30m，热红外分辨率 120m，幅宽 185km，瞬时视场 42.5mrad。"主题扫描仪"主要由扫描镜组件、望远镜、扫描校正器、主焦平面、中继光学元件、低温焦平面组件和内部孔径测量器组成。望远镜采用典型的反射式卡塞格伦结构，光学口径

40.6cm。扫描校正器可以对卫星的前向移动进行补偿，扫描频率为 7Hz。

（3）第三代 Landsat 卫星

第三代 Landsat 卫星包括 Landsat - 6 和 Landsat - 7 卫星。Landsat - 6 卫星发射失败，只有 Landsat - 7 卫星投入运行。

Landsat - 7 卫星（见图 2 - 57）运行在高度 705km 的太阳同步近圆轨道，降交点地方时 10：00

图 2 - 57　Landsat - 7 卫星

至 10：15。卫星长约 4.3m，直径 2.8m，发射质量 2200kg。

Landsat - 7 卫星采用泰罗斯 - N（TIROS - N）平台，三轴姿态稳定，姿态敏感精度 45″，控制精度 180″。卫星带有单太阳翼，由 4 块硅太阳电池板组成，每块尺寸为 1.88m×2.26m，对太阳单轴定向，寿命初期功率 1550W。卫星带有 2 组 50A·h 的氢镍电池。

星上存储容量为 378Gbit，可以记录 100 景图像或 42min 的探测数据。X 频段数据传输系统有 3 副天线，提供 2 条数传通道，每条通道数据传输速率 75Mbit/s，总数据传输速率为 150Mbit/s。

卫星带有"改进型增强主题制图仪"，为 1 台 8 谱段扫描辐射计，有 2 个焦平面，一个用于全色、可见光和近红外谱段，另一个利用有源制冷机使温度保持在 91K，用于短波红外和热红外谱段。

"改进型增强主题制图仪"由雷声公司研制，设计寿命 7 年。扫描仪两个焦平面主要负责收集、过滤和探测视场辐射，全色分辨率 15m，热红外分辨率 60m，幅宽 185km。主焦平面由光学滤波器、探测器和负责 8 个"改进型增强主题制图仪"谱段中的 5 个谱段的前置放大器组成（谱段 1～4、8）。

第二个是制冷焦平面，温度保持在91K。"改进型增强主题制图仪"采用3个独立的星上校正系统，从而保证绝对定标精度。

"地球静止环境业务卫星"GOES

Diqiu Jingzhi Huanjing Yewu Weixing

概 述

"地球静止环境业务卫星"（Geostationary Opera-tional Environmental Satellite，GOES）是美国国家海洋和大气管理局（NOAA）与美国国家航空航天局（NASA）共同发展的民用静止轨道气象系列卫星。NASA负责卫星的采办、设计和发射，NOAA负责卫星的投资和运行管理，向军民用户提供卫星气象服务。

GOES卫星目前已经发展了三代，第一代GOES卫星采用自旋稳定方式，共8颗卫星；第二代GOES卫星是目前GOES星座的主力型号，共发射8颗，其中后3颗为第二代改进型卫星；第三代GOES卫星正在研制之中，计划2015年首次发射。GOES发射历史见表2-54。

表2-54　GOES发射历史

阶段	地面编号	卫星名称	发射时间	目前状态
第一代	GOES-A	GOES-1	1975-10-16	退役
	GOES-B	GOES-2	1977-06-16	退役
	GOES-C	GOES-3	1978-06-16	退役
	GOES-D	GOES-4	1980-09-09	退役
	GOES-E	GOES-5	1981-05-22	退役
	GOES-F	GOES-6	1983-04-28	退役
	GOES-G	–	1986-05-03	发射失败
	GOES-H	GOES-7	1987-02-26	退役
第二代	GOES-I	GOES-8	1994-04-13	退役
	GOES-J	GOES-9	1995-05-23	退役
	GOES-K	GOES-10	1997-04-25	退役
	GOES-L	GOES-11	2000-05-03	134.6°W，退役
	GOES-M	GOES-12	2001-07-23	60.1°W，专注南美洲
第二代改进型	GOES-N	GOES-13	2006-05-24	74.6°W，业务运行
	GOES-O	GOES-14	2009-06-27	104.7°W，在轨备份
	GOES-P	GOES-15	2010-03-04	89.3°W，业务运行

主要性能参数

GOES卫星系统由部署在地球静止轨道的2颗卫星组成，分别为西经75°和西经135°，前者主要观测美洲和大西洋大部，后者主要观测北美和太平洋地区；两个轨位卫星联合可以观测从西经20°至东经165°的大部地区。另外，在轨备份卫星部署在西经105°。

第一代GOES卫星的前3颗由菲歌-福特公司研制，带有可见光红外自旋扫描辐射计。后5颗由休斯空间通信卫星公司研制，采用HS-371自旋稳定平台，携带了在"可见光红外自旋扫描辐射计"基础上改进的"可见光红外自旋扫描辐射计大气探测仪"，首次提供大气湿度和温度垂直探测数据。

第二代GOES卫星由劳拉空间系统公司研制，采用LS-1300平台，稳定方式从上一代的自旋稳定转变为三轴稳定，有效载荷由美国国际电话电报（ITT）公司研制。卫星星体尺寸2m×2.1m×2.3m，展开后尺寸约26.9m×5.9m×4.9m。卫星发射质量2105kg，设计寿命7年，至少提供5年运行寿命。卫星采用单太阳翼，为平衡太阳光压在单太阳翼上产生的扰动力矩的影响，在卫星一侧一根17m长的吊杆顶端装有一个圆锥形太阳帆，在太阳翼翼端还带有一个微调帆。卫星寿命末期功率为1057W。

GOES卫星主要有效载荷包括：GOES成像仪、GOES探测仪、"空间环境监测仪"、"静止轨道搜索与救援载荷"、"数据采集系统"等。"空间环境监测仪"由高能粒子探测器、高能质子和α粒子探测器、磁强计和太阳X射线成像仪组成。第二代GOES卫星成像仪性能指标见表2-55。

表2-55　第二代GOES卫星成像仪性能指标

通道	1号	2号	3号	4号	5号
谱段/μm	可见光近红外	中波红外	中波红外	热红外	热红外
	0.55~0.75	3.8~4	6.5~7	10.2~11.2	11.5~12.5
温度动态范围	反射率1.6%~100%	4~320K	4~320K	4~320K	4~420K
信噪比或等效噪声温度	150:1	1.4K（300K）	1.0K（230K）	0.35K（300K）	0.35K（300K）
探测仪类型	硅	锑化铟	碲镉汞	碲镉汞	碲镉汞
空间分辨率/μrad	28	112	224	112	112
幅宽	1km×1km	4km×4km	8km×8km	4km×4km	4km×4km

第二代改进型GOES卫星由波音卫星系统公司建造，采用BSS-601卫星平台，三轴姿态稳定，有效载荷由美国国际电话电报公司研制。

第二代改进型GOES卫星（见图2-58）增加了星跟踪器，显著提高了卫星指向精度。GOES成像仪和GOES探测仪基本沿用第二代卫星的设计，在GOES-14和GOES-15卫星上成像仪的13.3μm热红外通道的水平分辨率从8km提高到4km。第二代改进型GOES卫星性能指标见表2-56。

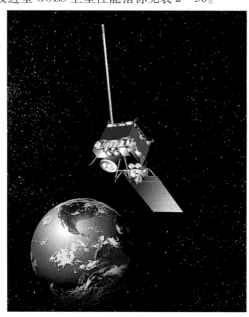

图2-58　第二代改进型GOES卫星

表2-56　第二代改进型GOES卫星性能指标

项目	指标	
设计寿命	2年在轨储存寿命，8年在轨工作寿命	
收拢尺寸	2.56m×4.6m×2.9m	
展开尺寸	8.4m×9.1m×2.9m	
发射质量/kg	3209.5	
干质量/kg	1543	
电源	太阳翼	2.3m×1.8m
	蓄电池	123A·h氢镍蓄电池组
	末期功率/W	1900（夏至点），2100（春分点）
天线指向精度/（°）	机动模式±0.25，标准模式±0.01	
有效载荷指向精度	滚动和偏航向±6.0μrad，俯仰向±9.0μrad	
远地点发动机	490N双组元液体远地点发动机	
推力器	12×9.25N双组元推力器	
有效载荷	GOES成像仪	GOES探测仪
空间分辨率	可见光近红外通道：1km 2、4、5通道：4km 3通道：8km（GOES-N）4km（GOES-O、GOES-P）	8km
其他有效载荷	"空间环境监测仪"、"静止轨道搜索与营救载荷"、"数据采集系统"	

Haijun Haiyang Jianshi Xitong Weixing

"海军海洋监视系统" 卫星 NOSS

概 述

"海军海洋监视系统"（Naval Ocean Surveillance System, NOSS）卫星是美国的电子侦察型海洋监视卫星，主要任务是为美国海军执行海洋广域监视，监视对方舰队（或陆上雷达）的位置、航行方向或速度。

20世纪60年代末期，美国启动了海洋监视卫星研制计划，NOSS卫星系统秘密代号为"命运三女神"，公开代号为"白云"。

NOSS共发展了三代。第一代（见图2-59）有基本型和改进型两种，基本型从1976年4月—1980年3月共成功发射了3组卫星，改进型从1983年2月—1987年5月共发射了5组卫星，第二代从1990年6月—1996年5月共发射了4组卫星，第3组失败。第三代从2001年9月—2005年2月共发射了5组卫星，第4组因火箭未达到轨道高度导致任务失败。其中，第一二代每组有3颗子卫星，第三代每组有2颗子卫星。

主要性能参数

第一代NOSS卫星运行在高度1090km/1130km、倾角63.5°的轨道上，轨道运行寿命约6～7年。改进型5组卫星运行在高度1060km/1180km、倾角63.4°的轨道上，寿命7～9年。第一代卫星每组3颗子卫星，彼此间距50～240km。

第二代卫星运行在高度为1050km/1165km、倾角63.4°的轨道上，寿命7年以上。第二代卫星采用锁眼-11卫星和"长曲棍球"卫星作为主卫星，装载光学成像设备和雷达成像设备，分辨率高，并具备全天候、全天时监视能力，子卫星的间距缩小为30～110km。第一代和第二代NOSS系统子卫星主要性能见表2-57。

图2-59 第一代NOSS卫星

表2-57 第一代和第二代NOSS系统子卫星主要性能

卫星编号	星间距离/km	卫星寿命/年	侦收频率/GHz	卫星质量/kg	姿态稳定方式	卫星尺寸
第一代子卫星	50～240	6～7	0.57～4	196	重力梯度	0.3m×0.9m×0.4m
第一代改进型子卫星	50～240	7～9	0.5～4	200	重力梯度	0.3m×0.9m×0.4m
第二代子卫星	30～110	>7	0.5～10	>200	重力梯度	较前一代更大

Jiguang Diqiu Donglixue Weixing

"激光地球动力学卫星" Lageos

概 述

"激光地球动力学卫星"（Laser Geodynamics Satellite, Lageos）是美国专用地球动力学卫星，用于为地壳运动、固体地球潮汐及地震动力测量等精密地球动力测量领域提供恒定参考点。美国地质调查局（USGS）及全球多个机构利用Lageos卫星研究固体地球动力学，分析地球板块运动、地球重力场及地球自转轴摆动等问题。

美国共发射了2颗Lageos卫星。Lageos-1卫星由美国国家航空航天局（NASA）设计，1976年5月4日发射，是NASA首颗专用高精度激光动力学卫星（见图2-60）；Lageos-2卫星在Lageos-1基

础上研制，由意大利航天局（ASI）制造，1992 年
10 月 22 日发射。

图 2-60　Lageos-1 卫星

主要性能参数

Lageos-1 和 Lageos-2 卫星形状相似，为球形，直径相同，质量相近，轨道高度、周期基本一致，但轨道倾角不同，Lageos-1 采用逆行轨道，Lageos-2 采用顺行轨道。卫星表面装有 426 块角反射镜，其中 422 块由石英玻璃制成，4 块由锗制成。Lageos 卫星为无源卫星，星上没配备敏感器、电子设备和轨道控制系统，其主要参数见表 2-58。

表 2-58　Lageos-1/2 卫星主要参数

卫星	Lageos-1	Lageos-2
卫星直径/cm	60	60
角反射器数量/块	426	426
形状	球形	球形
质量/kg	406.965	405.38
轨道倾角/（°）	109.84	52.64
偏心率	0.0045	0.0135
近地点高度/km	5860	5620
远地点高度/km	5960	5960
轨道周期/min	225	223
在轨寿命	数十年	数十年

Haiyang Weixing
"海洋卫星"
Seasat

概　述

"海洋卫星"（Seasat）是美国国家航空航天局（NASA）发展的首颗专用海洋卫星，也是一颗"方案验证"卫星，主要任务是鉴定利用微波遥感器从空间观测海洋及有关海洋动力学现象的有效性。

Seasat 卫星由 NASA 喷气推进实验室（JPL）设计和研制，NASA 戈达德航天飞行中心等机构参与了项目研制。洛克希德·马丁公司（LM）和鲍尔航空航天技术公司（BATC）为项目主承包商。

Seasat 卫星（见图 2-61）于 1978 年 6 月 27 日使用"阿金纳"运载火箭从范登堡空军基地发射，1978 年 10 月 9 日，卫星电源系统发生严重故障；11 月 21 日，Seasat 卫星正式宣告失效。

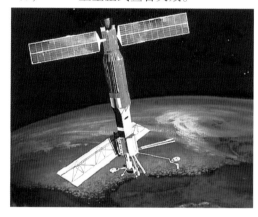

图 2-61　Seasat 卫星

主要性能参数

Seasat 卫星运行在轨道高度 800km 的近极圆轨道，轨道倾角 108°，周期 101min，卫星每天绕地球运行 14 圈，每隔 36h 对全球 95% 的海洋区域覆盖一次。

Seasat 卫星在轨长度为 13m，质量 2274kg。遥感器装在遥感舱中。遥感舱和"阿金纳"运载火箭相连，最大直径为 1.5m。卫星采用三轴姿态控制，姿态控制系统由动量轮、红外地平仪组成。卫星设计寿命为 1 年。

卫星实时传输速率 25kbit/s；实时存储速率 800kbit/s；频率为 20MHz 的合成孔径雷达数据流只能通过特殊跟踪数据接收站进行实时接收。

卫星主要海洋观测遥感器有"雷达高度计"、"微波散射计"、"合成孔径雷达"、"扫描式多通道辐射计"和"可见光与红外辐射计"等。

1）"雷达高度计"：目标是测量海面剖面图、水流、风速和波高。光谱范围为13.56GHz（Ku频段），地面分辨率1.6km。

2）"L频段合成孔径雷达"：采用HH极化，视角20°；分辨率25m；辐射计分辨率为5bit。光谱范围为1275MHz（L频段）；波长23cm；幅宽100km。

3）"微波散射计"：目标是绘制海洋上空全球海面风场图。光谱范围14.599GHz，地面分辨率280km（天底点），幅宽750km，图像尺寸100km×100km，传输频率为11.23MHz，数据传输速率110Mbit/s。

4）"扫描式多通道辐射计"：目标是监测海面温度、风速、降雨量、大气水含量和冰状态。光谱范围为6.6GHz（45mm）、10.7GHz（28mm）、18.0GHz（17mm）、21.0GHz（14mm）、37.0GHz（8mm）。

5）"可见光与红外辐射计"：卫星的辅助性仪器，包含一个扫描仪和电子设备。采用直径12.7cm卡塞格伦望远镜，光谱范围0.49~0.94μm，天底点分辨率2.3km。

Diqiu Fushe Shouzhi Weixing
"地球辐射收支卫星" ERBS

概 况

"地球辐射收支卫星"（Earth Radiation Budget Satellite，ERBS）是美国国家航空航天局（NASA）"地球辐射收支试验研究"计划中的首颗卫星，旨在研究地球和大气系统对太阳辐射能量的吸收和反射，随地理和季节性变化为地球辐射收支提供有效的研究数据。

美国很早就开始利用卫星观测地球辐射收支，1975年和1978年发射的雨云-6卫星和雨云-7卫星上就携带了地球辐射收支仪器。20世纪80年代，NASA开始研制"地球辐射收支试验"仪器，首台仪器即装载在ERBE卫星上发射，之后发射的诺阿-9卫星和诺阿-10卫星上也装有该仪器。

NASA戈达德航天飞行中心负责"地球辐射收支试验"卫星的管理和运行，美国鲍尔航空航天技术公司（BATC）负责卫星的设计、建造、总装和试验，NASA兰利研究中心负责卫星数据处理、存档和分发，汤普森-拉莫-伍尔德里奇公司（TRW）负责ERBE仪器的建造。

ERBE卫星（见图2-62）于1984年10月5日由"挑战者"航天飞机发射，卫星设计寿命3年，2005年10月5日退役，在轨运行21年。

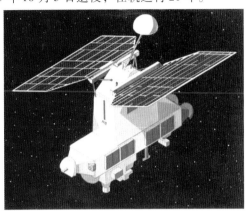

图2-62 ERBS卫星

主要性能参数

ERBS卫星为三轴动量偏置卫星，包括热控分系统，电源分系统（采用2组50A·h的镍镉蓄电池），指令与数据处理分系统，通信分系统，姿态确定和控制分系统及轨道调整推进系统。卫星尺寸4.6m×3.5m×1.5m，质量2307kg，功率470W，设计寿命2年。

卫星运行在高度610km的非太阳同步圆轨道，轨道倾角57°，周期96.8min。卫星覆盖区域仅限于±57°纬度范围内。卫星下行数据传输速率为128kbit/s，上行链路通过"跟踪与数据中继卫星"（TDRS）进行传输。

卫星主要有效载荷是"地球辐射收支试验"仪器，质量61kg，平均功率50W，数据传输速率1.12kbit/s。该仪器实际上包含两部分，即1台"非扫描仪"和1台"扫描仪"，用于获取多时空下的地球辐射收支数据。

"非扫描仪"含5个通道，即4个地球指向通道和1个太阳观测通道，其中4个地球指向通道分别为宽视场和中视场的全波通道（0.2~50μm）和短波通道（0.2~4.5μm）。"非扫描仪"采用主动空腔辐射计，以铂电阻为温度敏感元件。数据传输速率为160bit/s。

"扫描仪"含3个通道，分别为全波通道（0.2~50μm）、短波通道（0.2~4.5μm）和长波通道（4.5~50μm），每个通道的瞬时视场角为3°（穿轨）×4.5°（沿轨）。"扫描仪"采用热敏探测器，对垂直于卫星飞行轨迹的方向进行扫描。数据传输速率为960bit/s。

此外，卫星上还携带了"平流层气溶胶"和气体试验－II仪器，由鲍尔航空航天技术公司研制。该仪器为地球临边扫描光栅光谱仪，含7个通道，光谱范围为0.385～1.02μm，可对10～40km高度的高层对流层和平流层进行临边测量，目标是监测平流层气溶胶、二氧化氮和水蒸气的浓度和分布。气体试验－II质量29.5kg，平均功率18W，数据传输速率6.3kbit/s。

Cedi Weixing
"测地卫星"
Geosat

概 况

"测地卫星"（Geodetic Satellite，Geosat）是美国海军早期发展的雷达测高卫星，目标是为海军提供高密度全球地球重力模型，以及进行海洋峰、海浪、旋涡、风、冰和海洋物理研究，获得海洋大地水准面精确制图。

Geosat最初由海军研究办公室管理，后交由海军电子系统司令部管理，即现在的空间和海战系统司令部（SPAWAR）。约翰·霍普金斯大学应用物理实验室作为主承包商，负责卫星平台和有效载荷的研制。同时他们与美国海军水面武器中心、海军海洋研究和发展机构和国家海洋与大气管理局（NOAA）一起负责卫星数据的接收、处理、存档和分发。

Geosat卫星（见图2－63）于1985年3月13日发射，1990年退役。

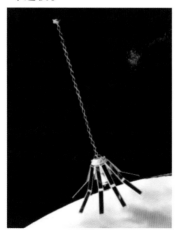

图2－63 Geosat卫星

主要性能参数

Geosat卫星在轨质量635kg，设计寿命3年。卫星姿态控制子系统（重力梯度稳定器）用于确保雷达高度计在98%的时间里指向天底，指向精度在1°以内。卫星姿态敏感通过3个数字太阳姿态探测器和1个三轴矢量磁力计实现。

卫星任务包括"测地"和"精确重复轨道任务"两种，应用在不同轨道。在执行"测地"任务时，卫星采用太阳同步轨道，轨道倾角108.1°，近地点757km，远地点814km，周期100.6min。测地任务于1985年3月31日起，1986年9月30日止。"精确重复轨道任务"旨在实现大地水准面测量，于1986年11月8日起正式工作，1990年1月止。Geosat卫星于1986年9月机动进入Seasat（1978年6月27日发射，在轨工作100多天）轨道，即高度800km、倾角108°、周期为17.05d的精确重复轨道，进行海洋地形测量。

Geosat卫星携带2台双轨高密度磁带记录器，可独立记录速率为10.205kbit/s的遥测数据流（星上记录时间长达12h，并以833kbit/s的速度向地面转发）。指令数据通过应用物理实验室地面站采用甚高频进行上行传送。遥测系统由2个S频段转发器和2个加密装置构成。卫星上还携带了备用的多普勒信标，以支持地面站对卫星的连续跟踪。

雷达高度计包括两个主要的子系统：无线电射频和数据处理装置，其测距精度可达厘米量级。雷达高度计参数见表2－59。

表2－59 雷达高度计参数

参数	指标
中心频率/GHz	13.5（Ku频段；单频）
发射机	类型：行波管放大器 峰值功率：20W 功率：70W 频率：320MHz
接收机	类型：双变频（500MHz） 自动增益控制：0～63dB
天线	类型：1.04m抛物面状天线 增益：>37.6dB 波束宽度：2.0°
测量精度/cm	5

天时侦察能力，不受云、雾、烟以及黑夜的影响。Lacrosse 卫星由美国国家侦察局的国家侦察操作中心负责运行管理，美国空军卫星控制网提供卫星测控支持。卫星的主要用户是美国国家地理空间情报局，主要为美国情报部门提供战略侦察情报。从 20 世纪 90 年代后期开始逐渐向战术应用拓展。

Lacrosse 卫星项目从 1976 年末启动。卫星主承包商为洛克希德·马丁（LM）公司，合成孔径雷达（SAR）由哈里斯公司研制。首颗卫星于 1988 年 12 月 2 日首次发射，共发射 5 颗，目前有 2 颗在轨运行。Lacrosse 卫星发射情况见表 2 – 60。

Changqugunqiu Weixing
"长曲棍球" 卫星
Lacrosse

概　况

"长曲棍球"（Lacrosse）卫星是美国国家侦察局发展的雷达成像侦察卫星，利用星上合成孔径雷达对地面目标进行高分辨率成像，具备全天候、全

表 2 – 60　"长曲棍球" 卫星发射表

卫星名称	公开编号	发射时间	轨道高度，倾角	工作状态（截至 2012 年 6 月）
Lacrosse – 1	USA – 34	1988 – 12 – 02	680km，690km，57°	1997 年 3 月退役
Lacrosse – 2	USA – 69	1991 – 03 – 08	670km，680km，68°	2000 年 12 月退役
Lacrosse – 3	USA – 133	1997 – 10 – 24	670km，675km，57°	2009 年 3 月退役
Lacrosse – 4	USA – 152	2000 – 08 – 17	685km，690km，68°	在轨运行
Lacrosse – 5	USA – 182	2005 – 04 – 30	713km，716km，57°	在轨运行

主要性能参数

Lacrosse 卫星一般至少保持 2 颗卫星同时在轨运行，分别运行在倾角 57°和 68°的 2 个轨道面上。Lacrosse 卫星设计寿命 7 年，发射质量约 14500kg，卫星主体长 15m，两侧带有 2 副太阳翼，翼展约 33m，可提供功率 10 ~ 20kW。星上带有 2 副数据中继天线，可将侦察数据通过中继卫星实时回传到地面进行处理分析。

Lacrosse 卫星的合成孔径雷达采用网格式抛物面天线，直径约 7.5m。卫星最高分辨率约0.6 ~ 1m。

Gaoceng Daqi Yanjiu Weixing
"高层大气研究卫星"
UARS

概　况

"高层大气研究卫星"（Upper Atmosphere Research Satellite，UARS）是美国发展的对地观测卫星，属于美国国家航空航天局（NASA）"行星地球任务" 计划〔后演变为 "地球观测系统"（EOS）

计划〕的首颗卫星，用于探测地球高层大气的物理和化学过程。

UARS 卫星主承包商为通用电气航空航天公司，卫星平台承包商为菲尔查尔德公司。

1991 年 9 月 12 日，UARS 卫星（见图 2 – 64）由 "发现" 航天飞机发射。2005 年 12 月，卫星失效，在轨工作 14 年。

图 2 – 64　UARS 卫星

主要性能参数

UARS 卫星运行在倾角 57°、高度 585km 的圆轨道上。卫星质量 6526kg，其中有效载荷 2700kg，卫星直径 4.6m、高 10.7m。单边太阳翼尺寸为 1.5m×3.3m，总功率 1.6kW。

卫星为三轴姿态稳定，姿态测量精度 20″，姿态控制精度 36″。星上带有 2 台 450Mbit 的磁带记录器。测控链路采用 S 频段，并带有数据中继天线，以 512kbit/s 的数据传输速率通过"跟踪与数据中继卫星"（TDRS）传回地面。

UARS 卫星的有效载荷如下。

1）"低温临边阵列标准具光谱仪"：是一台固态氢致冷冷式光谱仪，用于测量大气中氮和卤族元素及臭氧、水蒸气、甲烷和二氧化碳等气体的分布。

2）"改进型平流层和中间层探测器"：是一台机械致冷式光谱仪，用来测量大气发射。

3）"微波临边探测器"：是一台微波辐射计，在 63GHz、183GHz 和 205GHz 频率上测量大气热发射。

4）"卤素掩星实验装置"：是一台采用太阳掩星探测的辐射计，用于测量平流层中的臭氧、氯化氢、氟化氢、甲烷、水蒸气、一氧化氮、二氧化氮等气体分布，光谱范围 2.43～10.25μm，大气临边垂直方向分辨率为 1.6km，水平方向为 6.2km。

5）"太阳－恒星辐照度比较实验仪"：用来测量太阳和恒星辐照度的紫外光谱仪。

6）"太阳紫外光谱辐照度监测仪"：在紫外波段测量太阳光谱的辐照度。

7）"粒子环境监测仪"：测量地球磁场及从空间进入高层大气的带电粒子类型、数量和分布。

8）"高分辨率多普勒成像仪"：测量 45km 高度下的大气矢量风场。

9）"风多普勒成像干涉仪"：进行对流层的温度和风的测量。

10）"主动空腔辐射计辐照度监测仪"：用于测量太阳总辐照度的变化。

Tuopeikesi Bosaidong Weixing

"托佩克斯/波塞冬" 卫星
TOPEX/Poseidon

概 况

"托佩克斯/波塞冬"（TOPEX/Poseidon）卫星是

美国和法国合作发展的海面地形测量卫星，用于全球高精度海平面（海洋高度）测量，从而观测和了解海洋环流。TOPEX/Poseidon 任务不仅是"世界海洋环流实验"计划的重点项目，也是"热带海洋和全球大气实验/耦合海洋大气反应"实验的重要项目。

TOPEX/Poseidon 卫星由美国国家航空航天局喷气推进实验室（NASA/JPL）和法国国家空间研究中心（CNES）联合研制，NASA 提供卫星平台、5 个科学仪器，并负责卫星的运营。法国国家空间研究中心提供 2 个科学仪器和发射服务。

1992 年 8 月 10 日，TOPEX/Poseidon 卫星（见图 2－65）由阿里安－4 火箭发射。2005 年 10 月 9 日，TOPEX/Poseidon 卫星停止运行，运行时间 13 年。

图 2－65　TOPEX/Poseidon 卫星

主要性能参数

TOPEX/Poseidon 卫星运行在高度 1336km、倾角 66.039° 的近圆冻结轨道上，周期 112.4min，轨道重复周期约 10d。卫星质量 2402kg，尺寸 5.5m×6.6m×2.8m（翼展 11.5m），设计寿命 5 年（标称寿命 3 年，延寿 2 年）。

卫星采用"多任务模块化卫星"（MMS）平台，三轴姿态稳定，单边太阳翼尺寸 8.9m×3.3m，功率 3.4kW（寿命初期），蓄电池容量 50A·h。

TOPEX/Poseidon 卫星主要有效载荷：

1）"雷达高度计"：为双频高度计（Ku 频段 13.6GHz，C 频段 5.3GHz），由约翰·霍普金斯大学应用物理实验室研制，是第一个天基双频高度计，用于测量海洋表面高度、波高及风速。该仪器质量 230kg，功率 237W，数据率 9.8kbit/s，测高精度 2.4cm。Ku 频段和 C 频段工作频率分别为 320MHz、100MHz；抛物面天线直径 1.5m，指向精度为 0.14°（1σ）。

2）TOPEX 微波辐射计：由 NASA 喷气推进实验室研制，用于测量海洋表面的微波亮温，工作频率为 18GHz、21GHz 和 37GHz。该仪器质量 50kg，功率 25W。偏置抛物面天线直径 79cm，天底指向。

3）"单频固态高度计"：是实验高度计，由法国国家空间研究中心提供，用于测量海平面状况和风速，Ku 频段频率为 13.65GHz。质量 24kg，功率 49W，测高精度 2.5cm。

4）全球定位系统（GPS）验证接收机：由 NASA 喷气推进实验室提供，摩托罗拉公司制造，用于直接位置测量，工作频率为 1227.6MHz 和 1575.4MHz。质量 28kg，功率 29W，高度精度 10cm。

Chouyang Zongliang Celiang Guangpuji – Diqiu Tanceqi Weixing

"臭氧总量测量光谱计 – 地球探测器" 卫星
TOMS – EP

概　况

"臭氧总量测量光谱计 – 地球探测器"（Total Ozone Mapping Spectrometer – Earth Probe，TOMS – EP）卫星是美国发展的地球大气探测卫星，属于美国国家航空航天局（NASA）的"小卫星技术倡议"计划，用于长期观测地球臭氧层全球分布和火山喷发时所释放的二氧化硫含量。

1996 年 7 月 2 日卫星由飞马座 – XL 运载火箭从美国范登堡空军基地发射升空。2007 年 5 月 30 日卫星退役，在轨工作 11 年。

主要性能参数

TOMS – EP 卫星运行在高度 500km、轨道倾角 99.3°的太阳同步轨道上，周期 94.67min。卫星设计寿命 2 年，卫星质量 295kg（干质量 248kg），功率 130W（见图 2 – 66）。

TOMS – EP 卫星平台采用模块化设计，三轴姿态稳定，控制精度优于 0.5°。卫星携带一个轨道调整模块，能充分整合推进系统（燃料 54kg）。此外，卫星具有自主操作/冗余管理功能，可以提供 24h 的自主操作和自动安全模式，并且该模式可以在地面支持下恢复。

测控链路采用 S 频段，上行传输速率 2kbit/s，下行传输速率 1.1kbit/s、50kbit/s 和 200kbit/s，星上存储容量为 16Mbit。

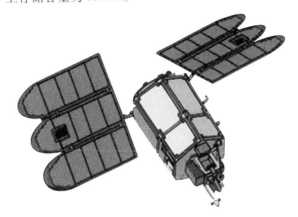

图 2 – 66　TOMS – EP 卫星

卫星携带"全球臭氧测量光谱计"仪器，该光谱计曾安装在雨云 – 7（Nimbus – 7）卫星（1978 年发射）、苏联的流星 – 3（Meteor – 3）卫星（1991 年发射）、先进地球观测卫星 – 1（ADEOS – 1，1996 年发射）上。该仪器能能提供全球大气臭氧层详细分布图，观测每年 9—11 月南极"臭氧层空洞"。除臭氧以外，"全球臭氧测量光谱计"还可以测量出火山喷发释放出的二氧化硫。

Kuaisu Sansheji Weixing

"快速散射计" 卫星
QUIKSCAT

概　况

"快速散射计"（Quick Scatterometer，QUIKSCAT）卫星是美国国家航空航天局（NASA）发展的对地观测卫星，属于美国"地球观测系统"（EOS）计划。该卫星总体目标是重启 NASA"海洋风测量"计划，以满足改善天气预报和气候研究的需要。卫星上载有一台"海洋风场"微波散射计，主要用来全天候连续、准确地测量、记录全球海洋风速和风向数据。

QUIKSCAT 卫星由美国汤普森 – 拉莫 – 伍尔德里奇（TRW）公司建造，1999 年 6 月 20 日从美国范登堡空军基地由大力神 – 2 运载火箭发射。截至 2012 年 6 月 30 日，QUIKSCAT 卫星（见图 2 – 67）仍在轨运行。

图 2 - 67　QUIKSCAT 卫星

主要性能参数

QUIKSCAT 卫星运行在高度 803km、倾角 98.6° 的太阳同步轨道上，周期 102min，平均有效载荷功率 250W，卫星总质量 970kg，有效载荷 205kg，设计寿命 2 年。

卫星采用 BCP - 2000 卫星平台，三轴姿态稳定，结构尺寸 2.2m × 1.7m × 1.4m，指向精度优于 1°。星上主要携带了 QUIKSCAT 散射雷达，该雷达为有源雷达，能估算海洋表面 10m 高以上的风速和风向。

Yikenuosi Weixing
"伊科诺斯" 卫星
Ikonos

概　况

"伊科诺斯"（Ikonos）卫星是地球眼公司发展的第一代商用高分辨率陆地观测卫星，用于为军民用户提供高分辨率卫星遥感图像，美国军事图像情报部门——国家地理空间情报局是该卫星最大的用户。

Ikonos 卫星主承包商为洛克希德·马丁公司

（LM），该公司负责研制卫星平台，当时的柯达公司负责研制卫星有效载荷。

1999 年 4 月 27 日，Ikonos - 1 卫星发射失败。1999 年 9 月 24 日，Ikonos - 2 卫星由雅典娜 - 2 火箭发射成功，成为世界上首颗分辨率优于 1m 的商业遥感卫星。截至 2012 年 6 月 30 日，Ikonos - 2 仍在轨运行。Ikonos 卫星见图 2 - 68。

图 2 - 68　Ikonos 卫星

主要性能参数

Ikonos 卫星运行在高度 681km 的太阳同步圆轨道上，轨道倾角 98.1°，周期 98min，降交点地方时 10：30，重访周期 1 ~ 3d。卫星发射质量 817kg（有效载荷质量 171kg），尺寸 1.83m × 1.57m（六棱柱形），设计寿命 7 年。

Ikonos 卫星采用 LM - 900 平台，三轴稳定，姿态测量部件由星跟踪器、惯性基准单元、太阳敏感器和磁强计组成；姿态执行机构由反作用飞轮和磁力矩器组成。卫星带有 3 副太阳翼，为消除振动采取固定安装方式，寿命末期功率 1500W。测控链路采用 S 频段（2025 ~ 2110MHz），上行数据传输速率 2kbit/s，下行数据传输速率 32kbit/s。星上固态存储器容量 64Gbit，数据传输采用 X 频段（8345.968 ~ 8346.032MHz），最高数据传输速率 320Mbit/s。

卫星有效载荷为 "光学敏感器系统"，总质量 171kg，功率 350W。"光学敏感器系统" 由光学分系统、焦平面组件、信号处理单元和电源单元组成，其基本参数见表 2 - 61。

表 2 – 61 　 "光学敏感器系统" 基本参数表

参数	指标
光谱范围（全色）	0.45 ~ 0.9
光谱范围（多光谱）	0.45 ~ 0.53（蓝）; 0.52 ~ 0.61（绿）; 0.64 ~ 0.72（红）; 0.76 ~ 0.86（近红外）
空间分辨率/m	1 全色, 4 多光谱
数据量化/bit	11
侧摆角（天底点）/(°)	±30（沿轨和穿轨方向）
幅宽	11.3km×11.3km（单景标称成像模式） 11.3km×100km（连续条带成像模式）
成像范围/km	±350 星下点两侧
图像定位精度/m	12（无地面控制点）

"土"卫星
Terra

Tu Weixing

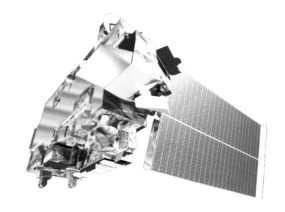

图 2 – 69 　 Terra 卫星

概　况

"土"（Terra）卫星是美国、日本和加拿大联合发展的对地观测卫星，属于美国"地球观测系统"（EOS）计划，主要用来观测地球气候变化，包括:

1）进行全球成像，开始为期 15 年的对地球表面和大气参数的监测。

2）通过发现人类活动对气候影响的证据，从而改变人类探测活动对气候的影响；提供全球气候数据，并利用先进的计算机建立模型，这有助于预测气候的变化。

3）通过提供观测资料，对灾害天气，如干旱、洪水，提高在时间上和地理位置分布方面的预报能力。

4）利用 Terra 卫星数据，改进季节性及年度天气预报。

5）进一步开发对森林大火、火山、洪水及干旱等灾害的预报，灾害特征的确定，以及减灾技术的研究。

6）对全球气候或环境变化进行长期监测。

Terra 卫星平台由洛克希德·马丁公司（LM）建造，1999 年 12 月 18 日，卫星由"宇宙神"运载火箭发射。截至 2012 年 6 月 30 日，Terra 卫星（见图 2 – 69）仍在轨正常运行。

主要性能参数

Terra 卫星运行在高 705km、倾角 98.5° 的太阳同步轨道上，周期 99min。卫星发射质量 5190kg，有效载荷质量 1155kg，设计寿命 6 年。

卫星采用三轴姿态控制，单翼旋转太阳翼。卫星平台尺寸为直径 3.5m，高 6.8m，太阳翼尺寸为 9m×5m，平均功率 2.53kW。数据下行传输采用 Ku 频段，通过 2 个 Ku 频段通道传输，每个通道速率为 57Mbit/s，经由"跟踪与数据中继卫星"（TDRS）或用 X 频段（传输速率为 12.5Mbit/s）直接送到地面站，数据传输速率为 109Mbit/s。星上存储容量为 148Gbit。

Terra 卫星主要携带有效载荷:

1）"云与地球辐射能量系统"：共 2 台，用于采集来自地球大气顶层的太阳反射和地球辐射数据。

2）"中分辨率成像光谱仪"：休斯公司制造，主要用于对全球的生物和地理现象进行综合测量。该仪器从可见光到红外光共有 36 个谱段，其星下点的地面分辨率分别为 250m、500m 和 1000m，扫描宽带为 2330km，1 ~ 2d 可对全球覆盖 1 次。

3）"多角度成像光谱辐射计"：用于全球植被图及表面反照率测量，大气烟雾、植被特性和地形及云的高度测量等。该辐射计含 9 台推扫式 CCD 相机，分成 4 个谱段，根据不同的模式，地面分辨率分别为 275m、550m 和 1100m。

4）"先进星载热辐射与反射辐射计"：日本经济产业省提供，用于提供高分辨率的陆地表面、水和云的图像。该仪器属于多光谱遥感成像仪，沿轨方向可立体成像，具有从可见光到热红外的 14 个多光谱段，在可见光和近红外谱段的分辨率较高，可达 15m。

"主动空腔辐射计辐照度监视器卫星"

ACRIMSAT

概 况

"主动空腔辐射计辐照度监视器卫星"（Active Cavity Radiometer Irradiance Monitor Satellite，ACRIM-SAT）是美国国家航空航天局（NASA）发展的对地观测小卫星，属于"地球观测系统"（EOS）计划。该卫星的任务是高精度和长期监测太阳辐射总量，研究太阳能量释放的变化及其对地球带来的影响。

NASA喷气推进实验室（JPL）负责卫星的管理和运行，轨道科学公司（OSC）负责提供卫星平台。

ACRIMSAT卫星于1999年12月21日由"金牛座"运载火箭发射。截至2012年6月30日，AC-RIMSAT卫星（见图2-70）仍在轨运行。

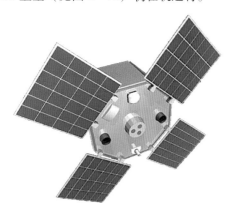

图2-70 ACRIMSAT卫星

主要性能参数

ACRIMSAT卫星运行在近地点683km、远地点724km、倾角98.13°的太阳同步轨道，降交点地方时10：50。ACRIMSAT卫星质量为115kg，直径79cm，高69cm，太阳翼展178cm，平均功率为49W，设计寿命5年。

ACRIMSAT卫星采用"微小卫星"平台，自旋稳定并指向太阳。测控链路采用S频段，上行链路频率为2065.5MHz，上行传输速率为2kbit/s；下行链路频率为2250.0MHz，下行传输速率为3.6kbit/s、28.8kbit/s、57.6kbit/s、115.2kbit/s。另外，还有1条超高频通信链路。

ACRIMSAT卫星携带了1台由喷气推进实验室

研制的主动空腔辐射计辐照度监视器-3辐射计，它是在1980年发射"太阳峰年卫星"（SMM）上搭载的主动空腔辐射计辐照度监视器-1和1991年发射"高层大气研究卫星"（UARS）上搭载的主动空腔辐射计辐照度监视器-2基础上改进而来，高精度测量太阳辐射总量的变化。该仪器质量13kg，功率10W，光谱范围0.2~2000nm，视场角为5°，指向精度±0.25°。

"快鸟"卫星

Quickbird

概 况

"快鸟"（Quickbird）卫星是数字地球公司的第一代高分辨率商业遥感卫星，用于为军民用户提供高分辨率遥感卫星图像，美国国家地理空间情报局（NGA）是该卫星最大的用户。

2000年11月20日，Quickbird-1卫星利用俄罗斯宇宙-3M火箭从普列谢茨克发射场发射，由于运载火箭故障导致卫星未进入预定轨道。2001年10月18日，Quickbird-2卫星（见图2-71）利用美国德尔它-2运载火箭从范登堡空军基地发射。2011年4月，数字地球公司将该卫星轨道高度从450km提升到482km，在轨运行寿命延长至2014年初。

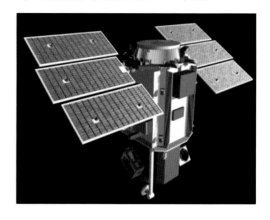

图2-71 QuickBird-2卫星

主要性能参数

Quickbird-2卫星运行在高度450km、倾角98°的太阳同步圆轨道，轨道周期93.4min，降交点地方时10：30。卫星发射质量951kg，其中有效载荷质量380kg。卫星高3m，直径1.6m，太阳翼展5.2m，寿命末期功率1140W，设计寿命5年。

Quickbird-2卫星采用BCP-2000卫星平台，三轴姿态稳定，姿态测量部件由星跟踪器、惯性测量单元、太阳敏感器和磁强计组成；姿控执行机构由反作用轮、磁力矩器和肼推力器组成，姿态敏感精度±0.00086°（3σ），姿态控制精度为±0.029°（3σ），姿态稳定度0.00057（°）/s。卫星装有2副太阳翼，采用单结砷化镓太阳电池，每个太阳翼的面积为3.2m²，卫星还带有40A·h的氢镍蓄电池。卫星具有在沿轨和穿轨方向侧摆±30°的能力，最大侧摆角为±45°，指向变化速度2.4（°）/s，加速度0.86（°）/s²。卫星采用单频（L1 C/A码）全球定位系统（GPS）接收机定轨，在无地面控制点时，图像定位精度为23m（圆误差）和17m（线性误差）。

卫星测控链路采用S频段，上行数据传输速率2kbit/s，下行数据传输速率4～16kbit/s。图像数据下传采用X频段，最高数据传输速率320Mbit/s。实时窄带数据利用副载波频率进行下传，上行数据传输速率2kbit/s，下行数据传输速率4～16kbit/s，存储工程数据下传数据传输速率256kbit/s。星上固态存储器容量128Gbit，大约可存储57幅单景图像。

Quickbird-2卫星有效载荷为鲍尔高分辨率相机-60，由光学分系统、焦平面单元和信号处理单元组成。该相机质量380kg，功率250W，光学口径0.6m，焦距8.8m，相对孔径为f/14.7，视场2.12°。

Quickbird-2的全色成像谱段为0.45～0.90μm，多光谱成像谱段（4个通道）为0.45～0.52μm、0.52～0.60μm、0.63～0.69μm、0.76～0.90μm，天底点全色分辨率0.61m，多光谱分辨率2.44m，幅宽16.5km；侧摆25°时，全色分辨率0.72m，多光谱分辨率2.88m。卫星一次过顶最大成像区域为16.5km×115km。每轨成像最大数据量为331Gbit。以0.61m分辨率成像时，根据目标纬度的不同，重访周期为3～7d。

Diqiu Guance-1 Weixing
地球观测-1卫星
EO-1

地球观测-1（Earth Observing-1，EO-1）卫星是美国国家航空航天局（NASA）发展的技术验证卫星，属于"地球观测系统"（EOS），用于对新型对地观测技术进行验证，阿联特技术系统公司负责卫星的研制和集成，戈达德航天飞行中心负责管理和运行。

EO-1卫星（见图2-72）于2000年11月21日由"德尔它"运载火箭发射，截至2012年6月30日，卫星仍在轨运行。

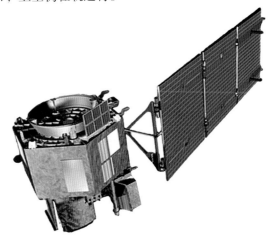

图2-72　EO-1卫星

EO-1卫星运行在太阳同步圆轨道，轨道高度705km，倾角98.7°，降交点地方时10：15，重复周期16d。卫星发射质量588kg，尺寸1.4m×1.4m×2m，设计寿命1.5年，平均功率为350W，标准电压28V。卫星配有单太阳翼，由3块电池板组成，翼展达5.25m。

EO-1卫星采用三轴稳定方式，姿态控制分系统的执行机构包括反作用轮和磁力矩器，姿态测量部件由星跟踪器、惯性测量单元、太阳敏感器、三轴磁强计组成；其滚转/俯仰/偏航指向精度优于0.02°（3σ），姿态指向稳定度为0.3（"）/s。EO-1卫星数据存储容量是48Gbit，测控链路采用S频段，其下行传输速率为2kbit/s～2Mbit/s，上行传输速率为2kbit/s；数据传输采用X频段，中心频率为8225MHz，传输速率为105Mbit/s。

EO-1卫星主要携带有效载荷：

1）"先进陆地成像仪"：分辨率10m，光谱范围为0.4～2.4μm，含10个谱段，其中0.443μm用于测量大气气溶胶，0.8675μm和1.25μm用于测量大气水汽。

2）"高光谱成像仪"：是一台图谱测量仪，既可以用于测量目标的波谱特性，又可对目标成像。该仪器质量49kg，功率78W，光谱范围0.40～2.50μm，含220个谱段，谱段宽度10nm，地面分辨率30m，幅宽7.5km，量化值12bit。

3）"线性标准成像光谱阵列大气校正仪"：是一台高光谱大气成像光谱仪，质量8kg，功率40W，光谱范围0.85～1.65μm，含256个谱段，光谱分辨率1.0～2.5nm，地面分辨率250m，幅宽185km，可以获得大气水汽、气溶胶的图像和光谱曲线。

Shui Weixing
"水" 卫星
Aqua

概　况

"水"（Aqua）卫星是美国国家航空航天局（NASA）发展的对地观测卫星，属于"地球观测系统"（EOS）计划，原名为"上午星"（EOS/PM-1），后NASA将其改名为"水"卫星。Aqua卫星的主要任务是用于对地球上的水循环进行全面多学科观测，包括水在大气、海洋和陆地表面的整个过程，以及与地球系统变化的关系。

Aqua卫星（见图2-73）于2002年5月4日由德尔它-2运载火箭发射，截至2012年6月30日，卫星在轨运行。

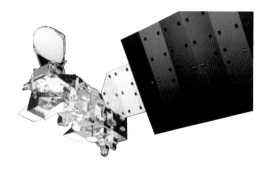

图2-73　Aqua卫星

主要性能参数

Aqua卫星运行在高度705km、倾角98.2°的太阳同步圆轨道，升交点地方时13：30，轨道周期98.8min，重复周期16d。卫星质量2934kg，寿命末期功率4.86kW，设计寿命6年，卫星收拢状态尺寸2.68m×2.47m×6.49m，在轨展开尺寸4.81m×16.70m×8.04m。

Aqua卫星采用AB1200平台，三轴姿态稳定。测控链路采用S频段，通过"跟踪与数据中继卫星"（TDRS）中继，数据传输采用X频段。

Aqua卫星主要携带有效载荷：

1）"大气红外探测器"：质量为177kg，功率220W。其红外谱段3.74～15.4μm，瞬时视场1.1°，空间分辨率13.5km，垂直分辨率1km；可见光和近红外谱段0.4～1.0μm，瞬时视场0.185°，空间分辨率2.3km。

2）"先进微波探测器"：质量为91kg，功率101W，数据传输速率2.0kbit/s，瞬时视场3.3°，幅宽1650km，指向精度0.2°；该仪器有15个通道，频率范围3～6000MHz。

3）"微波湿度探测器"：质量51kg，功率80W，数据传输速率4.2kbit/s；该仪器有4个通道，中心频率为150GHz、（183.31±1）GHz、（183.31±3）GHz、（183.31±7）GHz；幅宽1650km，瞬时视场1.1°，空间分辨率13.5km。

4）"先进微波扫描辐射计"：质量314kg，功率350W，数据传输速率87.4kbit/s，具有12个通道，频率范围6.9～89.0GHz。

5）"中分辨率成像光谱仪"：兼有先进甚高分辨率辐射计AVHRR-3和海洋水色探测器SeaWiFs的特性，质量229kg，平均功率162.5W，数据传输速率6.2Mbit/s，其光谱范围0.405～14.385μm，有36个通道，其地面分辨率为250m、500m、1km。

Bing Weixing
"冰卫星"
ICESAT

概　况

"冰卫星"（Ice, Cloud and Land Elevation Satellite, ICESAT）是美国国家航空航天局（NASA）、工业界和大学合作研制的对地观测卫星，属于"地球观测系统"（EOS）计划，主要任务目标包括监测极地冰盖的质量平衡及其对全球海平面变化的影响；测量云高和云及气溶胶的垂直结构；测量地表粗糙度、反射率、植被高度、雪覆盖和海冰表面特征，进而绘制出地球表面地形图。

2003年1月13日，ICESAT-1卫星由德尔它-2火箭从范登堡空军基地发射，2010年8月退役。ICESAT-1卫星见图2-74。

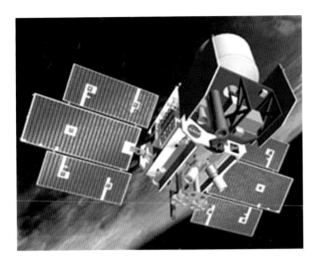

图 2-74 ICESAT-1 卫星

主要性能参数

ICESAT-1 卫星运行在高度 600km、倾角为 94° 低地球轨道，周期 101min，轨道重访周期 91d。卫星质量 970kg，功率 730W，设计寿命 3 年。

ICESAT-1 卫星采用 BCP-2000 平台，三轴姿态稳定，姿态确定和控制分系统利用 2 台星敏感器、惯性基准单元、太阳敏感器、磁强计进行卫星姿态确定，卫星指向控制精度 100mrad（1σ），指向敏感精度 50mrad（1σ），指向稳定度 10μrad/s。星上装有 2 个固态存储器，总容量 200Gbit，存储速率 576Mbit/s。有效载荷数据传输采用 X 频段（8.100GHz），传输速率为 40Mbit/s；测控链路采用 S 频段和 X 频段，传输速率分别为 1kbit/s、4kbit/s、16kbit/s 和 256kbit/s；上行链路传输采用 S 频段，传输速率为 2kbit/s。

ICESAT-1 卫星的有效载荷分别是"地球科学激光高度计"、"全球定位系统"（GPS）接收机和反射器天线。"地球科学激光高度计"是主有效载荷，由地球科学激光测距仪改进而来，能测量冰盖地形、云高、地球边界层高度和气溶胶垂直分布结构，以及卫星飞过区域的地形图。该仪器质量 298kg，平均功率为 330W，数据传输速率为 450kbit/s，温度控制范围（20±5）℃，望远镜口径为 100cm，视场为 375μrad（天底点）。

"太阳辐射与气候实验"卫星 SORCE

概　况

"太阳辐射和气候实验"（Solar Radiation and Climate Experiment，SORCE）卫星是美国国家航空航天局（NASA）发展的对地观测小卫星，属于"地球观测系统"（EOS）计划，主要目标是精确并长期测量紫外、可见光和近红外波段上的太阳辐射总量。

SORCE 卫星的科学任务包括：1）每天测量谱段 120~300nm 的太阳紫外辐射；2）首次对 0.3~2μm 谱段的太阳可见光辐射进行精确测量，用于未来气候研究；3）有助于科学家进一步了解太阳产生辐射变化的原因和状况，以及这种可变的辐射对地球大气和气候产生的影响，从而估计太阳的历史演变和未来发展，以及地球气候对此的反应；4）对太阳辐射总量进行高精度测量，并与以往的测量数据相结合，形成气候的长期变化档案。

该卫星从 1999 年开始研制，科罗拉多大学大气和空间物理学实验室负责 SORCE 卫星的设计、管理和运行，以及有效载荷的研制，轨道科学公司（OSC）负责卫星的建造。

2003 年 1 月 25 日，SORCE 卫星（见图 2-75）由飞马座-XL 运载火箭发射。截至 2012 年 6 月 30 日，卫星仍在轨运行。

图 2-75 SORCE 卫星

主要性能参数

SORCE 卫星运行在高 645km、倾角 40°、周期 90min 的圆形轨道上，每天绕地球飞行 15 圈。卫星高 1.48m、直径 1.12m（在轨展开后高 1.61m、直径 3.4m），寿命末期功率为 350W，配有 6 副固定的砷化镓太阳翼，星上还装有 23A·h 的镍氢蓄电池。卫星平台质量 290kg，有效载荷质量 86kg，设计寿命 6 年，星上数据存储容量为 1024Mbit。

SORCE 卫星采用三轴稳定，姿态控制系统包括反作用轮、磁力矩器、星敏感器、磁强计和太阳敏感器。卫星运行在光照区时指向太阳，在阴影区时指向恒星，其指向准确度优于 60″（倾斜和偏航）、指向精度优于 36″（倾斜和偏航）、稳定度小于 1（′）/min（倾斜和偏航）、抖动小于 20（″）/s、转换速率大于或等于 1.1（°）/s。

卫星测控链路采用 S 频段转发器和 1 副全向天线，上行传输速率 2kbit/s，下行传输速率为 1.5Mbit/s，每天最大下行数据量约是 570Mbit。另外，还有一条 4kbit/s 的下行链路经由"跟踪与数据中继卫星"（TDRS）下传。

SORCE 卫星主要携带有效载荷：

1）"太阳辐射总量监测器"：是一种有源谐振腔式辐射计，质量为 7.9kg，平均功率 14W，尺寸 17.7cm × 27.9cm × 27.2cm，标称数据传输速率 539bit/s。该仪器用于测量太阳辐射总量，绝对测量精度 0.03%，相对测量精度每年 0.001%。

2）"太阳/恒星辐射对比实验仪器"：是一种 2 通道光栅光谱仪，用于测量光谱范围在 115 ~ 320nm 的紫外辐射，光谱分辨率 0.1 ~ 2.2nm。该仪器质量 36kg，功率 33.2W，标称数据传输速率 738bit/s，能将太阳的紫外辐射与大约 20 颗恒星产生的类似辐射相比较。

3）"光谱辐照度监测器"：是一种双冗余光谱仪，用于测量光谱范围在 200 ~ 2000nm 的太阳光谱辐照度，光谱分辨率 0.25 ~ 33nm；仪器质量 22kg，尺寸 25.4cm × 17.8cm × 76.2cm，平均功率 25.3W。

4）"远紫外光度计系统"：包括一组滤色光度计，测量光谱范围在 0.1 ~ 31nm 的太阳远紫外辐射，光谱分辨率 5 ~ 10nm。该仪器尺寸 15.6cm × 18.7cm × 17.2cm，质量 2.6kg，功率 8.6W，标称数据传输速率 267bit/s。

"气"卫星
Aura

概况

"气"（Aura）卫星是美国国家航空航天局（NASA）发展的大气探测卫星，属于"地球观测系统"（EOS）计划，用于延续 NASA 的"高层大气研究卫星"（UARS）和"臭氧总量测光谱计"（TOMS）的任务。该卫星的首要任务是研究地球大气的化学和动力学特征，其科学探测目标包括：1）地球的臭氧层空洞是否正在恢复；2）地球空气质量是否比以往更差；3）地球气候如何改变。

Aura 卫星（见图 2 - 76）由 NASA 戈达德航天飞行中心研制，于 2004 年 7 月 15 日从范登堡空军基地由德尔它 - 2 火箭发射。截至 2012 年 6 月 30 日，卫星仍在轨运行。

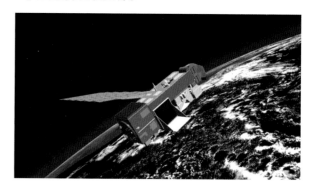

图 2 - 76　Aura 卫星

主要性能参数

Aura 卫星运行在高度 685km 的太阳同步轨道，倾角 98.2°，升交点地方时 13：45，轨道重访周期 16d。卫星质量 2967kg，在轨展开尺寸 4.71m × 17.03m × 6.85m，太阳电池功率 4600W。

Aura 卫星采用 AB1200 平台，装有单太阳翼。星上存储容量为 100Gbit，有效载荷数据传输通过 X 频段下行，地面站则通过 S 频段上行传输测控数据。

Aura 卫星主要携带有效载荷：

1）"高分辨率动力探测器"：探测区域从高层大气边界延伸到整个同温层，用于获得示踪气体和浮质的分布图，尤其是极区的二氧化氮、一氧化氮和含氯氟烃的分布情况。高分辨率动力探测器质量为 220kg，平均功率 220W，光谱范围 6～18μm，幅宽 2000～3000km。

2）"微波临边探测器"：探测视场与高分辨率动力探测器相同，用于探测高空臭氧层中被破坏的化学元素，测量高层大气中的一氧化碳、水蒸气、冰含量及大气温度。该仪器质量 490kg，功率 550W，空间分辨率为 5km（穿轨）、500km（沿轨）、3km（垂直）；含 5 个光谱通道，中心频率为 118GHz、190GHz、240GHz、640GHz 和 2.5THz。

3）"臭氧监测仪"：为宽视场监测仪，用于测量示踪气体的浓度，从而获得全球臭氧变化情况。该仪器质量 65kg，功率 66W，数据传输速率 0.8Mbit/s，望远镜视场为 114°；具有 2 个紫外波段（270～314nm、306～380nm）和 1 个可见光波段（350～500nm），2 个紫外波段的空间分辨率分别是 0.42nm 和 0.42nm，可见光波段的空间分辨率 0.63nm。

4）"对流层辐射光谱仪"：用于观测从地球表面到同温层的热辐射，其敏感度比此前的同类仪器高得多，能够探测城市上空的臭氧浓度。每隔一天，它将进行一次全球性的测量，尤其是火山监测、海洋生物研究等。该仪器质量 385kg，平均功率 334W，光谱范围 3.2～15.4μm，空间分辨率 0.5km（天底点）和 2.3km（临边）。

Yun Weixing
"云卫星"
CloudSat

概况

"云卫星"（CloudSat）是美国国家航空航天局（NASA）发展的对地观测卫星，属于"地球观测系统"（EOS）计划，也是 NASA 和加拿大航天局（CSA）合作的"地球系统科学探路者"（ESSP）计划的任务之一，用于研究云对气候和天气变化的影响。

鲍尔航空航天技术公司（BATC）负责卫星的建造、测试和集成，NASA 的喷气推进实验室（JPL）和加拿大航天局共同提供有效载荷，科罗拉多州立大学的大气研究合作学院负责处理数据及数据的存档，卫星数据经过处理后，分发给民用和军事天气预报机构，改进天气预报质量。

2006 年 4 月 28 日，CloudSat 卫星（见图 2 - 77）由德尔它 - 2 火箭发射。截至 2012 年 6 月 30 日，该卫星仍在轨运行。

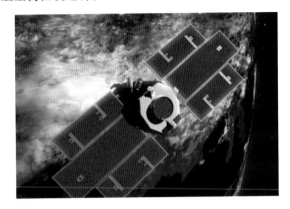

图 2 - 77　Cloudsat 卫星

主要性能参数

CloudSat 卫星运行在高度 705km 的太阳同步轨道，倾角 98.2°，周期 99min。卫星质量 999kg，尺寸 2.54m×2.03m×2.29m，平均功率 700W，设计寿命 2 年。

CloudSat 卫星采用 BCP - 2000 平台，姿态测量部件包括 1 台星敏感器（有冗余）、14 台粗太阳敏感器和 3 台磁强计；姿态执行机构包括 3 个力矩器和 4 个反作用轮，指向精度优于 0.07°。星上 2 台 GPS 接收机提供时间、位置和速度信息。

"云垂直分布观测雷达"是 CloudSat 卫星携带的主要有效载荷，质量 230kg，功率 270W，数据传输速率 15kbit/s；其标称频率 94GHz，脉冲宽度 3.3μs，脉冲重复频率 4300Hz，垂直分辨率 500m，穿轨分辨率 1.4km，沿轨分辨率 1.9km。

CloudSat 卫星利用"云垂直分布观测雷达""切开"云层，提供云的纵向和垂直结构信息，产生新的气象数据，包括云层的厚度、云层顶部和底部的高度、云的光学特征及云的水和冰含量。"云垂直分布观测雷达"的测量数据将广泛应用于空气质量、天气模型、航空安全和灾害管理。

Shijie Guance Weixing
"世界观测" 卫星
WorldView

概况

"世界观测"（WorldView）卫星是美国数字地球公司发展的第二代高分辨率商业遥感卫星，快鸟 - 2

（Quickbird - 2）卫星的下一代，用于为军民用户提供高分辨率卫星遥感图像，美国国家地理空间情报局（NGA）是卫星最大的用户。WorldView 系列卫星已发射 2 颗，其中 WorldView - 1 卫星是世界上首颗分辨率优于 0.5m 的商业遥感卫星。

WorldView 卫星总承包商为鲍尔航空航天技术公司（BATC），负责研制卫星平台、有效载荷，以及卫星的总装集成。美国国际电话电报（ITT）公司负责设计和研制相机焦平面单元和数字处理单元。

WorldView - 1、2 卫星分别于 2007 年 9 月 18 日和 2009 年 10 月 8 日由德尔它 - 2（Delta - 2）火箭发射，截至 2012 年 6 月 30 日，2 颗卫星仍在轨运行。

主要性能参数

（1）WorldView - 1 卫星

WorldView - 1 卫星运行在太阳同步圆轨道，整星发射质量 2500kg，其中有效载荷质量 380kg。卫星采用 BCP - 5000 平台，三轴姿态稳定，卫星带有星跟踪器、固态惯性测量单元、全球定位系统（GPS）接收机等敏感器，以及新型控制力矩陀螺等执行机构。该卫星具备非常高的指向精度、稳定度和敏捷能力。无地面控制点时，图像定位精度可达到 5.8 ~ 7.6m。卫星具有在沿轨和穿轨方向侧摆 ±40° 的能力，最大侧摆角为 ±45°，指向变化速度 4.5（°）/s，加速度 2.5（°）/s²，指向改变 200km 仅需 12s。WorldView - 1 卫星见图 2 - 78。

图 2 - 78　WorldView - 1 卫星

WorldView - 1 卫星指令链路采用 S 频段，传输速率为 2kbit/s 或 64kbit/s；遥测和跟踪链路采用 X 频段，实时传输速率 4kbit/s、16kbit/s 或 32kbit/s，存储转发模式传输速率为 524kbit/s；图像数据下传采用 X 频段，最高传输速率 800Mbit/s。

WorldView - 1 卫星有效载荷为鲍尔航空航天技术公司研制的世界观测 - 60 相机，由光学分系统、焦平面单元和信号处理单元组成。该卫星只有全色成像能力，卫星一次过顶最大成像区域为 60km × 110km，立体模式下为 30km × 110km，每轨成像最大数据量为 331Gbit。卫星侧摆 25° 成像（0.59m 分辨率）时重访周期 4.6d；卫星分辨率降低到 1m 时，重访周期缩短到 1.7d。

（2）WorldView - 2 卫星

WorldView - 2 卫星运行在太阳同步圆轨道，卫星高 4.3m，直径 2.5m，寿命末期功率 3200W，卫星设计寿命 7.25 年。WorldView - 2 卫星指向变化速度 3.86（°）/s，加速度 1.43（°）/s²，指向改变 200km 只需 10s。卫星具有在沿轨和穿轨方向侧摆 ±40° 的能力，最大侧摆角为 ±45°。在无地面控制点时，图像定位精度可达到 4.6 ~ 10.7m。WorldView - 2 卫星见图 2 - 79。

图 2 - 79　WorldView - 2 卫星

WorldView - 2 卫星的全色光谱范围是 0.45 ~ 0.8μm；多光谱有 8 个谱段，分别是 0.4 ~ 0.45μm、0.45 ~ 0.51μm、0.51 ~ 0.58μm、0.585 ~ 0.625μm、0.63 ~ 0.69μm、0.705 ~ 0.745μm、0.77 ~ 0.895μm 和 0.86 ~ 1.04μm。卫星一次过顶最大成像区域为 65.6km × 110km，立体模式下为 48km × 110km。每轨成像最大数据量为 524Gbit。卫星侧摆 20° 成像时（0.52m 分辨率）重访周期 3.7d；卫星分辨率降低到 1m 时，重访周期缩短到 1.1d。

Diqiuyan Weixing

"地球眼"卫星
GeoEye

概 况

"地球眼"（GeoEye）卫星是美国地球眼公司发展的第二代高分辨率商业遥感卫星，"伊科诺斯"（Ikonos）卫星的下一代，用于为军民用户提供高分辨率遥感卫星图像，美国国家地理空间情报局（NGA）是该卫星的最大用户。该卫星原名为轨道观测-5（OrbView-5），具有清晰观测和增强观测特点。

通用动力公司为卫星系统主承包商，负责研制卫星平台；国际电话电报公司（ITT）负责研制有效载荷；国际商用机器公司和加拿大麦克唐纳·德特威勒联合公司（MDA）负责研制地面控制段；波音公司提供发射服务。

2008年9月6日，GeoEye-1卫星（见图2-80）由德尔它-2（Delta-2）运载火箭从美国范登堡空军基地发射。截至2012年6月30日，卫星在轨正常运行。

图2-80　GeoEye-1卫星

主要性能参数

GeoEye-1卫星运行在高度681km、倾角98°的太阳同步圆轨道，轨道周期98min，重访周期小于3d，降交点地方时10：30。卫星发射质量1955kg，收拢状态高4.35m，直径2.7m，设计寿命7年。

卫星采用SA-200HP平台，三轴姿态稳定，具有非常高的指向精度和稳定度。卫星采用新的增强型低抖动反作用轮，在沿轨和穿轨方向可侧摆±60°，具备单轨立体成像能力。图像地理定位精度优于3m。星上固态存储器存储容量1.2Tbit，图像数据下传采用X频段，传输速率740Mbit/s或150Mbit/s；测控链路采用S频段。

GeoEye-1卫星有效载荷为"地球眼成像系统"推扫成像相机，由光学分系统（望远镜组件，口径1.1m）、焦平面组件和数字电子线路组成。卫星全色谱段为450～900nm，分辨率0.41m；多光谱有4个谱段，分别是0.45～0.51μm、0.52～0.58μm、0.655～0.69μm和0.78～0.92μm，分辨率1.64m。天底点标称成像幅宽15.2km。

GeoEye-1卫星单景标称成像模式的图像尺寸为15km×15km，每天的单景全色成像面积可达7×10^6km^2；每天单景全色多光谱融合成像面积可达3.5×10^6km^2。在无地面控制点时，卫星单景图像的水平定位精度5m（90%圆误差）；立体图像的水平定位精度4m（90%圆误差），垂直定位精度6m（90%线性误差）。对于地面上纬度为40°的参考目标，卫星侧摆10°时，地面分辨率0.42m，平均重访周期8.3d；卫星侧摆28°时，地面分辨率0.5m，平均重访周期2.8d；卫星侧摆35°时，地面分辨率0.59m，平均重访周期2.1d。

Weilai Chengxiang Tixi - Leida Weixing

"未来成像体系-雷达"卫星
FIA - Radar

"未来成像体系-雷达"（FIA-Radar）卫星是美国国家侦察局（NRO）发展的雷达成像侦察卫星，用于取代上一代的"长曲棍球"（Lacrosse）卫星。

FIA-Radar卫星是美国国家侦察局于20世纪90年代中期开展的FIA侦察卫星计划的一部分。该计划包括光学成像侦察和雷达成像侦察两类卫星，均由波音卫星系统公司（BSS）研制。但光学成像侦察卫星因技术、经费和进度原因，于2005年终止。FLA-Radar卫星仍继续研制。

2010年9月21日和2012年4月3日，美国从范登堡空军基地分别用宇宙神-5和德尔它-4火箭发射了2颗FLA-Radar卫星，编号分别为USA-215和USA-234。

FLA – Radar 卫星运行在倾角 123°的逆行圆轨道上，轨道高度约 1100km。

Tianji Hongwai Xitong Weixing
"天基红外系统"卫星 SBIRS

概 况

"天基红外系统"（Space – Based Infrared System，SBIRS）卫星是美国空军发展的导弹预警卫星，用于取代"国防支援计划"（DSP）卫星。卫星利用星上探测器探测、发现、识别和跟踪弹道导弹发射，为美国及其盟国提供弹道导弹攻击的早期预警信息，为低轨导弹预警卫星和地基预警反导系统提供目标指示数据。

美国空军于 1995 年开始 SBIRS 卫星系统论证。当时论证的系统由静止轨道卫星、低轨道卫星以及大椭圆轨道搭载的有效载荷组成复合型星座，对弹道导弹的主动段、飞行中段和再入段进行全程探测。2002 年美国国防部对该项目进行了调整，将低轨卫星系统从项目中分离，作为在轨技术演示验证项目，交由当时新成立的导弹防御局发展，并更名为"空间跟踪与监视系统"（STSS）。静止轨道卫星和大椭圆轨道的有效载荷仍由美国空军负责，名称沿用"天基红外系统"（SBIRS）。

SBIRS 卫星（见图 2 – 81）的主承包商为洛克希德·马丁（LM）公司，并提供卫星平台；诺斯罗普 – 格鲁曼公司负责有效载荷的研制。首颗 SBIRS 卫星（USA – 230 卫星）于 2011 年 5 月 7 日从美国卡纳维拉尔角利用宇宙神 – 5 运载火箭发射，定点于西经 96.84°的静止轨道轨位上。

图 2 – 81　SBIRS 卫星

主要性能参数

SBIRS 卫星运行在地球静止轨道，计划由 4 颗卫星组成星座。SBIRS 卫星发射质量约 4500kg，有效载荷质量约 450kg，设计寿命 12 年。卫星由平台和有效载荷舱两部分组成。平台采用洛克希德·马丁（LM）公司的 A2100M 军用型卫星平台，由 A2100 公用平台改进而来，针对军事应用进行了加固和改进。在卫星平台两侧带有 2 副太阳翼，采用砷化镓太阳电池，发电功率 2800W。

卫星采用三轴稳定方式，姿态控制精度 0.05°。定轨用全球定位系统（GPS）接收机采用抗干扰防欺骗接收机。星上采用抗辐射加固型计算机。有效载荷舱南北两侧各安装有一副 Ka/Q 双频段万向架点波束天线。在卫星东西两侧还安装有 S 频段全向天线和地球覆盖天线。卫星与地面通信链路见表 2 – 62。

表 2 – 62　SBIRS 卫星与地面通信链路

链路编号	上/下行	频段	功能
1 – S	下行	Ka	高防护任务数据下传
1 – T	下行	Ka	标准任务数据下传
2	上行	Q	抗干扰指令传输
3	下行	Ka	宽带探测器数据下传
4	下行	S	战区任务数据下传
5	下行	S	S 频段遥测备份链路
6	上行	S	S 频段指令备份链路

SBIRS 卫星上装有 1 台高速扫描型探测器和 1 台凝视型探测器，带有 1 个可展开遮光罩。2 台探测器 90% 以上部件可通用。扫描型探测器利用扫描镜往复一维扫描地球，对导弹在发射时的羽焰进行初始探测，然后将探测信息提供给凝视型探测器。由后者用一个精细得多的二维阵列对导弹发射区域采取步进凝视观测。探测器采用 3 色红外焦平面，被动辐射制冷。

Zuozhan Xiangying Kongjian Weixing
"作战响应空间" 卫星
ORS

概 况

"作战响应空间"（Operationally Responsive Space，ORS）卫星是美国发展的光学成像侦察卫星，ORS计划中首颗面向战场用户的业务卫星，主要为负责阿富汗、伊拉克等中东、中亚地区作战的美国中央司令部（USCENTCOM）提供急需的战场态势感知能力。

ORS-1卫星具有将航空侦察载荷与作战响应模块化卫星平台集成用于ORS任务的特点，是"业务化航空载荷空间应用系统"设计概念在ORS卫星上的直接应用，为美国中央司令部提供实战型情报、监视和侦察能力支持。同时，ORS-1卫星还验证多项ORS计划使能技术和操作概念，包括提升小卫星性能、缩短发射时间、开放式的指控模式、快速数据分发等。

ORS-1卫星计划于2008年10月启动，美国空军航天司令部（AFSPC）空间与导弹系统中心（SMC）负责项目管理，古德里奇公司为主承包商，负责有效载荷研制；卫星平台由阿联特技术系统公司研制。

2011年6月30日，ORS-1卫星（见图2-82）

图2-82　ORS-1卫星

由米诺陶-1运载火箭从瓦洛普斯岛发射中心发射。

主要性能参数

ORS-1卫星运行在近地点398km、远地点405km、倾角40°的近圆轨道。卫星设计寿命2年，发射质量468kg，装有3副太阳翼。

ORS-1卫星采用L-3通信公司为卫星系统专门开发的天基通用数据链，具有空间环境适应能力强、尺寸、质量和功率需求小，模块设计等特点；下行链路传输速率274Mbit/s，与美军无人侦察机使用的机载通用数据链兼容，有利于多源情报的快速获取、处理和分发。

ORS-1卫星主要有效载荷为改进型光电侦察系统-2，为美国中央司令部提供快速、关键性的数据。改进型光电侦察系统-2工作在可见光和红外7个不同的谱段（绿色、红色、全色、近红外、短波红外1、短波红外2和中波红外），空间分辨率可达到国家图像解析度分级标准4级的要求（即空间分辨率1.2~2.5m），能够较好地满足作战用户对卫星空间、时间和光谱分辨率的战术应用需求。改进型光电侦察系统-2的多光谱收集能力增强了图像信息的输出，其优势包括：1）伪彩色合成；2）光学活动目标指示；3）光学测量和标记信息；4）全天候高精度成像；5）在烟雾和薄雾等不利条件下运行。

Guojia Jigui Huanjing Yewu Weixing Xitong Yubei Xiangmu Weixing
"国家极轨环境业务卫星系统预备项目" 卫星
NPP

概 况

"国家极轨环境业务卫星系统预备项目"〔National Polar-orbition Operational Environmental Satellite System（NPOESS）Preparatory Project，NPP〕卫星是美国"地球观测系统"（EOS）中的一颗卫星，用于气候变化、臭氧层健康、灾害预警、天气预报、植被监测、全球冰覆盖、空气污染和能量收支等领域。

NPP计划于1998年启动，原计划作为美国"国家极轨业务环境卫星系统"（NPOESS）的技术验证星，对重要有效载荷进行飞行验证，以降低NPOESS系统的研制风险。但由于超支和延期，NPOESS计划于 2010 年 2 月进行了重组，分割为民用和军用计划，其中民用计划称为"联合极轨卫星系统"（JPSS）。尽管如此，NPP 卫星仍计划按原计划发射，对 JPSS 卫星的有效载荷进行验证，并成为 EOS 系统中的业务化运行卫星。

NPP 卫星（见图 2 - 83）于 2011 年 10 月 28 日从范登堡空军基地发射，主承包商为鲍尔航空航天技术公司 BATC。2012 年 1 月 24 日更名为 Suomi NPP，以纪念"卫星气象学之父"弗纳·索米（Verner E. Suomi）。

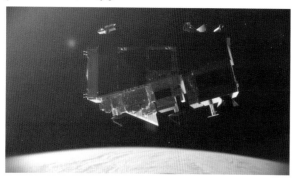

图 2 - 83　NPP 卫星

主要性能参数

Suomi NPP 卫星运行在高度 824km 的太阳同步极轨道，倾角 98.7°，周期 101min，降交点地方时 10：30，轨道重复周期 16d。卫星为铝蜂窝结构，尺寸 1.3m × 1.3m × 4.2m，总质量 2000kg，设计寿命 5 年。

Suomi NPP 卫星采用 BCP - 2000 平台，三轴姿态稳定，姿态测量部件包括粗姿态控制推力器、2 台星跟踪器、3 个陀螺仪、2 台地球敏感器和 1 台粗太阳敏感器；姿态执行机构包括 4 台反作用轮和 3 个动量卸载力矩器。卫星姿态敏感精度优于 10°，姿态控制精度优于 36°，实时定位精度优于 25m。

电源分系统使用砷化镓电池，寿命末期功率约 2kW。有效载荷数据采集速率为 12Mbit/s，星上固态存储器容量为 280Gbit。数据通过 X 频段下传，传输速率为 300Mbit/s。测控链路采用 S 频段，传输速率为 128kbit/s。

Suomi NPP 卫星有效载荷包括"先进技术微波探测器"、"可见光/红外成像与辐射组件"、"穿轨红外探测器"、"臭氧制图与垂直分布组件"以及"云层和地球辐射能测量系统"。

"先进技术微波探测器"由诺斯罗普 - 格鲁曼公司负责研制，质量 75.4kg，平均功率约 93W。该探测器含 22 个微波通道，在 23GHz、31GHz、50GHz、89GHz、150GHz 和 183GHz 频谱范围内具有温度和湿度探测能力，空间分辨率 1.5km，幅宽 2300km，可以获得高空间分辨率全球温度、湿度垂直分布。先进技术微波探测器数据通过 MIL - STD - 1553B 总线传输至卫星，传输速率为 20kbit/s（平均）和 28kbit/s（最大）。

"可见光/红外成像与辐射组件"是一台扫描辐射计，质量 252kg，平均功率 186W。其具有 22 个通道，覆盖可见光和近红外、短波、中波红外和长波红外，光谱范围为 0.4 ~ 12.5μm，空间分辨率为 400 ~ 800m，幅宽为 3000km。数据传输速率为 5.9 ~ 9.9Mbit/s（高速模式下）和 220kbit/s（低速模式下），量化值 12bit。"可见光/红外成像与辐射组件"将提供海表温度、大气气溶胶、雪覆盖、云覆盖、表面反射率、海冰和海洋水色观测数据。

"穿轨红外探测器"是一台傅里叶变换光谱仪，具有高光谱和高空间分辨率，质量 87kg，平均功率 91W。湿度测量精度优于 1.0%。"穿轨红外探测器"采用迈克逊干涉探测器，光谱通道多达 1300 个，谱段范围为 3.9 ~ 15.4μm，光谱分辨率 0.6525cm，地面分辨率 14km，幅宽 2300km。"穿轨红外探测器"数据传输速率为 1.44Mbit/s（平均）和 1.75Mbit/s。该数据可与无源微波遥感器数据融合，生成对流层大气温度垂直分布，分层厚度 1km 时，温度测量精度为 1K，分层厚度 2km 时，湿度垂直分布测量精度达到 15%。

"臭氧制图与垂直分布组件"是一台临边和天底点指向紫外高光谱成像光谱仪，由天底点臭氧绘图仪和临边扫描辐射计组成，目标是测量大气中臭氧总量以及不同高度臭氧浓度的变化。"臭氧制图与垂直分布组件"质量 56.2kg，平均功率 54W，数据传输速率为 180kbit/s。"臭氧制图与垂直分布组件"的功能类似于"总臭氧绘图光谱仪"，临边扫描辐射计可提供臭氧廓线，垂直分辨率达到 3km。

"云层和地球辐射能测系统"是一个三通道辐射计，用于测量来自高层大气的太阳反射和地球辐射。另外，它还可用于测定云层特性，包括数量、高度、厚度、粒子大小以及云相。

欧洲航天局

欧洲航天局（ESA）已经发射了多个对地观测卫星系列，为全球的陆地、海洋和大气环境研究提供了海量数据。例如，极轨气象卫星、静止轨道气象卫星、环境卫星和多颗用于研究地球科学的卫星。

"生存行星计划"是 ESA 的主要对地观测计划之一，起始于 20 世纪 90 年代，目的是了解地球系统以及人类活动对地球系统产生的影响。"重力场与稳态洋流探测器"（GOCE）卫星、"冷卫星"（Cryosat）、"土壤湿度和海洋盐度"（SMOS）卫星等都是"生存行星计划"重要的组成部分。

2003 年底，欧洲委员会和 ESA 正式启动"全球环境与安全监测"（GMES）计划。GMES 将提供有关环境与安全的高质量数据和信息，以实现欧洲长期可持续发展战略目标。GMES 系统的天基系统部分由 ESA 负责协调，包括 ESA 的卫星、欧洲气象卫星组织运营的气象卫星、欧洲各国及第三方运营的军民两用对地观测卫星和"哨兵"（Sentinel）系列专用卫星。

ESA 的对地观测中心位于意大利的佛拉斯卡迪镇，管理 ESA 对地观测卫星的运行和开发利用。

Qixiang Weixing
"气象卫星"
Meteosat

概　况

"气象卫星"（Meteosat）是欧洲的静止轨道气象卫星系列，为欧洲及全球提供气象服务。Meteosat 共发展了三代：

1）"第一代气象卫星"（Meteosat First Generation，MFG）由欧洲航天局（ESA）负责设计，欧洲气象卫星开发组织（EUMETSAT）负责运行，为欧洲气象卫星开发组织的成员国提供相关服务，主承包商为法国航空航天公司；

2）"第二代气象卫星"（Meteosat Second Generation，MSG）由 ESA 和欧洲气象卫星开发组织共同投资，与位于极轨道的欧洲"气象业务"（MetOp）卫星构成完整的卫星气象观测系统，阿尔卡特航天工业法国公司（ASI）负责卫星建造；

3）"第三代气象卫星"（Meteosat Third Generation，MTG）计划发射 6 颗星，其中 4 颗为成像任务卫星，2 颗为探测任务卫星。

1977 年 11 月 23 日首颗 MFG 卫星由"德尔它"火箭发射，1997 年 7 颗 MFG 卫星发射完毕，截至 2012 年 6 月 30 日，仅 Meteosat - 7 尚在服役；第二代 MSG 卫星包括 4 颗卫星，MSG - 1 卫星（见图 2 - 84）于 2002 年 8 月 28 日由阿里安 - 5 火箭发射，MSG - 2 卫星于 2005 年 12 月 21 日发射。

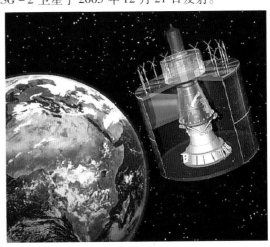

图 2 - 84　MSG - 1 卫星

主要性能参数

MFG 和 MSG 卫星均采用地球静止轨道，双自旋稳定，旋转速率 100r/min。卫星主体呈圆柱体，采用体装式太阳电池阵。MFG 和 MSG 卫星主要参数见

表 2-63。

表 2-63　MFG 和 MSG 卫星主要参数

项目	MFG	MSG
卫星质量	发射质量 696kg，初始在轨质量 282kg，肼 40kg	发射质量 2040kg，推进剂 976kg
卫星尺寸	3.195m（高）×2.1m（直径）	3.7m（高）×3.2m（直径）
太阳电池功率/W	200（平均）	600（寿命末期）
轨道位置	0°	3.5°W
设计寿命/年	5	7

MFG 卫星主要有效载荷为"可见光与红外成像

仪"，MSG 卫星主要有效载荷为"自旋增强可见光与红外成像仪"和"静止轨道地球辐射收支仪"，另外，两代卫星还携带了"搜索与救援系统"、"数据采集系统"等。MFG 和 MSG 卫星主有效载荷"可见光与红外成像仪"和"自旋增强可见光与红外成像仪"参数见表 2-64。

"可见光与红外成像仪"为 3 通道被动成像仪，由马特拉-马可尼航天公司研制，用于地球与大气监测、气象预报和气候研究。"自旋增强可见光与红外成像仪"是"可见光与红外成像仪"的改进型号，为 12 通道高分辨率成像仪，由法国阿斯特里姆公司研制。

表 2-64　MFG 和 MSG 卫星主有效载荷"可见光与红外成像仪"和"自旋增强可见光与红外成像仪"参数

参数	"可见光与红外成像仪"	"自旋增强可见光与红外成像仪"
质量/kg	63	270
尺寸（高/直径）/m	1.35/0.72	2.43/1.5
平均功率/W	17	150
成像周期/min	30	15
可见光通道	1 个（0.5~0.9μm）	4 个（0.4~1.6μm），包括高分辨率可见光通道
红外通道	2 个（10.5~12.5μm）	8 个（3.9~13.4μm）
可见光分辨率/km	2.25	1（高分辨率可见光）
红外分辨率/km	5	3
探测器数量	4	42
平均数据传输速率/（Mbit/s）	0.33	3.26

"静止轨道地球辐射收支仪"为 2 通道地球静止轨道扫描辐射计，用于太阳光谱和电磁谱段的测量。该仪器质量 25kg，平均功率 35W，尺寸 45cm×20cm×20cm，数据传输速率 50.6kbit/s。"静止轨道地球辐射收支仪"可覆盖地球全盘，瞬时视场 44.6km×39.3km（天底点）。

Ouzhou Yaogan Weixing
"欧洲遥感卫星"
ERS

概　况

"欧洲遥感卫星"（European Remote-Sensing Satellite，ERS）是欧洲航天局（ESA）研制的对地观测卫星，用于环境监测，主承包商是多尼尔卫星

系统公司。

1991 年 7 月 17 日，ERS-1 卫星（见图 2-85）

图 2-85　ERS-1 卫星

从法属圭亚那航天中心由阿里安-4 火箭发射；

2000年3月10日由于计算机和陀螺仪故障，ERS-1结束服役。

1995年4月21日，ERS-2卫星由阿里安-4运载火箭发射；2003年6月，ERS-2失去星上数据存储能力，此后仅支持实时观测数据传输。

主要性能参数

ERS-1卫星运行在倾角98.52°的太阳同步近圆极轨道上，轨道高度785km，周期100min。ERS-1卫星质量2157.4kg（有效载荷质量888.2kg），尺寸12m（翼展）×12m×2.5m，设计寿命2年。卫星采用SPOT多任务平台，三轴稳定，姿态控制精度0.11°（俯仰/滚动）和0.21°（偏航）。星上装有2副太阳翼，尺寸5.8m×2.4m，有效载荷峰值功率2600W，蓄电池存储容量2650W·h。测控链路采用S频段，下行传输速率为2048bit/s，上行传输速率为200bit/s；数据传输采用X频段，有效载荷数据的传输速率为105Mbit/s，低比特率传输速率为15Mbit/s。

ERS-2卫星质量2516kg，设计寿命3年，与ERS-1运行在同一轨道面上，降交点地方时滞后35min。两颗卫星性能指标基本一致。

ERS-1卫星有效载荷主要包括："有源微波仪器"、雷达高度计-1、"沿轨扫描辐射仪"与"微波探测器-1"、"精确测距和测速设备"，以及"激光逆向反射器"。ERS-2卫星比ERS-1卫星增加了"全球臭氧监测试验仪器"，用于测量大气化学成分。另外微波探测器-1改进为微波探测器-2。

"有源微波仪器"为C频段（中心频率5.3GHz）合成孔径雷达，是ERS-1卫星上最大的仪器，由法国马特拉-马可尼航天公司研制。该仪器采用线性垂直极化方式，具有3种工作模式：成像模式，带宽15.55MHz，峰值功率4.8kW，SAR天线尺寸10m×1m，视角23°，空间分辨率10~30m，幅宽100km，数据传输速率105Mbit/s；波模式，天线视角23°，波向范围0°~180°，测向精度±20°，波长100~1000m，空间分辨率30m，数据传输速率370kbit/s；风散射计模式，采用3个独立的侧视天线，风向范围0°~360°，测向精度±20°，风速范围4~24m/s，测速精度2m/s，空间分辨率50km，幅宽500km，数据传输速率500kbit/s。

雷达高度计-1为Ku频段（13.8GHz）天底指向脉冲雷达，由泰雷兹·阿莱尼亚航天公司（意大利）制造，质量96kg，功率130W，数据传输速率15kbit/s。该仪器工作模式包括海洋模式（330MHz）

和冰模式（82.5MHz），脉冲长度20μs，带宽1.3°，脉冲重复频率1020Hz，覆盖范围16~20km，测高精度10cm。

"沿轨扫描辐射仪"与"微波探测器"由微波辐射计和红外辐射计组成，主承包商为英国航空航天公司，用于高精度测量全球海表温度。红外辐射计有4个通道，中心波长分别为1.6μm、3.7μm、10.8μm和12μm，空间分辨率1km，辐射分辨率优于0.1K，幅宽500km；微波辐射度测量的对象为云顶温度、云覆盖、海表温度，瞬时视场20km，每个通道带宽为400MHz。ERS-2卫星星载"沿轨扫描辐射仪"与微波探测器-2在红外辐射计的可见光范围内增加了3个谱段，用于测量植被数据，中心波长为0.555μm、0.659μm和0.865μm。

"全球臭氧监测试验"仪器为穿轨扫描光学双光谱仪，用于定量测量臭氧和其他气体的吸收特性。光谱范围为240~790nm，光谱分辨率0.2~0.4nm。

Huanjing Weixing

"环境卫星"
EnviSat

概况

"环境卫星"（Environmental Satellite, EnviSat）是欧洲航天局（ESA）发展的对地观测卫星，用于综合性环境观测，是"欧洲遥感卫星"（ERS）的后继型号，与"气象业务"（MetOp）卫星同属于"极轨地球观测任务"。EnviSat-1也为美国"地球观测系统"（EOS）的组成之一。

2002年3月1日，EnviSat-1卫星（见图2-86）由阿里安-5火箭从圭亚那航天中心发射入轨。

图2-86　EnviSat-1卫星

2012 年 5 月 9 日，ESA 宣布 EnviSat 任务终止，在轨服务 10 年。

主要性能参数

EnviSat - 1 卫星运行在高度 800km 的太阳同步轨道上，轨道倾角 98.5°，降交点地方时 10：00。卫星质量 8211kg（包括 319kg 肼），尺寸 26m（翼展）×10m×5m，设计寿命 5 年。

EnviSat - 1 卫星采用极轨平台（PPF），三轴姿态稳定，姿态敏感精度优于 0.1°，姿态测量精度优于 0.03°。电源分系统采用 8 组 40A·h 的镍镉电池，单边太阳翼功率 6.5kW（寿命末期）。

卫星星上存储容量 90Gbit，有效载荷记录数据记录速率为 4.6Mbit/s，回放速率为 50Mbit/s。测控链路采用 S 频段，S 频段下行传输速率为 4.096kbit/s，上行传输速率为 2kbit/s；数据传输采用 Ka 频段和 X 频段，Ka 频段通过数据中继卫星进行传输，下行传输速率为 50/100Mbit/s，直接下行传输通过 X 频段，传输速率为 50/100Mbit/s。

EnviSat - 1 卫星主要携带了如下有效载荷："先进合成孔径雷达"、"雷达高度计"、"微波辐射计"、"先进沿轨扫描辐射计"、"中分辨率成像光谱仪"等。

"先进合成孔径雷达"为 C 频段（中心频率 5.331GHz）合成孔径雷达，由马特拉 - 马可尼航天公司研制，质量 832kg。根据成像模式和极化方式不同，该仪器分为 5 种工作模式：成像模式、交叉极化模式、宽幅模式、全球监测模式和波模式。其中在成像模式下空间分辨率最高，为 28m，幅宽为 100km；宽幅模式和全球监测模式下幅宽 400km，空间分辨率分别为 150m 和 950m×980m。

雷达高度计 - 2 为 Ku 频段（13.575GHz）和 S 频段（3.2GHz）双频雷达测高计，由泰雷兹·阿莱尼亚航天公司（意大利）研制，用于确定风速，提供海洋循环信息。该仪器质量 110kg，功率 161W，数据传输速率 100kbit/s。测高精度优于 4.5cm，浪高测量精度优于 0.25m。

"微波辐射计"为双通道天底指向辐射计，工作在 K 频段（23.8GHz）和 Ka 频段（36.5GHz），由泰雷兹·阿莱尼亚航天公司制造，主要用于测量大气湿度。该仪器质量 25kg，功率 23W，数据传输速率 16.7kbit/s。绝对辐射精度优于 3K，辐射灵敏度优于 0.4K；空间分辨率 20km，幅宽 20km。

"先进沿轨扫描辐射计"为可见光/近红外成像多光谱辐射计，由阿斯特里姆公司研制，用于精确测量海表温度。该辐射计质量 101kg，功率 100W，数据传输速率 625kbit/s。它含有 7 个通道，其中 0.55μm、0.67μm 和 1.37μm 主要用于陆地观测，其余 4 个红外谱段 1.6μm、3.7μm、10.8μm 和 12.0μm 则用于海洋观测，空间分辨率 1km，幅宽 500km，辐射分辨率 0.1K，海表温度测量精度优于 0.3K。

"中分辨成像光谱仪"为被动光学推扫式宽视场仪器（采用 CCD 技术），由法国阿尔卡特航天工业公司制造，用于测量地球表面、海洋和云层的反射辐射。该仪器质量 200kg，平均功率 175W，在可见光和近红外区域具有 15 个通道，光谱测量范围 0.390～1.040μm，带宽 2.5～30nm，天底点空间分辨率为 1040m×1200m（海洋）和 260m×300m（陆地和海岸），视场角 68.5°，幅宽 1150km。

"气象业务"卫星 MetOp

Qixiang Yewu Weixing

概　况

"气象业务"（Meteorological Operational，MetOp）卫星为欧洲发展的首个极轨气象卫星，属于"欧洲极轨业务型气象卫星系统"。欧洲航天局（ESA）负责卫星研制，欧洲气象卫星开发组织（EUMETSAT）负责卫星的运行和管理，卫星主承包商为阿斯特里姆法国公司。

1998 年 11 月，欧洲气象卫星开发组织与美国国家海洋和大气管理局（NOAA）签署合作协议，MetOp 卫星与美国"诺阿"（NOAA）卫星组成"初始联合极轨业务系统"，进行气象卫星全球观测。其中 MetOp 卫星负责上午轨道（9：30），NOAA 卫星负责下午轨道（14：30），双方卫星基于不同的赤道时间，错开观测时间，获得时间间隔均匀的（间隔时间不大于 6h）观测数据。此外，MetOp 卫星大量采用 NOAA 卫星上成熟的有效载荷，NOAA 卫星也使用 MetOp 卫星的有效载荷，从而缩短了研制周期，降低了风险和研制费用。

MetOp 系列共包括 3 颗卫星，分别为 MetOp - A、MetOp - B 和 MetOp - C 卫星。MetOp - A 卫星（见图 2 - 87）于 2006 年 10 月 19 日由俄罗斯"联盟"运载火箭发射。MetOp 卫星系列将至少运行至 2020 年，以保证欧洲的极轨气象卫星服务。

图 2 - 87　MetOp - A 卫星

主要性能参数

MetOp - A 卫星运行在高度 817km，倾角 98.704°的太阳同步近圆极轨道上，降交点地方时 9：30，轨道重复周期 29d。卫星质量为 4085kg（包括肼 316kg），尺寸 17.6m×6.6m×5.0m，设计寿命 5 年。

MetOp - A 卫星采用 SPOT MK.3 平台，三轴姿态稳定，姿态测量部件包括数字地球敏感器、太阳敏感器和双轴陀螺仪；姿控执行机构包括反作用轮和磁力矩器，指向敏感精度为 0.07°（滚动）、0.1°（俯仰）和 0.17°（偏航）。电源分系统采用 5 组 40A·h 的蓄电池，星上存储容量 24Gbit。测控链路采用 S 频段，上行传输数据速率 2kbit/s、下行传输数据速率 4.096kbit/s。数据传输采用 X 频段，传输速率 70Mbit/s。

MetOp - A 卫星主要携带如下有效载荷："先进甚高分辨率辐射计"、"高分辨率红外探测器"、先进微波探测仪 - A、"微波湿度计"、"改进型大气探测干涉仪"、"先进风散射计"、全球臭氧监测试验 - 2 等。其中"先进甚高分辨率辐射计"、"高分辨率红外探测器"、先进微波探测仪 - A 由 NOAA 提供，也安装在 NOAA 卫星上。

"先进甚高分辨率辐射计"为 6 通道（0.58～12.5μm）的成像辐射计，由美国国家海洋和大气管理局提供，用于获取海洋表面温度，冰、雪和植被覆盖等数据。该仪器质量 33kg，尺寸 80cm×36.5cm×29cm，空间分辨率 1km，幅宽 3000km。

"先进风散射计"为 C 频段（5.255GHz）真实孔径雷达，由 ESA 提供，用于全球海洋风速测量以及陆地与海冰、土壤湿度等的监测。该仪器质量

260kg，功率 215W，数据传输速率 42kbit/s。风速在 4～24m/s 时，速度测量精度 2m/s，测向精度 ±20°。"先进风散射计"采用垂直极化方式，定位精度 4.4km，空间分辨率 50km（标称模式）和 25～37km（高分辨率模式）。

"微波温度计"为 5 通道微波扫描辐射计，用来收集有关地球大气和表面的各种信息，尤其是大气湿度和表面温度的信息。该辐射计质量 63kg，功率 93W，中心频率分别是 89.0GHz、157.0GHz、（183.311±1）GHz、（183.311±3）GHz 和 190.3GHz，幅宽 2000km。

"改进型大气探测干涉仪"由傅里叶变换光谱仪和成像仪组成，法国国家空间研究中心（CNES）和欧洲气象卫星开发组织联合研制，用于测量由地球发射的红外光谱（3.62～15.5μm）。该仪器质量 236kg，功率 210W，光谱范围是 3.62～15.5μm（短波红外到热红外），幅宽为 1026km。测量湿度与温度垂直分布时，垂直分辨率 1km，水平分辨率 25km，数据传输速率 1.5Mbit/s。

全球臭氧监测试验 - 2 为中分辨率、天底扫描紫外/可见光光栅光谱仪，由 ESA 和欧洲气象卫星开发组织联合研制，用于测量被地球大气或地球表面反射或散射的太阳光。该仪器质量 73kg，功率 42W，光谱范围 0.24～0.790μm，数据传输速率 400kbit/s。

Zhonglichang yu Wentai Yangliu Tanceqi Weixing
"重 力 场 与 稳 态 洋 流 探 测 器"卫星
GOCE

概　况

"重力场与稳态洋流探测器"（Gravity Field and Steady - State Ocean Circulation Explorer，GOCE）卫星，是欧洲航天局（ESA）独立发展的地球动力学和大地测量卫星，是全球首颗用于探测地核结构的卫星。

GOCE 的主要科学目标是高精度、高分辨率测量全球静态重力场。具体目标包括：更深刻地了解地球内部物理结构，包括与地球动力学相关的岩石圈、地壳组成，以及流变学等；大地水准面（海水静止时形成的等位面）的精度达到厘米级；获取重力梯度数据和卫星 - 卫星跟踪数据。

泰雷兹·阿莱尼亚航天公司（意大利）是GOCE卫星的主承包商。2009年3月17日，GOCE卫星（见图2-88）从俄罗斯普列谢茨克航天发射中心由俄罗斯的"隆声"运载火箭发射。

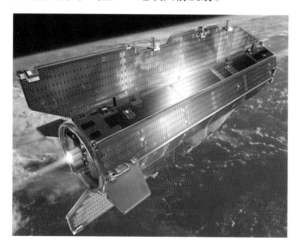

图2-88　GOCE卫星

主要性能参数

GOCE卫星运行在高度250km、倾角96.7°的太阳同步低地球轨道，设计寿命20个月。卫星质量约1050kg，长5.307m、宽2.366m、横截面面积1.1m²。卫星采用三轴稳定控制方式，太阳电池功率1.3kW，卫星采用78A·h锂离子电池。卫星测控采用S频段，上行数据传输速率为4kbit/s，下行数据传输速率高达1.2Mbit/s。

GOCE卫星主要有效载荷包括"静电重力梯度仪"、"卫星-卫星跟踪设备"、"激光反射器"、"标准辐射监测仪"、多模双频全球定位系统-格洛纳斯系统（GPS-GLONASS）接收机等，以及用于卫星姿态与轨道控制的星敏感器、离子推进系统等，其中"静电重力梯度仪"和"卫星-卫星跟踪设备"是GOCE卫星的核心有效载荷。

"静电重力梯度仪"由法国国家航空航天研究局（ONERA）研制，泰雷兹·阿莱尼亚航天公司制造。"静电重力梯度仪"的作用一是进行重力梯度测量，二是作为无阻力姿态控制系统的主敏感器。静电重力梯度仪质量150kg，功率75W，采用被动热控系统。

"卫星-卫星跟踪设备"是适用于低地球轨道环境的先进GPS接收机，其任务目标是同时最多跟踪12颗GPS卫星信号，精确地测量重力场。另外，"卫星-卫星跟踪设备"还能为卫星精密定轨提供数据。

"卫星-卫星跟踪设备"是基于LAGRANGE型

接收机结构的航天器专用组合GPS接收机，具有12个双频信道，可接收GPS卫星L1和L2频段的信号。接收机质量5.35kg，GPS天线质量0.49kg，电缆质量0.225kg，功率小于33W。

另外，离子推进系统由欧洲航空航天防务集团阿斯特里姆德国公司研制，质量17.5kg，尺寸300mm×250mm×200mm。激光反射器用于精确轨道确定，总质量为2.5kg。

Turang Shidu he Haiyang Yandu Weixing
"土壤湿度和海洋盐度"卫星 SMOS

概　况

"土壤湿度和海洋盐度"（Soil Moisture and Ocean Salinity，SMOS）卫星是欧洲航天局（ESA）首颗用于测定全球土壤湿度和海洋盐度的卫星，属于"生命行星"计划下的探索者任务，由ESA、法国国家空间研究中心（CNES）和西班牙工业科技发展中心联合研制。阿尔卡特-阿莱尼亚航天公司负责提供卫星平台，欧洲航空航天防务集团（西班牙）负责研制有效载荷。

2009年11月2日，SMOS卫星（见图2-89）由俄罗斯"隆声"运载火箭发射。截至2012年6月30日，卫星仍在轨运行。

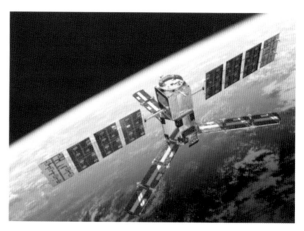

图2-89　SMOS卫星

主要性能参数

SMOS卫星运行在高度755km的太阳同步极轨道，倾角98.44°，升交点地方时6:00，周期

100min，轨道重复周期23d。卫星质量658kg，主体为箱形，每边边长约1m，设计寿命3年（目标寿命5年）。

SMOS卫星采用"可重构的观测、通信与科学平台"，三轴姿态稳定，指向控制精度优于0.05°。卫星装有一对太阳翼，每副太阳翼包括4块1.5m×0.8m的面板，寿命末期功率685W，锂离子电池容量为78A·h。测控链路采用S频段，下行传输速率722.116kbit/s，上行传输速率4kbit/s；数据传输采用X频段，传输速率18.4Mbit/s，星上存储容量3Gbit。

SMOS卫星有效载荷为"L频段合成孔径微波成像辐射计"，具有全天时、全天候的对地观测能力，用于提供地球表面亮温记录。"L频段合成孔径微波成像辐射计"采用Y形二维稀疏孔径天线阵，由夹角为120°的3个共面的支臂组成，每个支臂长度为4m，由3个展开段组成，沿长度方向均匀分布着一排接收机。"L频段合成孔径微波成像辐射计"总质量为369kg，功率约375W。入射角0°～55°（中心指向32°），工作频率1.413GHz，灵敏度为0.8～2.2K，辐射精度优于3K；空间分辨率30～50km，幅宽900km。土壤湿度的空间分辨率优于50km，测量精度4%；海洋表面盐度每10天在200km×200km面积内的平均测量精度为0.1实用盐度单位。

Leng Weixing
"冷卫星"
Cryosat

概　况

"冷卫星"（Cryosat），又名"地球探测者机会任务"，是"欧洲地球探测者计划"的一颗卫星，由阿斯特里姆公司研制。该卫星采用雷达高度计测量地球陆地和海洋冰盖厚度变化，尤其是对极地冰层和海洋浮冰进行精确监测，研究全球变暖对其影响。

2005年10月8日，Cryosat-1卫星因运载火箭分离故障而发射失败。2010年4月8日，Cryosat-2卫星（见图2-90）由"第聂伯"运载火箭发射，截至2012年6月30日，Cryosat-2卫星仍在轨运行。

主要性能参数

Cryosat-2卫星运行在高度717km的非太阳同

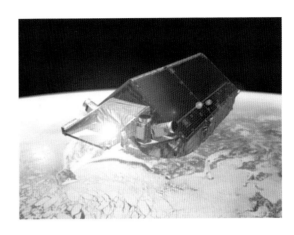

图2-90　Cryosat-2卫星

步圆轨道上，轨道倾角92°，地面轨迹重复周期369d。卫星质量720kg（包括36kg推进剂），尺寸4.6m×2.4m×2.2m，设计寿命3.5年（目标寿命5.5年）。

Cryosat-2卫星主体呈长方体，三轴姿态稳定，指向敏感精度优于10″，指向控制精度优于0.2°（每轴），指向稳定精度优于0.005°。电源分系统采用2组三结砷化镓太阳电池，每组功率为850W；锂离子蓄电池容量为60A·h，星上数据存储容量256Gbit（固态存储）。

Cryosat-2卫星主要有效载荷包括"合成孔径干涉雷达高度计"、"多普勒轨道确定和无线电定位组合系统"、激光反射器。

"合成孔径雷达高度计"为Ku频段（13.575GHz）雷达，由法国泰雷兹·阿莱尼亚航天公司研制，质量70kg，功率149W，垂直分辨率1～3cm，水平分辨率约300m。该载荷有3种测量模式：低分辨率测量模式，仅测量极地的陆地及海洋上地势相对平坦的冰盖；合成孔径雷达模式，用于测量海冰；干涉测量雷达模式，用于研究地势更加复杂、险峻的冰盖。3种模式下的数据传输速率分别为60kbit/s（低分辨率测量模式）、12Mbit/s（合成孔径雷达模式）和2×12Mbit/s（干涉测量雷达模式）。

激光反射器为无源光学器件，棱镜采用熔凝石英材料，波长范围310～1450nm，孔径28.2mm，反射面涂层为铝合金，反射宽度为5″～6″，均方根目标误差小于6mm。

日 本

日本是较早具有遥感卫星研制能力的国家之一，1977 年发射了首颗遥感卫星——向日葵 - 1 卫星。在发展初期，日本通过引进美国航天技术来发展其遥感卫星能力。20 世纪 80 年代初，日本具备了独立研制并发射遥感卫星的能力，覆盖了气象、海洋观测、陆地观测、成像侦察和环境监测领域。

日本发展的"向日葵"卫星系列，用于获取亚太地区的气象数据；发展的"海洋观测卫星"（MOS）系列，用于海洋环境监测。日本还先后发展了"日本地球资源卫星"（JERS）和"先进地球观测卫星"（ADEOS）系列，分别用于勘探地球资源和监测全球环境变化。日本于 1998 年开始独立研制本国的军事侦察卫星，并于 2003 年发射首颗"情报采集卫星"（IGS），为政府和军方提供图像情报信息。1994 年，在 JERS - 1 和 ADEOS 卫星的基础上，开始研制并于 2006 年发射了首颗"先进陆地观测卫星"（ALOS），主要用于测绘、环境观测、灾害监测和资源调查。此外，日本还发射了日美合作的"热带降雨测量任务"（TRMM）卫星，研制并发射了温室气体效应观测卫星——"呼吸"（GOSAT/Ibuki）和"全球环境变化观测任务 - 水"（GCOM - W）卫星。

未来，日本计划发射第三代 IGS 卫星，以尽快补充缺失的雷达成像侦察能力，保持军事侦察能力的连续性；发射 ALOS 系列后续卫星，将光学和雷达有效载荷分置于双星上，提高整个系统的运行效率；发射"全球环境变化观测任务 - 水"卫星的后继星和碳观测系列卫星。

Xiangrikui Weixing
"向日葵" 卫星
Himawari

概 况

"向日葵"（Himawari）卫星是日本发展的在地球静止轨道上执行气象和环境观测任务的卫星，用于收集和分发亚太地区的气象数据。

目前，日本共发展了两代 Himawari 卫星，第一代称为"地球静止轨道气象卫星"（GMS），第二代称为"多用途运输卫星"（MTSat）。

GMS 卫星项目由日本气象厅和当时的日本宇宙开发事业团（NASDA）联合运营管理，GMS - 1 卫星的主承包商是休斯空间通信公司，日本电气公司是副主承包商。GMS - 2 卫星的主承包商是日本电气公司，休斯空间通信公司是副主承包商。GMS - 3、4、5 卫星的主承包商是日本电气公司，独立研制。

MTSat 是日本国土交通省和日本气象厅共同出资发展的气象观测与全球定位系统（GPS）导航增强卫星。除了为日本气象厅提供气象服务外，MTSat 还为日本民航局执行航空运输管理提供服务。美国劳拉空间系统公司是 MTSat - 1、1R 卫星的主承包商，日本三菱电机公司是 MTSat - 2 卫星的主承包商。

截至 2012 年 6 月 30 日，在轨运行的卫星包括 MTSat - 1R 和 MTSat - 2。Himawari 卫星发射情况见表 2 - 65。

表 2-65 Himawari 卫星发射情况

阶段	发射前名称	发射后名称	发射时间	运载火箭	发射质量/kg	运行状态
第一代	GMS-1	Himawari-1	1977-07-14	德尔它-2914	325	1989-06-30 停止运行
	GMS-2	Himawari-2	1981-08-11	N-2 火箭	296	1987-11-20 停止运行
	GMS-3	Himawari-3	1984-08-02	N-2 火箭	303	1995-06-23 停止运行
	GMS-4	Himawari-4	1989-09-05	H-1 火箭	325	2000-02-24 停止运行
	GMS-5	Himawari-5	1995-03-18	H-2 火箭	747	已失效
第二代	MTSat-1		1999-11-15	H-2 火箭		发射失败
	MTSat-1R	Himawari-6	2005-02-26	H-2A 火箭	2900	在轨运行
	MTSat-2	Himawari-7	2006-02-18	H-2A 火箭	4650	在轨运行

主要性能参数

（1）GMS 卫星

GMS-1、2 卫星设计寿命 3 年，GMS-3、4、5 卫星设计寿命 5 年。卫星采用自旋稳定控制方式。GMS-5 卫星（见图 2-91）直径 214.6cm，高 345cm。星上天线组件安装在消旋平台上，对地定向。卫星通过太阳敏感器获取卫星姿态信息。太阳能电池功率为 300W。卫星采用 S 频段天线和 UHF 天线与地面站进行通信。

图 2-91 GMS-5 卫星

GMS 卫星的有效载荷包括"可见光与红外自旋扫描相机"、"空间环境监测器"和"数据采集系统"。"可见光与红外自旋扫描相机"由光学望远镜、扫描镜、反射镜和柔性焦距透镜组、可见光探测器、红外探测器和辐射制冷器组成，主要用于获取地面和海面上空云层的可见光和红外光谱数据。GMS-1、2、3、4 卫星的"可见光与红外自旋扫描相机"都只有 1 个可见光谱段和 1 个红外谱段；而 GMS-5 卫星上的可见光与红外自旋扫描相机则有 1 个可见光谱段和 3 个红外谱段，其中 2 个红外谱段用于获取红外光谱信息，1 个用于获取大气水蒸气分布情况。"空间环境监测器"由日本电气公司研制，主要用于研究太阳活动发射的高能粒子，以及研究极端太阳活动对地球通信系统的影响。"数据采集系统"主要用于接收和转发地面数据收集平台提供的数据。

（2）MTSat-1R 卫星

MTSat-1R 卫星（见图 2-92）干质量 1600kg，设计寿命 10 年。卫星呈长方体，尺寸 2.4m×2.6m×2.6m，太阳翼翼展 33m。MTSat-1R 卫星的气象数据收集任务与 GMS-5 卫星是相同的，包括获取图像数据、传输图像数据和从数据收集平台收集气象数据。

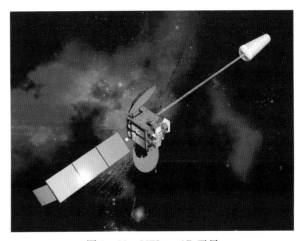

图 2-92 MTSat-1R 卫星

MTSat – 1R 卫星采用劳拉空间系统公司（SS/L）的 LS – 1300 卫星平台，三轴稳定控制。卫星带有单边砷化镓太阳翼和镍镉蓄电池。每副太阳翼由 3 块 4m×2.6m 的太阳电池板组成，寿命末期功率 2.7kW。MTSat – 1R 卫星还装有"太阳帆"装置，长 3.3m，安装在长 15.1m 桁架的顶端，用于平衡太阳光压在太阳翼上产生的扭矩。卫星装有 2 副 L 频段天线，其中全向波束天线用于卫星和飞机之间的通信、信息交换，点波束天线除了用于卫星与飞机之间的通信外，还主要用于管理频繁往来于北太平洋航线的飞机，以避免通信阻塞。S 频段接收和发射天线用于将气象观测数据传输回地面。超高频 UHF 天线用于将在远离日本本土的孤岛和利用船舶等观测到的气象数据传输回地面。

MTSat – 1R 卫星的有效载荷为"日本先进气象成像仪"，质量 163.7kg，功率 169W。望远镜口径 311mm，焦距 894.8mm，F 数为 $f/2.7$。"日本先进气象成像仪"具有 5 个通道，分别是 0.55 ~ 0.90μm（可见光和近红外通道）、3.5 ~ 4.0μm（中红外通道 1）、6.5 ~ 7.0μm（中红外通道 2）、10.3 ~ 11.3μm（热红外通道 1）和 11.5 ~ 12.5μm（热红外通道 2）。其中，可见光和近红外通道的空间分辨率为 1km，其他通道的空间分辨率为 4km。

（3）MTSat – 2 卫星

MTSat – 2 卫星设计寿命 10 年，干质量 1400kg。卫星采用日本三菱电机公司的 DS – 2000 平台研制，三轴稳定控制方式。

MTSat – 2 卫星上载有 1 台成像望远镜设备，具有 5 个通道，分别是 0.55 ~ 0.80μm（可见光和近红外通道）、3.5 ~ 4.0μm（中红外通道 1）、6.5 ~ 7.0μm（中红外通道 2）、10.3 ~ 11.3μm（热红外通道 1）和 11.5 ~ 12.5μm（热红外通道 2）。其中，可见光和近红外通道的空间分辨率为 1.25km，其他通道的空间分辨率为 5.0km。卫星上还带有执行航空通信和导航的"星基增强系统"，含 L、Ku 和 Ka 三个频段，提高了民航飞机的飞行管理水平。

Haiyang Guance Weixing
"海洋观测卫星"
MOS

"海洋观测卫星"（Marine Observation Satellite, MOS）是日本研制的观测海洋的卫星，又称为"桃花"（MOMO）卫星，作为综合对地观测卫星系统的一部分，用于监测海表洋流、叶绿素含量、海洋表面温度、大气水分含量、沉淀物和陆地植被。

MOS 系列卫星，包括 MOS – 1 和 MOS – 1b 两颗卫星，由日本宇宙开发事业团（NASDA）负责运营，日本三菱电机公司研制。MOS – 1 于 1987 年 2 月 19 日用 N – 2 火箭从种子岛航天中心发射，MOS – 1b 于 1990 年 2 月 7 日用 H – 1 火箭从种子岛航天中心发射。两颗卫星分别于 1995 年 11 月 29 日和 1996 年 4 月 25 日停止运行。MOS 卫星见图 2 – 93。

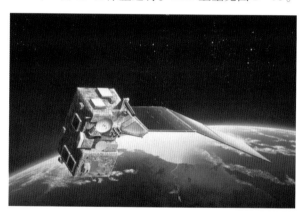

图 2 – 93　MOS 卫星

MOS 系列卫星运行在高度 909km、倾角 99.1°的太阳同步极轨道，轨道周期为 103min，轨道回归周期 17d。卫星设计寿命 2 年，MOS – 1 卫星质量 745kg，MOS – 1b 卫星质量为 740kg。两颗卫星均采用箱式结构，尺寸均为 1.3m×1.4m×2.4m。卫星采用零动量三轴稳定控制方式，单侧带有太阳翼，翼展为 2m×5m。

这两颗卫星上均载有 3 台有效载荷，分别是"多光谱电子自扫描辐射计"、"可见光与热红外辐射计"和"微波扫描辐射计"。其中，"多光谱电子自扫描辐射计"用于提供海面水色数据，有 2 个可见光和 2 个红外谱段，分辨率约为 50m，幅宽约为 100km。"可见光与热红外辐射计"用于提供海面温度数据，有 1 个可见光和 3 个热红外谱段，可见光分辨率为 900m，热红外分辨率为 2700m，幅宽约为 1500km。"微波扫描辐射计"用于测定大气层中的含水量，具有 23GHz 和 31GHz 共 2 个波段，幅宽约为 320km，23GHz 波段的分辨率约为 32km，31GHz 波段的分辨率约为 23km。星上数据先下传至海上地面站和日本本土数据采集站，之后再进行分发和使用。

"日本地球资源卫星"
JERS

概 况

"日本地球资源卫星"（Japan Earth Resources Satellite，JERS）是日本发展的首颗对陆地表面进行观测的卫星，星上装载的合成孔径雷达和光学遥感器设备主要用于资源勘探、国土利用、农林渔业资源调查、海岸监测、环境和灾害监测等领域。JERS卫星任务还用于验证日本地球资源观测系统所采用的平台和有效载荷的性能。

日本宇宙开发事业团（NASDA）负责JERS-1卫星（见图2-94）的开发和运营管理，三菱电机公司为卫星系统的主承包商。1992年2月11日，JERS-1卫星用H-1运载火箭从日本种子岛航天中心发射。1998年10月，JERS-1卫星停止运行。

图2-94　JERS-1卫星

主要性能参数

JERS-1卫星运行在高度568km、倾角97.7°的太阳同步轨道，降交点地方时为10：30～11：00，轨道周期96min，轨道回归周期44d，设计寿命2年。

JERS-1卫星发射质量1340kg，采用零动量三轴稳定控制方式，平台尺寸为0.93m×1.83m×3.16m。姿态测量部件由地球敏感器、惯性基准单元和2个太阳敏感器组成，姿控执行机构由反作用轮和磁力矩器组成。卫星采用肼推力器进行轨道保持。卫星采用单太阳翼，翼展3.5m×7.0m，功率为2kW。卫星带有任务数据记录器，可记录长达20min

的雷达遥感数据和光学遥感数据，数据容量为7.2×10⁴Mbit。JERS-1卫星数据下传链路采用8025～8175MHz和8215～8400MHz频段，数据调制采用四相相移键控方式。

卫星上载有"合成孔径雷达"（SAR）和"光学传感器"，两种有效载荷协同工作，共同完成对地观测任务。

星载SAR可全天时、全天候地获取地表地貌的高分辨率数据。由发射机、接收机、信号处理器和天线组成，天线由8副2.2m×1.5m的天线组成，总尺寸为2.2m×11.9m。SAR工作频率为L频段，频率为1.275GHz，波长为23.5cm，带宽为15MHz，发射功率1100～1500W，脉冲宽度35μs，脉冲重复频率1505.8～1606.0Hz，距离分辨率为18m，方位分辨率为18m，幅宽75km，数据传输速率为60Mbit/s。

"光学传感器"是一个高分辨率相机，可获取海洋资源和地质勘测方面的数据信息。它由可见光与近红外相机和短波红外相机组成，总质量为174kg，其中电子器件82kg。"光学传感器"幅宽为75km，沿轨方向分辨率为24.2m，穿轨方向分辨率为18.3m。"光学传感器"参数见表2-66。

表2-66　"光学传感器"参数

项目	可见光与近红外相机	短波红外相机
质量/kg	32	60
望远镜	口径43mm、焦距215mm	口径200mm、焦距310mm
谱段	0.52～0.60μm、0.63～0.69μm、0.76～0.86μm	1.60～1.71μm、2.01～2.12μm、2.13～2.25μm、2.27～2.40μm
数据传输速率/（Mbit/s）	30	30

"先进地球观测卫星"
ADEOS

概 况

"先进地球观测卫星"（Advanced Earth Observing Satellite，ADEOS）是日本的地球环境观测卫星，主要用于监测全球环境变化，获取地球物理学参数，并在全球范围内对陆地、海洋（水色和海表温度）和大气环境进行综合观测。

日本三菱电机公司作为主承包商，负责 ADEOS 卫星研制，日本电气公司和东芝公司是卫星系统副主承包商，负责主要有效载荷研制。ADEOS-1 卫星（见图 2-95）是日本通过国际合作方式发展的第一颗执行地球环境观测任务的卫星，ADEOS-2 卫星（见图 2-96）是 ADEOS-1 卫星的后续卫星。

ADEOS-1 卫星于 1996 年 8 月 17 日从日本种子岛航天中心用 H-2 运载火箭发射，1997 年 6 月 30 日因太阳翼破裂无法正常供电，导致整星失效。ADEOS-2 卫星（见图 2-96）于 2002 年 12 月 14 日从日本种子岛航天中心用 H-2A 运载火箭发射，ADEOS-2 卫星利用星载遥感器获取了包括海洋水色、海表温度、海风、海洋碳循环和平流层臭氧等许多图像数据，并与欧洲"阿特米斯"（ARTEMIS）数据中继卫星进行了卫星间数据通信实验。因太阳电池部分短路无法正常供电，整星于 2003 年 10 月失效。

图 2-95　ADEOS-1 卫星

图 2-96　ADEOS-2 卫星

主要性能参数

（1）ADEOS-1 卫星

ADEOS-1 卫星运行在近地点 789.0km、远地点 804.6km、倾角 98.625° 的太阳同步轨道，轨道周期 100.8min，轨道回归周期 41d，降交点地方时 10：30。

ADEOS-1 卫星发射质量 3560kg，有效载荷质量 1300kg，功率 4.5kW，设计寿命 3 年。卫星采用捷联式姿态控制系统。测控链路采用 S 频段，频率 2.0GHz，下行链路频率为 2.2GHz，数据传输速率为 500bit/s。图像数据传输采用 X 频段，3 个数据链路频率分别为 8.15GHz、8.25GHz 和 8.35GHz，并采用四相相移键控方式进行调制。

ADEOS-1 卫星载有 8 台有效载荷，分别是"水色和海温扫描仪"、"先进可见光与近红外相机"、"微波散射计"、"臭氧总量测绘测光谱仪"、"温室气体干涉监测仪"、"改进型大气临边红外光谱仪"、"地球反射偏振与方向性探测器"和"空间回射器"等。其中，"水色和海温扫描仪"和"先进可见光与近红外相机"是核心遥感器，由日本宇宙开发事业团（NASDA）研制。另外，ADEOS-1 卫星还带有轨道间通信分系统装置，用于对轨道间通信链路能力进行可行性验证。

"水色和海温扫描仪"的主要目标是对海洋进行高精度监测，测量水色和海表温度。该扫描仪具有 12 个测量谱段（0.402～12.5μm），空间分辨率约 700m，幅宽为 1400km。"水色和海温扫描仪"由扫描辐射计、光学系统、探测器和相关电子设备组成，可在沿轨方向侧摆 ±20°，以避免受到海表反射太阳光影响，其数据传输速率为 3.0Mbit/s。

"先进可见光与近红外相机"质量 250kg，功率 300W，是一种光电扫描探测器，主要目标是对陆地和海岸带进行高分辨率观测。"先进可见光与近红外相机"具有 5 个测量谱段（0.42～0.89μm），1 个全色谱段（0.52～0.69μm），4 个多光谱谱段（0.42～0.50μm、0.52～0.60μm、0.61～0.69μm 和 0.76～0.89μm）。全色分辨率约为 8m，多光谱分辨率约为 16m，幅宽为 80km。"先进可见光与近红外相机"可沿穿轨方向侧摆 ±40°，绝对精度为 ±10%，星上校准精度为 ±5%，多光谱和全色谱段的数据传输速率为 60Mbit/s。

（2）ADEOS-2 卫星

ADEOS-2 卫星运行在高度 802.9km、倾角为

98.62°的太阳同步轨道，轨道周期101min，轨道回归周期4d。

ADEOS-2卫星质量3700kg，有效载荷质量1300kg，寿命末期功率5.3kW，卫星尺寸6m×4m×4m，目标设计寿命3年。

ADEOS-2卫星由服务舱和有效载荷舱组成。卫星采用捷联式姿态控制系统。星上GPS接收机负责定轨和星上时间更新。测控链路采用S频段，数据链路采用X频段。星上轨道间通信分系统采用Ka频段和S频段。

ADEOS-2卫星载有6台有效载荷，分别是"先进微波扫描辐射计"、"全景成像仪"、"海风"观测装置、改进型大气临边红外光谱仪-2、地球反射偏振与方向性探测器-2和"数据采集系统"。其中，"先进微波扫描辐射计"和"全景成像议"是核心遥感器。

"先进微波扫描辐射计"是一个被动微波辐射计，质量320kg，功率为400W，主要目标是测量海表温度、海风风速、积雪水当量、降雨强度、降水量、土壤含水量和海冰分布等数据。"先进微波扫描辐射计"具有8个谱段，数据传输速率为130kbit/s，幅宽为1600km。

"全景成像仪"质量450kg，功率400W，是ADEOS-1卫星上的水色和海温扫描仪载荷的改进型，主要目标是研究和监测海洋碳循环情况，并对生物与物理过程以及同温层臭氧进行探测。"全景成像仪"有36个谱段，其中可见光近红外23个谱段（380～830nm）、短波红外6个谱段（1050～2215nm）、中红外和热红外7个谱段（3.715～11.95μm）。"全景成像仪"由扫描镜、离轴抛物面反射镜、探测器和光谱干涉滤波器组成。扫描镜沿穿轨方向可侧摆±20°。幅宽为1600km，分辨率为1km时，数据传输速率为4Mbit/s；分辨率为250m时，数据传输速率为16Mbit/s。

Redai Jiangyu Celiang Renwu Weixing
"热带降雨测量任务"卫星 TRMM

概　况

"热带降雨测量任务"（Tropical Rainfall Measuring Mission，TRMM）卫星是专门用于定量测量热带、亚热带降雨的气象卫星，属于"地球观测系统"（EOS），由美国国家航空航天局（NASA）、日本宇宙

开发事业团（NASDA）联合研制，NASA负责卫星本体、4种仪器和运行系统，NASDA负责测雨雷达和卫星发射。

1997年11月27日，TRMM卫星（见图2-97）由日本H-2运载火箭发射。为延长卫星在轨寿命，2001年8月TRMM卫星轨道高度从350km调整为402.5km。

图2-97　TRMM卫星

主要性能参数

TRMM卫星运行在倾角35°、高度（350±1.25）km、周期91.3min的非太阳同步近圆轨道上，质量3524kg，尺寸2.4m×2.4m×4.4m，设计寿命3年。卫星为三轴姿态稳定，太阳翼呈桨形分布于卫星两侧，峰值功率1100W。通过"跟踪与数据中继卫星"（TDRS）进行实时传输的数据率为32kbit/s，延时传输的数据率为2Mbit/s。

TRMM卫星主要有效载荷：

"测雨雷达"，为电扫描主动相控阵微波雷达，由日本宇宙开发事业团和日本通信研究实验室联合研制，工作频率13.796GHz和13.802GHz，可以提供三维降雨分布和陆地、海面上的定量降雨数据。该仪器质量465kg，功率250W，数据率93.2kbit/s。观测灵敏度优于0.7mm/h，水平分辨率4.3km（天底点），垂直分辨率0.25km（天底点），幅宽215km。

"可见光红外扫描仪"，为被动穿轨扫描辐射计，由NASA/戈达德航天中心（GSFC）提供，休斯公司制造，共有0.63μm、1.6μm、3.75μm、10.8μm和12.0μm五个通道，可为降水测量提供云高和云类型等信息，也可单独进行降水估算。该仪器质量48.6kg，功率51.2W，数据率49.8kbit/s（白天）、28.8kbit/s（夜间）。空间分辨率2.2km，幅宽720km；视场±45°。

"微波成像仪"，为被动多通道/双极化微波辐射

计，NASA 提供，由波音卫星系统公司制造，可以根据亮温探测地球表面和大气中的微波能量，频率分别为 10.7GHz、19.4GHz、21.3GHz、37.0GHz 和 85.5GHz（除 21.3GHz 采用垂直极化外，其余频率均为双极化），采用圆锥扫描方式。仪器质量 66.5kg，功率 54.1W，数据率 8.5kbit/s。采用偏置抛物面反射器（天线孔径 61cm），天线扫描最大天底角为 49°。水平分辨率 4.6～37km，幅宽 760km。

"闪电成像仪"，为凝视型望远镜/滤波器成像系统，NASA 马歇尔航天飞行中心提供，用来测量地球上的闪电分布和变化。质量 20kg，功率 33W，数据率 6kbit/s。视场 80°×80°，空间分辨率 5km，时间分辨率 2ms。

"云和地球辐射能量系统"，为 3 通道（0.3～100μm、0.3～5μm 和 8～12μm）宽带辐射计，由 NASA 兰利研究中心提供，用来测量地表及大气发射和反射的辐射能及其分布。扫描角度 ±78°，空间分辨率 10km。

Qingbao Caiji Weixing
"情报采集卫星" IGS

概　况

"情报采集卫星"（Information Gathering Satellite，IGS）是日本发展的成像侦察卫星，由 2 对共 4 颗卫星组成星座，每对包含 1 颗光学成像卫星和 1 颗雷达成像卫星。两种卫星协同工作，实现全天时、全天候成像侦察，为日本政府和军方提供图像情报。

1998 年，日本批准发展 IGS 卫星系统，计划经费 2538 亿日元，是有史以来日本投资额度最大的卫星计划。2000 年以后，日本政府对 IGS 系统的投入基本稳定在每年 700 亿日元左右，以保证 IGS 系统的稳定运行、星座维持与升级。2003 年，日本成立了内阁卫星情报中心，具体负责 IGS 系统地面段管理与卫星的运行和应用。

IGS 卫星系统由日本内阁官房负责，由日本宇宙航空研究开发机构（JAXA）负责研制，三菱电机公司为卫星系统的主承包商。科学技术厅/文部科学省、通商产业省/经济产业省和邮政省/总务省分别负责研制光学有效载荷和卫星平台、雷达有效载荷和地面控制系统的监管工作。

日本已经部署了两代 IGS 卫星，目前日本正在研制第三代 IGS 卫星。第一代和第二代 IGS 光学卫星的有效载荷与日本"先进陆地观测卫星"（ALOS）的全色立体测绘遥感相机和先进可见光和近红外相机 - 2 相类似。第一代和第二代 IGS 雷达卫星的有效载荷与日本 ALOS 卫星的"相控阵 L 频段合成孔径雷达"相类似。

截至 2012 年 6 月 30 日，共有 1 颗雷达卫星和 4 颗光学卫星在轨运行：上午轨道面有 IGS - R3、IGS - O3 和 IGS - O1 卫星，下午轨道面有 IGS - O4 和 IGS - O2 卫星。IGS - R1 和 IGS - R2 卫星已分别于 2007 年和 2010 年因电源故障失效。IGS 卫星发射和运行情况见表 2 - 67。

表 2 - 67　IGS 卫星发射与运行情况

发展阶段	发射时间	卫星名称	类型	目前状态
第一代	2003 - 03 - 28	IGS - O1	光学	在轨运行
		IGS - R1	雷达	已失效
	2003 - 11 - 29	IGS - O2	光学	发射失败[①]
		IGS - R2	雷达	
第二代	2006 - 09 - 11	IGS - O2	光学	在轨运行
	2007 - 02 - 24	IGS - O3 试验星	光学	已失效
		IGS - R2	雷达	已失效
	2009 - 11 - 28	IGS - O3	光学	在轨运行
	2011 - 09 - 23	IGS - O4	光学	在轨运行
	2011 - 12 - 12	IGS - R3	雷达	在轨运行

①　由于 IGS - O2 与 IGS - R2 卫星发射失败，日本又用上述两个代号命名了第二代 IGS 卫星的首颗光学成像卫星和首颗雷达成像卫星。

主要性能参数

IGS 卫星星座运行在高度 500km、倾角 97.3°的太阳同步圆轨道，分布于降交点地方时 10：30 和 13：30 的 2 个轨道面上。标准配置下，每个轨道面部署 1 颗 IGS 光学成像卫星和 1 颗 IGS－R 雷达成像卫星。4 颗卫星组成星座时，重访周期小于 1d。

（1）第一代 IGS 卫星

IGS－O1 为光学成像卫星，质量约 850kg，功率 2～3kW，采用三轴稳定控制方式，设计寿命 5 年。有效载荷为全色立体测绘遥感相机，全色分辨率为 1m，幅宽 10～20km。IGS－R1 为雷达成像卫星，质量约 1000kg，功率 3～4kW，采用三轴稳定控制方式，设计寿命 5 年。有效载荷为合成孔径雷达（SAR），分辨率 1～3m，幅宽 10km。第一代 IGS 卫星见图 2－98。

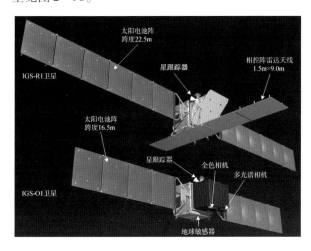

图 2－98　第一代 IGS 卫星

（2）第二代 IGS 卫星

IGS－O2 卫星成像速度有所提高。IGS－O3 卫星采用在 IGS－O3 试验星上经过验证的有效载荷和重新研制的卫星平台，平台姿态敏捷机动能力有所提高，全色分辨率 0.6m。IGS－O4 卫星与 IGS－O3 采用相同的系统设计，具有相同的成像能力，全色分辨率为 0.6m。卫星指向性能也有所提高。

IGS－R2 卫星质量约 1200kg，采用三轴稳定控制方式，设计寿命 5 年。有效载荷为合成孔径雷达，分辨率为 1～3m。IGS－R3 卫星分辨率约为 1m，并在结构上针对 IGS－R1 和 IGS－R2 卫星所出现的电源问题进行了改进。IGS－R3 卫星开发成本达 398 亿日元（约 5.12 亿美元），发射成本约 103 亿日元。第二代 IGS 卫星见图 2－99。

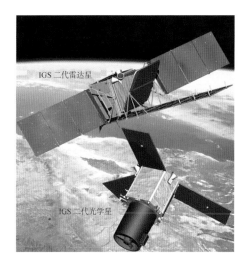

图 2－99　第二代 IGS 卫星

Xianjin Ludi Guance Weixing

"先进陆地观测卫星" ALOS

概　况

"先进陆地观测卫星"（Advanced Land Observing Satellite，ALOS），也称为"大地"（Daichi）卫星，是日本宇宙航空研究开发机构（JAXA）研制的大型综合性对地观测卫星，带有两种光学和一种雷达成像两类有效载荷，主要用于测绘、环境观测、灾害监测和资源调查，具有军事应用潜力。

ALOS 卫星由日本电气公司和东芝电气公司联合研制，用于接替日本地球资源卫星－1（JERS－1）以及"先进陆地观测卫星"（ADEOS）系列。首颗 ALOS 卫星于 2006 年 1 月 24 日用 H－2A 运载火箭从日本种子岛航天发射中心发射。日本国土交通省气象厅和环境省国立环境研究所利用 ALOS 卫星完成了日本国内和亚洲太平洋地区 1：25000 地图的绘制；获取了大量环境状况监测数据；不仅对 2011 年日本福岛地震、海啸及其所致灾难进行了全程监测和预报，还对许多国家和地区的地震和自然灾害进行了监测，并提供了相关信息。2011 年 4 月 22 日，ALOS－1 卫星电源故障导致整星失效。

为保持地球遥感数据的连续性，进一步提高卫星遥感性能，日本正在研制 ALOS 卫星后续型号，将 ALOS 卫星的光学和雷达载荷分别安装在 2 颗卫星上，即 L 频段雷达遥感卫星 ALOS－2 和光学遥感卫星 ALOS－3，计划于 2014 年发射。ALOS 卫星见

图 2 - 100。

图 2 - 100 ALOS 卫星

主要性能参数

ALOS 卫星运行在高度 691.65km、倾角 98.16° 的太阳同步圆轨道，轨道周期 98.51min，轨道回归周期 46d，降交点地方时 10∶30。卫星发射质量 4000kg，携带 180kg 推进剂。卫星收拢状态尺寸为 6.4m×3.4m×4.3m，在轨展开后尺寸为 8.9m× 27.4m×6.2m。设计寿命 3 年，期望寿命 5 年。

ALOS 卫星平台采用桁架式结构，由碳纤维复合材料制成。电源分系统采用单边太阳翼，翼展 22m ×3m，带有 5 个镍镉蓄电池组，寿命末期功率 7kW。卫星采用零动量三轴稳定控制方式。卫星带有高精度星跟踪器、高精度双频 GPS 接收机、基于 64 位微处理器的新型高性能星上计算机等。敏感器包括 3 部星跟踪器、惯性基准单元、地球敏感器组件、双频 GPS 接收机。另外星上带有 1 个激光角反射器，用于精密定轨以及 GPS 接收机校正。ALOS 卫星具有卫星中继和直接下传两种数据传输方式。卫星中继采用 Ka 频段，可利用日本"数据中继试验卫星"（DRTS）以及欧洲航天局的"阿特米斯"（ARTEMIS）卫星将数据信息传回地面。

卫星载有 3 种主要载荷，包括"全色立体测绘遥感相机"、先进可见光和近红外相机 - 2 以及"相控阵 L 频段合成孔径雷达"。卫星全色分辨率 2.5m，高程精度 3～5m，可绘制 1∶25000 比例尺的地图；多光谱数据分辨率 10m；合成孔径雷达分辨率最高可达 7m。

"全色立体测绘遥感相机"质量 550kg，功率 510W。由 3 台相机独立构成的三线阵测绘系统，主要用于获取高分辨率立体测绘数据，绘制高精度立体地图。在同一基座上的前视、正视和后视方向各安装 1 台相机，互成 24°角，基高比为 1。相机采用离轴三反式光学系统，CCD 推扫成像，采用 0.52～0.77μm 谱段，视场角 7.6°，分辨率 2.5m，前视和后视相机幅宽 35km，正视相机幅宽 70km。每台相机的数据传输速率为 320Mbit/s，3 台相机总数据传输速率为 960Mbit/s，利用 JPEG 方法进行有损压缩，可压缩到 240Mbit/s 或 120Mbit/s。

先进可见光和近红外相机 - 2 主要用于获取多光谱图像数据。该相机具有 4 个谱段，分别为 0.42～0.5μm、0.52～0.6μm、0.61～0.69μm 和 0.76～0.89μm。空间分辨率为 10m，幅宽 70km。先进可见光和近红外相机 - 2 相机口径 240mm，焦距 800mm，具备 ±44°的扫描能力。数据传输速率为 160Mbit/s，利用差分脉冲编码调制方法进行无损压缩，可压缩到 120Mbit/s。

"相控阵 L 频段合成孔径雷达"质量 600kg，采用相控阵天线，质量 500kg，尺寸 8.9m×3.1m，由 80 个收发模块组成，入射角范围 8°～60°。雷达具有 4 种工作模式，包括高分辨率波束模式、扫描 SAR 模式、极化模式和直接下行模式，前三种模式主要通过 DRTS 中继卫星数传，直接下行模式只能在地面站视线范围内利用 X 频段数传系统下传数据。"相控阵 L 频段合成孔径雷达"成像性能见表 2 - 68。

表 2 - 68 "相控阵 L 频段合成孔径雷达"成像性能

指标	高分辨率波束模式		直接下行模式	扫描 SAR 模式	极化模式
	单极化	双极化			
中心频率/MHz	1270（L 频段）				
极化	HH 或 VV	HH/HV 或 VV/VH	HH/HV 或 VV/VH	HH 或 VV	HH/HV 或 VV/VH
入射角/（°）	9.9～50.8	9.7～26.2	8～60	18～43	8～30
分辨率/m	7～44	14～88	14～88	100（多视）	30
幅宽/km	40～70			250～350	30

续表

指标	高分辨率波束模式		直接下行模式	扫描 SAR 模式	极化模式
	单极化	双极化			
量化值/bit	5	5	3 或 5	5	3 或 5
数据传输速率/（Mbit/s）	240		120	120 或 240	240

Wenshi Qiti Guance Weixing

"温室气体观测卫星" GOSAT

概 况

"温室气体观测卫星"（Greenhouse Gases Observing Satellite，GOSAT），又名"呼吸"（Ibuki）卫星，是日本宇宙航空研究开发机构（JAXA）发展的温室气体观测卫星，也是世界首颗专用温室气体监测卫星。该卫星的主要任务是观测全球二氧化碳和甲烷的分布，捕捉二氧化碳每年的空间变化，监测精度为 1~4ppm（百万分之一），观测范围可覆盖全球。

GOSAT 项目由日本宇宙航空研究开发机构、日本环境省和国立环境研究所共同发展，卫星的开发和发射等由日本宇宙航空研究开发机构负责，温室气体观测有效载荷由日本宇宙航空研究开发机构和日本环境省共同开发，国立环境研究所负责分析获得的数据。

2009 年 1 月 23 日，GOSAT 卫星（见图 2 - 101）由日本 H - 2A 运载火箭发射，截至 2012 年 6 月 30 日，卫星仍在轨运行。

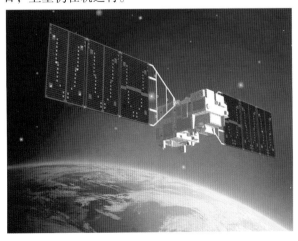

图 2 - 101 GOSAT 卫星

主要性能参数

GOSAT 卫星运行在高度 667km 的太阳同步圆轨道上，周期 100min。卫星质量 1750kg，尺寸为 2m × 1.8m × 3.7m，寿命末期功率 4000W，设计寿命 5 年。

卫星为三轴姿态稳定，基于零动量设计，姿态测量部件由地球敏感器、星跟踪器和惯性基准单元组成，姿控执行机构由动量轮组件和磁力矩器组成。

GOSAT 卫星主要有效载荷为"碳观测热与红外遥感器"，由"傅里叶变换光谱仪"和"云与气溶胶成像仪"组成。

"傅里叶变换光谱仪"质量 250kg，功率为 310W，尺寸 1.2m × 1.1m × 0.7m。该仪器为短波红外和热红外傅里叶光谱仪，它采用高分辨率（波长分辨率为 0.2cm^{-1}）观测 1.6μm、2.0μm 和 0.76μm 谱段光谱，计算地表的二氧化碳和甲烷的浓度；还有一个 5.5~14.3μm 的红外谱段，用于计算各种天气情况下（含夜间）二氧化碳的浓度和在各种高度的分布量。"傅里叶变换光谱仪"主要性能与参数见表 2 - 69。

表 2 - 69 "傅里叶变换光谱仪"主要性能与参数

参数		指标			
定向	方式	双轴定向			
	定向精度/（°）	穿轨方向：±35			
		沿轨方向：±20°			
	视场/km	瞬时视场：10.5 定点范围：790			
	扫描速度	1.1s、2s、4s			
干涉仪	谱段	1	2	3	4
	范围/cm^{-1}	12900 ~ 13200	5800 ~ 6400	4800 ~ 5200	700 ~ 1800
	分辨率/cm^{-1}	0.2			
	检测器	Si	InGaAs		PC - MCT
	校正	太阳光（扩散板）、深空、月球、激光			黑体、深空

云与气溶胶成像仪作为傅里叶变换光谱仪的辅助遥感器，采用紫外、可见光和短波红外3个谱段对可能导致产生温室效应气体测量误差的云和气溶胶等进行测量，所获数据用来校正"傅里叶交换光谱仪"的观测数据，达到提高温室效应气体测量精度的目的。"云与气溶胶成像仪"主要性能与参数见表2－70。

表2－70　"云与气溶胶成像仪"主要性能与参数

谱段	1	2	3	4
中心波长/μm	0.380	0.674	0.870	1.60
谱段/nm	20	20	20	90
空间分辨率/km	0.5	0.5	0.5	1.5
像素数	2048	2048	2048	512
监测器	Si－CCD	Si－CCD	Si－CCD	CMOS－CCD

Quanqiu Bianhua Guance Renwu Weixing
"全球变化观测任务"卫星 GCOM

概　况

"全球变化观测任务"（Global Change Observation Mission，GCOM）卫星，又名"水珠"（shizuku）卫星，是日本宇宙航空研究开发机构（JAXA）开发的对地观测卫星，由3颗GCOM－W卫星（GCOM－W1、W2、W3）和3颗GCOM－C卫星（GCOM－C1、C2、C3）组成，旨在构建一个可全面、有效进行全球环境变化观测的系统。GCOM－W卫星主要进行地球水的观测；GCOM－C卫星主要进行地球二氧化碳的观测。

截至2012年6月30日，已发射1颗GCOM－W1卫星（见图2－102），它是GCOM－W任务的首颗卫星，于2012年5月17日由日本H－2A运载火箭在种子岛航天中心发射。

主要性能参数

GCOM－W1卫星运行在高度699km的准太阳同步轨道上，倾角98.2°，升交点地方时13：30。卫星发射质量1990kg。

GCOM－W1卫星的公用舱以日本"先进陆地观测卫星"（ALOS）公用舱为基础，经改进实现了部件的小型化、轻型化。姿态、轨道与控制系统继承了ALOS卫星的姿态、轨道与控制系统星载计算机的先进技术，配置12个4N的推力器，其中8个用于姿态控制，4个用于轨道控制。卫星采用"宽带互联网工程试验与验证卫星"（WINDS）上的太阳电池翼，可确保提供4000W以上的电能。电源系统采用"月女神"（SELENE）应用的双电源系统，供电能力强，噪声低。

卫星主要有效载荷为高性能微波辐射计－2，高性能微波辐射计配有新型圆锥扫描式微波辐射计，它包括主反射镜（2m口径）和微波辐射接收机等组件。在轨运行期间，其扫描转速为40r/min，与地表观测站点的垂直入射角为55°。在对地表进行扫描（扫描宽度为1450km）的同时，高性能微波辐射计－2以微波方式对地表放射出7个频带（频率为6～89GHz）的微波进行观测和测量，可获得全球降水量、水蒸气量、海洋风速、水温、陆域水分含量和积雪深度等高精度的详细测量数据。

图2－102　GCOM－W1卫星

沙特阿拉伯

为促进对地观测技术的发展，1986年沙特阿拉伯空间研究机构成立了沙特阿拉伯遥感中心。该中心主要负责接收和向用户分发数据，推进卫星数据的使用以及数据存档。沙特阿拉伯遥感中心与多个国家签署了卫星数据接收协议。当前，沙特阿拉伯遥感中心接收和分发的卫星数据主要来自"陆地卫星"（Landsat）、"斯波特"（SPOT－1、2、4）、"雷达卫星"（RADARSAT）、"印度遥感卫星"（IRS－1C、1D）和"诺阿"（NOAA）卫星等。随着卫星数据接收和图像分析与处理能力的不断提高，沙特阿拉伯遥感中心目前已成为全球先进的数据中心之一。

近几年，沙特阿拉伯的对地观测技术和应用发展很快，包括不断提高全色和多光谱分辨率、高速数据传输速率以及重访频率。沙特阿拉伯对地观测卫星应用产品的数量以及对地观测领域的活动也不断增多，2004年发射的 SaudiSat－2 对地成像卫星和 2007年发射的 SaudiSat－3 高分辨率对地观测卫星，充分代表了当前沙特阿拉伯的对地观测能力。

Shatealabo Weixing
"沙特阿拉伯卫星"
SaudiSat

概　况

"沙特阿拉伯卫星"（SaudiSat）是沙特阿拉伯的小型卫星，包括 SaudiSat－1 卫星（3颗）、SaudiSat－2 卫星和 SaudiSat－3 卫星。其中具有对地成像能力的为 SaudiSat－2 和 SaudiSat－3 卫星。

SaudiSat－2 和 SaudiSat－3 卫星分别于 2004年6月29日和 2007年4月17日发射。截至2012年6月30日，2颗卫星均在轨运行。

主要性能参数

（1）SaudiSat－2 卫星

SaudiSat－2 卫星运行在高度700km 的太阳同步轨道，轨道倾角97.9°，周期99.1min。卫星质量约30kg，目标是试验一些新型技术。星上载有成像有效载荷，全色分辨率优于15m。

（2）SaudiSat－3 卫星

SaudiSat－3 卫星同样采用太阳同步轨道，轨道高度670km，倾角97.9°，周期99.1min。卫星质量比 SaudiSat 系列其他卫星要大，为200kg。SaudiSat－3 卫星由沙特阿拉伯的利雅得空间研究所（RSRI）负责管理和运行，沙特王国阿卜杜拉·阿齐兹国王科技城负责卫星的建造，星上主要载荷为1台高分辨率成像仪。

泰　国

泰国获得遥感卫星数据主要依赖本国地面站接收美国"陆地卫星"(Landsat)、"雷达卫星"(RADARSAT)、"印度遥感卫星"(IRS)等国外对地观测卫星数据。为了摆脱这一局面，泰国通过国际合作，采用技术引进、消化吸收和再创新的发展模式，向阿斯特里姆法国公司购买并于2008年10月成功发射了分辨率为2m的"泰国地球观测系统"(THEOS)卫星，这标志着泰国空间对地观测进入了一个全新的阶段。

泰国非常重视自主进行对地观测卫星技术研究，为后续对地观测卫星系统的研制和运行积累经验。此外，泰国也非常重视对地观测卫星应用，计划将THEOS数据投放到国际商业对地观测市场，为国际减灾提供服务。

Taiguo Diqiu Guance Xitong Weixing
"泰国地球观测系统"卫星 THEOS

概　况

"泰国地球观测系统"(Thailand Earth Observation System，THEOS)卫星是泰国的对地观测卫星，主要目标是使泰国拥有空间对地观测能力，并从中获得经验，提高本国自主研制卫星的能力。THEOS卫星的发射及应用是泰国空间活动的一个重要里程碑。

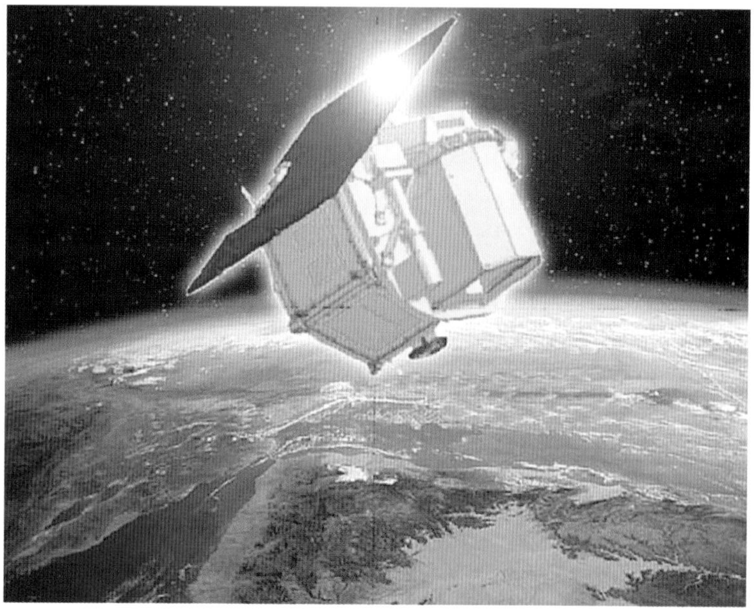

图2-103　THEOS卫星

2004年7月，阿斯特里姆法国公司获得THEOS卫星研制合同，合同内容还包括开发泰国地面段和培训泰国工程师。另外，作为交换，泰国地理信息和空间技术发展局(GISTDA)可在泰国接收法国"斯波特"卫星(SPOT-2、4、5)数据。泰国科学与技术部为该项目提供资金。

THEOS卫星(见图2-103)于2008年10月1日发射，截至2012年6月30日，卫星仍在轨运行。

主要性能参数

THEOS卫星采用高度822km的太阳同步轨道，轨道倾角98.7°，周期101min，赤道降交点当地时10：00，轨道重复周期26d。THEOS卫星和SPOT卫星的轨道高度与重复周期相同，但平均当地太阳时不同，2颗卫星可覆盖相同的地面栅格区域。

THEOS卫星结构设计基于福卫-2(FormoSat-2)卫星，采用天体卫星-500平台，平台上层安装有效载荷和姿态测量部件，平台下层安装姿态执行机构。卫星为三轴姿态稳定，具有高灵敏度和稳定性。其主要参数见表2-71。

表 2-71 THEOS 卫星主要参数

参数	指标
卫星总质量/kg	750（发射质量）
卫星尺寸	2.1m×2.1m×2.4m
姿态与轨道控制分系统	姿态测量部件：磁强计、太阳敏感器、星敏感器、陀螺仪和 GPS 接收机 姿控执行机构：磁力矩器、反作用轮、推力器
指向控制精度/（°）	0.12
指向敏感精度/（°）	0.02
功率/W	980（寿命末期）
星上数据存储容量/Gbit	51
星上数据压缩率	2.8 或 3.7（DCT）
通信分系统	测控链路使用 S 频段 图像传输使用 X 频段，传输速率为 120Mbit/s
卫星设计寿命	>5 年

THEOS 卫星有效载荷由全色和多光谱相机组成，可收集数据并通过数据变换、压缩、格式化等获得视频数据。2 台相机均为推扫式成像，安装位置平行，主镜和焦平面单元均由碳化硅制成，确保相机的轻量化和热弹性稳定性。THEOS 卫星光学系统参数见表 2-72。

表 2-72 光学系统参数

参数	全色相机	多光谱相机
光谱范围	0.45~0.90μm	0.45~0.52μm（蓝） 0.53~0.60μm（绿） 0.62~0.69μm（红） 0.77~0.90μm（近红外）
口径/mm	600	100
地面分辨率/m	2	15
幅宽/km	22（天底点）	90（天底点）
绝对定位精度/m	<300（1σ）	<300（1σ）
信噪比（SNR）	>90	>100
有效载荷质量/kg	<120（包括视频电子组件）	

土耳其

土耳其对地观测项目的发展研究由土耳其信息技术与电子研究所负责。2003年9月27日，土耳其信息技术与电子研究所和英国萨瑞卫星技术公司（SSTL）共同研制了一颗携带有对地观测和卫星技术验证有效载荷的小卫星——信息技术与电子研究所卫星-1（BILSAT-1），该卫星属于"灾害监测星座"（DMC），用于帮助土耳其获取小卫星制造所需的知识和专长。

此后，土耳其信息技术与电子研究所又建造了另外一颗卫星——"观测"（Rasat）卫星。该卫星的建造以BILSAT卫星为基础，但星载X频段转发器、图像压缩模块、先进锂电池以及新一代星载计算机都由土耳其信息技术与电子研究所设计和制造。Rasat卫星的主要目的是改进从BILSAT-1卫星项目中获得的技术，验证土耳其的空间技术能力。

Guance Weixing
"观测" 卫星
Rasat

概　况

"观测"（Rasat）卫星是土耳其信息技术与电子研究所发展的对地观测微小卫星，目标是发展土耳其的微小卫星研制技术，提高组装小卫星所需

图2-104　Rasat卫星

的技术能力，增加土耳其具有卫星技术经验的研究人员的数量，以满足未来国内设计和制造卫星的要求。

Rasat卫星有效载荷由韩国卫星技术研究中心开创公司设计和研制。2011年8月17日，Rasat卫星（见图2-104）在俄罗斯杜巴罗夫斯基由第伯聂-1运载火箭发射。

主要性能参数

Rasat卫星采用太阳同步轨道，轨道高度为675km/700km，轨道倾角为98.30°，轨道周期约98min。卫星95kg，呈立方体，尺寸70cm×70cm×55.4cm，设计寿命3年。

卫星平台的设计以信息技术与电子研究所卫星-1（BILSAT-1）平台为基础，三轴姿态稳定，卫星侧摆能力±30°，指向精度0.02°，控制精度0.01°。

Rasat卫星主有效载荷为光学成像系统，由电光部件和处理控制部件组成，采用推扫式成像。电光部件包括望远镜和焦面组件，处理控制部件包括信号处理模块、控制及存储模块以及电源模块。光学成像系统全色图像分辨率为7.5m，幅宽为30.7km，像素为4096，图像容量为16MByte；多光谱图像分辨率为15m，幅宽为30.7km，像素为2048，图像容量为12MByte。

乌克兰

在 1961 年，乌克兰南方设计局成立了专门航天技术研发部门。同期，乌克兰尤日内机械制造厂成立了卫星制造部门。1977 年 5 月 5 日，苏联颁布政令，成立一个独立的国有空间系统部门，专注于地球自然资源的观测，从此，乌克兰南方设计局负责开发苏联海洋卫星的分系统，研究长期天气预报和气候变化，以在国家经济发展中起到关键作用。

苏联解体后，乌克兰也与俄罗斯保持着密切的合作关系，并继承了苏联的部分国防工业技术和航天工业技术。

乌克兰于 1995 年发射本国首颗地球遥感卫星，即第一代西奇 – 1 卫星，该卫星实际上是俄罗斯海洋 – O1 – N8 卫星，而第一代改进型"西奇"（Sich）卫星由乌克兰国家航天局和俄罗斯航天局合作。2011 年发射的第二代"西奇"卫星具有 8m 的空间分辨率，由乌克兰南方设计局开发。

Xiqi Weixing
"西奇"卫星
Sich

概　况

"西奇"（Sich）卫星是乌克兰发展的对地观测卫星。截至 2012 年 6 月 30 日，该系列共发射了 3 颗卫星，即第一代 Sich – 1 卫星，第一代改进型 Sich – 1M 卫星和第二代 Sich – 2 卫星。

Sich – 1 卫星是俄罗斯和乌克兰合作研制的海洋卫星，即 Okean – O1 – 98〔参见海洋卫星系列（Okean）〕，它于 1995 年发射。

Sich – 1M 卫星是乌克兰和俄罗斯合作研制的多任务对地观测卫星。2001 年，乌克兰国家航天局（NSAU）与俄罗斯联邦航天局达成该卫星的研发协议。2004 年 12 月 24 日，Sich – 1M 在俄罗斯普列谢茨克发射中心由旋风 – 3 运载火箭发射，但由于运载火箭故障，卫星未进入预定轨道。2006 年 4 月 15 日，Sich – 1M 再入大气层。

Sich – 2 卫星是新一代的光学遥感小卫星，由乌克兰南方设计局研发。项目经费由乌克兰国家航天局提供。2011 年 8 月 17 日，Sich – 2 等 8 颗卫星由"第聂伯"运载火箭自杜巴罗夫斯基导弹基地发射。

主要性能参数

（1）Sich – 1M 卫星

Sich – 1M 卫星（见图 2 – 105）运行在远地点 644km、近地点 285km、倾角为 82.57° 的椭圆轨道，周期 93.26min。卫星发射质量 2223kg，平均功率 380W，设计寿命 3 年。

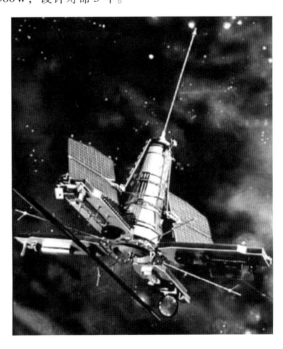

图 2 – 105　Sich – 1M 卫星

Sich-1M卫星与Sich-1卫星一样以重力梯度杆作为辅助姿态控制方式，姿态指向精度为1°（滚动）、2°（俯仰）和3°（偏航），姿态控制精度优于0.5°。

Sich-1M卫星的有效载荷为"侧视雷达"，"被动毫米波扫描辐射计"，"低分辨率多光谱扫描仪"，2台"高分辨率多光谱光电扫描辐射计"（其空间分辨率约为24m），"空间环境监测仪套件"，另外卫星还搭载了继承自俄罗斯流星-3M极轨气象卫星的"微波-光学集成成像探测辐射计"。

（2）Sich-2卫星

Sich-2卫星（见图2-106）采用太阳同步圆轨道，高度700km，倾角98.26°，轨道周期97.5min，升交点地方时10:30。

图2-106　Sich-2卫星

Sich-2卫星主要有效载荷：

"多谱段地球成像仪"，全色和多光谱推扫式成像仪，提供目标区域的配准图像，"多谱段地球成像仪"包括1个全色谱段和3个多光谱谱段。"多谱段地球成像仪"质量26kg，功耗25W，其参数见表2-73。

表2-73　"多谱段地球成像仪"参数表

参数	指标
成像仪类型	推扫式
成像谱段数/个	4
光谱谱段	B1：0.50~0.59μm（绿） B2：0.61~0.68μm（红） B3：0.79~0.89μm（近红外） B4：0.50~0.90μm（全色）
空间分辨率（星下点）/m	8.2

续表

参数	指标
幅宽/km	星下点48.8
侧摆能力/（°）	±35
光学系统： 　口径/mm 　相对孔径	 170 f/5
信噪比	>150多光谱波段，>300全色波段
调制传递函数	25%（B1），20%（B2），15%（B3），18%（B4）
探测器线阵	4个线阵式CCD，每个6000像素，仙童公司提供的CCD191型
每波段的原数据率/（Mbit/s）	46.08

"红外地球成像仪"，工作在短波红外谱段，采用光学对接式结构，包括3个线阵，每个线阵包括500像素，探测器类型为InGaAs，其参数见表2-74。

表2-74　"红外地球成像仪"参数表

参数	指标
成像仪类型	推扫式
光谱谱段	1.55~1.7μm
空间分辨率/m	41.4（穿轨），46（沿轨）
幅宽	700km处星下点58.1km
侧摆能力/（°）	±35
覆盖范围/km	约980
光学系统 　焦距/mm 　口径/mm 　相对孔径	 430 97 f/4.4
信噪比	最大光照度下>100
调制传递函数/%	35
数据传输速率/（Mbit/s）	1.92
功率/W	18（无散热），<25（有散热）
仪器质量/kg	14

以色列

以色列于1983年成立以色列航天局（ISA），负责管理所有的航天项目，协调国防需求和工业研究，管理和促进国际合作。1988年，以色列利用本国的"沙维特"运载火箭成功发射了首颗遥感卫星——地平线-1（Ofeq-1），验证了对地观测卫星技术。随后，以色列以国防需求为牵引，优先发展了军民用对地观测卫星系统，成为世界上较早具有研制并发射高分辨率对地观测卫星能力的国家。目前，以色列已发展了"地平线"低轨军用成像侦察小卫星系列，为以色列情报部门和军事作战部门提供战略和战术图像情报，目前已部署三代，正在研制第四代卫星。随后，于2008年发射了首颗"合成孔径雷达技术验证卫星"（TecSAR），具备了高分辨率雷达成像侦察能力。此外，图像卫星国际公司利用"地平线"系列成像侦察卫星技术，发展了高分辨率商业遥感卫星——"地球资源观测卫星"（EROS），向全球军民用户提供高分辨率卫星遥感服务。未来还将发射EROS-C卫星，增加多光谱成像能力。

Dipingxian Weixing
"地平线"卫星
Ofeq

概况

"地平线"（Ofeq）卫星，是以色列发展的军事成像侦察小卫星，由以色列国防部投资并运行。主要为以色列情报部门和军事作战部门提供战略和战术图像情报，并为作战指挥控制中心和作战部队提供重要的情报信息。

自20世纪80年代，以色列一直坚持采用小卫星执行成像侦察任务。截至2012年6月30日，Ofeq卫星已经发展了3代，目前正在研制第四代卫星，均由以色列航空航天工业公司（IAI）研制，以色列光电工业公司（El-Op）提供有效载荷。

Ofeq-1和Ofeq-2卫星是第一代Ofeq卫星，卫星没有携带有效载荷，主要用于验证"沙维特"火箭以及低轨卫星技术。Ofeq-3和Ofeq-4卫星是第二代Ofeq卫星。1995年4月5日发射的Ofeq-3卫星是该系列第一颗业务型成像侦察卫星，Ofeq-4卫星是Ofeq-3的接替星，但由于火箭故障，卫星发射失败。Ofeq-5至Ofeq-9卫星是第三代Ofeq卫星，其中Ofeq-6发射失败。Ofeq-8编号指定给以色列的"合成孔径雷达技术验证卫星"（TecSAR）。目前，Ofeq-5、Ofeq-7和Ofeq-9卫星（见图2-107）仍在轨运行。Ofeq卫星发射情况见表2-75。

图2-107 Ofeq-9卫星

表 2－75　Ofeq 卫星发射情况

阶段	卫星	发射时间	运行轨道	运行状态
第一代	Ofeq－1	1988－09－19	247km/1155km，142.87°	已失效
	Ofeq－2	1990－04－03	207km/1582km，143.23°	已失效
第二代	Ofeq－3	1995－04－05	368km/730km，143.38°	已失效
	Ofeq－4	1998－01－23	未入轨	发射失败
第三代	Ofeq－5	2002－05－28	369km/771km，143.46°	运行
	Ofeq－6	2004－09－06	未入轨	发射失败
	Ofeq－7	2007－06－10	344km/575km，141.75°	运行
	Ofeq－9	2010－06－22	344km/588km，141.78°	运行

主要性能参数

第二代 Ofeq 卫星发射质量 225kg，其中卫星平台质量 189kg，有效载荷质量 36kg，肼燃料 30kg。卫星设计寿命 2 年，但实际在轨运行 6 年。卫星采用以色列航空航天工业公司的 OPSAT－1000 平台，星体呈截顶圆锥体，顶部直径 0.7m，底部直径 1.2m，高 2.3m，太阳翼面积 3.6m²。卫星采用三轴稳定控制方式，指向精度 0.1°，地面分辨率 1.8m。由于以色列没有数据中继卫星，卫星获取的图像数据采用存储转发方式，在飞经以色列地面站接收范围内下传数据。

第三代 Ofeq 卫星发射质量提高到 300kg，采用以色列航空航天工业公司的 OPSAT－2000 平台。Ofeq－5 卫星长 2.3m，直径 1.2m，星上载有 1 台高分辨率光学侦察相机，分辨率 0.5m，幅宽约 7km。卫星设计寿命 3 年，具有侧视成像能力。截至 2012 年 6 月，实际在轨运行达 10 年。

Ofeq－7 卫星高 2.3m，收缩状态直径 1.2m，太阳翼展开后宽 3.6m，设计寿命 4 年。星上载有先进成像有效载荷和改进版软件、GPS 接收机、星上计算机、气体燃料贮箱、望远镜以及其他先进组件。Ofeq－7 是 Ofeq－5 卫星的后继星，分辨率为 0.5m。

Ofeq－9 卫星长 2.3m，直径 1.2m。卫星带有 30L 的肼燃料，平均功率 400W，卫星采用反作用轮控制卫星姿态。Ofeq－9 卫星载有与 Ofeq－5 和 Ofeq－7 卫星相同的高分辨率相机，全色分辨率优于 0.5m，幅宽 7km。

Diqiu Yaogan Guance Weixing
"地球遥感观测卫星" EROS

概　况

"地球遥感观测卫星"（Earth Remote Observation System，EROS）是图像卫星国际公司发展的商业高分辨率遥感卫星，为军民用户提供高分辨率卫星遥感服务。

1996 年 10 月，以色列航空航天工业公司（IAI）获得以色列政府批准，开始研制 EROS 系列卫星。1997 年，以色列航空航天工业公司与以色列光电工业公司（El－Op）、美国核心软件公司等企业在加勒比海荷属安的列斯群岛注册成立西印度航天公司，后于 2000 年更名为图像卫星国际公司。图像卫星国际公司利用以色列"地平线"（Ofeq）成像侦察卫星技术，研制高分辨率商业遥感卫星，向全球客户提供高分辨率卫星遥感图像。

以色列航空航天工业公司是 EROS 系列卫星系统的主承包商，负责研制卫星平台；以色列光电工业公司是有效载荷分包商，负责研制有效载荷。

2000 年 12 月 5 日，图像卫星国际公司利用俄罗斯起跑－1 运载火箭从斯沃博德内航天发射中心发射了首颗 EROS－A 卫星。随后，于 2006 年 4 月 25 日利用俄罗斯起跑－1 火箭从斯沃博德内航天发射中心发射了 EROS－B 卫星。未来，还计划发射具有多光谱成像能力的 EROS－C 卫星。截至 2012 年 6 月 30 日，EROS－A 和 EROS－B 卫星仍在轨运行。

主要性能参数

（1）EROS – A 卫星

EROS – A 卫星运行在高度 500km、倾角 97.5°的太阳同步圆轨道，轨道周期 94.6min，降交点地方时 10：00。卫星设计寿命 4 年。整星发射质量 250kg，其中有效载荷质量 31kg，另携带推进剂 30kg，寿命末期功率 450W。

EROS – A 卫星采用 OPSAT – 1000 平台，采取三轴稳定方式。姿态敏感器包括惯性基准单元、太阳敏感器、地球敏感器和磁强计，姿控执行机构包括 4 个反作用轮和推力器。卫星三轴姿态控制精度 ±0.1°，稳定度 0.0023（°）/s。卫星具有在沿轨和穿轨方向摆动 ±45°的能力，对应的偏离星下点距离 960km。卫星具备单轨立体成像能力，最大姿态变化角速度 1.8（°）/s。卫星带有 2 副太阳翼，固定安装在星体两侧，带有容量 14A·h 的镍镉电池。测控链路采用 S 频段，数据传输速率 2.5kbit/s 或 15kbit/s。EROS – A 卫星图像数据传输采用 X 频段（8150MHz 和 8250MHz），最高数据传输速率 70Mbit/s，星上固态存储器容量有限，仅在地面站覆盖区内成像，实时下传。星上采用自适应差分脉冲编码调制压缩算法。

卫星有效载荷为全色成像相机。该相机固定安装在卫星内部，采用 CCD 推扫成像技术。相机质量 31kg，平均功率 44W。光学系统采用卡塞格伦望远镜，口径 30cm，焦距 3.45m，视场角 1.5°。CCD 探测器阵列每行 7490 像元，共两行。相机仅有全色谱段，光谱范围为 0.5 ~ 0.9μm，卫星天底点全色分辨率 1.9m，幅宽 14km。数据量化 12bit。

（2）EROS – B 卫星

EROS – B 卫星运行在高度 500km、倾角 97.4°的太阳同步圆轨道，轨道周期 94.6min，降交点地方时 14：00。卫星设计寿命 6 年。EROS – B 卫星发射质量 290kg，其中携带推进剂 60kg。

EROS – B 卫星采用 OPSAT – 2000 平台，采取三轴稳定控制方式，姿轨控分系统除了包括惯性基准单元、太阳敏感器、地球敏感器、磁强计、反作用飞轮和推力器外，还增加了星跟踪器，进一步提高了卫星的姿态测量精度。EROS – B 卫星展开后尺寸 2.3m×4.0m。卫星具有在沿轨和穿轨方向摆动 ±45°的能力。无地面控制点的图像定位精度 21.4m（平均值）。卫星图像数据传输速率 280Mbit/s。测控链路采用 S 频段，数据传输速率为 2.5kbit/s 或 15kbit/s。星上采用自适应差分脉冲编码调制压缩算法。

卫星有效载荷为全色成像相机。全色成像相机仍采用 CCD 推扫成像和延时积分技术。光学系统仍采用卡塞格伦望远镜，口径增加到 50cm，焦距提高到 5m，视场角 1.5°。探测器每行 10000 像元，共 96 行。相机仅有全色谱段，光谱范围为 0.5 ~ 0.9μm，卫星天底点全色分辨率 0.7m，幅宽 7km。数据量化 10bit。

Hecheng Kongjing Leida Jishu Yanzheng Weixing
"合成孔径雷达技术验证卫星" TecSAR

概　况

"合成孔径雷达技术验证卫星"（SAR Technology Demonstration Satellite，TecSAR），也称为"北极星"卫星，是以色列发展的低轨军用雷达成像侦察小卫星，能够全天时、全天候地进行高分辨率成像侦察，为以色列政府和军方提供军事情报信息。

2004 年，以色列国防部提出了 TecSAR 技术演示验证卫星计划，主要验证小卫星提供高分辨率雷达成像能力的可行性，同时作为业务系统为以色列提供军事图像情报服务。

2005 年 11 月，以色列与印度达成协议，卫星采用印度火箭发射；作为交换条件，以色列向印度提供合成孔径雷达有效载荷技术。2008 年 1 月 21 日，TecSAR 卫星（见图 2 – 108）由印度"极轨卫星运

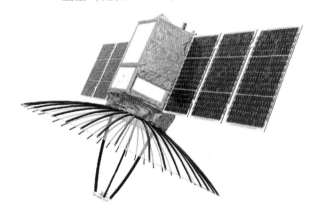

图 2 – 108　TecSAR 卫星

载火箭"从萨提斯达瓦航天中心（SDSC）发射。目前，TecSAR 卫星仍在轨运行。

主要性能参数

TecSAR 卫星运行在高度 470km、倾角 41°的圆轨道上，轨道周期 93.8min，轨道回归周期 36d，可观测南北纬 41°之间的区域，包括整个中东地区。卫星发射质量 300kg，其中燃料 40kg，有效载荷 100kg，设计寿命 5 年。

TecSAR 卫星由平台、有效载荷舱和雷达天线组成，其中平台和有效载荷舱呈六棱柱形，二者通过机械和电接口连接。卫星采用以色列航空航天工业公司（IAI）研制的小卫星平台。平台舱两侧安装有太阳翼，寿命末期功率 750W。卫星具备较高的敏捷性，可对星下点两侧成像。通过姿态机动扩大观测范围，提高积分时间，进而提高方位向分辨率。

卫星有效载荷为 X 频段合成孔径雷达，质量 100kg，由艾尔塔系统公司在机载合成孔径雷达的基础上研制，主要由雷达信号和控制组件、多管发射机、可展开抛物面网状天线、星上存储器和数据链路传输单元组成。有效载荷的射频部分，包括控制组件和多管发射机安装在有效载荷舱，星上存储器和数据链路传输单元安装在平台舱。可展开抛物面网状天线质量 21kg、口径 3m，采用折叠展开方式固定安装在有效载荷舱。发射机带有 10 个通道化行波管放大器，成像期间使用 8 个，另 2 个作为备份。星上利用改进型分块浮点量化算法对采样数据进行压缩，压缩比为 6：3。星上存储器由 2 个互为冗余的 128Gbit 存储器组成。数据链路传输单元带有 5 部数据链路发射机，最大数据传输速率为 600Mbit/s。4 部发射机工作，另 1 部作为备份。

TecSAR 卫星具有多种成像模式：扫描 SAR 模式，分辨率为 8m，理论最大幅宽可以达到 100km，但分辨率降低到 20m；条带模式，分辨率为 3m；镶嵌模式，分辨率为 1.8m；聚束模式，分辨率可提高至 1m。

意大利

在对地观测领域，意大利优先发展雷达成像卫星。2001 年，意大利航天局（ASI）与国防部开始联合研制军民两用雷达成像卫星星座系统——"地中海盆地观测小卫星星座系统"（COSMO – SkyMed）卫星，为意大利政府提供高分辨率的雷达卫星图像。第一代 COSMO – SkyMed 星座由 4 颗卫星组成，于 2007—2010 年间完成部署。2001 年，意大利与法国签署了 COSMO – SkyMed 和太阳神 – 2 卫星的数据交换协议，通过太阳神 – 2 卫星数据来补充光学成像侦察能力。2009 年，意大利成立了一家商业公司，专门负责 COSMO – SkyMed 卫星数据的商业化销售。另外，意大利还发射了"激光相对论卫星"（LARES），用于研究爱因斯坦广义相对论，并获取地球重力场高精度数据。

意大利正在论证并研制第二代 COSMO – SkyMed 卫星系统，由 2 颗卫星组成星座，计划于 2015—2016 年发射，计划加入欧洲的"多国天基成像系统"（MUSIS）。

Dizhonghai Pendi Guance Xiaoweixing Xingzuo Weixing
"地中海盆地观测小卫星星座" 卫星
COSMO – SkyMed

概　况

"地中海盆地观测小卫星星座"（Constellation of Small Satellites for Mediterranean Basin Observation, COSMO – SkyMed）是意大利航天局（ASI）与国防部联合发展的军民两用 X 频段雷达成像卫星，4 颗卫星组成星座。每颗卫星带有合成孔径雷达（SAR）有效载荷，能够对全球范围进行全天时、全天候的高分辨率成像观测。主要用于为意大利政府提供军民用卫星雷达遥感图像，同时依据协议也为法国政府提供军用图像，并提供商业遥感图像服务。

1996 年，意大利政府启动国家对地观测计划，COSMO – SkyMed 星座为该计划的重点项目。2001 年，意大利国防部加入 COSMO – SkyMed 项目。COSMO – SkyMed 项目的主承包商是泰雷兹·阿莱尼亚意大利公司，负责研制卫星平台；阿尔卡特·阿莱尼亚公司负责研制有效载荷。COSMO – SkyMed 星座的 4 颗卫星分别于 2007 年 6 月 8 日、2007 年 12 月 9 日、2008 年 10 月 25 日和 2010 年 11 月 6 日发射，目前在轨运行。COSMO – SkyMed 卫星见图 2 – 109。

主要性能参数

COSMO – SkyMed 卫星运行在高度 619.6km、倾角 97.86° 的太阳同步圆轨道，轨道周期 97.19min。卫星采用晨昏轨道，升交点地方时 6∶00。卫星发射质量 1700kg，设计寿命 5 年。4 颗卫星部署在同一轨道面，各卫星等间距分布，平均重访时间可以达到 0.5d。

COSMO – SkyMed 卫星采用"多用途可重构意大利卫星平台"。卫星呈四棱柱体，上部为服务舱，下部为有效载荷舱。在星体两侧安装有太

图 2 – 109　COSMO – SkyMed 卫星

阳翼，总面积 18.3m²，寿命初期功率 4.5kW，寿命末期功率 3.6kW。卫星采用三轴稳定方式。为保证指向精度和稳定度，SAR 天线、星跟踪器、陀螺等部件直接安装在碳纤维结构上。卫星的推进分系统有 6 个推进器，互为备份。卫星定轨采用双频接收机，可接收"全球定位系统"（GPS）和"格洛纳斯"（GLONASS）系统的导航信号。卫星 SAR 天线标称指向星下点轨迹右侧 34°。星上蓄电池组采用锂离子电池，总质量 136kg，容量 336A·h。卫星测控链路采用 S 频段，数据传输采用 X 频段，数据传输速率 300Mbit/s。星上数据存储采用固态存储器，存储

容量 300Gbit。COSMO – SkyMed 卫星性能见表 2 – 76。

卫星有效载荷为 SAR – 2000 合成孔径雷达，由相控阵天线和中央电子系统模块组成，采用大型可展开平板相控阵天线，由 1280 个收发模块组成，天线展开后尺寸为 5.7m×1.4m，通过电子方式控制波束的形状和方向。SAR – 2000 合成孔径雷达有聚束、扫描和条带三种工作模式。条带模式又分为单极化和交叉极化两种类型。聚束、扫描和单极化模式下，在 HH、VV、HV 和 VH 中选取一种极化方式；交叉极化模式下，在 HH、VV、HV 和 VH 中选取两种极化方式。

表 2 – 76　COSMO – SkyMed 卫星性能

项目		性能
侧视能力		标称右视，有限时间左视
每轨观测能力		聚束模式：20 幅连续图像 扫描模式：10min 条带模式：10min
每天观测能力		聚束模式：150 幅图像 扫描制图模式：75min 条带制图模式：75min
成像任务自主管理周期		24h
星上存储容量		300Gbit
数据传输速率		下传模式：（2×150）Mbit/s 边存储边下传：150Mbit/s 边成像边下传：150Mbit/s
聚束模式		分辨率优于1m，幅宽10km
扫描模式	宽幅	分辨率30m，幅宽100km
	巨幅	分辨率100m，幅宽200km
条带模式	单极化	分辨率3～15m，幅宽40km
	交叉极化	分辨率15m，幅宽30km

Jiguang Xiangduilun Weixing
"激光相对论卫星"
LARES

概　况

"激光相对论卫星"（Laser Relativity Satellite，LARES），又名"拉列斯"卫星，是意大利航天局（ASI）的低成本地球动力学卫星，主要用于研究地

球重力场和广义相对论。

LARES 卫星的主要科学目标是试验和验证广义相对论理论：1）测量地球旋转造成的参考系拖拽效应，并获得地球重力场的高精度测量数据；2）在极弱重力场环境下，验证平方反比定律，并获得相关高精度数据；3）测量 LARES 卫星的广义相对近地点岁差，并获得相应的参数化后牛顿参数（β 和 γ）；4）进行其他一些广义相对论和万有引力试验。此外，还将进行一些测地学和地球动力学试验。

LARES 卫星项目由意大利航天局负责管理，由意大利航天局、国家核物理研究所、罗马大学和莱切大学联合开发，意大利卡罗·加瓦兹空间有限公

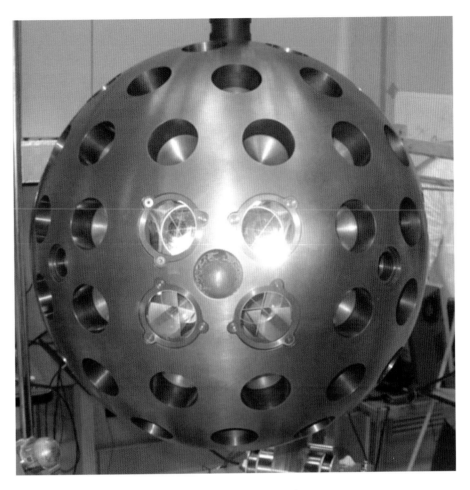

图 2 – 110　LARES 卫星

司是卫星系统的主承包商。LARES 卫星项目是激光地球动力卫星（LAGEOS）的后续项目，对 LAGEOS 项目概念进行了改进。

1998 年，ASI 批准对 LARES 卫星概念进行前期研究，2008 年 2 月，ASI 同意为 LARES 卫星提供资金支持。2012 年 2 月 13 日，LARES 卫星（见图 2 – 110）从圭亚那航天中心利用"织女"运载火箭发射。

主要性能参数

LARES 卫星运行在高度 1200km、倾角 71°的圆轨道。LARES 卫星质量约为 400kg，直径 376mm，呈实心球形，由钨材料制作而成，其外表面覆盖了 92 个角反射器。卫星系统采用锂离子电池进行供电。

LARES 卫星通过地面站发射激光束，经卫星外表面的角反射器反射后，再传回地面站。通过测量激光往返时间，计算卫星与地面站之间的距离，卫星利用这些数据进行高精度定轨。

印 度

印度是较早开展空间对地观测技术研发，并进入国际市场的发展中国家。它利用有限资金发展了对国民经济有重要影响的对地观测卫星系统，并将积极争取外援与自主发展相结合，通过技术引进、消化、发展，形成了有一定规模的对地观测卫星及应用系统。

印度特别重视对地观测卫星研制与应用技术开发，自1988年发射首颗 IRS－1A 卫星以来，印度研制了两大卫星系统，即"印度卫星"（INSAT）系统和"印度遥感卫星"（IRS）系统，这两大卫星系统广泛用于农业、城市规划、海洋制图、灾害监测和考古测量等多个领域，对印度国民经济的发展起到了巨大的推动作用。

INSAT 是多用途地球静止轨道卫星系统，用于通信、电视广播、气象以及搜救和营救服务。该卫星系统从20世纪80年代开始研制，已发射 INSAT－1、INSAT－2 和 INSAT－3 等三代具有气象观测能力的卫星。INSAT 气象计划的总目标是提供全天时的气象服务，包括印度区域的恶劣天气事件。

IRS 主要包括"资源卫星"（Resourcesat）、"海洋卫星"（Oceansat）、"制图卫星"（Cartosat）三大系列。截至2012年6月30日，该系统有12颗卫星在轨运行，为印度军民用户提供卫星对地观测信息。其中，IRS 系统中的"技术试验卫星"（TES）和 Cartosat 系列卫星为军用或具有一定的军用价值，不仅对陆地、海洋及大气状况进行综合监测，还担负着为印度军方提供邻国军事活动情况的任务。

印度航天已发展到第十一个五年计划，其战略目标首先是加强航天侦察装备的发展和建设，建立自己全方位、大纵深的航天侦察体系。印度未来发展计划重点是继续发展专用对地观测卫星，以填补地球观测领域灾害监测等空白，并且制定国际协同任务以补充和增补印度卫星任务。根据未来10年发展规划，印度空间研究组织（ISRO）计划发射一系列资源卫星、制图卫星、海洋与大气卫星，预计数量超过30颗，以增强其天基成像能力。

Yindu Weixing
"印度卫星"
INSAT

概 况

"印度卫星"（Indian National Satellite，INSAT）是印度发展的以通信为主，气象探测为辅的多用途地球静止轨道卫星。印度在2002年之前没有发展地球静止轨道专用气象卫星，而是通过这种多功能卫星的方式，获取气象观测能力。

INSAT 卫星系列从20世纪70年代开始研制，由印度航天部、印度通信部、印度气象局、全印广播公司等机构联合负责。印度空间部主要负责 INSAT 空间段的运行。印度气象局负责运行气象数据使用中心（MDCU），主要业务为分发和传播 INSAT 卫星气象图像与相关数据。

截至2012年6月30日，印度已经发射了 INSAT－1、INSAT－2、INSAT－3 和 INSAT－4 共4代，其中第一代由美国福特航天与通信公司研制，第二代开始由印度空间研究组织（ISRO）自行研制，第四代开始为专用通信卫星。

由于 INSAT－2E 卫星（见图2－111）的主要气象有效载荷在1999年9月出现故障，加上 INSAT－2B 通信与气象卫星于2000年11月4日失效，为保证印度天气预报工作不受影响，2002年9月12日，印度空间研究组织发射了首颗专用地球静止轨道气象卫星

MetSat-1，填补由于 INSAT-2E、2B 卫星上两个重要气象有效载荷失效引起的空白（INSAT 气象卫星发射情况见表2-77）。2003 年 2 月 6 日，MetSat-1 卫星更名为 Kalpana-1，以纪念在 2003 年 2 月 1 日"哥伦比亚"航天飞机返航失事中遇难的印度人卡帕娜·乔拉（Kalpana Chawla），以及和她一起遇难的航天员。

图 2-111　INSAT-2E 卫星

表 2-77　INSAT 气象卫星发射表

卫星名称	发射时间	现状
INSAT-1A	1982-04-10	失效
INSAT-1B	1983-08-301	失效
INSAT-1C	1988-07-21	失效
INSAT-1D	1990-06-12	失效
INSAT-2A	1992-07-09	失效
INSAT-2B	1993-07-22	失效
INSAT-2D	1997-06-03	失效
INSAT-2E	1999-04-02	在轨运行
Kalpana-1/MetSat-1	2002-09-12	在轨运行
INSAT-3A	2003-04-09	在轨运行

主要性能参数

（1）INSAT-1 系列卫星

INSAT-1 系列卫星的气象有效载荷主要为"甚高分辨率辐射计"。该辐射计全色分辨率 2.75km，多光谱分辨率 11km，工作谱段包括可见光（0.55~0.75μm）和近红外（10.5~12.5μm）。卫星扫描时间为 30min。

（2）INSAT-2 系列卫星

INSAT-2 系列卫星与 INSAT-1 系列卫星类似，

也是集通信、电视广播和气象服务为一体。卫星为三轴姿态稳定，采用箱形结构，带有 1 副由 5 块面板组成的非对称太阳翼。卫星寿命末期功率为 1.18kW，质量约 911kg。

比起上一代，INSAT-2 卫星气象有效载荷"甚高分辨率辐射计"的全色分辨率提高到 2km，多光谱分辨率提高到 8km。INSAT-2 卫星系列的第 5 颗 INSAT-2E 卫星性能比前几颗有所改进。

INSAT-2E 卫星质量为 2550kg（干质量 1146kg），功率 2.5kW。设计寿命 12 年。卫星主要气象有效载荷是甚高分辨率辐射计-2，即"甚高分辨率辐射计"的改进型。甚高分辨率辐射计-2 主要由扫描机械组件、辐射制冷器、光学组件和相机电子设备组成。比起"甚高分辨率辐射计"，增加了探测水蒸气的中波红外谱段，用于评估对流层的水汽示踪风、识别下沉区和对流区，并间接评估热红外通道观测的海表温度大气校正值。甚高分辨率辐射计-2 全色分辨率为 2km，多光谱分辨率为 8km，工作谱段包括可见光（0.55~0.75μm）、热红外（10.5~12.5μm）和水蒸气（5.7~7.1μm）。

此外，INSAT-2E 卫星上还携带了电荷耦合器件（CCD）相机。该相机采用线性 CCD 探测器阵列，包含三个谱段：可见光（0.63~0.69μm）、近红外（0.77~0.86μm）和短波红外（1.55~1.70μm）。该相机数据主要用于气象观测和植被制图，其中可见光和近红外谱段可观测"植被指数"，短波红外谱段可进行积雪覆盖监测和雪云识别。CCD 相机空间分辨率优于 1km，幅宽约 6300km。数据量化值为 10bit。

INSAT-2E 卫星是首次装载 CCD 相机的 INSAT 系列卫星。它能提供高精度的飓风轨迹，还能监测指定地区的剧烈风暴。

（3）Kalpana-1/MetSat-1 卫星

Kalpana-1 卫星定点于东经 74°，发射质量为 1055kg，含 560kg 的推进剂。卫星带有砷化镓太阳翼，尺寸为 2.15m×1.85m，功率 550W，一直指向太阳。星上还有 1 组 18A·h 的镍镉蓄电池。MetSat-1 卫星设计寿命 7 年，目标寿命 10 年。

Kalpana-1 卫星采用新型轻质量 I-1000 卫星平台。卫星为三轴稳定，姿态敏感系统由陀螺仪、地球敏感器、数字太阳敏感器、粗模拟太阳敏感器和太阳翼太阳敏感器组成，使用磁力矩器和推力器卸载。推进系统为使用单甲基肼和氮的氧化混合物的双元推进系统。卫星采用被动热控制系统，包括多层绝热材料、光学太阳反射镜、散热系统、导热硅脂、热屏蔽等。

卫星上的主要气象有效载荷为甚高分辨率辐射计-2，参数见 INSAT-2E 卫星。

（4）INSAT-3A 卫星

INSAT-3A 卫星为三轴稳定，定点在 93.5°E，设计寿命 12 年。星上主要气象有效载荷为甚高分辨率辐射计-2 和 CCD 相机，参数见 INSAT-2E 卫星。

Jishu Shiyan Weixing
"技术试验卫星"
TES

概 况

"技术试验卫星"（Technology Experiment Satellite, TES）是印度空间研究组织（ISRO）研制的首颗分辨率优于 1m 的低地球轨道侦察卫星，用于验证在轨高分辨率侦察技术。TES 卫星（见图 2-112）图像只提供给印度政府和国防用户。

TES 卫星于 2001 年 10 月 22 日发射，印度空间研究组织的遥测、跟踪和指挥网络中心负责运行，以色列光电工业公司（El-Op）负责有效载荷的研制。截至 2012 年 6 月 30 日，TES 卫星在轨运行，实际在轨运行寿命已超过 10 年。

图 2-112　TES 卫星

主要性能参数

TES 卫星运行在高度 570km 的太阳同步圆轨道，轨道倾角 97.7°，周期 96min，降交点地方时 10：30。卫星重访周期 20d，通过侧摆可减少到 3 天。卫星发射质量 1108kg，设计寿命 3 年，

TES 卫星采用 IRS-1 系列平台，三轴稳定。卫星对一系列新技术进行了验证，包括高精度姿轨控技术、大力矩反作用轮、新型反作用控制系统、结构轻量化技术、国产固态存储器、X 频段相控阵天线的窄波束数据下传能力、改进型卫星定位系统、小型测控与电源系统以及双反同轴光学系统等。卫星指向控制精度显著提高，并具备较高的敏捷性，是印度首颗能够通过星体侧摆增大幅宽的卫星。星上载有 2 组 24A·h 的镍镉蓄电池，为了防止蓄电池出现过充电问题，电源系统中配置了保护系统。卫星数据传输采用 X 频段。

卫星有效载荷为 1 台高分辨率全色成像相机，由以色列光电工业公司研制。光学系统采用双反同轴设计，口径 55cm。全色成像谱段 0.5~0.9μm，天底点分辨率优于 1m。

Ziyuan Weixing
"资源卫星"
Resourcesat

概 况

"资源卫星"（Resourcesat）是印度遥感卫星（IRS）系统的三大系列之一，主要目标是为陆地和水域资源管理提供连续的图像数据，应用领域包括农作物监视、收获估产、精细农业、水资源管理、森林测绘、乡村建设和自然灾害管理等。

Resourcesat 卫星是 IRS-1C/1D 卫星的后续任务。截至 2012 年 6 月 30 日，Resourcesat 卫星已发射了 Resourcesat-1 和 Resourcesat-2 卫星（见图 2-113）。Resourcesat-1 卫星原名为 IRS-P6，后改用 Resourcesat 卫星系列编号。IRS 系列中资源卫星发射情况见表 2-78。

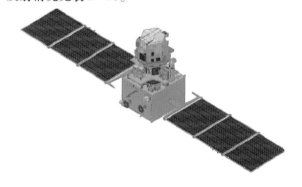

图 2-113　Resourcesat-2 卫星

表 2 – 78　IRS 系列中资源卫星发射表

卫星名称	发射时间	用途	运行状态
IRS – 1A	1988 – 03 – 17	陆地	退役
IRS – 1B	1991 – 08 – 29	陆地	退役
IRS – P2	1994 – 10 – 15	陆地	退役
IRS – 1C	1995 – 12 – 28	陆地	退役
IRS – 1D	1997 – 09 – 29	陆地	运行
Resourcesat – 1 （IRS – P6）	2003 – 10 – 17	陆地	运行
Resourcesat – 2	2011 – 04 – 20	陆地	运行

主要性能参数

Resourcesat – 1 和 Resourcesat – 2 卫星运行在同一太阳同步轨道，轨道高度 817km，倾角 98°，周期 101.35min，降交点地方时 10：30。2 颗卫星的轨道相位相差约 180°。

Resourcesat – 1 卫星和 Resourcesat – 2 卫星发射质量分别为 1360kg 和 1200kg，平台尺寸 2.1m×2m，设计寿命 5 年，星上均装有 2 副太阳翼，寿命末期功率为 1250W，星上还有 2 组 24A·h 的镍镉电池。卫星为三轴姿态稳定。姿态执行机构包括 4 个 11N、

8 个 1N 推力器，2 个星敏感器，4 个动量矩 5N·m 的反作用轮和 2 个磁力矩器。姿态控制精度 ±0.15°，姿态漂移速率 0.0003 （°） /s。

Resourcesat – 1 卫星星上固态存储器容量 120Gbit，能够存储 20min 的高分辨率图像数据。Resourcesat – 2 卫星星上固态存储器容量 400Gbit，能够存储 60min 的高分辨率图像数据。Resourcesat 卫星测控链路采用 S 频段，下行频率 2250MHz，数据传输速率 1 ~ 16kbit/s；上行频率 2071.875MHz，数据传输速率 100bit/s。星上数据传输采用 X 频段，数据传输速率 105Mbit/s。

Resourcesat – 1 卫星带有 3 台有效载荷，分别为"高分辨率线性成像自扫描遥感器"、"中分辨率线性成像自扫描遥感器" 和 "先进宽视场遥感器"。"高分辨率线性成像自扫描遥感器"是一台 3 谱段推扫相机，空间分辨率 5.8m，幅宽 70km。相机具有两种模式：多光谱模式和全色模式。"高分辨率线性成像自扫描遥感器" 在穿轨方向可侧摆 ±26°，重访周期 5d。相机质量 169.5kg，功率 216W，数据率 105Mbit/s。"中分辨率线性成像自扫描遥感器" 空间分辨率 23.5m，幅宽 141km，质量 106.1kg，功率 70W，数据率 52.5Mbit/s。"先进宽视场遥感器" 是 1 台宽视场相机，分辨率为 56m，幅宽 740km，视场 ±25°。Resourcesat – 1 卫星有效载荷参数见表 2 – 79。

表 2 – 79　Resourcesat – 1 卫星有效载荷参数

参数	指标		
	高分辨率线性成像自扫描遥感器	中分辨率线性成像自扫描遥感器	先进宽视场遥感器
分辨率/m	5.8	23.5	天底点 56
谱段	0.52 ~ 0.59μm （蓝）；0.62 ~ 0.68μm （红）；0.77 ~ 0.86μm （近红外）	0.52 ~ 0.59μm （蓝）；0.62 ~ 0.68μm （红）；0.77 ~ 0.86μm （近红外）；1.55 ~ 1.7nm （短波红外）	0.52 ~ 0.59μm （蓝）；0.62 ~ 0.68μm （红）；0.77 ~ 0.86μm （近红外）；1.55 ~ 1.7nm （短波红外）
幅宽	23.9km （多光谱），70km （全色）	141km	740km
探测器阵列	1 × 12288 （全色）3 × 12288 （多光谱）	4 × 6000	4 × 2 × 6000
数据量化/bit	10	7 （可见光和近红外）10 （短波红外）	10
功率/W	216	70	114
质量/kg	169.5	106.1	103.6
数据传输速率/ （Mbit/s）	105	52.5	52.5

Resourcesat – 2 卫星带有 4 种有效载荷，分别为"高分辨率线性成像自扫描遥感器"、"中分辨率线性成像自扫描遥感器"、"先进宽视场遥感器" 和

"自动识别系统"。这些有效载荷与 Resourcesat – 1 卫星基本相同，但是进行了改进。Resourcesat – 2 卫星的"先进宽视场相机"有 2 台，先进宽视场遥感

器－A和先进宽视场遥感器－B，总幅宽为740km；星上所有有效载荷的数据量化都采用10bit。另外，"高分辨率线性成像自扫描遥感器"的多光谱幅宽从23.9km提高到70km。自动识别系统的主要目标是采集地面段的信号和向地面段传输数据，自动识别系统共有2种极化方式，4个通道，下行链路采用S频段，频率为2280MHz，输出功率5W，调制方式为四相相移键控，数据传输速率16Mbit/s。

Zhitu Weixing
"制图卫星"
CartoSat

概　况

"制图卫星"（CartoSat）是"印度遥感卫星"（IRS）系统的三大系列之一，为印度军民用户提供卫星测绘和制图信息。

CartoSat－1卫星主要用于对全球地理基准框架测绘与制图。CartoSat－2、CartoSat－2A和CartoSat－2B这三颗卫星几乎完全相同，主要用于高分辨率成像观测，以及在全球基础框架测绘基础上进行重点地区详细测绘。

CartoSat－1、CartoSat－2、CartoSat－2A和CartoSat－2B卫星分别于2005年5月5日、2007年1月10日、2008年4月28日和2010年7月12日发射，截至2012年6月30日，卫星均在轨运行。其中CartoSat－1卫星原名为IRS－P5卫星，后改用CartoSat卫星系列编号。

主要性能参数

（1）CartoSat－1

CartoSat－1卫星（见图2－114）采用高度618km的太阳同步圆轨道，轨道倾角98°，周期97min，降交点地方时10：30。卫星发射质量1560kg，设计寿命5年。

CartoSat－1卫星寿命末期功率1100W，蓄电池为2组24A·h的镍镉电池。数据传输采用X频段，传输速率105Mbit/s，星上固态存储器容量120Gbit。

卫星装载了2台全色相机，分辨率2.5m，幅宽30km。卫星能提供生成数字高程模型的立体像对。该卫星数据可应用于制图、改进地籍制图、土地利

用和地理信息系统等多个方面。

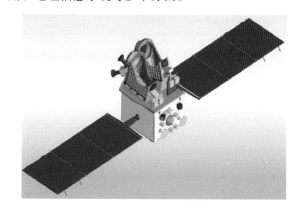

图2－114　CartoSat－1卫星

（2）CartoSat－2、CartoSat－2A和Carto-Sat－2B卫星

CartoSat－2、CartoSat－2A（见图2－115）和CartoSat－2B卫星运行在同一轨道面内，3颗卫星轨道相位相差分别为180°，大大提高了重访能力。3颗卫星都采用太阳同步圆轨道，轨道高度635km，轨道倾角98°，周期97.4min，降交点地方时9：30。

图2－115　CartoSat－2A卫星

CartoSat－2、CartoSat－2A和CartoSat－2B卫星发射质量分别为650kg、690kg和694kg。3颗卫星均为三轴姿态稳定，采用IRS－2小卫星平台，设计寿命5年。卫星具有单轨立体成像能力，并具有高敏捷性，可在沿轨和穿轨方向侧摆±45°，重访周期4d（结合轨道机动可缩短到1d）。

卫星星上固态存储器容量64Gbit，星上数据压缩系统采用JPEG算法，压缩后的数据加密传输，数据传输采用X频段（8125MHz），速率105Mbit/s。测控链路采用S频段（2067MHz），速率为4kbit/s。

卫星有效载荷为新型全色相机，该相机采用了一系列新技术，其光学系统采用反射式"卡塞格伦"双反同轴设计，相机使用碳纤维复合材料，反

射镜采用微晶玻璃制造，并采用轻量化设计，与 CartoSat – 1 卫星反射镜相比质量减轻了 40%。探测器和图像处理设备与 CartoSat – 1 卫星相同。卫星天底点距离向成像分辨率优于 1m，幅宽 10km，通过姿态机动降低卫星对地面目标视速度的 60% 时，沿轨方向分辨率可提高到 0.8m。

Haiyang Weixing

"海洋卫星"
Oceansat

概况

"海洋卫星"（Oceansat）是印度发展的专用海洋卫星，包括 Oceansat – 1 和 Oceansat – 2，用于海洋环境探测，包括测量海面风和海表层、观测叶绿素浓度、监控浮游植物增加、研究大气气溶胶和海水中的悬浮、沉淀物。Oceansat – 2 卫星还可用于研究季风和中长期天气变化。

Oceansat – 1 卫星（见图 2 – 116）是"印度遥感卫星系统"（IRS）中首颗用于海洋观测的卫星，之前称为 IRS – P4 卫星，卫星于 1999 年 5 月 26 日发射，2010 年 8 月 8 日退役，在轨寿命 11 年零 2 个月。Oceansat – 2 卫星（见图 2 – 117）于 2009 年 9 月 23 日发射，截至 2012 年 6 月 30 日，卫星在轨运行。

图 2 – 116　Oceansat – 1 卫星

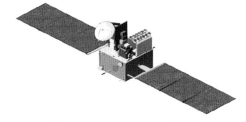

图 2 – 117　Oceansat – 2 卫星

主要性能参数

Oceansat 卫星采用高度 720km 的太阳同步圆轨道，轨道倾角 98°，周期 99.31min，降交点地方时 12：00。卫星为三轴姿态稳定，姿态漂移速率 0.0003（°）/s。自动模式下，卫星定位精度为 100 ~ 150m。其中 Oceansat – 1 卫星姿态控制精度 ±0.15°（俯仰和滚动方向）、±0.20°（偏航方向），Oceansat – 2 卫星姿态控制精度 ±0.10°（俯仰和滚动方向）、±0.15°（偏航方向）。

Oceansat – 1 和 Oceansat – 2 卫星比较见表 2 – 80。

表 2 – 80　Oceansat – 1 和 Oceansat – 2 卫星比较

参数	指标	
	Oceansat – 1	Oceansat – 2
发射质量/kg	1050	970
设计寿命/年	5	5
寿命末期功率/W	800	1360
重访周期/d	2	2
姿控测量部件	地球敏感器、太阳敏感器、磁强计和陀螺仪	地球敏感器、数字太阳敏感器、三维磁强计、太阳敏感器和惯性基准单元
姿态执行机构	反作用轮、磁力矩器和肼推力器（1N 和 11N）	4 个反作用轮（5N·m，0.1N·m）、2 个磁力矩器和单元肼推力器
太阳翼面积/m²	9.6	15.12
蓄电池	2 组 24A·h 的镍镉蓄电池	2 组 24A·h 的镍镉蓄电池
星上固态存储器容量	320Mbit	64Gbit
数据传输	X 频段（8350MHz），传输速率 20.8Mbit/s	X 频段（8300MHz），传输速率 42.4515Mbit/s
测控	S 频段，上行频率 2028.70MHz 下行频率 2203.20 MHz	S 频段，上行数据率 4kbit/s，下行实时数据率 4kbit/s，存储转发数据率 16kbit/s

Oceansat – 1 和 Oceansat – 2 卫星主要有效载荷分别为"海洋水色监测仪"和海洋水色监测仪 – 2，后者是前者的改进型，但二者几乎相同，唯一的区别是后者增加了悬浮沉淀物反射系数测量能力，同时避免了氧气吸收。"海洋水色监测仪"采用推扫式

成像技术，沿轨方向可侧摆 ±20°，沿轨地面分辨率为 360m，穿轨方向地面分辨率为 236m。"海洋水色监测仪"有 2 种数据传输模式：实时和储存传输，实时数据率为 20.8Mbit/s。"海洋水色监测仪"参数见表 2 –81。

表 2 –81 "海洋水色监测仪"参数表

参数	指标
质量/kg	78
尺寸	701mm×527mm×470mm
功率/W	134
幅宽/km	1420
视场/（°）	±43
焦距/mm	20
数据量化/bit	12
谱段范围	8 个谱段，分别为 0.402 ~ 0.422μm，0.433 ~ 0.453μm，0.48 ~ 0.5μm，0.5 ~ 0.52μm，0.545 ~ 0.565μm，0.66 ~ 0.68μm，0.745 ~ 0.785μm 和 0.845 ~ 0.885μm

Oceansat – 1 卫星还装有"多频率扫描微波辐射计"，作为"海洋水色监测仪"的辅助仪器，用于测量微波亮温度，提供海洋生物参数和地球物理学参数。该辐射计质量 65kg，功率 76W，采用圆锥扫描方式，幅宽 1360km，数据量化 12bit，数据率为 6.4kbit/s，分辨率为 105km×68km、66km×43km、40km×26km 和 34km×22km，为双极化、4 频率（6.6、10.65、18、21GHz）辐射计。

Oceansat – 2 卫星还装有"扫描散射计"和"大气研究无线电掩星探测器"。该散射计是一个测风散射计，主要用于监测海洋表面风速和方向。扫描散射计工作在 Ku 频段，13.515GHz，幅宽 1400km，地面栅格分辨率为 25km×25km。"大气研究无线电掩星探测器"是意大利航天局（ASI）提供的新型 GPS 掩星接收机，目标是研究低层大气和电离层的特点。该仪器质量 17kg，功率 38W，有 2 个通道，2 副天线和 1 个接收器包，水平分辨率 300km，垂直分辨率 0.3km（低对流层）、1 ~ 3km（上面对流层）。

Leida Chengxiang Weixing
"雷达成像卫星" RISAT

概　况

"雷达成像卫星"（Radar Imaging Satellite，RISAT）是印度发展的军民两用雷达成像卫星，能够全天时、全天候进行高分辨率成像侦察，与光学成像侦察系统互为补充，主要为印度政府和军方提供卫星遥感图像资料。

依据"印度航天十五规划"（2002—2007 年），印度制订了雷达成像卫星发展计划，开始研制 RISAT – 1 卫星，但因技术问题一再拖延。为尽快构建雷达成像侦察能力，2005 年 11 月，印度与以色列达成协议，为以色列的 TecSAR 卫星提供发射服务；同时，以色列向印度提供 TecSAR 卫星有效载荷技术。据此，印度发展了 RISAT – 2 卫星。RISAT – 2 卫星于 2009 年 4 月 20 日从斯里哈里科塔岛发射，成为印度首颗雷达成像卫星，其有效载荷 X 频段合成孔径雷达（SAR）购自以色列。

RISAT – 1 卫星由印度空间研究组织（ISRO）自主研制，印度萨哈迦南德激光技术有限公司负责星载 C 频段合成孔径雷达的设计和研制。卫星于 2012 年 4 月 26 日从萨提斯达瓦航天中心发射，成为印度第二颗在轨运行的雷达成像卫星。

主要性能参数

（1）RISAT – 1 卫星

RISAT – 1 卫星采用高度 536km 的太阳同步轨道，轨道周期 95.49min，倾角 97.55°，升交点地方时 6：00，轨道重复周期 25d。卫星结构为四棱柱形，采用中央承力筒式结构，2 副太阳翼安装在星体两侧，功率 2200W，镍氢电池容量为 70A·h。卫星发射质量 1858kg，设计寿命 5 年。

卫星为三轴姿态稳定，在各方向都具有一定的机动能力。不成像期间，雷达天线指向天底点。成像前，卫星进行滚动机动（最大滚动角 ±34°）调整天线指向，可对星下点两侧成像。卫星还具备 ±13° 俯仰机动能力，以支持高分辨率聚束模式。偏航方向也具有一定机动能力。

RISAT – 1 卫星星上存储容量 240Gbit，数据传输采用 X 频段双极化（左旋和右旋圆极化），由 4 条 160Mbit/s 的通道组成，最大传输速率 640Mbit/s。

RISAT - 1 的有效载荷为 C 频段（5.35GHz）合成孔径雷达，由相控阵天线、射频与基带分系统组成。雷达相控阵天线共有 288 个收发模块，每个模块峰值功率 10W，占空比 7%~8%。射频与基带分系统中雷达接收机、数据处理和压缩部分有 2 套相互独立的处理链路，对双极化方式同步处理。而固态功率放大器、频率发生器和数字化线性调频脉冲发生器在双极化方式中共用。

RISAT - 1 卫星具有 5 种成像模式，分别为：高分辨率聚束模式、精分辨率条带模式 - 1、精分辨率条带模式 - 2、中分辨率扫描模式和低分辨率扫描模式。最高分辨率可达 1~2m。RISAT - 1 卫星合成孔径雷达参数见表 2 - 82。

表 2 - 82　RISAT - 1 卫星合成孔径雷达参数

参数	指标			
频率/GHz	5.350（C 频段）			
SAR 天线类型	平板相控阵天线，微带馈源			
天线尺寸	6m×2m			
脉冲宽度/ms	20000			
平均输出功率/W	200			
直流输入平均功率/kW	3.1（平均直流输入功率）			
成像模式	HRS	FRS - 1	FRS - 2	MRS/CRS
线形调频脉冲带宽/MHz	225	75	37.5	18.75
采样速率/MHz	250	83.3	41.67	20.83
脉冲重复频率/Hz	3500±200	3000±200	3000±200	3000±200
数据量化	2/3BAQ	2/3/4/5/6bit BAQ		
最大数据传输速率	单极化 739Mbit/s 双极化 1478Mbit/s	单极化 556Mbit/s 双极化 1112Mbit/s	564Mbit/s	单极化 142Mbit/s 双极化 284Mbit/s
成像范围	星下点两侧 107~657km			

（2）RISAT - 2 卫星

RISAT - 2 卫星采用高度 550km 的太阳同步轨道，轨道倾角 41°，周期 90min，整星质量 300kg。

RISAT - 2 卫星有效载荷为 X 频段合成孔径雷达，由以色列艾尔塔系统公司在机载合成孔径雷达的基础上研制，主要由雷达信号和控制组件、多管发射机、可展开抛物面网状天线、星上存储器和数据链路传输单元组成，成像期间功率 1600W。RISAT - 2 卫星合成孔径雷达参数见表 2 - 83。有效载荷的射频部分，包括雷达信号和控制组件以及多管发射机安装在有效载荷舱，星上存储器和数据链路传输单元安装在平台舱。

表 2 - 83　RISAT - 2 卫星合成孔径雷达参数

参数	指标
质量/kg	100
带宽/MHz	＞200
天线口径/m	3
天线质量/kg	21
天线形面精度/mm	0.8（RMS）
发射波束数量/个	8
极化方式	单极化
数据压缩	6：3（bit）
模拟数据采样变换/bit	中频（240MHz、480MHz、720MHz），8
星上存储容量/Gbit	256
最大数据传输速率/（Mbit/s）	600

RISAT-2卫星具有如下多种成像模式。

1）扫描SAR模式：利用电子波束控制，标准情况下形成3个波束进行宽幅成像，分辨率8m，理论最大幅宽可以达到100km，但此时分辨率降低到20m；

2）条带模式：波束固定指向，利用卫星飞行对地面扫描成像，成像轨迹与飞行轨迹平行，分辨率3m；

3）聚束模式：在成像期间利用卫星姿态机动同步沿轨摆动，提高积分时间，进而提高方位向分辨率，并且根据入射角调整雷达信号带宽以提高距离向分辨率，分辨率1m；

4）镶嵌模式：同时利用电子波束控制和卫星姿态机动，在方位向上通过卫星姿态机动提高积分时间，在距离向上利用电子波束控制提高覆盖宽度，形成扫描SAR模式的聚束成像形式，也被称为超级条带模式，分辨率1.8m。

Redaiyun Weixing

"热带云"卫星
Megha – Tropiques

概　况

"热带云"（Meteorological LEO Observations in the Intertropical Zone，印度语称为 Megha – Tropiques）卫星是印度空间研究组织（ISRO）与法国国家空间研究中心（CNES）合作研制的热带气象卫星，用于观测热带气候环境变化。印度空间研究组织负责卫星研制、发射和运行，提供1个气象有效载荷，以及接收、处理和分发科学数据系统；法国国家空间研究中心负责提供2个气象有效载荷。

2011年10月12日，Megha – Tropiques 卫星（见图2-118）由印度极轨卫星运载火箭发射，截至2012年6月30日，卫星仍在轨运行。

主要性能参数

Megha – Tropiques 卫星运行在高度865km、倾角20°的圆轨道上，周期约102min。卫星质量约960kg，设计寿命5年。

Megha – Tropiques 卫星为三轴姿态稳定，姿态测量部件由星跟踪器、太阳敏感器、磁强计、太阳敏感器、惯性基准单元和推力器组成；姿控执行机构由反作用轮和磁力矩器组成。星上安装了一对太阳翼，各由3块太阳电池板组成，总面积15.12m²，太阳翼功率2kW。电源分系统采用2组24A·h的镍镉蓄电池，星上数据存储能力为16Gbit。测控链路采用S频段，上行传输速率为4kbit/s，上行传输频率2071.875MHz，下行传输频率2250MHz。

Megha – Tropiques 卫星主要有效载荷包括"降雨与大气系统微波探测仪"、"辐射收支扫描仪"、"辐射测量热带湿度探测仪"等。

降雨与大气系统微波探测仪为5频率（9通道）机械圆锥扫描微波辐射计，由印度空间研究组织和法国国家空间研究中心联合研制，用于测量亮温。该辐射计质量162kg，功率153W。降雨与大气系统微波探测仪通道指标见表2-84。

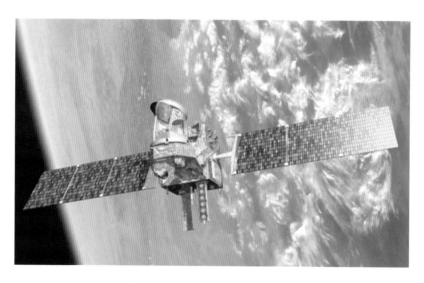

图2-118　Megha – Tropiques 卫星

表 2 – 84　降雨与大气系统微波探测仪通道指标

通道频率/GHz	最大带宽/MHz	极化方式	空间分辨率	测量目标
18.7	±100	H，V	40km×66km	海洋上方的降雨和地面风
23.8	±200	V	40km×63km	综合水汽量
36.5	±500	H，V	40km×63km	云中的液态雨，海面上的雨
89	±1350	H，V	10km×16km	陆地和海洋上方的对流降雨区
157	±1350	H，V	6km×9km	冰和云的顶层

"辐射收支扫描仪"为 4 通道沿轨扫描辐射计，由法国国家科学研究中心研制，用于采集短波和长波辐射数据，对全球和区域范围内高层大气的地球辐射收支进行评估，提供地球辐射平衡的数据。该辐射计质量 40kg，平均功率 42W，尺寸 614mm × 512mm × 320mm，空间分辨率 60km（天底点），视场 97.82°时，幅宽 3300km，数据传输速率 3kbit/s。

"辐射测量热带湿度探测仪"为多通道穿轨毫米波探测仪，用于探测对流层的水汽垂直分布（高度范围 2 ~ 12km）。该仪器质量 18kg，功率 30W，空间分辨率 10km（天底点），覆盖范围 1700km。

英 国

英国主要通过参与国际合作发展对地观测技术。英国是欧洲气象卫星开发组织（EUMET-SAT）的重要成员，广泛参与了气象卫星的开发工作。英国除了参与欧洲航天局（ESA）成员国的合作计划和研究项目外，还与美国、日本等国家在对地观测领域有广泛的合作。

例如，欧洲"环境卫星"（Envisat）的平台是阿斯特里姆英国公司研制的。ESA 于 1995 年发射的地球遥感卫星－2（ERS－2）上安装的合成孔径雷达和"沿轨扫描辐射计和微波探测仪"是由英国设计制造的。

英国在利用先进的小卫星平台技术制造低成本小卫星方面很有优势。"灾害监测星座"（DMC）由阿尔及利亚、中国、尼日利亚、土耳其、西班牙和英国等多个国家的多颗小卫星组成，用于自然灾害监测。虽然这些小卫星分属于不同的国家，但都由英国萨瑞卫星技术公司（SSTL）设计制造。英国利用小卫星的技术优势，开展了战场快速响应概念的演示验证，发展了"战术光学卫星"（TopSat）。

英国航天局于 2011 年 4 月正式成立，其任务之一是提升英国的对地观测技术。

Zhanshu Guangxue Weixing

"战术光学卫星"
TopSat

概 况

"战术光学卫星"（Tactical Optical Satellite, TopSat）是英国发展的小型光学成像侦察试验卫星，TopSat 卫星只发射了 1 颗，用于验证小卫星进行高分辨率光学成像侦察的能力，以及卫星用于战区指挥控制和数据接收的技术。

2000 年 10 月，英国国防部和英国国家航天中心（BNSC）联合投资 TopSat 卫星的研制工作，英国奎奈蒂克公司、萨瑞卫星技术公司（SSTL）和卢瑟福－阿普尔顿实验室负责该卫星的研制，英国奎奈蒂克公司负责该卫星的管理，"信息地球"公司负责数据分发。

2005 年 10 月 27 日，TopSat 卫星由俄罗斯宇宙－3M 火箭从普列谢茨克航天发射中心发射。TopSat 卫星（见图 2－119）验证任务周期为 1 年，对卫星验证任务中各方面的性能进行评估。

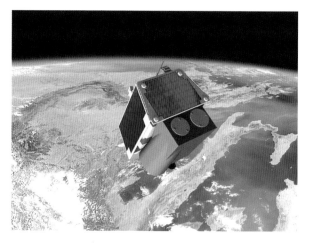

图 2－119 TopSat 卫星

主要性能参数

TopSat 卫星运行在高度 686km、倾角 98°的太阳同步圆轨道，升交点地方时 10∶30，重访周期 4d。

TopSat 卫星采用 MicroSat－150 卫星平台，姿态控制采用三轴稳定，姿态测量部件包括地球敏感器、太阳敏感器、光纤陀螺、磁强计；姿态执行机构包括反作用轮和磁力矩器。姿态控制精度 0.2°，姿态稳定度 0.002（°）/s。卫星具有 ±30°侧摆成像能力。卫星具有 8 倍时间延迟积分（TDI）能力，可以对目标进行相当于普通推扫模式 8 倍的 TDI 成像。正常运行模式下，使用 2 倍 TDI 或 4 倍 TDI。成像期间，利用姿态确定和控制分系统进行姿态控制。星上载有萨瑞卫星技术公司研制的空间 GPS 接收机 - 20。TopSat 卫星性能指标见表 2 - 85。

表 2 - 85　TopSat 卫星性能指标

项目		指标
卫星尺寸		800mm × 850mm × 850mm
发射质量/kg		120
设计寿命/年		1
电源分系统	平均功率/W	55
	太阳电池	砷化镓
	蓄电池	4A·h 镍镉蓄电池
数管分系统	平均功率	55W
	处理器	CPU：80386EX，25MHz 协处理器，8Mbit 缓存
	时间同步	利用 GPS 接收机
测控分系统		上行 VHF 频段，下行 UHF 频段
数据传输分系统	存储容量	300Mbit（约 4 幅图像）
	数据传输	X 频段，11Mbit/s；S 频段，10Mbit/s
有效载荷	相机尺寸	677mm × 600mm × 300mm
	相机质量	32kg，包括光学系统、焦平面、电子设备、热控和供电
	相机功率	工作：30W，待机：10W（主要用于热控）
	温控范围	15℃ ±5℃
	光学系统	焦距 1.68m，口径 0.2m，三反离轴消像散设计
	光学视场	±1.2° × ±0.35°
	CCD 探测器	全色：6000 元硅探测器，像元尺寸 7μm 多光谱：3×2000 元硅探测器，像元尺寸 14μm
成像能力	谱段	全色：0.5～0.7μm 多光谱：0.4～0.5μm，0.5～0.6μm，0.6～0.7μm
	分辨率/m	全色：2.8，多光谱：5.6
	幅宽/km	全色：15，多光谱：10
	图像采集能力	5 图/天

卫星有效载荷为卢瑟福 - 阿普尔顿实验室研制的 RALCam - 1 相机。相机由望远镜光学分系统、焦平面组件和相关传感器及电子元件组成。焦平面组件包括 2 个独立的 CCD 阵列，全色和多光谱通道各一个，相机采用 TDI 成像技术。相机安装在碳纤维复合材料制成的光具座上，以保证整体刚度和校正质量。成像期间，卫星沿穿轨方向持续摆动以降低地面目标视速度，提高积分时间。

由于 TopSat 是一个试验项目，主要进行卫星技术试验和战场机动地面站接收试验，因此卫星能力非常有限，星上存储容量只有 300Mbit（相当于存储 4 幅图像）。

通过 TopSat 卫星，萨瑞卫星技术公司（SSTL）成功利用微卫星平台验证了实时 GPS 姿态确定技术。试验结果表明，空间 GPS 接收机 - 20 能够解决整数模糊度问题，并找到了实时进行姿态确定的方法。

智 利

智 利2001年成立了智利航天局，主要负责智利航天项目。2011年12月17日，智利航天局和智利空军共同研发了该国首颗对地观测卫星——"地球观测卫星系统"（SSOT）卫星。

Diqiu Guance Weixing Xitong Weixing

"地球观测卫星系统"卫星 SSOT

概　况

"地球观测卫星系统"（Sistema Satelital para observacion be la Tierra，SSOT）卫星是智利航天局和智利空军共同研制的光学高分辨率对地观测卫星，用于获取高质量卫星图像，应用于国防和民用领域。

2008年8月，智利政府与欧洲航空航天防务集团（EADS）签署了研制SSOT系统的协议。SSOT计划包括研制和建立SSOT系统的地面段，以及可以由智利政府直接运营和控制的成像处理设施。卫星平台和有效载荷均由阿斯特里姆法国公司提供。

SSOT卫星（见图2-120）于2011年12月17日由联盟2-1A运载火箭发射，截至2012年6月30日，卫星在轨运行。

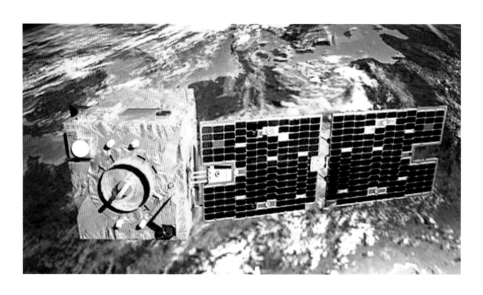

图2-120　SSOT卫星

主要性能参数

SSOT卫星采用天体卫星-100平台，卫星尺寸60cm×60cm×100cm，卫星质量117kg，三轴姿态稳定，设计寿命5年。卫星姿态测量部件包括3台太阳敏感器、1台星敏感器和1台磁强计，以及1台惯性基准单元；姿控执行机构采用反作用轮和磁力矩器。卫星主要有效载荷为1台高分辨率成像仪，采用推扫式成像，全色分辨率为1.5m，多光谱分辨率为6m，幅宽为10.15km。

中　国

中国是世界上发展对地观测卫星较早的国家，自1975年第一颗返回式卫星由长征－2运载火箭成功发射，目前已经形成了"返回式卫星"、"风云"、"海洋"、"资源"和"环境"等对地观测卫星系列。

"返回式卫星"是中国卫星研制中起步最早的科学试验卫星之一，是中国发射数量最多，发射频率最高的卫星。"风云"卫星分为地球静止轨道和极轨道两个系列，可实现对台风、雨涝、森林与草原、火灾、干旱、沙尘暴等灾害的有效监测，气象预报和气候变化监测能力明显提升。"海洋"卫星系列实现对中国海域和全球重点海域的监测和应用，对海水、海温、风场等海洋信息的预报精度和灾害性海况的监测时效显著提高。"资源"卫星系列在土地、地质矿产、农业、林业、水利等资源及地质灾害调查、监测与管理和城市规划中发挥了重要作用。"环境"卫星为地表水质与大气环境监测、重大环境污染事件处置以及重大自然灾害监测、评估与救援提供了重要的技术支撑。

Fanhuishi Weixing

"返回式卫星" FSW

概　况

"返回式卫星"（Fanhuishi Weixing，FSW）是中国早期的对地观测卫星，主要用途包括：作为观测地球的空间平台；对获取的各种对地观测信息资料，带回地面进行分析处理和详细研究；作为微重力试验平台，利用微重力条件，在空间进行各种科学实验；为中国神舟系列载人飞船的发展积累经验。

"返回式卫星"从1965年立项，到2006年实践－8育种星成功回收，先后经历了6种型号，23次成功发射，是中国发射数量最多的一种人造卫星。

第一代返回式国土普查卫星（FSW－0）：共进行了10次发射，9次发射成功回收。取得了卫星制造、卫星发射、跟踪测控和卫星回收的技术发展。

第一代返回式摄影测绘卫星（返回式卫星－1）：共进行5次发射，4次成功回收。该型号在计算机控制技术、舱压控制等方面有比较大的进步，卫星飞行时间增加到8d。

第二代返回式国土普查卫星（返回式卫星－2）：共进行3次发射，3次成功回收；飞行时间15d。

第二代返回式摄影测绘卫星（返回式卫星－3）：共进行3次发射，3次成功回收；飞行时间18d。

返回式国土详查卫星（返回式卫星－4）：共进行了2次发射，2次成功回收；飞行时间27d。

育种卫星（SJ－8）：利用"返回式卫星"平台进行空间诱变育种和空间微重力科学试验。

中国所有的"返回式卫星"皆由长征－2系列火箭于酒泉航天发射中心发射。

主要性能参数

"返回式卫星"轨道高度为近地点170～200km，远地点350～400km，轨道倾角63°，轨道周期约90min。卫星质量3400～3900kg，在轨寿命约15d。

"返回式卫星"均为三轴姿态稳定，外形基本相同，上部为一钝头圆锥体，下部为一圆柱体（见图2－121）。钝头球部半径为650mm，锥体母线锥角为20°，柱段直径2200mm，卫星总长为5144mm。卫星由返回舱和仪器舱组成，返回舱除安装回收分系统部分仪器设备外，可以用于安装具有返回需求的空间科学试验设备。卫星仪器舱部分下段为压力密封舱，用于安装卫星平台各服务分系统的大部分仪器设备，同时，该舱还可用于装载无返回要求的空间科学试验仪器设备。

2-121　"返回式卫星"

Fengyun Weixing
"风云"卫星
FY

"风云"（Fengyun，FY）卫星是中国发展的气象卫星，包括极轨道和地球静止轨道两种，用于获取全球资料，是满足区域灾害性天气和环境监测、气象服务和地球系统科学研究的重要手段。

"风云"卫星由中国航天科技集团公司研制，国家气象卫星中心负责卫星的运行和管理。"风云"系列卫星均被世界气象组织（WMO）列入全球业务气象卫星系列。

截至2012年6月30日，共发射了4颗风云-1卫星（包括2颗试验星风云-1A、风云-1B及2颗业务卫星风云-1C、风云-1D），7颗风云-2卫星（包括风云-2-01、风云-2A、风云-2B、风云-2C、风云-2D、风云-2E、风云-2F）和2颗风云-3卫星（风云-3A、风云-3B），其中风云-1和风云-3卫星属于极轨卫星系列，风云-2和风云-4属于地球静止卫星系列。

所有卫星均由"长征"系列火箭从西昌航天发射中心发射。截至2012年6月30日，风云-1D、风云-2C、风云-2D、风云-2E、风云-2F、风云-3A和风云-3B在轨运行。

主要性能参数

（1）风云-1卫星

风云-1A/B卫星运行在高度901km的太阳同步轨道，轨道倾角98.9°，周期102.9min，偏心率小于0.005。卫星主体呈六面体，三轴姿态稳定，尺寸1.4m×1.4m×1.2m，质量750kg。星体两侧装有2副太阳翼，翼展8.6m。由于控制系统故障，2颗卫星分别工作了39d和158d。

风云-1C/D卫星性能有较大改进，质量958kg，轨道高度870km，倾角98.8°，卫星主体呈立方体，长2.02m，宽2m，高2.215m，设计寿命2年。

风云-1卫星（见图2-122）均使用光学镜面，旋转扫描方式，转速为360r/min，卫星携带5通道可见光和红外成像仪，地面分辨率为1.1km，幅宽为2860km，温度探测精度1°。

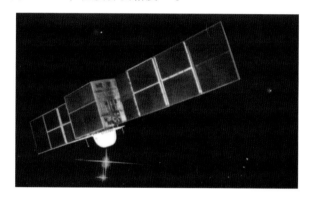

图2-122　风云-1卫星

（2）风云-2卫星

风云-2卫星主体呈圆柱体，直径为2.1m，高1.6m，质量600kg，设计寿命为3年。卫星为自旋稳定，自旋速率为（100±1）r/min。

风云-2卫星（见图2-123）带有"多通道扫描辐射仪"，1台"可见光辐射仪"、2台"红外辐射仪"和1台"水汽通道扫描仪"，可见光分辨率为1.25km，红外分辨率为5km，水汽分辨率为5km。卫星每25min可获取1幅地球全盘扫描图，5～10min可获取任一区域图像。

（3）风云-3卫星

风云-3卫星轨道高度836km，倾角98.8°，周期101.5min。卫星质量2400kg，尺寸4.46m×10m×3.79m，设计寿命2年以上。风云-3卫星包括风云-3卫星01批和02批，已发射的风云-3A和风云-3B卫星属于01批卫星。这2颗卫星的平台、有效载荷等主要性能指标基本相同。02批卫星正在研制中。

风云-3卫星主要有效载荷包括"可见光红外扫描辐射计"、"红外分光计"、"微波辐射计"、"中分辨率成像光谱仪"、"微波成像仪"、"紫外臭氧探测

图 2 - 123　风云 - 2 卫星

器"、"地球辐射探测器"、"空间环境检测器"。"中
分辨率光谱成像仪"是风云 - 3 卫星（见图 2 - 124）
主要有效载荷，含 20 个光谱通道，谱段范围从可见
光到长波红外，其中包括 7 个可见光通道、10 个近
红外通道、2 个短波红外通道和 1 个长波红外通道，
星下点空间分辨率分别为 100m（15 个通道）和
250m（5 个通道）。

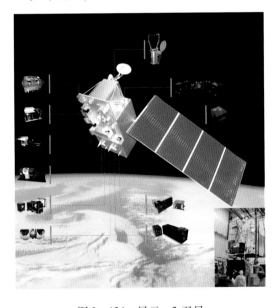

图 2 - 124　风云 - 3 卫星

Ziyuan Weixing

"资源" 卫星
ZY

概　况

　　"资源"（Ziyuan，ZY）卫星是中国发展的对地观
测卫星。"资源"卫星包括资源 - 1、资源 - 2 和资源
- 3 共三个系列，其中资源 - 1 系列已发射 4 颗卫星，
01 星、02 星和 02B 星对外也称"中巴地球资源卫星"
（CBERS），为中国和巴西联合投资和研制，资源 - 1
- 02C 卫星为中方独立研制发射，目前仍在轨运行。
资源 - 2 系列已发射 3 颗卫星，资源 - 3 系列发射了 1
颗卫星。资源 - 1 - 01 卫星见图 2 - 125。

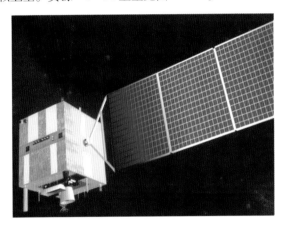

图 2 - 125　资源 - 1 - 01 卫星

主要性能参数

　　资源 - 1 - 01 卫星采用高度 778km 的太阳同步
轨道，倾角 98.5°。卫星主体呈长方体，尺寸 2m
×1.8m×2.25m，质量 1540kg，设计寿命 2 年。卫
星采用的资源 - 1 平台，三轴姿态稳定，星上有 3
台遥感器：20m 分辨率的 5 谱段 CCD 相机、80m
和 160m 分辨率的 4 谱段"红外扫描仪"、256m 分
辨率的 2 谱段"宽视场成像仪"。轨道重复周期
26d，用 CCD 相机侧摆镜可每 3d 对重点地物重复
观测 1 次。

　　资源 - 1 - 02 卫星与资源 - 1 - 01 卫星运行在同
一轨道面，质量 1550kg，设计寿命 2 年，卫星性能
比第一颗有较大改进。该卫星具有高、中、低三种
分辨率，有效载荷为"高分辨率相机"，分辨
率 2.36m。

资源－2系列卫星与资源－1系列卫星相比，性能更加优异，寿命更长，资源－2系列卫星采用中国空间技术研究院研制的太阳同步轨道卫星平台，携带高分辨率相机等，数据存储量大，具备机动变轨能力，数据传输速率快。

资源－3A卫星是中国首颗民用高分辨率光学传输型立体测图卫星，卫星质量约2650kg，设计寿命5年。资源－3A卫星共携带4台相机，1台2.5m分辨率的全色相机和2台4m分辨率全色相机，按照正视、前视、后视方式排列，进行立体成像，还有1台10m分辨率的多光谱相机，包括蓝、绿、红和近红外4个谱段，光谱范围分别为 $0.45 \sim 0.52\mu m$、$0.52 \sim 0.59\mu m$、$0.63 \sim 0.69\mu m$、$0.77 \sim 0.89\mu m$。卫星可对地球南北纬84°以内地区实现覆盖，回归周期为59d，重访周期5d。

Haiyang Weixing

"海洋" 卫星
HY

概　况

"海洋"（Haiyang，HY）卫星为中国发展的海洋环境监测卫星，包括"海洋水色"卫星（HY－1）、"海洋动力环境"卫星（HY－2）和"海洋雷达"卫星（HY－3）3个系列，目标是使3个系列卫星实现业务化、长寿命、不间断稳定运行，逐步实现以自主海洋卫星为主导的海洋立体观测系统。

海洋－1卫星用于获取中国近海和全球海洋水色、水温及海岸带动态变化信息，遥感载荷为海洋水色扫描仪和海岸带成像仪。海洋－2卫星用于全天时、全天候获取中国近海和全球范围的海面风场、海面高度、有效波高与海面温度等海洋动力环境信息。海洋－3卫星用于全天时、全天候监视海岛、海岸带、海上目标，并获取海洋浪场、风暴潮漫滩、内波、海冰和溢油等信息，遥感有效载荷为多极化、多模式合成孔径雷达。

海洋系列卫星由中国航天科技集团公司中国空间技术研究院研制，并由"长征"系列火箭在太原航天发射中心发射。国家海洋局卫星海洋应用中心负责卫星的运行和管理。截至2012年6月30日，已发射海洋－1A、海洋－1B和海洋－2卫星。

主要性能参数

（1）海洋－1卫星

海洋－1卫星（见图2－126）包括海洋－1A卫星和海洋－1B卫星。2颗卫星均运行在高度798.1km的太阳同步轨道，轨道倾角98.8°，降交点地方时分别为8：30～10：00和10：30。卫星为三轴姿态稳定，姿态指向精度优于0.4°（俯仰、滚动）和0.5°（偏航）。2颗卫星均携带1台10谱段水色扫描仪和1台4谱段CCD海岸带成像仪。海洋－1A/B卫星主要性能参数见表2－86。

表2－86　海洋－1A/B卫星主要性能参数

参数		海洋－1A	海洋－1B
重复覆盖周期/d		水色仪：3 成像仪：7	水色仪：1 成像仪：7
质量/kg		367	442
翼展/m		7.529	7.529
设计寿命/年		2	3
水色扫描仪	谱段数	10	10
	地面像元分辨率/km	1.1	1.1
	幅宽/km	1300	3080
CCD海岸带成像仪	波段数	4	4
	地面像元分辨率/m	250	250
	幅宽/km	522	522
数传	频段	X	X
	码速率/（Mbit/s）	5.3232	6.654
	存储容量	640Mbit	2Gbit

图2－126　海洋－1卫星

（2）海洋－2卫星

海洋－2卫星运行在高度971km的太阳同步轨道，倾角99.30°，周期104.5min，降交点地方时6：00。卫星质量1575kg，尺寸8.56m×4.55m×3.185m，设计寿命3年。

海洋－2卫星采用三轴姿态稳定，集主、被动微波遥感器于一体，具有高精度测轨、定轨能力以及全天候、全天时和全球探测能力。

海洋－2卫星（见图2－127）的主要有效载荷是"雷达高度计"、"微波散射计"、"扫描微波辐射计"。

"雷达高度计"工作频率为13.58GHz和5.25GHz，用于测量海面高度、有效波高及风速等海洋基本要素，测高精度优于4cm，有效波高测量范围0.5~20m。

"微波散射计"工作频率13.256GHz，极化方式为HH和VV，主要用于全球海面风场观测，风速测量精度2m/s，风速测量范围2~24m/s，风向测量精度20°。

"扫描微波辐射计"主要用于获取全球海面温度、海面风场、大气水蒸气含量、云中水含量、海冰和降雨量等，其技术指标见表2－87。

表2－87　扫描微波辐射计技术指标

参数	指标				
工作频率/GHz	6.6	10.7	18.7	23.8	37.0
极化方式	VH	VH	VH	V	VH
幅宽/km	优于1600				
地面足迹/km	100	70	40	35	25
灵敏度/K	优于0.5				优于0.8
动态范围/K	3~350				
定标精度/K	1.0（180~320）				

图2－127　海洋－2卫星

Huanjing Weixing

"环境"卫星 HJ

概　况

"环境"（Huanjing，HJ）卫星是中国发展的环境减灾小卫星星座，由4颗光学小卫星和4颗合成孔径雷达小卫星组成"4＋4"星座，具有大范围、全天候、全天时、动态灾害监测能力。"环境"卫星星座采用多颗卫星组网飞行的模式，主要用于对生态环境和灾害进行大范围、全天候动态监测，每两天就能实现一次全球覆盖。

"环境"卫星由中国航天科技集团公司所属航天东方红卫星有限公司负责研制生产，卫星的应用系统由国家减灾委办公室和环境保护部环境卫星中心负责运营。

截至2012年6月30日，"环境"卫星共发射2颗，即环境－1A、环境－1B光学小卫星，于2008年9月6日以一箭双星的方式在太原航天发射中心由长征－2运载火箭发射。

主要性能参数

环境－1卫星运行在高度649.1km的太阳同步圆轨道，轨道倾角97.95°，轨道周期97.6min，降交点地方时10：30。

环境－1A卫星（见图1－128）质量473kg，尺寸1.43m×1.12m×0.96m，翼展7.5m。该卫星主要有效载荷为CCD相机和"高光谱成像仪"。

环境－1B卫星质量496kg，卫星尺寸及在轨最大展宽与环境－1A卫星相同，该卫星主要有效载荷为CCD相机和"红外多光谱相机"。

环境－1A和环境－1B卫星主要载荷参数见表2－88。

表 2 - 88　环境 - 1A 和环境 - 1B 卫星主要载荷参数

卫星名称	有效载荷	谱段	光谱范围/μm	分辨率/m	幅宽/km	侧摆能力/(°)	重访时间/d	数据传输速率/Mbit/s
HJ - 1A	CCD 相机	1	0.43 ~ 0.52	30	360（单台），700（2 台）	-	4	120
		2	0.52 ~ 0.60	30				
		3	0.63 ~ 0.69	30				
		4	0.76 ~ 0.90	30				
	高光谱成像仪	-	0.45 ~ 0.95（110 ~ 128 个谱段）	100	50	±30	4	60
HJ - 1B	CCD 相机	1	0.43 ~ 0.52	30	720	-	4	60
		2	0.52 ~ 0.60	30				
		3	0.63 ~ 0.69	30				
		4	0.76 ~ 0.90	30				
	红外多光谱相机	1	0.75 ~ 1.10	150（近红外）				
		2	1.55 ~ 1.75					
		3	3.50 ~ 3.90					
		4	10.5 ~ 12.5	300（10.5 ~ 12.5μm）				

图 2 - 128　环境 - 1A 卫星

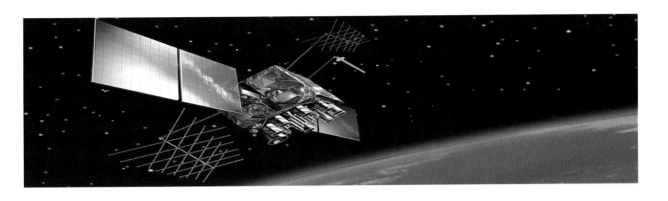

导航定位卫星

　　导航定位卫星是在太空运行，通过播发无线电导航信号为地面、海洋、空中与空间的用户提供高精度定位、导航与授时服务的人造地球卫星，是卫星导航系统的空间部分。目前卫星导航应用已经渗透到国家安全、经济发展以及人们日常生活等众多领域，成为重要的空间基础设施。

　　导航定位卫星在空间做有规律的运动，卫星任一时刻的轨道位置都可以精确预报。用户接收卫星发射的无线电导航信号，通过测量信号的到达时间或多普勒频移，分别获得用户相对于卫星的距离或距离变化率等导航数据，并依据卫星发送信号的时间和卫星轨道参数（星历）计算出卫星的实时位置，从而确定用户的位置等数据。

　　卫星导航系统由空间段、地面控制段和用户段组成，其提供的定位、导航与授时服务具有高精度、全天时、全天候、可全球覆盖及用户设备简单等特点。导航卫星由卫星平台和有效载荷构成，主要有效载荷包括星钟、导航信号发生器和天线等。

　　卫星导航系统按覆盖区域可分为全球卫星导航系统和区域卫星导航系统。按导航方法分为多普勒测速卫星导航系统和时间测距卫星导航系统。按用户是否需要向卫星发射信号，分为主动（有源）和被动（无源）卫星导航系统。按卫星所在轨道高度，分为低轨道、中高轨道和高轨道卫星导航系统。

俄罗斯/苏联

俄罗斯/苏联是全球发展卫星导航系统最多的国家，先后发展了"旋风"（Tsiklon）、"帆"（Parus）、"蝉"（Tsikada）、"希望"（Nadezhda）、"海湾"（Zaliv）和"格洛纳斯"（GLONASS）等导航卫星项目，截至2012年6月底，成功发射各类导航卫星266颗。

1962年，苏联计划建立基于多普勒测速体制的"旋风"卫星导航系统，与美国"子午仪"相似。但是，由于星历预报精度低以及缺乏精确的大地测量数据等问题，导致导航定位精度过低。改进后，于1972年作为临时系统提供服务，并被命名为"海湾"。

此后，俄罗斯/苏联先后发展了基于多普勒测速体制的军用"帆"、民用"蝉"和"希望"卫星导航系统，提供导航、定位服务。其中，"帆"系统运行至2011年，先后成功发射了94颗卫星。

20世纪80年代初，俄罗斯/苏联开始发展基于时间测距体制的"格洛纳斯"（GLONASS）全球卫星导航系统。1982年10月发射首颗卫星，1996年1月系统部署完成投入全面运行。但建成后不久即陷入在轨卫星数量不足的状态，2002年9月星座卫星数量一度降至7颗，无法提供定位、导航与授时服务。这也是俄罗斯一直维持"帆"系统的重要原因。

2001年8月，俄罗斯政府批准GLONASS系统2002—2011年发展计划，决定恢复GLONASS系统，并实施现代化；2005年7月，俄罗斯政府批准《2006—2015年航天发展规划》，恢复GLONASS系统，并使其现代化成为重要目标，并启动了GLONASS-K的研制工作；2011年底，GLONASS系统全面恢复，提供全球定位、导航与授时服务。

截至2012年6月底，成功发射各种型号的GLONASS卫星122颗，在轨卫星31颗，其中24颗卫星提供服务。

Fan Weixing
"帆"卫星
Parus

概况

"帆"（Parus）卫星是俄罗斯/苏联军用卫星导航系统，采用多普勒测速定位机制，1974年12月26日首次发射。

Parus系统主要为俄罗斯/苏联海军，特别是弹道导弹核潜艇提供导航定位信息和数据储存转发服务，该系统目前仍在服役。由于GLONASS导航系统的取代，Parus系统后来只用于为俄罗斯海军提供数据储存转发服务。

Parus卫星由Reshetnev设计局开发，卫星的组件设备飞行实验最早始于1967年，但由于在软件开发上的问题，系统研发的时间一再延长。直到1974年才进行首次发射，1976年系统才开始为海军服务。至2010年4月27日，共发射Parus卫星99颗，失败5颗，全部由宇宙-3M火箭发射。

主要性能参数

Parus卫星设计寿命为18至24个月，采用KAUR-1平台，星重825kg，主体呈圆柱形，高3m，直径2.04m（见图3-1）。星体表面贴有太阳能电池和散热片。卫星采用单轴重力梯度稳定。

Parus 系统的星座由 6 个倾角为 82.6°的圆轨道面组成，轨道高度为 1000km，各轨道面间隔 30°。每个轨道面上至少分布 1 颗 Parus 卫星，一般情况下，每个轨道面还会配有 1 颗备用卫星。

Parus 系统采用双频信号消除电离层造成的误差，两个导航信号播发频率分别为 150MHz 和 400MHz。由于采用多普勒定位原理，每次定位只需一颗 Parus 卫星，不过定位解算的时间较长，一般在 5～15min。系统定位精度在 100～300m，若要获得 100m 的定位精度，需要利用民用导航定位的"蝉"系统进行辅助。

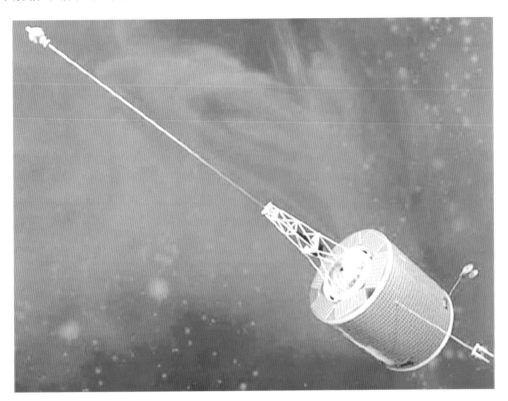

图 3－1　Parus 卫星

Chan Weixing

"蝉"卫星
Tsikada

"蝉"（Tsikada）卫星是苏联军用卫星导航系统"帆"的民用型号，主要用于商业海运以及科学研究。

Tsikada 系统开发始于 1974 年，并于 1978 年开始部署业务。Tsikada 系统主承包商为 Reshetnev 设计局，并由海军、科学院等多方合作完成。Tsikada 以"帆"卫星项目为基础开发，并利用类似于"帆"卫星的多普勒测频定位原理。

Tsikada 卫星于 1976 年首次发射，1978 年 3 月 31 日第 4 颗 Tsikada 卫星的发射标志着系统组网部署的完成，1979 年该系统正式开始使用。从 1976 年 12 月 15 日到 1995 年 7 月 5 日，共发射 Tsikada 卫星 21 颗，由宇宙－3M 火箭发射。

主要性能参数

Tsikada 卫星采用 KAUR－1 平台，主体呈圆柱形，高 3m，直径 2m（见图 3－2）。卫星重约 820kg，寿命为 18 至 24 个月。卫星采用重力梯度稳定，星体表面贴有太阳能电池和散热片。

Tsikada 系统由分别位于 4 个圆轨道面的 4 颗在轨卫星组成，4 个圆轨道的轨道高度均为 1000km，轨道倾角约 83°，每个轨道面间隔 45°。

Tsikada 系统采用双频发射来消除电离层造成的误差，两个导航信号播发频率分别为 150MHz 和 400MHz，定位均方根误差为 250～300m。

图 3 - 2　Tsikada 卫星

Geluonasi Weixing

"格洛纳斯" 卫星
GLONASS

概　况

"格洛纳斯"（Global Navigation Satellite System，GLONASS）卫星是俄罗斯/苏联发展的时间测距体制无源全球导航卫星系统的空间部分。

1976 年苏联颁布建立 GLONASS 系统的法令，第一颗 GLONASS 卫星于 1982 年 10 月 12 日发射升空。此后，历经 13 年、27 次发射，于 1995 年 12 月 14 日完成 GLONASS 系统空间段 24 颗卫星的部署，1996 年 1 月 18 日投入全面运行。

投入运行后不久，GLONASS 系统即陷入星座卫星数量不足的局面，2002 年星座卫星数量一度降至 7 颗，无法组网提供导航、定位与授时服务。

进入 21 世纪，俄罗斯政府决定恢复 GLONASS 系统，并进行现代化改造。2011 年 12 月 8 日，GLONASS 系统全面恢复。

截至 2012 年 6 月，共成功发射三种型号 GLONASS 卫星 122 颗，其中 GLONASS 卫星 87 颗，GLONASS - M 卫星 37 颗，GLONASS - K1 卫星 1 颗，在轨卫星数量 31 颗，24 颗提供全球导航、定位与授时服务。

主要性能参数

GLONASS 星座由均匀分布在相互夹角为 120°的三个轨道面上的 24 颗卫星组成，每个轨道面 8 颗卫星。GLONASS 星座轨道高度 19100km，倾角 64.8°，周期 11h15min。GLONASS 系统在 1996 年运行之初，可提供 100m 的民用定位精度，20m 的军用定位精度；进入 21 世纪，随着系统的改进和发展，其精度不断提高，截止到 2012 年系统定位精度已经达到 5m 左右。

GLONASS 卫星采用圆柱形承力筒式结构，直径 1m，高 3m，卫星质量 1415kg，三轴稳定控制，太阳翼供电功率 1000W，设计寿命 3 年（见图 3 - 3）。卫星有效载荷质量 180kg，功耗 600W，星上载有 3 台稳定度为 5×10^{-13} 的铯原子钟以及用于激光测距定轨的激光后向反射装置等有效载荷。GLONASS 卫星在 L1 频段（1602.5626 ~ 1615.5MHz）播发 1 个频分多址（FDMA）军用信号和 1 个 FDMA 民用信号，在 L2 频段（1246.4375 ~ 1256.5MHz）播发 1 个 FDMA 军用信号。

图 3 - 3　GLONASS 卫星

GLONASS - M 卫星是在 GLONASS 卫星基础上改进的，采用相同的承力筒式结构。星体直径 1.3m，太阳翼展开后卫星整体长 7.84m、宽 7.23m，太阳电池功率 1450W，卫星质量 1415kg，设计寿命 7 年（见图 3 - 4）。卫星有效载荷质量 250kg，功耗 580W。GLONASS - M 卫星主要改进部分是星钟和天线，三台铯原子钟的稳定性达到 1×10^{-13}，天线的等效全向辐射功率（EIRP）为 25 ~ 27dBW。GLONASS - M 卫星在

L2 频段增加了 1 个 FDMA 民用信号。

GLONASS – K 卫星采用俄罗斯应用力学科研生产联合体为地球静止轨道通信卫星开发的"快讯 – 1000"（EXPRESS – 1000）平台，框架式结构，卫星质量 935kg，太阳电池功率 1270W，设计寿命 10 年以上（见图 3 – 5）。卫星有效载荷质量 260kg，功耗 750W。除了进一步提高星钟的稳定性，GLONASS – K 卫星还使用了性能更好的温控系统，从而降低温度波动对原子钟的影响。此外，GLONASS – K 卫星增加了搜索救援（Cospas – Sarsat）有效载荷，用于全球搜索与救援服务。与之前的卫星相比，GLONASS – K 卫星将增加 4 个码分多址（CDMA）信号，其中 L1、L3 频段民用信号各 1 个，L1、L2 频段军用信号各 1 个，增强 GLONASS 与 GPS 和"伽利略"系统的兼容性与互操作性，提升 GLONASS 系统在全球民用导航市场的竞争能力。

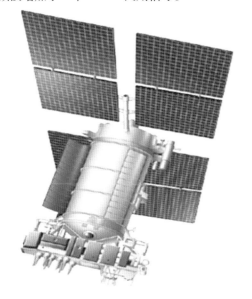

图 3 – 4　GLONASS – M 卫星

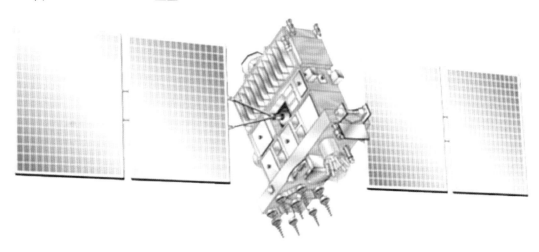

图 3 – 5　GLONASS – K 卫星

三种型号 GLONASS 卫星技术参数比较见表 3 – 1。

表 3 – 1　GLONASS 卫星技术参数比较

		GLONASS	GLONASS – M	GLONASS – K
首次发射时间		1982 年	2003 年	2011 年
设计寿命		3 年	7 年	10 年以上
质量/kg		1415	1415	935
火箭搭载卫星数量	"质子"火箭	3 颗	3 颗	6 颗
	"联盟"火箭	—	1 颗	2 颗
功率/W		1000	1450	1270
星钟稳定性		5×10^{-13}	1×10^{-13}	$1 \times 10^{-14} \sim 5 \times 10^{-14}$

美 国

美国是全球导航定位卫星领域技术水平最高、应用最广泛的国家。早在 1958 年就启动了卫星多普勒导航技术的研究。20 世纪 70 年代初，又启动了时间测距体制的全球定位系统（GPS）的研制工作。

1960 年 4 月，首颗"子午仪"卫星发射成功，导航卫星的发展进入试验、验证阶段。1964 年 9 月系统部署完成，交付海军，投入使用；1967 年部分对民用开放；系统运行到 90 年代初，成功发射"子午仪"卫星 43 颗，后为 GPS 系统取代。

20 世纪 60 年代末，美国海军与空军分别启动了 621B 和导航星（Navstar）计划，70 年代初两项计划合并为 GPS 计划，1973 年美国空军成立联合计划办公室统一管理 GPS 计划。

1978 年 2 月发射首颗 GPS 卫星，1987 年完成卫星试验、测试与在轨验证工作。1994 年 3 月完成星座部署；1995 年 4 月达到全面运行能力，提供全球定位、导航与授时服务，定位精度 100m。

1996 年 3 月，美国发布《全球定位系统政策》，承诺终止降低 GPS 卫星民用服务精度的"选择可用性"（SA）措施；2000 年 5 月 1 日零时，美国终止了 GPS 系统 SA 措施，民用定位精度从 100m 提升到 25m。2004 年 12 月，美国发布新版《天基导航定位授时政策》，明确了 GPS 系统的发展要保持和加强不间断提供定位、导航和授时服务的能力，满足军、民、商的广泛需求，保持 GPS 系统的技术领先地位和国际竞争力。

2000 年美国启动 GPS 系统现代化计划，主要目标是提升 GPS 系统的导航战能力，增强 GPS 系统在全球卫星导航市场的竞争能力，保持与巩固 GPS 系统在全球导航卫星系统领域的领导地位。

第三代 GPS 卫星的研制工作已经启动，分为 3 个型号：GPS – 3A、GPS – 3B 和 GPS – 3C 卫星。GPS – 3A 卫星的研制合同于 2008 年 5 月授予了洛马公司，首颗卫星计划于 2014 年发射。

截止到 2012 年 6 月底，美国共成功发射各种类型的导航卫星 106 颗，定位精度优于 7.8m，授时精度 40ns。

Ziwuyi Weixing
"子午仪"卫星
Transit

概 况

"子午仪"（Transit）卫星是美国海军发展的多普勒测频体制卫星导航系统的空间部分，又称海军卫星导航系统（NNSS），是全球首个卫星导航系统，通过播发无线电导航信号，为美国各类潜艇和海面舰船等提供非连续的二维导航定位服务，并用于海上石油勘探和海洋调查定位、陆地用户定位和大地测量等。

1958 年美国"北极星"潜艇服役，为解决潜艇导航问题，美国海军海面武器实验室（NSWL）和霍普金斯大学应用物理实验室（APL）于 1958 年开始卫星多普勒定位技术研究，并随后开始了 Transit 卫星导航系统的组建。

Transit 卫星的承包商包括海军航空电子设备处、约翰·霍普金斯大学应用物理实验室和美国无线电公司（RCA）。首颗 Transit 试验卫星 1959 年 9 月发射（发射失败），至 1961 年 11 月共发射 9 颗。1963 年 12 月 Transit 系统进入部署阶段，1964 年 9 月部署完成交付海军并投入使用。1967 年 7 月 29 日解密部分电文供民用测量部门使用。

Transit 系统运行至 1996 年，共成功发射卫星 36 颗，工作时间长达 32 年，后为 GPS 系统取代。

主要性能参数

Transit 系统卫星星座由 6 颗卫星组成，部署在 6 个轨道面，轨道面夹角 60°，轨道高度为 950 ~ 1075km，轨道周期 107min。每颗卫星的轨道均为近圆极轨道，轨道倾角为 90°，由于卫星轨道面与地球子午面平行，因此该系统被命名为"子午仪"。为了消除电离层产生的误差，Transit 系统在 150MHz 和 400MHz 两个频率播发导航信号，双频定位误差约 50m；单频定位误差约 200 ~ 300m。同时该系统还提供授时服务，精度约 50ms。

单颗 Transit 卫星的地面覆盖区域为宽 3000 ~ 3500km 的带状区域。地球上同一地点每天可观测到同一颗卫星 4 次，6 颗卫星即可保证 24 次定位。

系统发展之初，美国发射了一系列试验卫星。初期的 Transit 卫星（Transit-1、2、3）为球形，自旋稳定，表面贴有太阳能电池片；Transit-4 卫星为圆柱体，仍采用自旋稳定，其中 Transit-4A 采用太阳能电池供电，而 Transit-4B 采用核电源（放射性同位素电池）供电。从 Transit-5 卫星开始使用 Transit 卫星平台，最终选择采用太阳能电池供电，并改用重力梯度稳定。Transit-O 是 Transit 系统的

图 3-6 Transit-O 卫星

工作星，成功发射 24 颗。该卫星采用 Transit 平台，重力梯度稳定，卫星装有 4 个太阳电池，质量从 50kg 至 64kg 不等（见图 3-6）。

"全球定位系统"卫星 GPS

Quanqiu Dingwei Xitong Weixing

概　况

"全球定位系统"（Global Positioning System，GPS）卫星是美国发展的时间测距体制的无源全球导航卫星系统的空间部分，为全球提供导航、定位与授时服务。GPS 系统由空间段、地面控制段和用户段组成，由美国国防部发展并负责运行，是美国最重要的空间基础设施之一。

GPS 系统的发展始于 20 世纪 60 年代末，美国海军与空军分别启动了名为 621B 和导航星（Navstar）两项独立的导航卫星计划。后来两项计划合并为 GPS 计划，1973 年美国空军成立联合计划办公室（JPO）统一管理该计划。

1978 年 2 月首颗 GPS 卫星发射升空，1995 年 4 月 GPS 系统达到全面运行能力，提供全球定位、导航与授时服务，定位精度 100m（SA 限制）。

2000 年 5 月 1 日，美国取消了 GPS 系统 SA 限制，标准定位服务精度从 100m 提升到 10 ~ 20m。

2000 年，美国启动 GPS 系统现代化计划，进行星座与地面控制段的全面升级。

截至 2012 年 6 月底，GPS 系统已经发展了两代 6 个型号的卫星，包括 GPS-1、GPS-2、GPS-2A、GPS-2R、GPS-2RM 和 GPS-2F 卫星，成功发射 GPS 卫星 60 颗，在轨卫星 31 颗，定位精度优于 7.8m，授时精度优于 40ns。

目前美国正在发展第三代 GPS 卫星，将增加新的导航信号，并逐步具备 Ka 频段星间链路、点波束能力等。

主要性能参数

GPS 系统空间段基线星座由部署在 6 个轨道面的 24 颗卫星组成，每个轨道面 4 颗，轨道高度 20200km，轨道倾角 55°，轨道周期 12h。目前，GPS 系统以基线扩展星座方式运行，每个轨道面部署 5 ~ 6 颗卫星。

（1）第一代 GPS 卫星

第一代 GPS 卫星主承包商为洛克韦尔国际公司，国际电话电报公司为卫星有效载荷承包商，通用动力公司为地面段承包商。1978 年 2 月到 1985 年 10 月成功发射 GPS - 1 卫星 10 颗。

GPS - 1 卫星采用三轴稳定平台，发射质量 763kg，入轨质量 442kg，两副太阳翼，翼展 5.3m，星上蓄电池为镉镍电池，整星功率 400W（见图 3 - 7）。测控通信链路为 S 频段，设计寿命 5.5 年，采用"宇宙神"运载火箭发射。

有效载荷主要包括星钟、导航信号发生器、天线等；在 L1 频段（中心频率 1575.42MHz）播发 C/A 码民用信号和 P（Y）码军用，在 L2 频段（中心频率 1227.60MHz）播发 P（Y）码军用信号。

图 3 - 7   第一代 GPS 卫星

（2）第二代 GPS 卫星

第二代 GPS 卫星共有 5 个型号，分别为 GPS - 2、GPS - 2A、GPS - 2R、GPS - 2RM 和 GPS - 2F 卫星。其中 GPS - 2A 和 GPS - 2RM 分别为 GPS - 2 和 GPS - 2R 卫星的改进型号。

GPS - 2/2A 卫星

GPS - 2/2A 卫星（见图 3 - 8）主承包商为洛克韦尔国际公司，国际电话电报公司为卫星有效载荷承包商。采用三轴稳定平台，利用"德尔它"运载火箭发射。

GPS - 2 卫星在轨质量 1660kg，卫星展开后高 3.4m，宽 5.3m，设计寿命 7.5 年，寿命末期功率 710W，卫星测控采用 S 频段。主要有效载荷包括由 2 部铷钟和 2 部铯钟组成的星钟系统、导航信号发生器、天线等。此外，GPS - 2 卫星增加 L3 频段的

核爆炸探测装置，是美国全球核爆炸探测、监测的重要手段。1989 年 2 月至 1990 年 10 月成功发射 GPS - 2 卫星 9 颗。

GPS - 2/2A 卫星在 L1 频段播发 1 个 C/A 码民用信号，在 L1 和 L2 频段各播发 1 个 P（Y）军用信号。空间信号用户测距误差 6m，有 SA 限制时民用定位精度 100m，无 SA 时 25m。

GPS - 2A 卫星是在 GPS - 2 卫星基础上改进的，卫星质量 1816kg，电源功率（寿命末期）1000W，卫星本体尺寸 3.4m × 2.0m × 5.5m，三轴稳定，天底指向，设计寿命 7.5 年，其他与 GPS - 2 卫星基本相同。1990 年 11 月至 1997 年 11 月成功发射 GPS - 2A 卫星 19 颗。

图 3 - 8   GPS - 2/2A 卫星

GPS - 2R/2RM 卫星

GPS - 2R 卫星主承包商为洛克希德·马丁公司，卫星采用洛克希德·马丁公司成熟的三轴稳定商用卫星平台 AS - 4000。1997 年 7 月至 2004 年 11 月成功发射 GPS - 2R 卫星 12 颗，采用"德尔它"系列运载火箭发射。

卫星星体呈立方体状，边长约 1.8m，太阳翼翼展 19.3m。卫星发射质量 2016kg，在轨质量 1067kg，设计寿命 10 年，寿命末期功率 1136W。

卫星平台：三轴稳定、偏航控制，装有 16 台推力器及若干推进剂贮箱。

卫星主要有效载荷包括由 2 部铷钟、1 部铯钟等组成的时间保持系统，任务数据单元，L 频段系统，天线和自主导航单元等（见表 3 - 2）。

表 3 - 2　GPS - 2R 有效载荷各单元功能

单元	功能
时间保持系统	为 GPS 信号提供精确的、稳定的、可靠的时间与频率基准
任务单元	生成导航信息，进行星历计算、数据加密，产生 P 和 C/A 码，检测有效载荷健康状况，提供钟差校正
软件	实现星上处理功能，且地面控制段可对星上软件进行调整
L 频段系统	产生和调制 L1、L2、L3 信号，并发向地球
星间链路	提供卫星 - 卫星间通信和测距
自主导航	当与地面测控站失去联系时提供精确自主运行

GPS - 2RM（见图 3 - 9）是 GPS - 2R 卫星的现代化改进型号，主要变化为：在 L1 和 L2 频段各增加了 1 个 M 码军用信号；在 L2 频段增加了 L2C 民用信号，提高了信号的发射功率，实现了信号发射功率的可重新分配。天线系统进行了重新设计，采用了新的天线布局，L1 和 L2 频段信号的发射功率分别提高了 5dBW、6dBW。2005 年 9 月至 2009 年 8 月成功发射 GPS - 2RM 卫星 8 颗。

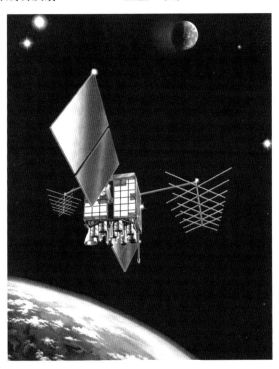

图 3 - 9　GPS - 2RM 卫星

GPS - 2F 卫星

GPS - 2F 卫星主承包商为波音公司，卫星采用三轴稳定平台，模块化设计，质量 1672kg，设计寿命 12 年，太阳翼翼展 18.3m，寿命末期功率 1500W（见图 3 - 10）。GPS - 2F 卫星在 L5 频段（中心频率 1176.45MHz）增加了 L5C 民用信号，主要用于民用

航空导航，并增加了星上信号功率调整和在轨重新编程能力。2010 年 5 月首颗 GPS - 2F 卫星发射，截至 2012 年 6 月成功发射 GPS - 2F 卫星 2 颗。

图 3 - 10　GPS - 2F 卫星

GPS - 2F 卫星的星钟系统由 1 部铯钟和 2 部铷钟组成（见表 3 - 3），采用美国海军研究实验室开发的数字化星钟技术，提高了星钟系统的稳定性，使 GPS - 2F 星钟系统的误差减小到每天 8ns。

表 3 - 3　GPS - 2F 卫星星钟

项目	铷钟	铯钟
质量/kg	6.36	12.23
尺寸	19.05cm × 15.24cm × 30.73cm	19.05cm × 15.24cm × 41.91cm
功率/W	<39	<25
温度相关系数/K^{-1}	5×10^{-14}	1×10^{-13}
设计寿命/年	15	10

GPS 卫星各型号参数对照见表 3 - 4。

表 3 - 4　GPS 卫星对照表

项目	GPS - 1	GPS - 2	GPS - 2A	GPS - 2R	GPS - 2RM	GPS - 2F
质量/kg	763	1660	1816	2016	2032	1672
尺寸		3.4m（高） 5.3m（宽）	3.4m × 2.0m ×5.5m	1.8m × 1.8m ×19.3m	1.8m × 1.8m ×19.3m	3.9m × 3.9m ×18.3m
设计寿命/年	5.5	7.5	7.5	10	7.5	12
功率/W	400	710	1000	1136		2440
信号频段/ MHz	L1：1575.42 L2：1227.6	L1：1575.42 L2：1227.6	L1：1575.42 L2：1227.6	L1：1575.42 L2：1227.6	L1：1575.42 L2：1227.6	L1：1575.42 L2：1227.6 L5：1176.45
导航信号	L1：C/A、 P（Y） L2：P（Y）	L1：C/A、 P（Y） L2：P（Y）	L1：C/A、 P（Y） L2：P（Y）	L1：C/A、 P（Y） L2：P（Y）	L1：C/A、 P（Y）、M L2：P（Y）、 L2C、M	L1：C/A、 P（Y）、M L2：P（Y）、 L2C、M L5：L5C
星钟	2 部铷钟， 后期增加 1 部 铯钟	2 部铷钟，2 部 铯钟	2 部铷钟，2 部 铯钟	2 部铷钟，1 部 铯钟	2 部铷钟，1 部 铯钟	2 部铷钟，1 部 铯钟

欧 盟

为建立独立的卫星导航能力，1998 年 6 月欧洲航天局批准启动了"伽利略"卫星导航系统方案论证工作。2002 年 3 月，欧盟正式批准"伽利略"计划。计划投资 34 亿欧元，以公私伙伴关系的方式发展该系统。

2005 年 12 月，首颗"伽利略"试验卫星成功发射。由于"伽利略"系统特许经营权谈判破裂，2008 年 4 月，欧盟决定全部以公共资金支持"伽利略"计划的发展；随后正式启动了"伽利略"系统部署阶段的采购计划，并于 2010 年 1 月授出了首批 3 份采购合同。

截至 2012 年 6 月底，共发射"伽利略"卫星 4 颗，其中试验卫星 2 颗，在轨组网验证卫星 2 颗。"伽利略"系统仍处于验证与部署阶段，计划于 2020 年前完成系统部署，全面投入运行服务。

Jialilue Weixing

"伽利略"卫星
Galileo

概 况

"伽利略"（Galileo）卫星是欧洲独立发展的时间测距体制无源全球导航卫星系统的空间部分，提供全天时、全天候的高精度、高可靠定位、导航与授时服务，由欧盟和欧洲航天局共同开发。

1998 年 6 月，欧洲航天局管理委员会在布鲁塞尔举行的会议上，批准了 Galileo 系统的启动经费，并于 1998 年 11 月正式启动 Galileo 系统的方案论证工作。1999 年 2 月欧盟正式公布了 Galileo 计划。根据计划，系统的发展分为 4 个阶段：第 1 阶段为系统的可行性评估阶段，于 2000 年底完成。第 2 阶段为研发和在轨验证阶段，此阶段分为两步，首先发射两颗在轨验证卫星 GIOVE－A 和 GIOVE－B，进行在轨技术验证以及占有国际电信联盟分配给"伽利略"系统的频率；然后，发射 4 颗在轨组网验证卫星（Galileo－IOV），进行在轨组网验证。第 3 阶段为部署与建设阶段，主要任务是卫星的发射布网、地面站的架设、系统的整机联调。第 4 阶段为系统商业运行阶段，全面提供导航服务。

截至 2012 年 6 月，Galileo 系统已经进入到在轨组网验证阶段，共发射 4 颗卫星：GIOVE－A、GIOVE－B 以及前 2 颗 Galileo－IOV 卫星。其中，GIOVE－A 卫星由英国萨里卫星技术公司研制，2005 年 12 月 28 日发射。GIOVE－B 的主承包商为德国 ASTRIUM GmbH 公司，2008 年 4 月 26 日发射。4 颗 Galileo－IOV 卫星由 EADS Arstrium 公司研制，其中前 2 颗卫星于 2011 年 10 月 21 日发射。

主要性能参数

Galileo 系统星座由分布在 3 个轨道面上的 30 颗（27 颗工作星＋3 颗备份星）卫星组成，圆轨道，高度 23616km，倾角 56°。Galileo 系统计划在 E1－L1－E2（中心频率 1575.42MHz）、E5（中心频率 1191.795MHz）和 E6（中心频率 1278.75MHz）三个频段上播发 4 种服务类型的 10 个导航信号，4 种服务分别是：免费服务、商业服务、生命安全服务和公共特许服务（见表 3－5）。此外，Galileo 系统还将提供搜索与救援服务。

表 3 - 5　Galileo 系统定位、导航与授时服务性能参数

伽利略全球服务	免费服务	商业服务	生命安全服务	公共特许服务
覆盖	全球	全球	全球	全球
定位精度/m	水平：4 垂直：8	定义中	水平：4 垂直：8	水平：4 垂直：8
授时精度/ns	30		30	30
完好性	无	定义中	有	无

GIOVE - A 卫星采用框架式结构，卫星尺寸 1.3m×1.8m×1.65m，发射质量 602kg，三轴稳定，设计寿命 2 年（见图 3 - 11）。太阳翼折叠在卫星两侧，入轨后展开。GIOVE - A 卫星电源子系统采用模块化、可升级的设计，可为有效载荷提供 1000～1250W 的电力，供电电压为 50V 和 28V 两种。星上载荷包括有 2 部互为备份的铷原子钟（稳定性为 $1×10^{-13}$）、导航信号发生器、L 频段天线、搜索救援有效载荷以及用于激光测距定轨的激光后向反射装置等。GIOVE - A 卫星可同时在 3 个信号频段中的 2 个播发导航信号（E1 - L1 - E2 频段 + E5 频段，或者 E1 - L1 - E2 频段 + E6 频段）。

图 3 - 11　GIOVE - A 卫星

GIOVE - B 卫星主体为长方体结构，发射质量 523kg，尺寸 0.95m×0.95m×2.4m（收缩状态），三轴稳定，设计寿命 2 年（见图 3 - 12）。星体两侧各有一副展开后长 4.34m 的太阳翼，功率 1100W。星上推进系统采用肼单组元推进剂，星上推进剂质量 28kg。星上不但安装了 2 部稳定性为 $1×10^{-13}$ 的铷原子钟，而且还安装了 1 部稳定性为 $1×10^{-14}$ 的氢原子钟。卫星的有效载荷还包括用于探测中地球轨道辐射环境的标准辐射环境探测器（SREM）和由俄罗斯研制的激光反射器等。与 GIOVE - A 类似，GIOVE - B 可以同时在伽利略 3 个信号频段中的 2 个

信号频段播发导航信号。

图 3 - 12　GIOVE - B 卫星

Galileo - IOV 卫星采用经改进的 PROTEUS 小卫星平台，卫星质量 700kg（见图 3 - 13）。卫星尺寸：收缩状态 3.02m×1.58m×1.59m，太阳电池展开后 2.74m×14.5m×1.59m。功率 1600W，设计寿命 12 年。卫星携带的有效载荷包括 2 部铷原子钟、2 部氢原子钟，L 频段、C 频段、S 频段天线，搜索与救援有效载荷等。星上导航有效载荷质量 115kg，功率 780W，搜索与救援载荷质量 20kg，功率 100W。

图 3 - 13　Galileo - IOV 卫星

日 本

在 1997 年 3 月，日本科技厅提出用 7 年时间研究、开发导航定位卫星所需的关键技术，如星载原子钟技术和时间同步技术等。

2000 年 6 月，日本开发委员会提交了题为《改进日本航天开发体制，扩展航天利用新领域》的报告，决定实施空间基础设施（I-SPACE）计划，"准天顶"导航系统是该计划重点发展的三大系统之一。2002 年 6 月，日本文部科学省、经贸产业省等 4 个政府部门与私营公司成立了联合委员会，以促进"准天顶"系统的发展；同年 11 月，三菱电机等公司成立了先进卫星商业机构团队，开展"准天顶"系统的可行性研究。"准天顶"系统既是日本正在研发与建设的天基导航增强系统，也是日本建设自主区域导航卫星系统的第一步。按设想，日本区域导航卫星系统（JRANS）的建设分两个阶段进行，第一阶段，建设由 3 颗卫星组成的"准天顶"系统；第二步，建设由 4 颗"准天顶卫星"和 3 颗静止轨道卫星组成的区域导航卫星系统，构建覆盖东亚和大洋洲地区的区域导航卫星系统。

截至 2012 年 6 月底，共发射"准天顶卫星"1 颗。

Zhuntianding Weixing
"准天顶卫星"
QZS

概　况

"准天顶卫星"（Quasi-Zenith Satellite，QZS）是日本发展的时间测距体制的无源区域卫星导航系统——准天顶系统（QZSS）——的空间部分，既播发 GPS 民用信号，也播发自主导航信号，为日本及其周边地区提供定位、导航与授时服务。

2003 年，日本政府投资 58 亿日元（5200 万美元），用于 QZSS 系统定义阶段的研究，2005 年进入工程研制阶段。

2004 年 1 月，日本科学与技术委员会首次提出了关于日本区域卫星导航系统（JRANS）的建议。该建议提出应将由 3 颗卫星组成的"准天顶"系统扩展至 7 颗卫星，构成日本自主区域卫星导航系统。

2007 年 5 月，日本议会批准了研制首颗"准天顶卫星"的法案，投资 750 亿日元（6.19 亿美元）。2010 年 9 月首颗准天顶卫星利用 H - 2 运载火箭从日本种子岛航天中心发射，并被命名为"指路"（Michibiki）。

截至 2012 年 6 月底，共发射"准天顶卫星"1 颗。

主要性能参数

"准天顶卫星"采用 IGSO 轨道，近地点 32000km，远地点 40000km，偏心率≤0.099，轨道倾角约 40°，轨道周期 23 小时 56 分，采用 H - 2A 运载火箭发射。

"准天顶卫星"主承包商为日本三菱电气公司，采用 DS - 2000 平台，三轴稳定姿态控制，卫星发射

图 3 - 14　"准天顶卫星"

质量 4100kg，干质量 1800kg，有效载荷质量约 300kg，卫星尺寸 2.9m×3.1m×6.2m（收缩状态）、2.9m×25.3m×6.0m（展开状态），设计寿命大于 10 年（见图 3 - 14）。DS - 2000 平台电源系统可提供 5300W 的功率，其中有效载荷系统功率约 2000W。

"准天顶卫星"主要导航有效载荷包括：2 部铷原子钟、L 频段信号播发子系统、时间转换子系统等。"准天顶"系统的导航信号和定位精度分别见表 3 - 6 和表 3 - 7。

L 频段信号播发子系统由星上导航计算机、时间保持系统和 L 频段天线组成。星上计算机处理遥测指令数据，生成导航电文与伪随机噪声码，并控制原子钟与时间保持系统。

地面站精确的"准天顶"系统时间（QZS-time）经传输时间调节器上传至"准天顶卫星"，保持星上与地面时间的同步。

表 3 - 6   "准天顶"系统导航信号

信号	信道	频率/MHz	带宽/MHz	最小功率/dBW
QZS - L1C	L1CD	1575.42	24	-163.5
	L1CP		24	-158.4
QZS - L1 - C/A	K1C/A		24	-158.5
QZS - L1 - SAIF	L1 - SAIF		24	-161.0
QZS - L2C	L2C	1227.6	24	-161.0
QZS - L5	L5I	1176.45	25	-157.9
	L5Q		25	-157.9
QZS - LEX	LEX	1278.75	42	-156.0

表 3 - 7   "准天顶"系统定位精度

项目	空间信号用户测距误差	单频用户定位精度	双频用户定位精度
指标/m	1.6（95%）	21.9（95%）	7.5（95%）
仿真结果/m	1.5（95%）	7.02（95%）	6.11（95%）

中　国

中国是继美国与俄罗斯/苏联之后世界上第三个拥有自主卫星导航系统的国家，按照"质量、安全、应用、效益"的总要求，坚持"自主、开放、兼容、渐进"的发展原则，遵循"先区域、后全球"的总体思路，建设与发展卫星导航系统——"北斗"卫星导航系统。

20 世纪 80 年代初，中国开始积极探索适合国情的卫星导航系统。按照"三步走"的发展战略，"北斗"系统的建设正在稳步推进。2012 年底，将完成"北斗"系统区域服务能力的建设，为中国及周边地区提供服务。

截至 2012 年 6 月底，共发射"北斗"试验卫星 4 颗，"北斗"卫星 13 颗。

Beidou Weixing
"北斗"卫星
Beidou

概　况

"北斗"卫星（Beidou/COMPASS navigation satellite）是中国自主建设、独立运行的时间测距体制的无源全球导航卫星系统——"北斗"卫星导航系统的空间部分，通过播发"北斗"系统无线电导航信号，为全球提供高精度定位、导航与授时服务，并可为授权用户提供短报文服务（见图 3-15）。

20 世纪 80 年代初，中国开始积极探索适合国情的卫星导航系统。2000 年，初步建成"北斗"卫星导航试验系统；2012 年底，将具备区域导航服务能力。

截至 2012 年 6 月底，成功发射"北斗"试验卫星 4 颗，"北斗"卫星 13 颗。

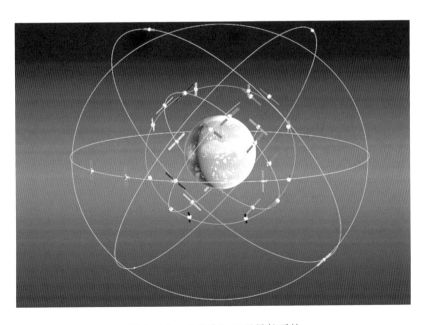

图 3-15　"北斗"卫星导航系统

主要性能参数

"北斗"卫星导航系统分三个阶段进行,即"北斗"卫星导航试验系统、"北斗"卫星导航系统区域服务、"北斗"卫星导航系统(见表3-8)。"北斗"导航卫星均由中国空间技术研究院研制。

(1)"北斗"卫星导航试验系统

"北斗"卫星导航试验系统由空间星座、地面控制和用户终端三大部分组成。空间星座部分包括3颗地球静止轨道(GEO)卫星,其中2颗工作星,1颗备份星,采用长征-3系列运载火箭从西昌卫星发射中心发射。

(2)"北斗"卫星导航系统区域服务

"北斗"卫星导航系统区域服务空间段由5颗GEO卫星、5颗倾斜地球同步轨道(IGSO)卫星和4颗中圆地球轨道(MEO)卫星组成。IGSO卫星轨道高度36000km,轨道倾角55°,分布在3个轨道面,3颗工作星,2颗备份星。MEO卫星轨道高度21500km,轨道倾角55°,分布在2个轨道面。卫星采用长征-3系列运载火箭从西昌卫星发射中心发射。

(3)"北斗"卫星导航系统

"北斗"卫星导航系统空间段由5颗地球静止轨道卫星和30颗非地球静止轨道(Non-GEO)卫星组成。Non-GEO卫星由27颗MEO卫星和3颗IGSO卫星组成。其中,MEO卫星轨道高度21500km,轨道倾角55°,均匀分布在3个轨道面上;IGSO卫星轨道高度36000km,均匀分布在3个倾斜同步轨道面上,轨道倾角55°。卫星采用长征-3系列运载火箭从西昌卫星发射中心发射。

表3-8 "北斗"卫星导航系统主要功能和性能指标

项目	"北斗"试验系统	"北斗"区域服务	"北斗"全球系统
主要功能	定位、单双向授时、短报文通信	定位、测速、单双向授时、短报文通信	定位、测速、授时、短报文通信(授权用户)
服务区域	中国及周边地区	中国及周边地区	全球
定位精度	优于20m	优于10m	优于10m
授时精度	单向100ns,双向20ns	50ns	20ns
短报文通信	120个汉字/次	120个汉字/次	

科学与技术试验卫星

科学与技术试验卫星是科学卫星和技术试验卫星两类卫星的合称。科学卫星是用于科学探测和研究的人造地球卫星。技术试验卫星是用于卫星工程技术和空间应用技术的原理性或工程性试验的人造地球卫星。

科学卫星主要包括空间物理探测卫星、天文卫星和生物卫星。有些科学卫星脱离地球轨道，飞向更远的空间开展观测研究。科学卫星使用的仪器包括望远镜、宇宙射线探测仪、光谱仪、盖革计数器、磁强计和生理测量仪器等，探测和研究高层大气、地球辐射带、地球磁层、宇宙线、太阳辐射和极光等空间环境，观测研究太阳和其他天体。

技术试验卫星为应用卫星等其他类型航天器奠定技术基础，开展新型有效载荷、新型推进、光通信、空间交会对接、在轨服务、无线电新频段传输等。

巴 西

巴西自 20 世纪 90 年代开始发射科学与技术试验卫星,主要用于卫星部组件方面的飞行演示验证。1990 年 1 月 22 日,巴西"达夫"(DOVE)卫星搭乘欧洲阿里安 – 40 H10(Ariane – 40 H10)火箭发射,用于无线电爱好者通信。此后,巴西研制了"技术试验卫星"(SATEC)、"科学卫星"(SACI)等数颗技术试验卫星。由于巴西运载火箭发射失败、卫星入轨后即失效等原因导致任务失败。巴西还计划在 2017 年发射研究宇宙 X 射线的科学卫星。

Kexue Weixing

"科学卫星"
SACI

概 况

"科学卫星"(SACI)是巴西研制的科学与技术试验卫星。巴西国家空间研究院(INPE)共研制了 2 颗 SACI 卫星,分别是 SACI – 1 卫星和 SACI – 2 卫星。SACI – 1 卫星于 1999 年 10 月 14 日由长征 – 4(CZ – 4)运载火箭从中国太原卫星发射中心发射。但该卫星入轨后出现故障,与地面失去联系。SACI – 2 卫星于 1999 年 12 月 11 日由巴西自行研制的火箭发射,因火箭故障,导致星箭俱毁。

主要性能参数

SACI – 1 卫星(见图 4 – 1)运行于高度 733km/745km、倾角 98.6° 的太阳同步轨道。卫星质量 60kg,采用自旋稳定控制方式。卫星装有用于探测地球磁场等离子空泡、高层大气气辉、异常宇宙辐射通量的科学仪器,还开展了卫星平台的相关技术试验。

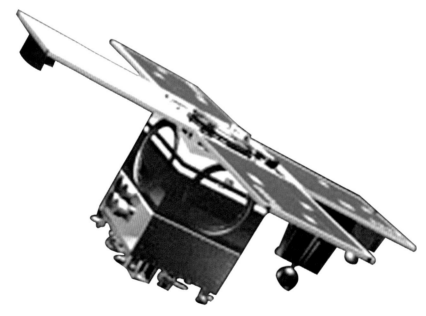

图 4 – 1   SACI – 1 卫星

德　国

德　国科学和技术试验卫星的研究和发展主要以欧洲航天局和国际合作为依托，相关工作最早始于 1962 年。1969 年 11 月 8 日，由德国和美国共同研制的科学试验卫星"阿祖尔"（Azur）利用美国火箭成功发射。此后 40 多年的发展中，德国研制了"鲁宾"（Rubin）卫星等多个系列的科学和技术试验卫星。

Azu'er Weixing

"阿祖尔"卫星
Azur

概　况

"阿祖尔"（Azur）卫星，也称德国研究卫星 - A（GRS - A），于 1969 年 11 月 8 日在美国范登堡空军基地由美国的侦察兵 - B（Scout - B）火箭发射。

Azur 卫星由德国联邦科学与研究部与美国国家航空航天局（NASA）共同研制，主要用于对地球电离层和太阳辐射的数据采集。1970 年 6 月 29 日，卫星因星上遥测系统发生故障而停止工作。

主要性能参数

Azur 卫星质量 72.6kg，长 115cm，直径 66.2cm（见图 4 - 2）。卫星轨道高度近地点 391km，远地点 3228km，倾角为 102.9°。星体表面贴有太阳能电池片，星上载有通量门磁强计、质子 - α 望远镜、质子望远镜、质子 - 电子探测器、盖革管电子计数器、盖革米勒计数器、极光光度计 7 个载荷。

图 4 - 2　Azur 卫星

Lubin Weixing
"鲁宾" 卫星
Rubin

概　况

　　"鲁宾"（Rubin）卫星是德国的技术试验小卫星，承包商为德国的不莱梅轨道科学公司（OHB - System）。

　　Rubin 系列共发射了 9 颗，其中第 2 颗卫星 Rubin - 2 于 2002 年 12 月 20 日由俄罗斯第聂伯 - 1 火箭在拜科努尔航天发射场发射，入轨后独立运行。余下的 8 颗均为有效载荷：Rubin - 6 置于"轻型天文伽马成像探测器"（AGILE）卫星内，负责通过"轨道通信"（Orbcomm）低轨道通信卫星网络向地面传输数据；另外 7 颗均固定在火箭的上面级上，不与火箭分离，用于火箭发射参数测量、无线电业余爱好者通信、船舶自动识别系统等方面的测试与试验。

主要性能参数

　　Rubin - 2 卫星质量 45kg，采用立方体结构，自旋稳定，朝向太阳一侧装有太阳能电池板（见图 4 - 3）。卫星运行在近地点 639km、远地点 645km、倾角 65°的轨道上。星上搭载一套在轨技术试验系统，包括用于卫星自旋控制的推进子系统、用于精确定轨的 GPS 接收机和天线、用于数据传输的 Orbcomm 转发器等，开展了小卫星推进子系统验证等一系列技术测试与试验。此外，星上还搭载无线电业余爱好者信号发射器，用于无线电业余爱好者的通信试验。

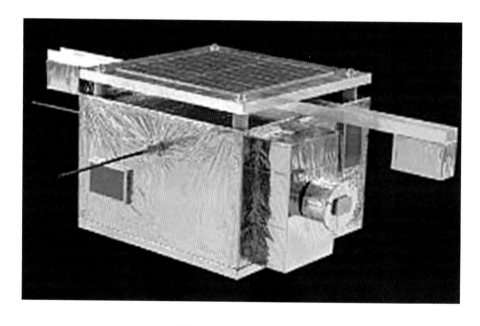

图 4 - 3　Rubin - 2 卫星

俄罗斯/苏联

俄罗斯/苏联在空间天文观测、日地物理以及空间科学实验等领域取得了诸多成果。

在空间天文观测方面，俄罗斯开展的空间天文观测任务主要是在高能谱段的天文观测，例如1994年3月发射的太阳高能探测卫星"日冕"（CORONAS）和"预报"（Prognoz）等系列。2011年成功发射的光谱－R（Spektr－R）望远镜，能够与位于俄罗斯、美国和澳大利亚等国境内的地面射电望远镜构成天地一体的观测网，对宇宙射线源进行同步观测。

俄罗斯/苏联用于地球空间探测的卫星规模仅次于美国，其发展的"国际宇宙"（Interkosmos）系列等卫星对地球空间进行了全面的探测，尤其是地球电离层等区域的研究具有领先水平。

此外，俄罗斯在空间微重力试验等领域也作出了贡献，"光子"（Foton）系列返回式卫星为国际用户搭载微重力科学实验有效载荷，在空间生命科学和空间材料科学实验方面作出了重要贡献。

Renzao Diqiu Weixing－1
人造地球卫星－1
Sputnik－1

概　况

人造地球卫星－1（Sputnik－1）是苏联研制发射的第一颗人造地球卫星，也是人类研制发射的第一颗人造地球卫星，开启了人类的航天时代。该卫星于1957年10月4日在拜科努尔发射场发射，主要用于获取高层大气密度、无线电电离层传输等方面测量数据。

Sputnik－1卫星在轨工作了22d，于1958年1月4日再入大气层烧毁。Sputnik－1卫星在轨运行期间还探测到空间微流星体。

主要性能参数

Sputnik－1卫星运行轨道高度为215km/947km、轨道倾角65.1°，采用自旋稳定控制方式。该卫星呈球形，直径0.58m，质量83.6kg，主要由壳体、卫星设备和天线组成（见图4－4）。卫星壳体由两个铝合金半球壳对接密封而成，内部充有氮气。壳体内安装蓄电池组、无线电发射机等仪器设备。卫星外部装有

4根鞭状天线，2根长2.4m，2根长2.9m。星载无线电发射机采用20.005MHz和40.002MHz的频率发送无线电信号。

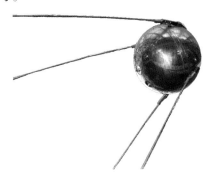

图4－4　Sputnik－1卫星

Yubao Weixing
"预报"卫星
Prognoz

概　况

"预报"（Prognoz）卫星是俄罗斯/苏联研究地球磁层的科学卫星，由拉沃奇金设计局开发。1972年至1996年期间，利用闪电－M火箭，俄罗斯/苏联共发射12颗Prognoz卫星。其中，前10颗在拜科

努尔航天发射场发射升空，最后两颗卫星 Prognoz – 11 （见图 4 – 5）和 Prognoz – 12 （也称为 Prognoz – M）在普列谢茨克航天发射场发射。

Prognoz 系列卫星主要用于研究太阳活动及其对地球磁层的影响，其中比较著名的如最后两颗卫星 Prognoz – 11 和 Prognoz – 12，它们分别与捷克研制的两颗"磁层 – 电离层"卫星 Magion – 4 和 Magion – 5 组成子母卫星，组对伴飞，合作完成太阳风对磁层辐射的储能现象以及磁尾和极光区域亚暴现象的观测。

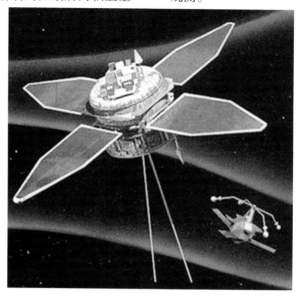

图 4 – 5   Prognoz – 11 卫星

主要性能参数

Prognoz 系列卫星采用密封的圆筒式结构，自旋稳定，设计寿命 3 年，卫星采用太阳能供电，4 副"花瓣状"太阳翼等间距置于卫星的四周。星上搭载的科学仪器和设备置于密封的星体内，用于观测太阳和地球磁层活动，研究太阳风与地球磁层的相互影响。星上的科学仪器来自俄罗斯/苏联、法国、捷克、匈牙利以及瑞典等多个国家。Prognoz 系列卫星参数见表 4 – 1。

表 4 – 1   Prognoz 系列卫星参数表

卫星名称	发射时间	质量/kg	直径/m	高/m	轨道/倾角	周期/min
Prognoz – 1	1972 – 04 – 14	845	2	0.9	1005km/199667km，65°	5782
Prognoz – 2	1972 – 06 – 29	845	2	0.9	517km/201804km，65°	5849
Prognoz – 3	1973 – 02 – 15	845	2	0.9	896km/199442km，65°	5768
Prognoz – 4	1975 – 12 – 22	905	2	0.9	634km/199000km，65°	5740
Prognoz – 5	1976 – 11 – 25	930	2	0.9	777km/198560km，65°	5728
Prognoz – 6	1977 – 09 – 22	910	2	0.9	1850km/196379km，74°	5683
Prognoz – 7	1978 – 10 – 30	950	2	0.9	472km/202627km，64°	5881
Prognoz – 8	1980 – 12 – 25	910	2	0.9	978km/197364km，66°	5687
Prognoz – 9	1983 – 07 – 01	1060	2	0.9	380km/720000km，1.3°	38448
Prognoz – 10	1985 – 04 – 26	1000	2	0.9	5975km/194734km，77°	5783
Prognoz – 11	1995 – 08 – 02	1250	2.3	5	4426km/188331km，68°	5461
Prognoz – 12	1996 – 08 – 29	1400	2.3	5	1369km/18604km，63°	347

Guangzi Weixing
"光子"卫星
Foton

概　况

"光子"（Foton）卫星是俄罗斯/苏联的返回式

空间微重力科学实验卫星系列，由其第一代照相侦察卫星改装而成，主要为国际用户搭载微重力科学实验载荷，支持空间生命科学研究和空间材料科学实验，例如半导体材料、光学材料、生物制剂等在微重力环境下的生产实验等。从 1985 年 4 月 16 日至 2007 年 9 月 14 日，Foton 系列卫星利用联盟–U（Soyuz–U）运载火箭共进行了 15 次发射，其中前 12 次为 Foton 卫星，后 3 次为改进型的 Foton–M 卫星（见表 4–2）。

表 4–2　"光子"系列卫星发射表

卫星名称	发射时间	发射场	轨道/倾角	在轨天数
Foton–1	1985–04–16	普列谢茨克	215km/378km，62.8°	12.6
Foton–2	1986–05–21	普列谢茨克	218km/371km，62.8°	13.6
Foton–3	1987–04–11	普列谢茨克	218km/381km，62.8°	13.6
Foton–4	1988–04–14	普列谢茨克	217km/375km，62.8°	13.6
Foton–5	1989–04–26	普列谢茨克	216km/380km，62.8°	14.6
Foton–6	1990–04–11	普列谢茨克	225km/398km，62.8°	15.6
Foton–7	1991–10–04	普列谢茨克	216km/396km，62.8°	15.6
Foton–8	1992–10–08	普列谢茨克	221km/359km，62.8°	15.6
Foton–9	1994–06–14	普列谢茨克	221km/364km，62.8°	17.6
Foton–10	1995–02–16	普列谢茨克	220km/369km，62.8°	14.6
Foton–11	1997–10–09	普列谢茨克	218km/375km，90.45°	13.6
Foton–12	1999–09–09	普列谢茨克	217km/384km，62.8°	14.6
Foton–M1	2002–10–15	普列谢茨克	发射失败	
Foton–M2	2005–05–31	拜科努尔	258km/391km，63°	15.6
Foton–M3	2007–09–14	拜科努尔	260km/305km，63°	13

主要性能参数

Foton 卫星采用返回式卫星设计，卫星质量为 6200kg，最大载荷质量 400kg。卫星由服务舱、返回舱和蓄电池舱三部分组成。服务舱为直径 2.5m、长 3.2m 的多面体结构，装有姿态控制、遥测系统等设备；返回舱为直径 2.3m 的球形结构；蓄电池舱为直径 1.8m、长 0.47m 的圆柱体结构，平均功率 400W（见图 4–6）。

Foton–M 卫星与 Foton 卫星的结构基本相同，是 Foton 的改进型。卫星质量 6425kg，最大载荷质量 600kg。卫星的蓄电池舱采用了锂电池和银锌电池，平均功率 800W。

图 4–6　Foton 卫星

Rimian Weixing
"日冕" 卫星
CORONAS

概　况

"日冕"（Complex Orbital Observations Near-Earth of Activity of the Sun，CORONAS）卫星是俄罗斯的科学研究卫星系列，主要用于太阳活动及日地关系观测，共发射3颗卫星，分别为 CORONAS-I、CO-RONAS-F 以及 CORONAS-PHOTON。其中 I、F 两颗卫星的承包商为乌克兰的南方设计局，PHOTON 卫星的承包商为俄罗斯机电科学院。3颗卫星均由"旋风"（Tsyklon）运载火箭从普列谢茨克航天发射场发射。

CORONAS-I 卫星于1994年3月2日发射，主要用于对太阳测绘以及电离层、磁层的科学研究。卫星在发射几个月后发生定向控制功能的故障，无法正常工作。CORONAS-F 卫星于2001年7月31日发射，其功能及科研目的与 CORONAS-I 卫星类似。

CORONAS-PHOTON 卫星于2009年1月30日发射，主要研究太阳大气层中自由能量积聚的过程、高速粒子现象和太阳耀斑，以及太阳活动与地球磁暴之间的相互关系。CORONAS-PHOTON 卫星于2009年7月进入地球阴影区后，星上两组电池出现电力供应故障，导致卫星的加热器和科学载荷每月关闭一次。卫星供电系统于2009年12月1日因故障关闭，1d 之后卫星失效。

主要性能参数

CORONAS-I 和 CORONAS-F（见图4-7）两颗卫星结构、功能及科研目的基本相同。卫星轨道为高度500km、倾角82.5°的圆轨道。星体为圆柱形，周围装有8副太阳翼，呈均匀辐射状排列，卫星质量2200kg左右，设计寿命5年。星上有效载荷包括 X 射线望远镜、日冕观测仪、汤普森偏振仪和粒子辐射监测设备等。

CORONAS-PHOTON 卫星（见图4-8）采用新的设计结构，采用 Meteor-M 平台，三轴稳定，设计寿命3年。星体为圆柱形，两侧各有一副太阳翼，功率2000W。卫星质量1900kg，其中科学设备系统的质量为540kg。卫星轨道为高度500km、倾角82.5°的圆轨道。星上载荷及参数见表4-3。

表4-3　CORONAS-PHOTON 卫星有效载荷参数表

主要有效载荷	观测参数	开发国家
Natalya-2M（高能光谱仪）	γ 射线 0.3~2000MeV	俄罗斯
	太阳中子 20~300MeV	
RT-2（伦琴望远镜-2）	硬 X 射线，探测模式 10~150keV，光谱测定模式 0.10~2MeV	印度
Penguin-M（硬 X 射线偏振光谱仪）	硬 X 射线偏振 20~150keV	俄罗斯
	软 X 射线监测 2~10keV	
	X 射线和伽马射线 0.015~5MeV	
Konus-RF（X 射线和 γ 射线光谱仪）	测量太阳耀斑以及伽马射线的爆发，能量范围 10~12keV	俄罗斯
BRM（快速 X 射线监测仪）	硬 X 射线监测，6个通道，时间分辨率 2~3ms，能量范围 20~600keV	俄罗斯
PHOKA（多通道紫外线监测仪）	监测 1~130nm 的极紫外线；研究 150~500km 地球大气对紫外线的吸收情况	俄罗斯
TESIS（太阳望远镜/成像光谱仪）	测量太阳活动，时间分辨率 1s，空间分辨率 1″~2″	俄罗斯、波兰
Electron-M-PESCA（带电粒子分析仪）	质子 1~20MeV	俄罗斯、西班牙
	电子 0.2~2MeV	
	核子 2~50MeV	
STEP-F（电子和质子望远镜）	质子 9.8~61.0MeV	乌克兰
	电子 0.4~14.3MeV	
	α 粒子 37~246MeV，粒子方向测量精度 8°~10°	
	望远镜视场 97°×97°	
SM-8M（磁强计）	测量卫星轨道上的磁场，范围 ±55μT	俄罗斯

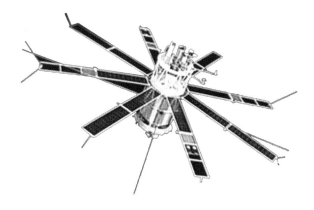

图 4-7　CORONAS-F 卫星

图 4-8　CORONAS-PHOTON 卫星

Guangpu - R Weixing

光谱 - R 卫星
Spektr - R

概 况

　　光谱 - R（Spektr - R）卫星是俄罗斯的空间射电望远镜，与位于俄罗斯、美国和澳大利亚等国境内地面射电望远镜构成天地一体的观测网，通过同步观测宇宙射电源，获得包括天体图像、坐标和角位移等参数在内的综合数据。

　　Spektr - R 的研制工作在 1978 年启动，当时预计的发射时间是 2001 年。不过由于缺乏资金导致研制进度缓慢，直到 2011 年 7 月 18 日才由天顶 - 3F（Zenit - 3F）火箭在拜科努尔发射场发射。Spektr - R 由俄罗斯拉沃契金设计局设计制造，其携带的射电望远镜由俄罗斯和国外数家科技企业共同研制。

主要性能参数

　　Spektr - R 卫星（见图 4 - 9）采用领航者（Navigator）平台，三轴稳定，设计寿命 5 年。卫星质量 3660kg，其中有效载荷 2500kg。卫星两侧各配有一副太阳翼，总功率 500W。卫星轨道高度近地点 600km，远地点 330000km，倾角 51.3°。

　　卫星的主要载荷包括一个大型空间射电望远镜以及一组太阳风探测设备。空间射电望远镜采用一副由 27 块碳纤维板拼接成的可折叠、展开的抛物面天线，直径 10m，焦距 4.22m，表面精度 0.5mm。望远镜的射频信号接收机安装在抛物面天线的焦点上，可同时接收左旋和右旋圆极化信号，接收频段为：0.3GHz、1.6GHz、5.0GHz 与 22GHz。

　　Spektr - R 卫星上的太阳风探测设备包括双矢量通量门磁强计（0～32Hz）、太阳风监测仪、高能离子探测仪（15～32keV）和电子探测仪（15～320keV）等。

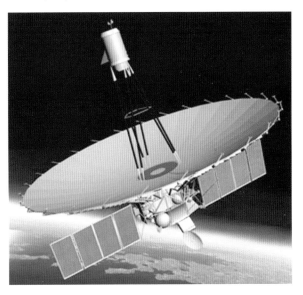

图 4 - 9　Spektr - R 卫星

法 国

法 国于 1962 年成立法国国家空间研究中心（CNES），负责国家空间政策的制定、执行以及空间技术的发展。在 CNES 的努力下，1965 年 11 月 26 日，法国发射了自主研制的技术试验卫星"阿斯特里克斯"（Asterix），成为了继苏联和美国之后世界上第三个自主研制并发射卫星的国家。

此后近 50 年中，法国相继研制了数十颗科学卫星，如"震区电磁辐射探测"（DEMETER）卫星、"对流、旋转与行星凌日"（CoRoT）卫星等，在地震学研究与地震监测、太阳系外恒星与行星的探测与研究、太阳活动监测、地球大气研究以及空间物理科学等诸多方面成果显著。

法国还积极参加国际合作，为其他国家和组织开发的科学卫星提供资金与技术支持，如美国的"伽马射线大区域空间望远镜"（GLAST）、欧洲航天局的"尤里卡"（EURECA）研制项目。

Asitelikesi Weixing

"阿斯特里克斯"卫星
Asterix

概 况

"阿斯特里克斯"（Asterix）卫星是法国第一颗人造卫星，以法国家喻户晓的漫画主人公的名字而命名，也称试验卫星 A－1（见图 4－10）。卫星由法国国家空间研究中心（CNES）自主研制，并于 1965 年

图 4－10　Asterix 卫星

11 月 26 日由法国的"钻石"（Diamant）火箭发射升空，使法国成为了继苏联和美国之后世界上第三个自主研制并发射卫星的国家。卫星在发射后只工作 2d 就因故障而终止工作。

主要性能参数

卫星质量 41.7kg，轨道高度近地点 526.2km，远地点 1808.9km，倾角 34.3°，轨道周期为 107.5min。卫星的主要任务是对"钻石"火箭的发射进行测试，卫星还搭载了一个可用于电离层测量的信号发射器。

Zhenqu Dianci Fushe Tance Weixing

"震区电磁辐射探测"卫星
DEMETER

概 况

"震区电磁辐射探测"（Detection of Electro-Magnetic Emissions Transmitted from Earthquake Regions，DEMETER）卫星是法国的一颗地震学研究卫星，由法国国家空间研究中心（CNES）开发，用于研究地震有关的电离层现象，并对全球电离层的电磁环境进行系统的调查，为地震的短期预测提供科学数据。2004 年 6 月 29 日，DEMETER 卫星在拜科努尔航天

发射场由俄罗斯"第伯聂"火箭发射。

主要性能参数

DEMETER 卫星（见图 4-11）采用马里德（Myriade）平台，三轴稳定，质量 125kg，单太阳翼，设计寿命 2 年。卫星轨道为圆轨道，高度 665km，倾角 98.3°。

卫星的工作模式分两种：巡查模式，数据量较低，用于一般区域；突发模式，数据量大，用于地震多发区域。

卫星上的科学载荷有：1）电场探测仪，由 4 个电传感器组成，测量的频率范围从直流到 3MHz；2）磁场探测仪，由三个正交的磁探测线圈组成，测量频率范围 10Hz～17.4kHz；3）热等离子体分析仪，用于测量离子体的成分、离子浓度、离子温度以及等离子体的漂移速度；4）朗缪尔探针仪，由两个朗缪尔探针组成，主要测量电子浓度、电子温度以及卫星电压；5）粒子探测仪，用于测量电子在磁场中的能量谱，测量范围 30KeV～10MeV。

图 4-11　DEMETER 卫星

Duiliu Xuanzhuan Yu Xingxing Lingri Weixing

"对流、旋转与行星凌日"卫星 CoRoT

概　况

"对流、旋转与行星凌日"（Convection Rotation and planetary Transits，CoRoT）卫星是由法国国家空间研究中心（CNES）牵头，欧洲航天局（ESA）和其他合作伙伴国家共同开发的一颗科学卫星。该卫星任务由 CNES 于 1996 年提出，1999 年开始征集合作伙伴，2000 年开始制造。ESA 负责卫星望远镜光学器件的制造并进行有效载荷测试。

2006 年 12 月 27 日，CoRoT 卫星在拜科努尔航天发射场由俄罗斯的"联盟"火箭发射。CoRoT 卫星的任务有两个：一是探测太阳系以外的行星；二是研究"星震"引起的恒星表面亮度变化，从而计算恒星的质量、年龄和化学成分。

主要性能参数

CoRoT 卫星（见图 4-12）运行在高度为 896km、倾角 90°的圆轨道上。卫星采用"海神"（Proteus）小卫星平台，星体呈圆柱状，长 4.10m，直径 1.99m，设计寿命为 2.5 年。卫星质量 630kg，其中有效载荷 300kg，推进剂 30kg。卫星两侧装有太阳翼，平均功率为 0.53kW。

CoRoT 卫星的有效载荷包括一个离轴双反射望远镜，一个可见光范围的宽视场照相机，以及相关的电子设备等。望远镜口径为 27cm，焦距 1.1m，视场 2.8°×2.8°；宽视场照相机采用特殊设计，由两部分组成，一部分用来探测太阳系以外的行星，另一部分用于恒星"星震"研究。

图 4-12　CoRoT 卫星

荷 兰

荷 兰在科学卫星领域的贡献主要体现在天文观测方面。20世纪70年代，荷兰设计制造"荷兰天文卫星"（ANS），用于宇宙天体紫外线和X射线观测。此外，荷兰还积极参加国际合作：1983年1月发射的"红外天文卫星"（IRAS），由美国、荷兰和英国联合研制，是世界上第一颗红外天文卫星；2009年12月14日发射的"宽视场红外测量探测器"（WISE），由美国、英国与荷兰联合研制，用于近红外和中红外波段的天文观测。

Helan Tianwen Weixing
"荷兰天文卫星"
ANS

概 况

"荷兰天文卫星"（Astronomical Netherlands Satellite，ANS）用于宇宙天体的紫外线和X射线观测，承包商为荷兰天文卫星工业协会（ICANS），共研制了2颗，分别是ANS-1和ANS-2。ANS-1于1974年8月30日在美国佛罗里达州范登堡空军基地由侦察兵（Scout）运载火箭发射，发射后卫星未进入预定轨道高度，但仍可工作，于1977年6月14日再入大气烧毁。备份星ANS-2最终没有发射，后来捐赠给博物馆。

主要性能参数

ANS-1（见图4-13）运行在高度为近地点258km、远地点1173km、倾角98°的太阳同步轨道。卫星质量129kg，星体两侧装有太阳翼，卫星的姿态敏感器包括太阳敏感器、水平敏感器、星敏感器以及磁强计等，采用三轴姿态稳定。

ANS-1载有X射线和紫外线两种天文观测设备。利用X射线观测设备，ANS-1对银河系及银河系以外X射线源的位置、光谱以及时变性进行测量，观测范围为2~15keV；利用紫外线观测设备，ANS-1观测到了400多个目标天体，获取了18000多个观测结果，观测的紫外线波长范围为0.15~0.33μm。

图4-13　ANS-1卫星

捷 克

捷克的国家空间活动以参与欧洲空间计划为主，与欧洲航天局开展合作，并以此为基础，开展天文学研究、磁层 电离层探测、大气探测以及空间微重力实验等多方面的空间科学研究项目，为"国际宇宙"（Interkosmos）系列、"预报"（Prognoz）系列的多颗科学卫星提供有效载荷。在卫星研制方面，捷克设计制造了"磁层－电离层"（Magion）系列卫星，为地球磁层和电离层的科学实验和研究作出了贡献。

Ciceng – dianliceng Weixing
"磁层－电离层"卫星
Magion

概　况

"磁层－电离层"卫星（Magion）是捷克的地球磁层科学研究卫星，由捷克大气物理研究院设计并制造。1978 年 10 月 24 日至 1996 年 8 月 29 日，捷克共发射了 5 颗 Magion 卫星（见表 4 - 4）。Magion 卫星作为子卫星和其他国家研制的主卫星一起对地球的磁层和电离层进行科学研究。

表 4 - 4　Magion 卫星发射表

卫星名称	发射时间	发射地点	发射火箭
Magion - 1	1978 - 10 - 24	普列谢茨克	宇宙 - 3M
Magion - 2	1989 - 09 - 28	普列谢茨克	旋风 - 3
Magion - 3	1991 - 12 - 18	普列谢茨克	旋风 - 3
Magion - 4	1995 - 08 - 02	普列谢茨克	闪电 - M
Magion - 5	1996 - 08 - 29	普列谢茨克	闪电 - M

主要性能参数

Magion - 1 卫星是国际宇宙 - 18（Interkosmos - 18）卫星上搭载的子卫星，星体为 0.3m × 0.3m × 0.15m 的棱柱结构，卫星质量 15kg，表面覆盖太阳能电池（见图 4 - 14）。轨道高度远地点 762km，近地点 404km，倾角 83°，周期 96.4min。

Magion - 2 卫星是国际宇宙 - 24 卫星上搭载的子卫星。卫星质量 50kg，为球形多面体结构。卫星轨道高度近地点 498km，远地点 2441km，倾角 82.6°，周期 115.3min。星上配有多个折叠式支撑杆，杆上装有各种探测器，用于测量和研究磁层等离子喷射以及高能超低频电磁辐射。

Magion - 3 卫星是国际宇宙 - 25 卫星上搭载的子卫星，轨道高度近地点 436km，远地点 2943km，倾角 82.6°，周期 120.2min。Magion - 3 和 Magion - 2 的结构和有效载荷几乎一样。其任务目标是研究地球磁层和电离层中电磁波特性、搜索在干扰环境下的电磁孤子的非线性波结构等。

Magion - 4 和 Magion - 5（见图 4 - 15）分别是俄罗斯制造的预报 - 11（Prognoz - 11）和预报 - 12（Prognoz - 12）两颗卫星的子卫星，主要任务是观测和研究太阳风对磁层辐射的储能现象以及磁尾和极光区域的亚暴现象。Magion - 4 质量 50kg，轨道高度近地点 17068km，远地点 175449km，倾角 70.3°，周期 5454min；Magion - 5 质量 58kg，轨道高度近地点 1366km，远地点 18608km，倾角 63.6°，周期 347.2min。Magion - 4 和 Magion - 5 两颗卫星均采用自旋姿态稳定，旋转轴指向太阳（10°内），自旋周期为 2min，星上各配有 10 台科学仪器。

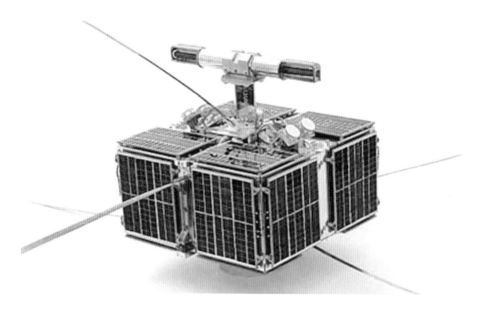

图 4 – 14   Magion – 1 卫星

图 4 – 15   Magion – 5 卫星

美　国

美国在 20 世纪 50 年代末期就开始研制并发射科学与技术试验卫星，半个多世纪以来，美国开展了多项大型科学卫星计划，取得了丰硕的科学探测成果，大大增强了人类对宇宙的认识，在卫星种类、技术水平、探测成果等方面均保持全球领先地位。1958 年，美国发射首颗卫星探险者 –1（Explorer –1），发现了地球辐射带。此后，美国在空间科学领域开展了持续的探测活动，在空间天文、空间环境、日地物理、基础物理等方面取得了重大发现和大量探测成果。这当中包括一系列著名的科学卫星任务。1983 年，美欧合作研制了世界上第一颗红外天文卫星"红外天文卫星"（IRAS），首次揭示了银河系的核心，探测到数十万个新的红外辐射源。1989 年，美国发射世界上第一个宇宙背景辐射探测卫星"宇宙背景探测器"（COBE），探测到宇宙背景辐射微弱的各向异性，使人类对宇宙早期演化的认识有了革命性的提升。20 世纪 90 年代到 21 世纪初，美国实施四大空间天文台计划，先后发射了"哈勃空间望远镜"（HST）、"康普顿伽马射线天文台"（CGRO）、"钱德拉 X 射线天文台"（CXO）、"斯必泽空间望远镜"（Spitzer），取得了突出的科学探测成就，极大地推动了美国和全球的空间天文研究。特别是哈勃空间望远镜已经在轨工作 20 余年，大大促进了天文学的进步，提高了人类对宇宙的认识。

在技术试验卫星领域，美国以军用卫星为牵引，形成以专用技术试验卫星系列为主，包括载人航天器搭载及各应用卫星系列的试验型在内的卫星技术试验体系。通过制定长期、稳定的技术发展战略和计划，保持稳定、连续的投资，美国实现了航天器技术领域的持续发展和全球领先。20 世纪 60 年代后期到 70 年代中期，美国国家航空航天局（NASA）的"应用技术卫星"（ATS）系列，最早对通信、气象、导航、对地观测等应用卫星技术进行飞行试验验证，很快使这些卫星技术进入应用阶段。美国国防部支持的"空间试验计划"（STP）自 20 世纪 60 年代开始，充分利用有限的资金和各种航天飞行机会，为国防领域的卫星技术提供飞行试验。截至 2012 年 6 月 30 日，STP 计划已经执行 210 余次任务，其中包括大量专用技术试验卫星发射运行任务，完成 500 余项空间试验，覆盖军事通信、导航、成像、预警、环境监测等技术领域，在美国军事航天技术探索以及重大航天装备研制中发挥了重要作用。

Tanxianzhe –1 Weixing

探险者 –1 卫星
Explorer –1

概　况

探险者 –1（Explorer –1）是美国研制并发射的第一颗人造地球卫星，由美国喷气推进实验室（JPL）设计和研制，于 1958 年 2 月 1 日从美国卡纳维拉尔角发射。

Explorer –1 卫星 1958 年 5 月 23 日终止工作，1970 年 3 月 31 日再入大气层烧毁。利用该卫星人类首次发现地球周围存在高能辐射带，即范·艾伦辐射带。

主要性能参数

Explorer –1 卫星的轨道高度为 354km/2515km、轨道倾角为 33.34°。该卫星外形呈细长圆柱形，长 2.03m，直径 0.159m，质量 13.97kg，采用自旋稳定控制方式（见图 4 –16）。卫星中段对称装有 4 根鞭状天线。卫星探测仪器包括宇宙射线探测仪、温度敏感器以及微流星撞击探测器等。

图 4－16　Explorer－1 卫星

Yingyong Jishu Weixing

"应用技术卫星"
ATS

概　况

　　应用技术卫星（Applications Technology Satellite，ATS）是美国多用途技术试验卫星，从 1966 年 12 月到 1974 年 5 月发展了两代，共 6 颗卫星，由美国国家航空航天局（NASA）戈达德航天飞行中心和休斯公司研制。该卫星系列的主要任务是为进一步发展通信、气象、导航、对地观测等应用卫星进行各种技术试验和飞行验证。第一代"应用技术卫星"包括 ATS－1～5 共 5 颗卫星，其中 ATS－1 和 ATS－3 为气象试验卫星。ATS－1 卫星于 1966 年 12 月 7 日发射，1978 年 12 月退役，运行 12 年，是世界第一颗采用频分多址通信方式的卫星；ATS－3 卫星于 1967 年 11 月 5 日发射，1978 年 12 月退役，运行 11 年；两颗卫星均成功地完成了预期的技术试验任务。ATS－2、ATS－4 和 ATS－5 卫星原计划对重力梯度稳定系统开展技术试验，但由于发射故障均未完成预期任务。ATS－6 卫星是第二代应用技术卫星，于 1974 年 5 月 30 日发射，1979 年 7 月退役，运行 5 年。ATS－6 是世界第一颗试验型电视直播卫星，也是世界上第一颗教育卫星，向印度、美国和其他国家进行教育节目的电视直播；并为 1975 年 7 月"阿波罗"和"联盟"飞船对接活动提供了数据中继和通信支持。

主要性能参数

　　ATS－1 卫星质量 352kg，呈圆柱体结构，长 1.35m，直径约 1.42m（见图 4－17）。ATS－3 卫星

质量 365kg，结构与 ATS－1 卫星类似。两颗卫星都运行在地球静止轨道上，采用自旋稳定控制方式，卫星除携带一个 C 频段转发器外，还携带一个甚高频试验装置，对卫星和飞机、轮船及气象地面站之间的话音通信进行试验验证。卫星上携带的黑白相机从地球静止轨道传回了世界上第一张地球全景图像。ATS－1 卫星开展了 2 项气象试验：卫星上的自旋扫描云层相机每 0.5h 提供一次近半球的全景图像，空间分辨率为 3.2km；进行了气象数据中继和传输试验。

图 4－17　ATS－1 卫星

　　ATS－6 卫星（见图 4－18）质量约 1400kg，卫星运行在地球静止轨道，与第一代 ATS 卫星不同，ATS－6 卫星采用三轴稳定控制方式。卫星至少携带了 23 种科学设备，开展了大量试验项目，其中包括：在空间展开直径 9.15m 的大型天线，试验三轴稳定的卫星平台，并对电推进、气象观测、航空交通管制、卫星辅助搜索救援和电离层测定等技术进行试验验证。

图 4－18　ATS－6 卫星

Hongwai Tianwen Weixing
"红外天文卫星"
IRAS

概况

"红外天文卫星"（Infrared Astronomical Satellite，IRAS）是美国、荷兰和英国联合研制的世界上第一颗在红外谱段进行观测的天文卫星（见图4-19），于1983年1月25日发射，1983年11月10日因液氦致冷剂耗尽而停止工作。卫星由美国鲍尔航天公司和荷兰福克航天公司联合研制，主要任务是在12μm、25μm、60μm和100μm四个波段对全天空进行观测。IRAS首次揭示了银河系的核心；观测到环绕织女星的尘埃粒子环；探测到350000多个新的红外辐射源，使人类探测到的红外辐射源数量增加了70%；探测到6颗新彗星，并估算出彗星轨道；探测到宇宙空间中大量正在形成的新恒星。这些发现增进了人类对宇宙的认识并推动了红外天文学的发展。

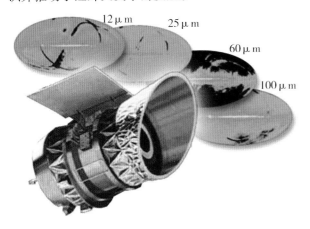

图4-19　IRAS卫星

主要性能参数

IRAS质量约1073kg，运行在轨道高度900km、倾角约99°的太阳同步轨道。卫星装有一台质量810kg液氦致冷的大型红外望远镜。望远镜采用R-C设计，焦距5.5m，孔径0.57m，焦平面上共有62个红外探测器。卫星还装有低分辨率红外光谱仪、短波和长波光度计等。

Changqi Baolu Sheshi Weixing
"长期暴露设施"卫星
LDEF

概况

"长期暴露设施"（Long Duration Exposure Facility，LDEF）卫星是20世纪80年代美国国家航空航天局（NASA）开展的一项大规模空间环境暴露实验用卫星（见图4-20），由NASA兰利研究中心负责研制，LDEF卫星的任务是长期提供空间环境及其对空间系统、元部件和材料影响的数据。该卫星于1984年4月7日由"挑战者"航天飞机（STS-41C）发射到近地圆轨道，任务寿命12个月，原计划于1985年由"挑战者"航天飞机（STS-51D）回收。因1986年"挑战者"航天飞机爆炸等原因使回收推迟，卫星直到1990年1月11日由"哥伦比亚"航天飞机（STS-32）回收，在轨停留了69个月，经历了半个多太阳活动周期，绕地球42422圈。LDEF卫星开展了57项科学实验，对10000多个物体样本进行了分析，所获得的数据、结果和资料建立了专用的LDEF数据库，实验获得的数据为航天器的设计提供了重要的参考。

图4-20　LDEF卫星

主要性能参数

LDEF卫星质量9710kg，轨道高度477km，倾角28.5°，卫星回收时轨道高度降至335km，卫星采用重力梯度稳定。卫星呈棱柱形，横切面是正十二边形，棱柱高 9.1m，直径 4.3m，暴露面积 130m²。在其周向的 12 个表面设置了 72 个实验盒，两个端面设置了 14 个实验盒，共 86 个实验盒，实验包括：空间环境下材料性质随时间的变化实验，涉及金属、聚合物、复合材料、陶瓷/玻璃、热控材料、密封和润滑材料等样本；航天系统机、电、热、和光学系统的性能实验；航天器系统元器件评价实验；电离辐射实验；空间生物学实验；空间物理等实验。

Yuzhou Beijing Tanceqi Weixing
"宇宙背景探测器" 卫星 COBE

概 况

"宇宙背景探测器"（Cosmic Background Explorer，COBE）是美国国家航空航天局（NASA）研制的研究宇宙背景辐射的科学卫星（见图 4-21），主要任务是搜寻宇宙微波背景微弱的各向异性，测量宇宙微波背景的光谱以及搜寻和测量弥散的宇宙红外背景辐射。1974 年，NASA 发布了一个天文学家参与的"探险家计划"公告，其中有 3 个提案建议研究宇宙微波背景辐射。1976 年，美国国家航空航天局召集这 3 个提案团队，组建 COBE 研制团队。COBE 从 1981 年开始研制，由 NASA 戈达德航天飞行中心负责航天器研制，1989 年 11 月 18 日卫星由德尔它-2 火箭从范登堡空军基地发射，1994 年 1 月卫星停止工作。

COBE 每 6 个月完成一次对全天球的扫描。1990 年 6 月，COBE 发送回来的第一批探测资料表明，宇宙微波背景辐射与大爆炸理论所预测的辐射频谱精确吻合。1992 年，卫星探测到的宇宙背景辐射微弱的各向异性表明早期宇宙中曾发生过物质的扰动。正是这种扰动破坏了最初的均匀性，并形成今天所见的星系和星系成团现象，以及宇宙中大尺度结构的物质分布不均匀现象，这与大爆炸论提出的早期宇宙中的暴涨理论相符。COBE 团队的主要研究人员，NASA 戈达德航天飞行中心的乔治·斯穆特和加州大学伯克利分校的约翰·马瑟因在宇宙微波背景辐射的黑体形式和各向异性上的发现获得 2006 年诺贝尔物理学奖。

图 4-21　COBE 卫星

主要性能参数

COBE 质量约 2270kg，长 5.49m，太阳翼展开后翼展 8.53m，采用三轴稳定控制方式。卫星运行在高度 900km、倾角 99°的太阳同步轨道。COBE 上安装 2 个全向天线，一个天线用于和跟踪与数据中继卫星进行通信，另一个用于向地面传输科学数据。

COBE 携带 3 种科学仪器：

1）漫射红外线背景实验仪，可在波长 1.25-240μm 范围内测定天空的绝对亮度，搜寻来自宇宙早期的弥散红外光。该仪器还可对包括恒星际和行星际的尘埃、银河系星光、红外星系和银河星团等进行辐射测量。

2）差分微波辐射计，用于测定宇宙微波背景辐射的各向异性，其误差小于 $1/10^6$，这些微小的变化证实了宇宙早期物质和能量的分布。

3）远红外绝对光谱仪，用来测量宇宙微波背景辐射，所测量的宇宙微波背景与温度（2.725 ± 0.002）K 黑体的辐射光谱非常吻合。

Habo Kongjian Wangyuanjing Weixing
"哈勃空间望远镜" 卫星 HST

概 况

"哈勃空间望远镜"（Hubble Space Telescope，HST）是美国的大型天文卫星（见图 4-22），以美国天文学家埃德温·哈勃（Edwin Hubble）的名字命名，主要对太阳、各类天体、银河系辐射源及银河系外辐射源进行近红外、可见光和紫外波段观测。

美国国家航空航天局（NASA）马歇尔航天飞行中心主管 HST 的研制工作，其委托珀金埃尔默公司设计和建造空间望远镜的光学组件和精密定位传感器，洛克希德公司负责建造卫星平台。欧洲航天局也参与了部分研制工作。HST 的原始预算约 4 亿美元，但到发射时，花费已超过 25 亿美元。

HST 的一大特点是在设计之初就考虑到在轨服务需求，望远镜上无推进系统，科学仪器均采用模块化设计。1990 年 4 月 24 日，HST 由"发现"航天飞机发射入轨。但当 HST 传回其拍摄到的第一幅天体图像时，天文学家却发现其成像效果与预期存在很大差距。经查得知，HST 的主镜边缘比设计尺寸磨薄了 2μm，导致入射光线不能聚焦，使 HST 变成了"近视眼"，观测效果大打折扣。为解决这个问题，同时避免更换由柯达公司制造的备用主镜产生的高额费用，科学家设计了一个有相同球面像差，但功效相反的"近视镜"来抵消主镜的误差。在 1993 年的第一次 HST 在轨维修任务中，航天员为其配备了这片矫正聚焦的"近视镜"。在 1997 年和 1999 年，HST 又先后进行了 2 次在轨维护，更换了老化的电池和失效的陀螺仪。2002 年的第 4 次维修为 HST 更换了电源控制装置，并安装了先进巡天相机，使 HST 的视野扩大了 1 倍，清晰度提高 1 倍，敏感度提高 4 倍。2009 年美国"阿特兰蒂斯"航天飞机最后一次对 HST 进行维修时为其安装了宽视场相机 - 3 和宇宙起源光谱仪。

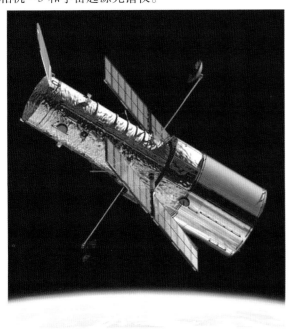

图 4 - 22　HST 卫星

HST 获得了丰富的观测成果，大大增进了人类对宇宙的认知，为空间科学研究作出了不可磨灭的贡献。截至 2010 年，HST 已拍摄 90 多万张宇宙图片，包括恒星、行星、星云、星系、类星体、褐矮星和超新星等，对 2 万多个天体进行了研究，其中的重要科学成果包括：测定了宇宙的年龄约 137 亿年；证实了星系中央存在黑洞；发现年轻恒星周围孕育行星的尘埃盘；首次探测到太阳系外行星上存在有机分子；首次观测到地外星系的一颗行星上也有大气层；首次拍摄到大星系吞食小星系的照片；用 51 幅"哈勃"照片拼出遥远星系的"全景图"；拍摄到彗星撞击木星的照片等。

截至 2012 年 6 月 30 日，HST 已在轨工作超过 22 年。美国决定不再对其进行维护更新，将用"詹姆斯·韦伯空间望远镜"（JWST）接替 HST。虽然 JWST 的许多功能都远超过 HST，但它只能进行红外谱段观测，在可见光和紫外谱段无法取代 HST 的功能。

主要性能参数

HST 质量 11110kg，全长 12.8m，镜筒直径 4.27m，设计寿命 15 年，运行在高度 593km、倾角 28.5°的近圆轨道上，轨道周期约 97min。其主要结构见图 4 - 23。

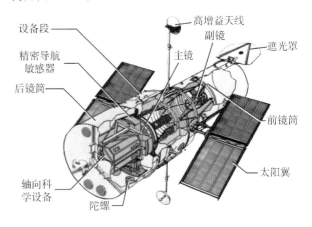

图 4 - 23　HST 主要结构

HST 的光学系统位于镜筒前部，采用卡塞格伦式反射系统，观测波长范围 110 ~ 2400nm（紫外到红外）。光学系统主镜采用超低膨胀玻璃材料，表面镀有 75nm 厚的铝以增强反射，以及 25nm 厚的镁氟保护层。科学仪器安装在望远镜主镜的焦平面上。HST 还带有 2 个抛物面天线和 2 副长 11.8m、宽 2.3m 的太阳翼，可提供大于 2.4kW 的功率。HST 的观测数据通过"跟踪与数据中继卫星"（TDRS）

传回地面。HST 主要参数见表 4 - 5。

表 4 - 5　哈勃空间望远镜主要参数

参数	指标
主镜质量	828kg
主镜口径	2.4m
主镜中央孔径	0.6m
副镜质量	12.3kg
副镜口径	0.3m
主副镜间距	4.6m
指向精度	0.01″
指向稳定度	0.007″/24h
可视光度	5 ~ 30 星等
可见光波段分辨率	0.1″
紫外波段（121.6nm）分辨率	0.015″
数据率	1Mbit/s

目前，在 HST 上工作的科学仪器包括先进巡天相机、近红外相机和多目标光谱仪、空间望远镜成像光谱仪、精确制导敏感器、宽视场相机 - 3 和宇宙起源光谱仪。曾经在 HST 上工作过的仪器还有宽视场/行星相机 - 1/2、暗弱天体相机、暗弱天体摄谱仪、高速光度计等。

HST 的星载仪器主要工作在紫外、近红外和可见光波段，科学应用范围极广。如先进巡天相机可观测从紫外到红外全波段的辐射，提供了迄今宇宙早期星系构成最为清晰的一些照片，拍摄过"哈勃深空"系列图片，向人类展示了宇宙早期的银河系构成；宇宙起源光谱仪耗资 2 亿美元，工作在紫外波段，能够观测远距离的较暗的类星体，用于研究星系的形成、演化，以及宇宙结构最终是如何随时间改变的；宽视场相机 - 3 可在可见光、近紫外和近红外波段拍照，宽视场 CCD 像素为 4000 × 4000，可捕捉宇宙中的发光物体，帮助人类了解宇宙早期的形成情况；暗弱天体相机可探测到暗至 28 ~ 29 等星，相当于从华盛顿看到几万千米以外悉尼的一只萤火虫。

Kangpudun Gama Shexian Tianwentai Weixing
"康普顿伽马射线天文台"卫星 CGRO

概况

"康普顿伽马射线天文台"（Compton Gamma Ray Observatory，CGRO）是美国研制的天文卫星（见图 4 - 24），是美国国家航空航天局（NASA）20 世纪 90 年代开始发展的四大空间天文台计划之一。CGRO 以美国著名物理学家康普顿的名字命名，主要任务是进行世界首次 γ 射线波段巡天普查，探测高能辐射，研究高能天象的特征谱线等。

图 4 - 24　CGRO 卫星

CGRO 由汤普森 - 拉莫 - 伍尔德里奇公司研制，造价 7.6 亿美元。1991 年 4 月 7 日，CGRO 由"阿特兰蒂斯"航天飞机发射。

CGRO 最终因陀螺仪损坏，于 2000 年 6 月 4 日受控坠入太平洋，运行工作 9 年。CGRO 为 γ 射线天文学作出了重大贡献，任务期间共探测到 400 个 γ 射线源，让人类所知的宇宙 γ 射线源数量增加了 10 倍以上。CGRO 还探测到 2500 个 γ 暴事件，并发现这些 γ 暴事件是均匀分布的，其中包括 30 个当时尚不为天文学家所知的天体，还有一些 γ 暴的观测数据使科学家首次了解黑洞引发周边 X 射线和 γ 射线爆发的原理。

主要性能参数

CGRO 质量 15600kg，采用三轴稳定设计，指向精度优于 0.5°，姿控精度 0.03″。CGRO 运行在约 450km 的圆轨道上，轨道倾角 28.5°，设计寿命 6 ~ 8 年。CGRO 采用单组元肼燃料推进，可在地面指令控制下在 36h 内快速机动到合适位置，对突发天文事件进行观测。

CGRO 携带 4 个主要载荷：γ 暴及瞬变源探测仪、定向闪烁分光计、成像康普顿望远镜和高能 γ 射线实验望远镜。这些仪器既可独立观测，在需要时也可通过调整对准同一个目标。γ 暴及瞬变源探测仪用于爆发源和瞬变源的探测。定向闪烁分光计用于测量不同天体的低能 γ 射线光谱（50keV ～ 10MeV），由 4 个可独立指向的碘化钠闪烁器组成，主要观测超新星爆发中的不稳定同位素所产生的 γ 射线，以确认超新星爆发中产生的新元素；成像康普顿望远镜用于对 γ 射线源成像，并对辐射中等能量（1keV ～ 30MeV）γ 射线源的能谱进行测量，具有视场大、分辨率高的优点；高能 γ 射线实验望远镜的测量范围从 20MeV 到 30000MeV。

Jiziwai Tanxianzhe Weixing
"极紫外探险者" 卫星
EUVE

"极紫外探险者"（Extreme Ultraviolet Explorer，EUVE）是美国国家航空航天局（NASA）研制的一颗天文卫星（见图 4 - 25），主要用于在极紫外波段（7～76nm）进行巡天观测，绘制极紫外天图。卫星平台由美国仙童公司建造，有效载荷由 NASA 戈达德航天飞行中心研制。

EUVE 于 1992 年 6 月 7 日搭载德尔它 - 2 火箭发射。入轨后，EUVE 先进行了 6 周的试验飞行，此后进行为期 6 个月的极紫外巡天扫描和深度观测，

图 4 - 25　EUVE 卫星

之后主要对于重点目标进行探测。EUVE 于 2001 年 1 月 31 日终止探测任务，2002 年 1 月 30 日再入大气层。

在任务期间，EUVE 取得了多项重要发现，如完成了极紫外巡天观测，对 801 个空间物体进行了编目；首次采用极紫外波段探测到银河系以外的物体；探测到恒星光球辐射现象；探测到矮新星天鹅座 - SS 星的准周期性振荡等。

EUVE 质量 3275kg，采用多任务模块化平台（MMS），三轴稳定，运行在近地点 510km、远地点 524km 的近地轨道上，倾角 28.43°，周期 94.87min。

EUVE 搭载了 3 台瓦尔特 - 施瓦茨席尔德（Wolter - Schwarzschild）紫外扫描望远镜（8～90nm）和 1 台极紫外光谱仪/深度观测仪（8～50nm），质量分别为 188kg 和 323kg。扫描望远镜随着卫星平台的自旋（每轨 2～3 转），可缓慢扫描整个太空。另外一台深空望远镜背向太阳，以尽可能减少日冕的影响，对地球产生的锥形阴影区域进行跟踪观测。光谱分辨率达 0.1～0.2nm。

Xiaoxing Tanxianzhe - 1 Weixing
小型探险者 - 1 卫星
SMEX - 1

"小型探险者 - 1"（Small Explorer - 1，SMEX - 1）是美国的一颗科学卫星，又称"太阳异常事件及磁层粒子探险者"（Solar Anomaly and Magnetospheric Particle Explorer，SAMPEX），是美国"小型探险者"系列的第一颗卫星。SMEX - 1 旨在利用地球自身磁场，探测来自太阳耀斑核心、星际空间深处，以及超新星爆发产生的高能粒子。SMEX - 1 于 1992 年 7 月 3 日由"侦察兵"运载火箭发射。

SMEX - 1 质量 156kg，运行在近地点高度 512km、远地点高度 687km 的近极地轨道上，倾角 81.67°，周期 96.81min。SMEX - 1 主体采用长方体结构（见图 4 - 26），目标寿命 3 年。系统采用了多项创新设计，包括大功率星上处理器、固态存储器

和光纤总线。两副太阳翼可提供的最大功率为
200W，蓄电池容量9A·h。姿态控制系统包括1个
动量轮和3个电磁力矩控制器。热控系统可将SMEX
-1的内部温度控制在-10~50℃。

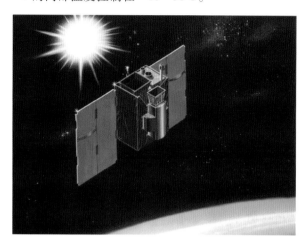

图4-26 SMEX-1卫星

SMEX-1携带4个有效载荷：低能离子成分分
析器、重离子大型望远镜、质谱仪望远镜、质子和
电子望远镜。低能离子成分分析器通过测量入射离
子从进入望远镜到撞到固态探测器的飞行时间和残
余动量，确定其质量和能量。重离子大型望远镜用
于测量能量范围在8~220MeV的重离子（氦~铁），
该范围覆盖了中等能量的太阳高能离子、银河系宇
宙射线，以及大部分高能异常宇宙射线。质谱仪望
远镜用于测量能量在10MeV至数百MeV范围的元素
的同位素。质子和电子望远镜用于探测来自太阳、
行星际空间的质子和氦核的能谱，以及能量范围在
0.4~30MeV之间的太阳耀斑和电子的能谱。

X Shexian Dingshi Tanxianzhe Weixing
"X射线定时探险者"卫星 XTE

概　况

"X射线定时探险者"（X-Ray Timing Explorer，
XTE）是美国研制的探测高能射线源瞬时特性的卫
星，为纪念去世的X射线天文学家布鲁诺·罗西
（Bruno Rossi）而在1996年更名为罗西X射线定时
探险者（RXTE）。XTE主要用于探测2~250keV能
量范围的X射线，获得黑洞、白矮星、中子星和其
他X射线放射天体附近的极端空间环境信息。

XTE由美国国家航空航天局（NASA）戈达德
航天飞行中心运营。星上搭载的科学仪器包括正比
计数阵列、高能X射线定时实验装置（闪烁体探测
器阵）和天空监视器，分别由美国戈达德航天飞行
中心、美国加州大学和麻省理工学院研制。1995年
12月30日，XTE搭载德尔它-2火箭从美国范登堡
空军基地发射入轨。

XTE于2012年1月5日退役，在轨运行工作16
年。XTE的观测成果远远超过了预定目标，主要成
就包括确认了强磁性中子星（即磁星）的存在，首
次观测到共生毫秒脉冲星，以及首次提供了黑洞附
近的惯性系拖拽效应（由爱因斯坦广义相对论得
出）的证据。

主要性能参数

XTE质量3035kg，运行在近地点高度565km、
远地点高度585km的近地轨道上，倾角23°，周期
96.18min。XTE采用长方体结构（见图4-27），三
轴稳定，指向精度优于0.1°。XTE带有2副高增益
天线，支持近连续的通信。XTE采用先进的固态存
储器，以及2个先进CCD星跟踪器，每个跟踪器可
跟踪5颗恒星。

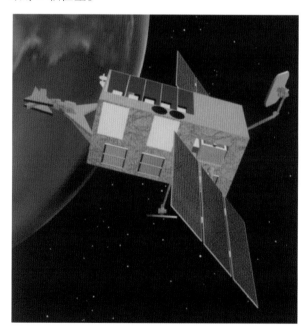

图4-27 XTE卫星

XTE上携带5个正比计数阵列，面积6250cm²，
用于探测能量范围在2~60keV的X射线。高能X
射线定时实验装置的面积为1600cm²，用于较高能
量（15~250keV）的X射线探测。天空监视器在卫
星绕地球运行一周的时间内可扫描全天空面积的

80%，用于监测天空 2～10keV 能量范围的 X 射线的变化，并长时间记录空间光源的信息。XTE 可测量 X 射线通量在 10^{-5}s 内的变化量，用于跟踪在中子星和黑洞附近快速移动的物体。XTE 还可以快速改变姿态，对短周期的、突发的天文现象进行观测。

Qiangli Weixing
"强力卫星"
MightySat

概　况

"强力卫星"（MightySat）是美国空军研究实验室（时称美国空军菲利普斯实验室）于 1994 年实施的多任务小型卫星项目下研制的卫星，主承包商为 CTA 空间系统公司（后并入轨道科学公司）和美国光谱宇宙有限公司，旨在作为低成本试验台在轨验证高性能、高风险的航天技术，为空军未来的实用系统提供技术储备。MightySat 采用模块化卫星平台，可支持多种试验载荷。MightySat 包含两个系列，即强力卫星 –1（MightySat 1）和强力卫星 –2（MightySat 2），共 5 颗卫星。强力卫星 –1 系列只有 1 颗卫星，强力卫星 –1 于 1998 年 12 月 4 日由"奋进"航天飞机发射升空，1998 年 12 月 12 日由航天飞机用"搭载卫星弹射系统"释放入轨；强力卫星 –2 系列原计划有 4 颗卫星，强力卫星 –2 的第 1 颗卫星于 2000 年 7 月 19 日用米诺陶 –1（Minotaur –1）运载火箭从范登堡发射，后续 3 颗卫星被取消。

主要性能参数

（1）强力卫星 –1

强力卫星 –1（见图 4 –28）采用全复合材料平台。平台由 CTA 空间系统公司建造，质量 80kg，功率 14～27W。卫星采用自旋稳定方式，轨道高度 385km、倾角 51.6°。设计寿命为 1 年。

卫星搭载了先进复合材料结构、先进太阳电池、微系统与低功耗电子设备包、形状记忆触发释放装置和微粒子碰撞探测器等五项试验任务载荷。1999 年 11 月 16 日，强力卫星 –1 再入大气层，实现了全部的任务目标。

图 4 –28　强力卫星 –1

（2）强力卫星 –2.1

强力卫星 –2.1（见图 4 –29）采用 SA –200B 平台，总质量 123.7kg，有效载荷质量 37kg。卫星主体为箱式结构，长 68.6cm、宽 89cm、高 89cm，总功率 330W（寿命终止时平均功率 100W）。卫星采用三轴稳定方式，设计寿命为 1 年。卫星运行于高度 556km、倾角 97.6°的太阳同步轨道上。2001 年 9 月卫星已完成所有的任务目标，其继续工作至 2002 年 11 月 12 日，再入大气层。

强力卫星 –2.1 装有两类共 10 个有效载荷，一类是独立的试验装置，另一类为星体试验组件。独立试验装置包括：傅里叶变换超光谱成像仪、四元 C40 处理器、形状记忆合金热设计试验装置等。星体试验组件包括：聚光式太阳电池翼、海军研究实验室小型天地链路系统转发器、多功能复合材料星体结构以及美国国防部高级研究计划局的 2 颗"皮卫星"（Picosat）。

图 4 –29　强力卫星 –2.1

Yahaomibo Tianwen Weixing
"亚毫米波天文卫星"
SWAS

概　况

"亚毫米波天文卫星"（Submillimeter Wave Astronomy Satellite，SWAS）是美国国家航空航天局

（NASA）的一颗天文卫星，主要任务是探测星云的化学成分和含量（水分子、氧分子、一氧化碳和碳原子），以及其结构和能量平衡方式，研究恒星、行星的形成过程。

SWAS 于 1998 年 12 月 6 日搭载"飞马座"运载火箭从美国范登堡空军基地发射。在观测任务的前 5 年，SWAS 获得了 1°×1°分辨率的巨分子和暗云核探测图。2004 年 7 月 21 日，SWAS 卫星关机休眠，约 1 年时间后于 2005 年 6 月为观测 NASA 的"深度撞击"（Deep Impact）探测器与坦普尔 -1（Tempel -1）彗星相撞而被重新启动，工作了 3 个月。SWAS 卫星最终于 2008 年 2 月 1 日停止工作。

主要性能参数

SWAS 卫星（见图 4 - 30）质量 283kg，直径 0.97m，采用三轴稳定，指向精度 38″，设计寿命 2 年。卫星姿控系统由太阳敏感器、星跟踪器、3 个磁力矩器、4 个动量轮、1 个磁强计和 3 个陀螺仪构成。卫星天线为偏置馈源卡塞格伦天线，主反射面尺寸 55cm×71cm。太阳翼面积 3.4m²，平均功率 230W。蓄电池采用强化镍镉电池，容量 21A·h。SWAS 卫星运行在近地点 637km、远地点 653km 的近圆轨道上，轨道倾角 70°，轨道周期 97.6min。

图 4 - 30　SWAS 卫星

SWAS 搭载 2 个双外差式亚毫米波接收器，工作频率 490～550GHz。SWAS 卫星在每轨运行期间可观测 3～5 个目标，观测目标范围限于以太阳为中心的 15°角以内。数据下传采用 S 频段，数据传输速率 1.8Mbit/s。

Yuanziwai Guangpu Tanceqi Weixing
"远紫外光谱探测器" 卫星 FUSE

概况

"远紫外光谱探测器"（Far Ultraviolet Spectroscopic Explorer, FUSE）是美国"起源"计划的一颗天文卫星，用于探测星际间的微量物质和星系际气体，旨在了解宇宙诞生初期原始元素是如何产生的以及这些元素的空间分布状况，揭示包括太阳系在内的星系形成过程，加深对宇宙起源和演化过程的了解。

FUSE 卫星由美国国家航空航天局负责运行。轨道科学公司负责研制 FUSE 卫星的平台。FUSE 携带的主要载荷有远紫外光谱仪和天文望远镜，分别由美国科罗拉多大学和约翰·霍普金斯大学研制。

1999 年 6 月 24 日，FUSE 由德尔它 -2 运载火箭发射升空。2007 年 10 月 18 日，FUSE 因动量轮故障而中止运行。在任务期间，来自全世界的数百名天文学家利用 FUSE 对近 3000 个不同的天体进行了观测，总观测时间超过 $6.4×10^8 s$。FUSE 任务取得的主要成果包括：测定了分子氢的丰度；发现银河系中氘的含量远超天文学家的预测；发现银河系外存在一个高温气体层；首次探测了火星上层大气中的分子氢含量，据此推算得出早期火星上的水含量至少可覆盖火星全球达 1.25km 深等。

主要性能参数

FUSE（见图 4 - 31）运行在近地点 754km、远地点 769km 的轨道上，倾角 25°，周期 101min。FUSE 质量 1360kg，主体为长方体结构，尺寸 0.9m

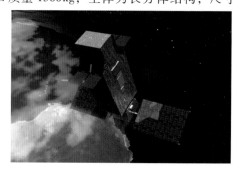

图 4 - 31　FUSE 卫星

×0.9m×1.3m，采用三轴稳定，指向精度0.5″。姿控系统包括太阳敏感器、陀螺仪和动量轮，无推进系统。太阳翼面积7m²，可提供500W功率，载荷功率340W，蓄电池采用40A·h镍化镉电池。

远紫外光谱仪采用罗兰圆设计，直径1.652m，可探测的光谱范围为0.09～0.12μm，为研究宇宙大爆炸理论提供佐证。

Qiandela X Shexian Tianwentai Weixing
"钱德拉 X 射线天文台" 卫星 CXO

概 况

"钱德拉 X 射线天文台"（Chandra X – ray Observatory，CXO）是美国研制的 X 射线天文观测卫星（见图 4 –32），是美国国家航空航天局（NASA）大型空间天文台计划中的第三个任务，于 1999 年 7 月 23 日从肯尼迪航天中心用"哥伦比亚"航天飞机发射。它的发射标志着世界上的 X 射线天文学从测光时代进入了测光谱时代。CXO 主要研究黑洞、超新星、暗物质等宇宙高能现象，揭示宇宙的起源和演化。CXO 由 NASA 出资，主承包商为汤普森—拉莫—伍尔德里奇（TRW）公司，项目耗资 15.5 亿美元。卫星入轨后，史密森天体物理台（SAO）负责卫星运行管理。

CXO 原名为"先进 X 射线天文设施"（AXAF），1998 年为纪念美籍印度裔天体物理家、诺贝尔物理学奖获得者钱德拉·塞卡而更名。

CXO 已取得的科学成果包括：在星暴星系 M82 中发现了中等质量黑洞存在的证据，观测到银河系中心超大质量黑洞天蝎座 A 的 X 射线辐射，以及物质从原行星盘落入恒星时发出的 X 射线等。

主要性能参数

CXO 长 11.8m，宽 19.5m，质量约 4790kg，功率为 2350W，装有 4 个 40A·h 的镍氢蓄电池组。CXO 运行在大椭圆轨道上，近地点高度 16000km，远地点高度 133000km，轨道倾角 28.5°，轨道周期约 64.2h，其中 85% 的时间飞行在地球辐射带之外。设计寿命 5 年。

CXO 由三个主要部分组成：1）X 射线望远镜：其反射镜聚焦来自天体的 X 射线，为 4 台套筒式掠

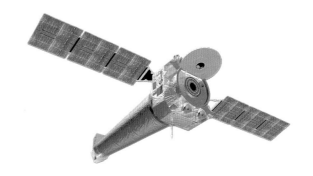

图 4 –32 "钱德拉 X 射线天文台"卫星

射望远镜，每台口径 1.2m，焦距 10m，1keV 时接收面积为 0.04m²，采用 Wolter 型光路，空间分辨率 1″；2）科学仪器：记录 X 射线，生成并分析 X 射线图像，包括高分辨率相机、先进 CCD 成像光谱仪和透射光栅等；3）平台：为望远镜和仪器提供了必要的工作环境。

Weibo Gexiang Yixing Tanceqi
"微波各向异性探测器" MAP

概 况

"微波各向异性探测器"（Microwave Anisotropy Probe，MAP）是美国研制的宇宙微波背景辐射探测器，于 2001 年 6 月 30 日由德尔它 –2 火箭在卡纳维拉尔角发射升空。它是美国国家航空航天局（NASA）"宇宙背景探测器"（COBE）的后继项目，用于探测宇宙大爆炸残留的辐射，确定大爆炸理论的宇宙学参数等。MAP 任务方案始于 1995 年，是 NASA"中型探险者"（MIDEX）计划的第 2 个任务，由 NASA 戈达德航天飞行中心与普林斯顿大学合作研制。

2003 年，探测器更名为"威尔金森微波各向异性探测器"（Wilkinson Microwave Anisotropy Probe，WMAP），以纪念宇宙背景辐射的先驱研究者、WMAP 任务团队的一员、美国宇宙学家大卫·托德·威尔金森。

2012 年 WMAP 团队获得"格鲁伯宇宙学奖"，主要成果包括：测量了宇宙微波背景辐射（宇宙中最古老的光），制作了微波范围的高分辨率全天空图等。

主要性能参数

WMAP探测器（见图4-33）高3.8m，质量为840kg，底座是一个直径为5.0m的圆形太阳电池阵，输出功率为419W。WMAP采用三轴稳定控制方式，备有8个肼燃料推力器进行轨道和姿态控制。设计寿命为27个月。

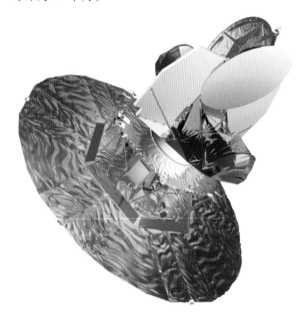

图4-33　WMAP探测器

WMAP的望远镜主反射镜为一对格利高里抛物面反射面（朝向相反），镜面为椭圆形，长、短轴分别为1.6m和1.4m，它将信号集中到一对副反射器上。接收器为偏振差分辐射计，用于测量两个望远镜波束之间的差异。为避免收集到银河系前景信号，WMAP采用五个独立的无线电频段，包括：K频段（23GHz）、Ka频段（33GHz）、Q频段（41GHz）、V频段（61GHz）和W频段（90GHz）。探测器的空间分辨率为0.3°，温度分辨率为20μK。

WMAP发射后进入近地轨道后，火箭第三级点火，将探测器送入高偏心轨道。随后，探测器提高远地点绕过月球，于2001年10月1日飞至距地球1500000km的L2拉格朗日点（见图4-34）。WMAP在绕太阳运动的同时，还在L2点附近绕L2点运动。WMAP是全球首个使用利萨如轨道执行任务的长期观测站。WMAP每6个月进行一次全天空扫描。WMAP探测器于2010年8月20日停止科学观测工作。2010年9月8日，WMAP离开L2点，飞往一条日心轨道，约比地球轨道大7%。图4-35为WMAP获得的宇宙背景辐射光谱。

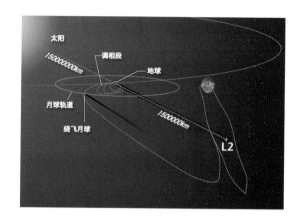

图4-34　WMAP飞行轨迹和轨道示意图

图4-35　2010年WMAP宇宙背景辐射光谱图（7年数据）

Shiyan Weixing Xitong Weixing

"试验卫星系统" 卫星 XSS

概　况

"试验卫星系统"（Experimental Satellite System，XSS）是美国空军的低轨技术试验卫星，用于研究和验证低轨道空间非合作目标交会、绕飞以及接近巡视技术，旨在提高空间攻防能力。XSS卫星有XSS-10和XSS-11两个型号。该项目由美国空军研究实验室负责，空军空间和导弹与系统中心、海军研究实验室和美国国家航空航天局等部门配合实施。

XSS-10卫星由美国波音公司研制，于2003年1月29日搭乘美国德尔它-2（Delta-2）火箭发射。卫星入轨后以执行此次发射任务的Delta-2火箭第二级为目标，成功进行了自主接近、绕飞和观测操作。

XSS-11卫星（美军航天器编号USA-165）由美国洛克希德·马丁公司研制，2005年4月11日由米诺陶－1（Minotaur－1）火箭发射。卫星入轨后首先以执行此次发射任务的 Minotaur－1 火箭上面级为目标，从 1.5km 至 500m 距离上绕飞了 75 圈。在此后试验任务期间，XSS－11 卫星还对预先选定的多个美国失效卫星和废弃火箭箭体进行了交会、接近和观测操作。

主要性能参数

XSS－10 卫星（见图 4－36）的轨道高度为 800km、轨道倾角为 39.8°。卫星为圆柱形，直径 38.1cm，长 81.28cm。卫星设计寿命 24h，总质量 30.26kg，其中包括 2.58kg 的双组元推进剂和 0.7kg 的压缩氮气。卫星采用的双组元推力器源自于反导系统的轻型外大气层拦截器（LEAP），用于横向机动，压缩氮气推力器用于姿态控制。XSS－10 卫星携带的主要试验载荷包括小型化推进设备、小型化星地链路分系统、惯性测量单元以及观测相机系统。

图 4－36　XSS－10 卫星

XSS－11 卫星（见图 4－37）的轨道高度为 839km/875km、轨道倾角为 98.8°。卫星外形为边长 1m 的立方体构型，质量 138kg，设计寿命 12～18 个月。该卫星带有主动和被动探测设备。被动探测设备为 XSS－10 卫星上使用过的观测相机系统，主动探测设备为机动激光雷达。

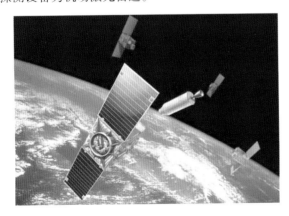

图 4－37　XSS－11 卫星

Sipice Kongjian Wangyuanjing
"斯皮策空间望远镜" SST

概　况

"斯皮策空间望远镜"（Spitzer Space Telescope，SST）是美国研制的红外空间天文观测台（见图 4－38），是美国国家航空航天局（NASA）大型空间天文台计划的最后一台空间望远镜。SST 于 2003 年 8 月 25 日在卡纳维尔角由德尔它－2（Delta－2）火箭发射升空，以取代先前的"红外天文卫星"（IRAS）。SST 的主要任务是寻找人类的起源，探测宇宙的由来，星系、恒星、行星的形成和演化。SST 原名为"空间红外望远镜设施"（SIRTF），2003 年 12 月以空间望远镜概念的提出者、美国天文学家莱曼·斯皮策（Jr. Lyman Spitzer）的名字命名。

NASA 喷气推进实验室负责整个任务的运行管理；洛克希德－马丁公司负责设计和研制平台、望远镜的系统工程、集成和测试；鲍尔宇航技术公司负责设计和研制低温望远镜组件；任务团队还包括史密森天体物理台、NASA 戈达德航天飞行中心、康奈尔大学、亚利桑那大学和加州理工学院的红外处理与分析中心。整个任务耗资 8 亿美元。2010 年，SST 发现截至当时最早和最原始的两个超大质量黑洞。

图 4－38　SST

主要性能参数

SST 总长约 4m，质量 950kg，为了减小地球红外辐射对其红外探测的影响，采用了独特的地球拖曳太阳轨道，即在日地连线之外绕太阳运行，并以每年约 0.1 个天文单位的速度远离地球，在 5 年设计寿命末期，距离地球约 0.6 个天文单位。

SST 的低温主镜口径为 85cm，制造材料为铍。望远镜工作在波长为 3 ~ 180μm 的红外波段。望远镜还有 3 台低温致冷科学观测仪器，分别为：红外阵列相机（像素为 256 × 256）、红外光谱仪和多波段成像光度计（由 3 个探测器阵列组成）。为避免望远镜本身发出的红外线干扰，主镜温度致冷到 5.5K。望远镜本体还装有一个保护罩，以避免受到太阳和地球发出的红外线干扰。

Zizhu Jiaohui Jishu Yanzheng Weixing
"自主交会技术验证"卫星 DART

概　况

"自主交会技术验证"（Demonstration of Autonomous Rendezvous Technology，DART）是美国国家航空航天局（NASA）的高风险技术演示项目，用于验证小卫星的自主交会技术，支持美国空间站运行维护和其他太空探索活动。

2005 年 4 月 15 日，DART 卫星由美国飞马座 - XL（Pegasus - XL）火箭在范登堡空军基地发射。卫星具体任务是以 1999 年发射的美国"多波束超视距通信"（MUBLCOM）卫星为目标，开展自主轨道交会和一系列接近机动操作（见图 4 - 39）。

图 4 - 39　DART 接近目标卫星 MUBLCOM

任务期间，DART 卫星导航系统运行异常，在接近目标卫星过程中，卫星推进剂消耗速度超出预算。入轨运行 11h 后，DART 卫星推进剂耗尽，而设计任务期为 24h。这种情况迫使地面人员控制 DART 进行分离机动，但 DART 仍与目标星发生碰撞。尽管 NASA 将 DART 定义为失败任务，但在计划的 27 个验证项目中，仍有轨道交会、机动分离等 11 个验证项目得以完成。

主要性能参数

DART 卫星轨道高度为 769km/776km、轨道倾角为 97.7°。卫星外形呈圆柱形，长约 1.8m，直径 1m，质量 365kg。DART 卫星主要由前后两大部分组成，前部包括推力器、电池、通信组件和先进电视制导敏感器和 GPS 接收机等；后部主要是飞马座火箭第四级和一些电子设备。先进电视制导敏感器是 DART 任务的重要载荷，通过接收 MUBLCOM 卫星反射的激光信号，从而计算与目标星的相对方位和距离数据。按照设计，当距离目标卫星 200 ~ 500m 时，先进电视制导敏感器只进行方位测量，当距离目标卫星小于 200m 时，先进电视制导敏感器切换工作模式，开始进行方位和距离测量，以引导接近操作。

Kongjian Jishu – 5 Weixing
空间技术 – 5 卫星 ST – 5

概　况

空间技术 – 5（Space Technology – 5，ST – 5）卫星是美国新盛世计划的一颗技术试验卫星，又称"纳卫星星座开拓者"，旨在演示验证研制日地关系科学探测器所需的新技术，减小由智能微小卫星构成大星座的研制、生产、部署与运营风险。ST – 5 的研制贯彻了低成本理念，经费预算为 2910 万美元。

ST – 5 包括 3 颗美国国家航空航天局（NASA）戈达德航天飞行中心研制的微小卫星。2006 年 3 月 22 日，ST – 5 搭载飞马座 – XL 火箭以一箭三星的方式发射入轨，任务计划持续 90d。3 颗微小卫星完全相同，以相隔 40 ~ 140km 的距离排成一串，编队飞行。ST – 5 的主要任务是对地球磁场进行多点测量，任务于 2006 年 6 月 30 日圆满结束。

主要性能参数

ST-5 卫星（见图 4-40）质量 25kg，自旋稳定，外形为八面体，直径 53cm，高 48cm，功耗 24W，质量和功耗都比通常的小卫星降低一个数量级，但具有普通卫星的全部功能。ST-5 运行在近地点 300km、远地点 4500km 的椭圆轨道上。

图 4-40　ST-5 卫星

ST-5 主要验证卫星微型化技术和星座管理技术。在卫星微型化技术方面，ST-5 采用的微型 X 频段转发器的质量和体积比当时的商业现货部件小一个数量级，功耗只有同类 X 频段转发器的 1/4，在上行数据传输速率 1kbit/s、下行数据传输速率 100kbit/s 和 200kbit/s 条件下的误码率小于 10^{-5}；星上锂离子蓄电池质量仅 645g；微型冷气推力器用于卫星轨道机动和姿态调整（最大推力 2.1N，比冲大于 60s）。星载微型化仪器包括向量磁强计和高能粒子探测器，用于演示验证未来空间科学探测的平台和应用方案。在星座管理技术方面，ST-5 采用的自主编队飞行与通信仪可测量星间相对距离、确定轨道、精确授时、星间通信以及粗略确定卫星姿态，为实现多颗卫星协同工作，构成"虚拟卫星"进行技术积累；另外，地面系统进行了软件升级，具备高度自主和高效星座管理功能，并加强了轨道预测能力，可使地面站在多约束条件下预报卫星通过的时间和路线。

Weiweixing Jishu Shiyan Weixing

"微卫星技术试验"卫星 MiTEx

概　况

"微卫星技术试验"（Microsatellite Technology Experiment，MiTEx）卫星是美国国家高级研究计划局（DARPA）和美国空军联合实施的"微卫星验证科学技术试验计划"（MiDSTEP）的一部分。MiTEx 的任务目标包括研制和测试新的上面级，研究和验证轻质量推进系统，验证将小卫星送入地球同步轨道的能力，研究小卫星在地球同步轨道执行军事任务的潜在效用并积累操作经验。

MiTEx 由美国海军研究实验室研制的先进上面级、轨道科学公司研制的 MiTEx-A 卫星（美军航天器编号 USA-187）、洛克希德·马丁公司研制 MiTEx-B（美军航天器编号 USA-188）共三部分组成（见图 4-41、图 4-42 和图 4-43）。

2006 年 6 月 21 日，MiTEx 由美国德尔它-2（Delta-2）火箭发射，进入地球同步转移轨道，然后 MiTEx 的先进上面级将 2 颗卫星送入地球同步轨道。

2008 年底，美国调用两颗 MiTEx 卫星分别从东西两侧接近在轨失效的静止轨道导弹预警卫星"国防支援计划"-23（DSP-23），进行接近观测，配合调查 DSP-23 卫星失效原因。MiTEx 卫星验证的技术在军事航天领域具有重要应用潜力。

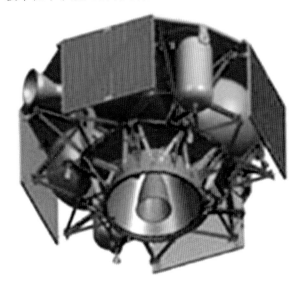

图 4-41　海军研究实验室研制的上面级

图 4-42　MiTEx-A 卫星

图 4 - 43　MiTEx - B 卫星

主要性能参数

MiTEx 上面级装载轻质大容量推进剂贮箱，1 个 400N 发动机和 6 个 22.5N 发动机，采用三轴稳定姿态控制方式，装有太阳翼和锂离子电池，还带有星敏感器，具有自主制导和控制能力。该上面级与火箭分离后能够在 5 天内将 MiTEx 卫星送入地球同步轨道。

MiTEx - A 和 B 卫星每颗卫星质量为 225kg，部署在地球静止轨道，入轨后进行了轨道机动和相互观测试验。这两颗卫星体积小，通过地面手段进行观测和监视具有难度，从而具备了一定的隐身能力。

Ridi Guanxi Guancetai

"日地关系观测台" STEREO

概　况

"日地关系观测台"（Solar TErrestrial RElations Observatory，STEREO）是美国研制的一组对日立体观测探测器。两个几乎完全相同的 STEREO 探测器于 2006 年 10 月 26 日由德尔它 - 2 火箭从卡纳维拉尔角采用一箭双星的方式发射。STEREO 探测器是美国国家航空航天局（NASA）"日地探测器"（STP）计划的一部分。项目主承包商为美国约翰霍普金斯大学应用物理实验室。STEREO 的主要科学目标是：研究太阳到地球的能量及物质流动，日冕物质抛射（CME）的三维结构及太阳高能粒子在低日冕区和行星际介质中的传播机制。这些物质与地球磁气圈相碰撞能够引发严重的磁暴，危及在轨卫星和航天员的安全。

主要性能参数

STEREO 探测器（见图 4 - 44）单个质量为 620kg。根据发射和最终轨道的相对位置，2 个 STEREO 探测器分别被命名为 STEREO A 和 STEREO B，它们一前一后，在距太阳 1.5 亿千米的日心轨道上，伴随地球绕太阳运行。设计寿命大于 3 年。

图 4 - 44　STEREO 探测器

STEREO 的主要有效载荷为日地关系日冕与日光层观测仪，该仪器由多台不同的望远镜组成，对日冕物质抛射实时拍照（见图 4 - 45）。其他有效载荷包括：粒子/日冕物质抛射瞬变原位测量仪、等离子体和超热离子成分分析仪（PLASTIC）、射电爆发跟踪仪等。有效载荷获得的实时观测数据被传回地球，由研究人员将其合成为三维图像。

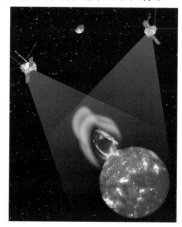

图 4 - 45　STEREO 观测日冕物质抛射

Zhanshu Weixing

"战术卫星"
TacSat

概　况

"战术卫星"（TacSat）是美国国防部"作战响应空间"（ORS）计划下发展的技术试验卫星，旨在利用小卫星开展一系列技术演示验证，更好地认识和理解响应空间技术实现的可行性。TacSat 为推动作战响应空间从体系设计向工程研制和能力部署转化提供重要支持。

TacSat 共包括 4 个卫星型号，TacSat - 1 和 Tac-Sat - 4 卫星项目由美国海军研究实验室负责；TacSat - 2 和 TacSat - 3 卫星项目由美国空军研究实验室负责。TacSat - 1 卫星项目于 2007 年 8 月取消。

TacSat - 2 卫星于 2006 年 12 月 16 日由美国米诺陶 - 1（Minotaur - 1）火箭发射。卫星在轨运行期间完成了快速成像验证任务，在一个过顶单圈，接收战场用户的成像任务需求，对目标成像，并通过 274Mbit/s 的下行链路将图像直接下传至战场用户；进行了天基和空基平台协作对无线电发射机的实时定位和识别；开展了天基自动船舶识别系统能力演示验证，为拥挤航线上复杂电磁环境下天基自动船舶识别载荷软硬件设计积累经验和数据；还完成了多次数天至 2 周时间的卫星在轨自主运行试验。2007 年 12 月 21 日，TacSat - 2 卫星终止工作。

TacSat - 3 卫星于 2009 年 5 月 19 日由美国米诺陶 - 1（Minotaur - 1）火箭发射。卫星在轨运行期间在 10min 内完成了成像、图像处理并传输到战术用户终端的演示验证；获取了超过 1600 幅高光谱图像，开展了 90 种不同类型的试验。2010 年 5 月，TacSat - 3 卫星完成为期 1 年的在轨试验任务后，卫星状态仍能够满足业务运行要求。2010 年 6 月，美国空军研究实验室将 TacSat - 3 卫星运行控制权移交给美国空军航天司令部（AFSPC），在剩余寿命期内作为实用系统为美军军事作战提供服务。2012 年 2 月 15 日，TacSat - 3 卫星终止工作。

TacSat - 4 卫星于 2011 年 9 月 27 日由美国米诺陶 - 4（Minotaur - 4）火箭发射。截至 2012 年 6 月 30 日，TacSat - 4 卫星在轨运行。

主要性能参数

（1）TacSat - 1 卫星

TacSat - 1 卫星设计质量 109kg，工作寿命 1 年，轨道高度 500km。卫星采用美国"轨道科学"（OSC）公司的"微星"（MicroStar）小卫星平台，外形为直径 1.05m、高 0.5m 的圆柱体；太阳翼从圆柱体两个截面处对称展开。卫星平台具有通用化接口，支持模块化有效载荷。TacSat - 1 卫星有效载荷主要包括射频通信侦察载荷和光学成像载荷。

（2）TacSat - 2 卫星

TacSat - 2 卫星（见图 4 - 46）质量 370kg，设计工作寿命 1 年，采用轨道高度 413km/424km、轨道倾角 40° 的近圆轨道。卫星采用"微卫星系统"（MSI）公司的小卫星平台，使用美国 2003 年取消的"21 世纪技术卫星"（Techsat - 21）雷达成像技术试验卫星的平台和部件。卫星采用三轴稳定控制方式，三轴指向精度优于 0.15°；太阳翼采用薄膜电池技术，功率 550W，带有 30A·h 的锂离子电池；配备小型化天地链路分系统，采用全向覆盖的两对贴片天线。

TacSat - 2 卫星共携带 13 个有效载荷，包括增强型商业成像仪、战术指示器试验系统、自动船舶

图 4 - 46　TacSat - 2 卫星

识别系统等，还包括星上处理试验、通用数据链、霍尔效应电推力器、大气密度探测仪等设备的技术验证。

增强型商业成像仪是 TacSat – 2 卫星的主有效载荷，由美国空军研究实验室、新星敏感器（Nova Sensor）公司和科学应用国际公司（SAIC）共同研制。该成像仪为一台推扫相机，望远镜采用 R – C 反射式光学系统，口径50cm，具有1个全色和3个多光谱通道，全色分辨率优于1m，幅宽5km。该成像仪获取的原始图像数据在星上实时处理成标准军用格式图像，并可直接下传至战术用户。

TacSat – 2 卫星还开展了"虚拟任务操作中心"（VMOC）概念验证。用户可通过基于 Web 的工具执行卫星任务控制，安排卫星有效载荷工作，可实时显示卫星遥测数据以及历史信息，监测卫星工作状态。

（3）TacSat – 3 卫星

TacSat – 3 卫星（见图 4 – 47）质量约400kg，设计寿命1年，目标寿命3年；采用轨道高度约460km、轨道倾角约40°的近圆轨道。卫星采用标准化、模块化卫星平台，三轴稳定控制方式，最大功率900W，采用 ORS 计划下开发的即插即用标准与接口，从而缩短设计、研制和总装测试时间。

TacSat – 3 卫星的有效载荷包括先进快速响应战术军用成像光谱仪、超光谱成像处理器、卫星通信试验载荷、卫星电子设备试验载荷以及通用数据链等。

先进快速响应战术军用成像光谱仪是一台高光谱成像仪，由美国雷声（Raytheon）公司研制，包括1台望远镜、1台成像光谱仪、1台高分辨率成像仪和处理器，载荷质量约170kg。望远镜采用标准的 R – C 反射式光学系统，口径35cm，光谱覆盖400～2500nm 的可见光和近红外谱段；成像光谱仪用于高光谱成像，光谱分辨率5nm；高分辨率成像仪提供全色图像。

超光谱成像处理器用于星上图像处理和存储，具有实时高光谱图像处理、图像存储、有效载荷控制和功率转换调节能力。经过星上数据处理，TacSat – 3 卫星将向作战用户提供标注有目标位置信息的全色图像，也可以发送该地区目标特性和位置坐标的文本信息，作战用户通过便携式终端方便地接收。

图 4 – 47　TacSat – 3 卫星

（4）TacSat – 4 卫星

TacSat – 4 卫星（见图 4 – 48）质量约450kg，设计工作寿命1年，采用轨道高度700km/12050km、轨道倾角63.4°的椭圆轨道。该卫星采用快速响应标准化卫星平台，平台质量270kg，采用三轴稳定控制方式，功率1kW。

TacSat – 4 卫星有效载荷主要为 UHF 频段通信载荷，提供动中通、数据渗漏和蓝军跟踪系统等业务。动中通是通过 UHF 频段提供移动卫星通信，支持美国"特高频后继星"（UFO）卫星和"移动用户目标系统"（MUOS）卫星的通信终端；蓝军跟踪系统支持目前美军蓝军跟踪系统服务水平较差的区域，收集 UHF 频段设备的跟踪数据；数据渗漏主要用于采集海军浮标收集的数据，并传送回处理站。

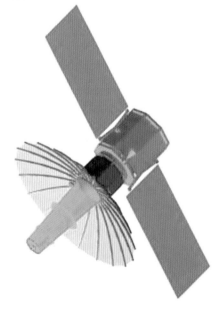

图 4 – 48　TacSat – 4 卫星

Guidao Kuaiche Weixing
"轨道快车"卫星
OE

概　况

　　"轨道快车"（Orbital Express，OE）是美国国防高级研究计划局（DARPA）负责实施的在轨服务技术验证项目。该项目由服务航天器"自主空间运输器和机器人轨道器"（ASTRO）和目标航天器"下一代卫星/补给航天器"（NextSat/CSC）两部分组成。ASTRO由美国波音公司研制，NEXTsat/CSC由美国鲍尔宇航技术公司研制。"轨道快车"项目的主要任务是验证利用自主航天器为在轨卫星加注推进剂、更换部件等在轨服务的可行性。

　　2007年3月9日，服务航天器ASTRO和目标航天器NextSat/CSC搭乘美国空军的宇宙神-5（Atlas-5）运载火箭成功发射。任务期间，服务航天器实现了与目标航天器的自主交会，接近与捕获，在轨推进剂输送与加注，在轨部件更换等任务，是一项成功的在轨服务演示验证项目。

主要性能参数

　　ASTRO和NextSat/CSC（见图4-49）运行在高度492km、倾角46°的圆轨道上。OE在轨验证任务期3个月，两个航天器设计寿命均为12个月。

　　ASTRO质量约为1100kg（包括推进剂），功率1.6kW，采用全球定位系统（GPS）和惯性导航系统（INS）导航，具有6自由度姿态控制能力。ASTRO携带有：交会和接近操作敏感器、机械臂、对

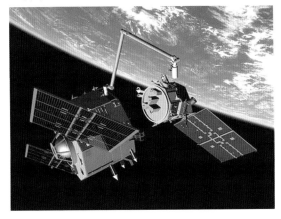

图4-49　ASTRO（左）与NextSat/CSC（右）

接机构、主动燃料管道连接和燃料输送部件、蓄电池和计算机在轨更换单元舱等各种在轨服务任务设备和部件。

　　NextSat/CSC质量224kg，功率0.5kW，具有姿态控制能力，没有轨道机动能力；装有固定太阳翼，标准化服务接口，如对接机构、燃料管道接口和贮箱、电池在轨替换单元舱等。

　　ASTRO与NextSat/CSC一共完成了6次轨道交会、5次捕获、15次推进剂输送与加注、7次蓄电池更换和1次星载计算机更换，操作成功率高达96%。

Kongjian Shiyan Jihua Weixing
"空间试验计划卫星"
STPSat

概　况

　　"空间试验计划卫星"（STPSat）是美国国防部"空间试验计划"（STP）下发展的技术试验卫星。STPSat卫星承担两类主要任务，一是对标准化卫星平台、火箭第二载荷适配器进行技术验证，降低STP计划的技术风险、节约研制成本；二是作为试验平台支持美国海军研究实验室、空军研究实验室等机构开发的大气环境、空间环境探测仪器进行演示验证。

　　截至2012年6月30日，美国研制并发射了2颗STPSat卫星。STPSat-1卫星主承包商是美国科通公司（Comtech），美国海军研究实验室提供试验载荷。2007年3月9日，STPSat-1卫星与"轨道快车"（Orbital Express）等多颗卫星由美国宇宙神-5（Atlas-5）火箭发射升空。2009年10月，卫星停止工作。

　　STPSat-2卫星主承包商为美国鲍尔宇航技术公司，美国空军研究实验室、海军研究办公室提供试验载荷。2010年11月20日，STPSat-2卫星与隼卫星-5（FalconSat-5）等多颗卫星由美国米诺陶-4（Minotaur-4）火箭发射，目前卫星仍在轨运行工作。

主要性能参数

　　STPSat-1卫星（见图4-50）运行于高度560km、倾角35.4°的圆轨道。卫星外形呈长方体构

型，底面为边长 0.608m 的正方形，高 0.964m，质量 164kg，采用三轴稳定控制方式。卫星平台采用模块化设计，绝大部分电子设备被集成到集成化电子模块中。卫星装有 4 副太阳翼，整星功率 171W。

STPSat - 1 卫星装有 2 个主要试验载荷。中层大气羟基空间外差光谱成像仪，是一台高分辨率紫外分光计，对波长 308nm 附近的中层大气羟基共振荧光进行探测，并验证利用空间外差光谱技术降低分光计质量、功率、体积需求的效果。另一个载荷是电离层断层扫描空间接收机，是一台三频段（VHF、UHF、L）接收机，探测电离层闪烁和折射对无线电波传输的影响，提供全球电离层密度和不规则性方面的探测数据。

STPSat - 1 卫星的另一项任务是对美国演进型一次性运载器系列火箭第二载荷适配器进行飞行验证。发射过程中，该适配器承载包括 STPSat - 1 卫星在内的 6 颗卫星，在两个不同轨道平面成功完成卫星入轨部署任务。

图 4 - 50　STPSat - 1 卫星

STPSat - 2 卫星（见图 4 - 51）的轨道高度为 641km/652km、轨道倾角为 72°。卫星外形为正方体构型，质量 180kg。卫星采用 STP 标准接口航天器计划下开发的通用卫星平台。这是该卫星平台的首次飞行验证。平台采用三轴稳定控制方式，具有标准化有效载荷接口，最多可支持四个独立的试验载荷，能够降低卫星研制成本、缩短研制周期。

STPSat - 2 卫星装有 2 个主要试验载荷。空间现象实验载荷，用于验证空间环境下探测器件的适用性。海洋数据遥测微卫星数据链载荷，用于海上数据采集，并利用空间路由技术将获取的数据迅速接入地面网络，支持数据快速开发和利用。

图 4 - 51　STPSat - 2 卫星

Gama Shexian Daquyu Kongjian Wangyuanjing Weixing

"伽马射线大区域空间望远镜" 卫星
GLAST

概　况

"伽马射线大区域空间望远镜"（Gamma - ray Large Area Space Telescope，GLAST）是美国研制的高功率 γ 射线空间天文观测卫星，是全球首个可进行 γ 射线全天时观测的空间望远镜，于 2008 年 6 月 11 日在卡纳维拉尔角由德尔它 - 2（Delta - 2）火箭发射。GLAST 由美国国家航空航天局（NASA）与美国能源部共同负责，主承包商为美国通用动力公司，另有法国、德国、意大利、日本和瑞典五国政府及科研机构提供资金和技术支持。项目总成本约 6.9 亿美元。GLAST 的主要科学目标是：研究活跃星系核、脉冲星、超新星遗迹中的粒子加速过程，探测新的 γ 射线源，研究 γ 射线背景、γ 射线暴等。

2008 年 8 月 26 日，GLAST 更名为"费米伽马射线空间望远镜"（Fermi Gamma - ray Space Telescope），以纪念高能物理先驱、美国科学家恩里科·费米。

主要性能参数

GLAST（见图 4-52）收拢时高 2.8m，直径 2.5m，发射质量 4277kg，运行在高度 550km、倾角 28.5°、轨道周期 95min 的圆轨道上。

图 4-52 GLAST 卫星

GLAST 的有效载荷包括一台大区域望远镜和一台 γ 射线暴监测器。大区域望远镜是主有效载荷，能够探测能量范围 30MeV~300GeV 的 γ 射线，视场角为 2.5sr，视野覆盖约 20% 的天空。大区域望远镜已获取到具有科学价值的观测图像数据，其中一幅图像清晰地显示出银河系中的发光气态物质、闪烁的脉冲星及一个距离地球数十亿光年的明亮星系。

γ 射线暴监测器用于确定伽马射线暴的位置，引导大区域望远镜调整指向，对准 γ 射线暴源。γ 射线暴监测器使用 14 个闪烁器，其中包括 12 个低能碘化钠闪烁探测器（探测范围 8keV~1MeV）和 2 个锗酸铋闪烁探测器（探测范围 150keV~30MeV）。

Xingji Bianjie Tanceqi Weixing
"星际边界探测器" 卫星
IBEX

概　况

"星际边界探测器"（Interstellar Boundary Explorer，IBEX）是美国研制的天文卫星（见图 4-53），于 2008 年 10 月 19 日由飞马座-XL（Pegasus-XL）火箭在夸贾林岛发射。IBEX 是美国国家航空航天局（NASA）"小型探险者"（SMEX）计划的一部分，由美国西南研究院负责管理，由轨道科学公司建造 IBEX 卫星并提供飞马座-XL 运载火箭，NASA 戈达德 SMEX 办公室承担项目管理工作。IBEX 首次对太阳系的远边界进行全范围观测，首次绘制出高清晰度的全天空空间图。

图 4-53 IBEX 卫星

主要性能参数

IBEX 采用轨道科学公司的 "微星"（MicroStar）平台，卫星质量 106kg，功率 82W。采用自旋稳定对日定向，为避免被地球磁气圈产生的高能中性原子污染，IBEX 工作在 7000km/320000km 的高地球轨道上，2011 年 6 月近地点提升至 43500km。设计任务寿命为 2 年，2011 年任务完成后 NASA 宣布将其观测任务延长至 2013 年。

IBEX 的主要有效载荷包括高能（见图 4-54）和低能 2 台窄角成像敏感器。这 2 台敏感器的观测范围有部分重叠，用以在飞行中对数据进行相互校准，提高观测数据质量。

图 4-54 IBERX 卫星
左侧金色圆环为高能窄角成像敏感器

Kaipule Tanceqi

"开普勒" 探测器
Kepler

概 况

"开普勒"（Kepler）是美国研制的空间天文观测台，是全球首个用于探测太阳系外类地行星的探测器（见图 4 – 55），于 2009 年 3 月 7 日在美国卡纳维拉尔角用德尔它 – 2（Delta – 2）火箭发射。Kepler 是美国国家航空航天局（NASA）"发现"（Discovery）计划中的第 10 个任务，以 17 世纪德国天文学家开普勒的名字命名。Kepler 的建造和初期运行由 NASA 喷气推进实验室管理，鲍尔宇航技术公司负责卫星研制，NASA 艾姆斯研究中心负责地面系统的研制、任务运行和科学数据分析。整个项目成本近 6 亿美元。

天文学家认为类地行星上可能孕育生命，因而具有重要研究意义。Kepler 将观测银河系的天鹅座与天琴座区域中大约 10 万个类似于太阳系的恒星系统，寻找类地行星和生命存在的迹象。截至 2011 年 12 月，Kepler 共发现 2326 颗候选行星，其中 207 颗与地球大小相似、680 颗是"超级地球"。此外，发现 48 颗候选行星位于可居住区。

图 4 – 55　Kepler 探测器

主要性能参数

Kepler 在地球附近的一条日心轨道上绕太阳飞行，其运行轨道和地球轨道基本重合，周期约为 372d。Kepler 主体呈圆筒状，高 4.7m，直径约 2.7m，总发射质量为 1052.4kg。太阳电池阵输出功率 1100W。设计寿命为 3.5 年，2012 年经 NASA 内部评审委员会评估，认为其运行良好，潜能很大，计划延长使用至 2016 年。

Kepler 的主要有效载荷是光度计。光度计装有直径为 0.95m 的透镜，焦平面为 9500 万像素的 CCD 阵，用于捕获太阳系外行星产生的微弱的光度变化（见图 4 – 56）。

图 4 – 56　Kepler 上光度计的焦平面阵

Kuanshichang Hongwai Celiang Tanceqi Weixing

"宽视场红外测量探测器" 卫星
WISE

概 况

"宽视场红外测量探测器"（Wide – field Infrared Survey Explorer，WISE）是美国研制的红外波段空间望远镜（见图 4 – 57），用于近红外和中红外波段的天文观测，于 2009 年 12 月 14 日用德尔它 – 2（Delta – 2）运载火箭从范登堡发射升空。WISE 是美国国家航空航天局（NASA）与英国、荷兰合作的红外天文观测项目，主要由 NASA 出资，NASA 喷气推进实验室管理。项目承包商包括：鲍尔宇航技术公司、美国罗克韦尔自动化公司、洛克希德·马丁公司和空间动力学实验室等。获取的科学观测数据在美国加州理工学院的红外处理与分析中心进行处理。

WISE 的主要科学目标包括：寻找宇宙中最亮的

星系和距离太阳最近的恒星，探测小行星带内直径大于3km的小行星，推动对星系中恒星形成历史等的广泛研究，并为"詹姆斯·韦伯空间望远镜"（JWST）提供重要的天体编目。

图4-57　WISE卫星

主要性能参数

WISE质量661kg，采用三轴稳定控制方式，平均功率301W，运行在高度500km的太阳同步轨道上，设计任务寿命为7个月。

WISE的主要有效载荷是一台四通道红外望远镜，可扫描整个天空。每天4次将获取的数据和图像下传到地面。利用这些数据和图像，研究人员能构建一幅覆盖整个天空的图谱，列出所有探测到的天体。

X-37B Guidao Shiyan Feixingqi
"X-37B轨道试验飞行器"
X-37B OTV

概　况

"X-37B轨道试验飞行器"（X-37B Orbital Test Vehicle，X-37B OTV）是美国空军和美国国防高级研究计划局共同研制的一种具备天地往返能力的无人航天器，美军编号为USA-212。这种航天器搭乘运载火箭垂直发射，任务完成后，可自主实施大气再入并水平着陆，能够重复使用，现阶段主要用于开发和试验操作概念，进行可重复使用技术以及部组件的飞行试验验证。

20世纪90年代中期美国空军、美国国家航空航天局（NASA）等部门合作开展X-40、X-37技术试验飞行器项目，研制了飞行样机并进行了多次低空低速空中投放飞行着陆试验。在此基础上，美国军方启动X-37B OTV项目。

截至2012年6月30日，美国已发射并回收了两架X-37B OTV。X-37B OTV-1于2010年4月22日由宇宙神-5运载火箭发射，在轨运行225d后安全返回地球。X-37B OTV-2于2011年3月5日，同样由宇宙神-5运载火箭发射，在轨运行469d后于2012年6月16日返回地球。

主要性能参数

X-37B OTV机身长8.9m，高2.9m，翼展4.5m，发射质量4990kg，气动外形源自航天飞机，尺寸约为航天飞机的四分之一，二者具有相近的升阻比。X-37B OTV设计在轨运行时间为270d，设计转场时间（返回地球到再次发射的时间）72h。X-37B OTV-1运行在轨道高度401km/422km、倾角40°的轨道上，X-37B OTV-2运行在轨道高度315km/341km、倾角43°的轨道上。

X-37B OTV采用模块化机体设计。载荷舱位于机体背部，可携带约250kg的试验设备，且可根据任务目标选择不同的载荷，支持情报、监视和侦察（ISR）、空间控制和空间技术试验验证等多种任务。机体内部设有GPS/惯性导航系统、自动返回着陆系统、推进系统等。

作为一种可重复使用航天器，X-37B OTV的机翼前缘采用了新型耐高温材料强化单体纤维抗氧化陶瓷瓦，可承受再入大气层时超过1650℃的高温，防热性能超过航天飞机机翼前缘使用的碳-碳材料。X-37B OTV带有太阳翼，在轨部署后能够从载荷舱伸出展开（见图4-58）。蓄电池采用锂离子蓄电池。

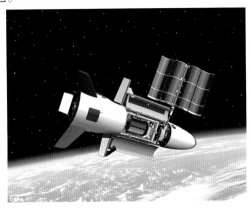

图4-58　X-37B在轨展开

X－37B OTV－1 主要进行三个方面的技术演示验证：一是验证自身性能，确保满足设计指标要求，主要包括热防护系统、先进机体技术、电子设备和自主导航系统的演示验证试验，并收集以马赫数为 25 的速度进行大气再入的相关数据；二是将 X－37B OTV 作为可重复使用的空间试验平台，开展包括卫星敏感器、分系统、部组件等技术的在轨验证；三是验证快速再次发射能力，减少地面维护工作量和时间，降低运行和维护成本。

X－37B OTV－2 的任务是进一步评估 X－37B OTV 的性能，包括扩展飞行包线，增强横向机动，在更强侧风条件下着陆等；还将对 X－37B OTV 的先进防热系统、能源系统以及自动着陆系统等开展持续的测试。此外，X－37B OTV－2 还进行了保密的卫星技术试验验证。

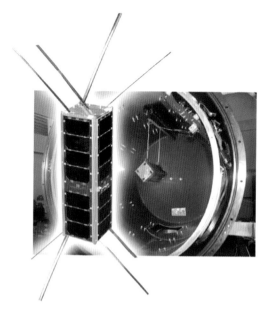

图 4－59　SMDC－ONE 卫星

Kongjian Yu Daodan Fangyu Silingbu Zuozhan Naweixing Xiaoguo Weixing

"空间与导弹防御司令部－作战纳卫星效果" 卫星 SMDC－ONE

概　况

"空间与导弹防御司令部－作战纳卫星效果"（Space and Missile Defense Command Operational Nano-satellite Effect，SMDC－ONE）卫星（见图 4－59）是美国陆军空间与导弹防御司令部（SMDC）负责实施的纳卫星计划。美国杜科蒙（Ducommun）公司负责探测器研制并于 2009 年 4 月 28 日向美国陆军交付了首批 8 颗卫星。该计划的主要目标是验证快速设计和开发低成本军用航天器的技术，要求具备 12 个月以上的工作寿命，且单星成本不超过 35 万美元。

2010 年 12 月 8 日，该计划的第一颗卫星 SMDC－ONE 1 由美国猎鹰－9（Falcon－9）火箭发射，主要用于战场战术通信和数据采集。由于运行轨道高度较低，SMDC－ONE 1 卫星在轨运行 35d 后于 2011 年 1 月 12 日再入大气层烧毁。该卫星实现了两地面站之间的数据中转传输，飞行验证任务获得成功。美国陆军空间与导弹防御司令部还计划部署多颗 SMDC－ONE 卫星，以验证持久战术通信能力，评估纳卫星星座性能。

主要性能参数

SMDC－ONE 1 卫星轨道高度为 288km/301km、轨道倾角为 34.5°。卫星是 3 单元的立方体卫星（3U CubeSat），外形呈长方体，长 0.3m，质量 4.5kg。卫星外部体装太阳电池片。卫星装有 UHF－VHF 频段无线电收发机，卫星一端装有 4 根 VHF 频段发射天线，另一段装有 4 根 UHF 接收天线。

Heguangpu Wangyuanjing Zhenlie Weixing

"核光谱望远镜阵列" 卫星 NuSTAR

概　况

"核光谱望远镜阵列"（Nuclear Spectroscopic Telescope Array，NuSTAR）是美国研制的 Wolter I 型 X 射线空间望远镜，首次采用掠射技术对 5～80keV 的硬 X 射线源（尤其是核光谱）直接成像，于 2012 年 6 月 13 日在夸贾林岛用飞马座 XL（Pegasus－XL）火箭发射。NuSTAR 是美国国家航空航天局（NASA）"小型探险者"（SMEX）计划中的第 11 个任务（SMEX－11），平台由美国轨道科学公司制造，星载设备由加州理工学院、喷气推进实验室、加州大学伯克利分校、哥伦比亚大学、NASA 戈达德航天飞行中心、劳伦斯利佛莫尔国家实验室及丹麦技术大学等机构提供。

NuSTAR 的主要科学目标是探测质量超过太阳 10^{10} 倍的宇宙黑洞，了解活动星系核中粒子的加速机制，并研究超新星遗迹。NuSTAR 已拍摄到银河系中心一个超大质量黑洞的第一批图像。

主要性能参数

NuSTAR（见图 4 – 60）质量 350kg，设计工作寿命 2 年，运行在高度 550km、倾角约 6° 的轨道上。

NuSTAR 使用两组掠射式聚焦光学系统，每组包括 133 个同心锥体。光学系统由丹麦技术大学和哥伦比亚大学开发，总长度为 450mm，最大半径为 191mm，焦距为 10.15m。2 台掠射镜分别对同一目标成像，然后经地面处理后合并成所需图像。2 台掠射镜的焦平面各有 4 个 32×32 像素的镉锌碲半导体敏感元件，其外壳用碘化铯晶体作为屏蔽，排除背景干扰。

NuSTAR 采用折叠结构，掠射镜与焦平面/探测器之间用伸缩杆相连，以减小体积和质量。伸缩杆在发射时呈折叠状态放置，入轨后依据地面指令逐级展开伸长至 10m，掠射镜一端指向探测器的 2 台星载激光测量仪，在全过程中精确校准光路。

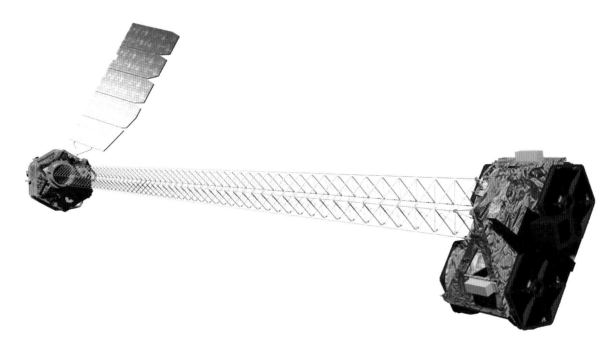

图 4 – 60　NuSTAR 卫星

欧洲航天局

空间科学卫星始终在欧洲的空间计划中占有重要的地位。欧洲航天局自1975年成立后制定了一系列长期、连续的空间科学卫星计划：1984年开始实施了"地平线－2000"计划；1995年后续任务"地平线－2000＋"计划获得批准。在"地平线－2000"计划中，欧洲航天局发射了以"X射线多镜面任务"卫星、"国际伽马射线天体物理学实验室"卫星、"赫歇尔"、"普朗克"望远镜为代表的大型空间天文台项目，对早期宇宙中星系的形成和演化，行星、彗星和小行星等天体表面和大气层的化学成分等进行了研究，获得了大量天文学科研突破。在2005—2015年期间，"地平线－2000＋"计划有10多项科学任务已经或即将进入空间飞行。2005年欧洲航天局启动"宇宙远景2015—2025"科学计划，并于2007年开始征集首批任务议案，首批选定的计划包括与NASA、JAXA合作的太阳系探测任务以及研究暗物质的近红外探测器、中红外/远红外天文望远镜、X射线天文台等空间天文学任务。根据未来10~20年欧洲的科学卫星规划目标，国际合作将继续在欧洲科学卫星发展中发挥关键的作用。

欧洲技术试验卫星多为各国的独立项目，欧洲航天局在技术试验卫星领域还没有发展成一定规模和形成长期、稳定的卫星系列。"星上自主项目"（Project for On-Board Autonomy，PROBA）卫星是欧洲首个用于技术验证的低成本小卫星系列，该系列包括PROBA－1、2、3和PROBA－5共4颗卫星，其中PROBA－1、PROBA－2卫星分别于2001年和2009年发射，主要验证新的卫星自主技术、小卫星三轴控制技术和数据系统技术；后续将要发射的PROBA－3和PROBA－5卫星将验证用小卫星支持对地观测的能力和多个航天器编队飞行技术。

Lunqin Weixing
"伦琴卫星"
ROSAT

概　况

"伦琴卫星"（Roentgen Satellite，ROSAT）是由欧洲航天局（ESA）牵头，德国、美国、英国联合研制的一颗X射线天文卫星，为纪念发现X射线的德国物理学家伦琴而命名。

ROSAT的承包商为德国道尼尔（Dornier）公司，于1990年6月1日由德尔它－2（Delta－2）火箭在美国卡纳维拉尔角发射。

1990年7月4日，ROSAT开始了为期6个月的全天空观测。1991年5月和1993年11月，星上的Y轴和X轴陀螺相继失效，卫星靠磁强计和太阳敏感

器定向，指向能力下降20%。1999年卫星在轨失效。

ROSAT卫星探测到了150000个X射线源，取得的重要成果包括拍摄到了月亮的X射线照片，观测了超新星遗迹和星系团的形态，探测了分子云发出的弥散X射线辐射阴影，观测了孤立中子星、苏梅克－列维9号彗星与木星碰撞发出的X射线，发现了彗星的X射线辐射等。

主要性能参数

ROSAT卫星（见图4－61）采用箱式结构，总质量2426kg，载荷1555kg，轨道高度近地点580km，远地点584km，倾角53°。卫星配有3块太阳能电池板，可在轨展开，最大供电1kW。卫星实时数据传输速率为8kbit/s，上行频率为2096MHz和2771MHz，下行频率为2276.5MHz。

ROSAT卫星搭载两组观测设备可同时对X射线和紫外线进行观测：4层沃尔特I型掠射式望远镜，

可观测波长范围0.6~10nm 的软 X 射线，其最大口径83.5cm，焦距240cm，分辨率小于10″；宽视场照相机，可观测波长范围在 6~30nm 的极紫外线，最大口径57.6cm，焦距52.5cm，视场5°。

图 4-61 ROSAT 卫星

Youlika Weixing
"尤里卡" 卫星
EURECA

概 况

"尤里卡" 卫星（European Retrievable Carrier，EURECA）是欧洲航天局的可回收实验卫星，全称为欧洲可回收平台，主要用于微重力环境下的材料、生命科学和放射生物学等方面的研究。

EURECA 卫星的主承包商为德国的 MBB/ERNO 公司，原计划研制 3 颗卫星，但最终只研制了 1 颗，即 EURECA-1。卫星于 1992 年 7 月 31 日由美国航天飞机 "阿特兰蒂斯" 送入轨道，于 1993 年 7 月 1 日由 "奋进" 航天飞机回收。按照最初计划，EURECA-1 将重复使用，通过 5 次发射来完成不同的实验任务，但后续 4 次发射计划最终被取消。2000 年 EURECA-1 被放置于瑞士卢塞恩交通博物馆中供游客参观。

主要性能参数

EURECA-1 采用高强度碳纤维骨架，星体为长方体结构，卫星质量 4491kg（见图 4-62）。卫星轨道高度近地点 484km，远地点 509km，倾角 28.5°，周期 94.6min。

EURECA-1 采用一对可伸展的太阳翼以及 4 组 40A·h 的镍镉充电电池供电，三轴姿态稳定。热控制系统采用了主动和被动相结合的方式：主动的热交换装置采用氟利昂制冷循环的方式，将热量由散射片导出；被动热控系统则使用多层隔热层，实现对热量的隔离。EURECA-1 还配有一个轨道转移装置，由 4 个推力器组成，可以将卫星从工作轨道转移至回收轨道。

星上搭载了溶液增长设备（比利时）、蛋白质结晶设备（德国）、宇宙生物学与辐射组件（德国）、多炉装置（意大利）、自动镜面反射炉（德国）、表面附着力测试仪（意大利）、高精度恒温仪（德国）、太阳常量与变量测试仪器（比利时）、太阳光谱仪（法国）、掩星辐射测量仪（比利时）和广角望远镜（丹麦）等多个国家的实验载荷。

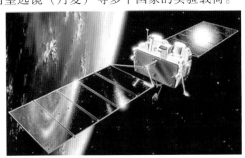

图 4-62 EURECA-1 卫星

X Shexian Duojingmian Weixing
"X 射线多镜面" 卫星
XMM

概 况

"X 射线多镜面"（X-ray Multi-Mirror，XMM）卫星（见图 4-63）是欧洲航天局的大型空间天文观测项目，是欧洲地平线-2000 计划的第二个里程碑项目。卫星由德国多尼尔卫星系统公司研制，耗资约 5 亿欧元，于 1999 年 12 月 10 日由阿里安-5 火箭从欧洲航天局的圭亚那航天中心发射。

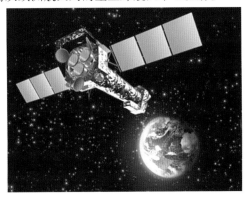

图 4-63 XMM 卫星

XMM 卫星光学接收面积大、灵敏度高，适于观测脉冲星、黑洞和发出 X 射线的活动星系等天体。利用该卫星的科学观测成果，欧洲天文学界获得了多项突破，如观测到迄今在遥远宇宙所能看到的最大的星系团，这个庞大的星系团证明了暗能量的存在。

主要性能参数

XMM 卫星发射质量 3800kg，长 10m，太阳翼展开后 16m，采用三轴稳定控制方式，指向精度为 1″。卫星运行在近地点高度 7406km、远地点高度 114000km、轨道倾角 40°的大椭圆轨道上。

卫星上搭载的主要科学仪器有：3 台掠射式 X 射线望远镜，每台望远镜由 58 个同轴镜片组成，直径 0.3～0.7m，长 0.6m，焦距为 7.5m；1.5keV 总接收面积达到 4650cm²，8keV 总接收面积达到 1800cm²。3 台欧洲光子成像照相机，工作能谱范围为 0.2～12keV，位于 X 射线望远镜的焦平面上，用于 X 射线成像、X 射线测光和中等分辨率分光测量，其中 2 台为金属氧化物半导体照相机，由 7 块不共面的 CCD 芯片组成；另一台为 PN 照相机，由 12 块共面的 CCD 芯片组成。2 台反射式光栅分光仪，位于 X 射线望远镜的焦平面上，可以获得高分辨率的 X 射线光谱。

XMM 卫星还携带粒子探测器，用于测量地球辐射带和太阳耀斑的辐射水平；光学/紫外监测器，安装在望远镜支撑平台上，是一个口径 30cm、焦距 3.8m 的 R－C 式光学/紫外望远镜。

Tuanxing Weixing
"团星"卫星
Cluster

概　况

"团星"（Cluster）卫星是由欧洲航天局（ESA）提出并研制的一组科学卫星，主要用于地球磁层探测和研究。

Cluster 计划（现称为 Cluster 1 计划）于 1985 年底提出。Cluster 1 的 4 颗卫星于 1996 年 6 月 4 日由欧洲航天局新研制的阿里安－5（Ariane－5）火箭在法属圭亚那航天中心发射，由于火箭飞行程序软件出现问题导致火箭爆炸，发射失败。

新的 Cluster 计划，即 Cluster 2，于 1997 年 4 月

4 日正式启动，由阿斯特里姆公司开发。Cluster 2 的 4 颗卫星分为两组分别于 2000 年的 7 月 16 日和 8 月 9 日由联盟－U（Soyuz－U）运载火箭成功发射。这 4 颗卫星与中国发射的探测－1、2 卫星相互配合，完成了世界上第一次对地球空间的六点立体探测。

主要性能参数

Cluster 2（见图 4－64）和 Cluster 1 一样，包括 4 颗相同的卫星。这 4 颗卫星在空间可构成一个四面体星座，各卫星之间的距离能够根据科学研究的要求进行调控，从而有效地对磁层空间进行三维探测。

Cluster 2 单星质量 1200kg，推进剂 650kg，载荷 71kg。星体为圆柱形，直径 2.9m，高 1.3m，表面贴有太阳能电池，平均功率为 0.224kW，采用自旋稳定。卫星轨道高度近地点 23600km，远地点 127000km，倾角 90.5°，周期约 57h。

每颗卫星载有通量门磁强计、电子漂移探测器、离子谱仪等 11 台科学仪器，磁场探测设备分别置于两个长 5m 的伸展杆上。卫星的数据传输速率为普通模式 16.9kbit/s，突发模式 105kbit/s。星上配有存储量为 1Gbit 的磁介质数据存储设备。

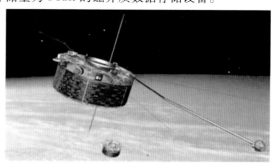

图 4－64　Cluster 2

Xingshang Zizhu Xiangmu Weixing
"星上自主项目"卫星
PROBA

概　况

"星上自主项目"（Project for On-Board Autonomy，PROBA）卫星属于欧洲航天局（ESA）的技术验证计划，资金来自"通用支持技术计划"（GSTP）。PROBA 均为小型、低成本卫星，主要用于验证新的航天器研发方法和技术，同时卫星还可

携带科学有效载荷。PROBA 系列包括 PROBA - 1、2、3 和 PROBA - 5 共 4 颗卫星，其中 PROBA - 1 卫星是欧洲用于技术验证的低成本小卫星，于 2001 年 10 月 22 日发射，由欧洲和加拿大的 18 家承包商共同研制，主要验证新的卫星自主技术、小卫星三轴控制技术和数据系统技术；PROBA - 2 由英国奎奈克空间公司制造，于 2009 年 11 月 2 日发射，卫星验证了新型锂电池、先进数据和电源管理系统、碳纤维和铝合金混合结构面板、新型反作用轮、星跟踪器和 GPS 接收机、数字太阳敏感器、极高精度磁强计、氙离子推进系统、X - CAM 微型相机等 17 项新技术，还开展 2 项太阳观测实验和 2 项空间气象实验；PROBA - 5 计划于 2012 年中后期发射，验证用小卫星支持对地观测的能力；PROBA - 3 计划在 2015—2016 年间发射，将验证多航天器编队飞行所需的技术。

主要性能参数

PROBA - 1 卫星（见图 4 - 65）质量 94kg，运行在近地点 561km、远地点 681km，轨道倾角 97.9°的太阳同步轨道上。卫星上装有 2 台成像仪器：质量为 14kg 的小型高分辨率成像光谱仪，主要用于环境监测、农林预测和海洋科学等；全色高分辨率相机，可提供分辨率为 5m 的全色图像。卫星还带有 2 台环境探测仪，空间辐射环境监测器用于监测空间气象和空间环境；空间碎片在轨评估器用于监测低地球轨道和太阳同步轨道上的空间碎片。

图 4 - 65　PROBA - 1 卫星

PROBA - 2 卫星（见图 4 - 66）质量 130kg，运行在高度 757km、轨道倾角 98.3°的太阳同步轨道

上。卫星采用三轴稳定方式，可利用星载计算机进行自主导航，热控采用被动和主动相结合的方式。

图 4 - 66　PROBA - 2 卫星

"国际伽马射线天体物理学实验室"卫星
INTEGRAL

概　况

"国际伽马射线天体物理学实验室"（International Gamma-Ray Astrophysics Laboratory，INTEGRAL）卫星是欧洲航天局主导，俄罗斯、美国、捷克和波兰参与研制的伽马射线天文卫星（见图 4 - 67），对宇宙进行硬 X 射线和软伽马射线成像观测。卫星由泰雷兹·阿莱尼亚航天公司研制，于 2002 年 10 月 17 日由"质子"火箭从拜克努尔航天发射中心发射，截至 2012 年 6 月仍在轨运行。

INTEGRAL 是"康普顿伽马射线天文台"（Compton Gamma Ray Observatory）的后继型号，卫星上同时安装了 X 射线望远镜和光学望远镜，是全球第一个可在 X 射线、伽马射线和可见光波段对宇宙天体进行多波段联合观测的卫星，主要目的是探测伽马射线暴引发的剧烈爆炸、超新星爆炸以及宇宙中可能存在黑洞的区域。INTEGRAL 成功地探测到微弱的 GRB031203 伽马射线暴，绘制了伽马射线的银道面，了解到新化学元素的形成过程。

图4-67　INTEGRAL卫星

主要性能参数

卫星运行在近地点9000km、远地点155000km、倾角51.6°的地球椭圆轨道上。INTEGRAL主要由服务舱和有效载荷舱两部分构成。为节省成本，卫星服务舱延用了"XMM-牛顿"卫星的服务舱设计。卫星质量约4100kg，其中有效载荷舱质量2000kg。卫星在收拢状态下高5m，直径3.5m；卫星有效载荷包括：主光谱仪，可观测20keV～8MeV的伽马射线辐射；星载成像仪，可观测10keV～15MeV的伽马射线辐射；X射线监测器，可观测3～35keV的X射线；光学监测相机，观测波长范围为500～600nm。

Hexie'er Wangyuanjing

"赫歇尔"望远镜
Herschel

概　况

"赫歇尔"（Herschel）望远镜是欧洲航天局研制的大型红外空间探测器（见图4-68），为纪念发现红外线的英国天文学家威廉·赫歇尔而命名。Herschel由泰雷兹·阿莱尼亚航天公司研制，于2009年5月14日和"普朗克"一同由阿里安-5（Ariane-5）火箭在法属圭亚那库鲁发射场发射，在拉格朗日-2点（L2）探测被地球大气层阻挡而无法到达地球表面的亚毫米波和远红外区域的光谱，以揭示宇宙现象。Herschel探测到大量远红外范围的宇宙星体，还观测了宇宙尘埃和气体，探索了银河系之外恒星的形成。

Herschel望远镜主要用于研究早期宇宙中星系的形成和演化；恒星形成及其与星际介质之间的交互作用；研究行星、彗星和小行星等天体的表面和大气层的化学成分。Herschel望远镜任务成本共计11亿欧元。

图4-68　Herschel望远镜

主要性能参数

Herschel高7.4m，宽4m，发射质量3400kg，功率1500W。卫星由服务舱和有效载荷舱构成，服务舱装有电源、姿态控制、数据处理和通信等系统，以及非致冷型科学仪器；有效载荷舱装有望远镜、光学平台和需要冷却的仪器（包括探测器和冷却系统）。

Herschel的星载望远镜是一台卡塞格伦望远镜，其主镜质量为240kg，直径3.5m，由12个小镜片组合而成。望远镜由碳化硅制成，具有质量轻、抗挤压、抗腐蚀，受温度变化影响小等特点。

Herschel携带了3台科学仪器，其中：远红外外差测量仪，是一台高分辨率的外差光谱仪；光电探测器阵列相机和光谱仪，由一台彩色相机和一个中分辨率光栅光谱仪组成；光谱和光度计成像接收机，由一台彩色相机和一个傅里叶变换光谱仪组成。

"普朗克"望远镜
Pulangke Wangyuanjing
Planck

概 况

"普朗克"（Planck）望远镜（见图4-69）是欧洲航天局研制的欧洲第一个研究宇宙大爆炸遗留物辐射，即宇宙微波背景辐射的探测器，以量子力学创始人——德国物理学家马克斯·普朗克名字命名。Planck由泰雷兹·阿莱尼亚航天公司研制，于2009年5月14日和"赫歇尔"望远镜一起由阿里安-5（Ariane-5）火箭在法属圭亚那航天中心发射，在拉格朗日-2点测量宇宙微波背景，探测宇宙微波背景的微小温度变化，并将宇宙微波背景从前景信号中分离出来。

Planck的任务是测量宇宙微波背景各向异性，确定宇宙空间曲率、哈勃常数及宇宙粒子密度等宇宙基本参数；探测宇宙微波背景特征信号；利用亚毫米辐射测热仪测量1000个以上星团的运转速度，从而对宇宙结构形成理论提供强有力的验证，并提供有关宇宙平均质量密度信息。整个任务成本共计7亿欧元。

主要性能参数

Planck高4.2m，横截面最大直径4.2m，发射质量约1950kg，包括服务舱和有效载荷舱。服务舱装有电源、姿态控制、数据处理和通信等系统，以及对温控要求不高的科学仪器。有效载荷包括望远镜、光学平台和一部分需要冷却的仪器。

Planck上的望远镜是一台带有遮挡板的离轴格利高里望远镜，其主镜面积为1.75m×1.5m。Planck携带了2台仪器，低频仪器是由高电子迁移率晶体管组成的无线电接收机阵列，在其焦平面上有22个无线电接收机阵列，可在温度20K以下工作，工作频率为30~70GHz；高频仪器是一个三角形测热辐射微波探测器阵列，由52个辐射测热计组成，装有中子转换器和锗电热调节器，工作频率为100~857GHz。为了保护星上仪器不受卫星排放热量和来自太阳、地球及月球微波辐射的影响，卫星上安装了一个黑色遮挡板，能把探测器冷却到60K。

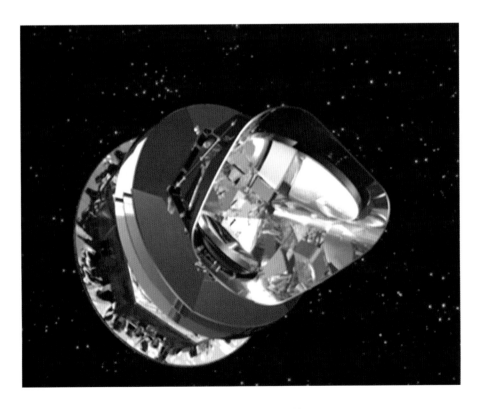

图4-69 Planck望远镜

日 本

日本于 1970 年 2 月 11 日成功发射了第一颗技术试验卫星"大隅",成为继苏联、美国和法国之后第四个自主研制并发射卫星的国家。为了开发和验证卫星技术,日本科学技术厅宇宙开发事业团(NASDA)/日本宇宙航空研究开发机构(JAXA)主导研制并发射了"工程试验卫星"(ETS)和"任务验证卫星"(MDS)等多颗技术试验卫星。天文卫星方面,日本发射了用于 X 射线观测、红外天文观测、太阳观测的"天文"(Astro)卫星和"太阳"(Solar)卫星等卫星。

Dayu Weixing
"大隅"卫星
Ohsumi

概 况

"大隅"(Ohsumi)卫星是一颗技术试验卫星,也是日本自主研制并发射的首颗卫星,由日本东京大学宇宙航空研究所负责设计、日本电气公司研制。自 1966 年 9 月,日本用 L-4S 火箭发射卫星,经过 4 次失败后于 1970 年 2 月 11 日在日本鹿儿岛内之浦发射场发射成功了"大隅"卫星。为防止航天技术用于军事,L-4S 火箭未能安装控制导航系统。"大隅"卫星的发射使日本成为继苏联、美国和法国之后第四个有能力用本国火箭发射卫星的国家。

主要性能参数

"大隅"卫星(见图 4-70)由 L-4S-5 火箭第四级的球形发动机和与球形发动机相连的截圆锥状的测量仪舱段组成,仪器舱外配备了 2 副鞭状天线和 4 副无线电信标天线。卫星全长约 1m,球形固体发动机的直径为 48cm,质量 23.8kg。测量仪舱段装有加速度测量仪、温度计、遥测发射机、信标发射机、导频发射机等仪器,使用容量 5A·h 的氧化银-亚铅电池,设计寿命 30h。

"大隅"卫星目标轨道的远地点高度为 2900km、近地点高度为 530km,由于第 4 级火箭推力过剩,实际进入的轨道是远地点高度为 5151km、近地点高度为 337km 的椭圆轨道。卫星发射后由于火箭发动机隔热系统的问题,卫星本体温度比预计高,导致电池损耗过快,电源容量急剧下降,仅供电 14~15h,卫星在断电后无法发送信号,终止工作。

图 4-70 "大隅"卫星

Gongcheng Shiyan Weixing
"工程试验卫星"
ETS

概 况

"工程试验卫星"(Engineering Test Satellite,ETS)是宇宙开发事业团(NASDA)/日本宇宙航空研究开发机构(JAXA)负责研制的一系列技术试验卫星,用于验证火箭性能和开发卫星技术。目前日本已经发射从 ETS-1 到 ETS-8 共 8 颗卫星。表 4-6 列出了 ETS-1 到 ETS-8 的发射日期、终止日期、目的及主承包商。

表4-6 "工程试验卫星"概况

卫星	发射日期	终止日	目的	主承包商
ETS-1	1975-9-9	1982-4-28	演练火箭发射技术,掌握N-1火箭性能、卫星的入轨、追踪、控制等卫星发射技术,与卫星在轨控制技术	日本电气公司
ETS-2	1977-2-23	1990-12-10	验证地球同步卫星的发射技术和追踪管控技术、轨道和姿态控制技术,掌握卫星在轨运行状况和携带设备在太空环境下的性能,以及验证机械消旋天线的性能	三菱电机
ETS-3	1982-9-3	1984-12-24	验证地球观测卫星所需的三轴控制技术,以及确认太阳翼展开性能、主动热控功能和电推进装置的运行等试验	东芝公司
ETS-4	1981-2-11	1984-12-4	验证开发350kg级卫星性能;验证N-2火箭的发射能力;确认用N-2火箭将卫星送入轨道的能力,掌握N-2火箭发射环境条件等	三菱电机
ETS-5	1987-8-27	1997-9-12	验证采用三轴控制方式的地球同步轨道卫星平台技术;测试并确认H-1火箭性能;掌握自主开发下一代大型应用技术卫星所需的技术、数据总线技术、轻质高性能太阳翼技术、热管和热控技术、表面张力储箱技术;确认远地点发动机的性能;进行对太平洋地域的航空管制、船舶通行、航空搜索救助等移动通信试验	三菱电机
ETS-6	1994-8-28	1996-7-9	验证三轴稳定的2t级大型卫星平台技术;验证双组元液体远地点发动机的性能、用离子发动机进行南北轨道控制、采用捷联式三轴稳定姿态控制方式、大功率供电系统、长寿命系统设计、大型轻质结构的效果;进行固定和移动通信技术试验以及卫星间通信技术试验	东芝公司
ETS-7	1997-11-28	2002-10-30	验证交会对接技术及其所需的核心部件——交会对接制导控制计算机/交会雷达、接近敏感器、GPS接收机和对接机构;验证机器人遥操作、控制用计算机、轨道替换单元、高性能和灵巧机械臂等关键技术	东芝公司
ETS-8	2006-12-18		验证质量为3000kg级大型地球同步轨道通信卫星公用平台、利用超小型便携式终端可与静止轨道卫星直接通信的移动通信系统,以及当时世界上最大、可展开式、高精度镜面天线技术,掌握利用静止轨道卫星进行测位的测位系统(高精度时间基准装置和高精度时间比较装置)等基础技术	三菱电机

ETS-6(见图4-71)使用H-2火箭在种子岛宇宙中心发射,但由于远地点发动机推力器阀门活塞处于半打开状态,仅为预定推力的10%,没有将卫星送入预定的地球同步轨道,尽管采取对策,尽可能提升近地点高度,也仅使卫星进入一个近地点为7800km的大椭圆轨道,这时燃料耗尽,远地点发动机与星体分离。为进行稳定的通信试验,还必须进一步提升轨道,接着又利用姿态控制推力器把轨道提升至近地点8562km,远地点38682km的大椭圆轨道。12月15日开始进行一系列试验:平台试验——包括测定宇宙环境数据、测试镍氢蓄电池性能、电热式肼推进器试验;姿态控制试验——包括利用太阳光压控制姿态干扰试验、利用参数识别技术和柔性结构控制技术的柔性结构试验、前馈控制试验;通信试验——与NASA的"高层大气研究卫星"(Upper Atmosphere Research Satellite, UARS)进行卫星间通信试验,以及利用S频段、Ka频段、O频段进行通信试验,卫星和地面站间的光通信试验。

ETS-7(见图4-72)由追踪星("牛郎星")和目标星("织女星")组成。在地面呈对接状态发射,卫星进入稳态运行后,根据设定的程序或地面指令，呈对接状态的追踪星与目标星分离，进行寻的、跟踪、交会、对接试验。NASDA 利用 ETS – 7 进行了 3 次无人全自动交会对接试验和多次机器人试验，通过这些试验，不仅使日本掌握了遥操作、自动、自主交会对接和机器人及其控制等技术，而且掌握了交会对接和机器人的开发、管理、故障检测、诊断与针对故障采取的对策等方法，验证了其开发的交会对接机构、交会对接制导控制计算机及其软件、交会雷达、接近敏感器、GPS 接收机等的功能和性能，掌握了机器人和空间机器人的开发、控制、操作和应用的第一手材料，为开发"国际空间站"日本实验舱和为 ISS 运送补给物资的 H – 2 转移飞行器（HTV）积累了经验，提供了技术储备。

ETS – 8（见图 4 – 73）是 JAXA 负责设计和研制的一颗大型地球同步轨道通信技术试验卫星，卫星平台采用的是当前已进入国际市场竞争的 DS2000 平台。ETS – 8 在轨运行将近 6 年，除大型展开天线接收系统低噪声放大器电源无法接通，影响了 S 频段接收系统的部分试验外，其他系统和仪器均运行正常，取得了满意的成果。为日本研制大型地球同步轨道通信卫星、摆脱对美国依赖奠定了基础，提升了日本大型地球同步轨道通信卫星在国际市场的竞争力。

主要性能参数

表 4 – 7 列出了"工程试验卫星"的主要参数。

图 4 – 71 ETS – 6 卫星

图 4 – 72 ETS – 7 卫星

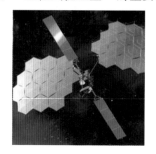

图 4 – 73 ETS – 8 卫星

表 4 – 7 "工程试验卫星"主要参数

卫星	质量/kg	构型（尺寸）	功率/W	姿态控制	设计寿命	近地点 km/远地点 km/倾角/周期 min
ETS – 1	82.5	26 面体（直径约 80cm）	30	自旋稳定	3 个月	962.6/1092.5/47.0°/105.7
ETS – 2	130	圆柱体（直径 140cm，高 90cm）	75	自旋稳定	实验仪器：6 个月 公共舱仪器：1 年	35780.0/35790.0/9.3°/1436.0
ETS – 3	385	箱型结构（长 85cm，宽 85cm，高 195cm）	125	三轴稳定	1 年	964.0/1234.0/45.0°/107.0
ETS – 4	640	圆柱体（直径 210cm，高 290cm）		自旋稳定	3 个月	223.0/35824.0/28.6°/636.0
ETS – 5	550	箱型结构（长 167cm，宽 140cm，高 174cm）	1090	三轴稳定	1.5 年	35770/35805/2°/1440.0
ETS – 6	3800	箱型结构（长 300cm，宽 200cm，高 280cm）	4100	三轴稳定	10 年	8600.0/38600.0/13.0°/862.0
ETS – 7	牛郎星：2500 织女星：400	箱型结构（牛郎星：长 260cm，宽 230cm，高 200cm 织女星：长 170cm，宽 70cm，高 150cm）	牛郎星：2360 织女星：650	三轴稳定	1.5 年	376.9/551.1/35.0°/93.9
ETS – 8	2900	箱型结构（长 250cm，宽 240cm，高 380cm）	7500	三轴稳定	公用舱：10 年 有效载荷：3 年	35971/35752/0.17°/1440

Tianwen Weixing
"天文"卫星
Astro

概况

"天文"（Astro）卫星是日本研制和发射的一系列天文观测卫星。已发射的卫星包括1颗太阳观测卫星（Astro-A）、5颗X射线观测卫星（Astro-B、Astro-C、Astro-D、Astro-E、Astro-E2）和1颗红外天文卫星（Astro-F），但Astro-E由于第一级火箭燃烧异常导致发射失败。

Astro-A于1981年2月21日用M-3S-2火箭发射，是东京大学宇宙航空研究所为观测第21太阳活动周峰期的太阳活动而开发的日本第一颗太阳观测卫星，由日本电气公司研制，主要观测太阳硬X射线耀斑、太阳粒子射线和X射线暴。Astro-B是用于对X射线天体的能量谱和伽马射线暴进行观测的X射线观测卫星，由文部省宇宙科学研究所设计、日本电气公司研制，于1983年2月20日用M-3S火箭发射，利用Astro-B的观测数据发现了沿着银河平面存在数千万度高温的等离子现象等。Astro-C于1987年2月5日用M-3S-2火箭发射，用于对X射线天体进行精确观测。Astro-D由宇宙科学研究所设计、日本电气公司研制，主要用于探究宇宙的化学进化和验证黑洞的存在等，于1993年2月20日发射，利用其更加精确地观测到了类星体内部黑洞的活动情况和各个阶段形成的天体内存在多种重元素等。2000年2月10日用M-V-4火箭发射了由文部省宇宙科学研究所设计、日本电气公司研制的Astro-E。Astro-E2作为Astro-E的替代星于2005年7月10日发射，它由日本宇宙航空研究开发机构联合日本多所大学以及美国国家航空航天局共同设计、由日本电气公司研制，主要用高灵敏度的望远镜观测高温等离子体及其运动，观测黑洞及其候补天体等。Astro-F是日本宇宙航空研究开发机构和欧洲、韩国相关机构合作设计、日本电气公司研制的红外线天文卫星，于2006年2月22日用M-V-8火箭发射，目的是通过红外观测探讨银河进化、各种星的生成过程和巡天观测并绘制红外天图。

主要性能参数

Astro-A（见图4-74）构型为高81.5cm的八棱柱体，相对面间距92.8cm，配备两对太阳翼，采用自旋稳定。卫星携带的探测仪器有太阳耀斑X射线成像观测仪、太阳软X射线辉线光谱观测仪、太阳硬X线观测仪、太阳耀斑监控器、太阳伽马射线观测仪和粒子射线观测仪等。卫星于1991年再入大气层。

Astro-B构型为高89.5cm的四棱柱体，相对面间距94cm，有两对太阳翼，采用自旋稳定。卫星携带了安装有调制式准直器的荧光比例计数管和X射线反射聚光器等，它可以精确测定X射线天体的能量谱。卫星于1988年12月再入大气层。

Astro-C采用箱型结构，底面边长各1m，高1.5m，配备两对太阳翼。在"天文"卫星中首次采用三轴控制技术。Astro-C的主要观测设备是大面积计数管，拥有当时最大级别配备4000cm²的有效面积，圆筒式结构，工作于2~7keV的能量范围。此外还搭载了全天监视仪和伽马射线暴探测器等观测装置。卫星于1991年再入大气层。

Astro-D采用圆筒式结构，配备双翼太阳翼。卫星携带4台直径为1.2m、观测能量范围为0.4~12keV的X射线望远镜，其中2台安装了采用X射线CCD作为光检器的固态成像光度计，用于观测X射线光谱；另两台安装了气体成像光度计，用于拍摄星系团等大直径天体。

Astro-E2卫星本体采用长2.0m、宽1.9m、高6.5m的箱型结构，配备双翼太阳翼。携带1台硬X射线望远镜和5台口径40cm的软X射线望远镜。硬X射线探测器的能量范围10~700keV，可以观测Astro-D无法检测出的高能X射线。5台软X射线望远镜中有4台搭载了X射线成像光谱仪，工作在软X射线波段，能量范围0.4~10keV，使用比Astro-D分辨率更高的X射线CCD光检器，有效面积也比Astro-D更大；另一台搭载了硬X射线检测器，分辨率约12eV，用液氦和固体氖制冷，入轨不到一个月就由于液态制冷剂全部汽化而无法工作。

Astro-F卫星（见图4-75）本体采用长1.9m、宽1.9m、高3.2m的箱型结构，配备双翼太阳翼。主镜是一架有效口径为68.5cm、焦距为4.2m的R-C型反射望远镜。Astro-F的焦点面上安装有一台远红外测量仪和一台近中红外相机，远红外测量仪用于在远红外的4个频谱段的成像观测，进行远红外巡天；近中红外相机用于近中红外3个谱段的成像观测。此外，远红外测量仪和一台近中红外相机还可以作为摄谱仪拍摄不同谱段天体的光谱。

表4-8中列出了"天文"卫星的参数。

图4-74 Astro-A 卫星

图4-75 Astro-F 卫星

表4-8 "天文"卫星参数

卫星	质量/kg	功率/W	近地点/km	远地点/km	轨道周期/min	倾角/（°）
Astro-A	188.0	70	548.0	603.0	96.2	31.3
Astro-B	216.0	140	489.0	503.0	94.5	31.5
Astro-C	420.0	489	530.0	595.0	97.0	31.1
Astro-D	420.0	602	523.6	615.3	96.1	31.1
Astro-E2	1700.0	500	550.0	550.0	96.0	31.0
Astro-F	955.0	940	569.9	694.5	96.0	98.2

Taiyang Weixing
"太阳"卫星
Solar

概　况

　　"太阳"卫星（Solar）是日本的太阳观测卫星，共发射两颗。第一颗 Solar-A 是由日本文部科学省宇宙科学研究所设计、日本电气公司研制，于1991年8月30日从鹿儿岛内之浦使用 M-3S-Ⅱ-6 火箭发射，目的是观测第22太阳峰年期的太阳耀斑和与其有关的太阳日冕等物理现象。Solar-A 在轨运行超过10年，直到2001年12月14日因电力不足而停止观测。Solar-A 取得了诸多成果，拍摄了600多张清晰的软X射线图像，观测到太阳从峰年期到低谷期的巨大变化；发现低谷期还会持续发生突发性变动和爆发现象，但发生频率下降。使用硬X射线观测到了3000个以上的太阳耀斑，首次发现了太阳日冕中的磁重联现象，取得了从X射线到伽马射线范围的详细频谱，增加了对太阳活动的基本机理

及其多样性的认识。

　　为了更加深入地对太阳进行观测，观测并研究太阳磁场的精细结构和太阳耀斑爆发现象之间的关系等，日本国立天文台、宇宙科学研究所（ISAS）与 NASA 和英国粒子物理与天文学研究理事会合作研制了 Solar-B，并于2006年9月23日在鹿儿岛内之浦发射场由 M-V-6 火箭发射入轨。利用 Solar-B 的观测数据科学研究人员了解并发现了许多新现象，如阿尔文波、色球层动态、太阳风的流源区、黑子区的磁场结构等。

主要性能参数

　　Solar-A（见图4-76）质量约390kg，卫星本体尺寸长1m、宽1m、高2m，采用三轴控制，运行于近地点550km、远地点600km、轨道周期98min的近圆形轨道，设计寿命为3年。Solar-A 携带的观测设备有：软X射线望远镜，使用CCD照相机作为探测器，具有分辨率高并可连续进行观测等特点；硬X射线望远镜，它可以观测到30keV以上的能量范围；布拉格晶体摄谱仪和宽带摄谱仪。

　　Solar-B（见图4-77）质量约900kg，卫星本体尺寸长1.6m 宽、1.6m、高4.0m，配备翼展10m

的双翼太阳翼，功率1000W，运行于轨道高度680km、周期为96min的圆轨道，采用三轴控制，设计寿命为3年。Solar-A携带的主要观测设备有：太阳光学望远镜，口径为50cm，视角400″，空间分辨率0.2″，焦面上安装了偏光分光装置和矢量过滤磁象仪，可以采取高精度的磁场矢量和速度场分布；X射线望远镜，空间分辨率为1″，用于拍摄$5.0 \times 10^5 \sim 10 \times 10^7$℃的日冕；极紫外成像摄谱仪用于测定日冕及其过渡层的等离子速度、温度和密度。

图4-76　Solar-A卫星

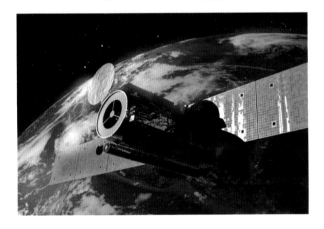

图4-77　Solar-B卫星

"空间飞行器装置"卫星SFU

概况

"空间飞行器装置"（Space Flyer Unit，SFU）是宇宙科学研究所（ISAS）负责研制的一颗可重复使用的实验和观测两用空间自由飞行器。SFU于1995年3月18日用H-2A-3火箭发射，其主要目的是为用户提供一种理想的、可长时间利用微重力环境进行各种实验的机会；SFU实验仪器舱还搭载了NASDA负责研制的"国际空间站"日本实验舱舱外实验平台的部分模型和气相生成实验装置等，在轨道上验证空间站日本实验舱舱外实验平台部分模型设计的合理性，掌握气相生成实验等基础技术。

SFU在轨运行期间利用二次展开试验/高压太阳电池阵试验装置采用太阳翼展开收拢法成功地进行了260V的高压发电；利用等离子体测量装置获取了在ISS建成后计划运行的轨道上的等离子环境数据；利用电推进试验装置获得了等离子体干扰状态下推进剂可产生的电磁推力；利用晶体凝固与生成实验/太空生物学实验装置清晰地观察到了在微重力环境下有机物沿单一方向的凝固过程/红腹蝾螈产卵发育过程；利用太空红外望远镜观测银河系之外的光和星之间的气体、尘埃和红外辐射状况；在成功地控制微重力环境下，完成了晶体生成实验，获得了高洁净度的晶体；利用卤灯镜面反射炉进行了半导体晶体生成实验，得到了高洁净度的半导体晶体；利用温度分布均匀的加热炉采用迅速冷却方式完成了单晶生成实验，得到了高纯度的单晶硅。

此外，卫星还通过流体在太空的循环运动获取了流体流动的基础数据，掌握了二氯二氟甲烷制冷剂在太空的热传导等特性，验证了热控方法；通过轨道替换单元在轨工作，不仅掌握了其功能、性能，还确认它可长期在轨工作及其固体润滑性能；将各种材料暴露在太空环境下，获取了这些材料在太空恶劣环境下长达1年时间里的性能退化数据；利用加速度传感器测量了微重力环境，并确认实验仪器舱可提供良好的微重力环境；配合等离子体现场观测技术进行了气相生成基础实验，生成了金刚石薄膜，获得了气相生成技术等重要数据。

SFU完成一系列飞行任务后，于1996年1月13

日由美国航天飞机（STS－72）回收。

主要性能参数

SFU 运行于轨道高度为 486km、轨道倾角为 28.5°的近地轨道上，轨道运行周期为 90min。SFU 本体是一个直径 4.7m、高 2.8m 的八角菱形结构（见图 4－78），由电源、通信、数据处理、制导、推进、机构和热控等 7 个分系统组成，采用标准模块化设计，三轴稳定控制方式，总质量 4000kg。ISAS 设计初衷是将 SFU 设计成一个可更换有效载荷、重复使用（5 次）、总寿命为 10 年（每次 1～2 年）的空间自由飞行器，但实际上只飞行了 1 次。

SFU 携带 8 种主要飞行任务仪器，包括二次展开试验/高压太阳电池阵试验装置、等离子体测量装置、电推进试验装置、晶体凝固与生成试验/太空生物学试验装置、太空红外望远镜、复合式加热炉、聚焦加热炉和单一式加热炉。

图 4－78　SFU 卫星

Xiayidai Wuren Kongjian Shiyan Huishou Xitong Weixing

"下一代无人空间试验回收系统"卫星 USERS

概　况

"下一代无人空间试验回收系统"（Unmanned Space Experiment Recovery System，USERS）是日本经济产业省、新能源与产业技术综合开发机构和不载人空间实验系统研究开发机构提出要求，委托 NASDA 研制的一颗返回式卫星（见图 4－79），于 2002 年 9 月 10 日从种子岛发射场用 H－2A3 火箭发射。

USERS 的主要目的有：利用卫星所提供的微重力环境进行晶体生成实验，获取高温超导材料；探讨经大量地面实验（包括核照射实验）验证过的元部件——研制周期短、成本低、性能强的民用元部件可用于航天器上。

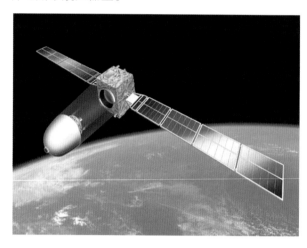

图 4－79　USERS 卫星

USERS 的主要特点是采用一体化的航天器控制系统，1 台内部冗余设计的高性能处理机不仅可完成数据处理系统、指令记录装置和姿态控制系统等的全部任务，还可对蓄电池的充电进行控制、对主动散热器进行控制，实现了航天器控制系统的小型化、轻型化。

卫星入轨后利用电炉进行超导材料生成实验，2003 年 3 月末完成了超导材料生成实验。2003 年 5 月，离轨发动机点火，返回舱与服务舱分离，返回舱离轨，接着进行消旋，服务飞行器与推进舱分离，服务飞行器进入大气层，降落伞打开，装有在 USERS 生成的超导材料的服务飞行器在小笠原群岛的东方冲公海海域着陆。服务舱作为一颗全部采用民用器件的地球观测卫星留轨执行地球观测使命，一直工作到 2008 年，也进一步验证了经大量地面实验验证过的元部件可以在航天器上使用。

主要性能参数

卫星发射质量为 1800kg，采用零动量三轴姿态控制，总供电能力为 2.5kW。卫星设计寿命：服务舱 3 年，返回舱 8.5 个月。发射后 USERS 进入了一个 450km 圆轨道，经 3 次轨道控制后进入了轨道高度为 515km、轨道倾角为 30.4°圆轨道，轨道周期为 90min。

卫星由服务舱和返回舱两大部分组成。其中服务舱是一个长 1.5m、宽 1.6m、高 1.4m 的箱型结构，配备双太阳翼（翼展 15.5m）；返回舱是一个直径 1.6m、高 1.9m 的密封舱式结构。返回舱又由回收服务飞行器和采用单组元液体肼推进系统的推进舱组成。卫星完成晶体生成任务后重返大气层，在远离日本本土的小笠原群岛东部的公海上以软着陆方式回收。

星上主要有效载荷是进行超导材料制造用的实验装置——电炉，以及测量再入飞行环境用的光学飞行环境测量装置；此外，还有验证成本低、可靠性高、性能强用的 5 种元部件：航天用 2 频段 GPS 接收机、采用汽车用电子器件开发的星载计算机、采用民用器件研制的展开式散热器、星敏感器和惯性基准单元。

Guangxue Guidaojian Tongxin Gongcheng Shiyan Weixing
"光学轨道间通信工程试验卫星" OICETS

概况

"光学轨道间通信工程试验卫星"（Optical Inter - orbit Communications Engineering Test Satellite，OICETS）是 JAXA 于 2005 年 8 月 24 日发射的一颗激光通信试验卫星（见图 4 - 80），主承包商是日本电气株式会社和 NEC 东芝空间系统公司。OICETS 采用激光通信技术与欧洲航天局的"阿特米斯"（Advanced Relay and Technology Mission，ARTEMIS）数据中继卫星开展星间激光数据通信试验。日本计划把此次试验的成果运用于地球观测卫星的全球数据传输和保证"国际空间站"的通信等。

运行于地球同步轨道的 ARTEMIS 与运行于低地球轨道的 OICETS 最远相距约 4.5×10^4 km。OICETS 在轨期间实施了捕捉、追踪和指向试验。

2005 年 12 月 9 日利用 OICETS 与 ARTEMIS 成功实现了世界上首次卫星间双向激光通信试验，2006 年 3 月 31 日 OICETS 进行了世界上首次卫星与地面间的光通信试验。卫星于 2009 年 9 月 24 日停止运行。

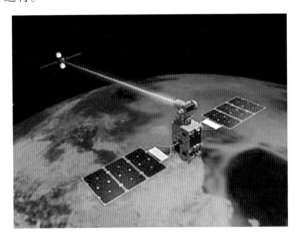

图 4 - 80　IOCETS

主要性能参数

OICETS 质量 570kg，卫星本体采用长 1.1m、宽 0.78m、高 1.5m 的箱型结构，翼展 9.36m，设计寿命 1 年，功率 1220W，运行于高度约 610km、倾角 98°、周期 97min 的圆形轨道上，采用三轴稳定控制。星上主要有效载荷包括由光通信用天线、双框架结构和光学部分组成的卫星间光通信设备，以及用于测定卫星上各种驱动设备的震动对通信设备影响的微震动测定装置。

以色列

以色列的第一颗技术试验卫星地平线－1（Ofep－1）由以色列航空工业公司（IAI）制造，于1988年发射，用于试验太阳能电池和无线电通信技术。"技术卫星"（Techsat）是以色列理工学院的工程师和学生们设计的技术试验及科研卫星。Techsat－1是成像试验卫星，于1995年3月由俄罗斯起跑－1运载火箭发射，但发射失败。1998年7月用于多种技术试验的技术卫星－1B（Techsat－1B）成功发射入轨。

Jishu Weixing

"技术卫星"
Techsat

概　况

"技术卫星"（Techsat）是以色列理工学院研制的技术及科学试验小卫星。Techsat－1是成像试验卫星，于1995年3月由俄罗斯起跑－1运载火箭发射，CCD摄像机为主要载荷，但由于发射失败未能入轨。在以色列政府的支持下，以色列理工学院经过30个月时间又研制了Techsat－1B卫星。Techsat－1B是多用途小卫星，不仅进行技术试验还进行科学探测。Techsat－1B于1998年7月10日使用俄罗斯的天顶－2火箭发射升空。Techsat－1B卫星一直运行至2010年，在轨运行超过12年。包括发射成本在内，Techsat－1B卫星的总成本仅500万美元。

主要性能参数

Techsat－1B卫星（见图4－81）形状为边长445mm的正方体，总质量为54.6kg，运行于近地点817.0km、远地点845.0km、周期101.3min、倾角98.8°的近圆形轨道。Techsat－1B卫星采用三轴稳定姿态控制，太阳能电池使用了俄罗斯的薄膜光伏电池技术，安装在卫星的4个侧面，输出功率为20W。卫星载荷质量为6.6kg，包括臭氧计、地球遥感成像包、质子重粒子监视仪、超导实验装置、X射线探测器和卫星激光测距反射器实验设备等。

图4－81　Techsat－1B卫星

印　度

印　度自20世纪70年代中后期开始发射科学与技术试验卫星，主要进行卫星部组件、卫星遥感、卫星通信等飞行试验验证。1975年4月19日，印度的第一颗人造地球卫星"阿里亚哈塔"（Aryabhata）卫星由苏联火箭发射。20世纪70年代后期到90年代中期，印度研制了近10颗"罗希尼"（Rohini）系列一代、二代技术试验卫星，但由于运载火箭可靠性不高，近半数的卫星没有进入轨道。进入21世纪后，印度大学卫星发展较快，研制并发射了"青年卫星"（YouthSat）等多颗微小卫星。为了实施载人航天、月球探测等任务，2007年1月，印度发射并成功回收了太空舱返回实验-1（SRE-1）返回式试验卫星，对航天器回收技术进行了验证。此外，印度还推动立方体卫星发展，研制并发射了"学生卫星"（STUDSAT）等立方体卫星。科学探测方面，印度一方面利用遥感卫星搭载科学观测载荷，另一方面计划发射"天文学卫星"（Astrosat）、太阳神-1（Aditya-1）等科学卫星，开展宇宙X射线、太阳日冕等空间科学观测活动。

Aliyahata Weixing
"阿里亚哈塔" 卫星
Aryabhata

概　况

"阿里亚哈塔"（Aryabhata）卫星是印度的第一颗人造地球卫星，由印度自主设计研制，以印度天文学家阿里亚哈塔命名。Aryabhata卫星于1975年4月19日由俄罗斯/苏联宇宙-3M（Kosmos-3M）火箭从俄罗斯/苏联的卡普斯亭-亚尔导弹试验场发射。

Aryabhata卫星入轨4d后出现电源故障，导致科学探测活动中止。卫星运行5d后与地面失去联系，于1992年2月11日再入大气层烧毁。

主要性能参数

Aryabhata卫星（见图4-82）轨道高度为563km/619km、轨道倾角为50.7°。卫星外形为类似球形的26面体，直径1.4m，质量360kg，体装太阳电池片，功率46W，采用自旋稳定控制方式。卫星装载了研究宇宙X射线、地球高层大气以及太阳物理学的科学探测仪器。

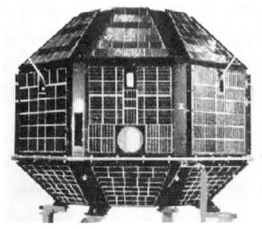

图4-82　Aryabhata

Taikongcang Fanhui Shiyan – 1 Weixing

太空舱返回实验 – 1 卫星
SRE – 1

概　况

太空舱返回实验 – 1（Space Capsule Recovery Experiment – 1，SRE – 1）卫星是印度第一颗返回式卫星，由印度空间研究组织（ISRO）研制。SRE – 1 卫星于 2007 年 1 月 10 日由"极轨卫星运载火箭"（PSLV）从印度斯里哈里科塔航天发射场发射，用于航天器回收技术演示验证。2007 年 1 月 22 日，SRE – 1 再入大气层，降落在孟加拉湾的预定海面，实现成功回收（见图 4 – 83）。

SRE – 1 卫星在轨运行期间开展了材料科学微重力实验。印度计划 2012 年下半年发射 SRE – 2 卫星，进一步掌握航天器回收技术。

图 4 – 83　SRE – 1 回收后状态

主要性能参数

SRE – 1 卫星运行于高度 635km 的极轨太阳同步轨道。卫星外形呈圆锥形，顶部装有半径 0.5m 的半球状鼻帽，底部直径 2m，全高 1.6m，质量 550kg。卫星外部装有二氧化硅防热材料，鼻帽装有烧蚀复合材料。卫星内部装有任务管理单元、姿态敏感器、降落伞、漂浮系统等设备以及科学实验仪器。

英 国

英国到目前为止发射过观测大气层、电离层、磁气圈等目的的科学卫星及一些技术试验卫星。英国自20世纪60年代开始研制科学与技术试验卫星，最早计划的是"羚羊"（Ariel）系列卫星，到70年代末共发射6颗卫星，羚羊-1卫星也是英国的第一颗卫星。此后英国主要与美、德等国展开空间合作，与美国合作发射了"红外线天文卫星"（IRAS），与美国、德国合作发射了X射线观测卫星（ROSAT）。20世纪90年代后英国又重新开始了独自的卫星计划，1994年和2000年英国国防评估与研究局为英国国防部发射了4颗用于技术验证和科学研究的小卫星"空间技术和研究飞行器"（STRV）。2000年英国萨瑞卫星技术有限公司研制的纳米卫星快照-1（SNAP-1）发射升空，用于验证先进的集成技术和验证自主观测航天器技术。

Lingyang Weixing
"羚羊"卫星
Ariel

概 况

"羚羊"卫星（Ariel）是英国的科学卫星，包括4颗电离层观测卫星和2颗X射线观测卫星（见表4-9）。

Ariel-1由美国西屋电器公司制造，于1962年4月26日由美国德尔它-DM19火箭发射，用于探索太阳和电离层之间的关系。Ariel-2是世界上第一颗射电天文卫星，用于测量银河射频噪声、臭氧层分布和固体微粒子通量等，由西屋电器公司制造，于1964年3月27日由美国侦察兵X-3火箭发射。Ariel-3是首颗英国本国设计和制造的卫星，主承包商是英国飞机公司（BAC），于1967年5月5日由美国侦察兵-A火箭发射，Ariel-3进行了5项实验，这些实验目的是研究增温层（85~800km）中对陆地无线电波产生干扰的雷暴的特性及星系的射频干扰。Ariel-4的主承包商是英国飞机公司，于1971年12月11日使用侦察兵B-1火箭发射，用于研究出现在上层电离层的电磁波、等离子体和高能粒子间的相互作用和测量无线电噪声、电子密度、超低频脉、低能量带电粒子的特性。

Ariel-5和Ariel-6为X射线观测卫星。Ariel-5的主承包商是英国飞机公司，于1974年10月15日使用美国侦察兵B-1火箭发射，共执行六项宇宙X射线研究实验任务，包括观测光谱、偏光和X射线源的脉冲星特性等。Ariel-6于1979年6月2日由侦察兵-D1火箭发射，卫星主承包商是英国的马可尼公司，用于研究X射线及高能宇宙射线，获取包括高能密度及其高能产物，如类星体、射电星系及脉冲星在内的有关资料。Ariel-6还载有英国飞机公司的技术试验仪器，进行太阳电池和互补金属氧化物半导体晶体管线路的空间辐射效应试验。

表4-9 "羚羊"系列卫星参数

卫星	质量/kg	远地点/km	近地点/km	轨道周期/min	倾角/(°)
Ariel-1	62	1202	397	100.9	53.8
Ariel-2	68	1343	289	101.2	51.6
Ariel-3	90	497	497	95.7	80.2
Ariel-4	100	590	480	95.1	83.0
Ariel-5	130.5	557	512	95.3	2.90
Ariel-6	155	651	605	97.3	55.0

主要性能参数

　　Ariel－1是一个直径58cm、高22cm的圆柱体，卫星上搭载了6台实验设备，包括1台磁带记录器、1台宇宙射线观测设备、2台太阳辐射观测设备及3台电离层实验设备。Ariel－2搭载了3台测量银河射电噪声的设备。Ariel－3形状为一个高57cm、相对面间距69.6cm的12面棱柱体，棱柱体顶部有一个高24.2cm的锥体结构，棱柱体底部有两对装有太阳能电池阵的翼板，这些翼板同时也作为仪器传感器的支架，卫星使用太阳敏感器和太阳光反射光学系统对姿态和旋转进行监视，太阳光反射光学系统由6块反射镜构成。Ariel－4是"羚羊"卫星中首次装有姿态控制系统的卫星，可以使自旋轴与地磁轴的平行度调准保持在5°以内。Ariel－5形状为直径97cm、高86cm的圆柱体，采用自旋姿态控制，搭载的科学实验仪器有全天空监视仪和巡天仪，数据系统提供了太阳位置的信息，用于确定X射线源的位置（见图4－84）。Ariel－6采用自旋姿态控制系统，星上载有研究宇宙射线重粒子的宇宙射线探测仪、研究0.1～2keV的低能星体X射线源的X射线探测仪和研究1.2～50keV的可变能X射线源的仪器。

图4－84　Ariel－5卫星

"空间技术和研究飞行器"卫星STRV

概况

　　"空间技术和研究飞行器"（Space Technology Research Vehicle，STRV）是科学研究和技术验证小卫星，由英国国防评估与研究局负责研制，用于试验在地球同步转移轨道环境下的新技术以及测量大气环境等。STRV包括4颗小卫星，STRV－1a、STRV－1b于1994年6月17日由阿里安－44LP火箭发射入轨；后续的STRV－1c、STRV－1d于2000年11月16日由阿里安－5G火箭发射入轨。

主要性能参数

　　STRV－1a和STRV－1b（见图4－85）质量均约52kg，形状为边长450mm的立方体，设计寿命为1年，运行于近地点284km、远地点35831km、周期633min、倾角7.1°的地球同步转移轨道。STRV－1a和STRV－1b搭载的仪器包括低温冷却器、振动抑制系统、单粒子翻转制动装置及空间辐射监视器等14个设备。

　　STRV－1c和STRV－1d质量均约100kg，形状为680mm×580mm×625mm的箱型结构，设计寿命2年，功率为80W。卫星运行于近地点615km、远地点39269km、周期708min、倾角6.4°的地球同步转移轨道。卫星搭载的仪器包括轻型锂离子电池、GPS信号接收机和保密通信系统等。

图4－85　STRV－1a和STRV－1b卫星

中 国

中国自 20 世纪 60 年代中期开始卫星研制工作。1970 年 4 月 24 日，中国自主研制并发射了首颗卫星东方红 -1。1971 年，中国研制并发射了实践 -1 卫星，对地球空间高空磁场、X 射线等空间环境进行测量，开展了硅太阳能电池供电系统等卫星关键技术试验。此后，中国陆续发射了实践 -2、实践 -4、实践 -5 等多颗"实践"系列卫星，在科学探测、技术试验领域取得了丰硕成果。中国还与欧洲合作开展双星计划。2003—2004 年中国先后发射 2 颗探测地球磁层空间的卫星，分别进入赤道轨道和极地轨道，组成星座，研究太阳活动、行星际磁层空间暴和灾害性地球空间天气的物理过程。

Dongfanghong – 1 Weixing

东方红 –1 卫星
DFH –1

概 况

东方红 -1（DFH -1）卫星是中国第一颗人造地球卫星，属于技术试验卫星。北京时间 1970 年 4 月 24 日，东方红 -1 卫星由长征 -1（CZ -1）火箭在酒泉卫星发射中心发射。该卫星的任务是试验卫星技术、探测电离层和大气密度。

1970 年 5 月 14 日，东方红 -1 卫星停止发送信号，实际工作时间超过设计指标，取得了大量工程遥测数据。该卫星的成功使得中国成为继苏联、美国、法国、日本之后，世界上第五个自行研制并发射卫星的国家。

主要性能参数

东方红 -1 卫星（见图 4 -86）轨道高度为 439km/2384km、轨道倾角为 68.5°。卫星外形为直径约 1m 的近似球体的多面体，质量 173kg，采用自旋稳定控制方式。卫星顶部装有超短波鞭状天线，腰部装有短波交叉振子天线和微波雷达天线。

卫星主要有效载荷为 2.5W 的 20.009MHz 频率发射机、100mW 的 200MHz 频率发射机、科学试验仪器和工程参数测量传感器等。东方红 -1 卫星以 20.009MHz 频率发射《东方红》乐音、卫星工程遥测参数和科学探测数据。

图 4 -86　东方红 -1 卫星

Shijian Weixing

"实践" 卫星
Shijian

概 况

"实践"（Shijian）卫星是中国的科学与技术试验卫星，主要用于航天技术试验、空间环境探测和空间科学研究。

实践 -1 卫星于北京时间 1971 年 3 月 3 日由长征 -1（CZ -1）火箭发射，主要用于卫星基本技术和系统的长期在轨验证。北京时间 1981 年 9 月 20 日中国首次用风暴 -1（FB -1）运载火箭以一箭三星方式发射了实践 -2、实践 -2A、实践 -2B。实践－4卫星于北京时间 1994 年 2 月 8 日由长征－3（CZ－3）火箭发射，在单粒子效应监测、辐射带形貌探测等方面取得成果。实践－5卫星于北京时间 1999 年 5 月 10 日由长征－4（CZ－4）火箭发射，主要用于空间环境辐射探测、单粒子效应及对策研究、空间流体科学实验、新型航天器技术试验和小卫星公用平台技术试验。

此后中国还发射了实践－8 等多颗科学与技术试验卫星，在空间育种试验、空间辐射环境探测等方面取得重要成果。

主要性能参数

实践－1卫星轨道高度为 266km/1826km、轨道倾角为 69.9°。卫星呈 72 面球形多面体，直径 1m，质量 221kg，采用自旋稳定控制方式。卫星设计寿命 1 年，实际在轨运行超过 8 年。卫星有效载荷主要包括测量高能带电粒子的宇宙射线计和测量太阳 X 射线强度的 X 射线计。

实践－2卫星的轨道高度为 237km/1622km、轨道倾角为 60°。卫星呈八面体，外接圆直径 1.23m，高 1.1m，质量 257kg，采用自旋稳定和整星对日定向的姿态控制方式。卫星有效载荷包括半导体电子单向强度探测器、半导体质子单向强度探测器、闪烁计数器、太阳紫外辐射计、太阳 X 射线探测器、红外辐射计、热密度计等。实践－2A 是一颗电离层探测信标卫星；实践－2B 是一颗无源雷达定标试验卫星。

实践－4卫星（见图 4－87）的轨道高度为 217km/36133km，轨道倾角为 28°。卫星呈圆柱体，直径 2m，高 1.6m，质量 400kg，采用自旋稳定控制方式。卫星有效载荷包括半导体高能电子能谱仪、半导体高能质子和重离子探测器、静电分析器、电位差计、静态单粒子事件监测器等。

实践－5卫星运行于高度 870km、倾角为 98.8°的太阳同步轨道。卫星呈六面体，质量 297.7kg。实践－5卫星采用公用平台设计，应用工业级和商业器件，具有多模式姿态控制系统，设计寿命 3 个月。卫星有效载荷包括单粒子检测器、单粒子翻转试验仪、高能质子和重离子探测器、高能电子探测器等。

Tance Weixing
"探测" 卫星
Tance

概　况

"探测"（Tance）卫星是中国与欧洲合作研制的地球空间探测卫星，包括探测－1 和探测－2 两颗卫星，又称"双星计划"卫星。卫星由中国航天科技集团公司航天东方红卫星有限公司、中国科学院和欧洲航天局等多家欧洲科研机构共同研制，主要用于研究太阳活动和行星际扰动触发磁层空间暴以及灾害性地球空间天气的物理过程。

探测－1、2（见图 4－88）卫星分别于北京时间 2003 年 12 月 30 日、2004 年 7 月 25 由长征－2（CZ－2）运载火箭发射。2 颗卫星运行在近地磁层的重要活动区，与欧洲航天局的 4 颗团星－2（Clus-

图 4－87　实践－4卫星

图 4－88　探测－1 和探测－2 卫星

ter－2）卫星相互配合，进行太阳活动、磁层空间暴等科学探测研究，实现了人类历史上首次对地球空间六点联合探测，取得大量具有原创性和前沿水平的成果，实现了中国空间探测技术的跨越式发展。

主要性能参数

探测-1卫星轨道高度为555km/78051km、倾角为28.5°。卫星质量330kg，设计寿命18个月，采用自旋稳定控制方式。卫星有效载荷包括中国科学院研制的高能质子探测器、高能电子探测器和高能重离子探测器，欧洲航天局提供的热离了分析仪、电子电流仪、磁强计、主动电位控制仪等。探测-1卫星主要探测近地磁尾区的磁层空间暴过程和向阳面磁层顶区太阳风能量向磁层中的传输过程。

探测-2卫星轨道高度为681km/38278km、倾角为90°。卫星质量343kg，设计寿命12个月。卫星有效载荷包括三分量磁通门磁强计、中性原子成像仪、电子和电流仪、高能电子探测器、高能质子探测器、重离子探测器、低频电磁波探测器和低能离子探测器。探测-2卫星主要探测太阳风能量和近地磁尾区能量向极区电离层和高层大气，以及电离层粒子向磁层传输的过程。

Xiwang -1 Weixing
希望 -1 卫星
Hope -1

概　况

希望-1是中国自主研制的第一颗科普公益卫星，由中国科学技术协会和中国航天科技集团公司发起，由中国航天科技集团公司所属的航天东方红卫星有限公司研制。

希望-1卫星于北京时间2009年12月15日由长征-4（CZ-4）运载火箭从太原卫星发射中心发射，主要用于建立业余无线电空间电台、进行空间摄影和空间试验等。

截至2011年12月15日，希望-1卫星已在轨工作2年，超期运行1年，建立了业余无线电空间电台，进行了空间摄影以及携带了中国青少年搭载方案一等奖作品"天圆地方"模型，完成了多项飞行任务和试验任务。

主要性能参数

希望-1卫星（见图4-89）运行在高度1200km、倾角105°的太阳同步轨道上。该卫星呈八边形立柱构型，质量60kg，设计寿命1年。卫星装载有"天圆地方"五色土实验设备、轻型宽视场彩色相机、无线电通信转发器以及测光仪等仪器。

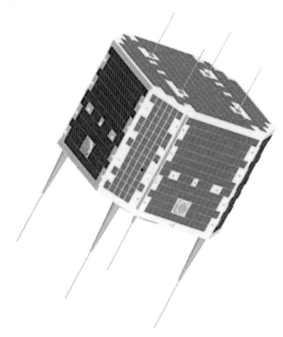

图4-89　希望-1

空间探测器

空间探测器又称深空探测器或宇宙探测器，是对月球和月球以外的天体、空间环境进行探测的无人航天器。按探测目标分为月球探测器、太阳探测器、行星及行星际空间探测器。探测的主要目的是研究月球和太阳系的起源和现状，通过对太阳系各大行星及其卫星的考察研究，进一步揭示地球环境的形成和演变情况；认识太阳系的进化，探寻生命的起源和演变历史；利用宇宙空间的特殊环境进行各种科学实验，直接为国民经济服务。

空间探测的主要方式有：1）从月球或星体旁飞过，进行近距离观测；2）进入绕月球或星体的轨道，进行长时间轨道观测；3）在月球或星体表面硬着陆，利用坠毁之前的短暂时机进行探测；4）在月球或星体表面软着陆，进行实地考察，或部署漫游车进行巡视勘察；5）自动采样返回，在月球或星体表面采集样品，并将样品送回地球进行详细研究。

根据不同的探测目标，可将空间探测器分为月球探测器、行星（含矮行星）探测器、行星际探测器、小行星探测器和彗星探测器等几大类型。空间探测器涉及多项技术，例如自主导航和控制技术、深空测控与通信技术、核电源技术、高效推进技术以及机器人技术等。

目前，美国、俄罗斯、欧洲、中国、日本、印度等国家和组织先后发射了210多个空间探测器；已探测的太阳系天体有月球、火星、金星、水星、木星、土星、天王星、海王星和小天体等，其中探测冥王星的探测器"新地平线"正在飞行之中；实现了月球、火星、金星、土卫六和小行星着陆，并完成了月球、小行星及彗星粒子采样返回，有的探测器甚至正飞出太阳系，即将进入外太阳系。

世界空间探测任务中，以探测月球为主的任务次数最多，约110次。在行星探测领域，探测火星的任务为40次；探测金星的任务为41次；8个探测器探测了木星，其中1个进入木星轨道，另外7个飞越了木星；4个探测器探测了土星，其中1个进入土星轨道，另外3个飞越了土星；2个探测器探测了水星，其中1个飞越水星，1个进入水星轨道；探测小行星的任务有5次，探测彗星的任务有7次。

德　国

德国主要通过欧洲航天局参与空间探测活动，除此之外，德国还与美国合作研制了"太阳神"探测器。

"太阳神" 探测器
Helios

概　况

"太阳神"（Helios）探测器是由德国和美国联合研制的太阳探测器（见图5－1），该系列共包括2个探测器，即太阳神－A（Helios－A）和太阳神－B（Helios－B），分别于1974年12月10日和1976年1月15日用"大力神"运载火箭从卡纳维拉尔角的肯尼迪航天中心发射。

"太阳神"探测器的探测目的是研究太阳、太阳－行星关系和水星轨道以内的近日行星际空间，探测太阳风、行星际磁场、宇宙射线、微流星体等。运行过程中，太阳神－A探测器的偶极子天线展开失败，导致天线只能作为单极天线工作。太阳神－B探测器的高增益天线出现故障，返回的数据少于太阳神－A探测器返回的数据。2个探测器分别于1985年2月18日和1979年12月23日结束探测使命，目前仍停留在绕太阳运行的椭圆轨道上。

主要性能参数

探测器的质量均为371.2kg，外表面为绝缘体。每个探测器装有2个支杆和1个32m的偶极子天线，并携带8种有效载荷，包括等离子体探测器、磁通门磁强计、线圈式磁强计、射电探测仪、空间望远镜、电子探测仪、黄道光光度计和微流星体分析器。任务目的是在距离地球轨道0.3AU处对行星际环境进行测量。探测器的自旋速率为1r/s。探测轨道为日心轨道。

图5－1　"太阳神"探测器

俄罗斯/苏联

苏联从20世纪50年代末就开始进行空间探测。在月球探测方面，苏联共发射60余个以月球为主要目标的探测器，创下多项世界第一，例如，1959年发射的月球-1是世界上第一个飞越月球的探测器，也是第一颗进入日心轨道的航天器；1959年发射的月球-3首次拍摄了月球背面图像；1966年发射的月球-9是世界上第一个实现月球软着陆的探测器；1970年发射的月球-16成功实现了第一次月球样品无人采样返回等。

在开展月球探测的同时，苏联还对金星和火星开展了大量的探测活动。苏联是发射金星探测器最多的国家，创下多项世界第一，例如，1967年发射的金星-4是第一个进入金星大气的探测器；1970年发射的金星-7首次实现金星软着陆。苏联对金星的探测活动一直持续到1984年底，最后发射的2个金星探测器是维加-1和维加-2。

苏联从20世纪60年代开始进行火星探测，1960年发射的火星探测器-1（Marsnik 1）是世界上第一个飞往火星的探测器；1971年发射的火星-3是世界上第一个在火星表面着陆的探测器。目前，全球共发射火星任务40次，俄罗斯/苏联共19次，占发射总数的近50%，其中发射失败8次，任务失败6次，部分成功5次。

苏联早期开展的空间探测活动大多采取一种高密度的任务执行方式，在短时间内频繁地发射大量探测器。探测任务的科学目标以探测行星的大气组成、地形地貌、地质构造和周围空间环境为主。苏联早期的空间探测任务失败的几率很高，其中大多数与运载火箭发射失败和通信系统失效有关。

随着20世纪90年代初苏联解体，俄罗斯的空间探测活动发展进度缓慢。从90年代中期到2012年，俄罗斯只发射了火星-96和"福布斯-土壤"2个空间探测器，均发射失败。

俄罗斯未来将进行的空间探测任务包括"月球-全球"（Luna-Glob）、"月球-土壤"（Luna-Grunt）、"机器人月球基地"（Robotic Lunar Base）和金星-D（Venera-D）探测器。

Yueqiu Tanceqi
"月球"探测器
Luna

概　况

"月球"（Luna）探测器是苏联1959—1976年间发射的无人月球探测器系列，共24个，其中15个发射成功，均从拜科努尔航天发射中心发射。苏联在该计划中实际发射的探测器多于24个，但有些发射失败的探测器或因未脱离低地球轨道而被编入"宇宙"（Cosmos）系列，或因未进入月球轨道而未被归入"月球"系列。"月球"计划的总成本约为45亿美元。

"月球"探测器的探测任务类型包括飞越、绕飞、着陆、巡视勘察及采样返回，其中月球飞越任务1次（月球-3，成功），月球轨道器任务6次（月球-10、11、12、14、19和22，全部成功），月球着陆任务12次（其中月球-2、9、13、17和21共5次成功），采样返回任务5次（其中月球-16、20和24共3次成功）。

"月球"计划使苏联在月球探测领域取得多项世界第一，如首次飞越月球；首次实现月球撞击；首次获得月球背面照片；首次实现月球软着陆；首次进入月球轨道；首次实现月球采样返回等。

主要性能参数

飞越任务：月球-3

月球-3于1959年10月4日用"东方"运载火箭发射，首次获得月球背面的图像。

绕飞任务：月球-10、11、12、14、19和22

月球-10于1966年3月31日用"闪电"运载火箭发射，是首个月球轨道器，研究了月球表面辐射和磁场，测量了月球引力场的强度和变化情况。月球-11、12、14、19和22也均为月球轨道器，对月球环境进行了探测。

着陆任务：月球-1、2、9和13

月球-1于1959年1月2日用"东方"运载火箭发射，由于地面控制系统故障，探测器从距离月球约5995km处飞过，进入日心轨道。月球-1（见图5-2）是世界上首个到达月球附近的探测器，也是世界上首个进入日心轨道的人造物体。

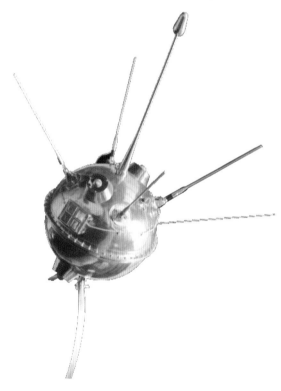

图5-2 月球-1

月球-2于1959年9月12日用"东方"运载火箭发射，成功撞击月球表面，是世界上首个到达月球表面的人造物体。

月球-9、13的主要任务是在着陆点附近进行拍摄和探测，探测月表可承受载荷情况，探测月表的光照、热及辐射特征，为载人登月做准备。

月球-9（见图5-3）于1966年1月31日用"闪电"运载火箭发射，是世界上首个在月球表面软着陆的探测器。探测器由着陆器、制动发动机和仪器舱组成，总质量1538kg，其中推进剂800kg。着陆器为球状，直径58cm，质量为100kg，携带的科学探测仪器包括摄像机、气体放电辐射计数器、亮度标准测量仪和辐射计等。制动发动机采用液体推进剂，用于地-月转移轨道的中途修正和制动着陆。仪器舱中装有姿态控制系统、电池和雷达天线等电子元器件。着陆器在着陆后展开花瓣状的4片护罩，用作天线反射面，发送图像信息，同时还用于支撑、稳定着陆器，其后还展开4副鞭状天线。月球-9在月球表面工作了48h，传回了不同光照条件下的月表图像，用于分析月表的地形地貌。

图5-3 月球-9

月球-13于1966年12月21日用"闪电"运载火箭发射，构型与月球-9相似，但携带不同的有效载荷。月球-13总质量1620kg，其中着陆器质量112kg。携带的有效载荷包括月壤机械性能测量仪、辐射密度计、过载测量仪和月表热流测量仪等，传回大量月表全景图像和科学数据。

巡视勘察任务：月球-17和21

月球-17和21分别于1970年11月10日和1973年1月8日用"质子"运载火箭发射，分别携带月球车-1（Lunokhod 1）和月球车-2（Luno-khod 2），在着陆点附近进行自动巡视探测，2辆月球车分别在月面行走了10.5km和37km。

月球-17、21的软着陆平台（见图5-4）干质量约1080kg，4个圆柱体贮箱中的推进剂用于中途修正和近月制动，4个球形贮箱中的推进剂用于软着陆，着陆机构为4个腿式缓冲着陆架。探测器携带的仪器包括着陆雷达、推力可调的发动机系统、姿态控制系统、陀螺和电子设备等，还有用于测量探测器周围温度和辐射的仪器。星上计算机根据高度和速度控制发动机开关。发动机关机后靠反作用推力器实现软着陆。

图5-4　月球-17、21的软着陆平台

月球车的任务目的是探测月球表面并返回图像。月球-17携带的月球车-1（见图5-5）为桶状，

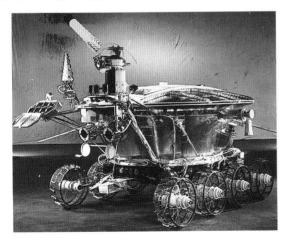

图5-5　月球车-1

为独立驱动的8轮结构，带有1副圆锥形天线、1副全向螺旋天线和4台摄像机，还携带了1台撞击月壤的特殊设备，该设备可以展开，用于月壤密度测量和力学测试。月球车-1的速度为1km/h和2km/h，可翻越30°的坡，总共在月面行驶了10.5km，工

作301d后由于能源不足停止工作。

月球-21携带的月球车-2在月面行走速度为1km/h和2km/h，共行驶了37km。月球车-2携带了3台摄像机和其他科学仪器。地面人员通过月球车-2发回的图像来指挥其在月面的行走。

月球车-1和月球车-2的参数对比见表5-1。

表5-1　月球车-1和月球车-2参数对比

参数	月球车-1	月球车-2
月球车质量/kg	756	840
月球车长度/m	2.13	
轴距/m	1.70	
车轮数量	8	
车轮直径、宽度/m	0.51/0.2	
车轮动力范围/m	0.1	
巡视距离/km	10.54	37
工作时间	10个月	4个月

采样返回任务：月球-16、20和24

月球-16、20和24属于苏联第三代无人月球探测器，分别于1970年9月12日、1972年2月14日和1976年8月9日用"质子"运载火箭发射，探测目标均为月球表面采样返回。3个探测器均在月球表面成功软着陆，分别带回101g、55g和170g样本。

月球-16（见图5-6）是首个在月球上自动采样并返回地球的探测器。整个探测器发射质量约5800kg，高约4m，底部直径约4m。

月球-16分为下降级与上升级。下降级位于探测器下部，用于采集月球样品、与地球进行无线电通信和提供电能，同时也是上升级的发射平台。下降级的最下方是制动发动机，用于减速和着陆；游

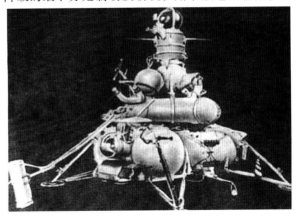

图5-6　月球-16

标发动机用于在飞行过程中修正轨道；4 个对称分布的圆柱体推进剂贮箱为发动机提供燃料；月球样品采集装置中装有钻臂与空心钻管，钻管内装有探测器，可以感知月岩或月壤的阻力以确定钻速，并且可以自动避开月岩；其他系统包括导航与控制系统、热控系统、无线电接收与发射系统、化学电池和 4 个可伸缩的缓冲着陆架等。

上升级位于探测器上部，用于将装有月球样品的返回舱送回地球。上升级包括提供动力的发动机喷管、3 个球形推进剂贮箱、装有导航设备和化学电池的柱形仪器舱以及位于仪器舱上方的球形返回舱。球形返回舱直径约 50cm，质量为 36kg，分成上、中、下三部分，下部装有电池和信号发射装置，中部装有钻头和月壤样品舱，顶部装有降落伞和下降天线。返回舱外表面有热防护层，防护层的外层是石棉酚醛塑料，内层是玻璃纤维蜂窝填料，正面部分最厚达 35mm，背面为几毫米。回收舱用金属紧固带与仪器舱顶部连接，在再入大气层前根据地面的指令与火箭分离。

月球 - 20 和月球 - 24 的质量、外形、结构等参数均与月球 - 16 相近。

Jinxing Tanceqi
"金星"探测器
Venera

概 况

"金星"（Venera）探测器是苏联 1961—1983 年间发射的金星探测器系列，共 16 个（金星 - 1 ~ 16），实现了人类金星探测史上的多个"首次"，包括首次发射人造物体进入除地球之外的行星的大气层（金星 - 4）、首次在除地球之外的行星表面软着陆（金星 - 7）、首次从除地球之外的行星表面返回图像（金星 - 9）、首次测绘金星的高分辨率图像（金星 - 15）等。

主要性能参数

金星 - 1 于 1961 年 2 月 12 日用"闪电"运载火箭从拜科努尔航天发射中心发射，质量约 644kg，在距金星约 10^6km 处飞过，进入日心轨道后失去联络。

金星 - 2 于 1965 年 11 月 12 用"闪电"运载火箭从拜科努尔航天发射中心发射，质量约

963kg，发射后出现通信故障，与地面失去联系，最终进入日心轨道。

金星 - 3 ~ 6 均用"闪电"运载火箭从拜科努尔航天发射中心发射，构型相似，质量相近，都有巡航平台和球形的大气进入舱。金星 - 3 于 1965 年 11 月 16 日发射，质量约 960kg，是世界上首个成功撞击除地球以外的行星的探测器。该探测器在金星上硬着陆后，通信遥测信号全部中断，与地球失去联系。

金星 - 4 于 1967 年 6 月 12 日发射，同年 10 月 18 日到达金星附近，向金星释放了一个着陆舱，探测器穿过大气层期间测量了大气温度、压力和化学组成，成为世界上首个测量除地球之外的行星的探测器。

金星 - 5 和金星 - 6 分别于 1969 年 1 月 5 日和 1 月 10 日发射，进入金星大气进行探测。在进入金星大气之前，探测器抛掉近一半的有效载荷，对金星大气的测量时间分别为 53s 和 51s，探测器电池耗尽失效。

金星 - 7 于 1970 年 8 月 17 日用"闪电"运载火箭从拜科努尔航天发射中心发射，质量为 1180kg。探测器穿过金星大气，首次实现金星表面软着陆，并成为世界上首个从金星表面向地球传输数据的探测器。金星 - 7 测得金星表面大气压至少为地球的 90 倍，温度高达 470℃。金星 - 7 着陆舱模型见图 5 - 7。

图 5 - 7 金星 - 7 着陆舱模型

金星 - 8 于 1972 年 3 月 27 日用"闪电"运载火箭从拜科努尔航天发射中心发射，质量为 1180kg。探测器在金星表面成功软着陆，对金星土

壤进行了研究，还对金星表面的太阳光强度和金星云层进行了测量。

金星 - 9 ~ 12 均用"质子"运载火箭从拜科努尔航天发射中心发射。金星 - 9 和金星 - 10 分别于 1975 年 6 月 5 日和 6 月 14 日发射，质量分别为 4650kg 和 4600kg，同年分别进入不同的金星轨道，成为第一对环绕金星的人造探测器。2 个探测器探测了金星大气结构和特性，首次发回了金星表面全景图像，其携带的 2 个着陆器分别在金星表面成功着陆，工作时间分别为 53min 和 65min。

金星 - 11 和 12 于 1978 年 9 月 9 日和 9 月 14 日发射，质量约为 4940kg，均在金星成功实现软着陆，分别工作了 95min 和 110min。金星 - 11 着陆舱见图 5 - 8。

图 5 - 8　金星 - 11 着陆舱

金星 - 13 和 14 分别于 1981 年 10 月 30 日和 11 月 4 日用"质子"运载火箭从拜科努尔航天发射中心发射，质量均为 760kg 左右，其着陆舱工作时间分别为 127min 和 57min，着陆舱携带的自动钻探装置采集了金星地表的岩石样品。

金星 - 15 和 16 分别于 1983 年 6 月 2 日和 6 月 7 日用"质子"运载火箭从拜科努尔航天发射中心发射，质量均为 4000kg 左右，并分别于 10 月 10 日和 10 月 14 日到达金星附近，成为金星的人造卫星，每 24h 环绕金星 1 周，探测了金星表面以及大气层的情况。探测器上的雷达成像设备在金星轨道上对金星表面进行扫描观测，成功绘制了北纬 30° 以北约 25% 的金星表面地形图。

Huoxing Tanceqi
"火星"探测器
Mars

概况

"火星"（Mars）探测器是苏联在 1962—1973 年间发射的一系列无人火星探测器，共 7 个（火星 - 1 ~ 7），除火星 - 1 用"闪电"运载火箭发射外，其余探测器均用"质子"运载火箭发射，火星 - 1 ~ 7 均从拜科努尔航天发射中心发射。任务类型包括火星飞越、绕飞和着陆。其中仅火星 - 3 和火星 - 6 部分成功，其余探测任务均失败。

主要性能参数

火星 - 1 于 1962 年 11 月 1 日发射，任务目标为飞越，探测器飞行到距离地球 1.06×10^8 km 时，与地球失去联系，任务失败。

火星 - 2 于 1971 年 5 月 19 日发射，任务目标为绕飞和着陆，探测器到达火星轨道后与地球失去联系，任务失败。

火星 - 3（见图 5 - 9）于 1971 年 5 月 28 日发射，任务目标为绕飞和着陆。1971 年 12 月 2 日，探测器下降舱以约 5.7km/s 的速度进入火星大气。通过空气动力学、降落伞和制动火箭等减速后，着陆器在火星表面着陆，但仅工作 20s 后就由于未知原因与地球失去联系。

图 5 - 9　火星 - 3 探测器

火星 - 4 于 1973 年 7 月 21 日发射，任务目标为绕飞。因出现故障，探测器未能进入火星轨道，后与地球失去联系，任务失败。

火星 - 5 于 1973 年 7 月 25 日发射，任务目标为绕飞。探测器进入火星轨道，获得首批火星彩色图像，2d 后与地球失去联系。

火星－6 于 1973 年 8 月 5 日发射，发射质量为 3260kg，任务目标为着陆。1974 年 3 月 12 日，探测器到达火星附近，下降舱与轨道器分离，轨道器飞越火星后进入日心轨道。在接近火星表面时，下降舱与地球失去联系。火星－6 在火星表面着陆，着陆质量为 635kg。下降舱在通信中断前传送了 224s 的数据。由于在通往火星途中计算机出现故障，大部分数据都无法读取，任务失败。

火星－7 于 1973 年 8 月 9 日发射，任务目标为着陆。探测器未进入火星轨道，后与地球失去联系，任务失败。

Tanceqi
"探测器"
Zond

概况

"探测器"（Zond）包括苏联 1964—1970 年进行的 2 个独立的无人探测任务系列。第一个系列是行星探测器任务，包括探测器－1（Zond 1）、探测器－2（Zond 2）和探测器－3（Zond 3），分别于 1964 年 4 月 2 日、1964 年 11 月 30 日和 1965 年 7 月 18 日发射，目的是收集行星信息。第二个系列是无人绕月飞行试验任务，包括探测器－4 ~ 8（Zond 4 ~ 8），分别于 1968 年 3 月 2 日、1968 年 9 月 15 日、1968 年 11 月 10 日、1969 年 8 月 8 日和 1970 年 10 月 20 日用"质子"运载火箭发射。探测器－4 ~ 8 采用"联盟"（Soyuz）飞船的简化设计，包括服务舱和返回舱，但不包括轨道舱。"探测器"系列最初属于苏联的行星探测任务，但当苏联进行具有载人能力的航天器无人飞行试验时，采用了探测器－1 ~ 3 的设计，因此苏联此后研制的一系列无人飞行器也归入该"探测器"系列。

主要性能参数

行星探测器任务

探测器－1 成功发射后，于 1964 年 5 月 14 日与地球中断通信，任务失败。

探测器－2 成功进入火星转移轨道后，太阳翼未能完全展开。1964 年 12 月 18 日，探测器与地球失去联络。

探测器－3 质量为 950kg，飞越月球，拍摄了 25 幅可见光图像和 3 幅紫外图像，最后进入日心轨道。在整个任务期间，探测器拍摄到月球表面 30% 区域的图像。探测器－3 还首次成功地验证了利用太阳进行中段修正的方法。

无人绕月飞行试验任务

经过细小改进之后，探测器－4 ~ 8 可以搭载 2 名航天员。当时苏联新型的"质子"运载火箭和"联盟"飞船都出现了可靠性问题，但苏联仍然进行了试验飞行，导致探测器－4 ~ 8 试验飞行任务在再入时均出现故障。

探测器－4 ~ 8 拍摄了大量图像，还携带生物样品进入太空。任务收集了有关微流星体通量、太阳和宇宙射线、磁场、射电和太阳风的信息。

探测器－4 质量为 5600kg，进行绕月并返回地球的飞行试验。探测器的姿态敏感器在再入过程中失效，导致探测器无法保持姿态稳定。为防止别国截走返回的探测器，苏联在几内亚海湾上空应急摧毁探测器。

探测器－5（见图 5－10）质量为 5800kg，是苏联首个成功完成绕月飞行任务并返回地球的探测器。探测器成功进入高度为 1950km 的绕月轨道，拍摄地球和月球高分辨率图像。在探测器返回过程中，另一个姿态控制敏感器出现故障，制导再入系统关闭，探测器直接弹道式再入，在印度洋上的备用着陆点成功着陆。探测器－5 携带的 2 只草原龟生物样品生还并被送回莫斯科。

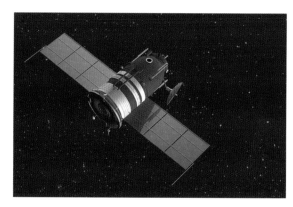

图 5－10 探测器－5

探测器－6 质量为 5800kg，绕月后返回地球，拍摄了地球的黑白图像，再入大气层后，在哈萨克斯坦的主着陆点着陆并回收。但探测器垂直降落地面时坠毁，回收人员从相机中找到了胶片。

探测器-7 质量为5800kg，携带了包括4只雌性草原龟在内的生物样品、辐射探测器和成像系统。探测器-7 拍摄了地球和月球图像，成功地受控再入地球大气层，在哈萨克斯坦的主着陆点着陆。

探测器-8 质量为5800kg，绕月后返回地球，弹道式再入，降落在印度洋上。探测器-8 是该系列探测器中最后一个为载人绕月飞行做准备的探测器。

Weijia Tanceqi
"维加"探测器
Vega

概　况

"维加"（Vega）探测器是苏联的金星探测器，包括维加-1（Vega-1）和维加-2（Vega-2），分别于1984年12月15日和1984年12月21日用"质子"运载火箭从拜科努尔航天发射中心发射。"维加"探测器的任务目的为释放漂浮探测器对金星进行漂浮探测、释放着陆器在金星表面软着陆、完成金星探测后飞越哈雷彗星。

"维加"探测器和运载火箭由苏联提供，探测器上用于哈雷彗星观测的仪器由苏联、澳大利亚、保加利亚、匈牙利、东德、波兰、捷克斯洛伐克、法国和西德提供。

主要性能参数

"维加"探测器（见图5-11）的设计基于苏联"金星"探测器系列中的金星-9和金星-10。维加-1和维加-2的外形与结构基本相同，质量为4920kg，三轴稳定，装有2副大型太阳翼，有效载荷包括碟型天线、相机、光谱仪、红外探测器、磁

强计和等离子体探测仪等。探测器上还装有防护哈雷彗星尘埃的缓冲装置。

图5-11　"维加"探测器

探测器分别于1985年6月11日和1985年6月15日到达金星，每个探测器携带了1个质量为1500kg、直径为240cm的球形下降舱，下降舱里装有一个漂浮探测器和一个着陆器。

探测器的漂浮探测器从距离金星表面56km时开始进行漂浮探测，测量了金星附近的温度、气压、风速和悬浮微粒密度，工作时间均达到46h。漂浮探测器是一个充氦气球，直径为3.54m，由13m长的缆绳牵引，整个漂浮探测器装置质量为21kg。

维加-1的着陆器在距离金星20km时开始进行金星表面探测，但由于遇到剧烈的金星表面风，着陆器在金星表面工作21min，未能返回数据；维加-2的着陆器于1985年6月15日在金星表面软着陆，着陆器测量了着陆地点的气压和温度，并钻探和分析了金星土壤。着陆器从金星表面传送数据的时间为56min。

维加-1、2在完成金星探测任务后利用金星引力变轨，飞向哈雷彗星进行探测，共传回约1500张哈雷彗星的图像。

美　国

在空间探测领域，美国是迄今为止唯一一个对太阳系内所有行星进行过探测的国家，并对太阳、小天体和星际空间开展过大量探测，实现了月球、火星、小行星和土卫六着陆，以及彗星粒子和太阳风粒子采样返回。美国在太阳系探测领域取得了大量科学成果，在世界空间探测领域处于领先地位。

美国在月球探测方面起步很早，1958年8月17日发射的先驱者-0月球探测器是人类历史上第一个空间探测器。迄今，美国共发射了50余个无人月球探测器。

美国已向火星发射了19个火星探测器，有14个获得了成功。目前，美国已掌握了火星飞越、绕飞、着陆、巡视勘察等相关技术。

除月球和火星外，美国还发射了7次金星探测任务。1989年发射的"麦哲伦"金星探测器首次获得了覆盖96%金星表面的雷达立体图像。

美国还向太阳系的外行星——木星和土星，以及最靠近太阳的内行星——水星共发射了4个探测器，其中木星探测器2个，土星探测器1个，水星探测器1个。此外，美国还发射了4个小行星探测器和3个彗星探测器。

Xianquzhe Tanceqi
"先驱者"探测器
Pioneer

概　况

"先驱者"（Pioneer）探测器是美国1958—1973年发射的行星和行星际空间探测器系列，共12个（先驱者-0～先驱者-11），探测目标包括月球、行星际空间、内行星（水星、金星）和外行星（木星和土星），其中先驱者-10和11对太阳系的外行星进行了探测，目前正向太阳系外飞去。

先驱者-0～4为月球探测器，于1958年8月—1959年3月发射，任务目标是使探测器达到地球逃逸速度，以证明"先驱者"项目的可行性。其中，先驱-0～3因运载火箭故障使探测器被损毁或未达到逃逸速度而坠入地球大气层。先驱者-4达到了地球逃逸速度，却因飞行轨迹偏差，在距离月球60027km处飞过（原计划是在$3.2×10^4$km处飞越月球），由于距离太远，未能拍到月球图像，探测器最终进入日心轨道。

先驱者-5于1960年3月11日发射，任务目标是进行深空技术验证。先驱者-5上携带了存储转发装置（Telebit），这是美国探测器上正式使用的第一台数字遥测系统。

先驱者-6～9于1965年12月—1968年11月发射，均进入日心轨道，探测器沿绕太阳的轨道分布，构成"行星际空间太阳气象网"，观测太阳磁场、太阳风和宇宙射线。探测器为美国联邦航空委员会、商业航空公司、电力公司、通信公司和测量勘探团体等1000多个用户提供了太阳风暴预测数据。

先驱者-10、11是美国第一次外层空间行星际探测任务，分别于1972年3月和1973年4月发射，创造了多项世界第一：先驱者-10是世界上第一个飞越火星的探测器，第一个穿过小行星带的探测器，第一个飞越木星的探测器和第一个采用核能源技术的探测器；先驱者-11是第一个飞越土星的探测器和第一个发回木星极区图像的探测器。先驱者-10于1983年6月13日穿过海王星轨道，飞向外太阳系。先驱者-11于1990年2月23日穿过海王星轨道，也飞向外太阳系。

主要性能参数

先驱者-0、1 和 2 质量均为 38kg，为中部扁圆柱、两端圆锥体的玻璃纤维结构，中部的圆柱直径为 74cm。探测器装载了 1 个红外扫描仪，该仪器是一个简单的热辐射装置，包括 1 个小型抛物面反射镜，能把月球表面反射的光线聚焦到单元上，其输出电压与接收到的光线成正比。

先驱者-4 质量为 6.1kg，圆锥体结构，外部为涂有黄金层的纤维玻璃，锥体结构本身作为天线，黄金层为导体。圆锥体中央是电压管和 2 个盖革计数器。质量 0.5kg 的发射机以 960.05MHz 频率发出 0.1W 的相位调制信号，调制载波功率为 0.08W，总有效辐射功率为 0.18W。

先驱者-6~9（见图 5-12）质量约为 62~65kg，圆柱体结构，自旋稳定，自旋速率 60r/min。通信天线为高增益指令与遥测天线，有 512bit/s、256bit/s、64bit/s、16bit/s 和 8bit/s 共 5 个码速率，可按地面指令选择其中 1 个码速率进行数据传输，其中科学数据采用前 2 个较高的比特率传输。探测器有实时、遥测-存储、循环存储和存储读取 4 种工作模式。先驱者-6 和 7 的有效载荷包括磁强计、"法拉第"等离子体探测仪、等离子体分析仪、宇宙线探测仪以及无线电传播试验装置。先驱者-8 和 9 上还增加了电场探测仪和宇宙尘埃探测仪。

图 5-12　先驱者-6

先驱者-10（见图 5-13）和先驱者-11 的结构类似，质量 259kg，主结构由铝蜂窝夹层材料制成，装有直径 2.74m 的高增益碟型天线，其中央顶端为中增益天线。探测器由 2 个放射性同位素热电发生器（RTG）提供电源，在距离木星处可产生 144W 的功率。姿控系统包括 1 个星敏感器（老人星）和 2 个太阳敏感器，采用 3 对推力器进行自旋轴的控制（维持在 4.8r/min）和速度变化。通信系统上行频率为 2110MHz，下行频率为 2292MHz。在距离木星处，一次往返通信需要 92min。

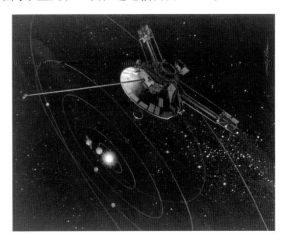

图 5-13　先驱者-10

Paihuaizhe Tanceqi

"徘徊者"探测器
Ranger

概　况

"徘徊者"（Ranger）探测器是 NASA 的首个月球探测器系列，于 1961—1965 年用宇宙神-阿金纳 B 运载火箭从卡拉维纳尔角发射，共 9 个，由喷气推进实验室（JPL）管理，任务目的是研制并验证月球和行星探测的三轴稳定平台。该探测器系列最初包括 2 种标准配置（Block I 型和 Block II 型）的探测器，后来又研制了 Block III 型。

"徘徊者"探测器的任务目标是在向月球降落过程中，近距离拍摄月球表面图像，获取月球表面特性；评估月球环境对载人飞船着陆任务的影响。

徘徊者-1 和 2 为 Block I 型，是 2 次试验飞行任务，分别于 1961 年 8 月 23 日和 1961 年 11 月 18 日发射，主要进行科学实验和验证各项工程技术，包括验证压缩氮喷气的三轴稳定系统、消除发射误差的航向校正系统等。

徘徊者-3、4 和 5 为 Block II 型，装有月球撞击舱，主要任务目标观测月球、测量月球辐射强度、试验月球硬着陆技术，并向月球表面放置月震仪。这3个探测器于1962年1月—1962年10月期间发射。

徘徊者-6、7、8和9为Block Ⅲ型，由摄像设备取代了原来的月球撞击舱，用以获取月面图像。徘徊者-6于1964年1月30日发射，实现了月球撞击，但未获得月球图像；徘徊者-7于1964年7月28日发射，在撞击月面前传回4308幅月面图像；徘徊者-8于1965年2月17日发射，在撞击月面前传回7137幅月面图像；徘徊者-9于1965年3月21日发射，在撞击月面前传回5815幅月面图像。

"徘徊者"计划中有9次月球着陆任务，前5次均失败，第6次部分成功（着陆成功但未获得月球照片），后3次取得完全成功，获得高质量月球照片。

主要性能参数

徘徊者-3、4和5的质量均为330kg，高约3.1m，装备有直径65cm的外面包有软木的月球撞击舱（见图5-14）。推进系统采用推力22.6kN的单元肼发动机。姿态信息由太阳敏感器、星敏感器和陀螺仪提供，并通过俯仰/滚动喷管实现。由计算机、音序器以及地面控制的指令系统实现探测器的控制。电源系统采用太阳翼，并为1000W·h的银锌电池充电。通信系统包括2个960MHz发射机、1副高增益天线和1副全向天线。热控采用白色涂层、金铬涂层和镀银塑胶。有效载荷包括成像系统、γ射线光谱仪、单轴地震检波仪以及无线电实验装置。

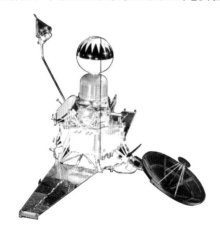

图5-14 徘徊者-3

徘徊者-6（见图5-15）、7、8和9的质量均为366kg，主结构为外接圆直径为1.5m的六边形铝框架基座，框架上部的截锥塔上安装有摄像机。巡航推进采用224N单元肼发动机，带有4个矢量控制阀。指向和姿态控制采用12个氮气喷管，姿态敏感

系统包括3个陀螺仪、4个主太阳敏感器、2个辅助太阳敏感器和1个地球敏感器。电源系统包括功率200W的太阳翼、1个1000W·h的银锌电池组和2个1200W·h的银锌电池组。通信采用高增益抛物面天线和准全向低增益天线，发射机包括1个频率959.52MHz、功率60W的TV信道，1个频率960.05MHz、功率60W的TV信道，1路频率为960.58MHz、功率为3W的转发器信道。有效载荷包括由6台相机组成的成像系统，其中2台为全扫描相机，4台为区域扫描相机。

图5-15 徘徊者-6

"水手"探测器
Mariner

概 况

"水手"（Mariner）探测器是NASA在1962—1973年期间发射的一系列行星际探测器，共10个，由NASA喷气推进实验室研制和管理，探测目标包括火星、金星和水星，其中7次任务成功，3次任务失败。探测器总研制、发射及支持费用约为5.54亿美元。

水手-1和水手-2为金星飞越任务。水手-1于1962年7月22日用宇宙神-阿金纳B运载火箭发射，发射293s后发现偏航误差，随后地面启动了引爆程序，炸毁了火箭及有效载荷。水手-2于1962年8月27日发射，1962年12月14日在距离金星34762km处飞过。在飞越金星的42min内，探测器收集了金星大气层和金星表面数据，然后进入日心轨道。水手-2

是世界上首个成功的行星际探测器。

水手-3和水手-4为火星飞越任务。水手-3在发射时因整流罩与有效载荷分离失败导致任务失败。水手-4于1964年11月28日发射，1965年12月5日在距离火星9660km处飞过，拍摄了22张火星图像；1967年12月21日，水手-4与地面失去联系。

水手-5为金星飞越任务，于1967年6月14日由宇宙神-阿金纳-D火箭发射；10月19日，水手-5在距离金星4000km处飞过；1967年12月4日，水手-5与地面失去联系。

水手-6和水手-7为火星飞越任务，任务目标是近距离拍摄火星图像和探测火星大气。这2次任务是首次利用"宇宙神"运载火箭进行发射，2次任务均成功。探测器分别于1969年2月24日和1969年3月27日发射。水手-6于7月31日在距离火星3429km处飞过，水手-7于8月5日在距离火星3430km处飞过。2个探测器共拍摄了58286幅火星图像。

水手-8和水手-9为火星绕飞任务，其中水手-8发射失败，水手-9成功入轨，成为首个进入火星轨道的探测器。水手-9于1971年5月30日由"宇宙神"运载火箭发射，11月14日进入火星轨道。水手-9绘制了85%的火星表面图像，分辨率1~2km，共发回7329幅火星图像。水手-9首次对火星表面进行了全球测绘，并观测到火星的火山口、火星峡谷、火星极区以及火星卫星，获得了火星沙尘暴和引力场数据。

水手-10为水星飞越和金星飞越任务，是世界上首个探测2颗行星的探测器，也是首个利用行星借力方式变轨的航天器，主要任务目标是探测水星大气、表面及其物理特性。水手-10于1973年11月3日用"宇宙神"运载火箭发射。1974年2月5日，水手-10飞越金星，拍摄4165幅金星图像。随后，水手-10借助金星引力飞向水星，并于1974年3月16日、1974年9月21日和1975年3月16日3次飞越了水星，与水星的最近距离为327km。水手-10探测到水星存在弱磁场，表面有陨坑和山脉。1975年3月24日，水手-10与地面失去联系。

主要性能参数

水手-1、2质量均为203kg，主结构为外接圆直径为1.04m、高0.36m的六边形基座，基座的顶部是用于安装科学仪器的塔形支杆，基座底部两侧装有太阳翼，太阳翼翼展5.05m，此外探测器还采用1000W·h的银锌电池供电（见图5-16）。巡航

阶段的主推进采用225N单元肼发动机。姿态控制采用氮气喷管系统。通信系统包括1副高增益定向碟型天线、1副柱形全向天线、2副指令天线和1台3W发射机。热控采用散热器、热控涂层和可调百叶窗。有效载荷包括微波辐射计、红外辐射计、磁强计、宇宙尘埃探测仪、太阳等离子体质谱仪和高能粒子探测仪。

图5-16　水手-1

水手-3、4质量均为260kg，主结构为八边形柱体。巡航主推进采用推力225N单元肼发动机。姿态控制采用12个氮气喷管。姿态敏感器包括4个太阳敏感器、1个地球敏感器、1个火星敏感器和1个老人星敏感器。电源系统由4个太阳翼和1200W·h的银锌电池组成，其中太阳翼在地球附近的功率约为700W，在火星附近的功率约为300W。通信采用S频段，装有直径为1.17m的高增益碟型天线、双工三极管放大器、10W行波管放大器（TWTA）发射机。热控采用可调百页窗、多层隔热材料和铝屏蔽板。有效载荷包括摄像机、磁强计、尘埃探测仪、宇宙线望远镜、辐射探测仪和太阳等离子体探测仪。

水手-6、7质量均为381kg，主结构为八边形柱体（见图5-17）。巡航主推进采用225N单元肼发动机。姿态控制采用12个氮气喷管。电源系统4副太阳翼和1200W·h的银锌电池组成，其中太阳翼在地球附近的功率约为800W，在火星附近的功率约为449W。通信采用S频段，装有直径为1m的高增益抛物面天线、低增益全向天线和10W/20W行波管放大器。设有3个遥测通道，数据率分别为8.333bit/s或33.333bit/s（工程数据）、66.66bit/s或270bit/s（科学数据）、16.2kbit/s（科学数据）。有效载荷包括宽视场相机、窄角相机、红外望远镜、红外辐射计和紫外光谱仪。

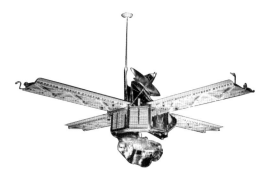

图 5 - 17　水手 - 6

水手 - 8、9 质量约 998kg，主结构为八边形柱体（见图 5 - 18）。巡航主推进采用推力 1340N 的双组元发动机，姿态控制采用 12 个氮气喷管。电源系统 4 个太阳翼和 20A·h 的镉镍蓄电池组组成，其中太阳翼在地球附近的功率约为 800W，在火星附近的功率约为 500W。通信采用 S 频段，装有高增益抛物面天线、中增益喇叭天线、低增益全向天线、10W 双向发射机和 20W 单向接收机。热控采用百叶窗和多层隔热材料。观测数据存储在数字磁带记录机上，重放速率为 4kbit/s、8kbit/s 和 16kbit/s。有效载荷包括宽视场相机、窄角相机、红外辐射计、紫外光谱仪和红外干涉仪光谱仪。

图 5 - 18　水手 - 8

水手 - 10 质量约 503kg，主结构为八边形柱体，两侧分别装有 1 副长 2.69m、宽 0.97m 的太阳翼，太阳翼翼展 8m（见图 5 - 19）。由于水星靠近太阳，在探测器的一端装有遮阳伞，扫描平台安装在背向太阳一侧。主推进采用 222N 单元肼发动机。姿态控制采用 2 套 12 个（6 个为 1 组）氮气喷管，姿态敏感器包括老人星敏感器、太阳敏感器以及惯性测量单元（IMU）。通信采用 S 和 X 频段，天线包括直径 1.37m 的高增益抛物面天线和低增益全向天线，最大数据率为 117.6kbit/s。热控采用多层隔热材料、百叶窗以及遮阳伞。有效载荷包括红外辐射计、紫外气辉光谱仪、紫外掩星光谱仪、磁强计、带电粒子望远镜、等粒子体分析器以及成像系统等。

图 5 - 19　水手 - 10

Kancezhe Tanceqi
"勘测者"探测器
Surveyor

概　况

"勘测者"（Surveyor）探测器是 NASA 为支持"阿波罗载人登月计划"而研制的月球探测器，于 1966 年 5 月—1968 年 1 月用"宇宙神"（Atlas - Centaur）运载火箭发射，共 7 个，任务目标为开发和验证月面软着陆技术；获取月球表面的近距离照片，勘测月面地质地貌，为"阿波罗"载人飞船在月球表面着陆提供数据。

"勘测者"系列任务中，有 5 次成功在月球表面软着陆，2 次因发生严重故障导致失败（勘测者 - 2 和勘测者 - 4）。其中，勘测者 - 2 在飞行途中进行轨道修正时，微调发动机没有工作，探测器失去平衡，使着陆任务失败。勘测者 - 4 在着陆前遥测信号突然中断，着陆器撞毁在月球表面。

勘测者 - 6 在完成月球软着陆、图像拍摄及土壤测量任务后，还试验了月面起飞技术。勘测者 - 6 于 1967 年 11 月 7 日发射，10 日在月面软着陆，发回 29952 幅月球图像。完成主任务后，11 月 17 日，探测器的 3 个游标发动机点火 2.5s，从月面起飞了 3 ~ 4m 的高度，随后降落在原着陆点以西 2.4m 处。

勘测者 - 1、3、5、6 和 7 探测器共拍摄了 87689 张月球照片，为"阿波罗"计划提供了支持。

主要性能参数

勘测者 - 1 质量为 995kg，三角形构架结构，总高度约 3m，中央是大推力主制动发动机（见图 5 - 20）。支架末端的 3 个着陆垫装有减震吸能装置和应力测量系统。1 个中央支杆从三角形构架顶点向上延伸1m，太阳翼安装在中央支杆顶部。"勘测者"探测器装有2种制动火箭，一种是推力40kN（约9000磅）的大推力制动火箭，用于在登月时降低着陆器速度，实现软着陆；另一种是安装在主制动火箭周围的3个小型游标发动机，每个推力为130～460N，用于中途轨道修正和控制着陆器着陆。姿态信息由太阳敏感器、星敏感器和3个陀螺仪提供。电源系统由总功率85W的太阳翼和银锌电池组成。通信采用S频段，装有1副高增益天线（下行）、2副全向圆锥天线（上行和下行）、2台发射机和2台接收机。热控采用白色涂层、高辐射热表面及抛光外层。

图5-20　勘测者-1

勘测者-1的飞行轨道采用了直接登月轨道。进入着陆程序后，制动火箭在距月面75km高度时点火38s，把着陆器速度降到70m/s，随后抛掉反推制动火箭，3个游标发动机继续工作使着陆器进一步减速，最后着陆器以"自由落体"方式降落到月面。

其他"勘测者"探测器的主结构、着陆过程基本与勘测者-1相同，但携带的有效载荷不同。例如勘测者-1和2仅携带了相机系统，而勘测者-3除相机系统外，还携带了固体样品采样器，能够从着陆器向外伸出1.5m，并从月球表面下0.5m深度处采样。勘测者-4增加了土壤磁性测量仪，可测量月表土壤的含铁量。勘测者-5、6和7增加了α散射仪，测量月球土壤特性。

"探险者"探测器
Explorer

概况

"探险者"（Explorer）探测器是美国进行空间物理学、太阳物理学和天文物理学研究的系列探测器。"探险者计划"于1958年1月开始实施，最初由美国军方管理，从1959年8月发射探险者-6开始纳入NASA的空间科学计划，并广泛吸收研究机构、国际伙伴的参与。从1958—2012年，"探险者计划"共执行90余次空间飞行任务。该计划目前由NASA戈达德航天飞行中心（GSFC）管理。

"探险者计划"中，多数为地球轨道任务，还有几个空间天文望远镜进入日心轨道。其中，只有探险者-33、35和49探测器是月球轨道任务，目的是研究太阳系的各种空间现象。

探险者-33也称为行星际监测平台-4，于1966年7月1日由"德尔它"运载火箭发射。由于火箭第二级加速过快，探测器未能飞往月球轨道，而是围绕地球大椭圆轨道飞行。飞行的3年期间，探测器获得了地球磁场、太阳系磁场和辐射的数据。1971年9月，探险者-33不再发回数据。

探险者-35也称为行星际监测平台-6，于1967年7月19日由"德尔它"运载火箭发射，于7月21日进入近月点800km、远月点7692km、倾角147°的月球椭圆轨道。探测器在月球轨道成功运行了6年，探测了太阳风、太阳系磁场、近月尘埃环境、月球引力场和月球辐射等，1973年6月24日，探测器关闭。

探险者-49也称为射电天文学探测器-B，于1973年6月10日由"德尔它"运载火箭发射，6月15日进入月球轨道。探险者-49的任务目标是探测银河系和银河系外的射电噪声，研究来自行星、太阳以及银河系25kHz～13.1MHz范围的射电猝发。该任务采用月球轨道是为了避免地球无线电的干扰，最后一次与探测器联系是在1977年8月。

主要性能参数

探险者-33质量为93kg，自旋稳定，自旋速率为16.7～27.3r/min。携带的有效载荷包括磁强计、热离子探测仪和"法拉第"探测仪等。

探险者-35 质量为 104kg, 自旋稳定, 自旋速率为 25.6r/min。携带的有效载荷包括磁强计、热离子探测仪、"法拉第"探测仪和微流星体探测仪等。

探险者-49 质量为 330kg, 主结构为直径 92cm 的镁铝蜂窝圆柱体 (见图 5-21)。控制系统包括 1 个肼燃料速度校正单元、1 个冷气姿控系统和 1 个固态燃料月球进入发动机。由 3 副行波管天线构成 X 型天线组: 1 副是背离月球的 229mV 型天线, 1 副是指向月球的 229mV 型天线, 1 副与月面平行的 37m 偶极天线。另有 1 个 129m 的振动阻尼器悬梁系统, 用来抑制探测器的振动。数据传回地球采用 2 种方式, 即通过低功率 UHF 发射机的实时传输; 利用磁带记录器存储数据, 再通过高功率 UHF (400MHz) 发射机重放传回地球。

图 5-21 探险者-49

Yueqiu Guidaoqi Tanceqi
"月球轨道器" 探测器
Lunar Orbiter

概况

"月球轨道器" (Lunar Orbiter) 是 NASA 的月球探测器, 共 5 个, 于 1966 年 8 月—1967 年 8 月用宇宙神-阿金纳 D 运载火箭从卡纳维拉尔角发射。任务目标是对月球表面进行全面、详细的观测, 为"阿波罗"载人登月飞船选择着陆点。"月球轨道器"计划由 NASA 兰利研究中心管理, 成本约 2 亿美元。月球轨道器-1~3 的轨道倾角较小, 目的是观察"阿波罗"任务的计划登月区域 (北纬 5°~南纬 5°, 东经 45°~西经 5°), 该区域包括根据"勘测

者"探测器的观测结果选出的 20 个预定的登月点。月球轨道器-4~5 根据月球轨道器-1~3 的观测结果, 从中选出 8 个登月点进行进一步观测, 并对整个月球表面进行成像测绘。

"月球轨道器"全部成功进入月球轨道, 共发回 1654 幅月球图像, 其中 840 幅是月球轨道器-1~3 拍摄的"阿波罗"飞船计划登月区域的图像; 余下 814 幅是月球轨道器-4~5 拍摄的 8 个登月点的图像。探测器拍摄的月球图像约占月球表面总面积的 99%, 分辨率优于 60m。其中月球轨道器-5 完成月球背面的覆盖观测, 获得预选区域的中分辨率 (20m) 和高分辨率 (2m) 图像。

NASA 通过对"月球轨道器"的跟踪, 还验证并评估了载人空间飞行测控网和"阿波罗"飞船轨道确定程序。

主要性能参数

5 个"月球轨道器"的构型基本相同, 质量约 385kg, 主结构为底部直径 1.5m、高 1.65m 的截锥形结构, 包括 3 个舱段, 并由桁架支撑 (见图 5-22)。巡航机动采用推力 445N 的速度控制发动机, 4 个 4N 的氮气喷管用于姿态控制。探测器为三轴稳定, 由太阳敏感器、老人星跟踪器及惯性基准单元 (IRU) 提供姿态信息。电源系统包括功率 375W 的太阳翼和 12A·h 的镉镍蓄电池。通信采用 S 频段 (2295MHz), 其中 1W 功率的发射机和定向高增益天线用于发送图像信息, 0.5W 功率的发射机和全向低增益天线用于其他通信。热控采用多层隔热材料、专用涂层、辐射器和小型加热器。

图 5-22 "月球轨道器"

"月球轨道器"的有效载荷包括成像系统、微流星体探测仪和辐射强度测量仪。其中, 成像系统是一个双透镜相机系统, 包括高分辨率 610mm 透镜系统和中分辨率 80mm 透镜系统, 在 96km 的近月点高度, 2 个系统的分辨率分别为 2m 和 20m。

Haidao Tanceqi

"海盗"探测器
Viking

概况

"海盗"（Viking）探测器是NASA的火星探测器，共2个，分别于1975年8月20日和1975年9月9日用"大力神"运载火箭发射。任务目标是在火星着陆并搜寻生命存在的证据。每个探测器都包括一起发射的1个轨道器和1个着陆器，飞到火星附近时分离，其中轨道器进入环绕火星的轨道进行在轨观测，着陆器进入火星大气并在火星表面着陆。"海盗"项目总成本约10亿美元。

1976年6月19日，海盗-1轨道器进入环绕火星轨道；1980年8月7日，因燃料耗尽停止工作。1976年7月20日，海盗-1着陆器在火星表面的克利斯（Chryse）平原区域着陆；1982年11月13日，着陆器与地面中断联系。海盗-1着陆器是世界上首个在火星上着陆的探测器。

1976年8月7日，海盗-2轨道器进入环绕火星轨道；1978年7月25日，轨道器停止工作。1976年9月3日，海盗-2着陆器在火星表面乌托邦（Utopia）平原区域着陆；1980年4月11日，着陆器因电池故障而结束任务。

海盗-1、2轨道器共发回51539幅火星图像，覆盖了97%的火星表面，分辨率为300m；2个轨道器还对火卫一和火卫二进行了观测，拍摄50余幅图像。海盗-1、2着陆器共发回4500幅着陆点周围的图像。

主要性能参数

"海盗"轨道器的设计基于水手-9探测器，发射质量约3530kg（见图5-23）。轨道器和着陆器分离后，轨道器质量900kg，着陆器质量572kg。轨道器主推进采用1323N的双组元发动机，可提供1480m/s的速度增量。采用三轴稳定，由2个太阳敏感器、1个老人星敏感器和6个陀螺仪提供姿态信息，并通过12个氮气喷管实现。装有4个太阳翼，可提供620W功率，并为2个30A·h的镉镍蓄电池组充电。通信采用S频段，装有1个直径1.5m的高增益抛物面天线、1个20W的发射机和2个

20W的行波管放大器。另有1个X频段装置用于进行射电科学试验和通信试验。轨道器有效载荷包括成像系统、大气水分探测仪、红外热辐射测绘仪。

图5-23 "海盗"轨道器

"海盗"着陆器总高度为2.2m，六边形铝平台结构，由3条着陆腿支撑（见图5-24）。着陆器与轨道器的分离和离轨推进采用带有12个喷嘴的单元肼发动机实现，每3个为1组，共4组，可提供180m/s的速度增量。最后阶段的下降和着陆采用3个肼燃料发动机进行制动减速，这些制动发动机带有18个喷嘴，可缓冲着陆冲击力。采用4个陀螺仪、1个惯性基准单元、1个加速度计、1个雷达高度计以及1个末段下降和着陆雷达提供着陆器的姿态和位置信息。电源系统采用2台RTG，每个RTG功率为30W；还装有4个8A·h的28V镉镍蓄电池组。通信采用S频段，装有1副高增益抛物面天线、1副低增益全向天线、1个20W发射机和2个20W的行波管放大器。此外，着陆器上还装备1副UHF（381MHz）天线，用于与轨道器的通信。着陆器的有效载荷包括成像系统、气体色层质谱仪、测震仪、X射线感应荧光器、生物实验室、气候仪器包和遥控采样机械臂。

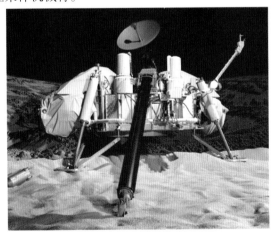

图5-24 "海盗"着陆器

Lüxingzhe Tanceqi
"旅行者" 探测器
Voyager

概 况

"旅行者"（Voyager）探测器是 NASA 的行星际探测器，共 2 个，包括旅行者 – 1 和旅行者 – 2，分别于 1977 年 9 月 5 日和 1977 年 8 月 20 日用"大力神"运载火箭发射。任务目标是探测 2 颗气态巨行星（木星和土星），并飞越天王星和海王星。该项目最初来源于美国 20 世纪 70 年代初提出的利用 4 个复杂航天器对太阳系地外行星（木星、土星、天王星、海王星和冥王星）进行探测的"行星大旅行"（Grunt Tour）计划，后因资金不足，NASA 取消了原定计划，而改为向木星和土星发射 2 个探测器，即旅行者 – 1 和旅行者 – 2。

"旅行者"探测器的飞行轨迹设计利用了这几颗外行星当时处于非平常（每 177 年出现 1 次）的排列特点，使得探测器可采取行星借力飞行的方式从木星飞向土星，然后飞向天王星和海王星，从而实现 1 个探测器飞越 4 颗地外行星的任务目标。

旅行者 – 2 先于旅行者 – 1 发射，是目前唯一完成"四星联游"的空间探测器。1979 年 4 月，旅行者 – 2 到达木星附近，拍摄了包括木卫二 ~ 木卫五在内的木星系的多幅照片；1979 年 7 月，探测器飞离木星；1981 年 8 月，探测器飞到土星附近；1986 年 1 月，探测器飞到天王星附近，拍摄了图像，发现了天王星的 10 颗新卫星；1989 年 8 月，探测器到达距离海王星表面 4500km 的云层上空，发现了海王星的 5 颗新卫星和 4 个新光环。探测器发回的数据显示海王星是太阳系中最冷的行星，其表面有氮冰"火山"。探测海王星后，探测器飞向外太阳系；2012 年 9 月，探测器距离地球 99.1AU。目前，旅行者 – 2 飞行状况正常。

旅行者 – 1 飞行速度较快，因此先于旅行者 – 2于 1979 年 2 月飞到木星附近，对木星系进行探测；1979 年 11 月，探测器飞到土星附近，拍摄了土卫一 ~ 土卫六的照片。探测器还绕飞土卫六，探测其大气成分。由于探测土卫六有特定的轨道要求，完成土星系探测后，旅行者 – 1 没有像旅行者 – 2 那样飞向天王星和海王星，而是向离开太阳系的轨道飞去。2012 年 9 月，旅行者 – 1 距离地球 111AU。目前，

旅行者 – 1 已超过了先驱者 – 10 飞离地球的距离，接近太阳系边缘，即将飞离太阳系，成为离地球最远的人造物体。

2 个探测器都携带了特制的镀金唱片，唱片的一面录制了世界 60 种不同语言的问候语、35 种自然界声响和 27 首古今世界名曲；另一面录制了 115 张反映地球人类文明的照片，其中包括中国长城和中国家宴的照片。

主要性能参数

2 个"旅行者"探测器的质量均为 822kg，其构型和携带的有效载荷基本相同，主平台为高 0.47m 的十面体，平台顶部装有直径 3.6m 的抛物面高增益天线（见图 5 – 25）。大部分科学仪器安装在从平台伸出 2.5m 的支杆上，与该支杆相反方向的 13m 支杆上安装有磁强计。2 副 10m 的鞭状天线从平台侧面伸出，用于等离子波实验和射电天文实验。

图 5 – 25　旅行者 – 2 探测器

"旅行者"探测器采用 3 个 RTG 提供能源，RTG 并排安装在与 2.5m 支杆相反方向的另一个支杆上，每个 RTG 质量为 39kg。发射时，RTG 系统可提供 30V、470W 的电能。RTG 系统的总能量输出将随着同位素放射源的消耗而缓慢减少；发射 19 年后，RTG 系统的功率输出降为 335W。

"旅行者"探测器装有 3 台互联的星上计算机，均采用部件级冗余设计，以确保探测器可靠连续地操作。探测器与地面的通信通过高增益天线进行，低增益天线作为备份。高增益抛物面天线提供 X 频段双向通信（数据率 7.2kbit/s）和 S 频段下行遥测（数据率 40bit/s）。"旅行者"探测器是世界上首个采用 X 频段作为主遥测链路的空间探测器。

2 个"旅行者"探测器均携带了 10 种有效载

荷，包括成像系统、紫外光谱仪、红外光谱仪、行星射电天文学实验、照相偏振测量仪、磁强计、等离子体实验装置、低能量带电粒子实验装置、等离子体波实验装置和宇宙射线望远镜。

Xianquzhe – jinxing Tanceqi
"先驱者－金星" 探测器
Pioneer – Venus

概　况

"先驱者－金星"（Pioneer – Venus）探测器是NASA的金星探测器，共2个，使用"先驱者"系列编号，即先驱者－12和先驱者－13，分别于1978年5月20日和8月8日用"宇宙神"火箭发射。任务目标是对金星大气和表面进行综合探测。先驱者－金星－1为金星轨道器，利用雷达对金星表面进行测绘；先驱者－金星－2为"多探测器"，由公用舱和4个子探测器组成，在进入金星大气过程中收集相关数据。

1978年12月4日，先驱者－金星－1探测器进入绕金星椭圆轨道，在轨工作期间，绘制了金星表面北纬73°～南纬63°分辨率75km的金星地图；1992年10月8日，探测器无法与地球通信，进入金星大气层被烧毁。探测器的设计寿命为8个月，实际运行时间为14年。

1978年11月16日，先驱者－金星－2探测器在距金星约1.1×10^6km处释放出大探测器；1978年11月20日，公用舱又释放出3个小探测器；1978年12月9日，大探测器以11.7km/s的速度进入金星大气层，在气囊和降落伞的共同作用下，经过1.5h穿过金星大气层，以8.9m/s的速度在金星表面着陆，但在进行表面撞击瞬间，探测器停止传输信号。大探测器进入大气层后不久，3个小探测器也到达金星大气层，并在没有降落伞的情况下穿过大气层，最后以10m/s的速度撞击在金星表面，进入下降过程持续约75min。3个小探测器中有2个经受住了猛烈的撞击，其中1个小探测器在能量耗尽前从金星表面进行了67.5min的数据传输，另1个小探测器着陆2s后与地球中断通信。

主要性能参数

先驱者－金星－1质量为517kg，主结构为直径

2.5m的扁圆柱体，体装式太阳电池阵（见图5－26）。自旋稳定，自旋轴垂直于黄道面。高增益天线采用机械消旋以维持地球指向，可提供X和S频段与地球之间的双向通信。

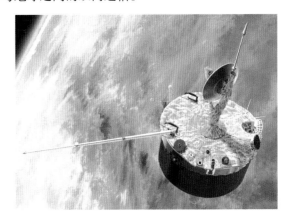

图5－26　先驱者－金星－1

先驱者－金星－2质量为290kg，由公用舱、1个大探测器和3个小探测器组成（见图5－27）。公

图5－27　先驱者－金星－2的公用舱和子探测器

用舱为直径2.5m的圆柱体结构，自旋稳定，自旋速率15r/min。大探测器为45°钝锥体结构，直径1.5m，进入质量316kg，装有碳酚醛热防护层气动外壳、制动导引伞、后罩和主降落伞，在45km处打开主降落伞，峰值过载280g。3个小探测器构型相同，均为45°钝锥体结构，直径0.8m，进入质量94kg，装有碳酚醛热防护层气动外壳，未携带降落伞，峰值过载223～458g。4个子探测器的科学仪器均采用银锌电池组供电。

"先驱者－金星"探测器的有效载荷见表5－2。

表5-2 "先驱者-金星"探测器的有效载荷

先驱者金星-1	先驱者金星-2
1）磁强计；	公用舱：
2）带电粒子阻滞势能分析仪；	1）中性粒子质谱仪；
3）电子温度测量仪；	2）离子质谱仪；
4）中性粒子质谱仪；	3）长基线差分干涉测量实验；
5）云层照相偏振测量仪；	4）大气传播实验；
6）红外辐射计；	5）大气紊流实验
7）离子质谱仪；	大探测器：
8）太阳风等离子分析仪；	1）中性粒子质谱仪；
9）表面雷达测绘仪；	2）太阳通量辐射计；
10）电场探测仪；	3）气相色谱仪；
11）γ射线暴探测仪；	4）红外辐射计；
12）气体和等离子环境实验；	5）云层粒子质谱仪；
13）无线电掩星实验；	6）测云计
14）射电科学实验和太阳风紊流实验；	小探测器：
15）大气拖曳实验；	1）大气结构实验仪；
16）内部密度分布实验；	2）云层颗粒实验仪；
17）天体力学实验	3）净通量实验仪

Guoji Huixing Tanxianzhe Tanceqi

"国际彗星探险者"探测器 ICE

概　况

"国际彗星探险者"（International Cometary Explorer，ICE）探测器是美国的彗星探测器（见图5-28），于1978年8月12日用"德尔它"运载火箭从卡纳维拉尔角发射。该探测器是美国与ESA的前身——欧洲航天研究组织（ESRO）合作的"国际日地探险者"（ISEE）计划中的第3个探测器，原名国际日地探险者-3（ISEE-3）。该计划的主要任务是执行1976—1979年"国际磁层研究计划"，在地球磁层的最边缘研究日地关系，研究地球附近的太阳风、形成磁层和太阳风交界面激波的详细结构，探测等离子体的运动和运行原理、探测距离地球1AU处的行星际区域的宇宙射线和太阳耀斑。

国际日地探险者-3由美国研制，是首个环绕拉格朗日L1点（距离地球约1.5×10^6km处）运行的探测器。在L1点的晕轨道完成初始探测任务后，1983年12月，国际日地探险者-3被改名为"国际

彗星探险者"，飞向贾可比尼-秦诺彗星（Comet Giacobini-Zinner），探测了彗尾中的等离子体密度、流动速度、温度和重离子特性等数据。1986年3月，探测器飞越哈雷彗星并对其进行了探测。1997年5月，NASA宣布结束"国际彗星探险者"任务，发送指令使探测器停止探测。

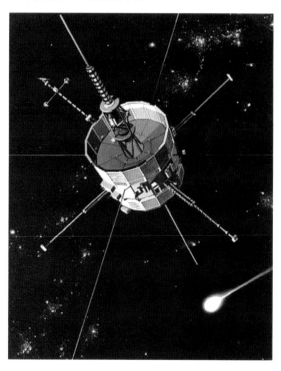

图5-28　"国际彗星探险者"探测器

主要性能参数

探测器质量约为390kg，额定功率为173W，自旋稳定，自旋轴垂直于黄道面，自旋速率为20r/min。

在早期任务中，探测器的数据传输速率为额定的2048bit/s，在与贾可比尼-秦诺彗星相遇时为1024bit/s，之后逐步下降为512bit/s（1985年9月）、256bit/s（1987年5月）、128bit/s（1989年1月），最后降为64bit/s（1991年12月）。

探测器携带的有效载荷包括X射线光谱仪、γ射线暴光谱仪和锗元素探测仪等。其中X射线光谱仪由美国加利福尼亚大学研制，用于研究太阳耀斑和宇宙γ射线暴；γ射线暴光谱仪的使用标志着首次在探测器上使用高纯度锗探测仪。

Maizhelun Tanceqi

"麦哲伦" 探测器
Magellan

概 况

"麦哲伦"（Magellan）探测器是 NASA 的金星探测器，于 1989 年 5 月 4 日用美国"阿特兰蒂斯"航天飞机发射，是世界上首个由航天飞机发射的空间探测器。该探测器是 NASA 的低成本空间探测器，利用了 NASA 例如"海盗"、"旅行者"、"水手"、"伽利略"以及"天空实验室"（Skylab）等项目余下的飞行部件。探测器的任务目标是获得金星近全球高分辨率雷达图像；获得金星近全球引力场数据；了解金星地理结构和密度分布。"麦哲伦"项目总成本约为 5.51 亿美元，其中探测器研制费 2.87 亿，雷达系统研制费 1.2 亿，发射费 0.49 亿，科学操作和数据分析费用 0.95 亿。

1990 年 8 月 10 日，探测器利用"气动制动"技术进入环绕金星的轨道。探测器在金星轨道工作了 4 年多，利用合成孔径雷达（SAR）拍摄了金星 98% 以上区域的照片，首次获得了金星近全球高分辨率地图，分辨率达 120m，分辨率优于以前的探测器拍摄的金星图像。探测器发回的图像显示，至少有 85% 的金星表面被火山熔岩流覆盖，金星表面温度达到 475℃，大气压强达到 92 个地球大气压。1994 年 10 月 12 日，探测器与地面中断通信联系，第 2 天坠入金星大气烧毁。

主要性能参数

"麦哲伦"探测器（见图 5 - 29）发射质量 3449kg，其中探测器干质量 1035kg，推进剂 2414kg。探测器总长度 6.4m，太阳翼翼展 9.2m。采用三轴稳定，推进系统由 24 个单元肼推力器组成，其中 8 个 444.8N 大推力器用于航向修正、金星轨道进入以及任务期间的轨道调整；4 个 22.2N 推力器和 12 个 0.88N 推力器用于姿态控制以及动量轮卸载等。电源系统包括双太阳翼和 2 个 30A·h 的镉镍电池组，任务初期，太阳翼功率为 1200W。通信采用 S 和 X 频段，包括直径 3.7m 的高增益碟型天线和中增益天线，其中 S 频段上行数据率为 1.2kbit/s，X 频段下行数据率为 268.8kbit/s。有效载荷包括合成孔径雷

达、重力测量装置及无线电掩星实验装置。其中，合成孔径雷达功率 325W，脉冲重复频率 4400 ~ 5800Hz，扫描宽度 25km，高度分辨率 30m。

图 5 - 29 "麦哲伦"探测器

Jialilue Tanceqi

"伽利略" 探测器
Galileo

概 况

"伽利略"（Galileo）探测器是 NASA 首个专门探测木星及其卫星的探测器（见图 5 - 30），于 1989 年 10 月 18 日用美国"阿特兰蒂斯"航天飞机发射。

1990 年 2 月，探测器飞越金星；1990 年 12 月和 1992 年 12 月，探测器 2 次飞越地球，随后飞往木星。1995 年 12 月 7 日，探测器进入绕木星的轨道。探测器是世界上首个进入木星轨道的探测器，也是首次采用大气进入器对木星大气进行详细测量的探测器。

1995 年 7 月 13 日，在到达木星轨道前 150d，探测器释放木星大气进入器；1995 年 12 月 7 日，进入器以 48km/s 的速度进入木星大气，详细探测了木星大气层的成分和物理特性，整个进入过程持续约 57min。

探测器在木星轨道运行 8 年，绕木星飞行了 35 圈。2003 年 9 月 21 日，探测器在燃料耗尽前，在地面指令遥控下，以 50km/s 的速度坠入木星大气层烧毁。

图 5 - 30　"伽利略"探测器

主要性能参数

探测器质量为 2717kg，由轨道器和大气进入器 2 部分组成。其中轨道器质量 2205kg，包括自旋舱和消旋舱，自旋舱以 3.25r/min 或 10.5r/min 的速率自旋。

轨道器的推进系统包括 1 台 400N 双组元主发动机和 12 个 10N 小推力器，其中小推力器 6 个为 1 组安装在 2 个 2m 的支杆上。电源系统采用 2 个 RTG，辐射源为钚 - 238。轨道器在发射时，RTG 功率为 570W；轨道器到达木星时，RTG 功率为 493W。通信系统采用 1 副直径 5m 高增益天线和 2 副低增益天线，其中高增益天线工作在 S/X 频段，低增益天线工作在 S 频段。轨道器在木星轨道运行时，上行链路采用深空网 70m 天线的 S 频段 400kW 发射机，轨道器采用低增益天线接收信息。

大气进入器质量为 339kg，外形呈扁锥体，由气动防热罩和 1 个球形仪器舱组成（见图 5 - 31）。球形仪器舱内装有 2 台 L 频段发射机，以 128bit/s 的码速率向轨道器发送测量数据，再经轨道器中继到地球。气动防热罩是一个 120° 钝锥体，表面覆盖有碳烧蚀防热层。大气进入器进入木星大气后，过载达 400g。大气进入器在打开降落伞缓慢下降的过程中，对木星大气进行测量。随着高度的下降，大气压力和气温越来越高，最终球形仪器舱被大气压垮，探测工作终止。

图 5 - 31　大气进入器的球形仪器舱

"伽利略"探测器的有效载荷见表 5 - 3。

表 5 - 3　"伽利略"探测器的有效载荷

轨道器的有效载荷		大气进入器的有效载荷
自旋舱： 1）尘埃粒子探测仪； 2）高能粒子探测仪； 3）重粒子计数器； 4）磁强计； 5）等离子体探测仪； 6）等离子波实验装置	消旋舱： 1）固态成像仪； 2）近红外测绘光谱仪； 3）紫外/极紫外光谱仪； 4）光偏振测量辐射计	1）大气结构仪； 2）中性粒子质谱仪； 3）氦丰度干涉仪； 4）净通量辐射计； 5）测云计； 6）闪电/射电发射实验装置

4.5N 和 8 个 0.9N 单元肼推力器用于姿态控制和轨道微调。通信采用 X 频段，装有 1 副 1.5m 直径高增益抛物面天线、6 副低增益天线和 1 副中增益天线。电源系统包括总功率 1147W 的太阳翼（面积 26m²）和 2 个 42A·h 的镉镍蓄电池组。有效载荷包括成像系统、热发射光谱仪、压力调节红外辐射计、激光高度计、磁强计、电子反射计、γ 射线光谱仪和无线电科学装置。

"火星观测者" 探测器
Mars Observer

概　况

"火星观测者"（Mars Observer）探测器是 NASA 继 "海盗" 火星计划结束之后的首个火星探测器，于 1992 年 9 月 25 日用 "大力神" 运载火箭从卡纳维拉尔角发射。探测器的任务目标是对火星表面及大气进行连续 687d（1 个火星年）的观测，获取火星地质、大气和气候数据，建立火星动力学模型。"火星观测者" 项目总研制、发射及支持费用约为 8.13 亿美元。

1993 年 8 月 21 日，探测器到达火星附近，准备 3d 后进入火星轨道，但突然与地面中断联系，探测器失踪。故障调查表明，因探测器推进系统燃料管破裂，损坏了电子系统，导致探测器发生不可控的旋转，导致任务失败。

主要性能参数

"火星观测者" 质量为 1018kg，长方体结构，尺寸为 2.1m×1.5m×1.1m（见图 5-32）。采用三轴稳定，由地平仪、星敏感器、陀螺仪、加速度计以及多个太阳敏感器提供姿态信息，并通过 4 个反作用轮和推力器实现指向控制。推进系统包括 8 个双组元推力器和 16 个单元肼推力器。其中总推力 490N 的 4 个双组元推力器用于巡航机动和火星轨道进入机动等，另外 4 个 22N 双组元推力器、8 个

图 5-32　"火星观测者" 探测器

"克莱门汀" 探测器
Clementine

概　况

"克莱门汀"（Clementine）探测器是美国自 1973 年 6 月发射探险者-49 月球探测器之后 20 多年来首个飞向月球的探测器，于 1994 年 1 月 25 日用大力神-2 运载火箭发射。该任务属于美国国防部的低成本空间验证任务，又称为 "深空项目科学实验"，任务目标是试验小型成像遥感器等一系列微小型技术。

探测器发射后先停留在临时轨道上；1994 年 2 月 3 日，固体助推火箭点火，将探测器送入飞向月球的轨道；2 月 19 日，探测器进入月球椭圆极轨道，轨道周期 5d，近月点为 400km。探测器在月球轨道进行了 2 个多月的观测，绕月飞行 297 圈，完成了主要任务，向地面发回了约 160 万幅月球表面数字图像，提供了包括极区在内的月球全景图；5 月 3 日，地面控制人员向探测器发出推进器点火的指令，计划将其推到能与 1620 号小行星——"地理星" 交会的轨道上。然而，5 月 7 日，探测器的计算机发生故障，导致探测器的推进器意外点火，所有燃料被耗尽，探测器处于不可控的翻转状态，转数达到 80r/min；7 月 20 日，在月球引力的作用下，探测器进入日心轨道，任务结束。

主要性能参数

探测器质量为 424kg，主结构为高 1.88m 的八边形柱体（见图 5-33）。探测器主推进系统采用 489N 双组元发动机，可提供 3115m/s 的速度增量。12 个单元推力器用于动量矩卸载、轨道保持、章动控制以及加旋/减旋。采用三轴稳定，姿态敏感器包括 2 个星跟踪器、1 个光纤陀螺、1 个环形激光陀螺

及惯性测量单元。电源系统采用功率为360W的太阳翼和15A·h的氢镍蓄电池组。通信采用S频段，包括直径1.1m的定向高增益碟型天线和S频段全向天线，上行数据率1kbit/s，下行数据率125bit/s和128kbit/s。

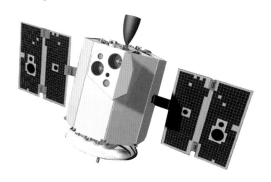

图5-33 "克莱门汀"探测器

探测器的有效载荷包括紫外/可见光相机、近红外相机、长波红外相机、高分辨率相机、激光成像测距系统、带电粒子望远镜以及重力实验装置。其中，高分辨率相机视场0.3°×0.4°，成像单元包括288×384个CCD像元，像元分辨率为7~20m。

Jindi Xiaoxingxing Jiaohui Tanceqi
"近地小行星交会"探测器 NEAR

概　况

"近地小行星交会"（Near Earth Asteroid Rendezvous，NEAR）探测器是NASA首个小行星探测器，也是NASA"发现计划"的首个探测器，于1996年2月17日用"德尔它"运载火箭发射，主要目标是获取近地小行星"爱神星"（433 Eros）的物理和地质特性，确认其矿物组成和元素成分。探测器由美国约翰·霍普金斯大学应用物理实验室（APL）设计、建造和管理，项目总成本为2.21亿美元。

"发现计划"是NASA正在实施的一项低成本太阳系探索计划，探测目标包括太阳系行星及其卫星、小行星和彗星，旨在为NASA未来大型空间探索任务提供参考数据。NASA要求"发现计划"的成本低于2.99亿美元，从航天器设计研制到发射的时间不超过36个月。

1997年6月27日，探测器首先飞越了253号小行星"梅西尔德"，与该小行星的最近距离为1200km，持续时间为25min，在此期间，探测器拍摄了该小行星表面60%的图像；2000年2月14日，探测器进入绕433号小行星"爱神星"飞行的轨道，成为世界上首个绕飞小行星的探测器，轨道参数为321km/366km；2001年2月12日，探测器经过发动机4次制动点火，以1.6m/s的速度降落在"爱神星"表面，成为世界上首个在小行星表面着陆的探测器；2001年3月1日，探测器发回最后一份数据，任务结束。

主要性能参数

探测器质量为788kg，主平台为八棱柱体结构，直径约1.7m，高约2.8m（见图5-34）。探测器中间装有直径为1.5m的高增益天线。采用三轴稳定，姿态控制精度为0.1°。推进系统包括双组元发动机和单元肼推力器，其中1个450N双组元主发动机用于主推进，4个21N和7个3.5N单元肼推力器用于姿态控制。电源系统包括4个1.8m×1.2m的砷化镓太阳翼和1个9A·h的镍镉蓄电池；太阳翼在距离太阳1AU时功率为1800W，在距离太阳2.2AU时功率为400W。采用X频段通信，可同步传输遥测数据和接收指令，并进行多普勒测距和跟踪。

探测器的有效载荷包括分辨率为3m的多光谱相机，分辨率为300m近红外光谱仪、垂直分辨率为5m的激光高度计、X/γ射线光谱仪、磁强计和无线电实验装置。

图5-34 "近地小行星交会"探测器

"火星全球勘测者"探测器 MGS

概况

"火星全球勘测者"（Mars Global Surveyor, MGS）探测器是 NASA "火星测绘新计划"的首个探测器，于 1996 年 11 月 7 日用"德尔它"运载火箭发射。任务目标是绘制高分辨率火星地图，探测火星地形、磁场和引力场，测定火星大气成分和气候状况，同时还为后续的火星探测任务提供中继服务。1992 年的"火星观测者"任务失败之后，NASA 在 1994 年提出了"火星测绘新计划"，即在 1996—2005 年的 10 年间，每隔 26 个月发射 1 次火星任务，对火星进行全面测绘。

1997 年 9 月 12 日，探测器进入火星轨道，在入轨火星过程中利用太阳翼提供阻力进行了"气动制动"；2007 年 11 月，由于蓄电池故障，探测器停止工作。

主要性能参数

探测器质量为 1030kg，长方体结构，尺寸为 1.17m×1.17m×1.7m（见图 5-35）。探测器包括设备舱和推进舱两部分。探测器两侧装有太阳翼，太阳翼翼展 12m。直径 1.5m 的高增益抛物面天线安装在沿平台一侧伸出的 2m 支杆上。探测器采用三

图 5-35 "火星全球勘测者"探测器

轴稳定，巡航主推进采用 596N 双组元发动机，4 组 12 个 4.45N 单元肼推力器用于姿态控制。电源系统包括功率为 900W 的太阳翼和 2 个 20A·h 的镍氢蓄电池组。通信采用 X 和 Ka 频段，包括 1 副高增益天线和 2 副低增益天线，上行为 X 频段，下行为 X 和 Ka 频段。科学数据下行最小数据率 21.33kbit/s，工程数据以 2kbit/s 下行，紧急情况以 10kbit/s 的数据率下行。热控采用多层隔热材料、热辐射器和百叶窗。

探测器携带的有效载荷包括火星轨道器相机、火星轨道器激光高度计、热发射光谱仪、磁强计/电子反射计和无线电科学装置。

"火星探路者"探测器 Mars Pathfinder

概况

"火星探路者"（Mars Pathfinder）是 NASA "发现计划"的第 2 个探测器，于 1996 年 12 月 4 日用"德尔它"运载火箭发射。任务目标是向火星发射着陆器，部署漫游车，获得火星大气、地质、土壤和磁场等数据，验证新技术，演示低成本火星探测和着陆的可能性。"火星探路者"项目成本约 2.65 亿美元，其中着陆器研制费 1.5 亿美元，漫游车研制费 0.25 亿美元。

1997 年 7 月 4 日，探测器飞到火星附近并在火星表面成功着陆。它是世界上首个使用"气囊缓冲"技术的火星探测器，借助于降落伞、制动火箭和气囊的减速作用在火星大气中降落，并在降落过程中进行火星大气测量。探测器以 14m/s 的速度接触火星表面，随后反弹起 12m，共弹跳 15 次，滚动了 2.5min，最后稳定在离初始接触点约 1km 的位置。探测器着陆稳定后气囊放气，3 个舱板打开，着陆器携带的"索杰纳"（Sojourner）漫游车沿着陆斜道从舱内驶出。"索杰纳"是世界上第一辆在火星表面着陆的漫游车。图 5-36 为"火星探路者"的巡航级。

探测器共向地面传回了 16500 幅图像，以及火星大气压、温度和风速等数据。"索杰纳"漫游车在火星表面进行了 83d 的巡视探测，拍摄了 550 幅火星图像，并对着陆点周围 16 处不同位置的土壤进行了化学分析。

"火星探路者"探测器的着陆器和"索杰纳"漫游车的设计寿命分别为 1 个月和 1 星期，但实际工作了约 3 个月和 12 星期。1997 年 9 月 27 日，着陆器与地面失去联系。

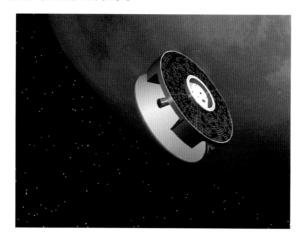

图 5-36 "火星探路者"的巡航级

主要性能参数

探测器总质量约 870kg，由 1 个着陆器和 1 辆漫游车组成（见图 5-37）。探测器的进入质量为585.3kg，进入速度 7.26km/s，最大过载 16g，着陆质量 410kg，着陆速度 14m/s。着陆器电源由功率177W 的太阳电池阵（面积 2.5m²）和 50A·h 银锌电池组提供。着陆器与地球之间采用 X 频段双向通信，6kbit/s 下行至深空网 70m 天线；着陆器与漫游车之间采用 UHF 通信，数据率 9.6kbit/s。着陆器携带的有效载荷包括火星探路者成像仪、α 质子 X 射线质谱仪、大气结构仪和气象仪器包。

图 5-37 "火星探路者"着陆器和"索杰纳"漫游车

"索杰纳"漫游车为六轮摇臂悬架底盘结构，质量 10.5kg，尺寸为 62cm×47cm×32cm，底盘距地面高 15cm（见图 5-38）。车轮直径 13cm，宽 7cm，由 2 个独立的、扭矩为 3~4.5N·m 的电机驱动，最大移动速度 0.7cm/s。导航传感器有 5 个激光条纹

投影仪、3 个陀螺加速度计、黑白 CCD 相机、车轮光学编码器和撞击检测接触传感器。漫游车采用"局部自主加遥操作"的工作模式，自主能力包括自主地形穿越、突发事件处理和资源管理。遥操作模式下，地面人员根据着陆器传回的立体图像指定漫游车需要到达的路径点，每天对车体位置进行更新并上传给着陆器，用于漫游车第二天的操作。漫游车的电源由功率 16W 的砷化镓太阳电池阵（面积0.2m²）和 300W·h 的蓄电池组提供。漫游车的热控采用气溶胶隔热电子暖箱，配置 3 个辐射加热单元，由布置在漫游车电子暖箱内外的 13 个温度敏感器对温度进行监测。

图 5-38 "索杰纳"漫游车

Kaxini – huigengsi Tanceqi

"卡西尼 – 惠更斯"探测器
Cassini – Hugens

概　况

"卡西尼 – 惠更斯"探测器是 NASA 和 ESA 合作的土星探测器（见图 5-39），于 1997 年 10 月 15日用大力神 - 4B 运载火箭从卡纳维拉尔角发射场发射。探测器由"卡西尼"轨道器（Cassini）和"惠更斯"子探测器（Hugens）组成。其中"卡西尼"轨道器以意大利出生的法国天文学家卡西尼命名，其主要任务是环绕土星飞行，对土星及其大气、光环、磁场以及卫星进行探测。"惠更斯"子探测器以荷兰天文学家和物理学家惠更斯命名，由 ESA 设计和研制，任务是在土卫六表面着陆，对其大气和

表面进行研究。

"卡西尼"轨道器由 NASA 的喷气推进实验室设计和管理；"惠更斯"子探测器由欧洲空间研究和技术中心（ESRTC）设计和管理，其主承包商是法国阿尔卡特公司。"惠更斯"子探测器的仪器和设备由多个欧洲国家提供。"卡西尼"轨道器的高增益射频天线和轻型雷达由意大利航天局提供。

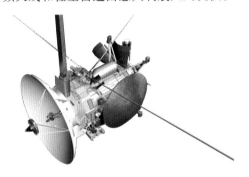

图 5 – 39　"卡西尼 – 惠更斯"探测器

"卡西尼 – 惠更斯"探测器的科学目标包括探测土星环和土星磁层的三维结构和动态性能；确定土卫六的表面成分及地理学历史；根据土星云层的观测，研究土星大气动态性能；研究土卫六的云层和阴霾随时间的变化；了解土卫八（Iapetus）表面黑暗物质的特性和起源。

2004 年 7 月，探测器进入土星轨道，对土星的光环系统及其卫星进行了数年的探测。2004 年 12 月 25 日，"惠更斯"子探测器与"卡西尼"轨道器分离。2005 年 1 月 14 日，"惠更斯"子探测器到达土卫六，下降进入土卫六大气，利用降落伞减速，经过 2.5h 穿过其稠密大气，并在土卫六表面着陆，成为首个在外太阳系星体表面着陆的探测器。

"卡西尼"轨道器是首个进入土星轨道的探测器。2008 年 7 月，"卡西尼"轨道器的主任务结束，由于运行状况良好，NASA 将任务延长至 2010 年 6 月；2010 年 2 月，NASA 又宣布将"卡西尼"轨道器任务延续到 2017 年，在本次扩展任务期间，"卡西尼"轨道器将再围绕土星飞行 155 圈、飞越土卫六 54 次、飞越土卫二（Encsladus）11 次。目前，"卡西尼"轨道器在轨运行情况正常。

主要性能参数

"卡西尼"轨道器为圆柱体，三轴稳定，质量为 2125kg，直径为 4m，高 6.8m。采用 3 个 RTG 供电，寿命初期功率为 880W，末期功率为 628W。通过 1 副高增益天线和 2 副低增益天线与地球进行通信。

"卡西尼"轨道器的有效载荷包括"卡西尼"等离子体质谱仪、宇宙尘埃分析仪、复合红外光谱仪、离子和中子质谱仪、成像科学分系统、双模式磁强计、磁层成像仪、无线电及等离子波科学装置、射电科学装置、紫外成像光谱仪、可见光及红外测绘光谱仪和雷达。

"惠更斯"子探测器质量为 349kg，其中有效载荷质量为 49kg，"探测器支持设备"质量为 30kg。探测器支持设备用于提供"惠更斯"子探测器与"卡西尼"轨道器之间的连接。子探测器由 5 个 Li-SO$_2$ 电池组提供电能。

"惠更斯"子探测器携带了 6 种有效载荷，分别是大气构造仪、多普勒风实验装置、下降成像仪/光谱辐射计、气体层析质谱仪、悬浮微粒收集器和热解器以及表面科学装置。

Yueqiu Kantanzhe Tanceqi

"月球勘探者"探测器
Lunar Prospector

概　况

"月球勘探者"（Lunar Prospector）是 NASA "发现计划"的第 3 个探测器（见图 5 – 40），于 1998 年 1 月 7 日用雅典娜 – 2 运载火箭发射。任务目标是对月球进行 1 年的轨道观测，绘制月球成分和引力分布图。探测器总成本为 0.62 亿美元，其中研制费 0.34 亿，发射费 0.25 亿，操作费 400 万美元。

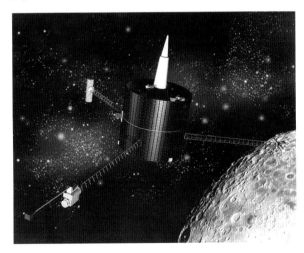

图 5 – 40　"月球勘探者"

1998 年 1 月 11 日，探测器进入绕月轨道，初始轨道参数为92km/153km；1月15日，探测器进入99km/100km、倾角90°的环月近圆轨道，1月16日开始拍摄月球图像；同年12月，探测器轨道高度降到40km，拍摄了高分辨率月球图像。探测器绘制了月球主要类型岩石的全球分布图，并探测到月球有强烈的局部磁场；1999年1月28日，探测器主任务结束；7月31日，探测器燃料耗尽，按地面指令撞击月球南极附近。

主要性能参数

探测器质量为300kg，为直径1.36m、高1.28m圆柱体结构，侧面伸出3根长2.5m的支杆。自旋稳定，自旋速率为12r/min。采用6个22N单元肼推力器进行姿态控制。电源系统采用202W的体装式太阳电池阵和4.8A·h的镉镍蓄电池。通信采用S频段，1个相控阵中增益天线用于下行，1个全向低增益天线用于下行和上行。指令与数据处理系统采用Harris 80C86微处理器，控制指令由地面以3.6kbit/s的速率上行。探测器的有效载荷包括磁强计、电子反射计、γ射线光谱仪、中子质谱仪、α粒子质谱仪和多普勒引力实验设备。

Shenkong–1 Tanceqi
深空–1探测器
Deep Space–1

概况

深空–1（Deep Space–1）探测器是NASA"新盛世计划"的首个探测器（见图5–41），于1998年10月24日用"德尔它"运载火箭发射。该任务是一项技术验证任务，主要目标是验证太阳能电推进、高效聚光式太阳阵、自主光学导航、轻型科学仪器包、通信和微电子设备组件等12项高风险的空间技术。此外，深空–1还对小行星和彗星进行了飞越探测。

1998年11月24日，探测器进行了离子推进系统技术验证；1999年7月29日，探测器飞越9969号小行星"布雷尔"，与该小行星相距26km，速度15.5km/s，这是目前探测器飞越小行星的最近距离；同年9月18日，探测器主任务结束。探测器原计划的扩展任务是先后飞越"威尔逊–哈灵顿"彗星和"包瑞利"彗星，但1999年11月，探测器的星跟踪

器失效，因此NASA修改了原飞行计划，使探测器只飞往"包瑞利"彗星；2001年9月22日，探测器以16.5km/s的速度飞越"包瑞利"彗星的彗发，并获得其彗核的图像和红外光谱；2001年12月18日，地面发送指令关闭了探测器的离子发动机，任务结束。

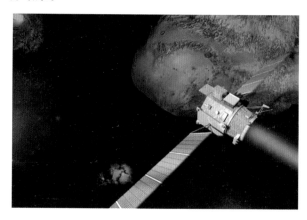

图5–41 深空–1探测器

主要性能参数

探测器的发射质量为486kg，其中探测器质量374kg，肼燃料31.1kg，氙气81.5kg。主平台为八边形柱体结构，尺寸为1.1m×1.1m×1.5m。探测器是世界上首个使用离子发动机作为主推进器的空间探测器，该离子发动机干质量为48kg，高推力模式功率2300W，推力92mN；高比冲模式功率500W，推力20mN。

探测器的太阳翼是一种高效聚光式太阳阵，其尺寸和质量均小于传统太阳翼。该太阳翼面积约9.9m²，任务初期的最大功率为2500W。通信采用X频段，高增益天线信噪比为24.6dB，在地球附近的通信数据率为19.9kbit/s。探测器携带了新型"小型深空转发器"，该设备集成了接收机、指令检测装置、遥测调制器、激励器、信标侧音发生器和相关控制功能，质量为3kg，采用X频段上行和X/Ka频段下行。探测器还对"多功能结构"进行了测试，即在结构板里镶嵌电子设备，这一技术可简化未来航天器的结构。

探测器携带了2种有效载荷，其中轻型集成相机/成像光谱仪用于观测小行星和彗星，并拍摄用于光学导航的图像；行星际探测等离子体光谱仪用于科学观测和测量离子发动机对星上仪器的影响。

"火星极地着陆器"探测器 MPL

概　况

"火星极地着陆器"（Mars Polar Lander，MPL）是 NASA "火星勘测 98 计划"中的探测器（见图 5 -42），于 1999 年 1 月 3 日用"德尔它"运载火箭发射。任务目标是在火星表面部署 1 个着陆器和 2 个穿透器（深空-2），对火星表面过去和现在的水资源进行探测。

NASA 的"火星勘测 98 计划"包括 2 个探测器，即"火星气候轨道器"（MCO）和"火星极地着陆器"。根据计划，这 2 个探测器将几乎同时到达火星，对火星大气、气候和表面特性进行同步测量。"火星气候轨道器"于 1998 年 12 月 11 日用"德尔它"火箭发射，任务目标是监测火星大气尘埃和水汽，绘制火星气候变化演变图。1999 年 9 月 23 日，"火星气候轨道器"到达火星附近并按计划进行了入轨机动，但经过火星背面之后就与地面失去联系，随后坠入火星大气烧毁。事故调查表明，故障原因是地面发出的英制指令未转换成公制指令，致使导航信息错误，造成通信失败和任务损失。

按照计划，"火星极地着陆器"进入火星大气后将释放 2 个穿透器，使其以 200m/s 的速度撞击火星表面，钻取火星表层以下土壤进行分析。1999 年 12 月 3 日，探测器到达火星附近，但在准备进入火星大气前 6min 与地面失去联系，随后坠毁在火星表面。调查表明，探测器在降落期间打开着陆架时发送了错误信号，使制动发动机提前关机，导致探测器下降速度过快而坠毁。

主要性能参数

探测器由巡航级和着陆器组成。其中着陆器质量为 293kg，高 1.06m，宽 3.6m，主结构为六边形，由 3 条铝合金着陆腿支撑。2 个太阳翼从基座的 2 个对边伸出，基座上安装有 2m 长的机械臂、中增益碟型天线和 UHF 天线。

巡航级装有 4 个肼燃料推进模块，每个模块包括 1 个 22N 的推力器（用于轨迹修正）和 1 个 4.4N 反作用控制推力器（用于姿控）。巡航飞行期间，探测器采用三轴稳定，由星敏感器、太阳敏感器和惯性测量单元提供姿态信息。着陆器的 EDL 系统包括 3 组（每组 4 个）266N 的脉冲调节制动发动机。采用 4 波束多普勒雷达系统和姿态测量系统提供下降、着陆期间的高度数据和姿态信息。巡航期间通过巡航级上的 X 频段中增益天线与地面通信，着陆器通过 UHF 天线与"火星气候轨道器"通信，再由后者将数据传回地球。巡航期间的电源由巡航级上面积为 3.1m² 的太阳翼提供。在火星表面着陆后，着陆器电源由 2 个总面积 2.9 m² 的太阳电池阵和 16A·h 的氢镍电池组提供。

探测器有效载荷包括火星下降成像仪、立体成像仪、机械臂相机、气象学仪器包、热和析出气体分析仪、激光测距仪、火星挥发物和气候仪器包。

"星尘"探测器 Stardust

概　况

"星尘"（Stardust）探测器是 NASA "发现计划"的第 4 个探测器（见图 5-43），于 1999 年 2 月 7 日用德尔它-2 运载火箭发射，主要目标是飞越狂野-2 彗星，收集彗星粒子以及彗发挥发物，拍摄彗核照片，在飞往彗星途中

图 5-42　"火星极地着陆器"

收集星际尘埃粒子，并将彗星粒子和星际尘埃粒子带回地球。探测器任务总成本为1.99亿美元，其中探测器研制费用1.28亿美元，运载火箭发射费用0.31亿美元，任务操作费用0.4亿美元。

探测器在太空飞行约7年，先进入日心轨道，途中飞越地球、彗星、小行星，最后返回地球。在飞向彗星途中，探测器前3年先环绕太阳飞行3圈，并在绕太阳飞行期间2次收集星际尘埃粒子。2004年1月2日，探测器在距狂野－2彗星240km处，以6.1km/s的相对速度快速飞过狂野－2彗星。在穿过彗星尘埃及碎片云的过程中，探测器打开专用收集器捕获了彗星粒子，拍摄了72幅彗星和彗核图像。在与彗星相遇6h后，探测器进行了约30min的样品收集器回收、收拢和密封操作。

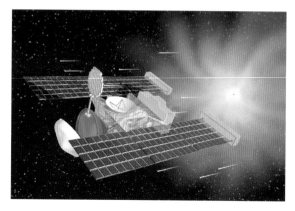

图5－43　"星尘"探测器

探测器在其飞行的最后90d，进行了3次航向校正机动。2006年1月14日，探测器距地球110728km时释放了返回舱。分离后返回舱飞行了4h，于2006年1月15日在125km高度以12.8km/s的速度再入地球大气层。经过气动外壳减速、拉出锥形伞、展开主伞等一系列动作，返回舱在美国犹他州沙漠美国空军试验靶场成功着陆，样品保持完好。

主要性能参数

探测器发射质量为385kg，其中探测器干质量254kg，返回舱46kg，肼燃料85kg。长方体结构，尺寸为1.7m×0.66m×0.66m。平台两侧装有面积为6.6m²的双太阳翼。主平台结构的前端还装备了夹层式碎片防护屏，在与彗星相遇期间保护探测器不受彗星粒子的撞击。返回舱为直径81cm的钝锥形结构，包括热防护层、背板、采样罐、减速伞以及相关电子系统（见图5－44）。采样罐是一个铰链蛤壳式机械装置，飞经彗发时，蛤壳打开，伸出采样板；

完成样品收集后，采样板缩回密封舱，蛤壳自动关闭并密封。探测器采用三轴稳定，敏感器包括星跟踪器、太阳敏感器和惯性测量单元。推进系统包括2套16个单元肼推力器，其中8个4.4N推力器用于轨道修正以及探测器起旋，另外的8个0.9N推力器用于姿态控制。电源系统包括功率330W的太阳翼和16A·h的氢镍电池组。通信采用X频段，装有1副直径0.6m的高增益碟型天线、1副中增益天线、3副低增益天线（只用于接收）和15W的固态功率放大器。巡航飞行期间，探测器主要采用中增益天线进行通信；接近地球期间，通信采用3副低增益天线进行通信；在接近彗星期间，探测器采用高增益天线进行通信。热控采用多层隔热材料、热控涂层、百叶窗及加热器。

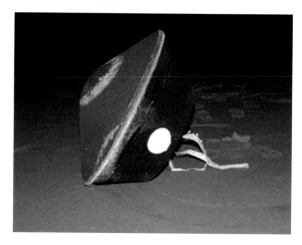

图5－44　"星尘"探测器的返回舱

探测器携带的有效载荷包括导航相机、气溶胶尘埃收集器、彗星和星际尘埃分析仪、尘埃通量监测仪。

Huoxing Aodesai Tanceqi
"火星奥德赛"探测器
Mars Odyssey

概　况

"火星奥德赛"（Mars Odyssey）探测器是NASA "火星勘测者2001计划"中保留的探测器（见图5－45），该计划最初包括2次飞行任务，分别发射轨道器和着陆器。NASA后来取消了2001年的火星着陆任务，保留了轨道器任务，并将其重新命名为"2001火星奥德赛"，简称为"火星奥德赛"。探测器于2001年4月7日用德尔它－2运载火箭从卡纳维拉尔角发射。任务目标是对火星表面进行详细的矿物学探测和研究，获取火星气候和地质特征数据；探测火星表面放射性环境，研究可能对航天员构成潜在威胁的火星辐射环境；为后续的火星探测任务提供中继服务。

2001年10月24日，探测器进入火星轨道并开始进行探测工作，获取了火星气象、地质地貌、表面环境等大量数据，还为2004年"火星漫游车"（"勇气"和"机遇"）、2008年"凤凰"着陆器、2012年"火星科学实验室"等火星着陆任务提供了数据中继服务。探测器任务设计寿命3年，目前仍在轨工作。

图5-45 "火星奥德赛"探测器

主要性能参数

探测器为长方体结构，尺寸2.2m×1.7m×2.6m。探测器发射质量为725.0kg，干质量376.3kg，肼燃料349kg。采用三轴稳定，装有4个反作用动量轮，姿态信息由太阳敏感器、恒星相机以及惯性基准单元提供。推进系统包括1个双组元发动机和8个单元肼推力器，其中巡航主推进采用640N双组元发动机，4个0.98N推力器和4个22.5N推力器用于姿态控制。电源系统包括3个太阳翼和1个16A·h的镍氢电池组。通信系统包括2套无线电系统，1个工作在X频段，用于探测器与地球的通信；另1个工作在UHF频段，用于探测器与其他火星着陆器间的通信。热控系统采用热控涂层、隔热材料、辐射器、百叶窗及加热器。

探测器携带的有效载荷包括热发射成像系统、γ射线光谱仪和火星辐射环境试验装置。

Qiyuan Tanceqi
"起源"探测器
Genesis

概况

"起源"（Genesis）探测器是NASA"发现计划"的第5个探测器（见图5-46），于2001年8月8日用德尔它-2运载火箭发射。任务目标是太阳风粒子采样返回、精确测量太阳同位素及元素丰度、研究太阳系的起源和演化等问题。该探测器是美国自1972年阿波罗-17完成月岩采样返回后，第一次从月球以远采集深空样品并带回地球的探测器。探测器总成本约2.64亿美元，其中探测器和科学仪器研制费用1.64亿美元，发射费用5000万美元，任务操作和科学数据处理费用5000万美元。

探测器发射后，飞往距离地球约$1.5×10^6$km的拉格朗日L1点，该处地球引力和太阳引力平衡，可使探测器远离地球大气和磁场环境的干扰，采集到太阳风粒子的原始样品。2001年12月3日—2004年4月1日，探测器累计采样850d，采集了约10~20μg太阳风粒子；2004年4月1日，样品采集和结束后，探测器按地面指令起旋，并切断缆绳释放了返回舱；2004年9月8日，返回舱以11.04km/s的速度在125km高度再入地球大气层。返回舱在下降过程中，由于加速度计安装错误，主降落伞没能按程序打开，返回舱以311km/h的高速坠落在美国犹他州的沙漠上，摔裂变形，一半撞入地面以下。NASA科学家对搜集到的样品进行检查后认为太阳

图5-46 "起源"探测器

风粒子样品基本保存完好。2008年3月，NASA宣布探测器完成了大部分科学目标。

主要性能参数

探测器的发射质量为636kg，其中探测器干质量494kg，燃料质量142kg。主平台采用石墨光纤复合材料和钛铝合金制成，当太阳翼在太空中展开时，整个探测器外形看上去像一块打开的腕表，太阳翼翼展为7.9m。采样返回舱安装在平台的顶部，太阳翼边缘安装有低增益贴片天线。返回舱是一个直径1.52m、高0.81m的双头钝锥体，包括热防护罩、后壳、采样罐、降落伞系统和电子设备。采样罐内装有太阳风粒子采集器阵列和离子集中器，利用中心旋转机械装置来展开采集器阵列。

探测器采用自旋稳定，自旋速率1.6r/min，以缓慢的速率自旋并保持太阳指向。推进系统包括8个单元肼推力器，其中4个22.2N的推力器用于航向修正，另外4个0.88N的推力器用于姿态控制。姿态敏感器包括2个星跟踪器、2个数字太阳敏感器和惯性单元，另有2个太阳敏感器作为冗余备份。电源系统由功率为254W的太阳翼和16A·h的镍氢电池组成。通信采用2套无线电系统，其中S频段系统包括1个中增益螺旋天线和4副低增益贴片天线，用于在整个任务期间提供探测器与地球之间的通信；UHF通信系统位于采样返回舱内，用于回收期间提供备用跟踪能力。指令与数据处理系统采用抗辐射RAD6000处理器，随机存储器容量128Mbits。热控采用热控涂层、多层隔热材料和加热器。有效载荷包括离子静电监测仪、电子静电监测仪和太阳风粒子采集器。

"火星探测漫游车"探测器 MER

概　况

"火星探测漫游车"（Mars Exploration Rover，MER）是NASA发射的2个火星探测器，分别于2003年的6月10日和7月8日发射。探测器携带的漫游车MER-A和MER-B又名"勇气"（Spirit）和"机遇"（Opportunity），任务目标是探测火星表面水的踪迹，寻找生命存在的证据（见图5-47）。

探测器采用了"火星探路者"已验证的气囊缓

冲技术在火星表面着陆。其中"勇气"漫游车于2004年1月4日在火星北半球的陨石坑区域着陆，该区域点具有河床特征，有利于寻找水的踪迹。"机遇"漫游车于1月25日在火星南半球着陆，该区域具有赤铁矿特征，易在有水的情况下形成。2辆漫游车的着陆位置相距约9600km，分布于火星的相反两侧。

2辆漫游车对火星表面进行了科学探测，拍摄了大量火星图像，向地球传送回了大量数据。漫游车的设计寿命为90天，实际在火星表面工作时间均超过6年。2010年3月，"勇气"漫游车因其太阳电池阵功率衰退严重，与地面中断联系。目前，"机遇"漫游车仍在火星表面进行探测。

图5-47　"勇气"/"机遇"漫游车

主要性能参数

探测器的飞行系统包括巡航级，EDL系统，着陆平台以及漫游车4个部分。巡航级在行星转移飞行期间，为系统提供推进、姿控、电源、通信、热控等功能。推进系统包括2组单元肼推力器，每组包括4个4.4N推力器。在地球附近时，太阳翼峰值功率为600W；在火星附近时为300W。通信系统包括2副X频段高增益天线、1副中增益天线、1副低增益天线和1路小型深空转发器。

EDL系统由气动外壳热防护罩、后盖和降落伞组成。气动外壳为直径2.65m的70°钝锥体。着陆平台为四面体构型，内部装有漫游车和落地辅助装置。气囊系统包括4个气囊，每个气囊为6瓣叶形四面体，相互搭连到着陆平台的外表面上。在距离火星表面8.6km处，降落伞展开，20s后抛掉热防护罩；在高度284m处。气囊充气膨胀到6.89kPa；在高度134m处辅助制动火箭点火；探测器接触火星表面后经气囊缓冲，弹跳翻滚至距接触点 1km 处停稳。

2 辆漫游车的结构和功能基本相同，都继承了"索杰纳"漫游车的六轮摇臂悬架底盘结构。太阳电池阵呈后掠翼形，面积约 $1.3m^2$。设备舱板上安装有分节桅杆，可提升全景相机、导航相机的高度。漫游车核心结构采用了"索杰纳"漫游车曾采用的复合蜂窝板，内部装有"电子暖箱"，可为内部的电子装置保温。

"勇气"和"机遇"漫游车的基本参数见表 5-4。

表 5-4　"勇气"和"机遇"漫游车的基本参数

参　数	指　标
底盘类型	六轮摇臂悬架结构
质量	185kg
外形尺寸	150cm×230cm×160cm，车轮直径 25cm，车轮宽度 20cm
运动子系统	6 个车轮都装有相互独立的电机，位于前后的 2 组车轮装有转向电机，转弯半径 74cm，越障高度 25cm，最大行驶速度 5cm/s，平均速度 1cm/s
机械臂系统	5 自由度机械臂，伸展长度 0.8m，载荷能力 2kg
控制方式	采用"自主导航＋遥操作"工作模式。自主导航模式时，可根据敏感器提供的火星表面情况自主选择行进路线。每移动 10s 就会停下来，重新评估周围环境，并自动计算下个 40~50s 所行走的路线
电源系统	任务寿命初期，太阳电池阵每天可提供 4h、140W 功率
通信系统	装有 3 副通信天线，其中 X 频段低增益天线与高增益天线可直接与地球联系，UHF 天线用于漫游车与轨道器通信
导航敏感器	避障 CCD 相机，桅杆 CCD 相机，惯性测量单元，车轮光学编码器
计算机系统	RAD6000CPU，频率 20MHz，128MB 的 DRAM，256MB 闪存
有效载荷	全景相机、微型热发射光谱仪、α 粒子 X 射线质谱仪、穆斯保尔光谱仪、显微成像仪、样品研磨器

Xinshi Tanceqi

"信使" 探测器
MESSENGER

概　况

"信使"（MEcury Surface, Space ENvironment, GEochemistry and Ranging, MESSENGER）探测器全称为"水星表面、空间环境、地质化学和测距"，是 NASA "发现计划"的第 7 个探测器（见图 5-48），于 2004 年 8 月 3 日用德尔它-2 运载火箭发射。任务目标是绕水星轨道飞行 1 个地球年，覆盖 2 个水星太阳日（1 个水星太阳日相当于地球的 176d），获得水星三维图像、表面化学特征、内部磁场以及几何结构等数据。

2011 年 3 月 18 日，探测器进入环水星轨道，成为世界上首个进入水星轨道的空间探测器。自此，探测器每天绕水星飞行 2 圈，目前已拍摄了近 10 万张照片。根据探测器对水星极区永久阴暗区陨坑的观测，显示水星极区可能存在水冰。探测器引力测量数据还表明，水星内部可能拥有巨大的铁核。

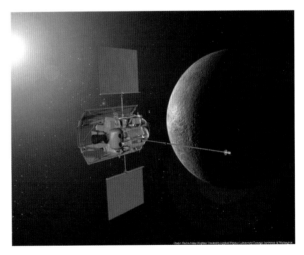

图 5-48　"信使"探测器

主要性能参数

探测器发射质量约 1093kg，其中探测器干质量 485kg，燃料 608kg，尺寸为 1.27m×1.42m×1.85m。探测器的一个侧面装有长 2.5m、宽 2m 的半圆柱形遮阳板。采用三轴稳定，姿态信息通过星跟踪器、惯性测量单元和 6 个太阳敏感器提供。推进系统包括 1 个双组元主发动机和 14 个单元肼推力器，其中 645N 双组元发动机用于巡航主推进，4 个 22N 单元推力器用于主发动机点火期间探测器的控制，其余 10 个 4N 单元推力器用于常规任务期间的姿态控制。太阳翼总功率为 450W，此外还有氢镍蓄电池组供电。通信采用 X 频段，2 个相控阵高增益定向天线用于下行，中增益和低增益天线用于上行和下行。热控采用不透明陶瓷纤维遮阳板、辐射器、多层隔热材料和低传导率连接件，并在必要时启动加热器维持工作温度。

探测器的有效载荷包括水星双成像系统、γ 射线和中子质谱仪、X 射线光谱仪、磁强计、水星激光高度计、水星大气和表面成分质谱仪、高能粒子和等离子体质谱仪以及无线电科学装置。

图 5 - 49　"深度撞击"探测器

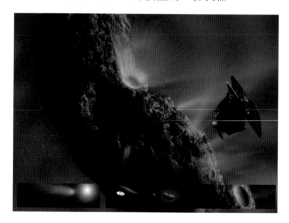

图 5 - 50　探测器撞向坦普尔 - 1 彗星

Shendu Zhuangji Tanceqi
"深度撞击"探测器
Deep Impact

概　况

"深度撞击"（Deep Impact）探测器是 NASA "发现计划"的第 8 个探测器（见图 5 - 49），于 2005 年 1 月 12 日用德尔它 - 2 运载火箭发射。任务目标是通过飞行器对彗星的撞击使其露出彗核，从而详细了解彗核物理特性，帮助理解彗星和太阳系的形成过程以及生命的起源等。探测器任务周期约为 6 个月，总成本约为 2.4 亿美元。

2005 年 7 月 1 日，探测器进入日心轨道；7 月 3 日，探测器在距离坦普尔 - 1 彗星 8.8×10^5 km 处释放了撞击器；7 月 4 日，撞击器接近坦普尔 - 1 彗星的彗核，穿越彗尾和彗发，以约 10km/s 的撞击速度击中它直径 6km 的彗核，整个撞击过程持续 3.7s（见图 5 - 50）。这是人类首次用撞击器击中彗星，撞击瞬间彗星表面的细碎物质以 5km/s 的速度腾起，在彗星上空形成一片烟雾。撞击器携带的高清晰度相机在撞击前后拍摄了 4500 多张照片，最高分辨率达到 4m。撞击过程中，探测器的飞越舱距彗星的最近距离约为 500km，观测了撞击过程，还拍摄了彗星的各部位细节。探测器通过撞击彗星首次获取了大量彗核碎片数据，为人类研究太阳系起源提供了线索，也为地球规避小天体撞击危险研究提供了数据。

主要性能参数

探测器总质量为 650kg，尺寸 3.2m × 1.7m × 2.3m，由飞越舱和撞击器组成。飞越舱为铝制蜂窝板结构，其外部装有一个长方形的"夹层式空间碎片防护罩"，用于屏蔽彗星粒子和流星体粒子。飞越舱为三轴稳定，采用肼推进系统，可提供 190m/s 的总速度增量。控制系统包括 4 个半球型谐振陀螺、2 个星跟踪器、反作用轮和单元肼推力器，姿态指向精度为 200mrad。电源系统采用总功率 620W 的太阳翼（面积 7.2m²）和氢镍蓄电池。通信天线包括直径 1m 的 X 频段高增益抛物面天线和 S 频段低增益天线，其中 X 频段天线用于与地面直接通信，S 频段天线用于与撞击器通信；上行数据率 125bit/s，下行数据率 175kbit/s。热控采用隔热膜、表面热辐射器、表面抛光以及加热器。飞越舱的有效载荷包括高分辨率成像仪和中分辨率成像仪。

撞击器为六边形柱体结构，质量 372kg，由铜和铝材料制成。采用铜质材料是因为它容易与撞击后的彗星物质区分。撞击器装备了小型肼推力器，装载 8kg 的肼燃料，可提供 25m/s 的速度增量，用于对撞击器进行必要的轨道控制和姿态控制。撞击器利用星跟踪器、自动导航算法和目标遥感器对目标进行瞄准。其中，目标遥感器是一个为自主控制和目标瞄准提供图像的相机，一直工作到撞击时刻，通过飞越舱将获取的图像传回地球。撞击器与飞越舱之间采用 S 频段通信，数据率为 64kbit/s（最大距离 8700km）。撞击器与飞越舱分离前，能量主要由飞越舱提供；与飞越舱分离后，撞击器由自身携带的 2.8kW·h 电池提供能源。

Huoxing Kance Guidaoqi Tanceqi

"火星勘测轨道器"探测器 MRO

概 况

"火星勘测轨道器"（Mars Reconnaissance Orbiter，MRO）是 NASA 的多用途火星探测器（见图 5 – 51），于 2005 年 8 月 12 日由宇宙神 – 5 运载火箭发射。任务目标为探测火星气候状况，研究火星气候和季节变化的物理机制；确定火星地形分层特性，观测火星表面热流活动，搜寻水的证据；为以后的火星着陆任务寻找适合的着陆地点，同时为这些任务提供通信中继功能。探测器由 NASA 喷气推进实验室管理，由洛克希德·马丁公司制造，任务总成本约 7.2 亿美元。

2006 年 3 月 10 日，探测器进入大椭圆火星极轨道；2006 年 9 月，探测器进入 250km/316km 的近圆轨道；2006 年 11 月 17 日，探测器与当时在火星表面工作的"勇气"漫游车合作完成轨道中继通信测试。

主要性能参数

探测器的发射质量为 2180kg，其中轨道器干质量 1031kg，肼燃料质量 1149kg。采用三轴稳定，姿态信息由 8 个太阳敏感器（另有 8 个备份）、2 个星跟踪器和 2 个惯性测量单元提供。推进系统共包括 20 个推力器，其中 6 个 170N 的单元肼发动机用于火星轨道进入，6 个 22N 的推力器用于航向修正机动，8 个 0.9N 的微推力器用于姿态控制。通信采用 X 和 Ka 频段，其中主通信采用直径 3m 的 X 频段高增益抛物面天线，最大数据率为 6Mbit/s；另一个是

图 5 – 51 "火星勘测轨道器"

Ka 频段通信试验包，用于验证深空 Ka 频段的通信性能，采用 2 个低增益天线进行。此外，探测器还携带有 UHF 频段通信包，可为着陆器和漫游车提供通信中继支持。电源系统采用功率 1000W 的太阳翼（面积约 19m²）和 2 个 50A·h/32V 的氢镍蓄电池。探测器的主计算机是 133MHz、32bit 的 RAD750 抗辐射计算机，闪存 160Gbit。热控采用表面涂层、多层隔热材料、辐射器、百叶窗以及加热器等。

探测器携带了 8 种有效载荷，包括高分辨率成像仪、背景相机、火星彩色成像仪、紧凑型成像光谱仪、火星气候探测仪、浅表雷达、引力场研究科学装置和大气结构探测加速度计。

Xindipingxian Tanceqi

"新地平线"探测器 New Horizons

概 况

"新地平线"（New Horizons）探测器是 NASA "新疆域计划"（New Frontier Program）中的首个探测器（见图 5 – 52），于 2006 年 1 月 19 日用宇宙神 – 5 运载火箭发射。"新疆域计划"是 NASA 的一项用"中等级航天器"探索太阳系的空间科学计划，目标是每 36 个月发射 1 次"高科学回报"

的行星科学探索任务，主要以在"发现计划"中采用的创新方法为基础，着重选择一些在"发现计划"的成本和时间约束内不能完成的任务。该计划旨在通过高质量的、强调科学研究的任务设计来增强人类对太阳系的了解。

探测器的主要任务是探测位于太阳系边缘的冥王星及其卫星卡戎（Charon），预计2015年飞越冥王星及其卫星；另一个主要任务就是探测位于柯伊柏带（Kuiper）的小行星群，预计2016—2020年飞越柯伊柏带。"新地平线"任务将持续10年以上，预算约为6.5亿美元，其中包括探测器研制、发射、操作以及后期费用。

"新地平线"项目由NASA的喷气推进实验室和约翰·霍普金斯大学的应用物理实验室负责，其他参与方还有美国鲍尔宇航公司、波音公司、斯坦福大学、科罗拉多大学、洛克希德·马丁公司、美国能源部以及大学研究机构等。

图5-52　"新地平线"探测器

主要性能参数

探测器发射质量478kg，其中探测器质量约400kg，肼燃料质量77kg。由于可利用木星引力进行辅助加速，并且在冥王星附近无需减速，探测器无需携带过多的燃料。探测器的主平台结构近似三角形，高0.7m，长2.1m，最宽处约2.7m。推进系统包括16个单元肼推力器，其中4个4.4N推力器用于轨道修正，另外12个0.8N推力器用于对探测器的自旋进行加速或减速。通信采用X频段，包括1副直径2.1m的高增益碟型天线、1副中增益碟型天线和2副宽波束低增益天线。大部分情况下，探测器采用X频段高增益天线与地面通信。当探测器到达冥王星时，将距离地球4.9×10^9 km，数据率仅为700bit/s，将整套数据传回地球需要9个月。电源系

统采用"同位素热电发生器"提供能源，在任务初期，功率为240W；2015年，功率降为200W。

探测器采用三轴稳定（科学探测阶段）和自旋稳定（巡航阶段）2种姿态模式。其中，自旋模式用于轨道修正机动和巡航阶段的休眠期，额定自旋速率为5r/s。探测器在从木星飞往冥王星的旅途中，将采用"休眠"模式；每年仅唤醒1次，大约耗时50d左右进行设备检测和轨道跟踪。其他时间里，探测器处于慢自旋状态，每周发回1次信标信号，以说明探测器是否处于正常模式。"新地平线"是世界上首个使用"深空网信标侧音"（beacon tone）系统的探测器，该系统曾在1998年的深空-1任务中进行过飞行验证。

探测器携带6种有效载荷，包括高灵敏度紫外成像光谱仪、无线电科学实验装置、远程观测成像仪、冥王星/太阳风测量仪、冥王星高能粒子光谱仪和尘埃粒子计数器。

Fenghuang Tanceqi
"凤凰"探测器
Phoenix

概　况

"凤凰"（Phoenix）探测器是NASA"侦察类计划"的首个探测器（见图5-53），于2007年8月4日用德尔它-2运载火箭发射。任务目标是在火星表面进行为期90d的探测任务，并利用机械臂挖掘着陆点周围土壤、岩石和水冰等样品进行现场分析，判断样品是否含有机物或其他生物痕迹。

"侦察类计划"是低成本、小规模的火星探测项目。这类项目采取任务承包模式，即首席专家负责制，由首席专家提出项目方案并通过竞标方式获得NASA经费支持。2003年8月，NASA选定了由美国国立亚利桑那大学提出的"凤凰"探测器作为NASA"侦察类计划"的第一项任务，任务成本为4.2亿美元。

2008年5月25日，探测器到达火星附近，以21000km/h的速度从距离火星表面125km处进入火星大气层，随后在火星北半球高纬度的"绿谷"（Green Valley）区域着陆。

探测器在火星表面工作到2008年10月，超出设计寿命68d，发回25000多张照片，这些照片是首次利用原子显微镜拍摄的原子级图像。探测器通过

挖掘、烘烤和分析火星表面样品，证实了火星表面下有水冰存在。2008 年 11 月 10 日，NASA 宣布"凤凰"探测器任务结束。

图 5 - 53 "凤凰"探测器的着陆器

主要性能参数

探测器发射质量约 664kg，由巡航级、EDL 系统以及着陆器 3 部分组成。巡航级质量为 82kg，其推进系统包括 1 个 22N 单元肼推进器和 8 个 4.4N 单元肼推力器。巡航期间通过中增益 X 频段天线与地面直接通信。EDL 系统总质量为 172kg，由气动外壳热防护罩、后盖、降落伞及其他设备组成。

着陆器质量约 350kg，是一个由 3 条腿支持的着陆平台，两侧各展开一个八边形太阳电池阵，总面积为 2.9m²，展开长度约 5.5m。在巡航飞行阶段，着陆器"收拢"在钝锥状的气动外壳内。着陆器的下降制动采用 9 个脉冲发动机和 3 个非脉冲微调发动机。着陆器电源系统包括太阳电池阵和 16A·h 的氢镍蓄电池。在火星表面，着陆器通过 UHF 系统与"火星奥德赛"通信。该 UHF 通信系统与 NASA 的"火星奥德赛"、"火星勘测轨道器"以及 ESA 的"火星快车"的相应系统均兼容。

"凤凰"着陆器的有效载荷包括热及析出气体分析仪、显微镜学/电化学及传导性分析仪、火星下降成像仪、表面立体成像仪、机械臂和机械臂相机。

"黎明"探测器
Dawn

概　况

"黎明"（Dawn）探测器是 NASA "发现计划"的第 9 个探测器（见图 5 - 54），于 2007 年 9 月 27 日由德尔它 - 2 运载火箭发射。任务目标是探测太阳系 2 颗最大的小行星"灶神星"（Vesta）和"谷神星"（Ceres）的质量、形状、体积和自旋状态，考察这 2 颗小行星的内部结构并进行对比研究，以揭示太阳系开始形成时的条件和过程。2006 年 8 月，国际天文学联合会将"谷神星"从小行星升级为矮行星。

2011 年 8 月，探测器进入"灶神星"轨道，成为世界上首个进入太阳系主要小行星轨道的探测器。探测器从距离"灶神星"表面 2700km 处开始收集数据，随后逐渐降低轨道高度，并在逐渐靠近"灶神星"的过程中拍摄多角度照片，以绘制其表面地形图。探测器在 193km 的低轨道上绕"灶神星"运行 1 年，拍摄了近景图像。2012 年 9 月 5 日，探测器开始飞向"谷神星"，预计将于 2015 年 2 月到达"谷神星"附近，并对其进行 5 个月的探测。

按计划，"黎明"探测器的主任务将于 2015 年 7 月结束，并留在绕"谷神星"运行的轨道上。"黎明"探测器的总成本预计为 4.46 亿美元。

图 5 - 54 "黎明"探测器

主要性能参数

探测器发射质量 1217kg，其中探测器干质量 747kg，肼燃料 45kg，氙气 425kg。长方体结构，尺寸为 1.64m×1.27m×1.77m。探测器两侧对称装有双太阳翼，太阳翼翼展 19.7m。主推进采用 3 台氙离子发动机，输入功率 2300W 时，推力为 92mN，比冲 3100s。采用三轴稳定，通过反作用动量轮和 12 个 0.9N 单元肼推力器实现姿态控制。探测器距离地球 1AU 时，太阳翼功率为 10.3kW；距离地球 3AU 时（寿命末期），功率为 1.3kW。蓄电池采用 35A·h 的氢镍电池组。通信采用 X 频段，装有直径为 1.5m 的高增益抛物面天线以及中增益天线、低增益全向天线和 100W 的行波管放大器，上行数据率 7.8bit/s ~ 2.0kbit/s，下行数据率 10bit/s ~ 124kbit/s。热控采用氨基热管和散热窗，在 3AU 处热控需求功率为 200W。

探测器的有效载荷包括帧格式相机、可见光及红外测绘光谱仪、γ 射线中子探测仪。其中，帧格式相机的成像焦平面包括 1024 × 1024 个 CCD 像元，焦距 150mm，在灶神星轨道时像元分辨率为 17m，在谷神星轨道器时像元分辨率为 60m。

Yueqiu Kance Guidaoqi Tanceqi
"月球勘测轨道器" 探测器 LRO

概　况

"月球勘测轨道器"（Lunar Reconnaissance Orbiter, LRO）是 NASA "机器人月球探测计划" 的首个探测器（见图 5 - 55），于 2009 年 6 月 18 日用宇宙神 - 5 运载火箭发射。任务目标是绘制月球特征和月球资源图，用于未来月球前哨站的设计和建造。此外探测器还进行安全着陆地点的选择、月球资源的鉴别、月球辐射对人类的影响研究以及新技术验证等。探测器由 NASA 戈达德航天飞行中心（GSFC）研制，整个项目耗资约 4.91 亿美元，其中发射成本为 1.36 亿美元。

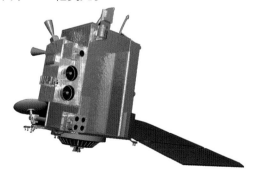

图 5 - 55　"月球勘测轨道器"

2009 年 6 月 23 日，探测器进入月球轨道；9 月 15 日，探测器进入距离月球表面 50km 的轨道，进行高分辨率月面测绘；探测器在该轨道上进行了 1 年多的观测后，于 2010 年 10 月进入较高轨道执行扩展科学任务，预计扩展任务将持续 5 年。

探测器还携带了次要有效载荷——"月球坑观测与感知卫星"（Lunar Crater Observation and Sensing Satellite, LCROSS）。LCROSS 由 "守望航天器" 和 "半人马座" 上面级 2 个部分组成（见图 5 - 56）。"半人马座" 上面级实际上是一个撞击器，其任务是撞击月球南极。除了在 "半人马座" 上面级撞击月球时对撞击过程进行详细观测外，"守望航天器" 的任务还包括充当另一个撞击器，对月球进行第 2 次撞击。在发射 1h 后，LCROSS 就与探测器分开，沿各自的预定轨道飞往月球。2009 年 10 月 9 日，LCROSS 到达月球南极上空，"半人马座" 上面级与 "守望航天器" 分离。数小时后，"半人马座" 上面级以 2.5km/s 的速度、与月面成 75°角撞击月球南极的一个陨坑，撞击产生的烟尘不断向外扩散。这时，"守望航天器" 飞过烟尘，其携带的仪器对烟尘进行测量分析，搜寻水的信息。在 "半人马座" 上面级撞击月球 15min 后，"守望航天器" 也撞击月球，并在撞毁之前将收集的数据传回地球。

图 5 - 56　"月球坑观测与感知卫星"

主要性能参数

探测器的发射质量为 1846kg，干质量为 949kg。主平台为长方体结构，尺寸为 3.8m × 2.6m × 2.7m。探测器采用模块化结构，主要包括推进系统模块、电子系统模块和有效载荷模块。主推进采用双组元推进系统，单元肼推力器用于姿态控制。采用三轴稳定，姿控系统包括 2 个星敏感器、1 个惯性测量单元、4 个反作用动量轮和单元肼推力器。电源系统采用功率 1850W 太阳翼（面积 10.7m²）和 80A·h 锂离子蓄电池。通信采用 S 和 Ka 频段，其中 S 频段低速上/下行数据率为 2.186Mbit/s，Ka 频段高速下行数据率为 100～300Mbit/s。有效载荷包括宇宙射线望远镜、月球探测中子探测仪、占卜者月球辐射计、轨道器激光光度计、莱曼－阿尔法测绘仪、轨道器相机、小型 S 和 X 频段合成孔径雷达。

LCROSS 的"半人马座"上面级质量 2000kg，"守望航天器"质量 534kg，肼燃料 300kg。推进系统包括 2 组 8 个单元肼推力器。电源系统采用功率 420W 的体装式太阳电池阵和 40A·h 锂离子蓄电池组。通信采用 S 频段系统，包括 2 副全向天线和 2 副喇叭天线。有效载荷包括 2 台可见光相机、3 台红外相机、3 台光谱仪和 1 台光度计。

Zhunuo Tanceqi
"朱诺"探测器
Juno

概况

"朱诺"（Juno）探测器是 NASA"新疆域计划"的第 2 个探测器（见图 5－57），于 2011 年 8 月 5 日由宇宙神－5 运载火箭发射。任务目标是探测木星大气、引力场、磁场以及磁球层，调查木星上是否存在冰岩芯，确定木星上水的含量，并寻找氧气的存在。

图 5－57　"朱诺"探测器

目前，探测器飞行状况正常，预计 2016 年飞抵

木星，并在木星椭圆极轨道上工作 1 年，围绕木星飞行 32 圈。NASA 计划于 2017 年 10 月结束探测器任务，届时探测器将离轨，撞向木星表面。

由于木星的磁场和辐射带比地球更强，NASA 喷气推进实验室为探测器设计了专用的防辐射屏蔽层，并通过特殊的结构设计、特定的飞行轨道来降低辐射对仪器的影响。此外，探测器还采用了高效太阳翼提供电源。

主要性能参数

探测器质量为 1500kg，主平台为直径 3.5m、高 3.5m 的六边形柱体结构，3 副太阳翼从柱体侧面伸出。平台舱顶部中央装有 0.8m×0.8m×0.6m 的钛合金防辐射屏蔽装置，厚度约 1cm，质量 150kg，该装置将探测器的中央处理系统、数据处理设备以及电子单元屏罩起来，以抵御木星辐射影响。推进系统包括 1 个双组元发动机和 12 个单元肼推力器，其中 645N 双组元发动机用于主推进机动；12 个单元推力器用于自旋控制及辅助轨道修正。电源系统采用 3 个总面积约 60m² 的太阳翼和 2 个 55A·h 的锂离子蓄电池组。在地球轨道附近时，太阳翼功率为 18kW；在木星轨道上时，太阳翼功率为 400W。探测器采用自旋稳定，在任务的不同阶段，有不同的自旋速率；其中巡航阶段为 1r/min，科学观测阶段为 2r/min，在主发动机点火机动期间为 5r/min。主任务通信采用 X 频段，装有高增益天线、低增益天线和螺旋天线，地面采用 NASA 深空网的 70m 天线；探测器还为引力科学实验提供 Ka 频段双工链路。探测器运行于高倾角木星椭圆极轨道，远木点为 39 个木星半径，近木点为 1.06 个木星半径。

探测器的有效载荷包括微波辐射计、木星红外光谱仪/成像仪、磁通脉冲磁力计、木星高能粒子探测仪、木星极光分布试验装置、紫外光谱仪、高级恒星罗盘、无线电和等离子体波试验装置、"朱诺"相机以及引力实验装置。

Yinli Huifu Yu Neibu Shiyanshi Tanceqi
"引力恢复与内部实验室"探测器
GRAIL

概况

"引力恢复与内部实验室"（Gravity Recovery and

Interior Laboratory，GRAIL）是美国的月球探测器，又称"圣杯"探测器，于2011年9月10日用德尔它-2运载火箭发射。该任务属于NASA的"发现计划"，由2个相同的探测器（GRAIL-A和GRAIL-B）组成（见图5-58），任务总成本约4.96亿美元，任务的主承包商为洛克希德·马丁公司。

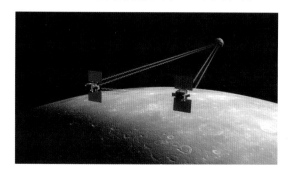

图5-58　GRAIL-A和GRAIL-B探测器

GRAIL探测器的任务目的是绘制高分辨率的月球引力场分布图，以确定月球的内部结构；研究小行星撞击历史，为未来任务着陆点的选择提供有关数据。2个探测器同时发射后，从运载火箭上分离，以不同的轨道飞向月球，飞行时间约为3~4月。然后，探测器用2~4月的时间调整各自的轨道，使一个探测器跟在另一个探测器后飞行，相互之间的平均距离为200km。2个探测器在低高度（距离月球表面50km）、近圆形的近极轨轨道上编队飞行，通过测量相互之间的距离变化数据来绘制高分辨率的月球引力图，探测任务期约为90d。任务结束后，探测器将撞击月球表面。

GRAIL-A和GRAIL-B探测器分别于2011年12月31日和2012年1月1日进入月球轨道；2012年3月8日开始，探测器在绕月轨道进行了89d的测绘工作，收集了覆盖整个月表的数据；5月29日，探测器将主任务的最后一批数据传回地球；6月5日，探测器提前完成主任务。

主要性能参数

GRAIL-A和GRAIL-B探测器外形相同，每个探测器均为长方体结构，尺寸为1.09m×0.95m×0.76m，发射质量307kg，干质量201kg，推进剂质量106kg。GRAIL探测器的结构组成见图5-59。

每个探测器装有单个面积为1.88m²的双太阳翼（单个太阳翼寿命末期功率700W）和1个30A·h的锂离子电池组。装有1台22N液态肼主发动机，用于轨道修正。采用三轴稳定，反作用轮和8个0.9N推力器用于姿态控制。太阳敏感器、星跟踪器

和惯性测量装置用于探测器的定向。通信分系统包括1路S频段转发器、2副低增益天线和一个双掷共轴开关。

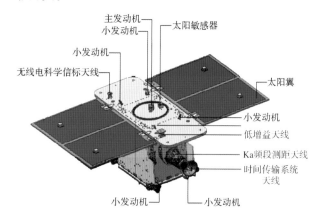

图5-59　GRAIL探测器结构组成

GRAIL探测器携带的有效载荷包括Ka频段月球引力测距系统、无线电科学信标和中学生月球知识获取系统。其中Ka频段月球引力测距系统是GRAIL探测器的主要有效载荷，其功能是发射和接收Ka频段信号，测量两个探测器之间距离的微小变化，并根据测量数据计算月球引力场。学生月球知识获取系统是一个数字成像系统，由1个数字视频控制器和4个摄像头组成，该系统可以每秒30帧的速率拍摄月球表面的图像，数字视频控制器则用于存储摄像头拍摄到的图像。

Huoxing Kexue Shiyanshi Tanceqi
"火星科学实验室"探测器MSL

概　况

"火星科学实验室"（Mars Science Laboratory，MSL）是美国NASA于2011年11月26日由宇宙神-5（541）运载火箭从卡纳维拉尔角空军基地发射的火星探测器（见图5-60），是世界上首个采用"空中吊车"精准着陆方式进行软着陆的探测器。探测器携带"好奇"漫游车，历经36个星期的飞行，于2012年8月6日在火星表面的盖尔陨坑成功着陆并开始工作，目前已传回火星表面图像，并开始对火星进行巡视探测。该项目的主承包商为波音和洛克希德·马丁公司，整个项目由NASA喷气推进实验室管理。项目总成本约为25亿美元。

图 5-60　"火星科学实验室"探测器

"火星科学实验室"有 8 项科学探测目标：确定有机碳复合物的特性和储量；探测构建生命物质的含量，如碳、氢、氮、氧、磷和硫；研究生物学效应的特点；探索火星表面的化学、同位素、矿物质复合物和火星近表面的地质情况；解释火星岩石和土壤形成和变化的过程；分析火星大气长期（40亿年）以来的演变过程；确定目前火星上水和二氧化碳的状态、分布和循环情况；研究火星表面辐射的光谱特征，包括银河宇宙射线、太阳质子事件和次级中子等。

"好奇"漫游车的计划工作时间为 1 个火星年（687 个地球日），探测目的是挖掘火星土壤、钻取火星岩石粉末，对岩石样本进行分析，探测火星过去或现在是否具有支持微生物生存的环境，从而确定火星是否具有可居住性。

主要性能参数

探测器由巡航级，进入、下降和着陆（EDL）系统以及漫游车 3 部分组成（见图 5-61）。整个探测器直径 4.5m，高 3m。

由于探测器在火星上的着陆质量较大，"火星科学实验室"采用一种被称为"空中吊车"的新型EDL 系统，使探测器的着陆范围直径为 20km 左右（见图 5-62）。

"好奇"漫游车为 6 轮结构，尺寸为 3.0m×2.7m×2.2m，质量约为 899kg（其中包括 75kg 的科

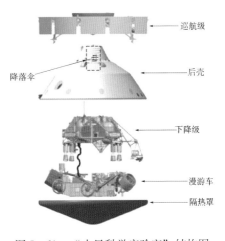

图 5-61　"火星科学实验室"结构图

学仪器）。2 个前轮和 2 个后轮分别具有独立的转向发动机，使漫游车能够原地转弯 360°。漫游车沿用了以往的"索杰纳"、"机遇"、"勇气"漫游车的结构，在翻越多岩石的不平整表面时具有较高稳定性。漫游车能够翻越约 65～75cm 高的障碍物，越过直径约为 50cm 的坑，在平整坚硬的地面上行驶的最高速度为 4cm/s，每天在火星表面累计行驶 200m，预计总行驶距离约为 20km。

"好奇"漫游车的机械臂有 3 个关节，包括肩、肘和腕，能像人类手臂那样进行伸展、弯曲和定位，可以完成拍摄图像、打磨岩石、分析岩石和土壤组成等多种任务。

"好奇"漫游车的计算机系统安装在"漫游车计算模块"中，内存为 256MByte，闪存为 2GByte。

"好奇"漫游车采用波音公司制造"多任务放射性同位素热电发生器"（MMRTG）来提供能量，任务初期的功率为125W，14年后功率降为100W。MMRTG的最短寿命为14年。

"好奇"漫游车通过3副天线进行通信。任务期间，漫游车主要通过1副UHF天线与其他火星轨道器进行通信。漫游车每天与地球通信2次，由NASA的"火星奥德赛"轨道器进行主要的数据中继和记录。NASA的"火星勘测轨道器"和ESA的"火星快车"也可以作为备份轨道器进行数据中继服务。除UHF天线外，"好奇"漫游车还使用1副低增益天线和1副高增益天线直接与地球进行X频段通信。"好奇"漫游车携带的有效载荷见表5-5。

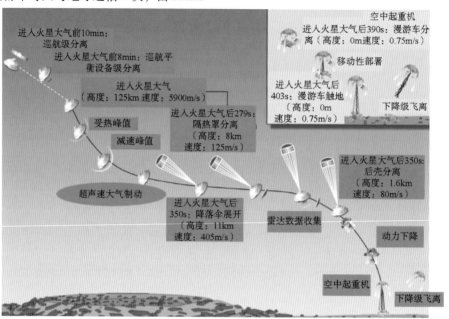

图5-62　"火星科学实验室"的EDL过程

表5-5　"好奇"漫游车携带的有效载荷

有效载荷	功能及目标
立杆相机	具有自动对焦功能，能拍摄多光谱和真彩色图像
火星手持成像仪	安装在漫游车机械臂上，用于拍摄岩石和火星土壤的微型图像
火星下降成像仪	在着陆火星表面过程中，从距离火星3.7km到5m处拍摄真彩色图像
化学与微成像激光诱导遥感仪器	1套遥感仪器，包括1台激光诱导击穿光谱仪和1个远程微成像器
α粒子X射线光谱仪	安装在漫游车机械臂上，研究阿尔法粒子，绘制X射线光谱，确定样本成分
化学和矿物学X射线衍射/X射线荧光仪器	量化样本中的矿物结构
火星样本分析实验	分析大气和固体样本中的组成和气体
辐射评估探测器	研究火星表面辐射光谱
中子动态反照探测器	测量火星表面水或冰中的氢
漫游车环境监测站	带有1个气象学包和紫外敏感器，用于测量大气压力、湿度、风力和方向、空气和地面温度、紫外辐射强度等

欧洲航天局

欧洲一直保持着适度的空间探测规模，实现了月球、火星及金星的绕飞探测。ESA 早期通过与美国的合作开展空间探测活动，如"尤里塞斯"太阳探测器、"太阳与日光层观测台"、"卡西尼－惠更斯"土星探测器等。20 世纪 80 年代中期开始，ESA 开始独立开展一些空间探测任务，例如"乔托"彗星探测器、"火星快车"、小型先进技术研究任务－1 月球探测器、"罗塞塔"彗星探测器、"金星快车"探测器等。

2004 年，ESA 宣布"曙光"（Aurora）空间探索计划，核心内容是实施月球、火星无人探测以及载人探测的长期发展战略，其中"火星生物学"将采取与俄罗斯合作的方式进行。除火星探测器外，ESA 还计划发射"贝皮－哥伦布"水星探测器（与日本合作）、"木星冰月轨道器"（与 NASA 合作）等。

Qiaotuo Tanceqi
"乔托"探测器
Giotto

概况

"乔托"（Giotto）探测器是 ESA 的彗星探测器（见图 5 - 63），于 1985 年 7 月 2 日用阿里安－1 运载火箭从法属圭亚那库鲁发射场发射，探测目的是飞越哈雷彗星。英国宇航公司为"乔托"探测器的主承包商，负责探测器的总体设计。

"乔托"探测器 1986 年 3 月 13 日与哈雷彗星交会并对其进行科学探测，与哈雷彗星的最近距离为 596km。交会时探测器距离地球大约 1AU。"乔托"探测器飞越彗星时，部分仪器被损坏，但大多数仪器保持运行。完成哈雷彗星探测任务后，探测器执行扩展任务，飞向"葛里格－斯克杰利厄普"彗星（Comet Grigg - Skjellerup）进行探测，与该彗星最近的距离为 200km。

当时全球共有 6 个探测器对哈雷彗星进行联合探测，这 6 个探测器被称为"哈雷舰队"，包括"乔托"探测器、苏联的维加－1 和 2、日本的行星－A 和"先驱"探测器、美国的"国际彗星探险者"。在该联合探测计划中，行星－A、"先驱"与

"国际彗星探险者"从远距离对彗星进行观测。苏联的维加－1 和 2 则负责定位彗核的位置，并传回相关数据，引导"乔托"探测器能够近距离观测彗核。由于"乔托"探测器与彗核距离较近，ESA 认为它可能会遭受高速彗星粒子的破坏，但该探测器出人意料地飞越彗核并在小型彗星粒子的撞击之下幸存。

图 5 - 63　"乔托"探测器

"乔托"探测器取得的成就包括：首次近距离获

取彗星彗核照片；首个与2颗彗星交会的探测器；首个采用返回地球借力飞行的方式来改变轨道的探测器；探测到哈雷彗星彗核的尺寸和形状；成为距离彗星（"葛里格－斯克杰利厄普"彗星）最近的探测器；发现哈雷彗星彗核有黑色外壳并喷射出明亮的气体；测量了2颗彗星附近的尘埃粒子的尺寸、组成和速度；测量了2颗彗星产生的气体成分；发现"葛里格－斯克杰利厄普"彗星附近有异常的磁波。

主要性能参数

"乔托"探测器包括结构、温控、姿态与轨道控制测量、转移推进、数据处理、电源、天线、测控等分系统及部件。

探测器的发射质量为960kg，高2.85m，最大直径1.87m，体装式太阳电池阵，自旋稳定，功率62W。

探测器携带的有效载荷总质量为56.9kg，包括磁强计、彗星多色相机、尘埃撞击探测系统、等离子体分析仪、粒子撞击分析仪、光学探测器实验装置、能量粒子分析仪、中性质谱仪、离子质谱仪和"乔托"无线电实验装置。

Youlisaisi Tanceqi

"尤里塞斯"探测器
Ulysses

概　况

"尤里塞斯"（Ulysses）探测器是世界上首个研究太阳两极的探测器（见图5-64），由ESA与NASA耗资2.5亿美元联合研制，于1990年10月6日用美国"发现"航天飞机发射。探测器的主要任务是探测太阳两极及太阳风、磁场和宇宙射线等。

"尤里塞斯"探测器的探测任务为确定日球层的磁场和太阳风的三维特征；通过测量日球层不同纬度的太阳风构成，研究太阳风起源和太阳风震波；研究影响银河系和异常宇宙射线运动的过程；通过测量宇宙射线的同位素构成，探索银河系宇宙射线的起源；通过观测太阳低纬度区域和高纬度能量粒子的特征，研究太阳和行星际能量粒子的能量增加和运动情况；直接测量进入日球层的中性氢原子，更多地了解局部星际空间，并根据采样测量星际离子的数据推测其特征；进一步研究行星际和星际尘

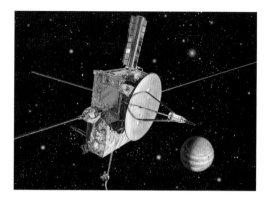

图5-64　"尤里塞斯"探测器

埃；寻找γ射线暴源，并通过与其他航天器的联合观测，利用已知天体数据确定暴源位置。

1992年2月，"尤里塞斯"探测器到达木星，借助木星引力进入围绕太阳的大椭圆轨道，由在黄道面上运行转向向太阳南极飞行，并对木星进行了科学探测，研究了木星的等离子体、磁场、射电和等离子波等。探测器在太阳活动极小年和太阳活动极大年期间共3次分别飞越太阳北极和南极，对太阳进行了全面探测；2008年1月，为节省电能，探测器上的X频段发射机暂时关闭，但此后无法再次开启；同年7月1日，ESA和NASA宣布"尤里塞斯"探测器任务结束。

"尤里塞斯"探测器除传回有关太阳风的数据外，还传回空间等离子体物理和天体物理学的相关数据，主要包括太阳和行星际的高能带电粒子的起源和加速度、日球层内银河系宇宙射线的传播情况、飞越日球层的星际气体和尘埃的本质特征、宇宙γ射线爆发的起源、由太阳和行星际等离子体发射的自然射电信号的特征等。

主要性能参数

"尤里塞斯"探测器为长方体结构，尺寸为3.2m×3.3m×2.1m，发射质量为367kg，其中有效载荷质量为55kg，推进剂质量为33.5kg。自旋稳定，自旋速率为5r/min。探测器上方装有直径为1.65m的抛物面高增益天线。采用放射性同位素热电发生器供电，工作寿命初期功率280W，寿命末期功率220W。采用X频段和S频段与地球进行通信。探测器运行在围绕太阳的椭圆极轨道，轨道周期为6.2年，轨道面与黄道面的夹角为80.2°，远日点距离太阳约5.4AU，近日点距离太阳约1.4AU。探测器距离地球最远距离为$9.5×10^8$km。探测器的设计寿命为5年，实际运行时间约为17年。"尤里塞斯"探测器的有效载荷见表5-6。

表5-6　"尤里塞斯"探测器的有效载荷

名　　称	目　　的
矢量氦磁强计/磁通门磁强计	用于确定日球层磁场特征和梯度变化曲线
极区太阳风观测仪	对太阳两极地区的太阳风粒子和电子进行观测
太阳风粒子构成分光计	确定元素和离子电荷构成、太阳风离子的温度和平均速度
统一射电和等离子体波勘测仪	确定射电源的方向、角度和极化程度，并详细研究区域波动现象，以确定周围等离子体传递系数
能量粒子构成仪	测量一定范围内离子的通量、角向分布、能量光谱及构成
星际中性气体试验仪	测量区域星际气体的特征参数，如密度、速度及温度等
日球层低能量光谱、构成和各向异性测量仪	在整个任务期间测量行星际离子和电子
宇宙射线和太阳粒子勘测仪	测量低能质子和氦原子的三维各向异性
γ射线暴测量仪	研究γ射线暴
宇宙尘埃测量仪	对行星际空间中质量为 $10^{-16} \sim 10^{-6}$ g 的尘埃粒子进行直接测量，研究其物理和动力性特征

Taiyang Yu Riguangceng Guancetai Tanceqi
"太阳与日光层观测台"探测器 SOHO

概　况

　　"太阳与日光层观测台"（Solar and Heliospheric Observatory，SOHO）是 ESA 和 NASA 合作研制的太阳探测器（见图 5 - 65），于 1995 年 12 月 2 日用"宇宙神"运载火箭从卡拉维纳尔角发射，成本约为 10 亿欧元。项目的主承包商为欧洲 Astrium 公司的前身——马特拉·马可尼航天公司探测器的发射和目前的任务运行由 NASA 负责，携带的仪器由美国和欧洲的各个研究所和实验室提供。SOHO 探测器在拉格朗日 L1 点附近运行，最初计划运行 2 年，实际上完成初始任务后继续执行扩展任务，目前探测器仍在轨运行中。

　　"太阳与日光层观测台"的任务目的是研究太阳外层结构，包括色球层、过渡区及日冕；观测太阳风及 L1 点附近的太阳风现象；探测太阳的内部结构。

　　除进行太阳探测外，探测器还用于空间天气预测，是近实时的太阳探测数据的主要来源。此外，在全球天文爱好者的参与下，"太阳与日光层观测台"还发现了 2200 余颗彗星，该数量已经超过了过去 300 年内发现的彗星数量的总和。

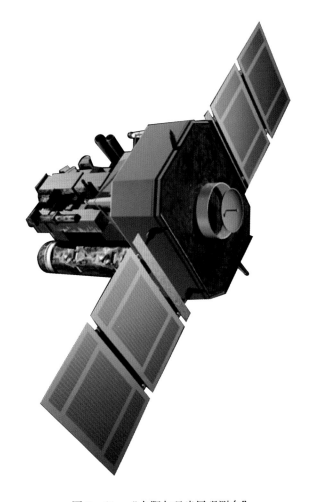

图 5 - 65　"太阳与日光层观测台"

主要性能参数

"太阳与日光层观测台"由服务舱和有效载荷舱组成。探测器下部为服务舱，装有电源、热控和通信等分系统以及太阳翼。有效载荷舱位于服务舱之上，搭载所有的有效载荷（见表5-7）。

探测器尺寸为 4.3m×2.7m×3.7m，发射质量为1850kg，有效载荷质量为610kg，太阳翼翼展9.5m，三轴稳定，运行轨道为围绕L1点的晕轨道。实时运行的遥测速率为200kbit/s，星上存储模式的遥测速率为40kbit/s。

表5-7 "太阳与日光层观测台"的有效载荷

仪器功能分类	名称	目的	研制单位
研究太阳内部结构	全球低频率振荡检测仪	记录太阳全球波动的速度	法国太空天体物理学研究所
	太阳红外辐射与引力波动变率监测仪	探测太阳亮度的波动及其确切的能量输出	瑞士物理天气观测台达沃斯与世界辐射中心
	迈克尔逊多普勒成像仪	探测太阳内封闭的声音所产生波动的速度	美国斯坦福大学天体物理实验室
研究太阳大气层	太阳紫外辐射测量仪	提供太阳色球层和日冕的各种气体的温度、密度及速度的数据	德国马克斯-普朗克天体大气物理学研究所
	日冕鉴别摄谱仪	记录日冕中气体的温度和密度	英国卢瑟福-阿普尔顿实验室
	远紫外成像望远镜	提供太阳色球层和日冕的整个日面图像	法国太空天体物理学研究所
	紫外日冕仪摄谱仪	探测日冕内氢原子、氧离子及其他离子的温度和速度	美国史密森天体物理台
	大角度光谱日冕仪	观测日冕并发现彗星	美国海军研究实验室
	过热粒子与高能粒子综合分析仪	测定质子、中子和电子的能量分布	德国基尔大学天体物理学研究所
探测太阳风	太阳风各向异性探测器	探测太阳风的纬度变化和时间变化	法国太空天体物理学研究所
	电荷、元素与同位素分析系统	测量太阳风粒子的质量、电荷、成分和能量分布	瑞士伯尔尼大学天体物理学研究所
	高能核子及电子实验仪	探测质子、其他离子和电子的能量分布和同位素成分	芬兰图尔库大学天体物理学研究所

Huoxing Kuaiche Tanceqi

"火星快车"探测器
Mars Express

概况

"火星快车"（Mars Express）探测器是 ESA 首个火星探测器（见图5-66），于2003年6月2日用"联盟"火箭从拜克努尔航天发射中心发射。探测器由轨道器和着陆器两部分组成，主要科学目标是获得火星表面分辨率为10m的图像、以2m的分辨

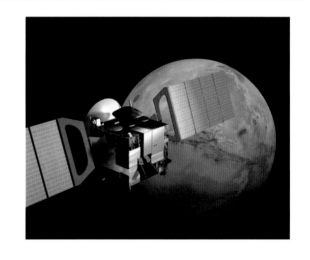

图5-66 "火星快车"探测器

率对选定区域进行拍照、绘制分辨率为 100m 的矿物成分图；测绘大气成分，并确定火星全球环流情况；确定火星表面几千米深度内的表层构造；确定火星大气对火星表面的影响；探测火星大气与太阳风的相互作用。

"火星快车"携带了质量为 60kg 的猎兔犬 – 2（Beagle – 2）着陆器，2003 年 12 月 20 日，着陆器与轨道器分离后，在着陆火星过程中与地球失去联系，坠毁在火星表面。

"火星快车"轨道器于 2003 年 12 月 25 日进入火星轨道，并向地球发回火星图像。目前，"火星快车"在轨工作情况良好，并在美国"凤凰"（Phoenix）着陆器和"火星科学实验室"（MSL）着陆火星期间为其提供信息中继服务。

主要性能参数

"火星快车"的主体结构为长方体，尺寸为 1.5m×1.8m×1.4m，发射质量为 1223kg，其中推进剂质量 427kg，有效载荷质量 116kg，猎兔犬 – 2 着陆器质量 71kg。探测器侧面安装有高增益天线及仪器。"火星快车"探测器的轨道参数见表 5 – 8。

表 5 – 8 "火星快车"探测器的轨道参数

参数	前 440d	440d 后
轨道倾角/（°）	86	86
距火星最远点/km	11560	10107
距火星最近点/km	259	298
周期/h	7.5	6.7

探测器的推进分系统采用双组元推进剂，2 个推进剂贮箱，每个容积为 270L。1 个 400N 推力主发动机，8 个 10N 推力器。电源分系统采用对称分布的双太阳翼，太阳翼翼展 12m，总面积为 $11.42m^2$。太阳翼在火星轨道上的总功率为 650W，在日食期间采用 3 个 $22.5A \cdot h$ 的锂离子电池组供电。姿控分系统继承了"罗塞塔"彗星探测器的设计，包括 2 个星敏感器、6 个激光陀螺仪、2 个粗太阳敏感器、加速度计和反作用轮。在离开地球不远处，采用 40cm 的低增益天线进行 S 频段通信。远离地球时，采用 1.6m 直径的碟型高增益天线与地球进行 X 频段和 S 频段通信。从地球到火星的信号传输时间约 70min。探测器上大多数单元的温度由仪器箱集中控制（10 ~20℃）。探测器的星上计算机装有容量为 12Gbit 的固态大容量存储器。

"火星快车"轨道器携带 7 种有效载荷：高分辨率立体相机、可见光和红外矿物学测绘光谱仪、火星表层及电离层探测先进雷达、行星傅里叶光谱仪、火星大气特征分光探测仪、空间等离子体、高能原子分析仪和火星射电科学装置。

猎兔犬 – 2 着陆器携带的有效载荷包括气体色谱仪与质谱仪、样品处理系统、机械臂与挖掘机、望远镜、全景广角相机、X 射线光谱仪和环境敏感器。

Xiaoxing Xianjin Jishu Yanjiu Renwu – 1 Tanceqi

小型先进技术研究任务 – 1 探测器 SMART – 1

概　况

小型先进技术研究任务 – 1（Small Missions for Advanced Research in Technology – 1，SMART – 1）是 ESA 首个月球探测器（见图 5 – 67），也称灵巧 – 1，于 2003 年 9 月 27 日用阿里安 – 5 运载火箭从法属圭亚那库鲁航天发射中心发射。任务目标是验证太阳能电推进技术；研究月面化学成分；探测月球极区的水冰；绘制月球矿物图；测绘月面地形；监测太阳 X 射线和阳光变化；近距离观测太阳风对月球的影响等。

SMART – 1 的创新之处在于其主推力系统采用了太阳能电推进技术。探测器于 2004 年 11 月 15 日进入月球轨道，完成探测和实验任务后，于 2006 年 9 月 3 日撞击月球。

图 5 – 67　SMART – 1 探测器

主要性能参数

SMART – 1 的主结构为 $1m^3$ 的立方体，发射质量 366.5kg，干质量 287kg，中央设备板上装有大部分探测器单元。主体内装有氙燃料贮箱，容量49L，发射时携带氙82.5kg。双太阳翼，太阳翼翼展14m，太阳翼寿命初期功率1850W，蓄电池能满足最长2.1h星食期的探测器功率需求。探测器的主推进由霍尔效应推力器完成，该电推进系统装有软件控制的机构，用于改变推力矢量。姿态控制通过肼推力器和反作用轮完成，姿态信息通过太阳敏感器、陀螺仪和星跟踪器获得。指令与数据处理采用冷备份，装有自主故障检测、隔离和恢复（FDIR）软件处理单个故障。探测器每4d进行1次地面指令上传。探测器上的软件高度自主，使探测器能在无地面联络时持续进行10d的操作。探测器可在安全模式下生存2个月以上。SMART-1携带的有效载荷见表5-9。

表5-9 SMART-1携带的有效载荷

有效载荷	功能
电推进诊断包	监控推进系统的工作情况及对探测器的影响
探测器电势、电子和尘埃实验	监控推进系统的工作，研究地-月空间的电环境
Ka频段遥测、跟踪与控制	试验与地球通信的有效性
空间高分辨率彩色相机	对小型相机进行测试，并拍摄月球表面的彩色照片
红外光谱仪	搜索冰层，并对月球进行绘图
小型成像X射线光谱仪验证装置	研究月球成分
太阳X射线监测仪	研究太阳X射线

Luosaita/Feilai Tanceqi

"罗塞塔/菲莱"探测器
Rosetta/Philae

概　况

"罗塞塔/菲莱"（Rosetta/Philae）探测器是ESA的彗星着陆采样探测器（见图5-68），于2004年3月2日用阿里安-5G运载火箭从法属圭亚那库鲁发射场发射，探测目标为楚留莫夫-格拉西门彗星，预计2014年到达该彗星。

"罗塞塔/菲莱"项目由14个欧洲国家及美国的50余家公司参与，项目主承包商为阿斯特里姆公司。项目成本约为10亿欧元。

图5-68　"罗塞塔/菲莱"探测器

2007年，探测器进行火星借力飞行，传回火星图像；2008年9月，探测器飞越2867号小行星；2010年7月，探测器飞越21号小行星"鲁特西亚"（司琴星）。2011年6月，探测器按计划进入自旋稳定的休眠模式，除星上计算机和休眠加热器继续工作外，所有电子设备关闭，并将于2014年1月再次启动。目前探测器在轨工作状况正常。

主要性能参数

"罗塞塔/菲莱"探测器的发射质量约为3t，其中包括推进剂1670kg。探测器包括"罗塞塔"轨道器和"菲莱"着陆器两部分。"罗塞塔"轨道器为长方体结构，尺寸为2.8m×2.1m×2.0m，顶部的有效载荷舱安装了11种总质量为165kg的有效载荷。轨道器侧面安装了1副直径2.2m的可控高增益天线。"罗塞塔"轨道器的计划飞行时间为12年。

"罗塞塔"轨道器的主推进系统采用24台10N双组元推力器。双太阳翼的总面积为64m²，太阳翼翼展32m，可旋转180°。太阳翼功率在距离楚留莫夫-格拉西门彗星3.4AU处为850W、距离该彗星5.25AU处为395W。

"罗塞塔"轨道器携带的有效载荷包括紫外成像光谱仪、射电波发射彗核探测实验件、彗星次级离子质量分析仪、颗粒撞击分析仪与尘埃收集器、微型成像尘埃分析系统、"罗塞塔"轨道器微波仪器，以及光学、光谱学与红外远距离成像系统、"罗塞塔"轨道器离子与中性分析光谱仪、"罗塞塔"

等离子体组合仪器、射电科学研究仪器和可见光与红外热成像光谱仪。

"菲莱"着陆器质量为100kg，是首个计划在彗核表面软着陆的航天器。"菲莱"着陆器由1块基板、1个仪器平台和1个多面体夹层组成，所有结构采用碳纤维。"菲莱"着陆器安装在"罗塞塔"轨道器的侧面，着陆时采用腿式缓冲机构。"菲莱"着陆器携带10种总质量为21kg的有效载荷，分别为α粒子与X射线光谱仪、彗核红外与可见光分析仪、射电波发射彗核探测实验件、彗星采样与成分实验件、稳态同位素中轻元素/托勒密实验件、表面与表层科学多用途遥感器、"罗塞塔"着陆器成像系统、"罗塞塔"着陆器磁强计与等离子体监测仪、样品与分发装置和表面电、震动与声学监测实验件。

Jinxing Kuaiche Tanceqi
"金星快车"探测器
Venus Express

概　况

"金星快车"（Venus Express）探测器是ESA的首个金星探测器（见图5-69），于2005年11月9日用俄罗斯"联盟"运载火箭从拜科努尔发射场发射。任务目的是研究金星表面的空气动力学和化学成分，了解金星表面的大气特点；研究太阳风对金星表面空气的影响，理解行星的发展和演变。"金星快车"项目耗资2.2亿欧元。

2006年4月，"金星快车"进入金星椭圆形轨道，每24h围绕金星飞行一圈，对金星进行探测；2007年9月19日，探测器完成基本任务，开始执行扩展任务。目前，探测器仍然在轨工作，计划工作到2014年12月31日。

主要性能参数

"金星快车"继承了ESA"火星快车"的设计，长方体结构，尺寸为1.65m×1.7m×1.4m，总体构型包括核心结构加外围结构。核心结构被隔板分割成6个隔舱。2个推进剂贮箱安装在核心结构的中心部位，主发动机位于底板之下，8台推力器安装在探测器底部。

探测器上对称装有双太阳翼，总面积5.7m²，采用三结砷化镓电池，在地球附近的功率为800W，在金星轨道上的功率为1100W。此外还有3个24A·h的锂离子电池组。

推进系统采用双组元推进剂，主发动机推力为415N，单台推力器推力为10N。

姿态与轨道控制系统的敏感器包括2台星跟踪器、2台惯性测量单元和2台太阳捕获敏感器。姿态测量由星跟踪器和陀螺仪完成，姿态机动由反作用轮完成。

通信系统由1路双频段转发器、1台射频分配单元、2台行波管放大器、1台波导接口单元和4副天线组成，天线包括2副S频段低增益天线、1副S/X频段高增益天线和1副X频段高增益天线。

"金星快车"携带了7种有效载荷，包括空间等离子体和高能粒子分析器、磁力计、高分辨率红外傅里叶变换光谱仪、可见光与红外热成像光谱仪、金星无线电科学实验装置、金星大气特点研究成像光谱仪和金星监测相机。

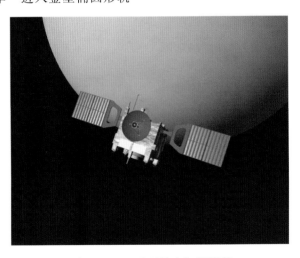

图5-69　"金星快车"探测器

日　本

自20世纪80年代以来，日本通过实施几个重点探测项目，在空间探测领域取得一定成果。日本最早的空间探测活动是1985年开展的"先驱"哈雷彗星探测，成功实现了哈雷彗星的远距离飞越。随后日本陆续开展了彗星、火星、月球、金星、小行星探测等多项任务，发射的探测器包括行星－A彗星探测器、"希望"火星探测器、"飞天"月球探测器、"隼鸟"小行星探测器、"月女神"月球探测器和"伊卡洛斯"飞行器等。

日本还计划发射隼鸟－2小行星探测器、"贝皮－哥伦布"水星探测器（与ESA合作）、月女神－2月球着陆器。

Xianqu Tanceqi

"先驱"探测器
Sakigake

概　况

"先驱"（Sakigake）彗星探测器是日本首个空间探测器（见图5－70），由日本宇宙科学研究所（ISAS）研制，于1985年1月7日用M－3S－2运载火箭从鹿儿岛航天中心发射。任务目的是验证日本新型运载火箭的性能；验证超远距离通信、姿态确定与控制等航天器技术；探测行星际空间的等离子体和磁场；探测哈雷彗星。

"先驱"探测器作为当时全球探测哈雷彗星的"哈雷舰队"的成员，与其他彗星探测器协同进行哈雷彗星探测。1986年3月11日，"先驱"探测器飞越哈雷彗星，距哈雷彗星的最近距离为 7×10^6 km。探测器在在轨运行过程中发现了太阳磁场存在着中性面；进行了太阳风和磁场观测、在最接近哈雷彗星时观测到哈雷彗星附近的太阳风磁场、等离子活动、太阳风等离子波动等；1999年1月7日，"先驱"探测器结束运行。

主要性能参数

"先驱"探测器质量为138kg，圆柱体结构，直径1.4m，高0.7m，体装式太阳电池阵，结构详见图5－71。主体结构顶部装有直径为80cm的圆筒形S频段高增益天线。探测器在近日点为 121.7×10^6 km、远日点为 151.4×10^6 km 的日心轨道运行，周期约为319d。探测器携带的有效载荷包括太阳风离子监测器、等离子体波监测器、太阳风和行星际空间磁场观测装置，未携带成像设备。

图5－70　"先驱"探测器

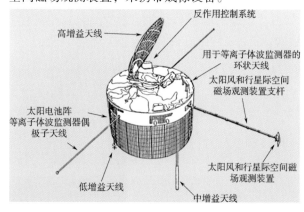

图5－71　"先驱"探测器结构图

行星－A 探测器
Planet A

概 况

行星－A（Planet A）探测器是日本的第二个彗星探测器（见图 5－72），于 1985 年 8 月 18 日用 M－3S－2 运载火箭从鹿儿岛航天中心发射。任务目的是探测哈雷彗星。

行星－A 探测器由日本宇宙科学研究所研制，作为当时全球探测哈雷彗星的"哈雷舰队"的成员，与其他彗星探测器协同进行哈雷彗星探测。1986 年 3 月 8 日，探测器从距离哈雷彗星 1.51×10⁵km 处对哈雷彗星进行观测，利用紫外线成像仪进行了哈雷彗星的自转周期和水汽释放率变化的测量，并观测了太阳风；1991 年 2 月 22 日，探测器在变轨过程中耗尽燃料；1992 年 8 月 20 日，探测器结束任务。

图 5－72　行星－A 探测器

主要性能参数

行星－A 探测器质量为 140kg，圆柱体结构，直径 1.4m，高 0.7m，主体结构顶部装有直径为 80cm 的圆筒形 S 频段高增益天线，体装式太阳电池阵，结构详见图 5－73。采用自旋稳定，旋转速率 0.5r/s。图像数据存储在磁泡存储记录器中，探测器拍摄图像后，将图像传送给地面数据接收中心。探测器在近日点为 100.5×10⁶km、远日点为 151.5×10⁶km 的日心轨道运行，周期约为 282d。探测器携带的有效载荷包括真空紫外成像仪和太阳风观测仪。

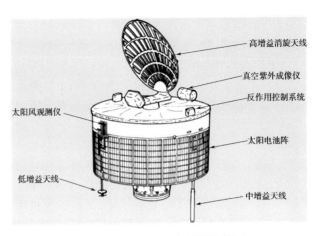

图 5－73　行星－A 探测器结构图

高增益消旋天线
真空紫外成像仪
反作用控制系统
太阳风观测仪
太阳电池阵
低增益天线
中增益天线

"飞天"探测器
HITEN

概 况

"飞天"（HITEN）探测器是日本的月球探测器，又名缪斯－A（MUSES－A），由日本宇宙科学研究所研制，于 1990 年 1 月 24 日用 M－3S－2 运载火箭从鹿儿岛航天中心发射。任务目的是验证航天器轨道精确确定和控制、高效数据传输技术；进行月球借力飞行实验；利用地球进行大气制动实验；验证"飞天"探测器上携带的"羽衣"子卫星进入月球轨道的技术；测量地月间的宇宙尘埃。

"飞天"探测器发射后成功进行了 10 项月球借力飞行实验和大气制动实验。1990 年 3 月 18 日，固体火箭发动机点火，将探测器送入距月球 1.65×10⁴km 的绕月运行轨道。"飞天"探测器在即将进入月球运行轨道之前释放"羽衣"子卫星，使其围绕月球运行；1992 年 2 月，"飞天"探测器进入月球轨道。探测器完成探测任务后于 1993 年 4 月 10 日撞击月球表面的弗内留斯月球坑。

主要性能参数

"飞天"探测器质量为 197kg（包括 42kg 的肼推进剂和 11kg 的"羽衣"子卫星），圆柱体结构，直径 1.4m，高 0.79m，结构详见图 5－74。体装式太阳电池阵，功率为 110W。探测器的顶部装有结构为 26 面体的"羽衣"子卫星，两相对面之间的距离为 40cm。每个面上装有体装式太阳电池阵，在与

"飞天"探测器分离前作为探测器的备用电源。探测器采用自旋稳定,自旋速率为 10~20.5r/min。

探测器的推进和姿态控制系统包括 8 个 23N 和 4 个 3N 的肼推力器、2 个太阳敏感器、1 个星跟踪器、1 个穿越式地平仪、3 个加速计、1 个章动阻尼器和星上处理器等。光学导航系统包括 2 个 CCD 图像敏感器。探测器底部装有 1 副 X/S 频段中增益共线阵天线,底部和顶部分别装有 1 副 S 频段交叉偶极子全向低增益天线。探测器通过 1 路 X 频段和 1 路 S 频段转发器进行下行数据传输,2 台接收机用于 S 频段上行数据传输。探测器星上指令计算机包括 3 个独立的处理器单元,其只读存储器容量为

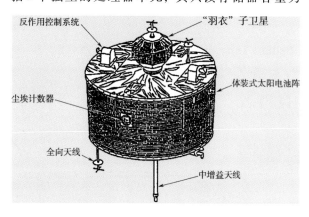

图 5-74 "飞天"探测器结构图

2Mbit,随机存储器容量为 512kbit。探测器携带的有效载荷包括尘埃计数器和光学导航系统。

探测器在近月点 262km、远月点 28600km、倾角 31°的绕月轨道运行,运行周期 6.7d。

Xiwang Tanceqi
"希望" 探测器
Nozomi

概　况

"希望"(Nozomi)探测器是日本首个火星探测器(见图 5-75),又名行星-B(Planet-B),由日本宇宙科学研究所研制,于 1998 年 7 月 3 日用 M-5 运载火箭从鹿儿岛航天中心发射。任务目的是研究火星上层大气与太阳风的相互作用,观测火星磁场以及对火星表面和火星卫星进行遥感探测。

按计划,"希望"探测器应在 1999 年到达火星,但由于阀门故障,探测器只能采用地球借力飞行方式飞往火星,并定于 2003 年 12 月 14 日利用主发动机反向点火变轨进入火星轨道。但 2003 年 4 月,探

图 5-75　"希望"探测器

测器的通信和热控系统发生故障;2003 年 12 月 14 日,探测器接近火星,却无法按预期飞向火星,在距火星 1000km 处飞过,进入日心轨道,任务失败。探测器虽未进入绕火星运行轨道,但进行了行星空间氢气和莱曼 α 光谱谱系观测,获得了相关的各种观测数据。

主要性能参数

"希望"探测器质量为 540kg,八面体结构,尺寸为 1.6m×1.6m×0.58m,自旋稳定,配备了长 52m 的导线天线,双太阳翼,太阳翼翼展 6.2m,结构详见图 5-76。

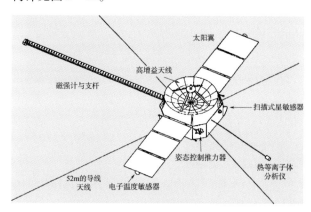

图 5-76　"希望"探测器结构图

探测器携带了 14 种有效载荷,其中 10 种由日本研制,4 种由其他国家提供。日本研制的 10 种仪器包括火星成像相机、磁场测量装置、电子温度探针、电子光谱分析仪、离子光谱分析仪、电子和离子光谱仪、极紫外扫描仪、紫外成像光谱仪、等离

子体波和声纳仪以及低频等离子体波分析仪；其他国家提供的 4 种仪器包括瑞典的离子质量成像仪、德国的火星尘埃计数仪、美国的中性粒子质谱仪和加拿大的热等离子体分析仪。

Sunniao Tanceqi

"隼鸟"探测器
Hayabusa

概　况

"隼鸟"（Hayabusa）探测器是日本的小行星探测器（见图 5-77），原名缪斯-C（MUSES-C），由日本宇宙科学研究所研制，于 2003 年 5 月 9 日用 M-5 运载火箭从鹿儿岛航天中心发射。任务目的是探测一颗名为"糸川"的小行星并采样返回，是世界上首个实现在小行星上软着陆并采样返回的探测器。探测器的设计、研制工作历时 7 年。

"隼鸟"探测器通过借力飞行，于 2005 年 9 月中旬到达小行星"糸川"，对其形状、地形、颜色、组成、密度等进行了研究。2005 年 11 月，探测器 2 次在小行星"糸川"上着陆并完成采样。由于探测器在轨运行过程中出现了一系列故障，如探测器姿态控制系统中的 3 个飞轮中有 2 个出了故障，因此不得不利用余下的 1 个飞轮和氙微波离子电推力器进行控制和操作；完成在小行星"糸川"表面下降和着陆后，探测器的化学推进系统出现燃料泄漏，推力降低，无法工作，蓄电池发生故障等，导致探测器未按计划返回地球，探测器最终于 2010 年 6 月 13 日返回地球，回收成功。通过对"隼鸟"探测器采集的样品进行分析和研究发现，小行星"糸川"是一颗较大的小行星的一部分，已有 800 万年的历史。

图 5-77　"隼鸟"探测器

"隼鸟"探测器完成了 5 项主要任务：利用日本自行研制的离子发动机实现星际飞行；利用光学测量敏感器提供的信息确认小行星"糸川"所在的位置，通过自主导航完成寻的，接近目标或改变位置；在具有微重力的小行星"糸川"上完成着陆并进行采样；完成地球借力飞行；将采集的样品带回地球。

"隼鸟"探测器在轨道上完成了工程试验和科学实验 2 类任务。在工程领域，探测器完成的任务包括以日本自行研制的离子发动机作为主推力器，通过自主导航在地球-小行星-地球之间飞行，通过在距小行星"糸川"54m 处向其投放目标标识器，确定准确的着陆目标，确保在选定的着陆点安全着陆，并验证了探测器往返于地球与目标天体（小行星）间的飞行技术；实现了利用光学测量敏感器提供的信息进行自主导航的技术；掌握了在微重力环境下对小行星表面采样并将样品带回地面的技术。在科学领域的研究成果包括：掌握了在近地轨道 S 型小行星的主要特征；调查并掌握了小行星与陨石之间的关系，并为开展小行星的起源与演化研究打下基础。

主要性能参数

探测器质量为 510kg，六面体结构，尺寸为 1.0m×1.6m×2.0m，采用三轴稳定，配备可折叠式刚性双太阳翼，单个太阳翼翼展 5.7m，结构详见图 5-78。探测器在近日点为 1.0AU、远日点 1.44AU 的太阳圆轨道上运行。

探测器由服务舱、有效载荷舱组成，其中服务舱包括结构、热控、电源（太阳翼和蓄电池）、通信、数据处理、姿态轨道控制、反作用推进系统和电推进系统；有效载荷系统包括飞行任务仪器系统、采样器、再入密封舱和跳跃式机器人。

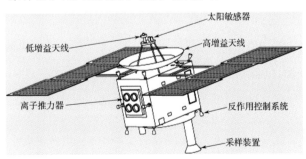

图 5-78　"隼鸟"探测器结构图

探测器携带的主要有效载荷包括近红外分光器、X 射线荧光分光计、远景摄像遥感器、目标标识器、跳跃式机器人以及采样器与再入密封舱。其中跳跃式机器人为圆柱体结构，直径 12cm，高 10cm，质量 591g，由太阳能供电。采样器总质量为 8.7kg，内部装有直径 20cm、长 1m 的角状容器和 3 个质量为 5g 的金属球，通过采样器中的金属球弹射到小行星表面，使小行星表面溅起碎片样品，然后将样品收集到角状容器中并装入密封舱内的容器中。再入密封舱直径 40cm，作用是将采集到的样品带回地球。

按计划，2005 年 11 月 12 日应向小行星"糸川"表面释放跳跃式机器人，利用机器人携带的摄像机拍摄小行星"糸川"的图像，记录相关信息并将图像传送给探测器，随后再将图像传送到地球。但由于操控人员计算差错，未考虑发送指令与接收并执行指令之间的时间差，在高于应释放高度的位置释放了跳跃式机器人，使其未降落到小行星"糸川"表面，而是成为一颗绕小行星"糸川"运行的航天器。

为使"隼鸟"探测器能够在预先选定的着陆点着陆，2005 年 11 月 20 日，在距小行星 54m 处释放了一个目标标识器。随后实现了在小行星"糸川"上的首次着陆；11 月 26 日，再次在小行星"糸川"上着陆并完成采样。但由于飞轮、蓄电池等故障，探测器无法按原计划时间返回地面，通过采取一系列措施，探测器最终返回地球。目前已确认探测器在小行星"糸川"表面采集的样品为 1500 粒。

Yuenüshen Tanceqi
"月女神"探测器
SELENE

概 况

"月女神"（SELenological and ENgineering Explorer, SELENE）探测器是日本的月球探测器（见图 5 - 79），全称为"月球学与工程探测器"，于 2007 年 9 月 14 日用 H - 2A 火箭从种子岛航天中心发射，主要任务是观测月球表面地质地貌和勘测月面元素，验证用于未来月球探测任务的工程技术。探测器由日本宇宙航空研究开发机构运营管理，由日本宇宙开发事业团（NASDA）和日本宇宙科学研究所（ISAS）合作研制，整个项目耗资约 4.8 亿美元。

"月女神"探测器由主轨道器、"中继"子卫星和"月球重力场"子卫星 3 部分组成。主轨道器运行在高度为 100km 的月球极轨道上，大部分有效载荷安装在主轨道器上；"中继"子卫星作为中继星，

接收来自主轨道器的多普勒信号，协助主轨道器测绘月球远端的引力图，并从月球背面向地球发回数据，解决了探测器位于月球阴影区时无法与地球通信的问题；"月球重力场"子卫星则进行月球引力场测量，还协助测绘了月球引力图。

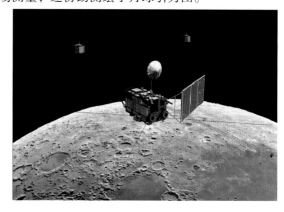

图 5 - 79 "月女神"探测器

主要性能参数

主轨道器为长方体结构，尺寸为 2.1m × 2.1m × 4.8m，发射质量约 2900kg（包括 2 个子卫星），结构详见图 5 - 80。主轨道器在轨道高度 100km、倾角 90° 的绕月圆轨道上运行。主轨道器的分系统见表 5 - 10。

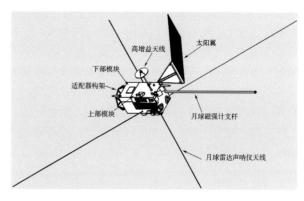

图 5 - 80 "月女神"主轨道器结构图

表 5 - 10 "月女神"主轨道器分系统概况

电源	太阳翼面积 22m²，功率 3486W；4 个 50V、35A·h 容量的 NiH₂ 蓄电池
通信	通过高增益天线进行 S 和 X 频段通信
热控	散热器、百叶窗和加热器
推进	500N 双组元主发动机
姿态与轨道控制	三轴稳定，4 个太阳敏感器、2 个惯性基准单元、2 个星跟踪器、4 个 20Nms 反作用轮及推力器 12 个 20N 的双组元推力器、8 个 1N 的单元推力器

"中继"子卫星和"月球重力场"子卫星的外形、质量、结构、计划寿命基本一样，基本参数见表5-11。"中继"子卫星无推进单元，柱体顶部中央安装1副偶极子天线，顶部和底部分别安装2副S频段天线。柱体的8个侧面贴装了70W的硅太阳电池阵，镍氢蓄电池容量为26V、13A·h。"中继"子卫星还装有1台X频段和3台S频段无线电发射机，能在地面和轨道器间进行4路多普勒测距信号中继。实际在轨工作时间超过1年。

"月球重力场"子卫星无推进单元，柱体顶部中央安装有偶极子天线。柱体的8个侧面贴装了70W的硅太阳电池阵，镍氢蓄电池容量为26V、13A·h。装有1台X频段和3个S频段无线电发射机，与"中继"子卫星配合，可进行月球引力场测量，实际在轨工作时间超过1年。

探测器携带的有效载荷包括多谱段成像仪、地形相机、高分辨率摄像机、X射线光谱仪、γ射线光谱仪、激光高度计、磁强计、等离子体成像仪、带电粒子光谱仪和无线电科学装置等。

表5-11 "中继"子卫星和"月球重力场"子卫星基本参数

名称	参数	指标
"中继"子卫星	构型	八角形柱体 1m×1m×0.65m 质量50kg
	轨道	椭圆轨道
	高度	近地点100km、远地点2400km
	倾角	90°
	姿态控制	自旋稳定（10r/min）
"月球重力场"子卫星	构型	八角形柱体 1m×1m×0.65m 质量50kg
	轨道	椭圆轨道
	高度	近地点100km、远地点800km
	倾角	90°
	姿态控制	自旋稳定（10r/min）

Yikaluosi Feixingqi

"伊卡洛斯"飞行器
IKAROS

概 况

"伊卡洛斯"（Interplanetary Kite-craft Acceler-ated by Radiation of the Sun，IKAROS）飞行器全名为"太阳辐射加速星际风筝-飞行器"，是世界上首个验证利用太阳光压驱动太阳帆、提供动力使飞行器加速并自由飞行的航天器（见图5-81），由日本宇宙航空研究开发机构（JAXA）研制，于2010年5月20日搭载在发射行星-C金星探测器的H-2A火箭上从种子岛航天中心发射。

"伊卡洛斯"飞行器的任务目的是验证大型太阳帆的展开机构的设计和开发程序、收集展开状态数据；验证利用在太空用薄膜太阳电池发电方法的可行性、评估薄膜电池的效率；验证光子推进，研究并确定太阳帆的反射系数；验证太阳帆推进的制导、导航与控制技术以及持续和微小加速下的导航和轨道确定、姿态控制方法。

2010年7月9日，"伊卡洛斯"的太阳帆成功展开，太阳光压驱动太阳帆使飞行器加速；2011年1月26日，飞行器完成为期约6个月的主任务，进入扩展任务阶段，目的是飞向木星和"特洛伊"小行星带进行探测，但由于功率过低，不得不使飞行器进入休眠模式；2012年1月起，飞行器逐步恢复电量存储，在功率恢复到正常值后，可继续执行扩展任务。

图5-81 "伊卡洛斯"飞行器

主要性能参数

"伊卡洛斯"飞行器主要由太阳帆和展开系统组成。飞行器在展开前为圆鼓形，直径为1.6m，高1m；在轨展开后为正方形（见图5-82），对角线跨度达20m，总质量约为310kg，太阳帆质量为15kg。太阳帆上安装了厚度为25μm的薄膜太阳能电池，功率为500W，占太阳帆总面积约5%。

　　飞行器由4个花瓣式太阳帆组成，未展开时，每个花瓣均呈直线型卷绕在飞行器上。飞行器太阳帆的展开过程包含2个阶段：在第一阶段，花瓣缓慢展开，形成交叉形状，制动器控制花瓣，使4个花瓣保持交叉半展开形状；在第二阶段，制动器释放，每个花瓣扩展并形成正方形（见图5-83）。

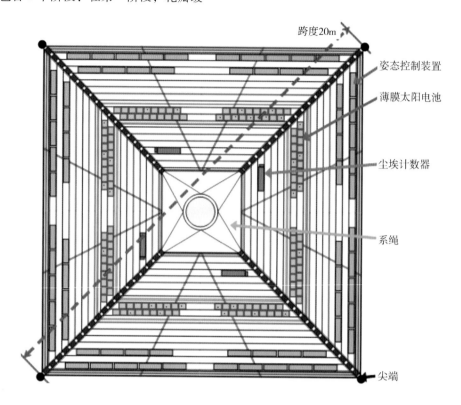

图5-82　"伊卡洛斯"太阳帆展开结构图

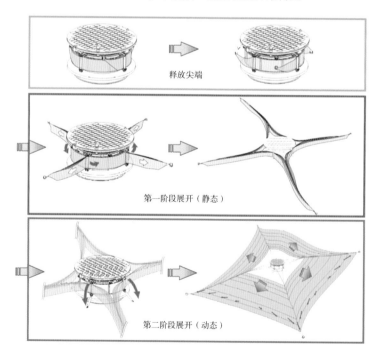

图5-83　"伊卡洛斯"飞行器展开过程图

印　度

印度的探月计划分3个阶段，包括发射月球探测器、无人月球车和载人登月。目前，印度已发射1个空间探测器——月船-1，实现了绕月探测和月球撞击探测。

从月球探测的具体实施情况看，印度已完成第1阶段探月目标。第2阶段将发射的探测器——月船-2——发射时间推迟。月船-2是印度与俄罗斯合作的空间探测项目，将由印度研制月球轨道器并提供运载火箭，由俄罗斯提供月球着陆器。

除月球探测器外，印度还计划发射火星轨道器、小行星轨道器和彗星探测器等。

Yuechuan-1 Tanceqi
月船-1探测器
Chandrayaan-1

概　况

月船-1（Chandrayaan-1）是印度首个空间探测器，于2008年10月22日用印度自行研制的"极轨卫星运载火箭"（PSLV）发射。探测器由印度空间研究组织（ISRO）研制，任务总成本约为1亿美元。

月船-1的科学目标为进行月球北极/南极的矿物学、化学研究；搜寻月球表面及表层，尤其是极区的水冰；探测月球高地岩石的化学成分；通过对月球高地、南极艾特肯盆地的遥感观测，对月球地壳进行化学-地层学研究；测绘分辨率为5~10m的月面三维图像。

2008年10月29日，月船-1探测器传回首批地球照片；2008年11月14日，探测器携带的月球撞击器撞击月球表面，在下降过程中拍摄了月面照片并测量了月球大气成分；2009年4月，月船-1的星跟踪器出现故障；2009年8月29日，月船-1与地球失去所有联系，原因是星上计算机出现故障；8月30日，ISRO正式宣布印度首次月球探测任务结束，完成了95%的任务，探测器预计工作寿命为2年，实际运行310余天，绕月飞行3400余圈，拍摄了大量月球图像。

主要性能参数

探测器的主体结构为1.5m³的立方体，发射质量为1380kg，在月球轨道上运行时的质量为675kg。电源系统采用单太阳翼（峰值750W）和36A·h的锂离子蓄电池。三轴稳定，装有2个星敏感器和4个反作用轮。双组元推进系统。采用直径0.7m的X频段抛物面天线进行有效载荷数据传输，遥测、跟踪与通信则采用S频段。2个固态存储器，容量分别为32Gbit和8Gbit。探测器运行在高度为100km的环月极轨道。

探测器共携带11种有效载荷（见表5-12），其中5种由印度研制，另外6种由美国、英国、德国、挪威、保加利亚和ESA提供。探测器有效载荷分布见图5-84。

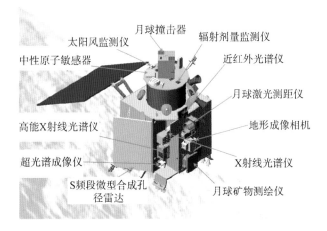

图5-84　月船-1有效载荷分布图

表 5 – 12　月船 – 1 的有效载荷

名称	性能	研制方
地形成像相机	全色相机，用于绘制高分辨率月面地图	印度
超光谱成像仪	对月球进行光谱成像，研究月球矿物学	印度
月球激光测距仪	精确测量探测器距月球的高度，获得月球地形信息	印度
高能 X 射线光谱仪	测量月球表面的铀、钍、铅 – 210 和氡 – 222 以及其他放射性元素，获得月球表面的光谱数据	印度
月球撞击器	小型撞击器，质量 29kg，37.5cm×37.5cm×47cm。当轨道器飞行至距月球 100km 时，撞击器被释放，撞击预定的月球表面位置。撞击器在下降过程中呈自旋稳定状态。从释放到撞击月球表面的时间约为 20min	印度
X 射线光谱仪	测量月球表面 Si、Al、Mg、Ca、Fe 和 Ti 等元素的丰度	英国和 ESA
近红外光谱仪	利用红外光栅光谱仪测绘月球表矿物组成	德国、波兰和挪威
低于千电子伏的原子反射分析仪	包括中性原子敏感器、太阳风监测仪和数字处理单元，利用从月表喷射出的低能中性原子绘制月球表面成分图	瑞典和 ESA
辐射剂量监测仪	对近月空间的辐射环境进行定性、定量观测，可获得粒子通量、剂量率、沉积能量谱等数据	保加利亚
月球矿物测绘仪	绘制月球表面矿物分布图	美国
S 频段微型合成孔径雷达	有源合成孔径雷达系统，测绘月球极区冰的分布	美国

月船 – 1 携带的月球撞击器质量为 29kg，装有 3 台仪器，分别是高分辨率质谱仪、S 频段雷达高度计和视频成像系统。其中雷达高度计用于测量撞击器距月面的高度，雷达脉冲频率为 4.3GHz。视频成像系统由带有视频解码器的模拟 CCD 相机组成，可在撞击器下降时对月面精确成像。高分辨率质谱仪可在下降过程中测量月球的大气组分。

中　国

中国的"嫦娥"探月工程规划为三期，简称为"绕、落、回"三步走战略。"绕"为发射月球轨道器，在距离月球表面200km的高度绕月飞行，进行月球全球探测；"落"为发射月球着陆器，在月球表面软着陆，释放月球车进行巡视探测；"回"为发射月球自动采样返回器，在月球表面软着陆，采用机械臂采集月壤和岩石样品并将样品带回地球。

目前，中国共发射2个空间探测器——嫦娥-1和嫦娥-2，均成功完成"绕月"任务。

Chang'e Tanceqi

"嫦娥"探测器
Chang'e

概　况

"嫦娥"（Chang'e）探测器是中国的月球探测器（见图5-85），目前已发射嫦娥-1和嫦娥-2。嫦娥-1于2007年10月24日用长征-3A运载火箭从西昌卫星发射中心发射，是中国首个月球探测器。嫦娥-2于2010年10月1日用长征-3C运载火箭从西昌卫星发射中心发射。"嫦娥"探测器的主制造方为中国空间空间技术研究院。

嫦娥-1的科学探测目标为获取月球表面三维影像；分析月球表面有用元素含量和物质类型的分布特点；探测月壤厚度与特性；探测地-月空间环境。2009年3月1日，嫦娥-1完成探测任务，受控撞向月球丰富海的指定地点，共在轨运行495d。

嫦娥-2是中国的第二个月球探测器，任务目的是开展对月面着陆区地形地貌的精细探测，试验验证相关关键技术，为探月二期月面软着陆奠定科学和技术基础。嫦娥-2获取了分辨率为7m的月球表面三维影像数据，并完成了对嫦娥-3着陆任务预选着陆区虹湾局部区域成像任务，分辨率为1.3m。2011年4月1日，嫦娥-2完成基本任务；6月9日，嫦娥-2飞向拉格朗日L2点，对太阳实施探测，同时进行测控技术等试验，成为世界上首个从月球直接前往拉格朗日点的探测器；2012年4月15日，嫦娥-2离开地日拉格朗日L2点，飞向4179号小行星进行探测，预计将在2013年1月6日飞越4179号小行星。

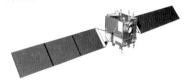

图5-85　"嫦娥"探测器

主要性能参数

嫦娥-1为长方体结构，尺寸为2m×1.72m×2.2m，发射质量为2350kg，干质量为1150kg，推进剂质量1200kg，有效载荷质量140kg，在距离月面200km的圆形极轨道上对月球及月球空间进行科学探测。探测器计划寿命为1年。

嫦娥-1采用双组元推进系统，1台490N变轨发动机，12台10N推力器。电源分系统包括单晶硅太阳翼（最大输出功率大于1450W）和镍氢电池组（末期容量大于48A·h）。测控分系统采用S频段，数据传输分系统采用X频段和S频段。

嫦娥-1携带的有效载荷包括CCD立体相机、成像光谱仪、激光高度计、γ/X射线谱仪、微波探测仪、太阳高能粒子探测器、太阳风离子探测器。

嫦娥-2探测器在嫦娥-1备份星的基础上进行改进，其质量、结构和携带的有效载荷等均与嫦娥-1基本相同，但CCD立体相机的分辨率、激光高度计的探测频率、γ/X射线谱仪的探测精度等性能均有所提高。

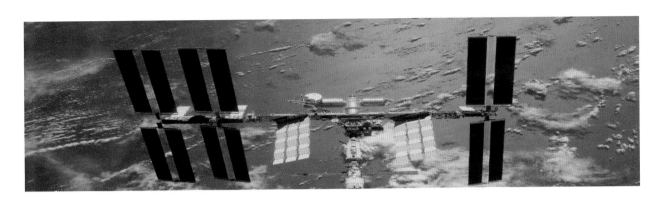

载人及货运航天器

载人航天器是供人驾驶或乘坐并从事各种航天活动的航天器。货运航天器是执行向地球大气层以外的宇宙空间运送货物等任务的航天器。

由于航天员的参与，载人航天器除了拥有通常的无人航天器所必备的系统外，还有能够保证航天员的安全并且满足他们在太空生活和工作所需要的生命保障等系统。载人航天器主要用于太空探索，开展空间科学实验、技术试验，在轨维修和燃料补给等。货运航天器拥有较大的货舱体积，可比载人飞船携带更多的货物，主要用途是向地外空间定期补给食品、燃料、仪器设备等物资，协助提升空间站轨道等。

载人航天器按飞行和工作方式分为载人飞船、航天飞机和空间站。1）载人飞船。能保障航天员在太空执行航天任务，并能使航天员座舱以弹道式或升力弹道式返回地面并垂直着陆的航天器。2）航天飞机。垂直起飞、靠机翼滑翔水平着陆，可部分重复使用的载人航天器。3）空间站。可供航天员生活和工作，能长期在轨运行并无需返回的载人航天器。

货运航天器包括一次性使用货运航天器和可重复使用货运航天器。

截至 2012 年 6 月 30 日，世界共进行 293 次载人航天飞行，发射 143 艘货运航天器。

俄罗斯/苏联

俄罗斯/苏联是载人航天领域的传统强国，发展载人航天的历史悠久、技术先进，拥有完备的载人航天工程体系，按照循序渐进的发展模式研制了一系列载人及货运航天器。俄罗斯/苏联在载人航天发展过程中最大限度地利用了成熟技术，通过"东方"飞船、"上升"飞船、"联盟"飞船、"进步"飞船、"礼炮"空间站、"和平"空间站和"国际空间站"在载人航天领域获得了丰富的经验和可靠的先进技术。截至2012年6月30日，俄罗斯/苏联进行了119次载人航天飞行。

20世纪50~60年代，苏联与美国在航天领域展开激烈竞争。1961年4月12日，苏联航天员尤里·加加林乘坐东方-1载人飞船完成的太空之行，突破了载人航天基本技术，揭开了载人航天的序幕，苏联成为世界上首个将航天员送入太空的国家。

苏联在载人飞船取得成功后，在20世纪70年代将其载人航天活动重点调整为建造载人空间站。1971年发射并试验了人类第一个空间站——礼炮-1，从1973年至1976年，又发射了4个空间站礼炮-2~礼炮-5，这是苏联第一代空间站。1977年和1982年，苏联分别发射了礼炮-6和礼炮-7空间站，这是第二代空间站。"礼炮"空间站开展了空间生命科学、对地观测、天文观测、植物生长实验等应用，取得了一系列突破性的进展。

1986年2月，"和平"空间站的发射开启了第三代空间站的发展历程，它是世界上第一个长久性空间站。"和平"空间站突破了人在太空长期生存与工作的技术，并开展了大量空间应用。

20世纪90年代至今，俄罗斯参与了人类历史上最大的空间站——"国际空间站"的建造与运营，并开展了大规模的空间应用，取得了大量科学成果。

目前，俄罗斯的航天事业尚在恢复之中，其规模和经费投入远远低于苏联时期。但近年来投入明显加大，开始加快多个重大项目进展，设计新型载人航天器并建造新的发射场。

Dongfang Zairen Feichuan
"东方"载人飞船
Vostok

概 况

"东方"（Vostok）载人飞船是苏联第一代载人飞船（见图6-1）。"东方"载人飞船计划始于20世纪50年代后期，在载人之前，共发射5艘无人试验飞船；从1961年4月到1963年6月共发射6艘载人飞船。

1961年4月12日，世界上第一艘载人飞船东方-1发射升空，开启了人类载人航天时代。苏联航

天员尤里·加加林乘飞船绕地球飞行108min，安全返回地面，成为世界上太空飞行第一人。1963年6月16日，苏联的捷列什科娃乘东方-6飞船进入太

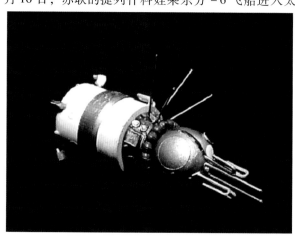

图6-1 "东方"载人飞船

空，成为世界上第一名实现太空飞行的女航天员。6艘"东方"载人飞船在空间进行了科学、医学和生物学研究以及技术试验后，均安全返回地面。

主要性能参数

"东方"载人飞船由球形加压舱和圆柱形仪器舱组成，质量约4.7t。在飞行时与圆柱形的末级运载火箭连在一起，总长约7.35m。球形加压舱直径约2.3m，能乘坐一名航天员，舱壁上有3个舷窗。舱外表面覆盖防热材料。加压舱内有可供飞行10昼夜的生命保障系统，弹射座椅和无线电、光学、导航等仪器设备。"东方"载人飞船在返回前抛掉末级运载火箭和仪器舱，加压舱单独再入大气层。当加压舱下降到离地面约7km时，航天员从加压舱弹出，然后用降落伞着陆。仪器舱位于加压舱后面，舱内装有化学电池、返回反推火箭和其他辅助设备。"东方"载人飞船既可自动控制，也可由航天员手动控制。

Shangsheng Zairen Feichuan

"上升"载人飞船
Voskhod

概况

"上升"（Voskhod）载人飞船是苏联第二代载人飞船，一共发射了2艘。1964年10月12日发射的上升-1飞船是世界上第一艘载3名航天员的飞船。飞船绕地球飞行16圈，历时24h17min。1965年3月18日发射的上升-2飞船载2名航天员，阿列克谢·列昂诺夫进行了世界航天史上第一次舱外活动，实现了载人航天又一技术突破（见图6-2）；返回时，由于太阳定向仪故障，自动返回控制系统失灵，多飞一圈后改为手动操纵返回，偏离预定着陆点800km。

主要性能参数

"上升"载人飞船以"东方"载人飞船为基础改造而成，其形状和尺寸与"东方"相似，长约5m，直径约2.4m，质量约5.6t，体积约1.6m³。与"东方"载人飞船比，其主要变化有：上升-1飞船为了能容纳3名航天员，去掉了弹射座椅，换上了3个带有减震器的座椅；"上升"飞船在返回舱顶部

增加了固体燃料制动火箭；为了开展舱外活动，在上升-2飞船上增加了一个可伸缩气闸舱。

图6-2　上升-2飞船航天员执行舱外活动

Lianmeng Zairen Feichuan

"联盟"载人飞船
Soyuz

概况

"联盟"（Soyuz）载人飞船是俄罗斯/苏联第三代载人飞船，包括5个型号："联盟"原型、联盟-T、联盟-TM、联盟-TMA和联盟TMA-M。"联盟"载人飞船能载3名乘员，具有长期自主飞行、轨道机动和交会对接能力。"联盟"载人飞船可为空间站接送乘员，又可做为紧急救生飞船，是俄罗斯/苏联载人航天计划中重要的天地往返运输系统。

"联盟"原型飞船主要用于验证与"礼炮"空间站的交会对接技术。1979年"联盟"原型飞船改进为联盟-T型，主要为礼炮-6、礼炮-7空间站接送乘员。1984年联盟-T飞船改进为联盟-TM型，主要为"和平"空间站接送乘员，兼作救生船。2002年联盟-TM飞船改为联盟-TMA型（见图6-3），主要为"国际空间站"接送乘员，兼作救生船。此后，在联盟-TMA飞船基础上又进行了改进，研制联盟TMA-M飞船。2003年2月1日，美国"哥伦比亚"航天飞机失事以后，联盟-TMA

飞船一度成为"国际空间站"唯一的载人天地往返运输系统。2011 年 7 月,美国航天飞机退役,"联盟"飞船再次成为"国际空间站"唯一的载人天地往返运输系统。

图 6-3 联盟-TMA 飞船

"联盟"原型飞船于 1967 年 4 月 23 日首次飞行,1981 年 5 月发射最后一艘,期间共发射 40 艘,其中 22 艘与"礼炮"空间站实现对接。"联盟"原型飞船发生了 2 次重大技术故障,造成 4 名航天员丧生。"联盟"原型飞船重要事件有:1967 年 4 月 24 日,只载一名航天员的联盟-1 飞船在返回时,由于降落伞系统出现故障,航天员柯马洛夫丧生,这一事故使苏联载人航天活动中断 18 个月;1969 年 1 月 15 日,联盟-4 与联盟-5 飞船完成了载人飞船的首次空间交会对接;1971 年 6 月 30 日,在礼炮-1 空间站中工作了 23 天的 3 名航天员乘联盟-11 再入大气层,由于返回舱的压力调节阀门提前打开导致漏气,舱内压力降低,3 名航天员窒息身亡,使苏联的载人航天活动又中断了 2 年;1975 年 7 月 15 日发射的联盟-19 飞船与美国的阿波罗-18 飞船在轨道上对接成功,实现了载人航天的首次国际合作。

联盟-T 飞船于 1979 年 12 月 16 日首次飞行,1986 年 3 月发射最后一艘,期间共发射 15 艘。其中,联盟 T-2 至 T-4 飞船与礼炮-6 空间站实现了对接,联盟 T-5 至联盟 T-7、联盟 T-9 至 T-15 飞船与礼炮-7 空间站实现了对接,联盟 T-8 飞船与礼炮-7 空间站对接失败。联盟 T-12 的航天员沙维茨卡娅成为世界上首名执行舱外活动的女航天员。1986 年 3 月 13 日发射的联盟 T-15 飞船先与"和平"空间站对接;3 月 15 日离开"和平"空间站,与礼炮-7 空间站对接;6 月 26 日又离开礼炮-7 空间站,回到"和平"空间站:首次进行了往返于两个空间站之间的飞行。

联盟-TM 飞船于 1986 年 5 月 21 日首次飞行,2002 年 4 月发射最后一艘,期间共发射 34 艘。

联盟-TMA 飞船于 2002 年 10 月 30 日首次飞行,2011 年 11 月 14 日发射最后一艘,期间共发射 22 艘。共有 3 艘联盟-TMA 飞船在返回时出现故障,分别是联盟 TMA-1、联盟 TMA-10 和联盟 TMA-11,主要原因是飞船控制系统出现问题。

联盟 TMA-M 飞船于 2010 年 10 月 7 日首次飞行,截至 2012 年 6 月 30 日,共发射 4 艘。

主要性能参数

"联盟"载人飞船是在"东方"、"上升"载人飞船的基础上研制而成的,由近似球形的轨道舱、钟形返回舱和圆柱形服务舱组成,对接装置在轨道舱前端。飞船最多可乘坐 3 名航天员,长约 7m,最大直径约 2.7m,质量约 7t,可居住空间 9~10m³,太阳翼翼展 8.4m。

(1) "联盟"原型飞船

轨道舱前端有一个与"礼炮"空间站对接的对接口。早期的"联盟"原型飞船采用"杆-锥"式对接机构,1969 年联盟-4 和联盟-5 完成的首次载人交会对接采用的即是这种对接机构,两飞船上分别装有主动和被动对接机构,没有密封通道,航天员必须出舱才能进入另一飞船。到"联盟"原型飞船与"礼炮"空间站对接时,采用了改进的可移开式的"杆-锥"式对接机构,增加了缓冲系统。最具创新的改进是,把对接面上的所有对接元件(除密封圈外)都做成同样的形式,即"异体同构"的锥形。1975 年联盟-19 飞船与"阿波罗"飞船对接时,采用"异体同构周边式对接系统",两飞船既可作主动方,也可作被动方。另外的改进是,对接机构为周边的,即所有定向和动力部件都置于舱口的四周,以保证中央自然形成密封的来往通道。这种对接机构也用在美国航天飞机上,并成功实现航天飞机与"和平"空间站的对接,现已应用在"国际空间站"上。

飞船利用"指针"交会雷达系统。"指针"交会雷达系统是俄罗斯/苏联的第一代交会雷达系统,1986 年之前,用于"联盟"原型、联盟-T 和"进步"飞船。

(2) 联盟-T 飞船

联盟-T 飞船是"联盟"原型的改进型,其外形、体积和质量与"联盟"原型大体相同,可承载乘员 2~3 人。

联盟-T 飞船在技术上进行如下改进:改进了

航天服，使其更为轻、薄和柔软，从而使返回舱能载3名着航天服的航天员；安装了太阳翼并采用捷联惯导系统；采用可无人操作的自动计算机设备和带显示屏的数字计算机；改进了发动机系统，提高了推力和机动能力；采用更轻、更结实的壳体材料，以及新式的降落伞系统等；返回舱与服务舱组合体可与轨道舱分离，这不仅可作为对接故障的应对措施，而且在需要时可使轨道舱停靠在空间站，作为空间站的一个新舱段。

（3） 联盟－TM飞船

联盟－TM飞船的主要任务是为"和平"空间站运送乘员。它是联盟－T飞船的改进型，改进主要涉及飞船的对接系统、通信系统、推进系统、应急救生系统和降落伞系统。联盟－TM飞船装备了新型"航向"交会雷达系统与新型计算机系统，"航向"系统在从距离航天器几百千米到逼近期间提供所有需要的导航测量。"航向"系统取代"指针"系统，用于联盟－TM与进步－M飞船，以及后续飞船。

（4） 联盟－TMA飞船

联盟－TMA飞船是联盟－TM飞船的改进型，能乘坐3名乘员，独立飞行的设计寿命为14d，能在轨停留200d。

联盟－TMA飞船改进的目的主要是适应"国际空间站"的需要，扩大飞船的人体测量学设计范围，使身高在1.5～1.9m、体重在50～95kg的航天员都可以乘坐；其次是通过降低着陆速度和改进座椅设计，以提高飞船在返回着陆时的安全性。

（5） 联盟 TMA－M

联盟 TMA－M飞船是联盟－TMA飞船的改进型，是俄罗斯正在使用的最新一代载人飞船，操作起来更方便。

联盟 TMA－M飞船在飞行测量系统，制导、导航与控制系统，热控系统等方面都进行了升级，替换了一系列已不再生产的设备。此外，联盟 TMA－M飞船对制造材料也进行了升级。联盟－TMA飞船使用镁合金，而联盟 TMA－M飞船采用铝合金，不仅降低了成本，制造工艺也更简易。升级后的联盟 TMA－M飞船质量减少了70kg，且简化了地面装配流程。

Lipao Kongjianzhan

"礼炮"空间站
Salyut

概 况

"礼炮"（Salyut）空间站是苏联第一个空间站（见图6-4），用丁开展生物医学、空间舱体组装技术验证、对地观测、军事侦察、天文观测等方面的应用活动。苏联于20世纪60年代开始空间站的方案研究，"礼炮"空间站源于1964年提出的"钻石"（Almaz）军用空间站计划和1970年提出的"道斯"（DOS）民用空间站计划。1971—1982年先后发射7个"礼炮"空间站，其中礼炮-2、3、5为军用空间站，礼炮-1、4、6、7为民用空间站。

图6-4 "礼炮"空间站

礼炮-1空间站于1971年4月19日发射，在轨运行至1971年10月11日，是世界上第一个空间站。发射2d后载有3名航天员的联盟-10载人飞船与之对接，但因技术故障航天员未能进入站内。1971年6月6日发射联盟-11载人飞船，3名航天员成功进入站内，并生活和工作了23d。但在返回地球时，飞船返回舱的压力调节阀门提前打开，舱内气体泄漏，导致航天员窒息死亡。

礼炮-2空间站于1973年4月3日发射，在轨飞行2d后因舱内减压和飞行控制系统失灵而放弃载人计划。

礼炮-3空间站于1974年6月25日发射，在轨运行至1975年1月24日。2名航天员乘坐联盟-14载人飞船到站内生活和工作15d，试验了多种侦察设备，拍摄了大量地面军事目标照片。

礼炮-4空间站于1974年12月26日发射，在轨运行至 1977 年 2 月 2 日。发射后联盟 - 17、18 载人飞船依次为其运送 2 批航天员，每批 2 名，站上连续载人时间最长达 63d。还有 1 艘无人的联盟 - 20 飞船与其对接飞行 3 个月，验证了系统的耐久性。

礼炮 - 5 空间站在 1976 年 6 月 22 日—1977 年 8 月 8 日运行期间，曾先后有联盟 - 21、24 载人飞船的航天员到站上工作，主要进行侦察活动。

礼炮 - 6 空间站于 1977 年 9 月 29 日发射，在轨运行至 1978 年 7 月 29 日。共计 16 批 33 名航天员先后到站上工作，一批长期考察组最长驻留时间达 185d，站上累计有人居住时间为 676d。航天员通过舱外活动安装了射电望远镜天线。另有 12 艘"进步"货运飞船与其对接并补给了燃料、水和食品等。

礼炮 - 7 空间站在 1982 年 4 月 19 日—1991 年 2 月 7 日长达 8 年多的运营期间，有 10 批 26 名航天员先后到站上工作，除完成大量观测和和试验任务外，还进行了大型舱体对接等技术试验。

"礼炮"空间站的发射和运营为后来的"和平"空间站、"国际空间站"的建造积累了经验。

主要性能参数

（1）总体构造

"礼炮"空间站为整体一次性发射入轨的单舱式构型，总质量 18 ~ 20t，总长 14 ~ 16m，最大直径 4.15m，可居住空间 85 ~ 90m³，额定乘员 3 人，太阳翼翼展 11m，运行轨道高度为 200 ~ 300km，轨道倾角 51.6°。"礼炮"空间站由对接舱、轨道舱（工作舱）和服务舱三部分组成，其中对接舱和轨道舱是加压舱，服务舱为非加压舱。

对接舱装有对接装置，用于与飞船对接并提供航天员进出轨道舱的通道。轨道舱是航天员生活和工作的区域，装备有控制、通信、电源、生命保障系统；服务舱内装有机动变轨发动机和燃料等，舱体外部安装太阳翼、天线和传感器等。

（2）设计特点

"礼炮"系列空间站中，礼炮 - 1 ~ 5 为第一代空间站，礼炮 - 6、7 为第二代空间站。第一代空间站只有一个对接口，只能与一艘"联盟"飞船对接，不能进行补给和燃料加注。第二代空间站有 2 个对接口，可同时与两艘载人或货运飞船对接，可以进行燃料加注。由于可使用货运飞船运送补给，因此航天员驻站时间增长。

礼炮 - 6 空间站的主要特点包括：大直径轨道舱要比第一代空间站（礼炮 - 1、礼炮 - 4）更长，达到了 6m（第一代为 4.15m）；轨道舱中配备了天文设备；装有 3 组大型可控太阳翼；加压舱内配备了备用电源插座等。

礼炮 - 7 空间站与礼炮 - 6 空间站极为相似，不同点包括：航天员的生活条件有所提高，例如礼炮 - 7 上食品可加热，并有不间断的热水供应；有两扇舷窗可以透射紫外线，用于杀灭细菌；增加了医疗设施；用 1 组 X 射线探测仪替换多光谱望远镜；3 组可控太阳翼上装有可扩展装置，当原太阳翼不足以支持礼炮 - 7 空间站正常供电时，将扩展新太阳翼。

Jinbu Huoyun Feichuan
"进步"货运飞船
Progress

概况

"进步"（Progress）货运飞船是俄罗斯/苏联研制的货运飞船，包括"进步"原型、进步 - M、进步 - M1 和进步 M - M 共 4 个型号。"进步"货运飞船负责为空间站补充燃料、运送物资并运走废弃物，停靠期间协助空间站进行轨道维持。1978—1990 年，"进步"原型飞船共发射 43 次。1986 年，苏联开始研制升级版的"进步"飞船——进步 - M，1989 年 8 月，进步 - M 首次执行"和平"空间站任务（见图 6 - 5）。俄罗斯参与"国际空间站"项目后，为进一步增强补给能力，将进步 - M 飞船改进为进步 - M1。2000 年 2 月，进步 - M1 首次发射，执行"和平"空间站任务。2000 年 8 月，进步 M1 - 3 飞船发射，这是第一艘执行"国际空间站"任务的"进步"货运飞船。2008 年 11 月，新型货运飞船进步 M - M 首次发射。

截至 2012 年 6 月 30 日，"进步"货运飞船共执行 137 次任务，只有一次发射失败（进步 M - 12M 任务）。对接故障发生过 10 次，其中对接失败 1 次（进步 M - 33 飞船与"和平"空间站），其余 9 次故障中，有 2 次对接故障造成"进步"飞船与"和平"空间站碰撞（进步 M - 24 和进步 M - 34）。目前在用的型号是进步 M - M 飞船。

图 6－5　进步－M 货运飞船

主要性能参数

　　"进步"货运飞船基于"联盟"飞船设计，由三部分组成，包括货物舱、补给舱和服务舱。总质量大约 7t，有效载荷质量 2.3t 以上。

　　进步－M 是"进步"原型飞船的改进型，设计特点为：采用新的服务舱，改进了飞行控制系统，并增大了运输能力。进步－M 有一组太阳翼，飞船可独立飞行 30d。飞船采用新型对接系统，即"遥控操作交会单元"，该系统可由空间站内的航天员操作，控制飞向空间站的进步－M 飞船。

　　进步－M1 在进步－M 的基础上特别为"国际空间站"进行了改进，增大了推进剂携带量，将水箱移入货物舱，将 12 个装有氮和氧的贮箱放置在飞船外部。其他改进方面包括采用数字飞控系统，用"航向－MM"交会雷达系统取代之前的"航向"系统。除了向"国际空间站"运送货物和燃料，进步－M1 还作为空间拖船，将退役的"和平"空间站拖入地球大气层。

　　进步 M－M 在之前型号基础上进行了多方面改进，主要设计特点如下：1）为新型载人飞船联盟 TMA－M 更新系统进行飞行试验；2）进一步改进"进步"货运飞船的性能，提高运输能力。进步 M－M 装有现代化的 TsVM－101 数字飞行控制系统，并应用新的小型无线电遥测系统。这些更新不仅使飞行控制系统更快、更有效地运作，而且飞船上电子器件的总质量减少了 75kg。

"和平"空间站
Mir

概　况

　　"和平"（Mir）空间站是苏联的第三代空间站，也是人类历史上的第 9 个空间站，该空间站是世界上首次采用舱体组合式构型的空间站。

　　"和平"空间站的设计工作始于 1976 年。1986 年 2 月 19 日，苏联用"质子"火箭发射了"和平"空间站的核心舱，它与礼炮－7 相似，由对接舱、轨道舱和服务舱组成。除了 1986 年 7 月—1987 年 2 月和 1989 年 4 月—9 月两个时间段外，"和平"空间站一直有人居住。"和平"空间站的主要特点是有 6 个对接口，除用于对接飞船外，还先后对接了 5 个专用实验舱，分别是量子－1 舱、量子－2 舱、"晶体"舱、"光谱"舱和"自然"舱（见图 6－6）。

　　"和平"空间站于 1996 年 4 月 26 日建成，2001 年 3 月 23 日再入大气层。"和平"空间站原设计寿命 5 年，实际运行寿命 15 年。期间，共有 62 艘"进步"货运飞船向空间站运送货物。共进行 39 次载人飞行任务：包括 1 次联盟－T 任务和 29 次联盟－TM 任务，以及 1995 年—1998 年 12 月间的 9 次航天飞机任务（见图 6－7）。来自俄罗斯/苏联、美国、日本等 12 国的 104 名航天员到访"和平"空间

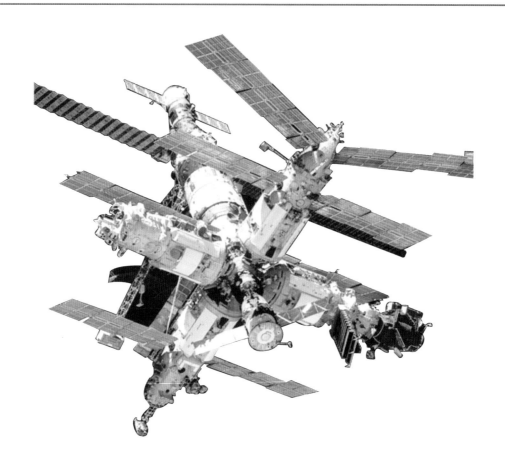

图 6 – 6 "和平"空间站完整组装图

站，共进行了 78 次、359h12min 的舱外活动，并开展了大量的空间应用。"和平"空间站在轨期间，共完成 20 多个科研计划，以及太空动植物培育、生物技术、材料加工、太空制药、弱 γ 射线监测、深空探测总计约 2.3 万次科学实验。此外，还开展了有人参与的地球遥感活动，并完成了大量军事侦察和试验任务。

图 6 – 7　航天飞机与"和平"空间站对接

主要性能参数

"和平"空间站可载 3 人，全长 87m，质量 120 ~ 130t，轨道高度 320 ~ 420km，轨道倾角 51.6°。加压舱体积 300 ~ 400m³，总功率小于 35kW，舱内压力 101.3kPa，温度 17 ~ 28℃，湿度 20% ~ 70%。"和平"空间站采用分期发射、在轨装配、逐步扩展的方式建造。其内部空间与单舱空间站相比大大扩展，应用能力显著提高。"和平"空间站由加压舱和一些外部组件构成，加压舱是"和平"空间站的主体和最重要的部分，是航天员生活和工作的场所。

"和平"空间站共有 6 个加压舱，1 个对接舱。

（1）核心舱

核心舱（Core）于 1986 年 2 月发射，总质量 20.9t，长 13.13m，加压体积 90m³。核心舱是空间站的主体，舱内装有中央控制与通信设备以及供航天员生活、休息和工作的设备，有 6 个对接口，外部装有 3 副太阳翼。

（2）量子 - 1 舱

量子 - 1 舱（Kvant）又称天文物理舱，于 1987 年 3 月发射。长 5.8m，呈柱形，质量约 11.05t。有前后两个对接口，前部与"和平"空间站对接，后部可与"进步"飞船对接。它由天文观测舱和服务推进舱组成，装有科学仪器和各种设备。舱内安装有伦琴 X 射线观测台、紫外线天文望远镜和生物技术实验设备等科学仪器。

（3）量子 - 2 舱

量子 - 2 舱（Kvant - 2）又称服务舱，于 1989 年 11 月发射，用于天文观测和对地观测。长 12.4m，质量约 19.6t。舱外装有 2 副太阳翼。舱内安装的科学仪器包括 X 射线测量仪、自动旋转平台和偏光计系统等。

（4）"晶体"舱

"晶体"舱（Kristall）于 1990 年 5 月发射，用于对接、材料加工和地球观测。"晶体"舱长约 13.7m，质量约 19.6t，可携带有效载荷 10.6t，加压体积约 61m³，有 2 副太阳翼。它有 2 个对接口，1 个与"和平"空间站对接，另 1 个可通过对接舱与航天飞机对接。

（5）"光谱"舱

"光谱"舱（Spektr）于 1995 年 5 月发射，用于地球物理研究。"光谱"舱长约 12m，质量约 19.6t，并能提供约 62m³ 的加压体积。主要用于远距离探测、高层大气物理研究和天体物理学研究，装备的科学仪器主要是各种谱段的望远镜和照相机。

（6）"自然"舱

"自然"舱（Priroda）于 1996 年 4 月发射，用于地球自然资源探测。"自然"舱长约 12m，质量约 19.7t，主要用于生态学研究，装有国际合作的测量仪器。

（7）对接舱

对接舱于 1995 年 11 月发射，长约 5m，直径约 2.9m，与"晶体"舱连接，用于与美国航天飞机对接。

"和平"空间站对接机构包括"杆 - 锥"式对接机构和异体同构周边式对接系统，用于与俄罗斯"联盟"飞船、"进步"飞船以及美国航天飞机对接。

与"礼炮"空间站相比，"和平"空间站除了采用舱体组合式构型，还有以下主要改进：

1）电功率增加。首次使用了大面积砷化镓高效太阳能电池，功率 10kW，是"礼炮"空间站的 2 倍。

2）设备自动化程度高。站上装有 8 台计算机，用于控制各种系统和装置的工作，控制空间站的姿态和轨道，为航天员提供各种显示数据。

3）装有遥控机械臂。有效解决了实验舱难以在侧向停泊对接的问题。

4）改善了居住条件。空间站的核心舱备有控制台、生命保障系统、身体锻炼设施、生活用品和休息室，而科学设备都装在实验舱内。

5）实现了与地面的近实时通信。在 3 颗数据中继卫星完成组网后，"和平"空间站实现了与地面的连续近实时通信。

6）改进了推进剂贮箱加注设备。使"进步"货运飞船可以向其自动加注燃料。

7）应用范围广。与 5 个大型专业实验舱对接后，实验的规模和范围增大，灵活性也大大提高。

8）改进温控系统。利用高效率的热管代替了传统式的蛇形管供热系统，可保证空间站加压舱、货运飞船和专用实验舱的温度。

国　际

载人航天耗资大、工程复杂、技术难度高，因此一些项目以国际合作形式开展。随着谋求发展载人航天技术国家的不断增多，由美国国家航空航天局（NASA）、俄罗斯航天局（RSA）、欧洲航天局（ESA）、日本宇宙航空研究开发机构（JAXA）和加拿大航天局（CSA）五方机构共同参加的"国际空间站"，于1998年11月开始建造，将于2013年全部建造完成，耗资千亿美元，是有史以来规模最大的国际航天合作计划，在生命科学、生物学、物理学、天文学、对地观测与空间技术研发等领域发挥了重要作用。

Guoji Kongjianzhan

"国际空间站"
ISS

概　况

"国际空间站"（International Space Station，ISS）是当今规模最大、结构最复杂、技术最先进的长期在轨载人航天器（见图6-8）。它是以美国、俄罗斯为主要参与国，联合日本、加拿大、ESA共同建造和运行的大型空间设施。ISS包括美国、俄罗斯、ESA和日本提供的研究舱体和实验设备，以及加拿大提供的移动服务系统，集中了世界主要航天大国各种先进设备和技术力量。ISS主要在6个领域开展空间应用：航天医学、生物学与生物技术、物理科学、技术开发与验证、地球与空间科学、教育。

ISS通过美国航天飞机、俄罗斯"联盟"载人飞船和"进步"货运飞船，以及欧洲"自动转移飞行器"、日本"H2转移飞行器"提供人员及货物运输。航天飞机退役后，在商业载人运输系统投入使用之前，只能依靠俄罗斯的"联盟"飞船实现人员运输。2012年5月，美国商业飞船"龙"飞船成功执行首次ISS验证飞行任务，扩展了货物运输手段。

主要性能参数

ISS总质量约417t，桁架长度约109m，加压体积约916m³，居住体积约388m³，轨道高度278～460km，倾角51.6°，额定乘员6人，有8副太阳翼，最大输出功率110kW，舱内气压97.9～102.7kPa，相对湿度25%～70%。

ISS为桁架挂舱式结构，即以桁架为基本结构，加压舱和其他各种服务设施挂靠在桁架上。站上各种结构件、舱体、设备等分多次运往轨道，然后由站上的航天员和遥控机械臂在轨道上进行组装，逐步形成规模庞大、结构完善的空间站。这种桁架挂舱式空间站结构具有很多优点：长的桁架提供了较宽阔的设备安装区，为安装各种分系统提供了良好的结构基础；由于桁架在运行中垂直于轨道面，因此各种观测设备可不受阻挡地同时观测；较宽的桁架结构还非常有利于大面积的太阳翼的安装，从而为ISS提供充足的能量。ISS的一个主要特点是美国在轨段和俄罗斯在轨段各有一套分系统，可独立对各自部分进行控制。

从宏观上看，ISS由加压舱和服务设施两部分构成。加压舱包括俄罗斯的"曙光"多功能舱（FGB），以该舱为中心，通过对接舱段和节点舱，与俄罗斯服务舱、研究舱，美国实验舱、节点舱，日本"希望"实验舱、ESA"哥伦布"实验舱等对接，形成空间站加压舱部分。

（1）"曙光"多功能舱

"曙光"（Zarya）多功能舱于1998年11月20日发射，设计寿命15年。"曙光"多功能舱是ISS的关键部件之一，是在"和平"空间站"晶体"舱的基础上改进而来的，具有推进、导航、通信、发电、防热、居住、储存燃料等功能。多功能舱由气闸舱、货物舱和科学仪器舱组成。气闸舱可供航天员出入舱体，货物舱中装有大量设备和货物，科学

图 6 - 8　目前基本组装完成的 ISS

仪器舱中装有多光谱相机和用于空间材料加工工艺研究的 6 个熔炼炉。多功能舱内还有生命保障设备和居住设施。多功能舱为材料科学实验、地球观测和天体观测提供了条件。

(2) "团结" 节点舱

"团结"（Unity）节点舱（节点舱 - 1）是美国为 ISS 建造的首个舱段，于 1998 年 12 月 4 日由 "奋进" 航天飞机发射。"团结" 节点舱由一个圆柱形的外壳和 6 个能便利地与其他舱段连接的通用停靠机构组成。除了与俄罗斯 "曙光" 功能舱连接，"团结" 节点舱还连接着美国的 "命运" 实验舱、Z1 桁架、加压匹配适配器 - 3 以及气闸舱。此外，节点舱 - 3 和 "哥伦布" 实验舱也与 "团结" 节点舱连接。节点舱在 ISS 的建造和运行中起着重要作用，它们是各舱段的连接处，也是各舱段之间人员往来、物资运输的过道。液体管道系统、环境控制和生命保障系统、电力和数据系统都通过 "团结" 节点舱，通向空间站上的补给工作区和生活区。

(3) "星辰" 服务舱

"星辰"（Zvezda）服务舱是第 3 个发射入轨的空间站组件，于 2000 年 7 月 12 日发射升空。"星辰" 服务舱带有卫生间、睡袋、冰箱等生活设施，可供 2 名航天员在舱内生活。它是空间站组装阶段的控制中心，也是俄罗斯在轨段结构和功能的中心。"星辰" 服务舱包括 1 个供航天员生活和工作的圆柱形 "工作隔舱"，1 个有对接装置的 "中转隔舱"，1

个非承压的 "装配隔舱"，另有 1 个有 3 个对接口的球形 "中转间"，与 "曙光" 功能舱相连。

(4) "命运" 实验舱

"命运"（Destiny）实验舱是美国进行微重力科学与研究的场所，包括材料加工、生命科学、生物医学实验、流体实验和地球科学等科学实验。2001 年 2 月，它一端与 "团结" 节点舱对接，另一端与 "和谐" 节点舱相连。"命运" 实验舱上装配有国际标准有效载荷机柜，以及能提供电力、冷水、再生空气和温湿控制的设备。"命运" 实验舱上总共有 23 个有效载荷机柜，每个有效载荷机柜质量约为 540kg。

(5) "寻求" 气闸舱

"寻求"（Quest）气闸舱是 ISS 主要的压差隔离舱，是为航天员提供舱外活动前穿戴航天服的场所。"寻求" 气闸舱于 2001 年 7 月 14 日发射，被连接在 "团结" 节点舱上。"寻求" 气闸舱安装到空间站之前，俄罗斯航天员只能在 "星辰" 服务舱内穿戴航天服，美国航天员只能在航天飞机停靠时，在航天飞机里穿戴航天服。"寻求" 气闸舱能兼容美国和俄罗斯的航天服。

(6) "码头" 对接舱

"码头"（Pirs）对接舱为 "联盟" 和 "进步" 飞船提供额外对接口，同时还为身着 "奥兰" 航天服的俄罗斯航天员进行舱外活动提供气闸舱的功能，也是航天服的存储空间。于 2001 年 9 月升空并送入 ISS，与"星辰"服务舱对接。2013 年俄罗斯多用途实验舱到达 ISS 时，将占用"码头"对接舱位置，届时"码头"对接舱完成历史使命，脱离 ISS，成为 ISS 俄罗斯第一个退役的舱段。

（7）"和谐"节点舱

"和谐"（Harmony）节点舱（节点舱－2）是 ISS 共 3 个节点舱中的第 2 个。该舱段在 2007 年 10 月 23 日由"发现"航天飞机在 STS－120 任务中发射升空。2007 年 11 月 14 日，该舱与"命运"实验舱成功对接。"和谐"节点舱由意大利航天局建造，长约 7.2m、直径约 4.4m、质量约 14t。"和谐"节点舱在 ISS 所起的作用是把美国"命运"实验舱和 ESA"哥伦布"实验舱、日本"希望"实验舱连接在一起，并提供空气、电能、水和其他系统。

（8）"哥伦布"实验舱

"哥伦布"（Columbus）实验舱由 ESA 设计并建造，是第二个对接到 ISS 上的实验舱，于 2008 年 2 月由"阿特兰蒂斯"航天飞机在 STS－122 任务中发射升空，使用寿命至少 10 年。"哥伦布"实验舱外形为直径 4.5m 的圆筒形，长约 7m，能提供 75m³ 的容积，容纳 10 个实验机柜，质量约 12.8t。"哥伦布"实验舱携带 5 个有效载荷机柜，包括欧洲抽屉有效载荷机柜、欧洲生理学舱、流体科学实验舱、欧洲运输器和生物实验舱。主要开展以下几项重大实验，包括研究微重力对人体的影响，探测无重力流体的行为表现，观察原料物质在真空环境下的表现等。实验内容涉及基础物理学、材料学和生命科学等领域。实验舱外部搭载设施可用于空间科学研究和地球观测。

（9）"希望"实验舱

"希望"实验舱是日本为 ISS 建造的载人试验平台，由 JAXA 研制。该实验室由加压舱、实验后勤舱、暴露设施和遥操作系统 4 部分组成。加压舱即舱内实验室，由三菱重工业公司制造，使用铝合金材料，呈圆桶形，全长约 11.2m，外径约 4.4m，内径约 4.2m，质量约 15.9t，耗资约 380 亿日元。舱内实验室包含 10 个国际标准有效载荷机柜。实验后勤舱即舱内保管室，主要用于储藏和移动物品。暴露设施即舱外试验平台，位于舱内实验室锥体左舷气闸舱外侧，装设在此的各种实验设备被曝露在空间环境里，用于材料实验、

空间环境探测等科学研究。遥操作系统是由两个长度分别为 10m 和 1.9m 的机械臂组成，装在舱内实验室锥体左舷，主要为舱外试验平台提供服务和将物件移到舱内保管室。

（10）"搜索"迷你研究舱－2

"搜索"（Poisk）迷你研究舱－2 于 2009 年 11 月到达 ISS，与"星辰"舱对接，为俄罗斯飞船提供了一个新的对接口，并做为穿着俄罗斯"海鹰"航天服的航天员活动的一个新增气闸舱；它还为由俄罗斯科学院开发的外部科学有效载荷提供电源接口和数据传输接口。它是俄罗斯自 2001 年发射"码头"舱以来第一个新增舱段，位于"码头"舱的对面。

迷你研究舱－2 为不载人舱体，其构造与"码头"对接舱相似。可以为俄罗斯"联盟"飞船和"进步"货运飞船增加一个空间站对接口，使俄罗斯总对接口达到 4 个。

（11）"宁静"节点舱－3

"宁静"（Tranquility）节点舱－3 由 ESA 为美国研制，于 2010 年 2 月（STS－130 任务）到达 ISS，与"团结"左侧对接口对接。该舱段提供 6 个对接口，舱内主要用于航天员锻炼、物品存储以及机器人工作，也配有一个卫生间。它还包含最先进的生命保障系统，可再生水和氧气。其中大气再生系统可从舱内空气中去除污染物并监控空气成分。

（12）"圆顶屋"观测舱

"圆顶屋"（Cupola）观测舱由 ESA 研制，于 2010 年 2 月（STS－130 任务）到达 ISS，与节点舱－3 对接。它是控制飞行的场所，并提供一个窗口用于对地观测；其最大直径约 2.95m，高 1.5m，设有 6 个周边窗户及 1 个天窗，全部窗户均附有活动遮盖板以避免小型流星体及空间碎片撞击；其还装配一个温度控制系统，提供声音、影像设备及 MIL－STD－155 总线接口等，以及用于安装加拿大臂－2 另一个工作站的连接设备。

（13）"破晓"迷你研究舱－1

"破晓"（Rassvet）迷你研究舱－1 由能源公司设计和建造，是对接和货物存储舱，于 2010 年 5 月（STS－132 任务）到达 ISS。有两个对接口，一个连接在"曙光"舱天底点，一个用于对接"联盟"或"进步"飞船。

（14）"莱昂纳多"加压多用途舱

"莱昂纳多"（Leonardo）加压多用途舱由意大利为美国建造，于 2011 年 2 月 24 日由"发现"航天飞机（STS - 133 任务）发射升空，与 ISS 永久连接，主要用于站上备用件、补给和废物的存储。该舱由"莱昂纳多"多用途后勤舱改造而来，该舱的发射标志着美国在轨段建设的完成。

（15）"科学"多用途实验舱

"科学"多用途实验舱，由俄罗斯联邦航天局研制，是俄罗斯主要的科学实验舱。计划 2013 年夏天发射。该舱将与"星辰"舱天底点对接口对接，取代"码头"舱，主要用于科学实验、对接和货物存储，也用作乘员工作和休息的区域。该舱还配有姿态控制系统，用于备份。

服务部分包括美国的中心桁架，及装在桁架上的 4 对太阳翼、加拿大遥控机械臂系统，以及舱外仪器设施。

桁架

桁架是 ISS 的主干，用来安装各舱段、太阳翼、移动服务系统及站外暴露设施等。桁架的名称依据其所在空间站的左边或右边（P 或 S）及距空间站中心的位置定义。比如说 P6 桁架位于空间站的最左边。有两个例外：S0 和 Z1。S0 是"中心"桁架段，在早期组装阶段，P6 桁架段及其太阳翼安装在 Z1 桁架上；Z1 不是主要桁架段，是主桁架建成前的临时桁架。

太阳翼

太阳翼完全展开长 35m，宽 12m（每个阵），完全收缩长 4.57m，高 51cm（每个阵），总面积约 3000m^2，设计寿命 15 年。运行初期每副太阳翼功率为 32.8kW 直流电，运行 15 年后为 26kW。

移动服务系统

移动服务系统是连接在 ISS 上的一个机器人系统，由加拿大麦克唐纳·德特威勒联合公司（MDA）设计和制造。在空间站的装配和维修上起重要作用，俗称"加拿大臂"。移动服务系统在空间站上搬运设备和补给，为空间站安装设备和其他载荷。航天员接受特殊的训练，以使他们能够使用移动服务系统来完成工作。移动服务系统由空间站遥操作系统、移动基座系统和专用灵巧机械手组成。该系统装载在美国提供的移动运输器上，能沿着综合桁架结构的轨道移动。

空间站遥操作系统俗称加拿大臂 - 2，于 2001 年 4 月在 STS - 100 航天任务中发射升空。同航天飞机上的机械臂相比，加拿大臂 - 2 是更大、更先进的型号，其最大伸展 17.6m，总质量约 1.8t，直径 0.35m，最大负荷超过 116t，可以帮助航天飞机停靠在 ISS 上。

移动基座系统是加拿大臂 - 2 的基座平台，它在 STS - 111 任务中被安装在空间站上。这个基座安装在能使它沿着空间站桁架轨道运动的移动运输器上。

专用灵巧机械手是个更小的机械装置，用于替代航天员进行精密装配工作。专用灵巧机械手已于 2008 年 3 月 11 日由 STS - 123 任务发射升空。

美 国

美国是世界上载人航天领域的传统强国。在 50 多年的时间里，分别实施了"水星"、"双子座"载人飞船计划、"阿波罗"载人登月计划、"天空实验室"计划、"航天飞机"天地往返运输器计划，并参与了国际合作的"国际空间站"计划，先后突破了将航天员送入太空并安全返回地面、航天器空间交会对接以及航天员舱外活动等载人航天基本技术，不断保持载人航天技术领域的领先地位。

从 20 世纪五六十年代开始，美苏展开了长时间的"太空竞赛"。美国首个载人航天计划——"水星"计划——未能抢先于苏联实现载人轨道飞行，在首轮太空竞赛失利，但由此促成了"阿波罗"载人登月计划。时任美国总统肯尼迪在 1961 年 5 月宣布启动"阿波罗"登月计划，美国于 1969 年 7 月 20 日实现了人类首次登陆月球，此后又成功进行了 5 次载人登月，共把 12 名航天员送上月球。"阿波罗"计划的成功实施，确立了美国在航天及其他相关科技领域的全球领先地位。"阿波罗"计划后，作为"阿波罗"应用计划的一部分，美国利用"阿波罗"剩余硬件建造了其第一个空间站——"天空实验室"。

20 世纪 70 年代美国开始建造航天飞机，这是美国继"阿波罗"计划之后的又一项庞大的航天计划。作为部分可重复使用的航天器，航天飞机成为航天技术发展的一个重要里程碑。

20 世纪 90 年代，由美国联合俄罗斯、欧洲、日本、加拿大等开始建造"国际空间站"，造就了当今规模最大、结构最复杂、技术最先进的长期在轨载人航天器。

航天飞机退役后，美国将 ISS 的货物和人员运输任务移交商业公司，商业飞船已成功完成首次 ISS 验证飞行任务。

进入新世纪，随着低地球轨道载人航天技术日臻成熟，低地球轨道以远载人航天探索活动正逐渐成为热点。美国取消重返月球的"星座"计划后，提出了"21 世纪太空探索"新战略，更加重视关键技术研发和技术创新，旨在更快、更经济、更安全地实现载人低地球轨道以远的探索。目前正在研制新型载人飞船和运载火箭，将具备到达包括月球、小行星、火星及附近区域的能力。保持技术先进性，确保载人航天领域的全球领先地位是美国载人航天发展的重要目标。截至 2012 年 6 月 30 日，美国共进行了 170 次载人航天飞行。

Shuixing Zairen Feichuan
"水星" 载人飞船
Mercury

概 况

"水星"（Mercury）载人飞船是美国第一代载人飞船（见图 6-9），共进行 6 次载人飞行，包括 2 次亚轨道飞行，4 次地球轨道飞行；2 人实现亚轨道飞行，4 人实现地球轨道飞行。"水星"载人飞船计划始于 1958 年 10 月，结束于 1963 年 5 月，历时 4 年 8 个月。1961 年 5 月 5 日，水星-3 成功发射，艾伦·谢泼德成为美国第一位进行亚轨道飞行的人。1962 年 2 月 20 日，水星-6 成功发射，约翰·格伦成为美国第一位进入地球轨道的人。

"水星"载人飞船计划的最大成就是首次将美国人送入太空，突破了载人航天基本技术。飞行任务中了考察失重环境对人体的影响、人在失重环境中的工作能力等。

图6-9 "水星"载人飞船

主要性能参数

"水星"载人飞船长约2m,底部最大直径1.9m,质量约1.3～1.8t,由钟形返回舱和圆柱形伞舱组成。返回舱内只能乘坐一名航天员,最长设计飞行时间为2d,实际飞行时间最长的一次为34h20min,绕地22圈(1963年5月15—16日水星-9飞船飞行)。"水星"计划的6次载人飞行共历时54h25min。

"水星"载人飞船的姿态控制系统以自动控制为主,另有两种手动控制方式作为备份。"水星"载人飞船上装有通信、姿态控制、供配电、热防护、环控生保及回收着陆等系统,配置有座椅、手控装

置、摄影机、降落伞、橡皮艇等设备。

"水星"计划取得了以下几项主要成就:提高了载人航天活动的管理能力;验证了"水星"飞船的设计;选择了一系列运载火箭并完成了飞行试验计划;通过设计和制造技术上较复杂的飞船和有关系统,提高了航天器研制能力;发展了新的发射技术;研制一种可供航天员训练用的水槽,这项重要资源还用于以后的载人飞行计划。

Shuangzizuo Zairen Feichuan
"双子座"载人飞船
Gemini

概 况

"双子座"(Gemini)载人飞船是美国第二代载人飞船(见图6-10),共进行12次飞行,其中2次无人飞行和10次载人飞行。"双子座"计划始于1961年11月,结束于1966年11月,历时5年。

"双子座"计划10次载人飞行中,20人进入太空,完成1次舱外活动,进行7次轨道交会,完成3次交会对接,最长飞行时间13d18h35min。1965年12月15日,双子座-6飞船与双子座-7飞船交会,相距1.8m,这是美国航天器第一次成功的近距离空间交会。1966年3月16日,双子座-8飞船与"阿金纳"(Agena)目标飞行器成功实现世界上首次空间交会对接。"双子座"计划突破了舱外活动和交会对接两大载人航天基本技术,为"阿波罗"登月计划任务奠定了重要技术基础。

图6-10 "双子座"载人飞船

"双子座"计划为"阿波罗"载人登月计划提

供飞行经验、准备各种技术条件，其主要任务包括：研究试验登月所需的长达2个星期的载人轨道飞行；发展和验证交会对接技术，掌握机动飞行能力；发展和试验飞船准确再入、溅落和回收技术；发展航天员在太空进行舱外活动的能力；开展科学、医学和军事技术试验；为航天员和地面工作人员提供实际的飞行训练机会，掌握"阿波罗"登月所必需的技术。

主要性能参数

"双子座"载人飞船形状与"水星"飞船相似，呈钟形，包括返回舱和设备舱，全长5.7m，底部最大直径3m，质量约3.0~3.9t。

"双子座"载人飞船实现了载两名航天员飞行，以手控操纵为主、自动控制为辅。采用弹射座椅作为紧急救生手段，在发射和着陆阶段可为航天员提供救生手段。

Aboluo Zairen Feichuan

"阿波罗"载人飞船
Apollo

概　况

"阿波罗"（Apollo）载人飞船是美国第三代飞船，用于"阿波罗"登月计划。"阿波罗"登月计划始于1961年5月，结束于1972年12月，历时11年7个月。

"阿波罗"计划共进行6次无人飞行，12次载人飞行，其中6次成功登月，分别为阿波罗-11、12、14、15、16、17（阿波罗-13登月任务失败，航天员顺利返回地球），将12名航天员送上月面（见图6-11）。1969年7月16日发射的阿波罗-11，于同年7月20日实现了人类历史上首次登月，美国航天员尼尔·阿姆斯特朗成为世界上第一个登上月球的人。6次登月活动中，在月面开展舱外活动80h36min，带回约382kg的月面岩石与土壤标本，进行了月震、月磁、月球重力、热流、电性等近30项实验。

图6-11　阿波罗-15指令长登陆月球

主要性能参数

（1）"阿波罗"载人飞船结构

"阿波罗"载人飞船由指令舱、服务舱和登月舱3部分组成。以阿波罗-11飞船为例，飞船总质量43866kg，其中指令舱总质量5557kg，服务舱总质量23244kg，登月舱总质量15065kg。

1）指令舱。指令舱是航天员在太空飞行中生活和工作的座舱，也是全飞船的控制中心。指令舱为圆锥形，高3.2m，最大直径3.9m。它有12个反作用控制发动机，推进剂为甲肼和N_2O_4。指令舱分前舱、乘员舱和后舱3部分。前舱内放置着陆部件、回收设备和姿态控制发动机等。乘员舱为加压舱，内有供航天员生活14d的必需品和救生设备；后舱内装有各种仪器和贮箱，还有姿态控制，制导、导航与控制系统以及船载计算机和无线电分系统等。

2）服务舱。服务舱前端与指令舱连接，后端有推进系统主发动机喷管（见图6-12）。舱体为圆柱形，高7.4m，直径4m，质量约25t。服务舱采用轻金属蜂窝结构，周围为6个隔舱，装有发动机、推进剂贮箱和加压、姿态和轨道控制、电气等系统。

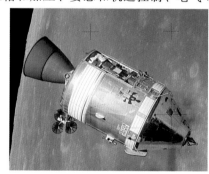

图6-12　"阿波罗"载人飞船指令和服务舱

主发动机推力达95.6kN，由计算机控制，用于轨道转移和变轨机动。姿态控制系统由16台火箭发动机组成，执行飞船与第三级火箭分离、登月舱与指令舱对接和指令舱与服务舱分离等功能。

3）登月舱。登月舱的主要任务是：从月球轨道上将2名航天员送到月面；支持月球上的探险活动和各项科学实验的部署；运送航天员和所采集的月球样品返回月球轨道与指令舱和服务舱对接。基于其任务要求，登月舱由下降段和上升段组成，最大高度约7m，它的4只支脚延伸时的直径约9.5m，航天员可居住容积约4.5m³（见图6–13）。4只可收缩的悬臂式支脚支撑整个登月舱，飞行期间这4只支脚都收起来。登月舱的下降段由着陆发动机、4只支脚和4个仪器舱组成；登月舱的上升段为登月舱主体，由加压舱、返回发动机、推进剂贮箱、仪器舱和控制系统组成。上升段、下降段各自独立，各有一套发动机系统。登月舱下降过程中下降段提供减速、机动等能力，在月面任务完成后，上升段与下降段分离，返回环月轨道。上升段加压舱可容纳2名航天员，有导航、控制、通信、生命保障和电源等设备。

图6–13 "阿波罗"载人飞船登月舱

（2）月球车

阿波罗–15、阿波罗–16和阿波罗–17飞船都携带有月球车，分别收集约77kg、96kg和111kg月球岩土样品。当航天员驾驶月球车执行勘探任务时，如果月球车发生故障，航天员只能步行回到登月舱，因此"阿波罗"月球车的驾驶距离受到限制。在阿波罗–17任务中，月球车和航天服的可靠性增加，增大了月球车的行驶距离（见图6–14）。月球车在"阿波罗"登月任务中发挥了重要作用，如果没有月球车，阿波罗–15～17任务中的许多科学发现都无法实现。

图6–14 阿波罗–17月球车

Tiankong Shiyanshi Kongjianzhan
"天空实验室"空间站
Skylab

概　况

"天空实验室"（Skylab）是美国第一个空间站（见图6–15），继承"阿波罗"登月计划的载人飞船和运载火箭技术。

"天空实验室"于1973年5月14日发射，它没有考虑后续补给，航天员的生活必需品和实验设备随天空实验室发射入轨。"天空实验室"接待了3批共9名航天员，他们分别在站上生活和工作28d、59d和84d。该空间实验室没有变轨机动能力，轨道不断衰减，于1979年7月11日进入大气层烧毁。

"天空实验室"在轨期间共进行270余项天文观测、对地观测、生物学、医学等方面的实验研究，拍摄18万张太阳活动的照片、4万多张地面照片，进行失重条件下的材料加工实验，并研究了长期失重对人体的影响。

主要性能参数

"天空实验室"总质量约77t，全长36m，最大

图 6-15　天空实验室

直径 6.7m，运行在远地点 442km、近地点 434km、倾角 50° 的轨道上。其主要组成部分包括以下 5 部分：

1）轨道舱。是航天员居住和工作的场所，由土星 -1B 火箭第二级改装而成，分为上下两层，上层为工作区，下层为生活区。轨道舱内部充氧，温度保持在 20℃ 左右；轨道舱外部装有太阳翼。

2）气闸舱。位于轨道舱前端，是航天员进出舱的过渡通道。

3）多用途对接舱。位于气闸舱前端，拥有两个对接口，一个在纵轴方向，一个在侧向，可停靠 2 艘飞船；外部装有十字形太阳翼。

4）"阿波罗" 指令和服务舱。与多用途对接舱的纵向接口连接，用于接送航天员。

5）"阿波罗" 望远镜组件。装有 X 射线望远镜、太阳分光计等仪器，用于观测太阳活动。

Hangtian Feiji
航天飞机
Space Shuttle

概　况

美国航天飞机（Space Shuttle）为垂直起飞、靠机翼滑翔水平着陆，可部分重复使用的载人航天器。是一种多用途、兼具航空和航天特性的飞行器。从空间开发和应用上讲，航天飞机具有运载火箭和宇宙飞船无法比拟的优点，如轨道救援、卫星回收和维修、大型空间构件运输和组装等。航天飞机是参与在轨建造、组装 "国际空间站"（ISS）的最大的航天器。它可以运送乘员及加压和非加压货物往返

于 ISS，最多可乘 7 名航天员。航天飞机中有若干种货运工具适于运送货物。

美国于 1972 年 1 月开始研制航天飞机，正式名称为空间运输系统（STS），共有 5 架航天飞机执行过飞行任务，分别命名为："哥伦比亚"、"挑战者"、"发现"、"阿特兰蒂斯" 和 "奋进"（见图 6-16）。1981 年 4 月 12 日，第一架航天飞机 "哥伦比亚" 成功发射，随后 "挑战者"、"发现"、"阿特兰蒂斯" 和 "奋进" 航天飞机也相继于 1983 年 4 月、1983 年 8 月、1985 年 10 月和 1992 年 5 月投入使用。2011 年 7 月，"阿特兰蒂斯" 航天飞机执行了最后一次太空任务 STS-135，航天飞机结束了 30 年的飞行旅程，顺利退役。

图 6-16　"奋进" 航天飞机

5 架航天飞机在 30 年的职业生涯中，共成功完成 133 次飞行任务，飞行总里程近 8.7×10^8 km，把 16 个国家的 355 名航天员送往太空，共飞行 852 人次，并运送了 1750t 货物。30 年中，航天飞机完成了涵盖地球、天文、生物和材料科学等学科的 2000 多项科学实验。航天飞机曾为 "和平" 空间站和 ISS 提供服务。共向太空部署了 180 组有效载荷，回收了 52 组，利用航天飞机收回、维修后重新部署了 7 个航天器。航天飞机取得的最突出的成就之一是 "哈勃" 太空望远镜的发射及其在轨维护任务。"哈勃" 太空望远镜于 1990 年 4 月 24 日进入太空，期间发现主镜存在畸形，航天飞机共执行 5 次维修任务，安装了新的仪器，提高了望远镜性能。"阿特兰蒂斯" 的最后一次太空之旅，为 "国际空间站" 带去了 4.26t 物资，其中包括 1.21t 食物，足够 "国际空间站" 人员使用 1 年。

航天飞机在取得巨大成绩的同时也带来了惨痛的教训，执行任务期间共发生 2 次灾难性事故。

1986 年 1 月 28 日，"挑战者" 航天飞机在起飞后 73s 爆炸。右侧固体火箭助推器加压接头由于气温过低（发射前 1h30min 为 -13℃）而收缩，起飞

时可以看到从接头处泄露出高温气体。助推器推力下降了4%，引起机上计算机无法弥补的偏航。在爆炸前15s，火焰击破装有600t液氢液氧燃料的外挂贮箱。爆炸使航天飞机解体，舱体坠入大海。7名航天员全部遇难。航天飞机计划因此停止了32个月。对"哥伦比亚"、"发现"和"阿特兰蒂斯"3架航天飞机进行了283项改进。1988年9月29日，美国航天飞机恢复飞行。

时隔7年，事故再次发生。2003年2月1日，"哥伦比亚"航天飞机在返回地面前16min时在空中解体，机上7名航天员全部遇难。事故的直接原因是航天飞机起飞时外挂燃料贮箱外表面脱落的一块泡沫碎片撞击航天飞机左翼前缘的防热瓦形成裂孔，当航天飞机重返大气层时，超高温气体从裂孔处进入机体，造成航天飞机解体。事故使整个航天飞机飞行计划中断，ISS建设也因此推迟，直到2005年7月26日，航天飞机才恢复飞行。

主要性能参数

航天飞机由轨道器、两个固体火箭助推器及外挂燃料贮箱组成。总长约56m，翼展约24m，起飞质量约2000t，低地球轨道运送最大有效载荷约29t，总推力约30000kN，运行轨道高度190~960km。

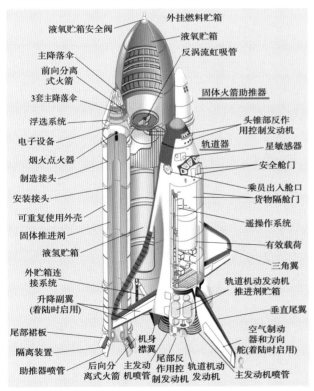

图6-17 航天飞机主要组成部分

（1）轨道器

轨道器是航天飞机的主体，起飞质量约110t，着陆质量约100t，是进入轨道执行任务的部分，设计使用次数为100次。其外形类似于三角翼飞机，长度约37m，高度约17m，翼展约24m。机身前部是航天员驾驶舱与生活舱，舱内有环境控制与生命保障系统，提供一个大气压的氧、氮组合气体，保持温度在18.5~20℃。机身中部有一个长18.3m、宽4.6m的大型有效载荷舱，舱内还装有释放和抓获卫星等有效载荷的遥控操作系统。尾部装有3台主发动机、带2台小型发动机的轨道机动系统和姿态控制用的反作用控制系统。轨道器外表面铺有可重复使用的防热层，用于抵御再入大气层时的气动加热产生的高温。在结束轨道飞行任务后，轨道器自行返回地面，经过检修后即可准备下一次飞行。

（2）固体火箭助推器

固体火箭助推器是目前世界上最大的固体火箭发动机，干质量约68000kg，起飞质量约1180t，每个长约45m、直径约3.7m，提供的总推力约为25000kN，占航天飞机总起飞推力的80%以上。在发射后两分钟距地面约46km高时，脱离航天飞机主体并利用降落伞在海上回收，可重复使用20次。

（3）外挂燃料贮箱

外挂燃料贮箱是航天飞机一次使用的部件，其长约47m，可容纳约700t液氢、液氧推进剂，起飞质量为715t。在发射上升阶段，为轨道器的3台主发动机输送燃料，在轨道器入轨前，即起飞后约8.5min、距地面约109km高度时脱离轨道器并再入大气层烧毁。

Long Feichuan

"龙"飞船
Dragon

概况

"龙"（Dragon）飞船是由美国私营公司——空间探索技术（SpaceX）公司——研制的飞船，用于"国际空间站"（ISS）货物和人员运输（见图6-18）。航天飞机退役后，美国面临ISS运输的断档期，只能依靠俄罗斯的"联盟"飞船和"进步"飞船执行 ISS 任务。此外，欧洲的"自动转移飞行器"（ATV）和日本的"H2 转移飞行器"（HTV）也承担起 ISS 的货物运输任务。为了弥补美国低地球轨道运输的断档，NASA 决定发展商业航天运输，实施商业乘员和货物运输项目，推动美国商业公司发展安全的、可靠的和投资少的低地球轨道运输系统，实现 ISS 的货物和人员运输。

2008 年 12 月，在"商业轨道运输服务"计划下，NASA 最终将合同之一授予 SpaceX 公司，在 2012—2016 年利用法尔肯 - 9（Falcon - 9）火箭/"龙"飞船向 ISS 运送质量达 20t 的货物。此外，在商业乘员开发计划下，NASA 与 SpaceX 公司签订合同，"龙"飞船的载人构型将执行 ISS 的乘员运输任务，计划于 2015 年中旬完成载人验证飞行。

"龙"飞船是当前世界上唯一能够从空间站向地面运回货物的航天器。2012—2016 年，"龙"飞船将执行 12 次空间站货物补给任务。原计划执行 3 次验证飞行任务已合并为 2 次，第一次验证飞行已于 2010 年 12 月成功完成，首次验证飞行的成功，标志商业公司具备了航天器再入和回收能力。第二次验证飞行于 2012 年 5 月进行，与 ISS "和谐"节点舱对接的数天里，站上乘员进行了装卸货操作。5 月 31 日，"龙"飞船成功溅落在太平洋上，圆满结束此次验证任务。此次飞行中，SpaceX 公司完成了一系列在轨验证任务、交会对接试验和货物补给验证。"龙"飞船是世界上第一艘与 ISS 成功对接的商业飞船，对接成功创造了商业公司的历史。2012 年 10 月 7 日，"龙"飞船再度飞往 ISS，执行首次 ISS 商业补给服务任务，正式向 ISS 运送货物；10 月 28 日，"龙"飞船成功返回。

图 6 - 18　"龙"飞船被 ISS 机械臂捕获

主要性能参数

"龙"飞船干质量 4200kg，长 5.9m，最大直径 3.6m，运送载荷最大质量 6000kg，返回载荷最大质量 3000kg（见图 6 - 19）。飞船的最大特点是可重复使用。

"龙"飞船的所有结构和机构均设计为能够支持乘员运输，分为载人和载货两种构型，主要由三部分组成：1）前锥体，在上升阶段起保护作用，内装对接机构；2）钝角圆锥体弹道舱，一部分用于搭载乘员和/或加压货物，另一部分是服务段，装有电子设备、反作用控制系统、降落伞和其他支持设备；3）非加压段，用于存储非加压货物，如轨道更换装置，并保障太阳翼和散热器的正常工作。

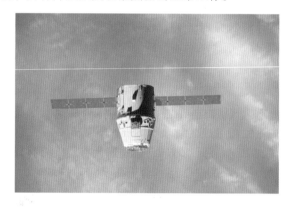

图 6 - 19　"龙"飞船

"龙"飞船的主要性能如下：全自主交会对接，在载人构型中可采用手控交会对接方式；可承载质量大于 2500kg 的加压货物，在载人构型中最多可载 7 人，可在 ISS 上停留 6 个月；采用具有广泛继承性的电子系统；采用由 18 台 N_2O_4/MMH 燃料推力器组成的反作用控制系统；可装载 1200kg 推进剂；带有 3 个或 4 个舷窗；采用降落伞水上溅落的回收方式；使用烧蚀材料的高性能热防护罩和侧壁热防护系统。为了方便将"龙"飞船从载货构型改造成载人构型，除了乘员逃逸系统、生命保障系统和允许乘员利用飞行计算机控制飞船的船载控制系统外，载货构型和载人构型的结构几乎是相同的。

"龙"飞船对接机构为 ISS 通用停靠机构，采用空间站机械臂捕获方式，这种对接方式减少了航天器上对接系统的质量、成本和复杂性，提高了对接安全性。未来需要时，可支持低冲击对接系统和异体同构周边式对接系统。交会对接敏感器采用称为"龙眼"的激光成像测距系统。

欧洲航天局

欧洲航天局（ESA）在载人航天领域通过参与"国际空间站"建造和应用，突破和掌握交会对接等载人航天基本技术。ESA 对 ISS 的贡献是研制了货运飞船"自动转移飞行器"（ATV）和"哥伦布"实验舱。截至 2012 年 6 月 30 日，已成功发射 3 艘 ATV，成为 ISS 重要补给货运飞船。

Zidong Zhuanyi Feixingqi
"自动转移飞行器" ATV

概况

"自动转移飞行器"（Automated Transfer Vehicle，ATV）是欧洲航天局（ESA）研制的一次性使用货运飞船，它是欧洲有史以来研制的最大航天器（见图 6-20）。

ATV 目前是除俄罗斯"进步"飞船以外，唯一能够提供燃料补给、姿态控制和轨道提升的在役航天器，货物运载能力约为 7t。ATV 飞抵"国际空间站"（ISS）并完成对接共需 3d，也可在停泊轨道上停留 8 周后与 ISS 对接。ATV 在 ISS 停靠时间达 6 个月，期间可为 ISS 提升轨道高度，进行姿态控制和空间碎片规避机动。ATV 停靠在 ISS 期间，航天员能把其加压舱作为实验区使用。飞船离轨时带走空间站的废弃物，再入大气层烧毁。航天飞机退役后，ATV 成为 ISS 货运能力最大的航天器。由于未来 ATV 可能发展成为载人航天器，因此，ATV 在设计时要求具有高性能，并满足严格的安全性要求。飞行控制的全自动操作、高度自主性以及严格的飞行安全性是 ATV 的主要特点。

截至 2012 年 6 月 30 日，欧洲已成功发射了 3 艘 ATV，分别是 2008 年 3 月 9 日发射的"儒勒·凡尔纳"（ATV-1）、2011 年 2 月 16 日发射的"约翰内斯·开普勒"（ATV-2）和 2012 年 3 月 23 日发射的"爱德华多·阿玛尔迪"（ATV-3）。ESA 计划未来 4 年内每年发射 1 艘 ATV。

图 6-20　ATV 飞往 ISS

主要性能参数

ATV 为带有前、后锥段的圆柱体，长约 10.3m、直径约 4.5m，干质量约 10t，载货能力约 7t。采用模块化设计，包括货运舱和服务舱。

货运舱位于 ATV 前部，由俄罗斯对接系统、加压舱和外舱组成。用于向 ISS 运送全部再供给有效载荷，其最大承载量为 6.6t，可与 ISS 直接对接（见图 6－21）。货运舱外部安装光学交会传感器、星跟踪器、测距器和 S 频段天线等仪器。加压舱符合 NASA 载人航天器规范要求，航天员可着便装在货物舱内工作。

服务舱位于 ATV 尾部，为非加压舱，装有推进、资控、电源、通信和大部分电子设备。

ATV 对接机构采用俄罗斯的"杆－锥"式对接机构，对接方式采用自动控制交会对接方式，自主交会系统使用一系列敏感器进行精确导航和精确对接。在交会飞行阶段的远距离交会期间，ATV 应用 GPS 导航方式；在最终逼近期间，应用"视频仪"，以及来自无线电测向仪的附加数据，与 ISS 的俄罗斯"星辰"服务舱对接。ATV 交会飞行自主导航系统可使航天器在脱离地面控制的情况下，实现自主交会对接与解除对接后的分离。为增强交会对接操作稳定性与灵活性，地面和 ISS 上的乘员可在必要时介入飞行控制。

图 6－21　ATV－2 对接在 ISS 上

日 本

日本载人航天活动以国际合作为主，主要通过参与"国际空间站"（ISS）的建造和应用，突破和掌握交会对接等载人航天基本技术。目前，日本通过参与 ISS 项目，研发"希望"实验舱、发射货运飞船"H2 转移飞行器"（HTV），已掌握交会对接、空间机械臂、大型载人空间结构、环控生保、货运飞船等技术，正在开展月球车、月面货物着陆器、月面活动机器人等技术研究。其中日本的 HTV 技术先进，并计划增加载人功能，正在进行相关关键技术的演示验证。截至 2012 年 6 月 30 日，日本已成功发射 2 艘 HTV。

H2 Zhuanyi Feixingqi
"H2 转移飞行器" HTV

概 况

"H2 转移飞行器"（H2 Transfer Vehicle，HTV）又名"鹤"，是日本宇宙航空研究开发机构（JAXA）研制的一次性使用货运飞船（见图 6-22），主承包商是三菱重工业公司，用于向"国际空间站"（ISS）运送货物并携带空间站垃圾返回再入大气层烧毁。HTV 主要完成 3 个目标：实现日本在 ISS 项目中的作用；验证日本的空间工程技术；积累研制载人航天飞行系统的技术。

自 2009 年至 2012 年 6 月 30 日，已发射了 2 艘 HTV 货运飞船。首艘货运飞船 HTV-1 于 2009 年 9 月 10 日执行了首次 ISS 任务，验证了自动和手动控制飞行能力，并向 ISS 运送了 4.5t 货物补给。第二艘货运飞船 HTV-2 于 2011 年 1 月 22 日发射，向 ISS 运送了约 5.3t 货物补给。第三艘 HTV 货运飞船于 2012 年 7 月 21 日发射。

日本制定了 HTV 计划"三步走"目标：第一步是将货物运至 ISS（目前这个目标已经实现）；第二步是将货物带回地球，通过改进型 HTV——HTV-R 返回地面；第三步是在 HTV-R 的基础上实现 ISS 人员往返运输。

主要性能参数

HTV 呈圆柱形结构，由加压后勤货舱、非加压后勤货舱、电子设备舱和推进舱 4 部分组成。长 10m、直径 4.4m、干质量 10.5t，每次最多可向轨道运送 6t 补给物资。货物补给装在加压后勤货舱以及非加压后勤货舱的暴露货架中，HTV 可根据货运任务需要选用加压型或加压/非加压混合型货舱结构。电子设备舱装有电子设备、锂电池和敏感器。推进舱内装有 4 个推进剂贮箱、主推进装置和反作用控制系统。

（1）加压后勤货舱

加压后勤货舱内有空气调节管道和照明灯，实现与 ISS 其他加压舱段相同的乘组活动环境；安装有 ISS 标准有效载荷机柜和 HTV 补给机柜，为 ISS 乘员提供所需的饮用水和衣物等。

（2）非加压后勤货舱

非加压后勤货舱里安装有暴露货架，用于装载非加压有效载荷和 ISS 电池以及在轨更换装置，承载能力 1.5t。在 ISS 遥操作系统和 HTV 试验模块遥操作系统的控制下通过手爪可以实现 HTV 与 ISS 的货物转移。

（3）电子设备舱

电子设备舱里装有导航和电子系统，包括制导、导航与控制分系统部件，指令与数据处理分系统以及通信分系统，用于进行导航控制、通信和能源供给。电子设备舱表面安装天线、敏感器等部件。HTV

图 6 - 22　HTV - 2 飞往 ISS

可以通过地面控制和自主控制两种方式实现飞行控制。另外，电子设备舱负责给 HTV 的各个部分分配能源。

（4）推进舱

推进舱在 HTV 船尾，主要安装有推进剂贮箱和发动机，提供自主飞行时的轨控、姿控推力。4 个贮箱利用氦气给主发动机和反作用控制系统推力器加注燃料。推进分系统采用高效的混合推进系统（NTO/MMH），可提供 HTV 全部飞行阶段所需的各种功能和冲量。

HTV 主要特点如下：

1）货物运输能力强。HTV 的舱门大，可以运送大型加压实验机柜；HTV 非加压后勤货舱能够装载非加压的有效载荷，包括安装在 ISS 外的外部实验和在轨更换装置。

2）独特的交会对接技术。HTV 与 ISS 采用"停靠"方式对接。当 HTV 与 ISS 接近到 10m 距离时，两相对速度接近零，HTV 不再控制，呈自由飞行状态，由 ISS 的机械臂将其捕获，与 ISS 对接口实现对接。这种对接方式比较安全。

中 国

在 1992 年 9 月 21 日，中国政府决定实施载人航天工程，并确定了中国载人航天三步走的发展战略方针：第一步，发射载人飞船，建成初步配套的试验性载人飞船工程，开展空间应用实验；第二步，突破载人飞船和空间飞行器的交会对接技术，发射空间实验室，解决有一定规模的、短期有人照料的空间应用问题；第三步，建造空间站，解决有较大规模的、长期有人照料的空间应用问题。截至 2012 年 6 月 30 日，共进行了 6 次无人飞行任务和 4 次载人飞行任务，将 8 名航天员送入太空并安全返回。

Shenzhou Zairen Feichuan

"神舟" 载人飞船
Shenzhou

概 况

"神舟" 载人飞船是中国载人航天工程发展的载人飞船，共发射了 9 艘 "神舟" 飞船，包括无人飞船和载人飞船。

北京时间 1999 年 11 月 20 日，进行了第一次无人飞行试验。此后，于 2001 年 1 月、2002 年 3 月、2002 年 12 月分别完成了第二、第三、第四次无人飞行试验。神舟 – 1 至神舟 – 4 四次无人飞行任务，重点考核了飞船的制导导航与控制技术、返回制动技术、再入升力控制技术、防热技术、回收着陆技术、环境控制和生命保障功能等关键技术，具备了实施载人飞行任务的条件。

北京时间 2003 年 10 月 15 日 9 时，神舟 – 5 飞船从酒泉载人航天发射场成功发射，杨利伟乘坐神舟 – 5 载人飞船圆满完成了中国首次载人航天飞行，飞船在太空运行 14 圈，历时 21h23min。2005 年 10 月 12 日至 16 日，航天员费俊龙、聂海胜乘坐神舟 – 6 载人飞船，在太空飞行 76 圈，历时 4d19h33min，实现多人多天飞行并安全返回主着陆场（见图 6 – 23）。神舟 – 5 和神舟 – 6 两次载人飞行任务的圆满成功，标志中国成为继苏美之后第三个具有独立开展载人航天活动能力的国家，突破和

掌握了载人天地往返技术，完成了对飞船和有效载荷的多项操作，实现了 "有人参与的空间科学实验" 和 "多人多天" 载人航天飞行。

北京时间 2008 年 9 月 25 日，航天员翟志刚、刘伯明、景海鹏乘坐神舟 – 7 载人飞船成功进入太空。9 月 27 日，翟志刚身穿 "飞天" 舱外服，在刘伯明和景海鹏的协助下出舱，顺利完成了出舱活动试验。9 月 28 日，三名航天员安全返回地面。神舟 – 7 飞行任务的圆满成功，标志着中国成为世界上第三个独立掌握空间出舱关键技术的国家。

北京时间 2011 年 11 月 1 日，神舟 – 8 无人飞船发射升空，在轨期间完成与天宫 – 1 目标飞行器的两次交会对接，11 月 17 日，神舟 – 8 飞船成功着陆。此次任务实现中国首次自动交会对接。

图 6 – 23　神舟 – 6 飞船

北京时间 2012 年 6 月 16 日，神舟 – 9 搭载景海鹏、刘旺、刘洋三名航天员发射升空。这是中国首次载有女航天员执行航天任务。6 月 18 日完成自动交会对接，24 日完成首次手控交会对接。6 月 29 日，飞船成功返回。此次任务的圆满成功，实现了中国空间交

会对技术的又一重大突破。

主要性能参数

"神舟"飞船由轨道舱、返回舱、推进舱和附加段组成。总长约8.8m，质量约7.8t。采用两对太阳翼构型和升力控制返回、圆顶降落伞回收方案。飞船包括结构与机构，制导、导航与控制，热控，电源，测控与通信，数据管理，环境控制与生命保障，回收着陆，推进，仪表与照明，有效载荷，乘员和应急救生共13个分系统。

（1）轨道舱

轨道舱位于飞船前部，在轨飞行期间是航天员的生活舱、试验舱和货舱，为加压结构，外形为两端带有锥形的圆柱体，前端连接附加段，两侧有一对展开后约12m²的太阳翼，舱壁有内开加压舱门和对地观测舷窗，舱的外壁装有推进剂贮箱和发动机系统，在与返回舱分离后可继续在轨道上飞行。

（2）返回舱

返回舱位于飞船中部，是飞船的控制中心，是航天员在发射和返回过程中的座舱，为加压结构，外形为大钝头倒锥体的钟形，外表面由烧蚀式防热层包覆；舱壁上装有舷窗、姿态控制发动机、主降落伞和备份降落伞；舱内设置供3名航天员斜躺的座椅。

（3）推进舱

推进舱位于飞船后部，为非加压结构，外形为后端带短锥型裙段的圆柱体，两侧装有一对太阳翼；后锥段装有4台变轨发动机，为飞船提供动力。

（4）附加段

附加段为非加压结构，装有试验用的有效载荷。

神舟-8飞船为改进型飞船，主要改进为两方面：1）具备自动和手动交会对接功能，为此增加了交会对接测量设备，增加配置了平移和反推发动机。2）具备停靠180d的能力。太阳翼采用新的太阳电池板，发电能力提高50%。飞船的降落伞系统和着陆缓冲系统也进行了技术改进，可靠性提高。神舟-8飞船虽然是无人飞行，但是按照载人要求设计，对未来的载人任务进行了充分的技术验证和准备。

神舟-9舱体结构与神舟-8相同，能支持3名航天员独立飞行5d，能够与天宫-1目标飞行器进行交会对接。轨道舱前端安装了对接机构、交会对接测量设备，用于支持与天宫-1目标飞行器实现交会对接。

Tiangong-1 Mubiao Feixingqi

天宫-1目标飞行器
Tiangong-1

概 况

天宫-1目标飞行器为中国自主研制的全新载人航天器。能够在370km的轨道上飞行2年，与载人飞船进行交会对接。北京时间2011年9月29日，天宫-1目标飞行器发射升空，并分别与后续发射的神舟-8、神舟-9飞船完成对接，突破中国空间交会对接技术（见图6-24）。

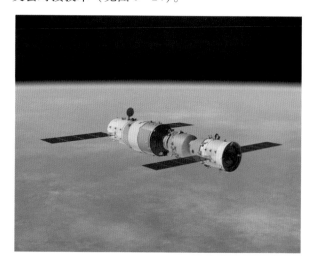

图6-24 神舟-8飞船与天宫-1目标飞行器交会对接

主要性能参数

天宫-1目标飞行器由实验舱和资源舱组成，总长10.4m，舱体结构最大直径为3.35m。实验舱是目标飞行器的控制舱，也是航天员的工作舱和生活舱，分为加压舱和非加压舱两部分。加压舱保证航天员生存条件，用于航天员驻留期间在轨生活和工作，可提供60人·天的在轨驻留支持，非加压舱安装科学实验设备。实验舱前端安装了对接机构、交会对接测量设备，用于支持与载人飞船实现交会对接。资源舱为天宫-1提供动力，进行姿态控制、变轨和制动，并且装有太阳翼，为天宫-1提供电能。

附　录

附表 A 世界航天器一览表

序号	国际代号	外文名	中文名	所属国家、地区或组织	发射地点	发射工具外文名	发射工具中文名	发射时间	航天器类型
1	1957α₂	Sputnik-1	人造地球卫星-1	苏联	拜科努尔航天发射中心	Sputnik	卫星号	19571004	科学与技术试验卫星
2	1957β	Sputnik-2	人造地球卫星-2	苏联	拜科努尔航天发射中心	Sputnik	卫星号	19571103	科学与技术试验卫星
3	1958α₁	Explorer-1	探险者-1	美国	卡纳维拉尔角发射场	Juno-1	丘诺-1	19580201	科学与技术试验卫星
4	1958β₂	Vanguard-1	先锋-1	美国	卡纳维拉尔角发射场	Vanguard	先锋号	19580317	科学与技术试验卫星
5	1958γ	Explorer-3	探险者-3	美国	卡纳维拉尔角发射场	Juno-1	丘诺-1	19580326	科学与技术试验卫星
6	1958δ₂	Sputnik-3-02	人造地球卫星-3-02	苏联	拜科努尔航天发射中心	Sputnik	卫星号	19580515	科学与技术试验卫星
7	1958ε	Explorer-4	探险者-4	美国	卡纳维拉尔角发射场	Juno-1	丘诺-1	19580726	科学与技术试验卫星
8	1958η	Pioneer-1	先驱者-1	美国	卡纳维拉尔角发射场	Thor Able	雷神-艾布尔	19581011	空间探测器
9	1958θ	Pioneer-3	先驱者-3	美国	卡纳维拉尔角发射场	Juno-2	丘诺-2	19581206	空间探测器
10	1958φ	SCORE	斯科尔	美国	卡纳维拉尔角发射场	Atlas-B mod	宇宙神B改进型	19581218	通信广播卫星
11	1959μ₁	Luna-1-04	月球-1-04	苏联	拜科努尔航天发射中心	Luna	月球号	19590102	空间探测器
12	1959α₁	Vanguard-2	先锋-2	美国	卡纳维拉尔角发射场	Vanguard	先锋号	19590217	科学与技术试验卫星
13	1959β	Discoverer-1	发现者-1	美国	范登堡空军基地	Thor Agena-A	雷神-阿金纳A	19590228	科学与技术试验卫星
14	1959ν	Pioneer-4	先驱者-4	美国	卡纳维拉尔角发射场	Juno-2	丘诺-2	19590303	空间探测器
15	1959γ	Discoverer-2	发现者-2	美国	范登堡空军基地	Thor Agena-A	雷神-阿金纳A	19590413	科学与技术试验卫星
16	1959δ	Explorer S-2 01	探险者 S-2 01	美国	卡纳维拉尔角发射场	Thor Able	雷神-艾布尔	19590807	科学与技术试验卫星
17	1959ε₁	KH-1-02	锁眼-1-02	美国	范登堡空军基地	Thor Agena-A	雷神-阿金纳A	19590813	对地观测卫星
18	1959φ	KH-1-03	锁眼-1-03	美国	范登堡空军基地	Thor Agena-A	雷神-阿金纳A	19590819	对地观测卫星
19	1959ξ	Luna-1A-02	月球-1A-02	苏联	拜科努尔航天发射中心	Luna	月球号	19590912	空间探测器
20	1959η₁	Vanguard-3	先锋-3	美国	卡纳维拉尔角发射场	Vanguard-M	先锋-M	19590918	科学与技术试验卫星
21	1959θ	Luna-2A-01	月球-2A-01	苏联	拜科努尔航天发射中心	Luna	月球号	19591004	空间探测器
22	1959ι	Explorer S-1 02	探险者 S-1 02	美国	卡纳维拉尔角发射场	Juno-2	丘诺-2	19591013	科学与技术试验卫星

续表

序号	国际代号	外文名	中文名	所属国家、地区或组织	发射地点	发射工具外文名	发射工具中文名	发射时间	航天器类型
23	1959κ	KH-1-04	锁眼-1-04	美国	范登堡空军基地	Thor Agena-A	雷神-阿金纳A	19591107	对地观测卫星
24	1959λ	KH-1-05	锁眼-1-05	美国	范登堡空军基地	Thor Agena-A	雷神-阿金纳A	19591120	对地观测卫星
25	1960α₁	Pioneer-5	先驱者-5	美国	卡纳维拉尔角发射场	Thor Able	雷神-艾布尔	19600311	空间探测器
26	1960β₂	Tiros-01	泰罗斯-01	美国	卡纳维拉尔角发射场	Thor Able	雷神-艾布尔	19600401	对地观测卫星
27	1960τ₂	Transit-1B	子午仪-1B	美国	卡纳维拉尔角发射场	Thor Able-Star	雷神-艾布尔-Star	19600413	导航定位卫星
28	1960τ₂	Solrad-Dummy	索拉德-模型	美国	卡纳维拉尔角发射场	Thor Able-Star	雷神-艾布尔-Star	19600413	其他
29	1960δ	KH-1-8	锁眼-1-8	美国	范登堡空军基地	Thor Agena-A	雷神-阿金纳A	19600415	对地观测卫星
30	1960ε₁	Vostok-1KP-01	东方-1KP-01	苏联	拜科努尔航天发射中心	Luna	月球号	19600515	载人及货运航天器
31	1960ξ₁	Midas-2	迈达斯-2	美国	卡纳维拉尔角发射场	Atlas-LV3 Agena-A	宇宙神LV3-阿金纳A	19600524	对地观测卫星
32	1960η₁	Transit-2A	子午仪-2A	美国	卡纳维拉尔角发射场	Thor Able-Star	雷神-艾布尔-Star	19600622	导航定位卫星
33	1960η₂	Grab-1	格雷勃-1	美国	卡纳维拉尔角发射场	Thor Able-Star	雷神-艾布尔-Star	19600622	对地观测卫星
34	1960β	Discoverer-13	发现者-13	美国	范登堡空军基地	Thor Agena-A	雷神-阿金纳A	19600810	科学与技术试验卫星
35	1960υ₁	Echo-1A	回声-1A	美国	卡纳维拉尔角发射场	Delta	德尔它	19600812	通信广播卫星
36	1960κ	KH-1-9	锁眼-1-9	美国	范登堡空军基地	Thor Agena-A	雷神-阿金纳A	19600818	对地观测卫星
37	1960λ	Vostok-1K-02	东方-1K-02	苏联	拜科努尔航天发射中心	Vostok-K	东方-K	19600819	载人及货运航天器
38	1960μ	KH-1-10	锁眼-1-10	美国	范登堡空军基地	Thor Agena-A	雷神-阿金纳A	19600913	对地观测卫星
39	1960ν₁	Courier-1B	信使-1B	美国	卡纳维拉尔角发射场	Thor Able-Star	雷神-艾布尔-Star	19601004	通信广播卫星
40	1960ξ	Explorer-8	探险者-8	美国	卡纳维拉尔角发射场	Juno-2	丘诺-2	19601103	科学与技术试验卫星
41	1960o	KH-2-02	锁眼-2-02	美国	范登堡空军基地	Thor Agena-B	雷神-阿金纳B	19601112	对地观测卫星
42	1960π₁	Tiros-02	泰罗斯-02	美国	卡纳维拉尔角发射场	Delta	德尔它	19601123	对地观测卫星
43	1960ρ₁	Vostok-1K-03	东方-1K-03	苏联	拜科努尔航天发射中心	Vostok-K	东方-K	19601201	载人及货运航天器
44	1960σ	KH-2-03	锁眼-2-03	美国	范登堡空军基地	Thor Agena-B	雷神-阿金纳B	19601207	对地观测卫星
45	1960τ	Discoverer/RM-01	发现者/RM-01	美国	范登堡空军基地	Thor Agena-B	雷神-阿金纳B	19601220	对地观测卫星
46	1961α₁	Samos E-1-02	萨莫斯E-1-02	美国	范登堡空军基地	Atlas-LV3 Agena-A	宇宙神LV3-阿金纳A	19610131	对地观测卫星
47	1961β₁	Venera-1961A	金星-1961A	苏联	拜科努尔航天发射中心	Molniya	闪电号	19610204	空间探测器
48	1961γ₁	Venera-1	金星-1	苏联	拜科努尔航天发射中心	Molniya	闪电号	19610212	空间探测器
49	1961δ₁	Explorer-9	探险者-9	美国	沃洛普斯岛发射场	Scout-X1	侦察兵-X1	19610216	科学与技术试验卫星

续表

序号	国际代号	外文名	中文名	所属国家、地区或组织	发射地点	发射工具外文名	发射工具中文名	发射时间	航天器类型
50	1961ε_1	KH-5-01	锁眼-5-01	美国	范登堡空军基地	Thor Agena-B	雷神-阿金纳B	19610217	对地观测卫星
51	1961ξ	Discoverer/RM-02	发现者/RM-02	美国	范登堡空军基地	Thor Agena-B	雷神-阿金纳B	19610218	对地观测卫星
52	1961η	Transit-3B	子午仪-3B	美国	卡纳维拉尔角发射场	Thor Able	雷神-艾布尔	19610222	导航定位卫星
53	1961η	LOFTI-1	洛夫梯-1	美国	卡纳维拉尔角发射场	Thor Able-Star	雷神-艾布尔星	19610222	科学与技术试验卫星
54	1961θ_1	Vostok-3K-01	东方-3K-01	苏联	拜科努尔航天发射中心	Vostok-K	东方-K	19610309	载人及货运航天器
55	1961υ_1	Vostok-3K-02	东方-3K-02	苏联	拜科努尔航天发射中心	Vostok-K	东方-K	19610325	载人及货运航天器
56	1961κ_1	Explorer-10	探险者-10	美国	卡纳维拉尔角发射场	Delta	德尔它	19610325	科学与技术试验卫星
57	1961λ_1	KH-5-02	锁眼-5-02	美国	范登堡空军基地	Thor Agena-B	雷神-阿金纳B	19610408	对地观测卫星
58	1961μ_1	Vostok-1	东方-1	苏联	拜科努尔航天发射中心	Vostok-K	东方-K	19610412	载人及货运航天器
59	1961ν_2	Explorer-11	探险者-11	美国	卡纳维拉尔角发射场	Juno-2	丘诺-2	19610427	科学与技术试验卫星
60	1961ξ	KH-2-05	锁眼-2-05	美国	范登堡空军基地	Thor Agena-B	雷神-阿金纳B	19610616	对地观测卫星
61	1961o_1	Transit-4A	子午仪-4A	美国	卡纳维拉尔角发射场	Thor Able-Star	雷神-艾布尔星	19610629	导航定位卫星
62	1961o_2	Grab-2	格雷勃-2	美国	卡纳维拉尔角发射场	Thor Able-Star	雷神-艾布尔星	19610629	对地观测卫星
63	1961o_3	Injun-1	英琼-1	美国	卡纳维拉尔角发射场	Thor Able-Star	雷神-艾布尔星	19610629	科学与技术试验卫星
64	1961π_1	KH-2-06	锁眼-2-06	美国	范登堡空军基地	Thor Agena-B	雷神-阿金纳B	19610707	对地观测卫星
65	1961ρ_1	Tiros-03	泰罗斯-03	美国	卡纳维拉尔角发射场	Delta	德尔它	19610712	对地观测卫星
66	1961σ_1	Midas-3	迈达斯-3	美国	范登堡空军基地	Atlas-LV3 Agena-B	宇宙神LV3-阿金纳B	19610712	对地观测卫星
67	1961τ	Vostok-2	东方-2	苏联	拜科努尔航天发射中心	Vostok-K	东方-K	19610806	载人及货运航天器
68	1961υ	Explorer EPE-A	探测者EPE-A	美国	卡纳维拉尔角发射场	Delta	德尔它	19610816	科学与技术试验卫星
69	1961φ_1	Ranger-1	徘徊者-1	美国	卡纳维拉尔角发射场	Atlas-LV3 Agena-B	宇宙神LV3-阿金纳B	19610823	空间探测器
70	1961χ	Explorer-13	探险者-13	美国	沃洛普斯岛发射场	Scout-X1	侦察兵-X1	19610825	科学与技术试验卫星
71	1961φ	KH-3-01	锁眼-3-01	美国	范登堡空军基地	Thor Agena-B	雷神-阿金纳B	19610830	对地观测卫星
72	1961ω	KH-3-02	锁眼-3-02	美国	范登堡空军基地	Thor Agena-B	雷神-阿金纳B	19610912	对地观测卫星
73	1961$\alpha-\alpha$	Mercury-4	水星-4	美国	卡纳维拉尔角发射场	Atlas-D	宇宙神D	19610913	载人及货运航天器
74	1961$\alpha-\beta$	KH-3-03	锁眼-3-03	美国	范登堡空军基地	Thor Agena-B	雷神-阿金纳B	19610917	对地观测卫星
75	1961$\alpha-\gamma$	KH-3-04	锁眼-3-04	美国	范登堡空军基地	Thor Agena-B	雷神-阿金纳B	19611013	对地观测卫星
76	1961$\alpha-\delta_1$	Midas-4	迈达斯-4	美国	范登堡空军基地	Atlas-LV3 Agena-B	宇宙神LV3-阿金纳B	19611021	对地观测卫星

续表

序号	国际代号	外文名	中文名	所属国家、地区或组织	发射地点	发射工具外文名	发射工具中文名	发射时间	航天器类型
77	1961α－δ₂	West Ford－1	西福特－1	美国	范登堡空军基地	Atlas－LV3 Agena－B	宇宙神 LV3－阿金纳 B	19611021	通信广播卫星
78	1961α－ε	KH－2－09	锁眼－2－09	美国	范登堡空军基地	Thor Agena－B	雷神－阿金纳 B	19611105	对地观测卫星
79	1961α－ξ	KH－2－10	锁眼－2－10	美国	范登堡空军基地	Thor Agena－B	雷神－阿金纳 B	19611115	对地观测卫星
80	1961α－η₁	Transit－4B	子午仪－4B	美国	卡纳维拉尔角发射场	Thor Able－Star	雷神－艾布尔 Star	19611115	导航定位卫星
81	1961α－η₂	TRAAC	特雷尔克	美国	卡纳维拉尔角发射场	Thor Able－Star	雷神－艾布尔 Star	19611115	科学与技术试验卫星
82	1961α－θ	Ranger－2	徘徊者－2	美国	卡纳维拉尔角发射场	Atlas－LV3 Agena－B	宇宙神 LV3－阿金纳 B	19611118	空间探测器
83	1961α－ι	Mercury－5	水星－5	美国	卡纳维拉尔角发射场	Atlas－D	宇宙神 D	19611129	载人及货运航天器
84	1961α－κ₁	KH－3－05	锁眼－3－05	美国	范登堡空军基地	Thor Agena－B	雷神－阿金纳 B	19611212	对地观测卫星
85	1961α－κ₂	Oscar－1	奥斯卡－1	美国	范登堡空军基地	Thor Agena－B	雷神－阿金纳 B	19611212	通信广播卫星
86	1961α－λ₁	Samos E－5－02	萨莫斯 E－5－02	美国	范登堡空军基地	Atlas－LV3 Agena－B	宇宙神 LV3－阿金纳 B	19611222	对地观测卫星
87	1962α₁	Ranger－3	徘徊者－3	美国	卡纳维拉尔角发射场	Atlas－LV3 Agena－B	宇宙神 LV3－阿金纳 B	19620126	空间探测器
88	1962β₁	Tiros－04	泰罗斯－04	美国	卡纳维拉尔角发射场	Delta	德尔它	19620208	对地观测卫星
89	1962γ₁	Mercury－6	水星－6	美国	卡纳维拉尔角发射场	Atlas－D	宇宙神 D	19620220	载人及货运航天器
90	1962δ₁	Samos F2－01	萨莫斯 F2－01	美国	范登堡空军基地	Thor Agena－B	雷神－阿金纳 B	19620221	对地观测卫星
91	1962ε₁	KH－4－01	锁眼－4－01	美国	范登堡空军基地	Thor Agena－B	雷神－阿金纳 B	19620227	对地观测卫星
92	1962ξ₁	OSO－1	奥索－1	美国	卡纳维拉尔角发射场	Delta	德尔它	19620307	空间探测器
93	1962η₁	Samos E－5－03	萨莫斯 E－5－03	美国	范登堡空军基地	Atlas－LV3 Agena－B	宇宙神 LV3－阿金纳 B	19620307	对地观测卫星
94	1962θ₁	DS－2－01	第聂伯罗彼得罗夫斯克卫星－2－01	苏联	卡普斯金亚尔航天发射中心	Cosmos	宇宙号	19620316	科学与技术试验卫星
95	1962ι₁	Cosmos－2	宇宙－2	苏联	卡普斯金亚尔航天发射中心	Cosmos	宇宙号	19620406	科学与技术试验卫星
96	1962κ₁	Midas－5	迈达斯－5	美国	范登堡空军基地	Atlas－LV3 Agena－B	宇宙神 LV3－阿金纳 B	19620409	对地观测卫星
97	1962λ₁	KH－4－02	锁眼－4－02	美国	范登堡空军基地	Thor Agena－B	雷神－阿金纳 B	19620418	对地观测卫星
98	1962μ₁	Ranger－4	徘徊者－4	美国	卡纳维拉尔角发射场	Atlas－LV3 Agena－B	宇宙神 LV3－阿金纳 B	19620423	空间探测器
99	1962ν₁	Sputnik－13－2MS	人造地球卫星－13－2MS	苏联	卡普斯金亚尔航天发射中心	Cosmos	宇宙号	19620424	科学与技术试验卫星
100	1962ξ₁	Zenit－2－02	天顶－2－02	苏联	拜科努尔航天发射中心	Vostok－K	东方－k	19620426	对地观测卫星
101	1962o₁	Ariel－1	羚羊－1	美国/英国	卡纳维拉尔角发射场	Delta	德尔它	19620426	科学与技术试验卫星
102	1962π₁	Samos E－6－01	萨莫斯 E－6－01	美国	范登堡空军基地	Atlas－LV3 Agena－B	宇宙神 LV3－阿金纳 B	19620426	对地观测卫星
103	1962ρ₁	KH－4－03	锁眼－4－03	美国	范登堡空军基地	Thor Agena－B	雷神－阿金纳 B	19620429	对地观测卫星

续表

序号	国际代号	外文名	中文名	所属国家、地区或组织	发射地点	发射工具外文名	发射工具中文名	发射时间	航天器类型
104	1962σ₁	KH－5－05	锁眼－5－05	美国	范登堡空军基地	Thor Agena－B	雷神－阿金纳 B	19620515	对地观测卫星
105	1962τ₁	Mercury－7	水星－7	美国	卡纳维拉尔角发射场	Atlas－D	宇宙神 D	19620524	载人及货运航天器
106	1962υ₁	Sputnik－15－2MS	人造地球卫星－15－2MS	苏联	拜科努尔金亚尔航天发射中心	Cosmos	宇宙号	19620528	科学与技术试验卫星
107	1962φ₁	KH－4－04	锁眼－4－04	美国	范登堡空军基地	Thor Agena－B	雷神－阿金纳 B	19620530	对地观测卫星
108	1962χ₁	KH－4－05	锁眼－4－05	美国	范登堡空军基地	Thor Agena－B	雷神－阿金纳 B	19620602	对地观测卫星
109	1962χ₂	Oscar－2	奥斯卡－2	美国	范登堡空军基地	Thor Agena－B	雷神－阿金纳 B	19620602	通信广播卫星
110	1962φ	Samos E－6－02	萨莫斯 E－6－02	美国	范登堡空军基地	Atlas－LV3 Agena－B	宇宙神 LV3－阿金纳 B	19620617	对地观测卫星
111	1962ω₁	Samos F2－02	萨莫斯 F2－02	美国	范登堡空军基地	Thor Agena－B	雷神－阿金纳 B	19620618	对地观测卫星
112	1962α－α₁	Tiros－05	泰罗斯－05	美国	卡纳维拉尔角发射场	Delta	德尔它	19620619	对地观测卫星
113	1962α－β₁	KH－4－06	锁眼－4－06	美国	范登堡空军基地	Thor Agena－B	雷神－阿金纳 B	19620623	对地观测卫星
114	1962α－γ₁	KH－4－07	锁眼－4－07	美国	范登堡空军基地	Thor Agena－D	雷神－阿金纳 D	19620628	对地观测卫星
115	1962α－δ₁	DS－P1－01	第聂伯罗彼得罗夫斯克卫星－P1－01	苏联	卡普斯丁亚尔航天发射中心	Cosmos	宇宙号	19620630	科学与技术试验卫星
116	1962α－ε₁	Telstar－1	电星－1	美国	卡纳维拉尔角发射场	Delta	德尔它	19620710	通信广播卫星
117	1962α－ξ₁	Samos E－6－03	萨莫斯 E－6－03	美国	范登堡空军基地	Atlas－LV3 Agena－B	宇宙神 LV3－阿金纳 B	19620718	对地观测卫星
118	1962α－η	KH－4－08	锁眼－4－08	美国	范登堡空军基地	Thor Agena－B	雷神－阿金纳 B	19620721	对地观测卫星
119	1962α－ν₁	KH－4－09	锁眼－4－09	美国	范登堡空军基地	Thor Agena－B	雷神－阿金纳 B	19620728	对地观测卫星
120	1962α－ι₁	Zenit－2－04	天顶－2－04	苏联	拜科努尔航天发射中心	Vostok－2	东方－2	19620728	对地观测卫星
121	1962α－κ₁	KH－4－10	锁眼－4－10	美国	范登堡空军基地	Thor Agena－D	雷神－阿金纳 D	19620802	对地观测卫星
122	1962α－λ₁	Samos E－6－04	萨莫斯 E－6－04	美国	范登堡空军基地	Atlas－LV3 Agena－B	宇宙神 LV3－阿金纳 B	19620805	对地观测卫星
123	1962α－μ₁	Vostok－3	东方－3	苏联	拜科努尔航天发射中心	Vostok－K	东方－K	19620811	载人及货运航天器
124	1962α－ν₁	Vostok－4	东方－4	苏联	拜科努尔航天发射中心	Vostok－K	东方－K	19620812	载人及货运航天器
125	1962α－ξ₁	DS－K－801	第聂伯罗彼得罗夫斯克卫星－K－801	苏联	拜科努尔金亚尔航天发射中心	Cosmos	宇宙号	19620818	科学与技术试验卫星
126	1962α－ο₁	DSAP－1 F2	国防卫星应用计划－1 F2	美国	范登堡空军基地	Scout－X2M	侦察兵－X2M	19620823	对地观测卫星
127	1962α－π₁	Venera－2a	金星－2a	苏联	拜科努尔航天发射中心	Molniya	闪电号	19620825	空间探测器
128	1962α－ρ₁	Mariner－2	水手－2	美国	卡纳维拉尔角发射场	Atlas－LV3 Agena－B	宇宙神 LV3－阿金纳 B	19620827	空间探测器
129	1962α－σ₁	KH－4－11	锁眼－4－11	美国	范登堡空军基地	Thor Agena－D	雷神－阿金纳 D	19620829	对地观测卫星
130	1962α－τ₁	Venera－2b	金星－2b	苏联	拜科努尔航天发射中心	Molniya	闪电号	19620901	空间探测器

续表

序号	国际代号	外文名	中文名	所属国家、地区或组织	发射地点	发射工具外文名	发射工具中文名	发射时间	航天器类型
131	$1962\alpha-\upsilon_4$	KH-5-06	锁眼-5-06	美国	范登堡空军基地	Thor Agena-B	雷神-阿金纳B	19620901	对地观测卫星
132	$1962\alpha-\varphi_1$	Venera-2c	金星-2c	苏联	拜科努尔航天发射中心	Molniya	闪电号	19620912	空间探测器
133	$1962\alpha-\chi_1$	KH-4-12	锁眼-4-12	美国	范登堡空军基地	Thor Agena-B	雷神-阿金纳B	19620917	对地观测卫星
134	$1962\alpha-\chi_2$	TRS-2	四面体研究卫星-2	美国	范登堡空军基地	Thor Agena-B	雷神-阿金纳B	19620917	科学与技术试验卫星
135	$1962\alpha-\psi_1$	Tiros-06	泰罗斯-06	美国	卡纳维拉尔角发射场	Delta	德尔它	19620918	对地观测卫星
136	$1962\alpha-\omega_1$	Zenit-2-05	天顶-2-05	苏联	拜科努尔航天发射中心	Vostok-2	东方-2	19620927	对地观测卫星
137	$1962\beta-\alpha_1$	Alouette-1	百灵鸟-1	美国/加拿大	范登堡空军基地	Thor Agena-B	雷神-阿金纳B	19620929	科学与技术试验卫星
138	$1962\beta-\beta_1$	KH-4-13	锁眼-4-13	美国	范登堡空军基地	Thor Agena-D	雷神-阿金纳D	19620929	对地观测卫星
139	$1962\beta-\gamma_1$	Explorer EPE-B	探险者EPE-B	美国	卡纳维拉尔角发射场	Delta-A	德尔它-A	19621002	科学与技术试验卫星
140	$1962\beta-\delta_1$	Mercury-8	水星-8	美国	卡纳维拉尔角发射场	Atlas-D	宇宙神D	19621003	载人及货运航天器
141	$1962\beta-\varepsilon_1$	KH-5-07	锁眼-5-07	美国	范登堡空军基地	Thor Agena-B	雷神-阿金纳B	19621009	对地观测卫星
142	$1962\beta-\xi_1$	Zenit-2-06	天顶-2-06	苏联	拜科努尔航天发射中心	Vostok-2	东方-2	19621017	对地观测卫星
143	$1962\beta-\eta_2$	Ranger-5	徘徊者-5	美国	卡纳维拉尔角发射场	Atlas-LV3 Agena-B	宇宙神LV3-阿金纳B	19621018	空间探测器
144	$1962\beta-\theta_1$	DS-A1-01	第聂伯罗彼得罗夫斯克卫星-A1-01	苏联	卡普斯京亚尔航天发射中心	Cosmos	宇宙号	19621020	科学与技术试验卫星
145	$1962\beta-\iota_1$	Mars-1c	火星探测器-1c	苏联	拜科努尔航天发射中心	Molniya	闪电号	19621024	空间探测器
146	$1962\beta-\kappa_1$	Star-Rad-1	海军辐射-1	美国	范登堡空军基地	Tho Agena-D	雷神-阿金纳D	19621026	科学与技术试验卫星
147	$1962\beta-\lambda_1$	Explorer EPE-C	探险者EPE-C	美国	卡纳维拉尔角发射场	Delta-A	德尔它-A	19621027	科学与技术试验卫星
148	$1962\beta-\mu_1$	Anna-1B	安娜-1B	美国	卡纳维拉尔角发射场	Thor Able-Star	雷神-艾布尔星	19621031	对地观测卫星
149	$1962\beta-\nu_2$	Mars-1	火星-1	苏联	拜科努尔航天发射中心	Molniya	闪电号	19621101	空间探测器
150	$1962\beta-\xi_1$	Mars-2a	火星探测器-2a	苏联	拜科努尔航天发射中心	Molniya	闪电号	19621104	空间探测器
151	$1962\beta-o_1$	KH-4-14	锁眼-4-14	美国	范登堡空军基地	Thor Agena-B	雷神-阿金纳B	19621105	对地观测卫星
152	$1962\beta-\pi_2$	Samos E-6-05	萨莫斯E-6-05	美国	范登堡空军基地	Atlas-LV3 Agena-B	宇宙神LV3-阿金纳B	19621111	对地观测卫星
153	$1962\beta-\rho_1$	KH-4-15	锁眼-4-15	美国	范登堡空军基地	Thor Agena-D	雷神-阿金纳B	19621124	对地观测卫星
154	$1962\beta-\sigma_1$	KH-4-16	锁眼-4-16	美国	范登堡空军基地	Thor Agena-D	雷神-阿金纳D	19621204	对地观测卫星
155	$1962\beta-\tau_1$	Poppy-1A	罂粟-1A	美国	范登堡空军基地	Thor Agena-D	雷神-阿金纳D	19621213	对地观测卫星
156	$1962\beta-\tau_2$	Injun-3	英琼-3	美国	范登堡空军基地	Thor Agena-D	雷神-阿金纳D	19621213	科学与技术试验卫星
157	$1962\beta-\tau_3$	Poppy-1B	罂粟-1B	美国	范登堡空军基地	Thor Agena-D	雷神-阿金纳D	19621213	对地观测卫星

续表

序号	国际代号	外文名	中文名	所属国家、地区或组织	发射地点	发射工具外文名	发射工具中文名	发射时间	航天器类型
158	1962β－τ₄	Surcal－2	沙克尔－2	美国	范登堡空军基地	Thor Agena－D	雷神－阿金纳D	19621213	科学与技术试验卫星
159	1962β－τ₅	Calsphere－01	卡尔斯菲尔－01	美国	范登堡空军基地	Thor Agena－D	雷神－阿金纳D	19621213	对地观测卫星
160	1962β－ν₁	Relay－1	中继－1	美国	卡纳维拉尔角发射场	Delta－B	德尔它－B	19621213	通信广播卫星
161	1962β－φ₁	KH－4－17	锁眼－4－17	美国	范登堡空军基地	Thor Agena－D	雷神－阿金纳D	19621214	对地观测卫星
162	1962β－χ₁	Explorer－16	探险者－16	美国	沃洛普斯岛发射场	Scout－X3	侦察兵－X3	19621216	科学与技术试验卫星
163	1962β－φ₁	Transit－5A－01	子午仪－5A－01	美国	范登堡空军基地	Scout－X3	侦察兵－X3	19621219	导航定位卫星
164	1962β－ω₁	Zenit－2－07	天顶－2－07	苏联	拜科努尔航天发射中心	Vostok－2	东方－2	19621222	对地观测卫星
165	1963－01A	Luna－6－01	月球－6－01	苏联	拜科努尔航天发射中心	Molniya－L	闪电－L	19630104	空间探测器
166	1963－02A	KH－4－18	锁眼－4－18	美国	范登堡空军基地	Thor Agena－D	雷神－阿金纳D	19630107	对地观测卫星
167	1963－03A	Samos F2－03	萨莫斯 F2－03	美国	范登堡空军基地	Thor Agena－B	雷神－阿金纳B	19630116	对地观测卫星
168	1963－04A	Syncom－1	辛康－1	美国	卡纳维拉尔角发射场	Delta－B	德尔它－B	19630214	通信广播卫星
169	1963－05A	DSAP－1 F3	国防卫星应用计划－1 F3	美国	范登堡空军基地	Scout－X3M	侦察兵－X3M	19630219	对地观测卫星
170	1963－06A	Zenit－2－08	天顶－2－08	苏联	拜科努尔航天发射中心	Vostok－2	东方－2	19630321	对地观测卫星
171	1963－07A	KH－4－20	锁眼－4－20	美国	范登堡空军基地	Thor Agena－D	雷神－阿金纳D	19630401	对地观测卫星
172	1963－08A	Luna－6－03	月球－6－03	苏联	拜科努尔航天发射中心	Molniya－L	闪电－L	19630402	空间探测器
173	1963－09A	Explorer－17	探险者－17	美国	卡纳维拉尔角发射场	Delta－B	德尔它－B	19630403	科学与技术试验卫星
174	1963－10A	Omega－1	奥米伽－1	苏联	卡普斯金亚尔航天发射中心	Cosmos	宇宙号	19630413	科学与技术试验卫星
175	1963－11A	Zenit－2－09	天顶－2－09	苏联	拜科努尔航天发射中心	Vostok－2	东方－2	19630422	对地观测卫星
176	1963－12A	Zenit－2－10	天顶－2－10	苏联	拜科努尔航天发射中心	Vostok－2	东方－2	19630428	对地观测卫星
177	1963－13A	Telstar－2	电星－2	美国	卡纳维拉尔角发射场	Delta－B	德尔它－B	19630507	通信广播卫星
178	1963－14A	Midas－7	迈达斯－7	美国	范登堡空军基地	Atlas－LV3 Agena－B	宇宙神LV3－阿金纳 B	19630509	对地观测卫星
179	1963－14B	TRS－5	四面体研究卫星－5	美国	范登堡空军基地	Atlas－LV3 Agena－B	宇宙神LV3－阿金纳 B	19630509	科学与技术试验卫星
180	1963－14C	TRS－6	四面体研究卫星－6	美国	范登堡空军基地	Atlas－LV3 Agena－B	宇宙神LV3－阿金纳 B	19630509	科学与技术试验卫星
181	1963－14E	Dash－1	达什－1	美国	范登堡空军基地	Atlas－LV3 Agena－B	宇宙神LV3－阿金纳 B	19630509	科学与技术试验卫星
182	1963－14F	West Ford－2	西福特－2	美国	范登堡空军基地	Atlas－LV3 Agena－B	宇宙神LV3－阿金纳 B	19630509	通信广播卫星
183	1963－15A	Mercury－9	水星－9	美国	卡纳维拉尔角发射场	Atlas－D	宇宙神D	19630515	载人及货运航天器
184	1963－15B	Flashing Light Subsatellite－01	闪光太空舱子卫星－01	美国	卡纳维拉尔角发射场	Atlas－D	宇宙神D	19630515	载人及货运航天器

续表

序号	国际代号	外文名	中文名	所属国家、地区或组织	发射地点	发射工具外文名	发射工具中文名	发射时间	航天器类型
185	1963-16A	KH-6-02	锁眼-6-02	美国	范登堡空军基地	TAT Agena-D	加大推力雷神-阿金纳D	19630518	对地观测卫星
186	1963-17A	DS-A1-02	第聂伯罗彼得罗夫斯克卫星-A1-02	苏联	卡普斯京亚尔航天发射中心	Cosmos	宇宙号	19630522	科学与技术试验卫星
187	1963-18A	Zenit-2-11	天顶-2-11	苏联	拜科努尔航天发射中心	Vostok-2	东方-2	19630524	对地观测卫星
188	1963-19A	KH-4-21	锁眼-4-21	美国	范登堡空军基地	TAT Agena-D	加大推力雷神-阿金纳D	19630612	对地观测卫星
189	1963-20A	Vostok-5	东方-5	苏联	拜科努尔航天发射中心	Vostok-K	东方-K	19630614	载人及货运航天器
190	1963-21A	Surcal-3	沙克尔-3	美国	范登堡空军基地	Thor Agena-D	雷神-阿金纳D	19630615	科学与技术试验卫星
191	1963-21B	LOFTI-2b	洛夫梯-2b	美国	范登堡空军基地	Thor Agena-D	雷神-阿金纳D	19630615	科学与技术试验卫星
192	1963-21C	Poppy-2B	罂粟-2B	美国	范登堡空军基地	Thor Agena-D	雷神-阿金纳D	19630615	对地观测卫星
193	1963-21D	Poppy-2C	罂粟-2C	美国	范登堡空军基地	Thor Agena-D	雷神-阿金纳D	19630615	对地观测卫星
194	1963-21E	Poppy-2A	罂粟-2A	美国	范登堡空军基地	Thor Agena-D	雷神-阿金纳D	19630615	对地观测卫星
195	1963-22A	Transit-5A-03	子午仪-5A-03	美国	范登堡空军基地	Scout-X3	侦察兵-X3	19630616	导航定位卫星
196	1963-23A	Vostok-6	东方-6	苏联	拜科努尔航天发射中心	Vostok-K	东方-K	19630616	载人及货运航天器
197	1963-24A	Tiros-07	泰罗斯-07	美国	卡纳维拉尔角发射场	Delta-B	德尔它-B	19630619	对地观测卫星
198	1963-25A	KH-4-22	锁眼-4-22	美国	范登堡空军基地	TAT Agena-D	加大推力雷神-阿金纳D	19630627	对地观测卫星
199	1963-25B	P-11 4201	雪貂子卫星-4201	美国	范登堡空军基地	Thor Agena-D	雷神-阿金纳D	19630627	对地观测卫星
200	1963-26A	GRS	地球物理研究卫星	美国	沃洛普斯岛发射场	Scout-X4	侦察兵-X4	19630628	科学与技术试验卫星
201	1963-27A	Samos F2-04	萨莫斯 F2-04	美国	范登堡空军基地	TAT Agena-B	加大推力雷神-阿金纳B	19630629	对地观测卫星
202	1963-28A	KH-7-01	锁眼-7-01	美国	范登堡空军基地	Atlas-LV3 Agena-D	宇宙神 LV3 阿金纳-D	19630712	对地观测卫星
203	1963-29A	KH-4-23	锁眼-4-23	美国	范登堡空军基地	Thor Agena-D	雷神-阿金纳D	19630718	对地观测卫星
204	1963-30A	Midas-9	迈达斯-9	美国	范登堡空军基地	Atlas-LV3 Agena-B	宇宙神 LV3 阿金纳-B	19630719	对地观测卫星
205	1963-30B	TRS-9	四面体研究卫星-9	美国	范登堡空军基地	Atlas-LV3 Agena-B	宇宙神 LV3 阿金纳-B	19630719	科学与技术试验卫星
206	1963-30C	TRS-10	四面体研究卫星-10	美国	范登堡空军基地	Atlas-LV3 Agena-B	宇宙神 LV3 阿金纳-B	19630719	科学与技术试验卫星
207	1963-30D	Dash-2	达什-2	美国	范登堡空军基地	Atlas-LV3 Agena-B	宇宙神 LV3 阿金纳-B	19630719	科学与技术试验卫星
208	1963-31A	Syncom-2	辛康-2	美国	卡纳维拉尔角发射场	Delta-B	德尔它-B	19630726	通信广播卫星
209	1963-32A	KH-6-03	锁眼-6-03	美国	范登堡空军基地	TAT Agena-D	加大推力雷神-阿金纳D	19630730	对地观测卫星
210	1963-33A	DS-P1-03	第聂伯罗彼得罗夫斯克卫星-P1-03	苏联	卡普斯京亚尔航天发射中心	Cosmos	宇宙号	19630806	科学与技术试验卫星
211	1963-34A	KH-4A-01	锁眼-4A-01	美国	范登堡空军基地	TAT Agena-D	加大推力雷神-阿金纳D	19630825	对地观测卫星

世界航天器大全

续表

序号	国际代号	外文名	中文名	所属国家、地区或组织	发射地点	发射工具外文名	发射工具中文名	发射时间	航天器类型
212	1963-35A	KH-5-09	锁眼-5-09	美国	范登堡空军基地	Thor Agena-D	雷神-阿金纳D	19630829	对地观测卫星
213	1963-35B	Lampo-01	灯火-01	美国	范登堡空军基地	Thor Agena-D	雷神-阿金纳D	19630829	科学与技术试验卫星
214	1963-36A	KH-7-02	锁眼-7-02	美国	范登堡空军基地	Atlas-LV3 Agena-D	宇宙神LV3-阿金纳D	19630906	对地观测卫星
215	1963-37A	KH-4A-02	锁眼-4A-02	美国	范登堡空军基地	TAT Agena-D	加大推力雷神-阿金纳D	19630923	对地观测卫星
216	1963-38A	Transit-5BN-01	子午仪-5BN-01	美国	范登堡空军基地	Thor Able-Star	雷神-艾布尔星	19630928	导航定位卫星
217	1963-38B	Transit-5E-01	子午仪-5E-01	美国	范登堡空军基地	Thor Able-Star	雷神-艾布尔星	19630928	科学与技术试验卫星
218	1963-39A	Vela-01	维拉-01	美国	卡纳维拉尔角发射场	Atlas-LV3 Agena-D	宇宙神LV3-阿金纳D	19631017	对地观测卫星
219	1963-39A	Vela-02	维拉-02	美国	卡纳维拉尔角发射场	Atlas-LV3 Agena-D	宇宙神LV3-阿金纳D	19631017	对地观测卫星
220	1963-39B	TRS-12	四面体研究卫星-12	美国	卡纳维拉尔角发射场	Atlas-LV3 Agena-D	宇宙神LV3-阿金纳D	19631017	科学与技术试验卫星
221	1963-40A	Zenit-2-13	天顶-2-13	苏联	拜科努尔航天发射中心	Vostok-2	东方-2	19631018	对地观测卫星
222	1963-41A	KH-7-03	锁眼-7-03	美国	范登堡空军基地	Atlas-LV3 Agena-D	宇宙神LV3-阿金纳D	19631025	对地观测卫星
223	1963-42A	KH-5-10	锁眼-5-10	美国	范登堡空军基地	TAT Agena-D	加大推力雷神-阿金纳D	19631029	对地观测卫星
224	1963-42B	P-11 4001	雪貂子卫星-4001	美国	范登堡空军基地	TAT Agena-D	加大推力雷神-阿金纳D	19631029	对地观测卫星
225	1963-43A	Polyot-1	飞行-1	苏联	拜科努尔航天发射中心	Polyot	飞行号	19631101	科学与技术试验卫星
226	1963-44A	Cosmos-21	宇宙-21	苏联	拜科努尔航天发射中心	Molniya	闪电号	19631111	空间探测器
227	1963-45A	Zenit-4-01	天顶-4-01	苏联	拜科努尔航天发射中心	Voskhod	上升号	19631116	对地观测卫星
228	1963-46A	Explorer-18	探险者-18	美国	卡纳维拉尔角发射场	Delta-C	德尔它-C	19631127	科学与技术试验卫星
229	1963-47A	Centaur AC-2	半人马座AC-2	美国	卡纳维拉尔角发射场	Atlas-LV3C Centaur-B	宇宙神LV3C-半人马座B	19631127	科学与技术试验卫星
230	1963-48A	KH-4-25	锁眼-4-25	美国	范登堡空军基地	Thor Agena-D	雷神-阿金纳D	19631127	对地观测卫星
231	1963-49A	Transit-5BN-02	子午仪-5BN-02	美国	范登堡空军基地	Thor Able-Star	雷神-艾布尔星	19631205	导航定位卫星
232	1963-49B	Transit-5E-03	子午仪-5E-03	美国	范登堡空军基地	Thor Able-Star	雷神-艾布尔星	19631205	科学与技术试验卫星
233	1963-50A	Omega-2	奥米伽-2	苏联	卡普斯金亚尔航天发射中心	Cosmos	宇宙号	19631213	科学与技术试验卫星
234	1963-51A	KH-7-04	锁眼-7-04	美国	范登堡空军基地	Atlas-LV3 Agena-D	宇宙神LV3-阿金纳D	19631218	对地观测卫星
235	1963-52A	Zenit-2-15	天顶-2-15	苏联	拜科努尔航天发射中心	Vostok-2	东方-2	19631219	对地观测卫星
236	1963-53A	Explorer-19	探险者-19	美国	范登堡空军基地	Scout-X4	侦察兵-X4	19631219	科学与技术试验卫星
237	1963-54A	Tiros-08	泰罗斯-08	美国	卡纳维拉尔角发射场	Delta-B	德尔它-B	19631221	对地观测卫星
238	1963-55A	KH-4-26	锁眼-4-26	美国	范登堡空军基地	TAT Agena-D	加大推力雷神-阿金纳D	19631221	对地观测卫星

续表

序号	国际代号	外文名	中文名	所属国家、地区或组织	发射地点	发射工具外文名	发射工具中文名	发射时间	航天器类型
239	1963-55B	P-11 4101	雪貂子卫星-4101	美国	范登堡空军基地	TAT Agena-D	加大推力雷神-阿金纳D	19631221	对地观测卫星
240	1964-01A	Poppy-3B	罂粟-3B	美国	范登堡空军基地	TAT Agena-D	加大推力雷神-阿金纳D	19640111	对地观测卫星
241	1964-01B	Poppy-3C	罂粟-3C	美国	范登堡空军基地	TAT Agena-D	加大推力雷神-阿金纳D	19640111	对地观测卫星
242	1964-01C	SECOR-1	西可尔-1	美国	范登堡空军基地	TAT Agena-D	加大推力雷神-阿金纳D	19640111	对地观测卫星
243	1964-01D	SR-5	太阳辐射卫星-5	美国	范登堡空军基地	TAT Agena-D	加大推力雷神-阿金纳D	19640111	科学与技术试验卫星
244	1964-01E	Poppy-3A	罂粟-3A	美国	范登堡空军基地	TAT Agena-D	加大推力雷神-阿金纳D	19640111	对地观测卫星
245	1964-02A	DSAP-1 F6	国防卫星应用计划-1 F6	美国	范登堡空军基地	Thor Agena-D	雷神-阿金纳D	19640119	对地观测卫星
246	1964-02B	DSAP-1 F7	国防卫星应用计划-1 F7	美国	范登堡空军基地	Thor Agena-D	雷神-阿金纳D	19640119	对地观测卫星
247	1964-03A	Relay-2	中继-2	美国	卡纳维拉尔角发射场	Delta-B	德尔它-B	19640121	通信广播卫星
248	1964-04A	Echo-2	回声-2	美国	范登堡空军基地	Thor Agena-B	雷神-阿金纳B	19640125	通信广播卫星
249	1964-05A	Saturn-1	土星-1	美国	卡纳维拉尔角发射场	Saturn-1 (Bl.-2)	土星-1 (Bl.-2)	19640129	科学与技术试验卫星
250	1964-06A	Elektron-1	电子-1	苏联	拜科努尔航天发射中心	Vostok-K	东方-K	19640130	科学与技术试验卫星
251	1964-06B	Elektron-2	电子-2	苏联	拜科努尔航天发射中心	Vostok-K	东方-K	19640130	科学与技术试验卫星
252	1964-07A	Ranger-6	徘徊者-6	美国	卡纳维拉尔角发射场	Atlas-LV3 Agena-B	宇宙神LV3-阿金纳B	19640130	空间探测器
253	1964-08A	KH-4A-03	锁眼-4A-03	美国	范登堡空军基地	TAT Agena-D	加大推力雷神-阿金纳D	19640215	对地观测卫星
254	1964-09A	KH-7-05	锁眼-7-05	美国	范登堡空军基地	Atlas-LV3 Agena-D	宇宙神LV3-阿金纳D	19640225	对地观测卫星
255	1964-10A	DS-P1-04	第聂伯罗彼得罗夫斯克卫星-P1-04	苏联	卡普斯京亚尔航天发射中心	Cosmos	宇宙号	19640227	科学与技术试验卫星
256	1964-11A	Samos-F3-01	萨莫斯-F3-01	美国	范登堡空军基地	TAT Agena-D	加大推力雷神-阿金纳D	19640228	对地观测卫星
257	1964-12A	KH-7-06	锁眼-7-06	美国	范登堡空军基地	Atlas-LV3 Agena-D	宇宙神LV3-阿金纳D	19640311	对地观测卫星
258	1964-13A	DS-MG-01	第聂伯罗彼得罗夫斯克卫星-MG01	苏联	卡普斯京亚尔航天发射中心	Cosmos	宇宙号	19640318	科学与技术试验卫星
259	1964-14A	Cosmos-27	宇宙-27	苏联	拜科努尔航天发射中心	Molniya-M/Blok-L	闪电-M/上面级L	19640327	空间探测器
260	1964-15A	Ariel-2	羚羊-2	美国/英国	沃洛普斯岛发射场	Scout-X3	侦察兵-X3	19640327	科学与技术试验卫星
261	1964-16A	Zond-1	探测器-1	苏联	拜科努尔航天发射中心	Molniya-M/Blok-L	闪电-M/上面级L	19640402	空间探测器
262	1964-17A	Zenit-2-16	天顶-2-16	苏联	拜科努尔航天发射中心	Vostok-2	东方-2	19640404	对地观测卫星
263	1964-18A	Gemini-1	双子座-1	美国	卡纳维拉尔角发射场	Titan-2-GLV	大力神-2-双子座运载火箭	19640408	载人及货运航天器
264	1964-19A	Polyot-2	飞行-2	苏联	拜科努尔航天发射中心	Polyot	飞行号	19640408	科学与技术试验卫星
265	1964-20A	KH-7-07	锁眼-7-07	美国	范登堡空军基地	Atlas-LV3 Agena-D	宇宙神LV3-阿金纳D	19640423	对地观测卫星

续表

序号	国际代号	外文名	中文名	所属国家、地区或组织	发射地点	发射工具外文名	发射工具中文名	发射时间	航天器类型
266	1964-21A	Zenit-2-17	天顶-2-17	苏联	拜科努尔航天发射中心	Vostok-2	东方-2	19640425	对地观测卫星
267	1964-22A	KH-4A-05	锁眼-4A-05	美国	范登堡空军基地	TAT Agena-D	加大推力雷神-阿金纳D	19640427	对地观测卫星
268	1964-23A	Zenit-4-02	天顶-4-02	苏联	拜科努尔航天发射中心	Voskhod	上升号	19640518	对地观测卫星
269	1964-24A	KH-7-08	锁眼-7-08	美国	范登堡空军基地	Atlas-LV3 Agena-D	宇宙神LV3-阿金纳D	19640519	对地观测卫星
270	1964-25A	Saturn-6	土星-6	美国	卡纳维拉尔角发射场	Saturn-1(Bl.-2)	土星-1(Bl.-2)	19640528	载人及货运航天器
271	1964-26A	Transit-5C-01	子午仪-5C-01	美国	范登堡空军基地	Scout-X4	侦察兵-X4	19640604	导航定位卫星
272	1964-27A	KH-4A-06	锁眼-4A-06	美国	范登堡空军基地	TAT Agena-D	加大推力雷神-阿金纳D	19640604	对地观测卫星
273	1964-28A	DS-MT-02	第聂伯罗彼得罗夫斯克卫星-MT02	苏联	卡普斯京亚尔航天发射中心	Cosmos	宇宙号	19640606	科学与技术试验卫星
274	1964-29A	Zenit-2-18	天顶-2-18	苏联	拜科努尔航天发射中心	Vostok-2	东方-2	19640610	对地观测卫星
275	1964-30A	KH-5-11	锁眼-5-11	美国	范登堡空军基地	TAT Agena-D	加大推力雷神-阿金纳D	19640613	对地观测卫星
276	1964-31A	DSAP-1 F8	国防卫星应用计划-1 F8	美国	范登堡空军基地	Thor Agena-D	雷神-阿金纳D	19640618	对地观测卫星
277	1964-31B	DSAP-1 F9	国防卫星应用计划-1 F9	美国	范登堡空军基地	Thor Agena-D	雷神-阿金纳D	19640618	对地观测卫星
278	1964-32A	KH-4A-07	锁眼-4A-07	美国	范登堡空军基地	TAT Agena-D	加大推力雷神-阿金纳D	19640619	对地观测卫星
279	1964-33A	Zenit-2-19	天顶-2-19	苏联	拜科努尔航天发射中心	Vostok-2	东方-2	19640623	对地观测卫星
280	1964-34A	Zenit-4-03	天顶-4-03	苏联	拜科努尔航天发射中心	Voskhod	上升号	19640701	对地观测卫星
281	1964-35A	Samos-F3-02	萨莫斯-F3-02	美国	范登堡空军基地	TAT Agena-D	加大推力雷神-阿金纳D	19640703	对地观测卫星
282	1964-36A	KH-7-09	锁眼-7-09	美国	范登堡空军基地	Atlas-LV3 Agena-D	宇宙神LV3-阿金纳D	19640706	对地观测卫星
283	1964-36B	P-11 4301	雪貂子卫星-4301	美国	范登堡空军基地	Atlas-LV3 Agena-D	宇宙神LV3-阿金纳D	19640706	对地观测卫星
284	1964-37A	KH-4A-08	锁眼-4A-08	美国	范登堡空军基地	TAT Agena-D	加大推力雷神-阿金纳D	19640710	对地观测卫星
285	1964-38A	Elektron-3	电子-3	苏联	拜科努尔航天发射中心	Vostok-K	东方-K	19640710	科学与技术试验卫星
286	1964-38B	Elektron-4	电子-4	苏联	拜科努尔航天发射中心	Vostok-K	东方-K	19640710	科学与技术试验卫星
287	1964-39A	Zenit-2-20	天顶-2-20	苏联	拜科努尔航天发射中心	Vostok-2	东方-2	19640715	对地观测卫星
288	1964-40A	Vela-03	维拉-03	美国	卡纳维拉尔角发射场	Atlas-LV3 Agena-D	宇宙神LV3-阿金纳D	19640717	对地观测卫星
289	1964-40B	Vela-04	维拉-04	美国	卡纳维拉尔角发射场	Atlas-LV3 Agena-D	宇宙神LV3-阿金纳D	19640717	对地观测卫星
290	1964-40C	TRS-13	四面体研究卫星-13	美国	卡纳维拉尔角发射场	Atlas-LV3 Agena-D	宇宙神LV3-阿金纳D	19640717	科学与技术试验卫星
291	1964-41A	Ranger-7	徘徊者-7	美国	卡纳维拉尔角发射场	Atlas-LV3 Agena-B	宇宙神LV3-阿金纳B	19640728	空间探测器
292	1964-42A	DS-P1-Yu-01	第聂伯罗彼得罗夫斯克卫星-P1-Yu-01	苏联	卡普斯京亚尔航天发射中心	Cosmos	宇宙号	19640730	科学与技术试验卫星

续表

序号	国际代号	外文名	中文名	所属国家、地区或组织	发射地点	发射工具外文名	发射工具中文名	发射时间	航天器类型
293	1964-43A	KH-4A-09	锁眼-4A-09	美国	范登堡空军基地	TAT Agena-D	加大推力雷神-阿金纳 D	19640805	对地观测卫星
294	1964-44A	Zenit-2-21	天顶-2-21	苏联	拜科努尔航天发射基地	Vostok-2	东方-2	19640814	对地观测卫星
295	1964-45A	KH-7-10	锁眼-7-10	美国	范登堡空军基地	Atlas-SLV3 Agena-D	宇宙神 SLV3-阿金纳 D	19640814	对地观测卫星
296	1964-45B	P-11 4202	雪貂子卫星-4202	美国	范登堡空军基地	Atlas-SLV3 Agena-D	宇宙神 SLV3-阿金纳 D	19640814	对地观测卫星
297	1964-46A	Strela-1-01	天箭座-1-01	苏联	拜科努尔航天发射中心	Cosmos-1	宇宙-1	19640818	通信广播卫星
298	1964-46B	Strela-1-02	天箭座-1-02	苏联	拜科努尔航天发射中心	Cosmos-1	宇宙-1	19640818	通信广播卫星
299	1964-46C	Strela-1-03	天箭座-1-03	苏联	拜科努尔航天发射中心	Cosmos-1	宇宙-1	19640818	通信广播卫星
300	1964-47A	Syncom-3	辛康-3	美国	卡纳维拉尔角航天发射场	Delta-D	德尔它-D	19640819	通信广播卫星
301	1964-48A	KH-5-12	锁眼-5-12	美国	范登堡空军基地	TAT Agena-D	加大推力雷神-阿金纳 D	19640821	对地观测卫星
302	1964-49A	Molniya-1-02	闪电-1-02	苏联	拜科努尔航天发射中心	Molniya	闪电号	19640822	通信广播卫星
303	1964-50A	Strela-1-04	天箭座-1-04	苏联	卡普斯金亚尔航天发射中心	Cosmos	宇宙号	19640822	通信广播卫星
304	1964-50C	Strela-1-05	天箭座-1-05	苏联	卡普斯金亚尔航天发射中心	Cosmos	宇宙号	19640822	通信广播卫星
305	1964-51A	Explorer-20	探险者-20	美国	范登堡空军基地	Scout-X4	侦察兵-X4	19640825	科学与技术试验卫星
306	1964-52A	Nimbus-1	雨云-1	美国	范登堡空军基地	Thor Agena-B	雷神-阿金纳 B	19640828	对地观测卫星
307	1964-53A	Meteor-C-01	流星-C-01	苏联	拜科努尔航天发射中心	Vostok-2M	东方-2M	19640828	对地观测卫星
308	1964-54A	OGO-1	奥戈-1	美国	卡纳维拉尔角航天发射场	Atlas-LV3 Agena-B	宇宙神 LV3-阿金纳 B	19640905	科学与技术试验卫星
309	1964-55A	Zenit-4-04	天顶-4-04	苏联	拜科努尔航天发射中心	Voskhod	上升号	19640913	对地观测卫星
310	1964-56A	KH-4A-10	锁眼-4A-10	美国	范登堡空军基地	TAT Agena-D	加大推力雷神-阿金纳 D	19640914	对地观测卫星
311	1964-57A	Saturn-7	土星-7	美国	卡纳维拉尔角航天发射场	Saturn-1 (Bl.-2)	土星-1（Bl.-2）	19640918	载人及货运航天器
312	1964-58A	KH-7-11	锁眼-7-11	美国	范登堡空军基地	Atlas-SLV3 Agena-D	宇宙神 SLV3-阿金纳 D	19640923	对地观测卫星
313	1964-59A	Zenit-2-22	天顶-2-22	苏联	拜科努尔航天发射中心	Vostok-2	东方-2	19640924	对地观测卫星
314	1964-60A	Explorer-21	探险者-21	美国	卡纳维拉尔角航天发射场	Delta-C	德尔它-C	19641004	科学与技术试验卫星
315	1964-61A	KH-4A-11	锁眼-4A-11	美国	范登堡空军基地	TAT Agena-D	加大推力雷神-阿金纳 D	19641005	对地观测卫星
316	1964-62A	Voskhod-3KV-01	上升-3KV-01	苏联	拜科努尔航天发射中心	Voskhod	上升号	19641006	载人及货运航天器
317	1964-63A	Transit-O-01	子午仪-O-01	美国	范登堡空军基地	Thor Able-Star	雷神-艾布尔星	19641006	导航定位卫星
318	1964-63B	Dragsphere-01	卡尔斯菲尔-01	美国	范登堡空军基地	Thor Able-Star	雷神-艾布尔星	19641006	科学与技术试验卫星
319	1964-63C	Dragsphere-02	卡尔斯菲尔-02	美国	范登堡空军基地	Thor Able-Star	雷神-艾布尔星	19641006	科学与技术试验卫星

续表

序号	国际代号	外文名	中文名	所属国家、地区或组织	发射地点	发射工具外文名	发射工具中文名	发射时间	航天器类型
320	1964－64A	Explorer－22	探险者－22	美国	范登堡空军基地	Scout－X4	侦察兵－X4	19641010	科学与技术试验卫星
321	1964－65A	Voskhod－1	上升－1	苏联	拜科努尔航天发射中心	Voskhod	上升号	19641012	载人及货运航天器
322	1964－66A	Zenit－2－23	天顶－2－23	苏联	拜科努尔航天发射中心	Vostok－2	东方－2	19641013	对地观测卫星
323	1964－67A	KH－4A－12	锁眼－4A－12	美国	范登堡空军基地	TAT Agena－D	加大推力雷神－阿金纳 D	19641017	对地观测卫星
324	1964－68A	KH－7－13	锁眼－7－13	美国	范登堡空军基地	Atlas－LV3 Agena－D	宇宙神 LV3－阿金纳 D	19641023	对地观测卫星
325	1964－68B	P－11 4302	雪貂子卫星－4302	美国	范登堡空军基地	Atlas－LV3 Agena－D	宇宙神 LV3－阿金纳 D	19641023	对地观测卫星
326	1964－69A	DS－MG－02	第聂伯罗彼得罗夫斯克卫星－MG02	苏联	卡普斯金亚尔航天发射中心	Cosmos	宇宙号	19641024	科学与技术试验卫星
327	1964－70A	Zenit－2－24	天顶－2－24	苏联	拜科努尔航天发射中心	Vostok－2	东方－2	19641028	对地观测卫星
328	1964－71A	KH－4A－13	锁眼－4A－13	美国	范登堡空军基地	TAT Agena－D	加大推力雷神－阿金纳 D	19641102	对地观测卫星
329	1964－72A	Samos－F3－03	萨莫斯－F3－03	美国	范登堡空军基地	TAT Agena－D	加大推力雷神－阿金纳 D	19641104	对地观测卫星
330	1964－73A	Mariner－3	水手－3	美国	卡纳维拉尔角发射场	Atlas－LV3 Agena－D	宇宙神 LV3－阿金纳 D	19641105	空间探测器
331	1964－74A	Explorer－23	探险者－23	美国	沃洛普斯岛发射场	Scout－X4	侦察兵－X4	19641106	科学与技术试验卫星
332	1964－75A	KH－4A－14	锁眼－4A－14	美国	范登堡空军基地	TAT Agena－D	加大推力雷神－阿金纳 D	19641118	对地观测卫星
333	1964－76A	Explorer－24	探险者－24	美国	范登堡空军基地	Scout－X4	侦察兵－X4	19641121	科学与技术试验卫星
334	1964－76B	Injun－4	英琼－4	美国	范登堡空军基地	Scout－X4	侦察兵－X4	19641121	科学与技术试验卫星
335	1964－77A	Mariner－4	水手－4	美国	卡纳维拉尔角发射场	Atlas－LV3 Agena－D	宇宙神 LV3－阿金纳 D	19641128	空间探测器
336	1964－78A	Zond－2	探测器－2	苏联	拜科努尔航天发射中心	Molniya	闪电号	19641130	空间探测器
337	1964－79A	KH－7－14	锁眼－7－14	美国	范登堡空军基地	Atlas－SLV3 Agena－D	宇宙神 SLV3－阿金纳 D	19641204	对地观测卫星
338	1964－80A	DS－MT－03	第聂伯罗彼得罗夫斯克卫星－MT03	苏联	卡普斯金亚尔航天发射中心	Cosmos	宇宙号	19641209	科学与技术试验卫星
339	1964－81A	Transtage－2	中间级－2	美国	卡纳维拉尔角发射场	Titan－3A	大力神－3A	19641210	科学与技术试验卫星
340	1964－82A	Surveyor-Mass Model 1	勘测者－质量模型－1	美国/意大利	沃洛普斯岛发射场	Atlas－LV3C Centaur－C	宇宙神 LV3C－半人马座 C	19641211	其他
341	1964－83A	Transit－O－02	子午仪－O－02	美国	范登堡空军基地	Thor Able－Star	雷神－艾布尔星	19641213	导航定位卫星
342	1964－83B	Transit－5E－05	子午仪－5E－05	美国	范登堡空军基地	Thor Able－Star	雷神－艾布尔星	19641213	科学与技术试验卫星
343	1964－84A	Transit－O－02	子午仪－O－02	美国/意大利	沃洛普斯岛发射场	Scout－X4	侦察兵－X4	19641215	导航定位卫星
344	1964－85A	KH－4A－15	锁眼－4A－15	美国	范登堡空军基地	TAT Agena－D	加大推力雷神－阿金纳 D	19641219	对地观测卫星
345	1964－86A	Explorer EPE－D	探险者 EPE－D	美国	卡纳维拉尔角发射场	Delta－C	德尔它－C	19641221	科学与技术试验卫星
346	1964－87A	Quill－1	翎管－1	美国	范登堡空军基地	TAT Agena－D	加大推力雷神－阿金纳 D	19641221	对地观测卫星

续表

序号	国际代号	外文名	中文名	所属国家、地区或组织	发射地点	发射工具外文名	发射工具中文名	发射时间	航天器类型
347	1965-01A	Zenit-2-25	天顶-2-25	苏联	拜科努尔航天发射中心	Vostok-2	东方-2	19650111	对地观测卫星
348	1965-02A	KH-4A-15	锁眼-4A-15	美国	范登堡空军基地	TAT Agena-D	加大推力雷神-阿金纳D	19650115	对地观测卫星
349	1965-03A	DSAP-1 F10	国防卫星应用计划-1 F10	美国	范登堡空军基地	Thor Burner-1	雷神-博纳1	19650119	对地观测卫星
350	1965-04A	Tiros-9	泰罗斯-9	美国	卡纳维拉尔角发射场	Delta-C	德尔它-C	19650122	对地观测卫星
351	1965-05A	KH-7-15	锁眼-7-15	美国	范登堡空军基地	Atlas-SLV3 Agena-D	宇宙神SLV3-阿金纳D	19650123	对地观测卫星
352	1965-06A	DS-A1-05	第聂伯罗彼得罗夫斯克卫星-A1-05	苏联	卡普斯京亚尔航天发射中心	Cosmos	宇宙号	19650130	科学与技术试验卫星
353	1965-07A	OSO-2	奥索-2	美国	卡纳维拉尔角发射场	Delta-C	德尔它-C	19650203	对地观测卫星
354	1965-08A	LES-1	林肯实验室实验卫星-1	美国	卡纳维拉尔角发射场	Titan-3A Star-13A	大力神-3A-星13A	19650211	科学与技术试验卫星
355	1965-09A	Pegasus-1	飞马座-1	美国	卡纳维拉尔角发射场	Saturn-1 (Bl.-2)	土星-1 (BL-2)	19650216	科学与技术试验卫星
356	1965-09B	Apollo-103	阿波罗-103	美国	卡纳维拉尔角发射场	Saturn-1 (Bl.-2)	土星-1 (BL-2)	19650216	载人及货运航天器
357	1965-10A	Ranger-8	徘徊者-8	美国	卡纳维拉尔角发射场	Atlas-LV3 Agena-B	宇宙神LV3-阿金纳B	19650217	空间探测器
358	1965-11A	Strela-1-09	天箭座-1-09	苏联	拜科努尔航天发射中心	Cosmos-1	宇宙-1	19650221	通信广播卫星
359	1965-11B	Strela-1-10	天箭座-1-10	苏联	拜科努尔航天发射中心	Cosmos-1	宇宙-1	19650221	通信广播卫星
360	1965-11C	Strela-1-11	天箭座-1-11	苏联	拜科努尔航天发射中心	Cosmos-1	宇宙-1	19650221	通信广播卫星
361	1965-12A	Voskhod-3KD-01	上升-3KD-01	苏联	拜科努尔航天发射中心	Voskhod	上升号	19650222	载人及货运航天器
362	1965-13A	KH-4A-17	锁眼-4A-17	美国	范登堡空军基地	TAT Agena-D	加大推力雷神-阿金纳D	19650225	对地观测卫星
363	1965-14A	Meteor-C-02	流星-C-02	苏联	拜科努尔航天发射中心	Vostok-2M	东方-2M	19650226	对地观测卫星
364	1965-15A	Zenit-4-05	天顶-4-05	苏联	拜科努尔航天发射中心	Voskhod	上升号	19650307	对地观测卫星
365	1965-16A	Poppy-4A	罂粟-4A	美国	范登堡空军基地	Thor Agena-D	雷神-阿金纳D	19650309	对地观测卫星
366	1965-16B	Poppy-4C	罂粟-4C	美国	范登堡空军基地	Thor Agena-D	雷神-阿金纳D	19650309	对地观测卫星
367	1965-16C	Poppy-4D	罂粟-4D	美国	范登堡空军基地	Thor Agena-D	雷神-阿金纳D	19650309	对地观测卫星
368	1965-16D	Poppy-4B	罂粟-4B	美国	范登堡空军基地	Thor Agena-D	雷神-阿金纳D	19650309	对地观测卫星
369	1965-16E	SECOR-2	西可尔-2	美国	范登堡空军基地	Thor Agena-D	雷神-阿金纳D	19650309	对地观测卫星
370	1965-16F	Oscar-3	奥斯卡-3	美国	范登堡空军基地	Thor Agena-D	雷神-阿金纳D	19650309	科学与技术试验卫星
371	1965-16G	Surcal-4	沙克尔-4	美国	范登堡空军基地	Thor Agena-D	雷神-阿金纳D	19650309	科学与技术试验卫星
372	1965-16H	Dodecahedron-01	十二面体研究卫星-01	美国	范登堡空军基地	Thor Agena-D	雷神-阿金纳D	19650309	科学与技术试验卫星
373	1965-17A	SECOR-3	西可尔-3	美国	范登堡空军基地	Thor Able-Star	雷神-艾布尔星	19650311	对地观测卫星

续表

序号	国际代号	外文名	中文名	所属国家、地区或组织	发射地点	发射工具外文名	发射工具中文名	发射时间	航天器类型
374	1965－17B	Transit－O－03	子午仪－O－03	美国	范登堡空军基地	Thor Able－Star	雷神－艾布尔星	19650311	导航定位卫星
375	1965－18A	Luna－6－06	月球－6－06	苏联	拜科努尔航天发射中心	Molniya－L	闪电－L	19650312	空间探测器
376	1965－19A	KH－7－16	锁眼－7－16	美国	范登堡空军基地	Atlas－SLV3 Agena－D	宇宙神 SLV3 阿金纳 D	19650312	对地观测卫星
377	1965－20A	Strela－1－12	天箭座－1－12	苏联	拜科努尔航天发射中心	Cosmos－1	宇宙－1	19650315	通信广播卫星
378	1965－20B	Strela－1－13	天箭座－1－13	苏联	拜科努尔航天发射中心	Cosmos－1	宇宙－1	19650315	通信广播卫星
379	1965－20C	Strela－1－14	天箭座－1－14	苏联	拜科努尔航天发射中心	Cosmos－1	宇宙－1	19650315	通信广播卫星
380	1965－21A	DSAP－1 F11	国防卫星应用计划－1 F11	美国	范登堡空军基地	Thor Burner－1	雷神－博纳 1	19650318	对地观测卫星
381	1965－22A	Voskhod－2	上升－2	苏联	拜科努尔航天发射中心	Voskhod	上升号	19650318	载人及货运航天器
382	1965－23A	Ranger－9	徘徊者－9	美国	卡纳维拉尔角发射场	Atlas－LV3 Agena－B	宇宙神 LV3 阿金纳 B	19650321	空间探测器
383	1965－24A	Gemini－3	双子座－3	美国	卡纳维拉尔角发射场	Titan－2－GLV	大力神－2－双子座运载火箭	19650323	载人及货运航天器
384	1965－25A	Zenit－2－26	天顶－2－26	苏联	拜科努尔航天发射中心	Vostok－2	东方－2	19650325	对地观测卫星
385	1965－26A	KH－4A－18	锁眼－4A－18	美国	范登堡空军基地	TAT Agena－D	加大推力雷神－阿金纳 D	19650325	对地观测卫星
386	1965－27A	Snapshot	快照	美国	范登堡空军基地	Atlas－SLV3 Agena－D	宇宙神 SLV3 阿金纳 D	19650403	科学与技术试验卫星
387	1965－27B	SECOR－4	西可尔－4	美国	范登堡空军基地	Atlas－SLV3 Agena－D	宇宙神 SLV3 阿金纳 D	19650403	对地观测卫星
388	1965－28A	Intelsat－1	国际通信卫星－1	国际通信卫星组织	卡纳维拉尔角发射场	Delta－D	德尔它－D	19650406	通信广播卫星
389	1965－29A	Zenit－4－06	天顶－4－06	苏联	拜科努尔航天发射中心	Voskhod	上升号	19650417	对地观测卫星
390	1965－30A	Molniya－1－03	闪电－1－03	苏联	拜科努尔航天发射中心	Molniya	闪电号	19650423	通信广播卫星
391	1965－31A	KH－7－17	锁眼－7－17	美国	范登堡空军基地	Atlas－SLV3 Agena－D	宇宙神 SLV3 阿金纳 D	19650428	对地观测卫星
392	1965－31B	P－11 4401	雪貂子卫星－4401	美国	范登堡空军基地	Atlas－SLV3 Agena－D	宇宙神 SLV3 阿金纳 D	19650428	对地观测卫星
393	1965－32A	Explorer－27	探险者－27	美国	沃洛普斯岛发射场	Scout－X4	侦察兵－X4	19650429	科学与技术试验卫星
394	1965－33A	KH－4A－19	锁眼－4A－19	美国	范登堡空军基地	TAT Agena－D	加大推力雷神－阿金纳 D	19650429	对地观测卫星
395	1965－34A	LES－2	林肯实验卫星－2	美国	卡纳维拉尔角发射场	Titan－3A Star－13A	大力神－3A－星 13A	19650506	科学与技术试验卫星
396	1965－34B	LCS－1	林肯定位卫星－1	美国	卡纳维拉尔角发射场	Titan－3A Star－14A	大力神－3A－星 14A	19650506	科学与技术试验卫星
397	1965－35A	Zenit－2－27	天顶－2－27	苏联	拜科努尔航天发射中心	Vostok－2	东方－2	19650507	对地观测卫星
398	1965－36A	Luna－6－08	月球－6－08	苏联	拜科努尔航天发射中心	Molniya－M/Blok－L	闪电－M/上面级 L	19650509	空间探测器
399	1965－37A	KH－4A－20	锁眼－4A－20	美国	范登堡空军基地	TAT Agena－D	加大推力雷神－阿金纳 D	19650518	对地观测卫星
400	1965－38A	DSAP－3 F1	国防卫星应用计划－3 F1	美国	范登堡空军基地	Thor Burner－1	雷神－博纳 1	19650520	对地观测卫星

续表

序号	国际代号	外文名	中文名	所属国家、地区或组织	发射地点	发射工具外文名	发射工具中文名	发射时间	航天器类型
401	1965-39A	Pegasus-2	飞马座-2	美国	卡纳维拉尔角发射场	Saturn-1 (Bl.-2)	土星-1 (Bl.-2)	19650525	科学与技术试验卫星
402	1965-39B	Apollo-104	阿波罗-104	美国	卡纳维拉尔角发射场	Saturn-1 (Bl.-2)	土星-1 (Bl.-2)	19650525	载人及货运航天器
403	1965-40A	Zenit-4-07	天顶-4-07	苏联	拜科努尔航天发射中心	Voskhod	上升号	19650525	对地观测卫星
404	1965-41A	KH-7-18	锁眼-7-18	美国	范登堡空军基地	Atlas-SLV3 Agena-D	宇宙神 SLV3-阿金纳 D	19650527	对地观测卫星
405	1965-42A	Explorer-28	探险者-28	美国	卡纳维拉尔角发射场	Delta-C	德尔它-C	19650529	科学与技术试验卫星
406	1965-43A	Gemini-4	双子座-4	美国	卡纳维拉尔角发射场	Titan-2-GLV	大力神-2-双子座运载火箭	19650603	载人及货运航天器
407	1965-44A	Luna-6-09	月球-6-09	苏联	拜科努尔航天发射中心	Molniya-M/Blok-L	闪电-M/上面级 L	19650608	空间探测器
408	1965-45A	KH-4A-21	锁眼-4A-21	美国	范登堡空军基地	TAT Agena-D	加大推力雷神-阿金纳 D	19650609	对地观测卫星
409	1965-46A	Zenit-2-28	天顶-2-28	苏联	拜科努尔航天发射中心	Vostok-2	东方-2	19650615	对地观测卫星
410	1965-47A	Transtage-5	中间级-5	美国	卡纳维拉尔角发射场	Titan-3C	大力神-3C	19650618	科学与技术试验卫星
411	1965-47B	Ballast	模拟星	美国	卡纳维拉尔角发射场	Titan-4C	大力神-4C	19650618	其他
412	1965-48A	Transit-O-04	子午仪-O-04	美国	范登堡空军基地	Thor Able-Star	雷神-艾布尔星	19650624	导航定位卫星
413	1965-49A	Zenit-4-08	天顶-4-08	苏联	拜科努尔航天发射中心	Voskhod	上升号	19650625	对地观测卫星
414	1965-50A	KH-7-19	锁眼-7-19	美国	范登堡空军基地	Atlas-SLV3 Agena-D	宇宙神 SLV3-阿金纳 D	19650625	对地观测卫星
415	1965-50B	P-11 4402	雪貂子卫星-4402	美国	范登堡空军基地	Atlas-SLV3 Agena-D	宇宙神 SLV3-阿金纳 D	19650625	对地观测卫星
416	1965-51A	Tiros-10	泰罗斯-10	美国	卡纳维拉尔角发射场	Delta-C	德尔它-C	19650702	对地观测卫星
417	1965-52A	DS-A1-07	第聂伯罗彼得罗夫斯克卫星-A1-07	苏联	卡普斯金亚尔航天发射中心	Cosmos	宇宙号	19650702	科学与技术试验卫星
418	1965-53A	Strela-1-15	天箭座-1-15	苏联	拜科努尔航天发射中心	Cosmos-1	宇宙-1	19650716	通信广播卫星
419	1965-53B	Strela-1-16	天箭座-1-16	苏联	拜科努尔航天发射中心	Cosmos-1	宇宙-1	19650716	通信广播卫星
420	1965-53C	Strela-1-17	天箭座-1-17	苏联	拜科努尔航天发射中心	Cosmos-1	宇宙-1	19650716	通信广播卫星
421	1965-53D	Strela-1-18	天箭座-1-18	苏联	拜科努尔航天发射中心	Cosmos-1	宇宙-1	19650716	通信广播卫星
422	1965-53E	Strela-1-19	天箭座-1-19	苏联	拜科努尔航天发射中心	Cosmos-1	宇宙-1	19650716	通信广播卫星
423	1965-54A	Proton-1	质子-1	苏联	拜科努尔航天发射中心	Proton	质子号	19650716	科学与技术试验卫星
424	1965-55A	Heavy Ferret C-01	重型雪貂 C-01	美国	范登堡空军基地	TAT Agena-D	加大推力雷神-阿金纳 D	19650717	对地观测卫星
425	1965-56A	Zond-3	探测器-3	苏联	拜科努尔航天发射中心	Molniya	闪电号	19650718	空间探测器
426	1965-57A	KH-4A-22	锁眼-4A-22	美国	范登堡空军基地	TAT Agena-D	加大推力雷神-阿金纳 D	19650719	对地观测卫星
427	1965-58A	Vela-05	维拉-05	美国	卡纳维拉尔角发射场	Atlas-LV3 Agena-D	宇宙神 LV3-阿金纳 D	19650720	对地观测卫星

续表

序号	国际代号	外文名	中文名	所属国家、地区或组织	发射地点	发射工具外文名	发射工具中文名	发射时间	航天器类型
428	1965-58B	Vela-06	维拉-06	美国	卡纳维拉尔角发射场	Atlas-LV3 Agena-D	宇宙神 LV3-阿金纳 D	19650720	对地观测卫星
429	1965-58C	ORS-3	八面体研究卫星-3	美国	卡纳维拉尔角发射场	Atlas-LV4 Agena-D	宇宙神 LV4-阿金纳 D	19650720	科学与技术试验卫星
430	1965-59A	DS-P1-Yu-03	等聂伯罗彼得罗夫斯克卫星-P1-Yu-0B	苏联	卡普斯京亚尔发射中心	Cosmos	宇宙号	19650723	科学与技术试验卫星
431	1965-60A	Pegasus-3	飞马座-3	美国	卡纳维拉尔角发射场	Saturn-1 (Bl.-2)	土星-1 (Bl.-2)	19650730	科学与技术试验卫星
432	1965-60B	Apollo-105	阿波罗-105	美国	卡纳维拉尔角发射场	Saturn-1 (Bl.-2)	土星-1 (Bl.-2)	19650730	载人及货运航天器
433	1965-61A	Zenit-4-09	天顶-4-09	苏联	拜科努尔航天发射中心	Voskhod	上升号	19650803	对地观测卫星
434	1965-62A	KH-7-21	锁眼-7-21	美国	范登堡空军基地	Atlas-SLV3 Agena-D	宇宙神 SLV3-阿金纳 D	19650803	对地观测卫星
435	1965-62B	P-11 4403	雪貂子卫星-4403	美国	范登堡空军基地	Atlas-SLV3 Agena-D	宇宙神 SLV3-阿金纳 D	19650803	对地观测卫星
436	1965-63A	SECOR-5	西可尔-5	美国	沃洛普斯岛发射场	Scout-B	侦察兵-B	19650810	对地观测卫星
437	1965-64A	Surveyor-SD2	勘测者-SD2	美国	卡纳维拉尔角发射场	Atlas-LV3C Centaur-D	宇宙神 LV3C-半人马座 D	19650811	空间探测器
438	1965-65A	Transit-O-05	子午仪-O-05	美国	范登堡空军基地	Thor Able-Star	雷神-艾布尔星	19650813	导航定位卫星
439	1965-65B	Dodecahedron-02	十二面体研究卫星-02	美国	范登堡空军基地	Thor Able-Star	雷神-艾布尔星	19650813	科学与技术试验卫星
440	1965-65C	Long Rod	长棍	美国	范登堡空军基地	Thor Able-Star	雷神-艾布尔星	19650813	对地观测卫星
441	1965-65D	Tempsat-1	坦波卫星-1	美国	范登堡空军基地	Thor Able-Star	雷神-艾布尔星	19650813	科学与技术试验卫星
442	1965-65E	Surcal-5	沙克尔-5	美国	范登堡空军基地	Thor Able-Star	雷神-艾布尔星	19650813	科学与技术试验卫星
443	1965-65F	Calsphere-02	卡尔斯菲尔-02	美国	范登堡空军基地	Thor Able-Star	雷神-艾布尔星	19650813	对地观测卫星
444	1965-66A	Zenit-2-30	天顶-2-30	苏联	拜科努尔航天发射中心	Vostok-2	东方-2	19650814	对地观测卫星
445	1965-67A	KH-4A-23	锁眼-4A-23	美国	范登堡空军基地	TAT Agena-D	加大推力雷神-阿金纳 D	19650817	对地观测卫星
446	1965-68A	Gemini-5	双子座-5	美国	卡纳维拉尔角发射场	Titan-2-GLV	大力神-2-双子座运载火箭	19650821	载人及货运航天器
447	1965-68C	REP	雷普	美国	卡纳维拉尔角发射场	Titan-2-GLV	大力神-2-双子座运载火箭	19650821	科学与技术试验卫星
448	1965-69A	Zenit-4-10	天顶-4-10	苏联	拜科努尔航天发射中心	Voskhod	上升号	19650825	对地观测卫星
449	1965-70A	Strela-1-20	天箭座-1-20	苏联	拜科努尔航天发射中心	Cosmos-1	宇宙-1	19650903	通信广播卫星
450	1965-70B	Strela-1-21	天箭座-1-21	苏联	拜科努尔航天发射中心	Cosmos-1	宇宙-1	19650903	通信广播卫星
451	1965-70C	Strela-1-22	天箭座-1-22	苏联	拜科努尔航天发射中心	Cosmos-1	宇宙-1	19650903	通信广播卫星
452	1965-70D	Strela-1-23	天箭座-1-23	苏联	拜科努尔航天发射中心	Cosmos-1	宇宙-1	19650903	通信广播卫星
453	1965-70E	Strela-1-24	天箭座-1-24	苏联	拜科努尔航天发射中心	Cosmos-1	宇宙-1	19650903	通信广播卫星
454	1965-71A	Zenit-4-11	天顶-4-11	苏联	拜科努尔航天发射中心	Voskhod	上升号	19650909	对地观测卫星

续表

序号	国际代号	外文名	中文名	所属国家、地区或组织	发射地点	发射工具外文名	发射工具中文名	发射时间	航天器类型
455	1965-72A	DSAP-2 F1	国防卫星应用计划-2 F1	美国	范登堡空军基地	Thor Burner-1	雷神-博纳1	19650910	对地观测卫星
456	1965-73A	Strela-1-25	天箭座-1-25	苏联	拜科努尔航天发射中心	Cosmos-1	宇宙-1	19650918	通信广播卫星
457	1965-73B	Strela-1-26	天箭座-1-26	苏联	拜科努尔航天发射中心	Cosmos-1	宇宙-1	19650918	通信广播卫星
458	1965-73C	Strela-1-27	天箭座-1-27	苏联	拜科努尔航天发射中心	Cosmos-1	宇宙-1	19650918	通信广播卫星
459	1965-73D	Strela-1-28	天箭座-1-28	苏联	拜科努尔航天发射中心	Cosmos-1	宇宙-1	19650918	通信广播卫星
460	1965-73E	Strela-1-29	天箭座-1-29	苏联	拜科努尔航天发射中心	Cosmos-1	宇宙-1	19650918	通信广播卫星
461	1965-74A	KH-4A-24	锁眼-4A-24	美国	范登堡空军基地	TAT Agena-D	加大推力雷神-阿金纳D	19650922	对地观测卫星
462	1965-75A	Zenit-4-12	天顶-4-12	苏联	拜科努尔航天发射中心	Voskhod	上升号	19650923	对地观测卫星
463	1965-76A	KH-7-22	锁眼-7-22	美国	范登堡空军基地	Atlas-SLV3 Agena-D	宇宙神SLV3-阿金纳D	19650930	对地观测卫星
464	1965-77A	Luna-6-10	月球-6-10	苏联	拜科努尔航天发射中心	Molniya	闪电号	19651004	空间探测器
465	1965-78A	OV 1-02	奥戈1-02	美国	范登堡空军基地	Atlas-D OV1	宇宙神D-轨道飞行器1	19651005	科学与技术试验卫星
466	1965-79A	KH-4A-25	锁眼-4A-25	美国	范登堡空军基地	TAT Agena-D	加大推力雷神-阿金纳D	19651005	对地观测卫星
467	1965-80A	Molniya-1-04	闪电-1-04	苏联	拜科努尔航天发射中心	Molniya	闪电号	19651014	通信广播卫星
468	1965-81A	OGO-2	奥戈-2	美国	范登堡空军基地	TAT Agena-D	加大推力雷神-阿金纳D	19651014	科学与技术试验卫星
469	1965-82A	OV 2-01	奥维2-01	美国	卡纳维拉尔角发射场	Titan-3C	大力神-3C	19651015	科学与技术试验卫星
470	1965-83A	Zenit-4-13	天顶-4-13	苏联	拜科努尔航天发射中心	Voskhod	上升号	19651016	对地观测卫星
471	1965-84A	DS-U2-V-01	第聂伯罗彼得罗夫斯克卫星-U2-V-01	苏联	卡普斯亚尔航天发射中心	Cosmos-M	宇宙-M	19651019	科学与技术试验卫星
472	1965-85A	Zenit-4-14	天顶-4-14	苏联	拜科努尔航天发射中心	Voskhod	上升号	19651028	对地观测卫星
473	1965-86A	KH-4A-26	锁眼-4A-26	美国	范登堡空军基地	TAT Agena-D	加大推力雷神-阿金纳D	19651028	对地观测卫星
474	1965-87A	Proton-2	质子-2	苏联	拜科努尔航天发射中心	Proton	质子号	19651102	科学与技术试验卫星
475	1965-88A	DS-U2-V-02	第聂伯罗彼得罗夫斯克卫星-U2-V-02	苏联	卡普斯亚尔航天发射中心	Cosmos-M	宇宙-M	19651104	科学与技术试验卫星
476	1965-89A	Explorer-29	探险者-29	美国	卡纳维拉尔角发射场	Delta-E	德尔它-E	19651106	对地观测卫星
477	1965-90A	KH-7-23	锁眼-7-23	美国	范登堡空军基地	Atlas-SLV3 Agena-D	宇宙神SLV3-阿金纳D	19651108	对地观测卫星
478	1965-91A	Venera-2	金星-2	苏联	拜科努尔航天发射中心	Molniya-M/Blok-L	闪电-M/上面级L	19651112	空间探测器
479	1965-92A	Venera-3	金星-3	苏联	拜科努尔航天发射中心	Molniya-M/Blok-L	闪电-M/上面级L	19651116	空间探测器
480	1965-93A	Explorer-30	探险者-30	美国	沃洛普斯岛发射场	Scout-X4	侦察兵-X4	19651119	科学与技术试验卫星
481	1965-94A	Cosmos-96	宇宙-96	苏联	拜科努尔航天发射中心	Molniya-M/Blok-L	闪电-M/上面级L	19651123	空间探测器

续表

序号	国际代号	外文名	中文名	所属国家、地区或组织	发射地点	发射工具外文名	发射工具中文名	发射时间	航天器类型
482	1965-95A	DS-U2-M-01	第聂伯罗彼得罗夫斯克卫星-U2-M-01	苏联	卡普斯汀亚尔航天发射中心	Cosmos-M	宇宙-M	19651126	科学与技术试验卫星
483	1965-96A	Asterix	阿斯特里克斯	法国	哈马圭发射场	Diamant-A	钻石-A	19651126	科学与技术试验卫星
484	1965-97A	Zenit-2-31	天顶-2-31	苏联	拜科努尔航天发射中心	Vostok-2	东方-2	19651127	对地观测卫星
485	1965-98A	Alouette-2	百灵鸟-2	美国/加拿大	范登堡空军基地	Thor Agena-B	雷神-阿金纳B	19651129	科学与技术试验卫星
486	1965-98B	Explorer-31	探险者-31	美国	范登堡空军基地	Thor Agena-B	雷神-阿金纳B	19651129	科学与技术试验卫星
487	1965-99A	Luna-6-11	月球-6-11	苏联	拜科努尔航天发射中心	Molniya	闪电号	19651203	空间探测器
488	1965-100A	Gemini-7	双子座-7	美国	卡纳维拉尔角发射场	Titan-2-GLV	大力神-2-双子座运载火箭	19651204	载人及货运航天器
489	1965-101A	Francais-1	法兰西-1	美国/法国	范登堡空军基地	Scout-X4	侦察兵-X4	19651206	科学与技术试验卫星
490	1965-102A	KH-4A-27	锁眼-4A-27	美国	范登堡空军基地	TAT Agena-D	加大推力雷神-阿金纳D	19651209	对地观测卫星
491	1965-103A	Zenit-2-32	天顶-2-32	苏联	拜科努尔航天发射中心	Vostok-2	东方-2	19651210	对地观测卫星
492	1965-104A	Gemini-6	双子座-6	美国	卡纳维拉尔角发射场	Titan-2-GLV	大力神-2-双子座运载火箭	19651215	载人及货运航天器
493	1965-105A	Pioneer-6	先驱者-6	美国	卡纳维拉尔角发射场	Delta-E	德尔它-E	19651216	空间探测器
494	1965-106A	Meteor-C-03	流星-C-03	苏联	拜科努尔航天发射中心	Vostok-2M	东方-2M	19651217	对地观测卫星
495	1965-107A	DS-P1-Yu-04	第聂伯罗彼得罗夫斯克卫星-P1-Yu-04	苏联	卡普斯汀亚尔航天发射中心	Cosmos	宇宙号	19651221	科学与技术试验卫星
496	1965-108A	Oscar-4	奥斯卡-4	美国	卡纳维拉尔角发射场	Titan-3C	大力神-3C	19651221	科学与技术试验卫星
497	1965-108B	LES-3	林肯实验卫星-3	美国	卡纳维拉尔角发射场	Titan-3C	大力神-3C	19651221	科学与技术试验卫星
498	1965-108C	LES-4	林肯实验卫星-4	美国	卡纳维拉尔角发射场	Titan-3C	大力神-3C	19651221	科学与技术试验卫星
499	1965-108D	OV 2-03	奥维2-03	美国	卡纳维拉尔角发射场	Titan-3C	大力神-3C	19651221	科学与技术试验卫星
500	1965-109A	Transit-O-06	子午仪-O-06	美国	范登堡空军基地	Scout-A	侦察兵-A	19651222	导航定位卫星
501	1965-110A	KH-4A-28	锁眼-4A-28	美国	范登堡空军基地	TAT Agena-D	加大推力雷神-阿金纳D	19651224	对地观测卫星
502	1965-111A	RORSAT-O-01	雷达型海洋监视卫星-O-01	苏联	拜科努尔航天发射中心	Soyuz	联盟号	19651227	对地观测卫星
503	1965-112A	Strela-2-01	天箭座-2-01	苏联	拜科努尔航天发射中心	Cosmos-1	宇宙-1	19651228	通信广播卫星
504	1966-01A	Zenit-2-33	天顶-2-33	苏联	拜科努尔航天发射中心	Vostok-2	东方-2	19660107	对地观测卫星
505	1966-02A	KH-7-24	锁眼-7-24	美国	范登堡空军基地	Atlas-SLV3 Agena-D	宇宙神SLV3-阿金纳D	19660119	对地观测卫星
506	1966-03A	Zenit-2-34	天顶-2-34	苏联	拜科努尔航天发射中心	Vostok-2	东方-2	19660122	对地观测卫星
507	1966-04A	DS-P1-I-01	第聂伯罗彼得罗夫斯克卫星-P1-I-01	苏联	卡普斯汀亚尔航天发射中心	Cosmos-M	宇宙-M	19660125	科学与技术试验卫星
508	1966-05A	Transit-O-07	子午仪-O-07	美国	范登堡空军基地	Scout-A	侦察兵-A	19660128	导航定位卫星

续表

序号	国际代号	外文名	中文名	所属国家、地区或组织	发射地点	发射工具外文名	发射工具中文名	发射时间	航天器类型
509	1966-06A	Luna-6-12	月球-6-12	苏联	拜科努尔航天发射中心	Molniya-M/Blok-L	闪电-M/上面级L	19660131	空间探测器
510	1966-07A	KH-4A-29	锁眼-4A-29	美国	范登堡空军基地	TAT Agena-D	加大推力雷神-阿金纳D	19660202	对地观测卫星
511	1966-08A	Tiros-11	泰罗斯-11	美国	卡纳维拉尔角发射场	Delta-C	德尔它-C	19660203	对地观测卫星
512	1966-09A	Heavy Ferret C-02	重型雪貂C-02	美国	范登堡空军基地	TAT Agena-D	加大推力雷神-阿金纳D	19660209	对地观测卫星
513	1966-10A	Zenit-2-35	天顶-2-35	苏联	拜科努尔航天发射中心	Vostok-2	东方-2	19660210	对地观测卫星
514	1966-11A	DS-U1-G-01	第聂伯罗彼得罗夫斯克卫星-U1-G-01	苏联	卡普斯金亚尔航天发射中心	Cosmos	宇宙号	19660211	科学与技术试验卫星
515	1966-12A	KH-7-25	锁眼-7-25	美国	范登堡空军基地	Atlas-SLV3 Agena-D	宇宙神SLV3-阿金纳D	19660215	对地观测卫星
516	1966-12B	Bluebell-2C	蓝铃-2C	美国	范登堡空军基地	Atlas-SLV3 Agena-D	宇宙神SLV3-阿金纳D	19660215	科学与技术试验卫星
517	1966-12C	Bluebell-2S	蓝铃-2S	美国	范登堡空军基地	Atlas-SLV3 Agena-D	宇宙神SLV3-阿金纳D	19660215	科学与技术试验卫星
518	1966-13A	Diapason-1A	调音-1A	法国	哈马吉尔发射场	Diamant-A	钻石-A	19660217	科学与技术试验卫星
519	1966-14A	Zenit-4-15	天顶-4-15	苏联	拜科努尔航天发射中心	Voskhod	上升号	19660219	对地观测卫星
520	1966-15A	Voskhod-3KV-03	上升-3KV-03	苏联	拜科努尔航天发射中心	Voskhod	上升号	19660222	载人及货运航天器
521	1966-16A	Tiros-12	泰罗斯-12	美国	卡纳维拉尔角发射场	Delta-E	德尔它-E	19660228	对地观测卫星
522	1966-17A	Luna-6S-01	月球-6S-01	苏联	拜科努尔航天发射中心	Molniya-M/Blok-L	闪电-M/上面级L	19660301	空间探测器
523	1966-18A	KH-4A-30	锁眼-4A-30	美国	范登堡空军基地	TAT Agena-D	加大推力雷神-阿金纳D	19660309	对地观测卫星
524	1966-19A	GATV-8	双子座阿金纳目标飞行器-8	美国	卡纳维拉尔角发射场	Atlas-SLV3 Agena-D	宇宙神SLV3-阿金纳D	19660316	科学与技术试验卫星
525	1966-20A	Gemini-8	双子座-8	美国	卡纳维拉尔角发射场	Titan-2-GLV	大力神-2-双子座运载火箭	19660316	载人及货运航天器
526	1966-21A	Zenit-2-36	天顶-2-36	苏联	普列谢茨克航天发射中心	Vostok-2	东方-2	19660317	对地观测卫星
527	1966-22A	KH-7-26	锁眼-7-26	美国	范登堡空军基地	Atlas-SLV3 Agena-D	宇宙神SLV3-阿金纳D	19660318	对地观测卫星
528	1966-23A	Zenit-4-16	天顶-4-16	苏联	拜科努尔航天发射中心	Voskhod	上升号	19660321	对地观测卫星
529	1966-24A	Transit-O-08	子午仪-O-08	美国	范登堡空军基地	Scout-A	侦察兵-A	19660326	导航定位卫星
530	1966-25A	OV1-04	奥维1-04	美国	范登堡空军基地	Atlas-D OV1	宇宙神D-轨道飞行器1	19660330	科学与技术试验卫星
531	1966-25B	OV1-05	奥维1-05	美国	范登堡空军基地	Atlas-D OV1	宇宙神D-轨道飞行器1	19660330	科学与技术试验卫星
532	1966-26A	DSAP-2 F3	国防卫星应用计划-2 F3	美国	范登堡空军基地	Thor Burner-1	雷神-博纳1	19660331	对地观测卫星
533	1966-27A	Luna-6S-02	月球-6S-02	苏联	拜科努尔航天发射中心	Molniya-M/Blok-L	闪电-M/上面级L	19660331	空间探测器
534	1966-28A	Zenit-4-17	天顶-4-17	苏联	普列谢茨克航天发射中心	Voskhod	上升号	19660406	对地观测卫星
535	1966-29A	KH-4A-31	锁眼-4A-31	美国	范登堡空军基地	TAT Agena-D	加大推力雷神-阿金纳D	19660407	对地观测卫星

续表

序号	国际代号	外文名	中文名	所属国家、地区或组织	发射地点	发射工具外文名	发射工具中文名	发射时间	航天器类型
536	1966-30A	Surveyor-SD3	勘测者-SD3	美国	卡纳维拉尔角发射场	Atlas-LV3C Centaur-D	宇宙神LV3C-半人马座D	19660408	空间探测器
537	1966-31A	OAO-1	轨道天文观测台-1	美国	卡纳维拉尔角发射场	Atlas-SLV3B Agena-D	宇宙神SLV3B-阿金纳D	19660408	科学与技术试验卫星
538	1966-32A	KH-7-27	锁眼-7-27	美国	范登堡空军基地	Atlas-SLV3 Agena-D	宇宙神SLV3-阿金纳D	19660419	对地观测卫星
539	1966-33A	Zenit-2-37	天顶-2-37	苏联	拜科努尔航天发射中心	Vostok-2	东方-2	19660420	对地观测卫星
540	1966-34A	OV 3-01	奥维3-01	美国	范登堡空军基地	Scout-B	侦察兵-B	19660422	科学与技术试验卫星
541	1966-35A	Molniya-1-06	闪电-1-06	苏联	拜科努尔航天发射中心	Molniya-M/Blok-ML	闪电-M/上面级ML	19660425	通信广播卫星
542	1966-36A	DS-PI-Yu-05	第聂伯罗彼得罗夫斯克卫星-PI-Yu-05	苏联	卡普斯京亚尔航天发射中心	Cosmos-M	宇宙-M	19660426	科学与技术试验卫星
543	1966-37A	Zenit-2-38	天顶-2-38	苏联	拜科努尔航天发射中心	Vostok-2	东方-2	19660506	对地观测卫星
544	1966-38A	Meteor-C-04	流星-C-04	苏联	拜科努尔航天发射中心	Vostok-2M	东方-2M	19660511	对地观测卫星
545	1966-39A	KH-7-28	锁眼-7-28	美国	范登堡空军基地	Atlas-SLV3 Agena-D	宇宙神SLV3-阿金纳D	19660514	对地观测卫星
546	1966-39B	P-11 4404	雪貂子卫星-4404	美国	范登堡空军基地	Atlas-SLV3 Agena-D	宇宙神SLV3-阿金纳D	19660514	对地观测卫星
547	1966-40A	Nimbus-2	雨云-2	美国	范登堡空军基地	TAT Agena-B	加大推力雷神-阿金纳B	19660515	对地观测卫星
548	1966-41A	Transit-O-09	子午仪-O-09	美国	范登堡空军基地	Scout-A	侦察兵-A	19660519	导航定位卫星
549	1966-42A	KH-4A-33	锁眼-4A-33	美国	范登堡空军基地	TAT Agena-D	加大推力雷神-阿金纳D	19660524	对地观测卫星
550	1966-43A	DS-U2-1-01	第聂伯罗彼得罗夫斯克卫星-U2-I-01	苏联	卡普斯京亚尔航天发射中心	Cosmos-2	宇宙-2	19660524	科学与技术试验卫星
551	1966-44A	Explorer-32	探险者-32	美国	卡纳维拉尔角发射场	Delta-C1	德尔它-C1	19660525	科学与技术试验卫星
552	1966-45A	Surveyor-1	勘测者-1	美国	卡纳维拉尔角发射场	Atlas-LV3C Centaur-D	宇宙神LV3C-半人马座D	19660530	空间探测器
553	1966-46A	ATDA	增强目标对接器	美国	卡纳维拉尔角发射场	Atlas-SLV3	宇宙神SLV3	19660601	科学与技术试验卫星
554	1966-47A	Gemini-9	双子座-9	美国	卡纳维拉尔角发射场	Titan-2-GLV	大力神-2-双子座运载火箭	19660603	载人及货运航天器
555	1966-48A	KH-7-29	锁眼-7-29	美国	范登堡空军基地	Atlas-SLV3 Agena-D	宇宙神SLV3-阿金纳D	19660603	对地观测卫星
556	1966-49A	OGO-3	奥戈-3	美国	卡纳维拉尔角发射场	Atlas-SLV3 Agena-B	宇宙神SLV3-阿金纳B	19660607	科学与技术试验卫星
557	1966-50A	Zenit-2-39	天顶-2-39	苏联	拜科努尔航天发射中心	Voskhod	上升号	19660608	对地观测卫星
558	1966-51A	Midas-RTS-01	迈达斯-RTS-01	美国	范登堡空军基地	Atlas-SLV3 Agena-D	宇宙神SLV3-阿金纳D	19660609	对地观测卫星
559	1966-51B	SECOR-6	西可尔-6	美国	范登堡空军基地	Atlas-SLV3 Agena-D	宇宙神SLV3-阿金纳D	19660609	对地观测卫星
560	1966-51C	ORS-2	八面体研究卫星-2	美国	范登堡空军基地	Atlas-SLV3 Agena-D	宇宙神SLV3-阿金纳D	19660609	科学与技术试验卫星
561	1966-52A	OV 3-04	奥维3-04	美国	沃洛普斯岛发射场	Scout-B	侦察兵-B	19660610	科学与技术试验卫星
562	1966-53A	GGTS-1	重力梯度试验卫星-1	美国	卡纳维拉尔角发射场	Titan-3C	大力神-3C	19660616	科学与技术试验卫星

续表

序号	国际代号	外文名	中文名	所属国家、地区或组织	发射地点	发射工具外文名	发射工具中文名	发射时间	航天器类型
563	1966-53B	IDCSP-1-01	初级防御通讯卫星-1-1	美国	卡纳维拉尔角发射场	Titan-3C	大力神-3C	19660616	通信广播卫星
564	1966-53C	IDCSP-1-02	初级防御通讯卫星-1-2	美国	卡纳维拉尔角发射场	Titan-3C	大力神-3C	19660616	通信广播卫星
565	1966-53D	IDCSP-1-03	初级防御通讯卫星-1-3	美国	卡纳维拉尔角发射场	Titan-3C	大力神-3C	19660616	通信广播卫星
566	1966-53E	IDCSP-1-04	初级防御通讯卫星-1-4	美国	卡纳维拉尔角发射场	Titan-3C	大力神-3C	19660616	通信广播卫星
567	1966-53F	IDCSP-1-05	初级防御通讯卫星-1-5	美国	卡纳维拉尔角发射场	Titan-3C	大力神-3C	19660616	通信广播卫星
568	1966-53G	IDCSP-1-06	初级防御通讯卫星-1-6	美国	卡纳维拉尔角发射场	Titan-3C	大力神-3C	19660616	通信广播卫星
569	1966-53H	IDCSP-1-07	初级防御通讯卫星-1-7	美国	卡纳维拉尔角发射场	Titan-3C	大力神-3C	19660616	通信广播卫星
570	1966-54A	Zenit-4-19	天顶-4-19	苏联	普列谢茨克航天发射中心	Voskhod	上升号	19660617	对地观测卫星
571	1966-55A	KH-4A-34	锁眼-4A-34	美国	范登堡空军基地	TAT Agena-D	加大推力雷神-阿金纳D	19660621	对地观测卫星
572	1966-56A	Pageos-1	帕古奥斯-1	美国	范登堡空军基地	TAT Agena-D	加大推力雷神-阿金纳D	19660624	对地观测卫星
573	1966-57A	Meteor-C-05	流星-C-05	苏联	拜科努尔航天发射中心	Vostok-2M	东方-2M	19660625	对地观测卫星
574	1966-58A	IMP-D	行星际监测平台-4	美国	卡纳维拉尔角发射场	Delta-E1	德尔它-E1	19660701	空间探测器
575	1966-59A	Saturn-203	土星-203	美国	卡纳维拉尔角发射场	Saturn-1B	土星-1B	19660705	科学与技术试验卫星
576	1966-60A	Proton-3	质子-3	苏联	拜科努尔航天发射中心	Proton	质子号	19660706	科学与技术试验卫星
577	1966-61A DS-P1-Yu-06	DS-P1-Yu-06	第聂伯罗彼得罗夫斯克卫星-P1-Yu-06	苏联	卡普斯京亚尔航天发射中心	Cosmos	宇宙号	19660708	科学与技术试验卫星
578	1966-62A	KH-7-30	锁眼-7-30	美国	范登堡空军基地	Atlas-SLV3 Agena-D	宇宙神 SLV3-阿金纳D	19660712	对地观测卫星
579	1966-63A	OV1-08	奥维1-08	美国	范登堡空军基地	Atlas-D OV1	宇宙神D-轨道飞行器1	19660714	科学与技术试验卫星
580	1966-64A	Zenit-2-40	天顶-2-40	苏联	拜科努尔航天发射中心	Voskhod	上升号	19660714	对地观测卫星
581	1966-65A	GATV-10	双子座阿金纳目标飞行器-10	美国	卡纳维拉尔角发射场	Atlas-SLV3 Agena-D	宇宙神 SLV3-阿金纳D	19660718	科学与技术试验卫星
582	1966-66A	Gemini-10	双子座-10	美国	卡纳维拉尔角发射场	Titan-2-GLV	大力神-2-双子座运载火箭	19660718	载人及货运航天器
583	1966-67A	RORSAT-O-02	雷达型海洋监视卫星-O-02	苏联	拜科努尔航天发射中心	Soyuz	联盟号	19660720	对地观测卫星
584	1966-68A	Zenit-4-20	天顶-4-20	苏联	拜科努尔航天发射中心	Voskhod	上升号	19660728	对地观测卫星
585	1966-69A	KH-8-01	锁眼-8-01	美国	范登堡空军基地	Titan-3B Agena-D	大力神-3B-阿金纳D	19660729	对地观测卫星
586	1966-70A	OV3-03	奥维3-03	美国	范登堡空军基地	Scout-B	侦察兵-B	19660804	科学与技术试验卫星
587	1966-71A	Zenit-4-21	天顶-4-21	苏联	拜科努尔航天发射中心	Voskhod	上升号	19660808	对地观测卫星
588	1966-72A	KH-4A-35	锁眼-4A-35	美国	范登堡空军基地	LTTAT Agena-D	长喷箱加大推力雷神-阿金纳D	19660809	对地观测卫星
589	1966-73A	Lunar Orbiter-1	月球轨道器-1	美国	卡纳维拉尔角发射场	Atlas-SLV3 Agena-D	宇宙神 SLV3-阿金纳D	19660810	空间探测器

续表

序号	国际代号	外文名	中文名	所属国家、地区或组织	发射地点	发射工具外文名	发射工具中文名	发射时间	航天器类型
590	1966-74A	KH-7-31	锁眼-7-31	美国	范登堡空军基地	Atlas-SLV3 Agena-D	宇宙神SLV3-阿金纳D	19660816	对地观测卫星
591	1966-74B	P-11 4405	雪貂子卫星-4405	美国	范登堡空军基地	Atlas-SLV3 Agena-D	宇宙神SLV3-阿金纳D	19660816	对地观测卫星
592	1966-75A	Pioneer-7	先驱者-7	美国	卡纳维拉尔角发射场	Delta-E1	德尔它-E1	19660817	空间探测器
593	1966-76A	Transit-O-10	子午仪-O-10	美国	范登堡空军基地	Scout-A	侦察兵-A	19660818	导航定位卫星
594	1966-77A	Midas-RTS-02	迈达斯-RTS-02	美国	范登堡空军基地	Atlas-SLV3 Agena-D	宇宙神SLV3-阿金纳D	19660819	对地观测卫星
595	1966-77B	SECOR-7	西可尔-7	美国	范登堡空军基地	Atlas-SLV3 Agena-D	宇宙神SLV3-阿金纳D	19660819	对地观测卫星
596	1966-77C	ORS-1	八面体研究卫星-1	美国	范登堡空军基地	Atlas-SLV3 Agena-D	宇宙神SLV3-阿金纳D	19660819	科学与技术试验卫星
597	1966-78A	Luna-6LF-01	月球-6LF-01	苏联	拜科努尔航天发射中心	Molniya-M/Blok-L	闪电-M/上面级L	19660824	空间探测器
598	1966-79A	Zenit-4-22	天顶-4-22	苏联	拜科努尔航天发射中心	Voskhod	上升号	19660827	对地观测卫星
599	1966-80A	GATV-11	双子座阿金纳目标飞行器-11	美国	卡纳维拉尔角发射场	Atlas-SLV3 Agena-D	宇宙神SLV3-阿金纳D	19660912	科学与技术试验卫星
600	1966-81A	Gemini-11	双子座-11	美国	卡纳维拉尔角发射场	Titan-2-GLV	大力神-2-双子座运载火箭	19660912	载人及货运航天器
601	1966-82A	DSAP-4A F1	国防卫星应用计划-4A F1	美国	范登堡空军基地	Thor Burner-2	雷神-博纳2	19660916	对地观测卫星
602	1966-83A	KH-7-32	锁眼-7-32	美国	范登堡空军基地	Atlas-SLV3 Agena-D	宇宙神SLV3-阿金纳D	19660916	对地观测卫星
603	1966-83B	P-11 4406	雪貂子卫星-4406	美国	范登堡空军基地	Atlas-SLV3 Agena-D	宇宙神SLV3-阿金纳D	19660916	对地观测卫星
604	1966-84A	Surveyor-2	勘测者-2	美国	卡纳维拉尔角发射场	Atlas-LV3C Centaur-D	宇宙神LV3C-半人马座D	19660920	空间探测器
605	1966-85A	KH-4A-36	锁眼-4A-36	美国	范登堡空军基地	TAT Agena-D	加大推力雷神-阿金纳D	19660920	对地观测卫星
606	1966-86A	KH-8-02	锁眼-8-02	美国	范登堡空军基地	Titan-3B Agena-D	大力神-3B-阿金纳D	19660928	对地观测卫星
607	1966-87A	Tiros-13	泰罗斯-13	美国	范登堡空军基地	Delta-E	德尔它-E	19661002	对地观测卫星
608	1966-89A	Midas-RTS-03	迈达斯-RTS-03	美国	范登堡空军基地	Atlas-SLV3 Agena-D	宇宙神SLV3-阿金纳D	19661005	对地观测卫星
609	1966-89B	SECOR-8	西可尔-8	美国	范登堡空军基地	Atlas-SLV3 Agena-D	宇宙神SLV3-阿金纳D	19661005	对地观测卫星
610	1966-90A	KH-7-33	锁眼-7-33	美国	范登堡空军基地	Atlas-SLV3 Agena-D	宇宙神SLV3-阿金纳D	19661012	对地观测卫星
611	1966-90B	SGLS-1	空间地面链路系统-1	美国	范登堡空军基地	Atlas-SLV3 Agena-D	宇宙神SLV3-阿金纳D	19661012	科学与技术试验卫星
612	1966-91A	Zenit-2-42	天顶-2-42	苏联	普列谢茨克航天发射中心	Vostok-2	东方-2	19661014	对地观测卫星
613	1966-92A	Molniya-1-07	闪电-1-07	苏联	拜科努尔航天发射中心	Molniya-M/Blok-ML	闪电-M/上面级ML	19661020	通信广播卫星
614	1966-93A	Zenit-4-23	天顶-4-23	苏联	拜科努尔航天发射中心	Voskhod	上升号	19661020	对地观测卫星
615	1966-94A	Luna-6LF-02	月球-6LF-02	苏联	拜科努尔航天发射中心	Molniya-M/Blok-L	闪电-M/上面级L	19661022	空间探测器
616	1966-95A	Surveyor-SD4	勘测者-SD4	美国	卡纳维拉尔角发射场	Atlas-LV3C Centaur-D	宇宙神LV3C-半人马座D	19661026	空间探测器

续表

序号	国际代号	外文名	中文名	所属国家、地区或组织	发射地点	发射工具外文名	发射工具中文名	发射时间	航天器类型
617	1966－96A	Intelsat－21	国际通信卫星－21	国际通信卫星组织	卡纳维拉尔角发射场	Delta－E1	德尔它－E1	19661026	通信广播卫星
618	1966－97A	OV 3－02	奥维3－02	美国	范登堡空军基地	Scout－B	侦察兵－B	19661028	科学与技术试验卫星
619	1966－98A	KH－7－34	锁眼－7－34	美国	范登堡空军基地	Atlas－SLV3 Agena－D	宇宙神SLV3－阿金纳D	19661102	对地观测卫星
620	1966－98B	Subsatellite	子卫星	美国	范登堡空军基地	Atlas－SLV3 Agena－D	宇宙神SLV3－阿金纳D	19661102	对地观测卫星
621	1966－99A	OV 4－1R	奥维4－1R	美国	卡纳维拉尔角发射场	Titan－3C	大力神－3C	19661103	科学与技术试验卫星
622	1966－99C	OV 1－06	奥维1－06	美国	卡纳维拉尔角发射场	Titan－3C	大力神－3C	19661103	科学与技术试验卫星
623	1966－99D	OV 4－1T	奥维4－1T	美国	卡纳维拉尔角发射场	Titan－3C	大力神－3C	19661103	科学与技术试验卫星
624	1966－99E	OV 4－03	奥维4－03	美国	卡纳维拉尔角发射场	Titan－3C	大力神－3C	19661103	科学与技术试验卫星
625	1966－100A	Lunar Orbiter－2	月球轨道器－2	美国	卡纳维拉尔角发射场	Atlas－SLV3 Agena－D	宇宙神SLV3－阿金纳 D	19661106	空间探测器
626	1966－102A	KH－4A－37	锁眼－4A－37	美国	范登堡空军基地	LTTAT Agena－D	长细腰加大推力雷神－阿金纳D	19661108	对地观测卫星
627	1966－103A	GATV－12	双子座阿金纳目标飞行器－12	美国	卡纳维拉尔角发射场	Atlas－SLV3 Agena－D	宇宙神SLV3－阿金纳 D	19661111	科学与技术试验卫星
628	1966－104A	Gemini－12	双子座－12	美国	卡纳维拉尔角发射场	Titan－2－GLV	大力神－2－双子座运载火箭	19661111	载人及货运航天器
629	1966－105A	Zenit－4－24	天顶－4－24	苏联	普列谢茨克航天发射中心	Voskhod	上升号	19661112	对地观测卫星
630	1966－106A	Zenit－2－43	天顶－2－43	苏联	拜科努尔航天发射中心	Vostok－2	东方－2	19661119	对地观测卫星
631	1966－107A	Soyuz Test－01	联盟－试验－01	苏联	拜科努尔航天发射中心	Soyuz	联盟号	19661128	载人及货运航天器
632	1966－108A	Zenit－4－25	天顶－4－25	苏联	拜科努尔航天发射中心	Voskhod	上升号	19661203	对地观测卫星
633	1966－109A	KH－7－35	锁眼－7－35	美国	范登堡空军基地	Atlas－SLV3 Agena－D	宇宙神SLV3－阿金纳 D	19661205	对地观测卫星
634	1966－110A	ATS－1	应用技术卫星－1	美国	卡纳维拉尔角发射场	Atlas－SLV3 Agena－D	宇宙神SLV3－阿金纳 D	19661207	科学与技术试验卫星
635	1966－111A	OV 1－09	奥维1－09	美国	范登堡空军基地	Atlas－D OV1	宇宙神D－轨道飞行器1	19661211	科学与技术试验卫星
636	1966－111B	OV 1－10	奥维1－10	美国	范登堡空军基地	Atlas－D OV1	宇宙神D－轨道飞行器1	19661211	科学与技术试验卫星
637	1966－112A	DS－U2－MP－01	第聂伯罗彼得罗夫斯克卫星－U2－MP－01	苏联	卡普斯金亚尔航天发射中心	Cosmos－2	宇宙－2	19661212	科学与技术试验卫星
638	1966－113A	KH－8－03	锁眼－8－03	美国	范登堡空军基地	Titan－3B Agena－D	大力神－3B－阿金纳D	19661214	对地观测卫星
639	1966－114A	Biosatellite－1	生物卫星－1	美国	卡纳维拉尔角发射场	Delta－G	德尔它－G	19661214	科学与技术试验卫星
640	1966－115A	Zenit－2－44	天顶－2－44	苏联	普列谢茨克航天发射中心	Vostok－2	东方－2	19661219	对地观测卫星
641	1966－116A	Luna－6M－01	月球－6M－01	苏联	拜科努尔航天发射中心	Molniya－M/Blok－L	闪电－M/上面级L	19661221	空间探测器
642	1966－117A	DS－U2－D－01	第聂伯罗彼得罗夫斯克卫星－U2－D－01	苏联	卡普斯金亚尔航天发射中心	Cosmos	宇宙号	19661221	科学与技术试验卫星
643	1966－118A	Heavy Ferret C－03	重型雪貂C－03	美国	范登堡空军基地	TAT Agena－D	加大推力雷神－阿金纳D	19661229	对地观测卫星

续表

序号	国际代号	外文名	中文名	所属国家、地区或组织	发射地点	发射工具外文名	发射工具中文名	发射时间	航天器类型
644	1967-01A	Intelsat-2 2	国际通信卫星-2 2	国际通信卫星组织	卡纳维拉尔角发射场	Delta-E1	德尔它-E1	19670111	通信广播卫星
645	1967-02A	KH-4A-38	锁眼-4A-38	美国	范登堡空军基地	TAT Agena-D	加大推力雷神-阿金纳D	19670114	对地观测卫星
646	1967-03A	IDCSP-1-08	初级防御通讯卫星-1-8	美国	卡纳维拉尔角发射场	Titan-3C	大力神-3C	19670118	通信广播卫星
647	1967-03B	IDCSP-1-09	初级防御通讯卫星-1-9	美国	卡纳维拉尔角发射场	Titan-3C	大力神-3C	19670118	通信广播卫星
648	1967-03C	IDCSP-1-10	初级防御通讯卫星-1-10	美国	卡纳维拉尔角发射场	Titan-3C	大力神-3C	19670118	通信广播卫星
649	1967-03D	IDCSP-1-11	初级防御通讯卫星-1-11	美国	卡纳维拉尔角发射场	Titan-3C	大力神-3C	19670118	通信广播卫星
650	1967-03E	IDCSP-1-12	初级防御通讯卫星-1-12	美国	卡纳维拉尔角发射场	Titan-3C	大力神-3C	19670118	通信广播卫星
651	1967-03F	IDCSP-1-13	初级防御通讯卫星-1-13	美国	卡纳维拉尔角发射场	Titan-3C	大力神-3C	19670118	通信广播卫星
652	1967-03G	IDCSP-1-14	初级防御通讯卫星-1-14	美国	卡纳维拉尔角发射场	Titan-3C	大力神-3C	19670118	通信广播卫星
653	1967-03H	IDCSP-1-15	初级防御通讯卫星-1-15	美国	卡纳维拉尔角发射场	Titan-3C	大力神-3C	19670118	通信广播卫星
654	1967-04A	Zenit-2-45	天顶-2-45	苏联	普列谢茨克航天发射中心	Vostok-2	东方-2	19670119	对地观测卫星
655	1967-05A	OGCh-07	部分轨道轰炸系统-07	苏联	拜科努尔航天发射中心	R-36-O	R-36-O	19670125	科学技术试验卫星
656	1967-06A	Tiros-14	泰罗斯-14	美国	范登堡空军基地	Delta-E	德尔它-E	19670126	对地观测卫星
657	1967-07A	KH-7-36	锁眼-7-36	美国	范登堡空军基地	Atlas-SLV3 Agena-D	宇宙神 SLV3-阿金纳D	19670202	对地观测卫星
658	1967-08A	Lunar Orbiter-3	月球轨道器-3	美国	卡纳维拉尔角发射场	Atlas-SLV3 Agena-D	宇宙神 SLV3-阿金纳D	19670205	空间探测器
659	1967-09A	Soyuz Test-02	联盟-试验-02	苏联	拜科努尔航天发射中心	Soyuz	联盟号	19670207	载人及货运航天器
660	1967-10A	DSAP-4A F2	国防卫星应用计划-4A F2	美国	范登堡空军基地	Thor Burner-2	雷神-博纳2	19670208	对地观测卫星
661	1967-11A	D-1C	王冠-1C	法国	哈马圭发射场	Diamant-A	钻石-A	19670208	对地观测卫星
662	1967-12A	Zenit-4-26	天顶-4-26	苏联	普列谢茨克航天发射中心	Voskhod	上升号	19670208	对地观测卫星
663	1967-13A	DS-U2-I-02	第聂伯罗彼得罗夫斯克卫星-U2-I-02	苏联	卡普斯京亚尔发射中心	Cosmos-2	宇宙-2	19670214	科学与技术试验卫星
664	1967-14A	D-1D	王冠-1D	法国	哈马圭发射场	Diamant-A	钻石-A	19670215	对地观测卫星
665	1967-15A	KH-4A-39	锁眼-4A-39	美国	范登堡空军基地	TAT Agena-D	加大推力雷神-阿金纳D	19670222	对地观测卫星
666	1967-16A	KH-8-04	锁眼-8-04	美国	范登堡空军基地	Titan-3B Agena-D	大力神-3B-阿金纳D	19670224	对地观测卫星
667	1967-17A	Zenit-2-46	天顶-2-46	苏联	拜科努尔航天发射中心	Vostok-2	东方-2	19670227	对地观测卫星
668	1967-18A	Meteor-C-06	流星-C-06	苏联	普列谢茨克航天发射中心	Vostok-2M	东方-2M	19670228	对地观测卫星
669	1967-19A	DS-U2-M-02	第聂伯罗彼得罗夫斯克卫星-U2-M-02	苏联	卡普斯京亚尔发射中心	Cosmos-2	宇宙-2	19670303	科学与技术试验卫星
670	1967-20A	OSO-3	奥索-3	美国	卡纳维拉尔角发射场	Delta-C	德尔它-C	19670308	科学与技术试验卫星

续表

序号	国际代号	外文名	中文名	所属国家、地区或组织	发射地点	发射工具外文名	发射工具中文名	发射时间	航天器类型
671	1967-21A	Soyuz 7K-L1P-02	联盟 7K-L1P-02	苏联	拜科努尔航天发射中心	Proton-K/Blok-D	质子-K/上面级 D	19670310	载人及货运运输器
672	1967-22A	Zenit-2-47	天顶-2-47	苏联	普列谢茨克航天发射中心	Vostok-2	东方-2	19670313	对地观测卫星
673	1967-23A	DS-P1-I-02	第聂伯罗彼得罗夫斯克卫星-P1-I-02	苏联	普列谢茨克航天发射中心	Cosmos-2	宇宙-2	19670316	科学与技术试验卫星
674	1967-24A	DS-MO01	第聂伯罗彼得罗夫斯克卫星-MO01	苏联	卡普斯金亚尔航天发射中心	Cosmos-2	宇宙-2	19670321	科学与技术试验卫星
675	1967-25A	Zenit-4-27	天顶-4-27	苏联	普列谢茨克航天发射中心	Voskhod	上升号	19670322	对地观测卫星
676	1967-26A	Intelsat-2 3	国际通信卫星-2 3	国际通信卫星组织	卡纳维拉尔角发射场	Delta-E1	德尔它-E1	19670322	通信广播卫星
677	1967-27A	Strela-2-03	天箭座-2-03	苏联	拜科努尔航天发射中心	Cosmos-3	宇宙-3	19670324	通信广播卫星
678	1967-28A	DS-P1-Yu-07	第聂伯罗彼得罗夫斯克卫星-P1-Yu-07	苏联	普列谢茨克航天发射中心	Cosmos-2	宇宙-2	19670325	科学与技术试验卫星
679	1967-29A	KH-4A-40	锁眼-4A-40	美国	范登堡空军基地	TAT Agena-D	加大推力雷神-阿金纳 D	19670330	对地观测卫星
680	1967-30A	Zenit-2-48	天顶-2-48	苏联	普列谢茨克航天发射中心	Vostok-2	东方-2	19670404	对地观测卫星
681	1967-31A	ATS-2	应用技术卫星-2	美国	卡纳维拉尔角发射场	Atlas-SLV3 Agena-D	宇宙神 SLV3-阿金纳 D	19670405	科学与技术试验卫星
682	1967-32A	Soyuz 7K-L1P-03	联盟 7K-L1P-03	苏联	拜科努尔航天发射中心	Proton-K/Blok-D	质子-K/上面级 D	19670408	载人及货运运输器
683	1967-33A	Zenit-4-28	天顶-4-28	苏联	普列谢茨克航天发射中心	Voskhod	上升号	19670412	对地观测卫星
684	1967-34A	Transit-O-12	子午仪-O-12	美国	范登堡空军基地	Scout-A	侦察兵-A	19670413	导航定位卫星
685	1967-35A	Surveyor-3	勘测者-3	美国	卡纳维拉尔角发射场	Atlas-LV3C Centaur-D	宇宙神 LV3C-半人马座 D	19670417	空间探测器
686	1967-36A	Tiros-15	泰罗斯-15	美国	范登堡空军基地	Delta-E	德尔它-E	19670420	对地观测卫星
687	1967-37A	Soyuz-01	联盟-01	苏联	拜科努尔航天发射中心	Soyuz	联盟号	19670423	载人及货运运输器
688	1967-38A	San Marco-2	圣马科-2	意大利/美国	圣马克发射平台	Scout-B	侦察兵-B	19670426	科学与技术试验卫星
689	1967-39A	Meteor-C-07	流星-C-07	苏联	普列谢茨克航天发射中心	Vostok-2M	东方-2M	19670427	对地观测卫星
690	1967-40A	Vela-07	维拉-07	美国	卡纳维拉尔角发射场	Titan-3C	大力神-3C	19670428	对地观测卫星
691	1967-40B	Vela-08	维拉-08	美国	卡纳维拉尔角发射场	Titan-3C	大力神-3C	19670428	对地观测卫星
692	1967-40C	ORS-4	八面体研究卫星-4	美国	卡纳维拉尔角发射场	Titan-3C	大力神-3C	19670428	科学与技术试验卫星
693	1967-40D	OV5-03	奥维 5-03	美国	卡纳维拉尔角发射场	Titan-3C	大力神-3C	19670428	科学与技术试验卫星
694	1967-40E	OV5-01	奥维 5-01	美国	卡纳维拉尔角发射场	Titan-3C	大力神-3C	19670428	科学与技术试验卫星
695	1967-41A	Lunar Orbiter-4	月球轨道器-4	美国	卡纳维拉尔角发射场	Atlas-SLV3 Agena-D	宇宙神 SLV3-阿金纳 D	19670504	空间探测器
696	1967-42A	Ariel-3	羚羊-3	美国	范登堡空军基地	Scout-A	侦察兵-A	19670505	科学与技术试验卫星
697	1967-43A	KH-4A-41	锁眼-4A-41	美国	范登堡空军基地	LTTAT Agena-D	长贮箱加大推力雷神-阿金纳 D	19670509	对地观测卫星

续表

序号	国际代号	外文名	中文名	所属国家、地区或组织	发射地点	发射工具外文名	发射工具中文名	发射时间	航天器类型
698	1967-43B	P-11 4408	雪貂卫星-4408	美国	范登堡空军基地	LITTAT Agena-D	长距箱加大推力雷神-阿金纳D	19670509	对地观测卫星
699	1967-44A	Zenit-2-49	天顶-2-49	苏联	拜科努尔航天发射中心	Vostok-2	东方-2	19670512	对地观测卫星
700	1967-45A	Tsiklon EPN-01	旋风模拟星-01	苏联	普列谢茨克航天发射中心	Cosmos-3M	宇宙-3M	19670515	其他
701	1967-46A	Luna-61S-01	月球-61S-01	苏联	拜科努尔航天发射中心	Molniya-M/Blok-L	闪电-M/上面级L	19670517	空间探测器
702	1967-47A	OGCh-09	部分轨道轰炸系统-09	苏联	拜科努尔航天发射中心	R-36-O	R-36-O	19670517	科学与技术试验卫星
703	1967-48A	Transit-O-13	子午仪-O-13	美国	范登堡空军基地	Scout-A	侦察兵-A	19670518	导航定位卫星
704	1967-49A	Zenit-4-29	天顶-4-29	苏联	普列谢茨克航天发射中心	Voskhod	上升号	19670522	对地观测卫星
705	1967-50A	KH-7-37	锁眼-7-37	美国	范登堡空军基地	Atlas-SLV3 Agena-D	宇宙神SLV3-阿金纳D	19670522	对地观测卫星
706	1967-50B	LOGACS	低重力加速度标定系统	美国	范登堡空军基地	Atlas-SLV3 Agena-D	宇宙神SLV3-阿金纳D	19670522	科学与技术试验卫星
707	1967-51A	Explorer-34	探险者-34	美国	范登堡空军基地	Delta-E1	德尔它-E1	19670524	科学与技术试验卫星
708	1967-52A	Molniya-1-08	闪电-1-08	苏联	拜科努尔航天发射中心	Molniya-M/Blok-ML	闪电-M/上面级ML	19670525	通信广播卫星
709	1967-53A	Calsphere-03	卡尔斯菲尔-03	美国	范登堡空军基地	Thor Agena-D	雷神-阿金纳D	19670531	对地观测卫星
710	1967-53B	Poppy-5A	器栗-5A	美国	范登堡空军基地	Thor Agena-D	雷神-阿金纳D	19670531	对地观测卫星
711	1967-53C	Poppy-5B	器栗-5B	美国	范登堡空军基地	Thor Agena-D	雷神-阿金纳D	19670531	对地观测卫星
712	1967-53D	Poppy-5D	器栗-5D	美国	范登堡空军基地	Thor Agena-D	雷神-阿金纳D	19670531	对地观测卫星
713	1967-53E	Timation-01	蒂马申-01	美国	范登堡空军基地	Thor Agena-D	雷神-阿金纳D	19670531	导航定位卫星
714	1967-53F	Poppy-5C	器栗-5C	美国	范登堡空军基地	Thor Agena-D	雷神-阿金纳D	19670531	对地观测卫星
715	1967-53G	Calsphere-04	卡尔斯菲尔-04	美国	范登堡空军基地	Thor Agena-D	雷神-阿金纳D	19670531	对地观测卫星
716	1967-53H	Surcal-6	沙克尔-6	美国	范登堡空军基地	Thor Agena-D	雷神-阿金纳D	19670531	科学与技术试验卫星
717	1967-53J	Surcal-7	沙克尔-7	美国	范登堡空军基地	Thor Agena-D	雷神-阿金纳D	19670531	科学与技术试验卫星
718	1967-54A	Zenit-4-30	天顶-4-30	苏联	拜科努尔航天发射中心	Voskhod	上升号	19670601	对地观测卫星
719	1967-55A	KH-7-38	锁眼-7-38	美国	范登堡空军基地	Atlas-SLV3 Agena-D	宇宙神SLV3-阿金纳D	19670604	对地观测卫星
720	1967-56A	DS-U2-MP-02	第聂伯罗彼得夫斯克卫星-U2-MP-02	苏联	卡普斯京亚尔航天发射中心	Cosmos-2	宇宙-2	19670605	科学与技术试验卫星
721	1967-57A	Zenit-2-50	天顶-2-50	苏联	普列谢茨克航天发射中心	Voskhod	上升号	19670608	对地观测卫星
722	1967-58A	Venera-4	金星-4	苏联	拜科努尔航天发射中心	Molniya-M/Blok-L	闪电-M/上面级L	19670612	空间探测器
723	1967-59A	DS-P1-Yu-08	第聂伯罗彼得夫斯克卫星-P1-Yu-08	苏联	普列谢茨克航天发射中心	Cosmos-2	宇宙-2	19670612	科学与技术试验卫星
724	1967-60A	Mariner-5	水手-5	美国	卡纳维拉尔角发射场	Atlas-SLV3 Agena-D	宇宙神SLV3-阿金纳D	19670614	空间探测器

续表

序号	国际代号	外文名	中文名	所属国家、地区或组织	发射地点	发射工具外文名	发射工具中文名	发射时间	航天器类型
725	1967－61A	DS－U3－S－01	第聂伯罗彼得罗夫斯克卫星－U3－S－01	苏联	卡普斯金亚尔航天发射中心	Cosmos－2	宇宙－2	19670616	科学与技术试验卫星
726	1967－62A	KH－4A－42	锁眼－4A－42	美国	范登堡空军基地	LTTAT Agena－D	长贮箱加大推力雷神－阿金纳－D	19670616	对地观测卫星
727	1967－62B	P－11 4409	雪貂子卫星－4409	美国	范登堡空军基地	LTTAT Agena－D	长贮箱加大推力雷神－阿金纳－D	19670616	对地观测卫星
728	1967－63A	Cosmos－167	宇宙－167	苏联	拜科努尔航天发射中心	Molniya－M/Blok－L	闪电－M/上面级L	19670617	空间探测器
729	1967－64A	KH－8－06	锁眼－8－06	美国	范登堡空军基地	Titan－3B Agena－D	大力神－3B－阿金纳D	19670620	对地观测卫星
730	1967－65A	SECOR－9	西可尔－9	美国	范登堡空军基地	Thor Burner－2 Star－13A	雷神－博纳2－星13A	19670629	对地观测卫星
731	1967－65B	Aurora－1	极光－1	美国	范登堡空军基地	Thor Burner－2 Star－13A	雷神－博纳2－星13A	19670629	科学与技术试验卫星
732	1967－66A	IDCSP－1－16	初级防御通讯卫星－1－16	美国	卡纳维拉尔角发射场	Titan－3C	大力神－3C	19670701	通信广播卫星
733	1967－66B	IDCSP－1－17	初级防御通讯卫星－1－17	美国	卡纳维拉尔角发射场	Titan－3C	大力神－3C	19670701	通信广播卫星
734	1967－66C	IDCSP－1－18	初级防御通讯卫星－1－18	美国	卡纳维拉尔角发射场	Titan－3C	大力神－3C	19670701	通信广播卫星
735	1967－66D	IDCSP－1－19	初级防御通讯卫星－1－19	美国	卡纳维拉尔角发射场	Titan－3C	大力神－3C	19670701	通信广播卫星
736	1967－66E	DODGE	国防部重力试验卫星	美国	卡纳维拉尔角发射场	Titan－3C	大力神－3C	19670701	科学与技术试验卫星
737	1967－66F	LES－5	林肯实验室实验卫星－5	美国	卡纳维拉尔角发射场	Titan－3C	大力神－3C	19670701	科学与技术试验卫星
738	1967－67A	Zenit－2－51	天顶－2－51	苏联	拜科努尔航天发射中心	Voskhod	上升号	19670704	对地观测卫星
739	1967－68A	Surveyor－4	勘测者－4	美国	卡纳维拉尔角发射场	Atlas－LV3C Centaur－D	宇宙神LV3C－半人马座D	19670714	空间探测器
740	1967－69A	OGCh－10	部分轨道轰炸系统－10	苏联	拜科努尔航天发射中心	R－36－O	R－36－O	19670717	科学与技术试验卫星
741	1967－70A	IMP－E	行星际监测平台－6	美国	卡纳维拉尔角发射场	Delta－E1	德尔它－E1	19670719	空间探测器
742	1967－71A	Heavy Ferret C－04	重型雪貂C－04	美国	范登堡空军基地	TAT Agena－D	加大推力雷神－阿金纳D	19670724	对地观测卫星
743	1967－72A	OV1－86	奥维1－86	美国	范登堡空军基地	Atlas－D OV1	宇宙神D－轨道飞行器1	19670727	科学与技术试验卫星
744	1967－72D	OV1－12	奥维1－12	美国	范登堡空军基地	Atlas－D OV1	宇宙神D－轨道飞行器1	19670727	科学与技术试验卫星
745	1967－73A	OGO－4	奥戈－4	美国	范登堡空军基地	TAT Agena－D	加大推力雷神－阿金纳D	19670728	科学与技术试验卫星
746	1967－74A	OGCh－11	部分轨道轰炸系统－11	苏联	拜科努尔航天发射中心	R－36－O	R－36－O	19670731	科学与技术试验卫星
747	1967－75A	Lunar Orbiter－5	月球轨道器－5	美国	卡纳维拉尔角发射场	Atlas－SLV3 Agena－D	宇宙神SLV3－阿金纳D	19670801	空间探测器
748	1967－76A	KH－4A－43	锁眼－4A－43	美国	范登堡空军基地	LTTAT Agena－D	长贮箱加大推力雷神－阿金纳－D	19670807	对地观测卫星
749	1967－77A	OGCh－12	部分轨道轰炸系统－12	苏联	拜科努尔航天发射中心	R－36－O	R－36－O	19670808	科学与技术试验卫星
750	1967－78A	Zenit－4－33	天顶－4－33	苏联	拜科努尔航天发射中心	Voskhod	上升号	19670809	对地观测卫星
751	1967－79A	KH－8－07	锁眼－8－07	美国	范登堡空军基地	Titan－3B Agena－D	大力神－3B－阿金纳D	19670816	对地观测卫星

续表

序号	国际代号	外文名	中文名	所属国家、地区或组织	发射地点	发射工具外文名	发射工具中文名	发射时间	航天器类型
752	1967-80A	DSAP-4A F3	国防卫星应用计划-4A F3	美国	范登堡空军基地	Thor Burner-2	雷神-博纳2	19670822	对地观测卫星
753	1967-81A	DS-P1-Yu-09	第聂伯罗彼得罗夫斯克卫星-P1-Yu-09	苏联	普列谢茨克航天发射中心	Cosmos-2	宇宙-2	19670824	科学与技术试验卫星
754	1967-82A	Molniya-1-09	闪电-1-09	苏联	拜科努尔航天发射中心	Molniya-M/Blok-ML	闪电-M/上面级 ML	19670831	通信广播卫星
755	1967-83A	Biosatellite-2	生物卫星-2	美国	卡纳维拉尔角发射场	Delta-G	德尔它-G	19670907	科学与技术试验卫星
756	1967-84A	Surveyor-5	勘测者-5	美国	卡纳维拉尔角发射场	Atlas-SLV3C Centaur-D	宇宙神 SLV3C-半人马座 D	19670908	空间探测器
757	1967-85A	Zenit-4-34	天顶-4-34	苏联	普列谢茨克航天发射中心	Voskhod	上升号	19670911	对地观测卫星
758	1967-86A	DS-P1-Yu-10	第聂伯罗彼得罗夫斯克卫星-P1-Yu-10	苏联	普列谢茨克航天发射中心	Cosmos-2	宇宙-2	19670912	科学与技术试验卫星
759	1967-87A	KH-4B-01	锁眼-4B-01	美国	范登堡空军基地	LTTAT Agena-D	长贮箱加大推力雷神-阿金纳 D	19670915	对地观测卫星
760	1967-88A	Zenit-2-53	天顶-2-53	苏联	拜科努尔航天发射中心	Voskhod	上升号	19670916	对地观测卫星
761	1967-89A	OGCh-13	部分轨道轰炸系统-13	苏联	拜科努尔航天发射中心	R-36-O	R-36-O	19670919	科学与技术试验卫星
762	1967-90A	KH-8-08	锁眼-8-08	美国	范登堡空军基地	Titan-3B Agena-D	大力神-3B-阿金纳 D	19670919	对地观测卫星
763	1967-91A	OGCh-14	部分轨道轰炸系统-14	苏联	拜科努尔航天发射中心	R-36-O	R-36-O	19670919	科学与技术试验卫星
764	1967-92A	Transit-O-14	子午仪-O-14	美国	范登堡空军基地	Scout-A	侦察兵-A	19670922	导航定位卫星
765	1967-93A	Zenit-2-54	天顶-2-54	苏联	普列谢茨克航天发射中心	Voskhod	上升号	19670925	对地观测卫星
766	1967-94A	Intelsat-2 4	国际通信卫星-2 4	国际通信卫星组织	卡纳维拉尔角发射场	Delta-E1	德尔它-E1	19670927	通信广播卫星
767	1967-95A	Molniya-1-10	闪电-1-10	苏联	拜科努尔航天发射中心	Molniya-M/Blok-ML	闪电-M/上面级 ML	19671003	通信广播卫星
768	1967-96A	DSAP-4A F4	国防卫星应用计划-4A F4	美国	范登堡空军基地	Thor Burner-2	雷神-博纳2	19671011	对地观测卫星
769	1967-97A	Zenit-2-55	天顶-2-55	苏联	普列谢茨克航天发射中心	Voskhod	上升号	19671011	对地观测卫星
770	1967-98A	Zenit-4-35	天顶-4-35	苏联	拜科努尔航天发射中心	Voskhod	上升号	19671016	对地观测卫星
771	1967-99A	OGCh-15	部分轨道轰炸系统-15	苏联	拜科努尔航天发射中心	R-36-O	R-36-O	19671018	科学与技术试验卫星
772	1967-100A	OSO-4	奥索-4	美国	卡纳维拉尔角发射场	Delta-C	德尔它-C	19671018	科学与技术试验卫星
773	1967-101A	Molniya-1-11	闪电-1-11	苏联	拜科努尔航天发射中心	Molniya-M/Blok-ML	闪电-M/上面级 ML	19671022	通信广播卫星
774	1967-102A	Meteor-C-08	流星-C-08	苏联	普列谢茨克航天发射中心	Vostok-2M	东方-2M	19671025	对地观测卫星
775	1967-103A	KH-8-09	锁眼-8-09	美国	范登堡空军基地	Titan-3B Agena-D	大力神-3B-阿金纳 D	19671025	对地观测卫星
776	1967-104A	I2-BM-01	拦截器-2-BM-01	苏联	拜科努尔航天发射中心	Tsyklon-2A	旋风-2A	19671027	科学与技术试验卫星
777	1967-105A	Soyuz Test-03	联盟·试验-03	苏联	拜科努尔航天发射中心	Soyuz	联盟号	19671027	载人及货运航天器
778	1967-106A	OGCh-16	部分轨道轰炸系统-16	苏联	拜科努尔航天发射中心	R-36-O	R-36-O	19671028	科学与技术试验卫星

续表

序号	国际代号	外文名	中文名	所属国家、地区或组织	发射地点	发射工具外文名	发射工具中文名	发射时间	航天器类型
779	1967-107A	Soyuz Test-04	联盟-试验-04	苏联	拜科努尔航天发射中心	Soyuz	联盟号	19671030	载人及货运航天器
780	1967-108A	Tselina-O-01	处女地-O-01	苏联	普列谢茨克航天发射中心	Cosmos-3M	宇宙-3M	19671030	对地观测卫星
781	1967-109A	KH-4A-44	锁眼-4A-44	美国	范登堡空军基地	LTTAT Agena-D	长胖箱加大推力雷神-阿金纳 D	19671102	对地观测卫星
782	1967-109B	P-11 4410	雪貂子卫星-4410	美国	范登堡空军基地	LTTAT Agena-D	长胖箱加大推力雷神-阿金纳 D	19671102	对地观测卫星
783	1967-110A	Zenit-4-36	天顶-4-36	苏联	普列谢茨克航天发射中心	Voskhod	上升号	19671103	对地观测卫星
784	1967-111A	ATS-3	应用技术卫星-3	美国	卡纳维拉尔角航天发射场	Atlas-SLV3 Agena-D	宇宙神 SLV3-阿金纳 D	19671105	科学与技术试验卫星
785	1967-112A	Surveyor-6	勘测者-6	美国	卡纳维拉尔角航天发射场	Atlas-SLV3C Centaur-D	宇宙神 SLV3C-半人马座 D	19671107	空间探测器
786	1967-113A	Apollo-4	阿波罗-4	美国	卡纳维拉尔角航天发射场	Saturn-5	土星-5	19671109	载人及货运航天器
787	1967-114A	Tiros-16	泰罗斯-16	美国	范登堡空军基地	Delta-E1	德尔它-E1	19671110	对地观测卫星
788	1967-115A	DS-P1-Yu-11	第聂伯罗彼得罗夫斯克卫星-P1-Yu-11	苏联	普列谢茨克航天发射中心	Cosmos-2	宇宙-2	19671121	科学与技术试验卫星
789	1967-116A	Tsiklon-01	旋风-01	苏联	普列谢茨克航天发射中心	Cosmos-3M	宇宙-3M	19671123	对地观测卫星
790	1967-117A	Zenit-2-56	天顶-2-56	苏联	普列谢茨克航天发射中心	Voskhod	上升号	19671125	对地观测卫星
791	1967-118A	WRESAT-1	武器研究卫星-1	澳大利亚	伍麦拉发射场	Redstone Sparta	红石-斯巴达	19671129	科学与技术试验卫星
792	1967-119A	Zenit-4-37	天顶-4-37	苏联	普列谢茨克航天发射中心	Voskhod	上升号	19671203	对地观测卫星
793	1967-120A	OV 3-06	奥维 3-06	美国	范登堡空军基地	Scout-B	侦察兵-F	19671204	科学与技术试验卫星
794	1967-121A	KH-8-10	锁眼-8-10	美国	范登堡空军基地	Titan-3B Agena-D	大力神-3B-阿金纳 D	19671205	对地观测卫星
795	1967-122A	KH-4B-02	锁眼-4B-02	美国	范登堡空军基地	LTTAT Agena-D	长胖箱加大推力雷神-阿金纳 D	19671209	对地观测卫星
796	1967-123A	Pioneer-8	先驱者-8	美国	卡纳维拉尔角航天发射场	Delta-E1	德尔它-E1	19671213	空间探测器
797	1967-123B	TTS-1	试验和训练卫星-1	美国	卡纳维拉尔角航天发射场	Delta-E1	德尔它-E1	19671213	科学与技术试验卫星
798	1967-124A	Zenit-2-57	天顶-2-57	苏联	普列谢茨克航天发射中心	Voskhod	上升号	19671216	对地观测卫星
799	1967-125A	DS-U1-G-02	第聂伯罗彼得罗夫斯克卫星-U1-G-02	苏联	卡普斯京亚尔航天发射场	Cosmos-2	宇宙-2	19671219	科学与技术试验卫星
800	1967-126A	DS-U2-V-03	第聂伯罗彼得罗夫斯克卫星-U2-V-03	苏联	卡普斯京亚尔航天发射场	Cosmos-2	宇宙-2	19671226	科学与技术试验卫星
801	1967-127A	RORSAT-O-03	雷达型海洋监视卫星-O-03	苏联	拜科努尔航天发射中心	Tsyklon-2A	旋风-2A	19671227	对地观测卫星
802	1968-01A	Surveyor-7	勘测者-7	美国	卡纳维拉尔角航天发射场	Atlas-SLV3C Centaur-D	宇宙神 SLV3C-半人马座 D	19680107	空间探测器
803	1968-02A	Explorer-36	探险者-36	美国	范登堡空军基地	Delta-E1	德尔它-E1	19680111	对地观测卫星
804	1968-03A	Zenit-2-58	天顶-2-58	苏联	普列谢茨克航天发射中心	Voskhod	上升号	19680116	对地观测卫星
805	1968-04A	Heavy Ferret C-05	重型雪貂 C-05	美国	范登堡空军基地	TAT Agena-D	加大推力雷神-阿金纳 D	19680117	对地观测卫星

续表

序号	国际代号	外文名	中文名	所属国家、地区或组织	发射地点	发射工具外文名	发射工具中文名	发射时间	航天器类型
806	1968-05A	KH-8-11	锁眼-8-11	美国	范登堡空军基地	Titan-3B Agena-D	大力神-3B-阿金纳D	19680118	对地观测卫星
807	1968-06A	Tselina-O-02	处女地-O-02	苏联	普列谢茨克航天发射中心	Cosmos-3M	宇宙-3M	19680120	对地观测卫星
808	1968-07A	Apollo-5	阿波罗-5	美国	卡纳维拉尔角发射场	Saturn-1B	土星-1B	19680122	载人及货运航天器
809	1968-08A	KH-4A-45	锁眼-4A-45	美国	范登堡空军基地	LTTAT Agena-D	长健箱加大推力雷神-阿金纳D	19680124	对地观测卫星
810	1968-08B	P-11 4412	雪貂子卫星-4412	美国	范登堡空军基地	LTTAT Agena-D	长健箱加大推力雷神-阿金纳D	19680124	对地观测卫星
811	1968-09A	Zenit-4-38	天顶-4-38	苏联	拜科努尔航天发射中心	Voskhod	上升号	19680206	对地观测卫星
812	1968-10A	DS-U2-V-04	第聂伯罗彼得罗夫斯克卫星-U2-V-04	苏联	卡普斯京亚尔航天发射中心	Cosmos-2	宇宙-2	19680220	科学与技术试验卫星
813	1968-11A	Sfera-01	球面-01	苏联	普列谢茨克航天发射中心	Cosmos-3M	宇宙-3M	19680220	对地观测卫星
814	1968-12A	Transit-O-18	子午仪-O-18	美国	范登堡空军基地	Scout-A	侦察兵-A	19680301	导航定位卫星
815	1968-13A	Zond-4	探测器-4	苏联	拜科努尔航天发射中心	Proton-K/Blok-D	质子-K/上面级D	19680302	空间探测器
816	1968-14A	OGO-5	奥戈-5	美国	卡纳维拉尔角发射场	Atlas-SLV3A Agena-D	宇宙神 SLV3A-阿金纳D	19680304	科学与技术试验卫星
817	1968-15A	DS-P1-I-03	第聂伯罗彼得罗夫斯克卫星-P1-I-03	苏联	普列谢茨克航天发射中心	Cosmos-2	宇宙-2	19680305	科学与技术试验卫星
818	1968-16A	Zenit-2-59	天顶-2-59	苏联	普列谢茨克航天发射中心	Voskhod	上升号	19680305	对地观测卫星
819	1968-17A	Explorer-37	探险者-37	美国	沃洛普斯岛发射场	Scout-B	侦察兵-B	19680305	科学与技术试验卫星
820	1968-18A	KH-8-12	锁眼-8-12	美国	范登堡空军基地	Titan-3B Agena-D	大力神-3B-阿金纳D	19680313	对地观测卫星
821	1968-19A	Meteor-C-09	流星-C-09	苏联	普列谢茨克航天发射中心	Vostok-2M	东方-2M	19680314	对地观测卫星
822	1968-20A	KH-4A-46	锁眼-4A-46	美国	范登堡空军基地	LTTAT Agena-D	长健箱加大推力雷神-阿金纳D	19680314	对地观测卫星
823	1968-20B	P-11 4411	雪貂子卫星-4411	美国	范登堡空军基地	LTTAT Agena-D	长健箱加大推力雷神-阿金纳D	19680314	对地观测卫星
824	1968-21A	Zenit-4-39	天顶-4-39	苏联	普列谢茨克航天发射中心	Voskhod	上升号	19680316	对地观测卫星
825	1968-22A	Zenit-2M-01	天顶-2M-01	苏联	拜科努尔航天发射中心	Voskhod	上升号	19680321	对地观测卫星
826	1968-23A	RORSAT-O-04	雷达型海洋监视卫星-O-04	苏联	拜科努尔航天发射中心	Tsyklon-2A	旋风-2A	19680322	对地观测卫星
827	1968-24A	Zenit-2-60	天顶-2-60	苏联	普列谢茨克航天发射中心	Voskhod	上升号	19680403	对地观测卫星
828	1968-25A	Apollo-6	阿波罗-6	美国	卡纳维拉尔角发射场	Saturn-5	土星-5	19680404	载人及货运航天器
829	1968-26A	OV1-13	奥维1-13	美国	范登堡空军基地	Atlas-F OV1	宇宙神F-轨道飞行器1	19680406	科学与技术试验卫星
830	1968-26B	OV1-14	奥维1-14	美国	范登堡空军基地	Atlas-F OV1	宇宙神F-轨道飞行器1	19680406	科学与技术试验卫星
831	1968-27A	Luna-6LS-03	月球-6LS-03	苏联	拜科努尔航天发射中心	Molniya-M/Blok-L	闪电-M/上面级L	19680407	空间探测器
832	1968-28A	DS-P1-Yu-12	第聂伯罗彼得罗夫斯克卫星-P1-Yu-12	苏联	普列谢茨克航天发射中心	Cosmos-2	宇宙-2	19680409	科学与技术试验卫星

续表

序号	国际代号	外文名	中文名	所属国家、地区或组织	发射地点	发射工具外文名	发射工具中文名	发射时间	航天器类型
833	1968-29A	Soyuz Test-05	联盟-试验-05	苏联	拜科努尔航天发射中心	Soyuz	联盟号	19680414	载人及货运航天器
834	1968-30A	Soyuz Test-06	联盟-试验-06	苏联	拜科努尔航天发射中心	Soyuz	联盟号	19680415	载人及货运航天器
835	1968-31A	KH-8-13	锁眼-8-13	美国	范登堡空军基地	Titan-3B Agena-D	大力神-3B-阿金纳D	19680417	对地观测卫星
836	1968-32A	Zenit-4-40	天顶-4-40	苏联	普列谢茨克航天发射中心	Voskhod	上升号	19680418	对地观测卫星
837	1968-33A	DS-U1-A-01	第聂伯罗彼得罗夫斯克卫星-U1-A-01	苏联	卡普斯京亚尔航天发射中心	Cosmos-2	宇宙-2	19680419	科学与技术试验卫星
838	1968-34A	Zenit-2-61	天顶-2-61	苏联	拜科努尔航天发射中心	Voskhod	上升号	19680420	对地观测卫星
839	1968-35A	Molniya-1-12	闪电-1-12	苏联	拜科努尔航天发射中心	Molniya-M/Blok-ML	闪电-M/上面级 ML	19680421	通信广播卫星
840	1968-36A	I2M-01	拦截器-2M-01	苏联	拜科努尔航天发射中心	Tsyklon-2A	旋风-2A	19680424	科学与技术试验卫星
841	1968-37A	OGCh-17	部分轨道轰炸系统-17	苏联	拜科努尔航天发射中心	R-36-O	R-36-O	19680425	科学与技术试验卫星
842	1968-38A	DS-U2-D-02	第聂伯罗彼得罗夫斯克卫星-U2-D-02	苏联	卡普斯京亚尔航天发射中心	Cosmos-2	宇宙-2	19680426	科学与技术试验卫星
843	1968-39A	KH-4B-03	锁眼-4B-03	美国	范登堡空军基地	LTTAT Agena-D	长胖箍加大推力雷神-阿金纳 D	19680501	对地观测卫星
844	1968-40A	Tsiklon-02	旋风-02	苏联	普列谢茨克航天发射中心	Cosmos-3M	宇宙-3M	19680507	导航定位卫星
845	1968-41A	ESRO-2B	欧洲空间研究组织-2B	欧洲空间研究组织		Scout-B	侦察兵-B	19680517	科学与技术试验卫星
846	1968-42A	DSAP-4B F1	国防卫星应用计划-4B F1	美国	范登堡空军基地	Thor Burner-2	雷神-博纳 2	19680522	对地观测卫星
847	1968-43A	DS-PI-Yu-13	第聂伯罗彼得罗夫斯克卫星-PI-Yu-13	苏联	卡普斯京亚尔航天发射中心	Cosmos-2	宇宙-2	19680524	科学与技术试验卫星
848	1968-44A	DS-PI-Yu-14	第聂伯罗彼得罗夫斯克卫星-PI-Yu-14	苏联	普列谢茨克航天发射中心	Cosmos-2	宇宙-2	19680530	科学与技术试验卫星
849	1968-45A	Zenit-2-62	天顶-2-62	苏联	普列谢茨克航天发射中心	Voskhod	上升号	19680601	对地观测卫星
850	1968-46A	Zenit-4-41	天顶-4-41	苏联	拜科努尔航天发射中心	Voskhod	上升号	19680604	对地观测卫星
851	1968-47A	KH-8-14	锁眼-8-14	美国	范登堡空军基地	Titan-3B Agena-D	大力神-3B-阿金纳D	19680605	对地观测卫星
852	1968-48A	DS-U1-Ya-02	第聂伯罗彼得罗夫斯克卫星-U1-Ya-02	苏联	卡普斯京亚尔航天发射中心	Cosmos-2	宇宙-2	19680612	科学与技术试验卫星
853	1968-49A	Meteor-C-10	流星-C-10	苏联	普列谢茨克航天发射中心	Vostok-2M	东方-2M	19680612	对地观测卫星
854	1968-50A	IDCSP-1-20	初级防御通讯卫星-1-20	美国	卡纳维拉尔角发射场	Titan-3C	大力神-3C	19680613	通信广播卫星
855	1968-50B	IDCSP-1-21	初级防御通讯卫星-1-21	美国	卡纳维拉尔角发射场	Titan-3C	大力神-3C	19680613	通信广播卫星
856	1968-50C	IDCSP-1-22	初级防御通讯卫星-1-22	美国	卡纳维拉尔角发射场	Titan-3C	大力神-3C	19680613	通信广播卫星
857	1968-50D	IDCSP-1-23	初级防御通讯卫星-1-23	美国	卡纳维拉尔角发射场	Titan-3C	大力神-3C	19680613	通信广播卫星
858	1968-50E	IDCSP-1-24	初级防御通讯卫星-1-24	美国	卡纳维拉尔角发射场	Titan-3C	大力神-3C	19680613	通信广播卫星
859	1968-50F	IDCSP-1-25	初级防御通讯卫星-1-25	美国	卡纳维拉尔角发射场	Titan-3C	大力神-3C	19680613	通信广播卫星

续表

序号	国际代号	外文名	中文名	所属国家、地区或组织	发射地点	发射工具外文名	发射工具中文名	发射时间	航天器类型
860	1968－50G	IDCSP－1－26	初级防御通讯卫星－1－26	美国	卡纳维拉尔角发射场	Titan－3C	大力神－3C	19680613	通信广播卫星
861	1968－50H	IDCSP－1－27	初级防御通讯卫星－1－27	美国	卡纳维拉尔角发射场	Titan－3C	大力神－3C	19680613	通信广播卫星
862	1968－51A	Zenit－4－42	天顶－4－42	苏联	拜科努尔航天发射中心	Voskhod	上升号	19680618	对地观测卫星
863	1968－52A	KH－4A－47	锁眼－4A－47	美国	范登堡空军基地	LTTAT Agena－D	长距离箱加大推力雷神－阿金纳 D	19680620	对地观测卫星
864	1968－52B	P－11 4420	雪貂子卫星－4420	美国	范登堡空军基地	LTTAT Agena－D	长距离箱加大推力雷神－阿金纳 D	19680620	对地观测卫星
865	1968－53A	Zenit－2M－02	天顶－2M－02	苏联	拜科努尔航天发射中心	Voskhod	上升号	19680621	对地观测卫星
866	1968－54A	Zenit－4－43	天顶－4－43	苏联	普列谢茨克航天发射中心	Voskhod	上升号	19680626	对地观测卫星
867	1968－55A	Explorer－38	探险者－38	美国	卡纳维拉尔角发射场	Delta－J	德尔它－J	19680704	科学与技术试验卫星
868	1968－56A	DS－U3－S－02	第聂伯罗彼得罗夫斯克卫星－U3－S－02	苏联	卡普斯京亚尔航天发射中心	Cosmos－2	宇宙－2	19680705	科学与技术试验卫星
869	1968－57A	Molniya－1－13	闪电－1－13	苏联	拜科努尔航天发射中心	Molniya－M/Blok－ML	闪电－M/上面级 ML	19680705	通信广播卫星
870	1968－58A	Zenit－2－63	天顶－2－63	苏联	拜科努尔航天发射中心	Voskhod	上升号	19680710	对地观测卫星
871	1968－59A	OV 1－15	奥维 1－15	美国	范登堡空军基地	Atlas－F OV1	宇宙神 F－轨道飞行器 1	19680711	科学与技术试验卫星
872	1968－59B	OV 1－16	奥维 1－16	美国	范登堡空军基地	Atlas－F OV1	宇宙神 F－轨道飞行器 1	19680711	科学与技术试验卫星
873	1968－60A	Zenit－4－44	天顶－4－44	苏联	普列谢茨克航天发射中心	Voskhod	上升号	19680716	对地观测卫星
874	1968－61A	DS－P1－Yu－15	第聂伯罗彼得罗夫斯克卫星－P1－Yu－15	苏联	普列谢茨克航天发射中心	Cosmos－2	宇宙－2	19680718	科学与技术试验卫星
875	1968－62A	Zenit－4－45	天顶－4－45	苏联	拜科努尔航天发射中心	Voskhod	上升号	19680730	对地观测卫星
876	1968－63A	Canyon－1	峡谷－1	美国	卡纳维拉尔角发射场	Atlas－SLV3A Agena－D	宇宙神 SLV3A－阿金纳 D	19680806	对地观测卫星
877	1968－64A	KH－8－15	锁眼－8－15	美国	范登堡空军基地	Titan－3B Agena－D	大力神－3B－阿金纳 D	19680806	对地观测卫星
878	1968－65A	KH－4B－04	锁眼－4B－04	美国	范登堡空军基地	LTTAT Agena－D	长距离箱加大推力雷神－阿金纳 D	19680807	对地观测卫星
879	1968－66A	Explorer－39	探险者－39	美国	范登堡空军基地	Scout－X4	侦察兵－X4	19680808	科学与技术试验卫星
880	1968－66B	Injun－5	英琼－5	美国	范登堡空军基地	Scout－B	侦察兵－B	19680808	科学与技术试验卫星
881	1968－67A	Zenit－2－64	天顶－2－64	苏联	拜科努尔航天发射中心	Voskhod	上升号	19680809	对地观测卫星
882	1968－68A	ATS－4	应用技术卫星－4	美国	卡纳维拉尔角发射场	Atlas－SLV3C Centaur－D	宇宙神 SLV3C－半人马座 D	19680810	科学与技术试验卫星
883	1968－69A	Tiros－17	泰罗斯－17	美国	范登堡空军基地	Delta－N	德尔它－N	19680816	对地观测卫星
884	1968－70A	Strela－2－05	天箭座－2－05	苏联	拜科努尔航天发射中心	Cosmos－3	宇宙－3	19680827	通信广播卫星
885	1968－71A	Zenit－4－46	天顶－4－46	苏联	普列谢茨克航天发射中心	Voskhod	上升号	19680827	对地观测卫星
886	1968－72A	Soyuz Test－07	联盟－试验－07	苏联	拜科努尔航天发射中心	Soyuz	联盟号	19680828	载人及货运航天器

续表

序号	国际代号	外文名	中文名	所属国家、地区或组织	发射地点	发射工具外文名	发射工具中文名	发射时间	航天器类型
887	1968-73A	Zenit-4-47	天顶-4-47	苏联	拜科努尔航天发射中心	Voskhod	上升号	19680905	对地观测卫星
888	1968-74A	KH-8-16	锁眼-8-16	美国	范登堡空军基地	Titan-3B Agena-D	大力神-3B-阿金纳D	19680910	对地观测卫星
889	1968-75A	Zenit-2-65	天顶-2-65	苏联	拜科努尔航天发射中心	Voskhod	上升号	19680914	对地观测卫星
890	1968-76A	Zond-5	探测器-5	苏联	拜科努尔航天发射中心	Proton-K/Blok-D	质子-K/上面级D	19680915	空间探测器
891	1968-77A	Zenit-4-48	天顶-4-48	苏联	普列谢茨克航天发射中心	Voskhod	上升号	19680916	对地观测卫星
892	1968-78A	KH-4A-48	锁眼-4A-48	美国	范登堡空军基地	LTTAT Agena-D	长陀箭加大推力雷神-阿金纳D	19680918	对地观测卫星
893	1968-78B	P-11 4413	雪貂子卫星-4413	美国	范登堡空军基地	LTTAT Agena-D	长陀箭加大推力雷神-阿金纳D	19680918	对地观测卫星
894	1968-79A	DS-P1-1-04	等聂伯罗彼得罗夫斯克卫星-P1-1-04	苏联	普列谢茨克航天发射中心	Cosmos-2	宇宙-2	19680920	科学与技术试验卫星
895	1968-80A	Zenit-2M-03	天顶-2M-03	苏联	普列谢茨克航天发射中心	Voskhod	上升号	19680923	对地观测卫星
896	1968-81A	OV 2-05	奥维2-05	美国	卡纳维拉尔角发射场	Titan-3C	大力神-3C	19680926	科学与技术试验卫星
897	1968-81B	OV 5-02	奥维5-02	美国	卡纳维拉尔角发射场	Titan-3C	大力神-3C	19680926	科学与技术试验卫星
898	1968-81C	OV 5-04	奥维5-04	美国	卡纳维拉尔角发射场	Titan-3C	大力神-3C	19680926	科学与技术试验卫星
899	1968-81D	LES-6	林肯实验室 实验卫星-6	美国	卡纳维拉尔角发射场	Titan-3C	大力神-3C	19680926	科学与技术试验卫星
900	1968-82A	OGCh-20	部分轨道轰炸系统-20	苏联	拜科努尔航天发射中心	R-36-O	R-36-O	19681002	科学与技术试验卫星
901	1968-83A	DS-P1-Yu-16	等聂伯罗彼得罗夫斯克卫星-P1-Yu-16	苏联	普列谢茨克航天发射中心	Cosmos-2	宇宙-2	19681003	科学与技术试验卫星
902	1968-84A	ESRO-1A	欧洲空间研究组织-1A	美国 欧洲	范登堡空军基地	Scout-B	侦察兵-B	19681003	科学与技术试验卫星
903	1968-85A	Molniya-1-14	闪电-1-14	苏联	拜科努尔航天发射中心	Molniya-M/Blok-ML	闪电-M/上面级ML	19681005	通信广播卫星
904	1968-86A	Heavy Ferret D-01	重型雪貂 D-01	美国	范登堡空军基地	LTTAT Agena-D	长陀箭加大推力雷神-阿金纳D	19681005	对地观测卫星
905	1968-87A	Zenit-4-49	天顶-4-49	苏联	普列谢茨克航天发射中心	Voskhod	上升号	19681007	对地观测卫星
906	1968-88A	Zenit-2-66	天顶-2-66	苏联	普列谢茨克航天发射中心	Voskhod	上升号	19681011	对地观测卫星
907	1968-89A	Apollo-7	阿波罗-7	美国	卡纳维拉尔角发射场	Saturn-1B	土星-1B	19681011	载人及货运航天器
908	1968-90A	I2M-02	拦截器-2M-02	苏联	拜科努尔航天发射中心	Tsyklon-2A	旋风-2A	19681019	科学与技术试验卫星
909	1968-91A	I2P-01	拦截器-2P-01	苏联	拜科努尔航天发射中心	Tsyklon-2A	旋风-2A	19681020	科学与技术试验卫星
910	1968-92A	DSAP-4B F2	国防卫星应用计划-4B F2	美国	范登堡空军基地	Thor Burner-2	雷神-博纳2	19681022	对地观测卫星
911	1968-93A	Soyuz-02	联盟-02	苏联	拜科努尔航天发射中心	Soyuz	联盟号	19681025	载人及货运航天器
912	1968-94A	Soyuz-03	联盟-03	苏联	拜科努尔航天发射中心	Soyuz	联盟号	19681026	载人及货运航天器
913	1968-95A	Tselina-O-03	处女地-O-03	苏联	普列谢茨克航天发射中心	Cosmos-3M	宇宙-3M	19681031	对地观测卫星

续表

序号	国际代号	外文名	中名	所属国家、地区或组织	发射地点	发射工具外文名	发射工具中文名	发射时间	航天器类型
914	1968-96A	Zenit-4M-01	天顶-4M-01	苏联	拜科努尔航天发射中心	Voskhod	上升号	19681031	对地观测卫星
915	1968-97A	I2P-02	拦截器-2P-02	苏联	拜科努尔航天发射中心	Tsyklon-2A	旋风-2A	19681101	科学与技术试验卫星
916	1968-98A	KH-4B-05	锁眼-4B-05	美国	范登堡空军基地	LTTAT Agena-D	长缨箭加大推力雷神-阿金纳D	19681103	对地观测卫星
917	1968-99A	KH-8-17	锁眼-8-17	美国	范登堡空军基地	Titan-3B Agena-D	大力神-3B-阿金纳D	19681106	对地观测卫星
918	1968-100A	Pioneer-9	先驱者-9	美国	卡纳维拉尔角发射场	Delta-E1	德尔它-E1	19681108	空间探测器
919	1968-100B	TTS-2	试验和训练卫星-2	美国	卡纳维拉尔角发射场	Delta-E1	德尔它-E1	19681108	科学与技术试验卫星
920	1968-101A	Zond-6	探测器-6	苏联	拜科努尔航天发射中心	Proton-K/Blok-D	质子-K/上面级D	19681110	空间探测器
921	1968-102A	Zenit-2-67	天顶-2-67	苏联	普列谢茨克航天发射中心	Voskhod	上升号	19681113	对地观测卫星
922	1968-103A	Proton-4	质子-4	苏联	拜科努尔航天发射中心	Proton-K	质子-K	19681116	科学与技术试验卫星
923	1968-104A	Zenit-4-50	天顶-4-50	苏联	普列谢茨克航天发射中心	Voskhod	上升号	19681121	对地观测卫星
924	1968-105A	Zenit-2-68	天顶-2-68	苏联	普列谢茨克航天发射中心	Voskhod	上升号	19681129	对地观测卫星
925	1968-106A	Sfera-03	球面-03	苏联	普列谢茨克航天发射中心	Cosmos-3M	宇宙-3M	19681130	对地观测卫星
926	1968-107A	DS-P1-Yu-17	等聂伯罗彼得罗夫斯克卫星-P1-Yu-17	苏联		Cosmos-2	宇宙-2	19681203	科学与技术试验卫星
927	1968-108A	KH-8-18	锁眼-8-18	美国	范登堡空军基地	Titan-3B Agena-D	大力神-3B-阿金纳D	19681204	对地观测卫星
928	1968-109A	HEOS-1	大椭圆轨道卫星-1	美国	卡纳维拉尔角发射场	Delta-E1	德尔它-E1	19681205	科学与技术试验卫星
929	1968-110A	OAO-2	轨道天文观测台-2	美国	卡纳维拉尔角发射场	Atlas-SLV3C Centaur-D	宇宙神 SLV3C-半人马座D	19681207	科学与技术试验卫星
930	1968-111A	Zenit-2-69	天顶-2-69	苏联	拜科努尔航天发射中心	Voskhod	上升号	19681210	对地观测卫星
931	1968-112A	KH-4A-49	锁眼-4A-49	美国	范登堡空军基地	LTTAT Agena-D	长缨箭加大推力雷神-阿金纳D	19681212	对地观测卫星
932	1968-112B	P-801-01	雪貂子卫星C-01	美国	范登堡空军基地	LTTAT Agena-D	长缨箭加大推力雷神-阿金纳D	19681212	对地观测卫星
933	1968-113A	DS-U2-I-03	等聂伯罗彼得罗夫斯克卫星-U2-I-03	苏联	卡普斯京亚尔航天发射中心	Cosmos-2	宇宙-2	19681214	科学与技术试验卫星
934	1968-114A	Tiros-18	泰罗斯-18	美国	范登堡空军基地	Delta-N	德尔它-N	19681215	对地观测卫星
935	1968-115A	Molniya-1-15	闪电-1-15	苏联	拜科努尔航天发射中心	Molniya-M/Blok-ML	闪电-M/上面级ML	19681216	通信广播卫星
936	1968-116A	Intelsat-3 3	国际通信卫星-3 3	国际通信卫星组织	卡纳维拉尔角发射场	Delta-M	德尔它-M	19681218	通信广播卫星
937	1968-117A	DS-U2-GK-01	等聂伯罗彼得罗夫斯克卫星-U2-GK-01	苏联	普列谢茨克航天发射中心	Cosmos-2	宇宙-2	19681220	科学与技术试验卫星
938	1968-118A	Apollo-8	阿波罗-8	美国	卡纳维拉尔角发射场	Saturn-5	土星-5	19681221	载人及货运航天器
939	1968-119A	DS-U2-GF-01	等聂伯罗彼得罗夫斯克卫星-U2-GF-01	苏联	卡普斯京亚尔航天发射中心	Cosmos-2	宇宙-2	19681226	科学与技术试验卫星
940	1969-01A	Venera-5	金星-5	苏联	拜科努尔航天发射中心	Molniya-M/Blok-L	闪电-M/上面级L	19690105	空间探测器

续表

序号	国际代号	外文名	中文名	所属国家、地区或组织	发射地点	发射工具外文名	发射工具中文名	发射时间	航天器类型
941	1969 – 02 A	Venera – 6	金星 – 6	苏联	拜科努尔航天发射中心	Molniya – M/Blok – L	闪电 – M/上面级 L	19690110	空间探测器
942	1969 – 03 A	Zenit – 2 – 70	天顶 – 2 – 70	苏联	普列谢茨克航天发射中心	Voskhod	上升号	19690112	对地观测卫星
943	1969 – 04 A	Soyuz – 04	联盟 – 04	苏联	拜科努尔航天发射中心	Soyuz	联盟号	19690114	载人及货运航天器
944	1969 – 05 A	Soyuz – 05	联盟 – 05	苏联	拜科努尔航天发射中心	Soyuz	联盟号	19690115	载人及货运航天器
945	1969 – 06 A	OSO – 5	奥索 – 5	美国	卡纳维拉尔角发射场	Delta – C1	德尔它 – C1	19690122	科学与技术试验卫星
946	1969 – 07 A	KH – 8 – 19	锁眼 – 8 – 19	美国	范登堡空军基地	Titan – 3B Agena – D	大力神 – 3B – 阿金纳 D	19690122	对地观测卫星
947	1969 – 08 A	Zenit – 4M – 02	天顶 – 4M – 02	苏联	拜科努尔航天发射中心	Voskhod	上升号	19690123	对地观测卫星
948	1969 – 09 A	ISIS – 1	国际电离层研究卫星 – 1	加拿大	范登堡空军基地	Delta – E1	德尔它 – E1	19690130	科学与技术试验卫星
949	1969 – 10 A	KH – 4B – 06	锁眼 – 4B – 06	美国	范登堡空军基地	LTTAT Agena – D	长贮箱加大推力雷神 – 阿金纳 D	19690205	对地观测卫星
950	1969 – 10B	P – 801 – 02	雪貂子卫星 C – 02	美国	范登堡空军基地	LTTAT Agena – D	长贮箱加大推力雷神 – 阿金纳 D	19690205	对地观测卫星
951	1969 – 11 A	Intelsat – 3 2	国际通信卫星 – 3 2	国际通信卫星组织	卡纳维拉尔角发射场	Delta – M	德尔它 – M	19690205	通信广播卫星
952	1969 – 12 A	DS – P1 – Yu – 18	第聂伯罗彼得罗夫斯克卫星 – P1 – Yu – 18	苏联	普列谢茨克航天发射中心	Cosmos – 2	宇宙 – 2	19690207	科学与技术试验卫星
953	1969 – 13 A	TACOMSAT – 1	战术通信卫星 – 1	美国	卡纳维拉尔角发射场	Titan – 3C	大力神 – 3C	19690209	通信广播卫星
954	1969 – 14 A	Mariner – 6	水手 – 6	美国	卡纳维拉尔角发射场	Atlas – SLV3C Centaur – D	宇宙神 SLV3C – 半人马座 D	19690224	空间探测器
955	1969 – 15 A	Zenit – 2 – 71	天顶 – 2 – 71	苏联	普列谢茨克航天发射中心	Voskhod	上升号	19690225	对地观测卫星
956	1969 – 16 A	Tiros – 19	泰罗斯 – 19	美国	卡纳维拉尔角发射场	Delta – E1	德尔它 – E1	19690226	对地观测卫星
957	1969 – 17 A	Zenit – 4 – 51	天顶 – 4 – 51	苏联	普列谢茨克航天发射中心	Voskhod	上升号	19690226	对地观测卫星
958	1969 – 18 A	Apollo – 9	阿波罗 – 9	美国	卡纳维拉尔角发射场	Saturn – 5	土星 – 5	19690303	载人及货运航天器
959	1969 – 19 A	KH – 8 – 20	锁眼 – 8 – 20	美国	范登堡空军基地	Titan – 3B Agena – D	大力神 – 3B – 阿金纳 D	19690304	对地观测卫星
960	1969 – 20 A	DS – P1 – Yu – 19	第聂伯罗彼得罗夫斯克卫星 – P1 – Yu – 19	苏联	卡普斯京亚尔航天发射中心	Cosmos – 2	宇宙 – 2	19690305	科学与技术试验卫星
961	1969 – 21 A	Tselina – O – 04	处女地 – O – 04	苏联	普列谢茨克航天发射中心	Cosmos – 3M	宇宙 – 3M	19690305	对地观测卫星
962	1969 – 22 A	Zenit – 4 – 52	天顶 – 4 – 52	苏联	普列谢茨克航天发射中心	Voskhod	上升号	19690306	对地观测卫星
963	1969 – 23 A	Zenit – 4 – 53	天顶 – 4 – 53	苏联	普列谢茨克航天发射中心	Voskhod	上升号	19690315	对地观测卫星
964	1969 – 24 A	Sfera – 04	球面 – 04	苏联	普列谢茨克航天发射中心	Cosmos – 3M	宇宙 – 3M	19690317	对地观测卫星
965	1969 – 25 A	OV 1 – 17	奥维 1 – 17	美国	范登堡空军基地	Atlas – F OV1	宇宙神 F – 轨道飞行器 1	19690317	科学与技术试验卫星
966	1969 – 25B	OV 1 – 18	奥维 1 – 18	美国	范登堡空军基地	Atlas – F OV1	宇宙神 F – 轨道飞行器 1	19690317	科学与技术试验卫星
967	1969 – 25C	OV 1 – 19	奥维 1 – 19	美国	范登堡空军基地	Atlas – F OV1	宇宙神 F – 轨道飞行器 1	19690317	科学与技术试验卫星

续表

序号	国际代号	外文名	中文名	所属国家、地区或组织	发射地点	发射工具外文名	发射工具中文名	发射时间	航天器类型
968	1969-25D	OV 1-17A	奥维1-17A	美国	范登堡空军基地	Atlas-F OV1	宇宙神F-轨道飞行器1	19690317	科学与技术试验卫星
969	1969-26A	KH-4A-50	锁眼-4A-50	美国	范登堡空军基地	LTTAT Agena-D	长曲柄加大推力雷神-阿金纳 D	19690319	对地观测卫星
970	1969-26B	P-11 4418	雪貂子卫星-4418	美国	范登堡空军基地	LTTAT Agena-D	长曲柄加大推力雷神-阿金纳 D	19690319	对地观测卫星
971	1969-27A	Zenit-2-72	天顶-2-72	苏联	普列谢茨克航天发射中心	Voskhod	上升号	19690322	对地观测卫星
972	1969-28A	Zenit-4-54	天顶-4-54	苏联	拜科努尔航天发射中心	Voskhod	上升号	19690324	对地观测卫星
973	1969-29A	Meteor-1-01	流星-1-01	苏联	普列谢茨克航天发射中心	Vostok-2M	东方-2M	19690326	对地观测卫星
974	1969-30A	Mariner-7	水手-7	美国	卡纳维拉尔角航天发射场	Atlas-SLV3C Centaur-D	宇宙神SLV3C-半人马座 D	19690327	空间探测器
975	1969-31A	DS-P1-I-05	第聂伯罗彼得罗夫斯克卫星-P1-I-05	苏联	普列谢茨克航天发射中心	Cosmos-2	宇宙-2	19690328	科学与技术试验卫星
976	1969-32A	Zenit-4-55	天顶-4-55	苏联	普列谢茨克航天发射中心	Voskhod	上升号	19690404	对地观测卫星
977	1969-33A	DS-P1-Yu-20	第聂伯罗彼得罗夫斯克卫星-P1-Yu-20	苏联	普列谢茨克航天发射中心	Cosmos-2	宇宙-2	19690404	科学与技术试验卫星
978	1969-34A	Zenit-2-73	天顶-2-73	苏联	普列谢茨克航天发射中心	Voskhod	上升号	19690409	对地观测卫星
979	1969-35A	Molniya-1-16	闪电-1-16	苏联	拜科努尔航天发射中心	Molniya-M/Blok-ML	闪电-M/上面级ML	19690411	通信广播卫星
980	1969-36A	Canyon-2	峡谷-2	美国	卡纳维拉尔角航天发射场	Atlas-SLV3A Agena-D	宇宙神SLV3A-阿金纳 D	19690412	对地观测卫星
981	1969-37A	Nimbus-3	雨云-3	美国	范登堡空军基地	LTTAT Agena-D	长曲柄加大推力雷神-阿金纳 D	19690414	对地观测卫星
982	1969-37B	SECOR-13	西可尔-13	美国	范登堡空军基地	LTTAT Agena-D	长曲柄加大推力雷神-阿金纳 D	19690414	对地观测卫星
983	1969-38A	Zenit-4-56	天顶-4-56	苏联	普列谢茨克航天发射中心	Voskhod	上升号	19690415	对地观测卫星
984	1969-39A	KH-8-21	锁眼-8-21	美国	范登堡空军基地	Titan-3B Agena-D	大力神-3B-阿金纳 D	19690415	对地观测卫星
985	1969-40A	Zenit-4M-03	天顶-4M-03	苏联	拜科努尔航天发射中心	Voskhod	上升号	19690423	对地观测卫星
986	1969-41A	KH-4A-51	锁眼-4A-51	美国	范登堡空军基地	LTTAT Agena-D	长曲柄加大推力雷神-阿金纳 D	19690501	对地观测卫星
987	1969-41B	P-11 4417	雪貂子卫星-4417	美国	范登堡空军基地	LTTAT Agena-D	长曲柄加大推力雷神-阿金纳 D	19690501	对地观测卫星
988	1969-42A	Zenit-2-74	天顶-2-74	苏联	普列谢茨克航天发射中心	Voskhod	上升号	19690513	对地观测卫星
989	1969-43A	Apollo-10	阿波罗-10	美国	卡纳维拉尔角航天发射中心	Saturn-5	土星-5	19690518	载人及货运航天器
990	1969-44A	Zenit-4-57	天顶-4-57	苏联	普列谢茨克航天发射中心	Voskhod	上升号	19690520	对地观测卫星
991	1969-45A	Intelsat-3 4	国际通信卫星-3 4	国际通信卫星组织	卡纳维拉尔角航天发射场	Delta-M	德尔它-M	19690521	通信广播卫星
992	1969-46A	OV 5-05	奥维5-05	美国	卡纳维拉尔角航天发射场	Titan-3C	大力神-3C	19690523	科学与技术试验卫星
993	1969-46B	OV 5-06	奥维5-06	美国	卡纳维拉尔角航天发射场	Titan-3C	大力神-3C	19690523	科学与技术试验卫星
994	1969-46C	OV 5-09	奥维5-09	美国	卡纳维拉尔角航天发射场	Titan-3C	大力神-3C	19690523	科学与技术试验卫星

续表

序号	国际代号	外文名	中文名	所属国家、地区或组织	发射地点	发射工具外文名	发射工具中文名	发射时间	航天器类型
995	1969-46D	Vela-09	维拉-09	美国	卡纳维拉尔角发射场	Titan-3C	大力神-3C	19690523	对地观测卫星
996	1969-46E	Vela-10	维拉-10	美国	卡纳维拉尔角发射场	Titan-3C	大力神-3C	19690523	对地观测卫星
997	1969-47A	DS-P1-Yu-21	等聂伯罗彼得罗夫斯克卫星-P1-Yu-21	苏联	普列谢茨克航天发射中心	Cosmos-2	宇宙-2	19690527	科学与技术试验卫星
998	1969-48A	Zenit-4-58	天顶-4-58	苏联	拜科努尔航天发射中心	Voskhod	上升号	19690529	对地观测卫星
999	1969-49A	DS-P1-Yu-22	等聂伯罗彼得罗夫斯克卫星-P1-Yu-22	苏联	普列谢茨克航天发射中心	Cosmos-2	宇宙-2	19690603	科学与技术试验卫星
1000	1969-50A	KH-8-22	锁眼-8-22	美国	范登堡空军基地	Titan-3B Agena-D	大力神-3B-阿金纳D	19690603	对地观测卫星
1001	1969-51A	OGO-6	奥戈-6	美国	范登堡空军基地	LTTAT Agena-D	长肥箱加大推力雷神-阿金纳D	19690605	科学与技术试验卫星
1002	1969-52A	Zenit-4-59	天顶-4-59	苏联	普列谢茨克航天发射中心	Voskhod	上升号	19690615	对地观测卫星
1003	1969-53A	Explorer-41	探险者-41	美国	范登堡空军基地	Delta-E1	德尔它-E1	19690621	科学与技术试验卫星
1004	1969-54A	Zenit-2-75	天顶-2-75	苏联	拜科努尔航天发射中心	Voskhod	上升号	19690624	对地观测卫星
1005	1969-55A	Zenit-4-60	天顶-4-60	苏联	拜科努尔航天发射中心	Voskhod	上升号	19690627	对地观测卫星
1006	1969-56A	Biosatellite-3	生物卫星-3	美国	卡纳维拉尔角发射场	Delta-N	德尔它-N	19690628	科学与技术试验卫星
1007	1969-57A	Zenit-4-61	天顶-4-61	苏联	普列谢茨克航天发射中心	Voskhod	上升号	19690710	对地观测卫星
1008	1969-58A	Luna-8-5-01	月球-8-5-01	苏联	拜科努尔航天发射中心	Proton-K/Blok-D	质子-K/上面级D	19690713	空间探测器
1009	1969-59A	Apollo-11	阿波罗-11	美国	卡纳维拉尔角发射场	Saturn-5	土星-5	19690716	载人及货运航天器
1010	1969-60A	Zenit-2-76	天顶-2-76	苏联	普列谢茨克航天发射中心	Voskhod	上升号	19690722	对地观测卫星
1011	1969-61A	Molniya-1-17	闪电-1-17	苏联	拜科努尔航天发射中心	Molniya-M/Blok-ML	闪电-M/上面级ML	19690722	通信广播卫星
1012	1969-62A	DSAP-4B F3	国防卫星应用计划-4B F3	美国	范登堡空军基地	Thor Burner 2	雷神-博纳2	19690722	对地观测卫星
1013	1969-63A	KH-4B-07	锁眼-4B-07	美国	范登堡空军基地	LTTAT Agena-D	长肥箱加大推力雷神-阿金纳D	19690723	对地观测卫星
1014	1969-64A	Intelsat-3 5	国际通信卫星-3 5	国际通信卫星组织	卡纳维拉尔角发射场	Delta-M	德尔它-M	19690725	通信广播卫星
1015	1969-65A	Heavy Ferret D-02	重型雪貂D-02	美国	范登堡空军基地	LTTAT Agena-D	长肥箱加大推力雷神-阿金纳D	19690731	对地观测卫星
1016	1969-66A	IS-M-GVM	卫星拦截器-M模拟星	苏联	拜科努尔航天发射中心	Tsyklon-2	旋风-2	19690806	其他
1017	1969-67A	Zond-7	探测器-7	苏联	拜科努尔航天发射中心	Proton-K/Blok-D	质子-K/上面级D	19690808	空间探测器
1018	1969-68A	OSO-6	奥索-6	美国	卡纳维拉尔角发射场	Delta-N	德尔它-N	19690809	科学与技术试验卫星
1019	1969-68B	PAC-A	派克-A	美国	卡纳维拉尔角发射场	Delta-N	德尔它-N	19690809	科学与技术试验卫星
1020	1969-69A	ATS-5	应用技术卫星-5	美国	卡纳维拉尔角发射场	Atlas-SLV3C Centaur-D	宇宙神 SLV3C-半人马座D	19690812	科学与技术试验卫星
1021	1969-70A	Tsiklon-03	旋风-03	苏联	普列谢茨克航天发射中心	Cosmos-3M	宇宙-3M	19690814	导航定位卫星

续表

序号	国际代号	外文名	中文名	所属国家、地区或组织	发射地点	发射工具外文名	发射工具中文名	发射时间	航天器类型
1022	1969-71A	Zenit-2M-04	天顶-2M-04	苏联	拜科努尔航天发射中心	Voskhod	上升号	19690816	对地观测卫星
1023	1969-72A	Zenit-4-62	天顶-4-62	苏联	普列谢茨克航天发射中心	Voskhod	上升号	19690819	对地观测卫星
1024	1969-73A	DS-Pl-Yu-24	第聂伯罗彼得罗夫斯克卫星-Pl-Yu-24	苏联	普列谢茨克航天发射中心	Cosmos-2	宇宙-2	19690822	科学与技术试验卫星
1025	1969-74A	KH-8-23	锁眼-8-23	美国	范登堡空军基地	Titan-3(23)B Agena-D	大力神-3(23)B-阿金纳D	19690823	对地观测卫星
1026	1969-75A	Zenit-4-63	天顶-4-63	苏联	拜科努尔航天发射中心	Voskhod	上升号	19690829	对地观测卫星
1027	1969-76A	Zenit-4-64	天顶-4-64	苏联	普列谢茨克航天发射中心	Voskhod	上升号	19690902	对地观测卫星
1028	1969-77A	OGCh-21	部分轨道轰炸系统-21	苏联	拜科努尔航天发射中心	R-36-O	R-36-O	19690915	科学与技术试验卫星
1029	1969-78A	Zenit-4-65	天顶-4-65	苏联	拜科努尔航天发射中心	Voskhod	上升号	19690918	对地观测卫星
1030	1969-79A	KH-4A-52	锁眼-4A-52	美国	范登堡空军基地	LTTAT Agena-D	长形箱加大推力雷神-阿金纳D	19690922	对地观测卫星
1031	1969-79B	P-11 4419	雪貂子卫星-4419	美国	范登堡空军基地	LTTAT Agena-D	长形箱加大推力雷神-阿金纳D	19690922	对地观测卫星
1032	1969-80A	Luna-8-5-03	月球-8-5-03	苏联	拜科努尔航天发射中心	Proton-K/Blok-D	质子-K/上面级D	19690923	空间探测器
1033	1969-81A	Zenit-2-77	天顶-2-77	苏联	普列谢茨克航天发射中心	Voskhod	上升号	19690924	对地观测卫星
1034	1969-82A	Poppy-6A	罂粟-6A	美国	范登堡空军基地	LTTAT Agena-D	长形箱加大推力雷神-阿金纳D	19690930	对地观测卫星
1035	1969-82B	Poppy-6B	罂粟-6B	美国	范登堡空军基地	LTTAT Agena-D	长形箱加大推力雷神-阿金纳D	19690930	对地观测卫星
1036	1969-82C	Poppy-6C	罂粟-6C	美国	范登堡空军基地	LTTAT Agena-D	长形箱加大推力雷神-阿金纳D	19690930	对地观测卫星
1037	1969-82D	Poppy-6D	罂粟-6D	美国	范登堡空军基地	LTTAT Agena-D	长形箱加大推力雷神-阿金纳D	19690930	对地观测卫星
1038	1969-82E	NRL-PL 176	海军研究实验室有效载荷-176	美国	范登堡空军基地	LTTAT Agena-D	长形箱加大推力雷神-阿金纳D	19690930	科学与技术试验卫星
1039	1969-82F	Timation-02	蒂马申-02	美国	范登堡空军基地	LTTAT Agena-D	长形箱加大推力雷神-阿金纳D	19690930	导航定位卫星
1040	1969-82G	Tempsat-2	坦波卫星-2	美国	范登堡空军基地	LTTAT Agena-D	长形箱加大推力雷神-阿金纳D	19690930	对地观测卫星
1041	1969-82H	SOICAL Cone	空间目标识别校准锥体	美国	范登堡空军基地	LTTAT Agena-D	长形箱加大推力雷神-阿金纳D	19690930	科学与技术试验卫星
1042	1969-82I	SOICAL Cylinder	空间目标识别校准柱体	美国	范登堡空军基地	LTTAT Agena-D	长形箱加大推力雷神-阿金纳D	19690930	科学与技术试验卫星
1043	1969-82J	P-11 4407	雪貂子卫星-4407	美国	范登堡空军基地	LTTAT Agena-D	长形箱加大推力雷神-阿金纳D	19690930	对地观测卫星
1044	1969-83A	ESRO-1B	欧洲空间研究组织-1B	美国	范登堡空军基地	Scout-B	侦察兵-B	19691001	科学与技术试验卫星
1045	1969-84A	Meteor-1-02	流星-1-02	苏联	普列谢茨克航天发射中心	Vostok-2M	东方-2M	19691006	对地观测卫星
1046	1969-85A	Soyuz-06	联盟-06	苏联	拜科努尔航天发射中心	Soyuz	联盟号	19691011	载人及货运航天器
1047	1969-86A	Soyuz-07	联盟-07	苏联	拜科努尔航天发射中心	Soyuz	联盟号	19691012	载人及货运航天器
1048	1969-87A	Soyuz-08	联盟-08	苏联	拜科努尔航天发射中心	Soyuz	联盟号	19691013	载人及货运航天器

续表

序号	国际代号	外文名	中文名	所属国家、地区或组织	发射地点	发射工具外文名	发射工具中文名	发射时间	航天器类型
1049	1969-88A	DS-U3-IK-01	等聂伯罗彼得罗夫斯克卫星-U3-IK-01	苏联	普列谢茨克航天发射中心	Cosmos-2	宇宙-2	19691014	科学与技术试验卫星
1050	1969-89A	Zenit-4-66	天顶-4-66	苏联	普列谢茨克航天发射中心	Voskhod	上升号	19691017	对地观测卫星
1051	1969-90A	DS-Pl-Yu-25	等聂伯罗彼得罗夫斯克卫星-Pl-Yu-25	苏联	普列谢茨克航天发射中心	Cosmos-2	宇宙-2	19691018	科学与技术试验卫星
1052	1969-91A	Tsiklon-04	旋风-04	苏联	普列谢茨克航天发射中心	Cosmos-3M	宇宙-3M	19691021	导航定位卫星
1053	1969-92A	Luna-8-5-04	月球-8-5-04	苏联	拜科努尔航天发射中心	Proton-K/Blok-D	质子-K/上面级D	19691022	空间探测器
1054	1969-93A	Zenit-2M-05	天顶-2M-05	苏联	拜科努尔航天发射中心	Voskhod	上升号	19691024	对地观测卫星
1055	1969-94A	DS-Pl-Yu-26	等聂伯罗彼得罗夫斯克卫星-Pl-Yu-26	苏联	卡普斯京亚尔航天发射中心	Cosmos-2	宇宙-2	19691024	科学与技术试验卫星
1056	1969-95A	KH-8-24	锁眼-8-24	美国	范登堡空军基地	Titan-3(23)B Agena-D	大力神-3(23)B-阿金纳D	19691024	对地观测卫星
1057	1969-96A	DS-Pl-I-06	等聂伯罗彼得罗夫斯克卫星-Pl-I-06	苏联	普列谢茨克航天发射中心	Cosmos-2	宇宙-2	19691104	科学与技术试验卫星
1058	1969-97A	Azur	阿祖尔	西德	范登堡空军基地	Scout-B	侦察兵-B	19691108	科学与技术试验卫星
1059	1969-98A	Zenit-2-78	天顶-2-78	苏联	普列谢茨克航天发射中心	Voskhod	上升号	19691112	对地观测卫星
1060	1969-99A	Apollo-12	阿波罗-12	美国	卡纳维拉尔角发射场	Saturn-5	土星-5	19691114	载人及货运航天器
1061	1969-100A	Zenit-4-67	天顶-4-67	苏联	拜科努尔航天发射中心	Voskhod	上升号	19691115	对地观测卫星
1062	1969-101A	Skynet-1A	天网-1A	英国	卡纳维拉尔角发射场	Delta-M	德尔它-M	19691121	通信广播卫星
1063	1969-102A	DS-Pl-Yu-27	等聂伯罗彼得罗夫斯克卫星-Pl-Yu-27	苏联	普列谢茨克航天发射中心	Cosmos-2	宇宙-2	19691124	科学与技术试验卫星
1064	1969-103A	Sfera-05	球面-05	苏联	普列谢茨克航天发射中心	Cosmos-3M	宇宙-3M	19691124	对地观测卫星
1065	1969-104A	Zenit-2M-06	天顶-2M-06	苏联	普列谢茨克航天发射中心	Voskhod	上升号	19691203	对地观测卫星
1066	1969-105A	KH-4B-08	锁眼-4B-08	美国	范登堡空军基地	LTTAT Agena-D	长艇T箱加力推力雷神-阿金纳D	19691204	对地观测卫星
1067	1969-106A	DS-Pl-Yu-28	等聂伯罗彼得罗夫斯克卫星-Pl-Yu-28	苏联	普列谢茨克航天发射中心	Cosmos-2	宇宙-2	19691211	科学与技术试验卫星
1068	1969-107A	Tselina-O-05	处女地-O-05	苏联	普列谢茨克航天发射中心	Cosmos-3M	宇宙-3M	19691220	对地观测卫星
1069	1969-108A	I2P-03	拦截器-2P-03	苏联	拜科努尔航天发射中心	Tsyklon-2	旋风-2	19691223	科学与技术试验卫星
1070	1969-109A	Zenit-4MK-01	天顶-4MK-01	苏联	普列谢茨克航天发射中心	Voskhod	上升号	19691223	对地观测卫星
1071	1969-110A	DS-U1-IK-01	等聂伯罗彼得罗夫斯克卫星-U1-IK-01	苏联	卡普斯京亚尔航天发射中心	Cosmos-2	宇宙-2	19691225	科学与技术试验卫星
1072	1970-01A	Zenit-2M-07	天顶-2M-07	苏联	拜科努尔航天发射中心	Voskhod	上升号	19700109	对地观测卫星
1073	1970-02A	KH-8-25	锁眼-8-25	美国	范登堡空军基地	Titan-3(23)B Agena-D	大力神-3(23)B-阿金纳D	19700114	对地观测卫星
1074	1970-03A	Intelsat-3 6	国际通信卫星-3 6	国际通信卫星组织	卡纳维拉尔角发射场	Delta-M	德尔它-M	19700115	通信广播卫星
1075	1970-04A	DS-Pl-Yu-29	等聂伯罗彼得罗夫斯克卫星-Pl-Yu-29	苏联	普列谢茨克航天发射中心	Cosmos-2	宇宙-2	19700115	科学与技术试验卫星

续表

序号	国际代号	外文名	中文名	所属国家、地区或组织	发射地点	发射工具外文名	发射工具中文名	发射时间	航天器类型
1076	1970-05A	DS-M002	第聂伯罗彼得罗夫斯克卫星-M002	苏联	卡普斯钦亚尔航天发射中心	Cosmos-2	宇宙-2	19700116	科学与技术试验卫星
1077	1970-06A	DS-U2-MG-01	第聂伯罗彼得罗夫斯克卫星-U2-MG-01	苏联	普列谢茨克航天发射中心	Cosmos-2	宇宙-2	19700120	科学与技术试验卫星
1078	1970-07A	Zenit-4-68	天顶-4-68	苏联	普列谢茨克航天发射中心	Voskhod	上升号	19700121	对地观测卫星
1079	1970-08A	ITOS-M	伊托-M	美国	范登堡空军基地	Delta-N6	德尔它-N6	19700123	对地观测卫星
1080	1970-08B	Oscar-5	奥斯卡-5	美国	范登堡空军基地	Delta-N6	德尔它-N6	19700123	科学与技术试验卫星
1081	1970-09A	Sert-2	空间电火箭试验卫星-2	美国	范登堡空军基地	LTTAT Agena-D	长斯箱加大推力雷神-阿金纳D	19700204	科学与技术试验卫星
1082	1970-10A	Zenit-4-69	天顶-4-69	苏联	普列谢茨克航天发射中心	Voskhod	上升号	19700210	对地观测卫星
1083	1970-11A	Ohsumi-5	大隅-5	日本	鹿儿岛航天中心	L-4S	L-4S	19700211	科学与技术试验卫星
1084	1970-12A	DSAP-5A F1	国防卫星应用计划-5A F1	美国	范登堡空军基地	Thor Burner-2	雷神-博纳2	19700211	对地观测卫星
1085	1970-13A	Molniya-1-18	闪电-1-18	苏联	普列谢茨克航天发射中心	Molniya-M/Blok-ML	闪电-M/上面级ML	19700219	通信广播卫星
1086	1970-14A	DS-P1-Yu-30	第聂伯罗彼得罗夫斯克卫星-P1-Yu-30	苏联	普列谢茨克航天发射中心	Cosmos-2	宇宙-2	19700227	科学与技术试验卫星
1087	1970-15A	Zenit-2-79	天顶-2-79	苏联	普列谢茨克航天发射中心	Voskhod	上升号	19700304	对地观测卫星
1088	1970-16A	KH-4B-09	锁眼-4B-09	美国	范登堡空军基地	LTTAT Agena-D	长斯箱加大推力雷神-阿金纳D	19700304	对地观测卫星
1089	1970-16B	P-11 4422	雪貂子卫星-4422	美国	范登堡空军基地	LTTAT Agena-D	长斯箱加大推力雷神-阿金纳D	19700304	对地观测卫星
1090	1970-17A	Dial Wika	戴尔-科学舱	西德	圭亚那航天中心	Diamant-B	钻石-B	19700310	科学与技术试验卫星
1091	1970-17B	Dial Mika	戴尔-微型舱	西德	圭亚那航天中心	Diamant-B	钻石-B	19700310	科学与技术试验卫星
1092	1970-18A	Zenit-2-80	天顶-2-80	苏联	普列谢茨克航天发射中心	Voskhod	上升号	19700313	对地观测卫星
1093	1970-19A	Meteor-1-03	流星-1-03	苏联	普列谢茨克航天发射中心	Vostok-2M	东方-2M	19700317	对地观测卫星
1094	1970-20A	DS-P1-I-08	第聂伯罗彼得罗夫斯克卫星-P1-I-08	苏联	普列谢茨克航天发射中心	Cosmos-2	宇宙-2	19700318	科学与技术试验卫星
1095	1970-21A	NATO-2A	纳托-2A	北约军事组织/美国	卡纳维拉尔角发射场	Delta-M	德尔它-M	19700320	通信广播卫星
1096	1970-22A	Zenit-4MK-02	天顶-4MK-02	苏联	普列谢茨克航天发射中心	Voskhod	上升号	19700327	对地观测卫星
1097	1970-23A	Zenit-2M-08	天顶-2M-08	苏联	普列谢茨克航天发射中心	Voskhod	上升号	19700403	对地观测卫星
1098	1970-24A	Tselina-O-06	处女地-O-06	苏联	普列谢茨克航天发射中心	Cosmos-3M	宇宙-3M	19700407	对地观测卫星
1099	1970-25A	Nimbus-4	雨云-4	美国	范登堡空军基地	LTTAT Agena-D	长斯箱加大推力雷神-阿金纳D	19700408	对地观测卫星
1100	1970-25B	TOPO-1	地形图-1	美国	范登堡空军基地	LTTAT Agena-D	长斯箱加大推力雷神-阿金纳D	19700408	对地观测卫星
1101	1970-26A	Zenit-4-70	天顶-4-70	苏联	拜科努尔航天发射中心	Voskhod	上升号	19700408	对地观测卫星
1102	1970-27A	Vela-11	维拉-11	美国	卡纳维拉尔角发射场	Titan-3C	大力神-3C	19700408	对地观测卫星

续表

序号	国际代号	外文名	中文名	所属国家、地区或组织	发射地点	发射工具外文名	发射工具中文名	发射时间	航天器类型
1103	1970 – 27B	Vela – 12	维拉 – 12	美国	卡纳维拉尔角发射场	Titan – 3C	大力神 – 3C	19700408	对地观测卫星
1104	1970 – 28A	Tsiklon – 05	旋风 – 05	苏联	普列谢茨克航天发射中心	Cosmos – 3M	宇宙 – 3M	19700411	导航定位卫星
1105	1970 – 29A	Apollo – 13	阿波罗 – 13	美国	卡纳维拉尔角发射场	Saturn – 5	土星 – 5	19700411	载人及货运航天器
1106	1970 – 30A	Zenit – 4M – 04	天顶 – 4M – 04	苏联	普列谢茨克航天发射中心	Voskhod	上升号	19700415	对地观测卫星
1107	1970 – 31A	KH – 8 – 26	锁眼 – 8 – 26	美国	范登堡空军基地	Titan – 3(23)B Agena – D	大力神 – 3(23)B – 阿金纳 D	19700415	对地观测卫星
1108	1970 – 32A	Intelsat – 3 7	国际通信卫星 – 3 7	国际通信卫星组织	卡纳维拉尔角发射场	Delta – M	德尔它 – M	19700423	通信广播卫星
1109	1970 – 33A	DS – P1 – Yu – 31	第聂伯罗彼得罗夫斯克卫星 – P1 – Yu – 31	苏联	普列谢茨克航天发射中心	Cosmos – 2	宇宙 – 2	19700423	科学与技术试验卫星
1110	1970 – 34A	DFH – 1	东方红 – 1	中国	酒泉航天发射中心	CZ – 1	长征 – 1	19700424	科学与技术试验卫星
1111	1970 – 35A	DS – U1 – R – 01	第聂伯罗彼得罗夫斯克卫星 – U1 – R – 01	苏联	卡普斯金亚尔航天发射中心	Cosmos – 2	宇宙 – 2	19700424	科学与技术试验卫星
1112	1970 – 36A	Strela – 1M – 1	天箭座 – 1M – 1	苏联	普列谢茨克航天发射中心	Cosmos – 3M	宇宙 – 3M	19700425	通信广播卫星
1113	1970 – 36B	Strela – 1M – 2	天箭座 – 1M – 2	苏联	普列谢茨克航天发射中心	Cosmos – 3M	宇宙 – 3M	19700425	通信广播卫星
1114	1970 – 36C	Strela – 1M – 3	天箭座 – 1M – 3	苏联	普列谢茨克航天发射中心	Cosmos – 3M	宇宙 – 3M	19700425	通信广播卫星
1115	1970 – 36D	Strela – 1M – 4	天箭座 – 1M – 4	苏联	普列谢茨克航天发射中心	Cosmos – 3M	宇宙 – 3M	19700425	通信广播卫星
1116	1970 – 36E	Strela – 1M – 5	天箭座 – 1M – 5	苏联	普列谢茨克航天发射中心	Cosmos – 3M	宇宙 – 3M	19700425	通信广播卫星
1117	1970 – 36F	Strela – 1M – 6	天箭座 – 1M – 6	苏联	普列谢茨克航天发射中心	Cosmos – 3M	宇宙 – 3M	19700425	通信广播卫星
1118	1970 – 36G	Strela – 1M – 7	天箭座 – 1M – 7	苏联	普列谢茨克航天发射中心	Cosmos – 3M	宇宙 – 3M	19700425	通信广播卫星
1119	1970 – 36H	Strela – 1M – 8	天箭座 – 1M – 8	苏联	普列谢茨克航天发射中心	Cosmos – 3M	宇宙 – 3M	19700425	通信广播卫星
1120	1970 – 37A	Meteor – 1 – 04	流星 – 1 – 04	苏联	普列谢茨克航天发射中心	Vostok – 2M	东方 – 2M	19700428	对地观测卫星
1121	1970 – 38A	Zenit – 2 – 81	天顶 – 2 – 81	苏联	拜科努尔航天发射中心	Vostok – 2	东方 – 2	19700512	对地观测卫星
1122	1970 – 39A	Zenit – 4 – 71	天顶 – 4 – 71	苏联	普列谢茨克航天发射中心	Voskhod	上升号	19700520	对地观测卫星
1123	1970 – 40A	KH – 4B – 10	锁眼 – 4B – 10	美国	范登堡空军基地	LTTAT Agena – D	长臂箍加大雷神 – 阿金纳 D	19700520	对地观测卫星
1124	1970 – 40B	P – 11 4421	雪貂子卫星 – 4421	美国	范登堡空军基地	LTTAT Agena – D	长臂箍加大雷神 – 阿金纳 D	19700520	对地观测卫星
1125	1970 – 41A	Soyuz – 09	联盟 – 09	苏联	拜科努尔航天发射中心	Soyuz	联盟号	19700601	载人及货运航天器
1126	1970 – 42A	Zenit – 4 – 72	天顶 – 4 – 72	苏联	普列谢茨克航天发射中心	Voskhod	上升号	19700610	对地观测卫星
1127	1970 – 43A	DS – P1 – Yu – 33	第聂伯罗彼得罗夫斯克卫星 – P1 – Yu – 33	苏联	卡普斯金亚尔航天发射中心	Cosmos – 2	宇宙 – 2	19700612	科学与技术试验卫星
1128	1970 – 44B	DS – U2 – GK – 02	第聂伯罗彼得罗夫斯克卫星 – U2 – GK – 02	苏联	卡普斯金亚尔航天发射中心	Cosmos – 2	宇宙 – 2	19700613	科学与技术试验卫星
1129	1970 – 45A	Zenit – 4 – 73	天顶 – 4 – 73	苏联	普列谢茨克航天发射中心	Voskhod	上升号	19700617	对地观测卫星

续表

序号	国际代号	外文名	中文名	所属国家、地区或组织	发射地点	发射工具外文名	发射工具中文名	发射时间	航天器类型
1130	1970-46A	Rhyolite-01	水上技艺表演-01	美国	卡纳维拉尔角发射场	Atlas-SLV3A Agena-D	宇宙神SLV3A-阿金纳D	19700619	对地观测卫星
1131	1970-47A	Meteor-1-05	流星-1-05	苏联	普列谢茨克航天发射中心	Vostok-2M	东方-2M	19700623	对地观测卫星
1132	1970-48A	KH-8-27	锁眼-8-27	美国	范登堡空军基地	Titan-3(23)B Agena-D	大力神-3(23)B-阿金纳D	19700625	对地观测卫星
1133	1970-49A	Molniya-1-19	闪电-1-19	苏联	拜科努尔航天发射中心	Voskhod	上升号	19700626	通信广播卫星
1134	1970-50A	Zenit-2M-09	天顶-2M-09	苏联	拜科努尔航天发射中心	Voskhod	上升号	19700626	对地观测卫星
1135	1970-51A	DS-P1-Yu-34	第聂伯罗彼得罗夫斯克卫星-P1-Yu-34	苏联	普列谢茨克航天发射中心	Cosmos-2	宇宙-2	19700627	科学与技术试验卫星
1136	1970-52A	Zenit-4-74	天顶-4-74	苏联	拜科努尔航天发射中心	Voskhod	上升号	19700707	对地观测卫星
1137	1970-53A	Zenit-2M-10	天顶-2M-10	苏联	普列谢茨克航天发射中心	Voskhod	上升号	19700709	对地观测卫星
1138	1970-54A	KH-4B-11	锁眼-4B-11	美国	范登堡空军基地	LTTAT Agena-D	长贮箱加大推力雷神-阿金纳D	19700723	对地观测卫星
1139	1970-55A	Intelsat-3 8	国际通信卫星-3 8	国际通信卫星组织	卡纳维拉尔角发射场	Delta-M	德尔它-M	19700723	通信广播卫星
1140	1970-56A	OGCh-22	部分轨道轰炸系统-22	苏联	拜科努尔航天发射场	R-36-O	R-36-O	19700728	科学与技术试验卫星
1141	1970-57A	DS-U2-IK-01	第聂伯罗彼得罗夫斯克卫星-U2-IK-01	苏联/东欧	卡普斯京亚尔航天发射中心	Cosmos-2	宇宙-2	19700807	科学与技术试验卫星
1142	1970-58A	Zenit-4-76	天顶-4-76	苏联	普列谢茨克航天发射中心	Voskhod	上升号	19700807	对地观测卫星
1143	1970-59A	DS-U2-MG-02	第聂伯罗彼得罗夫斯克卫星-U2-MG-02	苏联	普列谢茨克航天发射中心	Cosmos-2	宇宙-2	19700810	科学与技术试验卫星
1144	1970-60A	Venera-7	金星-7	苏联	拜科努尔航天发射中心	Molniya-M/Blok-L	闪电-M/上面级L	19700817	空间探测器
1145	1970-61A	KH-8-28	锁眼-8-28	美国	范登堡空军基地	Titan-3(23)B Agena-D	大力神-3(23)B-阿金纳D	19700818	对地观测卫星
1146	1970-62A	Skynet-1B	天网-1B	英国/美国	卡纳维拉尔角发射场	Delta-M	德尔它-M	19700819	通信广播卫星
1147	1970-63A	DS-P1-Yu-35	第聂伯罗彼得罗夫斯克卫星-P1-Yu-35	苏联	普列谢茨克航天发射中心	Cosmos-2	宇宙-2	19700819	科学与技术试验卫星
1148	1970-64A	Cosmos-358	宇宙-358	苏联	普列谢茨克航天发射中心	Cosmos-3M	宇宙-3M	19700820	导航定位卫星
1149	1970-65A	Cosmos-359	宇宙-359	苏联	普列谢茨克航天发射中心	Molniya-M/Blok-L	闪电-M/上面级L	19700822	空间探测器
1150	1970-66A	Heavy Ferret D-03	重型雪貂D-03	美国	范登堡空军基地	LTTAT Agena-D	长贮箱加大推力雷神-阿金纳D	19700826	对地观测卫星
1151	1970-67A	Transit-O-19	子午仪-O-19	美国	范登堡空军基地	Scout-A	侦察兵-A	19700827	导航定位卫星
1152	1970-68A	Zenit-4M-05	天顶-4M-05	苏联	拜科努尔航天发射中心	Voskhod	上升号	19700829	对地观测卫星
1153	1970-69A	Canyon-3	峡谷-3	美国	卡纳维拉尔角发射场	Atlas-SLV3A Agena-D	宇宙神SLV3A-阿金纳D	19700901	对地观测卫星
1154	1970-70A	DSAP-5A F2	国防卫星应用计划-5A F2	美国	范登堡空军基地	Thor Burner-2	雷神-博纳2	19700903	对地观测卫星
1155	1970-71A	Zenit-4M-06	天顶-4M-06	苏联	普列谢茨克航天发射中心	Voskhod	上升号	19700908	对地观测卫星
1156	1970-72A	Luna-8-5-06	月球-8-5-06	苏联	拜科努尔航天发射中心	Proton-K/Blok-D	质子-K/上面级D	19700912	空间探测器

附 录

续表

序号	国际代号	外文名	中文名	所属国家、地区或组织	发射地点	发射工具外文名	发射工具中文名	发射时间	航天器类型
1157	1970-73A	DS-P1-1-09	第聂伯罗彼得罗夫斯克卫星-P1-1-09	苏联	普列谢茨克航天发射中心	Cosmos-2	宇宙-2	19700916	科学与技术试验卫星
1158	1970-74A	Zenit-2M-11	天顶-2M-11	苏联	拜科努尔航天发射中心	Voskhod	上升号	19700917	对地观测卫星
1159	1970-75A	Zenit-4MK-03	天顶-4MK-03	苏联	普列谢茨克航天发射中心	Voskhod	上升号	19700922	对地观测卫星
1160	1970-76A	OGCh-23	部分轨道轰炸系统-23	苏联	拜科努尔航天发射中心	R-36-O	R-36-O	19700925	科学与技术试验卫星
1161	1970-77A	Molniya-1-20	闪电-1-20	苏联	普列谢茨克航天发射中心	Molniya-M/Blok-ML	闪电-M/上面级 ML	19700929	通信广播卫星
1162	1970-78A	Zenit-2M-12	天顶-2M-12	苏联	拜科努尔航天发射中心	Voskhod	上升号	19701001	对地观测卫星
1163	1970-79A	RORSAT-01	雷达型海洋监视卫星-01	苏联	拜科努尔航天发射中心	Tsyklon-2	旋风-2	19701003	对地观测卫星
1164	1970-80A	Zenit-2M-13	天顶-2M-13	苏联	拜科努尔航天发射中心	Voskhod	上升号	19701008	对地观测卫星
1165	1970-81A	DS-P1-Yu-36	第聂伯罗彼得罗夫斯克卫星-P1-Yu-36	苏联	普列谢茨克航天发射中心	Cosmos-2	宇宙-2	19701008	科学与技术试验卫星
1166	1970-82A	Zenit-4M-07	天顶-4M-07	苏联	拜科努尔航天发射中心	Voskhod	上升号	19701009	对地观测卫星
1167	1970-83A	Tsiklon-06	旋风-06	苏联	普列谢茨克航天发射中心	Cosmos-3M	宇宙-3M	19701012	导航定位卫星
1168	1970-84A	DS-U3-IK-02	第聂伯罗彼得罗夫斯克卫星-U3-IK-02	苏联/东欧	卡普斯金亚尔航天发射中心	Cosmos-2	宇宙-2	19701014	科学与技术试验卫星
1169	1970-85A	Meteor-1-06	流星-1-06	苏联	普列谢茨克航天发射中心	Vostok-2M	东方-2M	19701015	对地观测卫星
1170	1970-86A	Strela-2M-2	天箭座-2M-2	苏联	普列谢茨克航天发射中心	Cosmos-3M	宇宙-3M	19701016	通信广播卫星
1171	1970-87A	I2M-03	拦截器-2M-03	苏联	拜科努尔航天发射中心	Tsyklon-2	旋风-2	19701020	科学与技术试验卫星
1172	1970-88A	Zond-8	探测器-8	苏联	拜科努尔航天发射中心	Proton-K/Blok-D	质子-K/上面级 D	19701020	空间探测器
1173	1970-89A	I2P-04	拦截器-2P-04	苏联	拜科努尔航天发射中心	Tsyklon-2	旋风-2	19701023	科学与技术试验卫星
1174	1970-90A	KH-8-29	锁眼-8-29	美国	范登堡空军基地	Titan-3(23)B Agena-D	大力神-3(23)B-阿金纳 D	19701023	对地观测卫星
1175	1970-91A	I2P-05	拦截器-2P-05	苏联	拜科努尔航天发射中心	Tsyklon-2	旋风-2	19701030	科学与技术试验卫星
1176	1970-92A	Zenit-4M-08	天顶-4M-08	苏联	普列谢茨克航天发射中心	Voskhod	上升号	19701030	对地观测卫星
1177	1970-93A	DSP-01	国防支援计划-01	美国	卡纳维拉尔角发射场	Titan-3(23)C	大力神-3(23)C	19701106	对地观测卫星
1178	1970-94A	Frog-Otolith-1	蛙耳石卫星-1	美国	沃洛普斯岛发射场	Scout-B	侦察兵-3	19701109	科学与技术试验卫星
1179	1970-94B	RM-1	辐射和郎石试验卫星-1	美国	沃洛普斯岛发射场	Scout-B	侦察兵-3	19701109	科学与技术试验卫星
1180	1970-95A	Luna-8-02	月球-8-02	苏联	拜科努尔航天发射中心	Proton-K/Blok-D	质子-K/上面级 D	19701110	空间探测器
1181	1970-96A	Zenit-2M-14	天顶-2M-14	苏联	拜科努尔航天发射中心	Voskhod	上升号	19701111	对地观测卫星
1182	1970-97A	DS-U2-IP-01	第聂伯罗彼得罗夫斯克卫星-U2-IP-01	苏联	普列谢茨克航天发射中心	Cosmos-3M	宇宙-3M	19701117	科学与技术试验卫星
1183	1970-98A	KH-4B-12	锁眼-4B-12	美国	范登堡空军基地	LTTAT Agena-D	长肥箱加大推力雷神-阿金纳 D	19701118	对地观测卫星

续表

序号	国际代号	外文名	中文名	所属国家、地区或组织	发射地点	发射工具外文名	发射工具中文名	发射时间	航天器类型
1184	1970－98B	P－11 4423	雪貂子卫星－4423	美国	范登堡空军基地	LTTAT Agena－D	长臂箍加大维力雷神－阿金纳D	19701118	对地观测卫星
1185	1970－99A	LK T2K－1	探月飞船－T2K－1	苏联	拜科努尔航天发射中心	Soyuz－L	联盟－L	19701124	载人及货运航天器
1186	1970－100A	DS－P1－Yu－37	第聂伯罗彼得罗夫斯克卫星－P1－Yu－37	苏联	普列谢茨克航天发射中心	Cosmos－2	宇宙－2	19701124	科学与技术试验卫星
1187	1970－101A	Molniya－1－21	闪电－1－21	苏联	普列谢茨克航天发射中心	Molniya－M/Blok－ML	闪电－M/上面级ML	19701127	通信广播卫星
1188	1970－102A	Ionosfernaya－2	电离层－2	苏联	普列谢茨克航天发射中心	Cosmos－3M	宇宙－3M	19701202	科学与技术试验卫星
1189	1970－103A	Zond L1E－2K	探测器－L1E－2K	苏联	拜科努尔航天发射中心	Proton－K/Blok－D	质子－K/上面级D	19701202	载人及货运航天器
1190	1970－104A	Zenit－4MK－04	天顶－4MK－04	苏联	普列谢茨克航天发射中心	Voskhod	上升号	19701203	对地观测卫星
1191	1970－105A	Zenit－2M－15	天顶－2M－15	苏联	普列谢茨克航天发射中心	Voskhod	上升号	19701210	对地观测卫星
1192	1970－106A	ITOS－A	伊托－A	美国	范登堡空军基地	Delta－N6	德尔它－N6	19701211	对地观测卫星
1193	1970－106B	CEP－1	圆柱静电探测器－1	美国	范登堡空军基地	Delta－N6	德尔它－N6	19701211	科学与技术试验卫星
1194	1970－107A	Explorer－42	探险者－42	美国/意大利	圣马科发射平台	Scout－B	侦察兵－B	19701212	科学与技术试验卫星
1195	1970－108A	Tsiklon－07	旋风－07	苏联	普列谢茨克航天发射中心	Cosmos－3M	宇宙－3M	19701212	导航定位卫星
1196	1970－109A	Eolei－1	伊奥利－1	法国	圭亚那航天中心	Diamant－B	钻石－B	19701212	通信广播卫星
1197	1970－110A	Zenit－4M－09	天顶－4M－09	苏联	拜科努尔航天发射中心	Voskhod	上升号	19701215	对地观测卫星
1198	1970－111A	Tselina－O－07	处女地－O－07	苏联	普列谢茨克航天发射中心	Cosmos－3M	宇宙－3M	19701216	对地观测卫星
1199	1970－112A	DS－P1－Yu－38	第聂伯罗彼得罗夫斯克卫星－P1－Yu－38	苏联	普列谢茨克航天发射中心	Cosmos－2	宇宙－2	19701218	科学与技术试验卫星
1200	1970－113A	Tselina－D－01	处女地－D－01	苏联	普列谢茨克航天发射中心	Vostok－2M	东方－2M	19701218	对地观测卫星
1201	1970－114A	Molniya－1－22	闪电－1－22	苏联	普列谢茨克航天发射中心	Molniya－M/Blok－ML	闪电－M/上面级ML	19701225	通信广播卫星
1202	1971－01A	Zenit－4M－10	天顶－4M－10	苏联	普列谢茨克航天发射中心	Voskhod	上升号	19710112	对地观测卫星
1203	1971－02A	DS－P1－I－10	第聂伯罗彼得罗夫斯克卫星－P1－I－10	苏联	普列谢茨克航天发射中心	Cosmos－2	宇宙－2	19710114	科学与技术试验卫星
1204	1971－03A	Meteor－1－07	流星－1－07	苏联	普列谢茨克航天发射中心	Vostok－2M	东方－2M	19710120	对地观测卫星
1205	1971－04A	Zenit－2M－16	天顶－2M－16	苏联	拜科努尔航天发射中心	Voskhod	上升号	19710121	对地观测卫星
1206	1971－05A	KH－8－30	锁眼－8－30	美国	范登堡空军基地	Titan－3(23)B Agena－D	大力神－3(23)B－阿金纳D	19710121	对地观测卫星
1207	1971－06A	Intelsat－4 2	国际通信卫星－4 2	国际通信卫星组织	卡纳维拉尔角发射场	Atlas－SLV3C Centaur－D	宇宙神SLV3C－半人马座D	19710126	通信广播卫星
1208	1971－07A	DS－P1－Yu－39	第聂伯罗彼得罗夫斯克卫星－P1－Yu－39	苏联	普列谢茨克航天发射中心	Cosmos－2	宇宙－2	19710126	科学与技术试验卫星
1209	1971－08A	Apollo－14	阿波罗－14	美国	卡纳维拉尔角发射场	Saturn－5	土星－5	19710131	载人及货运航天器
1210	1971－09A	NATO－2B	纳托－2B	北大西洋公约组织/美国	卡纳维拉尔角发射场	Delta－M	德尔它－M	19710202	通信广播卫星

续表

序号	国际代号	外文名	中文名	所属国家、地区或组织	发射地点	发射工具外文名	发射工具中文名	发射时间	航天器类型
1211	1971-10A	DS-P1-M-02	第聂伯罗彼得罗夫斯克卫星-P1-M-02	苏联	普列谢茨克航天发射中心	Cosmos-3M	宇宙-3M	19710209	科学与技术试验卫星
1212	1971-11A	Tansei-1（MS-T1）	淡青-1（MS-T1）	日本	鹿儿岛航天中心	M-4S	M-4S	19710216	科学与技术试验卫星
1213	1971-12A	DSAP-5A F3	国防卫星应用计划-5A F3	美国	范登堡空军基地	Thor Burner-2	雷神-博纳2	19710217	对地观测卫星
1214	1971-12B	NRL.PL.170A	海军研究实验室有效载荷-170A	美国	范登堡空军基地	Thor Burner-2	雷神-博纳2	19710217	科学与技术试验卫星
1215	1971-12C	NRL.PL.170B	海军研究实验室有效载荷-170B	美国	范登堡空军基地	Thor Burner-2	雷神-博纳2	19710217	科学与技术试验卫星
1216	1971-12E	NRL.PL.170C	海军研究实验室有效载荷-170C	美国	范登堡空军基地	Thor Burner-2	雷神-博纳2	19710217	科学与技术试验卫星
1217	1971-13A	Tselina-O-08	处女地-O-08	苏联	普列谢茨克航天发射中心	Cosmos-3M	宇宙-3M	19710217	对地观测卫星
1218	1971-14A	Zenit-4M-11	天顶-4M-11	苏联	普列谢茨克航天发射中心	Voskhod	上升号	19710218	对地观测卫星
1219	1971-15A	I2P-06	拦截器-2P-06	苏联	拜科努尔航天发射中心	Tsyklon-2	旋风-2	19710225	科学与技术试验卫星
1220	1971-16A	LK T2K-2	探月飞船-T2K-2	苏联	拜科努尔航天发射中心	Soyuz-L	联盟-L	19710226	载人及货运航天器
1221	1971-17A	Zenit-4M-12	天顶-4M-12	苏联	拜科努尔航天发射中心	Voskhod	上升号	19710303	对地观测卫星
1222	1971-18A	SJ-1	实践-1	中国	酒泉航天发射中心	CZ-1	长征-1	19710303	科学与技术试验卫星
1223	1971-19A	Explorer-43	探险者-43	美国	卡纳维拉尔角发射场	Delta-M6	德尔它-M6	19710313	科学与技术试验卫星
1224	1971-20A	DS-P1-M-03	第聂伯罗彼得罗夫斯克卫星-P1-M-03	苏联	普列谢茨克航天发射中心	Cosmos-3M	宇宙-3M	19710319	科学与技术试验卫星
1225	1971-21A	Jumpseat-01	折叠椅-01	美国/加拿大	范登堡空军基地	Titan-3(33)B Agena-D	大力神-3(33)B-阿金纳D	19710321	对地观测卫星
1226	1971-22A	KH-4B-14	锁眼-4B-14	美国	范登堡空军基地	LTTAT Agena-D	长箱加大推力箱箱轴-阿金纳D	19710324	对地观测卫星
1227	1971-23A	Zenit-4M-13	天顶-4M-13	苏联	拜科努尔航天发射中心	Voskhod	上升号	19710327	对地观测卫星
1228	1971-24A	ISIS-2	国际电离层研究卫星-2	美国/加拿大	范登堡空军基地	Delta-E1	德尔它-E1	19710401	科学与技术试验卫星
1229	1971-25A	RORSAT-02	雷达型海洋监视卫星-02	苏联	拜科努尔航天发射中心	Tsyklon-2	旋风-2	19710401	对地观测卫星
1230	1971-26A	Zenit-2M-18	天顶-2M-18	苏联	普列谢茨克航天发射中心	Voskhod	上升号	19710402	对地观测卫星
1231	1971-27A	I2P-07	拦截器-2P-07	苏联	拜科努尔航天发射中心	Tsyklon-2	旋风-2	19710404	科学与技术试验卫星
1232	1971-28A	Tselina-D-02	处女地-D-02	苏联	普列谢茨克航天发射中心	Vostok-2M	东方-2M	19710407	对地观测卫星
1233	1971-29A	Zenit-4M-14	天顶-4M-14	苏联	普列谢茨克航天发射中心	Voskhod	上升号	19710414	对地观测卫星
1234	1971-30A	D-2A	王冠-2A	法国	圭亚那航天中心	Diamant-B	钻石-B	19710415	科学与技术试验卫星
1235	1971-31A	Meteor-1-08	流星-1-08	苏联	普列谢茨克航天发射中心	Vostok-2M	东方-2M	19710417	对地观测卫星
1236	1971-32A	Salyut-1	礼炮-1	苏联	拜科努尔航天发射中心	Proton-K	质子-K	19710419	载人及货运航天器
1237	1971-33A	KH-8-31	锁眼-8-31	美国	范登堡空军基地	Titan-3(23)B Agena-D	大力神-3(23)B-阿金纳D	19710422	对地观测卫星

续表

序号	国际代号	外文名	中文名	所属国家、地区或组织	发射地点	发射工具外文名	发射工具中文名	发射时间	航天器类型
1238	1971-34A	Soyuz-10	联盟-10	苏联	拜科努尔航天发射中心	Soyuz	联盟号	19710423	载人及货运航天器
1239	1971-35A	Strela-2M-3	天箭座-2M-3	苏联	普列谢茨克航天发射中心	Cosmos-3M	宇宙-3M	19710423	通信广播卫星
1240	1971-36A	San Marco-3	圣马科-3	意大利/美国	圣马科发射平台	Scout-B	侦察兵-B	19710424	科学与技术试验卫星
1241	1971-37A	DS-P1-Yu-41	第聂伯罗彼得罗夫斯克卫星-P1-Yu-41	苏联	普列谢茨克航天发射中心	Cosmos-2	宇宙-2	19710424	科学与技术试验卫星
1242	1971-38A	Sfera-06	球面-06	苏联	普列谢茨克航天发射中心	Cosmos-3M	宇宙-3M	19710428	对地观测卫星
1243	1971-39A	DSP-02	国防支援计划-02	美国	卡纳维拉尔角发射场	Titan-3(23)C	大力神-3(23)C	19710505	对地观测卫星
1244	1971-40A	Zenit-2M-19	天顶-2M-19	苏联	拜科努尔航天发射中心	Voskhod	上升号	19710507	对地观测卫星
1245	1971-41A	Strela-1M-9	天箭座-1M-9	苏联	普列谢茨克航天发射中心	Cosmos-3M	宇宙-3M	19710507	通信广播卫星
1246	1971-41B	Strela-1M-10	天箭座-1M-10	苏联	普列谢茨克航天发射中心	Cosmos-3M	宇宙-3M	19710507	通信广播卫星
1247	1971-41C	Strela-1M-11	天箭座-1M-11	苏联	普列谢茨克航天发射中心	Cosmos-3M	宇宙-3M	19710507	通信广播卫星
1248	1971-41D	Strela-1M-12	天箭座-1M-12	苏联	普列谢茨克航天发射中心	Cosmos-3M	宇宙-3M	19710507	通信广播卫星
1249	1971-41E	Strela-1M-13	天箭座-1M-13	苏联	普列谢茨克航天发射中心	Cosmos-3M	宇宙-3M	19710507	通信广播卫星
1250	1971-41F	Strela-1M-14	天箭座-1M-14	苏联	普列谢茨克航天发射中心	Cosmos-3M	宇宙-3M	19710507	通信广播卫星
1251	1971-41G	Strela-1M-15	天箭座-1M-15	苏联	普列谢茨克航天发射中心	Cosmos-3M	宇宙-3M	19710507	通信广播卫星
1252	1971-41H	Strela-1M-16	天箭座-1M-16	苏联	普列谢茨克航天发射中心	Cosmos-3M	宇宙-3M	19710507	通信广播卫星
1253	1971-42A	Mars(2d)	火星探测器(2d)	苏联	拜科努尔航天发射中心	Proton-K/Blok-D	质子-K/上面级D	19710510	空间探测器
1254	1971-43A	Zenit-4M-15	天顶-4M-15	苏联	拜科努尔航天发射中心	Voskhod	上升号	19710518	对地观测卫星
1255	1971-44A	DS-P1-Yu-42	第聂伯罗彼得罗夫斯克卫星-P1-Yu-42	苏联	普列谢茨克航天发射中心	Cosmos-2	宇宙-2	19710519	科学与技术试验卫星
1256	1971-45A	Mars-2	火星-2	苏联	拜科努尔航天发射中心	Proton-K/Blok-D	质子-K/上面级D	19710519	空间探测器
1257	1971-46A	Tsiklon-08	旋风-08	苏联	普列谢茨克航天发射中心	Cosmos-3M	宇宙-3M	19710522	导航定位卫星
1258	1971-47A	DS-P1-Yu-43	第聂伯罗彼得罗夫斯克卫星-P1-Yu-43	苏联	普列谢茨克航天发射中心	Cosmos-2	宇宙-2	19710527	科学与技术试验卫星
1259	1971-48A	Zenit-4M-16	天顶-4M-16	苏联	普列谢茨克航天发射中心	Voskhod	上升号	19710528	对地观测卫星
1260	1971-49A	Mars-3	火星-3	苏联	拜科努尔航天发射中心	Proton-K/Blok-D	质子-K/上面级D	19710528	空间探测器
1261	1971-50A	Tselina-O-09	处女地-O-09	苏联	普列谢茨克航天发射中心	Cosmos-3M	宇宙-3M	19710529	对地观测卫星
1262	1971-51A	Mariner-9	水手-9	美国	卡纳维拉尔角发射场	Atlas-SLV3C Centaur-D	宇宙神SLV3C-半人马座D	19710530	空间探测器
1263	1971-52A	DS-U2-K-01	第聂伯罗彼得罗夫斯克卫星-U2-K-01	苏联	普列谢茨克航天发射中心	Cosmos-3M	宇宙-3M	19710604	科学与技术试验卫星
1264	1971-53A	Soyuz-11	联盟-11	苏联	拜科努尔航天发射中心	Soyuz	联盟号	19710606	载人及货运航天器

续表

序号	国际代号	外文名	中文名	所属国家、地区或组织	发射地点	发射工具外文名	发射工具中文名	发射时间	航天器类型
1265	1971-54A	SESP-1	空间试验支援计划-1	美国	范登堡空军基地	Thor Burner-2	雷神-博纳2	19710608	科学与技术试验卫星
1266	1971-55A	Zenit-4MK-05	天顶-4MK-05	苏联	普列谢茨克航天发射中心	Voskhod	上升号	19710611	对地观测卫星
1267	1971-56A	KH-9-01	锁眼-9-01	美国	范登堡空军基地	Titan-3D	大力神-3D	19710615	对地观测卫星
1268	1971-57A	Zenit-2M-20	天顶-2M-20	苏联	普列谢茨克航天发射中心	Voskhod	上升号	19710624	对地观测卫星
1269	1971-58A	Explorer-44	探险者-44	美国	沃洛普斯岛发射场	Scout-B	侦察兵-B	19710708	科学与技术试验卫星
1270	1971-59A	Meteor-1-09	流星-1-09	苏联	普列谢茨克航天发射中心	Vostok-2M	东方-2M	19710716	对地观测卫星
1271	1971-60A	Heavy Ferret D-04	重型雪貂D-04	美国	范登堡空军基地	LTTAT Agena-D	长蓝箱加大维力雷神-阿金纳D	19710716	对地观测卫星
1272	1971-61A	Zenit-4M-18	天顶-4M-18	苏联	普列谢茨克航天发射中心	Voskhod	上升号	19710720	对地观测卫星
1273	1971-62A	Zenit-4M-19	天顶-4M-19	苏联	普列谢茨克航天发射中心	Voskhod	上升号	19710723	对地观测卫星
1274	1971-63A	Apollo-15	阿波罗-15	美国	卡纳维拉尔角发射场	Saturn-5	土星-5	19710726	载人及货运航天器
1275	1971-63B	PFS-1	粒子和磁场卫星-1	美国	卡纳维拉尔角发射场	Saturn-5	土星-5	19710726	空间探测器
1276	1971-64A	Molniya-1-23	闪电-1-23	苏联	普列谢茨克航天发射中心	Molniya-M/Blok-ML	闪电-M/上面级ML	19710728	通信广播卫星
1277	1971-65A	Zenit-2M-21	天顶-2M-21	苏联	拜科努尔航天发射中心	Voskhod	上升号	19710730	对地观测卫星
1278	1971-66A	Zenit-4M-20	天顶-4M-20	苏联	拜科努尔航天发射中心	Voskhod	上升号	19710805	对地观测卫星
1279	1971-67A	OV 1-20P	奥维1-20P	美国	范登堡空军基地	Atlas-F OV1	宇宙神F-轨道飞行器1	19710807	科学与技术试验卫星
1280	1971-67B	OV 1-21P	奥维1-21P	美国	范登堡空军基地	Atlas-F OV1	宇宙神F-轨道飞行器1	19710807	科学与技术试验卫星
1281	1971-67C	Cannonball-2	炮弹-2	美国	范登堡空军基地	Atlas-F OV1	宇宙神F-轨道飞行器1	19710807	科学与技术试验卫星
1282	1971-67D	Musketball-1	步枪弹-1	美国	范登堡空军基地	Atlas-F OV1	宇宙神F-轨道飞行器1	19710807	科学与技术试验卫星
1283	1971-67F	Gridsphere-1	刚性球-1	美国	范登堡空军基地	Atlas-F OV1	宇宙神F-轨道飞行器1	19710807	科学与技术试验卫星
1284	1971-67G	Gridsphere-2	刚性球-2	美国	范登堡空军基地	Atlas-F OV1	宇宙神F-轨道飞行器1	19710807	科学与技术试验卫星
1285	1971-67H	Gridsphere-B-01	刚性球-B-01	美国	范登堡空军基地	Atlas-F OV1	宇宙神F-轨道飞行器1	19710807	科学与技术试验卫星
1286	1971-67E	Gridsphere-R-01	刚性球-R-01	美国	范登堡空军基地	Atlas-F OV1	宇宙神F-轨道飞行器1	19710807	科学与技术试验卫星
1287	1971-67P	LCS-4	林肯定位卫星-4	美国	范登堡空军基地	Atlas-F OV1	宇宙神F-轨道飞行器1	19710807	科学与技术试验卫星
1288	1971-68A	OGCh-24	部分轨道轰炸系统-24	苏联	拜科努尔航天发射中心	R-36-O	R-36-O	19710808	科学与技术试验卫星
1289	1971-69A	LK T2K-3	探月飞船-T2K-3	苏联	拜科努尔航天发射中心	Soyuz-L	联盟-L	19710812	载人及货运航天器
1290	1971-70A	KH-8-32	锁眼-8-32	美国	范登堡空军基地	Titan-3(23)B Agena-D	大力神-3(23)B-阿金纳D	19710812	对地观测卫星
1291	1971-71A	Eole-1	风神-1	法国/美国	沃洛普斯岛发射场	Scout-B1	侦察兵-B1	19710816	通信广播卫星

续表

序号	国际代号	中文名	外文名	所属国家、地区或组织	发射地点	发射工具外文名	发射工具中文名	发射时间	航天器类型
1292	1971-72A	第聂伯罗彼得罗夫斯克卫星-P1-Yu-45	DS-P1-Yu-45	苏联	普列谢茨克航天发射中心	Cosmos-2	宇宙-2	19710827	科学与技术试验卫星
1293	1971-73A	月球-8-5-07	Luna-8-5-07	苏联	拜科努尔航天发射中心	Proton-K/Blok-D	质子-K/上面级D	19710902	空间探测器
1294	1971-74A	处女地-O-11	Tselina-O-11	苏联	普列谢茨克航天发射中心	Cosmos-3M	宇宙-3M	19710907	对地观测卫星
1295	1971-75A	处女地-O-12	Tselina-O-12	苏联	普列谢茨克航天发射中心	Cosmos-3M	宇宙-3M	19710910	对地观测卫星
1296	1971-76A	锁眼-4B-15	KH-4B-15	美国	范登堡空军基地	LTTAT Agena-D	长眺箱加大推力雷神-阿金纳D	19710910	对地观测卫星
1297	1971-76B	雪貂子卫星-4427	P-11 4427	美国	范登堡空军基地	LTTAT Agena-D	长眺箱加大推力雷神-阿金纳D	19710910	对地观测卫星
1298	1971-77A	天顶-4MK-06	Zenit-4MK-06	苏联	普列谢茨克航天发射中心	Voskhod	上升号	19710914	对地观测卫星
1299	1971-78A	天顶-2M-22	Zenit-2M-22	苏联	普列谢茨克航天发射中心	Voskhod	上升号	19710921	对地观测卫星
1300	1971-79A	第聂伯罗彼得罗夫斯克卫星-P1-I-11	DS-P1-I-11	苏联	普列谢茨克航天发射中心	Cosmos-2	宇宙-2	19710924	科学与技术试验卫星
1301	1971-80A	新星	Shinsei	日本	鹿儿岛航天中心	M-4S	M-4S	19710928	科学与技术试验卫星
1302	1971-81A	天顶-4M-22	Zenit-4M-22	苏联	普列谢茨克航天发射中心	Voskhod	上升号	19710928	对地观测卫星
1303	1971-82A	月球-81S-01	Luna-81S-01	苏联	拜科努尔航天发射中心	Proton-K/Blok-D	质子-K/上面级D	19710928	空间探测器
1304	1971-83A	奥索-7	OSO-7	美国	卡纳维拉尔角发射场	Delta-N	德尔它-N	19710929	科学与技术试验卫星
1305	1971-83B	试验和训练卫星-4	TTS-4	美国	卡纳维拉尔角发射场	Delta-N	德尔它-N	19710929	科学与技术试验卫星
1306	1971-84A	天顶-4M-23	Zenit-4M-23	苏联	普列谢茨克航天发射中心	Voskhod	上升号	19710929	对地观测卫星
1307	1971-85A	天顶-2M-23	Zenit-2M-23	苏联	普列谢茨克航天发射中心	Voskhod	上升号	19711007	对地观测卫星
1308	1971-86A	天箭座-1M-17	Strela-1M-17	苏联	普列谢茨克航天发射中心	Cosmos-3M	宇宙-3M	19711013	通信广播卫星
1309	1971-86B	天箭座-1M-18	Strela-1M-18	苏联	普列谢茨克航天发射中心	Cosmos-3M	宇宙-3M	19711013	通信广播卫星
1310	1971-86C	天箭座-1M-19	Strela-1M-19	苏联	普列谢茨克航天发射中心	Cosmos-3M	宇宙-3M	19711013	通信广播卫星
1311	1971-86D	天箭座-1M-20	Strela-1M-20	苏联	普列谢茨克航天发射中心	Cosmos-3M	宇宙-3M	19711013	通信广播卫星
1312	1971-86E	天箭座-1M-21	Strela-1M-21	苏联	普列谢茨克航天发射中心	Cosmos-3M	宇宙-3M	19711013	通信广播卫星
1313	1971-86F	天箭座-1M-22	Strela-1M-22	苏联	普列谢茨克航天发射中心	Cosmos-3M	宇宙-3M	19711013	通信广播卫星
1314	1971-86G	天箭座-1M-23	Strela-1M-23	苏联	普列谢茨克航天发射中心	Cosmos-3M	宇宙-3M	19711013	通信广播卫星
1315	1971-86H	天箭座-1M-24	Strela-1M-24	苏联	普列谢茨克航天发射中心	Cosmos-3M	宇宙-3M	19711013	通信广播卫星
1316	1971-87A	国防卫星应用计划-5B F1	DSAP-5B F1	美国	范登堡空军基地	Thor Burner-2A	雷神-博纳2A	19711014	对地观测卫星
1317	1971-88A	天顶-4M-24	Zenit-4M-24	苏联	普列谢茨克航天发射中心	Voskhod	上升号	19711014	对地观测卫星
1318	1971-89A	先进技术试验卫星	Astex	美国	范登堡空军基地	LTTAT Agena-D	长眺箱加大推力雷神-阿金纳D	19711017	科学与技术试验卫星

续表

序号	国际代号	外文名	中文名	所属国家、地区或组织	发射地点	发射工具外文名	发射工具中文名	发射时间	航天器类型
1319	1971-90A	DS-P1-Yu-46	第聂伯罗彼得罗夫斯克卫星-P1-Yu-46	苏联	普列谢茨克航天发射中心	Cosmos-2	宇宙-2	19711019	科学与技术试验卫星
1320	1971-91A	ITOS-B	伊托-B	美国	范登堡空军基地	Delta-N6	德尔它-N6	19711021	对地观测卫星
1321	1971-92A	KH-8-33	锁眼-8-33	美国	范登堡空军基地	Titan-3(23)B Agena-D	大力神-3(23)B-阿金纳D	19711023	对地观测卫星
1322	1971-93A	Prospero	普罗斯帕罗	英国	伍默拉发射场	Black Arrow	黑箭	19711028	科学与技术试验卫星
1323	1971-94A	Zenit-4M-25	天顶-4M-25	苏联	普列谢茨克航天发射中心	Voskhod	上升号	19711102	对地观测卫星
1324	1971-95A	DSCS-2-1	国防卫星通信系统-2-1	美国	卡纳维拉尔角发射场	Titan-3(23)C	大力神-3(23)C	19711103	通信广播卫星
1325	1971-95B	DSCS-2-2	国防卫星通信系统-2-2	美国	卡纳维拉尔角发射场	Titan-3(23)C	大力神-3(23)C	19711103	通信广播卫星
1326	1971-96A	Explorer-45	探险者-45	美国	圣马科航天发射平台	Scout-B	侦察兵-B	19711115	科学与技术试验卫星
1327	1971-97A	DS-P1-Yu-47	第聂伯罗彼得罗夫斯克卫星-P1-Yu-47	苏联	普列谢茨克航天发射中心	Cosmos-2	宇宙-2	19711117	科学与技术试验卫星
1328	1971-98A	Zenit-4M-26	天顶-4M-26	苏联	普列谢茨克航天发射中心	Voskhod	上升号	19711119	对地观测卫星
1329	1971-99A	Sfera-07	球面-07	苏联	普列谢茨克航天发射中心	Cosmos-3M	宇宙-3M	19711120	对地观测卫星
1330	1971-100A	Molniya-2-01	闪电-2-01	苏联	普列谢茨克航天发射中心	Molniya-M/Blok-ML	闪电-M/上面级 ML	19711124	通信广播卫星
1331	1971-101A	DS-P1-Yu-48	第聂伯罗彼得罗夫斯克卫星-P1-Yu-48	苏联	普列谢茨克航天发射中心	Cosmos-2	宇宙-2	19711129	科学与技术试验卫星
1332	1971-102A	DS-P1-M-04	第聂伯罗彼得罗夫斯克卫星-P1-M-04	苏联	普列谢茨克航天发射中心	Cosmos-3M	宇宙-3M	19711129	科学与技术试验卫星
1333	1971-103A	Tselina-O-13	处女地-O-13	苏联	普列谢茨克航天发射中心	Cosmos-3M	宇宙-3M	19711130	对地观测卫星
1334	1971-104A	DS-U2-IK-02	第聂伯罗彼得罗夫斯克卫星-U2-IK-02	苏联/东欧	卡普斯京亚尔航天发射中心	Cosmos-2	宇宙-2	19711202	科学与技术试验卫星
1335	1971-105A	DS-U2-MT-01	第聂伯罗彼得罗夫斯克卫星-U2-MT-01	苏联	普列谢茨克航天发射中心	Cosmos-3M	宇宙-3M	19711202	科学与技术试验卫星
1336	1971-106A	I2P-08	拦截器-2P-08	苏联	拜科努尔航天发射中心	Tsyklon-2	旋风-2	19711203	科学与技术试验卫星
1337	1971-107A	Zenit-4M-27	天顶-4M-27	苏联	拜科努尔航天发射中心	Voskhod	上升号	19711206	对地观测卫星
1338	1971-108A	Zenit-4M-28	天顶-4M-28	苏联	普列谢茨克航天发射中心	Voskhod	上升号	19711210	对地观测卫星
1339	1971-109A	Ariel-4	羚羊-4	英国/美国	范登堡空军基地	Scout-B1	侦察兵-B1	19711211	科学与技术试验卫星
1340	1971-110A	Poppy-7A	罂粟-7A	美国	范登堡空军基地	LTTAT Agena-D	长陀箱加大推力雷神-阿金纳D	19711214	对地观测卫星
1341	1971-110B	Poppy-7B	罂粟-7B	美国	范登堡空军基地	LTTAT Agena-D	长陀箱加大推力雷神-阿金纳D	19711214	对地观测卫星
1342	1971-110C	Poppy-7C	罂粟-7C	美国	范登堡空军基地	LTTAT Agena-D	长陀箱加大推力雷神-阿金纳D	19711214	对地观测卫星
1343	1971-110D	Poppy-7D	罂粟-7D	美国	范登堡空军基地	LTTAT Agena-D	长陀箱加大推力雷神-阿金纳D	19711214	对地观测卫星
1344	1971-111A	Tsiklon-09	旋风-09	苏联	普列谢茨克航天发射中心	Cosmos-3M	宇宙-3M	19711215	导航定位卫星
1345	1971-112A	Zenit-4M-29	天顶-4M-29	苏联	普列谢茨克航天发射中心	Voskhod	上升号	19711216	对地观测卫星

续表

序号	国际代号	外文名	中文名	所属国家、地区或组织	发射地点	发射工具外文名	发射工具中文名	发射时间	航天器类型
1346	1971-113A	DS-P1-Yu-49	第聂伯罗彼得罗夫斯克卫星-P1-Yu-49	苏联	普列谢茨克航天发射中心	Cosmos-2	宇宙-2	19711217	科学与技术试验卫星
1347	1971-114A	Strela-2M-4	天箭座-2M-4	苏联	普列谢茨克航天发射中心	Cosmos-3M	宇宙-3M	19711217	通信广播卫星
1348	1971-115A	Molniya-1-24	闪电-1-24	苏联	普列谢茨克航天发射中心	Molniya-M/Blok-ML	闪电-M/上面级ML	19711219	通信广播卫星
1349	1971-116A	Intelsat-4 3	国际通信卫星-4 3	国际通信卫星组织	卡纳维拉尔航天发射场	Atlas-SLV3C Centaur-D	宇宙神 SLV3C-半人马座D	19711220	通信广播卫星
1350	1971-117A	RORSAT-03	雷达型海洋监视卫星-03	苏联	拜科努尔航天发射中心	Tsyklon-2	旋风-2	19711225	对地观测卫星
1351	1971-118A	Zenit-4MT-01	天顶-4MT-01	苏联	普列谢茨克航天发射中心	Soyuz-M	联盟-M	19711227	对地观测卫星
1352	1971-119A	DS-U2-GKA-01	第聂伯罗彼得罗夫斯克卫星-U2-GKA-01	苏联/法国	普列谢茨克航天发射中心	Cosmos-3M	宇宙-3M	19711227	科学与技术试验卫星
1353	1971-120A	Meteor-1-10	流星-1-10	苏联	普列谢茨克航天发射中心	Vostok-2M	东方-2M	19711229	对地观测卫星
1354	1972-01A	Zenit-4M-30	天顶-4M-30	苏联	拜科努尔航天发射中心	Voskhod	上升号	19720112	对地观测卫星
1355	1972-02A	KH-9-02	锁眼-9-02	美国	范登堡空军基地	Titan-3D	大力神-3D	19720120	对地观测卫星
1356	1972-02D	P-11 4424	雪貂子卫星-4424	美国	范登堡空军基地	Titan-4D	大力神-4D	19720120	对地观测卫星
1357	1972-03A	Intelsat-4 4	国际通信卫星-4 4	国际通信卫星组织	卡纳维拉尔航天发射场	Atlas-SLV3C Centaur-D	宇宙神 SLV3C-半人马座D	19720123	通信广播卫星
1358	1972-04A	DS-P1-Yu-50	第聂伯罗彼得罗夫斯克卫星-P1-Yu-50	苏联	普列谢茨克航天发射中心	Cosmos-2	宇宙-2	19720125	科学与技术试验卫星
1359	1972-05A	HEOS-2	大椭圆形轨道卫星-2	欧洲/美国	范登堡空军基地	Delta-L	德尔它-L	19720130	科学与技术试验卫星
1360	1972-06A	Zenit-2M-25	天顶-2M-25	苏联	拜科努尔航天发射中心	Voskhod	上升号	19720203	对地观测卫星
1361	1972-07A	Luna-8-5-08	月球-8-5-08	苏联	拜科努尔航天发射中心	Proton-K/Blok-D	质子-K/上面级D	19720214	空间探测器
1362	1972-08A	Zenit-4M-31	天顶-4M-31	苏联	拜科努尔航天发射中心	Voskhod	上升号	19720216	对地观测卫星
1363	1972-09A	Tsiklon-10	旋风-10	苏联	普列谢茨克航天发射中心	Cosmos-3M	宇宙-3M	19720225	导航定位卫星
1364	1972-10A	DSP-03	国防支援计划-03	美国	卡纳维拉尔航天发射场	Titan-3 (23) C	大力神-3 (23) C	19720301	对地观测卫星
1365	1972-11A	Tselina-D-03	处女地-D-03	苏联	普列谢茨克航天发射中心	Vostok-2M	东方-2M	19720301	对地观测卫星
1366	1972-12A	Pioneer-10	先驱者-10	美国	卡纳维拉尔航天发射场	Atlas-SLV3C Centaur-D Star-37E	宇宙神 SLV3C-半人马座D-星37E	19720303	空间探测器
1367	1972-13A	Zenit-2M-26	天顶-2M-26	苏联	普列谢茨克航天发射中心	Voskhod	上升号	19720304	对地观测卫星
1368	1972-14A	TD-1A	特德-1A	欧洲/美国	范登堡空军基地	Delta-N	德尔它-N	19720312	科学与技术试验卫星
1369	1972-15A	Zenit-4M-32	天顶-4M-32	苏联	普列谢茨克航天发射中心	Voskhod	上升号	19720315	对地观测卫星
1370	1972-16A	KH-8-34	锁眼-8-34	美国	范登堡空军基地	Titan-3 (23) B Agena-D	大力神-3 (23) B-阿金纳D	19720317	对地观测卫星
1371	1972-17A	Tselina-O-14	处女地-O-14	苏联	普列谢茨克航天发射中心	Cosmos-3M	宇宙-3M	19720322	对地观测卫星
1372	1972-18A	DSAP-5B F2	国防卫星应用计划-5B F2	美国	范登堡空军基地	Thor Burner-2A	雷神-博纳2A	19720324	对地观测卫星

续表

序号	国际代号	外文名	中文名	所属国家、地区或组织	发射地点	发射工具外文名	发射工具中文名	发射时间	航天器类型
1373	1972-19A	Sfera-08	球面-08	苏联	普列谢茨克航天发射中心	Cosmos-3M	宇宙-3M	19720325	对地观测卫星
1374	1972-20A	DS-P1-Yu-51	第聂伯彼得罗夫斯克卫星-P1-Yu-51	苏联	普列谢茨克航天发射中心	Cosmos-2	宇宙-2	19720325	科学与技术试验卫星
1375	1972-21A	Venera-8	金星-8	苏联	拜科努尔航天发射中心	Molniya-M/Blok-MVL	闪电-M/上面级MVL	19720327	空间探测器
1376	1972-22A	Meteor-1-11	流星-1-11	苏联	普列谢茨克航天发射中心	Vostok-2M	东方-2V	19720330	对地观测卫星
1377	1972-23A	Cosmos-482	宇宙-482	苏联	拜科努尔航天发射中心	Molniya-M/Blok-MVL	闪电-M/上面级MVL	19720331	空间探测器
1378	1972-24A	Zenit-4M-33	天顶-4M-33	苏联	普列谢茨克航天发射中心	Voskhod	上升号	19720403	对地观测卫星
1379	1972-25A	Molniya-1-25	闪电-1-25	苏联	普列谢茨克航天发射中心	Molniya-M/Blok-ML	闪电-M/上面级ML	19720404	通信广播卫星
1380	1972-25B	SRET-1	环境技术研究卫星-1	法国/苏联	普列谢茨克航天发射中心	Molniya-M/Blok-ML	闪电-M/上面级ML	19720404	科学与技术试验卫星
1381	1972-26A	Zenit-2M-27	天顶-2M-27	苏联	普列谢茨克航天发射中心	Voskhod	上升号	19720406	对地观测卫星
1382	1972-27A	Energiya-1	能源-1	苏联	普列谢茨克航天发射中心	Voskhod	上升号	19720407	科学与技术试验卫星
1383	1972-28A	DS-P1-Yu-52	第聂伯彼得罗夫斯克卫星-P1-Yu-52	苏联	普列谢茨克航天发射中心	Cosmos-2	宇宙-2	19720411	科学与技术试验卫星
1384	1972-29A	Prognoz-1	预报-1	苏联	拜科努尔航天发射中心	Molniya-M/Blok-SO-L	闪电-M/上面级SO-L	19720414	科学与技术试验卫星
1385	1972-30A	Zenit-4M-34	天顶-4M-34	苏联	普列谢茨克航天发射中心	Voskhod	上升号	19720414	对地观测卫星
1386	1972-31A	Apollo-16	阿波罗-16	美国	卡纳维拉尔角发射场	Saturn-5	土星-5	19720416	载人及货运航天器
1387	1972-31D	PFS-2	粒子和磁场卫星-2	美国	卡纳维拉尔角发射场	Saturn-5	土星-5	19720416	空间探测器
1388	1972-32A	KH-4B-16	锁眼-4B-16	美国	范登堡空军基地	LITTAT Agena-D	长贮箱加大推力雷神-阿金纳D	19720419	对地观测卫星
1389	1972-33A	DS-P1-Yu-53	第聂伯彼得罗夫斯克卫星-P1-Yu-53	苏联	普列谢茨克航天发射中心	Cosmos-2	宇宙-2	19720421	科学与技术试验卫星
1390	1972-34A	Zenit-4MK-07	天顶-4MK-07	苏联	普列谢茨克航天发射中心	Voskhod	上升号	19720505	对地观测卫星
1391	1972-35A	Tsiklon-11	旋风-11	苏联	普列谢茨克航天发射中心	Cosmos-3M	宇宙-3M	19720506	导航定位卫星
1392	1972-36A	Zenit-2M-28	天顶-2M-28	苏联	普列谢茨克航天发射中心	Voskhod	上升号	19720517	对地观测卫星
1393	1972-37A	Molniya-2-02	闪电-2-02	苏联	普列谢茨克航天发射中心	Molniya-M/Blok-ML	闪电-M/上面级ML	19720519	通信广播卫星
1394	1972-38A	Zenit-4M-35	天顶-4M-35	苏联	普列谢茨克航天发射中心	Voskhod	上升号	19720525	对地观测卫星
1395	1972-39A	KH-4B-17	锁眼-4B-17	美国	范登堡空军基地	LITTAT Agena-D	长贮箱加大推力雷神-阿金纳D	19720525	对地观测卫星
1396	1972-40A	Zenit-4M-36	天顶-4M-36	苏联	拜科努尔航天发射中心	Voskhod	上升号	19720609	对地观测卫星
1397	1972-41A	Intelsat-4 5	国际通信卫星-4 5	国际通信卫星组织	卡纳维拉尔角发射场	Atlas-SLV3C Centaur-D	宇宙神SLV3C-半人马座D	19720613	通信广播卫星
1398	1972-42A	Zenit-2M-29	天顶-2M-29	苏联	拜科努尔航天发射中心	Voskhod	上升号	19720621	对地观测卫星
1399	1972-43A	Strela-2M-5	天箭座-2M-5	苏联	普列谢茨克航天发射中心	Cosmos-3M	宇宙-3M	19720623	通信广播卫星

续表

序号	国际代号	外文名	中文名	所属国家、地区或组织	发射地点	发射工具外文名	发射工具中文名	发射时间	航天器类型
1400	1972－44A	Zenit－4M－37	天顶－4M－37	苏联	普列谢茨克航天发射中心	Voskhod	上升号	19720623	对地观测卫星
1401	1972－45A	Soyuz－7K－T－01	联盟－7K－T－01	苏联	拜科努尔航天发射中心	Soyuz	联盟号	19720626	载人及货运航天器
1402	1972－46A	Prognoz－2	预报－2	苏联	拜科努尔航天发射中心	Molniya－M/Blok－SO－L	闪电－M/上面级SO－L	19720629	科学与技术试验卫星
1403	1972－47A	DS－U3－IK－03	第聂伯罗彼得罗夫斯克卫星－U3－IK－03	苏联/东欧	卡普斯京亚尔航天发射中心	Cosmos－2	宇宙－2	19720630	科学与技术试验卫星
1404	1972－48A	DS－P1－I－13	第聂伯罗彼得罗夫斯克卫星－P1－I－13	苏联	普列谢茨克航天发射中心	Cosmos－2	宇宙－2	19720630	科学与技术试验卫星
1405	1972－49A	Meteor－1－12	流星－1－12	苏联	普列谢茨克航天发射中心	Vostok－2M	东方－2M	19720630	对地观测卫星
1406	1972－50A	DS－P1－Yu－55	第聂伯罗彼得罗夫斯克卫星－P1－Yu－55	苏联	普列谢茨克航天发射中心	Cosmos－2	宇宙－2	19720705	科学与技术试验卫星
1407	1972－51A	Zenit－4M－38	天顶－4M－38	苏联	拜科努尔航天发射中心	Voskhod	上升号	19720706	对地观测卫星
1408	1972－52A	KH－9－03	锁眼－9－03	美国	范登堡空军基地	Titan－3D	大力神－3D	19720707	对地观测卫星
1409	1972－52C	P－11 4425	雪貂子卫星－4425	美国	范登堡空军基地	Titan－4D	大力神－4D	19720707	对地观测卫星
1410	1972－53A	Tselina－O－15	处女地－O－15	苏联	普列谢茨克航天发射中心	Cosmos－3M	宇宙－3M	19720710	对地观测卫星
1411	1972－54A	DS－P1－Yu－56	第聂伯罗彼得罗夫斯克卫星－P1－Yu－56	苏联	卡普斯京亚尔航天发射中心	Cosmos－2	宇宙－2	19720712	科学与技术试验卫星
1412	1972－55A	Zenit－4MT－02	天顶－4MT－02	苏联	普列谢茨克航天发射中心	Soyuz－M	联盟－M	19720713	对地观测卫星
1413	1972－56A	Zenit－4M－39	天顶－4M－39	苏联	普列谢茨克航天发射中心	Voskhod	上升号	19720719	对地观测卫星
1414	1972－57A	Strela－1M－25	天箭座－1M－25	苏联	普列谢茨克航天发射中心	Cosmos－3M	宇宙－3M	19720720	通信广播卫星
1415	1972－57B	Strela－1M－26	天箭座－1M－26	苏联	普列谢茨克航天发射中心	Cosmos－3M	宇宙－3M	19720720	通信广播卫星
1416	1972－57C	Strela－1M－27	天箭座－1M－27	苏联	普列谢茨克航天发射中心	Cosmos－3M	宇宙－3M	19720720	通信广播卫星
1417	1972－57D	Strela－1M－28	天箭座－1M－28	苏联	普列谢茨克航天发射中心	Cosmos－3M	宇宙－3M	19720720	通信广播卫星
1418	1972－57E	Strela－1M－29	天箭座－1M－29	苏联	普列谢茨克航天发射中心	Cosmos－3M	宇宙－3M	19720720	通信广播卫星
1419	1972－57F	Strela－1M－30	天箭座－1M－30	苏联	普列谢茨克航天发射中心	Cosmos－3M	宇宙－3M	19720720	通信广播卫星
1420	1972－57G	Strela－1M－31	天箭座－1M－31	苏联	普列谢茨克航天发射中心	Cosmos－3M	宇宙－3M	19720720	通信广播卫星
1421	1972－57H	Strela－1M－32	天箭座－1M－32	苏联	普列谢茨克航天发射中心	Cosmos－3M	宇宙－3M	19720720	通信广播卫星
1422	1972－58A	ERTS－1	地球资源卫星－1	美国	范登堡空军基地	Delta－900	德尔它－900	19720723	对地观测卫星
1423	1972－59A	Zenit－2M－30	天顶－2M－30	苏联	普列谢茨克航天发射中心	Voskhod	上升号	19720728	对地观测卫星
1424	1972－60A	Zenit－4M－40	天顶－4M－40	苏联	拜科努尔航天发射中心	Voskhod	上升号	19720802	对地观测卫星
1425	1972－61A	Explorer－46	探险者－46	美国	沃洛普斯岛发射场	Scout－D1	侦察兵－D1	19720813	科学与技术试验卫星
1426	1972－62A	Zaliv－GVM 1	海湾－模拟星－1	苏联	普列谢茨克航天发射中心	Cosmos－3M	宇宙－3M	19720816	其他

续表

序号	国际代号	外文名	中文名	所属国家、地区或组织	发射地点	发射工具外文名	发射工具中文名	发射时间	航天器类型
1427	1972-63A	Zenit-4MK-08	天顶-4MK-08	苏联	普列谢茨克航天发射中心	Voskhod	上升号	19720818	对地观测卫星
1428	1972-64A	Denpa（REXS）	电波	日本	鹿儿岛航天中心	M-4S	M-4S	19720819	科学与技术试验卫星
1429	1972-65A	OAO-3	轨道天文观测台-3	美国	卡纳维拉尔角发射场	Atlas-SLV3C Centaur-D	宇宙神SLV3C-半人马座D	19720821	科学与技术试验卫星
1430	1972-66A	RORSAT-04	雷达型海洋监视卫星-04	苏联	拜科努尔航天发射中心	Tsyklon-2	旋风-2	19720821	对地观测卫星
1431	1972-67A	Zenit-2M-31	天顶-2M-31	苏联	拜科努尔航天发射中心	Voskhod	上升号	19720830	对地观测卫星
1432	1972-68A	KH-8-36	锁眼-8-36	美国	范登堡空军基地	Titan-3（23）B Agena-D	大力神-3（23）B-阿金纳D	19720901	对地观测卫星
1433	1972-69A	Triad-1	三体-1	美国	范登堡空军基地	Scout-B1	侦察兵-B1	19720902	导航定位卫星
1434	1972-70A	Zenit-2M-32	天顶-2M-32	苏联	普列谢茨克航天发射中心	Voskhod	上升号	19720915	对地观测卫星
1435	1972-71A	Zenit-4M-42	天顶-4M-42	苏联	普列谢茨克航天发射中心	Voskhod	上升号	19720916	对地观测卫星
1436	1972-72A	Oko-1	眼睛-1	苏联	普列谢茨克航天发射中心	Molniya-M/Blok-2BL	闪电-M/上面级2BL	19720919	对地观测卫星
1437	1972-73A	Explorer-47	探险者-47	美国	卡纳维拉尔角发射场	Delta-1604	德尔它-1604	19720923	科学与技术试验卫星
1438	1972-74A	DS-P1-M-05	第聂伯罗彼得罗夫斯克卫星-P1-M-05	苏联	普列谢茨克航天发射中心	Cosmos-3M	宇宙-3M	19720929	科学与技术试验卫星
1439	1972-75A	Molniya-2-03	闪电-2-03	苏联	普列谢茨克航天发射场	Molniya-M/Blok-ML	闪电-M/上面级ML	19720930	通信广播卫星
1440	1972-76A	Radcat-1	雷达校正卫星-1	美国	范登堡空军基地	Atlas-F Burner-2	宇宙神F-博纳2	19721002	科学与技术试验卫星
1441	1972-76B	Redsat	辐射卫星	美国	范登堡空军基地	Atlas-F Burner-2	宇宙神F-博纳2	19721002	科学与技术试验卫星
1442	1972-77A	Zenit-4M-43	天顶-4M-43	苏联	普列谢茨克航天发射中心	Voskhod	上升号	19721004	对地观测卫星
1443	1972-78A	DS-P1-Yu-57	第聂伯罗彼得罗夫斯克卫星-P1-Yu-57	苏联	普列谢茨克航天发射中心	Cosmos-2	宇宙-2	19721005	科学与技术试验卫星
1444	1972-79A	KH-9-04	锁眼-9-04	美国	范登堡空军基地	Titan-3D	大力神-3D	19721010	对地观测卫星
1445	1972-79B	P-801-04	雪貂子卫星C-04	美国	范登堡空军基地	Titan-4D	大力神-4D	19721010	对地观测卫星
1446	1972-80A	DS-P1-Yu-58	第聂伯罗彼得罗夫斯克卫星-P1-Yu-58	苏联	普列谢茨克航天发射中心	Cosmos-2	宇宙-2	19721011	科学与技术试验卫星
1447	1972-81A	Molniya-1-26	闪电-1-26	苏联	普列谢茨克航天发射中心	Molniya-M/Blok-ML	闪电-M/上面级ML	19721014	通信广播卫星
1448	1972-82A	ITOS-D	伊托-D	美国	范登堡空军基地	Delta-300	德尔它-330	19721015	对地观测卫星
1449	1972-82B	Amsat P2A/Oscar-6	业余爱好者卫星P2A/奥斯卡-6	美国	范登堡空军基地	Delta-300	德尔它-300	19721015	科学与技术试验卫星
1450	1972-83A	Zenit-2M-33	天顶-2M-33	苏联	普列谢茨克航天发射中心	Voskhod	上升号	19721018	对地观测卫星
1451	1972-84A	DS-P1-Yu-59	第聂伯罗彼得罗夫斯克卫星-P1-Yu-59	苏联	普列谢茨克航天发射中心	Cosmos-2	宇宙-2	19721025	科学与技术试验卫星
1452	1972-85A	Meteor-1-13	流星-1-13	苏联	普列谢茨克航天发射中心	Vostok-2M	东方-2M	19721026	对地观测卫星
1453	1972-86A	Zenit-4MK-09	天顶-4MK-09	苏联	普列谢茨克航天发射中心	Voskhod	上升号	19721031	对地观测卫星

续表

序号	国际代号	外文名	中文名	所属国家、地区或组织	发射地点	发射工具外文名	发射工具中文名	发射时间	航天器类型
1454	1972-87A	Strela-1M-33	天箭座-1M-33	苏联	普列谢茨克航天发射中心	Cosmos-3M	宇宙-3M	19721101	通信广播卫星
1455	1972-87B	Strela-1M-34	天箭座-1M-34	苏联	普列谢茨克航天发射中心	Cosmos-3M	宇宙-3M	19721101	通信广播卫星
1456	1972-87C	Strela-1M-35	天箭座-1M-35	苏联	普列谢茨克航天发射中心	Cosmos-3M	宇宙-3M	19721101	通信广播卫星
1457	1972-87D	Strela-1M-36	天箭座-1M-36	苏联	普列谢茨克航天发射中心	Cosmos-3M	宇宙-3M	19721101	通信广播卫星
1458	1972-87E	Strela-1M-37	天箭座-1M-37	苏联	普列谢茨克航天发射中心	Cosmos-3M	宇宙-3M	19721101	通信广播卫星
1459	1972-87F	Strela-1M-38	天箭座-1M-38	苏联	普列谢茨克航天发射中心	Cosmos-3M	宇宙-3M	19721101	通信广播卫星
1460	1972-87G	Strela-1M-39	天箭座-1M-39	苏联	普列谢茨克航天发射中心	Cosmos-3M	宇宙-3M	19721101	通信广播卫星
1461	1972-87H	Strela-1M-40	天箭座-1M-40	苏联	普列谢茨克航天发射中心	Cosmos-3M	宇宙-3M	19721101	通信广播卫星
1462	1972-88A	Tselina-O-16	处女地-O-16	苏联	普列谢茨克航天发射中心	Cosmos-3M	宇宙-3M	19721103	对地观测卫星
1463	1972-89A	DSAP-5B F3	国防卫星应用计划-5B F3	美国	卡纳维拉尔角发射场	Thor Burner-2A	雷神-博纳2A	19721109	对地观测卫星
1464	1972-90A	Anik-A1	阿尼克-A1	加拿大/美国	卡纳维拉尔角发射场	Delta-1914	德尔它-1914	19721110	通信广播卫星
1465	1972-91A	Explorer-48	探险者-48	美国	圣马科发射平台	Scout-D1	侦察兵-D1	19721115	科学与技术试验卫星
1466	1972-92A	ESRO-4	欧洲空间研究组织-4	欧洲/美国	范登堡空军基地	Scout-D1	侦察兵-D1	19721122	科学与技术试验卫星
1467	1972-93A	Zenit-2M-34	天顶-2M-34	苏联	普列谢茨克航天发射中心	Voskhod	上升号	19721125	对地观测卫星
1468	1972-94A	DS-U1-IK-02	第聂伯罗彼得罗夫斯克卫星-U1-IK-02	苏联/东欧	普列谢茨克航天发射中心	Cosmos-2	宇宙-2	19721130	科学与技术试验卫星
1469	1972-95A	Molniya-1-27	闪电-1-27	苏联	拜科努尔航天发射场	Molniya-M/Blok-ML	闪电-M/上面级ML	19721202	通信广播卫星
1470	1972-96A	Apollo-17	阿波罗-17	美国	卡纳维拉尔角发射场	Saturn-5	土星-5	19721207	载人及货运航天器
1471	1972-97A	Nimbus-5	雨云-5	美国	范登堡空军基地	Delta-900	德尔它-900	19721211	对地观测卫星
1472	1972-98A	Molniya-2-04	闪电-2-04	苏联	普列谢茨克航天发射中心	Molniya-M/Blok-ML	闪电-M/上面级ML	19721212	通信广播卫星
1473	1972-99A	Zenit-4M-44	天顶-4M-44	苏联	普列谢茨克航天发射中心	Voskhod	上升号	19721214	对地观测卫星
1474	1972-100A	Aeros-1	大气-1	西德/美国	范登堡空军基地	Scout-D1	侦察兵-D1	19721216	科学与技术试验卫星
1475	1972-101A	Canyon-5	峡谷-5	美国	卡纳维拉尔角发射场	Atlas-SLV3A Agena-D	宇宙神SLV3A-阿金纳D	19721220	通信广播卫星
1476	1972-102A	Sfera-09	球面-09	苏联	普列谢茨克航天发射中心	Cosmos-3M	宇宙-3M	19721221	对地观测卫星
1477	1972-103A	KH-8-37	锁眼-8-37	美国	范登堡空军基地	Tian-3 (24) B Agena-D	大力神-3 (24) B-阿金纳D	19721221	对地观测卫星
1478	1972-104A	Strela-2M-7	天箭座-2M-7	苏联	普列谢茨克航天发射中心	Cosmos-3M	宇宙-3M	19721225	通信广播卫星
1479	1972-105A	Zenit-4MT-03	天顶-4MT-03	苏联	普列谢茨克航天发射中心	Soyuz-M	联盟-M	19721227	对地观测卫星
1480	1972-106A	Tselina-D-04	处女地-D-04	苏联	普列谢茨克航天发射中心	Vostok-2M	东方-2M	19721228	对地观测卫星

续表

序号	国际代号	外文名	中文名	所属国家、地区或组织	发射地点	发射工具外文名	发射工具中文名	发射时间	航天器类型
1481	1973－01A	Luna－8－03	月球－8－03	苏联	拜科努尔航天发射中心	Proton－K/Blok－D	质子－K/上面级 D	19730108	空间探测器
1482	1973－02A	Zenit－4M－45	天顶－4M－45	苏联	拜科努尔航天发射中心	Voskhod	上升号	19730111	对地观测卫星
1483	1973－03A	Tselina－O－17	处女地－O－17	苏联	普列谢茨克航天发射中心	Cosmos－3M	宇宙－3M	19730120	对地观测卫星
1484	1973－04A	DS－P1－Yu－60	第聂伯罗彼得罗夫斯克卫星－P1－Yu－60	苏联	普列谢茨克航天发射中心	Cosmos－2	宇宙－2	19730124	科学与技术试验卫星
1485	1973－05A	Zaliv－GVM 2	海湾－模拟星－2	苏联	卡普斯京亚尔航天发射中心	Cosmos－3M	宇宙－3M	19730126	其他
1486	1973－06A	Zenit－2M－35	天顶－2M－35	苏联	拜科努尔航天发射中心	Voskhod	上升号	19730201	对地观测卫星
1487	1973－07A	Molniya－1－28	闪电－1－28	苏联	拜科努尔航天发射中心	Molniya－M/Blok－ML	闪电－M/上面级 ML	19730203	通信广播卫星
1488	1973－08A	Zenit－4M－46	天顶－4M－46	苏联	普列谢茨克航天发射中心	Voskhod	上升号	19730208	对地观测卫星
1489	1973－09A	Prognoz－3	预报－3	苏联	拜科努尔航天发射中心	Molniya－M/Blok－SO－L	闪电－M/上面级 SO－L	19730215	科学与技术试验卫星
1490	1973－10A	Tselina－O－18	处女地－O－18	苏联	普列谢茨克航天发射中心	Cosmos－3M	宇宙－3M	19730228	对地观测卫星
1491	1973－11A	Zenit－4MK－10	天顶－4MK－10	苏联	普列谢茨克航天发射中心	Voskhod	上升号	19730301	对地观测卫星
1492	1973－12A	Zenit－4M－47	天顶－4M－47	苏联	拜科努尔航天发射中心	Voskhod	上升号	19730306	对地观测卫星
1493	1973－13A	Rhyolite－02	水上技艺表演－02	美国	卡纳维拉尔角航天发射中心	Atlas－SLV3A Agena－D	宇宙神 SLV3A－阿金纳 D	19730306	对地观测卫星
1494	1973－14A	KH－9－05	锁眼－9－05	美国	范登堡空军基地	Titan－3D	大力神－3D	19730309	对地观测卫星
1495	1973－15A	Meteor－1－14	流星－1－14	苏联	普列谢茨克航天发射中心	Vostok－2M	东方－2M	19730320	对地观测卫星
1496	1973－16A	Zenit－2M－36	天顶－2M－36	苏联	普列谢茨克航天发射中心	Voskhod	上升号	19730322	对地观测卫星
1497	1973－17A	Salyut－2	礼炮－2	苏联	拜科努尔航天发射中心	Proton－K	质子－K	19730403	载人及货运航天器
1498	1973－18A	Molniya－2－05	闪电－2－05	苏联	普列谢茨克航天发射中心	Molniya－M/Blok－ML	闪电－M/上面级 ML	19730405	通信广播卫星
1499	1973－19A	Pioneer－11	先驱者－11	美国	卡纳维拉尔角发射场	Atlas－SLV3D Centaur－DIA Star－37E	宇宙神 SLV3D－半人马座 DIA－星37E	19730405	空间探测器
1500	1973－20A	DS－P1－Yu－61	第聂伯罗彼得罗夫斯克卫星－P1－Yu－61	苏联	普列谢茨克航天发射中心	Cosmos－2	宇宙－2	19730412	科学与技术试验卫星
1501	1973－21A	Zenit－4MK－11	天顶－4MK－11	苏联	普列谢茨克航天发射中心	Voskhod	上升号	19730419	对地观测卫星
1502	1973－22A	DS－U2－IK－03	第聂伯罗彼得罗夫斯克卫星－U2－IK－03	苏联/东欧	卡普斯京亚尔航天发射中心	Cosmos－2	宇宙－2	19730419	科学与技术试验卫星
1503	1973－23A	Anik－A2	阿尼克－A2	加拿大/美国	卡纳维拉尔角航天发射场	Delta－1914	德尔它－1914	19730420	通信广播卫星
1504	1973－24A	Zenit－2M－37	天顶－2M－37	苏联	普列谢茨克航天发射中心	Voskhod	上升号	19730425	对地观测卫星
1505	1973－25A	Zenit－4MK－12	天顶－4MK－12	苏联	普列谢茨克航天发射中心	Voskhod	上升号	19730505	对地观测卫星
1506	1973－26A	Salyut－(3)	礼炮－(3)	苏联	普列谢茨克航天发射中心	Proton－K	质子－K	19730511	载人及货运航天器
1507	1973－27A	Skylab－1	天空实验室－1	美国	卡纳维拉尔角发射场	Saturn－5	土星－5	19730514	载人及货运航天器

续表

序号	国际代号	外文名	中文名	所属国家、地区或组织	发射地点	发射工具外文名	发射工具中文名	发射时间	航天器类型
1508	1973 – 28A	KH – 8 – 38	锁眼 – 8 – 38	美国	范登堡空军基地	Titan – 3（24）B Agena – D	大力神 – 3（24）B – 阿金纳 D	19730516	对地观测卫星
1509	1973 – 29A	DS – P1 – Yu – 62	第聂伯彼得罗夫斯克卫星 – P1 – Yu – 62	苏联	普列谢茨克航天发射中心	Cosmos – 2	宇宙 – 2	19730517	科学与技术试验卫星
1510	1973 – 30A	Zenit – 4MK – 13	天顶 – 4MK – 13	苏联	普列谢茨克航天发射中心	Soyuz – U	联盟 – U	19730519	对地观测卫星
1511	1973 – 31A	Zenit – 4M – 48	天顶 – 4M – 48	苏联	普列谢茨克航天发射中心	Voskhod	上升号	19730523	对地观测卫星
1512	1973 – 32A	Skylab – 2	天空实验室 – 2	美国	卡纳维拉尔角发射场	Saturn – 1B	土星 – 1B	19730525	载人及货运航天器
1513	1973 – 33A	Zenit – 2M – 38	天顶 – 2M – 38	苏联	普列谢茨克航天发射中心	Voskhod	上升号	19730525	对地观测卫星
1514	1973 – 34A	Meteor – 1 – 15	流星 – 1 – 15	苏联	普列谢茨克航天发射中心	Vostok – 2M	东方 – 2M	19730529	对地观测卫星
1515	1973 – 35A	DS – P1 – Yu – 63	第聂伯彼得罗夫斯克卫星 – P1 – Yu – 63	苏联	普列谢茨克航天发射中心	Cosmos – 2	宇宙 – 2	19730605	科学与技术试验卫星
1516	1973 – 36A	Zenit – 4M – 49	天顶 – 4M – 49	苏联	普列谢茨克航天发射中心	Voskhod	上升号	19730606	对地观测卫星
1517	1973 – 37A	Strela – 1M – 41	天箭座 – 1M – 41	苏联	普列谢茨克航天发射中心	Cosmos – 3M	宇宙 – 3M	19730608	通信广播卫星
1518	1973 – 37B	Strela – 1M – 42	天箭座 – 1M – 42	苏联	普列谢茨克航天发射中心	Cosmos – 3M	宇宙 – 3M	19730608	通信广播卫星
1519	1973 – 37C	Strela – 1M – 43	天箭座 – 1M – 43	苏联	普列谢茨克航天发射中心	Cosmos – 3M	宇宙 – 3M	19730608	通信广播卫星
1520	1973 – 37D	Strela – 1M – 44	天箭座 – 1M – 44	苏联	普列谢茨克航天发射中心	Cosmos – 3M	宇宙 – 3M	19730608	通信广播卫星
1521	1973 – 37E	Strela – 1M – 45	天箭座 – 1M – 45	苏联	普列谢茨克航天发射中心	Cosmos – 3M	宇宙 – 3M	19730608	通信广播卫星
1522	1973 – 37F	Strela – 1M – 46	天箭座 – 1M – 46	苏联	普列谢茨克航天发射中心	Cosmos – 3M	宇宙 – 3M	19730608	通信广播卫星
1523	1973 – 37G	Strela – 1M – 47	天箭座 – 1M – 47	苏联	普列谢茨克航天发射中心	Cosmos – 3M	宇宙 – 3M	19730608	通信广播卫星
1524	1973 – 37H	Strela – 1M – 48	天箭座 – 1M – 48	苏联	普列谢茨克航天发射中心	Cosmos – 3M	宇宙 – 3M	19730608	通信广播卫星
1525	1973 – 38A	Zenit – 4M – 50	天顶 – 4M – 50	苏联	拜科努尔航天发射中心	Voskhod	上升号	19730610	对地观测卫星
1526	1973 – 39A	RAE – B	射电天文学探测器 – B	美国	卡纳维拉尔角发射场	Delta – 1913	德尔它 – 1913	19730610	空间探测器
1527	1973 – 40A	DSP – 04	国防支援计划 – 04	美国	卡纳维拉尔角发射场	Titan – 3（23）C	大力神 – 3（23）C	19730612	对地观测卫星
1528	1973 – 41A	Soyuz – 7K – T – 02	联盟 – 7K – T – 02	苏联	普列谢茨克航天发射中心	Soyuz	联盟号	19730615	载人及货运航天器
1529	1973 – 42A	Zaliv – 02	海湾 – 02	苏联	普列谢茨克航天发射中心	Cosmos – 3M	宇宙 – 3M	19730620	导航定位卫星
1530	1973 – 43A	Zenit – 2M – 39	天顶 – 2M – 39	苏联	普列谢茨克航天发射中心	Voskhod	上升号	19730621	对地观测卫星
1531	1973 – 44A	Zenit – 4MT – 04	天顶 – 4MT – 04	苏联	普列谢茨克航天发射中心	Soyuz – M	联盟 – M	19730627	对地观测卫星
1532	1973 – 45A	Molniya – 2 – 06	闪电 – 2 – 06	苏联	普列谢茨克航天发射中心	Molniya – M/Blok – ML	闪电 – M/上面级 ML	19730711	通信广播卫星
1533	1973 – 46A	KH – 9 – 06	锁眼 – 9 – 06	美国	范登堡空军基地	Titan – 3D	大力神 – 3D	19730713	对地观测卫星
1534	1973 – 47A	Mars – 4	火星 – 4	苏联	拜科努尔航天发射中心	Proton – K/Blok – D	质子 – K/上面级 D	19730721	空间探测器

续表

序号	国际代号	外文名	中文名	所属国家、地区或组织	发射地点	发射工具外文名	发射工具中文名	发射时间	航天器类型
1535	1973-48A	Zenit-4M-52	天顶-4M-52	苏联	普列谢茨克航天发射中心	Voskhod	上升号	19730725	对地观测卫星
1536	1973-49A	Mars-5	火星-5	苏联	拜科努尔航天发射中心	Proton-K/Blok-D	质子-K/上面级 D	19730725	空间探测器
1537	1973-50A	Skylab-3	天空实验室-3	美国	卡纳维拉尔角发射场	Saturn-1B	土星-1B	19730728	载人及货运航天器
1538	1973-51A	Zenit-2M-40	天顶-2M-40	苏联	普列谢茨克航天发射中心	Voskhod	上升号	19730801	对地观测卫星
1539	1973-52A	Mars-6	火星-6	苏联	拜科努尔航天发射中心	Proton-K/Blok-D	质子-K/上面级 D	19730805	空间探测器
1540	1973-53A	Mars-7	火星-7	苏联	拜科努尔航天发射中心	Proton-K/Blok-D	质子-K/上面级 D	19730809	空间探测器
1541	1973-54A	DSAP-5B F4	国防卫星应用计划-5B F4	美国	范登堡空军基地	Thor Burner-2A	雷神-博纳 2A	19730817	对地观测卫星
1542	1973-55A	Zenit-4M-53	天顶-4M-53	苏联	普列谢茨克航天发射中心	Voskhod	上升号	19730821	对地观测卫星
1543	1973-56A	Jumpseat-03	折叠椅-03	美国	范登堡空军基地	Titan-3(34) B Agena-D	大力神-3(34) B-阿金纳 D1A	19730821	对地观测卫星
1544	1973-57A	DS-P1-Yu-64	第聂伯罗彼得罗夫斯克卫星-P1-Yu-64	苏联	普列谢茨克航天发射中心	Cosmos-2	宇宙-2	19730822	科学与技术试验卫星
1545	1973-58A	Intelsat-4 7	国际通信卫星-4 7	国际通信卫星组织	卡纳维拉尔角发射场	Atlas-SLV3D Centaur-D1A	宇宙神 SLV3D-半人马座 D1A	19730823	通信广播卫星
1546	1973-59A	Zenit-4M-54	天顶-4M-54	苏联	拜科努尔航天发射中心	Voskhod	上升号	19730824	对地观测卫星
1547	1973-60A	Tselina-O-20	处女地-O-20	苏联	普列谢茨克航天发射中心	Cosmos-3M	宇宙-3M	19730828	对地观测卫星
1548	1973-61A	Molniya-1-29	闪电-1-29	苏联	普列谢茨克航天发射中心	Molniya-M/Blok-ML	闪电-M/上面级 ML	19730830	通信广播卫星
1549	1973-62A	Zenit-2M-41	天顶-2M-41	苏联	拜科努尔航天发射中心	Voskhod	上升号	19730830	对地观测卫星
1550	1973-63A	Zenit-4M-55	天顶-4M-55	苏联	普列谢茨克航天发射中心	Voskhod	上升号	19730906	对地观测卫星
1551	1973-64A	Sfera-10	球面-10	苏联	普列谢茨克航天发射中心	Cosmos-3M	宇宙-3M	19730908	对地观测卫星
1552	1973-65A	Zaliv-03	海湾-03	苏联	普列谢茨克航天发射中心	Cosmos-3M	宇宙-3M	19730914	导航定位卫星
1553	1973-66A	Zenit-4MK-14	天顶-4MK-14	苏联	普列谢茨克航天发射中心	Soyuz-U	联盟-U	19730921	对地观测卫星
1554	1973-67A	Soyuz-12	联盟-12	苏联	拜科努尔航天发射中心	Soyuz	联盟号	19730927	载人及货运航天器
1555	1973-68A	KH-8-40	锁眼-8-40	美国	范登堡空军基地	Titan-3(24) B Agena-D	大力神-3(24) B-阿金纳 D	19730927	对地观测卫星
1556	1973-69A	Strela-1M-49	天箭座-1M-49	苏联	普列谢茨克航天发射中心	Cosmos-3M	宇宙-3M	19731002	通信广播卫星
1557	1973-69B	Strela-1M-50	天箭座-1M-50	苏联	普列谢茨克航天发射中心	Cosmos-3M	宇宙-3M	19731002	通信广播卫星
1558	1973-69C	Strela-1M-51	天箭座-1M-51	苏联	普列谢茨克航天发射中心	Cosmos-3M	宇宙-3M	19731002	通信广播卫星
1559	1973-69D	Strela-1M-52	天箭座-1M-52	苏联	普列谢茨克航天发射中心	Cosmos-3M	宇宙-3M	19731002	通信广播卫星
1560	1973-69E	Strela-1M-53	天箭座-1M-53	苏联	普列谢茨克航天发射中心	Cosmos-3M	宇宙-3M	19731002	通信广播卫星
1561	1973-69F	Strela-1M-54	天箭座-1M-54	苏联	普列谢茨克航天发射中心	Cosmos-3M	宇宙-3M	19731002	通信广播卫星

续表

序号	国际代号	外文名	中文名	所属国家、地区或组织	发射地点	发射工具外文名	发射工具中文名	发射时间	航天器类型
1562	1973 – 69G	Strela – 1M – 55	天箭座 – 1M – 55	苏联	普列谢茨克航天发射中心	Cosmos – 3M	宇宙 – 3M	19731002	通信广播卫星
1563	1973 – 69H	Strela – 1M – 56	天箭座 – 1M – 56	苏联	普列谢茨克航天发射中心	Cosmos – 3M	宇宙 – 3M	19731002	通信广播卫星
1564	1973 – 70A	Zenit – 2M – 42	天顶 – 2M – 42	苏联	普列谢茨克航天发射中心	Voskhod	上升号	19731003	对地观测卫星
1565	1973 – 71A	Zenit – 4MK – 15	天顶 – 4MK – 15	苏联	普列谢茨克航天发射中心	Voskhod	上升号	19731006	对地观测卫星
1566	1973 – 72A	Zenit – 4M – 56	天顶 – 4M – 56	苏联	普列谢茨克航天发射中心	Voskhod	上升号	19731010	对地观测卫星
1567	1973 – 73A	Zenit – 2M – 43	天顶 – 2M – 43	苏联	拜科努尔航天发射中心	Voskhod	上升号	19731015	对地观测卫星
1568	1973 – 74A	Zenit – 4M – 57	天顶 – 4M – 57	苏联	普列谢茨克航天发射中心	Voskhod	上升号	19731016	对地观测卫星
1569	1973 – 75A	DS – P1 – Yu – 65	第聂伯罗彼得罗夫斯克卫星 – P1 – Yu – 65	苏联	普列谢茨克航天发射中心	Cosmos – 2	宇宙 – 2	19731016	科学与技术试验卫星
1570	1973 – 76A	Molniya – 2 – 07	闪电 – 2 – 07	苏联	普列谢茨克航天发射中心	Molniya – M/Blok – ML	闪电 – M/上面级 ML	19731019	通信广播卫星
1571	1973 – 77A	Zenit – 4MK – 16	天顶 – 4MK – 16	苏联	普列谢茨克航天发射中心	Voskhod	上升号	19731020	对地观测卫星
1572	1973 – 78A	Explorer – 50	探险者 – 50	美国	卡纳维拉尔角发射场	Delta – 1604	德尔它 – 1604	19731020	科学与技术试验卫星
1573	1973 – 79A	Zenit – 4M – 58	天顶 – 4M – 58	苏联	普列谢茨克航天发射中心	Voskhod	上升号	19731027	对地观测卫星
1574	1973 – 80A	Tselina – D – 05	处女地 – D – 05	苏联	普列谢茨克航天发射中心	Vostok – 2M	东方 – 2M	19731029	对地观测卫星
1575	1973 – 81A	Transit – O – 20	子午仪 – O – 20	美国	范登堡空军基地	Scout – A1	侦察兵 – A1	19731030	导航定位卫星
1576	1973 – 82A	DS – U2 – IK – 04	第聂伯罗彼得罗夫斯克卫星 – U2 – IK – 04	苏联/东欧	普列谢茨克航天发射中心	Cosmos – 3M	宇宙 – 3M	19731030	科学与技术试验卫星
1577	1973 – 83A	Bion – 1	生物 – 1	苏联	普列谢茨克航天发射中心	Soyuz – U	联盟 – U	19731031	科学与技术试验卫星
1578	1973 – 84A	Oko – 2	眼睛 – 2	苏联	普列谢茨克航天发射中心	Molniya – M/Blok – 2BL	闪电 – M/上面级 2BL	19731102	对地观测卫星
1579	1973 – 85A	Mariner – 10	水手 – 10	美国	卡纳维拉尔角发射场	Atlas – SLV3D Centaur – D1A	宇宙神 SLV3D – 半人马座 D1A	19731103	空间探测器
1580	1973 – 86A	ITOS – F	伊托 – F	美国	范登堡空军基地	Delta – 300	德尔它 – 300	19731106	对地观测卫星
1581	1973 – 87A	Zenit – 4MK – 17	天顶 – 4MK – 17	苏联	普列谢茨克航天发射中心	Voskhod	上升号	19731110	对地观测卫星
1582	1973 – 88A	KH – 9 – 07	锁眼 – 9 – 07	美国	范登堡空军基地	Titan – 3D	大力神 – 3D	19731110	对地观测卫星
1583	1973 – 88B	P – 801 – 05	雪貂子卫星 C – 05	美国	范登堡空军基地	Titan – 4D	大力神 – 4D	19731110	对地观测卫星
1584	1973 – 88C	P – 11 4426	雪貂子卫星 – 4426	美国	范登堡空军基地	Titan – 5D	大力神 – 5D	19731110	对地观测卫星
1585	1973 – 89A	Molniya – 1 – 30	闪电 – 1 – 30	苏联	拜科努尔航天发射中心	Molniya – M/Blok – ML	闪电 – M/上面级 ML	19731114	通信广播卫星
1586	1973 – 90A	Skylab – 4	天空实验室 – 4	美国	卡纳维拉尔角发射场	Saturn – 1B	土星 – 1B	19731116	载人及货运航天器
1587	1973 – 91A	DS – P1 – Yu – 66	第聂伯罗彼得罗夫斯克卫星 – P1 – Yu – 66	苏联	普列谢茨克航天发射中心	Cosmos – 2	宇宙 – 2	19731120	科学与技术试验卫星
1588	1973 – 92A	Zenit – 4M – 59	天顶 – 4M – 59	苏联	拜科努尔航天发射中心	Voskhod	上升号	19731121	对地观测卫星

续表

序号	国际代号	外文名	中文名	所属国家、地区或组织	发射地点	发射工具外文名	发射工具中文名	发射时间	航天器类型
1589	1973-93A	Tselina-O-21	处女地-O-21	苏联	普列谢茨克航天发射中心	Cosmos-3M	宇宙-3M	19731127	对地观测卫星
1590	1973-94A	DS-P1-Yu-67	第聂伯罗彼得罗夫斯克卫星-P1-Yu-67	苏联	普列谢茨克航天发射中心	Cosmos-2	宇宙-2	19731128	科学与技术试验卫星
1591	1973-95A	Zenit-4MK-18	天顶-4MK-18	苏联	普列谢茨克航天发射中心	Voskhod	上升号	19731128	对地观测卫星
1592	1973-96A	Soyuz-7K-T-03	联盟-7K-T-03	苏联	拜科努尔航天发射中心	Soyuz	联盟号	19731130	载人及货运航天器
1593	1973-97A	Molniya-1-31	闪电-1-31	苏联	普列谢茨克航天发射中心	Molniya-M/Blok-ML	闪电-M/上面级 ML	19731130	通信广播卫星
1594	1973-98A	Strela-2M-8	天箭座-2M-8	苏联	普列谢茨克航天发射中心	Cosmos-3M	宇宙-3M	19731204	通信广播卫星
1595	1973-99A	DS-P1-I-14	第聂伯罗彼得罗夫斯克卫星-P1-I-14	苏联	普列谢茨克航天发射中心	Cosmos-2	宇宙-2	19731213	科学与技术试验卫星
1596	1973-100A	DSCS-2-3	国防卫星通信系统-2-3	美国	卡纳维拉尔角发射场	Titan-3(23)C	大力神-3(23)C	19731213	通信广播卫星
1597	1973-100B	DSCS-2-4	国防卫星通信系统-2-4	美国	卡纳维拉尔角发射场	Titan-3(23)C	大力神-3(23)C	19731213	通信广播卫星
1598	1973-101A	Explorer-51	探险者-51	美国	范登堡空军基地	Delta-1900	德尔它-1900	19731216	科学与技术试验卫星
1599	1973-102A	Zenit-4MT-05	天顶-4MT-05	苏联	普列谢茨克航天发射中心	Soyuz-M	联盟-M	19731217	对地观测卫星
1600	1973-103A	Soyuz-13	联盟-13	苏联	拜科努尔航天发射中心	Soyuz	联盟号	19731218	载人及货运航天器
1601	1973-104A	Strela-1M-57	天箭座-1M-57	苏联	普列谢茨克航天发射中心	Cosmos-3M	宇宙-3M	19731219	通信广播卫星
1602	1973-104B	Strela-1M-58	天箭座-1M-58	苏联	普列谢茨克航天发射中心	Cosmos-3M	宇宙-3M	19731219	通信广播卫星
1603	1973-104C	Strela-1M-59	天箭座-1M-59	苏联	普列谢茨克航天发射中心	Cosmos-3M	宇宙-3M	19731219	通信广播卫星
1604	1973-104D	Strela-1M-60	天箭座-1M-60	苏联	普列谢茨克航天发射中心	Cosmos-3M	宇宙-3M	19731219	通信广播卫星
1605	1973-104E	Strela-1M-61	天箭座-1M-61	苏联	普列谢茨克航天发射中心	Cosmos-3M	宇宙-3M	19731219	通信广播卫星
1606	1973-104F	Strela-1M-62	天箭座-1M-62	苏联	普列谢茨克航天发射中心	Cosmos-3M	宇宙-3M	19731219	通信广播卫星
1607	1973-104G	Strela-1M-63	天箭座-1M-63	苏联	普列谢茨克航天发射中心	Cosmos-3M	宇宙-3M	19731219	通信广播卫星
1608	1973-104H	Strela-1M-64	天箭座-1M-64	苏联	普列谢茨克航天发射中心	Cosmos-3M	宇宙-3M	19731219	通信广播卫星
1609	1973-105A	Zenit-4MK-19	天顶-4MK-19	苏联	普列谢茨克航天发射中心	Voskhod	上升号	19731221	对地观测卫星
1610	1973-106A	Molniya-2-08	闪电-2-08	苏联	普列谢茨克航天发射中心	Molniya-M/Blok-ML	闪电-M/上面级 ML	19731225	通信广播卫星
1611	1973-107A	DS-U2-GKA-02	第聂伯罗彼得罗夫斯克卫星-U2-GKA-02	法国/苏联	普列谢茨克航天发射中心	Cosmos-3M	宇宙-3M	19731225	科学与技术试验卫星
1612	1973-108A	RORSAT-06	雷达型海洋监视卫星-06	苏联	拜科努尔航天发射中心	Tsyklon-2	旋风-2	19731227	对地观测卫星
1613	1973-109A	Zaliv-04	海湾-04	苏联	普列谢茨克航天发射中心	Cosmos-3M	宇宙-3M	19731229	导航定位卫星
1614	1974-01A	Zaliv-05	海湾-05	苏联	普列谢茨克航天发射中心	Cosmos-3M	宇宙-3M	19740117	导航定位卫星
1615	1974-02A	Skynet-2A	天网-2A	英国/美国	卡纳维拉尔角发射场	Delta-2313	德尔它-2313	19740119	通信广播卫星

续表

序号	国际代号	外文名	中文名	所属国家、地区或组织	发射地点	发射工具外文名	发射工具中文名	发射时间	航天器类型
1616	1974-03A	Zenit-2M-44	天顶-2M-44	苏联	普列谢茨克航天发射中心	Voskhod	上升号	19740124	对地观测卫星
1617	1974-04A	Zenit-4MK-20	天顶-4MK-20	苏联	普列谢茨克航天发射中心	Voskhod	上升号	19740130	对地观测卫星
1618	1974-05A	Tselina-O-22	处女地-O-22	苏联	普列谢茨克航天发射中心	Cosmos-3M	宇宙-3M	19740206	对地观测卫星
1619	1974-06A	Zenit-4M-60	天顶-4M-60	苏联	拜科努尔航天发射中心	Voskhod	上升号	19740212	对地观测卫星
1620	1974-07A	KH-8-41	锁眼-8-41	美国	范登堡空军基地	Titan-3 (24) B Agena-D	大力神-3 (24) B-阿金纳D	19740213	对地观测卫星
1621	1974-08A	Tansei-2 (MS-T2)	淡青-2 (MS-T2)	日本	鹿儿岛航天中心	M-3C	M-3C	19740216	科学与技术试验卫星
1622	1974-09A	San Marco-4	圣马科-4	意大利/美国	圣马科发射平台	Scout-D1	侦察兵-D1	19740218	科学与技术试验卫星
1623	1974-10A	DS-P1-Yu-68	第聂伯罗彼得罗夫斯克卫星-P1-Yu-68	苏联	普列谢茨克航天发射中心	Cosmos-2	宇宙-2	19740227	科学与技术试验卫星
1624	1974-11A	Meteor-1-16	流星-1-16	苏联	普列谢茨克航天发射中心	Vostok-2M	东方-2M	19740305	对地观测卫星
1625	1974-12A	DS-P1-Yu-69	第聂伯罗彼得罗夫斯克卫星-P1-Yu-69	苏联	普列谢茨克航天发射中心	Cosmos-2	宇宙-2	19740305	科学与技术试验卫星
1626	1974-13A	Miranda	米兰达	英国/美国	范登堡空军基地	Scout-D1	侦察兵-D1	19740309	科学与技术试验卫星
1627	1974-14A	Zenit-2M-45	天顶-2M-45	苏联	普列谢茨克航天发射中心	Voskhod	上升号	19740314	对地观测卫星
1628	1974-15A	DSAP-5B F5	国防卫星应用计划-5B F5	美国	范登堡空军基地	Thor Burner-2A	雷神-博纳2A	19740316	对地观测卫星
1629	1974-16A	Zenit-4MK-21	天顶-4MK-21	苏联	拜科努尔航天发射中心	Voskhod	上升号	19740320	对地观测卫星
1630	1974-17A	Raduga-GVM	虹-GVM	苏联	拜科努尔航天发射中心	Proton-K/Blok-DM	质子-K/上面级 DM	19740326	其他
1631	1974-18A	Soyuz-ASTP Test-01	阿波罗-联盟试验计划-01	苏联	拜科努尔航天发射中心	Soyuz-U	联盟-U	19740403	载人及货运航天器
1632	1974-19A	Zenit-4MK-22	天顶-4MK-22	苏联	普列谢茨克航天发射中心	Voskhod	上升号	19740404	对地观测卫星
1633	1974-20A	KH-9-08	锁眼-9-08	美国	范登堡空军基地	Titan-3D	大力神-3D	19740410	对地观测卫星
1634	1974-20B	P-11 4428	雪貂子卫星-4428	美国	范登堡空军基地	Titan-4D	大力神-4D	19740410	对地观测卫星
1635	1974-20C	IRCB-1	红外校正气球-1	美国	范登堡空军基地	Titan-5D	大力神-5D	19740410	科学与技术试验卫星
1636	1974-21A	Zenit-2M-46	天顶-2M-46	苏联	普列谢茨克航天发射中心	Voskhod	上升号	19740411	对地观测卫星
1637	1974-22A	Westar-1	西联星-1	美国	卡纳维拉尔角航天发射场	Delta-2914	德尔它-2914	19740413	通信广播卫星
1638	1974-23A	Molniya-1-32	闪电-1-32	苏联	普列谢茨克航天发射中心	Molniya-M/Blok-ML	闪电-M/上面级 ML	19740420	通信广播卫星
1639	1974-24A	Strela-1M-65	天箭座-1M-65	苏联	普列谢茨克航天发射中心	Cosmos-3M	宇宙-3M	19740423	通信广播卫星
1640	1974-24B	Strela-1M-66	天箭座-1M-66	苏联	普列谢茨克航天发射中心	Cosmos-3M	宇宙-3M	19740423	通信广播卫星
1641	1974-24C	Strela-1M-67	天箭座-1M-67	苏联	普列谢茨克航天发射中心	Cosmos-3M	宇宙-3M	19740423	通信广播卫星
1642	1974-24D	Strela-1M-68	天箭座-1M-68	苏联	普列谢茨克航天发射中心	Cosmos-3M	宇宙-3M	19740423	通信广播卫星

续表

序号	国际代号	外文名	中文名	所属国家、地区或组织	发射地点	发射工具外文名	发射工具中文名	发射时间	航天器类型
1643	1974-24E	Strela-1M-69	天箭座-1M-69	苏联	普列谢茨克航天发射中心	Cosmos-3M	宇宙-3M	19740423	通信广播卫星
1644	1974-24F	Strela-1M-70	天箭座-1M-70	苏联	普列谢茨克航天发射中心	Cosmos-3M	宇宙-3M	19740423	通信广播卫星
1645	1974-24G	Strela-1M-71	天箭座-1M-71	苏联	普列谢茨克航天发射中心	Cosmos-3M	宇宙-3M	19740423	通信广播卫星
1646	1974-24H	Strela-1M-72	天箭座-1M-72	苏联	普列谢茨克航天发射中心	Cosmos-3M	宇宙-3M	19740423	通信广播卫星
1647	1974-25A	Meteor-1-17	流星-1-17	苏联	普列谢茨克航天发射中心	Vostok-2M	东方-2M	19740424	对地观测卫星
1648	1974-26A	Molniya-2-09	闪电-2-09	苏联	普列谢茨克航天发射中心	Molniya-M/Blok-ML	闪电-M/上面级ML	19740426	通信广播卫星
1649	1974-27A	Zenit-4MK-23	天顶-4MK-23	苏联	普列谢茨克航天发射中心	Voskhod	上升号	19740429	对地观测卫星
1650	1974-28A	Sfera-11	球面-11	苏联	普列谢茨克航天发射中心	Cosmos-3M	宇宙-3M	19740429	对地观测卫星
1651	1974-29A	RORSAT-07	雷达型海洋监视卫星-07	苏联	拜科努尔航天发射中心	Tsyklon-2	旋风-2	19740515	对地观测卫星
1652	1974-30A	Zenit-4MK-24	天顶-4MK-24	苏联	拜科努尔航天发射中心	Voskhod	上升号	19740515	对地观测卫星
1653	1974-31A	Zenit-2M-47	天顶-2M-47	苏联	普列谢茨克航天发射中心	Voskhod	上升号	19740515	对地观测卫星
1654	1974-32A	RORSAT-08	雷达型海洋监视卫星-08	苏联	拜科努尔航天发射中心	Tsyklon-2	旋风-2	19740517	对地观测卫星
1655	1974-33A	SMS-1	同步气象卫星-1	美国	卡纳维拉尔角发射场	Delta-2914	德尔它-2914	19740517	对地观测卫星
1656	1974-34A	DS-U3-IK-04	第聂伯罗彼得罗夫斯克卫星-U3-IK-04	苏联/东欧	卡普斯京亚尔航天发射中心	Cosmos-3M	宇宙-3M	19740517	科学与技术试验卫星
1657	1974-35A	Tselina-O-23	处女地-O-23	苏联	普列谢茨克航天发射中心	Cosmos-3M	宇宙-3M	19740521	对地观测卫星
1658	1974-36A	Soyuz-7K-T-04	联盟-7K-T-04	苏联	拜科努尔航天发射中心	Soyuz	联盟号	19740527	载人及货运航天器
1659	1974-37A	Luna-8LS-02	月球-8LS-02	苏联	拜科努尔航天发射中心	Proton-K/Blok-D	质子-K/上面级D	19740529	空间探测器
1660	1974-38A	Zenit-4MK-25	天顶-4MK-25	苏联	普列谢茨克航天发射中心	Voskhod	上升号	19740530	对地观测卫星
1661	1974-39A	ATS-6	应用技术卫星-6	美国	卡纳维拉尔角发射场	Titan-3(23)C	大力神-3(23)C	19740530	科学与技术试验卫星
1662	1974-40A	Injun-3	英宗-3	美国	范登堡空军基地	Scout-E1	侦察兵-E1	19740603	对地观测卫星
1663	1974-41A	Zenit-2M-48	天顶-2M-48	苏联	拜科努尔航天发射中心	Voskhod	上升号	19740606	对地观测卫星
1664	1974-42A	KH-8-42	锁眼-8-42	美国	范登堡空军基地	Titan-3(24)B Agena-D	大力神-3(24)B-阿金纳D	19740606	对地观测卫星
1665	1974-43A	Zenit-4MK-26	天顶-4MK-26	苏联	普列谢茨克航天发射中心	Voskhod	上升号	19740613	对地观测卫星
1666	1974-44A	Taifun-1-01	台风-1-01	苏联	普列谢茨克航天发射中心	Cosmos-3M	宇宙-3M	19740618	科学与技术试验卫星
1667	1974-45A	Tselina-O-24	处女地-O-24	苏联	普列谢茨克航天发射中心	Cosmos-3M	宇宙-3M	19740621	对地观测卫星
1668	1974-46A	Salyut-3	礼炮-3	苏联	拜科努尔航天发射中心	Proton-K	质子-K	19740625	载人及货运航天器
1669	1974-47A	DS-P1-I-15	第聂伯罗彼得罗夫斯克卫星-P1-I-15	苏联	普列谢茨克航天发射中心	Cosmos-2	宇宙-2	19740626	科学与技术试验卫星

续表

序号	国际代号	外文名	中文名	所属国家、地区或组织	发射地点	发射工具外文名	发射工具中文名	发射时间	航天器类型
1670	1974-48A	Zaliv-06	海湾-06	苏联	普列谢茨克航天发射中心	Cosmos-3M	宇宙-3M	19740627	导航定位卫星
1671	1974-49A	Zenit-4MT-06	天顶-4MT-06	苏联	普列谢茨克航天发射中心	Soyuz-M	联盟-M	19740629	对地观测卫星
1672	1974-50A	Oko-3	眼睛-3	苏联	普列谢茨克航天发射中心	Molniya-M/Blok-2BL	闪电-M/上面级2BL	19740629	对地观测卫星
1673	1974-51A	Soyuz-14	联盟-14	苏联	拜科努尔航天发射中心	Soyuz	联盟号	19740703	载人及货运航天器
1674	1974-52A	Meteor-1-18	流星-1-18	苏联	普列谢茨克航天发射中心	Vostok-2M	东方-2M	19740709	对地观测卫星
1675	1974-53A	Zenit-4MK-27	天顶-4MK-27	苏联	普列谢茨克航天发射中心	Voskhod	上升号	19740712	对地观测卫星
1676	1974-54A	NTS-1	海军导航技术卫星-1	美国	范登堡空军基地	Atlas-F PTS	宇宙神F-有效载荷转移系统	19740713	导航定位卫星
1677	1974-55A	Aeros-2	大气-2	西德/美国	范登堡空军基地	Scout-D1	侦察兵-D1	19740716	科学与技术试验卫星
1678	1974-56A	Molniya-2-10	闪电-2-10	苏联	普列谢茨克航天发射中心	Molniya-M/Blok-ML	闪电-M/上面级ML	19740723	通信广播卫星
1679	1974-57A	Zenit-4M-61	天顶-4M-61	苏联	拜科努尔航天发射中心	Voskhod	上升号	19740725	对地观测卫星
1680	1974-58A	DS-P1-Yu-71	第聂伯罗彼得罗夫斯克卫星-P1-Yu-71	苏联	普列谢茨克航天发射中心	Cosmos-2	宇宙-2	19740725	科学与技术试验卫星
1681	1974-59A	Zenit-2M-49	天顶-2M-49	苏联	普列谢茨克航天发射中心	Voskhod	上升号	19740726	对地观测卫星
1682	1974-60A	Molniya-1-33	闪电-1-33	苏联	拜科努尔航天发射中心	Proton-K/Blok-DM	质子-K/上面级DM	19740729	通信广播卫星
1683	1974-61A	Soyuz-T Test-01	联盟-T试验-01	苏联	拜科努尔航天发射中心	Soyuz-U	联盟-U	19740806	载人及货运航天器
1684	1974-62A	Zenit-4MK-28	天顶-4MK-28	苏联	普列谢茨克航天发射中心	Voskhod	上升号	19740807	对地观测卫星
1685	1974-63A	DMSP-5C F1	国防气象卫星计划-5C F1	美国	范登堡空军基地	Thor Burner-2A	雷神-博纳2A	19740809	对地观测卫星
1686	1974-64A	Soyuz-ASTP Test-02	阿波罗-联盟试验计划-02	苏联	拜科努尔航天发射中心	Soyuz-U	联盟-U	19740812	载人及货运航天器
1687	1974-65A	KH-8-43	锁眼-8-43	美国	范登堡空军基地	Titan-3(24) B Agena-D	大力神-3(24)B-阿金纳D	19740814	对地观测卫星
1688	1974-66A	Tselina-D-06	处女地-D-06	苏联	普列谢茨克航天发射中心	Vostok-2M	东方-2M	19740816	对地观测卫星
1689	1974-67A	Soyuz-15	联盟-15	苏联	拜科努尔航天发射中心	Soyuz	联盟号	19740826	载人及货运航天器
1690	1974-68A	Zenit-4MK-29	天顶-4MK-29	苏联	拜科努尔航天发射中心	Voskhod	上升号	19740829	对地观测卫星
1691	1974-69A	Sfera-12	球面-12	苏联	普列谢茨克航天发射中心	Cosmos-3M	宇宙-3M	19740829	对地观测卫星
1692	1974-70A	ANS-1	荷兰天文卫星-1	荷兰/美国	范登堡空军基地	Scout-D1	侦察兵-D1	19740830	科学与技术试验卫星
1693	1974-71A	Strela-2M-9	天箭座-2M-9	苏联	普列谢茨克航天发射中心	Cosmos-3M	宇宙-3M	19740911	通信广播卫星
1694	1974-72A	Strela-1M-73	天箭座-1M-73	苏联	普列谢茨克航天发射中心	Cosmos-3M	宇宙-3M	19740919	通信广播卫星
1695	1974-72B	Strela-1M-74	天箭座-1M-74	苏联	普列谢茨克航天发射中心	Cosmos-3M	宇宙-3M	19740919	通信广播卫星
1696	1974-72C	Strela-1M-75	天箭座-1M-75	苏联	普列谢茨克航天发射中心	Cosmos-3M	宇宙-3M	19740919	通信广播卫星

续表

序号	国际代号	外文名	中文名	所属国家、地区或组织	发射地点	发射工具外文名	发射工具中文名	发射时间	航天器类型
1697	1974-72D	Strela-1M-76	天箭座-1M-76	苏联	普列谢茨克航天发射中心	Cosmos-3M	宇宙-3M	19740919	通信广播卫星
1698	1974-72E	Strela-1M-77	天箭座-1M-77	苏联	普列谢茨克航天发射中心	Cosmos-3M	宇宙-3M	19740919	通信广播卫星
1699	1974-72F	Strela-1M-78	天箭座-1M-78	苏联	普列谢茨克航天发射中心	Cosmos-3M	宇宙-3M	19740919	通信广播卫星
1700	1974-72G	Strela-1M-79	天箭座-1M-79	苏联	普列谢茨克航天发射中心	Cosmos-3M	宇宙-3M	19740919	通信广播卫星
1701	1974-72H	Strela-1M-80	天箭座-1M-80	苏联	普列谢茨克航天发射中心	Cosmos-3M	宇宙-3M	19740919	通信广播卫星
1702	1974-73A	Zenit-2M-51	天顶-2M-51	苏联	拜科努尔航天发射中心	Voskhod	上升号	19740920	对地观测卫星
1703	1974-74A	DS-P1-Yu-72	第聂伯罗彼得罗夫斯克卫星-P1-Yu-72	苏联	普列谢茨克航天发射中心	Cosmos-2	宇宙-2	19740926	科学与技术试验卫星
1704	1974-75A	Westar-2	西联星-2	美国	卡纳维拉尔角发射场	Delta-2914	德尔它-2914	19741010	通信广播卫星
1705	1974-76A	Taifun-1-02	台风-1-02	苏联	普列谢茨克航天发射中心	Cosmos-3M	宇宙-3M	19741011	科学与技术试验卫星
1706	1974-77A	Ariel-5	羚羊-5	英国/美国	圣马科发射平台	Scout-B1	侦察兵-B1	19741015	科学与技术试验卫星
1707	1974-78A	Zenit-4MK-30	天顶-4MK-30	苏联	普列谢茨克航天发射中心	Voskhod	上升号	19741018	对地观测卫星
1708	1974-79A	Zaliv-07	海湾-07	苏联	普列谢茨克航天发射中心	Cosmos-3M	宇宙-3M	19741019	导航定位卫星
1709	1974-80A	Bion-2	生物-2	苏联	普列谢茨克航天发射中心	Soyuz-U	联盟-U	19741022	科学与技术试验卫星
1710	1974-81A	Molniya-1-34	闪电-1-34	苏联	普列谢茨克航天发射中心	Molniya-M/Blok-ML	闪电-M/上面级 ML	19741024	通信广播卫星
1711	1974-82A	Zenit-4MK-31	天顶-4MK-31	苏联	拜科努尔航天发射中心	Voskhod	上升号	19741025	对地观测卫星
1712	1974-83A	Meteor-1-19	流星-1-19	苏联	普列谢茨克航天发射中心	Vostok-2M	东方-2M	19741028	对地观测卫星
1713	1974-84A	Luna-8-5M-01	月球-8-5M-01	苏联	拜科努尔航天发射中心	Proton-K/Blok-D	质子-K/上面级 D	19741028	空间探测器
1714	1974-85A	KH-9-09	锁眼-9-09	美国	范登堡空军基地	Titan-3D	大力神-3D	19741029	对地观测卫星
1715	1974-85B	P-11 4429	雪貂子卫星-4429	美国	范登堡空军基地	Titan-4D	大力神-4D	19741029	对地观测卫星
1716	1974-85C	S3-1	小型次级卫星-1	美国	范登堡空军基地	Titan-5D	大力神-5D	19741029	科学与技术试验卫星
1717	1974-86A	DS-U2-IK-05	第聂伯罗彼得罗夫斯克卫星-U2-IK-05	苏联/东欧	普列谢茨克航天发射中心	Cosmos-3M	宇宙-3M	19741031	科学与技术试验卫星
1718	1974-87A	Zenit-2M-52	天顶-2M-52	苏联	普列谢茨克航天发射中心	Voskhod	上升号	19741101	对地观测卫星
1719	1974-88A	Zenit-4MT-07	天顶-4MT-07	苏联	普列谢茨克航天发射中心	Soyuz-M	联盟-M	19741104	对地观测卫星
1720	1974-89A	ITOS-G	伊托-G	美国	范登堡空军基地	Delta-2310	德尔它-2310	19741115	对地观测卫星
1721	1974-89B	Amsat P2B/Oscar-7	业余爱好者卫星 P2B/奥斯卡-7	美国	范登堡空军基地	Delta-2310	德尔它-2310	19741115	科学与技术试验卫星
1722	1974-89C	Intasat-1	西班牙宇宙航天技术研究所卫星-1	西班牙/美国	范登堡空军基地	Delta-2310	德尔它-2310	19741115	科学与技术试验卫星
1723	1974-90A	Zenit-4MK-32	天顶-4MK-32	苏联	普列谢茨克航天发射中心	Voskhod	上升号	19741116	对地观测卫星

续表

序号	国际代号	外文名	中文名	所属国家、地区或组织	发射地点	发射工具外文名	发射工具中文名	发射时间	航天器类型
1724	1974-91A	DS-P1-Yu-73	第聂伯罗彼得罗夫斯克卫星-P1-Yu-73	苏联	普列谢茨克航天发射中心	Cosmos-2	宇宙-2	19741120	科学与技术试验卫星
1725	1974-92A	Molniya-3-01	闪电-3-01	苏联	普列谢茨克航天发射中心	Molniya-M/Blok-ML	闪电-M/上面级ML	19741121	通信广播卫星
1726	1974-93A	Intelsat-48	国际通信卫星-48	国际通信卫星组织	卡纳维拉尔角发射场	Atlas-SLV3D Centaur-D1A	宇宙神SLV3D-半人马座D1A	19741121	通信广播卫星
1727	1974-94A	Skynet-2B	天网-2B	英国/美国	卡纳维拉尔角发射场	Delta-2313	德尔它-2313	19741123	通信广播卫星
1728	1974-95A	Zenit-2M-53	天顶-2M-53	苏联	普列谢茨克航天发射中心	Voskhod	上升号	19741127	对地观测卫星
1729	1974-96A	Soyuz-16	联盟-16	苏联	拜科努尔航天发射中心	Soyuz-U	联盟-U	19741202	载人及货运航天器
1730	1974-97A	Helios-A	太阳神-A	西德/美国	卡纳维拉尔角发射场	Titan-3E Centaur-D1T Star-37E	大力神-3E-半人马座D1T-星37E	19741210	空间探测器
1731	1974-98A	Yantar-2K-02	琥珀-2K-02	苏联	普列谢茨克航天发射中心	Soyuz-U	联盟-U	19741213	对地观测卫星
1732	1974-99A	Meteor-1-20	流星-1-20	苏联	普列谢茨克航天发射中心	Vostok-2M	东方-2M	19741217	对地观测卫星
1733	1974-100A	Tselina-O-25	处女地-O-25	苏联	普列谢茨克航天发射中心	Cosmos-3M	宇宙-3M	19741218	对地观测卫星
1734	1974-101A	Symphonie-1	交响乐-1	法国/西德/美国	卡纳维拉尔角发射场	Delta-2914	德尔它-2914	19741219	通信广播卫星
1735	1974-102A	Molniya-2-11	闪电-2-11	苏联	普列谢茨克航天发射中心	Molniya-M/Blok-ML	闪电-M/上面级ML	19741221	通信广播卫星
1736	1974-103A	US-P-01	电子型海洋监视卫星-01	苏联	拜科努尔航天发射中心	Tsyklon-2	旋风-2	19741224	对地观测卫星
1737	1974-104A	Salyut-4	礼炮-4	苏联	拜科努尔航天发射中心	Proton-K	质子-K	19741226	载人及货运航天器
1738	1974-105A	Parus-1	帆-1	苏联	普列谢茨克航天发射中心	Cosmos-3M	宇宙-3M	19741226	导航定位卫星
1739	1974-106A	Zenit-4MK-33	天顶-4MK-33	苏联	普列谢茨克航天发射中心	Voskhod	上升号	19741227	对地观测卫星
1740	1975-01A	Soyuz-17	联盟-17	苏联	拜科努尔航天发射中心	Soyuz	联盟号	19750111	载人及货运航天器
1741	1975-02A	Zenit-2M-54	天顶-2M-54	苏联	普列谢茨克航天发射中心	Voskhod	上升号	19750117	对地观测卫星
1742	1975-03A	DS-P1-Yu-74	第聂伯罗彼得罗夫斯克卫星-P1-Yu-74	苏联	普列谢茨克航天发射中心	Cosmos-2	宇宙-2	19750121	科学与技术试验卫星
1743	1975-04A	Landsat-2	陆地卫星-2	美国	范登堡空军基地	Delta-2910	德尔它-2910	19750122	对地观测卫星
1744	1975-05A	Zenit-4MK-34	天顶-4MK-34	苏联	普列谢茨克航天发射中心	Voskhod	上升号	19750123	对地观测卫星
1745	1975-06A	DS-P1-Yu-75	第聂伯罗彼得罗夫斯克卫星-P1-Yu-75	苏联	普列谢茨克航天发射中心	Cosmos-2	宇宙-2	19750128	科学与技术试验卫星
1746	1975-07A	Oko-4	眼睛-4	苏联	普列谢茨克航天发射中心	Molniya-M/Blok-2BL	闪电-M/上面级2BL	19750130	对地观测卫星
1747	1975-08A	Tselina-O-26	处女地-O-26	苏联	普列谢茨克航天发射中心	Cosmos-3M	宇宙-3M	19750205	对地观测卫星
1748	1975-09A	Molniya-2-12	闪电-2-12	苏联	普列谢茨克航天发射中心	Molniya-M/Blok-ML	闪电-M/上面级ML	19750206	通信广播卫星
1749	1975-10A	Starlette	激光测地卫星	法国	圭亚那航天中心	Diamant-B-P4	钻石-B	19750206	对地观测卫星
1750	1975-11A	SMS-2	同步气象卫星-2	美国	卡纳维拉尔角发射场	Delta-2914	德尔它-2914	19750206	对地观测卫星

续表

序号	国际代号	外文名	中文名	所属国家、地区或组织	发射地点	发射工具外文名	发射工具中文名	发射时间	航天器类型
1751	1975-12A	Sfera-13	球面-13	苏联	普列谢茨克航天发射中心	Cosmos-3M	宇宙-3M	19750212	对地观测卫星
1752	1975-13A	Zenit-4MK-35	天顶-4MK-35	苏联	普列谢茨克航天发射中心	Voskhod	上升号	19750212	对地观测卫星
1753	1975-14A	SRATS (Taiyo)	太阳卫星	日本	鹿儿岛航天中心	M-3C	M-3C	19750224	科学与技术试验卫星
1754	1975-15A	Zenit-4MK-36	天顶-4MK-36	苏联	拜科努尔航天发射中心	Voskhod	上升号	19750226	对地观测卫星
1755	1975-16A	Strela-1M-81	天箭座-1M-81	苏联	普列谢茨克航天发射中心	Cosmos-3M	宇宙-3M	19750228	通信广播卫星
1756	1975-16B	Strela-1M-82	天箭座-1M-82	苏联	普列谢茨克航天发射中心	Cosmos-3M	宇宙-3M	19750228	通信广播卫星
1757	1975-16C	Strela-1M-83	天箭座-1M-83	苏联	普列谢茨克航天发射中心	Cosmos-3M	宇宙-3M	19750228	通信广播卫星
1758	1975-16D	Strela-1M-84	天箭座-1M-84	苏联	普列谢茨克航天发射中心	Cosmos-3M	宇宙-3M	19750228	通信广播卫星
1759	1975-16E	Strela-1M-85	天箭座-1M-85	苏联	普列谢茨克航天发射中心	Cosmos-3M	宇宙-3M	19750228	通信广播卫星
1760	1975-16F	Strela-1M-86	天箭座-1M-86	苏联	普列谢茨克航天发射中心	Cosmos-3M	宇宙-3M	19750228	通信广播卫星
1761	1975-16G	Strela-1M-87	天箭座-1M-87	苏联	普列谢茨克航天发射中心	Cosmos-3M	宇宙-3M	19750228	通信广播卫星
1762	1975-16H	Strela-1M-88	天箭座-1M-88	苏联	普列谢茨克航天发射中心	Cosmos-3M	宇宙-3M	19750228	通信广播卫星
1763	1975-17A	Jumpseat-04	折叠椅-04	美国	范登堡空军基地	Titan-3(34)B Agena-D	大力神-3(34)B 阿金纳D	19750310	对地观测卫星
1764	1975-18A	Zenit-4MK-37	天顶-4MK-37	苏联	拜科努尔航天发射中心	Voskhod	上升号	19750312	对地观测卫星
1765	1975-19A	Zenit-4MT-08	天顶-4MT-08	苏联	普列谢茨克航天发射中心	Soyuz-U	联盟-U	19750321	对地观测卫星
1766	1975-20A	Zenit-2M-55	天顶-2M-55	苏联	普列谢茨克航天发射中心	Voskhod	上升号	19750326	对地观测卫星
1767	1975-21A	Zenit-4MK-38	天顶-4MK-38	苏联	普列谢茨克航天发射中心	Voskhod	上升号	19750327	对地观测卫星
1768	1975-22A	DS-U2-IK-06	第聂伯罗彼得罗夫斯克卫星-U2-IK-06	苏联/东欧	普列谢茨克航天发射中心	Cosmos-3M	宇宙-3M	19750327	科学与技术试验卫星
1769	1975-23A	Meteor-1-21	流星-1-21	苏联	普列谢茨克航天发射中心	Vostok-2M	东方-2M	19750401	对地观测卫星
1770	1975-24A	RORSAT-09	雷达型海洋监视卫星-09	苏联	拜科努尔航天发射中心	Tsyklon-2	旋风-2	19750402	对地观测卫星
1771	1975-25A	RORSAT-10	雷达型海洋监视卫星-10	苏联	拜科努尔航天发射中心	Tsyklon-2	旋风-2	19750407	对地观测卫星
1772	1975-26A	DS-P1-Yu-76	第聂伯罗彼得罗夫斯克卫星-P1-Yu-76	苏联	普列谢茨克航天发射中心	Cosmos-2	宇宙-2	19750408	科学与技术试验卫星
1773	1975-27A	GEOS-3	地球轨道观测地卫星-3	美国	范登堡空军基地	Delta-1410	德尔它-1410	19750409	对地观测卫星
1774	1975-28A	Parus-2	帆-2	苏联	普列谢茨克航天发射中心	Cosmos-3M	宇宙-3M	19750411	导航定位卫星
1775	1975-29A	Molniya-3-02	闪电-3-02	苏联	普列谢茨克航天发射中心	Molniya-M/Blok-ML	闪电-M/上面级 ML	19750414	通信广播卫星
1776	1975-30A	Zenit-4MK-39	天顶-4MK-39	苏联	拜科努尔航天发射中心	Voskhod	上升号	19750416	对地观测卫星
1777	1975-31A	Zenit-2M-56	天顶-2M-56	苏联	普列谢茨克航天发射中心	Voskhod	上升号	19750418	对地观测卫星

续表

序号	国际代号	外文名	中文名	所属国家、地区或组织	发射地点	发射工具外文名	发射工具中文名	发射时间	航天器类型
1778	1975－32A	KH－8－44	锁眼－8－44	美国	范登堡空军基地	Titan－3 (24) B Agena－D	大力神－3 (24) B－阿金纳 D	19750418	对地观测卫星
1779	1975－33A	Aryabhata	阿里亚哈塔	印度	卡普斯金亚尔航天发射中心	Cosmos－3M	宇宙－3M	19750419	科学与技术试验卫星
1780	1975－34A	Zaliv－08	海湾－08	苏联	普列谢茨克航天发射中心	Cosmos－3M	宇宙－3M	19750422	导航定位卫星
1781	1975－35A	Zenit－4MK－40	天顶－4MK－40	苏联	普列谢茨克航天发射中心	Voskhod	上升号	19750424	对地观测卫星
1782	1975－36A	Molniya－1－35	闪电－1－35	苏联	普列谢茨克航天发射中心	Molniya－M/Blok－ML	闪电－M/上面级 ML	19750429	通信广播卫星
1783	1975－37A	Explorer－53	探险者－53	美国/意大利	圣马科发射平台	Scout－F1	侦察兵－F1	19750507	科学与技术试验卫星
1784	1975－38A	Anik－A3	阿尼克－A3	加拿大	卡纳维拉尔角发射场	Delta－2914	德尔它－2914	19750507	通信广播卫星
1785	1975－39A	Pollux	波吕克斯	法国	圭亚那航天中心	Diamant－B－P4	钻石－B	19750517	科学与技术试验卫星
1786	1975－39B	Castor	海狸	法国	圭亚那航天中心	Diamant－B－P4	钻石－B	19750517	科学与技术试验卫星
1787	1975－40A	DSCS－2－5	国防卫星通信系统－2－5	美国	卡纳维拉尔角发射场	Titan－3 (23) C	大力神－3 (23) C	19750520	通信广播卫星
1788	1975－40B	DSCS－2－6	国防卫星通信系统－2－6	美国	卡纳维拉尔角发射场	Titan－3 (23) C	大力神－3 (23) C	19750520	通信广播卫星
1789	1975－41A	Zenit－2M－57	天顶－2M－57	苏联	拜科努尔航天发射中心	Voskhod	上升号	19750521	对地观测卫星
1790	1975－42A	Intelsat－4 1	国际通信卫星－4 1	国际通信卫星组织	卡纳维拉尔角发射场	Atlas－SLV3D Centaur－D1A	宇宙神 SLV3D－半人马座 D1A	19750522	通信广播卫星
1791	1975－43A	DMSP－5C F2	国防气象卫星计划－5C F2	美国	范登堡空军基地	Thor Burner－2A	雷神－博纳 2A	19750524	对地观测卫星
1792	1975－44A	Soyuz－18a	联盟－18a	苏联	拜科努尔航天发射中心	Soyuz	联盟号	19750524	载人及货运航天器
1793	1975－45A	Strela－1M－89	天箭座－1M－89	苏联	普列谢茨克航天发射中心	Cosmos－3M	宇宙－3M	19750528	通信广播卫星
1794	1975－45B	Strela－1M－90	天箭座－1M－90	苏联	普列谢茨克航天发射中心	Cosmos－3M	宇宙－3M	19750528	通信广播卫星
1795	1975－45C	Strela－1M－91	天箭座－1M－91	苏联	普列谢茨克航天发射中心	Cosmos－3M	宇宙－3M	19750528	通信广播卫星
1796	1975－45D	Strela－1M－92	天箭座－1M－92	苏联	普列谢茨克航天发射中心	Cosmos－3M	宇宙－3M	19750528	通信广播卫星
1797	1975－45E	Strela－1M－93	天箭座－1M－93	苏联	普列谢茨克航天发射中心	Cosmos－3M	宇宙－3M	19750528	通信广播卫星
1798	1975－45F	Strela－1M－94	天箭座－1M－94	苏联	普列谢茨克航天发射中心	Cosmos－3M	宇宙－3M	19750528	通信广播卫星
1799	1975－45G	Strela－1M－95	天箭座－1M－95	苏联	普列谢茨克航天发射中心	Cosmos－3M	宇宙－3M	19750528	通信广播卫星
1800	1975－45H	Strela－1M－96	天箭座－1M－96	苏联	普列谢茨克航天发射中心	Cosmos－3M	宇宙－3M	19750528	通信广播卫星
1801	1975－46A	Zenit－4MK－41	天顶－4MK－41	苏联	拜科努尔航天发射中心	Voskhod	上升号	19750528	对地观测卫星
1802	1975－47A	Zenit－2M/Nkh－01	天顶－2M/Nkh－01	苏联	普列谢茨克航天发射中心	Voskhod	上升号	19750530	对地观测卫星
1803	1975－48A	Zenit－4MK－42	天顶－4MK－42	苏联	普列谢茨克航天发射中心	Voskhod	上升号	19750603	对地观测卫星
1804	1975－49A	Molniya－1－36	闪电－1－36	苏联	普列谢茨克航天发射中心	Molniya－M/Blok－ML	闪电－M/上面级 ML	19750605	通信广播卫星

续表

序号	国际代号	外文名	中文名	所属国家、地区或组织	发射地点	发射工具外文名	发射工具中文名	发射时间	航天器类型
1805	1975-49B	MAS-2 (Sret-2)	马斯-2（技术研究卫星-2）	法国	普列谢茨克航天发射中心	Molniya-M/Blok-ML	闪电-M/上面级ML	19750605	科学与技术试验卫星
1806	1975-50A	Venera 9	金星-9	苏联	拜科努尔航天发射中心	Proton-K/Blok-D	质子-K/上面级D	19750605	空间探测器
1807	1975-51A	KH-9-10	锁眼-9-10	美国	范登堡空军基地	Titan-3D	大力神-3D	19750608	对地观测卫星
1808	1975-51C	P-226-1	雪貂子卫星C-226-1	美国	范登堡空军基地	Titan-4D	大力神-4D	19750608	对地观测卫星
1809	1975-52A	Nimbus-6	雨云-6	美国	范登堡空军基地	Delta-2910	德尔它-2910	19750612	对地观测卫星
1810	1975-53A	Zenit-4MK-43	天顶-4MK-43	苏联	普列谢茨克航天发射中心	Voskhod	上升号	19750612	对地观测卫星
1811	1975-54A	Venera 10	金星-10	苏联	拜科努尔航天发射中心	Proton-K/Blok-D	质子-K/上面级D	19750614	空间探测器
1812	1975-55A	Canyon-6	峡谷-6	美国	卡纳维拉尔角航天发射场	Atlas-SLV3A Agena-D	宇宙神SLV3A-阿金纳D	19750618	对地观测卫星
1813	1975-56A	Tselina-D-07	处女地-D-07	苏联	普列谢茨克航天发射中心	Vostok-2M	东方-2M	19750620	对地观测卫星
1814	1975-57A	OSO-8	奥索-8	美国	卡纳维拉尔角航天发射场	Delta-1910	德尔它-1910	19750621	科学与技术试验卫星
1815	1975-58A	DS-P1-Yu-77	第聂伯罗彼得罗夫斯克卫星-P1-Yu-77	苏联	普列谢茨克航天发射中心	Cosmos-2	宇宙-2	19750624	科学与技术试验卫星
1816	1975-59A	Zenit-4MK-44	天顶-4MK-44	苏联	普列谢茨克航天发射中心	Voskhod	上升号	19750625	对地观测卫星
1817	1975-60A	Zenit-2M-58	天顶-2M-58	苏联	普列谢茨克航天发射中心	Voskhod	上升号	19750627	对地观测卫星
1818	1975-61A	Zenit-4MK-45	天顶-4MK-45	苏联	普列谢茨克航天发射中心	Voskhod	上升号	19750703	对地观测卫星
1819	1975-62A	Tselina-O-27	处女地-O-27	苏联	普列谢茨克航天发射中心	Cosmos-3M	宇宙-3M	19750704	对地观测卫星
1820	1975-63A	Molniya-2-13	闪电-2-13	苏联	普列谢茨克航天发射中心	Molniya-M/Blok-ML	闪电-M/上面级ML	19750708	通信广播卫星
1821	1975-64A	Meteor-2-01	流星-2-01	苏联	普列谢茨克航天发射中心	Vostok-2M	东方-2M	19750711	对地观测卫星
1822	1975-65A	Soyuz-19	联盟-19	苏联	拜科努尔航天发射场	Soyuz-U	联盟-U	19750715	载人及货运航天器
1823	1975-66A	Apollo-18	阿波罗-18	美国	卡纳维拉尔角发射场	Saturn-1B	土星-1B	19750715	载人及货运航天器
1824	1975-67A	DS-P1-I-16	第聂伯罗彼得罗夫斯克卫星-P1-I-16	苏联	普列谢茨克航天发射中心	Cosmos-2	宇宙-2	19750717	科学与技术试验卫星
1825	1975-68A	Zenit-2M-59	天顶-2M-59	苏联	普列谢茨克航天发射中心	Voskhod	上升号	19750723	对地观测卫星
1826	1975-69A	Taifun-1-03	台风-1-03	苏联	普列谢茨克航天发射中心	Cosmos-3M	宇宙-3M	19750724	科学与技术试验卫星
1827	1975-70A	JSSW-1	技术试验卫星-1	中国	酒泉卫星发射中心	FB-1	风暴-1	19750726	科学与技术试验卫星
1828	1975-71A	Zenit-4MK-46	天顶-4MK-46	苏联	普列谢茨克航天发射中心	Voskhod	上升号	19750731	对地观测卫星
1829	1975-72A	COS-B	宇宙线测量卫星B	欧洲	范登堡空军基地	Delta-2913	德尔它-2913	19750809	科学与技术试验卫星
1830	1975-73A	Zenit-4MK-47	天顶-4MK-47	苏联	普列谢茨克航天发射中心	Voskhod	上升号	19750813	对地观测卫星
1831	1975-74A	Parus-3	帆-3	苏联	普列谢茨克航天发射中心	Cosmos-3M	宇宙-3M	19750814	导航定位卫星

续表

序号	国际代号	外文名	中文名	所属国家、地区或组织	发射地点	发射工具外文名	发射工具中文名	发射时间	航天器类型
1832	1975-75A	Viking-1	海盗-1	美国	卡纳维拉尔角发射场	Titan-3E Centaur-DIT	大力神-3E-半人马座 DIT	19750820	空间探测器
1833	1975-76A	Tselina-D-08	处女地-D-08	苏联	普列谢茨克航天发射中心	Vostok-2M	东方-2M	19750822	对地观测卫星
1834	1975-77A	Symphonie-2	交响乐-2	法国/西德	卡纳维拉尔角发射场	Delta-2914	德尔它-2914	19750827	通信广播卫星
1835	1975-78A	Zenit-4MK-48	天顶-4MK-48	苏联	普列谢茨克航天发射中心	Voskhod	上升号	19750827	对地观测卫星
1836	1975-79A	Molniya-1-37	闪电-1-37	苏联	普列谢茨克航天发射中心	Molniya-M/Blok-ML	闪电-M/上面级 ML	19750902	通信广播卫星
1837	1975-80A	Yantar-2K-03	琥珀-2K-03	苏联	普列谢茨克航天发射中心	Soyuz-U	联盟-U	19750905	对地观测卫星
1838	1975-81A	Molniya-2-14	闪电-2-14	苏联	普列谢茨克航天发射中心	Molniya-M/Blok-ML	闪电-M/上面级 ML	19750909	通信广播卫星
1839	1975-82A	ETS-1	工程试验卫星-1	日本	种子岛航天中心	N-1	N 火箭	19750909	科学与技术试验卫星
1840	1975-83A	Viking-2	海盗-2	美国	卡纳维拉尔角发射场	Titan-3E Centaur-DIT	大力神-3E-半人马座 DIT	19750909	空间探测器
1841	1975-84A	Zenit-4MT-09	天顶-4MT-09	苏联	普列谢茨克航天发射中心	Soyuz-U	联盟-U	19750912	对地观测卫星
1842	1975-85A	Zenit-4MK-49	天顶-4MK-49	苏联	拜科努尔航天发射中心	Voskhod	上升号	19750916	对地观测卫星
1843	1975-86A	Strela-1M-97	天箭座-1M-97	苏联	普列谢茨克航天发射中心	Cosmos-3M	宇宙-3M	19750917	通信广播卫星
1844	1975-86A	Strela-1M-98	天箭座-1M-98	苏联	普列谢茨克航天发射中心	Cosmos-3M	宇宙-3M	19750917	通信广播卫星
1845	1975-86C	Strela-1M-99	天箭座-1M-99	苏联	普列谢茨克航天发射中心	Cosmos-3M	宇宙-3M	19750917	通信广播卫星
1846	1975-86D	Strela-1M-100	天箭座-1M-100	苏联	普列谢茨克航天发射中心	Cosmos-3M	宇宙-3M	19750917	通信广播卫星
1847	1975-86E	Strela-1M-101	天箭座-1M-101	苏联	普列谢茨克航天发射中心	Cosmos-3M	宇宙-3M	19750917	通信广播卫星
1848	1975-86F	Strela-1M-102	天箭座-1M-102	苏联	普列谢茨克航天发射中心	Cosmos-3M	宇宙-3M	19750917	通信广播卫星
1849	1975-86G	Strela-1M-103	天箭座-1M-103	苏联	普列谢茨克航天发射中心	Cosmos-3M	宇宙-3M	19750917	通信广播卫星
1850	1975-86H	Strela-1M-104	天箭座-1M-104	苏联	普列谢茨克航天发射中心	Cosmos-3M	宇宙-3M	19750917	通信广播卫星
1851	1975-87A	Meteor-1-22	流星-1-22	苏联	普列谢茨克航天发射中心	Vostok-2M	东方-2M	19750918	对地观测卫星
1852	1975-88A	Zenit-2M-60	天顶-2M-60	苏联	普列谢茨克航天发射中心	Voskhod	上升号	19750923	对地观测卫星
1853	1975-89A	Sfera-14	球面-14	苏联	普列谢茨克航天发射中心	Cosmos-3M	宇宙-3M	19750924	对地观测卫星
1854	1975-90A	Zenit-4MKT-01	天顶-4MKT-01	苏联	普列谢茨克航天发射中心	Soyuz-U	联盟-U	19750925	对地观测卫星
1855	1975-91A	Intelsat-4A 1	国际通信卫星-4A 1	国际通信卫星组织	卡纳维拉尔角发射场	Atlas-SLV3D Centaur-DIAR	宇宙神 SLV3D-半人马座 DIAR	19750926	通信广播卫星
1856	1975-92A	Aura	天体紫外分析卫星	法国	圭亚那航天中心	Diamant-B-P4	钻石-B-BP4	19750927	科学与技术试验卫星
1857	1975-93A	Soyuz-T Test-02	联盟-T试验-02	苏联	拜科努尔航天发射中心	Soyuz-U	联盟-U	19750929	载人及货运航天器
1858	1975-94A	Strela-2M-10	天箭座-2M-10	苏联	普列谢茨克航天发射中心	Cosmos-3M	宇宙-3M	19750930	通信广播卫星

续表

序号	国际代号	外文名	中文名	所属国家、地区或组织	发射地点	发射工具外文名	发射工具中文名	发射时间	航天器类型
1859	1975-95A	Zenit-4MK-50	天顶-4MK-50	苏联	普列谢茨克航天发射中心	Voskhod	上升号	19751001	对地观测卫星
1860	1975-96A	Explorer-54	探险者-54	美国	范登堡空军基地	Delta-2910	德尔它-2910	19751006	科学与技术试验卫星
1861	1975-97A	Oko-s-01	眼睛-S-01	苏联	拜科努尔航天发射中心	Proton-K/Blok-DM	质子-K/上面级DM	19751008	对地观测卫星
1862	1975-98A	KH-8-45	锁眼-8-45	美国	范登堡空军基地	Titan-3 (24) B Agena-D	大力神-3 (24) B-阿金纳D	19751009	对地观测卫星
1863	1975-99A	Triad-2	三合-2	美国	范登堡空军基地	Scout-D1	侦察兵-D1	19751012	导航定位卫星
1864	1975-100A	GOES-A	地球静止环境业务卫星-A	美国	卡纳维拉尔角发射场	Delta-2914	德尔它-2914	19751016	对地观测卫星
1865	1975-101A	Zenit-2M-61	天顶-2M-61	苏联	普列谢茨克航天发射中心	Voskhod	上升号	19751017	对地观测卫星
1866	1975-102A	US-P-02	电子型海洋监视卫星-02	苏联	拜科努尔航天发射场	Tsyklon-2	旋风-2	19751029	对地观测卫星
1867	1975-103A	Parus-4	帆-4	苏联	普列谢茨克航天发射中心	Cosmos-3M	宇宙-3M	19751104	导航定位卫星
1868	1975-104A	Zenit-4MK-51	天顶-4MK-51	苏联	普列谢茨克航天发射中心	Voskhod	上升号	19751104	对地观测卫星
1869	1975-105A	Molniya-3-03	闪电-3-03	苏联	普列谢茨克航天发射中心	Molniya-M/Blok-ML	闪电-M/上面级ML	19751114	通信广播卫星
1870	1975-106A	Soyuz-20	联盟-20	苏联	拜科努尔航天发射场	Soyuz	联盟号	19751117	载人及货运航天器
1871	1975-107A	Explorer-55	探险者-55	美国	卡纳维拉尔角发射场	Delta-2910	德尔它-2910	19751120	科学与技术试验卫星
1872	1975-108A	Zenit-2M-62	天顶-2M-62	苏联	拜科努尔航天发射场	Voskhod	上升号	19751121	对地观测卫星
1873	1975-109A	Tselina-O-28	处女地-O-28	苏联	普列谢茨克航天发射中心	Cosmos-3M	宇宙-3M	19751121	对地观测卫星
1874	1975-110A	Bion-3	生物-3	苏联	普列谢茨克航天发射中心	Soyuz-U	联盟-U	19751125	科学与技术试验卫星
1875	1975-111A	FSW-0-1	返回式卫星-0-1	中国	酒泉航天发射中心	CZ-2	长征-2	19751126	对地观测卫星
1876	1975-112A	Strela-2M-11	天箭座-2M-11	苏联	普列谢茨克航天发射中心	Cosmos-3M	宇宙-3M	19751128	通信广播卫星
1877	1975-113A	Zenit-2M-63	天顶-2M-63	苏联	普列谢茨克航天发射中心	Voskhod	上升号	19751203	对地观测卫星
1878	1975-114A	KH-9-11	锁眼-9-11	美国	范登堡空军基地	Titan-3D	大力神-3D	19751203	对地观测卫星
1879	1975-114B	S3-2	小型次级卫星-2	美国	范登堡空军基地	Titan-3D	大力神-3D	19751203	科学与技术试验卫星
1880	1975-115A	DS-U2-IK-07	第聂伯罗彼得罗夫斯克卫星-U2-IK-07	苏联/东欧	普列谢茨克航天发射中心	Cosmos-3M	宇宙-3M	19751211	科学与技术试验卫星
1881	1975-116A	RORSAT-11	雷达型海洋监视卫星-11	苏联	拜科努尔航天发射场	Tsyklon-2	旋风-2	19751212	对地观测卫星
1882	1975-117A	Satcom-1	卫星通信-1	美国	卡纳维拉尔角发射场	Delta-3914	德尔它-3914	19751213	通信广播卫星
1883	1975-118A	DSP-05	国防支援计划-05	美国	卡纳维拉尔角发射场	Titan-3 (23) C	大力神-3 (23) C	19751214	对地观测卫星
1884	1975-119A	JSSW-2	技术试验卫星-2	中国	酒泉航天发射中心	FB-1	风暴-1	19751216	对地观测卫星
1885	1975-120A	Zenit-4MK-52	天顶-4MK-52	苏联	拜科努尔航天发射中心	Voskhod	上升号	19751216	科学与技术试验卫星

续表

序号	国际代号	外文名	中文名	所属国家、地区或组织	发射地点	发射工具外文名	发射工具中文名	发射时间	航天器类型
1886	1975-121A	Molniya-2-15	闪电-2-15	苏联	普列谢茨克航天发射中心	Molniya-M/Blok-ML	闪电-M/上面级 ML	19751217	通信广播卫星
1887	1975-122A	Prognoz-4	预报-4	苏联	拜科努尔航天发射中心	Molniya-M/Blok-SO-L	闪电-M/上面级 SO-L	19751222	科学与技术试验卫星
1888	1975-123A	Raduga-01	虹-01	苏联	拜科努尔航天发射中心	Proton-K/Blok-DM	质子-K/上面级 DM	19751222	通信广播卫星
1889	1975-124A	Meteor-1-23	流星-1-23	苏联	普列谢茨克航天发射中心	Vostok-2M	东方-2M	19751225	对地观测卫星
1890	1975-125A	Molniya-3-04	闪电-3-04	苏联	普列谢茨克航天发射中心	Molniya-M/Blok-ML	闪电-M/上面级 ML	19751227	通信广播卫星
1891	1976-01A	Tselina-O-29	处女地-O-29	苏联	普列谢茨克航天发射中心	Cosmos-3M	宇宙-3M	19760106	对地观测卫星
1892	1976-02A	Zenit-4MK-53	天顶-4MK-53	苏联	普列谢茨克航天发射中心	Voskhod	上升号	19760107	对地观测卫星
1893	1976-03A	Helios-B	太阳神-B	西德/美国	卡纳维拉尔角发射场	Titan-3E Centaur-DIT Star-37E	大力神-3E-半人马座 DIT-星 37E	19760115	空间探测器
1894	1976-04A	CTS	通信技术卫星	加拿大	卡纳维拉尔角发射场	Delta-2914	德尔它-2914	19760117	通信广播卫星
1895	1976-05A	Parus-5	帆-5	苏联	普列谢茨克航天发射中心	Cosmos-3M	宇宙-3M	19760120	导航定位卫星
1896	1976-06A	Molniya-1T-38	闪电-1T-38	苏联	拜科努尔航天发射中心	Molniya-M/Blok-ML	闪电-M/上面级 ML	19760122	通信广播卫星
1897	1976-07A	Tselina-O-30	处女地-O-30	苏联	普列谢茨克航天发射中心	Cosmos-3M	宇宙-3M	19760122	对地观测卫星
1898	1976-08A	Strela-1M-105	天箭座-1M-105	苏联	普列谢茨克航天发射中心	Cosmos-3M	宇宙-3M	19760128	通信广播卫星
1899	1976-08B	Strela-1M-106	天箭座-1M-106	苏联	普列谢茨克航天发射中心	Cosmos-3M	宇宙-3M	19760128	通信广播卫星
1900	1976-08C	Strela-1M-107	天箭座-1M-107	苏联	普列谢茨克航天发射中心	Cosmos-3M	宇宙-3M	19760128	通信广播卫星
1901	1976-08D	Strela-1M-108	天箭座-1M-108	苏联	普列谢茨克航天发射中心	Cosmos-3M	宇宙-3M	19760128	通信广播卫星
1902	1976-08E	Strela-1M-109	天箭座-1M-109	苏联	普列谢茨克航天发射中心	Cosmos-3M	宇宙-3M	19760128	通信广播卫星
1903	1976-08F	Strela-1M-110	天箭座-1M-110	苏联	普列谢茨克航天发射中心	Cosmos-3M	宇宙-3M	19760128	通信广播卫星
1904	1976-08G	Strela-1M-111	天箭座-1M-111	苏联	普列谢茨克航天发射中心	Cosmos-3M	宇宙-3M	19760128	通信广播卫星
1905	1976-08H	Strela-1M-112	天箭座-1M-112	苏联	普列谢茨克航天发射中心	Cosmos-3M	宇宙-3M	19760128	通信广播卫星
1906	1976-09A	Zenit-2M-64	天顶-2M-64	苏联	拜科努尔航天发射场	Voskhod	上升号	19760129	对地观测卫星
1907	1976-10A	Intelsat-4A 2	国际通信卫星-4A 2	国际通信卫星组织	卡纳维拉尔角发射场	Atlas-SLV3D Centaur-DIAR	宇宙神 SLV3D-半人马座 DIAR	19760129	通信广播卫星
1908	1976-11A	Zaliv-09	海湾-09	苏联	普列谢茨克航天发射中心	Cosmos-3M	宇宙-3M	19760203	导航定位卫星
1909	1976-12A	DS-P1-I-17	第聂伯罗彼得罗夫斯克卫星-P1-I-17	苏联	普列谢茨克航天发射中心	Cosmos-2	宇宙-2	19760205	科学与技术试验卫星
1910	1976-13A	Zenit-4MK-54	天顶-4MK-54	苏联	拜科努尔航天发射中心	Voskhod	上升号	19760211	对地观测卫星
1911	1976-14A	DS-P1-M-07	第聂伯罗彼得罗夫斯克卫星-P1-M-07	苏联	普列谢茨克航天发射中心	Cosmos-3M	宇宙-3M	19760212	科学与技术试验卫星
1912	1976-15A	IS-A-01	卫星拦截器-A-01	苏联	拜科努尔航天发射中心	Tsyklon-2	旋风-2	19760216	科学与技术试验卫星

续表

序号	国际代号	外文名	中文名	所属国家、地区或组织	发射地点	发射工具外文名	发射工具中文名	发射时间	航天器类型
1913	1976-16A	DMSP-5C F3	国防气象卫星计划-5C F3	美国	范登堡空军基地	Thor Burner-2A	雷神-博纳2A	19760219	对地观测卫星
1914	1976-17A	Marisat-1	海事卫星-1	美国	卡纳维尔尔角发射场	Delta-2914	德尔它-2914	19760219	通信广播卫星
1915	1976-18A	Yantar-2K-04	琥珀-2K-04	苏联	普列谢茨克航天发射中心	Soyuz-U	联盟-U	19760220	对地观测卫星
1916	1976-19A	JISS	日本电离层探测卫星	日本	种子岛航天中心	N-1	N火箭	19760229	科学与技术试验卫星
1917	1976-20A	Zenit-4MK-55	天顶-4MK-55	苏联	拜科努尔航天发射中心	Voskhod	上升号	19760310	对地观测卫星
1918	1976-21A	Molniya-1T-39	闪电-1T-39	苏联	普列谢茨克航天发射中心	Molniya-M/Blok-ML	闪电-M/上面级 ML	19760311	通信广播卫星
1919	1976-22A	Taifun-1-04	台风-1-04	苏联	普列谢茨克航天发射中心	Cosmos-3M	宇宙-3M	19760312	科学与技术试验卫星
1920	1976-23A	LES-8	林肯实验室 实验卫星-8	美国	卡纳维拉尔角发射场	Titan-3 (23) C	大力神-3 (23) C	19760315	科学与技术试验卫星
1921	1976-23B	LES-9	林肯实验室 实验卫星-9	美国	卡纳维拉尔角发射场	Titan-3 (23) C	大力神-3 (23) C	19760315	科学与技术试验卫星
1922	1976-23C	Solrad-2A	索拉德-2A	美国	卡纳维拉尔角发射场	Titan-3 (23) C	大力神-3 (23) C	19760315	科学与技术试验卫星
1923	1976-23D	Solrad-2B	索拉德-2B	美国	卡纳维拉尔角发射场	Titan-3 (23) C	大力神-3 (23) C	19760315	科学与技术试验卫星
1924	1976-24A	Tselina-D-09	处女地-D-09	苏联	普列谢茨克航天发射中心	Vostok-2M	东方-2M	19760316	对地观测卫星
1925	1976-25A	Zenit-2M-65	天顶-2M-65	苏联	拜科努尔航天发射中心	Voskhod	上升号	19760318	对地观测卫星
1926	1976-26A	Molniya-1T-40	闪电-1T-40	苏联	拜科努尔航天发射中心	Molniya-M/Blok-ML	闪电-M/上面级 ML	19760319	通信广播卫星
1927	1976-27A	KH-8-46	锁眼-8-46	美国	范登堡空军基地	Titan-3 (24) B Agena-D	大力神-3 (24) B·阿金纳 D	19760322	对地观测卫星
1928	1976-28A	Zenit-4MK-56	天顶-4MK-56	苏联	普列谢茨克航天发射中心	Voskhod	上升号	19760326	对地观测卫星
1929	1976-29A	Satcom-2	卫星通信-2	美国	卡纳维拉尔角发射场	Delta-3914	德尔它-3914	19760326	通信广播卫星
1930	1976-30A	Zenit-4MT-10	天顶-4MT-10	苏联	普列谢茨克航天发射中心	Soyuz-M	联盟-M	19760331	对地观测卫星
1931	1976-31A	Tselina-O-31	处女地-O-31	苏联	普列谢茨克航天发射中心	Cosmos-3M	宇宙-3M	19760406	对地观测卫星
1932	1976-32A	Meteor-1-24	流星-1-24	苏联	普列谢茨克航天发射中心	Vostok-2M	东方-2M	19760407	对地观测卫星
1933	1976-33A	Zenit-2M-66	天顶-2M-66	苏联	普列谢茨克航天发射中心	Voskhod	上升号	19760409	对地观测卫星
1934	1976-34A	IS-A-02	卫星拦截器-A-02	苏联	拜科努尔航天发射中心	Tsyklon-2	旋风-2	19760413	科学与技术试验卫星
1935	1976-35A	NATO-3A	纳托-3A	北大西洋公约组织	卡纳维拉尔角发射场	Delta-2914	德尔它-2914	19760422	通信广播卫星
1936	1976-36A	Zenit-4MK-57	天顶-4MK-57	苏联	普列谢茨克航天发射中心	Voskhod	上升号	19760428	对地观测卫星
1937	1976-37A	Taifun-2-01	台风-2-01	苏联	普列谢茨克航天发射中心	Cosmos-3M	宇宙-3M	19760428	科学与技术试验卫星
1938	1976-38A	NOSS-1-01A	海军海洋监视系统-1-01A	美国	范登堡空军基地	Atlas-F MSD	宇宙神F-多星分配器	19760430	对地观测卫星
1939	1976-38C	NOSS-1-01B	海军海洋监视系统-1-01B	美国	范登堡空军基地	Atlas-F MSD	宇宙神F-多星分配器	19760430	对地观测卫星

续表

序号	国际代号	外文名	中文名	所属国家、地区或组织	发射地点	发射工具外文名	发射工具中文名	发射时间	航天器类型
1940	1976-38D	NOSS-1-01C	海军海洋监视系统-1-01C	美国	范登堡空军基地	Atlas-F MSD	宇宙神 F-多星分配器	19760430	对地观测卫星
1941	1976-38J	NOSS-MSD-01	海军海洋监视卫星-多星分配器-01	美国	范登堡空军基地	Atlas-F MSD	宇宙神 F-多星分配器	19760430	其他
1942	1976-39A	Lageos-1	激光地球动力学卫星-1	美国	范登堡空军基地	Delta-2913	德尔它-2913	19760504	对地观测卫星
1943	1976-40A	Zenit-4MK-58	天顶-4MK-58	苏联	拜科努尔航天发射中心	Voskhod	上升号	19760505	对地观测卫星
1944	1976-41A	Molniya-3-05	闪电-3-05	苏联	普列谢茨克航天发射中心	Molniya-M/Blok-ML	闪电-M/上面级 ML	19760512	通信广播卫星
1945	1976-42A	Comstar-1	通信星-1	美国	卡纳维拉尔角发射场	Atlas-SLV3D Centaur-DIAR	宇宙神 SLV3D 半人马座 DIAR	19760513	通信广播卫星
1946	1976-43A	Meteor-1-25	流星-1-25	苏联	普列谢茨克航天发射中心	Vostok-2M	东方-2M	19760515	对地观测卫星
1947	1976-44A	DS-P1-Yu-78	第聂伯罗彼得罗夫斯克卫星-P1-Yu-78	苏联	普列谢茨克航天发射中心	Cosmos-2	宇宙-2	19760518	科学与技术试验卫星
1948	1976-45A	Zenit-2M-67	天顶-2M-67	苏联	拜科努尔航天发射中心	Voskhod	上升号	19760520	对地观测卫星
1949	1976-46A	Zenit-4MKT-02	天顶-4MKT-02	苏联	普列谢茨克航天发射中心	Soyuz-U	联盟-U	19760521	对地观测卫星
1950	1976-47A	Wideband P76-5	宽带 P76-5	美国	范登堡空军基地	Scout-B1	侦察兵-B1	19760522	科学与技术试验卫星
1951	1976-48A	Zenit-4MK-59	天顶-4MK-59	苏联	普列谢茨克航天发射中心	Voskhod	上升号	19760526	对地观测卫星
1952	1976-49A	Taifun-1-05	台风-1-05	苏联	普列谢茨克航天发射中心	Cosmos-3M	宇宙-3M	19760528	科学与技术试验卫星
1953	1976-50A	SDS-1-1	卫星数据系统-1-1	美国	范登堡空军基地	Titan-3(34)B Agena-D	大力神-3(34)B-阿金纳 D	19760602	通信广播卫星
1954	1976-51A	Zaliv-10	海湾-10	苏联	普列谢茨克航天发射中心	Cosmos-3M	宇宙-3M	19760603	导航定位卫星
1955	1976-52A	Zenit-4MK-60	天顶-4MK-60	苏联	普列谢茨克航天发射中心	Voskhod	上升号	19760608	对地观测卫星
1956	1976-53A	Marisat-2	海事卫星-2	美国	卡纳维拉尔角发射场	Delta-2914	德尔它-2914	19760610	通信广播卫星
1957	1976-54A	Strela-1M-113	天箭座-1M-113	苏联	普列谢茨克航天发射中心	Cosmos-3M	宇宙-3M	19760615	通信广播卫星
1958	1976-54B	Strela-1M-114	天箭座-1M-114	苏联	普列谢茨克航天发射中心	Cosmos-3M	宇宙-3M	19760615	通信广播卫星
1959	1976-54C	Strela-1M-115	天箭座-1M-115	苏联	普列谢茨克航天发射中心	Cosmos-3M	宇宙-3M	19760615	通信广播卫星
1960	1976-54D	Strela-1M-116	天箭座-1M-116	苏联	普列谢茨克航天发射中心	Cosmos-3M	宇宙-3M	19760615	通信广播卫星
1961	1976-54E	Strela-1M-117	天箭座-1M-117	苏联	普列谢茨克航天发射中心	Cosmos-3M	宇宙-3M	19760615	通信广播卫星
1962	1976-54F	Strela-1M-118	天箭座-1M-118	苏联	普列谢茨克航天发射中心	Cosmos-3M	宇宙-3M	19760615	通信广播卫星
1963	1976-54G	Strela-1M-119	天箭座-1M-119	苏联	普列谢茨克航天发射中心	Cosmos-3M	宇宙-3M	19760615	通信广播卫星
1964	1976-54H	Strela-1M-120	天箭座-1M-120	苏联	普列谢茨克航天发射中心	Cosmos-3M	宇宙-3M	19760615	通信广播卫星
1965	1976-55A	Zenit-4MK-61	天顶-4MK-61	苏联	普列谢茨克航天发射中心	Voskhod	上升号	19760616	对地观测卫星
1966	1976-56A	Intercosmos-15	国际宇宙-15	苏联/东欧	普列谢茨克航天发射中心	Cosmos-3M	宇宙-3M	19760619	科学与技术试验卫星

续表

序号	国际代号	外文名	中文名	所属国家、地区或组织	发射地点	发射工具外文名	发射工具中文名	发射时间	航天器类型
1967	1976-57A	Salyut-5	礼炮-5	苏联	拜科努尔航天发射中心	Proton-K	质子-K	19760622	载人及货运航天器
1968	1976-58A	Zenit-2M-68	天顶-2M-68	苏联	普列谢茨克航天发射中心	Soyuz-U	联盟-U	19760624	对地观测卫星
1969	1976-59A	DSP-06	国防支援计划-06	美国	卡纳维拉尔角发射场	Titan-3（23）C	大力神-3（23）C	19760626	对地观测卫星
1970	1976-60A	Zenit-4MK-62	天顶-4MK-62	苏联	拜科努尔航天发射中心	Voskhod	上升号	19760629	对地观测卫星
1971	1976-61A	Strela-2M-12	天箭座-2M-12	苏联	普列谢茨克航天发射中心	Cosmos-3M	宇宙-3M	19760629	通信广播卫星
1972	1976-62A	Molniya-2-16	闪电-2-16	苏联	普列谢茨克航天发射中心	Molniya-M/Blok-ML	闪电-M/上面级 ML	19760701	通信广播卫星
1973	1976-63A	US-P-03	电子型海洋监视卫星-03	苏联	拜科努尔航天发射中心	Tsyklon-2	旋风-2	19760702	对地观测卫星
1974	1976-64A	Soyuz-21	联盟-21	苏联	拜科努尔航天发射中心	Soyuz	联盟号	19760706	载人及货运航天器
1975	1976-65A	KH-9-12	锁眼-9-12	美国	范登堡空军基地	Titan-3D	大力神-3D	19760708	对地观测卫星
1976	1976-65B	S3-3	小型次级卫星-3	美国	范登堡空军基地	Titan-3D	大力神-3D	19760708	科学与技术试验卫星
1977	1976-65C	P-11 4430	雪貂子卫星-4430	美国	范登堡空军基地	Titan-3D	大力神-3D	19760708	对地观测卫星
1978	1976-66A	Palapa-A1	帕拉帕-A1	印度尼西亚	卡纳维拉尔角发射场	Delta-2914	德尔它-2914	19760708	通信广播卫星
1979	1976-67A	DS-P1-M-08	第聂伯罗彼得罗夫斯克卫星-P1-M-08	苏联	普列谢茨克航天发射中心	Cosmos-3M	宇宙-3M	19760709	科学与技术试验卫星
1980	1976-68A	Zenit-2M-69	天顶-2M-69	苏联	普列谢茨克航天发射中心	Soyuz-U	联盟-U	19760714	对地观测卫星
1981	1976-69A	Strela-2M-13	天箭座-2M-13	苏联	普列谢茨克航天发射中心	Cosmos-3M	宇宙-3M	19760715	通信广播卫星
1982	1976-70A	Sfera-15	球面-15	苏联	普列谢茨克航天发射中心	Cosmos-3M	宇宙-3M	19760721	对地观测卫星
1983	1976-71A	IS-A-03	卫星拦截器-A-03	苏联	拜科努尔航天发射中心	Tsyklon-2	旋风-2	19760721	科学与技术试验卫星
1984	1976-72A	Yantar-2K-05	琥珀-2K-05	苏联	普列谢茨克航天发射中心	Soyuz-U	联盟-U	19760722	对地观测卫星
1985	1976-73A	Comstar-2	通信星-2	美国	卡纳维拉尔角发射场	Atlas-SLV3D Centaur-DIAR	宇宙神 SLV3D Centaur-半人马座 DIAR	19760722	通信广播卫星
1986	1976-74A	Molniya-1T-41	闪电-1T-41	苏联	拜科努尔航天发射中心	Molniya-M/Blok-ML	闪电-M/上面级 ML	19760723	通信广播卫星
1987	1976-75A	Tselina-O-32	处女地-O-32	苏联	普列谢茨克航天发射中心	Cosmos-3M	宇宙-3M	19760727	对地观测卫星
1988	1976-76A	DS-U3-IK-06	第聂伯斯金罗彼斯特克卫星-U3-IK-06	苏联/东欧	卡普斯京亚尔航天发射中心	Cosmos-3M	宇宙-3M	19760727	科学与技术试验卫星
1989	1976-77A	ITOS-E	伊托-E	美国	范登堡空军基地	Delta-2310	德尔它-2310	19760729	对地观测卫星
1990	1976-78A	Zaliv-11	海湾-11	苏联	普列谢茨克航天发射中心	Cosmos-3M	宇宙-3M	19760729	导航定位卫星
1991	1976-79A	Zenit-4MK-63	天顶-4MK-63	苏联	普列谢茨克航天发射中心	Soyuz-U	联盟-U	19760804	对地观测卫星
1992	1976-80A	SDS-1-2	卫星数据系统-1-2	美国	范登堡空军基地	Titan-3（34）B Agena-D	大力神-3（34）B-阿金纳 D	19760806	通信广播卫星
1993	1976-81A	Luna-8-5M-03	月球-8-5M-03	苏联	拜科努尔航天发射中心	Proton-K/Blok-D	质子-K/上面级 D	19760809	空间探测器

续表

序号	国际代号	外文名	中文名	所属国家、地区或组织	发射地点	发射工具外文名	发射工具中文名	发射时间	航天器类型
1994	1976-82A	Zenit-2M-70	天顶-2M-70	苏联	普列谢茨克航天发射中心	Soyuz-U	联盟-U	19760812	对地观测卫星
1995	1976-83A	DS-P1-1-18	第聂伯罗彼得罗夫斯克卫星-P1-1-18	苏联	普列谢茨克航天发射中心	Cosmos-2	宇宙-2	19760818	科学与技术试验卫星
1996	1976-84A	DS-P1-Yu-79	第聂伯罗彼得罗夫斯克卫星-P1-Yu-79	苏联	普列谢茨克航天发射中心	Cosmos-2	宇宙-2	19760826	科学与技术试验卫星
1997	1976-85A	Tselina-D-10	处女地-D-10	苏联	普列谢茨克航天发射中心	Vostok-2M	东方-2M	19760827	对地观测卫星
1998	1976-86A	Zenit-4MK-64	天顶-4MK-64	苏联	拜科努尔航天发射中心	Soyuz-U	联盟-U	19760828	对地观测卫星
1999	1976-87A	JSSW-3	技术试验卫星-3	中国	酒泉航天发射中心	FB-1	风暴-1	19760830	科学与技术试验卫星
2000	1976-88A	Molniya-2-17	闪电-2-17	苏联	普列谢茨克航天发射中心	Molniya-M/Blok-ML	闪电-M/上面级 ML	19760901	通信广播卫星
2001	1976-89A	Triad-3	三体-3	美国	范登堡空军基地	Scout-D1	侦察兵-D1	19760901	导航定位卫星
2002	1976-90A	Zenit-4MK-65	天顶-4MK-65	苏联	普列谢茨克航天发射中心	Soyuz-U	联盟-U	19760903	对地观测卫星
2003	1976-91A	DMSP-5D1 F1	国防气象卫星计划-5D1 F1	美国	范登堡空军基地	Thor Star-37XE Star-37S-ISS	雷神-星 37XE-星 37S-ISS	19760911	对地观测卫星
2004	1976-92A	Raduga-02	虹-02	苏联	拜科努尔航天发射中心	Proton-K/Blok-DM	质子-K/上面级 DM	19760911	通信广播卫星
2005	1976-93A	Soyuz-22	联盟-22	苏联	拜科努尔航天发射中心	Soyuz-U	联盟-U	19760915	载人及货运航天器
2006	1976-94A	KH-8-47	锁眼-8-47	美国	范登堡空军基地	Titan-3(24) B Agena-D	大力神-3(24) B-阿金纳 D	19760915	对地观测卫星
2007	1976-95A	Zenit-4MT-11	天顶-4MT-11	苏联	普列谢茨克航天发射中心	Soyuz-U	联盟-U	19760921	对地观测卫星
2008	1976-96A	Zenit-2M-71	天顶-2M-71	苏联	普列谢茨克航天发射中心	Soyuz-U	联盟-U	19760922	对地观测卫星
2009	1976-97A	Zenit-4MK-66	天顶-4MK-66	苏联	普列谢茨克航天发射中心	Soyuz-U	联盟-U	19760924	对地观测卫星
2010	1976-98A	Strela-2M-14	天箭座-2M-14	苏联	拜科努尔航天发射中心	Cosmos-3M	宇宙-3M	19760929	通信广播卫星
2011	1976-99A	Zenit-4MK-67	天顶-4MK-67	苏联	拜科努尔航天发射中心	Soyuz-U	联盟-U	19761010	对地观测卫星
2012	1976-100A	Soyuz-23	联盟-23	苏联	拜科努尔航天发射中心	Soyuz	联盟号	19761014	载人及货运航天器
2013	1976-101A	Marisat-3	海事卫星-3	美国	卡纳维拉尔角发射场	Delta-2914	德尔它-2914	19761016	通信广播卫星
2014	1976-102A	Meteor-1-26	流星-1-26	苏联	普列谢茨克航天发射中心	Vostok-2M	东方-2M	19761016	对地观测卫星
2015	1976-103A	RORSAT-12	雷达型海洋监视卫星-12	苏联	拜科努尔航天发射中心	Tsyklon-2	旋风-2	19761017	对地观测卫星
2016	1976-104A	RORSAT-13	雷达型海洋监视卫星-13	苏联	拜科努尔航天发射中心	Tsyklon-2	旋风-2	19761021	对地观测卫星
2017	1976-105A	Oko-5	眼睛-5	苏联	普列谢茨克航天发射中心	Molniya-M/Blok-2BL	闪电-M/上面级 2BL	19761022	对地观测卫星
2018	1976-106A	Zenit-4MK-68	天顶-4MK-68	苏联	普列谢茨克航天发射中心	Soyuz-U	联盟-U	19761025	对地观测卫星
2019	1976-107A	Ekran-01	荧光屏-01	苏联	拜科努尔航天发射中心	Proton-K/Blok-DM	质子-K/上面级 DM	19761026	通信广播卫星
2020	1976-108A	Parus-6	帆-6	苏联	普列谢茨克航天发射中心	Cosmos-3M	宇宙-3M	19761029	导航定位卫星

续表

序号	国际代号	外文名	中文名	所属国家、地区或组织	发射地点	发射工具外文名	发射工具中文名	发射时间	航天器类型
2021	1976-109A	Zenit-2M-72	天顶-2M-72	苏联	普列谢茨克航天发射中心	Soyuz-U	联盟-U	19761101	对地观测卫星
2022	1976-110A	Zenit-4MK-69	天顶-4MK-69	苏联	拜科努尔航天发射中心	Soyuz-U	联盟-U	19761111	对地观测卫星
2023	1976-111A	Zenit-6-01	天顶-6-01	苏联	普列谢茨克航天发射中心	Soyuz-U	联盟-U	19761123	对地观测卫星
2024	1976-112A	Prognoz-5	预报-5	苏联	拜科努尔航天发射中心	Molniya-M/Blok-SO-L	闪电-M/上面级 SO-L	19761125	科学与技术试验卫星
2025	1976-113A	US-P-04	电子型海洋监视卫星-04	苏联	拜科努尔航天发射中心	Tsyklon-2	旋风-2	19761126	对地观测卫星
2026	1976-114A	Soyuz-T Test-03	联盟-T试验-03	苏联	拜科努尔航天发射中心	Soyuz-U	联盟-U	19761129	载人及货运航天器
2027	1976-115A	Tselina-O-33	处女地-O-33	苏联	普列谢茨克航天发射中心	Cosmos-3M	宇宙-3M	19761202	对地观测卫星
2028	1976-116A	Molniya-2-18	闪电-2-18	苏联	普列谢茨克航天发射中心	Molniya-M/Blok-ML	闪电-M/上面级 ML	19761202	通信广播卫星
2029	1976-117A	FSW-0-2	返回式卫星-0-2	中国	酒泉航天发射中心	CZ-2	长征-2A	19761207	对地观测卫星
2030	1976-118A	Strela-1M-121	天箭座-1M-121	苏联	普列谢茨克航天发射中心	Cosmos-3M	宇宙-3M	19761207	通信广播卫星
2031	1976-118B	Strela-1M-122	天箭座-1M-122	苏联	普列谢茨克航天发射中心	Cosmos-3M	宇宙-3M	19761207	通信广播卫星
2032	1976-118C	Strela-1M-123	天箭座-1M-123	苏联	普列谢茨克航天发射中心	Cosmos-3M	宇宙-3M	19761207	通信广播卫星
2033	1976-118D	Strela-1M-124	天箭座-1M-124	苏联	普列谢茨克航天发射中心	Cosmos-3M	宇宙-3M	19761207	通信广播卫星
2034	1976-118E	Strela-1M-125	天箭座-1M-125	苏联	普列谢茨克航天发射中心	Cosmos-3M	宇宙-3M	19761207	通信广播卫星
2035	1976-118F	Strela-1M-126	天箭座-1M-126	苏联	普列谢茨克航天发射中心	Cosmos-3M	宇宙-3M	19761207	通信广播卫星
2036	1976-118G	Strela-1M-127	天箭座-1M-127	苏联	普列谢茨克航天发射中心	Cosmos-3M	宇宙-3M	19761207	通信广播卫星
2037	1976-118H	Strela-1M-128	天箭座-1M-128	苏联	普列谢茨克航天发射中心	Cosmos-3M	宇宙-3M	19761207	通信广播卫星
2038	1976-119A	Zenit-2M-73	天顶-2M-73	苏联	普列谢茨克航天发射中心	Soyuz-U	联盟-U	19761209	对地观测卫星
2039	1976-120A	DS-P1-M-09	第聂伯罗彼得罗夫斯克卫星-P1-M-09	苏联	普列谢茨克航天发射中心	Cosmos-3M	宇宙-3M	19761209	科学与技术试验卫星
2040	1976-121A	TKS-VA 1	运输补给飞船-返回舱-1	苏联	拜科努尔航天发射中心	Proton-K	质子-K	19761212	载人及货运航天器
2041	1976-121B	TKS-VA 2	运输补给飞船-返回舱-2	苏联	拜科努尔航天发射中心	Proton-K	质子-K	19761212	载人及货运航天器
2042	1976-122A	Tsikada-01	蝉-01	苏联	普列谢茨克航天发射中心	Cosmos-3M	宇宙-3M	19761215	导航定位卫星
2043	1976-123A	Zenit-4MK-70	天顶-4MK-70	苏联	拜科努尔航天发射中心	Soyuz-U	联盟-U	19761217	对地观测卫星
2044	1976-124A	Taifun-2-02	台风-2-02	苏联	普列谢茨克航天发射中心	Cosmos-3M	宇宙-3M	19761217	科学与技术试验卫星
2045	1976-125A	KH-11-01	锁眼-11-01	美国	范登堡空军基地	Titan-3D	大力神-3D	19761219	对地观测卫星
2046	1976-126A	IS-A-04	卫星拦截器-A-04	苏联	拜科努尔航天发射中心	Tsyklon-2	旋风-2	19761227	科学与技术试验卫星
2047	1976-127A	Molniya-3-06	闪电-3-06	苏联	普列谢茨克航天发射中心	Molniya-M/Blok-ML	闪电-M/上面级 ML	19761228	通信广播卫星

续表

序号	国际代号	外文名	中文名	所属国家、地区或组织	发射地点	发射工具外文名	发射工具中文名	发射时间	航天器类型
2048	1976-128A	Parus-7	帆-7	苏联	普列谢茨克航天发射中心	Cosmos-3M	宇宙-3M	19761228	导航定位卫星
2049	1977-01A	Zenit-4MK-71	天顶-4MK-71	苏联	普列谢茨克航天发射中心	Soyuz-U	联盟-U	19770106	对地观测卫星
2050	1977-02A	Meteor-2-02	流星-2-02	苏联	普列谢茨克航天发射中心	Vostok-2M	东方-2M	19770107	对地观测卫星
2051	1977-03A	Zenit-2M-74	天顶-2M-74	苏联	普列谢茨克航天发射中心	Soyuz-U	联盟-U	19770120	对地观测卫星
2052	1977-04A	Zaliv-12	海湾-12	苏联	普列谢茨克航天发射中心	Cosmos-3M	宇宙-3M	19770120	导航定位卫星
2053	1977-05A	NATO-3B	纳托-3B	北大西洋公约组织	卡纳维拉尔角发射场	Delta-2914	德尔它-2914	19770128	通信广播卫星
2054	1977-06A	Taifun-1-06	台风-1-06	苏联	普列谢茨克航天发射中心	Cosmos-3M	宇宙-3M	19770202	科学与技术试验卫星
2055	1977-07A	DSP-07	国防支援计划-07	美国	卡纳维拉尔角发射场	Titan-3（23）C	大力神-3（23）C	19770206	对地观测卫星
2056	1977-08A	Soyuz-24	联盟-24	苏联	拜科努尔航天发射中心	Soyuz	联盟号	19770207	载人及货运航天器
2057	1977-09A	Zenit-4MK-72	天顶-4MK-72	苏联	普列谢茨克航天发射中心	Soyuz-U	联盟-U	19770209	对地观测卫星
2058	1977-10A	Molniya-2-19	闪电-2-19	苏联	普列谢茨克航天发射中心	Molniya-M/Blok-ML	闪电-M/上面级ML	19770211	通信广播卫星
2059	1977-11A	DS-U2-IK GVM	第聂伯罗彼得罗夫斯克卫星-U2-IK模拟星	苏联	普列谢茨克航天发射中心	Cosmos-3M	宇宙-3M	19770215	科学与技术试验卫星
2060	1977-12A	Tansei-3（MS-T3）	淡青-3（MS-T3）	日本	鹿儿岛航天中心	M-3H	M-3H	19770219	科学与技术试验卫星
2061	1977-13A	Parus-8	帆-8	苏联	普列谢茨克航天发射中心	Cosmos-3M	宇宙-3M	19770221	导航定位卫星
2062	1977-14A	ETS-2	工程试验卫星-2	日本	种子岛航天中心	N-1	N火箭	19770223	科学与技术试验卫星
2063	1977-15A	Tselina-D-11	处女地-D-11	苏联	普列谢茨克航天发射中心	Vostok-2M	东方-2M	19770227	对地观测卫星
2064	1977-16A	Zenit-6-02	天顶-6-02	苏联	普列谢茨克航天发射中心	Soyuz-U	联盟-U	19770303	对地观测卫星
2065	1977-17A	Zenit-4MK-73	天顶-4MK-73	苏联	普列谢茨克航天发射中心	Soyuz-U	联盟-U	19770310	对地观测卫星
2066	1977-18A	Palapa-A2	帕拉帕-A2	印度尼西亚	卡纳维拉尔角发射场	Delta-2914	德尔它-2914	19770310	通信广播卫星
2067	1977-19A	KH-8-48	锁眼-8-48	美国	范登堡空军基地	Titan-3（24）B Agena-D	大力神-3（24）B 阿金纳D	19770313	对地观测卫星
2068	1977-20A	Zenit-2M-75	天顶-2M-75	苏联	普列谢茨克航天发射中心	Soyuz-U	联盟-U	19770317	对地观测卫星
2069	1977-21A	Molniya-1T-42	闪电-1T-42	苏联	普列谢茨克航天发射中心	Molniya-M/Blok-ML	闪电-M/上面级ML	19770324	通信广播卫星
2070	1977-22A	Tselina-O-34	处女地-O-34	苏联	普列谢茨克航天发射中心	Cosmos-3M	宇宙-3M	19770325	对地观测卫星
2071	1977-23A	Oval	椭圆	苏联	普列谢茨克航天发射中心	Cosmos-3M	宇宙-3M	19770330	科学与技术试验卫星
2072	1977-24A	Meteor-1-27	流星-1-27	苏联	普列谢茨克航天发射中心	Vostok-2M	东方-2M	19770405	对地观测卫星
2073	1977-25A	DS-P1-I-19	第聂伯罗彼得罗夫斯克卫星-P1-I-19	苏联	普列谢茨克航天发射中心	Cosmos-2	宇宙-2	19770405	科学与技术试验卫星
2074	1977-26A	Zenit-4MK-74	天顶-4MK-74	苏联	普列谢茨克航天发射中心	Soyuz-U	联盟-U	19770407	对地观测卫星

续表

序号	国际代号	外文名	中文名	所属国家、地区或组织	发射地点	发射工具外文名	发射工具中文名	发射时间	航天器类型
2075	1977-27A	Oko-6	眼睛-6	苏联	普列谢茨克航天发射中心	Molniya-M/Blok-2BL	闪电-M/上面级2BL	19770411	对地观测卫星
2076	1977-28A	Zenit-2M-76	天顶-2M-76	苏联	普列谢茨克航天发射中心	Soyuz-U	联盟-U	19770420	对地观测卫星
2077	1977-29A	ESA-GEOS-1	静止轨道卫星-1	欧洲航天局	卡纳维拉尔角发射场	Delta-2914	德尔它-2914	19770420	科学与技术试验卫星
2078	1977-30A	Yantar-2K-06	琥珀-2K-06	苏联	普列谢茨克航天发射中心	Soyuz-U	联盟-U	19770426	对地观测卫星
2079	1977-31A	Cosmos-906	宇宙-906	苏联	卡普斯京亚尔航天发射中心	Cosmos-3M	宇宙-3M	19770427	科学与技术试验卫星
2080	1977-32A	Molniya-3-07	闪电-3-07	苏联	普列谢茨克航天发射中心	Molniya-M/Blok-ML	闪电-M/上面级ML	19770428	通信广播卫星
2081	1977-33A	Zenit-4MK-75	天顶-4MK-75	苏联	普列谢茨克航天发射中心	Soyuz-U	联盟-U	19770505	对地观测卫星
2082	1977-34A	DSCS-2-7	国防卫星通信系统-2-7	美国	卡纳维拉尔角发射场	Titan-3（23）C	大力神-3（23）C	19770512	通信广播卫星
2083	1977-34B	DSCS-2-8	国防卫星通信系统-2-8	美国	卡纳维拉尔角发射场	Titan-3（23）C	大力神-3（23）C	19770512	通信广播卫星
2084	1977-35A	Zenit-4MK-76	天顶-4MK-76	苏联	拜科努尔航天发射中心	Soyuz-U	联盟-U	19770517	对地观测卫星
2085	1977-36A	DS-P1-M-10	第聂伯罗彼得罗夫斯克卫星-P1-M-10	苏联	普列谢茨克航天发射中心	Cosmos-3M	宇宙-3M	19770519	科学与技术试验卫星
2086	1977-37A	IS-A-05	卫星拦截器-A-05	苏联	拜科努尔航天发射中心	Tsyklon-2	旋风-2	19770523	科学与技术试验卫星
2087	1977-38A	Canyon-7	峡谷-7	美国	卡纳维拉尔角发射场	Atlas-SLV3A Agena-D	宇宙神SLV3A 阿金纳D	19770523	对地观测卫星
2088	1977-39A	Sfera-16	球面-16	苏联	普列谢茨克航天发射中心	Cosmos-3M	宇宙-3M	19770525	对地观测卫星
2089	1977-40A	Zenit-4MKT-04	天顶-4MKT-04	苏联	普列谢茨克航天发射中心	Soyuz-U	联盟-U	19770526	对地观测卫星
2090	1977-41A	Intelsat-4A 4	国际通信业务卫星-4A 4	国际通信卫星组织	卡纳维拉尔角发射场	Atlas-SLV3D Centaur-D1AR	宇宙神SLV3D 半人马座D1AR	19770526	通信广播卫星
2091	1977-42A	Taifun-2-03	台风-2-03	苏联	普列谢茨克航天发射中心	Cosmos-3M	宇宙-3M	19770531	科学与技术试验卫星
2092	1977-43A	Zenit-2M-77	天顶-2M-77	苏联	拜科努尔航天发射中心	Soyuz-U	联盟-U	19770531	对地观测卫星
2093	1977-44A	DMSP-5D1 F2	国防气象卫星计划-5D1 F2	美国	范登堡空军基地	Thor Star-37XE Star-37S-ISS	雷神-星37XE-星37S-ISS	19770605	对地观测卫星
2094	1977-45A	Zenit-4MK-77	天顶-4MK-77	苏联	普列谢茨克航天发射中心	Soyuz-U	联盟-U	19770608	对地观测卫星
2095	1977-46A	Zenit-4MT-12	天顶-4MT-12	苏联	普列谢茨克航天发射中心	Soyuz-U	联盟-U	19770610	对地观测卫星
2096	1977-47A	Oko-7	眼睛-7	苏联	普列谢茨克航天发射中心	Molniya-M/Blok-2BL	闪电-M/上面级2BL	19770616	对地观测卫星
2097	1977-48A	GOES-B	地球静止环境业务卫星-B	美国	卡纳维拉尔角发射场	Delta-2914	德尔它-2914	19770616	对地观测卫星
2098	1977-49A	Signe-3	信号-3	法国	卡普斯京亚尔航天发射中心	Cosmos-3M	宇宙-3M	19770617	科学与技术试验卫星
2099	1977-50A	IS-A-06	卫星拦截器-A-06	苏联	拜科努尔航天发射中心	Tsyklon-2	旋风-2	19770617	科学与技术试验卫星
2100	1977-51A	DS-P1-I-20	第聂伯罗彼得罗夫斯克卫星-P1-I-20	苏联	普列谢茨克航天发射中心	Cosmos-2	宇宙-2	19770618	科学与技术试验卫星
2101	1977-52A	Zenit-4MK-78	天顶-4MK-78	苏联	拜科努尔航天发射中心	Soyuz-U	联盟-U	19770622	对地观测卫星

续表

序号	国际代号	外文名	中文名	所属国家、地区或组织	发射地点	发射工具外文名	发射工具中文名	发射时间	航天器类型
2102	1977－53A	NTS－2	导航技术卫星－2	美国	范登堡空军基地	Atlas－F SGS－1	宇航神 F－SGS－1	19770623	导航定位卫星
2103	1977－54A	Molniya－1T－43	闪电－1T－43	苏联	普列谢茨克航天发射中心	Molniya－M/Blok－ML	闪电－M/上面级 ML	19770624	通信广播卫星
2104	1977－55A	Tselina－D EPN－01	处女地－D 模拟星－01	苏联	普列谢茨克航天发射中心	Tsyklon－3	旋风－3	19770624	其他
2105	1977－56A	KH－9－13	锁眼－9－13	美国	范登堡空军基地	Titan－3D	大力神－3D	19770627	对地观测卫星
2106	1977－57A	Meteor－1－28	流星－1－28	苏联	普列谢茨克航天发射中心	Vostok－2M	东方－2M	19770629	对地观测卫星
2107	1977－58A	Zenit－2M－78	天顶－2M－78	苏联	普列谢茨克航天发射中心	Soyuz－U	联盟－U	19770630	对地观测卫星
2108	1977－59A	Strela－2M－15	天箭座－2M－15	苏联	普列谢茨克航天发射中心	Cosmos－3M	宇宙－3M	19770701	通信广播卫星
2109	1977－60A	Tselina－O－35	处女地－O－35	苏联	普列谢茨克航天发射中心	Cosmos－3M	宇宙－3M	19770705	对地观测卫星
2110	1977－61A	Tselina－D－12	处女地－D－12	苏联	普列谢茨克航天发射中心	Vostok－2M	东方－2M	19770707	对地观测卫星
2111	1977－62A	Tsikada－02	蝉－02	苏联	普列谢茨克航天发射中心	Cosmos－3M	宇宙－3M	19770708	导航定位卫星
2112	1977－63A	Zenit－4MKM－01	天顶－4MKM－01	苏联	普列谢茨克航天发射中心	Soyuz－U	联盟－U	19770712	对地观测卫星
2113	1977－64A	Parus－9	帆－9	苏联	普列谢茨克航天发射中心	Cosmos－3M	宇宙－3M	19770713	导航定位卫星
2114	1977－65A	Himawari－1	向日葵－1	日本	卡纳维拉尔角发射场	Delta－2914	德尔它－2914	19770714	对地观测卫星
2115	1977－66A	TKS－1	运输补给飞船－1	苏联	拜科努尔航天发射中心	Proton－K	质子－K	19770717	载人及货运航天器
2116	1977－67A	Taifun－1－07	台风－1－07	苏联	普列谢茨克航天发射中心	Cosmos－3M	宇宙－3M	19770719	科学与技术试验卫星
2117	1977－68A	Oko－8	眼睛－8	苏联	普列谢茨克航天发射中心	Molniya－M/Blok－2BL	闪电－M/上面级 2BL	19770720	对地观测卫星
2118	1977－69A	Zenit－4MKM－02	天顶－4MKM－02	苏联	拜科努尔航天发射中心	Soyuz－U	联盟－U	19770720	对地观测卫星
2119	1977－70A	Taifun－1－08	台风－1－08	苏联	普列谢茨克航天发射中心	Cosmos－3M	宇宙－3M	19770722	科学与技术试验卫星
2120	1977－71A	Raduga－03	虹－03	苏联	拜科努尔航天发射中心	Proton－K/Blok－DM	质子－K/上面级 DM	19770724	通信广播卫星
2121	1977－72A	Zenit－6－03	天顶－6－03	苏联	普列谢茨克航天发射中心	Soyuz－U	联盟－U	19770727	对地观测卫星
2122	1977－73A	Zenit－2M－79	天顶－2M－79	苏联	普列谢茨克航天发射中心	Soyuz－U	联盟－U	19770729	对地观测卫星
2123	1977－74A	Bion－4	生物－4	苏联	普列谢茨克航天发射中心	Soyuz－U	联盟－U	19770803	科学与技术试验卫星
2124	1977－75A	HEAO－1	高能天文观测台－1	美国	卡纳维拉尔角发射场	Atlas－SLV3D Centaur－DIAR	宇宙神 SLV3D－半人马座 DIAR	19770812	科学与技术试验卫星
2125	1977－76A	Voyager－2	旅行者－2	美国	卡纳维拉尔角发射场	Titan－3E Centaur－DIT	大力神－3E－半人马座 DIT	19770824	空间探测器
2126	1977－77A	US－P－05	电子型海洋监视卫星－05	苏联	拜科努尔航天发射中心	Tsyklon－2	旋风－2	19770824	对地观测卫星
2127	1977－78A	Zenit－4MKM－03	天顶－4MKM－03	苏联	普列谢茨克航天发射中心	Soyuz－U	联盟－U	19770824	对地观测卫星
2128	1977－79A	Strela－1M－129	天箭座－1M－129	苏联	普列谢茨克航天发射中心	Cosmos－3M	宇宙－3M	19770825	通信广播卫星

续表

序号	国际代号	外文名	中文名	所属国家、地区或组织	发射地点	发射工具外文名	发射工具中文名	发射时间	航天器类型
2129	1977－79B	Strela－1M－130	天箭座－1M－130	苏联	普列谢茨克航天发射中心	Cosmos－3M	宇宙－3M	19770825	通信广播卫星
2130	1977－79C	Strela－1M－131	天箭座－1M－131	苏联	普列谢茨克航天发射中心	Cosmos－3M	宇宙－3M	19770825	通信广播卫星
2131	1977－79D	Strela－1M－132	天箭座－1M－132	苏联	普列谢茨克航天发射中心	Cosmos－3M	宇宙－3M	19770825	通信广播卫星
2132	1977－79E	Strela－1M－133	天箭座－1M－133	苏联	普列谢茨克航天发射中心	Cosmos－3M	宇宙－3M	19770825	通信广播卫星
2133	1977－79F	Strela－1M－134	天箭座－1M－134	苏联	普列谢茨克航天发射中心	Cosmos－3M	宇宙－3M	19770825	通信广播卫星
2134	1977－79G	Strela－1M－135	天箭座－1M－135	苏联	普列谢茨克航天发射中心	Cosmos－3M	宇宙－3M	19770825	通信广播卫星
2135	1977－79H	Strela－1M－136	天箭座－1M－136	苏联	普列谢茨克航天发射中心	Cosmos－3M	宇宙－3M	19770825	通信广播卫星
2136	1977－80A	Sirio	意大利工业研究卫星	意大利	卡纳维拉尔角发射场	Delta－2313	德尔它－2313	19770825	科学与技术试验卫星
2137	1977－81A	Zenit－2M－80	天顶－2M－80	苏联	普列谢茨克航天发射中心	Soyuz－U	联盟－U	19770827	对地观测卫星
2138	1977－82A	Molniya－1T－44	闪电－1T－44	苏联	普列谢茨克航天发射中心	Molniya－M/Blok－ML	闪电－M/上面级 ML	19770830	通信广播卫星
2139	1977－83A	Zenit－4MKT－05	天顶－4MKT－05	苏联	普列谢茨克航天发射中心	Soyuz－U	联盟－U	19770902	对地观测卫星
2140	1977－84A	Voyager－1	旅行者－1	美国	卡纳维拉尔角发射场	Titan－3E Centaur－DIT	大力神－3E－半人马座 DIT	19770905	空间探测器
2141	1977－85A	Yantar－2K－07	琥珀－2K－07	苏联	普列谢茨克航天发射中心	Soyuz－U	联盟－U	19770906	对地观测卫星
2142	1977－86A	Zenit－2M－81	天顶－2M－81	苏联	普列谢茨克航天发射中心	Soyuz－U	联盟－U	19770913	对地观测卫星
2143	1977－87A	Parus－10	帆－10	苏联	普列谢茨克航天发射中心	Cosmos－3M	宇宙－3M	19770913	导航定位卫星
2144	1977－88A	RORSAT－14	雷达型海洋监视卫星－14	苏联	拜科努尔航天发射中心	Tsyklon－2	旋风－2	19770913	对地观测卫星
2145	1977－89A	Zenit－4MKM－04	天顶－4MKM－04	苏联	普列谢茨克航天发射中心	Soyuz－U	联盟－U	19770916	对地观测卫星
2146	1977－90A	RORSAT－15	雷达型海洋监视卫星－15	苏联	拜科努尔航天发射中心	Tsyklon－2	旋风－2	19770918	对地观测卫星
2147	1977－91A	Tselina－D－13	处女地－D－13	苏联	普列谢茨克航天发射中心	Vostok－2M	东方－2M	19770920	对地观测卫星
2148	1977－92A	Ekran－02	荧光屏－02	苏联	拜科努尔航天发射中心	Proton－K/Blok－DM	质子－K/上面级 DM	19770920	通信广播卫星
2149	1977－93A	Prognoz－6	预报－6	苏联	拜科努尔航天发射中心	Molniya－M/Blok－SO－L	闪电－M/上面级 SO－L	19770922	科学与技术试验卫星
2150	1977－94A	KH－8－49	锁眼－8－49	美国	范登堡空军基地	Titan－3 (24) B Agena－D	大力神－3 (24) B－阿金纳 D	19770923	对地观测卫星
2151	1977－95A	Tselina－D EPN－02	处女地－D 模拟星－02	苏联	普列谢茨克航天发射中心	Tsyklon－3	旋风－3	19770923	其他
2152	1977－96A	Intercosmos－17	国际宇宙－17	苏联	普列谢茨克航天发射中心	Cosmos－3M	宇宙－3M	19770924	科学与技术试验卫星
2153	1977－97A	Salyut－6	礼炮－6	苏联	拜科努尔航天发射中心	Proton－K	质子－K	19770929	载人及货运航天器
2154	1977－98A	Zenit－4MKM－05	天顶－4MKM－05	苏联	拜科努尔航天发射中心	Soyuz－U	联盟－U	19770930	对地观测卫星
2155	1977－99A	Soyuz－25	联盟－25	苏联	拜科努尔航天发射中心	Soyuz	联盟号	19771009	载人及货运航天器

续表

序号	国际代号	外文名	中文名	所属国家、地区或组织	发射地点	发射工具外文名	发射工具中文名	发射时间	航天器类型
2156	1977-100A	Zenit-6-04	天顶-6-04	苏联	普列谢茨克航天发射中心	Soyuz-U	联盟-U	19771011	对地观测卫星
2157	1977-101A	DS-P1-M-11	第聂伯罗彼得罗夫斯克卫星-P1-M-11	苏联	普列谢茨克航天发射中心	Cosmos-3M	宇宙-3M	19771021	科学与技术试验卫星
2158	1977-102A	ISEE-1	国际日-地探险者-1	美国	卡纳维尔角发射场	Delta-2914	德尔它-2914	19771022	科学与技术试验卫星
2159	1977-102B	ISEE-2	国际日-地探险者-2	欧洲航天局	卡纳维尔角发射场	Delta-2914	德尔它-2914	19771022	科学与技术试验卫星
2160	1977-103A	Tselina-O-36	处女地-O-36	苏联	普列谢茨克航天发射中心	Cosmos-3M	宇宙-3M	19771025	对地观测卫星
2161	1977-104A	IS-A-07	卫星拦截器-A-07	苏联	拜科努尔航天发射中心	Tsyklon-2	旋风-2	19771026	科学与技术试验卫星
2162	1977-105A	Molniya-3-08	闪电-3-08	苏联	普列谢茨克航天发射中心	Molniya-M/Blok-ML	闪电-M/上面级ML	19771028	通信广播卫星
2163	1977-106A	Transit-01	子午仪-01	美国	范登堡空军基地	Scout-D1	侦察兵-D1	19771028	导航定位卫星
2164	1977-107A	Zaliv-13	海湾-13	苏联	普列谢茨克航天发射中心	Cosmos-3M	宇宙-3M	19771028	导航定位卫星
2165	1977-108A	Meteosat-1	气象卫星-1	欧洲航天局	卡纳维尔角发射场	Delta-2914	德尔它-2914	19771123	对地观测卫星
2166	1977-109A	Sfera-17	球面-17	苏联	普列谢茨克航天发射中心	Cosmos-3M	宇宙-3M	19771124	对地观测卫星
2167	1977-110A	Zenit-4MKM-06	天顶-4MKM-06	苏联	普列谢茨克航天发射中心	Soyuz-U	联盟-U	19771204	对地观测卫星
2168	1977-111A	Taifun-2-04	台风-2-04	苏联	普列谢茨克航天发射中心	Cosmos-3M	宇宙-3M	19771208	科学与技术试验卫星
2169	1977-112A	NOSS-1-02A	海军海洋监视系统-1-02A	美国	范登堡空军基地	Atlas-F MSD	宇宙神F-多星分配器	19771208	对地观测卫星
2170	1977-112B	NOSS-1-02B	海军海洋监视系统-1-02B	美国	范登堡空军基地	Atlas-F MSD	宇宙神F-多星分配器	19771208	对地观测卫星
2171	1977-112C	NOSS-1-02C	海军海洋监视系统-1-02C	美国	范登堡空军基地	Atlas-F MSD	宇宙神F-多星分配器	19771208	对地观测卫星
2172	1977-112D	NOSS-MSD-02	海军海洋监视系统-多星分配器-02	美国	范登堡空军基地	Atlas-F MSD	宇宙神F-多星分配器	19771208	其他
2173	1977-113A	Soyuz-26	联盟-26	苏联	拜科努尔航天发射中心	Soyuz	联盟号	19771210	载人及货运航天器
2174	1977-114A	Rhyolite-03	水上技艺表演-03	美国	卡纳维拉尔角发射场	Atlas-SLV3A Agena-D	宇宙神SLV3A-阿金纳D	19771211	对地观测卫星
2175	1977-115A	Zenit-2M-82	天顶-2M-82	苏联	拜科努尔航天发射中心	Soyuz-U	联盟-U	19771212	对地观测卫星
2176	1977-116A	DS-P1-M-12	第聂伯罗彼得罗夫斯克卫星-P1-M-12	苏联	普列谢茨克航天发射中心	Cosmos-3M	宇宙-3M	19771213	科学与技术试验卫星
2177	1977-117A	Meteor-2-03	流星-2-03	苏联	普列谢茨克航天发射中心	Vostok-2M	东方-2M	19771214	对地观测卫星
2178	1977-118A	Sakura-1 (CS-1)	樱花-1(通信卫星-1)	日本	卡纳维拉尔角发射场	Delta-2914	德尔它-2914	19771215	通信广播卫星
2179	1977-119A	Strela-2M-16	天箭座-2M-16	苏联	普列谢茨克航天发射中心	Cosmos-3M	宇宙-3M	19771216	通信广播卫星
2180	1977-120A	Zenit-4MKM-07	天顶-4MKM-07	苏联	普列谢茨克航天发射中心	Soyuz-U	联盟-U	19771220	对地观测卫星
2181	1977-121A	IS-A-08	卫星拦截器-A-08	苏联	拜科努尔航天发射中心	Tsyklon-2	旋风-2	19771221	科学与技术试验卫星
2182	1977-122A	Parus-11	帆-11	苏联	普列谢茨克航天发射中心	Cosmos-3M	宇宙-3M	19771223	导航定位卫星

续表

序号	国际代号	外文名	中文名	所属国家、地区或组织	发射地点	发射工具外文名	发射工具中文名	发射时间	航天器类型
2183	1977-123A	Tselina-D EPN-03	处女地-D模拟星-03	苏联	普列谢茨克航天发射中心	Tsyklon-3	旋风-3	19771227	其他
2184	1977-124A	Zenit-2M-83	天顶-2M-83	苏联	普列谢茨克航天发射中心	Soyuz-U	联盟-U	19771227	对地观测卫星
2185	1978-01A	Zenit-4MKM-08	天顶-4MKM-08	苏联	普列谢茨克航天发射中心	Soyuz-U	联盟-U	19780106	对地观测卫星
2186	1978-02A	Intelsat-4A 3	国际通信卫星-4A 3	国际通信卫星组织	卡纳维拉尔角航天发射场	Atlas-SLV3D Centaur-D1AR	宇宙神 SLV3D-半人马座 D1AR	19780107	通信广播卫星
2187	1978-03A	Soyuz-27	联盟-27	苏联	拜科努尔航天发射中心	Soyuz	联盟号	19780110	载人及货运航天器
2188	1978-04A	Tselina-D-14	处女地-D-14	苏联	普列谢茨克航天发射中心	Vostok-2M	东方-2M	19780110	对地观测卫星
2189	1978-05A	Strela-1M-137	天箭座-1M-137	苏联	普列谢茨克航天发射中心	Cosmos-3M	宇宙-3M	19780110	通信广播卫星
2190	1978-05B	Strela-1M-138	天箭座-1M-138	苏联	普列谢茨克航天发射中心	Cosmos-3M	宇宙-3M	19780110	通信广播卫星
2191	1978-05C	Strela-1M-139	天箭座-1M-139	苏联	普列谢茨克航天发射中心	Cosmos-3M	宇宙-3M	19780110	通信广播卫星
2192	1978-05D	Strela-1M-140	天箭座-1M-140	苏联	普列谢茨克航天发射中心	Cosmos-3M	宇宙-3M	19780110	通信广播卫星
2193	1978-05E	Strela-1M-141	天箭座-1M-141	苏联	普列谢茨克航天发射中心	Cosmos-3M	宇宙-3M	19780110	通信广播卫星
2194	1978-05F	Strela-1M-142	天箭座-1M-142	苏联	普列谢茨克航天发射中心	Cosmos-3M	宇宙-3M	19780110	通信广播卫星
2195	1978-05G	Strela-1M-143	天箭座-1M-143	苏联	普列谢茨克航天发射中心	Cosmos-3M	宇宙-3M	19780110	通信广播卫星
2196	1978-05H	Strela-1M-144	天箭座-1M-144	苏联	普列谢茨克航天发射中心	Cosmos-3M	宇宙-3M	19780110	通信广播卫星
2197	1978-06A	Zenit-2M-84	天顶-2M-84	苏联	普列谢茨克航天发射中心	Soyuz-U	联盟-U	19780113	对地观测卫星
2198	1978-07A	Parus-12	帆-12	苏联	普列谢茨克航天发射中心	Cosmos-3M	宇宙-3M	19780117	导航定位卫星
2199	1978-08A	Progress-01	进步-01	苏联	拜科努尔航天发射中心	Soyuz-U	联盟-U	19780120	载人及货运航天器
2200	1978-09A	Molniya-3-09	闪电-3-09	苏联	普列谢茨克航天发射中心	Molniya-M/Blok-ML	闪电-M/上面级 ML	19780124	通信广播卫星
2201	1978-10A	Zenit-4MKM-09	天顶-4MKM-09	苏联	拜科努尔航天发射中心	Soyuz-U	联盟-U	19780124	对地观测卫星
2202	1978-11A	FSW-0-3	返回式卫星-0-3	中国	酒泉航天发射中心	CZ-2	长征-2A	19780126	对地观测卫星
2203	1978-12A	IUE-1	国际紫外线探险者-1	美国/欧洲航天局/英国	卡纳维拉尔角航天发射场	Delta-2914	德尔它-2914	19780126	科学与技术试验卫星
2204	1978-13A	Zenit-4MKM-10	天顶-4MKM-10	苏联	普列谢茨克航天发射中心	Soyuz-U	联盟-U	19780131	对地观测卫星
2205	1978-14A	Exos-A (Kyokko)	外层大气层-A(极光)	日本	鹿儿岛航天中心	M-3H	M-3H	19780204	科学与技术试验卫星
2206	1978-15A	Zenit-4MT-13	天顶-4MT-13	苏联	普列谢茨克航天发射中心	Soyuz-U	联盟-U	19780208	对地观测卫星
2207	1978-16A	Flsatcom-1	舰队卫星通信-1	美国	卡纳维拉尔角航天发射场	Atlas-SLV3D Centaur-D1AR	宇宙神 SLV3D-半人马座 D1AR	19780209	通信广播卫星
2208	1978-17A	Zenit-4MKM-11	天顶-4MKM-11	苏联	拜科努尔航天发射中心	Soyuz-U	联盟-U	19780214	对地观测卫星
2209	1978-18A	Ume-2 (ISS-b)	梅-2(电离层探测卫星-2)	日本	种子岛航天中心	N-1	N火箭	19780216	科学与技术试验卫星

续表

序号	国际代号	外文名	中文名	所属国家、地区或组织	发射地点	发射工具外文名	发射工具中文名	发射时间	航天器类型
2210	1978－19A	Strela－2M－17	天箭座－2M－17	苏联	普列谢茨克航天发射中心	Cosmos－3M	宇宙－3M	19780217	通信广播卫星
2211	1978－20A	GPS－01	导航星－01	美国	范登堡空军基地	Atlas－F SGS－1	宇宙神 F－SGS－1	19780222	导航定位卫星
2212	1978－21A	Jumpseat－05	折叠椅－05	美国	范登堡空军基地	Titan－3（34）B Agena－D	大力神－3（34）B－阿金纳 D	19780225	对地观测卫星
2213	1978－22A	Parus－13	帆－13	苏联	普列谢茨克航天发射中心	Cosmos－3M	宇宙－3M	19780228	导航定位卫星
2214	1978－23A	Soyuz－28	联盟－28	苏联	拜科努尔航天发射中心	Soyuz－U	联盟－U	19780302	载人及货运航天器
2215	1978－24A	Molniya－1T－45	闪电－1T－45	苏联	普列谢茨克航天发射中心	Molniya－M/Blok－ML	闪电－M/上面级 ML	19780303	通信广播卫星
2216	1978－25A	Zenit－2M－85	天顶－2M－85	苏联	普列谢茨克航天发射中心	Soyuz－U	联盟－U	19780304	对地观测卫星
2217	1978－26A	Landsat－3	陆地卫星－3	美国	范登堡空军基地	Delta－2910	德尔它－2910	19780305	对地观测卫星
2218	1978－26B	Amsat P2D/Oscar－8	业余爱好者卫星 P2D/奥斯卡－8	美国	范登堡空军基地	Delta－2910	德尔它－2910	19780305	科学与技术试验卫星
2219	1978－27A	Zenit－4MKM－12	天顶－4MKM－12	苏联	普列谢茨克航天发射中心	Soyuz－U	联盟－U	19780310	对地观测卫星
2220	1978－28A	Zaliv－14	海湾－14	苏联	普列谢茨克航天发射中心	Cosmos－3M	宇宙－3M	19780315	导航定位卫星
2221	1978－29A	KH－9－14	锁眼－9－14	美国	范登堡空军基地	Titan－3D	大力神－3D	19780316	对地观测卫星
2222	1978－29B	P－11 4432	雪貂子卫星－4432	美国	范登堡空军基地	Titan－4D	大力神－4D	19780316	对地观测卫星
2223	1978－30A	Zenit－2M－86	天顶－2M－86	苏联	普列谢茨克航天发射中心	Soyuz－U	联盟－U	19780317	对地观测卫星
2224	1978－31A	Parus－14	帆－14	苏联	普列谢茨克航天发射中心	Cosmos－3M	宇宙－3M	19780328	导航定位卫星
2225	1978－32A	TKS－VA 5	运输补给飞船－返回舱－5	苏联	拜科努尔航天发射中心	Proton－K	质子－K	19780330	载人及货运航天器
2226	1978－32B	TKS－VA 6	运输补给飞船－返回舱－6	苏联	拜科努尔航天发射中心	Proton－K	质子－K	19780330	载人及货运航天器
2227	1978－33A	Zenit－4MKM－13	天顶－4MKM－13	苏联	普列谢茨克航天发射中心	Soyuz－U	联盟－U	19780330	对地观测卫星
2228	1978－34A	Tsikada－04	蝉－04	苏联	普列谢茨克航天发射中心	Cosmos－3M	宇宙－3M	19780331	导航定位卫星
2229	1978－35A	Intelsat－4A 6	国际通信卫星－4A 6	国际通信卫星组织	卡纳维拉尔角发射场	Atlas－SLV3D Centaur－DIAR	宇宙神 SLV3D－半人马座 DIAR	19780331	通信广播卫星
2230	1978－36A	Soyuz－T－01	联盟－T－01	苏联	拜科努尔航天发射中心	Soyuz－U	联盟－U	19780404	载人及货运航天器
2231	1978－37A	Zenit－2M－87	天顶－2M－87	苏联	拜科努尔航天发射中心	Soyuz－U	联盟－U	19780406	对地观测卫星
2232	1978－38A	Rhyolite－04	水上技艺表演－04	美国	卡纳维拉尔角发射场	Atlas－SLV3A Agena－D	宇宙神 SLV3A－阿金纳 D	19780407	对地观测卫星
2233	1978－39A	Yuri－1（BSE）	百合－1（广播实验卫星）	日本	卡纳维拉尔角发射场	Delta－2914	德尔它－2914	19780407	通信广播卫星
2234	1978－40A	Zenit－4MKM－14	天顶－4MKM－14	苏联	普列谢茨克航天发射中心	Soyuz－U	联盟－U	19780420	对地观测卫星
2235	1978－41A	HCMM	热容量测绘卫星	美国	范登堡空军基地	Scout－D1	侦察兵－D1	19780426	科学与技术试验卫星
2236	1978－42A	DMSP－5D1 F3	国防气象卫星计划－5D1 F3	美国	范登堡空军基地	Thor Star－37XE Star－37S－ISS	雷神－星 37XE－星 37S－ISS	19780501	对地观测卫星

续表

序号	国际代号	外文名	中文名	所属国家、地区或组织	发射地点	发射工具外文名	发射工具中文名	发射时间	航天器类型
2237	1978-43A	Zenit-2M-88	天顶-2M-88	苏联	普列谢茨克航天发射中心	Soyuz-U	联盟-U	19780505	对地观测卫星
2238	1978-44A	OTS-2	轨道试验卫星-2	欧洲航天局	卡纳维拉尔角发射场	Delta-3914	德尔它-3914	19780511	科学与技术试验卫星
2239	1978-45A	Tselina-D-15	处女地-D-15	苏联	普列谢茨克航天发射中心	Vostok-2M	东方-2M	19780512	对地观测卫星
2240	1978-46A	Taifun-1-09	台风-1-09	苏联	普列谢茨克航天发射中心	Cosmos-3M	宇宙-3M	19780512	科学与技术试验卫星
2241	1978-47A	GPS-02	导航星-02	美国	范登堡空军基地	Atlas-F SGS-1	宇宙神 F-SGS-1	19780513	导航定位卫星
2242	1978-48A	Zenit-4MKM-15	天顶-4MKM-15	苏联	普列谢茨克航天发射中心	Soyuz-U	联盟-U	19780516	对地观测卫星
2243	1978-49A	Tselina-O-37	处女地-O-37	苏联	普列谢茨克航天发射中心	Cosmos-3M	宇宙-3M	19780517	对地观测卫星
2244	1978-50A	IS-A-09	卫星拦截器-A-09	苏联	拜科努尔航天发射场	Tsyklon-2	旋风-2	19780519	科学与技术试验卫星
2245	1978-51A	Pioneer-12	先驱者-12	美国	卡纳维拉尔角发射场	Atlas-SLV3D Centaur-DIAR	宇宙神 SLV3D-半人马座 DIAR	19780520	空间探测器
2246	1978-52A	Zenit-4MKT-06	天顶-4MKT-06	苏联	普列谢茨克航天发射中心	Soyuz-U	联盟-U	19780523	对地观测卫星
2247	1978-53A	Parus-15	帆-15	苏联	普列谢茨克航天发射中心	Cosmos-3M	宇宙-3M	19780523	导航定位卫星
2248	1978-54A	Zenit-2M-89	天顶-2M-89	苏联	普列谢茨克航天发射中心	Soyuz-U	联盟-U	19780525	对地观测卫星
2249	1978-55A	Molniya-1T-46	闪电-1T-46	苏联	普列谢茨克航天发射中心	Molniya-M/Blok-ML	闪电-M/上面级 ML	19780602	通信广播卫星
2250	1978-56A	Strela-1M-145	天箭座-1M-145	苏联	普列谢茨克航天发射中心	Cosmos-3M	宇宙-3M	19780607	通信广播卫星
2251	1978-56B	Strela-1M-146	天箭座-1M-146	苏联	普列谢茨克航天发射中心	Cosmos-3M	宇宙-3M	19780607	通信广播卫星
2252	1978-56C	Strela-1M-147	天箭座-1M-147	苏联	普列谢茨克航天发射中心	Cosmos-3M	宇宙-3M	19780607	通信广播卫星
2253	1978-56D	Strela-1M-148	天箭座-1M-148	苏联	普列谢茨克航天发射中心	Cosmos-3M	宇宙-3M	19780607	通信广播卫星
2254	1978-56E	Strela-1M-149	天箭座-1M-149	苏联	普列谢茨克航天发射中心	Cosmos-3M	宇宙-3M	19780607	通信广播卫星
2255	1978-56F	Strela-1M-150	天箭座-1M-150	苏联	普列谢茨克航天发射中心	Cosmos-3M	宇宙-3M	19780607	通信广播卫星
2256	1978-56G	Strela-1M-151	天箭座-1M-151	苏联	普列谢茨克航天发射中心	Cosmos-3M	宇宙-3M	19780607	通信广播卫星
2257	1978-56H	Strela-1M-152	天箭座-1M-152	苏联	普列谢茨克航天发射中心	Cosmos-3M	宇宙-3M	19780607	通信广播卫星
2258	1978-57A	Zenit-4MKM-16	天顶-4MKM-16	苏联	普列谢茨克航天发射中心	Soyuz-U	联盟-U	19780610	对地观测卫星
2259	1978-58A	Chalet-1	小星-1	美国	卡纳维拉尔角发射场	Titan-3(23)C	大力神-3(23)C	19780610	对地观测卫星
2260	1978-59A	Zenit-4MKM-17	天顶-4MKM-17	苏联	普列谢茨克航天发射中心	Soyuz-U	联盟-U	19780612	对地观测卫星
2261	1978-60A	KH-11-02	锁眼-11-02	美国	范登堡空军基地	Titan-3D	大力神-3D	19780614	对地观测卫星
2262	1978-61A	Soyuz-29	联盟-29	苏联	拜科努尔航天发射场	Soyuz-U	联盟-U	19780615	载人及货运航天器
2263	1978-62A	GOES-C	地球静止环境业务卫星-C	美国	卡纳维拉尔角发射场	Delta-2914	德尔它-2914	19780616	对地观测卫星

续表

序号	国际代号	外文名	中文名	所属国家、地区或组织	发射地点	发射工具外文名	发射工具中文名	发射时间	航天器类型
2264	1978-63A	Strela-2M-18	天箭座-2M-18	苏联	普列谢茨克航天发射中心	Cosmos-3M	宇宙-3M	19780621	通信广播卫星
2265	1978-64A	Seasat-1	海洋卫星-1	美国	范登堡空军基地	Atlas-F Agena-D	宇宙神F-阿金纳D	19780627	对地观测卫星
2266	1978-65A	Soyuz-30	联盟-30	苏联	拜科努尔航天发射中心	Soyuz-U	联盟-U	19780627	载人及货运航天器
2267	1978-66A	Oko-9	眼睛-9	苏联	普列谢茨克航天发射中心	Molniya-M/Blok-2BL	闪电-M/上面级2BL	19780628	对地观测卫星
2268	1978-67A	Tselina-D EPN-04	处女地-D模拟星-04	苏联	普列谢茨克航天发射中心	Tsyklon-3	旋风-3	19780628	其他
2269	1978-68A	Comstar-3	通信星-3	美国	卡纳维拉尔角发射场	Atlas-SLV3D Centaur-DIAR	宇宙神SLV3D-半人马座DIAR	19780629	通信广播卫星
2270	1978-69A	Energiya-2	能源-2	苏联	拜科努尔航天发射中心	Soyuz-U	联盟-U	19780702	科学与技术试验卫星
2271	1978-70A	Progress-02	进步-02	苏联	拜科努尔航天发射中心	Soyuz-U	联盟-U	19780707	载人及货运航天器
2272	1978-71A	ESA-GEOS 2	静止轨道卫星-2	欧洲航天局	卡纳维拉尔角发射场	Delta-2914	德尔它-2914	19780714	科学与技术试验卫星
2273	1978-72A	Molniya-1T-47	闪电-1T-47	苏联	普列谢茨克航天发射中心	Molniya-M/Blok-ML	闪电-M/上面级ML	19780714	通信广播卫星
2274	1978-73A	Raduga-04	虹-04	苏联	拜科努尔航天发射中心	Proton-K/Blok-DM	质子-K/上面级DM	19780719	通信广播卫星
2275	1978-74A	Zaliv-15	海湾-15	苏联	普列谢茨克航天发射中心	Cosmos-3M	宇宙-3M	19780727	导航定位卫星
2276	1978-75A	SDS-1-3	卫星数据系统-1-3	美国	范登堡空军基地	Titan-3 (34) B Agena-D	大力神-3 (34) B-阿金纳D	19780805	通信广播卫星
2277	1978-76A	Yantar-2K-08	琥珀-2K-08	苏联	普列谢茨克航天发射中心	Soyuz-U	联盟-U	19780805	对地观测卫星
2278	1978-77A	Progress-03	进步-03	苏联	拜科努尔航天发射中心	Soyuz-U	联盟-U	19780808	载人及货运航天器
2279	1978-78A	Pioneer-13	先驱者-13	美国	卡纳维拉尔角发射场	Atlas-SLV3D Centaur-DIAR	宇宙神SLV3D-半人马座DIAR	19780808	空间探测器
2280	1978-79A	ICE	国际彗星探险者	美国	卡纳维拉尔角发射场	Delta-2914	德尔它-2914	19780812	空间探测器
2281	1978-80A	Molniya-1T-48	闪电-1T-48	苏联	普列谢茨克航天发射中心	Molniya-M/Blok-ML	闪电-M/上面级ML	19780822	通信广播卫星
2282	1978-81A	Soyuz-31	联盟-31	苏联	拜科努尔航天发射中心	Soyuz	联盟号	19780826	载人及货运航天器
2283	1978-82A	Zenit-4MKM-18	天顶-4MKM-18	苏联	普列谢茨克航天发射中心	Soyuz-U	联盟-U	19780829	对地观测卫星
2284	1978-83A	Oko-10	眼睛-10	苏联	普列谢茨克航天发射中心	Molniya-M/Blok-2BL	闪电-M/上面级2BL	19780906	对地观测卫星
2285	1978-84A	Venera-11	金星-11	苏联	拜科努尔航天发射中心	Proton-K/Blok-D-1	质子-K/上面级D-1	19780909	空间探测器
2286	1978-85A	Zenit-4MKM-19	天顶-4MKM-19	苏联	普列谢茨克航天发射中心	Soyuz-U	联盟-U	19780909	对地观测卫星
2287	1978-86A	Venera-12	金星-12	苏联	拜科努尔航天发射中心	Proton-K/Blok-D-1	质子-K/上面级D-1	19780914	空间探测器
2288	1978-87A	Exos-B (Jikiken)	外层大气卫星-B (磁气圈)	日本	鹿儿岛航天中心	M-3H	M-3H	19780916	科学与技术试验卫星
2289	1978-88A	Zenit-2M-90	天顶-2M-90	苏联	普列谢茨克航天发射中心	Soyuz-U	联盟-U	19780919	对地观测卫星
2290	1978-89A	Zenit-4MKT-07	天顶-4MKT-07	苏联	普列谢茨克航天发射中心	Soyuz-U	联盟-U	19781003	对地观测卫星

续表

序号	国际代号	外文名	中文名	所属国家、地区或组织	发射地点	发射工具外文名	发射工具中文名	发射时间	航天器类型
2291	1978-90A	Progress-04	进步-04	苏联	拜科努尔航天发射中心	Soyuz-U	联盟-U	19781004	载人及货运航天器
2292	1978-91A	Strela-1M-153	天箭座-1M-153	苏联	普列谢茨克航天发射中心	Cosmos-3M	宇宙-3M	19781004	通信广播卫星
2293	1978-91B	Strela-1M-154	天箭座-1M-154	苏联	普列谢茨克航天发射中心	Cosmos-3M	宇宙-3M	19781004	通信广播卫星
2294	1978-91C	Strela-1M-155	天箭座-1M-155	苏联	普列谢茨克航天发射中心	Cosmos-3M	宇宙-3M	19781004	通信广播卫星
2295	1978-91D	Strela-1M-156	天箭座-1M-156	苏联	普列谢茨克航天发射中心	Cosmos-3M	宇宙-3M	19781004	通信广播卫星
2296	1978-91E	Strela-1M-157	天箭座-1M-157	苏联	普列谢茨克航天发射中心	Cosmos-3M	宇宙-3M	19781004	通信广播卫星
2297	1978-91F	Strela-1M-158	天箭座-1M-158	苏联	普列谢茨克航天发射中心	Cosmos-3M	宇宙-3M	19781004	通信广播卫星
2298	1978-91G	Strela-1M-159	天箭座-1M-159	苏联	普列谢茨克航天发射中心	Cosmos-3M	宇宙-3M	19781004	通信广播卫星
2299	1978-91H	Strela-1M-160	天箭座-1M-160	苏联	普列谢茨克航天发射中心	Cosmos-3M	宇宙-3M	19781004	通信广播卫星
2300	1978-92A	Zenit-4MKM-20	天顶-4MKM-20	苏联	普列谢茨克航天发射中心	Soyuz-U	联盟-U	19781006	对地观测卫星
2301	1978-93A	GPS-03	导航星-03	美国	范登堡空军基地	Atlas-F SGS-1	宇宙神 F-SGS-1	19781007	导航定位卫星
2302	1978-94A	Tselina-D-16	处女地-D-16	苏联	普列谢茨克航天发射中心	Vostok-2M	东方-2M	19781010	对地观测卫星
2303	1978-95A	Molniya-3-10	闪电-3-10	苏联	普列谢茨克航天发射中心	Molniya-M/Blok-ML	闪电-M/上面级 ML	19781013	通信广播卫星
2304	1978-96A	Tiros-N	泰罗斯-N	美国	范登堡空军基地	Atlas-F Star-37S-ISS	宇宙神 F-星 37S-ISS	19781013	对地观测卫星
2305	1978-97A	Zenit-2M-91	天顶-2M-91	苏联	普列谢茨克航天发射中心	Soyuz-U	联盟-U	19781017	对地观测卫星
2306	1978-98A	Nimbus-7	雨云-7	美国	范登堡空军基地	Delta-2910	德尔它-2910	19781024	对地观测卫星
2307	1978-98B	CAMEO	卡梅欧	美国	范登堡空军基地	Delta-2910	德尔它-2910	19781024	科学与技术试验卫星
2308	1978-99A	Intercosmos-18	国际宇宙-18	苏联	普列谢茨克航天发射中心	Cosmos-3M	宇宙-3M	19781024	科学与技术试验卫星
2309	1978-99C	Magion-1	磁层电离层卫星-1	捷克斯洛伐克	普列谢茨克航天发射中心	Cosmos-3M	宇宙-3M	19781024	科学与技术试验卫星
2310	1978-100A	Meteor-2 GVM	流星-2 模拟星	苏联	普列谢茨克航天发射中心	Tsyklon-3	旋风-3	19781026	其他
2311	1978-100B	Radio Sport-1	无线电-1	苏联	普列谢茨克航天发射中心	Tsyklon-3	旋风-3	19781026	科学与技术试验卫星
2312	1978-100C	Radio Sport-2	无线电-2	苏联	普列谢茨克航天发射中心	Tsyklon-4	旋风-4	19781026	科学与技术试验卫星
2313	1978-101A	Prognoz-7	预报-7	苏联	拜科努尔航天发射中心	Molniya-M/Blok-SO-L	闪电-M/上面级 SO-L	19781030	科学与技术试验卫星
2314	1978-102A	Zenit-4MT-14	天顶-4MT-14	苏联	普列谢茨克航天发射中心	Soyuz-U	联盟-U	19781101	对地观测卫星
2315	1978-103A	HEAO-2	高能天文观测台-2	美国	卡纳维拉尔角航天发射场	Atlas-SLV3D Centaur-D1AR	宇宙神 SLV3D-半人马座 D1AR	19781113	科学与技术试验卫星
2316	1978-104A	Zenit-4MKM-21	天顶-4MKM-21	苏联	普列谢茨克航天发射中心	Soyuz-U	联盟-U	19781115	对地观测卫星
2317	1978-105A	Strela-2M-19	天箭座-2M-19	苏联	普列谢茨克航天发射中心	Cosmos-3M	宇宙-3M	19781117	通信广播卫星

续表

序号	国际代号	外文名	中文名	所属国家、地区或组织	发射地点	发射工具外文名	发射工具中文名	发射时间	航天器类型
2318	1978 – 106 A	NATO – 3C	纳托 – 3C	北大西洋公约组织	卡纳维拉尔角航天发射场	Delta – 2914	德尔它 – 2914	19781119	通信广播卫星
2319	1978 – 107 A	Zenit – 4MKM – 22	天顶 – 4MKM – 22	苏联	普列谢茨克航天发射中心	Soyuz – U	联盟 – U	19781121	对地观测卫星
2320	1978 – 108 A	Zenit – 6 – 05	天顶 – 6 – 05	苏联	普列谢茨克航天发射中心	Soyuz – U	联盟 – U	19781128	对地观测卫星
2321	1978 – 109 A	Strela – 1M – 161	天箭座 – 1M – 161	苏联	普列谢茨克航天发射中心	Cosmos – 3M	宇宙 – 3M	19781205	通信广播卫星
2322	1978 – 109 B	Strela – 1M – 162	天箭座 – 1M – 162	苏联	普列谢茨克航天发射中心	Cosmos – 3M	宇宙 – 3M	19781205	通信广播卫星
2323	1978 – 109 C	Strela – 1M – 163	天箭座 – 1M – 163	苏联	普列谢茨克航天发射中心	Cosmos – 3M	宇宙 – 3M	19781205	通信广播卫星
2324	1978 – 109 D	Strela – 1M – 164	天箭座 – 1M – 164	苏联	普列谢茨克航天发射中心	Cosmos – 3M	宇宙 – 3M	19781205	通信广播卫星
2325	1978 – 109 E	Strela – 1M – 165	天箭座 – 1M – 165	苏联	普列谢茨克航天发射中心	Cosmos – 3M	宇宙 – 3M	19781205	通信广播卫星
2326	1978 – 109 F	Strela – 1M – 166	天箭座 – 1M – 166	苏联	普列谢茨克航天发射中心	Cosmos – 3M	宇宙 – 3M	19781205	通信广播卫星
2327	1978 – 109 G	Strela – 1M – 167	天箭座 – 1M – 167	苏联	普列谢茨克航天发射中心	Cosmos – 3M	宇宙 – 3M	19781205	通信广播卫星
2328	1978 – 109 H	Strela – 1M – 168	天箭座 – 1M – 168	苏联	普列谢茨克航天发射中心	Cosmos – 3M	宇宙 – 3M	19781205	通信广播卫星
2329	1978 – 110 A	Zenit – 4MKM – 23	天顶 – 4MKM – 23	苏联	普列谢茨克航天发射中心	Soyuz – U	联盟 – U	19781207	对地观测卫星
2330	1978 – 111 A	Zenit – 2M – 92	天顶 – 2M – 92	苏联	拜科努尔航天发射中心	Soyuz – U	联盟 – U	19781208	对地观测卫星
2331	1978 – 112 A	GPS – 04	导航星 – 04	美国	范登堡空军基地	Atlas – F SGS – 1	宇航神 F – SGS – 1	19781210	导航定位卫星
2332	1978 – 113 A	DSCS – 2 – 11	国防卫星通信系统 – 2 – 11	美国	卡纳维拉尔角发射场	Titan – 3（23）C	大力神 – 3（23）C	19781213	通信广播卫星
2333	1978 – 113 B	DSCS – 2 – 12	国防卫星通信系统 – 2 – 12	美国	卡纳维拉尔角发射场	Titan – 3（23）C	大力神 – 3（23）C	19781213	通信广播卫星
2334	1978 – 114 A	Zenit – 2M – 93	天顶 – 2M – 93	苏联	普列谢茨克航天发射中心	Soyuz – U	联盟 – U	19781214	对地观测卫星
2335	1978 – 115 A	Tselina – O – 38	处女地 – O – 38	苏联	普列谢茨克航天发射中心	Cosmos – 3M	宇宙 – 3M	19781215	对地观测卫星
2336	1978 – 116 A	Anik – B1	阿尼克 – B1	加拿大	卡纳维拉尔角发射场	Delta – 3914	德尔它 – 3914	19781216	通信广播卫星
2337	1978 – 117 A	Tselina – D – 17	处女地 – D – 17	苏联	普列谢茨克航天发射中心	Vostok – 2M	东方 – 2M	19781219	对地观测卫星
2338	1978 – 118 A	Gorizont – 1	地平线 – 1	苏联	拜科努尔航天发射中心	Proton – K/Blok – DM	质子 – K/上面级 DM	19781219	通信广播卫星
2339	1978 – 119 A	Parus – 16	帆 – 16	苏联	普列谢茨克航天发射中心	Cosmos – 3M	宇宙 – 3M	19781220	导航定位卫星
2340	1978 – 120 A	Taifun – 2 – 05	台风 – 2 – 05	苏联	卡普斯京亚尔航天发射中心	Cosmos – 3M	宇宙 – 3M	19781223	科学与技术试验卫星
2341	1978 – 121 A	Astrofizika	天体物理	苏联	普列谢茨克航天发射中心	Vostok – 2M	东方 – 2M	19781223	科学与技术试验卫星
2342	1978 – 122 A	Sfera – 18	球面 – 18	苏联	普列谢茨克航天发射中心	Cosmos – 3M	宇宙 – 3M	19781226	对地观测卫星
2343	1978 – 123 A	Zenit – 4MKM – 24	天顶 – 4MKM – 24	苏联	普列谢茨克航天发射中心	Soyuz – U	联盟 – U	19781226	对地观测卫星
2344	1978 – 124 A	Zenit – 4MT – 15	天顶 – 4MT – 15	苏联	普列谢茨克航天发射中心	Soyuz – U	联盟 – U	19781228	对地观测卫星

续表

序号	国际代号	外文名	中文名	所属国家、地区或组织	发射地点	发射工具外文名	发射工具中文名	发射时间	航天器类型
2345	1979-01A	Zenit-2M-94	天顶-2M-94	苏联	普列谢茨克航天发射中心	Soyuz-U	联盟-U	19790111	对地观测卫星
2346	1979-02A	Zenit-4MKM-25	天顶-4MKM-25	苏联	普列谢茨克航天发射中心	Soyuz-U	联盟-U	19790113	对地观测卫星
2347	1979-03A	Parus-17	帆-17	苏联	普列谢茨克航天发射中心	Cosmos-3M	宇宙-3M	19790116	导航定位卫星
2348	1979-04A	Molniya-2-20	闪电-2-20	苏联	普列谢茨克航天发射中心	Molniya-M/Blok-ML	闪电-M/上面级ML	19790118	通信广播卫星
2349	1979-05A	Meteor-1-29	流星-1-29	苏联	普列谢茨克航天发射中心	Vostok-2M	东方-2M	19790125	对地观测卫星
2350	1979-06A	Zenit-4MKM-26	天顶-4MKM-26	苏联	普列谢茨克航天发射中心	Soyuz-U	联盟-U	19790130	对地观测卫星
2351	1979-07A	SCATHA	高轨道卫星带电研究卫星（空间试验计划P78-4）	美国	卡纳维拉尔角发射场	Delta-2914	德尔它-2914	19790130	科学与技术试验卫星
2352	1979-08A	Soyuz-T-02	联盟-T-02	苏联	拜科努尔航天发射中心	Soyuz-U	联盟-U	19790131	载人及货运航天器
2353	1979-09A	Ayame 1	菖蒲-1	日本	种子岛航天中心	N-1	N-1	19790206	通信广播卫星
2354	1979-10A	Taifun-1-10	台风-1-10	苏联	普列谢茨克航天发射中心	Cosmos-3M	宇宙-3M	19790208	科学与技术试验卫星
2355	1979-11A	Okean-E-01	海洋-E-01	苏联	普列谢茨克航天发射中心	Tsyklon-3	旋风-3	19790213	对地观测卫星
2356	1979-12A	Tselina-D-18	处女地-D-18	苏联	普列谢茨克航天发射中心	Vostok-2M	东方-2M	19790214	对地观测卫星
2357	1979-13A	SAGE	平流层气溶胶和气体实验卫星	美国	沃洛普斯岛发射场	Scout-D1	侦察兵-D1	19790218	科学与技术试验卫星
2358	1979-14A	Corsa-B	宇宙辐射卫星-B	日本	鹿儿岛航天中心	M-3C	M-3C	19790221	科学与技术试验卫星
2359	1979-15A	Ekran-03	荧光屏-03	苏联	拜科努尔航天发射中心	Proton-K/Blok-DM	质子-K/上面级DM	19790221	通信广播卫星
2360	1979-16A	Zenit-4MKM-27	天顶-4MKM-27	苏联	普列谢茨克航天发射中心	Soyuz-U	联盟-U	19790222	对地观测卫星
2361	1979-17A	Solwind	太阳风	美国	范登堡空军基地	Atlas-F OIS	宇宙神-F-人帆系统	19790224	科学与技术试验卫星
2362	1979-18A	Soyuz-32	联盟-32	苏联	拜科努尔航天发射中心	Soyuz	联盟号	19790225	载人及货运航天器
2363	1979-19A	Yantar-2K-09	琥珀-2K-09	苏联	普列谢茨克航天发射中心	Soyuz-U	联盟-U	19790227	对地观测卫星
2364	1979-20A	Intercosmos-19	国际宇宙-19	苏联	普列谢茨克航天发射中心	Cosmos-3M	宇宙-3M	19790227	科学与技术试验卫星
2365	1979-21A	Meteor-2-04	流星-2-04	苏联	普列谢茨克航天发射中心	Vostok-2M	东方-2M	19790301	对地观测卫星
2366	1979-22A	Progress-05	进步-05	苏联	拜科努尔航天发射中心	Soyuz-U	联盟-U	19790312	载人及货运航天器
2367	1979-23A	Zenit-4MKM-28	天顶-4MKM-28	苏联	普列谢茨克航天发射中心	Soyuz-U	联盟-U	19790314	对地观测卫星
2368	1979-24A	Strela-1M-169	天箭座-1M-169	苏联	普列谢茨克航天发射中心	Cosmos-3M	宇宙-3M	19790315	通信广播卫星
2369	1979-24B	Strela-1M-170	天箭座-1M-170	苏联	普列谢茨克航天发射中心	Cosmos-3M	宇宙-3M	19790315	通信广播卫星
2370	1979-24C	Strela-1M-171	天箭座-1M-171	苏联	普列谢茨克航天发射中心	Cosmos-3M	宇宙-3M	19790315	通信广播卫星
2371	1979-24D	Strela-1M-172	天箭座-1M-172	苏联	普列谢茨克航天发射中心	Cosmos-3M	宇宙-3M	19790315	通信广播卫星

续表

序号	国际代号	外文名	中文名	所属国家、地区或组织	发射地点	发射工具外文名	发射工具中文名	发射时间	航天器类型
2372	1979-24E	Strela-1M-173	天箭座-1M-173	苏联	普列谢茨克航天发射中心	Cosmos-3M	宇宙-3M	19790315	通信广播卫星
2373	1979-24F	Strela-1M-174	天箭座-1M-174	苏联	普列谢茨克航天发射中心	Cosmos-3M	宇宙-3M	19790315	通信广播卫星
2374	1979-24G	Strela-1M-175	天箭座-1M-175	苏联	普列谢茨克航天发射中心	Cosmos-3M	宇宙-3M	19790315	通信广播卫星
2375	1979-24H	Strela-1M-176	天箭座-1M-176	苏联	普列谢茨克航天发射中心	Cosmos-3M	宇宙-3M	19790315	通信广播卫星
2376	1979-25A	KH-9-15	锁眼-9-15	美国	范登堡空军基地	Titan-3D	大力神-3D	19790316	对地观测卫星
2377	1979-25B	P-11 4431	雪貂子卫星-4431	美国	范登堡空军基地	Titan-3D	大力神-3D	19790316	对地观测卫星
2378	1979-26A	Parus-18	帆-18	苏联	普列谢茨克航天发射中心	Cosmos-3M	宇宙-3M	19790321	导航定位卫星
2379	1979-27A	Zenit-2M-96	天顶-2M-96	苏联	普列谢茨克航天发射中心	Soyuz-U	联盟-U	19790331	对地观测卫星
2380	1979-28A	Parus-19	帆-19	苏联	普列谢茨克航天发射中心	Cosmos-3M	宇宙-3M	19790407	导航定位卫星
2381	1979-29A	Soyuz-33	联盟-33	苏联	拜科努尔航天发射中心	Soyuz	联盟号	19790410	载人及货运航天器
2382	1979-30A	Tsikada-05	蝉-05	苏联	普列谢茨克航天发射中心	Cosmos-3M	宇宙-3M	19790412	导航定位卫星
2383	1979-31A	Molniya-1T-49	闪电-1T-49	苏联	普列谢茨克航天发射中心	Molniya-M/Blok-ML	闪电-M/上面级 ML	19790412	通信广播卫星
2384	1979-32A	Tselina-D-19	处女地-D-19	苏联	普列谢茨克航天发射中心	Vostok-2M	东方-2M	19790414	对地观测卫星
2385	1979-33A	US-P-06	电子型海洋监视卫星-06	苏联	拜科努尔航天发射中心	Tsyklon-2	旋风-2	19790418	对地观测卫星
2386	1979-34A	Zenit-6-06	天顶-6-06	苏联	普列谢茨克航天发射中心	Soyuz-U	联盟-U	19790420	对地观测卫星
2387	1979-35A	Raduga-05	虹-05	苏联	拜科努尔航天发射中心	Proton-K/Blok-DM	质子-K/上面级 DM	19790425	通信广播卫星
2388	1979-36A	US-P-07	电子型海洋监视卫星-07	苏联	拜科努尔航天发射中心	Tsyklon-2	旋风-2	19790425	对地观测卫星
2389	1979-37A	Yantar-4K1-01	琥珀-4K1-01	苏联	普列谢茨克航天发射中心	Soyuz-U	联盟-U	19790427	对地观测卫星
2390	1979-38A	Flsatcom-2	舰队卫星通信-2	美国	卡纳维拉尔角发射场	Atlas-SLV3D Centaur-D1AR	宇宙神 SLV3D-半人马座 D1AR	19790504	通信广播卫星
2391	1979-39A	Progress-06	进步-06	苏联	拜科努尔航天发射中心	Soyuz-U	联盟-U	19790513	载人及货运航天器
2392	1979-40A	Zenit-4MKM-29	天顶-4MKM-29	苏联	普列谢茨克航天发射中心	Soyuz-U	联盟-U	19790515	对地观测卫星
2393	1979-41A	Zenit-4MKT-08	天顶-4MKT-08	苏联	普列谢茨克航天发射中心	Soyuz-U	联盟-U	19790517	对地观测卫星
2394	1979-42A	TKS-VA 9	运输补给飞船-返回舱-9	苏联	拜科努尔航天发射中心	Proton-K	质子-K	19790523	载人及货运航天器
2395	1979-42B	TKS-VA 10	运输补给飞船-返回舱-10	苏联	拜科努尔航天发射中心	Proton-K	质子-K	19790523	载人及货运航天器
2396	1979-43A	Zenit-2M/NKh-02	天顶-2M/NKh-02	苏联	普列谢茨克航天发射中心	Soyuz-U	联盟-U	19790525	通信广播卫星
2397	1979-44A	KH-8-50	锁眼-8-50	美国	范登堡空军基地	Titan-3 (24) B Agena-D	大力神-3 (24) B-阿金纳 D	19790528	对地观测卫星
2398	1979-45A	Zenit-6-07	天顶-6-07	苏联	普列谢茨克航天发射中心	Soyuz-U	联盟-U	19790531	对地观测卫星

续表

序号	国际代号	外文名	中文名	所属国家、地区或组织	发射地点	发射工具外文名	发射工具中文名	发射时间	航天器类型
2399	1979－46A	Parus－20	帆－20	苏联	普列谢茨克航天发射中心	Cosmos－3M	宇宙－3M	19790531	导航定位卫星
2400	1979－47A	Ariel－6	羚羊－6	英国	沃洛普斯岛发射场	Scout－D1	侦察兵－D1	19790602	科学与技术试验卫星
2401	1979－48A	Molniya－3－11	闪电－3－11	苏联	普列谢茨克航天发射中心	Molniya－M/Blok－ML	闪电－M/上面级 ML	19790606	通信广播卫星
2402	1979－49A	Soyuz－34	联盟－34	苏联	拜科努尔航天发射中心	Soyuz	联盟号	19790606	载人及货运航天器
2403	1979－50A	DMSP－5D1 F4	国防气象卫星计划－5D1 F4	美国	范登堡空军基地	Thor Star－37XE Star－37S－ISS	雷神－星37XE－星37S－ISS	19790606	对地观测卫星
2404	1979－51A	Bhaskara－1	巴斯卡拉－1	印度	卡普斯京亚尔航天发射中心	Cosmos－3M	宇宙－3M	19790607	对地观测卫星
2405	1979－52A	Zenit－4MKT－09	天顶－4MKT－09	苏联	普列谢茨克航天发射中心	Soyuz－U	联盟－U	19790608	对地观测卫星
2406	1979－53A	DSP－08	国防支援计划－08	美国	卡纳维拉尔角发射场	Titan－3（23）C	大力神－3（23）C	19790610	对地观测卫星
2407	1979－54A	Zenit－2M/NKh－03	天顶－2M/NKh－03	苏联	普列谢茨克航天发射中心	Soyuz－U	联盟－U	19790612	对地观测卫星
2408	1979－55A	Zenit－6－08	天顶－6－08	苏联	普列谢茨克航天发射中心	Soyuz－U	联盟－U	19790615	对地观测卫星
2409	1979－56A	Zenit－4MKT－10	天顶－4MKT－10	苏联	普列谢茨克航天发射中心	Soyuz－U	联盟－U	19790622	对地观测卫星
2410	1979－57A	NOAA－A	国家大气和海洋局卫星－A	美国	范登堡空军基地	Atlas－F Star－37S－ISS	宇宙神F－星37S－ISS	19790627	对地观测卫星
2411	1979－58A	Oko－11	眼睛－11	苏联	普列谢茨克航天发射中心	Molniya－M/Blok－2BL	闪电－M/上面级 2BL	19790627	对地观测卫星
2412	1979－59A	Progress－07	进步－07	苏联	拜科努尔航天发射中心			19790627	载人及货运航天器
2413	1979－60A	Strela－2M－20	天箭座－2M－20	美国	普列谢茨克航天发射中心	Cosmos－3M	宇宙－3M	19790628	通信广播卫星
2414	1979－61A	Zenit－6－09	天顶－6－09	苏联	普列谢茨克航天发射中心	Soyuz－U	联盟－U	19790629	对地观测卫星
2415	1979－62A	Gorizont－2	地平线－2	苏联	拜科努尔航天发射中心	Proton－K/Blok－DM	质子－K/上面级 DM	19790705	通信广播卫星
2416	1979－63A	Taifun－2－06	台风－2－06	苏联	卡普斯京亚尔航天发射中心	Cosmos－3M	宇宙－3M	19790706	科学与技术试验卫星
2417	1979－64A	Zenit－4MKM－30	天顶－4MKM－30	苏联	普列谢茨克航天发射中心	Soyuz－U	联盟－U	19790710	对地观测卫星
2418	1979－65A	Tselina－O－39	处女地－O－39	苏联	普列谢茨克航天发射中心	Cosmos－3M	宇宙－3M	19790711	对地观测卫星
2419	1979－66A	Zenit－4MKT－11	天顶－4MKT－11	苏联	普列谢茨克航天发射中心	Soyuz－U	联盟－U	19790713	对地观测卫星
2420	1979－67A	Tselina－D－20	处女地－D－20	苏联	普列谢茨克航天发射中心	Vostok－2M	东方－2M	19790720	对地观测卫星
2421	1979－68A	Zenit－4MKM－31	天顶－4MKM－31	苏联	普列谢茨克航天发射中心	Soyuz－U	联盟－U	19790725	对地观测卫星
2422	1979－69A	Zenit－2M/NKh－04	天顶－2M/NKh－04	苏联	普列谢茨克航天发射中心	Soyuz－U	联盟－U	19790727	对地观测卫星
2423	1979－70A	Molniya－1T－50	闪电－1T－50	苏联	普列谢茨克航天发射中心	Molniya－M/Blok－ML	闪电－M/上面级 ML	19790731	通信广播卫星
2424	1979－71A	Zenit－4MT－16	天顶－4MT－16	苏联	普列谢茨克航天发射中心	Soyuz－U	联盟－U	19790803	对地观测卫星
2425	1979－72A	Westar－3	西联星－3	美国	卡纳维拉尔角发射场	Delta－2914	德尔它－2914	19790810	通信广播卫星

续表

序号	国际代号	外文名	中文名	所属国家、地区或组织	发射地点	发射工具外文名	发射工具中文名	发射时间	航天器类型
2426	1979－73A	Zenit－4MKM－32	天顶－4MKM－32	苏联	普列谢茨克航天发射中心	Soyuz－U	联盟－U	19790811	对地观测卫星
2427	1979－74A	Yantar－2K－10	琥珀－2K－10	苏联	普列谢茨克航天发射中心	Soyuz－U	联盟－U	19790814	对地观测卫星
2428	1979－75A	Zenit－2M/NKh－05	天顶－2M/NKh－05	苏联	普列谢茨克航天发射中心	Soyuz－U	联盟－U	19790817	对地观测卫星
2429	1979－76A	Zenit－4MKT－12	天顶－4MKT－12	苏联	普列谢茨克航天发射中心	Soyuz－U	联盟－U	19790821	对地观测卫星
2430	1979－77A	Oko－12	眼睛－12	苏联	普列谢茨克航天发射中心	Molniya－M/Blok－2BL	闪电－M/上面级 2BL	19790828	对地观测卫星
2431	1979－78A	Strela－2M－21	天箭座－2M－21	苏联	普列谢茨克航天发射中心	Cosmos－3M	宇宙－3M	19790828	通信广播卫星
2432	1979－79A	Zenit－6－10	天顶－6－10	苏联	普列谢茨克航天发射中心	Soyuz－U	联盟－U	19790831	对地观测卫星
2433	1979－80A	Resurs－F1 17F41－01	资源－F1 17F41－01	苏联	普列谢茨克航天发射中心	Soyuz－U	联盟－U	19790905	对地观测卫星
2434	1979－81A	Zenit－4MKM－33	天顶－4MKM－33	苏联	普列谢茨克航天发射中心	Soyuz－U	联盟－U	19790914	对地观测卫星
2435	1979－82A	HEAO－3	高能天文观测台－3	美国	卡纳维拉尔角航天发射场	Atlas－SLV3D Centaur－D1AR	宇宙神 SLV3D 半人马座 D1AR	19790920	科学与技术试验卫星
2436	1979－83A	Bion－5	生物－5	苏联	普列谢茨克航天发射中心	Soyuz－U	联盟－U	19790925	科学与技术试验卫星
2437	1979－84A	Strela－1M－177	天箭座－1M－177	苏联	普列谢茨克航天发射中心	Cosmos－3M	宇宙－3M	19790926	通信广播卫星
2438	1979－84B	Strela－1M－178	天箭座－1M－178	苏联	普列谢茨克航天发射中心	Cosmos－3M	宇宙－3M	19790926	通信广播卫星
2439	1979－84C	Strela－1M－179	天箭座－1M－179	苏联	普列谢茨克航天发射中心	Cosmos－3M	宇宙－3M	19790926	通信广播卫星
2440	1979－84D	Strela－1M－180	天箭座－1M－180	苏联	普列谢茨克航天发射中心	Cosmos－3M	宇宙－3M	19790926	通信广播卫星
2441	1979－84E	Strela－1M－181	天箭座－1M－181	苏联	普列谢茨克航天发射中心	Cosmos－3M	宇宙－3M	19790926	通信广播卫星
2442	1979－84F	Strela－1M－182	天箭座－1M－182	苏联	普列谢茨克航天发射中心	Cosmos－3M	宇宙－3M	19790926	通信广播卫星
2443	1979－84G	Strela－1M－183	天箭座－1M－183	苏联	普列谢茨克航天发射中心	Cosmos－3M	宇宙－3M	19790926	通信广播卫星
2444	1979－84H	Strela－1M－184	天箭座－1M－184	苏联	普列谢茨克航天发射中心	Cosmos－3M	宇宙－3M	19790926	通信广播卫星
2445	1979－85A	Zenit－6－11	天顶－6－11	苏联	普列谢茨克航天发射中心	Soyuz－U	联盟－U	19790928	对地观测卫星
2446	1979－86A	Chalet－2	小屋－2	美国	卡纳维拉尔角发射场	Titan－3（23）C	大力神－3（23）C	19791001	对地观测卫星
2447	1979－87A	Ekran－04	荧光屏－04	苏联	拜科努尔航天发射中心	Proton－K/Blok－DM	质子－K/上面级 DM	19791003	通信广播卫星
2448	1979－88A	Zenit－4MT－17	天顶－4MT－17	苏联	普列谢茨克航天发射中心	Soyuz－U	联盟－U	19791005	对地观测卫星
2449	1979－89A	Strela－2M－22	天箭座－2M－22	苏联	普列谢茨克航天发射中心	Cosmos－3M	宇宙－3M	19791011	通信广播卫星
2450	1979－90A	Parus－21	帆－21	苏联	普列谢茨克航天发射中心	Cosmos－3M	宇宙－3M	19791016	导航定位卫星
2451	1979－91A	Molniya－1T－51	闪电－1T－51	苏联	普列谢茨克航天发射中心	Molniya－M/Blok－ML	闪电－M/上面级 ML	19791020	通信广播卫星
2452	1979－92A	Zenit－6－13	天顶－6－13	苏联	普列谢茨克航天发射中心	Soyuz－U	联盟－U	19791022	对地观测卫星

续表

序号	国际代号	外文名	中文名	所属国家、地区或组织	发射地点	发射工具外文名	发射工具中文名	发射时间	航天器类型
2453	1979-93A	Tselina-D-21	处女地-D-21	苏联	普列谢茨克航天发射中心	Vostok-2M	东方-2M	19791026	对地观测卫星
2454	1979-94A	Magsat	地磁卫星	美国	范登堡空军基地	Scout-G1	侦察兵-G1	19791030	科学与技术试验卫星
2455	1979-95A	Meteor-2-05	流星-2-05	苏联	普列谢茨克航天发射中心	Vostok-2M	东方-2M	19791031	对地观测卫星
2456	1979-96A	Intercosmos-20	国际宇宙-20	苏联	普列谢茨克航天发射中心	Cosmos-3M	宇宙-3M	19791101	科学与技术试验卫星
2457	1979-97A	Yantar-2K-11	琥珀-2K-11	苏联	普列谢茨克航天发射中心	Soyuz-U	联盟-U	19791102	对地观测卫星
2458	1979-98A	DSCS-2-13	国防卫星通信系统-2-13	美国	卡纳维拉尔角航天发射场	Titan-3（23）C	大力神-3（23）C	19791121	通信广播卫星
2459	1979-98B	DSCS-2-14	国防卫星通信系统-2-14	美国	卡纳维拉尔角航天发射场	Titan-3（23）C	大力神-3（23）C	19791121	通信广播卫星
2460	1979-99A	Tselina-D-22	处女地-D-22	苏联	普列谢茨克航天发射中心	Vostok-2M	东方-2M	19791127	对地观测卫星
2461	1979-100A	Taifun-1Yu-01	台风-1Yu-01	苏联	普列谢茨克航天发射场	Cosmos-3M	宇宙-3M	19791205	科学与技术试验卫星
2462	1979-101A	Satcom-3	卫星通信-3	美国	卡纳维拉尔角发射场	Delta-3914	德尔它-3914	19791207	通信广播卫星
2463	1979-102A	Zenit-6-14	天顶-6-14	苏联	普列谢茨克航天发射中心	Soyuz-U	联盟-U	19791212	对地观测卫星
2464	1979-103A	Soyuz T-1	联盟 T-1	苏联	拜科努尔航天发射中心	Soyuz-U	联盟-U	19791216	载人及货运航天器
2465	1979-104A	CAT-1	阿里安技术试验舱-1	欧洲航天局	圭亚那航天中心	Ariane-1	阿里安-1	19791224	科学与技术试验卫星
2466	1979-105A	Gorizont-3	地平线-3	苏联	拜科努尔航天发射中心	Proton-K/Blok-DM	质子-K/上面级 DM	19791228	通信广播卫星
2467	1979-106A	Zenit-4MKM-34	天顶-4MKM-34	苏联	普列谢茨克航天发射中心	Soyuz-U	联盟-U	19791228	对地观测卫星
2468	1980-01A	Zenit-6-15	天顶-6-15	苏联	普列谢茨克航天发射中心	Soyuz-U	联盟-U	19800109	对地观测卫星
2469	1980-02A	Molniya-1T-52	闪电-1T-52	苏联	普列谢茨克航天发射中心	Molniya-M/Blok-ML	闪电-M/上面级 ML	19800111	通信广播卫星
2470	1980-03A	Parus-22	帆-22	苏联	普列谢茨克航天发射中心	Cosmos-3M	宇宙-3M	19800114	导航定位卫星
2471	1980-04A	Fltsatcom-3	舰队卫星通信-3	美国	卡纳维拉尔角航天发射场	Atlas-SLV3D Centaur-D1AR	宇宙神 SLV3D-半人马座 D1AR	19800118	通信广播卫星
2472	1980-05A	Okean-E-02	海洋-E-02	苏联	普列谢茨克航天发射场	Tsyklon-3	旋风-3	19800123	对地观测卫星
2473	1980-06A	Yantar-2K-12	琥珀-2K-12	苏联	普列谢茨克航天发射中心	Soyuz-U	联盟-U	19800124	对地观测卫星
2474	1980-07A	Parus-23	帆-23	苏联	普列谢茨克航天发射中心	Cosmos-3M	宇宙-3M	19800125	导航定位卫星
2475	1980-08A	Tselina-D-23	处女地-D-23	苏联	普列谢茨克航天发射中心	Vostok-2M	东方-2M	19800130	对地观测卫星
2476	1980-09A	Zenit-6-16	天顶-6-16	苏联	普列谢茨克航天发射中心	Soyuz-U	联盟-U	19800207	对地观测卫星
2477	1980-10A	KH-11-03	锁眼-11-03	美国	范登堡空军基地	Titan-3D	大力神-3D	19800207	对地观测卫星
2478	1980-11A	GPS-05	导航星-05	美国	范登堡空军基地	Atlas-F SGS-1	宇宙神 F-SGS-1	19800209	导航定位卫星
2479	1980-12A	Strela-1M-185	天箭座-1M-185	苏联	普列谢茨克航天发射中心	Cosmos-3M	宇宙-3M	19800212	通信广播卫星

续表

序号	国际代号	外文名	中文名	所属国家、地区或组织	发射地点	发射工具外文名	发射工具中文名	发射时间	航天器类型
2480	1980-12B	Strela-1M-186	天箭座-1M-186	苏联	普列谢茨克航天发射中心	Cosmos-3M	宇宙-3M	19800212	通信广播卫星
2481	1980-12C	Strela-1M-187	天箭座-1M-187	苏联	普列谢茨克航天发射中心	Cosmos-3M	宇宙-3M	19800212	通信广播卫星
2482	1980-12D	Strela-1M-188	天箭座-1M-188	苏联	普列谢茨克航天发射中心	Cosmos-3M	宇宙-3M	19800212	通信广播卫星
2483	1980-12E	Strela-1M-189	天箭座-1M-189	苏联	普列谢茨克航天发射中心	Cosmos-3M	宇宙-3M	19800212	通信广播卫星
2484	1980-12F	Strela-1M-190	天箭座-1M-190	苏联	普列谢茨克航天发射中心	Cosmos-3M	宇宙-3M	19800212	通信广播卫星
2485	1980-12G	Strela-1M-191	天箭座-1M-191	苏联	普列谢茨克航天发射中心	Cosmos-3M	宇宙-3M	19800212	通信广播卫星
2486	1980-12H	Strela-1M-192	天箭座-1M-192	苏联	普列谢茨克航天发射中心	Cosmos-3M	宇宙-3M	19800212	通信广播卫星
2487	1980-13A	Oko-13	眼睛-13	苏联	普列谢茨克航天发射中心	Molniya-M/Blok-2BL	闪电-M/上面级2BL	19800212	对地观测卫星
2488	1980-14A	SMM	太阳峰年	美国	卡纳维拉尔角发射场	Delta-3910	德尔它-3910	19800214	科学与技术试验卫星
2489	1980-15A	Tansei-4(MS-T4)	淡青-4(MS-T4)	日本	鹿儿岛航天中心	M-3S	M-3S	19800217	科学与技术试验卫星
2490	1980-16A	Raduga-06	虹-06	苏联	拜科努尔航天发射中心	Proton-K/Blok-DM	质子-K/上面级DM	19800220	通信广播卫星
2491	1980-17A	Zenit-4MKM-35	天顶-4MKM-35	苏联	普列谢茨克航天发射中心	Soyuz-U	联盟-U	19800221	对地观测卫星
2492	1980-18A	Ayame 2	菖蒲-2	日本	种子岛航天中心	N-1	N-1	19800222	通信广播卫星
2493	1980-19A	NOSS-1-03A	海军海洋监视系统-1-03A	美国	范登堡空军基地	Atlas-F MSD	宇宙神F-多星分配器	19800303	对地观测卫星
2494	1980-19B	NOSS-1-03B	海军海洋监视系统-1-03B	美国	范登堡空军基地	Atlas-F MSD	宇宙神F-多星分配器	19800303	对地观测卫星
2495	1980-19C	NOSS-1-03C	海军海洋监视系统-1-03C	美国	范登堡空军基地	Atlas-F MSD	宇宙神F-多星分配器	19800303	对地观测卫星
2496	1980-19D	NOSS-MSD-03	海军海洋监视卫星-多星分配器-03	美国	范登堡空军基地	Atlas-F MSD	宇宙神F-多星分配器	19800303	其他
2497	1980-20A	Zenit-6-17	天顶-6-17	苏联	普列谢茨克航天发射中心	Soyuz-U	联盟-U	19800304	对地观测卫星
2498	1980-21A	US-P-08	电子型海洋监视卫星-08	苏联	拜科努尔航天发射中心	Tsyklon-2	旋风-2	19800314	对地观测卫星
2499	1980-22A	Tsikada-06	蝉-06	苏联	普列谢茨克航天发射中心	Cosmos-3M	宇宙-3M	19800314	导航定位卫星
2500	1980-23A	Taifun-1-11	台风-1-11	苏联	普列谢茨克航天发射中心	Cosmos-3M	宇宙-3M	19800327	科学与技术试验卫星
2501	1980-24A	Progress-08	进步-08	苏联	拜科努尔航天发射中心	Soyuz-U	联盟-U	19800327	载人及货运航天器
2502	1980-25A	Zenit-4MKM-36	天顶-4MKM-36	苏联	拜科努尔航天发射中心	Soyuz-U	联盟-U	19800401	对地观测卫星
2503	1980-26A	DS-P1-M-13	第聂伯罗彼得罗夫斯克卫星-P1-M-13	苏联	普列谢茨克航天发射中心	Cosmos-3M	宇宙-3M	19800403	科学与技术试验卫星
2504	1980-27A	Soyuz-35	联盟-35	苏联	拜科努尔航天发射中心	Soyuz-U	联盟-U	19800409	载人及货运航天器
2505	1980-28A	Oko-14	眼睛-14	苏联	普列谢茨克航天发射中心	Molniya-M/Blok-2BL	闪电-M/上面级2BL	19800412	对地观测卫星
2506	1980-29A	Zenit-4MKM-37	天顶-4MKM-37	苏联	拜科努尔航天发射中心	Soyuz-U	联盟-U	19800417	对地观测卫星

续表

序号	国际代号	外文名	中文名	所属国家、地区或组织	发射地点	发射工具外文名	发射工具中文名	发射时间	航天器类型
2507	1980-30A	IS-A-10	卫星拦截器-A-10	苏联	拜科努尔航天发射中心	Tsyklon-2	旋风-2	19800418	科学与技术试验卫星
2508	1980-31A	Molniya-3-12	闪电-3-12	苏联	普列谢茨克航天发射中心	Molniya-M/Blok-ML	闪电-M/上面级ML	19800418	通信广播卫星
2509	1980-32A	GPS-06	导航星-06	美国	范登堡空军基地	Atlas-F SGS-1	宇宙神F-SGS-1	19800426	导航定位卫星
2510	1980-33A	Progress-09	进步-09	苏联	拜科努尔航天发射中心	Soyuz-U	联盟-U	19800427	载人及货运航天器
2511	1980-34A	RORSAT-16	雷达型海洋监视卫星-16	苏联	拜科努尔航天发射中心	Tsyklon-2	旋风-2	19800429	对地观测卫星
2512	1980-35A	Yantar-4K1-02	琥珀-4K1-02	苏联	拜科努尔航天发射中心	Soyuz-U	联盟-U	19800429	对地观测卫星
2513	1980-36A	Zenit-6-18	天顶-6-18	苏联	普列谢茨克航天发射中心	Soyuz-U	联盟-U	19800507	对地观测卫星
2514	1980-37A	Taifun-1Yu-02	台风-1Yu-02	苏联	普列谢茨克航天发射中心	Cosmos-3M	宇宙-3M	19800514	科学与技术试验卫星
2515	1980-38A	Zenit-4MT-18	天顶-4MT-18	苏联	普列谢茨克航天发射中心	Soyuz-U	联盟-U	19800515	对地观测卫星
2516	1980-39A	Parus-24	帆-24	苏联	普列谢茨克航天发射中心	Cosmos-3M	宇宙-3M	19800520	导航定位卫星
2517	1980-40A	Zenit-4MKT-13	天顶-4MKT-13	苏联	普列谢茨克航天发射中心	Soyuz-U	联盟-U	19800523	对地观测卫星
2518	1980-41A	Soyuz-36	联盟-36	苏联	拜科努尔航天发射中心	Soyuz	联盟号	19800526	载人及货运航天器
2519	1980-42A	Zenit-6-19	天顶-6-19	苏联	普列谢茨克航天发射中心	Soyuz-U	联盟-U	19800528	对地观测卫星
2520	1980-43A	NOAA-B	国家大气和海洋局卫星-B	美国	范登堡空军基地	Atlas-F Star-37S-ISS	宇宙神F-星37S-ISS	19800529	对地观测卫星
2521	1980-44A	Tselina-D-25	处女地-D-25	苏联	普列谢茨克航天发射中心	Vostok-2M	东方-2M	19800604	对地观测卫星
2522	1980-45A	Soyuz T-2	联盟T-2	苏联	拜科努尔航天发射中心	Soyuz-U	联盟-U	19800605	载人及货运航天器
2523	1980-46A	Resurs-F1 17F41-02	资源-F1 17F41-02	苏联	普列谢茨克航天发射中心	Soyuz-U	联盟-U	19800606	对地观测卫星
2524	1980-47A	Taifun-2-07	台风-2-07	苏联	普列谢茨克航天发射中心	Cosmos-3M	宇宙-3M	19800606	科学与技术试验卫星
2525	1980-48A	Zenit-6-20	天顶-6-20	苏联	普列谢茨克航天发射中心	Soyuz-U	联盟-U	19800612	对地观测卫星
2526	1980-49A	Gorizont-4	地平线-4	苏联	拜科努尔航天发射中心	Proton-K/Blok-DM	质子-K/上面级DM	19800613	通信广播卫星
2527	1980-50A	Oko-15	眼睛-15	苏联	普列谢茨克航天发射中心	Molniya-M/Blok-2BL	闪电-M/上面级2BL	19800614	对地观测卫星
2528	1980-51A	Meteor-1-30	流星-1-30	苏联	普列谢茨克航天发射中心	Vostok-2M	东方-2M	19800618	对地观测卫星
2529	1980-52A	KH-9-16	锁眼-9-16	美国	范登堡空军基地	Titan-3D	大力神-3D	19800618	对地观测卫星
2530	1980-52C	P-801-06	雪貂子卫星C-06	美国	范登堡空军基地	Titan-3D	大力神-3D	19800618	对地观测卫星
2531	1980-53A	Molniya-1T-53	闪电-1T-53	苏联	普列谢茨克航天发射中心	Molniya-M/Blok-ML	闪电-M/上面级ML	19800621	通信广播卫星
2532	1980-54A	Zenit-6-21	天顶-6-21	苏联	普列谢茨克航天发射中心	Soyuz-U	联盟-U	19800626	对地观测卫星
2533	1980-55A	Progress-10	进步-10	苏联	拜科努尔航天发射中心	Soyuz-U	联盟-U	19800629	载人及货运航天器

续表

序号	国际代号	外文名	中文名	所属国家、地区或组织	发射地点	发射工具外文名	发射工具中文名	发射时间	航天器类型
2534	1980-56A	Strela-2M-23	天箭座-2M-23	苏联	普列谢茨克航天发射中心	Cosmos-3M	宇宙-3M	19800701	通信广播卫星
2535	1980-57A	Oko-16	眼睛-16	苏联	普列谢茨克航天发射中心	Molniya-M/Blok-2BL	闪电-M/上面级2BL	19800702	对地观测卫星
2536	1980-58A	Strela-1M-193	天箭座-1M-193	苏联	普列谢茨克航天发射中心	Cosmos-3M	宇宙-3M	19800709	通信广播卫星
2537	1980-58B	Strela-1M-194	天箭座-1M-194	苏联	普列谢茨克航天发射中心	Cosmos-3M	宇宙-3M	19800709	通信广播卫星
2538	1980-58C	Strela-1M-195	天箭座-1M-195	苏联	普列谢茨克航天发射中心	Cosmos-3M	宇宙-3M	19800709	通信广播卫星
2539	1980-58D	Strela-1M-196	天箭座-1M-196	苏联	普列谢茨克航天发射中心	Cosmos-3M	宇宙-3M	19800709	通信广播卫星
2540	1980-58E	Strela-1M-197	天箭座-1M-197	苏联	普列谢茨克航天发射中心	Cosmos-3M	宇宙-3M	19800709	通信广播卫星
2541	1980-58F	Strela-1M-198	天箭座-1M-198	苏联	普列谢茨克航天发射中心	Cosmos-3M	宇宙-3M	19800709	通信广播卫星
2542	1980-58G	Strela-1M-199	天箭座-1M-199	苏联	普列谢茨克航天发射中心	Cosmos-3M	宇宙-3M	19800709	通信广播卫星
2543	1980-58H	Strela-1M-200	天箭座-1M-200	苏联	普列谢茨克航天发射中心	Cosmos-3M	宇宙-3M	19800709	通信广播卫星
2544	1980-59A	Zenit-6-22	天顶-6-22	苏联	普列谢茨克航天发射中心	Soyuz-U	联盟-U	19800709	对地观测卫星
2545	1980-60A	Ekran-05	荧光屏-05	苏联	拜科努尔航天发射中心	Proton-K/Blok-DM	质子-K/上面级DM	19800714	通信广播卫星
2546	1980-61A	Zenit-4MKT-14	天顶-4MKT-14	苏联	普列谢茨克航天发射中心	Soyuz-U	联盟-U	19800715	对地观测卫星
2547	1980-62A	Rohini-1B	罗西尼-1B	印度	萨提斯达瓦航天中心	SLV-3	卫星运载火箭-3	19800718	科学与技术试验卫星
2548	1980-63A	Molniya-3-13	闪电-3-13	苏联	普列谢茨克航天发射中心	Molniya-M/Blok-ML	闪电-M/上面级ML	19800718	通信广播卫星
2549	1980-64A	Soyuz-37	联盟-37	苏联	拜科努尔航天发射中心	Soyuz	联盟号	19800723	载人及货运航天器
2550	1980-65A	Zenit-6-23	天顶-6-23	苏联	普列谢茨克航天发射中心	Soyuz-U	联盟-U	19800725	对地观测卫星
2551	1980-66A	Resurs-F1 17F41-03	资源-F1 17F41-03	苏联	普列谢茨克航天发射中心	Soyuz-U	联盟-U	19800731	对地观测卫星
2552	1980-67A	Taifun-2-08	台风-2-08	苏联	卡普斯金亚尔航天发射中心	Cosmos-3M	宇宙-3M	19800731	科学与技术试验卫星
2553	1980-68A	Zenit-6-24	天顶-6-24	苏联	普列谢茨克航天发射中心	Soyuz-U	联盟-U	19800812	对地观测卫星
2554	1980-69A	Tselina-D-26	处女地-D-26	苏联	普列谢茨克航天发射中心	Vostok-2M	东方-2M	19800815	对地观测卫星
2555	1980-70A	Zenit-4MKT-15	天顶-4MKT-15	苏联	普列谢茨克航天发射中心	Soyuz-U	联盟-U	19800822	对地观测卫星
2556	1980-71A	Yantar-2K-13	琥珀-2K-13	苏联	普列谢茨克航天发射中心	Soyuz-U	联盟-U	19800826	对地观测卫星
2557	1980-72A	Resurs-F1 17F41-04	资源-F1 17F41-04	苏联	普列谢茨克航天发射中心	Soyuz-U	联盟-U	19800903	对地观测卫星
2558	1980-73A	Meteor-2-06	流星-2-06	苏联	普列谢茨克航天发射中心	Vostok-2M	东方-2M	19800909	对地观测卫星
2559	1980-74A	GOES-D	地球静止环境业务卫星-D	美国	卡纳维拉尔角航天发射场	Delta-3914	德尔它-3914	19800909	对地观测卫星
2560	1980-75A	Soyuz-38	联盟-38	苏联	拜科努尔航天发射中心	Soyuz	联盟号	19800918	载人及货运航天器

续表

序号	国际代号	外文名	中文名	所属国家、地区或组织	发射地点	发射工具外文名	发射工具中文名	发射时间	航天器类型
2561	1980-76A	Zenit-6-25	天顶-6-25	苏联	普列谢茨克航天发射中心	Soyuz-U	联盟-U	19800919	对地观测卫星
2562	1980-77A	Zenit-4MT-19	天顶-4MT-19	苏联	普列谢茨克航天发射中心	Soyuz-U	联盟-U	19800923	对地观测卫星
2563	1980-78A	Zenit-4MKT-16	天顶-4MKT-16	苏联	普列谢茨克航天发射中心	Soyuz-U	联盟-U	19800926	对地观测卫星
2564	1980-79A	Progress-11	进步-11	苏联	拜科努尔航天发射中心	Soyuz-U	联盟-U	19800928	载人及货运航天器
2565	1980-80A	Zenit-6-26	天顶-6-26	苏联	普列谢茨克航天发射中心	Soyuz-U	联盟-U	19801003	对地观测卫星
2566	1980-81A	Raduga-07	虹-07	苏联	拜科努尔航天发射中心	Proton-K/Blok-DM	质子-K/上面级DM	19801005	通信广播卫星
2567	1980-82A	Zenit-4MKM-38	天顶-4MKM-38	苏联	普列谢茨克航天发射中心	Soyuz-U	联盟-U	19801010	对地观测卫星
2568	1980-83A	Tselina-O-40	处女地-O-40	苏联	普列谢茨克航天发射中心	Cosmos-3M	宇宙-3M	19801014	对地观测卫星
2569	1980-84A	Zenit-6-27	天顶-6-27	苏联	普列谢茨克航天发射中心	Soyuz-U	联盟-U	19801016	对地观测卫星
2570	1980-85A	Oko-17	眼睛-17	苏联	普列谢茨克航天发射中心	Molniya-M/Blok-2BL	闪电-M/上面级2BL	19801024	对地观测卫星
2571	1980-86A	Yantar-4K1-03	琥珀-4K1-03	苏联	普列谢茨克航天发射中心	Soyuz-U	联盟-U	19801030	对地观测卫星
2572	1980-87A	Fltsatcom-4	舰队卫星通信-4	美国	卡纳维拉尔角发射场	Atlas-SLV3D Centaur-D1AR	宇宙神SLV3D-半人马座D1AR	19801031	通信广播卫星
2573	1980-88A	Zenit-6-28	天顶-6-28	苏联	普列谢茨克航天发射中心	Soyuz-U	联盟-U	19801031	对地观测卫星
2574	1980-89A	US-P-09	电子型海洋监视卫星-09	苏联	拜科努尔航天发射中心	Tsyklon-2	旋风-2	19801104	对地观测卫星
2575	1980-90A	Zenit-6-29	天顶-6-29	苏联	普列谢茨克航天发射中心	Soyuz-U	联盟-U	19801112	对地观测卫星
2576	1980-91A	SBS-1	卫星商用系统-1	美国	卡纳维拉尔角发射场	Delta-3910 PAM-D	德尔它-3910-有效载荷辅助舱D	19801115	通信广播卫星
2577	1980-92A	Molniya-1T-54	闪电-1T-54	苏联	普列谢茨克航天发射中心	Molniya-M/Blok-ML	闪电-M/上面级ML	19801116	通信广播卫星
2578	1980-93A	Tselina-D-27	处女地-D-27	苏联	普列谢茨克航天发射中心	Vostok-2M	东方-2M	19801121	对地观测卫星
2579	1980-94A	Soyuz T-3	联盟T-3	苏联	拜科努尔航天发射中心	Soyuz-U	联盟-U	19801127	载人及货运航天器
2580	1980-95A	Oko-18	眼睛-18	苏联	普列谢茨克航天发射中心	Molniya-M/Blok-2BL	闪电-M/上面级2BL	19801127	对地观测卫星
2581	1980-96A	Zenit-6-30	天顶-6-30	苏联	普列谢茨克航天发射中心	Soyuz-U	联盟-U	19801201	对地观测卫星
2582	1980-97A	Parus-25	帆-25	苏联	普列谢茨克航天发射中心	Cosmos-3M	宇宙-3M	19801205	导航定位卫星
2583	1980-98A	Intelsat-5 2	国际通信卫星-5 2	国际通信卫星组织	卡纳维拉尔角发射场	Atlas-SLV3D Centaur-D1AR	宇宙神SLV3D-半人马座D1AR	19801206	通信广播卫星
2584	1980-99A	Tsikada-07	蝉-07	苏联	普列谢茨克航天发射中心	Cosmos-3M	宇宙-3M	19801210	导航定位卫星
2585	1980-100A	SDS-1-4	卫星数据系统-1-4	美国	范登堡空军基地	Titan-3 (34) B Agena-D	大力神-3 (34) B-阿金纳D	19801213	通信广播卫星
2586	1980-101A	Zenit-6-31	天顶-6-31	苏联	普列谢茨克航天发射中心	Soyuz-U	联盟-U	19801216	对地观测卫星
2587	1980-102A	Strela-1M-201	天箭座-1M-201	苏联	普列谢茨克航天发射中心	Cosmos-3M	宇宙-3M	19801224	通信广播卫星

续表

序号	国际代号	外文名	中文名	所属国家、地区或组织	发射地点	发射工具外文名	发射工具中文名	发射时间	航天器类型
2588	1980-102B	Strela-1M-202	天箭座-1M-202	苏联	普列谢茨克航天发射中心	Cosmos-3M	宇宙-3M	19801224	通信广播卫星
2589	1980-102C	Strela-1M-203	天箭座-1M-203	苏联	普列谢茨克航天发射中心	Cosmos-3M	宇宙-3M	19801224	通信广播卫星
2590	1980-102D	Strela-1M-204	天箭座-1M-204	苏联	普列谢茨克航天发射中心	Cosmos-3M	宇宙-3M	19801224	通信广播卫星
2591	1980-102E	Strela-1M-205	天箭座-1M-205	苏联	普列谢茨克航天发射中心	Cosmos-3M	宇宙-3M	19801224	通信广播卫星
2592	1980-102F	Strela-1M-206	天箭座-1M-206	苏联	普列谢茨克航天发射中心	Cosmos-3M	宇宙-3M	19801224	通信广播卫星
2593	1980-102G	Strela-1M-207	天箭座-1M-207	苏联	普列谢茨克航天发射中心	Cosmos-3M	宇宙-3M	19801224	通信广播卫星
2594	1980-102H	Strela-1M-208	天箭座-1M-208	苏联	普列谢茨克航天发射中心	Cosmos-3M	宇宙-3M	19801224	通信广播卫星
2595	1980-103A	Prognoz-8	预报-8	苏联	拜科努尔航天发射中心	Molniya-M/Blok-SO-L	闪电-M/上面级 SO-L	19801225	科学与技术试验卫星
2596	1980-104A	Ekran-06	荧光屏-06	苏联	拜科努尔航天发射中心	Proton-K/Blok-DM	质子-K/上面级 DM	19801226	通信广播卫星
2597	1980-105A	Yantar-2K-14	琥珀-2K-14	苏联	普列谢茨克航天发射中心	Soyuz-U	联盟-U	19801226	对地观测卫星
2598	1981-01A	Zenit-6-32	天顶-6-32	苏联	普列谢茨克航天发射中心	Soyuz-U	联盟-U	19810106	对地观测卫星
2599	1981-02A	Molniya-3-14	闪电-3-14	苏联	普列谢茨克航天发射中心	Molniya-M/Blok-ML	闪电-M/上面级 ML	19810109	通信广播卫星
2600	1981-03A	Taifun-1-12	台风-1-12	苏联	普列谢茨克航天发射中心	Cosmos-3M	宇宙-3M	19810116	科学与技术试验卫星
2601	1981-04A	Zenit-4MT-20	天顶-4MT-20	苏联	普列谢茨克航天发射中心	Soyuz-U	联盟-U	19810116	对地观测卫星
2602	1981-05A	Yantar-2K-15	琥珀-2K-15	苏联	普列谢茨克航天发射中心	Soyuz-U	联盟-U	19810120	对地观测卫星
2603	1981-06A	DS-P1-M-14	第聂伯罗彼得罗夫斯克卫星-P1-M-14	苏联	普列谢茨克航天发射中心	Cosmos-3M	宇宙-3M	19810121	科学与技术试验卫星
2604	1981-07A	Progress-12	进步-12	苏联	拜科努尔航天发射中心	Soyuz-U	联盟-U	19810124	载人及货运航天器
2605	1981-08A	Tselina-D-28	处女地-D-28	苏联	普列谢茨克航天发射中心	Vostok-2M	东方-2M	19810127	对地观测卫星
2606	1981-09A	Molniya-3-15	闪电-3-15	苏联	普列谢茨克航天发射中心	Molniya-M/Blok-ML	闪电-M/上面级 ML	19810130	通信广播卫星
2607	1981-10A	IS-A-11	卫星拦截器-A-11	苏联	拜科努尔航天发射中心	Tsyklon-2	旋风-2	19810202	科学与技术试验卫星
2608	1981-11A	Intercosmos-21	国际宇宙-21	苏联	普列谢茨克航天发射中心	Cosmos-3M	宇宙-3M	19810206	科学与技术试验卫星
2609	1981-12A	ETS-4	工程试验卫星-4	日本	种子岛航天中心	N-2 Star-37E	N-2-星 37E	19810211	科学与技术试验卫星
2610	1981-13A	Parus-26	帆-26	苏联	普列谢茨克航天发射中心	Cosmos-3M	宇宙-3M	19810212	导航定位卫星
2611	1981-14A	Zenit-6-33	天顶-6-33	苏联	普列谢茨克航天发射中心	Soyuz-U	联盟-U	19810213	对地观测卫星
2612	1981-15A	Yantar-1KFT-01	琥珀-1KFT-01	苏联	拜科努尔航天发射中心	Soyuz-U	联盟-U	19810218	对地观测卫星
2613	1981-16A	Oko-19	眼睛-19	苏联	普列谢茨克航天发射中心	Molniya-M/Blok-2BL	闪电-M/上面级 2BL	19810219	对地观测卫星
2614	1981-17A	Astro-A	天文-A	日本	鹿儿岛航天中心	M-3S	M-3S	19810221	科学与技术试验卫星

续表

序号	国际代号	外文名	中文名	所属国家、地区或组织	发射地点	发射工具外文名	发射工具中文名	发射时间	航天器类型
2615	1981-18A	Comstar-4	通信星-4	美国	卡纳维拉尔角发射场	Atlas-SLV3D Centaur-D1AR	宇宙神 SLV3D-半人马座 D1AR	19810221	通信广播卫星
2616	1981-19A	KH-8-51	锁眼-8-51	美国	范登堡空军基地	Titan-3 (24) B Agena-D	大力神-3 (24) B-阿金纳 D	19810228	对地观测卫星
2617	1981-20A	Yantar-2K-16	琥珀-2K-16	苏联	普列谢茨克航天发射中心	Soyuz-U	联盟-U	19810305	对地观测卫星
2618	1981-21A	RORSAT-17	雷达型海洋监视卫星-17	苏联	拜科努尔航天发射中心	Tsyklon-2	旋风-2	19810305	对地观测卫星
2619	1981-22A	Strela-1M-209	天箭座-1M-209	苏联	普列谢茨克航天发射中心	Cosmos-3M	宇宙-3M	19810306	通信广播卫星
2620	1981-22B	Strela-1M-210	天箭座-1M-210	苏联	普列谢茨克航天发射中心	Cosmos-3M	宇宙-3M	19810306	通信广播卫星
2621	1981-22C	Strela-1M-211	天箭座-1M-211	苏联	普列谢茨克航天发射中心	Cosmos-3M	宇宙-3M	19810306	通信广播卫星
2622	1981-22D	Strela-1M-212	天箭座-1M-212	苏联	普列谢茨克航天发射中心	Cosmos-3M	宇宙-3M	19810306	通信广播卫星
2623	1981-22E	Strela-1M-213	天箭座-1M-213	苏联	普列谢茨克航天发射中心	Cosmos-3M	宇宙-3M	19810306	通信广播卫星
2624	1981-22F	Strela-1M-214	天箭座-1M-214	苏联	普列谢茨克航天发射中心	Cosmos-3M	宇宙-3M	19810306	通信广播卫星
2625	1981-22G	Strela-1M-215	天箭座-1M-215	苏联	普列谢茨克航天发射中心	Cosmos-3M	宇宙-3M	19810306	通信广播卫星
2626	1981-22H	Strela-1M-216	天箭座-1M-216	苏联	普列谢茨克航天发射中心	Cosmos-3M	宇宙-3M	19810306	通信广播卫星
2627	1981-23A	Soyuz T-4	联盟 T-4	苏联	拜科努尔航天发射中心	Soyuz-U	联盟-U	19810312	载人及货运航天器
2628	1981-24A	IS-A-12	卫星拦截器-A-12	苏联	拜科努尔航天发射中心	Tsyklon-2	旋风-2	19810314	科学与技术试验卫星
2629	1981-25A	DSP-09	国防支援计划-09	美国	卡纳维拉尔角发射场	Titan-3 (23) C	大力神-3 (23) C	19810316	对地观测卫星
2630	1981-26A	Zenit-6-34	天顶-6-34	苏联	拜科努尔航天发射中心	Soyuz-U	联盟-U	19810317	对地观测卫星
2631	1981-27A	Raduga-08	虹-08	苏联	拜科努尔航天发射中心	Proton-K/Blok-DM	质子-K/上面级 DM	19810318	通信广播卫星
2632	1981-28A	US-P-10	电子型海洋监视卫星-10	苏联	拜科努尔航天发射中心	Tsyklon-2	旋风-2	19810320	对地观测卫星
2633	1981-29A	Soyuz-39	联盟-39	苏联	拜科努尔航天发射中心	Soyuz	联盟号	19810322	载人及货运航天器
2634	1981-30A	Molniya-3-16	闪电-3-16	苏联	普列谢茨克航天发射中心	Molniya-M/Blok-ML	闪电-M/上面级 ML	19810324	通信广播卫星
2635	1981-31A	Oko-20	眼睛-20	苏联	普列谢茨克航天发射中心	Molniya-M/Blok-2BL	闪电-M/上面级 2BL	19810331	对地观测卫星
2636	1981-32A	Zenit-6-35	天顶-6-35	苏联	拜科努尔航天发射中心	Soyuz-U	联盟-U	19810407	对地观测卫星
2637	1981-33A	Taifun-1-13	台风-1-13	苏联	普列谢茨克航天发射中心	Cosmos-3M	宇宙-3M	19810409	科学与技术试验卫星
2638	1981-34A	STS-1	空间运输系统-1	美国	卡纳维拉尔角发射场	Columbia	哥伦比亚号	19810412	载人及货运航天器
2639	1981-35A	Zenit-6-36	天顶-6-36	苏联	拜科努尔航天发射中心	Soyuz-U	联盟-U	19810415	对地观测卫星
2640	1981-36A	Zenit-6-37	天顶-6-37	苏联	普列谢茨克航天发射中心	Soyuz-U	联盟-U	19810416	对地观测卫星
2641	1981-37A	RORSAT-18	雷达型海洋监视卫星-18	苏联	拜科努尔航天发射中心	Tsyklon-2	旋风-2	19810421	对地观测卫星

续表

序号	国际代号	外文名	中文名	所属国家、地区或组织	发射地点	发射工具外文名	发射工具中文名	发射时间	航天器类型
2642	1981-38A	Jumpseat-06	折叠椅-06	美国	范登堡空军基地	Titan-3 (34) B Agena-D	大力神-3 (34) B-阿金纳D	19810424	对地观测卫星
2643	1981-39A	TKS-2	运输补给飞船-2	苏联	拜科努尔航天发射中心	Proton-K	质子-K	19810425	载人及货运航天器
2644	1981-40A	Zenit-6-38	天顶-6-38	苏联	拜科努尔航天发射中心	Soyuz-U	联盟-U	19810428	对地观测卫星
2645	1981-41A	Strela-2M-24	天箭座-2M-24	苏联	普列谢茨克航天发射中心	Cosmos-3M	宇宙-3M	19810507	通信广播卫星
2646	1981-42A	Soyuz-40	联盟-40	苏联	拜科努尔航天发射中心	Soyuz	联盟号	19810514	载人及货运航天器
2647	1981-43A	Meteor-2-07	流星-2-07	苏联	普列谢茨克航天发射中心	Vostok-2M	东方-2M	19810514	对地观测卫星
2648	1981-44A	Nova-1	新星-1	美国	范登堡空军基地	Scout-G1	侦察兵-G1	19810515	导航定位卫星
2649	1981-45A	Yantar-2K-18	琥珀-2K-18	苏联	普列谢茨克航天发射中心	Soyuz-U	联盟-U	19810518	对地观测卫星
2650	1981-46A	Tselina-D-29	处女地-D-29	苏联	普列谢茨克航天发射中心	Vostok-2M	东方-2M	19810519	对地观测卫星
2651	1981-47A	Zenit-6-39	天顶-6-39	苏联	普列谢茨克航天发射中心	Soyuz-U	联盟-U	19810521	对地观测卫星
2652	1981-48A	Zenit-4MKT-17	天顶-4MKT-17	苏联	普列谢茨克航天发射中心	Soyuz-U	联盟-U	19810522	对地观测卫星
2653	1981-49A	GOES-E	地球静止环境业务卫星-E	美国	卡纳维拉尔角发射场	Delta-3914	德尔它-3914	19810522	对地观测卫星
2654	1981-50A	Intelsat-5 1	国际通信卫星-5 1	国际通信卫星组织	卡纳维拉尔角发射场	Atlas-SLV3D Centaur-DIAR	宇宙神SLV3D-半人马座DIAR	19810523	通信广播卫星
2655	1981-51A	Rohini-2	罗西尼-2	印度	萨提斯达瓦航天发射中心	SLV-3	卫星运载火箭-3	19810531	科学与技术试验卫星
2656	1981-52A	Yantar-2K-19	琥珀-2K-19	苏联	普列谢茨克航天发射中心	Soyuz-U	联盟-U	19810603	对地观测卫星
2657	1981-53A	Parus-27	帆-27	苏联	普列谢茨克航天发射中心	Cosmos-3M	宇宙-3M	19810604	导航定位卫星
2658	1981-54A	Molniya-3-17	闪电-3-17	苏联	普列谢茨克航天发射中心	Molniya-M/Blok-ML	闪电-M/上面级ML	19810609	通信广播卫星
2659	1981-55A	Zenit-4MKT-18	天顶-4MKT-18	苏联	普列谢茨克航天发射中心	Soyuz-U	联盟-U	19810616	对地观测卫星
2660	1981-56A	Zenit-6-40	天顶-6-40	苏联	拜科努尔航天发射中心	Soyuz-U	联盟-U	19810617	对地观测卫星
2661	1981-57A	Meteosat-2	气象卫星-2	欧洲航天局	圭亚那航天中心	Ariane-1	阿里安-1	19810619	对地观测卫星
2662	1981-57B	Apple	艾普尔	印度	圭亚那航天中心	Ariane-1	阿里安-1	19810619	通信广播卫星
2663	1981-57C	CAT-3	阿里安技术试验舱-3	欧洲航天局	圭亚那航天中心	Ariane-1	阿里安-1	19810619	科学与技术试验卫星
2664	1981-58A	Oko-21	眼睛-21	苏联	普列谢茨克航天发射中心	Molniya-M/Blok-2BL	闪电-M/上面级2BL	19810619	对地观测卫星
2665	1981-59A	NOAA-C	国家大气和海洋局卫星-C	美国	范登堡空军基地	Atlas-F Star-37S-ISS	宇宙神F-星37S-ISS	19810623	对地观测卫星
2666	1981-60A	Molniya-1T-55	闪电-1T-55	苏联	普列谢茨克航天发射中心	Molniya-M/Blok-ML	闪电-M/上面级ML	19810624	通信广播卫星
2667	1981-61A	Ekran-07	荧光屏-07	苏联	拜科努尔航天发射中心	Proton-K/Blok-DM	质子-K/上面级DM	19810626	通信广播卫星
2668	1981-62A	Zenit-6-41	天顶-6-41	苏联	拜科努尔航天发射中心	Soyuz-U	联盟-U	19810701	对地观测卫星

续表

序号	国际代号	外文名	中文名	所属国家、地区或组织	发射地点	发射工具外文名	发射工具中文名	发射时间	航天器类型
2669	1981-63A	Resurs-F1 17F41-05	资源-F1 17F41-05	苏联	普列谢茨克航天发射中心	Soyuz-U	联盟-U	19810702	对地观测卫星
2670	1981-64A	Zenit-6-42	天顶-6-42	苏联	普列谢茨克航天发射中心	Soyuz-U	联盟-U	19810707	对地观测卫星
2671	1981-65A	Meteor-1-31	流星-1-31	苏联	普列谢茨克航天发射中心	Vostok-2M	东方-2M	19810710	对地观测卫星
2672	1981-65C	Iskra-1	火花-1	苏联	普列谢茨克航天发射中心	Vostok-2M	东方-2M	19810710	科学与技术试验卫星
2673	1981-66A	Yantar-2K-20	琥珀-2K-20	苏联	拜科努尔航天发射中心	Soyuz-U	联盟-U	19810715	对地观测卫星
2674	1981-67A	Zenit-6-43	天顶-6-43	苏联	普列谢茨克航天发射中心	Soyuz-U	联盟-U	19810717	对地观测卫星
2675	1981-68A	Zenit-6-44	天顶-6-44	苏联	普列谢茨克航天发射中心	Soyuz-U	联盟-U	19810729	对地观测卫星
2676	1981-69A	Raduga-09	虹-09	苏联	拜科努尔航天发射中心	Proton-K/Blok-DM	质子-K/上面级DM	19810731	通信广播卫星
2677	1981-70A	Dynamics Explorer-1	动力学探险者-1	美国	范登堡空军基地	Delta-3913	德尔它-3913	19810803	科学与技术试验卫星
2678	1981-70B	Dynamics Explorer-2	动力学探险者-2	美国	范登堡空军基地	Delta-3913	德尔它-3913	19810803	科学与技术试验卫星
2679	1981-71A	Oko-22	眼睛-22	苏联	普列谢茨克航天发射中心	Molniya-M/Blok-2BL	闪电-M/上面级2BL	19810804	对地观测卫星
2680	1981-72A	US-P-11	电子型海洋监视卫星-11	苏联	拜科努尔航天发射中心	Tsyklon-2	旋风-2	19810804	对地观测卫星
2681	1981-73A	Fltsatcom-5	舰队卫星通信-5	美国	卡纳维拉尔角发射场	Atlas-SLV3D Centaur-D1AR	宇宙神 SLV3D-半人马座 D1AR	19810806	通信广播卫星
2682	1981-74A	Strela-1M-217	天箭座-1M-217	苏联	普列谢茨克航天发射中心	Cosmos-3M	宇宙-3M	19810806	通信广播卫星
2683	1981-74B	Strela-1M-218	天箭座-1M-218	苏联	普列谢茨克航天发射中心	Cosmos-3M	宇宙-3M	19810806	通信广播卫星
2684	1981-74C	Strela-1M-219	天箭座-1M-219	苏联	普列谢茨克航天发射中心	Cosmos-3M	宇宙-3M	19810806	通信广播卫星
2685	1981-74D	Strela-1M-220	天箭座-1M-220	苏联	普列谢茨克航天发射中心	Cosmos-3M	宇宙-3M	19810806	通信广播卫星
2686	1981-74E	Strela-1M-221	天箭座-1M-221	苏联	普列谢茨克航天发射中心	Cosmos-3M	宇宙-3M	19810806	通信广播卫星
2687	1981-74F	Strela-1M-222	天箭座-1M-222	苏联	普列谢茨克航天发射中心	Cosmos-3M	宇宙-3M	19810806	通信广播卫星
2688	1981-74G	Strela-1M-223	天箭座-1M-223	苏联	普列谢茨克航天发射中心	Cosmos-3M	宇宙-3M	19810806	通信广播卫星
2689	1981-74H	Strela-1M-224	天箭座-1M-224	苏联	普列谢茨克航天发射中心	Cosmos-3M	宇宙-3M	19810806	通信广播卫星
2690	1981-75A	Bulgaria 1300	保加利亚1300	苏联	普列谢茨克航天发射中心	Vostok-2M	东方-2M	19810807	科学与技术试验卫星
2691	1981-76A	Himawari-2	向日葵-2(地球静止气象卫星-2)	日本	种子岛航天中心	N-2 Star-37E	N-2-星37E	19810811	对地观测卫星
2692	1981-77A	Parus-28	帆-28	苏联	普列谢茨克航天发射中心	Cosmos-3M	宇宙-3M	19810812	导航定位卫星
2693	1981-78A	Yantar-2K-21	琥珀-2K-21	苏联	普列谢茨克航天发射中心	Soyuz-U	联盟-U	19810813	对地观测卫星
2694	1981-79A	Zenit-6-45	天顶-6-45	苏联	普列谢茨克航天发射中心	Soyuz-U	联盟-U	19810818	对地观测卫星
2695	1981-80A	Yantar-4K2-01	琥珀-4K2-01	苏联	拜科努尔航天发射中心	Soyuz-U	联盟-U	19810821	对地观测卫星

续表

序号	国际代号	外文名	中文名	所属国家、地区或组织	发射地点	发射工具外文名	发射工具中文名	发射时间	航天器类型
2696	1981-81A	RORSAT-19	雷达型海洋监视卫星-19	苏联	拜科努尔航天发射中心	Tsyklon-2	旋风-2	19810824	对地观测卫星
2697	1981-82A	Tselina-D-30	处女地-D-30	苏联	普列谢茨克航天发射中心	Tsyklon-3	旋风-3	19810824	对地观测卫星
2698	1981-83A	Resurs-F1 17F41-06	资源-F1 17F41-06	苏联	普列谢茨克航天发射中心	Soyuz-U	联盟-U	19810827	对地观测卫星
2699	1981-84A	Strela-2M-25	天箭座-2M-25	苏联	普列谢茨克航天发射中心	Cosmos-3M	宇宙-3M	19810828	通信广播卫星
2700	1981-85A	KH-11-04	锁眼-11-04	美国	范登堡空军基地	Titan-3D	大力神-3D	19810903	对地观测卫星
2701	1981-86A	Zenit-6-46	天顶-6-46	苏联	拜科努尔航天发射中心	Soyuz-U	联盟-U	19810904	对地观测卫星
2702	1981-87A	Tsikada-08	蝉-08	苏联	普列谢茨克航天发射中心	Cosmos-3M	宇宙-3M	19810904	导航定位卫星
2703	1981-88A	Molniya-3-18	闪电-3-18	苏联	普列谢茨克航天发射中心	Molniya-M/Blok-ML	闪电-M/上面级 ML	19810911	通信广播卫星
2704	1981-89A	US-P-12	电子型海洋监视卫星-12	苏联	拜科努尔航天发射中心	Tsyklon-2	旋风-2	19810914	对地观测卫星
2705	1981-90A	Zenit-6-47	天顶-6-47	苏联	普列谢茨克航天发射中心	Soyuz-U	联盟-U	19810915	对地观测卫星
2706	1981-91A	Parus-29	帆-29	苏联	普列谢茨克航天发射中心	Cosmos-3M	宇宙-3M	19810918	导航定位卫星
2707	1981-92A	Zenit-4MT-21	天顶-4MT-21	苏联	普列谢茨克航天发射中心	Soyuz-U	联盟-U	19810918	对地观测卫星
2708	1981-93A	SJ-2	实践-2	中国	酒泉航天发射中心	FB-1	风暴-1	19810919	科学与技术试验卫星
2709	1981-93B	SJ-2A	实践-2A	中国	酒泉航天发射中心	FB-1	风暴-1	19810919	科学与技术试验卫星
2710	1981-93D	SJ-2B	实践-2B	中国	酒泉航天发射中心	FB-1	风暴-1	19810919	科学与技术试验卫星
2711	1981-94A	Aureole-3	华盖-3	苏联/法国	普列谢茨克航天发射中心	Tsyklon-3	旋风-3	19810921	科学与技术试验卫星
2712	1981-95A	Taifun-1-14	台风-1-14	苏联	普列谢茨克航天发射中心	Cosmos-3M	宇宙-3M	19810923	科学与技术试验卫星
2713	1981-96A	SBS-2	卫星商用系统-2	美国	卡纳维拉尔角发射场	Delta-3910 PAM-D	德尔它-3910-有效载荷辅助舱 D	19810924	通信广播卫星
2714	1981-97A	Taifun-2-09	台风-2-09	苏联	普列谢茨克航天发射中心	Cosmos-3M	宇宙-3M	19810928	科学与技术试验卫星
2715	1981-98A	Geo-IK-02	测地-IK-02	苏联	普列谢茨克航天发射中心	Tsyklon-3	旋风-3	19810930	对地观测卫星
2716	1981-99A	Zenit-6-48	天顶-6-48	苏联	拜科努尔航天发射中心	Soyuz-U	联盟-U	19811001	对地观测卫星
2717	1981-100A	SME	太阳-地球中层大气探险者	美国	范登堡空军基地	Delta-2310	德尔它-2310	19811006	科学与技术试验卫星
2718	1981-100B	UoSAT-1	萨里大学卫星-1	英国	范登堡空军基地	Delta-2310	德尔它-2310	19811006	科学与技术试验卫星
2719	1981-101A	Zenit-4MKT-19	天顶-4MKT-19	苏联	普列谢茨克航天发射中心	Soyuz-U	联盟-U	19811009	对地观测卫星
2720	1981-102A	Raduga-10	虹-10	苏联	拜科努尔航天发射中心	Proton-K/Blok-DM	质子-K/上面级 DM	19811009	通信广播卫星
2721	1981-103A	Tselina-D-31	处女地-D-31	苏联	普列谢茨克航天发射中心	Vostok-2M	东方-2M	19811014	对地观测卫星
2722	1981-104A	Zenit-6-49	天顶-6-49	苏联	拜科努尔航天发射中心	Soyuz-U	联盟-U	19811015	对地观测卫星

续表

序号	国际代号	外文名	中文名	所属国家、地区或组织	发射地点	发射工具外文名	发射工具中文名	发射时间	航天器类型
2723	1981－105A	Molniya－3－19	闪电－3－19	苏联	普列谢茨克航天发射中心	Molniya－M/Blok－ML	闪电－M/上面级 ML	19811017	通信广播卫星
2724	1981－106A	Venera－13	金星－13	苏联	拜科努尔航天发射中心	Proton－K/Blok－D－1	质子－K/上面级 D－1	19811030	空间探测器
2725	1981－107A	Chalet－3	小屋－3	美国	卡纳维拉尔角发射场	Titan－3（23）C	大力神－3（23）C	19811031	对地观测卫星
2726	1981－108A	Oko－23	眼睛－23	苏联	普列谢茨克航天发射中心	Molniya－M/Blok－2BL	闪电－M/上面级 2BL	19811031	对地观测卫星
2727	1981－109A	Yantar－2K－22	琥珀－2K－22	苏联	普列谢茨克航天发射中心	Soyuz－U	联盟－U	19811103	对地观测卫星
2728	1981－110A	Venera－14	金星－14	苏联	拜科努尔航天发射中心	Proton－K/Blok－D－1	质子－K/上面级 D－1	19811104	空间探测器
2729	1981－111A	STS－2	空间运输系统－2	美国	卡纳维拉尔角发射场	Columbia	哥伦比亚号	19811112	载人及货运航天器
2730	1981－112A	Zenit－6－50	天顶－6－50	苏联	普列谢茨克航天发射中心	Soyuz－U	联盟－U	19811113	对地观测卫星
2731	1981－113A	Molniya－1T－56	闪电－1T－56	苏联	普列谢茨克航天发射中心	Molniya－M/Blok－ML	闪电－M/上面级 ML	19811117	通信广播卫星
2732	1981－114A	Satcom－3R	卫星通信－3R	美国	卡纳维拉尔角发射场	Delta－3910 PAM－D	德尔它－3910－有效载荷辅助舱 D	19811120	通信广播卫星
2733	1981－115A	Bhaskara－2	巴斯卡拉－2	印度	卡普斯京亚尔航天发射中心	Cosmos－3M	宇宙－3M	19811120	对地观测卫星
2734	1981－116A	Strela－1M－225	天箭座－1M－225	苏联	普列谢茨克航天发射中心	Cosmos－3M	宇宙－3M	19811128	通信广播卫星
2735	1981－116B	Strela－1M－226	天箭座－1M－226	苏联	普列谢茨克航天发射中心	Cosmos－3M	宇宙－3M	19811128	通信广播卫星
2736	1981－116C	Strela－1M－227	天箭座－1M－227	苏联	普列谢茨克航天发射中心	Cosmos－3M	宇宙－3M	19811128	通信广播卫星
2737	1981－116D	Strela－1M－228	天箭座－1M－228	苏联	普列谢茨克航天发射中心	Cosmos－3M	宇宙－3M	19811128	通信广播卫星
2738	1981－116E	Strela－1M－229	天箭座－1M－229	苏联	普列谢茨克航天发射中心	Cosmos－3M	宇宙－3M	19811128	通信广播卫星
2739	1981－116F	Strela－1M－230	天箭座－1M－230	苏联	普列谢茨克航天发射中心	Cosmos－3M	宇宙－3M	19811128	通信广播卫星
2740	1981－116G	Strela－1M－231	天箭座－1M－231	苏联	普列谢茨克航天发射中心	Cosmos－3M	宇宙－3M	19811128	通信广播卫星
2741	1981－116H	Strela－1M－232	天箭座－1M－232	苏联	普列谢茨克航天发射中心	Cosmos－3M	宇宙－3M	19811128	通信广播卫星
2742	1981－117A	Tselina－D－32	处女地－D－32	苏联	普列谢茨克航天发射中心	Tsyklon－3	旋风－3	19811203	对地观测卫星
2743	1981－118A	Zenit－6－51	天顶－6－51	苏联	拜科努尔航天发射中心	Soyuz－U	联盟－U	19811204	对地观测卫星
2744	1981－119A	Intelsat－5 3	国际通信卫星－5 3	国际通信卫星组织	卡纳维拉尔角发射场	Atlas－SLV3D Centaur－D1AR	宇宙神 SLV3D－半人马座 D1AR	19811215	通信广播卫星
2745	1981－120A	Radio Sport－3	无线电－3	苏联	普列谢茨克航天发射中心	Cosmos－3M	宇宙－3M	19811217	通信广播卫星
2746	1981－120B	Radio Sport－4	无线电－4	苏联	普列谢茨克航天发射中心	Cosmos－3M	宇宙－3M	19811217	通信广播卫星
2747	1981－120C	Radio Sport－5	无线电－5	苏联	普列谢茨克航天发射中心	Cosmos－3M	宇宙－3M	19811217	通信广播卫星
2748	1981－120D	Radio Sport－6	无线电－6	苏联	普列谢茨克航天发射中心	Cosmos－3M	宇宙－3M	19811217	通信广播卫星
2749	1981－120E	Radio Sport－7	无线电－7	苏联	普列谢茨克航天发射中心	Cosmos－3M	宇宙－3M	19811217	通信广播卫星

续表

序号	国际代号	外文名	中文名	所属国家、地区或组织	发射地点	发射工具外文名	发射工具中文名	发射时间	航天器类型
2750	1981-120F	Radio Sport-8	无线电-8	苏联	普列谢茨克航天发射中心	Cosmos-3M	宇宙-3M	19811217	通信广播卫星
2751	1981-121A	Yantar-2K-23	琥珀-2K-23	苏联	拜科努尔航天发射中心	Soyuz-U	联盟-U	19811219	对地观测卫星
2752	1981-122A	Marecs-1	欧洲海事通信卫星-1	国际海事卫星组织	圭亚那航天中心	Ariane-1	阿里安-1	19811220	通信广播卫星
2753	1981-122B	CAT-4	阿里安技术试验舱-4	欧洲	圭亚那航天中心	Ariane-1	阿里安-1	19811220	科学与技术试验卫星
2754	1981-123A	Molniya-1T-57	闪电-1T-57	苏联	普列谢茨克航天发射中心	Molniya-M/Blok-ML	闪电-M/上面级ML	19811223	通信广播卫星
2755	1982-01A	Strela-2M-26	天箭座-2M-26	苏联	普列谢茨克航天发射中心	Cosmos-3M	宇宙-3M	19820107	通信广播卫星
2756	1982-02A	Zenit-4MT-22	天顶-4MT-22	苏联	普列谢茨克航天发射中心	Soyuz-U	联盟-U	19820112	对地观测卫星
2757	1982-03A	Parus-30	帆-30	苏联	普列谢茨克航天发射中心	Cosmos-3M	宇宙-3M	19820114	导航定位卫星
2758	1982-04A	Satcom-4	卫星通信-4	美国	卡纳维拉尔角发射场	Delta-3910 PAM-D	德尔它-3910 B-有效载荷辅助舱D	19820116	通信广播卫星
2759	1982-05A	Zenit-6-52	天顶-6-52	苏联	普列谢茨克航天发射中心	Soyuz-U	联盟-U	19820120	对地观测卫星
2760	1982-06A	KH-8-52	锁眼-8-52	美国	范登堡空军基地	Titan-3 (24) B Agena-D	大力神-3 (24) B-阿金纳D	19820121	对地观测卫星
2761	1982-07A	Taifun-2-10	台风-2-10	苏联	普列谢茨克航天发射中心	Cosmos-3M	宇宙-3M	19820129	科学与技术试验卫星
2762	1982-08A	Yantar-2K-24	琥珀-2K-24	苏联	拜科努尔航天发射中心	Soyuz-U	联盟-U	19820130	对地观测卫星
2763	1982-09A	Ekran-08	荧光屏-08	苏联	拜科努尔航天发射中心	Proton-K/Blok-DM	质子-K/上面级DM	19820205	通信广播卫星
2764	1982-10A	US-P-13	电子型海洋监视卫星-13	苏联	普列谢茨克航天发射中心	Tsyklon-2	旋风-2	19820211	对地观测卫星
2765	1982-11A	Zenit-6-53	天顶-6-53	苏联	普列谢茨克航天发射中心	Soyuz-U	联盟-U	19820216	对地观测卫星
2766	1982-12A	Tsikada-09	蝉-09	苏联	普列谢茨克航天发射中心	Cosmos-3M	宇宙-3M	19820217	导航定位卫星
2767	1982-13A	Tselina-D-33	处女地-D-33	苏联	普列谢茨克航天发射中心	Vostok-2M	东方-2M	19820219	对地观测卫星
2768	1982-14A	Westar-4	西联星-4	美国	卡纳维拉尔角发射场	Delta-3910 PAM-D	德尔它-3910-有效载荷辅助舱D	19820226	通信广播卫星
2769	1982-15A	Molniya-1T-58	闪电-1T-58	苏联	普列谢茨克航天发射中心	Molniya-M/Blok-ML	闪电-M/上面级ML	19820226	通信广播卫星
2770	1982-16A	Oko-24	眼睛-24	苏联	普列谢茨克航天发射中心	Molniya-M/Blok-2BL	闪电-M/上面级2BL	19820303	对地观测卫星
2771	1982-17A	Intelsat-5 4	国际通信卫星-5 4	国际通信卫星组织	卡纳维拉尔角发射场	Atlas-SLV3D Centaur-D1AR	宇宙神SLV3D-半人马座D1AR	19820305	通信广播卫星
2772	1982-18A	Zenit-6-54	天顶-6-54	苏联	普列谢茨克航天发射中心	Soyuz-U	联盟-U	19820305	对地观测卫星
2773	1982-19A	DSP-10	国防支援计划-10	美国	卡纳维拉尔角发射场	Titan-3 (23) C	大力神-3 (23) C	19820306	对地观测卫星
2774	1982-20A	Gorizont-5	地平线-5	苏联	拜科努尔航天发射中心	Proton-K/Blok-DM	质子-K/上面级DM	19820315	通信广播卫星
2775	1982-21A	Zenit-6-55	天顶-6-55	苏联	普列谢茨克航天发射中心	Soyuz-U	联盟-U	19820317	对地观测卫星
2776	1982-22A	STS-3	空间运输系统-3	美国	卡纳维拉尔角发射场	Columbia	哥伦比亚号	19820322	载人及运货航天器

续表

序号	国际代号	外文名	中文名	所属国家、地区或组织	发射地点	发射工具外文名	发射工具中文名	发射时间	航天器类型
2777	1982-23A	Molniya-3-20	闪电-3-20	苏联	普列谢茨克航天发射中心	Molniya-M/Blok-ML	闪电-M/上面级 ML	19820324	通信广播卫星
2778	1982-24A	Parus-31	帆-31	苏联	普列谢茨克航天发射中心	Cosmos-3M	宇宙-3M	19820324	导航定位卫星
2779	1982-25A	Meteor-2-08	流星-2-08	苏联	普列谢茨克航天发射中心	Tsyklon-3	旋风-3	19820325	对地观测卫星
2780	1982-26A	Tselina-O-41	处女地-O-41	苏联	普列谢茨克航天发射中心	Cosmos-3M	宇宙-3M	19820331	对地观测卫星
2781	1982-27A	Tselina-D-34	处女地-D-34	苏联	普列谢茨克航天发射中心	Vostok-2M	东方-2M	19820331	对地观测卫星
2782	1982-28A	Yantar-4K2-02	琥珀-4K2-02	苏联	普列谢茨克航天发射中心	Soyuz-U	联盟-U	19820402	对地观测卫星
2783	1982-29A	Oko-25	眼睛-25	苏联	普列谢茨克航天发射中心	Molniya-M/Blok-2BL	闪电-M/上面级 2BL	19820407	对地观测卫星
2784	1982-30A	Parus-32	帆-32	苏联	普列谢茨克航天发射中心	Cosmos-3M	宇宙-3M	19820408	导航定位卫星
2785	1982-31A	Insat-1A	印度卫星-1A	印度	卡纳维拉尔角发射场	Delta-3910 PAM-D	德尔它-3910-有效载荷辅助舱 D	19820410	通信广播卫星
2786	1982-32A	Yantar-2K-25	琥珀-2K-25	苏联	普列谢茨克航天发射中心	Soyuz-U	联盟-U	19820415	对地观测卫星
2787	1982-33A	Salyut-7	礼炮-7	苏联	拜科努尔航天发射中心	Proton-K	质子-K	19820419	载人及货运航天器
2788	1982-33C	Iskra-2	火花-2	苏联	拜科努尔航天发射中心	Proton-K	质子-K	19820419	科学与技术试验卫星
2789	1982-33D	Iskra-3	火花-3	苏联	拜科努尔航天发射中心	Proton-K	质子-K	19820419	科学与技术试验卫星
2790	1982-34A	Taifun-2-12	台风-2-12	苏联	卡普斯京亚尔航天发射中心	Cosmos-3M	宇宙-3M	19820421	对地观测卫星
2791	1982-35A	Zenit-6-56	天顶-6-56	苏联	普列谢茨克航天发射中心	Soyuz-U	联盟-U	19820421	对地观测卫星
2792	1982-36A	Zenit-4MKT-20	天顶-4MKT-20	苏联	普列谢茨克航天发射中心	Soyuz-U	联盟-U	19820423	对地观测卫星
2793	1982-37A	Strela-2M-27	天箭座-2M-27	苏联	普列谢茨克航天发射中心	Cosmos-3M	宇宙-3M	19820428	通信广播卫星
2794	1982-38A	US-P-14	电子型海洋监视卫星-14	苏联	拜科努尔航天发射中心	Tsyklon-2	旋风-2	19820429	对地观测卫星
2795	1982-39A	Tselina-D-35	处女地-D-35	苏联	普列谢茨克航天发射中心	Vostok-2M	东方-2M	19820505	对地观测卫星
2796	1982-40A	Strela-1M-233	天箭座-1M-233	苏联	普列谢茨克航天发射中心	Cosmos-3M	宇宙-3M	19820506	通信广播卫星
2797	1982-40B	Strela-1M-234	天箭座-1M-234	苏联	普列谢茨克航天发射中心	Cosmos-3M	宇宙-3M	19820506	通信广播卫星
2798	1982-40C	Strela-1M-235	天箭座-1M-235	苏联	普列谢茨克航天发射中心	Cosmos-3M	宇宙-3M	19820506	通信广播卫星
2799	1982-40D	Strela-1M-236	天箭座-1M-236	苏联	普列谢茨克航天发射中心	Cosmos-3M	宇宙-3M	19820506	通信广播卫星
2800	1982-40E	Strela-1M-237	天箭座-1M-237	苏联	普列谢茨克航天发射中心	Cosmos-3M	宇宙-3M	19820506	通信广播卫星
2801	1982-40F	Strela-1M-238	天箭座-1M-238	苏联	普列谢茨克航天发射中心	Cosmos-3M	宇宙-3M	19820506	通信广播卫星
2802	1982-40G	Strela-1M-239	天箭座-1M-239	苏联	普列谢茨克航天发射中心	Cosmos-3M	宇宙-3M	19820506	通信广播卫星
2803	1982-40H	Strela-1M-240	天箭座-1M-240	苏联	普列谢茨克航天发射中心	Cosmos-3M	宇宙-3M	19820506	通信广播卫星

续表

序号	国际代号	外文名	中文名	所属国家、地区或组织	发射地点	发射工具外文名	发射工具中文名	发射时间	航天器类型
2804	1982-41A	KH-9-17	锁眼-9-17	美国	范登堡空军基地	Titan-3D	大力神-3D	19820511	对地观测卫星
2805	1982-41C	P-11 4433	雪貂子卫星-4433	美国	范登堡空军基地	Titan-3D	大力神-3D	19820511	对地观测卫星
2806	1982-42A	Soyuz T5	联盟 T5	苏联	拜科努尔航天发射中心	Soyuz-U	联盟-U	19820513	载人及货运航天器
2807	1982-43A	RORSAT-20	雷达型海洋监视卫星-20	苏联	拜科努尔航天发射中心	Tsyklon-2	旋风-2	19820514	对地观测卫星
2808	1982-44A	Potok-1	急流-1	苏联	拜科努尔航天发射中心	Proton-K/Blok-DM	质子-K/上面级 DM	19820517	通信广播卫星
2809	1982-45A	Oko-26	眼睛-26	苏联	普列谢茨克航天发射中心	Molniya-M/Blok-2BL	闪电-M/上面级 2BL	19820520	对地观测卫星
2810	1982-46A	Zenit-6-58	天顶-6-58	苏联	普列谢茨克航天发射中心	Soyuz-U	联盟-U	19820521	对地观测卫星
2811	1982-47A	Progress-13	进步-13	苏联	拜科努尔航天发射中心	Soyuz-U	联盟-U	19820523	载人及货运航天器
2812	1982-48A	Resus-F1 17F41-07	资源-F1 17F41-07	苏联	普列谢茨克航天发射中心	Soyuz-U	联盟-U	19820525	对地观测卫星
2813	1982-49A	Yantar-1KFT-02	琥珀-1KFT-02	苏联	拜科努尔航天发射中心	Soyuz-U	联盟-U	19820528	对地观测卫星
2814	1982-50A	Molniya-1T-59	闪电-1T-59	苏联	普列谢茨克航天发射中心	Molniya-M/Blok-ML	闪电-M/上面级 ML	19820528	通信广播卫星
2815	1982-51A	Strela-2M-28	天箭座-2M-28	苏联	普列谢茨克航天发射中心	Cosmos-3M	宇宙-3M	19820601	通信广播卫星
2816	1982-52A	RORSAT-21	雷达型海洋监视卫星-21	苏联	拜科努尔航天发射中心	Tsyklon-2	旋风-2	19820601	对地观测卫星
2817	1982-53A	Zenit-6-59	天顶-6-59	苏联	拜科努尔航天发射中心	Soyuz-U	联盟-U	19820602	对地观测卫星
2818	1982-54A	BOR-4 404	无人轨道火箭飞机-4-404	苏联	卡普斯京亚尔航天发射场	Cosmos-3M-RB5	宇宙-3M-RB5	19820603	载人及货运航天器
2819	1982-55A	DS-P1-M-15	第聂伯罗彼得罗夫斯克卫星-P1-M-15	苏联	普列谢茨克航天发射中心	Cosmos-3M	宇宙-3M	19820606	科学与技术试验卫星
2820	1982-56A	Resus-F1 17F41-08	资源-F1 17F41-08	苏联	拜科努尔航天发射中心	Soyuz-U	联盟-U	19820608	对地观测卫星
2821	1982-57A	Yantar-4K1-04	琥珀-4K1-04	苏联	拜科努尔航天发射中心	Soyuz-U	联盟-U	19820608	对地观测卫星
2822	1982-58A	Westar-5	西联星-5	美国	卡纳维尔角发射场	Delta-3910 PAM-D	德尔它 3910-有效载荷辅助舱 D	19820609	通信广播卫星
2823	1982-59A	Tselina-D-36	处女地-D-36	苏联	普列谢茨克航天发射中心	Tsyklon-3	旋风-3	19820610	对地观测卫星
2824	1982-60A	IS-A-13	卫星拦截器-A-13	苏联	拜科努尔航天发射中心	Tsyklon-2	旋风-2	19820618	科学与技术试验卫星
2825	1982-61A	Parus-33	帆-33	苏联	普列谢茨克航天发射中心	Cosmos-3M	宇宙-3M	19820618	导航定位卫星
2826	1982-62A	Zenit-6-60	天顶-6-60	苏联	普列谢茨克航天发射中心	Soyuz-U	联盟-U	19820618	对地观测卫星
2827	1982-63A	Soyuz T6	联盟 T6	苏联	拜科努尔航天发射中心	Soyuz-U	联盟-U	19820624	载人及货运航天器
2828	1982-64A	Oko-27	眼睛-27	苏联	普列谢茨克航天发射中心	Molniya-M/Blok-2BL	闪电-M/上面级 2BL	19820625	对地观测卫星
2829	1982-65A	STS-4	空间运输系统-4	美国	卡纳维拉尔角发射场	Columbia	哥伦比亚号	19820627	载人及货运航天器
2830	1982-66A	Nadezhda-1	希望-1	苏联	普列谢茨克航天发射中心	Cosmos-3M	宇宙-3M	19820629	导航定位卫星

续表

序号	国际代号	外文名	中文名	所属国家、地区或组织	发射地点	发射工具外文名	发射工具中文名	发射时间	航天器类型
2831	1982-67A	Yantar-2K-26	琥珀-2K-26	苏联	拜科努尔航天发射中心	Soyuz-U	联盟-U	19820630	对地观测卫星
2832	1982-68A	Zenit-6-61	天顶-6-61	苏联	普列谢茨克航天发射中心	Soyuz-U	联盟-U	19820706	对地观测卫星
2833	1982-69A	Parus-34	帆-34	苏联	普列谢茨克航天发射中心	Cosmos-3M	宇宙-3M	19820707	导航定位卫星
2834	1982-70A	Progress-14	进步-14	苏联	拜科努尔航天发射中心	Soyuz-U	联盟-U	19820710	载人及货运航天器
2835	1982-71A	Zenit-4MKT-21	天顶-4MKT-21	苏联	普列谢茨克航天发射中心	Soyuz-U	联盟-U	19820713	对地观测卫星
2836	1982-72A	Landsat-4	陆地卫星-4	美国	范登堡空军基地	Delta-3920	德尔它-3920	19820716	对地观测卫星
2837	1982-73A	Strela-1M-241	天箭座-1M-241	苏联	普列谢茨克航天发射中心	Cosmos-3M	宇宙-3M	19820721	通信广播卫星
2838	1982-73B	Strela-1M-242	天箭座-1M-242	苏联	普列谢茨克航天发射中心	Cosmos-3M	宇宙-3M	19820721	通信广播卫星
2839	1982-73C	Strela-1M-243	天箭座-1M-243	苏联	普列谢茨克航天发射中心	Cosmos-3M	宇宙-3M	19820721	通信广播卫星
2840	1982-73D	Strela-1M-244	天箭座-1M-244	苏联	普列谢茨克航天发射中心	Cosmos-3M	宇宙-3M	19820721	通信广播卫星
2841	1982-73E	Strela-1M-245	天箭座-1M-245	苏联	普列谢茨克航天发射中心	Cosmos-3M	宇宙-3M	19820721	通信广播卫星
2842	1982-73F	Strela-1M-246	天箭座-1M-246	苏联	普列谢茨克航天发射中心	Cosmos-3M	宇宙-3M	19820721	通信广播卫星
2843	1982-73G	Strela-1M-247	天箭座-1M-247	苏联	普列谢茨克航天发射中心	Cosmos-3M	宇宙-3M	19820721	通信广播卫星
2844	1982-73H	Strela-1M-248	天箭座-1M-248	苏联	普列谢茨克航天发射中心	Cosmos-3M	宇宙-3M	19820721	通信广播卫星
2845	1982-74A	Molniya-1T-60	闪电-1T-60	苏联	普列谢茨克航天发射中心	Molniya-M/Blok-ML	闪电-M/上面级ML	19820721	通信广播卫星
2846	1982-75A	Zenit-6-62	天顶-6-62	苏联	普列谢茨克航天发射中心	Soyuz-U	联盟-U	19820727	对地观测卫星
2847	1982-76A	Taifun-2-13	台风-2-13	苏联	卡普斯京亚尔航天发射场	Cosmos-3M	宇宙-3M	19820729	科学与技术试验卫星
2848	1982-77A	Zenit-4MT-23	天顶-4MT-23	苏联	普列谢茨克航天发射中心	Soyuz-U	联盟-U	19820803	对地观测卫星
2849	1982-78A	Yantar-4K1-05	琥珀-4K1-05	苏联	拜科努尔航天发射中心	Soyuz-U	联盟-U	19820804	对地观测卫星
2850	1982-79A	Tselina-D-37	处女地-D-37	苏联	普列谢茨克航天发射中心	Vostok-2M	东方-2M	19820805	对地观测卫星
2851	1982-80A	Soyuz T-7	联盟T-7	苏联	拜科努尔航天发射中心	Soyuz-U	联盟-U	19820819	载人及货运航天器
2852	1982-81A	Resurs-F1 17F41-09	资源-F1 17F41-09	苏联	普列谢茨克航天发射中心	Soyuz-U	联盟-U	19820820	对地观测卫星
2853	1982-82A	Anik-D1	阿尼克-D1	加拿大	卡纳维拉尔角发射场	Delta-3920 PAM-D	德尔它-3920-有效载荷辅助舱D	19820826	通信广播卫星
2854	1982-83A	Molniya-3-21	闪电-3-21	苏联	普列谢茨克航天发射中心	Molniya-M/Blok-ML	闪电-M/上面级ML	19820827	通信广播卫星
2855	1982-84A	RORSAT-22	雷达型海洋监视卫星-22	苏联	拜科努尔航天发射中心	Tsyklon-2	旋风-2	19820830	对地观测卫星
2856	1982-85A	Zenit-6-63	天顶-6-63	苏联	拜科努尔航天发射中心	Soyuz-U	联盟-U	19820901	对地观测卫星
2857	1982-86A	Zenit-6-64	天顶-6-64	苏联	普列谢茨克航天发射中心	Soyuz-U	联盟-U	19820901	对地观测卫星

续表

序号	国际代号	外文名	中文名	所属国家、地区或组织	发射地点	发射工具外文名	发射工具中文名	发射时间	航天器类型
2858	1982－87A	ETS－3	工程试验卫星－3	日本	种子岛航天中心	N－1	N－1	19820903	科学与技术试验卫星
2859	1982－88A	US－P－15	电子型海洋监视卫星－15	苏联	拜科努尔航天发射中心	Tsyklon－2	旋风－2	19820904	对地观测卫星
2860	1982－89A	Zenit－4MKT－22	天顶－4MKT－22	苏联	普列谢茨克航天发射中心	Soyuz－U	联盟－U	19820908	对地观测卫星
2861	1982－90A	FSW－0－4	返回式卫星－0－4	中国	酒泉航天发射中心	CZ－2C	长征－2C	19820909	对地观测卫星
2862	1982－91A	Yantar－2K－27	琥珀－2K－27	苏联	普列谢茨克航天发射中心	Soyuz－U	联盟－U	19820915	对地观测卫星
2863	1982－92A	Tselina－D－38	处女座－D－38	苏联	普列谢茨克航天发射中心	Tsyklon－3	旋风－3	19820916	对地观测卫星
2864	1982－93A	Ekran－09	荧光屏－09	苏联	拜科努尔航天发射中心	Proton－K/Blok－DM	质子－K/上面级 DM	19820916	通信广播卫星
2865	1982－94A	Progress－15	进步－15	苏联	拜科努尔航天发射中心	Soyuz－U	联盟－U	19820918	载人及货运航天器
2866	1982－95A	Oko－28	眼睛－28	苏联	普列谢茨克航天发射中心	Molniya－M/Blok－2BL	闪电－M/上面级 2BL	19820922	对地观测卫星
2867	1982－96A	Geo－IK－03	测地－IK－03	苏联	普列谢茨克航天发射中心	Tsyklon－3	旋风－3	19820924	对地观测卫星
2868	1982－97A	Intelsat－5 5	国际通信卫星－5 5	国际通信卫星组织	卡纳维拉尔角航天发射场	Atlas－SLV3D Centaur－DIAR	宇宙神 SLV3D－半人马座 DIAR	19820928	通信广播卫星
2869	1982－98A	Zenit－6－65	天顶－6－65	苏联	普列谢茨克航天发射中心	Soyuz－U	联盟－U	19820930	对地观测卫星
2870	1982－99A	RORSAT－23	雷达型海洋监视卫星－23	苏联	拜科努尔航天发射中心	Tsyklon－2	旋风－2	19821002	对地观测卫星
2871	1982－100A	GLONASS－GVM－01	格洛纳斯模拟星－01	苏联	拜科努尔航天发射中心	Proton－K/Blok－DM－2	质子－K/上面级 DM－2	19821012	其他
2872	1982－100D	GLONASS－01	格洛纳斯－01	苏联	普列谢茨克航天发射中心	Proton－K/Blok－DM－2	质子－K/上面级 DM－2	19821012	导航定位卫星
2873	1982－100E	GLONASS－GVM－02	格洛纳斯模拟星－02	苏联	拜科努尔航天发射中心	Proton－K/Blok－DM－2	质子－K/上面级 DM－2	19821012	其他
2874	1982－101A	Zenit－6－66	天顶－6－66	苏联	拜科努尔航天发射中心	Soyuz－U	联盟－U	19821014	对地观测卫星
2875	1982－102A	Parus－35	帆－35	苏联	普列谢茨克航天发射中心	Cosmos－3M	宇宙－3M	19821019	导航定位卫星
2876	1982－103A	Gorizont－6	地平线－6	苏联	拜科努尔航天发射中心	Proton－K/Blok－DM	质子－K/上面级 DM	19821020	通信广播卫星
2877	1982－104A	Taifun－1Yu－03	台风－1Yu－03	苏联	卡普斯京亚尔航天发射中心	Cosmos－3M	宇宙－3M	19821021	科学与技术试验卫星
2878	1982－105A	Satcom－5	卫星通信－5	美国	卡纳维拉尔角发射场	Delta－3924	德尔它－3924	19821028	通信广播卫星
2879	1982－106A	DSCS－2－16	国防卫星通信系统－2－16	美国	卡纳维拉尔角发射场	Titan－34D IUS	大力神－34D－惯性上面级	19821030	通信广播卫星
2880	1982－106B	DSCS－3－1	国防卫星通信系统－3－1	美国	卡纳维拉尔角发射场	Titan－34D IUS	大力神－34D－惯性上面级	19821030	通信广播卫星
2881	1982－107A	Progress－16	进步－16	苏联	拜科努尔航天发射中心	Soyuz－U	联盟－U	19821031	载人及货运航天器
2882	1982－108A	Zenit－6－67	天顶－6－67	苏联	拜科努尔航天发射中心	Soyuz－U	联盟－U	19821102	对地观测卫星
2883	1982－109A	Strela－2M－30	天箭座－2M－30	苏联	普列谢茨克航天发射中心	Cosmos－3M	宇宙－3M	19821111	通信广播卫星
2884	1982－110A	STS－5	空间运输系统－5	美国	卡纳维拉尔角航天发射场	Columbia	哥伦比亚号	19821111	载人及货运航天器

续表

序号	国际代号	外文名	中文名	所属国家、地区或组织	发射地点	发射工具外文名	发射工具中文名	发射时间	航天器类型
2885	1982-110B	SBS-3	卫星商用系统-3	美国	卡纳维拉尔角发射场	Columbia	哥伦比亚号	19821111	通信广播卫星
2886	1982-110C	Anik-C3	阿尼克-C3	加拿大	卡纳维拉尔角发射场	Columbia	哥伦比亚号	19821111	通信广播卫星
2887	1982-111A	KH-11-05	锁眼-11-05	美国	范登堡空军基地	Titan-3D	大力神-3D	19821117	对地观测卫星
2888	1982-112A	Zenit-6-68	天顶-6-68	苏联	拜科努尔航天发射中心	Soyuz-U	联盟-U	19821118	对地观测卫星
2889	1982-113A	Raduga-11	虹-11	苏联	拜科努尔航天发射中心	Proton-K/Blok-DM	质子-K/上面级DM	19821126	通信广播卫星
2890	1982-114A	Zenit-6-69	天顶-6-69	苏联	普列谢茨克航天发射中心	Soyuz-U	联盟-U	19821203	对地观测卫星
2891	1982-115A	Molniya-1T-61	闪电-1T-61	苏联	普列谢茨克航天发射中心	Molniya-M/Blok-ML	闪电-M/上面级ML	19821208	通信广播卫星
2892	1982-116A	Meteor-2-09	流星-2-09	苏联	普列谢茨克航天发射中心	Vostok-2M	东方-2M	19821214	对地观测卫星
2893	1982-117A	Yantar-4K1-06	琥珀-4K1-06	苏联	普列谢茨克航天发射中心	Soyuz-U	联盟-U	19821216	对地观测卫星
2894	1982-118A	DMSP-5D2 F6	国防气象卫星计划-5D2 F6	美国	范登堡空军基地	Atlas-E Star-37S-ISS	宇宙神E-星-37S-ISS	19821221	对地观测卫星
2895	1982-119A	Zenit-6-70	天顶-6-70	苏联	普列谢茨克航天发射中心	Soyuz-U2	联盟-U2	19821223	对地观测卫星
2896	1982-120A	Yantar-4KS1-01	琥珀-4KS1-01	苏联	拜科努尔航天发射中心	Soyuz-U	联盟-U	19821228	对地观测卫星
2897	1982-121A	Taifun-1Yu-04	台风-1Yu-04	苏联	普列谢茨克航天发射中心	Cosmos-3M	宇宙-3M	19821229	科学与技术试验卫星
2898	1983-01A	Parus-36	帆-36	苏联	普列谢茨克航天发射中心	Cosmos-3M	宇宙-3M	19830112	导航定位卫星
2899	1983-02A	Strela-1M-257	天箭座-1M-257	苏联	普列谢茨克航天发射中心	Cosmos-3M	宇宙-3M	19830119	通信广播卫星
2900	1983-02B	Strela-1M-258	天箭座-1M-258	苏联	普列谢茨克航天发射中心	Cosmos-3M	宇宙-3M	19830119	通信广播卫星
2901	1983-02C	Strela-1M-259	天箭座-1M-259	苏联	普列谢茨克航天发射中心	Cosmos-3M	宇宙-3M	19830119	通信广播卫星
2902	1983-02D	Strela-1M-260	天箭座-1M-260	苏联	普列谢茨克航天发射中心	Cosmos-3M	宇宙-3M	19830119	通信广播卫星
2903	1983-02E	Strela-1M-261	天箭座-1M-261	苏联	普列谢茨克航天发射中心	Cosmos-3M	宇宙-3M	19830119	通信广播卫星
2904	1983-02F	Strela-1M-262	天箭座-1M-262	苏联	普列谢茨克航天发射中心	Cosmos-3M	宇宙-3M	19830119	通信广播卫星
2905	1983-02G	Strela-1M-263	天箭座-1M-263	苏联	普列谢茨克航天发射中心	Cosmos-3M	宇宙-3M	19830119	通信广播卫星
2906	1983-02H	Strela-1M-264	天箭座-1M-264	苏联	普列谢茨克航天发射中心	Cosmos-3M	宇宙-3M	19830119	通信广播卫星
2907	1983-03A	Tselina-D-39	处女地-D-39	苏联	普列谢茨克航天发射中心	Vostok-2M	东方-2M	19830120	对地观测卫星
2908	1983-04A	IRAS-1	红外天文卫星-1	荷兰/美国/英国	范登堡空军基地	Delta-3910	德尔它-3910	19830126	科学与技术试验卫星
2909	1983-05A	Zenit-6-71	天顶-6-71	苏联	拜科努尔航天发射中心	Soyuz-U	联盟-U	19830127	对地观测卫星
2910	1983-06A	Sakura-2A(CS-2A)	樱花-2A(通信卫星-2A)	日本	种子岛航天中心	N-2 Star-37E	N-2-星 37E	19830204	通信广播卫星
2911	1983-07A	Yantar-2K-28	琥珀-2K-28	苏联	拜科努尔航天发射中心	Soyuz-U	联盟-U	19830206	对地观测卫星

续表

序号	国际代号	外文名	中文名	所属国家、地区或组织	发射地点	发射工具外文名	发射工具中文名	发射时间	航天器类型
2912	1983-08A	NOSS-1-05A	海军海洋监视系统-1-05A	美国	范登堡空军基地	Atlas-H MSD	宇宙神H-多星分配器	19830209	对地观测卫星
2913	1983-08E	NOSS-1-05B	海军海洋监视系统-1-05B	美国	范登堡空军基地	Atlas-H MSD	宇宙神H-多星分配器	19830209	对地观测卫星
2914	1983-08F	NOSS-1-05C	海军海洋监视系统-1-05C	美国	范登堡空军基地	Atlas-H MSD	宇宙神H-多星分配器	19830209	对地观测卫星
2915	1983-08H	NOSS-MSD-05	海军海洋监视卫星-多星分配器-05	美国	范登堡空军基地	Atlas-H MSD	宇宙神H-多星分配器	19830209	其他
2916	1983-09A	Resurs-F1 17F41-10	资源-F1 17F41-10	苏联	普列谢茨克航天发射中心	Soyuz-U	联盟-U	19830210	对地观测卫星
2917	1983-10A	Tselina-D-40	处女地-D-40	苏联	普列谢茨克航天发射中心	Vostok-2M	东方-2M	19830216	对地观测卫星
2918	1983-11A	Astro-B	天文-B	日本	鹿儿岛航天中心	M-3S	M-3S	19830220	科学与技术试验卫星
2919	1983-12A	Yantar-4K1-07	琥珀-4K1-07	苏联	普列谢茨克航天发射中心	Soyuz-U	联盟-U	19830225	对地观测卫星
2920	1983-13A	TKS-3	运输补给飞船-3	苏联	拜科努尔航天发射中心	Proton-K	质子-K	19830302	载人及货运航天器
2921	1983-14A	Zenit-6-72	天顶-6-72	苏联	普列谢茨克航天发射中心	Soyuz-U	联盟-U	19830302	对地观测卫星
2922	1983-15A	Molniya-3-22	闪电-3-22	苏联	普列谢茨克航天发射中心	Molniya-M/Blok-ML	闪电-M/上面级ML	19830311	通信广播卫星
2923	1983-16A	Ekran-10	荧光屏-10	苏联	拜科努尔航天发射中心	Proton-K/Blok-DM	质子-K/上面级DM	19830312	通信广播卫星
2924	1983-17A	BOR-4 403	无人轨道火箭飞机-4-403	苏联	卡普斯京亚尔航天发射中心	Cosmos-3M-RB5	宇宙-3M-RB5	19830315	载人及货运航天器
2925	1983-18A	Zenit-6-73	天顶-6-73	苏联	拜科努尔航天发射中心	Soyuz-U2	联盟-U2	19830316	对地观测卫星
2926	1983-19A	Molniya-1T-62	闪电-1T-62	苏联	普列谢茨克航天发射中心	Molniya-M/Blok-ML	闪电-M/上面级ML	19830316	通信广播卫星
2927	1983-20A	Astron	天文	苏联	拜科努尔航天发射中心	Proton-K/Blok-D-1	质子-K/上面级D-1	19830323	科学与技术试验卫星
2928	1983-21A	Nadezhda-2	希望-2	苏联	普列谢茨克航天发射中心	Cosmos-3M	宇宙-3M	19830324	导航定位卫星
2929	1983-22A	NOAA-E	国家大气和海洋局卫星-E	美国	范登堡空军基地	Atlas-E Star-37S-ISS	宇宙神E-星-37S-ISS	19830328	对地观测卫星
2930	1983-23A	Parus-37	帆-37	苏联	普列谢茨克航天发射中心	Cosmos-3M	宇宙-3M	19830330	导航定位卫星
2931	1983-24A	Zenit-6-74	天顶-6-74	苏联	普列谢茨克航天发射中心	Soyuz-U	联盟-U	19830331	对地观测卫星
2932	1983-25A	Molniya-1T-63	闪电-1T-63	苏联	普列谢茨克航天发射中心	Molniya-M/Blok-ML	闪电-M/上面级ML	19830402	通信广播卫星
2933	1983-26A	STS-6	空间运输系统-6	美国	卡纳维拉尔角发射场	Challenger	挑战者号	19830404	载人及货运航天器
2934	1983-26B	TDRS-1	跟踪与数据中继卫星-1	美国	卡纳维拉尔角发射场	Challenger	挑战者号	19830404	通信广播卫星
2935	1983-27A	Taifun-1-15	台风-1-15	苏联	普列谢茨克航天发射中心	Cosmos-3M	宇宙-3M	19830406	科学与技术试验卫星
2936	1983-28A	Raduga-12	虹-12	苏联	拜科努尔航天发射中心	Proton-K/Blok-DM	质子-K/上面级DM	19830408	通信广播卫星
2937	1983-29A	Zenit-6-75	天顶-6-75	苏联	普列谢茨克航天发射中心	Soyuz-U	联盟-U	19830408	对地观测卫星
2938	1983-30A	Satcom-6	卫星通信-6	美国	卡纳维拉尔角发射场	Delta-3924	德尔它-3924	19830411	通信广播卫星

续表

序号	国际代号	中文名	外文名	所属国家、地区或组织	发射地点	发射工具外文名	发射工具中文名	发射时间	航天器类型
2939	1983－31A	天箭座－2M－31	Strela－2M－31	苏联	普列谢茨克航天发射中心	Cosmos－3M	宇宙－3M	19830412	通信广播卫星
2940	1983－32A	锁眼－8－53	KH－8－53	美国	范登堡空军基地	Tian－3（24）B Agena－D	大力神－3（24）B－阿金纳D	19830415	对地观测卫星
2941	1983－33A	罗西尼－3	Rohini－3	印度	萨提斯达瓦航天中心	SLV－3	卫星运载火箭－3	19830417	科学与技术试验卫星
2942	1983－34A	台风－2－15	Taifun－2－15	苏联	普列谢茨克航天发射中心	Cosmos－3M	宇宙－3M	19830419	科学与技术试验卫星
2943	1983－35A	联盟 T－8	Soyuz T－8	苏联	拜科努尔航天发射中心	Soyuz－U	联盟－U	19830420	载人及货运航天器
2944	1983－36A	琥珀－2K－29	Yantar－2K－29	苏联	普列谢茨克航天发射中心	Soyuz－U	联盟－U	19830422	对地观测卫星
2945	1983－37A	处女地－D－41	Tselina－D－41	苏联	普列谢茨克航天发射中心	Tsyklon－3	旋风－3	19830423	对地观测卫星
2946	1983－38A	眼睛－29	Oko－29	苏联	普列谢茨克航天发射中心	Molniya－M/Blok－2BL	闪电－M/上面级2BL	19830425	对地观测卫星
2947	1983－39A	琥珀－4K1－08	Yantar－4K1－08	苏联	拜科努尔航天发射中心	Soyuz－U	联盟－U	19830426	对地观测卫星
2948	1983－40A	天顶－4MKT－23	Zenit－4MKT－23	苏联	普列谢茨克航天发射中心	Soyuz－U	联盟－U	19830428	对地观测卫星
2949	1983－41A	地球静止环境业务卫星－F	GOES－F	美国	卡纳维拉尔角发射场	Delta－3914	德尔它－3914	19830428	对地观测卫星
2950	1983－42A	帆－38	Parus－38	苏联	普列谢茨克航天发射中心	Cosmos－3M	宇宙－3M	19830506	导航定位卫星
2951	1983－43A	天顶－6－76	Zenit－6－76	苏联	拜科努尔航天发射中心	Soyuz－U	联盟－U	19830506	对地观测卫星
2952	1983－44A	电子型海洋监视卫星－16	US－P－16	苏联	拜科努尔航天发射中心	Tsyklon－2	旋风－2	19830507	对地观测卫星
2953	1983－45A	资源－F1 17F41－11	Resurs－F1 17F41－11	苏联	普列谢茨克航天发射中心	Soyuz－U	联盟－U	19830517	对地观测卫星
2954	1983－46A	台风－1Yu－05	Taifun－1Yu－05	苏联	普列谢茨克航天发射中心	Cosmos－3M	宇宙－3M	19830519	科学与技术试验卫星
2955	1983－47A	国际通信卫星－56	Intelsat－56	国际通信卫星组织	卡纳维拉尔角航天发射场	Atlas－SLV3D Centaur－DIAR	宇宙神 SLV3D－半人马座 DIAR	19830519	通信广播卫星
2956	1983－48A	帆－39	Parus－39	苏联	普列谢茨克航天发射中心	Cosmos－3M	宇宙－3M	19830524	导航定位卫星
2957	1983－49A	台风－2－16	Taifun－2－16	苏联	卡普斯金亚尔航天发射中心	Cosmos－3M	宇宙－3M	19830526	科学与技术试验卫星
2958	1983－50A	琥珀－4K1－09	Yantar－4K1－09	苏联	拜科努尔航天发射中心	Soyuz－U	联盟－U	19830526	对地观测卫星
2959	1983－51A	欧洲 X 射线观测卫星	Exosat	欧洲航天局	范登堡空军基地	Delta－3914	德尔它－3914	19830526	科学与技术试验卫星
2960	1983－52A	天顶－6－77	Zenit－6－77	苏联	普列谢茨克航天发射中心	Soyuz－U	联盟－U	19830531	对地观测卫星
2961	1983－53A	金星－15	Venera－15	苏联	拜科努尔航天发射中心	Proton－K/Blok－D－1	质子－K/上面级 D－1	19830602	空间探测器
2962	1983－54A	金星－16	Venera－16	苏联	拜科努尔航天发射中心	Proton－K/Blok－D－1	质子－K/上面级 D－1	19830607	空间探测器
2963	1983－55A	资源－F1 17F41－12	Resurs－F1 17F41－12	苏联	普列谢茨克航天发射中心	Soyuz－U	联盟－U	19830607	对地观测卫星
2964	1983－56A	海军海洋监视系统－1－06A	NOSS－1－06A	美国	范登堡空军基地	Atlas－H MSD	宇宙神 H－多星分配器	19830610	对地观测卫星
2965	1983－56B	海军海洋监视系统－1－06B	NOSS－1－06B	美国	范登堡空军基地	Atlas－H MSD	宇宙神 H－多星分配器	19830610	对地观测卫星

续表

序号	国际代号	外文名	中文名	所属国家、地区或组织	发射地点	发射工具外文名	发射工具中文名	发射时间	航天器类型
2966	1983－56C	NOSS－1－06C	海军海洋监视系统－1－06C	美国	范登堡空军基地	Atlas－H MSD	宇宙神 H－多星分配器	19830610	对地观测卫星
2967	1983－56D	NOSS－MSD－06	海军海洋监视卫星－多星分配器－06	美国	范登堡空军基地	Atlas－H MSD	宇宙神 H－多星分配器	19830610	其他
2968	1983－57A	Zenit－6－78	天顶－6－78	苏联	普列谢茨克航天发射中心	Soyuz－U	联盟－U	19830614	对地观测卫星
2969	1983－58A	Eutelsat－1 1	欧洲通信卫星－1	欧洲航天局	圭亚那航天中心	Ariane－1	阿里安－1	19830616	通信广播卫星
2970	1983－58B	Amsat 3B/Oscar－10	业余爱好者卫星 3B/奥斯卡－10	西德	圭亚那航天中心	Ariane－1	阿里安－1	19830616	科学与技术试验卫星
2971	1983－59A	STS－7	空间运输系统－7	美国	卡纳维拉尔角发射场	Challenger	挑战者号	19830618	载人及货运航天器
2972	1983－59B	Anik－C2	阿尼克－C2	加拿大	卡纳维拉尔角发射场	Challenger	挑战者号	19830618	通信广播卫星
2973	1983－59C	Palapa－B1	帕拉帕－B1	印度尼西亚	卡纳维拉尔角发射场	Challenger	挑战者号	19830618	通信广播卫星
2974	1983－60A	KH－9－18	锁眼－9－18	美国	范登堡空军基地	Titan－34D	大力神－34D	19830620	对地观测卫星
2975	1983－60B	P－801－07	雪貂子卫星 C－07	美国	范登堡空军基地	Titan－34D	大力神－34D	19830620	对地观测卫星
2976	1983－59F	SPAS－1	斯帕斯－1	西德	卡纳维拉尔角发射场	Challenger	挑战者号	19830622	科学与技术试验卫星
2977	1983－61A	Tselina－D－42	处女地－D－42	苏联	普列谢茨克航天发射中心	Tsyklon－3	旋风－3	19830622	对地观测卫星
2978	1983－62A	Soyuz T－9	联盟 T－9	苏联	拜科努尔航天发射中心	Soyuz－U	联盟－U	19830627	载人及货运航天器
2979	1983－63A	HILAT－1	高纬度电离层研究卫星－1	美国	范登堡空军基地	Scout－G1	侦察兵－G1	19830627	科学与技术试验卫星
2980	1983－64A	Yantar－2K－30	琥珀－2K－30	苏联	普列谢茨克航天发射中心	Soyuz－U	联盟－U	19830628	对地观测卫星
2981	1983－65A	Galaxy－1	银河－1	美国	卡纳维拉尔角发射场	Delta－3920 PAM－D	德尔它－3920－有效载荷辅助舱 D	19830628	通信广播卫星
2982	1983－66A	Gorizont－7	地平线－7	苏联	拜科努尔航天发射中心	Proton－K/Blok－DM	质子－K/上面级 DM	19830630	通信广播卫星
2983	1983－67A	Prognoz－9	预报－9	苏联	拜科努尔航天发射中心	Molniya－M/Blok－SO－L	闪电－M/上面级 SO－L	19830701	科学与技术试验卫星
2984	1983－68A	Zenit－6－79	天顶－6－79	苏联	普列谢茨克航天发射中心	Soyuz－U	联盟－U	19830705	对地观测卫星
2985	1983－69A	Strela－1M－265	天箭座－1M－265	苏联	普列谢茨克航天发射中心	Cosmos－3M	宇宙－3M	19830706	通信广播卫星
2986	1983－69B	Strela－1M－266	天箭座－1M－266	苏联	普列谢茨克航天发射中心	Cosmos－3M	宇宙－3M	19830706	通信广播卫星
2987	1983－69C	Strela－1M－267	天箭座－1M－267	苏联	普列谢茨克航天发射中心	Cosmos－3M	宇宙－3M	19830706	通信广播卫星
2988	1983－69D	Strela－1M－268	天箭座－1M－268	苏联	普列谢茨克航天发射中心	Cosmos－3M	宇宙－3M	19830706	通信广播卫星
2989	1983－69E	Strela－1M－269	天箭座－1M－269	苏联	普列谢茨克航天发射中心	Cosmos－3M	宇宙－3M	19830706	通信广播卫星
2990	1983－69F	Strela－1M－270	天箭座－1M－270	苏联	普列谢茨克航天发射中心	Cosmos－3M	宇宙－3M	19830706	通信广播卫星
2991	1983－69G	Strela－1M－271	天箭座－1M－271	苏联	普列谢茨克航天发射中心	Cosmos－3M	宇宙－3M	19830706	通信广播卫星
2992	1983－69H	Strela－1M－272	天箭座－1M－272	苏联	普列谢茨克航天发射中心	Cosmos－3M	宇宙－3M	19830706	通信广播卫星

续表

序号	国际代号	外文名	中文名	所属国家、地区或组织	发射地点	发射工具外文名	发射工具中文名	发射时间	航天器类型
2993	1983－70A	Oko－30	眼睛－30	苏联	普列谢茨克航天发射中心	Molniya－M/Blok－2BL	闪电－M/上面级2BL	19830708	对地观测卫星
2994	1983－71A	Zenit－6－80	天顶－6－80	苏联	拜科努尔航天发射中心	Soyuz－U	联盟－U	19830713	对地观测卫星
2995	1983－72A	GPS－08	导航星－08	美国	范登堡空军基地	Atlas－E SGS－2	宇宙神E－SGS－2	19830714	导航定位卫星
2996	1983－73A	Molniya－1T－64	闪电－1T－64	苏联	普列谢茨克航天发射中心	Molniya－M/Blok－ML	闪电－M/上面级ML	19830719	通信广播卫星
2997	1983－74A	Resurs－F1 17F41－13	资源－F1 17F41－13	苏联	普列谢茨克航天发射中心	Soyuz－U	联盟－U	19830720	对地观测卫星
2998	1983－75A	Resurs－OE－01	资源－OE－01	苏联	拜科努尔航天发射中心	Vostok－2M	东方－2M	19830724	对地观测卫星
2999	1983－76A	Zenit－6－81	天顶－6－81	苏联	普列谢茨克航天发射中心	Soyuz－U	联盟－U	19830726	对地观测卫星
3000	1983－77A	Telstar－3 01	电星－3 01	美国	卡纳维拉尔角发射场	Delta－3920 PAM－D	德尔它－3920－有效载荷辅助舱D	19830728	通信广播卫星
3001	1983－78A	Jumpseat－07	折叠椅－07	美国	范登堡空军基地	Titan－3 (34) B Agena－D	大力神－3 (34) B－阿金纳D	19830731	对地观测卫星
3002	1983－79A	Strela－2M－32	天箭座－2M－32	苏联	普列谢茨克航天发射中心	Cosmos－3M	宇宙－3M	19830803	通信广播卫星
3003	1983－80A	Resurs－F1 17F41－14	资源－F1 17F41－14	苏联	普列谢茨克航天发射中心	Soyuz－U	联盟－U	19830805	对地观测卫星
3004	1983－81A	Sakura－2B(CS－2B)	樱花－2B(通信卫星－2B)	日本	种子岛航天中心	N－2 Star－37E	N－2－星 37E	19830805	通信广播卫星
3005	1983－82A	Zenit－6－82	天顶－6－82	苏联	普列谢茨克航天发射中心	Soyuz－U	联盟－U	19830809	对地观测卫星
3006	1983－83A	Yantar－4K1－10	琥珀－4K1－10	苏联	拜科努尔航天发射中心	Soyuz－U	联盟－U	19830810	对地观测卫星
3007	1983－84A	GLONASS－02	格洛纳斯－02	苏联	拜科努尔航天发射中心	Proton－K/Blok－DM－2	质子－K/上面级DM－2	19830810	导航定位卫星
3008	1983－84B	GLONASS－03	格洛纳斯－03	苏联	拜科努尔航天发射中心	Proton－K/Blok－DM－2	质子－K/上面级DM－2	19830810	导航定位卫星
3009	1983－84C	GLONASS－GVM－03	格洛纳斯模拟星－03	苏联	拜科努尔航天发射中心	Proton－K/Blok－DM－2	质子－K/上面级DM－2	19830810	其他
3010	1983－85A	Progress－17	进步－17	苏联	拜科努尔航天发射中心	Soyuz－U	联盟－U	19830817	载人及货运航天器
3011	1983－86A	FSW－0－5	返回式卫星－0－5	中国	酒泉航天发射中心	CZ－2C	长征－2C	19830819	对地观测卫星
3012	1983－87A	Zenit－6－83	天顶－6－83	苏联	普列谢茨克航天发射中心	Soyuz－U	联盟－U	19830823	对地观测卫星
3013	1983－88A	Raduga－13	虹－13	苏联	拜科努尔航天发射中心	Proton－K/Blok－DM	质子－K/上面级DM	19830825	通信广播卫星
3014	1983－89A	STS－8	空间运输系统－8	美国	卡纳维拉尔角发射场	Challenger	挑战者号	19830830	载人及货运航天器
3015	1983－89B	Insat－1B	印度卫星－1B	印度	卡纳维拉尔角发射场	Challenger	挑战者号	19830830	通信广播卫星
3016	1983－90A	Molniya－3－23	闪电－3－23	苏联	普列谢茨克航天发射中心	Molniya－M/Blok－ML	闪电－M/上面级ML	19830830	通信广播卫星
3017	1983－91A	Taifun－2－17	台风－2－17	苏联	卡普斯金亚尔航天发射中心	Cosmos－3M	宇宙－3M	19830831	科学与技术试验卫星
3018	1983－92A	Zenit－4MKT－24	天顶－4MKT－24	苏联	普列谢茨克航天发射中心	Soyuz－U	联盟－U	19830903	对地观测卫星
3019	1983－93A	Yantar－4K1－11	琥珀－4K1－11	苏联	普列谢茨克航天发射中心	Soyuz－U	联盟－U	19830907	对地观测卫星

续表

序号	国际代号	外文名	中文名	所属国家、地区或组织	发射地点	发射工具外文名	发射工具中文名	发射时间	航天器类型
3020	1983-94A	Satcom-7	卫星通信-7	美国	卡纳维拉尔角发射场	Delta-3924	德尔它-3924	19830908	通信广播卫星
3021	1983-95A	Zenit-6-84	天顶-6-84	苏联	普列谢茨克航天发射中心	Soyuz-U	联盟-U	19830909	对地观测卫星
3022	1983-96A	Resurs-F1 17F41-15	资源-F1 17F41-15	苏联	普列谢茨克航天发射中心	Soyuz-U	联盟-U	19830914	对地观测卫星
3023	1983-97A	Zenit-6-85	天顶-6-85	苏联	普列谢茨克航天发射中心	Soyuz-U	联盟-U	19830917	对地观测卫星
3024	1983-98A	Galaxy-2	银河-2	美国	卡纳维拉尔角发射场	Delta-3920 PAM-D	德尔它-3920-有效载荷辅助舱D	19830922	通信广播卫星
3025	1983-99A	Okean-OE-01	海洋-OE-01	苏联	普列谢茨克航天发射中心	Tsyklon-3	旋风-3	19830928	对地观测卫星
3026	1983-100A	Ekran-11	荧光屏-11	苏联	拜科努尔航天发射中心	Proton-K/Blok-DM	质子-K/上面级DM	19830929	通信广播卫星
3027	1983-101A	Taifun-2-18	台风-2-18	苏联	普列谢茨克航天发射中心	Cosmos-3M	宇宙-3M	19830930	科学与技术试验卫星
3028	1983-102A	Taifun-1Yu-06	台风-1Yu-06	苏联	普列谢茨克航天发射中心	Cosmos-3M	宇宙-3M	19831005	科学与技术试验卫星
3029	1983-103A	Strela-2M-33	天箭座-2M-33	苏联	普列谢茨克航天发射中心	Cosmos-3M	宇宙-3M	19831012	通信广播卫星
3030	1983-104A	Yantar-4K2-04	琥珀-4K2-04	苏联	拜科努尔航天发射中心	Soyuz-U	联盟-U	19831014	对地观测卫星
3031	1983-105A	Intelsat-57	国际通信卫星-57	国际通信卫星组织	圭亚那航天中心	Ariane-1	阿里安-1	19831019	通信广播卫星
3032	1983-106A	Progress-18	进步-18	苏联	拜科努尔航天发射中心	Soyuz-U	联盟-U	19831020	载人及货运航天器
3033	1983-107A	Zenit-6-86	天顶-6-86	苏联	普列谢茨克航天发射中心	Soyuz-U	联盟-U	19831021	对地观测卫星
3034	1983-108A	Tsikada-10	蝉-10	苏联	普列谢茨克航天发射中心	Cosmos-3M	宇宙-3M	19831026	导航定位卫星
3035	1983-109A	Meteor-2-10	流星-2-10	苏联	普列谢茨克航天发射中心	Vostok-2M	东方-2M	19831028	对地观测卫星
3036	1983-110A	US-P-17	电子型海洋监视卫星-17	苏联	拜科努尔航天发射中心	Tsyklon-2	旋风-2	19831029	对地观测卫星
3037	1983-111A	Taifun-1-16	台风-1-16	苏联	普列谢茨克航天发射中心	Cosmos-3M	宇宙-3M	19831111	科学与技术试验卫星
3038	1983-112A	Zenit-6-87	天顶-6-87	苏联	普列谢茨克航天发射中心	Soyuz-U	联盟-U	19831117	对地观测卫星
3039	1983-113A	DMSP-5D2 F7	国防气象卫星计划-5D2 F7	美国	范登堡空军基地	Atlas-E Star-37S-ISS	宇宙神E-星-37S-ISS	19831118	对地观测卫星
3040	1983-114A	Molniya-1T-65	闪电-1T-65	苏联	普列谢茨克航天发射中心	Molniya-M/Blok-ML	闪电-M/上面级ML	19831123	通信广播卫星
3041	1983-115A	Geo-IK-04	测地-IK-04	苏联	普列谢茨克航天发射中心	Tsyklon-3	旋风-3	19831124	对地观测卫星
3042	1983-116A	STS-41A	空间运输系统-41A	美国	卡纳维拉尔角发射场	Columbia	哥伦比亚号	19831128	载人及货运航天器
3043	1983-117A	Yantar-4K1-12	琥珀-4K1-12	苏联	普列谢茨克航天发射中心	Soyuz-U	联盟-U	19831128	对地观测卫星
3044	1983-118A	Gorizont-8	地平线-8	苏联	拜科努尔航天发射中心	Proton-K/Blok-DM	质子-K/上面级DM	19831130	通信广播卫星
3045	1983-119A	Zenit-6-88	天顶-6-88	苏联	普列谢茨克航天发射中心	Soyuz-U	联盟-U	19831207	对地观测卫星
3046	1983-120A	Parus-40	帆-40	苏联	普列谢茨克航天发射中心	Cosmos-3M	宇宙-3M	19831208	导航定位卫星

续表

序号	国际代号	外文名	中文名	所属国家、地区或组织	发射地点	发射工具外文名	发射工具中文名	发射时间	航天器类型
3047	1983-121A	Bion-6	生物-6	苏联	普列谢茨克航天发射中心	Soyuz-U	联盟-U	19831214	科学与技术试验卫星
3048	1983-122A	Tselina-D-43	处女地-D-43	苏联	普列谢茨克航天发射中心	Tsyklon-3	旋风-3	19831215	对地观测卫星
3049	1983-123A	Molniya-3-24	闪电-3-24	苏联	普列谢茨克航天发射中心	Molniya-M/Blok-ML	闪电-M/上面级ML	19831221	通信广播卫星
3050	1983-124A	Yantar-1KFT-03	琥珀-1KFT-03	苏联	拜科努尔航天发射中心	Soyuz-U	联盟-U	19831227	对地观测卫星
3051	1983-125A	BOR-4 406	无人轨道火箭飞机-4-406	苏联	卡普斯京亚尔航天发射中心	Cosmos-3M-RB5	宇宙-3M-RB5	19831227	载人及货运航天器
3052	1983-126A	Oko-31	眼睛-31	苏联	普列谢茨克航天发射中心	Molniya-M/Blok-2BL	闪电-M/上面级2BL	19831228	对地观测卫星
3053	1983-127A	GLONASS-04	格洛纳斯-04	苏联	拜科努尔航天发射中心	Proton-K/Blok-DM-2	质子-K/上面级DM-2	19831229	导航定位卫星
3054	1983-127B	GLONASS-05	格洛纳斯-05	苏联	拜科努尔航天发射中心	Proton-K/Blok-DM-2	质子-K/上面级DM-2	19831229	导航定位卫星
3055	1983-127C	GLONASS-GVM-04	格洛纳斯模拟星-04	苏联	拜科努尔航天发射中心	Proton-K/Blok-DM-2	质子-K/上面级DM-2	19831229	其他
3056	1984-01A	Strela-1M-273	天箭座-1M-273	苏联	普列谢茨克航天发射中心	Cosmos-3M	宇宙-3M	19840105	通信广播卫星
3057	1984-01B	Strela-1M-274	天箭座-1M-274	苏联	普列谢茨克航天发射中心	Cosmos-3M	宇宙-3M	19840105	通信广播卫星
3058	1984-01C	Strela-1M-275	天箭座-1M-275	苏联	普列谢茨克航天发射中心	Cosmos-3M	宇宙-3M	19840105	通信广播卫星
3059	1984-01D	Strela-1M-276	天箭座-1M-276	苏联	普列谢茨克航天发射中心	Cosmos-3M	宇宙-3M	19840105	通信广播卫星
3060	1984-01E	Strela-1M-277	天箭座-1M-277	苏联	普列谢茨克航天发射中心	Cosmos-3M	宇宙-3M	19840105	通信广播卫星
3061	1984-01F	Strela-1M-278	天箭座-1M-278	苏联	普列谢茨克航天发射中心	Cosmos-3M	宇宙-3M	19840105	通信广播卫星
3062	1984-01G	Strela-1M-279	天箭座-1M-279	苏联	普列谢茨克航天发射中心	Cosmos-3M	宇宙-3M	19840105	通信广播卫星
3063	1984-01H	Strela-1M-280	天箭座-1M-280	苏联	普列谢茨克航天发射中心	Cosmos-3M	宇宙-3M	19840105	通信广播卫星
3064	1984-02A	Zenit-6-89	天顶-6-89	苏联	普列谢茨克航天发射中心	Soyuz-U	联盟-U	19840111	对地观测卫星
3065	1984-03A	Parus-41	帆-41	苏联	普列谢茨克航天发射中心	Cosmos-3M	宇宙-3M	19840111	导航定位卫星
3066	1984-04A	Yantar-4K2-05	琥珀-4K2-05	苏联	普列谢茨克航天发射中心	Soyuz-U	联盟-U	19840113	对地观测卫星
3067	1984-05A	Yuri-2A (BS-2A)	百合-2A（广播卫星-2A）	日本	种子岛航天中心	N-2 Star-37E	N-2·星37E	19840123	通信广播卫星
3068	1984-06A	Zenit-6-90	天顶-6-90	苏联	普列谢茨克航天发射中心	Soyuz-U2	联盟-U2	19840126	对地观测卫星
3069	1984-07A	Taifun-1-17	台风-1-17	苏联	普列谢茨克航天发射中心	Cosmos-3M	宇宙-3M	19840126	科学与技术试验卫星
3070	1984-08A	DFH-2 1	东方红-2 1	中国	西昌航天发射中心	CZ-3	长征-3	19840129	通信广播卫星
3071	1984-09A	Chalet-4	小屋-4	美国	卡纳维拉尔角发射场	Titan-34D Transtage	大力神-34D-过渡级	19840131	对地观测卫星
3072	1984-10A	Parus-42	帆-42	苏联	普列谢茨克航天发射中心	Cosmos-3M	宇宙-3M	19840202	导航定位卫星
3073	1984-11A	STS-41B	空间运输系统-41B	美国	卡纳维拉尔角发射场	Challenger	挑战者号	19840203	载人及货运航天器

续表

序号	国际代号	外文名	中文名	所属国家、地区或组织	发射地点	发射工具外文名	发射工具中文名	发射时间	航天器类型
3074	1984－11B	Westar－6	西联星－6	美国	卡纳维拉尔角发射场	Challenger	挑战者号	19840203	通信广播卫星
3075	1984－11C	Palapa－B2	帕拉帕－B2	印度尼西亚	卡纳维拉尔角发射场	Challenger	挑战者号	19840203	通信广播卫星
3076	1984－11D	IRT	会合目标	美国	卡纳维拉尔角发射场	Challenger	挑战者号	19840203	科学与技术试验卫星
3077	1984－12A	NOSS－1－07A	海军海洋监视系统－1－07A	美国	范登堡空军基地	Atlas－H MSD	宇宙神 H－多星分配器	19840205	对地观测卫星
3078	1984－12B	NOSS－MSD－07	海军海洋监视卫星－多星分配器－07	美国	范登堡空军基地	Atlas－H MSD	宇宙神 H－多星分配器	19840205	其他
3079	1984－12C	NOSS－1－07B	海军海洋监视系统－1－07B	美国	范登堡空军基地	Atlas－H MSD	宇宙神 H－多星分配器	19840205	对地观测卫星
3080	1984－12D	NOSS－1－07C	海军海洋监视系统－1－07C	美国	范登堡空军基地	Atlas－H MSD	宇宙神 H－多星分配器	19840205	对地观测卫星
3081	1984－13A	Tselina－D－44	处女地－D－44	苏联	普列谢茨克航天发射中心	Tsyklon－3	旋风－3	19840208	对地观测卫星
3082	1984－14A	Soyuz T－10	联盟 T－10	苏联	拜科努尔航天发射中心	Soyuz－U	联盟－U	19840208	载人及货运航天器
3083	1984－15A	Exos－C	外层大气卫星－C	日本	鹿儿岛航天中心	M－3S	M－3S	19840214	科学与技术试验卫星
3084	1984－16A	Raduga－14	虹－14	苏联	拜科努尔航天发射中心	Proton－K/Blok－DM	质子－K/上面级 DM	19840215	通信广播卫星
3085	1984－17A	Resurs－F1 17F41－16	资源－F1 17F41－16	苏联	普列谢茨克航天发射中心	Soyuz－U	联盟－U	19840216	对地观测卫星
3086	1984－18A	Progress－19	进步－19	苏联	拜科努尔航天发射中心	Soyuz－U	联盟－U	19840221	载人及货运航天器
3087	1984－19A	Strela－2M－34	天箭座－2M－34	苏联	普列谢茨克航天发射中心	Cosmos－3M	宇宙－3M	19840221	对地观测卫星
3088	1984－20A	Yantar－4K2－06	琥珀－4K2－06	苏联	普列谢茨克航天发射中心	Soyuz－U	联盟－U	19840228	对地观测卫星
3089	1984－21A	Landsat－5	陆地卫星－5	美国	范登堡空军基地	Delta－3920	德尔它－3920	19840301	对地观测卫星
3090	1984－21B	UoSAT－2	萨里大学卫星－2	英国	范登堡空军基地	Delta－3920	德尔它－3920	19840301	科学与技术试验卫星
3091	1984－22A	Potok－2	急流－2	苏联	拜科努尔航天发射中心	Proton－K/Blok－DM	质子－K/上面级 DM	19840302	通信广播卫星
3092	1984－23A	Intelsat－5 8	国际通信卫星－5 8	国际通信卫星组织	圭亚那航天中心	Ariane－1	阿里安－1	19840305	通信广播卫星
3093	1984－24A	Oko－32	眼睛－32	苏联	普列谢茨克航天发射中心	Molniya－M/Blok－2BL	闪电－M/上面级 2BL	19840306	对地观测卫星
3094	1984－25A	Zenit－6－91	天顶－6－91	苏联	拜科努尔航天发射中心	Soyuz－U2	联盟－U2	19840307	对地观测卫星
3095	1984－26A	Efir－1	太空－1	苏联	普列谢茨克航天发射中心	Soyuz－U	联盟－U	19840310	科学与技术试验卫星
3096	1984－27A	Tselina－D－45	处女地－D－45	苏联	普列谢茨克航天发射中心	Tsyklon－3	旋风－3	19840315	对地观测卫星
3097	1984－28A	Ekran－12	荧光屏－12	苏联	拜科努尔航天发射中心	Proton－K/Blok－DM	质子－K/上面级 DM	19840316	通信广播卫星
3098	1984－29A	Molniya－1T－66	闪电－1T－66	苏联	普列谢茨克航天发射中心	Molniya－M/Blok－ML	闪电－M/上面级 ML	19840316	通信广播卫星
3099	1984－30A	Zenit－6－92	天顶－6－92	苏联	拜科努尔航天发射中心	Soyuz－U	联盟－U	19840321	对地观测卫星
3100	1984－31A	Oko－s－02	眼睛－S－02	苏联	拜科努尔航天发射中心	Proton－K/Blok－DM	质子－K/上面级 DM	19840329	对地观测卫星

续表

序号	国际代号	外文名	中文名	所属国家、地区或组织	发射地点	发射工具外文名	发射工具中文名	发射时间	航天器类型
3101	1984-32A	Soyuz T-11	联盟 T-11	苏联	拜科努尔航天发射中心	Soyuz-U	联盟-U	19840403	载人及货运航天器
3102	1984-33A	Oko-33	眼睛-33	苏联	普列谢茨克航天发射中心	Molniya-M/Blok-2BL	闪电-M/上面级2BL	19840404	对地观测卫星
3103	1984-34A	STS-41C	空间运输系统-41C	美国	卡纳维拉尔角发射场	Challenger	挑战者号	19840406	载人及货运航天器
3104	1984-34B	LDEF	长期暴露设施	美国	卡纳维拉尔角发射场	Challenger	挑战者号	19840406	科学与技术试验卫星
3105	1984-35A	DFH-2-2	东方红-2-2	中国	西昌航天发射中心	CZ-3	长征-3	19840408	通信广播卫星
3106	1984-36A	Yantar-4K2-07	琥珀-4K2-07	苏联	普列谢茨克航天发射中心	Soyuz-U	联盟-U	19840410	对地观测卫星
3107	1984-37A	DSP-11	国防支援计划-11	美国	卡纳维拉尔角发射场	Titan-34D Transtage	大力神-34D-过渡级	19840414	对地观测卫星
3108	1984-38A	Progress-20	进步-20	苏联	拜科努尔航天发射中心	Soyuz-U2	联盟-U2	19840415	载人及货运航天器
3109	1984-39A	KH-8-54	锁眼-8-54	美国	范登堡空军基地	Titan-3(24)B Agena-D	大力神-3(24)B-阿金纳D	19840417	对地观测卫星
3110	1984-40A	Zenit-6-93	天顶-6-93	苏联	普列谢茨克航天发射中心	Soyuz-U	联盟-U	19840419	对地观测卫星
3111	1984-41A	Gorizont-9	地平线-9	苏联	拜科努尔航天发射中心	Proton-K/Blok-DM	质子-K/上面级DM	19840422	通信广播卫星
3112	1984-42A	Progress-21	进步-21	苏联	拜科努尔航天发射中心	Soyuz-U	联盟-U	19840507	载人及货运航天器
3113	1984-43A	Parus-43	帆-43	苏联	普列谢茨克航天发射中心	Cosmos-3M	宇宙-3M	19840511	导航定位卫星
3114	1984-44A	Zenit-6-94	天顶-6-94	苏联	普列谢茨克航天发射中心	Soyuz-U	联盟-U	19840511	对地观测卫星
3115	1984-45A	Yantar-4KS1-02	琥珀-4KS1-02	苏联	拜科努尔航天发射中心	Soyuz-U	联盟-U	19840514	对地观测卫星
3116	1984-46A	Tsikada-11	蝉-11	苏联	普列谢茨克航天发射中心	Cosmos-3M	宇宙-3M	19840517	导航定位卫星
3117	1984-47A	GLONASS-06	格洛纳斯-06	苏联	拜科努尔航天发射中心	Proton-K/Blok-DM-2	质子-K/上面级DM-2	19840519	导航定位卫星
3118	1984-47B	GLONASS-07	格洛纳斯-07	苏联	拜科努尔航天发射中心	Proton-K/Blok-DM-2	质子-K/上面级DM-2	19840519	导航定位卫星
3119	1984-47C	GLONASS-GVM-05	格洛纳斯模拟星-05	苏联	拜科努尔航天发射中心	Proton-K/Blok-DM-2	质子-K/上面级DM-2	19840519	其他
3120	1984-48A	Zenit-4MKT-25	天顶-4MKT-25	苏联	普列谢茨克航天发射中心	Soyuz-U	联盟-U	19840522	对地观测卫星
3121	1984-49A	Spacenet-1	空间网-1	美国	圭亚那航天中心	Ariane-1	阿里安-1	19840523	通信广播卫星
3122	1984-50A	Yantar-4K2-08	琥珀-4K2-08	苏联	普列谢茨克航天发射中心	Soyuz-U	联盟-U	19840525	对地观测卫星
3123	1984-51A	Progress-22	进步-22	苏联	拜科努尔航天发射中心	Soyuz-U	联盟-U	19840528	载人及货运航天器
3124	1984-52A	Strela-1M-281	天箭座-1M-281	苏联	普列谢茨克航天发射中心	Cosmos-3M	宇宙-3M	19840528	通信广播卫星
3125	1984-52B	Strela-1M-282	天箭座-1M-282	苏联	普列谢茨克航天发射中心	Cosmos-3M	宇宙-3M	19840528	通信广播卫星
3126	1984-52C	Strela-1M-283	天箭座-1M-283	苏联	普列谢茨克航天发射中心	Cosmos-3M	宇宙-3M	19840528	通信广播卫星
3127	1984-52D	Strela-1M-284	天箭座-1M-284	苏联	普列谢茨克航天发射中心	Cosmos-3M	宇宙-3M	19840528	通信广播卫星

续表

序号	国际代号	外文名	中文名	所属国家、地区或组织	发射地点	发射工具外文名	发射工具中文名	发射时间	航天器类型
3128	1984-52E	Strela-1M-285	天箭座-1M-285	苏联	普列谢茨克航天发射中心	Cosmos-3M	宇宙-3M	19840528	通信广播卫星
3129	1984-52F	Strela-1M-286	天箭座-1M-286	苏联	普列谢茨克航天发射中心	Cosmos-3M	宇宙-3M	19840528	通信广播卫星
3130	1984-52G	Strela-1M-287	天箭座-1M-287	苏联	普列谢茨克航天发射中心	Cosmos-3M	宇宙-3M	19840528	通信广播卫星
3131	1984-52H	Strela-1M-288	天箭座-1M-288	苏联	普列谢茨克航天发射中心	Cosmos-3M	宇宙-3M	19840528	通信广播卫星
3132	1984-53A	US-P-18	电子型海洋监视卫星-18	苏联	拜科努尔航天发射中心	Tsyklon-2	旋风-2	19840530	对地观测卫星
3133	1984-54A	Zenit-6-95	天顶-6-95	苏联	普列谢茨克航天发射中心	Soyuz-U	联盟-U	19840601	对地观测卫星
3134	1984-55A	Oko-34	眼睛-34	苏联	普列谢茨克航天发射中心	Molniya-M/Blok-2BL	闪电-M/上面级2BL	19840606	对地观测卫星
3135	1984-56A	Strela-2M-35	天箭座-2M-35	苏联	普列谢茨克航天发射中心	Cosmos-3M	宇宙-3M	19840608	通信广播卫星
3136	1984-57A	Intelsat-5 9	国际通信卫星-5 9	国际通信卫星组织	卡纳维拉尔角发射场	Atlas-G Centaur-D1AR	宇宙神G-半人马座D1AR	19840609	通信广播卫星
3137	1984-58A	Zenit-8-01	天顶-8-01	苏联	拜科努尔航天发射中心	Soyuz-U	联盟-U	19840611	对地观测卫星
3138	1984-59A	GPS-09	导航星-09	美国	范登堡空军基地	Atlas-E SGS-2	宇宙神E-SGS-2	19840613	导航定位卫星
3139	1984-60A	Resurs-F1 17F41-17	资源-F1 17F41-17	苏联	普列谢茨克航天发射中心	Soyuz-U	联盟-U	19840615	对地观测卫星
3140	1984-61A	Zenit-6-96	天顶-6-96	苏联	普列谢茨克航天发射中心	Soyuz-U	联盟-U	19840619	对地观测卫星
3141	1984-62A	Nadezhda-3	希望-3	苏联	普列谢茨克航天发射中心	Cosmos-3M	宇宙-3M	19840621	导航定位卫星
3142	1984-63A	Raduga-15	虹-15	苏联	拜科努尔航天发射中心	Proton-K/Blok-DM	质子-K/上面级DM	19840622	通信广播卫星
3143	1984-64A	Resurs-F1 17F41-18	资源-F1 17F41-18	苏联	普列谢茨克航天发射中心	Soyuz-U	联盟-U	19840622	对地观测卫星
3144	1984-65A	KH-9-19	锁眼-9-19	美国	范登堡空军基地	Titan-34D	大力神-34D	19840625	对地观测卫星
3145	1984-65B	P-11 4434	雪貂子卫星-4434	美国	范登堡空军基地	Titan-34D	大力神-34D	19840625	对地观测卫星
3146	1984-66A	Yantar-4K2-09	琥珀-4K2-09	苏联	普列谢茨克航天发射中心	Soyuz-U	联盟-U	19840626	对地观测卫星
3147	1984-67A	Parus-44	帆-44	苏联	普列谢茨克航天发射中心	Cosmos-3M	宇宙-3M	19840627	导航定位卫星
3148	1984-68A	Taifun-1Yu-07	台风-1Yu-07	苏联	卡普斯京金航天发射中心	Cosmos-3M	宇宙-3M	19840628	科学与技术试验卫星
3149	1984-69A	RORSAT-24	雷达型海洋监视卫星-24	苏联	拜科努尔航天发射中心	Tsyklon-2	旋风-2	19840629	对地观测卫星
3150	1984-70A	Zenit-8-02	天顶-8-02	苏联	普列谢茨克航天发射中心	Soyuz-U	联盟-U	19840629	对地观测卫星
3151	1984-71A	Oko-35	眼睛-35	苏联	普列谢茨克航天发射中心	Molniya-M/Blok-2BL	闪电-M/上面级2BL	19840703	对地观测卫星
3152	1984-72A	Meteor-2-11	流星-2-11	苏联	普列谢茨克航天发射中心	Tsyklon-3	旋风-3	19840705	对地观测卫星
3153	1984-73A	Soyuz T-12	联盟T-12	苏联	拜科努尔航天发射中心	Soyuz-U2	联盟-U2	19840717	载人及货运航天器
3154	1984-74A	Resurs-F1 17F41-19	资源-F1 17F41-19	苏联	普列谢茨克航天发射中心	Soyuz-U	联盟-U	19840719	对地观测卫星

续表

序号	国际代号	外文名	中文名	所属国家、地区或组织	发射地点	发射工具外文名	发射工具中文名	发射时间	航天器类型
3155	1984-75A	Zenit-8-03	天顶-8-03	苏联	普列谢茨克航天发射中心	Soyuz-U	联盟-U	19840724	对地观测卫星
3156	1984-76A	Zenit-8-04	天顶-8-04	苏联	普列谢茨克航天发射中心	Soyuz-U	联盟-U	19840727	对地观测卫星
3157	1984-77A	Yantar-4K2-10	琥珀-4K2-10	苏联	拜科努尔航天发射中心	Soyuz-U	联盟-U	19840731	对地观测卫星
3158	1984-78A	Gorizont-10	地平线-10	苏联	拜科努尔航天发射中心	Proton-K/Blok-DM	质子-K/上面级DM	19840801	通信广播卫星
3159	1984-79A	Oko-36	眼睛-36	苏联	普列谢茨克航天发射中心	Molniya-M/Blok-2BL	闪电-M/上面级2BL	19840802	对地观测卫星
3160	1984-80A	Himawari-3	向日葵-3（地球静止气象卫星-3）	日本	种子岛航天中心	N-2 Star-37E	N-2-星37E	19840802	对地观测卫星
3161	1984-81A	Eutelsat-12	欧洲通信卫星-12	欧洲航天局	圭亚那航天中心	Ariane-3	阿里安-3	19840804	通信广播卫星
3162	1984-81B	Telecom-1A	电信-1A	法国	圭亚那航天中心	Ariane-3	阿里安-3	19840804	通信广播卫星
3163	1984-82A	Zenit-8-05	天顶-8-05	苏联	普列谢茨克航天发射中心	Soyuz-U	联盟-U	19840806	对地观测卫星
3164	1984-83A	US-P-19	电子型海洋监视卫星-19	苏联	拜科努尔航天发射中心	Tsyklon-2	旋风-2	19840807	对地观测卫星
3165	1984-84A	Geo-1K-05	测地-1K-05	苏联	普列谢茨克航天发射中心	Tsyklon-3	旋风-3	19840808	对地观测卫星
3166	1984-85A	Molniya-1T-67	闪电-1T-67	苏联	普列谢茨克航天发射中心	Molniya-M/Blok-ML	闪电-M/上面级ML	19840810	通信广播卫星
3167	1984-86A	Progress-23	进步-23	苏联	拜科努尔航天发射中心	Soyuz-U	联盟-U	19840814	载人及货运航天器
3168	1984-87A	Resurs-F1 17F41-20	资源-F1 17F41-20	苏联	普列谢茨克航天发射中心	Soyuz-U	联盟-U	19840816	对地观测卫星
3169	1984-88A	AMPTE-1（CCE）	磁层粒子主动示踪探测器-1（电荷成分探险者）	美国	卡纳维拉尔角发射场	Delta-3924	德尔它-3924	19840816	科学与技术试验卫星
3170	1984-88B	AMPTE-2（IRM）	磁层粒子主动示踪探测器-3（英国子卫星）	西德	卡纳维拉尔角发射场	Delta-3924	德尔它-3924	19840816	科学与技术试验卫星
3171	1984-88C	AMPTE-3（UKS）	磁层粒子主动示踪探测器-3（英国子卫星）	英国	卡纳维拉尔角发射场	Delta-3924	德尔它-3924	19840816	科学与技术试验卫星
3172	1984-89A	Molniya-1T-68	闪电-1T-68	苏联	普列谢茨克航天发射中心	Molniya-M/Blok-ML	闪电-M/上面级ML	19840824	通信广播卫星
3173	1984-90A	Ekran-13	荧光屏-13	苏联	拜科努尔航天发射中心	Proton-K/Blok-DM	质子-K/上面级DM	19840824	通信广播卫星
3174	1984-91A	SDS-1-5	卫星数据系统-1-5	美国	范登堡空军基地	Titan-3(34) B Agena-D	大力神-3(34) B-阿金纳D	19840828	通信广播卫星
3175	1984-92A	Resurs-F1 17F41-21	资源-F1 17F41-21	苏联	普列谢茨克航天发射中心	Soyuz-U	联盟-U	19840830	对地观测卫星
3176	1984-93A	STS-41D	空间运输系统-41D	美国	卡纳维拉尔角发射场	Discovery	发现号	19840830	载人及货运航天器
3177	1984-93B	SBS-4	卫星商用系统-4	美国	卡纳维拉尔角发射场	Discovery	发现号	19840830	通信广播卫星
3178	1984-93C	Leasat-02	租赁卫星-02	美国	卡纳维拉尔角发射场	Discovery	发现号	19840830	通信广播卫星
3179	1984-93D	Telstar-3 02	电星-3 02	美国	卡纳维拉尔角发射场	Discovery	发现号	19840830	通信广播卫星
3180	1984-94A	Zenit-8-06	天顶-8-06	苏联	普列谢茨克航天发射中心	Soyuz-U	联盟-U	19840904	对地观测卫星
3181	1984-95A	GLONASS-08	格洛纳斯-08	苏联	拜科努尔航天发射中心	Proton-K/Blok-DM-2	质子-K/上面级DM-2	19840904	导航定位卫星

续表

序号	国际代号	外文名	中文名	所属国家、地区或组织	发射地点	发射工具外文名	发射工具中文名	发射时间	航天器类型
3182	1984 – 95B	GLONASS – 09	格洛纳斯 – 09	苏联	拜科努尔航天发射中心	Proton – K/Blok – DM – 2	质子 – K/上面级 DM – 2	19840904	导航定位卫星
3183	1984 – 95C	GLONASS – GVM – 06	格洛纳斯模拟星 – 06	苏联	拜科努尔航天发射中心	Proton – K/Blok – DM – 2	质子 – K/上面级 DM – 2	19840904	其他
3184	1984 – 96A	Oko – 37	眼睛 – 37	苏联	普列谢茨克航天发射中心	Molniya – M/Blok – 2BL	闪电 – M/上面级 2BL	19840907	对地观测卫星
3185	1984 – 97A	GPS – 10	导航星 – 10	美国	范登堡空军基地	Atlas – E SGS – 2	宇宙神 E – SGS – 2	19840908	导航定位卫星
3186	1984 – 98A	FSW – 0 – 6	返回式卫星 – 0 – 6	中国	酒泉航天发射中心	CZ – 2C	长征 – 2C	19840912	对地观测卫星
3187	1984 – 99A	Zenit – 4MKT – 26	天顶 – 4MKT – 26	苏联	普列谢茨克航天发射中心	Soyuz – U	联盟 – U	19840913	对地观测卫星
3188	1984 – 100A	Parus – 45	帆 – 45	苏联	普列谢茨克航天发射中心	Cosmos – 3M	宇宙 – 3M	19840913	导航定位卫星
3189	1984 – 101A	Galaxy – 3	银河 – 3	美国	卡纳维拉尔角发射场	Delta – 3920 PAM – D	德尔它 – 3920 – 有效载荷辅助舱 D	19840921	通信广播卫星
3190	1984 – 102A	Yantar – 4K2 – 11	琥珀 – 4K2 – 11	苏联	普列谢茨克航天发射中心	Soyuz – U	联盟 – U	19840925	对地观测卫星
3191	1984 – 103A	Zenit – 8 – 07	天顶 – 8 – 07	苏联	拜科努尔航天发射中心	Soyuz – U	联盟 – U	19840927	对地观测卫星
3192	1984 – 104A	Taifun – 2 – 19	台风 – 2 – 19	苏联	普列谢茨克航天发射中心	Cosmos – 3M	宇宙 – 3M	19840927	科学与技术试验卫星
3193	1984 – 105A	Okean – OE – 02	海洋 – OE – 02	苏联	普列谢茨克航天发射中心	Tsyklon – 3	旋风 – 3	19840928	对地观测卫星
3194	1984 – 106A	Tselina – 2 – 01	处女地 – 2 – 01	苏联	拜科努尔航天发射中心	Proton – K/Blok – DM – 2	质子 – K/上面级 DM – 2	19840928	对地观测卫星
3195	1984 – 107A	Oko – 38	眼睛 – 38	苏联	普列谢茨克航天发射中心	Molniya – M/Blok – 2BL	闪电 – M/上面级 2BL	19841004	对地观测卫星
3196	1984 – 108A	STS – 41G	空间运输系统 – 41G	美国	卡纳维拉尔角发射场	Challenger	挑战者号	19841005	载人及货运航天器
3197	1984 – 108B	ERBS	地球辐射收支卫星	美国	卡纳维拉尔角发射场	Challenger	挑战者号	19841005	对地观测卫星
3198	1984 – 109A	Parus – 46	帆 – 46	苏联	普列谢茨克航天发射中心	Cosmos – 3M	宇宙 – 3M	19841011	导航定位卫星
3199	1984 – 110A	Nova – 3	新星 – 3	美国	范登堡空军基地	Scout – G1	侦察兵 – G1	19841012	导航定位卫星
3200	1984 – 111A	Tselina – D – 46	处女地 – D – 46	苏联	普列谢茨克航天发射中心	Tsyklon – 3	旋风 – 3	19841018	对地观测卫星
3201	1984 – 112A	RORSAT – 25	雷达型海洋监视卫星 – 25	苏联	拜科努尔航天发射中心	Tsyklon – 2	旋风 – 2	19841031	对地观测卫星
3202	1984 – 113A	STS – 51A	空间运输系统 – 51A	美国	卡纳维拉尔角发射场	Discovery	发现号	19841108	载人及货运航天器
3203	1984 – 113B	Anik – D2	阿尼克 – D2	加拿大	卡纳维拉尔角发射场	Discovery	发现号	19841108	通信广播卫星
3204	1984 – 113C	Leasat – 01	租赁卫星 – 01	美国	卡纳维拉尔角发射场	Discovery	发现号	19841108	通信广播卫星
3205	1984 – 114A	Spacenet – 2	空间网 – 2	美国	圭亚那航天中心	Ariane – 3	阿里安 – 3	19841110	通信广播卫星
3206	1984 – 114B	Marecs – 2R	欧洲海事通信卫星 – 2R	国际移动卫星组织	圭亚那航天中心	Ariane – 3	阿里安 – 3	19841110	通信广播卫星
3207	1984 – 115A	NATO – 3D	纳托 – 3D	北大西洋公约组织	卡纳维拉尔角发射场	Delta – 3914	德尔它 – 3914	19841114	通信广播卫星
3208	1984 – 116A	Yantar – 1KFT – 04	琥珀 – 1KFT – 04	苏联	拜科努尔航天发射中心	Soyuz – U	联盟 – U	19841114	对地观测卫星

续表

序号	国际代号	外文名	中文名	所属国家、地区或组织	发射地点	发射工具外文名	发射工具中文名	发射时间	航天器类型
3209	1984-117A	Zenit-8-08	天顶-8-08	苏联	普列谢茨克航天发射中心	Soyuz-U	联盟-U	19841114	对地观测卫星
3210	1984-118A	Parus-47	帆-47	苏联	普列谢茨克航天发射中心	Cosmos-3M	宇宙-3M	19841115	导航定位卫星
3211	1984-119A	Yantar-4K2-12	琥珀-4K2-12	苏联	拜科努尔航天发射中心	Soyuz-U	联盟-U	19841121	对地观测卫星
3212	1984-120A	Meteor-3-1a	流星-3-1a	苏联	普列谢茨克航天发射中心	Tsyklon-3	旋风-3	19841127	对地观测卫星
3213	1984-121A	Zenit-8-09	天顶-8-09	苏联	普列谢茨克航天发射中心	Soyuz-U	联盟-U	19841129	对地观测卫星
3214	1984-122A	KH-11-06	锁眼-11-06	美国	范登堡空军基地	Titan-34D	大力神-34D	19841204	对地观测卫星
3215	1984-123A	NOAA-F	国家大气和海洋局卫星-F	美国	范登堡空军基地	Atlas-E Star-37S-ISS	宇宙神 E-星-37S-ISS	19841212	对地观测卫星
3216	1984-124A	Molniya-1T-69	闪电-1T-69	苏联	普列谢茨克航天发射中心	Molniya-M/Blok-ML	闪电-M/上面级ML	19841214	通信广播卫星
3217	1984-125A	Vega-1	维加-1	苏联	拜科努尔航天发射中心	Proton-K/Blok-D-1	质子-K/上面级D-1	19841215	空间探测器
3218	1984-126A	BOR-4 407	无人轨道火箭飞机-4-407	苏联	卡普斯亚尔航天发射中心	Cosmos-3M-RB5	宇宙-3M-RB5	19841219	载人及货运航天器
3219	1984-127A	Taifun-1Yu-08	台风-1Yu-08	苏联	普列谢茨克航天发射中心	Cosmos-3M	宇宙-3M	19841220	科学与技术试验卫星
3220	1984-128A	Vega-2	维加-2	苏联	拜科努尔航天发射中心	Proton-K/Blok-D-1	质子-K/上面级D-1	19841221	空间探测器
3221	1984-129A	DSP-12	国防支援计划-12	美国	卡纳维拉尔角发射场	Titan-34D Transtage	大力神-34D-过渡级	19841222	对地观测卫星
3222	1985-01A	Sakigake	先驱	日本	鹿儿岛航天中心	M-3S-2	M-3S-2	19850107	空间探测器
3223	1985-02A	Yantar-4K2-13	琥珀-4K2-13	苏联	拜科努尔航天发射中心	Soyuz-U	联盟-U	19850109	对地观测卫星
3224	1985-03A	Strela-3-1	天箭座-3-1	苏联	普列谢茨克航天发射中心	Tsyklon-3	旋风-3	19850115	通信广播卫星
3225	1985-03B	Strela-3-2	天箭座-3-2	苏联	普列谢茨克航天发射中心	Tsyklon-3	旋风-3	19850115	通信广播卫星
3226	1985-03C	Strela-3-3	天箭座-3-3	苏联	普列谢茨克航天发射中心	Tsyklon-3	旋风-3	19850115	通信广播卫星
3227	1985-03D	Strela-3-4	天箭座-3-4	苏联	普列谢茨克航天发射中心	Tsyklon-3	旋风-3	19850115	通信广播卫星
3228	1985-03E	Strela-3-5	天箭座-3-5	苏联	普列谢茨克航天发射中心	Tsyklon-3	旋风-3	19850115	通信广播卫星
3229	1985-03F	Strela-3-6	天箭座-3-6	苏联	普列谢茨克航天发射中心	Tsyklon-3	旋风-3	19850115	通信广播卫星
3230	1985-04A	Molniya-3-25	闪电-3-25	苏联	普列谢茨克航天发射中心	Molniya-M/Blok-ML	闪电-M/上面级ML	19850116	通信广播卫星
3231	1985-05A	Zenit-8-10	天顶-8-10	苏联	拜科努尔航天发射中心	Soyuz-U	联盟-U	19850116	对地观测卫星
3232	1985-06A	Strela-2M-36	天箭座-2M-36	苏联	普列谢茨克航天发射中心	Cosmos-3M	宇宙-3M	19850117	通信广播卫星
3233	1985-07A	Gorizont-11	地平线-11	苏联	拜科努尔航天发射中心	Proton-K/Blok-DM	质子-K/上面级DM	19850118	通信广播卫星
3234	1985-08A	US-P-20	电子型海洋监视卫星-20	苏联	拜科努尔航天发射中心	Tsyklon-2	旋风-2	19850123	对地观测卫星
3235	1985-09A	Tselina-D-47	处女地-D-47	苏联	普列谢茨克航天发射中心	Tsyklon-3	旋风-3	19850124	对地观测卫星

续表

序号	国际代号	外文名	中文名	所属国家、地区或组织	发射地点	发射工具外文名	发射工具中文名	发射时间	航天器类型
3236	1985-10A	STS-51C	空间运输系统-51C	美国	卡纳维拉尔角发射场	Discovery	发现号	19850124	载人及货运航天器
3237	1985-10B	Magnum-01	大酒瓶-01	美国	卡纳维拉尔角发射场	Discovery	发现号	19850124	对地观测卫星
3238	1985-11A	Parus-48	帆-48	苏联	普列谢茨克航天发射中心	Cosmos-3M	宇宙-3M	19850201	导航定位卫星
3239	1985-12A	Zenit-8-11	天顶-8-11	苏联	普列谢茨克航天发射中心	Soyuz-U	联盟-U	19850206	对地观测卫星
3240	1985-13A	Meteor-2-12	流星-2-12	苏联	普列谢茨克航天发射中心	Tsyklon-3	旋风-3	19850206	对地观测卫星
3241	1985-14A	SDS-1-6	卫星数据系统-1-6	美国	范登堡空军基地	Titan-3(34)B Agena-D	大力神-3(34)B-阿金纳D	19850208	通信广播卫星
3242	1985-15A	Arabsat-1A	阿拉伯卫星-1A	阿拉伯卫星通信组织	圭亚那航天中心	Ariane-3	阿里安-3	19850208	通信广播卫星
3243	1985-15B	Brasilsat-A1	巴西卫星-A1	巴西	圭亚那航天中心	Ariane-3	阿里安-3	19850208	通信广播卫星
3244	1985-16A	Oko-s-03	眼睛-S-03	苏联	拜科努尔航天发射中心	Proton-K/Blok-DM	质子-K/上面级DM	19850221	对地观测卫星
3245	1985-17A	Yantar-4K2-14	琥珀-4K2-14	苏联	拜科努尔航天发射中心	Soyuz-U	联盟-U	19850227	对地观测卫星
3246	1985-18A	Taifun-1-18	台风-1-18	苏联	普列谢茨克航天发射中心	Cosmos-3M	宇宙-3M	19850227	科学与技术试验卫星
3247	1985-19A	Zenit-8-12	天顶-8-12	苏联	普列谢茨克航天发射中心	Soyuz-U	联盟-U	19850301	对地观测卫星
3248	1985-20A	Tselina-D-48	处女地-D-48	苏联	普列谢茨克航天发射中心	Tsyklon-3	旋风-3	19850305	对地观测卫星
3249	1985-21A	Geosat	测地卫星	美国	范登堡空军基地	Atlas-E OIS	宇宙神E-人轨系统	19850313	对地观测卫星
3250	1985-22A	Parus-49	帆-49	苏联	普列谢茨克航天发射中心	Cosmos-3M	宇宙-3M	19850314	导航定位卫星
3251	1985-23A	Strela-1M-289	天箭座-1M-289	苏联	普列谢茨克航天发射中心	Cosmos-3M	宇宙-3M	19850321	通信广播卫星
3252	1985-23B	Strela-1M-290	天箭座-1M-290	苏联	普列谢茨克航天发射中心	Cosmos-3M	宇宙-3M	19850321	通信广播卫星
3253	1985-23C	Strela-1M-291	天箭座-1M-291	苏联	普列谢茨克航天发射中心	Cosmos-3M	宇宙-3M	19850321	通信广播卫星
3254	1985-23D	Strela-1M-292	天箭座-1M-292	苏联	普列谢茨克航天发射中心	Cosmos-3M	宇宙-3M	19850321	通信广播卫星
3255	1985-23E	Strela-1M-293	天箭座-1M-293	苏联	普列谢茨克航天发射中心	Cosmos-3M	宇宙-3M	19850321	通信广播卫星
3256	1985-23F	Strela-1M-294	天箭座-1M-294	苏联	普列谢茨克航天发射中心	Cosmos-3M	宇宙-3M	19850321	通信广播卫星
3257	1985-23G	Strela-1M-295	天箭座-1M-295	苏联	普列谢茨克航天发射中心	Cosmos-3M	宇宙-3M	19850321	通信广播卫星
3258	1985-23H	Strela-1M-296	天箭座-1M-296	苏联	普列谢茨克航天发射中心	Cosmos-3M	宇宙-3M	19850321	通信广播卫星
3259	1985-24A	Ekran-14	荧光屏-14	苏联	拜科努尔航天发射场	Proton-K/Blok-DM	质子-K/上面级DM	19850321	通信广播卫星
3260	1985-25A	Intelsat-5A 10	国际通信卫星-5A 10	国际通信卫星组织	卡纳维拉尔角发射场	Atlas-G Centaur-D1AR	宇宙神G-半人马座D1AR	19850322	通信广播卫星
3261	1985-26A	Yantar-4KS1-03	琥珀-4KS1-03	苏联	拜科努尔航天发射中心	Soyuz-U	联盟-U	19850325	对地观测卫星
3262	1985-27A	Zenit-8-13	天顶-8-13	苏联	拜科努尔航天发射中心	Soyuz-U	联盟-U	19850403	对地观测卫星

续表

序号	国际代号	外文名	中文名	所属国家、地区或组织	发射地点	发射工具外文名	发射工具中文名	发射时间	航天器类型
3263	1985-28A	STS-51D	空间运输系统-51D	美国	卡纳维拉尔角发射场	Discovery	发现号	19850412	载人及货运航天器
3264	1985-28B	Anik-C1	阿尼克-C1	加拿大	卡纳维拉尔角发射场	Discovery	发现号	19850412	通信广播卫星
3265	1985-28C	Leasat-03	租赁卫星-03	美国	卡纳维拉尔角发射场	Discovery	发现号	19850412	通信广播卫星
3266	1985-29A	Foton-1	光子-1	苏联	普列谢茨克航天发射中心	Soyuz-U	联盟-U	19850416	科学与技术试验卫星
3267	1985-30A	US-P-21	电子型海洋监视卫星-21	苏联	拜科努尔航天发射中心	Tsyklon-2	旋风-2	19850418	对地观测卫星
3268	1985-31A	Yantar-4K2-15	琥珀-4K2-15	苏联	普列谢茨克航天发射中心	Soyuz-U	联盟-U	19850419	对地观测卫星
3269	1985-32A	Zenit-8-14	天顶-8-14	苏联	普列谢茨克航天发射中心	Soyuz-U	联盟-U	19850425	对地观测卫星
3270	1985-33A	Prognoz-10	预报-10	苏联	拜科努尔航天发射中心	Molniya-M/Blok-SO-L	闪电-M/上面级SO-L	19850426	科学与技术试验卫星
3271	1985-34A	STS-51B	空间运输系统-51B	美国	卡纳维拉尔角发射场	Challenger	挑战者号	19850429	载人及货运航天器
3272	1985-34B	NUSAT-1	犹他州北部卫星-1	美国	卡纳维拉尔角发射场	Challenger	挑战者号	19850429	科学与技术试验卫星
3273	1985-35A	Gstar-1A	吉星-1A	美国	圭亚那航天中心	Ariane-3	阿里安-3	19850508	通信广播卫星
3274	1985-35B	Telecom-1B	电信-1B	法国	圭亚那航天中心	Ariane-3	阿里安-3	19850508	通信广播卫星
3275	1985-36A	Zenit-8-15	天顶-8-15	苏联	普列谢茨克航天发射中心	Soyuz-U	联盟-U	19850515	对地观测卫星
3276	1985-37A	GLONASS-10	格洛纳斯-10	苏联	普列谢茨克航天发射中心	Proton-K/Blok-DM-2	质子-K/上面级DM-2	19850517	导航定位卫星
3277	1985-37B	GLONASS-11	格洛纳斯-11	苏联	普列谢茨克航天发射中心	Proton-K/Blok-DM-2	质子-K/上面级DM-2	19850517	导航定位卫星
3278	1985-37C	GLONASS-GVM-07	格洛纳斯模拟星-07	苏联	拜科努尔航天发射中心	Proton-K/Blok-DM-2	质子-K/上面级DM-2	19850517	其他
3279	1985-38A	Resurs-F1 17F41-22	资源-F1 17F41-22	苏联	普列谢茨克航天发射中心	Soyuz-U	联盟-U	19850522	对地观测卫星
3280	1985-39A	Yantar-4K2-16	琥珀-4K2-16	苏联	普列谢茨克航天发射中心	Soyuz-U	联盟-U	19850523	对地观测卫星
3281	1985-40A	Molniya-3-26	闪电-3-26	苏联	普列谢茨克航天发射中心	Molniya-M/Blok-ML	闪电-M/上面级ML	19850529	通信广播卫星
3282	1985-41A	Tsikada-12	蝉-12	苏联	普列谢茨克航天发射中心	Cosmos-3M	宇宙-3M	19850530	导航定位卫星
3283	1985-42A	Tselina-2-02	处女地-2-02	苏联	普列谢茨克航天发射中心	Proton-K/Blok-DM-2	质子-K/上面级DM-2	19850530	对地观测卫星
3284	1985-43A	Soyuz T-13	联盟T-13	苏联	拜科努尔航天发射中心	Soyuz-U2	联盟-U2	19850606	载人及货运航天器
3285	1985-44A	Resurs-F1 17F41-23	资源-F1 17F41-23	苏联	普列谢茨克航天发射中心	Soyuz-U	联盟-U	19850607	对地观测卫星
3286	1985-45A	Oko-39	眼睛-39	苏联	普列谢茨克航天发射中心	Molniya-M/Blok-2BL	闪电-M/上面级2BL	19850611	对地观测卫星
3287	1985-46A	Zenit-8-16	天顶-8-16	苏联	普列谢茨克航天发射中心	Soyuz-U	联盟-U	19850613	对地观测卫星
3288	1985-47A	Geo-IK-06	测地-IK-06	苏联	普列谢茨克航天发射中心	Tsyklon-3	旋风-3	19850614	对地观测卫星
3289	1985-48A	STS-51G	空间运输系统-51G	美国	卡纳维拉尔角发射场	Discovery	发现号	19850617	载人及货运航天器

续表

序号	国际代号	外文名	中文名	所属国家、地区或组织	发射地点	发射工具外文名	发射工具中文名	发射时间	航天器类型
3290	1985 – 48B	Satmex – 1	墨西哥卫星 – 1	墨西哥	卡纳维拉尔角发射场	Discovery	发现号	19850617	通信广播卫星
3291	1985 – 48C	Arabsat – 1B	阿拉伯卫星 – 1B	阿拉伯卫星通信组织	卡纳维拉尔角发射场	Discovery	发现号	19850617	通信广播卫星
3292	1985 – 48D	Telstar – 3 03	电星 – 3 03	美国	卡纳维拉尔角发射场	Discovery	发现号	19850617	通信广播卫星
3293	1985 – 48E	Spartan – 1	斯帕坦 – 1	美国	卡纳维拉尔角发射场	Discovery	发现号	19850617	科学与技术试验卫星
3294	1985 – 49A	Oko – 40	眼睛 – 40	苏联	普列谢茨克航天发射中心	Molniya – M/ Blok – 2BL	闪电 – M/ 上面级 2 BL	19850618	对地观测卫星
3295	1985 – 50A	Taifun – 2 – 20	台风 – 2 – 20	苏联	普列谢茨克航天发射中心	Cosmos – 3 M	宇宙 – 3 M	19850619	科学与技术试验卫星
3296	1985 – 51A	Progress – 24	进步 – 24	苏联	拜科努尔航天发射中心	Soyuz – U	联盟 – U	19850621	载人及货运航天器
3297	1985 – 52A	Resurs – F1 17F41 – 24	资源 – F1 17F41 – 24	苏联	普列谢茨克航天发射中心	Soyuz – U	联盟 – U	19850621	对地观测卫星
3298	1985 – 53A	Tselina – 2 EPN –0694 – 02	处女地 – 2 模拟星 0694 – 02	苏联	拜科努尔航天发射中心	Zenit – 2	天顶 – 2	19850621	其他
3299	1985 – 54A	Zenit – 8 – 17	天顶 – 8 – 17	苏联	普列谢茨克航天发射中心	Soyuz – U	联盟 – U	19850626	对地观测卫星
3300	1985 – 55A	Intelsat – 5A 11	国际通信卫星 – 5 A 11	国际通信卫星组织	卡纳维拉尔角发射场	Atlas – G Centaur – DIAR	宇宙神 G – 半人马座 DIAR	19850630	通信广播卫星
3301	1985 – 56A	Giotto	乔托	欧洲航天局	圭亚那航天中心	Ariane – 1	阿里安 – 1	19850702	空间探测器
3302	1985 – 57A	Zenit – 8 – 18	天顶 – 8 – 18	苏联	普列谢茨克航天发射中心	Soyuz – U	联盟 – U	19850703	对地观测卫星
3303	1985 – 58A	Tselina – D – 49	处女地 – D – 49	苏联	普列谢茨克航天发射中心	Tsyklon – 3	旋风 – 3	19850708	对地观测卫星
3304	1985 – 59A	Bion – 7	生物 – 7	苏联	普列谢茨克航天发射中心	Soyuz – U	联盟 – U	19850710	科学与技术试验卫星
3305	1985 – 60A	Zenit – 8 – 19	天顶 – 8 – 19	苏联	拜科努尔航天发射中心	Soyuz – U	联盟 – U	19850715	对地观测卫星
3306	1985 – 61A	Molniya – 3 – 27	闪电 – 3 – 27	苏联	普列谢茨克航天发射中心	Molniya – M/ Blok – ML	闪电 – M/ 上面级 ML	19850717	通信广播卫星
3307	1985 – 62A	Progress – 25A	进步 – 25A	苏联	拜科努尔航天发射中心	Soyuz – U	联盟 – U	19850719	载人及货运航天器
3308	1985 – 63A	STS – 51F	空间运输系统 – 51F	美国	卡纳维拉尔角发射场	Challenger	挑战者号	19850729	载人及货运航天器
3309	1985 – 63B	Plasma Diagnostic Package	等离子体特征卫星 （PDP）	美国	卡纳维拉尔角发射场	Challenger	挑战者号	19850729	科学与技术试验卫星
3310	1985 – 64A	RORSAT – 26	雷达型海洋监视卫星 – 26	苏联	拜科努尔航天发射中心	Tsyklon – 2	旋风 – 2	19850801	对地观测卫星
3311	1985 – 65A	Zenit – 8 – 20	天顶 – 8 – 20	苏联	普列谢茨克航天发射中心	Soyuz – U	联盟 – U	19850802	对地观测卫星
3312	1985 – 66A	Transit – O – 24	子午仪 – O – 24	美国	范登堡空军基地	Scout – G1	侦察兵 – G1	19850803	导航定位卫星
3313	1985 – 66B	Transit – O – 30	子午仪 – O – 30	美国	范登堡空军基地	Scout – G1	侦察兵 – G1	19850803	导航定位卫星
3314	1985 – 67A	Resurs – F1 17F41 – 25	资源 – F1 17F41 – 25	苏联	普列谢茨克航天发射中心	Soyuz – U	联盟 – U	19850807	对地观测卫星
3315	1985 – 68A	Yantar – 1KFT – 05	琥珀 – 1KFT – 05	苏联	拜科努尔航天发射中心	Soyuz – U	联盟 – U	19850808	对地观测卫星
3316	1985 – 69A	Tselina – D – 50	处女地 – D – 50	苏联	普列谢茨克航天发射中心	Tsyklon – 3	旋风 – 3	19850808	对地观测卫星

续表

序号	国际代号	外文名	中文名	所属国家、地区或组织	发射地点	发射工具外文名	发射工具中文名	发射时间	航天器类型
3317	1985 – 70A	Raduga – 16	虹 – 16	苏联	拜科努尔航天发射中心	Proton – K/Blok – DM	质子 – K/上面级 DM	19850808	通信广播卫星
3318	1985 – 71A	Oko – 41	眼睛 – 41	苏联	普列谢茨克航天发射中心	Molniya – M/Blok – 2BL	闪电 – M/上面级 2BL	19850812	对地观测卫星
3319	1985 – 72A	Yantar – 4K2 – 17	琥珀 – 4K2 – 17	苏联	普列谢茨克航天发射中心	Soyuz – U	联盟 – U	19850816	对地观测卫星
3320	1985 – 73A	Planet – A	行星 – A	日本	鹿儿岛航天中心	M – 3S – 2	M – 3S – 2	19850818	空间探测器
3321	1985 – 74A	Molniya – 1T – 70	闪电 – 1T – 70	苏联	普列谢茨克航天发射中心	Molniya – M/Blok – ML	闪电 – M/上面级 ML	19850822	通信广播卫星
3322	1985 – 75A	RORSAT – 27	雷达型海洋监视卫星 – 27	苏联	拜科努尔航天发射中心	Tsyklon – 2	旋风 – 2	19850823	对地观测卫星
3323	1985 – 76A	STS – 51I	空间运输系统 – 51I	美国	卡纳维拉尔角发射场	Discovery	发现号	19850827	载人及货运航天器
3324	1985 – 76B	Aussat – A1	澳塞特 – A1	澳大利亚	卡纳维拉尔角发射场	Discovery	发现号	19850827	通信广播卫星
3325	1985 – 76C	ASC – 1	美国卫星公司 – 1	美国	卡纳维拉尔角发射场	Discovery	发现号	19850827	通信广播卫星
3326	1985 – 76D	Leasat – 04	租赁卫星 – 04	美国	卡纳维拉尔角发射场	Discovery	发现号	19850827	通信广播卫星
3327	1985 – 77A	Resurs – F1 17F41 – 26	资源 – F1 17F41 – 26	苏联	普列谢茨克航天发射中心	Soyuz – U	联盟 – U	19850829	对地观测卫星
3328	1985 – 78A	Yantar – 4K2 – 18	琥珀 – 4K2 – 18	苏联	普列谢茨克航天发射中心	Soyuz – U	联盟 – U	19850829	对地观测卫星
3329	1985 – 79A	Strela – 2M – 37	天箭座 – 2M – 37	苏联	普列谢茨克航天发射中心	Cosmos – 3M	宇宙 – 3M	19850904	通信广播卫星
3330	1985 – 80A	Zenit – 4MKT – 27	天顶 – 4MKT – 27	苏联	普列谢茨克航天发射中心	Soyuz – U	联盟 – U	19850906	对地观测卫星
3331	1985 – 81A	Soyuz T – 14	联盟 T – 14	苏联	拜科努尔航天发射中心	Soyuz – U2	联盟 – U2	19850917	载人及货运航天器
3332	1985 – 82A	US – P – 22	电子型海洋监视卫星 – 22	苏联	拜科努尔航天发射中心	Tsyklon – 2	旋风 – 2	19850919	对地观测卫星
3333	1985 – 83A	Zenit – 8 – 21	天顶 – 8 – 21	苏联	普列谢茨克航天发射中心	Soyuz – U	联盟 – U	19850919	对地观测卫星
3334	1985 – 84A	Oko – 42	眼睛 – 42	苏联	普列谢茨克航天发射中心	Molniya – M/Blok – 2BL	闪电 – M/上面级 2BL	19850924	对地观测卫星
3335	1985 – 85A	Zenit – 8 – 22	天顶 – 8 – 22	苏联	普列谢茨克航天发射中心	Soyuz – U	联盟 – U	19850926	对地观测卫星
3336	1985 – 86A	TKS – M 1	运输补给飞船 – M – 1	苏联	拜科努尔航天发射中心	Proton – K	质子 – K	19850927	载人及货运航天器
3337	1985 – 87A	Intelsat – 5A 12	国际通信卫星 – 5A 12	国际通信卫星组织	卡纳维拉尔角发射场	Atlas – G Centaur – D1 AR	宇宙神 G – 半人马座 D1 AR	19850928	通信广播卫星
3338	1985 – 88A	Oko – 43	眼睛 – 43	苏联	普列谢茨克航天发射中心	Molniya – M/Blok – 2BL	闪电 – M/上面级 2BL	19850930	对地观测卫星
3339	1985 – 89A	Taifun – 2 – 21	台风 – 2 – 21	苏联	卡普斯京亚尔航天发射中心	Cosmos – 3M	宇宙 – 3M	19851003	科学与技术试验卫星
3340	1985 – 90A	Resurs – O1 – 01	资源 – O1 – 01	苏联	拜科努尔航天发射中心	Vostok – 2M	东方 – 2M	19851003	对地观测卫星
3341	1985 – 91A	Molniya – 3 – 28	闪电 – 3 – 28	苏联	普列谢茨克航天发射中心	Molniya – M/Blok – ML	闪电 – M/上面级 ML	19851003	通信广播卫星
3342	1985 – 92A	STS – 51J	空间运输系统 – 51J	美国	卡纳维拉尔角发射场	Atlantis	阿特兰蒂斯号	19851003	载人及货运航天器
3343	1985 – 92B	DSCS – 3 – 4	国防卫星通信系统 – 3 – 4	美国	卡纳维拉尔角发射场	Atlantis	阿特兰蒂斯号	19851003	通信广播卫星

续表

序号	国际代号	外文名	中文名	所属国家、地区或组织	发射地点	发射工具外文名	发射工具中文名	发射时间	航天器类型
3344	1985－92C	DSCS－3－5	国防卫星通信系统－3－5	美国	卡纳维拉尔角发射场	Atlantis	阿特兰蒂斯号	19851003	通信广播卫星
3345	1985－93A	GPS－11	导航星－11	美国	范登堡空军基地	Atlas－E SGS－2	宇宙神E－SGS－2	19851009	导航定位卫星
3346	1985－94A	Strela－3－7	天箭座－3－7	苏联	普列谢茨克航天发射中心	Tsyklon－3	旋风－3	19851009	通信广播卫星
3347	1985－94B	Strela－3－8	天箭座－3－8	苏联	普列谢茨克航天发射中心	Tsyklon－3	旋风－3	19851009	通信广播卫星
3348	1985－94C	Strela－3－9	天箭座－3－9	苏联	普列谢茨克航天发射中心	Tsyklon－3	旋风－3	19851009	通信广播卫星
3349	1985－94D	Strela－3－10	天箭座－3－10	苏联	普列谢茨克航天发射中心	Tsyklon－3	旋风－3	19851009	通信广播卫星
3350	1985－94E	Strela－3－11	天箭座－3－11	苏联	普列谢茨克航天发射中心	Tsyklon－3	旋风－3	19851009	通信广播卫星
3351	1985－94F	Strela－3－12	天箭座－3－12	苏联	普列谢茨克航天发射中心	Tsyklon－3	旋风－3	19851009	通信广播卫星
3352	1985－95A	Zenit－8－23	天顶－8－23	苏联	拜科努尔航天发射中心	Soyuz－U	联盟－U	19851016	对地观测卫星
3353	1985－96A	FSW－0－7	返回式卫星－0－7	中国	酒泉航天发射中心	CZ－2C	长征－2C	19851021	对地观测卫星
3354	1985－97A	Tselina－2 EPN－0694－03	处女地－2模拟0694－03	苏联	拜科努尔航天发射中心	Zenit－2	天顶－2	19851023	其他
3355	1985－98A	Oko－44	眼睛－44	苏联	普列谢茨克航天发射中心	Molniya－M/Blok－2BL	闪电－M/上面级2BL	19851022	对地观测卫星
3356	1985－99A	Molniya－1T－71	闪电－1T－71	苏联	普列谢茨克航天发射中心	Molniya－M/Blok－ML	闪电－M/上面级ML	19851023	通信广播卫星
3357	1985－100A	Meteor－3－01	流星－3－01	苏联	普列谢茨克航天发射中心	Tsyklon－3	旋风－3	19851024	对地观测卫星
3358	1985－101A	Yantar－4K2－19	琥珀－4K2－19	苏联	拜科努尔航天发射中心	Soyuz－U	联盟－U	19851025	对地观测卫星
3359	1985－102A	Luch－01	射线－01	苏联	拜科努尔航天发射中心	Proton－K/Blok－DM－2	质子－K/上面级DM－2	19851025	通信广播卫星
3360	1985－103A	Molniya－1T－72	闪电－1T－72	苏联	普列谢茨克航天发射中心	Molniya－M/Blok－ML	闪电－M/上面级ML	19851028	通信广播卫星
3361	1985－104A	STS－61A	空间运输系统－61A	美国	卡纳维拉尔角发射场	Challenger	挑战者号	19851030	载人及货运航天器
3362	1985－104B	GLOMR	全球低轨道中继卫星	美国	卡纳维拉尔角发射场	Challenger	挑战者号	19851030	科学与技术试验卫星
3363	1985－105A	Oko－45	眼睛－45	苏联	普列谢茨克航天发射中心	Tsyklon－3	旋风－3	19851109	对地观测卫星
3364	1985－106A	Zenit－8－24	天顶－8－24	苏联	拜科努尔航天发射中心	Soyuz－U	联盟－U	19851113	对地观测卫星
3365	1985－107A	Raduga－17	虹－17	苏联	拜科努尔航天发射中心	Proton－K/Blok－DM	质子－K/上面级DM	19851115	通信广播卫星
3366	1985－108A	Tselina－D－51	处女地－D－51	苏联	普列谢茨克航天发射中心	Tsyklon－3	旋风－3	19851122	对地观测卫星
3367	1985－109A	STS－61B	空间运输系统－61B	美国	卡纳维拉尔角发射场	Atlantis	阿特兰蒂斯号	19851127	载人及货运航天器
3368	1985－109B	Satmex－2	墨西哥卫星－2	墨西哥	卡纳维拉尔角发射场	Atlantis	阿特兰蒂斯号	19851127	通信广播卫星
3369	1985－109C	Aussat－A2	澳塞特－A2	澳大利亚	卡纳维拉尔角发射场	Atlantis	阿特兰蒂斯号	19851127	通信广播卫星
3370	1985－109D	Satcom－Ku－2	卫星通信－Ku－2	美国	卡纳维拉尔角发射场	Atlantis	阿特兰蒂斯号	19851127	通信广播卫星

续表

序号	国际代号	外文名	中文名	所属国家、地区或组织	发射地点	发射工具外文名	发射工具中文名	发射时间	航天器类型
3371	1985-109E	OEX Target	观测试验目标卫星	美国	卡纳维拉尔角发射场	Atlantis	阿特兰蒂斯号	19851127	科学与技术试验卫星
3372	1985-110A	Parus-51	帆-51	苏联	普列谢茨克航天发射中心	Cosmos-3M	宇宙-3M	19851128	导航定位卫星
3373	1985-111A	Zenit-8-25	天顶-8-25	苏联	普列谢茨克航天发射中心	Soyuz-U	联盟-U	19851203	对地观测卫星
3374	1985-112A	Yantar-4K2-20	琥珀-4K2-20	苏联	普列谢茨克航天发射中心	Soyuz-U	联盟-U	19851211	对地观测卫星
3375	1985-113A	Tselina-D-52	处女地-D-52	苏联	普列谢茨克航天发射中心	Tsyklon-3	旋风-3	19851212	对地观测卫星
3376	1985-114A	ITV-1	靶标卫星-1	美国	沃洛普斯岛发射场	Scout-G1	侦察兵-G1	19851213	科学与技术试验卫星
3377	1985-114B	ITV-2	靶标卫星-2	美国	沃洛普斯岛发射场	Scout-G1	侦察兵-G1	19851213	科学与技术试验卫星
3378	1985-115A	Resurs-F1 17F41-27	资源-F1 17F41-27	苏联	普列谢茨克航天发射中心	Soyuz-U	联盟-U	19851213	对地观测卫星
3379	1985-116A	Parus-52	帆-52	苏联	普列谢茨克航天发射中心	Cosmos-3M	宇宙-3M	19851219	导航定位卫星
3380	1985-117A	Molniya-3-29	闪电-3-29	苏联	普列谢茨克航天发射中心	Molniya-M/Blok-ML	闪电-M/上面级 ML	19851224	通信广播卫星
3381	1985-118A	GLONASS-12	格洛纳斯-12	苏联	拜科努尔航天发射中心	Proton-K/Blok-DM-2	质子-K/上面级 DM-2	19851224	导航定位卫星
3382	1985-118B	GLONASS-13	格洛纳斯-13	苏联	拜科努尔航天发射中心	Proton-K/Blok-DM-2	质子-K/上面级 DM-2	19851224	导航定位卫星
3383	1985-118C	GLONASS-GVM-08	格洛纳斯模拟星-08	苏联	拜科努尔航天发射中心	Proton-K/Blok-DM-2	质子-K/上面级 DM-2	19851224	其他
3384	1985-119A	Meteor-2-13	流星-2-13	苏联	普列谢茨克航天发射中心	Tsyklon-3	旋风-3	19851226	对地观测卫星
3385	1985-120A	Efir-2	太空-2	苏联	普列谢茨克航天发射中心	Soyuz-U	联盟-U	19851227	科学与技术试验卫星
3386	1985-121A	Tselina-2-03	处女地-2-03	苏联	拜科努尔航天发射中心	Zenit-2	天顶-2	19851228	对地观测卫星
3387	1986-01A	Zenit-8-26	天顶-8-26	苏联	普列谢茨克航天发射中心	Soyuz-U	联盟-U	19860108	对地观测卫星
3388	1986-02A	Strela-1M-297	天箭座-1M-297	苏联	普列谢茨克航天发射中心	Cosmos-3M	宇宙-3M	19860109	通信广播卫星
3389	1986-02B	Strela-1M-298	天箭座-1M-298	苏联	普列谢茨克航天发射中心	Cosmos-3M	宇宙-3M	19860109	通信广播卫星
3390	1986-02C	Strela-1M-299	天箭座-1M-299	苏联	普列谢茨克航天发射中心	Cosmos-3M	宇宙-3M	19860109	通信广播卫星
3391	1986-02D	Strela-1M-300	天箭座-1M-300	苏联	普列谢茨克航天发射中心	Cosmos-3M	宇宙-3M	19860109	通信广播卫星
3392	1986-02E	Strela-1M-301	天箭座-1M-301	苏联	普列谢茨克航天发射中心	Cosmos-3M	宇宙-3M	19860109	通信广播卫星
3393	1986-02F	Strela-1M-302	天箭座-1M-302	苏联	普列谢茨克航天发射中心	Cosmos-3M	宇宙-3M	19860109	通信广播卫星
3394	1986-02G	Strela-1M-303	天箭座-1M-303	苏联	普列谢茨克航天发射中心	Cosmos-3M	宇宙-3M	19860109	通信广播卫星
3395	1986-02H	Strela-1M-304	天箭座-1M-304	苏联	普列谢茨克航天发射中心	Cosmos-3M	宇宙-3M	19860109	通信广播卫星
3396	1986-03A	STS-61C	空间运输系统-61C	美国	卡纳维拉尔角发射场	Columbia	哥伦比亚号	19860112	载人及货运航天飞机
3397	1986-03B	Satcom-Ku-1	卫星通信-Ku-1	美国	卡纳维拉尔角发射场	Columbia	哥伦比亚号	19860112	通信广播卫星

续表

序号	国际代号	外文名	中文名	所属国家、地区或组织	发射地点	发射工具外文名	发射工具中文名	发射时间	航天器类型
3398	1986－04A	Yantar－4K2－21	琥珀－4K2－21	苏联	普列谢茨克航天发射中心	Soyuz－U	联盟－U	19860115	对地观测卫星
3399	1986－05A	Parus－53	帆－53	苏联	普列谢茨克航天发射中心	Cosmos－3M	宇宙－3M	19860116	导航定位卫星
3400	1986－06A	Tselina－D－53	处女地－D－53	苏联	普列谢茨克航天发射中心	Tsyklon－3	旋风－3	19860117	对地观测卫星
3401	1986－07A	Raduga－18	虹－18	苏联	拜科努尔航天发射中心	Proton－K/Blok－DM	质子－K/上面级DM	19860117	通信广播卫星
3402	1986－08A	Tsikada－13	蝉－13	苏联	普列谢茨克航天发射中心	Cosmos－3M	宇宙－3M	19860123	导航定位卫星
3403	1986－09A	Zenit－8－27	天顶－8－27	苏联	拜科努尔航天发射中心	Soyuz－U	联盟－U	19860128	对地观测卫星
3404	1986－10A	DFH－2－3	东方红－2－3	中国	西昌航天发射中心	CZ－3	长征－3	19860201	通信广播卫星
3405	1986－11A	Oko－46	眼睛－46	苏联	普列谢茨克航天发射中心	Molniya－M/Blok－2BL	闪电－M/上面级2BL	19860201	对地观测卫星
3406	1986－12A	Zenit－8－28	天顶－8－28	苏联	普列谢茨克航天发射中心	Soyuz－U	联盟－U	19860204	对地观测卫星
3407	1986－13A	Yantar－4KS1－04	琥珀－4KS1－04	苏联	拜科努尔航天发射中心	Soyuz－U	联盟－U	19860207	对地观测卫星
3408	1986－14A	NOSS－MSD－08	海军海洋监视卫星－多星分配器－08	美国	范登堡空军基地	Atlas－H MSD	宇宙神H－多星分配器	19860209	其他
3409	1986－14E	NOSS－1－08A	海军海洋监视系统－1－08A	美国	范登堡空军基地	Atlas－H MSD	宇宙神H－多星分配器	19860209	对地观测卫星
3410	1986－14F	NOSS－1－08B	海军海洋监视系统－1－08B	美国	范登堡空军基地	Atlas－H MSD	宇宙神H－多星分配器	19860209	对地观测卫星
3411	1986－14H	NOSS－1－08C	海军海洋监视系统－1－08C	美国	范登堡空军基地	Atlas－H MSD	宇宙神H－多星分配器	19860209	对地观测卫星
3412	1986－15A	Geo－IK－07	测地－IK－07	苏联	普列谢茨克航天发射中心	Tsyklon－3	旋风－3	19860211	对地观测卫星
3413	1986－16A	BS－2B	广播卫星－2B	日本	种子岛航天中心	N－2 Star－37E	N－2 星 37E	19860212	通信广播卫星
3414	1986－17A	Mir－1	和平－1	苏联	拜科努尔航天发射中心	Proton－K	质子－K	19860219	载人及货运航天器
3415	1986－18A	Tselina－D－54	处女地－D－54	苏联	普列谢茨克航天发射中心	Tsyklon－3	旋风－3	19860219	对地观测卫星
3416	1986－19A	SPOT－1	斯波特－1	法国	圭亚那航天中心	Ariane－1	阿里安－1	19860222	对地观测卫星
3417	1986－19B	Viking	海盗	瑞典	圭亚那航天中心	Ariane－1	阿里安－1	19860222	科学与技术试验卫星
3418	1986－20A	Yantar－4K2－22	琥珀－4K2－22	苏联	普列谢茨克航天发射中心	Soyuz－U	联盟－U	19860226	对地观测卫星
3419	1986－21A	US－P－23	电子型海洋监视卫星－23	苏联	拜科努尔航天发射中心	Tsyklon－2	旋风－2	19860227	对地观测卫星
3420	1986－22A	Soyuz T－15	联盟 T－15	苏联	拜科努尔航天发射中心	Soyuz－U2	联盟－U2	19860313	载人及货运航天器
3421	1986－23A	Progress－25	进步－25	苏联	拜科努尔航天发射中心	Soyuz－U2	联盟－U2	19860319	载人及货运航天器
3422	1986－24A	RORSAT－28	雷达型海洋监视卫星－28	苏联	拜科努尔航天发射中心	Tsyklon－2	旋风－2	19860321	对地观测卫星
3423	1986－25A	US－P－24	电子型海洋监视卫星－24	苏联	拜科努尔航天发射中心	Tsyklon－2	旋风－2	19860325	对地观测卫星
3424	1986－26A	Gstar－2	吉星－2	美国	圭亚那航天中心	Ariane－3	阿里安－3	19860328	通信广播卫星

续表

序号	国际代号	外文名	中文名	所属国家、地区或组织	发射地点	发射工具外文名	发射工具中文名	发射时间	航天器类型
3425	1986 – 26B	Brasilsat – A2	巴西卫星 – A2	巴西	圭亚那航天中心	Ariane – 3	阿里安 – 3	19860328	通信广播卫星
3426	1986 – 27A	Potok – 3	急流 – 3	苏联	拜科努尔航天发射中心	Proton – K/Blok – DM	质子 – K/上面级 DM	19860404	通信广播卫星
3427	1986 – 28A	Yantar – 4K2 – 23	琥珀 – 4K2 – 23	苏联	拜科努尔航天发射中心	Soyuz – U	联盟 – U	19860409	对地观测卫星
3428	1986 – 29A	Zenit – 8 – 30	天顶 – 8 – 30	苏联	普列谢茨克航天发射中心	Soyuz – U	联盟 – U	19860415	对地观测卫星
3429	1986 – 30A	Strela – 2M – 38	天箭座 – 2M – 38	苏联	普列谢茨克航天发射中心	Cosmos – 3M	宇宙 – 3M	19860417	通信广播卫星
3430	1986 – 31A	Molniya – 3 – 30	闪电 – 3 – 30	苏联	普列谢茨克航天发射中心	Molniya – M/Blok – ML	闪电 – M/上面级 ML	19860418	通信广播卫星
3431	1986 – 32A	Progress – 26	进步 – 26	苏联	拜科努尔航天发射中心	Soyuz – U2	联盟 – U2	19860423	载人及货运航天器
3432	1986 – 33A	Zenit – 8 – 31	天顶 – 8 – 31	苏联	普列谢茨克航天发射中心	Soyuz – U	联盟 – U	19860514	对地观测卫星
3433	1986 – 34A	Tselina – D – 55	处女地 – D – 55	苏联	普列谢茨克航天发射中心	Tsyklon – 3	旋风 – 3	19860515	对地观测卫星
3434	1986 – 35A	Soyuz TM – 1	联盟 TM – 1	苏联	拜科努尔航天发射中心	Soyuz – U2	联盟 – U2	19860521	载人及货运航天器
3435	1986 – 36A	Foton – 2	光子 – 2	苏联	普列谢茨克航天发射中心	Soyuz – U	联盟 – U	19860521	科学与技术试验卫星
3436	1986 – 37A	Parus – 54	帆 – 54	苏联	普列谢茨克航天发射中心	Cosmos – 3M	宇宙 – 3M	19860523	导航定位卫星
3437	1986 – 38A	Ekran – 15	荧光屏 – 15	苏联	拜科努尔航天发射中心	Proton – K/Blok – DM	质子 – K/上面级 DM	19860524	通信广播卫星
3438	1986 – 39A	Meteor – 2 – 14	流星 – 2 – 14	苏联	普列谢茨克航天发射中心	Tsyklon – 3	旋风 – 3	19860527	对地观测卫星
3439	1986 – 40A	Resurs – F1 17F41 – 28	资源 – F1 17F41 – 28	苏联	普列谢茨克航天发射中心	Soyuz – U	联盟 – U	19860528	对地观测卫星
3440	1986 – 41A	Zenit – 8 – 32	天顶 – 8 – 32	苏联	拜科努尔航天发射中心	Soyuz – U	联盟 – U	19860529	对地观测卫星
3441	1986 – 42A	Strela – 1M – 305	天箭座 – 1M – 305	苏联	普列谢茨克航天发射中心	Cosmos – 3M	宇宙 – 3M	19860606	通信广播卫星
3442	1986 – 42B	Strela – 1M – 306	天箭座 – 1M – 306	苏联	普列谢茨克航天发射中心	Cosmos – 3M	宇宙 – 3M	19860606	通信广播卫星
3443	1986 – 42C	Strela – 1M – 307	天箭座 – 1M – 307	苏联	普列谢茨克航天发射中心	Cosmos – 3M	宇宙 – 3M	19860606	通信广播卫星
3444	1986 – 42D	Strela – 1M – 308	天箭座 – 1M – 308	苏联	普列谢茨克航天发射中心	Cosmos – 3M	宇宙 – 3M	19860606	通信广播卫星
3445	1986 – 42E	Strela – 1M – 309	天箭座 – 1M – 309	苏联	普列谢茨克航天发射中心	Cosmos – 3M	宇宙 – 3M	19860606	通信广播卫星
3446	1986 – 42F	Strela – 1M – 310	天箭座 – 1M – 310	苏联	普列谢茨克航天发射中心	Cosmos – 3M	宇宙 – 3M	19860606	通信广播卫星
3447	1986 – 42G	Strela – 1M – 311	天箭座 – 1M – 311	苏联	普列谢茨克航天发射中心	Cosmos – 3M	宇宙 – 3M	19860606	通信广播卫星
3448	1986 – 42H	Strela – 1M – 312	天箭座 – 1M – 312	苏联	普列谢茨克航天发射中心	Cosmos – 3M	宇宙 – 3M	19860606	通信广播卫星
3449	1986 – 43A	Yantar – 4K2 – 24	琥珀 – 4K2 – 24	苏联	拜科努尔航天发射中心	Soyuz – U	联盟 – U	19860606	对地观测卫星
3450	1986 – 44A	Gorizont – 12	地平线 – 12	苏联	拜科努尔航天发射中心	Proton – K/Blok – DM	质子 – K/上面级 DM	19860610	通信广播卫星
3451	1986 – 45A	Zenit – 8 – 33	天顶 – 8 – 33	苏联	普列谢茨克航天发射中心	Soyuz – U	联盟 – U	19860611	对地观测卫星

续表

序号	国际代号	外文名	中文名	所属国家、地区或组织	发射地点	发射工具外文名	发射工具中文名	发射时间	航天器类型
3452	1986-46A	Tselina-D-56	处女地-D-56	苏联	普列谢茨克航天发射中心	Tsyklon-3	旋风-3	19860612	对地观测卫星
3453	1986-47A	Parus-55	帆-55	苏联	普列谢茨克航天发射中心	Cosmos-3M	宇宙-3M	19860618	导航定位卫星
3454	1986-48A	Zenit-8-34	天顶-8-34	苏联	拜科努尔航天发射中心	Soyuz-U	联盟-U	19860619	对地观测卫星
3455	1986-49A	Molniya-3-31	闪电-3-31	苏联	普列谢茨克航天发射中心	Molniya-M/Blok-ML	闪电-M/上面级ML	19860619	通信广播卫星
3456	1986-50A	Oko-47	眼睛-47	苏联	普列谢茨克航天发射中心	Molniya-M/Blok-2BL	闪电-M/上面级2BL	19860705	对地观测卫星
3457	1986-51A	Resurs-F1 17F40-01	资源-F1 17F40-01	苏联	普列谢茨克航天发射中心	Soyuz-U	联盟-U	19860710	对地观测卫星
3458	1986-52A	Strela-2M-39	天箭座-2M-39	苏联	普列谢茨克航天发射中心	Cosmos-3M	宇宙-3M	19860716	通信广播卫星
3459	1986-53A	Yantar-4K2-25	琥珀-4K2-25	苏联	拜科努尔航天发射中心	Soyuz-U	联盟-U	19860717	对地观测卫星
3460	1986-54A	Zenit-8-35	天顶-8-35	苏联	普列谢茨克航天发射中心	Soyuz-U	联盟-U	19860724	对地观测卫星
3461	1986-55A	Okean-O1-01	海洋-O1-01	苏联	普列谢茨克航天发射中心	Tsyklon-3	旋风-3	19860728	对地观测卫星
3462	1986-56A	Tselina-2 EPN-0695-01	处女地-2模拟星0695-01	苏联	拜科努尔航天发射中心	Zenit-2	天顶-2	19860730	其他
3463	1986-57A	Molniya-1T-73	闪电-1T-73	苏联	普列谢茨克航天发射中心	Molniya-M/Blok-ML	闪电-M/上面级ML	19860730	通信广播卫星
3464	1986-58A	Resurs-F1 17F40-02	资源-F1 17F40-02	苏联	普列谢茨克航天发射中心	Soyuz-U	联盟-U	19860802	对地观测卫星
3465	1986-59A	US-P-25	电子型海洋监视卫星-25	苏联	拜科努尔航天发射中心	Tsyklon-2	旋风-2	19860804	对地观测卫星
3466	1986-60A	Yantar-4KS1-05	琥珀-4KS1-05	苏联	拜科努尔航天发射中心	Soyuz-U	联盟-U	19860806	对地观测卫星
3467	1986-61A	EGS	紫阳花试验测地有效载荷	日本	种子岛航天发射中心	H-1	H-1	19860812	科学与技术试验卫星
3468	1986-61B	JAS-1	日本业余爱好者卫星-1	日本	种子岛航天发射中心	H-1	H-1	19860812	科学与技术试验卫星
3469	1986-61C	MABES	人白（磁方位试验系统）	日本	种子岛航天发射中心	H-1	H-1	19860812	科学与技术试验卫星
3470	1986-62A	US-A-29	雷达型海洋监视卫星-29	苏联	拜科努尔航天发射中心	Tsyklon-2	旋风-2	19860820	对地观测卫星
3471	1986-63A	Zenit-8-36	天顶-8-36	苏联	普列谢茨克航天发射中心	Soyuz-U	联盟-U	19860821	对地观测卫星
3472	1986-64A	Yantar-4K2-26	琥珀-4K2-26	苏联	拜科努尔航天发射中心	Soyuz-U	联盟-U	19860827	对地观测卫星
3473	1986-65A	Oko-48	眼睛-48	苏联	普列谢茨克航天发射中心	Molniya-M/Blok-2BL	闪电-M/上面级2BL	19860828	对地观测卫星
3474	1986-66A	Zenit-8-37	天顶-8-37	苏联	普列谢茨克航天发射中心	Soyuz-U	联盟-U	19860903	对地观测卫星
3475	1986-67A	Taifun-2-22	台风-2-22	苏联	普列谢茨克航天发射中心	Cosmos-3M	宇宙-3M	19860903	科学与技术试验卫星
3476	1986-68A	Molniya-1T-74	闪电-1T-74	苏联	普列谢茨克航天发射中心	Molniya-M/Blok-ML	闪电-M/上面级ML	19860905	通信广播卫星
3477	1986-69A	VSE	矢量利实验	美国	卡纳维拉尔角发射场	Delta-3920	德尔它-3920	19860905	科学与技术试验卫星
3478	1986-69B	VSE-Target	矢量利实验-目标	美国	卡纳维拉尔角发射场	Delta-3920	德尔它-3920	19860905	科学与技术试验卫星

续表

序号	国际代号	外文名	中文名	所属国家、地区或组织	发射地点	发射工具外文名	发射工具中文名	发射时间	航天器类型
3479	1986-70A	Strela-2M-40	天箭座-2M-40	苏联	普列谢茨克航天发射中心	Cosmos-3M	宇宙-3M	19860910	通信广播卫星
3480	1986-71A	GLONASS-14	格洛纳斯-14	苏联	拜科努尔航天发射中心	Proton-K/Blok-DM-2	质子-K/上面级DM-2	19860916	导航定位卫星
3481	1986-71B	GLONASS-15	格洛纳斯-15	苏联	拜科努尔航天发射中心	Proton-K/Blok-DM-2	质子-K/上面级DM-2	19860916	导航定位卫星
3482	1986-71C	GLONASS-16	格洛纳斯-16	苏联	拜科努尔航天发射中心	Proton-K/Blok-DM-2	质子-K/上面级DM-2	19860916	导航定位卫星
3483	1986-72A	Zenit-8-38	天顶-8-38	苏联	拜科努尔航天发射中心	Soyuz-U	联盟-U	19860917	对地观测卫星
3484	1986-73A	NOAA-G	国家大气和海洋局卫星-G	美国	范登堡空军基地	Atlas-E Star-37S-ISS	宇宙神E-星-37S-ISS	19860917	对地观测卫星
3485	1986-74A	Tselina-D-57	处女地-D-57	苏联	普列谢茨克航天发射中心	Tsyklon-3	旋风-3	19860930	对地观测卫星
3486	1986-75A	Oko-49	眼睛-49	苏联	普列谢茨克航天发射中心	Molniya-M/Blok-2BL	闪电-M/上面级2BL	19861003	对地观测卫星
3487	1986-76A	FSW-0-8	返回式卫星-0-8	中国	酒泉航天发射中心	CZ-2C	长征-2C	19861006	对地观测卫星
3488	1986-77A	Yantar-1KFT-06	琥珀-1KFT-06	苏联	普列谢茨克航天发射中心	Soyuz-U	联盟-U	19861006	对地观测卫星
3489	1986-78A	Oko-50	眼睛-50	苏联	普列谢茨克航天发射中心	Molniya-M/Blok-2BL	闪电-M/上面级2BL	19861015	对地观测卫星
3490	1986-79A	Molniya-3-32	闪电-3-32	苏联	普列谢茨克航天发射中心	Molniya-M/Blok-ML	闪电-M/上面级ML	19861020	通信广播卫星
3491	1986-80A	Taifun-1Yu-09	台风-1Yu-09	苏联	拜科努尔航天发射中心	Zenit-2	天顶-2	19861022	科学与技术试验卫星
3492	1986-81A	Zenit-8-39	天顶-8-39	苏联	拜科努尔航天发射中心	Soyuz-U	联盟-U	19861022	对地观测卫星
3493	1986-82A	Raduga-19	虹-19	苏联	拜科努尔航天发射中心	Proton-K/Blok-DM	质子-K/上面级DM	19861025	通信广播卫星
3494	1986-83A	Taifun-1-19	台风-1-19	苏联	普列谢茨克航天发射中心	Cosmos-3M	宇宙-3M	19861027	科学与技术试验卫星
3495	1986-84A	Resurs-F1 17F40-03	资源-F1 17F40-03	苏联	普列谢茨克航天发射中心	Soyuz-U	联盟-U	19861031	对地观测卫星
3496	1986-85A	Zenit-8-40	天顶-8-40	苏联	拜科努尔航天发射中心	Soyuz-U	联盟-U	19861104	对地观测卫星
3497	1986-86A	Tsikada-14	蝉-14	苏联	普列谢茨克航天发射中心	Cosmos-3M	宇宙-3M	19861113	导航定位卫星
3498	1986-87A	Yantar-4K2-27	琥珀-4K2-27	苏联	拜科努尔航天发射中心	Soyuz-U	联盟-U	19861113	对地观测卫星
3499	1986-88A	Polar Baar	极区信标试验和极光研究卫星	美国	范登堡空军基地	Scout-G1	侦察兵-G1	19861114	科学与技术试验卫星
3500	1986-89A	Molniya-1T-75	闪电-1T-75	苏联	普列谢茨克航天发射中心	Molniya-M/Blok-ML	闪电-M/上面级ML	19861115	通信广播卫星
3501	1986-90A	Gorizont-13	地平线-13	苏联	拜科努尔航天发射中心	Proton-K/Blok-DM	质子-K/上面级DM	19861118	通信广播卫星
3502	1986-91A	Oko-51	眼睛-51	苏联	普列谢茨克航天发射中心	Molniya-M/Blok-2BL	闪电-M/上面级2BL	19861120	对地观测卫星
3503	1986-92A	Strela-1M-313	天箭座-1M-313	苏联	普列谢茨克航天发射中心	Cosmos-3M	宇宙-3M	19861121	通信广播卫星
3504	1986-92B	Strela-1M-314	天箭座-1M-314	苏联	普列谢茨克航天发射中心	Cosmos-3M	宇宙-3M	19861121	通信广播卫星
3505	1986-92C	Strela-1M-315	天箭座-1M-315	苏联	普列谢茨克航天发射中心	Cosmos-3M	宇宙-3M	19861121	通信广播卫星

续表

序号	国际代号	外文名	中文名	所属国家、地区或组织	发射地点	发射工具外文名	发射工具中文名	发射时间	航天器类型
3506	1986-92D	Strela-1M-316	天箭座-1M-316	苏联	普列谢茨克航天发射中心	Cosmos-3M	宇宙-3M	19861121	通信广播卫星
3507	1986-92E	Strela-1M-317	天箭座-1M-317	苏联	普列谢茨克航天发射中心	Cosmos-3M	宇宙-3M	19861121	通信广播卫星
3508	1986-92F	Strela-1M-318	天箭座-1M-318	苏联	普列谢茨克航天发射中心	Cosmos-3M	宇宙-3M	19861121	通信广播卫星
3509	1986-92G	Strela-1M-319	天箭座-1M-319	苏联	普列谢茨克航天发射中心	Cosmos-3M	宇宙-3M	19861121	通信广播卫星
3510	1986-92H	Strela-1M-320	天箭座-1M-320	苏联	普列谢茨克航天发射中心	Cosmos-3M	宇宙-3M	19861121	通信广播卫星
3511	1986-93A	Parus-56	帆-56	苏联	普列谢茨克航天发射中心	Cosmos-3M	宇宙-3M	19861124	导航定位卫星
3512	1986-94A	Geo-1K-08	测地-1K-08	苏联	普列谢茨克航天发射中心	Tsyklon-3	旋风-3	19861202	对地观测卫星
3513	1986-95A	Zenit-8-41	天顶-8-41	苏联	拜科努尔航天发射场	Soyuz-U	联盟-U	19861204	对地观测卫星
3514	1986-96A	Flsatcom-7	舰队卫星通信-7	美国	卡纳维拉尔角发射场	Atlas-G Centaur-D1AR	宇宙神G-半人马座 D1AR	19861205	通信广播卫星
3515	1986-97A	Tselina-D-58	处女地-D-58	苏联	普列谢茨克航天发射中心	Molniya-M/Blok-2BL	闪电-M/上面级 2BL	19861210	对地观测卫星
3516	1986-98A	Oko-52	眼睛-52	苏联	拜科努尔航天发射中心	Soyuz-U	联盟-U	19861212	对地观测卫星
3517	1986-99A	Yantar-4K2-28	琥珀-4K2-28	苏联	普列谢茨克航天发射中心	Cosmos-3M	宇宙-3M	19861216	对地观测卫星
3518	1986-100A	Parus-57	帆-57	苏联	普列谢茨克航天发射中心	Cosmos-3M	宇宙-3M	19861217	导航定位卫星
3519	1986-101A	Ionozond-E	电离层探测-E	苏联	普列谢茨克航天发射中心	Tsyklon-3	旋风-3	19861218	科学与技术试验卫星
3520	1986-102A	Yantar-4KS1-06	琥珀-4KS1-06	苏联	普列谢茨克航天发射中心	Soyuz-U	联盟-U	19861226	对地观测卫星
3521	1986-103A	Molniya-1T-76	闪电-1T-76	苏联	普列谢茨克航天发射中心	Molniya-M/Blok-ML	闪电-M/上面级 ML	19861226	通信广播卫星
3522	1987-01A	Meteor-2-15	流星-2-15	苏联	拜科努尔航天发射中心	Tsyklon-3	旋风-3	19870105	对地观测卫星
3523	1987-02A	Yantar-4K2-29	琥珀-4K2-29	苏联	拜科努尔航天发射中心	Soyuz-U	联盟-U	19870109	对地观测卫星
3524	1987-03A	Tselina-D-59	处女地-D-59	苏联	普列谢茨克航天发射中心	Tsyklon-3	旋风-3	19870114	对地观测卫星
3525	1987-04A	Zenit-8-42	天顶-8-42	苏联	普列谢茨克航天发射中心	Soyuz-U	联盟-U	19870115	对地观测卫星
3526	1987-05A	Progress-27	进步-27	苏联	拜科努尔航天发射中心	Soyuz-U2	联盟-U2	19870116	载人及货运航天器
3527	1987-06A	Strela-2M-41	天箭座-2M-41	苏联	普列谢茨克航天发射中心	Cosmos-3M	宇宙-3M	19870121	通信广播卫星
3528	1987-07A	Taifun-2-23	台风-2-23	苏联	卡普斯金亚尔航天发射中心	Cosmos-3M	宇宙-3M	19870122	科学与技术试验卫星
3529	1987-08A	Molniya-3-33	闪电-3-33	苏联	普列谢茨克航天发射中心	Molniya-M/Blok-ML	闪电-M/上面级 ML	19870122	通信广播卫星
3530	1987-09A	Tsikada-15	蝉-15	苏联	普列谢茨克航天发射中心	Cosmos-3M	宇宙-3M	19870129	导航定位卫星
3531	1987-10A	Ekran M-1a	荧光屏 M-1a	苏联	拜科努尔航天发射中心	Proton-K/Blok-DM-2	质子-K/上面级 DM2	19870130	通信广播卫星
3532	1987-11A	Plasma-A-01	等离子体-A-01	苏联	拜科努尔航天发射中心	Tsyklon-2	旋风-2	19870201	科学与技术试验卫星

续表

序号	国际代号	外文名	中文名	所属国家、地区或组织	发射地点	发射工具外文名	发射工具中文名	发射时间	航天器类型
3533	1987 - 12A	Astro - C	天文 - C	日本	鹿儿岛航天中心	M - 3S - 2	M - 3S - 2	19870205	科学与技术试验卫星
3534	1987 - 13A	Soyuz TM - 2	联盟 TM - 2	苏联	拜科努尔航天发射中心	Soyuz - U2	联盟 - U2	19870205	载人及货运航天器
3535	1987 - 14A	Zenit - 8 - 43	天顶 - 8 - 43	苏联	普列谢茨克航天发射中心	Soyuz - U	联盟 - U	19870207	对地观测卫星
3536	1987 - 15A	SDS - 1 - 7	卫星数据系统 - 1 - 7	美国	范登堡空军基地	Titan - 3 (34) B Agena - D	大力神 - 3 (34) B - 阿金纳 D	19870212	通信广播卫星
3537	1987 - 16A	Tselina - 2 EPN - 0695 - 02	处女地 - 2 模拟星 0695 - 02	苏联	拜科努尔航天发射中心	Zenit - 2	天顶 - 2	19870214	其他
3538	1987 - 17A	Parus - 58	帆 - 58	苏联	普列谢茨克航天发射中心	Cosmos - 3M	宇宙 - 3M	19870218	导航定位卫星
3539	1987 - 18A	MOMO - 1A (MOS - 1A)	桃花 - 1A (海洋观测卫星 - 1A)	日本	种子岛航天中心	N - 2	N - 2	19870219	对地观测卫星
3540	1987 - 19A	Zenit - 8 - 44	天顶 - 8 - 44	苏联	普列谢茨克航天发射中心	Soyuz - U	联盟 - U	19870219	对地观测卫星
3541	1987 - 20A	Geo - IK - 09	测地 - IK - 09	苏联	普列谢茨克航天发射中心	Tsyklon - 3	旋风 - 3	19870220	对地观测卫星
3542	1987 - 21A	Yantar - 4K2 - 30	琥珀 - 4K2 - 30	苏联	普列谢茨克航天发射中心	Soyuz - U	联盟 - U	19870226	对地观测卫星
3543	1987 - 22A	GOES - H	地球静止环境业务卫星 - H	美国	卡纳维拉尔角发射场	Delta - 3914	德尔它 - 3914	19870226	对地观测卫星
3544	1987 - 23A	Progress - 28	进步 - 28	苏联	拜科努尔航天发射中心	Soyuz - U2	联盟 - U2	19870303	载人及货运航天器
3545	1987 - 24A	Tselina - D - 60	处女地 - D - 60	苏联	普列谢茨克航天发射中心	Tsyklon - 3	旋风 - 3	19870303	对地观测卫星
3546	1987 - 25A	Zenit - 8 - 45	天顶 - 8 - 45	苏联	普列谢茨克航天发射中心	Soyuz - U	联盟 - U	19870311	对地观测卫星
3547	1987 - 26A	Strela - 3 - 19	天箭座 - 3 - 19	苏联	普列谢茨克航天发射中心	Tsyklon - 3	旋风 - 3	19870313	通信广播卫星
3548	1987 - 26B	Strela - 3 - 20	天箭座 - 3 - 20	苏联	普列谢茨克航天发射中心	Tsyklon - 3	旋风 - 3	19870313	通信广播卫星
3549	1987 - 26C	Strela - 3 - 21	天箭座 - 3 - 21	苏联	普列谢茨克航天发射中心	Tsyklon - 3	旋风 - 3	19870313	通信广播卫星
3550	1987 - 26D	Strela - 3 - 22	天箭座 - 3 - 22	苏联	普列谢茨克航天发射中心	Tsyklon - 3	旋风 - 3	19870313	通信广播卫星
3551	1987 - 26E	Strela - 3 - 23	天箭座 - 3 - 23	苏联	普列谢茨克航天发射中心	Tsyklon - 3	旋风 - 3	19870313	通信广播卫星
3552	1987 - 26F	Strela - 3 - 24	天箭座 - 3 - 24	苏联	普列谢茨克航天发射中心	Tsyklon - 3	旋风 - 3	19870313	通信广播卫星
3553	1987 - 27A	Tselina - 2 EPN - 0694 - 04	处女地 - 2 模拟星 0694 - 04	苏联	拜科努尔航天发射中心	Zenit - 2	天顶 - 2	19870318	其他
3554	1987 - 28A	Raduga - 20	虹 - 20	苏联	拜科努尔航天发射中心	Proton - K/Blok - DM	质子 - K/上面级 DM	19870319	通信广播卫星
3555	1987 - 29A	Palapa - B2P	帕拉帕 - B2P	印度尼西亚	卡纳维拉尔角发射场	Delta - 3920 PAM - D	德尔它 - 3920 - 有效载荷辅助舱 D	19870320	通信广播卫星
3556	1987 - 30A	Kvant - 1	量子 - 1	苏联	拜科努尔航天发射中心	Proton - K	质子 - K	19870331	载人及货运航天器
3557	1987 - 31A	US - P - 26	电子型海洋监视卫星 - 26	苏联	拜科努尔航天发射中心	Tsyklon - 2	旋风 - 2	19870408	对地观测卫星
3558	1987 - 32A	Yantar - 4K2 - 31	琥珀 - 4K2 - 31	苏联	拜科努尔航天发射中心	Soyuz - U	联盟 - U	19870409	对地观测卫星
3559	1987 - 33A	Yantar - 4KS1 - 07	琥珀 - 4KS1 - 07	苏联	拜科努尔航天发射中心	Soyuz - U	联盟 - U	19870416	对地观测卫星

续表

序号	国际代号	外文名	中文名	所属国家、地区或组织	发射地点	发射工具外文名	发射工具中文名	发射时间	航天器类型
3560	1987-34A	Progress-29	进步-29	苏联	拜科努尔航天发射中心	Soyuz-U2	联盟-U2	19870421	载人及货运航天器
3561	1987-35A	Zenit-8-46	天顶-8-46	苏联	普列谢茨克航天发射中心	Soyuz-U	联盟-U	19870422	对地观测卫星
3562	1987-36A	GLONASS-17	格洛纳斯-17	苏联	拜科努尔航天发射中心	Proton-K/Blok-DM-2	质子-K/上面级DM-2	19870424	导航定位卫星
3563	1987-36B	GLONASS-18	格洛纳斯-18	苏联	拜科努尔航天发射中心	Proton-K/Blok-DM-2	质子-K/上面级DM-2	19870424	导航定位卫星
3564	1987-36C	GLONASS-19	格洛纳斯-19	苏联	拜科努尔航天发射中心	Proton-K/Blok-DM-2	质子-K/上面级DM-2	19870424	导航定位卫星
3565	1987-37A	Foton-3	光子-3	苏联	普列谢茨克航天发射中心	Soyuz-U	联盟-U	19870424	科学与技术试验卫星
3566	1987-38A	Tselina-D-61	处女地-D-61	苏联	普列谢茨克航天发射中心	Tsyklon-3	旋风-3	19870427	对地观测卫星
3567	1987-39A	Zenit-8-47	天顶-8-47	苏联	拜科努尔航天发射中心	Soyuz-U	联盟-U	19870505	对地观测卫星
3568	1987-40A	Gorizont-14	地平线-14	苏联	拜科努尔航天发射中心	Proton-K/Blok-DM	质子-K/上面级DM	19870511	通信广播卫星
3569	1987-41A	Tselina-2-04	处女地-2-04	苏联	拜科努尔航天发射中心	Zenit-2	天顶-2	19870513	对地观测卫星
3570	1987-42A	Zenit-8-48	天顶-8-48	苏联	普列谢茨克航天发射中心	Soyuz-U	联盟-U	19870513	对地观测卫星
3571	1987-43A	NOSS-MSD-09	海军海洋监视卫星-多星分配器-09	美国	范登堡空军基地	Atlas-H MSD	宇宙神H MSD	19870515	其他
3572	1987-43E	NOSS-1-09A	海军海洋监视系统-1-09A	美国	范登堡空军基地	Atlas-H MSD	宇宙神H MSD	19870515	对地观测卫星
3573	1987-43F	NOSS-1-09B	海军海洋监视系统-1-09B	美国	范登堡空军基地	Atlas-H MSD	宇宙神H MSD	19870515	对地观测卫星
3574	1987-43H	NOSS-1-09C	海军海洋监视系统-1-09C	美国	范登堡空军基地	Atlas-H MSD	宇宙神H MSD	19870515	对地观测卫星
3575	1987-44A	Progress-30	进步-30	苏联	拜科努尔航天发射中心	Soyuz-U2	联盟-U2	19870519	载人及货运航天器
3576	1987-45A	Resurs-F1 17F40-04	资源-F1 17F40-04	苏联	普列谢茨克航天发射中心	Soyuz-U	联盟-U	19870521	对地观测卫星
3577	1987-46A	Yantar-4K2-32	琥珀-4K2-32	苏联	普列谢茨克航天发射中心	Soyuz-U	联盟-U	19870526	对地观测卫星
3578	1987-47A	Zenit-8-49	天顶-8-49	苏联	普列谢茨克航天发射中心	Soyuz-U	联盟-U	19870528	对地观测卫星
3579	1987-48A	Oko-53	眼睛-53	苏联	普列谢茨克航天发射中心	Molniya-M/Blok-2BL	闪电-M/上面级2BL	19870604	对地观测卫星
3580	1987-49A	Strela-2M-42	天箭座-2M-42	苏联	普列谢茨克航天发射中心	Cosmos-3M	宇宙-3M	19870609	通信广播卫星
3581	1987-50A	Oko-54	眼睛-54	苏联	普列谢茨克航天发射中心	Molniya-M/Blok-2BL	闪电-M/上面级2BL	19870612	对地观测卫星
3582	1987-51A	Strela-1M-321	天箭座-1M-321	苏联	普列谢茨克航天发射中心	Cosmos-3M	宇宙-3M	19870616	通信广播卫星
3583	1987-51B	Strela-1M-322	天箭座-1M-322	苏联	普列谢茨克航天发射中心	Cosmos-3M	宇宙-3M	19870616	通信广播卫星
3584	1987-51C	Strela-1M-323	天箭座-1M-323	苏联	普列谢茨克航天发射中心	Cosmos-3M	宇宙-3M	19870616	通信广播卫星
3585	1987-51D	Strela-1M-324	天箭座-1M-324	苏联	普列谢茨克航天发射中心	Cosmos-3M	宇宙-3M	19870616	通信广播卫星
3586	1987-51E	Strela-1M-325	天箭座-1M-325	苏联	普列谢茨克航天发射中心	Cosmos-3M	宇宙-3M	19870616	通信广播卫星

续表

序号	国际代号	外文名	中文名	所属国家或地区或组织	发射地点	发射工具外文名	发射工具中文名	发射时间	航天器类型
3587	1987－51F	Strela－1M－326	天箭座－1M－326	苏联	普列谢茨克航天发射中心	Cosmos－3M	宇宙－3M	19870616	通信广播卫星
3588	1987－51G	Strela－1M－327	天箭座－1M－327	苏联	普列谢茨克航天发射中心	Cosmos－3M	宇宙－3M	19870616	通信广播卫星
3589	1987－51H	Strela－1M－328	天箭座－1M－328	苏联	普列谢茨克航天发射中心	Cosmos－3M	宇宙－3M	19870616	通信广播卫星
3590	1987－52A	RORSAT－30	雷达型海洋监视卫星－30	苏联	拜科努尔航天发射中心	Tsyklon－2	旋风－2	19870618	对地观测卫星
3591	1987－53A	DMSP－5D2 F8	国防气象卫星计划－5D2 F8	美国	范登堡空军基地	Atlas－E Star－37S－ISS	宇宙神 E－星－37S－ISS	19870620	对地观测卫星
3592	1987－54A	Tsikada－16	蝉－16	苏联	普列谢茨克航天发射中心	Cosmos－3M	宇宙－3M	19870623	导航定位卫星
3593	1987－55A	Tselina－D－62	处女地－D－62	苏联	普列谢茨克航天发射中心	Tsyklon－3	旋风－3	19870701	对地观测卫星
3594	1987－56A	Zenit－8－50	天顶－8－50	苏联	普列谢茨克航天发射中心	Soyuz－U	联盟－U	19870704	对地观测卫星
3595	1987－57A	Parus－59	帆－59	苏联	普列谢茨克航天发射中心	Cosmos－3M	宇宙－3M	19870707	导航定位卫星
3596	1987－58A	Yantar－1KFT－07	琥珀－1KFT－07	苏联	拜科努尔航天发射中心	Soyuz－U	联盟－U	19870708	对地观测卫星
3597	1987－59A	Yantar－4K2－33	琥珀－4K2－33	苏联	普列谢茨克航天发射中心	Soyuz－U	联盟－U	19870709	对地观测卫星
3598	1987－60A	Plasma－A－02	等离子体－A－02	苏联	拜科努尔航天发射中心	Tsyklon－2	旋风－2	19870710	科学与技术试验卫星
3599	1987－61A	Taifun－1Yu－10	台风－1Yu－10	苏联	普列谢茨克航天发射中心	Cosmos－3M	宇宙－3M	19870714	科学与技术试验卫星
3600	1987－62A	Okean－O1－02	海洋－O1－02	苏联	普列谢茨克航天发射中心	Tsyklon－3	旋风－3	19870716	对地观测卫星
3601	1987－63A	Soyuz TM－3	联盟 TM－3	苏联	拜科努尔航天发射中心	Soyuz－U2	联盟－U2	19870722	载人及货运航天器
3602	1987－64A	Almaz－T－02	钻石－T－02	苏联	拜科努尔航天发射中心	Proton－K	质子－K	19870725	对地观测卫星
3603	1987－65A	Tselina－2 EPN－0695－03	处女地－2 模拟星 0695－03	苏联	拜科努尔航天发射中心	Zenit－2	天顶－2	19870801	其他
3604	1987－66A	Progress－31	进步－31	苏联	拜科努尔航天发射中心	Soyuz－U2	联盟－U2	19870803	载人及货运航天器
3605	1987－67A	FSW－0－9	返回式卫星－0－9	中国	酒泉航天发射中心	CZ－2C	长征－2C	19870805	对地观测卫星
3606	1987－68A	Meteor－2－16	流星－2－16	苏联	普列谢茨克航天发射中心	Tsyklon－3	旋风－3	19870818	对地观测卫星
3607	1987－69A	Zenit－8－51	天顶－8－51	苏联	普列谢茨克航天发射中心	Soyuz－U	联盟－U	19870819	对地观测卫星
3608	1987－70A	ETS－5	工程试验卫星－5	日本	种子岛航天中心	H－1	H－1	19870827	科学与技术试验卫星
3609	1987－71A	Tselina－2 EPN－0695－04	处女地－2 模拟星 0695－04	苏联	拜科努尔航天发射中心	Zenit－2	天顶－2	19870828	其他
3610	1987－72A	Zenit－8－52	天顶－8－52	苏联	普列谢茨克航天发射中心	Soyuz－U	联盟－U	19870903	对地观测卫星
3611	1987－73A	Ekran－16	荧光屏－16	苏联	拜科努尔航天发射中心	Proton－K/Blok－DM	质子－K/上面级 DM	19870903	通信广播卫星
3612	1987－74A	Strela－3－25	天箭座－3－25	苏联	普列谢茨克航天发射中心	Tsyklon－3	旋风－3	19870907	通信广播卫星
3613	1987－74B	Strela－3－26	天箭座－3－26	苏联	普列谢茨克航天发射中心	Tsyklon－3	旋风－3	19870907	通信广播卫星

续表

序号	国际代号	外文名	中文名	所属国家、地区或组织	发射地点	发射工具外文名	发射工具中文名	发射时间	航天器类型
3614	1987-74C	Strela-3-27	天箭座-3-27	苏联	普列谢茨克航天发射中心	Tsyklon-3	旋风-3	19870907	通信广播卫星
3615	1987-74D	Strela-3-28	天箭座-3-28	苏联	普列谢茨克航天发射中心	Tsyklon-3	旋风-3	19870907	通信广播卫星
3616	1987-74E	Strela-3-29	天箭座-3-29	苏联	普列谢茨克航天发射中心	Tsyklon-3	旋风-3	19870907	通信广播卫星
3617	1987-74F	Strela-3-30	天箭座-3-30	苏联	普列谢茨克航天发射中心	Tsyklon-3	旋风-3	19870907	通信广播卫星
3618	1987-75A	FSW-1-1	返回式卫星-1-1	中国	酒泉航天发射中心	CZ-2C	长征-2C	19870909	对地观测卫星
3619	1987-76A	Yantar-4KS1-08	琥珀-4KS1-08	苏联	拜科努尔航天发射中心	Soyuz-U	联盟-U	19870911	对地观测卫星
3620	1987-77A	Resurs-F1 17F40-06	资源-F1 17F40-06	苏联	普列谢茨克航天发射中心	Soyuz-U	联盟-U	19870915	对地观测卫星
3621	1987-78A	Aussat-A3	澳塞特-A3	澳大利亚	圭亚那航天中心	Ariane-3	阿里安-3	19870916	通信广播卫星
3622	1987-78B	Eutelsat-1 4	欧洲通信卫星-1 4	欧洲航天局	圭亚那航天中心	Ariane-3	阿里安-3	19870916	通信广播卫星
3623	1987-79A	GLONASS-20	格洛纳斯-20	苏联	拜科努尔航天发射中心	Proton-K/Blok-DM-2	质子-K/上面级DM-2	19870916	导航定位卫星
3624	1987-79B	GLONASS-21	格洛纳斯-21	苏联	拜科努尔航天发射中心	Proton-K/Blok-DM-2	质子-K/上面级DM-2	19870916	导航定位卫星
3625	1987-79C	GLONASS-22	格洛纳斯-22	苏联	拜科努尔航天发射中心	Proton-K/Blok-DM-2	质子-K/上面级DM-2	19870916	导航定位卫星
3626	1987-80A	Transit-O-27	子午仪-O-27	美国	范登堡空军基地	Scout-G1	侦察兵-G1	19870916	导航定位卫星
3627	1987-80B	Transit-O-29	子午仪-O-29	美国	范登堡空军基地	Scout-G1	侦察兵-G1	19870916	导航定位卫星
3628	1987-81A	Yantar-4K2-34	琥珀-4K2-34	苏联	普列谢茨克航天发射中心	Soyuz-U	联盟-U	19870917	对地观测卫星
3629	1987-82A	Progress-32	进步-32	苏联	拜科努尔航天发射中心	Soyuz-U2	联盟-U2	19870923	载人及货运航天器
3630	1987-83A	Bion-8	生物-8	苏联	普列谢茨克航天发射中心	Soyuz-U	联盟-U	19870929	科学与技术试验卫星
3631	1987-84A	Potok-4	急流-4	苏联	拜科努尔航天发射中心	Proton-K/Blok-DM-2	质子-K/上面级DM2	19871001	通信广播卫星
3632	1987-85A	Zenit-8-53	天顶-8-53	苏联	拜科努尔航天发射中心	Soyuz-U	联盟-U	19871009	对地观测卫星
3633	1987-86A	US-P-27	电子型海洋监视卫星-27	苏联	拜科努尔航天发射中心	Tsyklon-2	旋风-2	19871010	对地观测卫星
3634	1987-87A	Parus-60	帆-60	苏联	普列谢茨克航天发射中心	Cosmos-3M	宇宙-3M	19871014	导航定位卫星
3635	1987-88A	Tselina-D-63	处女地-D-63	苏联	普列谢茨克航天发射中心	Tsyklon-3	旋风-3	19871020	对地观测卫星
3636	1987-89A	Yantar-4K2-35	琥珀-4K2-35	苏联	普列谢茨克航天发射中心	Soyuz-U	联盟-U	19871022	对地观测卫星
3637	1987-90A	KH-11-08	锁眼-11-08	美国	范登堡空军基地	Titan-34D	大力神-34D	19871026	对地观测卫星
3638	1987-91A	Oko-s-04	眼睛-S-04	苏联	拜科努尔航天发射中心	Proton-K/Blok-DM-2	质子-K/上面级DM-2	19871028	对地观测卫星
3639	1987-92A	Zenit-8-54	天顶-8-54	苏联	拜科努尔航天发射中心	Soyuz-U	联盟-U	19871111	对地观测卫星
3640	1987-93A	Yantar-1KFT-08	琥珀-1KFT-08	苏联	拜科努尔航天发射中心	Soyuz-U	联盟-U	19871114	对地观测卫星

续表

序号	国际代号	外文名	中文名	所属国家、地区或组织	发射地点	发射工具外文名	发射工具中文名	发射时间	航天器类型
3641	1987-94A	Progress-33	进步-33	苏联	拜科努尔航天发射中心	Soyuz-U2	联盟-U2	19871120	载人及货运航天器
3642	1987-95A	TV Sat-1	电视广播卫星-1	西德	圭亚那航天中心	Ariane-2	阿里安-2	19871121	通信广播卫星
3643	1987-96A	Luch-02	射线-02	苏联	拜科努尔航天发射中心	Proton-K/Blok-DM-2	质子-K/上面级DM-2	19871126	通信广播卫星
3644	1987-97A	DSP-13	国防支援计划-13	美国	卡纳维拉尔角航天发射场	Titan-34D Transtage	大力神-34D-过渡级	19871129	对地观测卫星
3645	1987-98A	Strela-2M-43	天箭座-2M-43	苏联	普列谢茨克航天发射中心	Cosmos-3M	宇宙-3M	19871201	通信广播卫星
3646	1987-99A	Zenit-8-55	天顶-8-55	苏联	拜科努尔航天发射中心	Soyuz-U	联盟-U	19871207	对地观测卫星
3647	1987-100A	Raduga-21	虹-21	苏联	拜科努尔航天发射中心	Proton-K/Blok-DM-2	质子-K/上面级DM-2	19871210	通信广播卫星
3648	1987-101A	RORSAT-31	雷达型海洋监视卫星-31	苏联	拜科努尔航天发射中心	Tsyklon-2	旋风-2	19871212	对地观测卫星
3649	1987-102A	Yantar-4K2-36	琥珀-4K2-36	苏联	普列谢茨克航天发射中心	Soyuz-U	联盟-U	19871214	对地观测卫星
3650	1987-103A	Taifun-1-20	台风-1-20	苏联	普列谢茨克航天发射中心	Cosmos-3M	宇宙-3M	19871215	科学与技术试验卫星
3651	1987-104A	Soyuz TM-4	联盟TM-4	苏联	拜科努尔航天发射中心	Soyuz-U2	联盟-U2	19871221	载人及货运航天器
3652	1987-105A	Oko-55	眼睛-55	苏联	普列谢茨克航天发射中心	Molniya-M/Blok-2BL	闪电-M/上面级2BL	19871221	对地观测卫星
3653	1987-106A	Parus-61	帆-61	苏联	普列谢茨克航天发射中心	Cosmos-3M	宇宙-3M	19871223	导航定位卫星
3654	1987-107A	Zenit-8-56	天顶-8-56	苏联	拜科努尔航天发射中心	Soyuz-U	联盟-U	19871225	对地观测卫星
3655	1987-108A	Resurs-F2-01	资源-F2-01	苏联	普列谢茨克航天发射中心	Soyuz-U	联盟-U	19871226	对地观测卫星
3656	1987-109A	Ekran M-1	荧光屏M-1	苏联	拜科努尔航天发射中心	Proton-K/Blok-DM-2	质子-K/上面级DM2	19871227	通信广播卫星
3657	1987-110A	Zenit-8-57	天顶-8-57	苏联	普列谢茨克航天发射中心	Soyuz-U	联盟-U	19871229	对地观测卫星
3658	1988-01A	Tselina-D-64	处女地-D-64	苏联	普列谢茨克航天发射中心	Tsyklon-3	旋风-3	19880106	对地观测卫星
3659	1988-02A	Strela-3-31	天箭座-3-31	苏联	普列谢茨克航天发射中心	Tsyklon-3	旋风-3	19880115	通信广播卫星
3660	1988-02B	Strela-3-32	天箭座-3-32	苏联	普列谢茨克航天发射中心	Tsyklon-3	旋风-3	19880115	通信广播卫星
3661	1988-02C	Strela-3-33	天箭座-3-33	苏联	普列谢茨克航天发射中心	Tsyklon-3	旋风-3	19880115	通信广播卫星
3662	1988-02D	Strela-3-34	天箭座-3-34	苏联	普列谢茨克航天发射中心	Tsyklon-3	旋风-3	19880115	通信广播卫星
3663	1988-02E	Strela-3-35	天箭座-3-35	苏联	普列谢茨克航天发射中心	Tsyklon-3	旋风-3	19880115	通信广播卫星
3664	1988-02F	Strela-3-36	天箭座-3-36	苏联	普列谢茨克航天发射中心	Tsyklon-3	旋风-3	19880115	通信广播卫星
3665	1988-03A	Progress-34	进步-34	苏联	拜科努尔航天发射中心	Soyuz-U2	联盟-U2	19880120	载人及货运航天器
3666	1988-04A	Zenit-8-58	天顶-8-58	苏联	拜科努尔航天发射中心	Soyuz-U	联盟-U	19880126	对地观测卫星
3667	1988-05A	Meteor-2-17	流星-2-17	苏联	普列谢茨克航天发射中心	Tsyklon-3	旋风-3	19880130	对地观测卫星

续表

序号	国际代号	外文名	中文名	所属国家、地区或组织	发射地点	发射工具外文名	发射工具中文名	发射时间	航天器类型
3668	1988-06A	DMSP-5D2 F9	国防气象卫星计划-5D2 F9	美国	范登堡空军基地	Atlas-E Star-37S-ISS	宇航神E-星-37S-ISS	19880203	对地观测卫星
3669	1988-07A	Yantar-4K2-37	琥珀-4K2-37	苏联	普列谢茨克航天发射场	Soyuz-U	联盟-U	19880203	对地观测卫星
3670	1988-08A	TVE	推进矢量实验	美国	卡纳维拉尔角发射场	Delta-3910	德尔它-3910	19880208	科学与技术试验卫星
3671	1988-09A	GLONASS-23	格洛纳斯-23	苏联	拜科努尔航天发射中心	Proton-K/Blok-DM-2	质子-K/上面级DM-2	19880217	导航定位卫星
3672	1988-09B	GLONASS-24	格洛纳斯-24	苏联	拜科努尔航天发射中心	Proton-K/Blok-DM-2	质子-K/上面级DM-2	19880217	导航定位卫星
3673	1988-09C	GLONASS-25	格洛纳斯-25	苏联	拜科努尔航天发射中心	Proton-K/Blok-DM-2	质子-K/上面级DM-2	19880217	导航定位卫星
3674	1988-10A	Resurs-F1 17F40-07	资源-F1 17F40-07	苏联	普列谢茨克航天发射中心	Soyuz-U	联盟-U	19880218	对地观测卫星
3675	1988-11A	Zenit-8-59	天顶-8-59	苏联	拜科努尔航天发射中心	Soyuz-U	联盟-U	19880219	对地观测卫星
3676	1988-12A	Sakura-3A (CS-3A)	樱花-3A (通信卫星-3A)	日本	种子岛航天中心	H-1	H-1	19880219	通信广播卫星
3677	1988-13A	Oko-56	眼睛-56	苏联	普列谢茨克航天发射中心	Molniya-M/Blok-2BL	闪电-M/上面级2BL	19880226	对地观测卫星
3678	1988-14A	DFH-2A1	东方红-2A1	中国	西昌航天发射中心	CZ-3	长征-3	19880307	通信广播卫星
3679	1988-15A	Zenit-8-60	天顶-8-60	苏联	普列谢茨克航天发射中心	Soyuz-U	联盟-U	19880310	对地观测卫星
3680	1988-16A	Strela-1M-329	天箭座-1M-329	苏联	普列谢茨克航天发射中心	Cosmos-3M	宇宙-3M	19880311	通信广播卫星
3681	1988-16B	Strela-1M-330	天箭座-1M-330	苏联	普列谢茨克航天发射中心	Cosmos-3M	宇宙-3M	19880311	通信广播卫星
3682	1988-16C	Strela-1M-331	天箭座-1M-331	苏联	普列谢茨克航天发射中心	Cosmos-3M	宇宙-3M	19880311	通信广播卫星
3683	1988-16D	Strela-1M-332	天箭座-1M-332	苏联	普列谢茨克航天发射中心	Cosmos-3M	宇宙-3M	19880311	通信广播卫星
3684	1988-16E	Strela-1M-333	天箭座-1M-333	苏联	普列谢茨克航天发射中心	Cosmos-3M	宇宙-3M	19880311	通信广播卫星
3685	1988-16F	Strela-1M-334	天箭座-1M-334	苏联	普列谢茨克航天发射中心	Cosmos-3M	宇宙-3M	19880311	通信广播卫星
3686	1988-16G	Strela-1M-335	天箭座-1M-335	苏联	普列谢茨克航天发射中心	Cosmos-3M	宇宙-3M	19880311	通信广播卫星
3687	1988-16H	Strela-1M-336	天箭座-1M-336	苏联	普列谢茨克航天发射中心	Cosmos-3M	宇宙-3M	19880311	通信广播卫星
3688	1988-17A	Molniya-1T-77	闪电-1T-77	苏联	拜科努尔航天发射中心	Molniya-M/Blok-ML	闪电-M/上面级ML	19880311	通信广播卫星
3689	1988-18A	Spacenet-3	空间网-3	美国	圭亚那航天中心	Ariane-3	阿里安-3	19880311	通信广播卫星
3690	1988-18B	Telecom-1C	电信-1C	法国	圭亚那航天中心	Ariane-3	阿里安-3	19880311	通信广播卫星
3691	1988-19A	RORSAT-32	雷达型海洋监视卫星-32	苏联	拜科努尔航天发射中心	Tsyklon-2	旋风-2	19880314	对地观测卫星
3692	1988-20A	Tselina-D-65	处女地-D-65	苏联	普列谢茨克航天发射中心	Tsyklon-3	旋风-3	19880315	对地观测卫星
3693	1988-21A	IRS-1A	印度遥感卫星-1A	印度	拜科努尔航天发射中心	Vostok-2M	东方-2M	19880317	对地观测卫星
3694	1988-22A	Molniya-1T-78	闪电-1T-78	苏联	普列谢茨克航天发射中心	Molniya-M/Blok-ML	闪电-M/上面级ML	19880317	通信广播卫星

续表

序号	国际代号	外文名	中文名	所属国家、地区或组织	发射地点	发射工具外文名	发射工具中文名	发射时间	航天器类型
3695	1988－23A	Parus－62	帆－62	苏联	普列谢茨克航天发射中心	Cosmos－3M	宇宙－3M	19880322	导航定位卫星
3696	1988－24A	Progress－35	进步－35	苏联	拜科努尔航天发射中心	Soyuz－U2	联盟－U2	19880323	载人及货运航天器
3697	1988－25A	Yantar－4K2－38	琥珀－4K2－38	苏联	普列谢茨克航天发射中心	Soyuz－U	联盟－U	19880324	对地观测卫星
3698	1988－26A	San Marco－5	圣马科－5	意大利/美国/西德	圣马科发射平台	Scout－G1	侦察兵－G1	19880325	科学与技术试验卫星
3699	1988－27A	Yantar－4KS1－09	琥珀－4KS1－09	苏联	普列谢茨克航天发射中心	Soyuz－U	联盟－U	19880330	对地观测卫星
3700	1988－28A	Gorizont－15	地平线－15	苏联	拜科努尔航天发射中心	Proton－K/Blok－DM	质子－K/上面级 DM	19880331	通信广播卫星
3701	1988－29A	Strela－2M－44	天箭座－2M－44	苏联	普列谢茨克航天发射中心	Cosmos－3M	宇宙－3M	19880405	通信广播卫星
3702	1988－30A	Zenit－8－61	天顶－8－61	苏联	普列谢茨克航天发射中心	Soyuz－U	联盟－U	19880412	对地观测卫星
3703	1988－31A	Foton－4	光子－4	苏联	普列谢茨克航天发射中心	Soyuz－U	联盟－U	19880414	科学与技术试验卫星
3704	1988－32A	Resurs－O1－02	资源－O1－02	苏联	拜科努尔航天发射中心	Vostok－2M	东方－2M	19880420	对地观测卫星
3705	1988－33A	Transit－O－23	子午仪－O－23	美国	范登堡空军基地	Scout－G1	侦察兵－G1	19880426	导航定位卫星
3706	1988－33B	Transit－O－32	子午仪－O－32	美国	范登堡空军基地	Scout－G1	侦察兵－G1	19880426	导航定位卫星
3707	1988－34A	Cosmos－1940	宇宙－1940	苏联	拜科努尔航天发射中心	Proton－K/Blok－DM2	质子－K/上面级 DM2	19880426	对地观测卫星
3708	1988－35A	Zenit－8－62	天顶－8－62	苏联	拜科努尔航天发射中心	Soyuz－U	联盟－U	19880427	对地观测卫星
3709	1988－36A	Ekran－17	荧光屏－17	苏联	拜科努尔航天发射中心	Proton－K/Blok－DM	质子－K/上面级 DM	19880506	通信广播卫星
3710	1988－37A	Yantar－4K2－39	琥珀－4K2－39	苏联	普列谢茨克航天发射中心	Soyuz－U	联盟－U	19880512	对地观测卫星
3711	1988－38A	Progress－36	进步－36	苏联	拜科努尔航天发射中心	Soyuz－U2	联盟－U2	19880513	载人及货运航天器
3712	1988－39A	Tselina－2－05	处女地－2－05	苏联	拜科努尔航天发射中心	Zenit－2	天顶－2	19880515	对地观测卫星
3713	1988－40A	Intelsat－5A 13	国际通信卫星－5A 13	国际通信卫星组织	圭亚那航天中心	Ariane－2	阿里安－2	19880517	通信广播卫星
3714	1988－41A	Yantar－1KFT－09	琥珀－1KFT－09	苏联	拜科努尔航天发射中心	Soyuz－U	联盟－U	19880518	对地观测卫星
3715	1988－42A	Zenit－8－63	天顶－8－63	苏联	拜科努尔航天发射中心	Soyuz－U	联盟－U	19880519	对地观测卫星
3716	1988－43A	GLONASS－26	格洛纳斯－26	苏联	拜科努尔航天发射中心	Proton－K/Blok－DM－2	质子－K/上面级 DM－2	19880521	导航定位卫星
3717	1988－43B	GLONASS－27	格洛纳斯－27	苏联	拜科努尔航天发射中心	Proton－K/Blok－DM－2	质子－K/上面级 DM－2	19880521	导航定位卫星
3718	1988－43C	GLONASS－28	格洛纳斯－28	苏联	拜科努尔航天发射中心	Proton－K/Blok－DM－2	质子－K/上面级 DM－2	19880521	导航定位卫星
3719	1988－44A	Molniya－3－34	闪电－3－34	苏联	普列谢茨克航天发射中心	Molniya－M/Blok－ML	闪电－M/上面级 ML	19880526	通信广播卫星
3720	1988－45A	US－P－28	电子型海洋监视卫星－28	苏联	拜科努尔航天发射中心	Tsyklon－2	旋风－2	19880528	对地观测卫星
3721	1988－46A	Geo－IK－10	测地－IK－10	苏联	普列谢茨克航天发射中心	Tsyklon－3	旋风－3	19880530	对地观测卫星

续表

序号	国际代号	外文名	中文名	所属国家、地区或组织	发射地点	发射工具外文名	发射工具中文名	发射时间	航天器类型
3722	1988－47A	Resurs－F1 17F43－01	资源－F1 17F43－01	苏联	普列谢茨克航天发射中心	Soyuz－U	联盟－U	19880531	对地观测卫星
3723	1988－48A	Soyuz TM－5	联盟 TM－5	苏联	拜科努尔航天发射中心	Soyuz－U2	联盟－U2	19880607	载人及货运航天器
3724	1988－49A	Zenit－8－64	天顶－8－64	苏联	拜科努尔航天发射中心	Soyuz－U	联盟－U	19880611	对地观测卫星
3725	1988－50A	Tselina－D－66	处女地－D－66	苏联	普列谢茨克航天发射中心	Tsyklon－3	旋风－3	19880614	对地观测卫星
3726	1988－51A	Meteosat－3	气象卫星－3	欧洲航天局	圭亚那航天中心	Ariane－44LP H10	阿里安－44LP H10	19880615	对地观测卫星
3727	1988－51B	Ansat P3C/OSCAR－13	业余爱好者卫星 P3C/奥斯卡－13	法国	圭亚那航天中心	Ariane－44LP H10	阿里安－44LP H10	19880615	科学与技术试验卫星
3728	1988－51C	PAS－1	泛美卫星－1	美国	圭亚那航天中心	Ariane－44LP H10	阿里安－44LP H10	19880615	通信广播卫星
3729	1988－52A	Nova－2	新星－2	美国	范登堡空军基地	Scout－G1	侦察兵－G1	19880616	导航定位卫星
3730	1988－53A	Strela－2M－45	天箭座－2M－45	苏联	普列谢茨克航天发射中心	Cosmos－3M	宇宙－3M	19880621	通信广播卫星
3731	1988－54A	Yantar－4K2－40	琥珀－4K2－40	苏联	拜科努尔航天发射中心	Soyuz－U	联盟－U	19880622	对地观测卫星
3732	1988－55A	Zenit－8－65	天顶－8－65	苏联	普列谢茨克航天发射中心	Soyuz－U	联盟－U	19880623	对地观测卫星
3733	1988－56A	Okean－O1－03	海洋－O1－03	苏联	普列谢茨克航天发射中心	Tsyklon－3	旋风－3	19880705	对地观测卫星
3734	1988－57A	Resurs－F1 17F43－02	资源－F1 17F43－02	苏联	拜科努尔航天发射中心	Soyuz－U	联盟－U	19880707	对地观测卫星
3735	1988－58A	Fobos－1	火卫－1	苏联	拜科努尔航天发射中心	Proton－K/Blok－D－2	质子－K/上面级 D－2	19880707	空间探测器
3736	1988－59A	Fobos－2	火卫－2	苏联	拜科努尔航天发射中心	Proton－K/Blok－D－2	质子－K/上面级 D－2	19880712	空间探测器
3737	1988－60A	Taifun－1－21	台风－1－21	苏联	普列谢茨克航天发射中心	Cosmos－3M	宇宙－3M	19880714	科学与技术试验卫星
3738	1988－61A	Progress－37	进步－37	苏联	拜科努尔航天发射中心	Soyuz－U2	联盟－U2	19880718	载人及货运航天器
3739	1988－62A	Parus－63	帆－63	苏联	普列谢茨克航天发射中心	Cosmos－3M	宇宙－3M	19880718	导航定位卫星
3740	1988－63A	Insat－1C	印度卫星－1C	印度	圭亚那航天中心	Ariane－3	阿里安－3	19880721	通信广播卫星
3741	1988－63B	Eutelsat－1 5	欧洲通信卫星－1 5	欧洲航天局	圭亚那航天中心	Ariane－3	阿里安－3	19880721	通信广播卫星
3742	1988－64A	Meteor－3－02	流星－3－02	苏联	普列谢茨克航天发射中心	Tsyklon－3	旋风－3	19880726	对地观测卫星
3743	1988－65A	Taifun－2－24	台风－2－24	苏联	普列谢茨克航天发射中心	Cosmos－3M	宇宙－3M	19880728	科学与技术试验卫星
3744	1988－66A	Potok－5	急流－5	苏联	拜科努尔航天发射中心	Proton－K/Blok－DM－2	质子－K/上面级 DM2	19880801	通信广播卫星
3745	1988－67A	FSW－1－2	返回式卫星－1－2	中国	酒泉航天发射中心	CZ－2C	长征－2C	19880805	对地观测卫星
3746	1988－68A	Zenit－8－66	天顶－8－66	苏联	拜科努尔航天发射中心	Soyuz－U	联盟－U	19880808	对地观测卫星
3747	1988－69A	Molniya－1T－79	闪电－1T－79	苏联	普列谢茨克航天发射中心	Molniya－M/Blok ML	闪电－M/上面级 ML	19880812	通信广播卫星
3748	1988－70A	Yantar－4K2－41	琥珀－4K2－41	苏联	拜科努尔航天发射中心	Soyuz－U	联盟－U	19880816	对地观测卫星

续表

序号	国际代号	外文名	中文名	所属国家、地区或组织	发射地点	发射工具外文名	发射工具中文名	发射时间	航天器类型
3749	1988 – 71A	Gorizont – 16	地平线 – 16	苏联	拜科努尔航天发射中心	Proton – K/Blok – DM – 2	质子 – K/上面级 DM – 2	19880818	通信广播卫星
3750	1988 – 72A	Zenit – 8 – 67	天顶 – 8 – 67	苏联	拜科努尔航天发射中心	Soyuz – U	联盟 – U	19880823	对地观测卫星
3751	1988 – 73A	Resurs – F2 – 02	资源 – F2 – 02	苏联	普列谢茨克航天发射中心	Soyuz – U	联盟 – U	19880823	对地观测卫星
3752	1988 – 74A	Transit – O – 25	子午仪 – O – 25	美国	范登堡空军基地	Scout – G1	侦察兵 – G1	19880825	导航定位卫星
3753	1988 – 74B	Transit – O – 31	子午仪 – O – 31	美国	范登堡空军基地	Scout – G1	侦察兵 – G1	19880825	导航定位卫星
3754	1988 – 75A	Soyuz TM – 6	联盟 TM – 6	苏联	拜科努尔航天发射中心	Soyuz – U2	联盟 – U2	19880829	载人及货运航天器
3755	1988 – 76A	Oko – 57	眼睛 – 57	苏联	普列谢茨克航天发射中心	Molniya – M/Blok – 2BL	闪电 – M/上面级 2BL	19880830	对地观测卫星
3756	1988 – 77A	Chalet – 5	小屋 – 5	美国	卡纳维拉尔角发射场	Titan – 34D Transtage	大力神 – 34D – 过渡级	19880902	对地观测卫星
3757	1988 – 78A	P – 11 5103	雪貂子卫星 – 5103	美国	范登堡空军基地	Titan – 2 (23) G	大力神 – 2 (23) G	19880905	对地观测卫星
3758	1988 – 79A	Zenit – 8 – 68	天顶 – 8 – 68	苏联	普列谢茨克航天发射中心	Soyuz – U	联盟 – U	19880906	对地观测卫星
3759	1988 – 80A	FY – 1A	风云 – 1A	中国	太原航天发射中心	CZ – 4A	长征 – 4A	19880906	对地观测卫星
3760	1988 – 81A	Gstar – 3	吉星 – 3	美国	圭亚那航天中心	Ariane – 3	阿里安 – 3	19880908	通信广播卫星
3761	1988 – 81B	SBS – 5	卫星商用系统 – 5	美国	圭亚那航天中心	Ariane – 3	阿里安 – 3	19880908	通信广播卫星
3762	1988 – 82A	Resurs – F1 17F43 – 04	资源 – F1 17F43 – 04	苏联	普列谢茨克航天发射中心	Soyuz – U	联盟 – U	19880909	对地观测卫星
3763	1988 – 83A	Progress – 38	进步 – 38	苏联	拜科努尔航天发射中心	Soyuz – U2	联盟 – U2	19880909	载人及货运航天器
3764	1988 – 84A	Yantar – 4K2 – 42	琥珀 – 4K2 – 42	苏联	普列谢茨克航天发射中心	Soyuz – U	联盟 – U	19880915	对地观测卫星
3765	1988 – 85A	GLONASS – 29	格洛纳斯 – 29	苏联	拜科努尔航天发射中心	Proton – K/Blok – DM – 2	质子 – K/上面级 DM – 2	19880916	导航定位卫星
3766	1988 – 85B	GLONASS – 30	格洛纳斯 – 30	苏联	拜科努尔航天发射中心	Proton – K/Blok – DM – 2	质子 – K/上面级 DM – 2	19880916	导航定位卫星
3767	1988 – 85C	GLONASS – 31	格洛纳斯 – 31	苏联	拜科努尔航天发射中心	Proton – K/Blok – DM – 2	质子 – K/上面级 DM – 2	19880916	导航定位卫星
3768	1988 – 86A	Sakura – 3B (CS – 3B)	樱花 – 3B (通信卫星 – 3B)	日本	种子岛航天中心	H – 1	H – 1	19880916	通信广播卫星
3769	1988 – 87A	Ofeq – 1	地平线 – 1	以色列	帕尔玛奇姆空军基地	Shavit	沙维特	19880919	科学与技术试验卫星
3770	1988 – 88A	Zenit – 8 – 69	天顶 – 8 – 69	苏联	普列谢茨克航天发射中心	Soyuz – U	联盟 – U	19880922	对地观测卫星
3771	1988 – 89A	NOAA – H	国家大气和海洋局卫星 – H	美国	范登堡空军基地	Atlas – E Star – 37S – ISS	宇宙神 E – 星 – 37S – ISS	19880924	对地观测卫星
3772	1988 – 90A	Molniya – 3 – 35	闪电 – 3 – 35	苏联	普列谢茨克航天发射中心	Molniya – M/Blok – ML	闪电 – M/上面级 ML	19880929	通信广播卫星
3773	1988 – 91A	STS – 26R	空间运输系统 – 26R	美国	卡纳维拉尔角发射场	Discovery	发现号	19880929	载人及货运航天器
3774	1988 – 91B	TDRS – 3 (IUS)	跟踪与数据中继卫星 – 3	美国	卡纳维拉尔角发射场	Discovery	发现号	19880929	通信广播卫星
3775	1988 – 92A	Oko – 58	眼睛 – 58	苏联	普列谢茨克航天发射中心	Molniya – M/Blok – 2BL	闪电 – M/上面级 2BL	19881003	对地观测卫星

续表

序号	国际代号	外文名	中文名	所属国家或组织、地区	发射地点	发射工具外文名	发射工具中文名	发射时间	航天器类型
3776	1988－93A	Tselina－D－67	处女地－D－67	苏联	普列谢茨克航天发射中心	Tsyklon－3	旋风－3	19881011	对地观测卫星
3777	1988－94A	Zenit－8－70	天顶－8－70	苏联	普列谢茨克航天发射中心	Soyuz－U	联盟－U	19881013	对地观测卫星
3778	1988－95A	Raduga－22	虹－22	苏联	拜科努尔航天发射中心	Proton－K/Blok－DM－2	质子－K/上面级 DM－2	19881020	通信广播卫星
3779	1988－96A	Oko－59	眼睛－59	苏联	普列谢茨克航天发射中心	Molniya－M/Blok－2BL	闪电－M/上面级 2BL	19881025	对地观测卫星
3780	1988－97A	Zenit－8－71	天顶－8－71	苏联	普列谢茨克航天发射中心	Soyuz－U	联盟－U	19881027	对地观测卫星
3781	1988－98A	TDF－1	法国电视直播卫星－1	法国	圭亚那航天中心	Ariane－2	阿里安－2	19881028	通信广播卫星
3782	1988－99A	KH－11－09	锁眼－11－09	美国	范登堡空军基地	Titan－34D	大力神－34D	19881106	对地观测卫星
3783	1988－100A	Buran－1 F1	暴风雪－1 F1	苏联	拜科努尔航天发射中心	Energiya－Buran	能源－暴风雪	19881115	载人及货运航天器
3784	1988－101A	US－P－29	电子型海洋监视卫星－29	苏联	拜科努尔航天发射中心	Tsyklon－2	旋风－2	19881118	对地观测卫星
3785	1988－102A	Tselina－2－06	处女地－2－06	苏联	拜科努尔航天发射中心	Zenit－2	天顶－2	19881123	对地观测卫星
3786	1988－103A	Zenit－8－72	天顶－8－72	苏联	普列谢茨克航天发射中心	Soyuz－U	联盟－U	19881124	对地观测卫星
3787	1988－104A	Soyuz TM－7	联盟 TM－7	苏联	拜科努尔航天发射中心	Soyuz－U2	联盟－U2	19881126	载人及货运航天器
3788	1988－105A	Zenit－8－73	天顶－8－73	苏联	拜科努尔航天发射中心	Soyuz－U	联盟－U	19881130	对地观测卫星
3789	1988－106B	STS－27R	空间运输系统－27R	美国	卡纳维拉尔角发射场	Atlantis	阿特兰蒂斯号	19881202	载人及货运航天器
3790	1988－106B	Lacrosse－1	长曲棍球－1	美国	卡纳维拉尔角发射场	Atlantis	阿特兰蒂斯号	19881202	对地观测卫星
3791	1988－107A	Zenit－8－74	天顶－8－74	苏联	普列谢茨克航天发射中心	Soyuz－U	联盟－U	19881208	对地观测卫星
3792	1988－108A	Ekran M－2	荧光屏 M－2	苏联	拜科努尔航天发射中心	Proton－K/Blok－DM－2	质子－K/上面级 DM2	19881210	通信广播卫星
3793	1988－109A	Skynet－4B	天网－4B	英国	圭亚那航天中心	Ariane－44LP H10	阿里安－44LP H10	19881211	通信广播卫星
3794	1988－109B	Astra－1A	阿斯特拉－1A	卢森堡	圭亚那航天中心	Ariane－44LP H10	阿里安－44LP H10	19881211	通信广播卫星
3795	1988－110A	Yantar－4K2－43	琥珀－4K2－43	苏联	普列谢茨克航天发射中心	Soyuz－U	联盟－U	19881216	对地观测卫星
3796	1988－111A	DFH－2A 2	东方红－2A 2	中国	西昌航天发射中心	CZ－3	长征－3	19881222	通信广播卫星
3797	1988－112A	Molniya－3－36	闪电－3－36	苏联	普列谢茨克航天发射中心	Molniya－M/Blok－ML	闪电－M/上面级 ML	19881222	通信广播卫星
3798	1988－113A	Taifun－3－01	台风－3－01	苏联	普列谢茨克航天发射中心	Tsyklon－3	旋风－3	19881223	科学与技术试验卫星
3799	1988－114A	Progress－39	进步－39	苏联	拜科努尔航天发射中心	Soyuz－U2	联盟－U2	19881225	载人及货运航天器
3800	1988－115A	Molniya－1T－80	闪电－1T－80	苏联	普列谢茨克航天发射中心	Molniya－M/Blok－ML	闪电－M/上面级 ML	19881228	通信广播卫星
3801	1988－116A	Yantar－1KFT－10	琥珀－1KFT－10	苏联	拜科努尔航天发射中心	Soyuz－U	联盟－U	19881229	对地观测卫星
3802	1989－01A	GLONASS－32	格洛纳斯－32	苏联	拜科努尔航天发射中心	Proton－K/Blok－DM－2	质子－K/上面级 DM－2	19890110	导航定位卫星

续表

序号	国际代号	外文名	中文名	所属国家、地区或组织	发射地点	发射工具外文名	发射工具中文名	发射时间	航天器类型
3803	1989-01B	GLONASS-33	格洛纳斯-33	苏联	拜科努尔航天发射中心	Proton-K/Blok-DM-2	质子-K/上面级DM-2	19890110	导航定位卫星
3804	1989-01C	Etalon-01	标准具-01	苏联	拜科努尔航天发射中心	Proton-K/Blok-DM-2	质子-K/上面级DM-2	19890110	对地观测卫星
3805	1989-02A	Resurs-F2-03	资源-F2-03	苏联	普列谢茨克航天发射中心	Soyuz-U	联盟-U	19890112	对地观测卫星
3806	1989-03A	Zenit-8-75	天顶-8-75	苏联	拜科努尔航天发射中心	Soyuz-U	联盟-U	19890118	对地观测卫星
3807	1989-04A	Gorizont-17	地平线-17	苏联	拜科努尔航天发射中心	Proton-K/Blok-DM-2	质子-K/上面级DM-2	19890126	通信广播卫星
3808	1989-05A	Strela-2M-46	天箭座-2M-46	苏联	普列谢茨克航天发射中心	Cosmos-3M	宇宙-3M	19890126	通信广播卫星
3809	1989-06A	Intelsat-5A15	国际通信卫星-5A15	国际通信卫星组织	圭亚那航天中心	Ariane-2	阿里安-2	19890127	通信广播卫星
3810	1989-07A	Yantar-4K2-44	琥珀-4K2-44	苏联	拜科努尔航天发射中心	Soyuz-U	联盟-U	19890128	对地观测卫星
3811	1989-08A	Progress-40	进步-40	苏联	拜科努尔航天发射中心	Soyuz-U2	联盟-U2	19890210	载人及货运航天器
3812	1989-09A	Strela-3-37	天箭座-3-37	苏联	普列谢茨克航天发射中心	Tsyklon-3	旋风-3	19890210	通信广播卫星
3813	1989-09B	Strela-3-38	天箭座-3-38	苏联	普列谢茨克航天发射中心	Tsyklon-3	旋风-3	19890210	通信广播卫星
3814	1989-09C	Strela-3-39	天箭座-3-39	苏联	普列谢茨克航天发射中心	Tsyklon-3	旋风-3	19890210	通信广播卫星
3815	1989-09D	Strela-3-40	天箭座-3-40	苏联	普列谢茨克航天发射中心	Tsyklon-3	旋风-3	19890210	通信广播卫星
3816	1989-09E	Strela-3-41	天箭座-3-41	苏联	普列谢茨克航天发射中心	Tsyklon-3	旋风-3	19890210	通信广播卫星
3817	1989-09F	Strela-3-42	天箭座-3-42	苏联	普列谢茨克航天发射中心	Tsyklon-3	旋风-3	19890210	通信广播卫星
3818	1989-10A	Zenit-8-76	天顶-8-76	苏联	普列谢茨克航天发射中心	Soyuz-U	联盟-U	19890210	对地观测卫星
3819	1989-11A	Oko-60	眼睛-60	苏联	普列谢茨克航天发射中心	Molniya-M/Blok-2BL	闪电-M/上面级2BL	19890214	对地观测卫星
3820	1989-12A	Taifun-2-25	台风-2-25	苏联	普列谢茨克航天发射中心	Cosmos-3M	宇宙-3M	19890214	科学与技术试验卫星
3821	1989-13A	GPS-2-01	导航星-2-01	美国	卡纳维拉尔角发射场	Delta-6925	德尔它-6925	19890214	导航定位卫星
3822	1989-14A	Molniya-1T-81	闪电-1T-81	苏联	拜科努尔航天发射中心	Molniya-M/Blok-ML	闪电-M/上面级ML	19890215	通信广播卫星
3823	1989-15A	Zenit-8-77	天顶-8-77	苏联	普列谢茨克航天发射中心	Soyuz-U	联盟-U	19890217	对地观测卫星
3824	1989-16A	Exos-D	外层大气卫星-D	日本	鹿儿岛航天发射中心	M-3S-2	M-3S-2	19890221	科学与技术试验卫星
3825	1989-17A	Parus-64	帆-64	苏联	普列谢茨克航天发射中心	Cosmos-3M	宇宙-3M	19890222	导航定位卫星
3826	1989-18A	Meteor-2-18	流星-2-18	苏联	普列谢茨克航天发射中心	Tsyklon-3	旋风-3	19890228	对地观测卫星
3827	1989-19A	Yantar-4K2-45	琥珀-4K2-45	苏联	普列谢茨克航天发射中心	Soyuz-U	联盟-U	19890302	对地观测卫星
3828	1989-20A	JCSAT-1	日本通信卫星-1	日本	圭亚那航天中心	Ariane-44LP H10	阿里安-44LP H10	19890306	通信广播卫星
3829	1989-20B	Meteosat-4	气象卫星-4	欧洲航天局	圭亚那航天中心	Ariane-44LP H10	阿里安-44LP H10	19890306	对地观测卫星

续表

序号	国际代号	外文名	中文名	所属国家、地区或组织	发射地点	发射工具外文名	发射工具中文名	发射时间	航天器类型
3830	1989-21A	STS-29R	空间运输系统-29R	美国	卡纳维拉尔角发射场	Discovery	发现号	19890313	载人及货运航天器
3831	1989-21B	TDRS-4	跟踪与数据中继卫星-4	美国	卡纳维拉尔角发射场	Discovery	发现号	19890313	通信广播卫星
3832	1989-22A	Zenit-8-78	天顶-8-78	苏联	普列谢茨克航天发射中心	Soyuz-U	联盟-U	19890316	对地观测卫星
3833	1989-23A	Progress-41	进步-41	苏联	拜科努尔航天发射中心	Soyuz-U2	联盟-U2	19890316	载人及货运航天器
3834	1989-24A	Yantar-4KS1-12	琥珀-4KS1-12	苏联	拜科努尔航天发射中心	Soyuz-U	联盟-U	19890323	对地观测卫星
3835	1989-25A	Strela-1M-337	天箭座-1M-337	苏联	普列谢茨克航天发射中心	Cosmos-3M	宇宙-3M	19890324	通信广播卫星
3836	1989-25B	Strela-1M-338	天箭座-1M-338	苏联	普列谢茨克航天发射中心	Cosmos-3M	宇宙-3M	19890324	通信广播卫星
3837	1989-25C	Strela-1M-339	天箭座-1M-339	苏联	普列谢茨克航天发射中心	Cosmos-3M	宇宙-3M	19890324	通信广播卫星
3838	1989-25D	Strela-1M-340	天箭座-1M-340	苏联	普列谢茨克航天发射中心	Cosmos-3M	宇宙-3M	19890324	通信广播卫星
3839	1989-25E	Strela-1M-341	天箭座-1M-341	苏联	普列谢茨克航天发射中心	Cosmos-3M	宇宙-3M	19890324	通信广播卫星
3840	1989-25F	Strela-1M-342	天箭座-1M-342	苏联	普列谢茨克航天发射中心	Cosmos-3M	宇宙-3M	19890324	通信广播卫星
3841	1989-25G	Strela-1M-343	天箭座-1M-343	苏联	普列谢茨克航天发射中心	Cosmos-3M	宇宙-3M	19890324	通信广播卫星
3842	1989-25H	Strela-1M-344	天箭座-1M-344	苏联	普列谢茨克航天发射中心	Cosmos-3M	宇宙-3M	19890324	通信广播卫星
3843	1989-26A	Delta star	三角星	美国	卡纳维拉尔角发射场	Delta-3920	德尔它-3920	19890324	科学与技术试验卫星
3844	1989-27A	Tele-X	电视-X	瑞典	圭亚那航天中心	Ariane-2	阿里安-2	19890402	通信广播卫星
3845	1989-28A	Parus-65	帆-65	苏联	普列谢茨克航天发射中心	Cosmos-3M	宇宙-3M	19890404	导航定位卫星
3846	1989-29A	Zenit-8-79	天顶-8-79	苏联	普列谢茨克航天发射中心	Soyuz-U	联盟-U	19890406	对地观测卫星
3847	1989-30A	Raduga-23	虹-23	苏联	拜科努尔航天发射中心	Proton-K/Blok-DM-2	质子-K/上面级DM-2	19890414	通信广播卫星
3848	1989-31A	Yantar-4K2-46	琥珀-4K2-46	苏联	普列谢茨克航天发射中心	Soyuz-U	联盟-U	19890420	对地观测卫星
3849	1989-32A	Foton-5	光子-5	苏联	普列谢茨克航天发射中心	Soyuz-U	联盟-U	19890426	科学与技术试验卫星
3850	1989-33A	STS-30R	空间运输系统-30R	美国	卡纳维拉尔角发射场	Atlantis	阿特兰蒂斯号	19890504	载人及货运航天器
3851	1989-33B	Magellan	麦哲伦	美国	卡纳维拉尔角发射场	Atlantis	阿特兰蒂斯号	19890504	空间探测器
3852	1989-34A	Zenit-8-80	天顶-8-80	苏联	普列谢茨克航天发射中心	Soyuz-U	联盟-U	19890505	对地观测卫星
3853	1989-35A	Chalet-6	小屋-6	美国	卡纳维拉尔角发射场	Titan-34D Transtage	大力神-34D-过渡级	19890510	对地观测卫星
3854	1989-36A	Yantar-4K2-47	琥珀-4K2-47	苏联	拜科努尔航天发射中心	Soyuz-U	联盟-U	19890517	对地观测卫星
3855	1989-37A	Yantar-1KFT-11	琥珀-1KFT-11	苏联	拜科努尔航天发射中心	Soyuz-U	联盟-U	19890524	对地观测卫星
3856	1989-38A	Resurs-F1 17F43-05	资源-F1 17F43-05	苏联	普列谢茨克航天发射中心	Soyuz-U	联盟-U	19890525	对地观测卫星

续表

序号	国际代号	外文名	中文名	所属国家、地区或组织	发射地点	发射工具外文名	发射工具中文名	发射时间	航天器类型
3857	1989－39A	GLONASS－34	格洛纳斯－34	苏联	拜科努尔航天发射中心	Proton－K/Blok－DM－2	质子－K/上面级DM－2	19890531	导航定位卫星
3858	1989－39B	GLONASS－35	格洛纳斯－35	苏联	拜科努尔航天发射中心	Proton－K/Blok－DM－2	质子－K/上面级DM－2	19890531	导航定位卫星
3859	1989－39C	Etalon－02	标准具－02	苏联	拜科努尔航天发射中心	Proton－K/Blok－DM－2	质子－K/上面级DM－2	19890531	对地观测卫星
3860	1989－40A	Zenit－8－81	天顶－8－81	苏联	普列谢茨克航天发射中心	Soyuz－U	联盟－U	19890601	对地观测卫星
3861	1989－41A	Superbird－A	超鸟－A	日本	圭亚那航天中心	Ariane－44L H10	阿里安－44L H10	19890605	通信广播卫星
3862	1989－41B	DFS－1	直播卫星－1	西德	圭亚那航天中心	Ariane－44L H10	阿里安－44L H10	19890605	通信广播卫星
3863	1989－42A	Parus－66	帆－66	苏联	普列谢茨克航天发射中心	Cosmos－3M	宇宙－3M	19890607	导航定位卫星
3864	1989－43A	Molniya－3－37	闪电－3－37	苏联	普列谢茨克航天发射中心	Molniya－M/Blok－ML	闪电－M/上面级ML	19890609	通信广播卫星
3865	1989－38C	Pion－1	芍药－1	苏联	普列谢茨克航天发射中心	Soyuz－U	联盟－U	19890609	科学与技术试验卫星
3866	1989－38D	Pion－2	芍药－2	苏联	普列谢茨克航天发射中心	Soyuz－U	联盟－U	19890609	科学与技术试验卫星
3867	1989－44A	GPS－2－02	导航星－2－02	美国	卡纳维拉尔角发射场	Delta－6925	德尔它－6925	19890610	导航定位卫星
3868	1989－45A	Taifun－1－22	台风－1－22	苏联	普列谢茨克航天发射中心	Cosmos－3M	宇宙－3M	19890614	科学与技术试验卫星
3869	1989－46A	DSP－14	国防支援计划－14	美国	卡纳维拉尔角发射场	Titan－402A IUS	大力神－402A－惯性上面级	19890614	对地观测卫星
3870	1989－47A	Zenit－8－82	天顶－8－82	苏联	拜科努尔航天发射中心	Soyuz－U	联盟－U	19890616	对地观测卫星
3871	1989－48A	Raduga－1－01	虹－1－01	苏联	拜科努尔航天发射中心	Proton－K/Blok－DM－2	质子－K/上面级DM－2	19890621	通信广播卫星
3872	1989－49A	Resurs－F1 17F43－06	资源－F1 17F43－06	苏联	普列谢茨克航天发射中心	Soyuz－U	联盟－U	19890627	对地观测卫星
3873	1989－50A	Nadezhda－4	希望－4	苏联	普列谢茨克航天发射中心	Cosmos－3M	宇宙－3M	19890704	导航定位卫星
3874	1989－51A	Zenit－8－83	天顶－8－83	苏联	普列谢茨克航天发射中心	Soyuz－U	联盟－U	19890705	对地观测卫星
3875	1989－52A	Gorizont－18	地平线－18	苏联	拜科努尔航天发射中心	Proton－K/Blok－DM－2	质子－K/上面级DM－2	19890705	通信广播卫星
3876	1989－53A	Olympus/F3	奥林匹斯/F3	欧洲航天局	圭亚那航天中心	Ariane－3	阿里安－3	19890712	通信广播卫星
3877	1989－54A	Yantar－4K2－48	琥珀－4K2－48	苏联	普列谢茨克航天发射中心	Soyuz－U	联盟－U	19890712	对地观测卫星
3878	1989－55A	Resurs－F1 17F43－07	资源－F1 17F43－07	苏联	普列谢茨克航天发射中心	Soyuz－U	联盟－U	19890718	对地观测卫星
3879	1989－55C	Pion－3	芍药－3	苏联	普列谢茨克航天发射中心	Soyuz－U	联盟－U	19890718	科学与技术试验卫星
3880	1989－55D	Pion－4	芍药－4	苏联	普列谢茨克航天发射中心	Soyuz－U	联盟－U	19890718	科学与技术试验卫星
3881	1989－56A	Orlets－1－01	蔷薇辉石－1－01	苏联	拜科努尔航天发射中心	Soyuz－U	联盟－U	19890718	对地观测卫星
3882	1989－57A	Zenit－8－84	天顶－8－84	苏联	普列谢茨克航天发射中心	Soyuz－U	联盟－U	19890720	对地观测卫星
3883	1989－58A	US－P－30	电子型海洋监视卫星－30	苏联	拜科努尔航天发射中心	Tsyklon－2	旋风－2	19890724	对地观测卫星

续表

序号	国际代号	外文名	中文名	所属国家、地区或组织	发射地点	发射工具外文名	发射工具中文名	发射时间	航天器类型
3884	1989 – 59 A	Parus – 67	帆 – 67	苏联	普列谢茨克航天发射中心	Cosmos – 3M	宇宙 – 3M	19890725	导航定位卫星
3885	1989 – 60 A	Zenit – 8 – 85	天顶 – 8 – 85	苏联	普列谢茨克航天发射中心	Soyuz – U	联盟 – U	19890802	对地观测卫星
3886	1989 – 61 A	STS – 28R	空间运输系统 – 28R	美国	卡纳维拉尔角发射场	Columbia	哥伦比亚号	19890808	载人及货运航天器
3887	1989 – 61 B	SDS – 2 – 1	卫星数据系统 – 2 – 1	美国	卡纳维拉尔角发射场	Columbia	哥伦比亚号	19890808	通信广播卫星
3888	1989 – 61 C	USA – 41	美国 – 41	美国	卡纳维拉尔角发射场	Columbia	哥伦比亚号	19890808	对地观测卫星
3889	1989 – 62 A	TV Sat – 2	电视广播卫星 – 2	西德	圭亚那航天中心	Ariane – 44LP H10	阿里安 – 44LP H10	19890808	通信广播卫星
3890	1989 – 62 B	Hipparcos	喜帕恰斯	欧洲航天局	圭亚那航天中心	Ariane – 44LP H10	阿里安 – 44LP H10	19890808	科学与技术试验卫星
3891	1989 – 63 A	Resurs – F2 – 04	资源 – F2 – 04	苏联	普列谢茨克航天发射中心	Soyuz – U	联盟 – U	19890815	对地观测卫星
3892	1989 – 64 A	GPS – 2 – 03	导航星 – 2 – 03	美国	卡纳维拉尔角发射场	Delta – 6925	德尔它 – 6925	19890818	导航定位卫星
3893	1989 – 65 A	Zenit – 8 – 86	天顶 – 8 – 86	苏联	普列谢茨克航天发射中心	Soyuz – U	联盟 – U	19890822	对地观测卫星
3894	1989 – 66 A	Progress M – 1	进步 M – 1	苏联	拜科努尔航天发射中心	Soyuz – U2	联盟 – U2	19890823	载人及货运航天器
3895	1989 – 67 A	Marcopolo – 1	马可波罗 – 1	英国	卡纳维拉尔角发射场	Delta – 4925	德尔它 – 4925	19890827	通信广播卫星
3896	1989 – 68 A	Geo – IK – 11	测地 – IK – 11	苏联	普列谢茨克航天发射中心	Tsyklon – 3	旋风 – 3	19890829	对地观测卫星
3897	1989 – 69 A	DSCS – 2 – E15	国防卫星通信系统 – 2 – E15	美国	卡纳维拉尔角发射场	Titan – 34D Transtage	大力神 – 34D – 过渡级	19890904	通信广播卫星
3898	1989 – 69 B	DSCS – 3 – 2	国防卫星通信系统 – 3 – 2	美国	卡纳维拉尔角发射场	Titan – 34D Transtage	大力神 – 34D – 过渡级	19890904	通信广播卫星
3899	1989 – 70 A	Himawari – 4	向日葵 – 4（地球静止气象卫星 – 4）	日本	种子岛航天中心	H – 1	H – 1	19890905	对地观测卫星
3900	1989 – 71 A	Soyuz TM – 8	联盟 TM – 8	苏联	拜科努尔航天发射中心	Soyuz – U2	联盟 – U2	19890905	载人及货运航天器
3901	1989 – 72 A	P – 11 5104	雪貂子卫星 – 5104	美国	范登堡空军基地	Titan – 2 (23) G	大力神 – 2 (23) G	19890906	对地观测卫星
3902	1989 – 73 A	Resurs – F1 17F43 – 08	资源 – F1 17F43 – 08	苏联	普列谢茨克航天发射中心	Soyuz – U	联盟 – U	19890906	对地观测卫星
3903	1989 – 74 A	Strela – 3 – 43	天箭座 – 3 – 43	苏联	普列谢茨克航天发射中心	Tsyklon – 3	旋风 – 3	19890914	通信广播卫星
3904	1989 – 74 B	Strela – 3 – 44	天箭座 – 3 – 44	苏联	普列谢茨克航天发射中心	Tsyklon – 3	旋风 – 3	19890914	通信广播卫星
3905	1989 – 74 C	Strela – 3 – 45	天箭座 – 3 – 45	苏联	普列谢茨克航天发射中心	Tsyklon – 3	旋风 – 3	19890914	通信广播卫星
3906	1989 – 74 D	Strela – 3 – 46	天箭座 – 3 – 46	苏联	普列谢茨克航天发射中心	Tsyklon – 3	旋风 – 3	19890914	通信广播卫星
3907	1989 – 74 E	Strela – 3 – 47	天箭座 – 3 – 47	苏联	普列谢茨克航天发射中心	Tsyklon – 3	旋风 – 3	19890914	通信广播卫星
3908	1989 – 74 F	Strela – 3 – 48	天箭座 – 3 – 48	苏联	普列谢茨克航天发射中心	Tsyklon – 3	旋风 – 3	19890914	通信广播卫星
3909	1989 – 75 A	Bion – 9	生物 – 9	苏联	普列谢茨克航天发射中心	Soyuz – U	联盟 – U	19890915	科学与技术试验卫星
3910	1989 – 76 A	Zenit – 8 – 87	天顶 – 8 – 87	苏联	拜科努尔航天发射中心	Soyuz – U	联盟 – U	19890922	对地观测卫星

续表

序号	国际代号	外文名	中文名	所属国家、地区或组织	发射地点	发射工具外文名	发射工具中文名	发射时间	航天器类型
3911	1989-77A	Fltsatcom-8	舰队卫星通信-8	美国	卡纳维拉尔角发射场	Atlas-G Centaur-DIAR	宇宙神 G-半人马座 DIAR	19890925	通信广播卫星
3912	1989-78A	Molniya-1T-82	闪电-1T-82	苏联	普列谢茨克航天发射中心	Molniya-M/Blok-ML	闪电-M/上面级 ML	19890927	通信广播卫星
3913	1989-79A	US-P-31	电子型海洋监视卫星-31	苏联	拜科努尔航天发射中心	Tsyklon-2	旋风-2	19890927	对地观测卫星
3914	1989-80A	Intercosmos-24	国际宇宙-24	苏联	普列谢茨克航天发射中心	Tsyklon-3	旋风-3	19890928	科学与技术试验卫星
3915	1989-80B	Magion-2	磁层电离层卫星-2	捷克斯洛伐克	普列谢茨克航天发射中心	Tsyklon-3	旋风-3	19890928	科学与技术试验卫星
3916	1989-81A	Gorizont-19	地平线-19	苏联	拜科努尔航天发射中心	Proton-K/Blok-DM-2	质子-K/上面级 DM-2	19890928	通信广播卫星
3917	1989-82A	Yantar-4K2-49	琥珀-4K2-49	苏联	普列谢茨克航天发射中心	Soyuz-U	联盟-U	19891003	对地观测卫星
3918	1989-83A	Zenit-8-88	天顶-8-88	苏联	普列谢茨克航天发射中心	Soyuz-U	联盟-U	19891017	对地观测卫星
3919	1989-84A	STS-34	空间运输系统-34	美国	卡纳维拉尔角发射场	Atlantis	阿特兰蒂斯号	19891018	载人及货运航天器
3920	1989-84B	Galileo	伽利略	美国	卡纳维拉尔角发射场	Atlantis	阿特兰蒂斯号	19891018	空间探测器
3921	1989-85A	GPS-2-04	导航星-2-04	美国	卡纳维拉尔角发射场	Delta-6925	德尔它-6925	19891021	导航定位卫星
3922	1989-86A	Meteor-3-03	流星-3-03	苏联	普列谢茨克航天发射中心	Tsyklon-3	旋风-3	19891024	对地观测卫星
3923	1989-87A	Intelsat-62	国际通信卫星-62	国际通信卫星组织	圭亚那航天中心	Ariane-44L.H10	阿里安-44L.H10	19891027	通信广播卫星
3924	1989-88A	Yantar-4KSI-13	琥珀-4KSI-13	苏联	普列谢茨克航天发射中心	Soyuz-U	联盟-U	19891117	对地观测卫星
3925	1989-89A	COBE	宇宙背景探测器	美国	范登堡空军基地	Delta-5920	德尔它-5920	19891118	科学与技术试验卫星
3926	1989-90A	STS-33R	空间运输系统-33R	美国	卡纳维拉尔角发射场	Discovery	发现号	19891123	载人及货运航天器
3927	1989-90B	Magnum-02	大酒瓶-02	美国	卡纳维拉尔角发射场	Discovery	发现号	19891123	对地观测卫星
3928	1989-91A	Oko-61	眼睛-61	苏联	普列谢茨克航天发射中心	Molniya-M/Blok-2BL	闪电-M/上面级 2BL	19891123	对地观测卫星
3929	1989-92A	US-P-32	电子型海洋监视卫星-32	苏联	拜科努尔航天发射中心	Tsyklon-2	旋风-2	19891124	对地观测卫星
3930	1989-93A	Kvant-2	量子-2	苏联	拜科努尔航天发射中心	Proton-K	质子-K	19891126	载人及货运航天器
3931	1989-94A	Molniya-3-38	闪电-3-38	苏联	普列谢茨克航天发射中心	Molniya-M/Blok-ML	闪电-M/上面级 ML	19891128	通信广播卫星
3932	1989-95A	Yantar-4K2-50	琥珀-4K2-50	苏联	普列谢茨克航天发射中心	Soyuz-U	联盟-U	19891130	对地观测卫星
3933	1989-96A	Granat	石榴石	苏联	拜科努尔航天发射中心	Proton-K/Blok-D-1	质子-K/上面级 D-1	19891201	科学与技术试验卫星
3934	1989-97A	GPS-2-05	导航星-2-05	美国	卡纳维拉尔角发射场	Delta-6925	德尔它-6925	19891211	导航定位卫星
3935	1989-98A	Raduga-24	虹-24	苏联	拜科努尔航天发射中心	Proton-K/Blok-DM-2	质子-K/上面级 DM-2	19891215	通信广播卫星
3936	1989-99A	Progress M-2	进步 M-2	苏联	拜科努尔航天发射中心	Soyuz-U2	联盟-U2	19891220	载人及货运航天器
3937	1989-100A	Taifun-3-02	台风-3-02	苏联	普列谢茨克航天发射中心	Tsyklon-3	旋风-3	19891227	科学与技术试验卫星

续表

序号	国际代号	外文名	中文名	所属国家、地区或组织	发射地点	发射工具外文名	发射工具中文名	发射时间	航天器类型
3938	1989-101A	Luch-03	射线-03	苏联	拜科努尔航天发射中心	Proton-K/Blok-DM-2	质子-K/上面级DM-2	19891227	通信广播卫星
3939	1990-01A	Skynet-4A	天网-4A	英国	卡纳维拉尔角发射场	Commercial Titan-3	商业大力神-3	19900101	通信广播卫星
3940	1990-01B	JCSAT-2	日本通信卫星-2	日本	卡纳维拉尔角发射场	Commercial Titan-3	商业大力神-3	19900101	通信广播卫星
3941	1990-02A	STS-32R	空间运输系统-32R	美国	卡纳维拉尔角发射场	Columbia	哥伦比亚号	19900109	载人及货运航天器
3942	1990-02B	Leasat-05	租赁卫星-05	美国	卡纳维拉尔角发射场	Columbia	哥伦比亚号	19900109	通信广播卫星
3943	1990-03A	Zenit-8-89	天顶-8-89	苏联	普列谢茨克航天发射中心	Soyuz-U	联盟-U	19900117	对地观测卫星
3944	1990-04A	Strela-2M-47	天箭座-2M-47	苏联	普列谢茨克航天发射中心	Cosmos-3M	宇宙-3M	19900118	通信广播卫星
3945	1990-05A	SPOT-2	斯波特-2	法国	圭亚那航天中心	Ariane-40 H10	阿里安-40 H10	19900122	对地观测卫星
3946	1990-05B	UoSAT-3	萨里大学卫星-3	英国	圭亚那航天中心	Ariane-40 H10	阿里安-40 H10	19900122	科学与技术试验卫星
3947	1990-05C	UoSAT-4	萨里大学卫星-4	英国	圭亚那航天中心	Ariane-40 H10	阿里安-40 H10	19900122	科学与技术试验卫星
3948	1990-05D	PACSAT	泛美卫星	巴西	圭亚那航天中心	Ariane-40 H10	阿里安-40 H10	19900122	科学与技术试验卫星
3949	1990-05E	DOVE	达夫卫星	美国	圭亚那航天中心	Ariane-40 H10	阿里安-40 H10	19900122	科学与技术试验卫星
3950	1990-05F	Webersat	韦伯卫星	美国	圭亚那航天中心	Ariane-40 H10	阿里安-40 H10	19900122	科学与技术试验卫星
3951	1990-05G	Lusat	卢萨特	阿根廷	圭亚那航天中心	Ariane-40 H10	阿里安-40 H10	19900122	科学与技术试验卫星
3952	1990-06A	Molniya-3-39	闪电-3-39	苏联	普列谢茨克航天发射中心	Molniya-M/Blok-ML	闪电-M/上面级ML	19900123	通信广播卫星
3953	1990-07A	Muses-A	缪斯-A	日本	鹿儿岛航天中心	M-3S-2	M-3S-2	19900124	空间探测器
3954	1990-07B	Hagoromo	羽衣	日本	鹿儿岛航天中心	M-3S-2	M-3S-2	19900124	空间探测器
3955	1990-08A	GPS-2-06	导航星-2-06	美国	卡纳维拉尔角发射场	Delta-6925	德尔它-6925	19900124	导航定位卫星
3956	1990-09A	Yantar-4K2-51	琥珀-4K2-51	苏联	普列谢茨克航天发射中心	Soyuz-U	联盟-U	19900125	对地观测卫星
3957	1990-10A	Tselina-D-68	处女地-D-68	苏联	普列谢茨克航天发射中心	Tsyklon-3	旋风-3	19900130	对地观测卫星
3958	1990-11A	DFH-2A 3	东方红-2A 3	中国	西昌航天发射中心	CZ-3	长征-3	19900204	通信广播卫星
3959	1990-12A	Taifun-2-26	台风-2-26	苏联	普列谢茨克航天发射中心	Cosmos-3M	宇宙-3M	19900206	科学与技术试验卫星
3960	1990-13A	MOMO-1B (MOS-1B)	桃花-1B (海洋观测卫星-1B)	日本	种子岛航天中心	H-1	H-1	19900207	对地观测卫星
3961	1990-13B	Orizuru	折叠展收功能试验	日本	种子岛航天中心	H-1	H-1	19900207	科学与技术试验卫星
3962	1990-13C	JAS-1B (Fuji-2)	日本业余无线电卫星-1B (富士-2)	日本	种子岛航天中心	H-1	H-1	19900207	科学与技术试验卫星
3963	1990-14A	Soyuz TM-9	联盟 TM-9	苏联	拜科努尔航天发射中心	Soyuz-U2	联盟-U2	19900211	载人及货运航天器
3964	1990-15A	LACE	低功率大气补偿试验卫星	美国	卡纳维拉尔角发射场	Delta-6920	德尔它-6920	19900214	科学与技术试验卫星

续表

序号	国际代号	外文名	中文名	所属国家、地区或组织	发射地点	发射工具外文名	发射工具中文名	发射时间	航天器类型
3965	1990-15B	RME	中继反射镜试验卫星	美国	卡纳维拉尔角发射场	Delta-6920	德尔它-6920	19900214	科学与技术试验卫星
3966	1990-16A	Raduga-25	虹-25	苏联	拜科努尔航天发射中心	Proton-K/Blok-DM-2	质子-K/上面级DM-2	19900215	通信广播卫星
3967	1990-17A	Nadezhda-5	希望-5	苏联	普列谢茨克航天发射中心	Cosmos-3M	宇宙-3M	19900227	导航定位卫星
3968	1990-18A	Okean-01-05	海洋-01-05	苏联	普列谢茨克航天发射中心	Tsyklon-3	旋风-3	19900228	对地观测卫星
3969	1990-19A	STS-36	空间运输系统-36	美国	卡纳维拉尔角发射场	Atlantis	阿特兰蒂斯号	19900228	载人及货运航天器
3970	1990-19B	Misty-1	薄雾-1	美国	卡纳维拉尔角发射场	Atlantis	阿特兰蒂斯号	19900228	对地观测卫星
3971	1990-20A	Progress M-3	进步 M-3	苏联	拜科努尔航天发射中心	Soyuz-U2	联盟-U2	19900228	载人及货运航天器
3972	1990-21A	Intelsat-63	国际通信卫星-63	国际通信卫星组织	卡纳维拉尔角发射场	Commercial Titan-3	商业大力神-3	19900314	通信广播卫星
3973	1990-22A	US-P-33	电子型海洋监视卫星-33	苏联	拜科努尔航天发射中心	Tsyklon-2	旋风-2	19900314	对地观测卫星
3974	1990-23A	Parus-68	帆-68	苏联	普列谢茨克航天发射中心	Cosmos-3M	宇宙-3M	19900320	对地观测卫星
3975	1990-24A	Zenit-8-90	天顶-8-90	苏联	普列谢茨克航天发射中心	Soyuz-U	联盟-U	19900322	对地观测卫星
3976	1990-25A	GPS-2-07	导航星-2-07	美国	卡纳维拉尔角发射场	Delta-6925	德尔它-6925	19900326	导航定位卫星
3977	1990-26A	Oko-62	眼睛-62	苏联	普列谢茨克航天发射中心	Molniya-M/Blok-2BL	闪电-M/上面级2BL	19900327	对地观测卫星
3978	1990-27A	Ofeq-2	地平线-2	以色列	帕尔玛奇姆空军基地	Shavit	沙维特	19900403	科学与技术试验卫星
3979	1990-28A	Pegsat	飞马座卫星	美国	爱德华空军基地	Pegasus	飞马座	19900405	科学与技术试验卫星
3980	1990-28B	SECS	特种试验通信系统	美国	爱德华空军基地	Pegasus	飞马座	19900405	科学与技术试验卫星
3981	1990-29A	Strela-1M-345	天箭座-1M-345	苏联	普列谢茨克航天发射中心	Cosmos-3M	宇宙-3M	19900406	通信广播卫星
3982	1990-29B	Strela-1M-346	天箭座-1M-346	苏联	普列谢茨克航天发射中心	Cosmos-3M	宇宙-3M	19900406	通信广播卫星
3983	1990-29C	Strela-1M-347	天箭座-1M-347	苏联	普列谢茨克航天发射中心	Cosmos-3M	宇宙-3M	19900406	通信广播卫星
3984	1990-29D	Strela-1M-348	天箭座-1M-348	苏联	普列谢茨克航天发射中心	Cosmos-3M	宇宙-3M	19900406	通信广播卫星
3985	1990-29E	Strela-1M-349	天箭座-1M-349	苏联	普列谢茨克航天发射中心	Cosmos-3M	宇宙-3M	19900406	通信广播卫星
3986	1990-29F	Strela-1M-350	天箭座-1M-350	苏联	普列谢茨克航天发射中心	Cosmos-3M	宇宙-3M	19900406	通信广播卫星
3987	1990-29G	Strela-1M-351	天箭座-1M-351	苏联	普列谢茨克航天发射中心	Cosmos-3M	宇宙-3M	19900406	通信广播卫星
3988	1990-29H	Strela-1M-352	天箭座-1M-352	苏联	普列谢茨克航天发射中心	Cosmos-3M	宇宙-3M	19900406	通信广播卫星
3989	1990-30A	AsiaSat-1	亚洲卫星-1	中国	西昌航天发射中心	CZ-3	长征-3	19900407	通信广播卫星
3990	1990-31A	POGS+SSR	极轨地磁勘测+固态记录器	美国	范登堡空军基地	Atlas-E Altair-3A	宇宙神E-牵牛星3A	19900411	科学与技术试验卫星
3991	1990-31B	TEX	无线电收发机试验	美国	范登堡空军基地	Atlas-E Altair-3A	宇宙神E-牵牛星3A	19900411	科学与技术试验卫星

续表

序号	国际代号	外文名	中文名	所属国家、地区或组织	发射地点	发射工具外文名	发射工具中文名	发射时间	航天器类型
3992	1990－31C	SCE	选择性通信试验	美国	范登堡空军基地	Atlas－E Altair－3A	宇宙神 E－牵牛星 3A	19900411	科学与技术试验卫星
3993	1990－32A	Foton－6	光子－6	苏联	普列谢茨克航天发射中心	Soyuz－U	联盟－U	19900411	科学与技术试验卫星
3994	1990－33A	Yantar－4KS1－14	琥珀－4KS1－14	苏联	拜科努尔航天发射场	Soyuz－U	联盟－U	19900413	对地观测卫星
3995	1990－34A	Palapa－B2R	帕拉帕－B2R	印度尼西亚	卡纳维拉尔角发射场	Delta－6925	德尔它－6925	19900413	通信广播卫星
3996	1990－35A	Zenit－8－91	天顶－8－91	苏联	普列谢茨克航天发射中心	Soyuz－U	联盟－U	19900417	对地观测卫星
3997	1990－36A	Parus－69	帆－69	苏联	普列谢茨克航天发射中心	Cosmos－3M	宇宙－3M	19900420	导航定位卫星
3998	1990－37A	STS－31	空间运输系统－31	美国	卡纳维拉尔角发射场	Discovery	发现号	19900424	载人及货运航天器
3999	1990－37B	HST	哈勃空间望远镜	美国	卡纳维拉尔角发射场	Discovery	发现号	19900424	科学与技术试验卫星
4000	1990－38A	Taifun－2－27	台风－2－27	苏联	普列谢茨克航天发射中心	Cosmos－3M	宇宙－3M	19900425	科学与技术试验卫星
4001	1990－39A	Molniya－1T－83	闪电－1T－83	苏联	普列谢茨克航天发射中心	Molniya－M/Blok－ML	闪电－M/上面级 ML	19900426	通信广播卫星
4002	1990－40A	Oko－63	眼睛－63	苏联	普列谢茨克航天发射中心	Molniya－M/Blok－2BL	闪电－M/上面级 2BL	19900428	对地观测卫星
4003	1990－41A	Progress－42	进步－42	苏联	拜科努尔航天发射中心	Soyuz－U2	联盟－U2	19900505	载人及货运航天器
4004	1990－42A	Yantar－4K2－53	琥珀－4K2－53	苏联	普列谢茨克航天发射中心	Soyuz－U	联盟－U	19900507	对地观测卫星
4005	1990－43A	MACSAT－1	多址通信卫星－1	美国	范登堡空军基地	Scout－G1	侦察兵－G1	19900509	科学与技术试验卫星
4006	1990－43B	MACSAT－2	多址通信卫星－2	美国	范登堡空军基地	Scout－G1	侦察兵－G1	19900509	科学与技术试验卫星
4007	1990－44A	Yantar－1KFT－12	琥珀－1KFT－12	苏联	拜科努尔航天发射中心	Soyuz－U	联盟－U	19900515	对地观测卫星
4008	1990－45A	GLONASS－36	格兰纳斯－36	苏联	拜科努尔航天发射中心	Proton－K/Blok－DM－2	质子－K/上面级 DM－2	19900519	导航定位卫星
4009	1990－45B	GLONASS－37	格洛纳斯－37	苏联	拜科努尔航天发射中心	Proton－K/Blok－DM－2	质子－K/上面级 DM－2	19900519	导航定位卫星
4010	1990－45C	GLONASS－38	格洛纳斯－38	苏联	拜科努尔航天发射中心	Proton－K/Blok－DM－2	质子－K/上面级 DM－2	19900519	导航定位卫星
4011	1990－46A	Tselina－2－07	处女地－2－07	苏联	拜科努尔航天发射中心	Zenit－2	天顶－2	19900522	对地观测卫星
4012	1990－47A	Resurs－F1 17F43－09	资源－F1 17F43－09	苏联	普列谢茨克航天发射中心	Soyuz－U	联盟－U	19900529	对地观测卫星
4013	1990－48A	Kristall	晶体	苏联	拜科努尔航天发射场	Proton－K	质子－K	19900531	载人及货运航天器
4014	1990－49A	ROSAT	伦琴卫星	欧洲航天局,美国	卡纳维拉尔角发射场	Delta－6920	德尔它－6920	19900601	科学与技术试验卫星
4015	1990－50A	SLDCOM－01	卫星发射分配通信系统－01	美国	卡纳维拉尔角发射场	Titan－405A	大力神－405A	19900608	通信广播卫星
4016	1990－50B	NOSS－2－01A	海军海洋监视系统－2－01A	美国	卡纳维拉尔角发射场	Titan－405A	大力神－405A	19900608	对地观测卫星
4017	1990－50C	NOSS－2－01B	海军海洋监视系统－2－01B	美国	卡纳维拉尔角发射场	Titan－405A	大力神－405A	19900608	对地观测卫星
4018	1990－50D	NOSS－2－01C	海军海洋监视系统－2－01C	美国	卡纳维拉尔角发射场	Titan－405A	大力神－405A	19900608	对地观测卫星

续表

序号	国际代号	外文名	中文名	所属国家、地区或组织	发射地点	发射工具外文名	发射工具中文名	发射时间	航天器类型
4019	1990-51A	Insat-1D	印度卫星-1D	印度	卡纳维拉尔角发射场	Delta-4925	德尔它-4925	19900612	通信广播卫星
4020	1990-52A	Molniya-3-40	闪电-3-40	苏联	普列谢茨克航天发射中心	Molniya-M/Blok-ML	闪电-M/上面级ML	19900613	通信广播卫星
4021	1990-53A	Zenit-8-92	天顶-8-92	苏联	普列谢茨克航天发射中心	Soyuz-U	联盟-U	19900619	对地观测卫星
4022	1990-54A	Gorizont-20	地平线-20	苏联	拜科努尔航天发射中心	Proton-K/Blok-DM	质子-K/上面级DM	19900620	通信广播卫星
4023	1990-55A	Oko-64	眼睛-64	苏联	普列谢茨克航天发射场	Molniya-M/Blok-2BL	闪电-M/上面级2BL	19900621	对地观测卫星
4024	1990-56A	Intelsat-6 4	国际通信卫星-6 4	国际通信卫星组织	卡纳维拉尔角发射场	Commercial Titan-3	商业大力神-3	19900623	通信广播卫星
4025	1990-57A	Meteor-2-19	流星-2-19	苏联	普列谢茨克航天发射中心	Tsyklon-3	旋风-3	19900627	对地观测卫星
4026	1990-58A	Gamma-1	伽玛-1	苏联	拜科努尔航天发射中心	Soyuz-U2	联盟-U2	19900711	科学与技术试验卫星
4027	1990-59A	Badr-A	巴达尔-A	巴基斯坦	西昌航天发射中心	CZ-2E	长征-2E	19900716	科学与技术试验卫星
4028	1990-59B	Optus-MFS	澳普图斯模拟星	中国	西昌航天发射中心	CZ-2E	长征-2E	19900716	其他
4029	1990-60A	Resurs-F2-05	资源-F2-05	苏联	普列谢茨克航天发射中心	Soyuz-U	联盟-U	19900717	对地观测卫星
4030	1990-61A	Potok-6	急流-6	苏联	拜科努尔航天发射中心	Proton-K/Blok-DM-2	质子-K/上面级DM-2	19900718	通信广播卫星
4031	1990-62A	Zenit-8-93	天顶-8-93	苏联	普列谢茨克航天发射中心	Soyuz-U	联盟-U	19900720	对地观测卫星
4032	1990-63A	TDF-2	法国电视直播卫星-2	法国	圭亚那航天中心	Ariane-44L H10	阿里安-44L H10	19900724	通信广播卫星
4033	1990-63B	DFS-2	直播卫星-2	西德	圭亚那航天中心	Ariane-44L H10	阿里安-44L H10	19900724	通信广播卫星
4034	1990-64A	Oko-65	眼睛-65	苏联	普列谢茨克航天发射中心	Molniya-M/Blok-2BL	闪电-M/上面级2BL	19900725	对地观测卫星
4035	1990-65A	CRRES	释放与辐射联合效应卫星	美国	卡纳维拉尔角发射场	Atlas-1	宇宙神-1	19900725	科学与技术试验卫星
4036	1990-66A	Geo-IK-12	测地-IK-12	苏联	普列谢茨克航天发射中心	Tsyklon-3	旋风-3	19900730	对地观测卫星
4037	1990-67A	Soyuz TM-10	联盟TM-10	苏联	拜科努尔航天发射中心	Soyuz-U2	联盟-U2	19900801	载人及货运航天器
4038	1990-68A	GPS-2-08	导航星-2-08	美国	卡纳维拉尔角发射场	Delta-6925	德尔它-6925	19900802	导航定位卫星
4039	1990-69A	Yantar-4K2-55	琥珀-4K2-55	苏联	普列谢茨克航天发射中心	Soyuz-U	联盟-U	19900803	对地观测卫星
4040	1990-70A	Strela-3-49	天箭座-3-49	苏联	普列谢茨克航天发射中心	Tsyklon-3	旋风-3	19900808	通信广播卫星
4041	1990-70B	Strela-3-50	天箭座-3-50	苏联	普列谢茨克航天发射中心	Tsyklon-3	旋风-3	19900808	通信广播卫星
4042	1990-70C	Strela-3-51	天箭座-3-51	苏联	普列谢茨克航天发射中心	Tsyklon-3	旋风-3	19900808	通信广播卫星
4043	1990-70D	Strela-3-52	天箭座-3-52	苏联	普列谢茨克航天发射中心	Tsyklon-3	旋风-3	19900808	通信广播卫星
4044	1990-70E	Strela-3-53	天箭座-3-53	苏联	普列谢茨克航天发射中心	Tsyklon-3	旋风-3	19900808	通信广播卫星
4045	1990-70F	Strela-3-54	天箭座-3-54	苏联	普列谢茨克航天发射中心	Tsyklon-3	旋风-3	19900808	通信广播卫星

续表

序号	国际代号	外文名	中文名	所属国家、地区或组织	发射地点	发射工具外文名	发射工具中文名	发射时间	航天器类型
4046	1990-71A	Molniya-1T-84	闪电-1T-84	苏联	普列谢茨克航天发射中心	Molniya-M/Blok-ML	闪电-M/上面级 ML	19900810	通信广播卫星
4047	1990-72A	Progress M-4	进步 M-4	苏联	拜科努尔航天发射中心	Soyuz-U2	联盟-U2	19900815	载人及货运航天器
4048	1990-73A	Resurs-F1 17F43-10	资源-F1 17F43-10	苏联	普列谢茨克航天发射中心	Soyuz-U	联盟-U	19900816	对地观测卫星
4049	1990-74A	Marcopolo-2	马可波罗-2	英国	卡纳维拉尔航天发射场	Delta-6925	德尔它-6925	19900818	通信广播卫星
4050	1990-75A	US-P-34	电子型海洋监视卫星-34	苏联	拜科努尔航天发射中心	Tsyklon-2	旋风-2	19900823	对地观测卫星
4051	1990-76A	Oko-66	眼睛-66	苏联	普列谢茨克航天发射中心	Molniya-M/Blok-2BL	闪电-M/上面级 2BL	19900828	对地观测卫星
4052	1990-77A	Yuri-3A (BS-3A)	百合-3A(广播卫星-3A)	日本	种子岛航天中心	H-1	H-1	19900828	通信广播卫星
4053	1990-78A	Taifun-1-23	台风-1-23	苏联	普列谢茨克航天发射中心	Cosmos-3M	宇宙-3M	19900828	科学与技术试验卫星
4054	1990-79A	Skynet-4C	天网-4C	英国	圭亚那航天中心	Ariane-44LP H10	阿里安-44LP H10	19900830	通信广播卫星
4055	1990-79B	Eutelsat-2 1	欧洲通信卫星-2 1	欧洲航天局	圭亚那航天中心	Ariane-44LP H10	阿里安-44LP H10	19900830	通信广播卫星
4056	1990-80A	Zenit-8-94	天顶-8-94	苏联	普列谢茨克航天发射中心	Soyuz-U	联盟-U	19900831	对地观测卫星
4057	1990-81A	FY-1B	风云-1B	中国	太原航天发射中心	CZ-4A	长征-4A	19900903	对地观测卫星
4058	1990-81B	DQ-1A	大气-1A	中国	太原航天发射中心	CZ-4A	长征-4A	19900903	科学与技术试验卫星
4059	1990-81C	DQ-1B	大气-1B	中国	太原航天发射中心	CZ-4A	长征-4A	19900903	科学与技术试验卫星
4060	1990-82A	Resurs-F1 17F43-11	资源-F1 17F43-11	苏联	普列谢茨克航天发射中心	Soyuz-U	联盟-U	19900907	对地观测卫星
4061	1990-83A	Parus-70	帆-70	苏联	普列谢茨克航天发射中心	Cosmos-3M	宇宙-3M	19900914	导航定位卫星
4062	1990-84A	Molniya-3-41	闪电-3-41	苏联	普列谢茨克航天发射中心	Molniya-M/Blok-ML	闪电-M/上面级 ML	19900920	通信广播卫星
4063	1990-85A	Progress M-5	进步 M-5	苏联	拜科努尔航天发射场	Soyuz-U2	联盟-U2	19900927	载人及货运航天器
4064	1990-86A	Meteor-2-20	流星-2-20	苏联	普列谢茨克航天发射中心	Tsyklon-3	旋风-3	19900928	对地观测卫星
4065	1990-87A	Orlets-1-02	蔷薇辉石-1-02	苏联	拜科努尔航天发射中心	Soyuz-U2	联盟-U2	19901001	对地观测卫星
4066	1990-88A	GPS-2-09	导航星-2-09	美国	卡纳维拉尔航天发射场	Delta-6925	德尔它-6925	19901001	导航定位卫星
4067	1990-89A	FSW-1-3	返回式卫星-1-3	中国	酒泉航天发射中心	CZ-2C	长征-2C	19901005	对地观测卫星
4068	1990-90A	STS-41	空间运输系统-41	美国	卡纳维拉尔航天发射场	Discovery	发现号	19901006	载人及货运航天器
4069	1990-90B	Ulysses	尤里塞斯	欧洲航天局/美国	卡纳维拉尔航天发射场	Discovery	发现号	19901006	空间探测器
4070	1990-91A	SBS-6	卫星商用系统-6	美国	圭亚那航天中心	Ariane-44L H10	阿里安-44L H10	19901012	通信广播卫星
4071	1990-91B	Galaxy-6	银河-6	美国	圭亚那航天中心	Ariane-44L H10	阿里安-44L H10	19901012	通信广播卫星
4072	1990-92A	Yantar-4K2-56	琥珀-4K2-56	苏联	普列谢茨克航天发射中心	Soyuz-U	联盟-U	19901016	对地观测卫星

续表

序号	国际代号	外文名	中文名	所属国家、地区或组织	发射地点	发射工具外文名	发射工具中文名	发射时间	航天器类型
4073	1990-93A	Inmarsat-2-1	国际移动卫星-2-1	国际移动卫星组织	卡纳维拉尔角发射场	Delta-6925	德尔它-6925	19901030	通信广播卫星
4074	1990-94A	Gorizont-21	地平线-21	苏联	拜科努尔航天发射中心	Proton-K/Blok-DM-2	质子-K/上面级DM-2	19901103	通信广播卫星
4075	1990-95A	DSP-15	国防支援计划-15	美国	卡纳维拉尔角发射场	Titan-402A IUS	大力神-402A-惯性上面级	19901113	对地观测卫星
4076	1990-96A	US-P-35	电子型海洋监视卫星-35	苏联	拜科努尔航天发射中心	Tsyklon-2	旋风-2	19901114	对地观测卫星
4077	1990-97A	STS-38	空间运输系统-38	美国	卡纳维拉尔角发射场	Atlantis	阿特兰蒂斯号	19901115	载人及货运航天器
4078	1990-97B	SDS-2-2	卫星数据系统-2-2	美国	卡纳维拉尔角发射场	Atlantis	阿特兰蒂斯号	19901115	通信广播卫星
4079	1990-98A	Zenit-8-95	天顶-8-95	苏联	普列谢茨克航天发射中心	Soyuz-U	联盟-U	19901116	对地观测卫星
4080	1990-99A	Oko-67	眼睛-67	苏联	普列谢茨克航天发射中心	Molniya-M/Blok-2BL	闪电-M/上面级2BL	19901120	对地观测卫星
4081	1990-100A	Satcom-C1	卫星通信-C1	美国	圭亚那航天中心	Ariane-42P H10	阿里安-42P H10	19901120	通信广播卫星
4082	1990-100B	Gstar-4	吉星-4	美国	圭亚那航天中心	Ariane-42P H10	阿里安-42P H10	19901120	通信广播卫星
4083	1990-101A	Molniya-1T-85	闪电-1T-85	苏联	普列谢茨克航天发射中心	Molniya-M/Blok-ML	闪电-M/上面级ML	19901123	通信广播卫星
4084	1990-102A	Gorizont-22	地平线-22	苏联	拜科努尔航天发射中心	Proton-K/Blok-DM-2	质子-K/上面级DM-2	19901123	通信广播卫星
4085	1990-103A	GPS-2A-01	导航星-2A-01	美国	卡纳维拉尔角发射场	Delta-7925	德尔它-7925	19901126	导航定位卫星
4086	1990-104A	Taifun-3-03	台风-3-03	苏联	普列谢茨克航天发射中心	Tsyklon-3	旋风-3	19901128	科学与技术试验卫星
4087	1990-105A DMSP-5D2 F10	DMSP-5D2 F10	国防气象卫星计划-5D2 F10	美国	范登堡空军基地	Atlas-E Star-37S-ISS	宇宙神E-星-37S-ISS	19901201	对地观测卫星
4088	1990-106A	STS-35	空间运输系统-35	美国	卡纳维拉尔角发射场	Columbia	哥伦比亚号	19901202	载人及货运航天器
4089	1990-107A	Soyuz TM-11	联盟TM-11	苏联	拜科努尔航天发射中心	Soyuz-U2	联盟-U2	19901202	载人及货运航天器
4090	1990-108A	US-P-36	电子型海洋监视卫星-36	苏联	拜科努尔航天发射中心	Tsyklon-2	旋风-2	19901204	对地观测卫星
4091	1990-109A	Yantar-4K2-57	琥珀-4K2-57	苏联	普列谢茨克航天发射中心	Soyuz-U	联盟-U	19901204	对地观测卫星
4092	1990-110A	GLONASS-39	格洛纳斯-39	苏联	拜科努尔航天发射中心	Proton-K/Blok-DM-2	质子-K/上面级DM-2	19901208	导航定位卫星
4093	1990-110B	GLONASS-40	格洛纳斯-40	苏联	拜科努尔航天发射中心	Proton-K/Blok-DM-2	质子-K/上面级DM-2	19901208	导航定位卫星
4094	1990-110C	GLONASS-41	格洛纳斯-41	苏联	拜科努尔航天发射中心	Proton-K/Blok-DM-2	质子-K/上面级DM-2	19901208	导航定位卫星
4095	1990-111A	Strela-2M-48	天箭座-2M-48	苏联	普列谢茨克航天发射中心	Cosmos-3M	宇宙-3M	19901210	通信广播卫星
4096	1990-112A	Raduga-26	虹-26	苏联	拜科努尔航天发射中心	Proton-K/Blok-DM-2	质子-K/上面级DM2	19901220	通信广播卫星
4097	1990-113A	Yantar-4KS1-15	琥珀-4KS1-15	苏联	拜科努尔航天发射中心	Soyuz-U	联盟-U	19901221	对地观测卫星
4098	1990-114A	Strela-3-55	天箭座-3-55	苏联	普列谢茨克航天发射中心	Tsyklon-3	旋风-3	19901222	通信广播卫星
4099	1990-114B	Strela-3-56	天箭座-3-56	苏联	普列谢茨克航天发射中心	Tsyklon-3	旋风-3	19901222	通信广播卫星

续表

序号	国际代号	外文名	中文名	所属国家、地区或组织	发射地点	发射工具外文名	发射工具中文名	发射时间	航天器类型
4100	1990－114C	Strela－3－57	天箭座－3－57	苏联	普列谢茨克航天发射中心	Tsyklon－3	旋风－3	19901222	通信广播卫星
4101	1990－114D	Strela－3－58	天箭座－3－58	苏联	普列谢茨克航天发射中心	Tsyklon－3	旋风－3	19901222	通信广播卫星
4102	1990－114E	Strela－3－59	天箭座－3－59	苏联	普列谢茨克航天发射中心	Tsyklon－3	旋风－3	19901222	通信广播卫星
4103	1990－114F	Strela－3－60	天箭座－3－60	苏联	普列谢茨克航天发射中心	Tsyklon－3	旋风－3	19901222	通信广播卫星
4104	1990－115A	Zenit－8－96	天顶－8－96	苏联	普列谢茨克航天发射中心	Soyuz－U	联盟－U	19901226	对地观测卫星
4105	1990－116A	Raduga－1－02	虹－1－02	苏联	拜科努尔航天发射中心	Proton－K/Blok－DM－2	质子－K/上面级 DM2	19901227	通信广播卫星
4106	1991－01A	NATO－4A	纳托－4A	北大西洋公约组织	卡纳维拉尔角发射场	Delta－7925	德尔它－7925	19910108	通信广播卫星
4107	1991－02A	Progress M－6	进步 M－6	苏联	拜科努尔航天发射中心	Soyuz－U2	联盟－U2	19910114	载人及货运航天器
4108	1991－03A	Italsat－1	意大利卫星－1	意大利	圭亚那航天中心	Ariane－44L H10	阿里安－44L H10	19910115	通信广播卫星
4109	1991－03B	Eutelsat－2 2	欧洲通信卫星－2 2	欧洲通信卫星组织	圭亚那航天中心	Ariane－44L H10	阿里安－44L H10	19910115	通信广播卫星
4110	1991－04A	Zenit－8－97	天顶－8－97	苏联	普列谢茨克航天发射中心	Soyuz－U	联盟－U	19910117	对地观测卫星
4111	1991－05A	US－P－37	电子型海洋监视卫星－37	苏联	拜科努尔航天发射中心	Tsyklon－2	旋风－2	19910118	对地观测卫星
4112	1991－06A	Informator－1	情报员－1	苏联	普列谢茨克航天发射中心	Cosmos－3M	宇宙－3M	19910129	通信广播卫星
4113	1991－07A	Tsikada－17	蝉－17	苏联	普列谢茨克航天发射中心	Cosmos－3M	宇宙－3M	19910205	导航定位卫星
4114	1991－08A	Yantar－4K2－58	琥珀－4K2－58	苏联	普列谢茨克航天发射中心	Soyuz－U	联盟－U	19910207	对地观测卫星
4115	1991－09A	Strela－1M－353	天箭座－1M－353	苏联	普列谢茨克航天发射中心	Cosmos－3M	宇宙－3M	19910212	通信广播卫星
4116	1991－09B	Strela－1M－354	天箭座－1M－354	苏联	普列谢茨克航天发射中心	Cosmos－3M	宇宙－3M	19910212	通信广播卫星
4117	1991－09C	Strela－1M－355	天箭座－1M－355	苏联	普列谢茨克航天发射中心	Cosmos－3M	宇宙－3M	19910212	通信广播卫星
4118	1991－09D	Strela－1M－356	天箭座－1M－356	苏联	普列谢茨克航天发射中心	Cosmos－3M	宇宙－3M	19910212	通信广播卫星
4119	1991－09E	Strela－1M－357	天箭座－1M－357	苏联	普列谢茨克航天发射中心	Cosmos－3M	宇宙－3M	19910212	通信广播卫星
4120	1991－09F	Strela－1M－358	天箭座－1M－358	苏联	普列谢茨克航天发射中心	Cosmos－3M	宇宙－3M	19910212	通信广播卫星
4121	1991－09G	Strela－1M－359	天箭座－1M－359	苏联	普列谢茨克航天发射中心	Cosmos－3M	宇宙－3M	19910212	通信广播卫星
4122	1991－09H	Strela－1M－360	天箭座－1M－360	苏联	普列谢茨克航天发射中心	Cosmos－3M	宇宙－3M	19910212	通信广播卫星
4123	1991－10A	Prognoz－1	预报－1	苏联	拜科努尔航天发射中心	Proton－K/Blok－DM－2	质子－K/上面级 DM－2	19910214	对地观测卫星
4124	1991－11A	Yantar－1KFT－13	琥珀－1KFT－13	苏联	拜科努尔航天发射中心	Soyuz－U	联盟－U	19910215	对地观测卫星
4125	1991－12A	Molniya－1T－86	闪电－1T－86	苏联	普列谢茨克航天发射中心	Molniya－M/Blok－ML	闪电－M/上面级 ML	19910215	通信广播卫星
4126	1991－13A	Parus－71	帆－71	苏联	普列谢茨克航天发射中心	Cosmos－3M	宇宙－3M	19910226	导航定位卫星

续表

序号	国际代号	外文名	中文名	所属国家、地区或组织	发射地点	发射工具外文名	发射工具中文名	发射时间	航天器类型
4127	1991 – 14A	Raduga – 27	虹 – 27	苏联	拜科努尔航天发射中心	Proton – K/Blok – DM – 2	质子 – K/上面级 DM – 2	19910228	通信广播卫星
4128	1991 – 15A	Astra – 1B	阿斯特拉 – 1B	卢森堡	圭亚那航天中心	Ariane – 44LP H10	阿里安 – 44LP H10	19910302	通信广播卫星
4129	1991 – 15B	Meteosat – 5	气象卫星 – 5	欧洲航天局	圭亚那航天中心	Ariane – 44LP H10	阿里安 – 44LP H10	19910302	对地观测卫星
4130	1991 – 16A	Zenit – 8 – 98	天顶 – 8 – 98	苏联	拜科努尔航天发射中心	Soyuz – U	联盟 – U	19910306	对地观测卫星
4131	1991 – 17A	Lacrosse – 2	长曲棍球 – 2	美国	范登堡空军基地	Titan – 403A	大力神 – 403A	19910308	对地观测卫星
4132	1991 – 18A	Inmarsat – 2 – 2	国际移动卫星 – 2 – 2	国际移动卫星组织	卡纳维拉尔角发射场	Delta – 6925	德尔它 – 6925	19910308	通信广播卫星
4133	1991 – 19A	Nadezhda – 6	希望 – 6	苏联	普列谢茨克航天发射中心	Cosmos – 3M	宇宙 – 3M	19910312	导航定位卫星
4134	1991 – 20A	Progress M – 7	进步 M – 7	苏联	拜科努尔航天发射中心	Soyuz – U2	联盟 – U2	19910319	载人及货运航天器
4135	1991 – 21A	Taifun – 1Yu – 11	台风 – 1Yu – 11	苏联	普列谢茨克航天发射中心	Cosmos – 3M	宇宙 – 3M	19910319	科学与技术试验卫星
4136	1991 – 22A	Molniya – 3 – 42	闪电 – 3 – 42	苏联	普列谢茨克航天发射中心	Molniya – M/Blok – ML	闪电 – M/上面级 ML	19910322	通信广播卫星
4137	1991 – 23A	Yantar – 4K2 – 59	琥珀 – 4K2 – 59	苏联	拜科努尔航天发射中心	Soyuz – U	联盟 – U	19910326	对地观测卫星
4138	1991 – 24A	Almaz – 'T' – 03	钻石 – 'T' – 03	苏联	拜科努尔航天发射中心	Proton – K	质子 – K	19910331	对地观测卫星
4139	1991 – 25A	GLONASS – 42	格洛纳斯 – 42	苏联	拜科努尔航天发射中心	Proton – K/Blok – DM – 2	质子 – K/上面级 DM – 2	19910404	导航定位卫星
4140	1991 – 25B	GLONASS – 43	格洛纳斯 – 43	苏联	拜科努尔航天发射中心	Proton – K/Blok – DM – 2	质子 – K/上面级 DM – 2	19910404	导航定位卫星
4141	1991 – 25C	GLONASS – 44	格洛纳斯 – 44	苏联	拜科努尔航天发射中心	Proton – K/Blok – DM – 2	质子 – K/上面级 DM – 2	19910404	导航定位卫星
4142	1991 – 26A	Anik – E2	阿尼克 – E2	加拿大	圭亚那航天中心	Ariane – 44P H10	阿里安 – 44P H10	19910404	通信广播卫星
4143	1991 – 27A	STS – 37	空间运输系统 – 37	美国	肯尼迪航天中心	Atlantis	阿特兰蒂斯号	19910405	载人及货运航天器
4144	1991 – 27B	CGRO	康普顿伽马射线天文台	美国	肯尼迪航天中心	Atlantis	阿特兰蒂斯号	19910405	科学与技术试验卫星
4145	1991 – 28A	ASC – 2	美国卫星公司 – 2	美国	卡纳维拉尔角发射场	Delta – 7925	德尔它 – 7925	19910413	通信广播卫星
4146	1991 – 29A	Parus – 72	帆 – 72	苏联	普列谢茨克航天发射中心	Cosmos – 3M	宇宙 – 3M	19910416	导航定位卫星
4147	1991 – 30A	Meteor – 3 – 04	流星 – 3 – 04	苏联	普列谢茨克航天发射中心	Tsyklon – 3	旋风 – 3	19910424	对地观测卫星
4148	1991 – 31A	STS – 39	空间运输系统 – 39	美国	肯尼迪航天中心	Discovery	发现号	19910428	载人及货运航天器
4149	1991 – 31B	IBSS/SPAS2 – 01	红外背景特征监视卫星帕斯2 – 01	美国	卡纳维拉尔角发射场	Discovery	发现号	19910428	科学与技术试验卫星
4150	1991 – 31C	MPEC	多用途试验盒	美国	卡纳维拉尔角发射场	Discovery	发现号	19910428	科学与技术试验卫星
4151	1991 – 31D	CRO – C	化学释放人观测 – C	美国	卡纳维拉尔角发射场	Discovery	发现号	19910428	科学与技术试验卫星
4152	1991 – 31E	CRO – B	化学释放观测 – B	美国	卡纳维拉尔角发射场	Discovery	发现号	19910428	科学与技术试验卫星
4153	1991 – 31F	CRO – A	化学释放观测 – A	美国	卡纳维拉尔角发射场	Discovery	发现号	19910428	科学与技术试验卫星

续表

序号	国际代号	外文名	中文名	所属国家、地区或组织	发射地点	发射工具外文名	发射工具中文名	发射时间	航天器类型
4154	1991-32A	NOAA-D	国家大气和海洋局卫星-D	美国	范登堡空军基地	Atlas-E Star-37S-ISS	宇宙神E-星-37S-ISS	19910514	对地观测卫星
4155	1991-33A	Strela-3-61	天箭座-3-61	苏联	普列谢茨克航天发射中心	Tsyklon-3	旋风-3	19910516	通信广播卫星
4156	1991-33B	Strela-3-62	天箭座-3-62	苏联	普列谢茨克航天发射中心	Tsyklon-3	旋风-3	19910516	通信广播卫星
4157	1991-33C	Strela-3-63	天箭座-3-63	苏联	普列谢茨克航天发射中心	Tsyklon-3	旋风-3	19910516	通信广播卫星
4158	1991-33D	Strela-3-64	天箭座-3-64	苏联	普列谢茨克航天发射中心	Tsyklon-3	旋风-3	19910516	通信广播卫星
4159	1991-33E	Strela-3-65	天箭座-3-65	苏联	普列谢茨克航天发射中心	Tsyklon-3	旋风-3	19910516	通信广播卫星
4160	1991-33F	Strela-3-66	天箭座-3-66	苏联	普列谢茨克航天发射中心	Tsyklon-3	旋风-3	19910516	通信广播卫星
4161	1991-34A	Soyuz TM-12	联盟 TM-12	苏联	拜科努尔航天发射中心	Soyuz-U2	联盟-U2	19910518	载人及货运航天器
4162	1991-35A	Resurs-F2-06	资源-F2-06	苏联	普列谢茨克航天发射中心	Soyuz-U	联盟-U	19910521	对地观测卫星
4163	1991-36A	Yantar-4K2-60	琥珀-4K2-60	苏联	普列谢茨克航天发射中心	Soyuz-U	联盟-U	19910524	对地观测卫星
4164	1991-37A	Aurora-2	极光-2	美国	卡纳维拉尔角发射场	Delta-7925	德尔它-7925	19910529	通信广播卫星
4165	1991-38A	Progress M-8	进步 M-8	苏联	拜科努尔航天发射中心	Soyuz-U2	联盟-U2	19910530	载人及货运航天器
4166	1991-39A	Okean-O1-06	海洋-O1-06	苏联	普列谢茨克航天发射中心	Tsyklon-3	旋风-3	19910604	对地观测卫星
4167	1991-40A	STS-40	空间运输系统-40	美国	卡纳维拉尔角发射场	Columbia	哥伦比亚号	19910605	载人及货运航天器
4168	1991-41A	Strela-2M-49	天箭座-2M-49	苏联	普列谢茨克航天发射中心	Cosmos-3M	宇宙-3M	19910611	通信广播卫星
4169	1991-42A	Tselina-D-69	处女地-D-69	苏联	普列谢茨克航天发射中心	Tsyklon-3	旋风-3	19910613	对地观测卫星
4170	1991-43A	Molniya-1T-87	闪电-1T-87	苏联	普列谢茨克航天发射中心	Molniya-M/Blok-ML	闪电-M/上面级 ML	19910618	通信广播卫星
4171	1991-44A	Resurs-F1 17F43-12	资源-F1 17F43-12	苏联	普列谢茨克航天发射中心	Soyuz-U	联盟-U	19910628	对地观测卫星
4172	1991-45A	REX-1	辐射试验-1	美国	范登堡空军基地	Scout-G1	侦察兵-G1	19910629	科学与技术试验卫星
4173	1991-46A	Gorizont-23	地平线-23	苏联	拜科努尔航天发射中心	Proton-K/Blok-DM-2	质子-K/上面级 DM-2	19910701	通信广播卫星
4174	1991-47A	GPS-2A-02	导航星-2A-02	美国	卡纳维拉尔角发射场	Delta-7925	德尔它-7925	19910704	导航定位卫星
4175	1991-47B	LOSAT-X	低高度观测卫星-X	美国	卡纳维拉尔角发射场	Delta-7925	德尔它-7925	19910704	科学与技术试验卫星
4176	1991-48A	Zenit-8-99	天顶-8-99	苏联	普列谢茨克航天发射中心	Soyuz-U	联盟-U	19910709	对地观测卫星
4177	1991-49A	Yantar-4KS1M-01	琥珀-4KS1M-01	苏联	拜科努尔航天发射中心	Soyuz-U	联盟-U	19910710	对地观测卫星
4178	1991-50A	ERS-1	欧洲遥感卫星-1	欧洲航天局	圭亚那航天中心	Ariane-40 H10	阿里安-40 H10	19910717	对地观测卫星
4179	1991-50B	UoSAT-5	萨里大学卫星-5	英国	圭亚那航天中心	Ariane-40 H10	阿里安-40 H10	19910717	科学与技术试验卫星
4180	1991-50C	Orbcomm-X	轨道通信-X	美国	圭亚那航天中心	Ariane-40 H10	阿里安-40 H10	19910717	通信广播卫星

续表

序号	国际代号	外文名	中文名	所属国家、地区或组织	发射地点	发射工具外文名	发射工具中文名	发射时间	航天器类型
4181	1991-50D	Tubsat-A	柏林技术大学卫星-A	德国	圭亚那航天中心	Ariane-40 H10	阿里安-40 H10	19910717	科学与技术试验卫星
4182	1991-50E	SARA	萨拉	法国	圭亚那航天中心	Ariane-40 H10	阿里安-40 H10	19910717	科学与技术试验卫星
4183	1991-51A	Microsat-1	微型卫星-1	美国	爱德华空军基地	Pegasus HAPS	飞马座-肼辅助推进系统	19910717	科学与技术试验卫星
4184	1991-51B	Microsat-2	微型卫星-2	美国	爱德华空军基地	Pegasus HAPS	飞马座-肼辅助推进系统	19910717	科学与技术试验卫星
4185	1991-51C	Microsat-3	微型卫星-3	美国	爱德华空军基地	Pegasus HAPS	飞马座-肼辅助推进系统	19910717	科学与技术试验卫星
4186	1991-51D	Microsat-4	微型卫星-4	美国	爱德华空军基地	Pegasus HAPS	飞马座-肼辅助推进系统	19910717	科学与技术试验卫星
4187	1991-51E	Microsat-5	微型卫星-5	美国	爱德华空军基地	Pegasus HAPS	飞马座-肼辅助推进系统	19910717	科学与技术试验卫星
4188	1991-51F	Microsat-6	微型卫星-6	美国	爱德华空军基地	Pegasus HAPS	飞马座-肼辅助推进系统	19910717	科学与技术试验卫星
4189	1991-51G	Microsat-7	微型卫星-7	美国	爱德华空军基地	Pegasus HAPS	飞马座-肼辅助推进系统	19910717	科学与技术试验卫星
4190	1991-52A	Resurs-F1 17F43-13	资源-F1 17F43-13	苏联	普列谢茨克航天发射中心	Soyuz-U	联盟-U	19910723	对地观测卫星
4191	1991-53A	Molniya-1T-88	闪电-1T-88	苏联	普列谢茨克航天发射中心	Molniya-M/Blok-ML	闪电-M/上面级 ML	19910801	通信广播卫星
4192	1991-54A	STS-43	空间运输系统-43	美国	卡纳维拉尔角发射场	Atlantis	阿特兰蒂斯号	19910802	载人及货运航天器
4193	1991-54B	TDRS-5	跟踪与数据中继卫星-5	美国	卡纳维拉尔角发射场	Atlantis	阿特兰蒂斯号	19910802	通信广播卫星
4194	1991-55A	Intelsat-6 5	国际通信卫星-6 5	国际通信卫星组织	圭亚那航天中心	Ariane-44L H10	阿里安-44L H10	19910814	通信广播卫星
4195	1991-56A	Meteor-3-05	流星-3-05	苏联	普列谢茨克航天发射中心	Tsyklon-3	旋风-3	19910815	对地观测卫星
4196	1991-57A	Progress M-9	进步 M-9	苏联	拜科努尔航天发射中心	Soyuz-U2	联盟-U2	19910820	载人及货运航天器
4197	1991-58A	Resurs-F2-07	资源-F2-07	苏联	普列谢茨克航天发射中心	Soyuz-U	联盟-U	19910821	对地观测卫星
4198	1991-59A	Parus-73	帆-73	苏联	普列谢茨克航天发射中心	Cosmos-3M	宇宙-3M	19910822	导航定位卫星
4199	1991-60A	BS-3B	广播卫星-3B	日本	种子岛航天中心	H-1	H-1	19910825	通信广播卫星
4200	1991-61A	IRS-1B	印度遥感卫星-1B	印度	拜科努尔航天发射中心	Vostok-2M	东方-2M	19910829	对地观测卫星
4201	1991-62A	Solar-A	太阳-A	日本	鹿儿岛航天发射场	M-3S-2	M-3S-2	19910830	科学与技术试验卫星
4202	1991-63A	STS-48	空间运输系统-48	美国	卡纳维拉尔角发射场	Discovery	发现号	19910912	载人及货运航天器
4203	1991-63B	UARS	高层大气研究卫星	美国	卡纳维拉尔角发射场	Discovery	发现号	19910912	对地观测卫星
4204	1991-64A	Oko-s-05	眼睛-s-05	苏联	拜科努尔航天发射中心	Proton-K/Blok-DM-2	质子-K/上面级 DM-2	19910913	对地观测卫星
4205	1991-65A	Molniya-3-43	闪电-3-43	苏联	普列谢茨克航天发射中心	Molniya-M/Blok-ML	闪电-M/上面级 ML	19910917	通信广播卫星
4206	1991-66A	Yantar-4K2-61	琥珀-4K2-61	苏联	普列谢茨克航天发射中心	Soyuz-U	联盟-U	19910919	对地观测卫星
4207	1991-67A	Anik-E1	阿尼克-E1	加拿大	圭亚那航天中心	Ariane-44P H10	阿里安-44P H10	19910926	通信广播卫星

续表

序号	国际代号	外文名	中文名	所属国家、地区或组织	发射地点	发射工具外文名	发射工具中文名	发射时间	航天器类型
4208	1991-68A"	Strela-3-67	天箭座-3-67	苏联	普列谢茨克航天发射中心	Tsyklon-3	旋风-3	19910928	通信广播卫星
4209	1991-68B"	Strela-3-68	天箭座-3-68	苏联	普列谢茨克航天发射中心	Tsyklon-3	旋风-3	19910928	通信广播卫星
4210	1991-68C"	Strela-3-69	天箭座-3-69	苏联	普列谢茨克航天发射中心	Tsyklon-3	旋风-3	19910928	通信广播卫星
4211	1991-68D"	Strela-3-70	天箭座-3-70	苏联	普列谢茨克航天发射中心	Tsyklon-3	旋风-3	19910928	通信广播卫星
4212	1991-68E"	Strela-3-71	天箭座-3-71	苏联	普列谢茨克航天发射中心	Tsyklon-3	旋风-3	19910928	通信广播卫星
4213	1991-68F"	Strela-3-72	天箭座-3-72	苏联	普列谢茨克航天发射中心	Tsyklon-3	旋风-3	19910928	通信广播卫星
4214	1991-69A	Soyuz TM-13	联盟 TM-13	苏联	拜科努尔航天发射中心	Soyuz-U2	联盟-U2	19911002	载人及货运航天器
4215	1991-70A	Foton-7	光子-7	苏联	普列谢茨克航天发射中心	Soyuz-U	联盟-U	19911004	科学与技术试验卫星
4216	1991-71A	Orlets-1-03	蔷薇辉石-1-03	苏联	拜科努尔航天发射中心	Soyuz-U2	联盟-U2	19911009	对地观测卫星
4217	1991-72A	Taifun-1Yu-12	台风-1Yu-12	苏联	普列谢茨克航天发射中心	Cosmos-3M	宇宙-3M	19911010	科学与技术试验卫星
4218	1991-73A	Progress M-10	进步 M-10	苏联	拜科努尔航天发射中心	Soyuz-U2	联盟-U2	19911017	载人及货运航天器
4219	1991-74A	Gorizont-24	地平线-24	苏联	拜科努尔航天发射中心	Proton-K/Blok-DM-2	质子-K/上面级 DM-2	19911023	通信广播卫星
4220	1991-75A	Intelsat-6 1	国际通信卫星-6 1	国际通信卫星组织	圭亚那航天中心	Ariane-44L H10	阿里安-44L H10	19911029	通信广播卫星
4221	1991-76A	SLDCOM-02	卫星发射空配器通信系统-02	美国	范登堡空军基地	Titan-403A	大力神-403A	19911108	通信广播卫星
4222	1991-76C	NOSS-2-02A	海军海洋监视系统-2-02A	美国	范登堡空军基地	Titan-403A	大力神-403A	19911108	对地观测卫星
4223	1991-76D	NOSS-2-02B	海军海洋监视系统-2-02B	美国	范登堡空军基地	Titan-403A	大力神-403A	19911108	对地观测卫星
4224	1991-76E	NOSS-2-02C	海军海洋监视系统-2-02C	美国	范登堡空军基地	Titan-403A	大力神-403A	19911108	对地观测卫星
4225	1991-77A	Strela-3-73	天箭座-3-73	苏联	普列谢茨克航天发射中心	Tsyklon-3	旋风-3	19911112	通信广播卫星
4226	1991-77B	Strela-3-74	天箭座-3-74	苏联	普列谢茨克航天发射中心	Tsyklon-3	旋风-3	19911112	通信广播卫星
4227	1991-77C	Strela-3-75	天箭座-3-75	苏联	普列谢茨克航天发射中心	Tsyklon-3	旋风-3	19911112	通信广播卫星
4228	1991-77D	Strela-3-76	天箭座-3-76	苏联	普列谢茨克航天发射中心	Tsyklon-3	旋风-3	19911112	通信广播卫星
4229	1991-77E	Strela-3-77	天箭座-3-77	苏联	普列谢茨克航天发射中心	Tsyklon-3	旋风-3	19911112	通信广播卫星
4230	1991-77F	Strela-3-78	天箭座-3-78	苏联	普列谢茨克航天发射中心	Tsyklon-3	旋风-3	19911112	通信广播卫星
4231	1991-78A	Yantar-4K2-62	琥珀-4K2-62	苏联	普列谢茨克航天发射中心	Soyuz-U	联盟-U	19911120	对地观测卫星
4232	1991-79A	Potok-7	急流-7	苏联	拜科努尔航天发射中心	Proton-K/Blok-DM-2	质子-K/上面级 DM-2	19911122	通信广播卫星
4233	1991-80A	STS-44	空间运输系统-44	美国	卡纳维拉尔角发射场	Atlantis	阿特兰蒂斯号	19911124	载人及货运航天器
4234	1991-80B	DSP-16	国防支援计划-16	美国	卡纳维拉尔角发射场	Atlantis	阿特兰蒂斯号	19911124	对地观测卫星

续表

序号	国际代号	外文名	中文名	所属国家地区或组织	发射地点	发射工具外文名	发射工具中文名	发射时间	航天器类型
4235	1991-81A	Parus-74	帆-74	苏联	普列谢茨克航天发射中心	Cosmos-3M	宇宙-3M	19911127	导航定位卫星
4236	1991-82A	DMSP-5D2 F11	国防气象卫星计划-5D2 F11	美国	范登堡空军基地	Atlas-E Star-37S-ISS	宇宙神E-星-37S-ISS	19911128	对地观测卫星
4237	1991-83A	Eutelsat-2 3	欧洲通信卫星-2 3	欧洲通信卫星组织	卡纳维拉尔角发射场	Atlas-2	宇宙神-2	19911207	通信广播卫星
4238	1991-84A	Telecom-2A	电信-2A	法国	圭亚那航天中心	Ariane-44L H10	阿里安-44L H10	19911216	通信广播卫星
4239	1991-84B	Inmarsat-2-3	国际移动卫星-2-3	国际移动卫星组织	圭亚那航天中心	Ariane-44L H10	阿里安-44L H10	19911216	通信广播卫星
4240	1991-85A	Yantar-1KFT-14	琥珀-1KFT-14	苏联	拜科努尔航天发射中心	Soyuz-U	联盟-U	19911217	对地观测卫星
4241	1991-86A	Intercosmos-25	国际宇宙-25	苏联	普列谢茨克航天发射中心	Tsyklon-3	旋风-3	19911218	科学与技术试验卫星
4242	1991-86E	Magion-3	磁层电离层卫星-3	捷克斯洛伐克	普列谢茨克航天发射中心	Tsyklon-3	旋风-3	19911218	科学与技术试验卫星
4243	1991-87A	Raduga-28	虹-28	苏联	拜科努尔航天发射中心	Proton-K/Blok-DM-2	质子-K/上面级DM-2	19911219	通信广播卫星
4244	1991-88A	DFH-2A 4	东方红-2A 4	中国	西昌航天发射中心	CZ-3	长征-3	19911228	通信广播卫星
4245	1992-01A	Yantar-4K2-63	琥珀-4K2-63	俄罗斯	普列谢茨克航天发射中心	Soyuz-U	联盟-U	19920121	对地观测卫星
4246	1992-02A	STS-42	空间运输系统-42	美国	卡纳维拉尔角发射场	Discovery	发现号	19920122	载人及货运航天器
4247	1992-03A	Oko-68	眼睛-68	俄罗斯	普列谢茨克航天发射中心	Molniya-M/Blok-2BL	闪电-M/上面级2BL	19920124	对地观测卫星
4248	1992-04A	Progress M-11	进步 M-11	俄罗斯	拜科努尔航天发射中心	Soyuz-U2	联盟-U2	19920125	载人及货运航天器
4249	1992-05A	GLONASS-45	格洛纳斯-45	俄罗斯	拜科努尔航天发射中心	Proton-K/Blok-DM-2	质子-K/上面级DM-2	19920129	导航定位卫星
4250	1992-05B	GLONASS-46	格洛纳斯-46	俄罗斯	拜科努尔航天发射中心	Proton-K/Blok-DM-2	质子-K/上面级DM-2	19920129	导航定位卫星
4251	1992-05C	GLONASS-47	格洛纳斯-47	俄罗斯	拜科努尔航天发射中心	Proton-K/Blok-DM-2	质子-K/上面级DM-2	19920129	导航定位卫星
4252	1992-06A	DSCS-3-14	国防卫星通信系统-3-14	美国	卡纳维拉尔角发射场	Atlas-2	宇宙神-2	19920211	通信广播卫星
4253	1992-07A	JERS-1	日本地球资源卫星-1	日本	种子岛航天中心	H-1	H-1	19920211	对地观测卫星
4254	1992-08A	Parus-75	帆-75	俄罗斯	普列谢茨克航天发射中心	Cosmos-3M	宇宙-3M	19920218	导航定位卫星
4255	1992-09A	GPS-2A-03	导航星-2A-03	美国	卡纳维拉尔角发射场	Delta-7925	德尔它-7925	19920223	导航定位卫星
4256	1992-10A	Superbird-B1	超鸟-B1	日本	圭亚那航天中心	Ariane-44L H10	阿里安-44L H10	19920226	通信广播卫星
4257	1992-10B	Arabsat-1C	阿拉伯卫星-1C	阿拉伯卫星通信组织	圭亚那航天中心	Ariane-44L H10	阿里安-44L H10	19920226	通信广播卫星
4258	1992-11A	Molniya-1T-89	闪电-1T-89	俄罗斯	普列谢茨克航天发射中心	Molniya-M/Blok-ML	闪电-M/上面级ML	19920304	通信广播卫星
4259	1992-12A	Tsikada-18	蝉-18	俄罗斯	普列谢茨克航天发射中心	Cosmos-3M	宇宙-3M	19920309	导航定位卫星
4260	1992-13A	Galaxy-5	银河-5	美国	卡纳维拉尔角发射场	Atlas-1	宇宙神-1	19920314	通信广播卫星
4261	1992-14A	Soyuz TM-14	联盟 TM-14	俄罗斯	拜科努尔航天发射中心	Soyuz-U2	联盟-U2	19920317	载人及货运航天器

续表

序号	国际代号	外文名	中文名	所属国家、地区或组织	发射地点	发射工具外文名	发射工具中文名	发射时间	航天器类型
4262	1992-15A	STS-45	空间运输系统-45	美国	卡纳维拉尔角发射场	Atlantis	阿特兰蒂斯号	19920324	载人及货运航天器
4263	1992-16A	Yantar-4K2-64	琥珀-4K2-64	俄罗斯	普列谢茨克航天发射中心	Soyuz-U	联盟-U	19920401	对地观测卫星
4264	1992-17A	Gorizont-25	地平线-25	俄罗斯	拜科努尔航天发射中心	Proton-K/Blok-DM-2	质子-K/上面级DM-2	19920402	通信广播卫星
4265	1992-18A	Yantar-4KS1M-02	琥珀-4KS1M-02	俄罗斯	拜科努尔航天发射中心	Soyuz-U	联盟-U	19920408	对地观测卫星
4266	1992-19A	GPS-2A-04	导航星-2A-04	美国	卡纳维拉尔角发射场	Delta-7925	德尔它-7925	19920410	导航定位卫星
4267	1992-20A	Parus-76	帆-76	俄罗斯	普列谢茨克航天发射中心	Cosmos-3M	宇宙-3M	19920415	导航定位卫星
4268	1992-21A	Telecom-2B	电信-2B	法国	圭亚那航天中心	Ariane-44L H10+	阿里安-44L H10+	19920415	通信广播卫星
4269	1992-21B	Inmarsat-2-4	国际移动卫星-2-4	国际移动卫星组织	圭亚那航天中心	Ariane-44L H10+	阿里安-44L H10+	19920415	通信广播卫星
4270	1992-22A	Progress M-12	进步 M-12	俄罗斯	拜科努尔航天发射中心	Soyuz-U2	联盟-U2	19920419	载人及货运航天器
4271	1992-23A	P-11 5105	雪貂子卫星-5105	美国	范登堡空军基地	Titan-2 (23) G	大力神-2 (23) G	19920425	对地观测卫星
4272	1992-24A	Resurs-F2-08	资源-F2-08	俄罗斯	普列谢茨克航天发射中心	Soyuz-U	联盟-U	19920429	对地观测卫星
4273	1992-25A	Yantar-1KFT-15	琥珀-1KFT-15	俄罗斯	拜科努尔航天发射中心	Soyuz-U	联盟-U	19920429	对地观测卫星
4274	1992-26A	STS-49	空间运输系统-49	美国	卡纳维拉尔角发射场	Endeavour	奋进号	19920507	载人及货运航天器
4275	1992-27A	Palapa-B4	帕拉帕-B4	印度尼西亚	卡纳维拉尔角发射场	Delta-7925-8	德尔它-7925-8	19920514	通信广播卫星
4276	1992-28A	SROSS-C	斯罗斯-C	印度	萨提斯达瓦航天中心	ASLV	加大推力卫星运载火箭	19920520	科学与技术试验卫星
4277	1992-29A	Yantar-4K2-65	琥珀-4K2-65	俄罗斯	普列谢茨克航天发射中心	Soyuz-U	联盟-U	19920528	对地观测卫星
4278	1992-30A	Strela-1M-361	天箭座-1M-361	俄罗斯	普列谢茨克航天发射中心	Cosmos-3M	宇宙-3M	19920603	通信广播卫星
4279	1992-30B	Strela-1M-362	天箭座-1M-362	俄罗斯	普列谢茨克航天发射中心	Cosmos-3M	宇宙-3M	19920603	通信广播卫星
4280	1992-30C	Strela-1M-363	天箭座-1M-363	俄罗斯	普列谢茨克航天发射中心	Cosmos-3M	宇宙-3M	19920603	通信广播卫星
4281	1992-30D	Strela-1M-364	天箭座-1M-364	俄罗斯	普列谢茨克航天发射中心	Cosmos-3M	宇宙-3M	19920603	通信广播卫星
4282	1992-30E	Strela-1M-365	天箭座-1M-365	俄罗斯	普列谢茨克航天发射中心	Cosmos-3M	宇宙-3M	19920603	通信广播卫星
4283	1992-30F	Strela-1M-366	天箭座-1M-366	俄罗斯	普列谢茨克航天发射中心	Cosmos-3M	宇宙-3M	19920603	通信广播卫星
4284	1992-30G	Strela-1M-367	天箭座-1M-367	俄罗斯	普列谢茨克航天发射中心	Cosmos-3M	宇宙-3M	19920603	通信广播卫星
4285	1992-30H	Strela-1M-368	天箭座-1M-368	俄罗斯	普列谢茨克航天发射中心	Cosmos-3M	宇宙-3M	19920603	通信广播卫星
4286	1992-31A	EUVE	极紫外探险者	美国	卡纳维拉尔角发射场	Delta-6920	德尔它-6920	19920607	科学与技术试验卫星
4287	1992-32A	Intelsat-K	国际通信卫星-K	国际通信卫星组织	卡纳维拉尔角发射场	Atlas-2A	宇宙神-2A	19920610	通信广播卫星
4288	1992-33A	Resurs-F1 17F43-14	资源-F1 17F43-14	俄罗斯	普列谢茨克航天发射中心	Soyuz-U	联盟-U	19920623	对地观测卫星

续表

序号	国际代号	外文名	中文名	所属国家、地区或组织	发射地点	发射工具外文名	发射工具中文名	发射时间	航天器类型
4289	1992 – 34A	STS – 50	空间运输系统 – 50	美国	卡纳维拉尔角发射场	Columbia	哥伦比亚号	19920625	载人及货运航天器
4290	1992 – 35A	Progress M – 13	进步 M – 13	俄罗斯	拜科努尔航天发射场	Soyuz – U2	联盟 – U2	19920630	载人及货运航天器
4291	1992 – 36A	Parus – 77	帆 – 77	俄罗斯	普列谢茨克航天发射中心	Cosmos – 3M	宇宙 – 3M	19920701	导航定位卫星
4292	1992 – 37A	DSCS – 3 – 12	国防卫星通信系统 – 3 – 12	美国	卡纳维拉尔角发射场	Atlas – 2	宇宙神 – 2	19920703	通信广播卫星
4293	1992 – 38A	SMEX – 1 (SAMPEX)	小型探险者 – 1	美国	范登堡空军基地	Scout – G1	侦察兵 – G1	19920703	科学与技术试验卫星
4294	1992 – 39A	GPS – 2A – 05	导航星 – 2A – 05	美国	卡纳维拉尔角发射场	Delta – 7925	德尔它 – 7925	19920707	导航定位卫星
4295	1992 – 40A	Oko – 69	眼睛 – 69	俄罗斯	普列谢茨克航天发射中心	Molniya – M/Blok – 2BL	闪电 – M/上面级 2BL	19920708	对地观测卫星
4296	1992 – 41A	Insat – 2A	印度卫星 – 2A	印度	圭亚那航天中心	Ariane – 44L H10	阿里安 – 44L H10	19920709	通信广播卫星
4297	1992 – 41B	Eutelsat – 2 4	欧洲通信卫星 – 2 4	欧洲通信卫星组织	圭亚那航天中心	Ariane – 44L H10	阿里安 – 44L H10	19920709	通信广播卫星
4298	1992 – 42A	Strela – 3 – 79	天箭座 – 3 – 79	俄罗斯	普列谢茨克航天发射中心	Tsyklon – 3	旋风 – 3	19920713	通信广播卫星
4299	1992 – 42B	Strela – 3 – 80	天箭座 – 3 – 80	俄罗斯	普列谢茨克航天发射中心	Tsyklon – 3	旋风 – 3	19920713	通信广播卫星
4300	1992 – 42C	Gonets D – 1	信使 – 1	俄罗斯	普列谢茨克航天发射中心	Tsyklon – 3	旋风 – 3	19920713	通信广播卫星
4301	1992 – 42D	Strela – 3 – 81	天箭座 – 3 – 81	俄罗斯	普列谢茨克航天发射中心	Tsyklon – 3	旋风 – 3	19920713	通信广播卫星
4302	1992 – 42E	Gonets D – 2	信使 – 2	俄罗斯	普列谢茨克航天发射中心	Tsyklon – 3	旋风 – 3	19920713	通信广播卫星
4303	1992 – 42F	Strela – 3 – 82	天箭座 – 3 – 82	俄罗斯	普列谢茨克航天发射中心	Tsyklon – 3	旋风 – 3	19920713	通信广播卫星
4304	1992 – 43A	Gorizont – 26	地平线 – 26	俄罗斯	拜科努尔航天发射中心	Proton – K/Blok – DM – 2	质子 – K/上面级 DM – 2	19920714	通信广播卫星
4305	1992 – 44A	Geotail	地球磁层尾观测	日本	卡纳维拉尔角发射场	Delta – 6925	德尔它 – 6925	19920724	科学与技术试验卫星
4306	1992 – 44B	DUVE	弥散紫外探险者	美国	卡纳维拉尔角发射场	Delta – 6925	德尔它 – 6925	19920724	科学与技术试验卫星
4307	1992 – 45A	Yantar – 4K2 – 66	琥珀 – 4K2 – 66	俄罗斯	普列谢茨克航天发射中心	Soyuz – U	联盟 – U	19920724	对地观测卫星
4308	1992 – 46A	Soyuz TM – 15	联盟 TM – 15	俄罗斯	拜科努尔航天发射中心	Soyuz – U2	联盟 – U2	19920727	载人及货运航天器
4309	1992 – 47A	GLONASS – 48	格洛纳斯 – 48	俄罗斯	拜科努尔航天发射中心	Proton – K/Blok – DM – 2	质子 – K/上面级 DM – 2	19920730	导航定位卫星
4310	1992 – 47B	GLONASS – 49	格洛纳斯 – 49	俄罗斯	拜科努尔航天发射中心	Proton – K/Blok – DM – 2	质子 – K/上面级 DM – 2	19920730	导航定位卫星
4311	1992 – 47C	GLONASS – 50	格洛纳斯 – 50	俄罗斯	拜科努尔航天发射中心	Proton – K/Blok – DM – 2	质子 – K/上面级 DM – 2	19920730	导航定位卫星
4312	1992 – 48A	Zenit – 8 – 100	天顶 – 8 – 100	俄罗斯	普列谢茨克航天发射中心	Soyuz – U	联盟 – U	19920730	对地观测卫星
4313	1992 – 49A	STS – 46	空间运输系统 – 46	美国	卡纳维拉尔角发射场	Atlantis	阿特兰蒂斯号	19920731	载人及货运航天器
4314	1992 – 49B	EURECA – 1	尤里卡 – 1	欧洲航天局	卡纳维拉尔角发射场	Atlantis	阿特兰蒂斯号	19920731	科学与技术试验卫星
4315	1992 – 50A	Molniya – 1T – 90	闪电 – 1T – 90	俄罗斯	普列谢茨克航天发射中心	Molniya – M/Blok – ML	闪电 – M/上面级 ML	19920806	通信广播卫星

续表

序号	国际代号	外文名	中文名	所属国家、地区或组织	发射地点	发射工具外文名	发射工具中文名	发射时间	航天器类型
4316	1992－51A	FSW－2－1	返回式卫星－2－1	中国	酒泉航天发射中心	CZ－2D	长征－2D	19920809	对地观测卫星
4317	1992－52A	Topex/Poseidon	托佩克斯/波塞冬	美国/法国	圭亚那航天中心	Ariane－42P H10	阿里安－42P H10	19920810	对地观测卫星
4318	1992－52B	Kitsat－1（Uribyol）	韩国卫星－1（我们的太阳）	韩国	圭亚那航天中心	Ariane－42P H10	阿里安－42P H10	19920810	科学与技术试验卫星
4319	1992－52C	S－80T	S－80T	法国	圭亚那航天中心	Ariane－42P H10	阿里安－42P H10	19920810	通信广播卫星
4320	1992－53A	Strela－2M－50	天箭座－2M－50	俄罗斯	普列谢茨克航天发射中心	Cosmos－3M	宇宙－3M	19920812	通信广播卫星
4321	1992－54A	Optus－B1	澳普图斯－B1	澳大利亚	西昌航天发射中心	CZ－2E	长征－2E	19920813	通信广播卫星
4322	1992－55A	Progress M－14	进步 M－14	俄罗斯	拜科努尔航天发射场	Soyuz－U2	联盟－U2	19920815	载人及货运航天器
4323	1992－56A	Resurs－F1 17F43－15	资源－F1 17F43－15	俄罗斯	普列谢茨克航天发射中心	Soyuz－U	联盟－U	19920819	对地观测卫星
4324	1992－56C	Pion－5	芍药－5	俄罗斯	普列谢茨克航天发射中心	Soyuz－U	联盟－U	19920819	科学与技术试验卫星
4325	1992－56D"	Pion－6	芍药－6	俄罗斯	普列谢茨克航天发射中心	Soyuz－U	联盟－U	19920819	科学与技术试验卫星
4326	1992－57A	Satcom－C4	卫星通信－C4	美国	卡纳维拉尔角发射场	Delta－7925	德尔它－7925	19920831	通信广播卫星
4327	1992－58A	GPS－2A－06	导航星－2A－06	美国	卡纳维拉尔角发射场	Delta－7925	德尔它－7925	19920909	导航定位卫星
4328	1992－59A	Oko－s－06	眼睛－S－06	俄罗斯	拜科努尔航天发射场	Proton－K/Blok－DM－2	质子－K/上面级 DM－2	19920910	对地观测卫星
4329	1992－60A	Hispasat－1A	西班牙卫星－1A	西班牙	圭亚那航天中心	Ariane－44LP H10＋	阿里安－44LP H10＋	19920910	通信广播卫星
4330	1992－60B	Satcom－C3	卫星通信－C3	美国	圭亚那航天中心	Ariane－44LP H10＋	阿里安－44LP H10＋	19920910	通信广播卫星
4331	1992－61A	STS－47	空间运输系统－47	美国	卡纳维拉尔角发射场	Endeavour	奋进号	19920912	载人及货运航天器
4332	1992－62A	Yantar－4K2－67	琥珀－4K2－67	俄罗斯	普列谢茨克航天发射中心	Soyuz－U	联盟－U	19920922	对地观测卫星
4333	1992－63A	Mars Observer	火星观测者	美国	卡纳维拉尔角发射场	Commercial Titan－3	商业大力神－3	19920925	空间探测器
4334	1992－64A	FSW－1－4	返回式卫星－1－4	中国	酒泉航天发射中心	CZ－2C	长征－2C	19921006	对地观测卫星
4335	1992－64B	Freja	弗雷加	瑞典	酒泉航天发射中心	CZ－2C	长征－2C	19921006	科学与技术试验卫星
4336	1992－65A	Foton－8	光子－8	俄罗斯	普列谢茨克航天发射中心	Soyuz－U	联盟－U	19921008	科学与技术试验卫星
4337	1992－66A	DFS－3	直播卫星－3	德国	卡纳维拉尔角发射场	Delta－7925	德尔它－7925	19921012	通信广播卫星
4338	1992－67A	Molniya－3－44	闪电－3－44	俄罗斯	普列谢茨克航天发射中心	Molniya－M/Blok－ML	闪电－M/上面级 ML	19921014	通信广播卫星
4339	1992－68A	Strela－3－83	天箭座－3－83	俄罗斯	普列谢茨克航天发射中心	Tsyklon－3	旋风－3	19921020	通信广播卫星
4340	1992－68B	Strela－3－84	天箭座－3－84	俄罗斯	普列谢茨克航天发射中心	Tsyklon－3	旋风－3	19921020	通信广播卫星
4341	1992－68C	Strela－3－85	天箭座－3－85	俄罗斯	普列谢茨克航天发射中心	Tsyklon－3	旋风－3	19921020	通信广播卫星
4342	1992－68D	Strela－3－86	天箭座－3－86	俄罗斯	普列谢茨克航天发射中心	Tsyklon－3	旋风－3	19921020	通信广播卫星

续表

序号	国际代号	外文名	中文名	所属国家、地区或组织	发射地点	发射工具外文名	发射工具中文名	发射时间	航天器类型
4343	1992－68E	Strela－3－87	天箭座－3－87	俄罗斯	普列谢茨克航天发射中心	Tsyklon－3	旋风－3	19921020	通信广播卫星
4344	1992－68F	Strela－3－88	天箭座－3－88	俄罗斯	普列谢茨克航天发射中心	Tsyklon－3	旋风－3	19921020	通信广播卫星
4345	1992－69A	Oko－70	眼睛－70	俄罗斯	普列谢茨克航天发射中心	Molniya－M／Blok－2BL	闪电－M／上面级2BL	19921021	对地观测卫星
4346	1992－70A	STS－52	空间运输系统－52	美国	卡纳维拉尔角发射场	Columbia	哥伦比亚号	19921022	载人及货运航天器
4347	1992－70B	Lageos－2	激光地球动力学卫星－2	意大利/美国	卡纳维拉尔角发射场	Columbia	哥伦比亚号	19921022	对地观测卫星
4348	1992－70C	CTA	加拿大目标卫星	加拿大	卡纳维拉尔角发射场	Columbia	哥伦比亚号	19921022	科学与技术试验卫星
4349	1992－71A	Progress M－15	进步 M－15	俄罗斯	拜科努尔航天发射中心	Soyuz－U2	联盟－U2	19921027	载人及货运航天器
4350	1992－72A	Galaxy－7	银河－7	美国	圭亚那航天中心	Ariane－42P H10＋	阿里安－42P H10＋	19921028	通信广播卫星
4351	1992－73A	Parus－78	帆－78	俄罗斯	普列谢茨克航天发射中心	Cosmos－3M	宇宙－3M	19921029	导航定位卫星
4352	1992－74A	Ekran M－3	荧光屏 M－3	俄罗斯	拜科努尔航天发射中心	Proton－K／Blok－DM－2	质子－K／上面级 DM2	19921030	通信广播卫星
4353	1992－75A	Zvezda Kolumba	星星－哥伦布	俄罗斯	普列谢茨克航天发射中心	Soyuz－U	联盟－U	19921115	对地观测卫星
4354	1992－76A	Tselina－2－11	处女地－2－11	俄罗斯	拜科努尔航天发射中心	Zenit－2	天顶－2	19921117	对地观测卫星
4355	1992－77A	Yantar－4K2－68	琥珀－4K2－68	俄罗斯	普列谢茨克航天发射中心	Soyuz－U	联盟－U	19921120	对地观测卫星
4356	1992－78A	MSTI－1	小型传感器技术集成卫星－1	美国	范登堡空军基地	Scout－G1	侦察兵－G1	19921121	科学与技术试验卫星
4357	1992－79A	GPS－2A－07	导航星－2A－07	美国	卡纳维拉尔角发射场	Delta－7925	德尔它－7925	19921122	导航定位卫星
4358	1992－80A	Tselina－D－70	处女地－D－70	俄罗斯	普列谢茨克航天发射中心	Tsyklon－3	旋风－3	19921124	对地观测卫星
4359	1992－81A	Oko－71	眼睛－71	俄罗斯	普列谢茨克航天发射中心	Molniya－M／Blok－2BL	闪电－M／上面级2BL	19921125	对地观测卫星
4360	1992－82A	Gorizont－27	地平线－27	俄罗斯	拜科努尔航天发射中心	Proton－K／Blok－DM－2	质子－K／上面级 DM－2	19921127	通信广播卫星
4361	1992－83A	KH－12－01	锁眼－12－01	美国	范登堡空军基地	Titan－404A	大力神－404A	19921128	对地观测卫星
4362	1992－84A	Superbird－A1	超鸟－A1	日本	圭亚那航天中心	Ariane－42P H10＋	阿里安－42P H10＋	19921201	通信广播卫星
4363	1992－85A	Molniya－3－45	闪电－3－45	俄罗斯	普列谢茨克航天发射中心	Molniya－M／Blok－ML	闪电－M／上面级 ML	19921202	通信广播卫星
4364	1992－86A	STS－53	空间运输系统－53	美国	卡纳维拉尔角发射场	Discovery	发现号	19921202	载人及货运航天器
4365	1992－86B	SDS－2－3	卫星数据系统－2－3	美国	卡纳维拉尔角发射场	Discovery	发现号	19921202	通信广播卫星
4366	1992－87A	Yantar－4KS1M－03	琥珀－4KS1M－03	俄罗斯	拜科努尔航天发射中心	Soyuz－U	联盟－U	19921209	对地观测卫星
4367	1992－88A	Prognoz－2	预报－2	俄罗斯	拜科努尔航天发射中心	Proton－K／Blok－DM－2	质子－K／上面级 DM－2	19921217	对地观测卫星
4368	1992－89A	GPS－2A－08	导航星－2A－08	美国	卡纳维拉尔角发射场	Delta－7925	德尔它－7925	19921218	导航定位卫星
4369	1992－90A	Optus－B2	澳普图斯－B2	澳大利亚	西昌航天发射中心	CZ－2E	长征－2E	19921221	通信广播卫星

续表

序号	国际代号	外文名	中文名	所属国家、地区或组织	发射地点	发射工具外文名	发射工具中文名	发射时间	航天器类型
4370	1992-91A	Geo-IK-13	测地-IK-13	俄罗斯	普列谢茨克航天发射中心	Tsyklon-3	旋风-3	19921222	对地观测卫星
4371	1992-92A	Orlets-1-04	蓄薇辉石-1-04	俄罗斯	拜科努尔航天发射中心	Soyuz-U	联盟-U	19921222	对地观测卫星
4372	1992-93A	Tselina-2-12	处女地-2-12	俄罗斯	拜科努尔航天发射中心	Zenit-2	天顶-2	19921225	对地观测卫星
4373	1992-94A	Tselina-D-71	处女地-D-71	俄罗斯	普列谢茨克航天发射中心	Tsyklon-3	旋风-3	19921225	对地观测卫星
4374	1992-95A	Bion-10	生物-10	俄罗斯	普列谢茨克航天发射中心	Soyuz-U	联盟-U	19921229	科学与技术试验卫星
4375	1993-01A	Tsikada-19	蝉-19	俄罗斯	普列谢茨克航天发射中心	Cosmos-3M	宇宙-3M	19930112	导航定位卫星
4376	1993-02A	Molniya-1T-91	闪电-1T-91	俄罗斯	普列谢茨克航天发射中心	Molniya-M/Blok-ML	闪电-M/上面级 ML	19930113	通信广播卫星
4377	1993-03A	STS-54	空间运输系统-54	美国	卡纳维拉尔角航天发射场	Endeavour	奋进号	19930113	载人及货运航天器
4378	1993-03B	TDRS-6	跟踪与数据中继卫星-6	美国	卡纳维拉尔角航天发射场	Endeavour	奋进号	19930113	通信广播卫星
4379	1993-04A	Yantar-4K2-69	琥珀-4K2-69	俄罗斯	普列谢茨克航天发射中心	Soyuz-U	联盟-U	19930119	对地观测卫星
4380	1993-05A	Soyuz TM-16	联盟 TM-16	俄罗斯	拜科努尔航天发射中心	Soyuz-U2	联盟-U2	19930124	载人及货运航天器
4381	1993-06A	Oko-72	眼睛-72	俄罗斯	普列谢茨克航天发射中心	Molniya-M/Blok-2BL	闪电-M/上面级 2BL	19930126	对地观测卫星
4382	1993-07A	GPS-2A-09	导航星-2A-09	美国	卡纳维拉尔角航天发射场	Delta-7925	德尔它-7925	19930203	导航定位卫星
4383	1993-08A	Parus-79	帆-79	俄罗斯	普列谢茨克航天发射中心	Cosmos-3M	宇宙-3M	19930209	导航定位卫星
4384	1993-09A	CDS-1	能力验证卫星-1	美国	卡纳维拉尔角航天发射场	Pegasus	飞马座	19930209	通信广播卫星
4385	1993-09B	SCD-1	数据收集卫星-1	巴西	卡纳维拉尔角航天发射场	Pegasus	飞马座	19930209	通信广播卫星
4386	1993-10A	GLONASS-51	格洛纳斯-51	俄罗斯	拜科努尔航天发射中心	Proton-K/Blok-DM-2	质子-K/上面级 DM-2	19930217	导航定位卫星
4387	1993-10B	GLONASS-52	格洛纳斯-52	俄罗斯	拜科努尔航天发射中心	Proton-K/Blok-DM-2	质子-K/上面级 DM-2	19930217	导航定位卫星
4388	1993-10C	GLONASS-53	格洛纳斯-53	俄罗斯	拜科努尔航天发射中心	Proton-K/Blok-DM-2	质子-K/上面级 DM-2	19930217	导航定位卫星
4389	1993-11A	Astro-D	天文-D	日本	鹿儿岛航天中心	M-3S-2	M-3S-2	19930220	科学与技术试验卫星
4390	1993-12A	Progress M-16	进步 M-16	俄罗斯	拜科努尔航天发射中心	Soyuz-U2	联盟-U2	19930221	载人及货运航天器
4391	1993-13A	Raduga-29	虹-29	俄罗斯	拜科努尔航天发射中心	Proton-K/Blok-DM-2	质子-K/上面级 DM-2	19930325	通信广播卫星
4392	1993-14A	Start-1-1	创始-1-1	俄罗斯	普列谢茨克航天发射中心	Start-1	起跑-1	19930325	科学与技术试验卫星
4393	1993-15A	UFO-01	特高频后继-01	美国	卡纳维拉尔角航天发射场	Atlas-1	宇宙神-1	19930325	通信广播卫星
4394	1993-16A	Tselina-2-13	处女地-2-13	俄罗斯	拜科努尔航天发射中心	Zenit-2	天顶-2	19930326	对地观测卫星
4395	1993-17A	GPS-2A-10	导航星-2A-10	美国	卡纳维拉尔角航天发射场	Delta-7925	德尔它-7925	19930330	导航定位卫星
4396	1993-17B	SEDS-1	小型可展开系绳系统-1	美国	卡纳维拉尔角航天发射场	Delta-7925	德尔它-7925	19930330	科学与技术试验卫星

续表

序号	国际代号	外文名	中文名	所属国家、地区或组织	发射地点	发射工具外文名	发射工具中文名	发射时间	航天器类型
4397	1993-18A	US-PM-01	电子型海洋监视卫星-M-01	俄罗斯	拜科努尔航天发射中心	Tsyklon-2	旋风-2	19930330	对地观测卫星
4398	1993-19A	Progress M-17	进步M-17	俄罗斯	拜科努尔航天发射中心	Soyuz-U2	联盟-U2	19930331	载人及货运航天器
4399	1993-20A	Parus-80	帆-80	俄罗斯	普列谢茨克航天发射中心	Cosmos-3M	宇宙-3M	19930401	导航定位卫星
4400	1993-21A	Yantar-4K2-70	琥珀-4K2-70	俄罗斯	普列谢茨克航天发射中心	Soyuz-U	联盟-U	19930402	对地观测卫星
4401	1993-22A	Oko-73	眼睛-73	俄罗斯	普列谢茨克航天发射中心	Molniya-M/Blok-2BL	闪电-M/上面级2BL	19930406	对地观测卫星
4402	1993-23A	STS-56	空间运输系统-56	美国	卡纳维拉尔角发射场	Discovery	发现号	19930408	载人及货运航天器
4403	1993-23B	Spartan-201	斯帕坦-201	美国	卡纳维拉尔角发射场	Discovery	发现号	19930408	科学与技术试验卫星
4404	1993-24A	Tselina-D-72	处女地-D-72	俄罗斯	普列谢茨克航天发射中心	Tsyklon-3	旋风-3	19930416	对地观测卫星
4405	1993-25A	Molniya-3-46	闪电-3-46	俄罗斯	普列谢茨克航天发射中心	Molniya-M/Blok-ML	闪电-M/上面级ML	19930421	通信广播卫星
4406	1993-26A	ALESIS	低能x射线成像传感器阵列	美国	爱德华兹空军基地	Pegasus	飞马座	19930425	科学与技术试验卫星
4407	1993-27A	STS-55	空间运输系统-55	美国	卡纳维拉尔角发射场	Columbia	哥伦比亚号	19930426	载人及货运航天器
4408	1993-28A	Yantar-1KFT-16	琥珀-1KFT-16	俄罗斯	拜科努尔航天发射中心	Soyuz-U	联盟-U	19930427	对地观测卫星
4409	1993-29A	US-PM-02	电子型海洋监视卫星-M-02	俄罗斯	普列谢茨克航天发射中心	Tsyklon-2	旋风-2	19930428	对地观测卫星
4410	1993-30A	Strela-3-89	天箭座-3-89	俄罗斯	普列谢茨克航天发射中心	Tsyklon-3	旋风-3	19930511	通信广播卫星
4411	1993-30B	Strela-3-90	天箭座-3-90	俄罗斯	普列谢茨克航天发射中心	Tsyklon-3	旋风-3	19930511	通信广播卫星
4412	1993-30C	Strela-3-91	天箭座-3-91	俄罗斯	普列谢茨克航天发射中心	Tsyklon-3	旋风-3	19930511	通信广播卫星
4413	1993-30D	Strela-3-92	天箭座-3-92	俄罗斯	普列谢茨克航天发射中心	Tsyklon-3	旋风-3	19930511	通信广播卫星
4414	1993-30E	Strela-3-93	天箭座-3-93	俄罗斯	普列谢茨克航天发射中心	Tsyklon-3	旋风-3	19930511	通信广播卫星
4415	1993-30F	Strela-3-94	天箭座-3-94	俄罗斯	普列谢茨克航天发射中心	Tsyklon-3	旋风-3	19930511	通信广播卫星
4416	1993-31A	Astra-1C	阿斯特拉-1C	卢森堡	圭亚那航天中心	Ariane-42L H10	阿里亚娜-42L H10	19930511	通信广播卫星
4417	1993-31B	Arsene	阿尔塞纳	法国	圭亚那航天中心	Ariane-42L H10	阿里亚娜-42L H10	19930511	科学与技术试验卫星
4418	1993-32A	GPS-2A-11	导航星-2A-11	美国	卡纳维拉尔角发射场	Delta-7925	德尔它-7925	19930513	导航定位卫星
4419	1993-33A	Resurs-F2-09	资源-F2-09	俄罗斯	普列谢茨克航天发射中心	Soyuz-U	联盟-U	19930521	对地观测卫星
4420	1993-34A	Progress M-18	进步M-18	俄罗斯	拜科努尔航天发射中心	Soyuz-U2	联盟-U2	19930522	载人及货运航天器
4421	1993-35A	Molniya-1T-92	闪电-1T-92	俄罗斯	普列谢茨克航天发射中心	Molniya-M/Blok-ML	闪电-M/上面级ML	19930526	通信广播卫星
4422	1993-36A	Strela-2M-51	天箭座-2M-51	俄罗斯	普列谢茨克航天发射中心	Cosmos-3M	宇宙-3M	19930616	通信广播卫星
4423	1993-37A	STS-57	空间运输系统-57	美国	卡纳维拉尔角发射场	Endeavour	奋进号	19930621	载人及货运航天器

续表

序号	国际代号	外文名	中文名	所属国家、地区或组织	发射地点	发射工具外文名	发射工具中文名	发射时间	航天器类型
4424	1993 – 38A	Strela – 3 – 95	天箭座 – 3 – 95	俄罗斯	普列谢茨克航天发射中心	Tsyklon – 3	旋风 – 3	19930624	通信广播卫星
4425	1993 – 38B	Strela – 3 – 96	天箭座 – 3 – 96	俄罗斯	普列谢茨克航天发射中心	Tsyklon – 3	旋风 – 3	19930624	通信广播卫星
4426	1993 – 38C	Strela – 3 – 97	天箭座 – 3 – 97	俄罗斯	普列谢茨克航天发射中心	Tsyklon – 3	旋风 – 3	19930624	通信广播卫星
4427	1993 – 38D	Strela – 3 – 98	天箭座 – 3 – 98	俄罗斯	普列谢茨克航天发射中心	Tsyklon – 3	旋风 – 3	19930624	通信广播卫星
4428	1993 – 38E	Strela – 3 – 99	天箭座 – 3 – 99	俄罗斯	普列谢茨克航天发射中心	Tsyklon – 3	旋风 – 3	19930624	通信广播卫星
4429	1993 – 38F	Strela – 3 – 100	天箭座 – 3 – 100	俄罗斯	普列谢茨克航天发射中心	Tsyklon – 3	旋风 – 3	19930624	通信广播卫星
4430	1993 – 39A	Galaxy – 4	银河 – 4	美国	圭亚那航天中心	Ariane – 42P H10 +	阿里安 – 42P H10 +	19930625	通信广播卫星
4431	1993 – 40A	Resurs – F1 17F43 – 16	资源 – F1 17F43 – 16	俄罗斯	普列谢茨克航天发射中心	Soyuz – U	联盟 – U	19930625	对地观测卫星
4432	1993 – 41A	RadCal	雷达校正卫星	美国	范登堡空军基地	Scout – G1	侦察兵 – G1	19930625	科学与技术试验卫星
4433	1993 – 42A	GPS – 2A – 12	导航星 – 2A – 12	美国	卡纳维拉尔角航天发射场	Delta – 7925	德尔它 – 7925	19930626	导航定位卫星
4434	1993 – 43A	Soyuz TM – 17	联盟 TM – 17	苏联	拜科努尔航天发射中心	Soyuz – U2	联盟 – U2	19930701	载人及货运航天器
4435	1993 – 44A	US – PM – 03	电子型海洋监视卫星 – M – 03	俄罗斯	拜科努尔航天发射中心	Tsyklon – 2	旋风 – 2	19930707	对地观测卫星
4436	1993 – 45A	Yantar – 4K2 – 71	琥珀 – 4K2 – 71	俄罗斯	普列谢茨克航天发射中心	Soyuz – U	联盟 – U	19930714	对地观测卫星
4437	1993 – 46A	DSCS – 3 – 09	国防卫星通信系统 – 3 – 09	美国	卡纳维拉尔角航天发射场	Atlas – 2	宇宙神 – 2	19930719	通信广播卫星
4438	1993 – 47A	Zenit – 8 – 101	天顶 – 8 – 101	俄罗斯	普列谢茨克航天发射中心	Soyuz – U	联盟 – U	19930722	对地观测卫星
4439	1993 – 48A	Hispasat – 1B	西班牙卫星 – 1B	西班牙	圭亚那航天中心	Ariane – 44L H10 +	阿里安 – 44L H10 +	19930722	通信广播卫星
4440	1993 – 48B	Insat – 2B	印度卫星 – 2B	印度	圭亚那航天中心	Ariane – 44L H10 +	阿里安 – 44L H10 +	19930722	通信广播卫星
4441	1993 – 49A	Molniya – 3 – 47	闪电 – 3 – 47	俄罗斯	普列谢茨克航天发射中心	Molniya – M/Blok – ML	闪电 – M/上面级 ML	19930804	通信广播卫星
4442	1993 – 50A	NOAA – I	国家大气海洋局卫星 – I	美国	范登堡空军基地	Atlas – E Star – 37S – ISS	宇宙神 E – 星 – 37S – ISS	19930809	对地观测卫星
4443	1993 – 51A	Oko – 74	眼睛 – 74	俄罗斯	普列谢茨克航天发射中心	Molniya – M/Blok – 2BL	闪电 – M/上面级 2BL	19930810	对地观测卫星
4444	1993 – 52A	Progress M – 19	进步 M – 19	俄罗斯	拜科努尔航天发射中心	Soyuz – U	联盟 – U	19930810	载人及货运航天器
4445	1993 – 53A	Resurs – F1 17F43 – 17	资源 – F1 17F43 – 17	俄罗斯	普列谢茨克航天发射中心	Soyuz – U	联盟 – U	19930824	对地观测卫星
4446	1993 – 54A	GPS – 2A – 13	导航星 – 2A – 13	美国	卡纳维拉尔角航天发射场	Delta – 7925	德尔它 – 7925	19930830	导航定位卫星
4447	1993 – 55A	Meteor – 2 – 21	流星 – 2 – 21	俄罗斯	普列谢茨克航天发射中心	Tsyklon – 3	旋风 – 3	19930831	对地观测卫星
4448	1993 – 55B	Temisat	空间通信公司微型卫星	意大利	普列谢茨克航天发射中心	Tsyklon – 3	旋风 – 3	19930831	通信广播卫星
4449	1993 – 56A	UFO – 02	特高频后继 – 02	美国	卡纳维拉尔角航天发射场	Atlas – 1	宇宙神 – 1	19930903	通信广播卫星
4450	1993 – 57A	Orlets – 1 – 05	蔷薇辉石 – 1 – 05	俄罗斯	拜科努尔航天发射中心	Soyuz – U2	联盟 – U2	19930907	对地观测卫星

续表

序号	国际代号	外文名	中文名	所属国家、地区或组织	发射地点	发射工具外文名	发射工具中文名	发射时间	航天器类型
4451	1993 – 58A	STS – 51	空间运输系统 – 51	美国	卡纳维拉尔角发射场	Discovery	发现号	19930912	载人及货运航天器
4452	1993 – 58B	ACTS	先进通信技术卫星	美国	卡纳维拉尔角发射场	Discovery	发现号	19930912	通信广播卫星
4453	1993 – 58C	ORFEUS – SPAS – 1	奥尔费斯 – 斯帕斯 – 1	美国/德国	卡纳维拉尔角发射场	Discovery	发现号	19930912	科学与技术试验卫星
4454	1993 – 59A	Tselina – 2 – 14	处女地 – 2 – 14	俄罗斯	拜科努尔航天发射中心	Zenit – 2	天顶 – 2	19930916	对地观测卫星
4455	1993 – 60A	US – PM – 04	电子型海洋监视卫星 – M – 04	俄罗斯	拜科努尔航天发射中心	Tsyklon – 2	旋风 – 2	19930917	对地观测卫星
4456	1993 – 61A	SPOT – 3	斯波特 – 3	法国	圭亚那航天中心	Ariane – 40 H10	阿里安 – 40 H10	19930926	对地观测卫星
4457	1993 – 61B	Stella	斯特拉	法国	圭亚那航天中心	Ariane – 40 H10	阿里安 – 40 H10	19930926	对地观测卫星
4462	1993 – 61C	Eyesat – A	眼睛卫星 – A	美国	圭亚那航天中心	Ariane – 40 H10	阿里安 – 40 H10	19930926	科学与技术试验卫星
4461	1993 – 61D	Itamsat	意大利业务爱好者卫星	意大利	圭亚那航天中心	Ariane – 40 H10	阿里安 – 40 H10	19930926	科学与技术试验卫星
4460	1993 – 61E	Healthsat – 2	保健卫星 – 2	美国	圭亚那航天中心	Ariane – 40 H10	阿里安 – 40 H10	19930926	通信广播卫星
4459	1993 – 61G	Posat – 1	葡萄牙卫星 – 1	葡萄牙	圭亚那航天中心	Ariane – 40 H10	阿里安 – 40 H10	19930926	科学与技术试验卫星
4458	1993 – 61H	Kitsat – B	韩国卫星 – B	韩国	圭亚那航天中心	Ariane – 40 H10	阿里安 – 40 H10	19930926	科学与技术试验卫星
4463	1993 – 62A	Raduga – 30	虹 – 30	俄罗斯	拜科努尔航天发射中心	Proton – K/Blok – DM – 2	质子 – K/上面级 DM – 2	19930930	通信广播卫星
4464	1993 – 63A	FSW – 1 – 5	返回式卫星 – 1 – 5	中国	酒泉航天发射中心	CZ – 2C	长征 – 2C	19931008	对地观测卫星
4465	1993 – 64A	Progress M – 20	进步 M – 20	俄罗斯	拜科努尔航天发射中心	Soyuz – U	联盟 – U	19931011	载人及货运航天器
4466	1993 – 65A	STS – 58	空间运输系统 – 58	美国	卡纳维拉尔角发射场	Columbia	哥伦比亚号	19931018	载人及货运航天器
4467	1993 – 66A	Intelsat – 701	国际通信卫星 – 701	国际通信卫星组织	圭亚那航天中心	Ariane – 44LP H10	阿里安 – 44LP H10	19931022	通信广播卫星
4468	1993 – 67A	Taifun – 1 Yu – 13	台风 – 1Yu – 13	俄罗斯	普列谢茨克航天发射中心	Cosmos – 3M	宇宙 – 3M	19931026	科学与技术试验卫星
4469	1993 – 68A	GPS – 2A – 14	导航星 – 2A – 14	美国	卡纳维拉尔角发射场	Delta – 7925	德尔它 – 7925	19931026	导航定位卫星
4470	1993 – 69A	Gorizont – 28	地平线 – 28	俄罗斯	拜科努尔航天发射中心	Proton – K/Blok – DM – 2	质子 – K/上面级 DM – 2	19931028	通信广播卫星
4471	1993 – 70A	Parus – 81	帆 – 81	俄罗斯	普列谢茨克航天发射中心	Cosmos – 3M	宇宙 – 3M	19931102	导航定位卫星
4472	1993 – 71A	Yantar – 4KS1M – 04	琥珀 – 4KS1M – 04	俄罗斯	拜科努尔航天发射中心	Soyuz – U	联盟 – U	19931105	对地观测卫星
4473	1993 – 72A	Gorizont – 29	地平线 – 29	俄罗斯	拜科努尔航天发射中心	Proton – K/Blok – DM – 2	质子 – K/上面级 DM – 2	19931118	通信广播卫星
4474	1993 – 73A	Satmex – 3	墨西哥卫星 – 3	墨西哥	圭亚那航天中心	Ariane – 44LP H10 +	阿里安 – 44LP H10 +	19931120	通信广播卫星
4475	1993 – 73B	Meteosat – 6	气象卫星 – 6	欧洲航天局	圭亚那航天中心	Ariane – 44LP H10 +	阿里安 – 44LP H10 +	19931120	对地观测卫星
4476	1993 – 74A	DSCS – 3 – 10	国防卫星通信系统 – 3 – 10	美国	卡纳维拉尔角发射场	Atlas – 2	宇宙神 – 2	19931128	通信广播卫星
4477	1993 – 75A	STS – 61	空间运输系统 – 61	美国	卡纳维拉尔角发射场	Endeavour	奋进号	19931202	载人及货运航天器

续表

序号	国际代号	外文名	中文名	所属国家、地区或组织	发射地点	发射工具外文名	发射工具中文名	发射时间	航天器类型
4478	1993-76A	NATO-4B	纳托-4B	北大西洋公约组织	卡纳维拉尔角发射场	Delta-7925	德尔它-7925	19931208	通信广播卫星
4479	1993-77A	Telstar-4 01	电星-4 01	美国	卡纳维拉尔角发射场	Atlas-2AS	宇宙神-2AS	19931216	通信广播卫星
4480	1993-78A	Direc TV-1	直播电视-1	美国	圭亚那航天中心	Ariane-44L H10+	阿里安-44L H10+	19931218	通信广播卫星
4481	1993-78B	Thaicom-1	泰国通信-1	泰国	圭亚那航天中心	Ariane-44L H10+	阿里安-44L H10+	19931218	通信广播卫星
4482	1993-79A	Molniya-1T-93	闪电-1T-93	俄罗斯	普列谢茨克航天发射中心	Molniya-M/Blok-ML	闪电-M/上面级 ML	19931222	通信广播卫星
4483	1994-01A	Soyuz TM-18	联盟 TM-18	俄罗斯	拜科努尔航天发射中心	Soyuz-U2	联盟-U2	19940108	载人及货运航天器
4484	1994-02A	Gals-1	航向-1	俄罗斯	拜科努尔航天发射中心	Proton-K/Blok-DM-2M	质子-K/上面级 DM-2M	19940120	通信广播卫星
4485	1994-03A	Meteor-3-06	流星-3-06	俄罗斯	普列谢茨克航天发射中心	Tsyklon-3	旋风-3	19940125	对地观测卫星
4486	1994-03B	Tubsat-B	柏林技术大学卫星-B	德国	普列谢茨克航天发射中心	Tsyklon-3	旋风-3	19940125	科学与技术试验卫星
4487	1994-04A	Clementine	克莱门汀	美国	范登堡空军基地	Titan-2 (23) G	大力神-2 (23) G	19940125	空间探测器
4488	1994-05A	Progress M-21	进步 M-21	俄罗斯	拜科努尔航天发射中心	Soyuz-U	联盟-U	19940128	载人及货运航天器
4489	1994-06A	STS-60	空间运输系统-60	美国	卡纳维拉尔角发射场	Discovery	发现号	19940203	载人及货运航天器
4490	1994-06B	ODERACS-A	轨道碎片雷达校准球-A	美国	卡纳维拉尔角发射场	Discovery	发现号	19940203	科学与技术试验卫星
4491	1994-06C	ODERACS-B	轨道碎片雷达校准球-B	美国	卡纳维拉尔角发射场	Discovery	发现号	19940203	科学与技术试验卫星
4492	1994-06D	ODERACS-C	轨道碎片雷达校准球-C	美国	卡纳维拉尔角发射场	Discovery	发现号	19940203	科学与技术试验卫星
4493	1994-06E	ODERACS-D	轨道碎片雷达校准球-D	美国	卡纳维拉尔角发射场	Discovery	发现号	19940203	科学与技术试验卫星
4494	1994-06F	ODERACS-E	轨道碎片雷达校准球-E	美国	卡纳维拉尔角发射场	Discovery	发现号	19940203	科学与技术试验卫星
4495	1994-06G	ODERACS-F	轨道碎片雷达校准球-F	美国	卡纳维拉尔角发射场	Discovery	发现号	19940203	科学与技术试验卫星
4496	1994-06H	Bremsat	不莱梅卫星	德国	卡纳维拉尔角发射场	Discovery	发现号	19940203	科学与技术试验卫星
4497	1994-07A	OREX (Ryusei)	轨道再入试验 (流星)	日本	种子岛航天中心	H-2	H-2	19940203	科学与技术试验卫星
4498	1994-07B	VEP (Myojo)	飞行器验证有效载荷 (明星)	日本	种子岛航天中心	H-2	H-2	19940203	科学与技术试验卫星
4499	1994-08A	Raduga-1-03	虹-1-03	俄罗斯	拜科努尔航天发射中心	Proton-K/Blok-DM-2	质子-K/上面级 DM-2	19940205	通信广播卫星
4500	1994-09A	Milstar-1-1	军事星-1-1	美国	卡纳维拉尔角发射场	Titan-401A Centaur-T	大力神-401A 半人马座 T	19940207	通信广播卫星
4501	1994-10A	Dummy	模拟星	中国	西昌航天发射中心	CZ-3A	长征-3A	19940208	其他
4502	1994-10B	SJ-4	实践-4	中国	西昌航天发射中心	CZ-3A	长征-3A	19940208	科学与技术试验卫星
4503	1994-11A	Strela-3-101	天箭座-3-101	俄罗斯	普列谢茨克航天发射中心	Tsyklon-3	旋风-3	19940212	通信广播卫星
4504	1994-11B	Strela-3-102	天箭座-3-102	俄罗斯	普列谢茨克航天发射中心	Tsyklon-3	旋风-3	19940212	通信广播卫星

续表

序号	国际代号	外文名	中文名	所属国家、地区或组织	发射地点	发射工具外文名	发射工具中文名	发射时间	航天器类型
4505	1994－11C	Strela－3－103	天箭座－3－103	俄罗斯	普列谢茨克航天发射中心	Tsyklon－3	旋风－3	19940212	通信广播卫星
4506	1994－11D	Strela－3－104	天箭座－3－104	俄罗斯	普列谢茨克航天发射中心	Tsyklon－3	旋风－3	19940212	通信广播卫星
4507	1994－11E	Strela－3－105	天箭座－3－105	俄罗斯	普列谢茨克航天发射中心	Tsyklon－3	旋风－3	19940212	通信广播卫星
4508	1994－11F	Strela－3－106	天箭座－3－106	俄罗斯	普列谢茨克航天发射中心	Tsyklon－3	旋风－3	19940212	通信广播卫星
4509	1994－12A	Raduga－31	虹－31	俄罗斯	拜科努尔航天发射中心	Proton－K/Blok－DM－2	质子－K/上面级DM－2	19940218	通信广播卫星
4510	1994－13A	Galaxy 1R－2	银河－1R－2	美国	卡纳维拉尔角发射场	Delta－7925－8	德尔它－7925－8	19940219	通信广播卫星
4511	1994－14A	CORONAS－I	日冕－I	俄罗斯	普列谢茨克航天发射中心	Tsyklon－3	旋风－3	19940302	科学与技术试验卫星
4512	1994－15A	STS－62	空间运输系统－62	美国	肯尼迪航天发射场	Columbia	哥伦比亚号	19940304	载人及货运航天器
4513	1994－16A	GPS－2A－15	导航星－2A－15	美国	卡纳维拉尔角发射场	Delta－7925	德尔它－7925	19940310	导航定位卫星
4514	1994－17A	STEP－0	空间试验平台－0	美国	范登堡空军基地	Taurus－1110	金牛座－1110	19940313	科学与技术试验卫星
4515	1994－17B	DARPASAT	国防高级研究计划局卫星	美国	范登堡空军基地	Taurus－1110	金牛座－1110	19940313	科学与技术试验卫星
4516	1994－18A	Yantar－4K2－72	琥珀－4K2－72	俄罗斯	普列谢茨克航天发射中心	Soyuz－U	联盟－U	19940317	对地观测卫星
4517	1994－19A	Progress M－22	进步 M－22	俄罗斯	拜科努尔航天发射中心	Soyuz－U	联盟－U	19940322	载人及货运航天器
4518	1994－20A	STS－59	空间运输系统－59	美国	卡纳维拉尔角发射场	Endeavour	奋进号	19940409	载人及货运航天器
4519	1994－21A	GLONASS－54	格洛纳斯－54	俄罗斯	拜科努尔航天发射中心	Proton－K/Blok－DM－2	质子－K/上面级DM－2	19940411	导航定位卫星
4520	1994－21B	GLONASS－55	格洛纳斯－55	俄罗斯	拜科努尔航天发射中心	Proton－K/Blok－DM－2	质子－K/上面级DM－2	19940411	导航定位卫星
4521	1994－21C	GLONASS－56	格洛纳斯－56	俄罗斯	拜科努尔航天发射中心	Proton－K/Blok－DM－2	质子－K/上面级DM－2	19940411	导航定位卫星
4522	1994－22A	GOES－I	地球静止环境业务卫星－I	美国	卡纳维拉尔角发射场	Atlas－I	宇宙神－1	19940413	对地观测卫星
4523	1994－23A	Tselina－2－15	处女地－2－15	俄罗斯	拜科努尔航天发射中心	Zenit－2	天顶－2	19940423	对地观测卫星
4524	1994－24A	Parus－82	帆－82	俄罗斯	普列谢茨克航天发射中心	Cosmos－3M	宇宙－3M	19940426	导航定位卫星
4525	1994－25A	Yantar－4KS1M－05	琥珀－4KS1M－05	俄罗斯	拜科努尔航天发射中心	Soyuz－U	联盟－U	19940428	对地观测卫星
4526	1994－26A	Trumpet－01	军号－01	美国	卡纳维拉尔角发射场	Titan－401A Centaur－T	大力神－401A－半人马座T	19940503	对地观测卫星
4527	1994－27A	SROSS－C2	斯罗斯－C2	印度	萨提斯达瓦航天中心	ASLV	加大推力卫星运载火箭	19940504	科学与技术试验卫星
4528	1994－28A	MSTI－2	小型传感器技术集成卫星－2	美国	范登堡空军基地	Scout－G1	侦察兵－G1	19940509	科学与技术试验卫星
4529	1994－29A	STEP－2/P91－A	空间试验平台－2/P91－A	美国	爱德华兹空军发射中心	Pegasus HAPS	飞马座－肼辅助推进系统	19940519	科学与技术试验卫星
4530	1994－30A	Gorizont－30	地平线－30	俄罗斯	拜科努尔航天发射中心	Proton－K/Blok－DM－2	质子－K/上面级DM－2	19940520	通信广播卫星
4531	1994－31A	Progress M－23	进步 M－23	俄罗斯	拜科努尔航天发射中心	Soyuz－U	联盟－U	19940522	载人及货运航天器

续表

序号	国际代号	外文名	中文名	所属国家、地区或组织	发射地点	发射工具外文名	发射工具中文名	发射时间	航天器类型
4532	1994-32A	Zenit-8-102	天顶-8-102	俄罗斯	普列谢茨克航天发射中心	Soyuz-U	联盟-U	19940607	对地观测卫星
4533	1994-33A	Foton-9	光子-9	俄罗斯	普列谢茨克航天发射中心	Soyuz-U	联盟-U	19940614	科学与技术试验卫星
4534	1994-34A	Intelsat-702	国际通信卫星-702	国际通信卫星组织	圭亚那航天中心	Ariane-441P H10+	阿里安-441P H10+	19940617	通信广播卫星
4535	1994-34B	STRV-1A	空间技术和研究飞行器-1A	英国	圭亚那航天中心	Ariane-441P H10+	阿里安-441P H10+	19940617	科学与技术试验卫星
4536	1994-34C	STRV-1B	空间技术和研究飞行器-1B	英国	圭亚那航天中心	Ariane-441P H10+	阿里安-441P H10+	19940617	科学与技术试验卫星
4537	1994-35A	UFO-03	特高频后继-03	美国	卡纳维拉尔角发射场	Atlas-1	宇宙神-1	19940625	通信广播卫星
4538	1994-36A	Soyuz TM-19	联盟 TM-19	俄罗斯	拜科努尔航天发射中心	Soyuz-U2	联盟-U2	19940701	载人及货运航天器
4539	1994-37A	FSW-2-2	返回式卫星-2-2	中国	酒泉航天发射中心	CZ-2D	长征-2D	19940703	对地观测卫星
4540	1994-38A	Prognoz-3	预报-3	俄罗斯	拜科努尔角发射中心	Proton-K/Blok-DM-2	质子-K/上面级 DM-2	19940707	对地观测卫星
4541	1994-39A	STS-65	空间运输系统-65	美国	卡纳维拉尔角发射场	Columbia	哥伦比亚号	19940708	载人及货运航天器
4542	1994-40A	PAS-2	泛美卫星-2	美国	圭亚那航天中心	Ariane-44L H10+	阿里安-44L H10+	19940708	通信广播卫星
4543	1994-40B	BS-3N	广播卫星-3N	日本	圭亚那航天中心	Ariane-44L H10+	阿里安-44L H10+	19940708	通信广播卫星
4544	1994-41A	Nadezhda-7	希望-7	俄罗斯	普列谢茨克航天中心	Cosmos-3M	宇宙-3M	19940714	导航定位卫星
4545	1994-42A	Yantar-4K2-73	琥珀-4K2-73	俄罗斯	普列谢茨克航天发射中心	Soyuz-U	联盟-U	19940720	对地观测卫星
4546	1994-43A	APStar-1	亚太星-1	中国	西昌航天发射中心	CZ-3	长征-3	19940721	通信广播卫星
4547	1994-44A	Yantar-1KFT-17	琥珀-1KFT-17	俄罗斯	拜科努尔航天发射中心	Soyuz-U	联盟-U	19940729	对地观测卫星
4548	1994-45A	Obzor Test-1	奥布佐尔电子学试验-1	俄罗斯	普列谢茨克航天发射中心	Cosmos-3M	宇宙-3M	19940802	科学与技术试验卫星
4549	1994-46A	APEX	先进光和电子学试验	美国	爱德华兹空军基地	Pegasus	飞马座	19940803	科学与技术试验卫星
4550	1994-47A	Direc TV-2	直播电视-2	美国	卡纳维拉尔角发射场	Atlas-2A	宇宙神-2A	19940804	通信广播卫星
4551	1994-48A	Oko-75	眼睛-75	俄罗斯	普列谢茨克航天发射中心	Molniya-M/Blok-2BL	闪电-M/上面级 2BL	19940805	对地观测卫星
4552	1994-49A	Brasilsat-B1	巴西卫星-B1	巴西	圭亚那航天中心	Ariane-441P H10+	阿里安-441P H10+	19940810	通信广播卫星
4553	1994-49B	Turksat-1B	土耳其卫星-1B	土耳其	圭亚那航天中心	Ariane-44LP H10+	阿里安-44LP H10+	19940810	通信广播卫星
4554	1994-50A	GLONASS-57	格洛纳斯-57	俄罗斯	拜科努尔航天发射中心	Proton-K/Blok-DM-2	质子-K/上面级 DM-2	19940811	导航定位卫星
4555	1994-50B	GLONASS-58	格洛纳斯-58	俄罗斯	拜科努尔航天发射中心	Proton-K/Blok-DM-2	质子-K/上面级 DM-2	19940811	导航定位卫星
4556	1994-50C	GLONASS-59	格洛纳斯-59	俄罗斯	拜科努尔航天发射中心	Proton-K/Blok-DM-2	质子-K/上面级 DM-2	19940811	导航定位卫星
4557	1994-51A	Molniya-3-48	闪电-3-48	俄罗斯	普列谢茨克航天发射中心	Molniya-M/Blok-ML	闪电-M/上面级 ML	19940823	通信广播卫星
4558	1994-52A	Progress M-24	进步 M-24	俄罗斯	拜科努尔航天发射中心	Soyuz-U	联盟-U	19940825	载人及货运航天器

续表

序号	国际代号	外文名	中文名	所属国家、地区或组织	发射地点	发射工具外文名	发射工具中文名	发射时间	航天器类型
4559	1994-53A	Orlets-2-01	蔷薇辉石-2-01	俄罗斯	拜科努尔航天发射中心	Zenit-2	天顶-2	19940826	对地观测卫星
4560	1994-54A	Mercury-01	水星-01	美国	卡纳维拉尔角发射场	Titan-401A Centaur-T	大力神-401A-半人马座 T	19940827	对地观测卫星
4561	1994-55A	Optus-B3	澳普图斯-B3	澳大利亚	西昌航天发射中心	CZ-2E	长征-2E	19940827	通信广播卫星
4562	1994-56A	ETS-6	工程试验卫星-6	日本	种子岛航天中心	H-2	H-2	19940828	科学与技术试验卫星
4563	1994-57A	DMSP-5D2 F12	国防气象卫星计划-5D2 F12	美国	范登堡空军基地	Atlas-E Star-37S-ISS	宇宙神 E-星-37S-ISS	19940829	对地观测卫星
4564	1994-58A	Telstar-4 02	电星-4 02	美国	圭亚那航天中心	Ariane-42L H10+	阿里安-42L H10+	19940909	通信广播卫星
4565	1994-59A	STS-64	空间运输系统-64	美国	卡纳维拉尔角发射场	Discovery	发现号	19940909	载人及货运航天器
4566	1994-59B	Spartan-201/F2	斯帕坦-201/F2	美国	卡纳维拉尔角发射场	Discovery	发现号	19940909	科学与技术试验卫星
4567	1994-60A	Potok-8	急流-8	俄罗斯	拜科努尔航天发射中心	Proton-K/Blok-DM-2	质子-K/上面级 DM-2	19940921	通信广播卫星
4568	1994-61A	Taifun-1-24	台风-1-24	俄罗斯	普列谢茨克航天发射中心	Cosmos-3M	宇宙-3M	19940927	科学与技术试验卫星
4569	1994-62A	STS-68	空间运输系统-68	美国	卡纳维拉尔角发射场	Endeavour	奋进号	19940930	载人及货运航天器
4570	1994-63A	Soyuz TM-20	联盟 TM-20	俄罗斯	拜科努尔航天发射中心	Soyuz-U2	联盟-U2	19941003	载人及货运航天器
4571	1994-64A	Intelsat-703	国际通信卫星-703	国际通信卫星组织	卡纳维拉尔角发射场	Atlas-2AS	宇宙神-2AS	19941006	通信广播卫星
4572	1994-65A	Satmex-4	墨西哥卫星-4	墨西哥	圭亚那航天中心	Ariane-44L H10+	阿里安-44L H10+	19941008	通信广播卫星
4573	1994-65B	Thaicom-2	泰国通信-2	泰国	圭亚那航天中心	Ariane-44L H10+	阿里安-44L H10+	19941008	通信广播卫星
4574	1994-66A	Okean-O1-07	海洋-O1-07	俄罗斯	普列谢茨克航天发射中心	Tsyklon-3	旋风-3	19941011	对地观测卫星
4575	1994-67A	Express-1	快讯-1	俄罗斯	拜科努尔航天发射中心	Proton-K/Blok-DM-2M	质子-K/上面级 DM-2M	19941013	通信广播卫星
4576	1994-68A	IRS-P2	印度遥感卫星-P2	印度	萨提斯达瓦航天中心	PSLV（1）	极轨卫星运载火箭-1	19941015	对地观测卫星
4577	1994-69A	Elektro-1	电子-1	俄罗斯	拜科努尔航天发射中心	Proton-K/Blok-DM-2	质子-K/上面级 DM-2	19941031	对地观测卫星
4578	1994-70A	Astra-1D	阿斯特拉-1D	卢森堡	圭亚那航天中心	Ariane-42P H10+	阿里安-42P H10+	19941101	通信广播卫星
4579	1994-71A	Wind	风	美国	卡纳维拉尔角发射场	Delta-7925-10	德尔它-7925-10	19941101	科学与技术试验卫星
4580	1994-72A	US-PM-05	电子型海洋监视卫星-M-05	俄罗斯	拜科努尔航天发射中心	Tsyklon-2	旋风-2	19941102	对地观测卫星
4581	1994-73A	STS-66	空间运输系统-66	美国	卡纳维拉尔角发射场	Atlantis	阿特兰蒂斯号	19941103	载人及货运航天器
4582	1994-73B	CRISTA-SPAS-1	克里斯塔-斯帕斯-1	美国	卡纳维拉尔角发射场	Atlantis	阿特兰蒂斯号	19941103	科学与技术试验卫星
4583	1994-74A	Resurs-O1-03	资源-O1-03	俄罗斯	拜科努尔航天发射中心	Zenit-2	天顶-2	19941104	对地观测卫星
4584	1994-75A	Progress M-25	进步 M-25	俄罗斯	拜科努尔航天发射中心	Soyuz-U	联盟-U	19941111	载人及货运航天器
4585	1994-76A	GLONASS-60	格洛纳斯-60	俄罗斯	拜科努尔航天发射中心	Proton-K/Blok-DM-2	质子-K/上面级 DM-2	19941120	导航定位卫星

续表

序号	国际代号	外文名	中文名	所属国家、地区或组织	发射地点	发射工具外文名	发射工具中文名	发射时间	航天器类型
4586	1994-76B	GLONASS-61	格洛纳斯-61	俄罗斯	拜科努尔航天发射中心	Proton-K/Blok-DM-2	质子-K/上面级DM-2	19941120	导航定位卫星
4587	1994-76C	GLONASS-62	格洛纳斯-62	俄罗斯	拜科努尔航天发射中心	Proton-K/Blok-DM-2	质子-K/上面级DM-2	19941120	导航定位卫星
4588	1994-77A	Tselina-2-16	处女地-2-16	俄罗斯	拜科努尔航天发射中心	Zenit-2	天顶-2	19941124	对地观测卫星
4589	1994-78A	Geo-IK-14	测地-IK-14	俄罗斯	普列谢茨克航天发射中心	Tsyklon-3	旋风-3	19941129	对地观测卫星
4590	1994-79A	Orion-1/Telstar-11	奥里昂-1/电星-11	美国	卡纳维拉尔角发射场	Atlas-2A	宇宙神-2A	19941129	通信广播卫星
4591	1994-80A	DFH-31	东方红-31	中国	西昌航天发射中心	CZ-3A	长征-3A	19941129	通信广播卫星
4592	1994-81A	Molniya-1T-94	闪电-1T-94	俄罗斯	普列谢茨克航天发射中心	Molniya-M/Blok-ML	闪电-M/上面级ML	19941214	通信广播卫星
4593	1994-82A	Luch-1	射线-1	俄罗斯	拜科努尔航天发射中心	Proton-K/Blok-DM-2	质子-K/上面级DM-2	19941216	通信广播卫星
4594	1994-83A	Strela-2M-52	天箭座-2M-52	俄罗斯	普列谢茨克航天发射中心	Cosmos-3M	宇宙-3M	19941220	通信广播卫星
4595	1994-84A	DSP-17	国防支援计划-17	美国	卡纳维拉尔角发射场	Titan-402A IUS	大力神-402A-惯性上面级	19941222	对地观测卫星
4596	1994-85A	Radio Rosto	罗斯托	俄罗斯	拜科努尔航天发射中心	ROkot-K	隆声-K	19941226	科学与技术试验卫星
4597	1994-86A	"Strela-3-107"	"天箭座-3-107"	俄罗斯	普列谢茨克航天发射中心	Tsyklon-3	旋风-3	19941228	通信广播卫星
4598	1994-86B	"Strela-3-108"	"天箭座-3-108"	俄罗斯	普列谢茨克航天发射中心	Tsyklon-3	旋风-3	19941228	通信广播卫星
4599	1994-86C	"Strela-3-109"	"天箭座-3-109"	俄罗斯	普列谢茨克航天发射中心	Tsyklon-3	旋风-3	19941228	通信广播卫星
4600	1994-86D	Strela-3-110	天箭座-3-110	俄罗斯	普列谢茨克航天发射中心	Tsyklon-3	旋风-3	19941228	通信广播卫星
4601	1994-86E	Strela-3-111	天箭座-3-111	俄罗斯	普列谢茨克航天发射中心	Tsyklon-3	旋风-3	19941228	通信广播卫星
4602	1994-86F	Strela-3-112	天箭座-3-112	俄罗斯	普列谢茨克航天发射中心	Tsyklon-3	旋风-3	19941228	通信广播卫星
4603	1994-87A	Raduga-32	虹-32	俄罗斯	拜科努尔航天发射中心	Proton-K/Blok-DM-2	质子-K/上面级DM-2	19941228	通信广播卫星
4604	1994-88A	Yantar-4KS1M-06	琥珀-4KS1M-06	俄罗斯	拜科努尔航天发射中心	Soyuz-U	联盟-U	19941229	对地观测卫星
4605	1994-89A	NOAA-J	国家大气和海洋通信卫星-J	美国	范登堡空军基地	Atlas-E Star-37S-ISS	宇宙神E-星-37S-ISS	19941230	对地观测卫星
4606	1995-01A	Intelsat-704	国际通信卫星-704	国际通信卫星组织	卡纳维拉尔角发射场	Atlas-2AS	宇宙神-2AS	19950110	通信广播卫星
4607	1995-02A	Tsikada-20	蝉-20	俄罗斯	普列谢茨克航天发射中心	Cosmos-3M	宇宙-3M	19950124	导航定位卫星
4608	1995-02B	Astrid	阿斯特里德	瑞典	普列谢茨克航天发射中心	Cosmos-3M	宇宙-3M	19950124	科学与技术试验卫星
4609	1995-02C	FAISAT	费萨特	美国	普列谢茨克航天发射中心	Cosmos-3M	宇宙-3M	19950124	通信广播卫星
4610	1995-03A	UFO-04	特高频后继-04	美国	卡纳维拉尔角发射场	Atlas-2	宇宙神-2	19950129	通信广播卫星
4611	1995-04A	STS-63	空间运输系统-63	美国	卡纳维拉尔角发射场	Discovery	发现号	19950203	载人及货运航天器
4612	1995-04B	Spartan-204	斯帕坦-204	美国	卡纳维拉尔角发射场	Discovery	发现号	19950203	科学与技术试验卫星

续表

序号	国际代号	外文名	中文名	所属国家、地区或组织	发射地点	发射工具外文名	发射工具中文名	发射时间	航天类型
4613	1995-04C	ODERACS-2A	轨道碎片雷达校正球-2A	美国	卡纳维拉尔角发射场	Discovery	发现号	19950203	科学与技术试验卫星
4614	1995-04D	ODERACS-2B	轨道碎片雷达校正球-2B	美国	卡纳维拉尔角发射场	Discovery	发现号	19950203	科学与技术试验卫星
4615	1995-04E	ODERACS-2C	轨道碎片雷达校正球-2C	美国	卡纳维拉尔角发射场	Discovery	发现号	19950203	科学与技术试验卫星
4616	1995-04F	ODERACS-2D	轨道碎片雷达校正球-2D	美国	卡纳维拉尔角发射场	Discovery	发现号	19950203	科学与技术试验卫星
4617	1995-04G	ODERACS-2E	轨道碎片雷达校正球-2E	美国	卡纳维拉尔角发射场	Discovery	发现号	19950203	科学与技术试验卫星
4618	1995-04H	ODERACS-2F	轨道碎片雷达校正球-2F	美国	卡纳维拉尔角发射场	Discovery	发现号	19950203	科学与技术试验卫星
4619	1995-05A	Progress M-26	进步 M-26	俄罗斯	拜科努尔航天发射中心	Soyuz-U	联盟-U	19950215	载人及货运航天器
4620	1995-06A	Foton-10	光子-10	俄罗斯	普列谢茨克航天发射中心	Soyuz-U	联盟-U	19950216	科学与技术试验卫星
4621	1995-07A	STS-67	空间运输系统-67	美国	卡纳维拉尔角发射场	Endeavour	奋进号	19950302	载人及货运航天器
4622	1995-08A	Taifun-2-29	台风-2-29	俄罗斯	普列谢茨克航天发射中心	Cosmos-3M	宇宙-3M	19950302	科学与技术试验卫星
4623	1995-09A	GLONASS-63	格洛纳斯-63	俄罗斯	拜科努尔航天发射中心	Proton-K/Blok-DM-2	质子-K/上面级DM-2	19950307	导航定位卫星
4624	1995-09B	GLONASS-64	格洛纳斯-64	俄罗斯	拜科努尔航天发射中心	Proton-K/Blok-DM-2	质子-K/上面级DM-2	19950307	导航定位卫星
4625	1995-09C	GLONASS-65	格洛纳斯-65	俄罗斯	拜科努尔航天发射中心	Proton-K/Blok-DM-2	质子-K/上面级DM-2	19950307	导航定位卫星
4626	1995-10A	Soyuz TM-21	联盟 TM-21	俄罗斯	拜科努尔航天发射中心	Soyuz-U2	联盟-U2	19950314	载人及货运航天器
4627	1995-11A	SFU	空间飞行器装置	日本	种子岛航天中心	H-2+SSB	H-2+固体子推力器	19950318	科学与技术试验卫星
4628	1995-11B	Himawari-5	向日葵-5(地球静止气象卫星-5)	日本	种子岛航天中心	H-2+SSB	H-2+固体子推力器	19950318	对地观测卫星
4629	1995-12A	Parus-83	帆-83	俄罗斯	普列谢茨克航天发射中心	Cosmos-3M	宇宙-3M	19950322	导航定位卫星
4630	1995-13A	Intelsat-705	国际通信卫星-705	国际通信卫星组织	卡纳维拉尔角发射场	Atlas-2AS	宇宙神-2AS	19950322	通信广播卫星
4631	1995-14A	Yantar-4K2-74	琥珀-4K2-74	俄罗斯	普列谢茨克航天发射中心	Soyuz-U	联盟-U	19950322	对地观测卫星
4632	1995-15A	DMSP-5D2 F13	国防气象卫星计划-5D2 F13	美国	范登堡空军基地	Atlas-E Star-37S-ISS	宇宙神 E-星-37S-ISS	19950324	对地观测卫星
4633	1995-16A	Brasilsat-B2	巴西卫星-B2	巴西	圭亚那航天中心	Ariane-44LP H10+	阿里安-44LP H10+	19950328	通信广播卫星
4634	1995-16B	Hot Bird-1	热鸟-1	欧洲航天局	圭亚那航天中心	Ariane-44LP H10+	阿里安-44LP H10+	19950328	通信广播卫星
4635	1995-17A	Orbcomm-1	轨道通信-1	美国	范登堡空军基地	Pegasus-H	飞马座-H	19950403	通信广播卫星
4636	1995-17B	Orbcomm-2	轨道通信-2	美国	范登堡空军基地	Pegasus-H	飞马座-H	19950403	通信广播卫星
4637	1995-17C	MICROLAB-1	微型实验室-1	美国	范登堡空军基地	Pegasus-H	飞马座-H	19950403	科学与技术试验卫星
4638	1995-18A	Ofeq-3	地平线-3	以色列	帕尔玛奇姆空军基地	Shavit-1	沙维特-1	19950405	对地观测卫星
4639	1995-19A	AMSC-1	美国移动卫星公司-1	美国	卡纳维拉尔角发射场	Atlas-2A	宇宙神-2A	19950407	通信广播卫星

续表

序号	国际代号	外文名	中文名	所属国家、地区或组织	发射地点	发射工具外文名	发射工具中文名	发射时间	航天器类型
4640	1995－20A	Progress M－27	进步 M－27	俄罗斯	拜科努尔航天发射中心	Soyuz－U	联盟－U	19950409	载人及货运航天器
4641	1995－20B	GFZ－1	波茨坦地学研究中心－1	德国	拜科努尔航天发射中心	Soyuz－U	联盟－U	19950409	对地观测卫星
4642	1995－21A	ERS－2	欧洲遥感卫星－2	欧洲航天局	圭亚那航天中心	Ariane－40 H10＋	阿里安－40 H10＋	19950421	对地观测卫星
4643	1995－22A	Mentor－01	顾问－01	美国	卡纳维拉尔角发射场	Titan－401A Centaur－T	大力神－401A－半人马座 T	19950514	对地观测卫星
4644	1995－23A	Intelsat－706	国际通信卫星－706	国际通信卫星组织	圭亚那航天中心	Ariane－44LP H10－3	阿里安－44LP H10－3	19950517	通信广播卫星
4645	1995－24A	Spektr	光谱舱	俄罗斯	拜科努尔航天发射中心	Proton－K	质子－K	19950520	载人及货运航天器
4646	1995－25A	GOES－J	地球静止环境业务卫星－J	美国	卡纳维拉尔角发射场	Atlas－1	宇宙神－1	19950523	对地观测卫星
4647	1995－26A	Oko－76	眼睛－76	俄罗斯	普列谢茨克航天发射中心	Molniya－M/Blok－2BL	闪电－M/上面级 2BL	19950524	对地观测卫星
4648	1995－27A	UFO－05	特高频后继－05	美国	卡纳维拉尔角发射场	Atlas－2	宇宙神－2	19950531	通信广播卫星
4649	1995－28A	US－PM－06	电子型海洋监视卫星－M－06	俄罗斯	拜科努尔航天发射中心	Tsyklon－2	旋风－2	19950608	对地观测卫星
4650	1995－29A	Direc TV－3	直播电视－3	美国	圭亚那航天中心	Ariane－42P H10－3	阿里安－42P H10－3	19950610	通信广播卫星
4651	1995－30A	STS－71	空间运输系统－71	美国	卡纳维拉尔角发射场	Atlantis	阿特兰蒂斯号	19950627	载人及货运航天器
4652	1995－31A	Yantar－4K2－75	琥珀－4K2－75	俄罗斯	普列谢茨克航天发射中心	Soyuz－U	联盟－U	19950628	对地观测卫星
4653	1995－32A	Tsikada－M－1	蝉－M－1	俄罗斯	普列谢茨克航天发射中心	Cosmos－3M	宇宙－3M	19950705	导航定位卫星
4654	1995－33A	Helios－1A	太阳神－1A	法国	圭亚那航天中心	Ariane－40 H10－3	阿里安－40 H10－3	19950707	对地观测卫星
4655	1995－33B	CERISE	塞利斯	法国	圭亚那航天中心	Ariane－40 H10－3	阿里安－40 H10－3	19950707	科学与技术试验卫星
4656	1995－33C	UPM/SAT－1	马德里综合大学卫星－1	西班牙	圭亚那航天中心	Ariane－40 H10－3	阿里安－40 H10－3	19950707	科学与技术试验卫星
4657	1995－34A	Trumpet－02	军号－02	美国	卡纳维拉尔角发射场	Titan－401A Centaur－T	大力神－401A－半人马座 T	19950710	对地观测卫星
4658	1995－35A	STS－70	空间运输系统－70	美国	卡纳维拉尔角发射场	Discovery	发现号	19950713	载人及货运航天器
4659	1995－35B	TDRS－7	跟踪与数据中继卫星－7	美国	卡纳维拉尔角发射场	Discovery	发现号	19950713	通信广播卫星
4660	1995－36A	Progress M－28	进步 M－28	俄罗斯	拜科努尔航天发射中心	Soyuz－U	联盟－U	19950720	载人及货运航天器
4661	1995－37A	GLONASS－66	格洛纳斯－66	俄罗斯	拜科努尔航天发射中心	Proton－K/Blok－DM－2	质子－K/上面级 DM－2	19950724	导航定位卫星
4662	1995－37B	GLONASS－67	格洛纳斯－67	俄罗斯	拜科努尔航天发射中心	Proton－K/Blok－DM－2	质子－K/上面级 DM－2	19950724	导航定位卫星
4663	1995－37C	GLONASS－68	格洛纳斯－68	俄罗斯	拜科努尔航天发射中心	Proton－K/Blok－DM－2	质子－K/上面级 DM－2	19950724	导航定位卫星
4664	1995－38A	DSCS－3－07	国防卫星通信系统－3－07	美国	卡纳维拉尔角发射场	Atlas－2A	宇宙神－2A	19950731	通信广播卫星
4665	1995－39A	Prognoz－11	预报－11	俄罗斯	普列谢茨克航天发射中心	Molniya－M/Blok－2BL	闪电－M/上面级 2BL	19950802	科学与技术试验卫星
4666	1995－39B	Magion－4	磁层电离层卫星－4	捷克	普列谢茨克航天发射中心	Molniya－M/Blok－2BL	闪电－M/上面级 2BL	19950802	科学与技术试验卫星

续表

序号	国际代号	外文名	中文名	所属国家、地区或组织	发射地点	发射工具外文名	发射工具中文名	发射时间	航天器类型
4667	1995-40A	PAS-4	泛美卫星-4	美国	圭亚那航天中心	Ariane-42L H10-3	阿里安-42L H10-3	19950803	通信广播卫星
4668	1995-41A	Koreasat-1	高丽卫星-1	韩国	卡纳维拉尔角发射场	Delta-7925	德尔它-7925	19950805	通信广播卫星
4669	1995-42A	Molniya-3-49	闪电-3-49	俄罗斯	普列谢茨克航天发射中心	Molniya-M/Blok-ML	闪电-M/上面级 ML	19950809	通信广播卫星
4670	1995-43A	JCSAT-3	日本通信卫星-3	日本	卡纳维拉尔角发射场	Atlas-2AS	宇宙神-2AS	19950829	通信广播卫星
4671	1995-44A	N-StarA	N-星A	日本	圭亚那航天中心	Ariane-44P H10-3	阿里安-44P H10-3	19950829	通信广播卫星
4672	1995-45A	Potok-9	急流-9	俄罗斯	拜科努尔航天发射中心	Proton-K/Blok-DM-2	质子-K/上面级 DM-2	19950830	通信广播卫星
4673	1995-46A	Sich-1	西奇-1	俄罗斯	普列谢茨克航天发射中心	Tsyklon-3	旋风-3	19950831	对地观测卫星
4674	1995-47A	Soyuz TM-22	联盟 TM-22	俄罗斯	拜科努尔航天发射中心	Soyuz-U2	联盟-U2	19950903	载人及货运航天器
4675	1995-48A	STS-69	空间运输系统-69	美国	卡纳维拉尔角发射场	Endeavour	奋进号	19950907	载人及货运航天器
4676	1995-48B	Spartan-201	斯帕坦-201	美国	卡纳维拉尔角发射场	Endeavour	奋进号	19950907	科学与技术试验卫星
4677	1995-48C	WSF-2	尾流屏蔽装置-2	美国	卡纳维拉尔角发射场	Endeavour	奋进号	19950907	科学与技术试验卫星
4678	1995-49A	Telstar-4 02R	电星-4 02R	美国	圭亚那航天中心	Ariane-42L H10-3	阿里安-42L H10-3	19950924	通信广播卫星
4679	1995-50A	Resurs-F2-10	资源-F2-10	俄罗斯	普列谢茨克航天发射中心	Soyuz-U	联盟-U	19950926	对地观测卫星
4680	1995-51A	Yantar-4KS1M-07	琥珀-4KS1M-07	俄罗斯	拜科努尔航天发射中心	Soyuz-U	联盟-U	19950929	对地观测卫星
4681	1995-52A	Parus-84	帆-84	俄罗斯	普列谢茨克航天发射中心	Cosmos-3M	宇宙-3M	19951006	导航定位卫星
4682	1995-53A	Progress M-29	进步 M-29	俄罗斯	拜科努尔航天发射中心	Soyuz-U	联盟-U	19951008	载人及货运航天器
4683	1995-54A	Luch-2-1	射线-2-1	俄罗斯	拜科努尔航天发射中心	Proton-K/Blok-DM-2	质子-K/上面级 DM-2	19951011	通信广播卫星
4684	1995-55A	Astra-1E	阿斯特拉-1E	卢森堡	圭亚那航天中心	Ariane-42L H10-3	阿里安-42L H10-3	19951019	通信广播卫星
4685	1995-56A	STS-73	空间运输系统-73	美国	卡纳维拉尔角发射场	Columbia	哥伦比亚号	19951020	载人及货运航天器
4686	1995-57A	UFO-06	特高频后继-06	美国	卡纳维拉尔角发射场	Atlas-2	宇宙神-2	19951022	通信广播卫星
4687	1995-58A	Tselina-2-17	处女神-2-17	俄罗斯	拜科努尔航天发射中心	Zenit-2	天顶-2	19951031	对地观测卫星
4688	1995-59A	RADARSAT-1	雷达卫星-1	加拿大	范登堡空军基地	Delta-7920-10	德尔它-7920-10	19951104	对地观测卫星
4689	1995-59B	SURFSAT	暑期大学生研究会卫星	美国	范登堡空军基地	Delta-7920-10	德尔它-7920-10	19951104	科学与技术试验卫星
4690	1995-60A	Milstar-1-2	军事星-1-2	美国	卡纳维拉尔角发射场	Titan-401A Centaur-T	大力神-401A-半人马座 T	19951106	通信广播卫星
4691	1995-61A	STS-74	空间运输系统-74	美国	卡纳维拉尔角发射场	Atlantis	阿特兰蒂斯号	19951112	载人及货运航天器
4692	1995-61B	Docking Module	对接舱	俄罗斯	卡纳维拉尔角发射场	Atlantis	阿特兰蒂斯号	19951112	载人及货运航天器
4693	1995-62A	ISO	红外空间观测台	欧洲航天局	圭亚那航天中心	Ariane-44P H10-3	阿里安-44P H10-3	19951117	科学与技术试验卫星

续表

序号	国际代号	外文名	中文名	所属国家、地区或组织	发射地点	发射工具外文名	发射工具中文名	发射时间	航天器类型
4694	1995-63A	Gals-2	航向-2	俄罗斯	拜科努尔航天发射中心	Proton-K/Blok-DM-2	质子-K/上面级DM-2	19951117	通信广播卫星
4695	1995-64A	AsiaSat-2	亚洲卫星-2	中国	西昌航天发射中心	CZ-2E	长征-2E	19951128	通信广播卫星
4696	1995-65A	SOHO	太阳与日光层观测台	欧洲航天局	卡纳维拉尔角发射场	Atlas-2AS	宇宙神-2AS	19951202	空间探测器
4697	1995-66A	KH-12-02	锁眼-12-02	美国	范登堡空军基地	Titan-404A	大力神-404A	19951205	对地观测卫星
4698	1995-67A	Telecom-2C	电信-2C	法国	圭亚那航天中心	Ariane-44L H10-3	阿里安-44L H10-3	19951206	通信广播卫星
4699	1995-67B	Insat-2C	印度卫星-2C	印度	圭亚那航天中心	Ariane-44L H10-3	阿里安-44L H10-3	19951206	通信广播卫星
4700	1995-68A	GLONASS-69	格洛纳斯-69	俄罗斯	拜科努尔航天发射中心	Proton-K/Blok-DM-2	质子-K/上面级DM-2	19951214	导航定位卫星
4701	1995-68B	GLONASS-70	格洛纳斯-70	俄罗斯	拜科努尔航天发射中心	Proton-K/Blok-DM-2	质子-K/上面级DM-2	19951214	导航定位卫星
4702	1995-68C	GLONASS-71	格洛纳斯-71	俄罗斯	拜科努尔航天发射中心	Proton-K/Blok-DM-2	质子-K/上面级DM-2	19951214	导航定位卫星
4703	1995-69A	Galaxy-3R	银河-3R	美国	卡纳维拉尔角发射场	Atlas-2A	宇宙神-2A	19951215	通信广播卫星
4704	1995-70A	Progress M-30	进步 M-30	俄罗斯	拜科努尔航天发射中心	Soyuz-U	联盟-U	19951218	载人及货运航天器
4705	1995-71A	US-PM-07	电子型海洋监视卫星-M-07	俄罗斯	拜科努尔航天发射中心	Tsyklon-2	旋风-2	19951220	对地观测卫星
4706	1995-72A	IRS-1C	印度遥感卫星-1C	印度	拜科努尔航天发射中心	Molniya-M/Blok-2BL	闪电-M/上面级2BL	19951228	对地观测卫星
4707	1995-72B	Skipper	跳跃者	美国/俄罗斯	拜科努尔航天发射中心	Molniya-M/Blok-2BL	闪电-M/上面级2BL	19951228	科学与技术试验卫星
4708	1995-73A	EchoStar-1	回声星-1	美国	西昌航天发射基地	CZ-2E	长征-2E	19951228	通信广播卫星
4709	1995-74A	XTE	X射线定时探险者	美国	卡纳维拉尔角发射场	Delta-7920-10	德尔它-7920-10	19951230	科学与技术试验卫星
4710	1996-01A	STS-72	空间运输系统-72	美国	卡纳维拉尔角发射场	Endeavour	奋进号	19960111	载人及货运航天器
4711	1996-01B	Spartan-206	斯帕坦-206	美国	卡纳维拉尔角发射场	Endeavour	奋进号	19960111	科学与技术试验卫星
4712	1996-02A	PAS-3R	泛美卫星-3R	美国	圭亚那航天中心	Ariane-44L H10-3	阿里安-44L H10-3	19960112	通信广播卫星
4713	1996-02B	Measat-1	马来西亚东亚卫星-1	马来西亚	圭亚那航天中心	Ariane-44L H10-3	阿里安-44L H10-3	19960112	通信广播卫星
4714	1996-03A	Koreasat-2	高丽卫星-2	韩国	卡纳维拉尔角发射场	Delta-7925	德尔它-7925	19960114	通信广播卫星
4715	1996-04A	Parus-85	帆-85	俄罗斯	普列谢茨克航天发射中心	Cosmos-3M	宇宙-3M	19960116	导航定位卫星
4716	1996-05A	Gorizont-31	地平线-31	俄罗斯	拜科努尔航天发射中心	Proton-K/Blok-DM-2	质子-K/上面级DM-2	19960125	通信广播卫星
4717	1996-06A	Palapa-C1	帕拉帕-C1	印度尼西亚	卡纳维拉尔角发射场	Atlas-2AS	宇宙神-2AS	19960201	通信广播卫星
4718	1996-07A	N-Star B	N-星 B	日本	圭亚那航天中心	Ariane-44P H10-3	阿里安-44P H10-3	19960205	通信广播卫星
4719	1996-08A	NEAR	近地小行星交会	美国	卡纳维拉尔角发射场	Delta-7925-8	德尔它-7925-8	19960217	空间探测器
4720	1996-09A	Gonets D1-1	信使 D-1	俄罗斯	普列谢茨克航天发射中心	Tsyklon-3	旋风-3	19960219	通信广播卫星

续表

序号	国际代号	外文名	中文名	所属国家、地区或组织	发射地点	发射工具外文名	发射工具中文名	发射时间	航天器类型
4721	1996-09B	Gonets D1-2	信使 D-2	俄罗斯	普列谢茨克航天发射中心	Tsyklon-3	旋风-3	19960219	通信广播卫星
4722	1996-09C	Gonets D1-3	信使 D-3	俄罗斯	普列谢茨克航天发射中心	Tsyklon-3	旋风-3	19960219	通信广播卫星
4723	1996-09D	Strela-3-113	天箭座-3-113	俄罗斯	普列谢茨克航天发射中心	Tsyklon-3	旋风-3	19960219	通信广播卫星
4724	1996-09E	Strela-3-114	天箭座-3-114	俄罗斯	普列谢茨克航天发射中心	Tsyklon-3	旋风-3	19960219	通信广播卫星
4725	1996-09F	Strela-3-115	天箭座-3-115	俄罗斯	普列谢茨克航天发射中心	Tsyklon-3	旋风-3	19960219	通信广播卫星
4726	1996-10A	Raduga-33	虹-33	俄罗斯	拜科努尔航天发射中心	Proton-K/Blok-DM-2	质子-K/上面级 DM-2	19960219	通信广播卫星
4727	1996-11A	Soyuz TM-23	联盟 TM-23	俄罗斯	拜科努尔航天发射中心	Soyuz-U	联盟-U	19960221	载人及货运航天器
4728	1996-12A	STS-75	空间运输系统-75	美国	卡纳维拉尔角发射场	Columbia	哥伦比亚号	19960222	载人及货运航天器
4729	1996-12B	TSS-1R	系绳卫星系统-1R	意大利	卡纳维拉尔角发射场	Columbia	哥伦比亚号	19960222	科学与技术试验卫星
4730	1996-13A	Polar	极卫星	美国	范登堡空军基地	Delta-7925-10	德尔它-7925-10	19960224	科学与技术试验卫星
4731	1996-14A	REX-2	辐射试验-2	美国	范登堡空军基地	Pegasus-XL	飞马座-XL	19960309	科学与技术试验卫星
4732	1996-15A	Intelsat-707	国际通信卫星-707	国际通信卫星组织	圭亚那航天中心	Ariane-44LP H10-3	阿里安-44LP H10-3	19960314	通信广播卫星
4733	1996-16A	Yantar-4K2-76	琥珀-4K2-76	俄罗斯	普列谢茨克航天发射中心	Soyuz-U	联盟-U	19960314	对地观测卫星
4734	1996-17A	IRS-P3	印度遥感卫星-P3	印度	萨提什达瓦航天中心	PSLV(1)	极轨卫星运载火箭-1	19960321	对地观测卫星
4735	1996-18A	STS-76	空间运输系统-76	美国	卡纳维拉尔角发射场	Atlantis	阿特兰蒂斯号	19960322	载人及货运航天器
4736	1996-19A	GPS-2A-16	导航星-2A-16	美国	卡纳维拉尔角发射场	Delta-7925	德尔它-7925	19960328	导航定位卫星
4737	1996-20A	Inmarsat-3-1	国际移动卫星-3-1	国际移动卫星组织	卡纳维拉尔角发射场	Atlas-2A	宇宙神-2A	19960403	通信广播卫星
4738	1996-21A	Astra-1F	阿斯特拉-1F	卢森堡	拜科努尔航天发射中心	Proton-K/Blok-DM3	质子-K/上面级 DM3	19960408	通信广播卫星
4739	1996-22A	MSat-1	移动卫星-1	加拿大	圭亚那航天中心	Ariane-42P H10-3	阿里安-42P H10-3	19960420	通信广播卫星
4740	1996-23A	Priroda	"自然"舱	俄罗斯	拜科努尔航天发射中心	Proton-K	质子-K	19960423	载人及货运航天器
4741	1996-24A	MSX	中段空间试验卫星	美国	范登堡空军基地	Delta-7920-10	德尔它-7920-10	19960424	科学与技术试验卫星
4742	1996-25A	Taifun-1Yu-14	台风-1Yu-14	俄罗斯	普列谢茨克航天发射中心	Cosmos-3M	宇宙-3M	19960424	科学与技术试验卫星
4743	1996-26A	Mercury-02	水星-02	美国	卡纳维拉尔角发射场	Titan-401A Centaur-T	大力神-401A 半人马座 T	19960424	对地观测卫星
4744	1996-27A	SAX	X 射线天文卫星	意大利/荷兰	卡纳维拉尔角发射场	Atlas-1	宇宙神-1	19960430	科学与技术试验卫星
4745	1996-28A	Progress M-31	进步 M-31	俄罗斯	拜科努尔航天发射中心	Soyuz-U	联盟-U	19960505	载人及货运航天器
4746	1996-29A	SLDCOM-04	卫星发射分配器通信系统-04	美国	范登堡空军基地	Titan-403A	大力神-403A	19960512	通信广播卫星
4747	1996-29B	NOSS-2-04A	海军海洋监视系统-2-04A	美国	范登堡空军基地	Titan-403A	大力神-403A	19960512	对地观测卫星

续表

序号	国际代号	外文名	中文名	所属国家、地区或组织	发射地点	发射工具外文名	发射工具中文名	发射时间	航天器类型
4751	1996－29C	NOSS－2－04B	海军海洋监视系统－2－04B	美国	范登堡空军基地	Titan－403A	大力神－403A	19960512	对地观测卫星
4748	1996－29D	NOSS－2－04C	海军海洋监视系统－2－04C	美国	范登堡空军基地	Titan－403A	大力神－403A	19960512	对地观测卫星
4749	1996－29E	TiPS－1A	空间系绳物理卫星－1A	美国	范登堡空军基地	Titan－403A	大力神－403A	19960512	科学与技术试验卫星
4750	1996－29F	TiPS－1B	空间系绳物理卫星－1B	美国	范登堡空军基地	Titan－403A	大力神－403A	19960512	科学与技术试验卫星
4752	1996－30A	Palapa－C2	帕拉帕－C2	印度尼西亚	圭亚那航天中心	Ariane－44L H10－3	阿里安－44L H10－3	19960516	通信广播卫星
4753	1996－30B	Amos－1	阿莫斯－1	以色列	圭亚那航天中心	Ariane－44L H10－3	阿里安－44L H10－3	19960516	通信广播卫星
4754	1996－31A	MSTI－3	小型传感器技术集成卫星－3	美国	范登堡空军基地	Pegasus－H	飞马座－H	19960517	科学与技术试验卫星
4755	1996－32A	STS－77	空间运输系统－77	美国	卡纳维拉尔角发射场	Endeavour	奋进号	19960519	载人及货运航天器
4756	1996－32B	Spartan－207/IAE	斯帕坦－207/IAE	美国	卡纳维拉尔角发射场	Endeavour	奋进号	19960519	科学与技术试验卫星
4757	1996－32C	IAE	可膨胀天线试验	美国	卡纳维拉尔角发射场	Endeavour	奋进号	19960519	科学与技术试验卫星
4758	1996－32D	PAMS/STU	被动气动力稳定磁阻尼卫星/卫星试验装置	美国	卡纳维拉尔角发射场	Endeavour	奋进号	19960519	科学与技术试验卫星
4759	1996－33A	Galaxy－9	银河－9	美国	卡纳维拉尔角发射场	Delta－7925	德尔它－7925	19960524	通信广播卫星
4760	1996－34A	Gorizont－32	地平线－32	俄罗斯	拜科努尔航天发射中心	Proton－K/Blok－DM－2	质子－K/上面级 DM－2	19960525	通信广播卫星
4761	1996－35A	Intelsat－709	国际通信卫星－709	国际通信卫星组织	圭亚那航天中心	Ariane－44P H10－3	阿里安－44P H10－3	19960615	通信广播卫星
4762	1996－36A	STS－78	空间运输系统－78	美国	卡纳维拉尔角发射场	Columbia	哥伦比亚号	19960620	载人及货运航天器
4763	1996－37A	TOMS－EP	臭氧总量测量光谱计－地球探测器	美国	范登堡空军基地	Pegasus－XL	飞马座－XL	19960702	对地观测卫星
4764	1996－38A	SDS－2－4	卫星数据系统－2－4	美国	卡纳维拉尔角发射场	Titan－405A	大力神－405A	19960703	通信广播卫星
4765	1996－39A	APStar－1A	亚太星－1A	中国	西昌航天发射中心	CZ－3	长征－3	19960703	通信广播卫星
4766	1996－40A	Arabsat－2A	阿拉伯卫星－2A	阿拉伯卫星通信组织	圭亚那航天中心	Ariane－44L H10－3	阿里安－44L H10－3	19960709	通信广播卫星
4767	1996－40B	Turksat－1C	土耳其卫星－1C	土耳其	圭亚那航天中心	Ariane－44L H10－3	阿里安－44L H10－3	19960709	通信广播卫星
4768	1996－41A	GPS－2A－17	导航星－2A－17	美国	卡纳维拉尔角发射场	Delta－7925	德尔它－7925	19960716	导航定位卫星
4769	1996－42A	UFO－07	特高频后继－07	美国	卡纳维拉尔角发射场	Atlas－2	宇宙神－2	19960725	通信广播卫星
4770	1996－43A	Progress M－32	进步 M－32	俄罗斯	拜科努尔航天发射中心	Soyuz－U	联盟－U	19960731	载人及货运航天器
4771	1996－44A	Italsat－2	意大利卫星－2	意大利	圭亚那航天中心	Ariane－44L H10－3	阿里安－44L H10－3	19960808	通信广播卫星
4772	1996－44B	Telecom－2D	电信－2D	法国	圭亚那航天中心	Ariane－44L H10－3	阿里安－44L H10－3	19960808	通信广播卫星
4773	1996－45A	Molniya－1T－95	闪电－1T－95	俄罗斯	普列谢茨克航天发射中心	Molniya－M/Blok－ML	闪电－M/上面级 ML	19960814	通信广播卫星
4774	1996－46A	ADEOS－1	先进地球观测卫星－1	日本	种子岛航天中心	H－2	H－2	19960817	对地观测卫星

续表

序号	国际代号	外文名	中文名	所属国家、地区或组织	发射地点	发射工具外文名	发射工具中文名	发射时间	航天器类型
4775	1996-46B	Fuji-3	日本业余爱好者卫星（富士）	日本	种子岛航天中心	H-2	H-2	19960817	科学与技术试验卫星
4776	1996-47A	Soyuz TM-24	联盟 TM-24	俄罗斯	拜科努尔航天发射中心	Soyuz-U	联盟-U	19960817	载人及货运航天器
4777	1996-48A	Chinasat-7	中星-7	中国	西昌航天发射中心	CZ-3	长征-3	19960818	通信广播卫星
4778	1996-49A	FAST	高速极光快拍探险者	美国	范登堡空军基地	Pegasus-XL	飞马座-XL	19960821	科学与技术试验卫星
4779	1996-50A	MUSAT	缪卫星	阿根廷	普列谢茨克航天发射中心	Molniya-M/Blok-2BL-SM2	闪电-M/上面级 2BL-SM2	19960829	科学与技术试验卫星
4780	1996-50B	Magion-5	磁层电离层卫星-5	捷克	普列谢茨克航天发射中心	Molniya-M/Blok-2BL-SM2	闪电-M/上面级 2BL-SM2	19960829	科学与技术试验卫星
4781	1996-50C	Prognoz-12	预报-12	俄罗斯	普列谢茨克航天发射中心	Molniya-M/Blok-2BL-SM2	闪电-M/上面级 2BL-SM2	19960829	科学与技术试验卫星
4782	1996-51A	Tselina-2-18	处女地-2-18	俄罗斯	拜科努尔航天发射中心	Zenit-2	天顶-2	19960904	对地观测卫星
4783	1996-52A	Parus-86	帆-86	俄罗斯	普列谢茨克航天发射中心	Cosmos-3M	宇宙-3M	19960905	导航定位卫星
4784	1996-52B	Unamsat-2	自治大学卫星-2	墨西哥	普列谢茨克航天发射中心	Cosmos-3M	宇宙-3M	19960905	科学与技术试验卫星
4785	1996-53A	Inmarsat-3-2	国际移动卫星-3-2	国际移动卫星组织	拜科努尔航天发射中心	Proton-K/Blok-DM1	质子-K/上面级 DM1	19960906	通信广播卫星
4786	1996-54A	GE-1	通用电气公司-1	美国	卡纳维拉尔角发射场	Atlas-2A	宇宙神-2A	19960908	通信广播卫星
4787	1996-55A	EchoStar-2	回声星-2	美国	卡纳维拉尔角发射场	Ariane-42P H10-3	阿里安-42P H10-3	19960911	通信广播卫星
4788	1996-56A	GPS-2A-18	导航星-2A-18	美国	卡纳维拉尔角发射场	Delta-7925	德尔它-7925	19960912	导航定位卫星
4789	1996-57A	STS-79	空间运输系统-79	美国	卡纳维拉尔角发射场	Atlantis	阿特兰蒂斯号	19960916	载人及货运航天器
4790	1996-58A	Express-2	快讯-2	俄罗斯	拜科努尔航天发射中心	Proton-K/Blok-DM-2M	质子-K/上面级 DM-2M	19960926	通信广播卫星
4791	1996-59A	FSW-2-3	返回式卫星-2-3	中国	酒泉航天发射中心	CZ-2D	长征-2D	19961020	对地观测卫星
4792	1996-60A	Molniya-3-50	闪电-3-50	俄罗斯	普列谢茨克航天发射中心	Molniya-M/Blok-ML	闪电-M/上面级 ML	19961024	通信广播卫星
4793	1996-61A	SAC-B, HETE-1	科学应用卫星-B, 高能瞬态试验-1	阿根廷，美国	沃洛普斯岛发射场	Pegasus-XL	飞马座-XL	19961104	科学与技术试验卫星
4794	1996-62A	MGS	火星全球勘测者	美国	卡纳维拉尔角发射场	Delta-7925	德尔它-7925	19961107	空间探测器
4795	1996-63A	Arabsat-2B	阿拉伯卫星-2B	阿拉伯卫星通信组织	圭亚那航天中心	Ariane-44L H10-3	阿里安-44L H10-3	19961113	通信广播卫星
4796	1996-63B	Measat-2	马来西亚东亚卫星-2	马来西亚	圭亚那航天中心	Ariane-44L H10-3	阿里安-44L H10-3	19961113	通信广播卫星
4797	1996-64A	Mars-8	火星探测器-8	俄罗斯	拜科努尔航天发射中心	Proton-K/Blok-D-2	质子-K/上面级 D-2	19961116	空间探测器
4798	1996-65A	STS-80	空间运输系统-80	美国	卡纳维拉尔角发射场	Columbia	哥伦比亚号	19961119	载人及货运航天器
4799	1996-65B	ORFEUS SPAS-2	奥尔弗斯-斯帕斯-2	美国	卡纳维拉尔角发射场	Columbia	哥伦比亚号	19961119	科学与技术试验卫星
4800	1996-65C	WSF-3	尾流屏蔽装置-3	美国	卡纳维拉尔角发射场	Columbia	哥伦比亚号	19961119	科学与技术试验卫星
4801	1996-66A	Progress M-33	进步 M-33	俄罗斯	拜科努尔航天发射中心	Soyuz-U	联盟-U	19961119	载人及货运航天器

续表

序号	国际代号	外文名	中文名	所属国家、地区或组织	发射地点	发射工具外文名	发射工具中文名	发射时间	航天器类型
4802	1996-67A	Hot Bird-2	热鸟-2	欧洲航天局	卡纳维拉尔角发射场	Atlas-2A	宇宙神-2A	19961121	通信广播卫星
4803	1996-68A	Mars Pathfinder	火星探路者	美国	卡纳维拉尔角发射场	Delta-7925	德尔它-7925	19961204	空间探测器
4804	1996-69A	US-PM-08	电子型海洋监视卫星-M-08	俄罗斯	拜科努尔航天发射中心	Tsyklon-2	旋风-2	19961211	对地观测卫星
4805	1996-70A	Inmarsat-3-3	国际移动卫星-3-3	国际移动卫星组织	卡纳维拉尔角发射场	Atlas-2A	宇宙神-2A	19961218	通信广播卫星
4806	1996-71A	Parus-87	帆-87	俄罗斯	普列谢茨克航天发射中心	Cosmos-3M	宇宙-3M	19961220	导航定位卫星
4807	1996-72A	KH-12-03	锁眼-12-03	美国	范登堡空军基地	Titan-404A	大力神-404A	19961220	对地观测卫星
4808	1996-73A	Bion-11	生物-11	俄罗斯	拜科努尔航天发射中心	Soyuz-U	联盟-U	19961224	科学与技术试验卫星
4809	1997-01A	STS-81	空间运输系统-81	美国	卡纳维拉尔角发射场	Atlantis	阿特兰蒂斯号	19970112	载人及货运航天器
4810	1997-02A	GE-2	通用电气公司-2	美国	圭亚那航天中心	Ariane-44L H10-3	阿里安-44L H10-3	19970130	通信广播卫星
4811	1997-02B	Nahuel-1A	那沃-1A	阿根廷	圭亚那航天中心	Ariane-44L H10-3	阿里安-44L H10-3	19970130	通信广播卫星
4812	1997-03A	Soyuz TM-25	联盟TM-25	俄罗斯	拜科努尔航天发射中心	Soyuz-U	联盟-U	19970210	载人及货运航天器
4813	1997-04A	STS-82	空间运输系统-82	美国	卡纳维拉尔角发射场	Discovery	发现号	19970211	载人及货运航天器
4814	1997-05A	Haruka	悦惚	日本	鹿儿岛航天中心	M-5	M-5	19970212	科学与技术试验卫星
4815	1997-06A	Gonets D-4	信使D-4	俄罗斯	普列谢茨克航天发射中心	Tsyklon-3	旋风-3	19970214	通信广播卫星
4816	1997-06B	Gonets D1-5	信使D-5	俄罗斯	普列谢茨克航天发射中心	Tsyklon-3	旋风-3	19970214	通信广播卫星
4817	1997-06C	Gonets D1-6	信使D-6	俄罗斯	普列谢茨克航天发射中心	Tsyklon-3	旋风-3	19970214	通信广播卫星
4818	1997-06D	Strela-3-116	天箭座-3-116	俄罗斯	普列谢茨克航天发射中心	Tsyklon-3	旋风-3	19970214	通信广播卫星
4819	1997-06E	Strela-3-117	天箭座-3-117	俄罗斯	普列谢茨克航天发射中心	Tsyklon-3	旋风-3	19970214	通信广播卫星
4820	1997-06F	Strela-3-118	天箭座-3-118	俄罗斯	普列谢茨克航天发射中心	Tsyklon-3	旋风-3	19970214	通信广播卫星
4821	1997-07A	JCSAT-4	日本通信卫星-4	日本	卡纳维拉尔角发射场	Atlas-2AS	宇宙神-2AS	19970217	通信广播卫星
4822	1997-08A	DSP-18	国防支援计划-18	美国	卡纳维拉尔角发射场	Titan-402B IUS	大力神-402B-惯性上面级	19970223	对地观测卫星
4823	1997-09A	Intelsat-801	国际通信卫星-801	国际通信卫星组织	圭亚那航天中心	Ariane-44P H10-3	阿里安-44P H10-3	19970301	通信广播卫星
4824	1997-10A	Zeya	泽维	俄罗斯	斯沃博德内发射场	Start-1.2	起跑-1.2	19970304	科学与技术试验卫星
4825	1997-11A	Tempo	天波	美国	卡纳维拉尔角发射场	Atlas-2A	宇宙神-2A	19970308	通信广播卫星
4826	1997-12A	DMSP-5D2 F14	国防气象卫星计划-5D2 F14	美国	范登堡空军基地	Titan-2 (23) G Star-37S-ISS	大力神-2 (23) G-星 37S-ISS	19970404	对地观测卫星
4827	1997-13A	STS-83	空间运输系统-83	美国	卡纳维拉尔角发射场	Columbia	哥伦比亚号	19970404	载人及货运航天器
4828	1997-14A	Progress M-34	进步M-34	俄罗斯	拜科努尔航天发射中心	Soyuz-U	联盟-U	19970406	载人及货运航天器

续表

序号	国际代号	外文名	中文名	所属国家、地区或组织	发射地点	发射工具外文名	发射工具中文名	发射时间	航天器类型
4829	1997-15A	Oko-77	眼睛-77	俄罗斯	普列谢茨克航天发射中心	Molniya-M/Blok-2BL	闪电-M/上面级2BL	19970409	对地观测卫星
4830	1997-16A	Thaicom-3	泰国通信-3	泰国	圭亚那航天中心	Ariane-44LP H10-3	阿里安-44LP H10-3	19970416	通信广播卫星
4831	1997-16B	BSAT-1A	广播卫星-1A	日本	圭亚那航天中心	Ariane-44LP H10-3	阿里安-44LP H10-3	19970416	通信广播卫星
4832	1997-17A	Parus-88	帆-88	俄罗斯	普列谢茨克航天发射中心	Cosmos-3M	宇宙-3M	19970417	导航定位卫星
4833	1997-18A	Minisat-01	小卫星-01	西班牙	甘北发射场	Pegasus-XL	飞马座-XL	19970421	科学与技术试验卫星
4834	1997-19A	GOES-K	地球静止环境业务卫星-K	美国	卡纳维拉尔角发射场	Atlas-1	宇宙神-1	19970425	对地观测卫星
4835	1997-20A	Iridium-8	铱-8	美国	范登堡空军基地	Delta-7920-10C	德尔它-7920-10C	19970505	通信广播卫星
4836	1997-20B	Iridium-7	铱-7	美国	范登堡空军基地	Delta-7920-10C	德尔它-7920-10C	19970505	通信广播卫星
4837	1997-20C	Iridium-6	铱-6	美国	范登堡空军基地	Delta-7920-10C	德尔它-7920-10C	19970505	通信广播卫星
4838	1997-20D	Iridium-5	铱-5	美国	范登堡空军基地	Delta-7920-10C	德尔它-7920-10C	19970505	通信广播卫星
4839	1997-20E	Iridium-4	铱-4	美国	范登堡空军基地	Delta-7920-10C	德尔它-7920-10C	19970505	通信广播卫星
4840	1997-21A	Chinasat-6	中星-6	中国	西昌航天发射中心	CZ-3A	长征-3A	19970511	通信广播卫星
4841	1997-22A	Oko-78	眼睛-78	俄罗斯	普列谢茨克航天发射中心	Molniya-M/Blok-2BL	闪电-M/上面级2BL	19970514	对地观测卫星
4842	1997-23A	STS-84	空间运输系统-84	美国	肯尼迪航天中心	Atlantis	阿特兰蒂斯号	19970515	载人及货运航天器
4843	1997-24A	Orlets-1-06	蔷薇辉石-1-06	俄罗斯	拜科努尔航天发射中心	Soyuz-U	联盟-U	19970515	对地观测卫星
4844	1997-25A	Thor-2	索尔-2	美国	卡纳维拉尔角发射场	Delta-7925	德尔它-7925	19970520	通信广播卫星
4845	1997-26A	Telstar-5	电星-5	美国	拜科努尔航天发射中心	Proton-K/Blok-DM4	质子-K/上面级DM4	19970524	通信广播卫星
4846	1997-27A	Inmarsat-3-4	国际移动卫星-3-4	国际移动卫星组织	圭亚那航天中心	Ariane-44L H10-3	阿里安-44L H10-3	19970603	通信广播卫星
4847	1997-27B	Insat-2D	印度卫星-2D	印度	圭亚那航天中心	Ariane-44L H10-3	阿里安-44L H10-3	19970603	通信广播卫星
4848	1997-28A	Araks-1	阿拉克斯-1	俄罗斯	拜科努尔航天发射中心	Proton-K/Blok-DM-5	质子-K/上面级DM-5	19970606	对地观测卫星
4849	1997-29A	FY-2A	风云-2A	中国	西昌航天发射中心	CZ-3	长征-3	19970610	对地观测卫星
4850	1997-30A	Iridium-14	铱-14	美国	拜科努尔航天发射中心	Proton-K/Blok-DM2	质子-K/上面级DM2	19970618	通信广播卫星
4851	1997-30B	Iridium-12	铱-12	美国	拜科努尔航天发射中心	Proton-K/Blok-DM2	质子-K/上面级DM2	19970618	通信广播卫星
4852	1997-30C	Iridium-10	铱-10	美国	拜科努尔航天发射中心	Proton-K/Blok-DM2	质子-K/上面级DM2	19970618	通信广播卫星
4853	1997-30D	Iridium-9	铱-9	美国	拜科努尔航天发射中心	Proton-K/Blok-DM2	质子-K/上面级DM2	19970618	通信广播卫星
4854	1997-30E	Iridium-13	铱-13	美国	拜科努尔航天发射中心	Proton-K/Blok-DM2	质子-K/上面级DM2	19970618	通信广播卫星
4855	1997-30F	Iridium-16	铱-16	美国	拜科努尔航天发射中心	Proton-K/Blok-DM2	质子-K/上面级DM2	19970618	通信广播卫星

续表

序号	国际代号	外文名	中文名	所属国家、地区或组织	发射地点	发射工具外文名	发射工具中文名	发射时间	航天器类型
4856	1997－30G	Iridium－11	铱－11	美国	拜科努尔航天发射中心	Proton－K/Blok－DM2	质子－K/上面级DM2	19970618	通信广播卫星
4857	1997－31A	Intelsat－802	国际通信卫星－802	国际通信卫星组织	圭亚那航天中心	Ariane－44P H10－3	阿里安－44P H10－3	19970625	通信广播卫星
4858	1997－32A	STS－94	空间运输系统－94	美国	卡纳维拉尔角发射场	Columbia	哥伦比亚号	19970701	载人及货运航天器
4859	1997－33A	Progress M－35	进步 M－35	俄罗斯	拜科努尔航天发射中心	Soyuz－U	联盟－U	19970705	载人及货运航天器
4860	1997－34A	Iridium－15	铱－15	美国	范登堡空军基地	Delta－7920－10C	德尔它－7920－10C	19970709	通信广播卫星
4861	1997－34B	Iridium－17	铱－17	美国	范登堡空军基地	Delta－7920－10C	德尔它－7920－10C	19970709	通信广播卫星
4862	1997－34C	Iridium－18	铱－18	美国	范登堡空军基地	Delta－7920－10C	德尔它－7920－10C	19970709	通信广播卫星
4863	1997－34D	Iridium－20	铱－20	美国	范登堡空军基地	Delta－7920－10C	德尔它－7920－10C	19970709	通信广播卫星
4864	1997－34E	Iridium－21	铱－21	美国	范登堡空军基地	Delta－7920－10C	德尔它－7920－10C	19970709	通信广播卫星
4865	1997－35A	GPS－2R－02	导航星－2R－02	美国	卡纳维拉尔角发射场	Delta－7925	德尔它－7925	19970723	导航定位卫星
4866	1997－36A	Superbird－C	超鸟－C	日本	卡纳维拉尔角发射场	Atlas－2AS	宇宙神－2AS	19970728	通信广播卫星
4867	1997－37A	Seastar	海洋星	美国	范登堡空军基地	Pegasus－XL	飞马座－XL	19970801	对地观测卫星
4868	1997－38A	Soyuz TM－26	联盟 TM－26	俄罗斯	拜科努尔航天发射中心	Soyuz－U	联盟－U	19970805	载人及货运航天器
4869	1997－39A	STS－85	空间运输系统－85	美国	卡纳维拉尔角发射场	Discovery	发现号	19970807	载人及货运航天器
4870	1997－39B	CRISTA－SPAS－2	克里斯塔－斯帕斯－2	美国	卡纳维拉尔角发射场	Discovery	发现号	19970807	科学与技术试验卫星
4871	1997－40A	PAS－6	泛美卫星－6	美国	圭亚那航天中心	Ariane－44P H10－3	阿里安－44P H10－3	19970808	通信广播卫星
4872	1997－41A	Oko－s－07	眼睛－S－07	俄罗斯	拜科努尔航天发射中心	Proton－K/Blok－DM－2	质子－K/上面级DM－2	19970814	对地观测卫星
4873	1997－42A	Agila－2	阿古拉－2	菲律宾	西昌航天发射中心	CZ－3B	长征－3B	19970819	通信广播卫星
4874	1997－43A	Iridium－26	铱－26	美国	范登堡空军基地	Delta－7920－10C	德尔它－7920－10C	19970821	通信广播卫星
4875	1997－43B	Iridium－25	铱－25	美国	范登堡空军基地	Delta－7920－10C	德尔它－7920－10C	19970821	通信广播卫星
4876	1997－43C	Iridium－24	铱－24	美国	范登堡空军基地	Delta－7920－10C	德尔它－7920－10C	19970821	通信广播卫星
4877	1997－43D	Iridium－23	铱－23	美国	范登堡空军基地	Delta－7920－10C	德尔它－7920－10C	19970821	通信广播卫星
4878	1997－43E	Iridium－22	铱－22	美国	范登堡空军基地	Delta－7920－10C	德尔它－7920－10C	19970821	通信广播卫星
4879	1997－44A	Lewis（SSTI）	刘易斯	美国	范登堡空军基地	Athena－1	雅典娜－1	19970823	对地观测卫星
4880	1997－45A	ACE	高级组合探险者	美国	卡纳维拉尔角发射场	Delta－7920－8	德尔它－7920－8	19970825	科学与技术试验卫星
4881	1997－46A	PAS－5	泛美卫星－5	美国	拜科努尔航天发射中心	Proton－K/Blok－DM3	质子－K/上面级DM3	19970828	通信广播卫星
4882	1997－47A	FORTE	瞬变事件物轨道快速记录卫星	美国	范登堡空军基地	Pegasus－XL	飞马座－XL	19970829	科学与技术试验卫星

续表

序号	国际代号	外文名	中文名	所属国家、地区或组织	发射地点	发射工具外文名	发射工具中文名	发射时间	航天器类型
4883	1997-48A	Iridium MFS-1	铱 MFS-1	美国	太原航天发射中心	CZ-2C/SMA	长征-2C/上面级A	19970901	通信广播卫星
4884	1997-48B	Iridium MFS-2	铱 MFS-2	美国	太原航天发射中心	CZ-2C/SMA	长征-2C/上面级A	19970901	通信广播卫星
4885	1997-49A	Hot Bird-3	热鸟-3	欧洲通信卫星组织	圭亚那航天中心	Ariane-44LP H10-3	阿里安-44LP H10-3	19970902	通信广播卫星
4886	1997-49B	Meteosat-7	气象卫星-7	欧洲航天局	圭亚那航天中心	Ariane-44LP H10-3	阿里安-44LP H10-3	19970902	对地观测卫星
4887	1997-50A	GE-3	通用电气公司-3	美国	卡纳维拉尔角发射场	Atlas-2AS	宇宙神-2AS	19970904	通信广播卫星
4888	1997-51A	Iridium-29	铱-29	美国	拜科努尔航天发射中心	Proton-K/Blok-DM2	质子-K/上面级DM2	19970914	通信广播卫星
4889	1997-51B	Iridium-32	铱-32	美国	拜科努尔航天发射中心	Proton-K/Blok-DM2	质子-K/上面级DM2	19970914	通信广播卫星
4890	1997-51C	Iridium-33	铱-33	美国	拜科努尔航天发射中心	Proton-K/Blok-DM2	质子-K/上面级DM2	19970914	通信广播卫星
4891	1997-51D	Iridium-27	铱-27	美国	拜科努尔航天发射中心	Proton-K/Blok-DM2	质子-K/上面级DM2	19970914	通信广播卫星
4892	1997-51E	Iridium-28	铱-28	美国	拜科努尔航天发射中心	Proton-K/Blok-DM2	质子-K/上面级DM2	19970914	通信广播卫星
4893	1997-51F	Iridium-30	铱-30	美国	拜科努尔航天发射中心	Proton-K/Blok-DM2	质子-K/上面级DM2	19970914	通信广播卫星
4894	1997-51G	Iridium-30	铱-30	美国	拜科努尔航天发射中心	Proton-K/Blok-DM2	质子-K/上面级DM2	19970914	通信广播卫星
4895	1997-52A	Parus-89	帆-89	俄罗斯	普列谢茨克航天发射中心	Cosmos-3M	宇宙-3M	19970923	导航定位卫星
4896	1997-52B	FAISAT-2V	费萨特-2V	美国	普列谢茨克航天发射中心	Cosmos-3M	宇宙-3M	19970923	通信广播卫星
4897	1997-53A	Intelsat-803	国际通信卫星-803	国际通信卫星组织	圭亚那航天中心	Ariane-44L H10-3	阿里安-44L H10-3	19970923	通信广播卫星
4898	1997-54A	Molniya-1T-96	闪电-1T-96	俄罗斯	普列谢茨克航天发射中心	Molniya-M/Blok-ML	闪电-M/上面级ML	19970924	通信广播卫星
4899	1997-55A	STS-86	空间运输系统-86	美国	卡纳维拉尔角发射场	Atlantis	阿特兰蒂斯号	19970926	载人及货运航天器
4900	1997-56A	Iridium-19	铱-19	美国	范登堡空军基地	Delta-7920-10C	德尔它-7920-10C	19970927	通信广播卫星
4901	1997-56B	Iridium-37	铱-37	美国	范登堡空军基地	Delta-7920-10C	德尔它-7920-10C	19970927	通信广播卫星
4902	1997-56C	Iridium-36	铱-36	美国	范登堡空军基地	Delta-7920-10C	德尔它-7920-10C	19970927	通信广播卫星
4903	1997-56D	Iridium-35	铱-35	美国	范登堡空军基地	Delta-7920-10C	德尔它-7920-10C	19970927	通信广播卫星
4904	1997-56E	Iridium-34	铱-34	美国	范登堡空军基地	Delta-7920-10C	德尔它-7920-10C	19970927	通信广播卫星
4905	1997-57A	IRS-D	印度遥感卫星-D	印度	萨提斯达瓦航天中心	PSLV (2)	极轨卫星运载火箭-2	19970929	对地观测卫星
4906	1997-58A	Progress M-36	进步 M-36	俄罗斯	拜科努尔航天发射中心	Soyuz-U	联盟-U	19971004	载人及货运航天器
4907	1997-58C	Sputnik-40	人造地球卫星-40	俄罗斯	拜科努尔航天发射中心	Soyuz-U	联盟-U	19971004	科学与技术试验卫星
4908	1997-58D	Inspektor	检查者	德国	拜科努尔航天发射中心	Soyuz-U	联盟-U	19971004	科学与技术试验卫星
4909	1997-59A	EchoStar-3	回声星-3	美国	卡纳维拉尔角发射场	Atlas-2AS	宇宙神-2AS	19971004	通信广播卫星

续表

序号	国际代号	外文名	中文名	所属国家、地区或组织	发射地点	发射工具外文名	发射工具中文名	发射时间	航天器类型
4910	1997-60A	Foton-11	光子-11	俄罗斯	普列谢茨克航天发射中心	Soyuz-U	联盟-U	19971009	科学与技术试验卫星
4911	1997-61A	Cassini+Huygens	卡西尼+惠更斯	美国	卡纳维拉尔角发射场	Titan-401B Centaur-T	大力神-401B-半人马座T	19971015	空间探测器
4912	1997-62A	APStar-2R	亚太星-2R	中国	西昌航天发射中心	CZ-3B	长征-3B	19971016	通信广播卫星
4913	1997-63A	STEP-M-4	空间实验试验平台-M-4	美国	沃洛普斯岛发射场	Pegasus-XL	飞马座-XL	19971022	科学与技术试验卫星
4914	1997-64A	Lacrosse-3	长曲棍球-3	美国	范登堡空军基地	Titan-403A	大力神-403A	19971024	对地观测卫星
4915	1997-65A	DSCS-3-13	国防卫星通信系统-3-13	美国	卡纳维拉尔角发射场	Atlas-2A	宇宙神-2A	19971025	通信广播卫星
4916	1997-66A	MAQSAT-H/TEAMSAT	模型卫星-H/TE亚余爱好者卫星	欧洲航天局	圭亚那航天中心	Ariane-5G	阿里安-5G	19971030	其他
4917	1997-66B	MAQSAT-B/EPS	模型卫星-B/EPS	欧洲航天局	圭亚那航天中心	Ariane-5G	阿里安-5G	19971030	其他
4918	1997-66C	YES	青年工程师卫星	欧洲航天局	圭亚那航天中心	Ariane-5G	阿里安-5G	19971030	科学与技术试验卫星
4919	1997-67A	GPS-2A-19	导航星-2A-19	美国	卡纳维拉尔角发射场	Delta-7925	德尔它-7925	19971106	导航定位卫星
4920	1997-68A	Trumpet-03	军号-03	美国	卡纳维拉尔角发射场	Titan-401A Centaur-T	大力神-401A-半人马座T	19971108	对地观测卫星
4921	1997-69A	Iridium-43	铱-43	美国	范登堡空军基地	Delta-7920-10C	德尔它-7920-10C	19971109	通信广播卫星
4922	1997-69B	Iridium-41	铱-41	美国	范登堡空军基地	Delta-7920-10C	德尔它-7920-10C	19971109	通信广播卫星
4923	1997-69C	Iridium-40	铱-40	美国	范登堡空军基地	Delta-7920-10C	德尔它-7920-10C	19971109	通信广播卫星
4924	1997-69D	Iridium-39	铱-39	美国	范登堡空军基地	Delta-7920-10C	德尔它-7920-10C	19971109	通信广播卫星
4925	1997-69E	Iridium-38	铱-38	美国	范登堡空军基地	Delta-7920-10C	德尔它-7920-10C	19971109	通信广播卫星
4926	1997-70A	Kupon-1	库庞-1	俄罗斯	拜科努尔航天发射中心	Proton-K/Blok-DM-2M	质子-K/上面级DM-2M	19971112	通信广播卫星
4927	1997-71A	Sirius-2	西利乌斯-2	瑞典	圭亚那航天中心	Ariane-44L H10-3	阿里安-44L H10-3	19971112	通信广播卫星
4928	1997-71B	Indostar-1	印度尼西亚星-1	印度尼西亚	圭亚那航天中心	Ariane-44L H10-3	阿里安-44L H10-3	19971112	通信广播卫星
4929	1997-72A	Resus-F1M-01	资源-F1M-01	俄罗斯	普列谢茨克航天发射中心	Soyuz-U	联盟-U	19971118	对地观测卫星
4930	1997-73A	STS-87	空间运输系统-87	美国	卡纳维拉尔角发射场	Columbia	哥伦比亚号	19971119	载人及货运航天器
4931	1997-73B	Spartan-201/04	斯帕坦-201/04	美国	卡纳维拉尔角发射场	Columbia	哥伦比亚号	19971119	科学与技术试验卫星
4932	1997-74A	TRMM	热带降雨测量任务卫星	日本/美国	种子岛航天中心	H-2	H-2	19971127	对地观测卫星
4933	1997-74B	ETS-7	工程试验卫星-7	日本	种子岛航天中心	H-2	H-2	19971127	科学与技术试验卫星
4934	1997-75A	JCSAT-S	日本通信卫星-S	日本	圭亚那航天中心	Ariane-44P H10-3	阿里安-44P H10-3	19971202	通信广播卫星
4935	1997-75B	Equator-S	赤道-S	德国	圭亚那航天中心	Ariane-44P H10-3	阿里安-44P H10-3	19971202	科学与技术试验卫星
4936	1997-76A	Astra-1G	阿斯特拉-1G	卢森堡	拜科努尔航天发射中心	Proton-K/Blok-DM3	质子-K/上面级DM3	19971202	通信广播卫星

续表

序号	国际代号	外文名	中文名	所属国家、地区或组织	发射地点	发射工具外文名	发射工具中文名	发射时间	航天器类型
4937	1997-77A	Iridium-42	铱-42	美国	太原航天发射中心	CZ-2C/SMA	长征-2C/上面级 A	19971208	通信广播卫星
4938	1997-77B	Iridium-44	铱-44	美国	太原航天发射中心	CZ-2C/SMA	长征-2C/上面级 A	19971208	通信广播卫星
4939	1997-78A	Galaxy-8I	银河-8I	美国	卡纳维拉尔角发射场	Atlas-2AS	宇宙神-2AS	19971208	通信广播卫星
4940	1997-79A	US-PM-09	电子型海洋监视卫星-M-09	俄罗斯	拜科努尔航天发射中心	Tsyklon-2	旋风-2	19971209	对地观测卫星
4941	1997-80A	Yantar-4K2-78	琥珀-4K2-78	俄罗斯	普列谢茨克航天发射中心	Soyuz-U	联盟-U	19971215	对地观测卫星
4942	1997-81A	Progress M-37	进步 M-37	俄罗斯	拜科努尔航天发射中心	Soyuz-U	联盟-U	19971220	载人及货运航天器
4943	1997-82A	Iridium-45	铱-45	美国	范登堡空军基地	Delta-7920-10C	德尔它-7920-10C	19971220	通信广播卫星
4944	1997-82B	Iridium-46	铱-46	美国	范登堡空军基地	Delta-7920-10C	德尔它-7920-10C	19971220	通信广播卫星
4945	1997-82C	Iridium-47	铱-47	美国	范登堡空军基地	Delta-7920-10C	德尔它-7920-10C	19971220	通信广播卫星
4946	1997-82D	Iridium-48	铱-48	美国	范登堡空军基地	Delta-7920-10C	德尔它-7920-10C	19971220	通信广播卫星
4947	1997-82E	Iridium-49	铱-49	美国	范登堡空军基地	Delta-7920-10C	德尔它-7920-10C	19971220	通信广播卫星
4948	1997-83A	Intelsat-804	国际通信卫星-804	国际通信卫星组织	圭亚那航天中心	Ariane-44L H10-3	阿里安-44L H10-3	19971222	通信广播卫星
4949	1997-84A	Orbcomm-8	轨道通信-8	美国	沃洛普斯岛发射场	Pegasus-XL HAPS	飞马座-XL-肼辅助推进系统	19971223	通信广播卫星
4950	1997-84B	Orbcomm-10	轨道通信-10	美国	沃洛普斯岛发射场	Pegasus-XL HAPS	飞马座-XL-肼辅助推进系统	19971223	通信广播卫星
4951	1997-84C	Orbcomm-11	轨道通信-11	美国	沃洛普斯岛发射场	Pegasus-XL HAPS	飞马座-XL-肼辅助推进系统	19971223	通信广播卫星
4952	1997-84D	Orbcomm-12	轨道通信-12	美国	沃洛普斯岛发射场	Pegasus-XL HAPS	飞马座-XL-肼辅助推进系统	19971223	通信广播卫星
4953	1997-84E	Orbcomm-9	轨道通信-9	美国	沃洛普斯岛发射场	Pegasus-XL HAPS	飞马座-XL-肼辅助推进系统	19971223	通信广播卫星
4954	1997-84F	Orbcomm-5	轨道通信-5	美国	沃洛普斯岛发射场	Pegasus-XL HAPS	飞马座-XL-肼辅助推进系统	19971223	通信广播卫星
4955	1997-84G	Orbcomm-6	轨道通信-6	美国	沃洛普斯岛发射场	Pegasus-XL HAPS	飞马座-XL-肼辅助推进系统	19971223	通信广播卫星
4956	1997-84H	Orbcomm-7	轨道通信-7	美国	沃洛普斯岛发射场	Pegasus-XL HAPS	飞马座-XL-肼辅助推进系统	19971223	通信广播卫星
4957	1997-85A	Early Bird-1	晨鸟-1	美国	斯沃博德内发射场	Start-1	起跑-1	19971224	对地观测卫星
4958	1997-86A	AsiaSat-3	亚洲卫星-3	中国	拜科努尔航天发射中心	Proton-K/Blok-DM3	质子-K/上面级 DM3	19971224	通信广播卫星
4959	1998-01A	Lunar Prospector	月球勘探者	美国	卡纳维拉尔角发射场	Athena-2	雅典娜-2	19980107	空间探测器
4960	1998-02A	Skynet-4D	天网-4D	英国	卡纳维拉尔角发射场	Delta-7925	德尔它-7925	19980110	通信广播卫星
4961	1998-03A	STS-89	空间运输系统-89	美国	卡纳维拉尔角发射场	Endeavour	奋进号	19980123	载人及货运航天器
4962	1998-04A	Soyuz TM-27	联盟 TM-27	俄罗斯	拜科努尔航天发射中心	Soyuz-U	联盟-U	19980128	载人及货运航天器
4963	1998-05A	SDS-3-1	卫星数据系统-3-1	美国	卡纳维拉尔角发射场	Atlas-2A	宇宙神-2A	19980129	通信广播卫星

续表

序号	国际代号	外文名	中文名	所属国家、地区或组织	发射地点	发射工具外文名	发射工具中文名	发射时间	航天器类型
4964	1998 – 06A	Brasilsat – B3	巴西卫星 – B3	巴西	圭亚那航天中心	Ariane – 44LP H10 – 3	阿里安 – 44LP H10 – 3	19980204	通信广播卫星
4965	1998 – 06B	Inmarsat – 3 – 5	国际移动卫星 – 3 – 5	国际移动卫星组织	圭亚那航天中心	Ariane – 44LP H10 – 3	阿里安 – 44LP H10 – 3	19980204	通信广播卫星
4966	1998 – 07A	GFO	地球静止环境业务卫星后续卫星	美国	范登堡空军基地	Taurus – 2210	金牛座 – 2210	19980210	对地观测卫星
4967	1998 – 07B	Orbcomm – 3	轨道通信 – 3	美国	范登堡空军基地	Taurus – 2210	金牛座 – 2210	19980210	通信广播卫星
4968	1998 – 07C	Orbcomm – 4	轨道通信 – 4	美国	范登堡空军基地	Taurus – 2210	金牛座 – 2210	19980210	通信广播卫星
4969	1998 – 08A	Globalstar – 1	全球星 – 1	美国	卡纳维拉尔角发射场	Delta – 7420 – 10C	德尔它 – 7420 – 10C	19980214	通信广播卫星
4970	1998 – 08B	Globalstar – 2	全球星 – 2	美国	卡纳维拉尔角发射场	Delta – 7420 – 10C	德尔它 – 7420 – 10C	19980214	通信广播卫星
4971	1998 – 08C	Globalstar – 3	全球星 – 3	美国	卡纳维拉尔角发射场	Delta – 7420 – 10C	德尔它 – 7420 – 10C	19980214	通信广播卫星
4972	1998 – 08D	Globalstar – 4	全球星 – 4	美国	卡纳维拉尔角发射场	Delta – 7420 – 10C	德尔它 – 7420 – 10C	19980214	通信广播卫星
4973	1998 – 09A	Yantar–1KFT – 19	琥珀 – 1KFT – 19	俄罗斯	拜科努尔航天发射中心	Soyuz – U	联盟 – U	19980217	对地观测卫星
4974	1998 – 10A	Iridium – 50	铱 – 50	美国	范登堡空军基地	Delta – 7920 – 10C	德尔它 – 7920 – 10C	19980218	通信广播卫星
4975	1998 – 10B	Iridium – 56	铱 – 56	美国	范登堡空军基地	Delta – 7920 – 10C	德尔它 – 7920 – 10C	19980218	通信广播卫星
4976	1998 – 10C	Iridium – 52	铱 – 52	美国	范登堡空军基地	Delta – 7920 – 10C	德尔它 – 7920 – 10C	19980218	通信广播卫星
4977	1998 – 10D	Iridium – 53	铱 – 53	美国	范登堡空军基地	Delta – 7920 – 10C	德尔它 – 7920 – 10C	19980218	通信广播卫星
4978	1998 – 10E	Iridium – 54	铱 – 54	美国	范登堡空军基地	Delta – 7920 – 10C	德尔它 – 7920 – 10C	19980218	通信广播卫星
4979	1998 – 11A	COMETS	通信工程试验卫星	日本	种子岛航天中心	H – 2	H – 2	19980221	通信广播卫星
4980	1998 – 12A	SNOE	大学生臭氧探测卫星	美国	范登堡空军基地	Pegasus – XL	飞马座 – XL	19980226	科学与技术试验卫星
4981	1998 – 12B	Teledesic T – 1	宽带先进技术卫星 T – 1	美国	范登堡空军基地	Pegasus – XL	飞马座 – XL	19980226	科学与技术试验卫星
4982	1998 – 13A	Hot Bird – 4	热鸟 – 4	欧洲通信卫星组织	圭亚那航天中心	Ariane – 42P H10 – 3	阿里安 – 42P H10 – 3	19980227	通信广播卫星
4983	1998 – 14A	Intelsat – 806	国际通信卫星 – 806	国际通信卫星组织	卡纳维拉尔角发射场	Atlas – 2AS	宇宙神 – 2AS	19980228	通信广播卫星
4984	1998 – 15A	Progress M – 38	进步 M – 38	俄罗斯	拜科努尔航天发射中心	Soyuz – U	联盟 – U	19980314	载人及货运航天器
4985	1998 – 16A	UFO – 08	特高频后继 – 08	美国	卡纳维拉尔角发射场	Atlas – 2	宇宙神 – 2	19980316	通信广播卫星
4986	1998 – 17A	SPOT – 4	斯波特 – 4	法国	圭亚那航天中心	Ariane – 40 H10 – 3	阿里安 – 40 H10 – 3	19980324	对地观测卫星
4987	1998 – 18A	Iridium – 51	铱 – 51	美国	太原航天发射中心	CZ – 2C/SMA	长征 – 2C/上面级 A	19980325	通信广播卫星
4988	1998 – 18B	Iridium – 61	铱 – 61	美国	太原航天发射中心	CZ – 2C/SMA	长征 – 2C/上面级 A	19980325	通信广播卫星
4989	1998 – 19A	Iridium – 55	铱 – 55	美国	范登堡空军基地	Delta – 7920 – 10C	德尔它 – 7920 – 10C	19980330	通信广播卫星
4990	1998 – 19B	Iridium – 57	铱 – 57	美国	范登堡空军基地	Delta – 7920 – 10C	德尔它 – 7920 – 10C	19980330	通信广播卫星

续表

序号	国际代号	外文名	中文名	所属国家、地区或组织	发射地点	发射工具外文名	发射工具中文名	发射时间	航天器类型
4991	1998－19C	Iridium－58	铱－58	美国	范登堡空军基地	Delta－7920－10C	德尔它－7920－10C	19980330	通信广播卫星
4992	1998－19D	Iridium－59	铱－59	美国	范登堡空军基地	Delta－7920－10C	德尔它－7920－10C	19980330	通信广播卫星
4993	1998－19E	Iridium－60	铱－60	美国	范登堡空军基地	Delta－7920－10C	德尔它－7920－10C	19980330	通信广播卫星
4994	1998－20A	TRACE	过渡区和日冕探险者	美国	范登堡空军基地	Pegasus－XL	飞马座－XL	19980402	科学与技术试验卫星
4995	1998－21A	Iridium－62	铱－62	美国	拜科努尔航天发射中心	Proton－K/Blok－DM2	质子－K/上面级 DM2	19980407	通信广播卫星
4996	1998－21B	Iridium－63	铱－63	美国	拜科努尔航天发射中心	Proton－K/Blok－DM2	质子－K/上面级 DM2	19980407	通信广播卫星
4997	1998－21C	Iridium－64	铱－64	美国	拜科努尔航天发射中心	Proton－K/Blok－DM2	质子－K/上面级 DM2	19980407	通信广播卫星
4998	1998－21D	Iridium－65	铱－65	美国	拜科努尔航天发射中心	Proton－K/Blok－DM2	质子－K/上面级 DM2	19980407	通信广播卫星
4999	1998－21E	Iridium－66	铱－66	美国	拜科努尔航天发射中心	Proton－K/Blok－DM2	质子－K/上面级 DM2	19980407	通信广播卫星
5000	1998－21F	Iridium－67	铱－67	美国	拜科努尔航天发射中心	Proton－K/Blok－DM2	质子－K/上面级 DM2	19980407	通信广播卫星
5001	1998－21G	Iridium－68	铱－68	美国	拜科努尔航天发射中心	Proton－K/Blok－DM2	质子－K/上面级 DM2	19980407	通信广播卫星
5002	1998－22A	STS－90	空间运输系统－90	美国	卡纳维拉尔角发射场	Columbia	哥伦比亚号	19980417	载人及货运航天器
5003	1998－23A	Globalstar－5	全球星－5	美国	卡纳维拉尔角发射场	Delta－7420－10C	德尔它－7420－10C	19980424	通信广播卫星
5004	1998－23B	Globalstar－6	全球星－6	美国	卡纳维拉尔角发射场	Delta－7420－10C	德尔它－7420－10C	19980424	通信广播卫星
5005	1998－23C	Globalstar－7	全球星－7	美国	卡纳维拉尔角发射场	Delta－7420－10C	德尔它－7420－10C	19980424	通信广播卫星
5006	1998－23D	Globalstar－8	全球星－8	美国	卡纳维拉尔角发射场	Delta－7420－10C	德尔它－7420－10C	19980424	通信广播卫星
5007	1998－24A	Nilesat－101	尼罗河卫星－101	埃及	圭亚那航天中心	Ariane－44P H10－3	阿里安－44P H10－3	19980428	通信广播卫星
5008	1998－24B	BSAT－1B	广播卫星－1B	日本	圭亚那航天中心	Ariane－44P H10－3	阿里安－44P H10－3	19980428	通信广播卫星
5009	1998－25A	Prognoz－4	预报－4	俄罗斯	拜科努尔航天发射中心	Proton－K/Blok－DM－2	质子－K/上面级 DM－2	19980429	对地观测卫星
5010	1998－26A	Iridium－69	铱－69	美国	太原航天发射中心	CZ－2C/SMA	长征－2C/上面级 A	19980502	通信广播卫星
5011	1998－26B	Iridium－71	铱－71	美国	太原航天发射中心	CZ－2C/SMA	长征－2C/上面级 A	19980502	通信广播卫星
5012	1998－27A	Oko－79	眼睛－79	俄罗斯	普列谢茨克航天发射中心	Molniya－M/Blok－2BL	闪电－M/上面级 2BL	19980507	对地观测卫星
5013	1998－28A	EchoStar－4	回声星－4	美国	拜科努尔航天发射中心	Proton－K/Blok－DM3	质子－K/上面级 DM3	19980507	通信广播卫星
5014	1998－29A	Mentor－02	顾问－02	美国	卡纳维拉尔角发射场	Titan－401B Centaur－T	大力神－401B 半人马座 T	19980509	对地观测卫星
5015	1998－30A	NOAA－K	国家大气和海洋局卫星－K	美国	范登堡空军基地	Titan－2 (23) G Star－37XPP－ISS	大力神－2 (23) G－星 37XPP－ISS	19980513	对地观测卫星
5016	1998－31A	Progress M－39	进步 M－39	俄罗斯	拜科努尔航天发射中心	Soyuz－U	联盟－U	19980514	载人及货运航天器
5017	1998－32A	Iridium－70	铱－70	美国	范登堡空军基地	Delta－7920－10C	德尔它－7920－10C	19980517	通信广播卫星

续表

序号	国际代号	外文名	中文名	所属国家、地区或组织	发射地点	发射工具外文名	发射工具中文名	发射时间	航天器类型
5018	1998 – 32B	Iridium – 72	铱 – 72	美国	范登堡空军基地	Delta – 7920 – 10C	德尔它 – 7920 – 10C	19980517	通信广播卫星
5019	1998 – 32C	Iridium – 73	铱 – 73	美国	范登堡空军基地	Delta – 7920 – 10C	德尔它 – 7920 – 10C	19980517	通信广播卫星
5020	1998 – 32D	Iridium – 74	铱 – 74	美国	范登堡空军基地	Delta – 7920 – 10C	德尔它 – 7920 – 10C	19980517	通信广播卫星
5021	1998 – 32E	Iridium – 75	铱 – 75	美国	范登堡空军基地	Delta – 7920 – 10C	德尔它 – 7920 – 10C	19980517	通信广播卫星
5022	1998 – 33A	Chinastar – 1	中卫 – 1	中国	西昌航天发射中心	CZ – 3B	长征 – 3B	19980530	通信广播卫星
5023	1998 – 34A	STS – 91	空间运输系统 – 91	美国	卡纳维拉尔角发射中心	Discovery	发现号	19980602	载人及货运航天器
5024	1998 – 35A	Thor – 3	索尔 – 3	挪威	卡纳维拉尔角发射场	Delta – 7925	德尔它 – 7925	19980610	通信广播卫星
5025	1998 – 36A	Strela – 3 – 119	天箭座 – 3 – 119	俄罗斯	普列谢茨克航天发射中心	Tsyklon – 3	旋风 – 3	19980615	通信广播卫星
5026	1998 – 36B	Strela – 3 – 120	天箭座 – 3 – 120	俄罗斯	普列谢茨克航天发射中心	Tsyklon – 3	旋风 – 3	19980615	通信广播卫星
5027	1998 – 36C	Strela – 3 – 121	天箭座 – 3 – 121	俄罗斯	普列谢茨克航天发射中心	Tsyklon – 3	旋风 – 3	19980615	通信广播卫星
5028	1998 – 36D	Strela – 3 – 122	天箭座 – 3 – 122	俄罗斯	普列谢茨克航天发射中心	Tsyklon – 3	旋风 – 3	19980615	通信广播卫星
5029	1998 – 36E	Strela – 3 – 123	天箭座 – 3 – 123	俄罗斯	普列谢茨克航天发射中心	Tsyklon – 3	旋风 – 3	19980615	通信广播卫星
5030	1998 – 36F	Strela – 3 – 124	天箭座 – 3 – 124	俄罗斯	普列谢茨克航天发射中心	Tsyklon – 3	旋风 – 3	19980615	通信广播卫星
5031	1998 – 37A	Intelsat – 805	国际通信卫星 – 805	国际通信卫星组织	卡纳维拉尔角发射场	Atlas – 2AS	宇宙神 – 2AS	19980618	通信广播卫星
5032	1998 – 38A	Yantar – 4K2 – 79	琥珀 – 4K2 – 79	俄罗斯	普列谢茨克航天发射中心	Soyuz – U	联盟 – U	19980624	对地观测卫星
5033	1998 – 39A	Yantar – 4KS1M – 08	琥珀 – 4KS1M – 08	俄罗斯	拜科努尔航天发射中心	Soyuz – U	联盟 – U	19980625	对地观测卫星
5034	1998 – 40A	Molniya – 3 – 51	闪电 – 3 – 51	俄罗斯	普列谢茨克航天发射中心	Molniya – M/Blok – ML	闪电 – M/上面级 ML	19980701	通信广播卫星
5035	1998 – 41A	Nozomi	希望	日本	鹿儿岛航天中心	M – 5	M – 5	19980703	空间探测器
5036	1998 – 42A	TUBSA – N	柏林技术大学卫星 – N	德国	巴伦支海发射场	Shtil – 1	静海 – 1	19980707	科学与技术试验卫星
5037	1998 – 42B	TUBSA – N1	柏林技术大学卫星 – N1	德国	巴伦支海发射场	Shtil – 1	静海 – 1	19980707	科学与技术试验卫星
5038	1998 – 43A	Resurs – O1 – 04	资源 – O1 – 04	俄罗斯	拜科努尔航天发射中心	Zenit – 2	天顶 – 2	19980710	对地观测卫星
5039	1998 – 43B	FASAT – BRAVO	空军卫星 – BRAVO	智利	拜科努尔航天发射中心	Zenit – 2	天顶 – 2	19980710	科学与技术试验卫星
5040	1998 – 43C	TMSAT	泰国微型卫星	泰国	拜科努尔航天发射中心	Zenit – 2	天顶 – 2	19980710	科学与技术试验卫星
5041	1998 – 43D	Techsat – 1B	技术卫星 – 1B	以色列	拜科努尔航天发射中心	Zenit – 2	天顶 – 2	19980710	科学与技术试验卫星
5042	1998 – 43E	WESTPAC	西太平洋卫星	澳大利亚	拜科努尔航天发射中心	Zenit – 2	天顶 – 2	19980710	对地观测卫星
5043	1998 – 43F	SAFIR – 2	信息中继卫星 – 2	德国	拜科努尔航天发射中心	Zenit – 2	天顶 – 2	19980710	通信广播卫星
5044	1998 – 44A	Sinosat – 1	鑫诺卫星 – 1	中国	西昌航天发射中心	CZ – 3B	长征 – 3B	19980718	通信广播卫星

续表

序号	国际代号	外文名	中文名	所属国家，地区或组织	发射地点	发射工具外文名	发射工具中文名	发射时间	航天器类型
5045	1998－45A	Tselina－2－20	处女地－2－20	俄罗斯	拜科努尔航天发射中心	Zenit－2	天顶－2	19980728	对地观测卫星
5046	1998－46A	Orbcomm－13	轨道通信－13	美国	沃洛普斯岛发射场	Pegasus－XL HAPS	飞马座－XL－胖辅助推进系统	19980802	通信广播卫星
5047	1998－46B	Orbcomm－14	轨道通信－14	美国	沃洛普斯岛发射场	Pegasus－XL HAPS	飞马座－XL－胖辅助推进系统	19980802	通信广播卫星
5048	1998－46C	Orbcomm－15	轨道通信－15	美国	沃洛普斯岛发射场	Pegasus－XL HAPS	飞马座－XL－胖辅助推进系统	19980802	通信广播卫星
5049	1998－46D	Orbcomm－16	轨道通信－16	美国	沃洛普斯岛发射场	Pegasus－XL HAPS	飞马座－XL－胖辅助推进系统	19980802	通信广播卫星
5050	1998－46E	Orbcomm－17	轨道通信－17	美国	沃洛普斯岛发射场	Pegasus－XL HAPS	飞马座－XL－胖辅助推进系统	19980802	通信广播卫星
5051	1998－46F	Orbcomm－18	轨道通信－18	美国	沃洛普斯岛发射场	Pegasus－XL HAPS	飞马座－XL－胖辅助推进系统	19980802	通信广播卫星
5052	1998－46G	Orbcomm－19	轨道通信－19	美国	沃洛普斯岛发射场	Pegasus－XL HAPS	飞马座－XL－胖辅助推进系统	19980802	通信广播卫星
5053	1998－46H	Orbcomm－20	轨道通信－20	美国	沃洛普斯岛发射场	Pegasus－XL HAPS	飞马座－XL－胖辅助推进系统	19980802	通信广播卫星
5054	1998－47A	Soyuz TM－28	联盟 TM－28	俄罗斯	拜科努尔航天发射中心	Soyuz－U	联盟－U	19980813	载人及货运航天器
5055	1998－48A	Iridium－3	铱－3	美国	太原航天发射中心	CZ－2C/SMA	长征－2C/上面级 A	19980819	通信广播卫星
5056	1998－48B	Iridium－76	铱－76	美国	太原航天发射中心	CZ－2C/SMA	长征－2C/上面级 A	19980819	通信广播卫星
5057	1998－49A	ST－1	中新－1	新加坡/中国台湾地区	圭亚那航天中心	Ariane－44P H10－3	阿里安－44P H10－3	19980825	通信广播卫星
5058	1998－50A	Astra－2A	阿斯特拉－2A	卢森堡	拜科努尔航天发射中心	Proton－K/Blok－DM3	质子－K/上面级 DM3	19980830	通信广播卫星
5059	1998－51A	Iridium－82	铱－82	美国	范登堡空军基地	Delta－7920－10C	德尔它－7920－10C	19980908	通信广播卫星
5060	1998－51B	Iridium－81	铱－81	美国	范登堡空军基地	Delta－7920－10C	德尔它－7920－10C	19980908	通信广播卫星
5061	1998－51C	Iridium－80	铱－80	美国	范登堡空军基地	Delta－7920－10C	德尔它－7920－10C	19980908	通信广播卫星
5062	1998－51D	Iridium－79	铱－79	美国	范登堡空军基地	Delta－7920－10C	德尔它－7920－10C	19980908	通信广播卫星
5063	1998－51E	Iridium－77	铱－77	美国	范登堡空军基地	Delta－7920－10C	德尔它－7920－10C	19980908	通信广播卫星
5064	1998－52A	PAS－7	泛美卫星－7	美国	圭亚那航天中心	Ariane－44LP H10－3	阿里安－44LP H10－3	19980916	通信广播卫星
5065	1998－53A	Orbcomm－21	轨道通信－21	美国	沃洛普斯岛发射场	Pegasus－XL HAPS	飞马座－XL－胖辅助推进系统	19980923	通信广播卫星
5066	1998－53B	Orbcomm－22	轨道通信－22	美国	沃洛普斯岛发射场	Pegasus－XL HAPS	飞马座－XL－胖辅助推进系统	19980923	通信广播卫星
5067	1998－53C	Orbcomm－23	轨道通信－23	美国	沃洛普斯岛发射场	Pegasus－XL HAPS	飞马座－XL－胖辅助推进系统	19980923	通信广播卫星
5068	1998－53D	Orbcomm－24	轨道通信－24	美国	沃洛普斯岛发射场	Pegasus－XL HAPS	飞马座－XL－胖辅助推进系统	19980923	通信广播卫星
5069	1998－53E	Orbcomm－25	轨道通信－25	美国	沃洛普斯岛发射场	Pegasus－XL HAPS	飞马座－XL－胖辅助推进系统	19980923	通信广播卫星
5070	1998－53F	Orbcomm－26	轨道通信－26	美国	沃洛普斯岛发射场	Pegasus－XL HAPS	飞马座－XL－胖辅助推进系统	19980923	通信广播卫星
5071	1998－53G	Orbcomm－27	轨道通信－27	美国	沃洛普斯岛发射场	Pegasus－XL HAPS	飞马座－XL－胖辅助推进系统	19980923	通信广播卫星

续表

序号	国际代号	外文名	中文名	所属国家、地区或组织	发射地点	发射工具外文名	发射工具中文名	发射时间	航天器类型
5072	1998－53H	Orbcomm－28	轨道通信－28	美国	沃洛普斯岛发射场	Pegasus－XL HAPS	飞马座－XL－肼辅助推进系统	19980923	通信广播卫星
5073	1998－54A	Molniya－1T－97	闪电－1T－97	俄罗斯	普列谢茨克航天发射中心	Molniya－M/Blok－ML	闪电－M/上面级 ML	19980928	通信广播卫星
5074	1998－55A	STEX	空间技术试验卫星	美国	范登堡空军基地	Taurus－1110	金牛座－1110	19981003	科学与技术试验卫星
5075	1998－56A	Eutelsat－W2	欧洲通信卫星－W2	欧洲通信卫星组织	圭亚那航天中心	Ariane－44L H10－3	阿里安－44L H10－3	19981005	通信广播卫星
5076	1998－56B	Sirius－3	西利乌斯－3	瑞典	圭亚那航天中心	Ariane－44L H10－3	阿里安－44L H10－3	19981005	通信广播卫星
5077	1998－57A	Hot Bird－5	热鸟－5	欧洲通信卫星组织	卡纳维拉尔角发射场	Atlas－2A	宇宙神－2A	19981009	通信广播卫星
5078	1998－58A	UFO－09	特高频后继－09	美国	卡纳维拉尔角发射场	Atlas－2A	宇宙神－2A	19981020	通信广播卫星
5079	1998－59A	MAQSAT－3	模拟卫星－3	欧洲航天局	圭亚那航天中心	Ariane－5G	阿里安－5G	19981021	其他
5080	1998－60A	SCD－2	数据收集卫星－2	巴西	卡纳维拉尔角发射场	Pegasus－H	飞马座－H	19981023	通信广播卫星
5081	1998－61A	Deep Space－1	深空－1	美国	卡纳维拉尔角发射场	Delta－7326	德尔它－7326	19981024	空间探测器
5082	1998－61B	SEDSAT－1	空间探测和研制大学生卫星－1	美国	卡纳维拉尔角发射场	Delta－7326	德尔它－7326	19981024	科学与技术试验卫星
5083	1998－62A	Progress M－40	进步 M－40	俄罗斯	拜科努尔航天发射中心	Soyuz－U	联盟－U	19981025	载人及货运航天器
5084	1998－62B	Sputnik－41	人造地球卫星－41	俄罗斯/法国	拜科努尔航天发射中心	Soyuz－U	联盟－U	19981025	科学与技术试验卫星
5085	1998－63A	AfriStar－1	非洲星－1	美国	圭亚那航天中心	Ariane－44L H10－3	阿里安－44L H10－3	19981028	通信广播卫星
5086	1998－63B	GE－5	通用电气公司－5	美国	圭亚那航天中心	Ariane－44L H10－3	阿里安－44L H10－3	19981028	通信广播卫星
5087	1998－64A	STS－95	空间运输系统－95	美国	卡纳维拉尔角发射场	Discovery	发现号	19981029	载人及货运航天器
5088	1998－64B	PANSAT	小型业余海军卫星	美国	卡纳维拉尔角发射场	Discovery	发现号	19981029	通信广播卫星
5089	1998－64C	Spartan－201/05	斯帕坦－201/05	美国	卡纳维拉尔角发射场	Discovery	发现号	19981029	科学与技术试验卫星
5090	1998－65A	PAS－8	泛美卫星－8	美国	拜科努尔航天发射中心	Proton－K/Blok－DM3	质子－K/上面级 DM3	19981104	通信广播卫星
5091	1998－66A	Iridium－2	铱－2	美国	范登堡空军基地	Delta－7920－10C	德尔它－7920－10C	19981106	通信广播卫星
5092	1998－66B	Iridium－86	铱－86	美国	范登堡空军基地	Delta－7920－10C	德尔它－7920－10C	19981106	通信广播卫星
5093	1998－66C	Iridium－85	铱－85	美国	范登堡空军基地	Delta－7920－10C	德尔它－7920－10C	19981106	通信广播卫星
5094	1998－66D	Iridium－84	铱－84	美国	范登堡空军基地	Delta－7920－10C	德尔它－7920－10C	19981106	通信广播卫星
5095	1998－66E	Iridium－83	铱－83	美国	范登堡空军基地	Delta－7920－10C	德尔它－7920－10C	19981106	通信广播卫星
5096	1998－67A	Zarya	曙光舱	俄罗斯	拜科努尔航天发射中心	Proton－K	质子－K	19981120	载人及货运航天器
5097	1998－68A	Bonum－1	月亮－1	俄罗斯	卡纳维拉尔角发射场	Delta－7925	德尔它－7925	19981123	通信广播卫星
5098	1998－69A	STS－88	空间运输系统－88	美国	卡纳维拉尔角发射场	Endeavour	奋进号	19981204	载人及货运航天器

续表

序号	国际代号	外文名	中文名	所属国家、地区或组织	发射地点	发射工具外文名	发射工具中文名	发射时间	航天器类型
5099	1998-69B	SAC-A	科学应用卫星-A	阿根廷	卡纳维拉尔角发射场	Endeavour	奋进号	19981204	科学与技术试验卫星
5100	1998-69C	Mighty Sat-1	强力卫星-1	美国	卡纳维拉尔角发射场	Endeavour	奋进号	19981204	科学与技术试验卫星
5101	1998-69D	Slidewire	滑索	美国	卡纳维拉尔角发射场	Endeavour	奋进号	19981204	科学与技术试验卫星
5102	1998-69E	Socket	插座	美国	卡纳维拉尔角发射场	Endeavour	奋进号	19981204	科学与技术试验卫星
5103	1998-69F	Unity	团结舱	美国	卡纳维拉尔角发射场	Endeavour	奋进号	19981204	载人及货运航天器
5104	1998-70A	Satmex-5	墨西哥卫星-5	墨西哥	圭亚那航天中心	Ariane-42L H10-3	阿里安-42L H10-3	19981206	通信广播卫星
5105	1998-71A	SWAS	亚毫米波天文卫星	美国	范登堡空军基地	Pegasus-XL	飞马座-XL	19981206	科学与技术试验卫星
5106	1998-72A	Nadezhda-8	希望-8	俄罗斯	普列谢茨克航天发射中心	Cosmos-3M	宇宙-3M	19981210	导航定位卫星
5107	1998-72B	Astrid-2	阿斯特里德-2	瑞典	普列谢茨克航天发射中心	Cosmos-3M	宇宙-3M	19981210	科学与技术试验卫星
5108	1998-73A	MCO	火星气候轨道器	美国	卡纳维拉尔角发射场	Delta-7425	德尔它-7425	19981211	空间探测器
5109	1998-74A	Iridium-11A	铱-11A	美国	太原航天发射中心	CZ-2C/SMA	长征-2C/上面级A	19981219	通信广播卫星
5110	1998-74B	Iridium-20A	铱-20A	美国	太原航天发射中心	CZ-2C/SMA	长征-2C/上面级A	19981219	通信广播卫星
5111	1998-75A	PAS-6B	泛美卫星-6B	美国	圭亚那航天中心	Ariane-42L H10-3	阿里安-42L H10-3	19981222	通信广播卫星
5112	1998-76A	Parus-90	帆-90	俄罗斯	普列谢茨克航天发射中心	Cosmos-3M	宇宙-3M	19981224	导航定位卫星
5113	1998-77A	GLONASS-72	格洛纳斯-72	俄罗斯	拜科努尔航天发射中心	Proton-K/Blok-DM-2	质子-K/上面级DM-2	19981230	导航定位卫星
5114	1998-77B	GLONASS-73	格洛纳斯-73	俄罗斯	拜科努尔航天发射中心	Proton-K/Blok-DM-2	质子-K/上面级DM-2	19981230	导航定位卫星
5115	1998-77C	GLONASS-74	格洛纳斯-74	俄罗斯	拜科努尔航天发射中心	Proton-K/Blok-DM-2	质子-K/上面级DM-2	19981230	导航定位卫星
5116	1999-01A	MPL	火星极地着陆器	美国	卡纳维拉尔角发射场	Delta-7425	德尔它-7425	19990103	空间探测器
5117	1999-02A	Chunghua-1	中华-1	中国台湾地区	卡纳维拉尔角发射场	Athena-1	雅典娜-1	19990127	科学与技术试验卫星
5118	1999-03A	Stardust	星尘	美国	卡纳维拉尔角发射场	Delta-7426	德尔它-7426	19990207	空间探测器
5119	1999-04A	Globalstar-36	全球星-36	美国	拜科努尔航天发射中心	Soyuz-U/Ikar	联盟-U/伊卡尔	19990209	通信广播卫星
5120	1999-04B	Globalstar-23	全球星-23	美国	拜科努尔航天发射中心	Soyuz-U/Ikar	联盟-U/伊卡尔	19990209	通信广播卫星
5121	1999-04C	Globalstar-38	全球星-38	美国	拜科努尔航天发射中心	Soyuz-U/Ikar	联盟-U/伊卡尔	19990209	通信广播卫星
5122	1999-04D	Globalstar-40	全球星-40	美国	拜科努尔航天发射中心	Soyuz-U/Ikar	联盟-U/伊卡尔	19990209	通信广播卫星
5123	1999-05A	Telstar-6	电星-6	美国	拜科努尔航天发射中心	Proton-K/Blok-DM3	质子-K/上面级DM3	19990215	通信广播卫星
5124	1999-06A	JCSAT-6	日本通信卫星-6	日本	卡纳维拉尔角发射场	Atlas-2AS	宇宙神-2AS	19990216	通信广播卫星
5125	1999-07A	Soyuz TM-29	联盟TM-29	俄罗斯	拜科努尔航天发射中心	Soyuz-U	联盟-U	19990220	载人及货运航天器

续表

序号	国际代号	外文名	中文名	所属国家、地区或组织	发射地点	发射工具外文名	发射工具中文名	发射时间	航天器类型
5126	1999-08A	ARGOS	高级研究和全球观测卫星	美国	范登堡空军基地	Delta-7920-10	德尔它-7920-10	19990223	科学与技术试验卫星
5127	1999-08B	Orsted	奥斯特	丹麦	范登堡空军基地	Delta-7920-10	德尔它-7920-10	19990223	科学与技术试验卫星
5128	1999-08C	Sunsat	太阳卫星	南非	范登堡空军基地	Delta-7920-10	德尔它-7920-10	19990223	科学与技术试验卫星
5129	1999-09A	Arabsat-3A	阿拉伯卫星-3A	阿拉伯卫星通信组织	圭亚那航天中心	Ariane-44L H10-3	阿里安-44L H10-3	19990226	通信广播卫星
5130	1999-09B	Skynet-4E	天网-4E	英国	圭亚那航天中心	Ariane-44L H10-3	阿里安-44L H10-3	19990226	通信广播卫星
5131	1999-10A	Raduga-1-04	虹-1-04	俄罗斯	拜科努尔航天发射中心	Proton-K/Blok-DM-2	质子-K/上面级DM-2	19990226	通信广播卫星
5132	1999-11A	WTRE	宽场红外探测器	美国	范登堡空军基地	Pegasus-XL	飞马座-XL	19990305	科学与技术试验卫星
5133	1999-12A	Globalstar-22	全球星-22	美国	拜科努尔航天发射中心	Soyuz-U/Ikar	联盟-U/伊卡尔	19990305	通信广播卫星
5134	1999-12B	Globalstar-41	全球星-41	美国	拜科努尔航天发射中心	Soyuz-U/Ikar	联盟-U/伊卡尔	19990305	通信广播卫星
5135	1999-12C	Globalstar-46	全球星-46	美国	拜科努尔航天发射中心	Soyuz-U/Ikar	联盟-U/伊卡尔	19990305	通信广播卫星
5136	1999-12D	Globalstar-37	全球星-37	美国	拜科努尔航天发射中心	Soyuz-U/Ikar	联盟-U/伊卡尔	19990305	通信广播卫星
5137	1999-13A	AsiaSat-3S	亚洲卫星-3S	中国	拜科努尔航天发射中心	Proton-K/Blok-DM3	质子-K/上面级DM3	19990321	通信广播卫星
5138	1999-14A	DemoSat	海上发射Demo	美国	奥德赛海上发射平台	Zenit-3SL	天顶-3SL	19990328	科学与技术试验卫星
5139	1999-15A	Progress M-41	进步M-41	俄罗斯	拜科努尔航天发射中心	Soyuz-U	联盟-U	19990402	载人及货运航天器
5140	1999-15C	Sputnik-99	人造地球卫星-99	俄罗斯	拜科努尔航天发射中心	Soyuz-U	联盟-U	19990402	科学与技术试验卫星
5141	1999-16A	Insat-2E	印度卫星-2E	印度	圭亚那航天中心	Ariane-42P H10-3	阿里安-42P H10-3	19990402	通信广播卫星
5142	1999-17A	DSP-19	国防支援计划-19	美国	卡纳维拉尔角发射场	Titan-402B IUS	大力神-402B-惯性上面级	19990409	对地观测卫星
5143	1999-18A	Eutelsat-W6	欧洲通信卫星-W3	欧洲通信卫星组织	卡纳维拉尔角发射场	Atlas-2AS	宇宙神-2AS	19990412	通信广播卫星
5144	1999-19A	Globalstar-19	全球星-19	美国	拜科努尔航天发射中心	Soyuz-U/Ikar	联盟-U/伊卡尔	19990415	通信广播卫星
5145	1999-19B	Globalstar-42	全球星-42	美国	拜科努尔航天发射中心	Soyuz-U/Ikar	联盟-U/伊卡尔	19990415	通信广播卫星
5146	1999-19C	Globalstar-44	全球星-44	美国	拜科努尔航天发射中心	Soyuz-U/Ikar	联盟-U/伊卡尔	19990415	通信广播卫星
5147	1999-19D	Globalstar-45	全球星-45	美国	拜科努尔航天发射中心	Soyuz-U/Ikar	联盟-U/伊卡尔	19990415	通信广播卫星
5148	1999-20A	Landsat-7	陆地卫星-7	美国	范登堡空军基地	Delta-7920-10C	德尔它-7920-10C	19990415	对地观测卫星
5149	1999-21A	UoSAT-12	萨里大学卫星-12	英国	拜科努尔航天发射中心	Dnepr	第聂伯号	19990421	科学与技术试验卫星
5150	1999-22A	ABRIXAS	宽带X射线全天候成像卫星	德国	卡普斯金亚尔航天发射中心	Cosmos-3M	宇宙-3M	19990428	科学与技术试验卫星
5151	1999-22B	MEGSAT-0	麦格卫星-0	意大利	卡普斯金亚尔航天发射中心	Cosmos-3M	宇宙-3M	19990428	科学与技术试验卫星
5152	1999-23A	Milstar-2-1	军事星-2-1	美国	卡纳维拉尔角发射场	Titan-401B Centaur-T	大力神-401B-半人马座T	19990430	通信广播卫星

续表

序号	国际代号	外文名	中文名	所属国家、地区或组织	发射地点	发射工具外文名	发射工具中文名	发射时间	航天器类型
5153	1999 – 24A	Orion – 3	奥里昂 – 3	美国	卡纳维拉尔角发射场	Delta – 8930	德尔它 – 8930	19990505	通信广播卫星
5154	1999 – 25A	FY – 1C	风云 1C	中国	太原航天发射中心	CZ – 4B	长征 – 4B	19990510	对地观测卫星
5155	1999 – 25B	SJ – 5	实践 – 5	中国	太原航天发射中心	CZ – 4B	长征 – 4B	19990510	科学与技术试验卫星
5156	1999 – 26A	TERRIERS	"小猎犬"卫星	美国	范登堡空军基地	Pegasus – XL HAPS	飞马座 – XL – 肼辅助推进系统	19990518	科学与技术试验卫星
5157	1999 – 26B	MUBLCOM	多波束超视距通信卫星	美国	范登堡空军基地	Pegasus – XL HAPS	飞马座 – XL – 肼辅助推进系统	19990518	科学与技术试验卫星
5158	1999 – 27A	Nimiq – 1	尼米克 – 1	加拿大	拜科努尔航天发射中心	Proton – K/Blok – DM3	质子 – K/上面级 DM3	19990520	通信广播卫星
5159	1999 – 28A	Misty – 2	薄雾 – 2	美国	范登堡空军基地	Titan – 404B	大力神 – 404B	19990522	对地观测卫星
5160	1999 – 29A	Kitsat – 3	韩国卫星 – 3	韩国	萨提斯达瓦航天中心	PSLV (2)	极轨卫星运载火箭 – 2	19990526	科学与技术试验卫星
5161	1999 – 29B	DLR – TUBSAT	DLR – 柏林技术大学卫星	德国	萨提斯达瓦航天中心	PSLV (2)	极轨卫星运载火箭 – 2	19990526	对地观测卫星
5162	1999 – 29C	Oceansat – 1	海洋卫星 – 1	印度	萨提斯达瓦航天中心	PSLV (2)	极轨卫星运载火箭 – 2	19990526	对地观测卫星
5163	1999 – 30A	STS – 96	空间运输系统 – 96	美国	卡纳维拉尔角发射场	Discovery	发现号	19990527	载人及货运航天器
5164	1999 – 30B	Starshine – 1	星光 – 1	美国	卡纳维拉尔角发射场	Discovery	发现号	19990527	科学与技术试验卫星
5165	1999 – 31A	Globalstar – 52	全球星 – 52	美国	卡纳维拉尔角发射场	Delta – 7420 – 10C	德尔它 – 7420 – 10C	19990610	通信广播卫星
5166	1999 – 31B	Globalstar – 49	全球星 – 49	美国	卡纳维拉尔角发射场	Delta – 7420 – 10C	德尔它 – 7420 – 10C	19990610	通信广播卫星
5167	1999 – 31C	Globalstar – 25	全球星 – 25	美国	卡纳维拉尔角发射场	Delta – 7420 – 10C	德尔它 – 7420 – 10C	19990610	通信广播卫星
5168	1999 – 31D	Globalstar – 47	全球星 – 47	美国	卡纳维拉尔角发射场	Delta – 7420 – 10C	德尔它 – 7420 – 10C	19990610	通信广播卫星
5169	1999 – 32A	Iridium – 14A	铱 – 14A	美国	太原航天发射中心	CZ – 2C/SMA	长征 – 2C/上面级 A	19990611	通信广播卫星
5170	1999 – 32B	Iridium – 21A	铱 – 21A	美国	太原航天发射中心	CZ – 2C/SMA	长征 – 2C/上面级 A	19990611	通信广播卫星
5171	1999 – 33A	Astra – 1H	阿斯特拉 – 1H	卢森堡	拜科努尔航天发射中心	Proton – K/Blok – DM3	质子 – K/上面级 DM3	19990618	通信广播卫星
5172	1999 – 34A	QUIKSCAT	快速散射计	美国	范登堡空军基地	Titan – 2 (23) G	大力神 – 2 (23) G	19990620	对地观测卫星
5173	1999 – 35A	FUSE	远紫外光谱探测器	美国	卡纳维拉尔角发射场	Delta – 7320 – 10C	德尔它 – 7320 – 10C	19990624	科学与技术试验卫星
5174	1999 – 36A	Molniya – 3 – 52	闪电 – 3 – 52	俄罗斯	普列谢茨克航天发射中心	Molniya – M/Blok – ML	闪电 – M/上面级 ML	19990708	通信广播卫星
5175	1999 – 37A	Globalstar – 32	全球星 – 32	美国	卡纳维拉尔角发射场	Delta – 7420 – 10C	德尔它 – 7420 – 10C	19990710	通信广播卫星
5176	1999 – 37B	Globalstar – 30	全球星 – 30	美国	卡纳维拉尔角发射场	Delta – 7420 – 10C	德尔它 – 7420 – 10C	19990710	通信广播卫星
5177	1999 – 37C	Globalstar – 35	全球星 – 35	美国	卡纳维拉尔角发射场	Delta – 7420 – 10C	德尔它 – 7420 – 10C	19990710	通信广播卫星
5178	1999 – 37D	Globalstar – 51	全球星 – 51	美国	卡纳维拉尔角发射场	Delta – 7420 – 10C	德尔它 – 7420 – 11C	19990710	通信广播卫星
5179	1999 – 38A	Progress M – 42	进步 M – 42	俄罗斯	拜科努尔航天发射中心	Soyuz – U	联盟 – U	19990716	载人及货运航天器

续表

序号	国际代号	外文名	中文名	所属国家、地区或组织	发射地点	发射工具外文名	发射工具中文名	发射时间	航天器类型
5180	1999 – 39 A	Okean – O – 01	海洋 – O – 01	俄罗斯	拜科努尔航天发射中心	Zenit – 2	天顶 – 2	19990717	对地观测卫星
5181	1999 – 40 A	STS – 93	空间运输系统 – 93	美国	卡纳维拉尔角发射场	Columbia	哥伦比亚号	19990723	载人及货运航天器
5182	1999 – 40 B	CXO	钱德拉 X 射线天文台	美国	卡纳维拉尔角发射场	Columbia	哥伦比亚号	19990723	科学与技术试验卫星
5183	1999 – 41 A	Globalstar – 26	全球星 – 26	美国	卡纳维拉尔角发射场	Delta – 7420 – 10C	德尔它 – 7420 – 10C	19990725	通信广播卫星
5184	1999 – 41 B	Globalstar – 28	全球星 – 28	美国	卡纳维拉尔角发射场	Delta – 7420 – 10C	德尔它 – 7420 – 10C	19990725	通信广播卫星
5185	1999 – 41 C	Globalstar – 43	全球星 – 43	美国	卡纳维拉尔角发射场	Delta – 7420 – 10C	德尔它 – 7420 – 10C	19990725	通信广播卫星
5186	1999 – 41 D	Globalstar – 48	全球星 – 48	美国	卡纳维拉尔角发射场	Delta – 7420 – 10C	德尔它 – 7420 – 10C	19990725	通信广播卫星
5187	1999 – 42 A	Telkom – 1	电信 – 1	印度尼西亚	圭亚那航天中心	Ariane – 42P H10 – 3	阿里安 – 42P H10 – 3	19990812	通信广播卫星
5188	1999 – 43 A	Globalstar – 24	全球星 – 24	美国	卡纳维拉尔角发射场	Delta – 7420 – 10C	德尔它 – 7420 – 10C	19990817	通信广播卫星
5189	1999 – 43 B	Globalstar – 27	全球星 – 27	美国	卡纳维拉尔角发射场	Delta – 7420 – 10C	德尔它 – 7420 – 10C	19990817	通信广播卫星
5190	1999 – 43 C	Globalstar – 53	全球星 – 53	美国	卡纳维拉尔角发射场	Delta – 7420 – 10C	德尔它 – 7420 – 10C	19990817	通信广播卫星
5191	1999 – 43 D	Globalstar – 54	全球星 – 54	美国	卡纳维拉尔角发射场	Delta – 7420 – 10C	德尔它 – 7420 – 10C	19990817	通信广播卫星
5192	1999 – 44 A	Yantar – 4K2 – 80	琥珀 – 4K2 – 80	俄罗斯	普列谢茨克航天发射中心	Soyuz – U	联盟 – U	19990818	对地观测卫星
5193	1999 – 45 A	Parus – 91	帆 – 91	俄罗斯	普列谢茨克航天发射中心	Cosmos – 3M	宇宙 – 3M	19990826	导航定位卫星
5194	1999 – 46 A	Koreasat – 3	高丽卫星 – 3	韩国	圭亚那航天中心	Ariane – 42P H10 – 3	阿里安 – 42P H10 – 3	19990904	通信广播卫星
5195	1999 – 47 A	Yamal – 101	亚马尔 – 101	俄罗斯	拜科努尔航天发射中心	Proton – K/Blok – DM – 2M	质子 – K/上面级 DM – 2M	19990906	通信广播卫星
5196	1999 – 47 B	Yamal – 102	亚马尔 – 102	俄罗斯	拜科努尔航天发射中心	Proton – K/Blok – DM – 2M	质子 – K/上面级 DM – 2M	19990906	通信广播卫星
5197	1999 – 48 A	Foton – 12	光子 – 12	俄罗斯	普列谢茨克航天发射中心	Soyuz – U	联盟 – U	19990909	科学与技术试验卫星
5198	1999 – 49 A	Globalstar – 33	全球星 – 33	美国	拜科努尔航天发射中心	Soyuz – U/Ikar	联盟 – U/伊卡尔	19990922	通信广播卫星
5199	1999 – 49 B	Globalstar – 50	全球星 – 50	美国	拜科努尔航天发射中心	Soyuz – U/Ikar	联盟 – U/伊卡尔	19990922	通信广播卫星
5200	1999 – 49 C	Globalstar – 55	全球星 – 55	美国	拜科努尔航天发射中心	Soyuz – U/Ikar	联盟 – U/伊卡尔	19990922	通信广播卫星
5201	1999 – 49 D	Globalstar – 58	全球星 – 58	美国	拜科努尔航天发射中心	Soyuz – U/Ikar	联盟 – U/伊卡尔	19990922	通信广播卫星
5202	1999 – 50 A	EchoStar 5	回声星 – 5	美国	卡纳维拉尔角发射场	Atlas – 2AS	宇宙神 – 2AS	19990923	通信广播卫星
5203	1999 – 51 A	Ikonos – 2	伊科诺斯 – 2	美国	范登堡空军基地	Athena – 2	雅典娜 – 2	19990924	对地观测卫星
5204	1999 – 52 A	Telstar – 7	电星 – 7	美国	圭亚那航天中心	Ariane – 44LP H10 – 3	阿里安 – 44LP H10 – 3	19990925	通信广播卫星
5205	1999 – 53 A	LMI – 1	洛马国际卫星 – 1	美国	拜科努尔航天发射中心	Proton – K/Blok DM3	质子 – K/上面级 DM3	19990927	通信广播卫星
5206	1999 – 54 A	Resurs – F1M – 02	资源 – F1M – 02	俄罗斯	普列谢茨克航天发射中心	Soyuz – U	联盟 – U	19990928	对地观测卫星

续表

序号	国际代号	外文名	中文名	所属国家、地区或组织	发射地点	发射工具外文名	发射工具中文名	发射时间	航天器类型
5207	1999-55A	GPS-2R-03	导航星-2R-03	美国	卡纳维拉尔角发射场	Delta-7925	德尔它-7925	19991007	导航定位卫星
5208	1999-56A	DirecTV-1R	直播电视-1R	美国	奥德赛海上发射平台	Zenit-3SL	天顶-3SL	19991010	通信广播卫星
5209	1999-57A	ZY-1-01	资源-1-01	中国	太原航天发射中心	CZ-4B	长征-4B	19991014	对地观测卫星
5210	1999-57B	SACI-1	科学卫星-1	巴西	太原航天发射中心	CZ-4B	长征-4B	19991014	科学与技术试验卫星
5211	1999-58A	Globalstar-31	全球星-31	美国	拜科努尔航天发射中心	Soyuz-U/Ikar	联盟-U/伊卡尔	19991018	通信广播卫星
5212	1999-58B	Globalstar-56	全球星-56	美国	拜科努尔航天发射中心	Soyuz-U/Ikar	联盟-U/伊卡尔	19991018	通信广播卫星
5213	1999-58C	Globalstar-57	全球星-57	美国	拜科努尔航天发射中心	Soyuz-U/Ikar	联盟-U/伊卡尔	19991018	通信广播卫星
5214	1999-58D	Globalstar-59	全球星-59	美国	拜科努尔航天发射中心	Soyuz-U/Ikar	联盟-U/伊卡尔	19991018	通信广播卫星
5215	1999-59A	Orion-2/Telstar-12	奥里昂-2/电星-12	美国	圭亚那航天中心	Ariane-44LP H10-3	阿里安-44LP H10-3	19991019	通信广播卫星
5216	1999-60A	GE-4	通用电气公司-4	美国	圭亚那航天中心	Ariane-44LP H10-3	阿里安-44LP H10-3	19991113	通信广播卫星
5217	1999-61A	Shenzhou-1	神舟-1	中国	酒泉航天发射中心	CZ-2F	长征-2F	19991119	载人及货运航天器
5218	1999-62A	Globalstar-29	全球星-29	美国	拜科努尔航天发射中心	Soyuz-U/Ikar	联盟-U/伊卡尔	19991122	通信广播卫星
5219	1999-62B	Globalstar-34	全球星-34	美国	拜科努尔航天发射中心	Soyuz-U/Ikar	联盟-U/伊卡尔	19991122	通信广播卫星
5220	1999-62C	Globalstar-39	全球星-39	美国	拜科努尔航天发射中心	Soyuz-U/Ikar	联盟-U/伊卡尔	19991122	通信广播卫星
5221	1999-62D	Globalstar-61	全球星-61	美国	拜科努尔航天发射中心	Soyuz-U/Ikar	联盟-U/伊卡尔	19991122	通信广播卫星
5222	1999-63A	UFO-10	特高频后继-10	美国	卡纳维拉尔角发射场	Atlas-2A	宇宙神-2A	19991123	通信广播卫星
5223	1999-64A	Helios-1B	太阳神-1B	法国	圭亚那航天中心	Ariane-40 H10-3	阿里安-40 H10-3	19991203	对地观测卫星
5224	1999-64B	Clementine	克莱门汀	法国	圭亚那航天中心	Ariane-40 H10-3	阿里安-40 H10-3	19991203	对地观测卫星
5225	1999-65A	Orbcomm-29	轨道通信-29	美国	沃洛普斯岛发射场	Pegasus-XL HAPS	飞马座-XL-肼辅助推进系统	19991204	通信广播卫星
5226	1999-65B	Orbcomm-30	轨道通信-30	美国	沃洛普斯岛发射场	Pegasus-XL HAPS	飞马座-XL-肼辅助推进系统	19991204	通信广播卫星
5227	1999-65C	Orbcomm-31	轨道通信-31	美国	沃洛普斯岛发射场	Pegasus-XL HAPS	飞马座-XL-肼辅助推进系统	19991204	通信广播卫星
5228	1999-65D	Orbcomm-32	轨道通信-32	美国	沃洛普斯岛发射场	Pegasus-XL HAPS	飞马座-XL-肼辅助推进系统	19991204	通信广播卫星
5229	1999-65E	Orbcomm-33	轨道通信-33	美国	沃洛普斯岛发射场	Pegasus-XL HAPS	飞马座-XL-肼辅助推进系统	19991204	通信广播卫星
5230	1999-65F	Orbcomm-34	轨道通信-34	美国	沃洛普斯岛发射场	Pegasus-XL HAPS	飞马座-XL-肼辅助推进系统	19991204	通信广播卫星
5231	1999-65G	Orbcomm-35	轨道通信-35	美国	沃洛普斯岛发射场	Pegasus-XL HAPS	飞马座-XL-肼辅助推进系统	19991204	通信广播卫星
5232	1999-66A	XMM	X射线多镜面	欧洲航天局	圭亚那航天中心	Ariane-5G	阿里安-5G	19991210	科学与技术试验卫星
5233	1999-67A	DMSP-5D3 F15	国防气象卫星计划-5D3 F15	美国	范登堡空军基地	Titan-2 (23) G Star-37XFP-ISS	大力神-2 (23) G-星 37XFP-ISS	19991212	对地观测卫星

续表

序号	国际代号	外文名	中文名	所属国家、地区或组织	发射地点	发射工具外文名	发射工具中文名	发射时间	航天器类型
5234	1999 – 68 A	Terra	土	美国	范登堡空军基地	Atlas – 2 AS	宇宙神 – 2 AS	19991218	对地观测卫星
5235	1999 – 69 A	STS – 103	空间运输系统 – 103	美国	卡纳维尔角发射场	Discovery	发现号	19991220	载人及货运航天器
5236	1999 – 70 A	KOMPSAT – 1	韩国多用途卫星 – 1	韩国	范登堡空军基地	Taurus – 2110	金牛座 – 2110	19991221	对地观测卫星
5237	1999 – 70 B	ACRIMSAT	主动空腔辐射计辐照度监视器卫星	美国	范登堡空军基地	Taurus – 2110	金牛座 – 2110	19991221	对地观测卫星
5238	1999 – 71 A	Galaxy – 11	银河 – 11	美国	圭亚那航天中心	Ariane – 44L H10 – 3	阿里安 – 44L H10 – 3	19991222	通信广播卫星
5239	1999 – 72 A	US – PM – 10	电子型海洋监视卫星 – M – 10	俄罗斯	拜科努尔航天发射中心	Tsyklon – 2	旋风 – 2	19991226	对地观测卫星
5240	1999 – 73 A	Oko – 80	眼睛 – 80	俄罗斯	普列谢茨克航天发射中心	Molniya – M/Blok – 2 BL	闪电 – M／上面级 2 BL	19991227	对地观测卫星
5241	2000 – 01 A	DSCS – 3 – 08	国防卫星通信系统 – 3 – 08	美国	卡纳维尔角发射场	Atlas – 2A	宇宙神 – 2 A	20000121	通信广播卫星
5242	2000 – 02 A	Galaxy – 10R	银河 – 10R	美国	圭亚那航天中心	Ariane – 42L H10 – 3	阿里安 – 42L H10 – 3	20000125	通信广播卫星
5243	2000 – 03 A	Chinasat – 22	中星 – 22	中国	西昌航天发射中心	CZ – 3A	长征 – 3A	20000125	通信广播卫星
5244	2000 – 04 A	JAWSAT	空军学院 – 韦伯大学联合卫星	美国	范登堡空军基地	Minotaur – 1	米诺陶 – 1	20000127	科学与技术试验卫星
5245	2000 – 04 B	OCSE	光学校准球实验卫星	美国	范登堡空军基地	Minotaur – 1	米诺陶 – 1	20000127	科学与技术试验卫星
5246	2000 – 04 C	OPAL	在轨皮米卫星自动发射台	美国	范登堡空军基地	Minotaur – 1	米诺陶 – 1	20000127	科学与技术试验卫星
5247	2000 – 04 D	FalconSat – 1	隼卫星 – 1	美国	范登堡空军基地	Minotaur – 1	米诺陶 – 1	20000127	科学与技术试验卫星
5248	2000 – 04 E	ASUSAT – 1	亚利桑那州立大学卫星 – 1	美国	范登堡空军基地	Minotaur – 1	米诺陶 – 1	20000127	科学与技术试验卫星
5249	2000 – 04 M	STENSAT	斯坦豪斯卫星	美国	范登堡空军基地	Minotaur – 1	米诺陶 – 1	20000127	科学与技术试验卫星
5250	2000 – 04 G	MEMS – 1	微机电系统 – 1	美国	范登堡空军基地	Minotaur – 1	米诺陶 – 1	20000127	科学与技术试验卫星
5251	2000 – 04 H	MEMS – 2	微机电系统 – 2	美国	范登堡空军基地	Minotaur – 1	米诺陶 – 1	20000127	科学与技术试验卫星
5252	2000 – 04 J	Artemis – Thelma	阿特米斯 – 希尔玛	美国	范登堡空军基地	Minotaur – 1	米诺陶 – 1	20000127	科学与技术试验卫星
5253	2000 – 04 K	Artemis – Louise	阿特米斯 – 路易丝	美国	范登堡空军基地	Minotaur – 1	米诺陶 – 1	20000127	科学与技术试验卫星
5254	2000 – 04 L	Artemis – JAK	阿特米斯 – JAK	美国	范登堡空军基地	Minotaur – 1	米诺陶 – 1	20000127	科学与技术试验卫星
5255	2000 – 05 A	Progress M1 – 1	进步 M1 – 1	俄罗斯	拜科努尔航天发射中心	Soyuz – U	联盟 – U	20000201	载人及货运航天器
5256	2000 – 06 A	Tselina – 2 – 21	处女地 – 2 – 21	俄罗斯	拜科努尔航天发射中心	Zenit – 2	天顶 – 2	20000203	对地观测卫星
5257	2000 – 07 A	Hispasat – 1C	西班牙卫星 – 1C	西班牙	卡纳维尔角发射场	Atlas – 2 AS	宇宙神 – 2 AS	20000203	通信广播卫星
5258	2000 – 08 A	Globalstar – 63	全球星 – 63	美国	卡纳维尔角发射场	Delta – 7420 – 10C	德尔它 – 7420 – 10C	20000208	通信广播卫星
5259	2000 – 08 B	Globalstar – 62	全球星 – 62	美国	卡纳维尔角发射场	Delta – 7420 – 10C	德尔它 – 7420 – 10C	20000208	通信广播卫星
5260	2000 – 08 C	Globalstar – 60	全球星 – 60	美国	卡纳维尔角发射场	Delta – 7420 – 10C	德尔它 – 7420 – 10C	20000208	通信广播卫星

续表

序号	国际代号	外文名	中文名	所属国家、地区或组织	发射地点	发射工具外文名	发射工具中文名	发射时间	航天器类型
5261	2000-08D	Globalstar-64	全球星-64	美国	卡纳维拉尔角发射场	Delta-7420-10C	德尔它-7420-10C	20000208	通信广播卫星
5262	2000-09A	DUMSAT	模拟卫星	俄罗斯	拜科努尔航天发射中心	Soyuz-U/Fregat	联盟-U/弗雷盖特	20000208	科学与技术试验卫星
5263	2000-10A	STS-99	空间运输系统-99	美国	卡纳维拉尔角发射场	Endeavour	奋进号	20000211	载人及货运航天器
5264	2000-11A	Garuda-1	格鲁达-1	印度尼西亚	拜科努尔航天发射中心	Proton-K/Blok-DM3	质子-K/上面级DM3	20000212	通信广播卫星
5265	2000-12A	Superbird-B2	超鸟-B2	日本	圭亚那航天中心	Ariane-441P H10-3	阿里安-441P H10-3	20000218	通信广播卫星
5266	2000-13A	Express A-2	快讯 A-2	俄罗斯	拜科努尔航天发射中心	Proton-K/Blok-DM-2M	质子-K/上面级 DM-2M	20000312	通信广播卫星
5267	2000-14A	MTI	多光谱热成像卫星	美国	范登堡空军基地	Taurus-1110	金牛座-1110	20000312	科学与技术试验卫星
5268	2000-15A	Fregat/DUMSAT	弗雷盖特模拟卫星	俄罗斯	拜科努尔航天发射中心	Soyuz-U/Fregat	联盟-U/弗雷盖特	20000320	科学与技术试验卫星
5269	2000-16A	Asiastar	亚洲星	美国	圭亚那航天中心	Ariane-5G	阿里安-5G	20000321	通信广播卫星
5270	2000-16B	Insat-3B	印度卫星-3B	印度	圭亚那航天中心	Ariane-5G	阿里安-5G	20000321	通信广播卫星
5271	2000-17A	IMAGE	"图像"卫星	美国	范登堡空军基地	Delta-7326	德尔它-7326	20000325	科学与技术试验卫星
5272	2000-18A	Soyuz.TM-30	联盟 TM-30	俄罗斯	拜科努尔航天发射中心	Soyuz-U	联盟-U	20000404	载人及货运航天器
5273	2000-19A	SESAT	西伯利亚-欧洲卫星	欧洲通信卫星组织	拜科努尔航天发射中心	Proton-K/Blok-DM-2M	质子-K/上面级 DM-2M	20000417	通信广播卫星
5274	2000-20A	Galaxy-4R	银河-4R	美国	圭亚那航天中心	Ariane-42L H10-3	阿里安-42L H10-3	20000419	通信广播卫星
5275	2000-21A	Progress M1-2	进步 M1-2	俄罗斯	拜科努尔航天发射中心	Soyuz-U	联盟-U	20000425	载人及货运航天器
5276	2000-22A	GOES-L	地球静止环境业务卫星-L	美国	卡纳维拉尔角发射场	Atlas-2A	宇宙神-2A	20000503	对地观测卫星
5277	2000-23A	Yantar-4KS1M-09	琥珀-4KS1M-09	俄罗斯	拜科努尔航天发射中心	Soyuz-U	联盟-U	20000503	对地观测卫星
5278	2000-24A	DSP-20	国防支援计划-20	美国	卡纳维拉尔角发射场	Titan-402B IUS	大力神-402B-惯性上面级	20000508	对地观测卫星
5279	2000-25A	GPS-2R-04	导航星-2R-04	美国	卡纳维拉尔角发射场	Delta-7925	德尔它-7925	20000511	导航定位卫星
5280	2000-26A	SIMSAT-1	模型卫星-1	俄罗斯	普列谢茨克航天发射中心	ROkot-KM	隆声-KM	20000516	其他
5281	2000-26B	SIMSAT-2	模型卫星-2	俄罗斯	普列谢茨克航天发射中心	ROkot-KM	隆声-KM	20000516	其他
5282	2000-27A	STS-101	空间运输系统-101	美国	卡纳维拉尔角发射场	Atlantis	阿特兰蒂斯号	20000519	载人及货运航天器
5283	2000-28A	Eutelsat-W4	欧洲通信卫星-W4	欧洲通信卫星组织	卡纳维拉尔角发射场	Atlas-3A	宇宙神-3A	20000524	通信广播卫星
5284	2000-29A	Gorizont-33	地平线-33	俄罗斯	拜科努尔航天发射中心	Proton-K/Briz-M	质子-K/微风 M	20000606	通信广播卫星
5285	2000-30A	TSX-5	三军实验任务卫星-5	美国	范登堡空军基地	Pegasus-XL	飞马座-XL	20000607	科学与技术试验卫星
5286	2000-31A	Express A-3	快讯 A-3	俄罗斯	拜科努尔航天发射中心	Proton-K/Blok-DM-2M	质子-K/上面级 DM-2M	20000624	通信广播卫星
5287	2000-32A	FY-2B	风云-2B	中国	西昌航天发射中心	CZ-3	长征-3	20000625	对地观测卫星

续表

序号	国际代号	外文名	中文名	所属国家、地区或组织	发射地点	发射工具外文名	发射工具中文名	发射时间	航天器类型
5288	2000 – 33A	Nadezhda – 9	希望 – 9	俄罗斯	普列谢茨克航天发射中心	Cosmos – 3M	宇宙 – 3M	20000628	导航定位卫星
5289	2000 – 33B	Tsinghua – 1	清华 – 1	中国	普列谢茨克航天发射中心	Cosmos – 3M	宇宙 – 3M	20000628	科学与技术试验卫星
5290	2000 – 33C	SNAP – 1	快照 – 1	英国	普列谢茨克航天发射中心	Cosmos – 3M	宇宙 – 3M	20000628	科学与技术试验卫星
5291	2000 – 34A	TDRS – 8	跟踪与数据中继卫星 – 8	美国	卡纳维拉尔角航天发射场	Atlas – 2A	宇宙神 – 2A	20000630	通信广播卫星
5292	2000 – 35A	Sirius – 1	天狼星 – 1	美国	拜科努尔航天发射中心	Proton – K/Blok – DM3	质子 – K/上面级 DM3	20000630	通信广播卫星
5293	2000 – 36A	Potok – 10	急流 – 10	俄罗斯	拜科努尔航天发射中心	Proton – K/Blok – DM – 2	质子 – K/上面级 DM – 2	20000704	通信广播卫星
5294	2000 – 37A	Zvezda	星辰舱	俄罗斯	拜科努尔航天发射场	Proton – K	质子 – K	20000712	载人及货运航天器
5295	2000 – 38A	EchoStar – 6	回声星 – 6	美国	卡纳维拉尔角航天发射场	Atlas – 2AS	宇宙神 – 2AS	20000714	通信广播卫星
5296	2000 – 39A	MITA	意大利先进技术小卫星	意大利	普列谢茨克航天发射中心	Cosmos – 3M	宇宙 – 3M	20000715	科学与技术试验卫星
5297	2000 – 39B	CHAMP	挑战性小卫星有效载荷	德国	普列谢茨克航天发射中心	Cosmos – 3M	宇宙 – 3M	20000715	科学与技术试验卫星
5298	2000 – 40A	GPS – 2R – 05	导航星 – 2R – 05	美国	卡纳维拉尔角航天发射场	Delta – 7925	德尔它 – 7925	20000716	导航定位卫星
5299	2000 – 41A	Cluster 2 – 7	团星 2 – 7	欧洲航天局	拜科努尔航天发射中心	Soyuz – U/Fregat	联盟 – U/弗雷盖特	20000716	科学与技术试验卫星
5300	2000 – 41B	Cluster 2 – 6	团星 2 – 6	欧洲航天局	拜科努尔航天发射中心	Soyuz – U/Fregat	联盟 – U/弗雷盖特	20000716	科学与技术试验卫星
5301	2000 – 42A	Mighty Sat – 2.1	强力卫星 – 2.1	美国	范登堡空军基地	Minotaur – 1	米诺陶 – 1	20000719	科学与技术试验卫星
5302	2000 – 42B	MEMS – 2A	微机电系统 – 2A	美国	范登堡空军基地	Minotaur – 1	米诺陶 – 1	20000719	科学与技术试验卫星
5303	2000 – 42C	MEMS – 2B	微机电系统 – 2B	美国	范登堡空军基地	Minotaur – 1	米诺陶 – 1	20000719	科学与技术试验卫星
5304	2000 – 43A	PAS – 9	泛美卫星 – 9	美国	奥德赛海上发射平台	Zenit – 3SL	天顶 – 3SL	20000728	通信广播卫星
5305	2000 – 44A	Progress M1 – 3	进步 M1 – 3	俄罗斯	拜科努尔航天发射中心	Soyuz – U	联盟 – U	20000806	载人及货运航天器
5306	2000 – 45A	Cluster 2 – 5	团星 2 – 5	欧洲航天局	拜科努尔航天发射中心	Soyuz – U/Fregat	联盟 – U/弗雷盖特	20000809	科学与技术试验卫星
5307	2000 – 45B	Cluster 2 – 8	团星 2 – 8	欧洲航天局	拜科努尔航天发射中心	Soyuz – U/Fregat	联盟 – U/弗雷盖特	20000809	科学与技术试验卫星
5308	2000 – 46A	Brasilsat – B4	巴西卫星 – B4	巴西	圭亚那航天中心	Ariane – 44LP H10 – 3	阿里安 – 44LP H10 – 3	20000817	通信广播卫星
5309	2000 – 46B	Nilesat – 102	尼罗河卫星 102	埃及	圭亚那航天中心	Ariane – 44LP H10 – 3	阿里安 – 44LP H10 – 3	20000817	通信广播卫星
5310	2000 – 47A	Lacrosse – 4	长曲棍球 – 4	美国	范登堡空军基地	Titan – 403B	大力神 – 403B	20000817	对地观测卫星
5311	2000 – 48A	DM – F3	模型 – F3	美国	卡纳维拉尔角航天发射场	Delta – 8930	德尔它 – 8930	20000823	其他
5312	2000 – 49A	Raduga – 1 – 05	虹 – 1 – 05	俄罗斯	拜科努尔航天发射中心	Proton – K/Blok – DM – 2	质子 – K/上面级 DM – 2	20000828	通信广播卫星
5313	2000 – 50A	ZY – 2A	资源 – 2A	中国	太原航天发射中心	CZ – 4B	长征 – 4B	20000901	对地观测卫星
5314	2000 – 51A	Sirius – 2	天狼星 – 2	美国	拜科努尔航天发射中心	Proton – K/Blok – DM3	质子 – K/上面级 DM3	20000905	通信广播卫星

续表

序号	国际代号	外文名	中文名	所属国家、地区或组织	发射地点	发射工具外文名	发射工具中文名	发射时间	航天器类型
5315	2000-52A	Eutelsat-W1R	欧洲通信卫星-W1R	欧洲通信卫星组织	圭亚那航天中心	Ariane-44P H10-3	阿里安-44P H10-3	20000906	通信广播卫星
5316	2000-53A	STS-106	空间运输系统-106	美国	卡纳维拉尔角发射场	Atlantis	阿特兰蒂斯号	20000908	载人及货运运载天器
5317	2000-54A	Astra-2B	阿斯特拉-2B	卢森堡	圭亚那航天中心	Ariane-5G	阿里安-5G	20000914	通信广播卫星
5318	2000-54B	GE-7	通用电气公司-7	美国	圭亚那航天中心	Ariane-5G	阿里安-5G	20000914	通信广播卫星
5319	2000-55A	NOAA-L	国家大气和海洋局卫星-L	美国	范登堡空军基地	Titan-2 (23) G Star-37XFP-ISS	大力神-2 (23) G-星37XFP-ISS	20000921	对地观测卫星
5320	2000-56A	Orlets-2-02	蔷薇辉石-2-02	俄罗斯	拜科努尔航天发射中心	Zenit-2	天顶-2	20000925	对地观测卫星
5321	2000-57A	MEGSAT-1	麦格卫星-1	意大利	拜科努尔航天发射中心	Dnepr	第聂伯号	20000926	科学与技术试验卫星
5322	2000-57B	UniSat-1	大学卫星-1	意大利	拜科努尔航天发射中心	Dnepr	第聂伯号	20000926	科学与技术试验卫星
5323	2000-57C	Tiungsat-1	马来西亚卫星-3	马来西亚	拜科努尔航天发射中心	Dnepr	第聂伯号	20000926	科学与技术试验卫星
5324	2000-57D	SaudiSat-1a	沙特阿拉伯卫星-1a	阿拉伯卫星通信组织	拜科努尔航天发射中心	Dnepr	第聂伯号	20000926	科学与技术试验卫星
5325	2000-57E	SaudiSat-1b	沙特阿拉伯卫星-1b	阿拉伯卫星通信组织	拜科努尔航天发射中心	Dnepr	第聂伯号	20000926	科学与技术试验卫星
5326	2000-58A	Yantar-1KFT-20	琥珀-1KFT-20	俄罗斯	拜科努尔航天发射中心	Soyuz-U	联盟-U	20000929	对地观测卫星
5327	2000-59A	GE-1A	通用电气公司-1A	美国	拜科努尔航天发射中心	Proton-K/Blok-DM3	质子-K/上面级 DM3	20001001	通信广播卫星
5328	2000-60A	N-SAT-110	N-星-110	日本	圭亚那航天中心	Ariane-42L H10-3	阿里安-42L H10-3	20001006	通信广播卫星
5329	2000-61A	HETE-2	高能瞬态实验卫星-2	美国	夸贾林基地	Pegasus-H	飞马座-H	20001009	科学与技术试验卫星
5330	2000-62A	STS-92	空间运输系统-92	美国	卡纳维拉尔角发射场	Discovery	发现号	20001011	载人及货运运载天器
5331	2000-63A	GLONASS-75	格洛纳斯-75	俄罗斯	拜科努尔航天发射中心	Proton-K/Blok-DM-2	质子-K/上面级 DM-2	20001013	导航定位卫星
5332	2000-63B	GLONASS-76	格洛纳斯-76	俄罗斯	拜科努尔航天发射中心	Proton-K/Blok-DM-2	质子-K/上面级 DM-2	20001013	导航定位卫星
5333	2000-63C	GLONASS-77	格洛纳斯-77	俄罗斯	拜科努尔航天发射中心	Proton-K/Blok-DM-2	质子-K/上面级 DM-2	20001013	导航定位卫星
5334	2000-64A	Progress M-43	进步 M-43	俄罗斯	拜科努尔航天发射中心	Soyuz-U	联盟-U	20001016	载人及货运运载天器
5335	2000-65A	DSCS-3-11	国防卫星通信系统-3-11	美国	卡纳维拉尔角发射场	Atlas-2A	宇宙神-2A	20001020	通信广播卫星
5336	2000-66A	Thuraya-1	瑟拉亚-1	阿拉伯联合酋长国	奥德赛海上发射平台	Zenit-3SL	天顶-3SL	20001021	通信广播卫星
5337	2000-67A	GE-6	通用电气公司-6	美国	拜科努尔航天发射中心	Proton-K/Blok-DM3	质子-K/上面级 DM3	20001021	通信广播卫星
5338	2000-68A	Europe*Star-1	欧洲星-1	法国	圭亚那航天中心	Ariane-44LP H10-3	阿里安-44LP H10-3	20001029	通信广播卫星
5339	2000-69A	Beidou-1A	北斗-1A	中国	西昌航天发射中心	CZ-3A	长征-3A	20001030	导航定位卫星
5340	2000-70A	Soyuz TM-31	联盟 TM-31	俄罗斯	拜科努尔航天发射中心	Soyuz-U	联盟-U	20001031	载人及货运运载天器
5341	2000-71A	GPS-2R-06	导航卫星-2R-06	美国	卡纳维拉尔角发射场	Delta-7925	德尔它-7925	20001110	导航定位卫星

续表

序号	国际代号	外文名	中文名	所属国家、地区或组织	发射地点	发射工具外文名	发射工具中文名	发射时间	航天器类型
5342	2000-72A	PAS-1R	泛美卫星-1R	美国	圭亚那航天中心	Ariane-5G	阿里安-5G	20001116	通信广播卫星
5343	2000-72B	Amsat-P3D/Oscar-40	业余爱好者卫星-P3D/奥斯卡-40	美国	圭亚那航天中心	Ariane-5G	阿里安-5G	20001116	科学与技术试验卫星
5344	2000-72C	STRV-1C	空间技术和研究飞行器-1C	英国	圭亚那航天中心	Ariane-5G	阿里安-5G	20001116	科学与技术试验卫星
5345	2000-72D	STRV-1D	空间技术和研究飞行器-1D	英国	圭亚那航天中心	Ariane-5G	阿里安-5G	20001116	科学与技术试验卫星
5346	2000-73A	Progress M1-4	进步M1-4	俄罗斯	拜科努尔航天发射中心	Soyuz-U	联盟-U	20001116	载人及货运航天器
5347	2000-74A	Quickbird-1	快鸟-1	美国	普列谢茨克航天发射中心	Cosmos-3M	宇宙-3M	20001120	对地观测卫星
5348	2000-75A	EO-1	地球观测-1	美国	范登堡空军基地	Delta-7320-10C	德尔它-7320-10C	20001121	对地观测卫星
5349	2000-75B	SAC-C	科学应用卫星-C	阿根廷	范登堡空军基地	Delta-7320-10C	德尔它-7320-10C	20001121	对地观测卫星
5350	2000-75C	Munin	穆宁	瑞典	范登堡空军基地	Delta-7320-10C	德尔它-7320-10C	20001121	科学与技术试验卫星
5351	2000-76A	Anik-F1	阿尼克-F1	加拿大	圭亚那航天中心	Ariane-44L H10-3	阿里安-44L H10-3	20001121	通信广播卫星
5352	2000-77A	Sirius-3	天狼星-3	美国	拜科努尔航天发射中心	Proton-K/Blok-DM3	质子-K/上面级DM3	20001130	通信广播卫星
5353	2000-78A	STS-97	空间运输系统-97	美国	卡纳维拉尔角发射场	Endeavour	奋进号	20001201	载人及货运航天器
5354	2000-79A	EROS-A	地球遥感测卫星-A	以色列	斯沃博德内发射场	Start-1	起跑-1	20001205	对地观测卫星
5355	2000-80A	SDS-3-2	卫星数据系统-3-2	美国	卡纳维拉尔角发射场	Atlas-2AS	宇宙神-2AS	20001206	通信广播卫星
5356	2000-81A	Astra-2D	阿斯特拉-2D	卢森堡	圭亚那航天中心	Ariane-5G	阿里安-5G	20001220	通信广播卫星
5357	2000-81B	GE-8	通用电气公司-8	美国	圭亚那航天中心	Ariane-5G	阿里安-5G	20001220	通信广播卫星
5358	2000-81C	LDREX antenna	大型可展开反射器天线实验卫星	日本	圭亚那航天中心	Ariane-5G	阿里安-5G	20001220	科学与技术试验卫星
5359	2000-82A	Beidou-1B	北斗-1B	中国	西昌航天发射中心	CZ-3A	长征-3A	20001220	导航定位卫星
5360	2001-01A	Shenzhou-2	神舟-2	中国	酒泉航天发射中心	CZ-2F	长征-2F	20010109	载人及货运航天器
5361	2001-01C	Shenzhou-2 OM	神舟-2轨道舱	中国	酒泉航天发射中心	CZ-2F	长征-2F	20010109	载人及货运航天器
5362	2001-02A	Turksat-2A	土耳其卫星-2A	土耳其	圭亚那航天中心	Ariane-44P H10-3	阿里安-44P H10-3	20010110	通信广播卫星
5363	2001-03A	Progress M1-5	进步M1-5	俄罗斯	拜科努尔航天发射中心	Soyuz-U	联盟-U	20010124	载人及货运航天器
5364	2001-04A	GPS-2R-07	导航星-2R-07	美国	卡纳维拉尔角发射场	Delta-7925	德尔它-7925	20010130	导航定位卫星
5365	2001-05A	SICRAL-1	锡克拉-1	意大利	圭亚那航天中心	Ariane-44L H10-3	阿里安-44L H10-3	20010207	通信广播卫星
5366	2001-05B	Skynet-4F	天网-4F	英国	圭亚那航天中心	Ariane-44L H10-3	阿里安-44L H10-3	20010207	通信广播卫星
5367	2001-06A	STS-98	空间运输系统-98	美国	卡纳维拉尔角发射场	Atlantis	阿特兰蒂斯号	20010207	载人及货运航天器
5368	2001-06B	Destiny	命运舱	美国	卡纳维拉尔角发射场	Atlantis	阿特兰蒂斯号	20010207	载人及货运航天器

续表

序号	国际代号	外文名	中文名	所属国家、地区或组织	发射地点	发射工具外文名	发射工具中文名	发射时间	航天器类型
5369	2001-07A	Odin	奥丁	瑞典	斯沃博德内发射场	Start-1	起跑-1	20010220	科学与技术试验卫星
5370	2001-08A	Progress M-44	进步 M-44	俄罗斯	拜科努尔航天发射中心	Soyuz-U	联盟-U	20010226	载人及货运航天器
5371	2001-09A	Milstar-2-2	军事星-2-2	美国	卡纳维拉尔角发射场	Titan-401B Centaur-T	大力神-401B-半人马座 T	20010227	通信广播卫星
5372	2001-10A	STS-102	空间运输系统-102	美国	卡纳维拉尔角发射场	Discovery	发现号	20010308	载人及货运航天器
5373	2001-11A	Eurobird-1	欧洲鸟-1	欧洲通信卫星组织	圭亚那航天中心	Ariane-5G	阿里安-5G	20010308	通信广播卫星
5374	2001-11B	BSAT-2A	广播卫星-2A	日本	圭亚那航天中心	Ariane-5G	阿里安-5G	20010308	通信广播卫星
5375	2001-12A	XM-2	XM-2	美国	奥德赛海上发射平台	Zenit-3SL	天顶-3SL	20010318	通信广播卫星
5376	2001-13A	Ekran M-4	荧光屏 M-4	俄罗斯	拜科努尔航天发射中心	Proton-M/Briz-M-M1	质子-M/微风 M-M1	20010407	通信广播卫星
5377	2001-14A	Mars Odyssey	火星奥德赛	美国	卡纳维拉尔角发射场	Delta-7925	德尔它-7925	20010407	空间探测器
5378	2001-15A	GSAT-1	地球静止卫星-1	印度	萨提斯达瓦航天中心	GSLV Mk.1	同步轨道卫星运载火箭 Mk.1	20010418	通信广播卫星
5379	2001-16A	STS-100	空间运输系统-100	美国	卡纳维拉尔角发射场	Endeavour	奋进号	20010419	载人及货运航天器
5380	2001-17A	Soyuz TM-32	联盟 TM-32	俄罗斯	拜科努尔航天发射中心	Soyuz-U	联盟-U	20010428	载人及货运航天器
5381	2001-18A	XM-1	XM-1	美国	奥德赛海上发射平台	Zenit-3SL	天顶-3SL	20010508	通信广播卫星
5382	2001-19A	PAS-10	泛美卫星-10	美国	拜科努尔航天发射中心	Proton-K/Blok-DM3	质子-K/上面级 DM3	20010515	通信广播卫星
5383	2001-20A	GeoLITE	地球同步轻质量技术试验	美国	卡纳维拉尔角发射场	Delta-7925	德尔它-7925	20010518	科学与技术试验卫星
5384	2001-21A	Progress M1-6	进步 M1-6	俄罗斯	拜科努尔航天发射中心	Soyuz-FG	联盟-FG	20010520	载人及货运航天器
5385	2001-22A	Yantar-4K2-81	琥珀-4K2-81	俄罗斯	普列谢茨克航天发射中心	Soyuz-U	联盟-U	20010529	对地观测卫星
5386	2001-23A	Parus-92	帆-92	俄罗斯	普列谢茨克航天发射中心	Cosmos-3M	宇宙-3M	20010608	导航定位卫星
5387	2001-24A	Intelsat-901	国际通信卫星-901	国际通信卫星组织	圭亚那航天中心	Ariane-44L H10-3	阿里安-44L H10-3	20010609	通信广播卫星
5388	2001-25A	Astra-2C	阿斯特拉-2C	卢森堡	拜科努尔航天发射中心	Proton-K/Blok-DM3	质子-K/上面级 DM3	20010616	通信广播卫星
5389	2001-26A	ICO-2	中圆轨道-2	美国	卡纳维拉尔角发射场	Atlas-2AS	宇宙神-2AS	20010619	通信广播卫星
5390	2001-27A	MAP	微波各向异性探测器	美国	卡纳维拉尔角发射场	Delta-7425	德尔它-7425	20010630	科学与技术试验卫星
5391	2001-28A	STS-104	空间运输系统-104	美国	卡纳维拉尔角发射场	Atlantis	阿特兰蒂斯号	20010712	载人及货运航天器
5392	2001-29A	Artemis	阿特米斯	欧洲航天局	圭亚那航天中心	Ariane-5G	阿里安-5G	20010712	通信广播卫星
5393	2001-29B	BSAT-2B	广播卫星-2B	日本	圭亚那航天中心	Ariane-5G	阿里安-5G	20010712	通信广播卫星
5394	2001-30A	Molniya-3K-53	闪电-3K-53	俄罗斯	普列谢茨克航天发射中心	Molniya-M/Blok-ML	闪电-M/上面级 ML	20010720	通信广播卫星
5395	2001-31A	GOES-M	地球静止环境业务卫星-M	美国	卡纳维拉尔角发射场	Atlas-2A	宇宙神-2A	20010723	对地观测卫星

续表

序号	国际代号	外文名	中文名	所属国家、地区或组织	发射地点	发射工具外文名	发射工具中文名	发射时间	航天器类型
5396	2001-32A	CORONAS-F	日冕-F	俄罗斯	普列谢茨克航天发射中心	Tsyklon-3	旋风-3	20010731	科学与技术试验卫星
5397	2001-33A	DSP-21	国防支援计划-21	美国	卡纳维拉尔角发射场	Titan-402B IUS	大力神-402B-惯性上面级	20010806	对地观测卫星
5398	2001-34A	Genesis	起源	美国	卡纳维拉尔角发射场	Delta-7326	德尔它-7326	20010808	空间探测器
5399	2001-35A	STS-105	空间运输系统-105	美国	卡纳维拉尔角发射场	Discovery	发现号	20010810	载人及货运航天器
5400	2001-35B	SIMPLESAT-1	简样卫星-1	美国	卡纳维拉尔角发射场	Discovery	发现号	20010810	科学与技术试验卫星
5401	2001-36A	Progress M-45	进步 M-45	俄罗斯	拜科努尔航天发射中心	Soyuz-U	联盟-U	20010821	载人及货运航天器
5402	2001-37A	Prognoz-5	预报-5	俄罗斯	拜科努尔航天发射中心	Proton-K/Blok-DM-2	质子-K/上面级 DM-2	20010824	对地观测卫星
5403	2001-38A	LRE	激光测距试验	日本	种子岛航天中心	H-2A-202	H-2A-202	20010829	对地观测卫星
5404	2001-39A	Intelsat-902	国际通信卫星-902	国际通信卫星组织	圭亚那航天中心	Ariane-44L H10-3	阿里安-44L H10-3	20010830	通信广播卫星
5405	2001-40A	NOSS-3-01A	海军海洋监视系统-3-01A	美国	范登堡空军基地	Atlas-2AS	宇宙神-2AS	20010908	对地观测卫星
5406	2001-40B	NOSS-3-01B	海军海洋监视系统-3-01B	美国	范登堡空军基地	Atlas-2AS	宇宙神-2AS	20010908	对地观测卫星
5407	2001-41A	Pirs	码头号对接舱	俄罗斯	拜科努尔航天发射中心	Soyuz-U	联盟-U	20010914	载人及货运航天器
5408	2001-42A	Atlantic Bird-2	大西洋鸟-2	欧洲通信卫星组织	圭亚那航天中心	Ariane-44P H10-3	阿里安-44P H10-3	20010925	通信广播卫星
5409	2001-43A	Starshine-3	星光-3	美国	科迪亚克发射场	Athena-1	雅典娜-1	20010930	科学与技术试验卫星
5410	2001-43B	STP P97-1	空间试验计划 P97-1	美国	科迪亚克发射场	Athena-1	雅典娜-1	20010930	科学与技术试验卫星
5411	2001-43C	PCSAT	初样通信卫星	美国	科迪亚克发射场	Athena-1	雅典娜-1	20010930	通信广播卫星
5412	2001-43D	Sapphire	蓝宝石	美国	科迪亚克发射场	Athena-1	雅典娜-1	20010930	科学与技术试验卫星
5413	2001-44A	KH-12-04	锁眼-12-04	美国	范登堡空军基地	Titan-404B	大力神-404B	20011005	对地观测卫星
5414	2001-45A	Raduga-1-06	虹-1-06	俄罗斯	拜科努尔航天发射中心	Proton-K/Blok-DM-2	质子-K/上面级 DM-2	20011006	通信广播卫星
5415	2001-46A	SDS-3-3	卫星数据系统-3-3	美国	卡纳维拉尔角发射场	Atlas-2AS	宇宙神-2AS	20011011	通信广播卫星
5416	2001-47A	QuickBird-2	快鸟-2	德国	范登堡空军基地	Delta-7320-10C	德尔它-7320-10C	20011018	对地观测卫星
5417	2001-48A	Soyuz TM-33	联盟 TM-33	俄罗斯	拜科努尔航天发射中心	Soyuz-U	联盟-U	20011021	载人及货运航天器
5418	2001-49A	TES	技术试验卫星	印度	萨提斯达瓦航天中心	PSLV(2)	极轨卫星运载火箭	20011022	对地观测卫星
5419	2001-49B	Proba-1	星上自主项目-1	欧洲航天局	萨提斯达瓦航天中心	PSLV(2)	极轨卫星运载火箭	20011022	科学与技术试验卫星
5420	2001-49C	BIRD	双谱段红外探测卫星	德国	萨提斯达瓦航天中心	PSLV(2)	极轨卫星运载火箭	20011022	科学与技术试验卫星
5421	2001-50A	Molniya-3-54	闪电-3-54	俄罗斯	普列谢茨克航天发射中心	Molniya-M/Blok-ML	闪电-M/上面级 ML	20011025	通信广播卫星
5422	2001-51A	Progress M1-7	进步 M1-7	俄罗斯	拜科努尔航天发射中心	Soyuz-FG	联盟-FG	20011126	载人及货运航天器

续表

序号	国际代号	外文名	中文名	所属国家、地区或组织	发射地点	发射工具外文名	发射工具中文名	发射时间	航天器类型
5423	2001-51C	Kolibri	蜂鸟	俄罗斯	拜科努尔航天发射中心	Soyuz-FG	联盟-FG	20011126	科学与技术试验卫星
5424	2001-52A	DirecTV-4S	直播电视-4S	美国	圭亚那航天中心	Ariane-44LP H10-3	阿里安-44LP H10-3	20011127	通信广播卫星
5425	2001-53A	GLONASS-M-01	格洛纳斯-M-01	俄罗斯	拜科努尔航天发射中心	Proton-K/Blok-DM-2	质子-K/上面级 DM-2	20011201	导航定位卫星
5426	2001-53B	GLONASS-79	格洛纳斯-79	俄罗斯	拜科努尔航天发射中心	Proton-K/Blok-DM-2	质子-K/上面级 DM-2	20011201	导航定位卫星
5427	2001-53C	GLONASS-78	格洛纳斯-78	俄罗斯	拜科努尔航天发射中心	Proton-K/Blok-DM-2	质子-K/上面级 DM-2	20011201	导航定位卫星
5428	2001-54A	STS-108	空间运输系统-108	美国	卡纳维拉尔角发射场	Endeavour	奋进号	20011205	载人及货运航天器
5429	2001-54B	Starshine-2	星光-2	美国	卡纳维拉尔角发射场	Endeavour	奋进号	20011205	科学与技术试验卫星
5430	2001-55A	Jason-1	贾森-1	法国/美国	范登堡空军基地	Delta-7920-10C	德尔它-7920-10C	20011207	对地观测卫星
5431	2001-55B	TIMED	蒂姆德	美国	范登堡空军基地	Delta-7920-10C	德尔它-7920-10C	20011207	科学与技术试验卫星
5432	2001-56A	Meteor 3M-1	流星 3M-1	俄罗斯	拜科努尔航天发射中心	Zenit-2	天顶-2	20011210	对地观测卫星
5433	2001-56B	COMPASS-1	康帕斯-1	俄罗斯	拜科努尔航天发射中心	Zenit-2	天顶-2	20011210	对地观测卫星
5434	2001-56C	Badr-B	巴达尔-B	巴基斯坦	拜科努尔航天发射中心	Zenit-2	天顶-2	20011210	科学与技术试验卫星
5435	2001-56D	MAROC-TUBSAT	马洛克-柏林技术大学卫星	摩洛哥	拜科努尔航天发射中心	Zenit-2	天顶-2	20011210	科学与技术试验卫星
5436	2001-56E	Reflector	反射器	俄罗斯/美国	拜科努尔航天发射中心	Zenit-2	天顶-2	20011210	科学与技术试验卫星
5437	2001-57A	US-PM-11	电子型海洋监视卫星-M-11	俄罗斯	拜科努尔航天发射中心	Tsyklon-2	旋风-2	20011221	对地观测卫星
5438	2001-58A	Strela-3-128	天箭座-3-128	俄罗斯	普列谢茨克航天发射中心	Tsyklon-3	旋风-3	20011228	通信广播卫星
5439	2001-58B	Strela-3-129	天箭座-3-129	俄罗斯	普列谢茨克航天发射中心	Tsyklon-3	旋风-3	20011228	通信广播卫星
5440	2001-58C	Strela-3-130	天箭座-3-130	俄罗斯	普列谢茨克航天发射中心	Tsyklon-3	旋风-3	20011228	通信广播卫星
5441	2001-58D	Gonets D1-10	信使 D-10	俄罗斯	普列谢茨克航天发射中心	Tsyklon-3	旋风-3	20011228	通信广播卫星
5442	2001-58E	Gonets D1-11	信使 D-11	俄罗斯	普列谢茨克航天发射中心	Tsyklon-3	旋风-3	20011228	通信广播卫星
5443	2001-58F	Gonets D1-12	信使 D-12	俄罗斯	普列谢茨克航天发射中心	Tsyklon-3	旋风-3	20011228	通信广播卫星
5444	2002-01A	Milstar-2-3	军事星-2-3	美国	卡纳维拉尔角发射场	Titan-401B Centaur-T	大力神-401B-半人马座 T	20020116	通信广播卫星
5445	2002-02A	Insat-3C	印度星-3C	印度	圭亚那航天中心	Ariane-42L H10-3	阿里安-42L H10-3	20020123	通信广播卫星
5446	2002-03A	MDS	任务验证卫星	日本	种子岛航天中心	H-2A-2024	H-2A-2024	20020204	科学与技术试验卫星
5447	2002-03B	DASH + VEP-3	达什+飞行器验证有效载荷-3	日本	种子岛航天中心	H-2A-2024	H-2A-2024	20020204	科学与技术试验卫星
5448	2002-04A	HESSI	高能太阳分光谱成像仪	美国	卡纳维拉尔角发射场	Pegasus-XL	飞马座-XL	20020205	科学与技术试验卫星
5449	2002-05A	Iridium-90	铱-90	美国	范登堡空军基地	Delta-7920-10C	德尔它-7920-10C	20020211	通信广播卫星

续表

序号	国际代号	外文名	中文名	所属国家、地区或组织	发射地点	发射工具外文名	发射工具中文名	发射时间	航天器类型
5450	2002-05B	Iridium-91	铱-91	美国	范登堡空军基地	Delta-7920-10C	德尔它-7920-10C	20020211	通信广播卫星
5451	2002-05C	Iridium-94	铱-94	美国	范登堡空军基地	Delta-7920-10C	德尔它-7920-10C	20020211	通信广播卫星
5452	2002-05D	Iridium-95	铱-95	美国	范登堡空军基地	Delta-7920-10C	德尔它-7920-10C	20020211	通信广播卫星
5453	2002-05E	Iridium-96	铱-96	美国	范登堡空军基地	Delta-7920-10C	德尔它-7920-10C	20020211	通信广播卫星
5454	2002-06A	EchoStar-7	回声星-7	美国	卡纳维拉尔角发射场	Atlas-3B-DEC	宇宙神-3B-双发动机型半人马座	20020221	通信广播卫星
5455	2002-07A	Intelsat-904	国际通信卫星-904	国际通信卫星公司	库鲁航天中心	Ariane-44L H10-3	阿里安-44L H10-3	20020223	通信广播卫星
5456	2002-08A	Yantar-4K2-82	琥珀-4K2-82	俄罗斯	普列谢茨克航天发射中心	Soyuz-U	联盟-U	20020225	对地观测卫星
5457	2002-09A	EnviSat	环境卫星	欧洲航天局	圭亚那航天发射场	Ariane-5G	阿里安-5G	20020301	对地观测卫星
5458	2002-10A	STS-109	空间运输系统-109	美国	卡纳维拉尔角发射场	Columbia	哥伦比亚号	20020301	载人及货运航天器
5459	2002-11A	TDRS-9	跟踪与数据中继卫星-9	美国	卡纳维拉尔角发射场	Atlas-2A	宇宙神-2A	20020308	通信广播卫星
5460	2002-12A	GRACE-1	重力和气候实验卫星-1	美国/德国	普列谢茨克航天发射中心	ROkot-KM	隆声-KM	20020317	对地观测卫星
5461	2002-12B	GRACE-2	重力和气候实验卫星-2	美国/德国	普列谢茨克航天发射中心	ROkot-KM	隆声-KM	20020317	对地观测卫星
5462	2002-13A	Progress M1-8	进步 M1-8	俄罗斯	拜科努尔航天中心	Soyuz-U	联盟-U	20020321	载人及货运航天器
5463	2002-14A	Shenzhou-3	神舟-3	中国	酒泉航天发射中心	CZ-2F	长征-2F	20020325	载人及货运航天器
5464	2002-14C	Shenzhou-3 OM	神舟-3 轨道舱	中国	酒泉航天发射中心	CZ-2F	长征-2F	20020325	载人及货运航天器
5465	2002-15A	JCSAT-8	日本通信卫星-8	日本	圭亚那航天中心	Ariane-44L H10-3	阿里安-44L H10-3	20020329	通信广播卫星
5466	2002-15B	Astra-3A	阿斯特拉-3A	卢森堡	圭亚那航天中心	Ariane-44L H10-3	阿里安-44L H10-3	20020329	通信广播卫星
5467	2002-16A	Intelsat-903	国际通信卫星-903	国际通信卫星公司	拜科努尔航天发射中心	Proton-K/Blok-DM-3	质子-K/上面级 DM-3	20020330	通信广播卫星
5468	2002-17A	Oko-81	眼睛-81	俄罗斯	普列谢茨克航天发射中心	Molniya-M/Blok-2BL	闪电-M/上面级 2BL	20020401	对地观测卫星
5469	2002-18A	STS-110	空间运输系统-110	美国	卡纳维拉尔角发射场	Atlantis	阿特兰蒂斯号	20020408	载人及货运航天器
5470	2002-19A	NSS-7	新天卫星-7	荷兰	圭亚那航天中心	Ariane-44L H10-3	阿里安-44L H10-3	20020416	通信广播卫星
5471	2002-20A	Soyuz TM-34	联盟 TM-34	俄罗斯	拜科努尔航天发射中心	Soyuz-U	联盟-U	20020425	载人及货运航天器
5472	2002-21A	SPOT-5	斯波特-5	法国	圭亚那航天中心	Ariane-42P H10-3	阿里安-42P H10-3	20020504	对地观测卫星
5473	2002-22A	Aqua	水	美国	范登堡空军基地	Delta-7920-10L	德尔它-7920-10L	20020504	对地观测卫星
5474	2002-23A	DirecTV-5	直播电视-5	美国	拜科努尔航天发射中心	Proton-K/Blok-DM3	质子-K/上面级 DM3	20020507	通信广播卫星
5475	2002-24A	HY-1A	海洋-1A	中国	太原航天发射中心	CZ-4B	长征-4B	20020515	对地观测卫星
5476	2002-24B	FY-1D	风云-1D	中国	太原航天发射中心	CZ-4B	长征-4B	20020515	对地观测卫星

续表

序号	国际代号	外文名	中文名	所属国家、地区或组织	发射地点	发射工具外文名	发射工具中文名	发射时间	航天器类型
5477	2002－25A	Ofeq－5	地平线－5	以色列	帕尔玛奇姆空军基地	Shavit－1	沙维特－1	20020528	对地观测卫星
5478	2002－26A	Parus－93	帆－93	俄罗斯	普列谢茨克航天发射中心	Cosmos－3M	宇宙－3M	20020528	导航定位卫星
5479	2002－28A	STS－111	空间运输系统－111	美国	卡纳维拉尔角发射场	Endeavour	奋进号	20020605	载人及货运航天器
5480	2002－27A	Intelsat－905	国际通信卫星－905	国际通信卫星公司	圭亚那航天中心	Ariane－44L H10－3	阿里安－44L H10－3	20020606	通信广播卫星
5481	2002－29A	Express A－1R	快讯 A－1R	俄罗斯	拜科努尔航天发射中心	Proton－K/Blok－DM－2M	质子－K/上面级 DM－2M	20020610	通信广播卫星
5482	2002－30A	Galaxy－3C	银河－3C	美国	奥德赛海上发射平台	Zenit－3SL	天顶－3SL	20020615	通信广播卫星
5483	2002－31A	Iridium－97	铱－97	美国	普列谢茨克航天发射中心	ROkot－KM	隆声－KM	20020620	通信广播卫星
5484	2002－31B	Iridium－98	铱－98	美国	普列谢茨克航天发射中心	ROkot－KM	隆声－KM	20020620	通信广播卫星
5485	2002－32A	NOAA－M	国家大气和海洋局卫星－M	美国	范登堡空军基地	Titan－2 (23) G Star－37XEP－ISS	大力神－2 (23) G－星37XEP－ISS	20020624	对地观测卫星
5486	2002－33A	Progress M－46	进步 M－46	俄罗斯	拜科努尔航天发射中心	Soyuz－U	联盟－U	20020626	载人及货运航天器
5487	2002－34A	CONTOUR	彗核旅游	美国	卡纳维拉尔角发射场	Delta－7425	德尔它－7425	20020703	空间探测器
5488	2002－35A	Atlantic Bird－3	大西洋鸟－3	法国	圭亚那航天中心	Ariane－5G	阿里安－5G	20020705	通信广播卫星
5489	2002－35B	N－Star C	N－星 C	日本	圭亚那航天中心	Ariane－5G	阿里安－5G	20020705	通信广播卫星
5490	2002－36A	Strela－3－131	天箭座－3－131	俄罗斯	普列谢茨克航天发射中心	Cosmos－3M	宇宙－3M	20020708	通信广播卫星
5491	2002－36B	Strela－3－132	天箭座－3－132	俄罗斯	普列谢茨克航天发射中心	Cosmos－3M	宇宙－3M	20020708	通信广播卫星
5492	2002－37A	Araks－2	阿拉克斯－2	俄罗斯	拜科努尔航天发射中心	Proton－K/Blok－DM－5	质子－K/上面级 DM－5	20020725	对地观测卫星
5493	2002－38A	Hot Bird－6	热鸟－6	欧洲通信卫星公司	卡纳维拉尔角发射场	Atlas－5 (401)	宇宙神－5 (401)	20020821	通信广播卫星
5494	2002－39A	EchoStar－8	回声星－8	美国	拜科努尔航天发射中心	Proton－K/Blok－DM3	质子－K/上面级 DM3	20020822	通信广播卫星
5495	2002－40A	Atlantic Bird－1	大西洋鸟－1	欧洲通信卫星公司	圭亚那航天中心	Ariane－5G	阿里安－5G	20020828	通信广播卫星
5496	2002－40B	MSG－1	第二代气象卫星－1	欧洲航天局/欧洲气象卫星组织	圭亚那航天中心	Ariane－5G	阿里安－5G	20020828	对地观测卫星
5497	2002－41A	Intelsat－906	国际通信卫星－906	国际通信卫星公司	圭亚那航天中心	Ariane－44L H10－3	阿里安－44L H10－3	20020906	通信广播卫星
5498	2002－42A	USERS	下一代无人空间试验回收系统	日本	种子岛航天中心	H－2A－2024	H－2A－2024	20020910	科学与技术试验卫星
5499	2002－42B	Kodama	回声	日本	种子岛航天中心	H－2A－2024	H－2A－2024	20020910	通信广播卫星
5500	2002－43A	MetSat－1	气象卫星	印度	萨提斯达瓦兰航天发射场	PSLV (3)	极轨卫星运载火箭－3	20020912	对地观测卫星
5501	2002－44A	Hispasat－1D	西班牙卫星－1D	西班牙	卡纳维拉尔角发射场	Atlas－2AS	宇宙神－2AS	20020918	通信广播卫星
5502	2002－45A	Progress M1－9	进步 M1－9	俄罗斯	拜科努尔航天发射中心	Soyuz－FG	联盟－FG	20020925	载人及货运航天器
5503	2002－46A	Nadezhda－M	希望－M	俄罗斯	普列谢茨克航天发射中心	Cosmos－3M	宇宙－3M	20020926	导航定位卫星

续表

序号	国际代号	外文名	中文名	所属国家、地区或组织	发射地点	发射工具外文名	发射工具中文名	发射时间	航天器类型
5504	2002-47A	STS-112	空间运输系统-112	美国	卡纳维拉尔角发射场	Atlantis	阿特兰蒂斯号	20021007	载人及货运航天器
5505	2002-48A	INTEGRAL	国际伽马射线天体物理学实验室	欧洲航天局	拜科努尔航天发射中心	Proton-K/Blok-DM2	质子-K/上面级 DM2	20021017	科学与技术试验卫星
5506	2002-49A	ZY-2B	资源-2B	中国	太原航天发射中心	CZ-4B	长征-4B	20021027	对地观测卫星
5507	2002-50A	Soyuz TMA-1	联盟 TMA-1	俄罗斯	拜科努尔航天发射中心	Soyuz-FG	联盟-FG	20021030	载人及货运航天器
5508	2002-51A	Eutelsat-W5	欧洲通信卫星-W5	欧洲通信卫星公司	卡纳维拉尔角发射场	Delta-4M+(4.2)	德尔它-4M+(4.2)	20021120	通信广播卫星
5509	2002-52A	STS-113	空间运输系统-113	美国	卡纳维拉尔角发射场	Endeavour	奋进号	20021124	载人及货运航天器
5510	2002-52B	MEPSI	微电子机械系统皮卫星检查器	美国	卡纳维拉尔角发射场	Endeavour	奋进号	20021124	科学与技术试验卫星
5511	2002-53A	Astra-1K	阿斯特拉-1K	卢森堡	拜科努尔航天发射中心	Proton-K/Blok-DM3	质子-K/上面级 DM3	20021125	通信广播卫星
5512	2002-54A	Alsat-1	阿尔及利亚卫星-1	阿尔及利亚	普列谢茨克航天发射中心	Cosmos-3M	宇宙-3M	20021128	对地观测卫星
5513	2002-54B	Mozhayets-3	莫扎伊斯基星-3	俄罗斯	普列谢茨克航天发射中心	Cosmos-3M	宇宙-3M	20021128	科学与技术试验卫星
5514	2002-55A	TDRS-10	跟踪与数据中继卫星-10	美国	卡纳维拉尔角发射场	Atlas-2A	宇宙神-2A	20021205	通信广播卫星
5515	2002-56A	ADEOS-2	先进地球观测卫星-2	日本	种子岛航天中心	H-2A-202	H-2A-202	20021214	对地观测卫星
5516	2002-56B	FEDSAT	联合卫星	澳大利亚	种子岛航天中心	H-2A-202	H-2A-202	20021214	科学与技术试验卫星
5517	2002-56C	WEOS	鲸生态学观测卫星	日本	种子岛航天中心	H-2A-202	H-2A-202	20021214	对地观测卫星
5518	2002-56D	MICROLABSAT	微型实验室卫星	日本	种子岛航天中心	H-2A-202	H-2A-202	20021214	科学与技术试验卫星
5519	2002-57A	NSS-6	新天卫星-6	荷兰	圭亚那航天中心	Ariane-44L H10-3	阿里安-44L H10-3	20021217	通信广播卫星
5520	2002-58A	Rubin-2	鲁宾-2	德国	拜科努尔航天发射中心	Dnepr	第聂伯号	20021220	科学与技术试验卫星
5521	2002-58B	LATINSAT-B	拉丁卫星-B	阿根廷	拜科努尔航天发射中心	Dnepr	第聂伯号	20021220	通信广播卫星
5522	2002-58C	SaudiSat-1C	沙特阿拉伯卫星-1C	阿拉伯卫星通信组织	拜科努尔航天发射中心	Dnepr	第聂伯号	20021220	科学与技术试验卫星
5523	2002-58D	Unisat-2	大学卫星-2	意大利	拜科努尔航天发射中心	Dnepr	第聂伯号	20021220	科学与技术试验卫星
5524	2002-58E	Trailblazer	开拓者	美国	拜科努尔航天发射中心	Dnepr	第聂伯号	20021220	科学与技术试验卫星
5525	2002-58H	LATINSAT-A	拉丁卫星-A	阿根廷	拜科努尔航天发射中心	Dnepr	第聂伯号	20021220	通信广播卫星
5526	2002-59A	Oko-82	眼睛-82	俄罗斯	普列谢茨克航天发射中心	Molniya-M/Blok-2BL	闪电-M/上面级 2BL	20021224	对地观测卫星
5527	2002-60A	GLONASS-80	格洛纳斯-80	俄罗斯	拜科努尔航天发射中心	Proton-K/Blok-DM-2M	质子-K/上面级 DM-2M	20021225	导航定位卫星
5528	2002-60B	GLONASS-82	格洛纳斯-82	俄罗斯 ·	拜科努尔航天发射中心	Proton-K/Blok-DM-2M	质子-K/上面级 DM-2M	20021225	导航定位卫星
5529	2002-60C	GLONASS-81	格洛纳斯-81	俄罗斯	拜科努尔航天发射中心	Proton-K/Blok-DM-2M	质子-K/上面级 DM-2M	20021225	导航定位卫星
5530	2002-61A	Shenzhou-4	神舟-4	中国	酒泉航天发射中心	CZ-2F	长征-2F	20021229	载人及货运航天器

续表

序号	国际代号	外文名	中文名	所属国家、地区或组织	发射地点	发射工具外文名	发射工具中文名	发射时间	航天器类型
5531	2002-61C	Shenzhou-4 OM	神舟-4轨道舱	中国	酒泉航天发射中心	CZ-2F	长征-2F	20021229	载人及货运航天器
5532	2002-62A	Nimiq-2	尼米克-2	加拿大	拜科努尔航天发射中心	Proton-M/Briz-M-M1	质子-M/微风M-M1	20021229	通信广播卫星
5533	2003-01A	Coriolis	科里奥利	美国	范登堡空军基地	Titan-2（23）G	大力神-2（23）G	20030106	科学与技术试验卫星
5534	2003-02A	ICESAT	冰卫星	美国	范登堡空军基地	Delta-7320-10C	德尔它-7320-10C	20030113	对地观测卫星
5535	2003-02B	CHIPSat	宇宙热层星际等离子体实验卫星	美国	范登堡空军基地	Delta-7320-10C	德尔它-7320-10C	20030113	科学与技术试验卫星
5536	2003-03A	STS-107	空间运输系统-107	美国	卡纳维拉尔角发射场	Columbia	哥伦比亚号	20030116	载人及货运航天器
5537	2003-04A	SORCE	太阳辐射与气候实验	美国	卡纳维拉尔角发射场	Pegasus-XL	飞马座-XL	20030125	对地观测卫星
5538	2003-05A	GPS-2R-08	导航星-2R-08	美国	卡纳维拉尔角发射场	Delta-7925	德尔它-7925	20030129	导航定位卫星
5539	2003-05B	XSS-10	试验卫星系统-10	美国	卡纳维拉尔角发射场	Delta-7925	德尔它-7925	20030129	科学与技术试验卫星
5540	2003-06A	Progress M-47	进步M-47	俄罗斯	拜科努尔航天发射中心	Soyuz-U	联盟-U	20030202	载人及货运航天器
5541	2003-07A	Intelsat-907	国际通信卫星-907	国际通信卫星公司	圭亚那航天中心	Ariane-44L H10-3	阿里安-44L H10-3	20030215	通信广播卫星
5542	2003-08A	DSCS-3-3	国防卫星通信系统-3-3	美国	卡纳维拉尔角发射场	Delta-4M	德尔它-4M	20030311	通信广播卫星
5543	2003-09A	IGS-O1	情报采集卫星-光学1	日本	种子岛航天中心	H-2A-2024	H-2A-2024	20030328	对地观测卫星
5544	2003-09B	IGS-R1	情报采集卫星-雷达2	日本	种子岛航天中心	H-2A-2024	H-2A-2024	20030328	对地观测卫星
5545	2003-10A	GPS-2R-09	导航星-2R-09	美国	卡纳维拉尔角发射场	Delta-7925	德尔它-7925	20030331	导航定位卫星
5546	2003-11A	Molniya-1T-98	闪电-1T-98	俄罗斯	普列谢茨克航天发射中心	Molniya-M/Blok-ML	闪电-M/上面级ML	20030402	通信广播卫星
5547	2003-12A	Milstar-2-4	军事星-2-4	美国	卡纳维拉尔角发射场	Titan-401B Centaur-T	大力神-401B 半人马座T	20030408	通信广播卫星
5548	2003-13A	Insat-3A	印度卫星-3A	印度	圭亚那航天中心	Ariane-5G	阿里安-5G	20030409	通信广播卫星
5549	2003-13B	Galaxy-12	银河-12	美国	圭亚那航天中心	Ariane-5G	阿里安-5G	20030409	通信广播卫星
5550	2003-14A	AsiaSat-4	亚洲卫星-4	中国	卡纳维拉尔角发射场	Atlas-3B-SEC	宇宙神-3B-单发动耐型半人马座	20030412	通信广播卫星
5551	2003-15A	Prognoz-6	预报-6	俄罗斯	拜科努尔航天发射中心	Proton-K/Blok-DM-2	质子-K/上面级DM-2	20030424	对地观测卫星
5552	2003-16A	Soyuz TMA-2	联盟TMA-2	俄罗斯	拜科努尔航天发射中心	Soyuz-FG	联盟-FG	20030426	载人及货运航天器
5553	2003-17A	GALEX	星系演化探测器	美国	卡纳维拉尔角发射场	Pegasus-XL	飞马座-XL	20030428	科学与技术试验卫星
5554	2003-18A	GSAT-2	地球静止卫星-2	印度	萨提斯达瓦航天中心	GSLV Mk.1（2）	同步静止卫星运载火箭Mk.1-2	20030508	通信广播卫星
5555	2003-19A	Hayabusa	隼鸟	日本	鹿儿岛航天中心	M-5（2）	M-5改进型	20030509	空间探测器
5556	2003-20A	Hellas Sat-2	希腊卫星-2	希腊	卡纳维拉尔角发射场	Atlas-5（401）	宇宙神-5（401）	20030513	通信广播卫星
5557	2003-21A	Beidou-1C	北斗-1C	中国	西昌航天发射中心	CZ-3A	长征-3A	20030524	导航定位卫星

续表

序号	国际代号	外文名	中文名	所属国家、地区或组织	发射地点	发射工具外文名	发射工具中文名	发射时间	航天器类型
5558	2003-22A	Mars Express	火星快车	欧洲航天局	拜科努尔航天发射中心	Soyuz-FG/Fregat	联盟-FG/弗雷盖特	20030602	空间探测器
5559	2003-23A	Parus-94	帆-94	俄罗斯	普列谢茨克航天发射中心	Cosmos-3M	宇宙-3M	20030604	导航定位卫星
5560	2003-24A	AMC-9	美国通信卫星-9	美国	拜科努尔航天发射中心	Proton-K/Briz-M	质子-K/微风M	20030606	通信广播卫星
5561	2003-25A	Progress M1-10	进步M1-10	俄罗斯	拜科努尔航天发射中心	Soyuz-U	联盟-U	20030608	载人及货运航天器
5562	2003-26A	Thuraya-2	惹拉亚-2	阿拉伯联合酋长国	奥德赛海上发射平台	Zenit-3SL	天顶-3SL	20030610	通信广播卫星
5563	2003-27A	MER-B (Spirit)	火星探测漫游车-B (勇气)	美国	卡纳维拉尔航天发射场	Delta-7925	德尔它-7925	20030610	空间探测器
5564	2003-28A	BSAT-2C	广播卫星-2C	日本	圭亚那航天中心	Ariane-5G	阿里安-5G	20030611	通信广播卫星
5565	2003-28B	Optus-C1	澳普图斯-C1	澳大利亚	圭亚那航天中心	Ariane-5G	阿里安-5G	20030611	通信广播卫星
5566	2003-29A	Molniya-3-55	闪电-3-55	俄罗斯	普列谢茨克航天发射中心	Molniya-M/Blok-ML	闪电-M/上面级ML	20030619	通信广播卫星
5567	2003-30A	OrbView-3	轨道观测-3	美国	范登堡空军基地	Pegasus-XL	飞马座-XL	20030626	对地观测卫星
5568	2003-31A	Monitor-E model	监视器-E模装星	俄罗斯	普列谢茨克航天发射中心	Rokot-KM	隆声-KM	20030630	对地观测卫星
5569	2003-31B	MIMOSA	卫星加速度微测仪	捷克	普列谢茨克航天发射中心	Rokot-KM	隆声-KM	20030630	科学与技术试验卫星
5570	2003-31C	DTUSat	丹麦科技大学卫星	丹麦	普列谢茨克航天发射中心	Rokot-KM	隆声-KM	20030630	科学与技术试验卫星
5571	2003-31D	MOST	恒星微变异和振动卫星	加拿大	普列谢茨克航天发射中心	Rokot-KM	隆声-KM	20030630	科学与技术试验卫星
5572	2003-31E	CUTE-1	东京工业大学立方体工程试验卫星-1	日本	普列谢茨克航天发射中心	Rokot-KM	隆声-KM	20030630	科学与技术试验卫星
5573	2003-31F	QuakeSat	地震卫星	美国	普列谢茨克航天发射中心	Rokot-KM	隆声-KM	20030630	科学与技术试验卫星
5574	2003-31G	AAU CubeSat	奥尔堡大学立方体小卫星	丹麦	普列谢茨克航天发射中心	Rokot-KM	隆声-KM	20030630	科学与技术试验卫星
5575	2003-31H	CanX-1	加拿大先进航天试验纳卫星-1	加拿大	普列谢茨克航天发射中心	Rokot-KM	隆声-KM	20030630	科学与技术试验卫星
5576	2003-31J	CUBESAT XI-IV	立方体小卫星XI-IV	日本	普列谢茨克航天发射中心	Rokot-KM	隆声-KM	20030630	科学与技术试验卫星
5577	2003-32A	MER-A (opportunity)	火星探测漫游车-A (机遇)	美国	卡纳维拉尔航天发射场	Delta-7925H	德尔它-7925H	20030708	空间探测器
5578	2003-33A	Rainbow-1	彩虹-1	美国	卡纳维拉尔航天发射场	Atlas-5 (521)	宇宙神-5 (521)	20030717	通信广播卫星
5579	2003-34A	EchoStar-9	回声星-9	美国	奥德赛海上发射平台	Zenit-3SL	天顶-3SL	20030808	通信广播卫星
5580	2003-35A	Orlets-1-07	蔷薇辉石-1-07	俄罗斯	拜科努尔航天发射中心	Soyuz-U	联盟-U	20030812	对地观测卫星
5581	2003-36A	SCISAT-1	科学卫星-1	加拿大	范登堡空军基地	Pegasus-XL	飞马座-XL	20030813	科学与技术试验卫星
5582	2003-37A	Strela-3-133	天箭座-3-133	俄罗斯	普列谢茨克航天发射中心	Cosmos-3M	宇宙-3M	20030819	通信广播卫星
5583	2003-37B	Strela-3-134	天箭座-3-134	俄罗斯	普列谢茨克航天发射中心	Cosmos-3M	宇宙-3M	20030819	通信广播卫星
5584	2003-38A	Spitzer space Telescope	斯皮策空间望远镜	美国	卡纳维拉尔航天发射场	Delta-7920H	德尔它-7920H	20030825	科学与技术试验卫星

续表

序号	国际代号	外文名	中文名	所属国家、地区或组织	发射地点	发射工具外文名	发射工具中文名	发射时间	航天器类型
5585	2003-39A	Progress M-48	进步 M-48	俄罗斯	拜科努尔航天发射中心	Soyuz-U	联盟-U	20030829	载人及货运航天器
5586	2003-40A	DSCS-3-B06	国防卫星通信系统-3-6	美国	卡纳维拉尔角发射场	Delta-4M	德尔它-4M	20030829	通信广播卫星
5587	2003-41A	Mentor-03	顾问-03	美国	卡纳维拉尔角发射场	Titan-401B Centaur-T	大力神-401B-半人马座 T	20030909	对地观测卫星
5588	2003-42A	Mozhayets-4	莫扎伊斯基星-4	俄罗斯	普列谢茨克航天发射中心	Cosmos-3M	宇宙-3M	20030927	科学与技术试验卫星
5589	2003-42C	NigerSat-1	尼日利亚卫星-1	尼日利亚	普列谢茨克航天发射中心	Cosmos-3M	宇宙-3M	20030927	对地观测卫星
5590	2003-42D	UK DMC-1	灾害监测星座-1	英国	普列谢茨克航天发射中心	Cosmos-3M	宇宙-3M	20030927	对地观测卫星
5591	2003-42E	BilSat-1	信息技术与电子研究所所研卫星-1	土耳其	普列谢茨克航天发射中心	Cosmos-3M	宇宙-3M	20030927	对地观测卫星
5592	2003-42F	Larets	首饰盒	俄罗斯	普列谢茨克航天发射中心	Cosmos-3M	宇宙-3M ·	20030927	科学与技术试验卫星
5593	2003-42G	KaistSat-4	韩国卫星-4	韩国	普列谢茨克航天发射中心	Cosmos-3M	宇宙-3M	20030927	科学与技术试验卫星
5594	2003-43A	e-bird/EuroBird-3	电子鸟/欧洲鸟-3	欧洲通信卫星公司	圭亚那航天中心	Ariane-5G	阿里安-5G	20030927	通信广播卫星
5595	2003-43C	SMART-1	小型先进技术研究任务-1	欧洲航天局	圭亚那航天中心	Ariane-5G	阿里安-5G	20030927	空间探测器
5596	2003-43E	Insat-3E	印度卫星-3E	印度	圭亚那航天中心	Ariane-5G	阿里安-5G	20030927	通信广播卫星
5597	2003-44A	Galaxy-13	"银河"-13	美国	奥德赛海上发射平台	Zenit-3SL	天顶-3SL	20031001	通信广播卫星
5598	2003-45A	Shenzhou-5	神舟-5	中国	酒泉航天发射中心	CZ-2F	长征-2F	20031015	载人及货运航天器
5599	2003-45G	Shenzhou-5 OM	神舟-5 轨道舱	中国	酒泉航天发射中心	CZ-2F	长征-2F	20031015	载人及货运航天器
5600	2003-46A	Resourcesat-1	资源卫星-1	印度	萨提斯达瓦航天中心	PSLV (3)	极轨卫星运载火箭-3	20031017	对地观测卫星
5601	2003-47A	Soyuz TMA-3	联盟 TMA-3	俄罗斯	拜科努尔航天发射中心	Soyuz-FG	联盟-FG	20031018	载人及货运航天器
5602	2003-48A	DMSP-5D3 F16	国防气象卫星计划-5D3 F16	美国	范登堡空军基地	Titan-2 (23) G-Star-37XRP-ISS	大力神-2 (23) G-星37XRP-ISS	20031018	对地观测卫星
5603	2003-49A	ZY-1-02	资源-1-02	中国	太原航天发射中心	CZ-4B	长征-4B	20031021	对地观测卫星
5604	2003-49B	CX-1-1	创新-1-1	中国	太原航天发射中心	CZ-4B	长征-4B	20031021	通信广播卫星
5605	2003-50A	SERVIS-1	空间环境可靠性检验航试系统-1	日本	普列谢茨克航天发射中心	Rokot-KM	隆声-KM	20031030	科学与技术试验卫星
5606	2003-51A	FSW-3-1	返回式卫星-3-1	中国	酒泉航天发射中心	CZ-2D	长征-2D	20031103	对地观测卫星
5607	2003-52A	Chinasat-20	中星-20	中国	西昌航天发射中心	CZ-3A	长征-3A	20031114	通信广播卫星
5608	2003-53A	Yamal-201	亚马尔-201	俄罗斯	拜科努尔航天发射中心	Proton-K/Blok-DM-2M	质子-K/上面级 DM-2M	20031124	通信广播卫星
5609	2003-53B	Yamal-202	亚马尔-202	俄罗斯	拜科努尔航天发射中心	Proton-K/Blok-DM-2M	质子-K/上面级 DM-2M	20031124	通信广播卫星
5610	2003-54A	NOSS-3-02A	海军海洋监视系统-3-02A	美国	范登堡空军基地	Atlas-2AS	宇宙神-2AS	20031202	对地观测卫星
5611	2003-54C	NOSS-3-02B	海军海洋监视系统-3-02B	美国	范登堡空军基地	Atlas-2AS	宇宙神-2AS	20031202	对地观测卫星

续表

序号	国际代号	外文名	中文名	所属国家、地区或组织	发射地点	发射工具外文名	发射工具中文名	发射时间	航天器类型
5612	2003-55A	Gruzomaket	有效载荷模型	俄罗斯	拜科努尔航天发射中心	Strela	飞筒号	20031205	其他
5613	2003-56A	GLONASS-M-02	格洛纳斯-M-02	俄罗斯	拜科努尔航天发射中心	Proton-K/Briz-M	质子-K/微风M	20031210	导航定位卫星
5614	2003-56B	GLONASS-83	格洛纳斯-83	俄罗斯	拜科努尔航天发射中心	Proton-K/Briz-M	质子-K/微风M	20031210	导航定位卫星
5615	2003-56C	GLONASS-84	格洛纳斯-84	俄罗斯	拜科努尔航天发射中心	Proton-K/Briz-M	质子-K/微风M	20031210	导航定位卫星
5616	2003-57A	UFO-11	特高频后继-11	美国	卡纳维拉尔角发射场	Atlas-3B-SEC	宇宙神-3B-单发动机型半人马座	20031218	通信广播卫星
5617	2003-58A	GPS-2R-10	导航星-2R-10	美国	卡纳维拉尔角发射场	Delta-7925	德尔它-7925	20031221	导航定位卫星
5618	2003-59A	Amos-2	阿莫斯-2	以色列	拜科努尔航天发射中心	Soyuz-FG/Fregat	联盟-FG/弗雷盖特	20031227	通信广播卫星
5619	2003-60A	Express AM-22	快讯 AM-22	俄罗斯	拜科努尔航天发射中心	Proton-K/Blok-DM-2M	质子-K/上面级 DM-2M	20031228	通信广播卫星
5620	2003-61A	Tance-1	探测-1	中国	西昌航天发射中心	CZ-2C/SM	长征-2C/SM	20031229	科学与技术试验卫星
5621	2004-01A	Estrela do Sul-1/Telstar 14	南方之星-1/电星-14	巴西	奥德赛海上发射平台	Zenit-3SL	天顶-3SL	20040111	通信广播卫星
5622	2004-02A	Progress M1-11	进步 M1-11	俄罗斯	拜科努尔航天发射中心	Soyuz-U	联盟-U	20040129	载人及货运航天器
5623	2004-03A	AMC-10	美国通信卫星-10	美国	卡纳维拉尔角发射场	Atlas-2AS	宇宙神-2AS	20040205	通信广播卫星
5624	2004-04A	DSP-22	国防支援计划-22	美国	卡纳维拉尔角发射场	Titan-402B IUS	大力神-402B-惯性上面级	20040214	对地观测卫星
5625	2004-05A	Molniya-1T-99	闪电-1T-99	俄罗斯	普列谢茨克航天发射中心	Molniya-M/Blok-ML	闪电-M/上面级 ML	20040218	通信广播卫星
5626	2004-06A	Rosetta/Philae	罗塞塔/菲莱	欧洲航天局	圭亚那航天中心	Ariane-5G+	阿里安-5G+	20040302	空间探测器
5627	2004-07A	MBSat	移动广播卫星	日本-韩国	卡纳维拉尔角发射场	Atlas-3A	宇宙神-3A	20040313	通信广播卫星
5628	2004-08A	Eutelsat-W3A	欧洲通信卫星-W3A	欧洲通信卫星公司	拜科努尔航天发射中心	Proton-M/Briz-M-M2	质子-M/微风M-M2	20040315	通信广播卫星
5629	2004-09A	GPS-2R-11	导航星-2R-11	美国	卡纳维拉尔角发射场	Delta-7925	德尔它-7925	20040320	导航定位卫星
5630	2004-10A	Raduga-1-07	虹-1-07	俄罗斯	拜科努尔航天发射中心	Proton-K/Blok-DM-2	质子-K/上面级 DM-2	20040327	通信广播卫星
5631	2004-11A	Superbird-6	超鸟-6	日本	卡纳维拉尔角发射场	Atlas-2AS	宇宙神-2AS	20040416	通信广播卫星
5632	2004-12A	Shiyan-1	试验-1	中国	西昌航天发射中心	CZ-2C	长征-2C	20040418	科学与技术试验卫星
5633	2004-12B	Naxing-1	纳星-1	中国	西昌航天发射中心	CZ-2C	长征-2C	20040418	科学与技术试验卫星
5634	2004-13A	Soyuz TMA-4	联盟 TMA-4	俄罗斯	拜科努尔航天发射中心	Soyuz-FG	联盟-FG	20040419	载人及货运航天器
5635	2004-14A	Gravity Probe-B	重力探测器-B	美国	范登堡空军基地	Delta-7920-10C	德尔它-7920-10C	20040420	科学与技术试验卫星
5636	2004-15A	Express AM-11	快讯 AM-11	俄罗斯	拜科努尔航天发射中心	Proton-K/Blok-DM-2M	质子-K/上面级 DM-2M	20040426	通信广播卫星
5637	2004-16A	DirecTV-7S	直播电视-7S	美国	奥德赛海上发射平台	Zenit-3SL	天顶-3SL	20040504	通信广播卫星
5638	2004-17A	AMC-11	美国通信卫星-11	美国	卡纳维拉尔角发射场	Atlas-2AS	宇宙神-2AS	20040519	通信广播卫星

续表

序号	国际代号	外文名	中文名	所属国家、地区或组织	发射地点	发射工具外文名	发射工具中文名	发射时间	航天器类型
5639	2004-18A	ROCSAT-2	中华卫星-2	中国台湾地区	范登堡空军基地	Taurus-3210	金牛座-3210	20040520	对地观测卫星
5640	2004-19A	Progress M-49	进步 M-49	俄罗斯	拜科努尔航天发射中心	Soyuz-U	联盟-U	20040525	载人及货运航天器
5641	2004-20A	US-PM-12	电子型海洋监视卫星-M-12	俄罗斯	拜科努尔航天发射中心	Tsyklon-2	旋风-2	20040528	对地观测卫星
5642	2004-21A	Tselina-2-22	处女地-2-22	俄罗斯	拜科努尔航天发射中心	Zenit-2	天顶-2	20040610	对地观测卫星
5643	2004-22A	Intelsat 10-2	国际通信卫星 10-2	国际通信卫星公司	拜科努尔航天发射中心	Proton-M/Briz-M-P1	质子-M/微风 M-P1	20040616	通信广播卫星
5644	2004-23A	GPS-2R-12	导航星-2R-12	美国	卡纳维拉尔角发射中心	Delta-7925	德尔它-7925	20040623	导航定位卫星
5645	2004-24A	Telstar-18	电星-18	加拿大	奥德赛海上发射平台	Zenit-3SL	天顶-3SL	20040629	通信广播卫星
5646	2004-25A	AprizeSat-2	阿普拉兹卫星-2	阿根廷	拜科努尔航天发射中心	Dnepr	第聂伯号	20040629	通信广播卫星
5647	2004-25C	DEMETER	震区电磁辐射探测卫星	法国	拜科努尔航天发射中心	Dnepr	第聂伯号	20040629	科学与技术试验卫星
5648	2004-25D	SaudiCOMSAT-1	沙特阿拉伯通信卫星-1	沙特阿拉伯	拜科努尔航天发射中心	Dnepr	第聂伯号	20040629	通信广播卫星
5649	2004-25E	SaudiCOMSAT-2	沙特阿拉伯通信卫星-2	沙特阿拉伯	拜科努尔航天发射中心	Dnepr	第聂伯号	20040629	通信广播卫星
5650	2004-25F	SaudiSat-2	沙特阿拉伯卫星-2	阿拉伯卫星通信组织	拜科努尔航天发射中心	Dnepr	第聂伯号	20040629	对地观测卫星
5651	2004-25G	AprizeSat-1	阿普拉兹卫星-1	阿根廷	拜科努尔航天发射中心	Dnepr	第聂伯号	20040629	通信广播卫星
5652	2004-25H	Unisat-3	大学卫星-3	意大利	拜科努尔航天发射中心	Dnepr	第聂伯号	20040629	科学与技术试验卫星
5653	2004-25K	Amsat-Echo	业余卫星-回声	美国	拜科努尔航天发射中心	Dnepr	第聂伯号	20040629	科学与技术试验卫星
5654	2004-26A	Aura	气	美国	范登堡空军基地	Delta-7920-10L	德尔它-7920-10L	20040715	对地观测卫星
5655	2004-27A	Anik-F2	阿尼克-F2	加拿大	圭亚那航天中心	Ariane-5G+	阿里安-5G+	20040718	通信广播卫星
5656	2004-28A	Parus-95	帆-95	俄罗斯	普列谢茨克航天发射中心	Cosmos-3M	宇宙-3M	20040722	导航定位卫星
5657	2004-29A	Tance-2	探测-2	中国	太原航天发射中心	CZ-2C/SM	长征-2C/SM	20040725	科学与技术试验卫星
5658	2004-30A	Messenger	信使	美国	卡纳维拉尔角发射场	Delta-7925H	德尔它-7925H	20040803	空间探测器
5659	2004-31A	Amazonas-1	亚马逊-1	西班牙	拜科努尔航天发射中心	Proton-M/Briz-M-P1	质子-M/微风 M-P1	20040804	通信广播卫星
5660	2004-32A	Progress M-50	进步 M-50	俄罗斯	拜科努尔航天发射中心	Soyuz-U	联盟-U	20040811	载人及货运航天器
5661	2004-33A	FSW-3-2	返回式卫星-3-2	中国	酒泉航天发射中心	CZ-2C	长征-2C	20040829	对地观测卫星
5662	2004-34A	SDS-3-4	卫星数据系统-3-4	美国	卡纳维拉尔角发射场	Atlas-2AS	宇宙神-2AS	20040831	通信广播卫星
5663	2004-35A	SJ-6A	实践-6A	中国	太原航天发射中心	CZ-4B	长征-4B	20040908	科学与技术试验卫星
5664	2004-35B	SJ-6B	实践-6B	中国	太原航天发射中心	CZ-4B	长征-4B	20040908	科学与技术试验卫星
5665	2004-36A	GSAT-3	地球静止卫星-3	印度	萨提斯达瓦航天中心	GSLV Mk.1 (2)	同步轨道卫星运载火箭 Mk.1-2	20040920	通信广播卫星

续表

序号	国际代号	外文名	中文名	所属国家、地区或组织	发射地点	发射工具外文名	发射工具中文名	发射时间	航天器类型
5666	2004-37A	Strela-3-136	天箭座-3-136	俄罗斯	普列谢茨克航天发射中心	Cosmos-3M	宇宙-3M	20040923	通信广播卫星
5667	2004-37B	Strela-3-135	天箭座-3-135	俄罗斯	普列谢茨克航天发射中心	Cosmos-3M	宇宙-3M	20040923	通信广播卫星
5668	2004-38A	Yantar-4K2M-01	琥珀-4K2M-01	俄罗斯	普列谢茨克航天发射中心	Soyuz-U	联盟-U	20040924	对地观测卫星
5669	2004-39A	FSW-3-3	返回式卫星-3-3	中国	酒泉航天发射中心	CZ-2D	长征-2D	20040927	对地观测卫星
5670	2004-40A	Soyuz TMA-5	联盟TMA-5	俄罗斯	拜科努尔航天发射中心	Soyuz-FG	联盟-FG	20041014	载人及货运航天器
5671	2004-41A	AMC-15	美国通信卫星-15	美国	拜科努尔航天发射中心	Proton-M/Briz-M-P1	质子-M/微风M-P1	20041014	通信广播卫星
5672	2004-42A	FY-2C	风云-2C	中国	西昌航天发射中心	CZ-3A	长征-3A	20041019	对地观测卫星
5673	2004-43A	Express AM-1	快讯AM-1	俄罗斯	拜科努尔航天发射中心	Proton-K/Blok-DM-2M	质子-K/上面级DM-2M	20041029	通信广播卫星
5674	2004-44A	ZY-2C	资源-2C	中国	太原航天发射中心	CZ-4B	长征-4B	20041106	对地观测卫星
5675	2004-45A	GPS-2R-13	导航星-2R-13	美国	卡纳维拉尔角发射场	Delta-7925	德尔它-7925	20041106	导航定位卫星
5676	2004-46A	Shiyan-2	试验-2	中国	西昌航天发射中心	CZ-2C	长征-2C	20041118	科学与技术试验卫星
5677	2004-47A	Swift	雨燕	美国	卡纳维拉尔角发射场	Delta-7320-10C	德尔它-7320-10C	20041120	科学与技术试验卫星
5678	2004-48A	AMC-16	美国通信卫星-16	美国	卡纳维拉尔角发射场	Atlas-5(521)	宇宙神-5(521)	20041217	通信广播卫星
5679	2004-49A	Helios-2A	太阳神-2A	法国	圭亚那航天中心	Ariane-5G+	阿里安-5G+	20041218	对地观测卫星
5680	2004-49B	NanoSat-1	纳卫星-1	西班牙	圭亚那航天中心	Ariane-5G+	阿里安-5G+	20041218	科学与技术试验卫星
5681	2004-49C	Essaim-1	蜂群-1	法国	圭亚那航天中心	Ariane-5G+	阿里安-5G+	20041218	对地观测卫星
5682	2004-49D	Essaim-2	蜂群-2	法国	圭亚那航天中心	Ariane-5G+	阿里安-5G+	20041218	对地观测卫星
5683	2004-49E	Essaim-3	蜂群-3	法国	圭亚那航天中心	Ariane-5G+	阿里安-5G+	20041218	对地观测卫星
5684	2004-49F	Essaim-4	蜂群-4	法国	圭亚那航天中心	Ariane-5G+	阿里安-5G+	20041218	对地观测卫星
5685	2004-49G	Parasol-1	阳伞-1	法国	圭亚那航天中心	Ariane-5G+	阿里安-5G+	20041218	科学与技术试验卫星
5686	2004-50A	DEMOSAT	验证星	美国	卡纳维拉尔角发射场	Delta-4H	德尔它-4H	20041221	科学与技术试验卫星
5687	2004-51A	Progress M-51	进步M-51	俄罗斯	拜科努尔航天发射中心	Soyuz-U	联盟-U	20041223	载人及货运航天器
5688	2004-52A	Sich-1M	西奇-1M	乌克兰	普列谢茨克航天发射中心	Tsyklon-3	旋风-3	20041224	对地观测卫星
5689	2004-52C	Mikron(MK-1TS)	米克伦(MK-1TS)	乌克兰	普列谢茨克航天发射中心	Tsyklon-3	旋风-3	20041224	科学与技术试验卫星
5690	2004-53A	GLONASS-M-03	格洛纳斯-M-03	俄罗斯	拜科努尔航天发射中心	Proton-K/Blok-DM-2	质子-K/上面级DM-2	20041226	导航定位卫星
5691	2004-53B	GLONASS-85	格洛纳斯-85	俄罗斯	拜科努尔航天发射中心	Proton-K/Blok-DM-2	质子-K/上面级DM-2	20041226	导航定位卫星
5692	2004-53C	GLONASS-86	格洛纳斯-86	俄罗斯	拜科努尔航天发射中心	Proton-K/Blok-DM-2	质子-K/上面级DM-2	20041226	导航定位卫星

续表

序号	国际代号	外文名	中文名	所属国家、地区或组织	发射地点	发射工具外文名	发射工具中文名	发射时间	航天器类型
5693	2005 – 01 A	Deep Impact	深度撞击	美国	卡纳维拉尔角发射场	Delta – 7925	德尔它 – 7925	20050112	空间探测器
5694	2005 – 02 A	Parus – 96	帆 – 96	俄罗斯	普列谢茨克航天发射中心	Cosmos – 3M	宇宙 – 3M	20050120	导航定位卫星
5695	2005 – 02 C	Universitetskiy	大学	俄罗斯	普列谢茨克航天发射中心	Cosmos – 3M	宇宙 – 3M	20050120	科学与技术试验卫星
5696	2005 – 03 A	AMC – 12	美国通信卫星 – 12	美国	拜科努尔航天发射中心	Proton – M/Briz – M – P1	质子 – M/微风 M – P1	20050203	通信广播卫星
5697	2005 – 04 A	NOSS – 3 – 03 A	海军海洋监视系统 – 3 – 03 A	美国	卡纳维拉尔角发射场	Atlas – 3 B – SEC	宇宙神 – 3B – 单发动机型半人马座	20050203	对地观测卫星
5698	2005 – 04 C	NOSS – 3 – 03 B	海军海洋监视系统 – 3 – 03 B	美国	卡纳维拉尔角发射场	Atlas – 3 B – SEC	宇宙神 – 3B – 单发动机型半人马座	20050203	对地观测卫星
5699	2005 – 05 A	XTAR – EUR	X 星 – 欧洲	西班牙	圭亚那航天中心	Ariane – 5ECA	阿里安 – 5ECA	20050212	通信广播卫星
5700	2005 – 05 B	MAQSAT – B2	模型卫星 – B2	欧洲	圭亚那航天中心	Ariane – 5ECA	阿里安 – 5ECA	20050212	其他
5701	2005 – 05 C	Sloshsat – FLEVO	晃动卫星 – 在轨液体实验和验证装置	荷兰	圭亚那航天中心	Ariane – 5ECA	阿里安 – 5ECA	20050212	科学与技术试验卫星
5702	2005 – 06 A	Himawari – 6（MTSat – 1R）	向日葵 – 6（多用途运输卫星 – 1R）	日本	种子岛航天中心	H – 2A – 2022	H – 2A – 2022	20050226	对地观测卫星
5703	2005 – 07 A	Progress M – 52	进步 M – 52	俄罗斯	拜科努尔航天发射中心	Soyuz – U	联盟 – U	20050228	载人及货运航天器
5704	2005 – 07 C	TNS – 0	纳卫星 – 0	俄罗斯	拜科努尔航天发射中心	Soyuz – U	联盟 – U	20050228	科学与技术试验卫星
5705	2005 – 08 A	XM – 3	XM – 3	美国	奥德赛海上发射平台	Zenit – 3SL	天顶 – 3SL	20050301	通信广播卫星
5706	2005 – 09 A	Inmarsat – 4 1	国际移动卫星 – 4 1	国际移动卫星公司	卡纳维拉尔角发射场	Atlas – 5（431）	宇宙神 – 5（431）	20050311	通信广播卫星
5707	2005 – 10 A	Express AM – 2	快讯 AM – 2	俄罗斯	拜科努尔航天发射中心	Proton – K/Blok – DM – 2M	质子 – K/上面级 DM – 2M	20050329	通信广播卫星
5708	2005 – 11 A	XSS – 11	试验卫星系统 – 11	美国	范登堡空军基地	Minotaur – 1	米诺陶 – 1	20050411	科学与技术试验卫星
5709	2005 – 12 A	APStar – 6	亚太星 – 6	中国	西昌航天发射中心	CZ – 3B	长征 – 3B	20050412	通信广播卫星
5710	2005 – 13 A	Soyuz TMA – 6	联盟 TMA – 6	俄罗斯	拜科努尔航天发射中心	Soyuz – FG	联盟 – FG	20050415	载人及货运航天器
5711	2005 – 14 A	DART	自主会合技术验证	美国	范登堡海上发射平台	Pegasus – XL HAPS	飞马座 – XL – 肼辅助维进系统	20050415	科学与技术试验卫星
5712	2005 – 15 A	Spaceway – 1	太空之路 – 1	美国	奥德赛海上发射平台	Zenit – 3SL	天顶 – 3SL	20050426	通信广播卫星
5713	2005 – 16 A	Lacrosse – 5	长曲棍球 – 5	美国	卡纳维拉尔角发射场	Titan – 405B	大力神 – 405B	20050430	对地观测卫星
5714	2005 – 17 A	CartoSat – 1	制图卫星 – 1	印度	萨提斯达瓦航天中心	PSLV（3）	极轨卫星运载火箭 – 3	20050505	对地观测卫星
5715	2005 – 17 B	HAMSAT	业余无线电卫星	印度	萨提斯达瓦航天中心	PSLV（3）	极轨卫星运载火箭 – 3	20050505	科学与技术试验卫星
5716	2005 – 18 A	NOAA – N	国家大气和海洋管理局卫星 – N	美国	范登堡空军基地	Delta – 7320 – 10C	德尔它 – 7320 – 10C	20050520	对地观测卫星
5717	2005 – 19 A	DirecTV – 8	直播电视 – 8	美国	拜科努尔航天发射中心	Proton – M/Briz – M – P1	质子 – M/微风 M – P1	20050522	通信广播卫星
5718	2005 – 20 A	Foton – M2	光子 – M2	俄罗斯	拜科努尔航天发射中心	Soyuz – U	联盟 – U	20050531	科学与技术试验卫星
5719	2005 – 21 A	Progress M – 53	进步 M – 53	俄罗斯	拜科努尔航天发射中心	Soyuz – U	联盟 – U	20050616	载人及货运航天器

续表

序号	国际代号	外文名	中文名	所属国家、地区或组织	发射地点	发射工具外文名	发射工具中文名	发射时间	航天器类型
5720	2005 – 22A	Intelsat Americas –8/galaxy 28	国际通信卫星 美国 –8/银河 –28	国际通信卫星公司	奥德赛海上发射平台	Zenit – 3SL	天顶 – 3SL	20050623	通信广播卫星
5721	2005 – 23A	Express AM – 3	快讯 AM – 3	俄罗斯	拜科努尔航天发射中心	Proton – K/Blok – DM – 2	质子 – K/上面级 DM – 2	20050624	通信广播卫星
5722	2005 – 24A	SJ – 7	实践 – 7	中国	酒泉航天发射中心	CZ – 2D	长征 – 2D	20050705	科学与技术试验卫星
5723	2005 – 25A	Astro – E2	天文 – E2	日本	鹿儿岛航天中心	M – 5 (2)	M – 5 改进型	20050710	科学与技术试验卫星
5724	2005 – 26A	STS – 114	空间运输系统 – 114	美国	卡纳维拉尔角发射场	Discovery	发现号	20050726	载人及货运航天器
5725	2005 – 27A	FSW – 3 – 4	返回式卫星 – 3 – 4	中国	酒泉航天发射中心	CZ – 2C	长征 – 2C	20050802	对地观测卫星
5726	2005 – 28A	Thaicom – 4	泰国通信 – 4	泰国	圭亚那航天中心	Ariane – 5GS	阿里安 – 5GS	20050811	通信广播卫星
5727	2005 – 29A	MRO	火星勘测轨道器	美国	卡纳维拉尔角发射场	Atlas – 5 (401)	宇宙神 – 5/弗雷盖特	20050812	空间探测器
5728	2005 – 30A	Galaxy – 14	银河 – 14	美国	拜科努尔航天发射中心	Soyuz – FG/Fregat	联盟 – FG/弗雷盖特	20050813	通信广播卫星
5729	2005 – 31A	OICETS	光学轨道间通信工程试验卫星	日本	拜科努尔航天发射中心	Dnepr	第聂伯号	20050823	科学与技术试验卫星
5730	2005 – 31B	Reimei	黎明	日本	拜科努尔航天发射中心	Dnepr	第聂伯号	20050823	科学与技术试验卫星
5731	2005 – 32A	Monitor – E	监测者 – E	俄罗斯	普列谢茨克航天发射中心	Rokot – KM	隆声 – KM	20050826	对地观测卫星
5732	2005 – 33A	FSW – 3 – 5	返回式卫星 – 3 – 5	中国	酒泉航天发射中心	CZ – 2D	长征 – 2D	20050829	对地观测卫星
5733	2005 – 34A	Yantar – 1KFT – 21	琥珀 – 1KFT – 21	俄罗斯	拜科努尔航天发射中心	Soyuz – U	联盟 – U	20050902	对地观测卫星
5734	2005 – 35A	Progress M – 54	进步 M – 54	俄罗斯	拜科努尔航天发射中心	Soyuz – U	联盟 – U	20050908	载人及货运航天器
5735	2005 – 35C	RadioSkaf – 1	无线电大空服 – 1	俄罗斯	拜科努尔航天发射中心	Soyuz – U	联盟 – U	20050908	科学与技术试验卫星
5736	2005 – 36A	Anik – F1R	阿尼克 – F1R	加拿大	拜科努尔航天发射中心	Proton – M/Briz – M – P1	质子 – M/微风 M – P1	20050908	通信广播卫星
5737	2005 – 37A	Streak	条纹	美国	范登堡空军基地	Minotaur – 1	米诺陶 – 1	20050923	科学与技术试验卫星
5738	2005 – 38A	GPS – 2RM – 01	导航星 – 2RM – 01	美国	卡纳维拉尔角发射场	Delta –7925	德尔它 – 7925	20050926	导航定位卫星
5739	2005 – 39A	Soyuz TMA – 7	联盟 TMA – 7	俄罗斯	拜科努尔航天发射中心	Soyuz – FG	联盟 – FG	20051001	载人及货运航天器
5740	2005 – 40A	Shenzhou – 6	神舟 – 6	中国	酒泉航天发射中心	CZ – 2F	长征 – 2F	20051012	载人及货运航天器
5741	2005 – 40E	Shenzhou – 6 OM	神舟 – 6 轨道舱	中国	酒泉航天发射中心	CZ – 2F	长征 – 2F	20051012	载人及货运航天器
5742	2005 – 41A	Galaxy – 15	银河 – 15	美国	圭亚那航天中心	Ariane – 5GS	阿里安 – 5GS	20051013	通信广播卫星
5743	2005 – 41B	Syracuse – 3A	锡拉库斯 – 3A	法国	圭亚那航天中心	Ariane – 5GS	阿里安 – 5GS	20051013	通信广播卫星
5744	2005 – 42A	KH – 12 – 05	锁眼 – 12 – 05	美国	范登堡空军基地	Titan – 404B	大力神 – 404B	20051019	对地观测卫星
5745	2005 – 43A	Beijing – 1	北京 – 1	中国	普列谢茨克航天发射中心	Cosmos – 3M	宇宙 – 3M	20051027	对地观测卫星
5746	2005 – 43B	TOPSAT	战术光学卫星	英国	普列谢茨克航天发射中心	Cosmos – 3M	宇宙 – 3M	20051027	对地观测卫星

续表

序号	国际代号	外文名	中文名	所属国家、地区或组织	发射地点	发射工具外文名	发射工具中文名	发射时间	航天器类型
5747	2005-43C	UWE-1	伍兹保大学实验卫星-1	德国	普列谢茨克航天发射中心	Cosmos-3M	宇宙-3M	20051027	科学与技术试验卫星
5748	2005-43D	SINAH-1	西娜-1	伊朗	普列谢茨克航天发射中心	Cosmos-3M	宇宙-3M	20051027	科学与技术试验卫星
5749	2005-43E	SSETI Express	学生空间探索技术互动快车	欧洲航天局	普列谢茨克航天发射中心	Cosmos-3M	宇宙-3M	20051027	科学与技术试验卫星
5750	2005-43F	CUBESAT XI-V	立方体卫星XI-V	日本	普列谢茨克航天发射中心	Cosmos-3M	宇宙-3M	20051027	科学与技术试验卫星
5751	2005-44A	Inmarsat-4 2	国际移动卫星-4 2	国际移动卫星公司	奥德赛海上发射平台	Zenit-3SL	天顶-3SL	20051108	通信广播卫星
5752	2005-45A	Venus Express	金星快车	欧洲航天局	拜科努尔航天发射中心	Soyuz-FG/Fregat	联盟-FG/弗雷盖特	20051109	空间探测器
5753	2005-46A	Telkom-2	电信-2	印度尼西亚	圭亚那航天中心	Ariane-5ECA	阿里安-5ECA	20051116	通信广播卫星
5754	2005-46B	Spaceway-2	太空之路-2	美国	圭亚那航天中心	Ariane-5ECA	阿里安-5ECA	20051116	通信广播卫星
5755	2005-47A	Progress M-55	进步M-55	俄罗斯	拜科努尔航天发射中心	Soyuz-U	联盟-U	20051221	载人及货运航天器
5756	2005-48A	Gonets M-1	信使M-1	俄罗斯	普列谢茨克航天发射中心	Cosmos-3M	宇宙-3M	20051221	通信广播卫星
5757	2005-48B	Strela-3M-01	天箭座-3M-01	俄罗斯	普列谢茨克航天发射中心	Cosmos-3M	宇宙-3M	20051221	通信广播卫星
5758	2005-49A	Insat-4A	印度卫星-4A	印度	圭亚那航天中心	Ariane-5GS	阿里安-5GS	20051221	通信广播卫星
5759	2005-49B	MSG-2	第二代气象卫星-2	欧洲航天局/欧洲气象卫星组织	圭亚那航天中心	Ariane-5GS	阿里安-5GS	20051221	对地观测卫星
5760	2005-50A	GLONASS-87	格洛纳斯-87	俄罗斯	拜科努尔航天发射中心	Proton-K/Blok-DM-2	质子-K/上面级DM-2	20051225	导航定位卫星
5761	2005-50B	GLONASS-M-04	格洛纳斯-M-04	俄罗斯	拜科努尔航天发射中心	Proton-K/Blok-DM-2	质子-K/上面级DM-2	20051225	导航定位卫星
5762	2005-50C	GLONASS-M-05	格洛纳斯-M-05	俄罗斯	拜科努尔航天发射中心	Proton-K/Blok-DM-2	质子-K/上面级DM-2	20051225	导航定位卫星
5763	2005-51A	GIOVE-A	伽利略略在轨验证卫星-A	欧洲航天局	拜科努尔航天发射中心	Soyuz-FG/Fregat	联盟-FG/弗雷盖特	20051228	导航定位卫星
5764	2005-52A	AMC-23	美国通信卫星-23	美国	拜科努尔航天发射中心	Proton-M/Briz-M-Pl	质子-M/微风M-Pl	20051229	通信广播卫星
5765	2006-01A	New Horizons	新地平线/新视野	美国	卡纳维拉尔角发射场	Atlas-5 (551)	宇宙神-5 (551)	20060119	空间探测器
5766	2006-02A	ALOS	先进陆地观测卫星	日本	种子岛航天中心	H-2A-2022	H-2A-2022	20060124	对地观测卫星
5767	2006-03A	EchoStar-10	回声星-10	美国	奥德赛海上发射平台	Zenit-3SL	天顶-3SL	20060215	通信广播卫星
5768	2006-04A	Himawari-7 (MTSat-2)	向日葵-7 (多用途运输卫星-2)	日本	种子岛航天中心	H-2A-2024	H-2A-2024	20060218	对地观测卫星
5769	2006-05A	Astro-F	天文-F	日本	鹿儿岛航天中心	M-5 (2)	M-5改进型	20060221	科学与技术试验卫星
5770	2006-05B	CUTE-1.7	东京工业大学立方体工程试验卫星-1.7	日本	鹿儿岛航天中心	M-5 (2)	M-5改进型	20060221	科学与技术试验卫星
5771	2006-05C	Solar Sail Payload	太阳帆有效载荷	日本	鹿儿岛航天中心	M-5 (2)	M-5改进型	20060221	科学与技术试验卫星
5772	2006-06A	Arabsat-4A	阿拉伯卫星-4A	阿拉伯卫星通信组织	拜科努尔航天发射中心	Proton-M/Briz-M-Pl	质子-M/微风M-Pl	20060228	通信广播卫星
5773	2006-07A	Spainsat	西班牙星	西班牙	圭亚那航天中心	Ariane-5ECA	阿里安-5ECA	20060311	通信广播卫星

续表

序号	国际代号	外文名	中文名	所属国家、地区或组织	发射地点	发射工具外文名	发射工具中文名	发射时间	航天器类型
5774	2006-07B	Hot Bird-7A	热鸟-7A	欧洲通信卫星公司	圭亚那航天中心	Ariane-5ECA	阿里安-5ECA	20060311	通信广播卫星
5775	2006-08A	ST-5A (Forward)	空间技术-5A (前)	美国	范登堡空军基地	Pegasus-XL	飞马座-XL	20060322	科学与技术试验卫星
5776	2006-08B	ST-5B (Middle)	空间技术-5B (中)	美国	范登堡空军基地	Pegasus-XL	飞马座-XL	20060322	科学与技术试验卫星
5777	2006-08C	ST-5C (Aft)	空间技术-5C (后)	美国	范登堡空军基地	Pegasus-XL	飞马座-XL	20060322	科学与技术试验卫星
5778	2006-09A	Soyuz TMA-8	联盟TMA-8	俄罗斯	拜科努尔航天发射中心	Soyuz-FG	联盟-FG	20060330	载人及货运航天器
5779	2006-10A	JCSAT-9	日本通信卫星-9	日本	奥德赛海上发射平台	Zenit-3SL	天顶-3SL	20060412	通信广播卫星
5780	2006-11A	FormoSat-3A	福卫-3A	中国台湾地区	范登堡空军基地	Minotaur-1	米诺陶-1	20060415	对地观测卫星
5781	2006-11B	FormoSat-3B	福卫-3B	中国台湾地区	范登堡空军基地	Minotaur-1	米诺陶-1	20060415	对地观测卫星
5782	2006-11C	FormoSat-3C	福卫-3C	中国台湾地区	范登堡空军基地	Minotaur-1	米诺陶-1	20060415	对地观测卫星
5783	2006-11D	FormoSat-3D	福卫-3D	中国台湾地区	范登堡空军基地	Minotaur-1	米诺陶-1	20060415	对地观测卫星
5784	2006-11E	FormoSat-3E	福卫-3E	中国台湾地区	范登堡空军基地	Minotaur-1	米诺陶-1	20060415	对地观测卫星
5785	2006-11F	FormoSat-3F	福卫-3F	中国台湾地区	范登堡空军基地	Minotaur-1	米诺陶-1	20060415	对地观测卫星
5786	2006-12A	Astra-1KR	阿斯特拉-1KR	卢森堡	范登堡空军基地	Atlas-5 (411)	宇宙神-5 (411)	20060420	通信广播卫星
5787	2006-13A	Progress M-56	进步M-56	俄罗斯	拜科努尔航天发射中心	Soyuz-U	联盟-U	20060424	载人及货运航天器
5788	2006-14A	EROS-B	地球遥感观测卫星-B	以色列	斯沃博德内发射场	Start-1	起跑-1	20060425	对地观测卫星
5789	2006-15A	Yaogan-1	遥感-1	中国	太原航天发射中心	CZ-4C	长征-4C	20060426	对地观测卫星
5790	2006-16A	CLOUDSAT	云卫星	美国	范登堡空军基地	Delta-7420-10C	德尔它-7420-10C	20060428	对地观测卫星
5791	2006-16B	CALIPSO	云-气溶胶激光雷达和红外开拓者卫星观测	法国/美国	范登堡空军基地	Delta-7420-10C	德尔它-7420-10C	20060428	对地观测卫星
5792	2006-17A	Yantar-4K2M-02	琥珀-4K2M-02	俄罗斯	普列谢茨克航天发射中心	Soyuz-U	联盟-U	20060503	对地观测卫星
5793	2006-18A	GOES-N	地球静止环境业务卫星-N	美国	卡纳维拉尔角发射场	Delta-4M+ (4.2)	德尔它-4M+ (4.2)	20060524	对地观测卫星
5794	2006-19A	COMPASS-2	康帕斯-2	俄罗斯	巴伦支海发射场	Shtil-1	静海-1	20060526	对地观测卫星
5795	2006-20A	Satmex-6	墨西哥卫星-6	墨西哥	圭亚那航天中心	Ariane-5ECA	阿里安-5ECA	20060527	通信广播卫星
5796	2006-20B	Thaicom-5	泰国通信-5	泰国	圭亚那航天中心	Ariane-5ECA	阿里安-5ECA	20060527	通信广播卫星
5797	2006-21A	Resurs-DK-1	资源-DK-1	俄罗斯	拜科努尔航天发射中心	Soyuz-U	联盟-U	20060615	对地观测卫星
5798	2006-22A	KazSat-1	哈萨克斯坦卫星-1	哈萨克斯坦	拜科努尔航天发射中心	Proton-K/Blok-DM3	质子-K/上面级DM3	20060617	通信广播卫星
5799	2006-23A	Galaxy-16	银河-16	美国	奥德赛海上发射平台	Zenit-3SL	天顶-3SL	20060618	通信广播卫星
5800	2006-24A	MITEx-A	微卫星技术试验-A	美国	卡纳维拉尔角发射场	Delta-7925	德尔它-7925	20060621	科学与技术试验卫星

续表

序号	国际代号	外文名	中文名	所属国家、地区或组织	发射地点	发射工具外文名	发射工具中文名	发射时间	航天器类型
5801	2006-24B	MITEx-B	微卫星技术试验-B	美国	卡纳维拉尔角发射场	Delta-7925	德尔它-7925	20060621	科学与技术试验卫星
5802	2006-24C	MITEx-NRL	微卫星技术试验-NRL	美国	卡纳维拉尔角发射场	Delta-7925	德尔它-7925	20060621	科学与技术试验卫星
5803	2006-25A	Progress M-57	进步M-57	俄罗斯	拜科努尔航天发射中心	Soyuz-U	联盟-U	20060624	载人及货运航天器
5804	2006-26A	US-PM-13	电子型海洋监视卫星-M-13	俄罗斯	拜科努尔航天发射中心	Tsyklon-2	旋风-2	20060625	对地观测卫星
5805	2006-27A	Trumpet-04	军号-04	美国	范登堡空军基地	Delta-4M+(4.2)	德尔它-4M+(4.2)	20060628	对地观测卫星
5806	2006-28A	STS-121	空间运输系统-121	美国	卡纳维拉尔角发射场	Discovery	发现号	20060704	载人及货运航天器
5807	2006-29A	Genesis-1	起源-1	美国	杜巴罗夫斯基导弹基地	Dnepr	第聂伯号	20060712	科学与技术试验卫星
5808	2006-30A	Oko-83	眼睛-83	俄罗斯	普列谢茨克航天发射中心	Molniya-M/Blok-2BL	闪电-M/上面级2BL	20060721	对地观测卫星
5809	2006-31A	KOMPSAT-2	韩国多用途卫星-2	韩国	普列谢茨克航天发射中心	Rokot-KM	隆声-KM	20060728	对地观测卫星
5810	2006-32A	Hot Bird-8	热鸟-8	欧洲通信卫星公司	拜科努尔航天发射中心	Proton-M/Briz-M-P1	质子-M/微风M-P1	20060804	通信广播卫星
5811	2006-33A	JCSAT-10	日本通信卫星-10	日本	圭亚那航天中心	Ariane-5ECA	阿里安-5ECA	20060811	通信广播卫星
5812	2006-33B	Syracuse-3B	锡拉库斯-3B	法国	圭亚那航天中心	Ariane-5ECA	阿里安-5ECA	20060811	通信广播卫星
5813	2006-34A	Koreasat-5	高丽卫星-5	韩国	奥德赛海上发射平台	Zenit-3SL	天顶-3SL	20060822	通信广播卫星
5814	2006-35A	SJ-8	实践-8	中国	酒泉航天发射中心	CZ-2C	长征-2C	20060909	科学与技术试验卫星
5815	2006-36A	STS-115	空间运输系统-115	美国	卡纳维拉尔角发射场	Atlantis	阿特兰蒂斯号	20060909	载人及货运航天器
5816	2006-37A	IGS-O2	情报采集卫星-光学2	日本	种子岛航天中心	H-2A-202	H-2A-202	20060911	对地观测卫星
5817	2006-38A	Chinasat-22A	中星-22A	中国	西昌航天发射中心	CZ-3A	长征-3A	20060912	通信广播卫星
5818	2006-39A	Orlets-1-08	蔷薇辉石-1-08	俄罗斯	拜科努尔航天发射中心	Soyuz-U	联盟-U	20060914	对地观测卫星
5819	2006-40A	Soyuz TMA-9	联盟TMA-9	俄罗斯	拜科努尔航天发射中心	Soyuz-FG	联盟-FG	20060918	载人及货运航天器
5820	2006-41A	Solar-B	太阳-B	日本	鹿儿岛航天中心	M-5(2)	M-5改进型	20060922	科学与技术试验卫星
5821	2006-41B	HITSAT-1	北海道工业大学卫星-1	日本	鹿儿岛航天中心	M-5(2)	M-5改进型	20060922	科学与技术试验卫星
5822	2006-41C	SSSat	太阳帆验证超小型卫星	日本	鹿儿岛航天中心	M-5(2)	M-5改进型	20060922	科学与技术试验卫星
5823	2006-42A	GPS-2RM-02	导航卫星-2RM-02	美国	卡纳维拉尔角发射场	Delta-7925	德尔它-7925	20060925	导航定位卫星
5824	2006-43A	DirecTV-9S	直播电视-9S	美国	圭亚那航天中心	Ariane-5ECA	阿里安-5ECA	20061013	通信广播卫星
5825	2006-43B	Optus-D1	澳普图斯-D1	澳大利亚	圭亚那航天中心	Ariane-5ECA	阿里安-5ECA	20061013	通信广播卫星
5826	2006-43C	LDREX-2	大型可展开反射器试验卫星-2	日本	圭亚那航天中心	Ariane-5ECA	阿里安-5ECA	20061013	科学与技术试验卫星
5827	2006-44A	MetOp-A	气象业务-A	欧洲航天局/欧洲气象卫星组织	拜科努尔航天发射中心	Soyuz-2-1a/Fregat	联盟-2-1a/弗雷盖特	20061019	对地观测卫星

续表

序号	国际代号	外文名	中文名	所属国家、地区或组织	发射地点	发射工具外文名	发射工具中文名	发射时间	航天器类型
5828	2006 - 45 A	Progress M - 58	进步 M - 58	俄罗斯	拜科努尔航天发射中心	Soyuz - U	联盟 - U	20061023	载人及货运航天器
5829	2006 - 46 A	SJ - 6 - 2A	实践 6 - 2A	中国	太原航天发射中心	CZ - 4B	长征 - 4B	20061023	科学与技术试验卫星
5830	2006 - 46 B	SJ - 6 - 2B	实践 6 - 2B	中国	太原航天发射中心	CZ - 4B	长征 - 4B	20061023	科学与技术试验卫星
5831	2006 - 47 A	STEREO Ahead	日地关系观测台 - 前	美国	卡纳维拉尔角发射场	Delta - 7925 - 10L	德尔它 - 7925 - 10L	20061026	科学与技术试验卫星
5832	2006 - 47 B	STEREO Behind	日地关系观测台 - 后	美国	卡纳维拉尔角发射场	Delta - 7925 - 10L	德尔它 - 7925 - 10L	20061026	科学与技术试验卫星
5833	2006 - 48 A	Sinosat - 2	鑫诺卫星 - 2	中国	西昌航天发射中心	CZ - 3B	长征 - 3B	20061028	通信广播卫星
5834	2006 - 49 A	XM - 4	XM - 4	美国	奥德赛海上发射平台	Zenit - 3SL	天顶 - 3SL	20061030	通信广播卫星
5835	2006 - 50 A	DMSP - 5D3 F17	国防气象卫星计划 - 5D3 F17	美国	范登堡空军基地	Delta - 4M	德尔它 - 4M	20061104	对地观测卫星
5836	2006 - 51 A	Arabsat - 4B	阿拉伯卫星 - 4B	阿拉伯卫星通信组织	拜科努尔航天发射中心	Proton - M/Briz - M - P1	质子 - M/微风 M - P1	20061108	通信广播卫星
5837	2006 - 52 A	GPS - 2RM - 03	导航星 - 2RM - 03	美国	卡纳维拉尔角发射场	Delta - 7925	德尔它 - 7925	20061117	导航定位卫星
5838	2006 - 53 A	FY - 2D	风云 2D	中国	西昌航天发射中心	CZ - 3A	长征 - 3A	20061208	对地观测卫星
5839	2006 - 54 A	WildBlue - 1	狂蓝 - 1	美国	圭亚那航天中心	Ariane - 5ECA	阿里安 - 5ECA	20061208	通信广播卫星
5840	2006 - 54 B	AMC - 18	美国通信卫星 - 18	美国	圭亚那航天中心	Ariane - 5ECA	阿里安 - 5ECA	20061208	通信广播卫星
5841	2006 - 55 A	STS - 116	空间运输系统 - 116	美国	卡纳维拉尔角发射场	Discovery	发现号	20061210	载人及货运航天器
5842	2006 - 55 B	MEPSI	基于微机电系统的皮星检验者	美国	卡纳维拉尔角发射场	Discovery	发现号	20061210	科学与技术试验卫星
5843	2006 - 55 C	RAFT	雷达警戒网转发器	美国	卡纳维拉尔角发射场	Discovery	发现号	20061210	科学与技术试验卫星
5844	2006 - 55 D	MARSCOM	军事成员无线电系统通信	美国	卡纳维拉尔角发射场	Discovery	发现号	20061210	科学与技术试验卫星
5845	2006 - 55 F	ANDE MAA Sphere - 1	大气中性密度实验模拟球 - 1	美国	卡纳维拉尔角发射场	Discovery	发现号	20061210	科学与技术试验卫星
5846	2006 - 55 J	ANDE FCAL Sphere - 2	大气中性密度实验 NRL 警戒网校准球 - 2	美国	卡纳维拉尔角发射场	Discovery	发现号	20061210	科学与技术试验卫星
5847	2006 - 56 A	Measat - 3	马来西亚卫星 - 3	马来西亚	拜科努尔航天发射中心	Proton - M/Briz - M - P1	质子 - M/微风 M - P1	20061211	通信广播卫星
5848	2006 - 57 A	USA - 193	美国 - 193	美国	卡纳维拉尔角发射场	Delta - 7920 - 10C	德尔它 - 7920 - 10C	20061214	对地观测卫星
5849	2006 - 58 A	TacSat - 2	战术卫星 - 2	美国	沃洛普斯岛发射场	Minotaur - 1	米诺陶 - 1	20061216	科学与技术试验卫星
5850	2006 - 58 C	GeneSat	基因卫星	美国	沃洛普斯岛发射场	Minotaur - 1	米诺陶 - 1	20061216	科学与技术试验卫星
5851	2006 - 59 A	ETS - 8	工程试验卫星 - 8	日本	种子岛航天中心	H - 2A - 204	H - 2A - 204	20061218	科学与技术试验卫星
5852	2006 - 60 A	SAR Lupe - 1	合成孔径雷达 - 放大镜 - 1	德国	普列谢茨克航天发射中心	Cosmos - 3M	宇宙 - 3M	20061219	对地观测卫星
5853	2006 - 61 A	Meridian - 1	子午线 - 1	俄罗斯	普列谢茨克航天发射中心	Soyuz - 2 - 1a/Fregat	联盟 - 2 - 1a/弗雷盖特	20061224	通信广播卫星
5854	2006 - 62 A	GLONASS - M - 06	格洛纳斯 - M - 06	俄罗斯	拜科努尔航天发射中心	Proton - K/Blok - DM - 2	质子 - K/上面级 DM - 2	20061225	导航定位卫星

续表

序号	国际代号	外文名	中文名	所属国家、地区或组织	发射地点	发射工具外文名	发射工具中文名	发射时间	航天器类型
5855	2006－62B	GLONASS－M－07	格洛纳斯－M－07	俄罗斯	拜科努尔航天发射中心	Proton－K/Blok－DM－2	质子－K/上面级 DM－2	20061225	导航定位卫星
5856	2006－62C	GLONASS－M－08	格洛纳斯－M－08	俄罗斯	拜科努尔航天发射中心	Proton－K/Blok－DM－2	质子－K/上面级 DM－2	20061225	导航定位卫星
5857	2006－63A	CoRoT	对流、旋转与行星凌日	法国	拜科努尔航天发射中心	Soyuz－2－1b/Fregat	联盟－2－1b/弗雷盖特	20061227	科学与技术试验卫星
5858	2007－01A	Lapan－TUBSAT	印尼航天局－柏林工业大学卫星	印度尼西亚	萨提斯达瓦航天中心	PSLV（3）	极轨卫星运载火箭－3	20070110	对地观测卫星
5859	2007－01B	CartoSat－2	制图卫星－2	印度	萨提斯达瓦航天中心	PSLV（3）	极轨卫星运载火箭－3	20070110	对地观测卫星
5860	2007－01C	SRE－1	太空舱返回实验－1	印度	萨提斯达瓦航天中心	PSLV（3）	极轨卫星运载火箭－3	20070110	科学与技术试验卫星
5861	2007－01D	PehuenSat－1	佩汶卫星－1	阿根廷	萨提斯达瓦航天中心	PSLV（3）	极轨卫星运载火箭－3	20070110	科学与技术试验卫星
5862	2007－02A	Progress M－59	进步 M－59	俄罗斯	拜科努尔航天发射中心	Soyuz－U	联盟－U	20070118	载人及货运航天器
5863	2007－03A	Beidou－1D	北斗－1D	中国	西昌航天发射中心	CZ－3A	长征－3A	20070202	导航定位卫星
5864	2007－04A	THEMIS P－1	亚磁暴事件历史进程与大规模交互作用 P－1	美国	卡纳维拉尔角发射场	Delta－7925－10C	德尔它－7925－10C	20070217	科学与技术试验卫星
5865	2007－04B	THEMIS P－2	亚磁暴事件历史进程与大规模交互作用 P－2	美国	卡纳维拉尔角发射场	Delta－7925－10C	德尔它－7925－10C	20070217	科学与技术试验卫星
5866	2007－04C	THEMIS P－3	亚磁暴事件历史进程与大规模交互作用 P－3	美国	卡纳维拉尔角发射场	Delta－7925－10C	德尔它－7925－10C	20070217	科学与技术试验卫星
5867	2007－04D	THEMIS P－4	亚磁暴事件历史进程与大规模交互作用 P－4	美国	卡纳维拉尔角发射场	Delta－7925－10C	德尔它－7925－10C	20070217	科学与技术试验卫星
5868	2007－04E	THEMIS P－5	亚磁暴事件历史进程与大规模交互作用 P－5	美国	卡纳维拉尔角发射场	Delta－7925－10C	德尔它－7925－10C	20070217	科学与技术试验卫星
5869	2007－05A	IGS－R2	情报采集卫星－雷达2	日本	种子岛航天中心	H－2A－2024	H－2A－2024	20070224	对地观测卫星
5870	2007－05B	IGS－O3V	情报采集卫星－光学3 试验	日本	种子岛航天中心	H－2A－2024	H－2A－2024	20070224	对地观测卫星
5871	2007－06A	ASTRO	自主空间运输器和机器人轨道器	美国	卡纳维拉尔角发射场	Atlas－5（401）	宇宙神－5（401）	20070309	科学与技术试验卫星
5872	2007－06B	MIDSTAR－1	学生星－1	美国	卡纳维拉尔角发射场	Atlas－5（401）	宇宙神－5（401）	20070309	科学与技术试验卫星
5873	2007－06C	NextSat/CSC	下一代卫星/补给航天器	美国	卡纳维拉尔角发射场	Atlas－5（401）	宇宙神－5（401）	20070309	科学与技术试验卫星
5874	2007－06D	STPSat－1	空间试验计划卫星－1	美国	卡纳维拉尔角发射场	Atlas－5（401）	宇宙神－5（401）	20070309	科学与技术试验卫星
5875	2007－06E	FalconSat－3	隼卫星－3	美国	卡纳维拉尔角发射场	Atlas－5（401）	宇宙神－5（401）	20070309	科学与技术试验卫星
5876	2007－06F	CFESat	锡沃拉飞行试验卫星	美国	卡纳维拉尔角发射场	Atlas－5（401）	宇宙神－5（401）	20070309	科学与技术试验卫星
5877	2007－07A	Insat－4B	印度卫星－4B	印度	圭亚那航天中心	Ariane－5ECA	阿里安－5ECA	20070311	通信广播卫星
5878	2007－07B	Skynet－5A	天网－5A	英国	圭亚那航天中心	Ariane－5ECA	阿里安－5ECA	20070311	通信广播卫星
5879	2007－08A	Soyuz TMA－10	联盟 TMA－10	俄罗斯	拜科努尔航天发射中心	Soyuz－FG	联盟－FG	20070407	载人及货运航天器
5880	2007－09A	Anik－F3	阿尼克－F3	加拿大	拜科努尔航天发射中心	Proton－M/Briz－M－P1	质子－M/微风 M－P1	20070409	通信广播卫星
5881	2007－10A	HY－1B	海洋－1B	中国	太原航天发射中心	CZ－2C	长征－2C	20070411	对地观测卫星

续表

序号	国际代号	外文名	中文名	所属国家、地区或组织	发射地点	发射工具外文名	发射工具中文名	发射时间	航天器类型
5882	2007－11A	Beidou－2－M1	北斗－2－M1	中国	西昌航天发射中心	CZ－3A	长征－3A	20070413	导航定位卫星
5883	2007－12A	EgyptSat－1	埃及卫星－1	埃及	拜科努尔航天发射中心	Dnepr	第聂伯号	20070417	对地观测卫星
5884	2007－12B	SaudiSat－3	沙特阿拉伯卫星－3	阿拉伯卫星通信组织	拜科努尔航天发射中心	Dnepr	第聂伯号	20070417	对地观测卫星
5885	2007－12C	SaudiCOMSAT－7	沙特阿拉伯通信卫星－7	沙特阿拉伯	拜科努尔航天发射中心	Dnepr	第聂伯号	20070417	通信广播卫星
5886	2007－12D	AeroCube－2	宇航立方体－2	美国	拜科努尔航天发射中心	Dnepr	第聂伯号	20070417	科学与技术试验卫星
5887	2007－12E	SaudiCOMSAT－6	沙特阿拉伯通信卫星－6	沙特阿拉伯	拜科努尔航天发射中心	Dnepr	第聂伯号	20070417	通信广播卫星
5888	2007－12F	CP－4	加利福尼亚州立工业大学－4	美国	拜科努尔航天发射中心	Dnepr	第聂伯号	20070417	科学与技术试验卫星
5889	2007－12G	CSTB－1	立方体卫星试验台－1	美国	拜科努尔航天发射中心	Dnepr	第聂伯号	20070417	科学与技术试验卫星
5890	2007－12H	SaudiCOMSAT－5	沙特阿拉伯通信卫星－5	沙特阿拉伯	拜科努尔航天发射中心	Dnepr	第聂伯号	20070417	通信广播卫星
5891	2007－12J	SaudiCOMSAT－3	沙特阿拉伯通信卫星－3	沙特阿拉伯	拜科努尔航天发射中心	Dnepr	第聂伯号	20070417	通信广播卫星
5892	2007－12K	MAST	多用途可生存系绳实验卫星	美国	拜科努尔航天发射中心	Dnepr	第聂伯号	20070417	科学与技术试验卫星
5893	2007－12L	SaudiCOMSAT－4	沙特阿拉伯通信卫星－4	沙特阿拉伯	拜科努尔航天发射中心	Dnepr	第聂伯号	20070417	通信广播卫星
5894	2007－12M	CP－3	加利福尼亚州立工业大学－3	美国	拜科努尔航天发射中心	Dnepr	第聂伯号	20070417	科学与技术试验卫星
5895	2007－12N	Libertad－1	自由－1	哥伦比亚	拜科努尔航天发射中心	Dnepr	第聂伯号	20070417	科学与技术试验卫星
5896	2007－12P	CAPE－1	阿卡迪亚先进皮卫星实验－1	美国	拜科努尔航天发射中心	Dnepr	第聂伯号	20070417	科学与技术试验卫星
5897	2007－13A	AGILE	轻型天体伽马成像探测器	意大利	萨提斯达瓦航天中心	PSLV－CA	极轨卫星运载火箭－CA	20070423	科学与技术试验卫星
5898	2007－14A	NFIRE	近场红外实验	美国	沃洛普斯岛发射场	Minotaur－1	米诺陶－1	20070424	科学与技术试验卫星
5899	2007－15A	AIM	中间层大气高空水探测	美国	范登堡空军基地	Pegasus－XL	飞马座－XL	20070425	科学与技术试验卫星
5900	2007－16A	Astra－1L	阿斯特拉－1L	卢森堡	圭亚那航天中心	Ariane－5ECA	阿里安－5ECA	20070505	通信广播卫星
5901	2007－16B	Galaxy－17	银河－17	国际通信卫星公司	圭亚那航天中心	Ariane－5ECA	阿里安－5ECA	20070505	通信广播卫星
5902	2007－17A	Progress M－60	进步 M－60	俄罗斯	拜科努尔航天发射中心	Soyuz－U	联盟－U	20070512	载人及货运航天器
5903	2007－18A	NigComSat－1	尼日利亚通信卫星－1	尼日利亚	西昌航天发射中心	CZ－3B	长征－3B	20070513	通信广播卫星
5904	2007－19A	Yaogan－2	遥感－2	中国	酒泉航天发射中心	CZ－2D	长征－2D	20070525	对地观测卫星
5905	2007－19B	Zheda Pixing－1	浙大皮星－1	中国	酒泉航天发射中心	CZ－2D	长征－2D	20070525	科学与技术试验卫星
5906	2007－20A	Globalstar－65	全球星－65	美国	拜科努尔航天发射中心	Soyuz－FG/Fregat	联盟－FG/弗雷盖特	20070529	通信广播卫星
5907	2007－20C	Globalstar－69	全球星－69	美国	拜科努尔航天发射中心	Soyuz－FG/Fregat	联盟－FG/弗雷盖特	20070529	通信广播卫星
5908	2007－20D	Globalstar－72	全球星－72	美国	拜科努尔航天发射中心	Soyuz－FG/Fregat	联盟－FG/弗雷盖特	20070529	通信广播卫星

续表

序号	国际代号	外文名	中文名	所属国家、地区或组织	发射地点	发射工具外文名	发射工具中文名	发射时间	航天器类型
5909	2007-20F	Globalstar-71	全球星-71	美国	拜科努尔航天发射中心	Soyuz-FG/Fregat	联盟-FG/弗雷盖特	20070529	通信广播卫星
5910	2007-21A	Sinosat-3	鑫诺卫星-3	中国	西昌航天发射中心	CZ-3A	长征-3A	20070531	通信广播卫星
5911	2007-22A	Yantar-4K2M-03	琥珀-4K2M-03	俄罗斯	普列谢茨克航天发射中心	Soyuz-U	联盟-U	20070607	对地观测卫星
5912	2007-23A	COSMO-SkyMed-1	地中海盆地观测小卫星星座-1	意大利	范登堡空军基地	Delta-7420-10C	德尔它-7420-10C	20070608	对地观测卫星
5913	2007-24A	STS-117	空间运输系统-117	美国	卡纳维拉尔角发射场	Atlantis	阿特兰蒂斯号	20070608	载人及货运航天器
5914	2007-25A	Ofeq-7	地平线-7	以色列	帕尔玛奇姆空军基地	Shavit-2	沙维特-2	20070610	对地观测卫星
5915	2007-26A	TerraSAR-X	X频段陆地合成孔径雷达	德国	拜科努尔航天发射中心	Dnepr	第聂伯号	20070615	对地观测卫星
5916	2007-27A	NOSS-3-04A	海军海洋监视系统-3-04A	美国	卡纳维拉尔角发射场	Atlas-5（401）	宇宙神-5（401）	20070615	对地观测卫星
5917	2007-27C	NOSS-3-04B	海军海洋监视系统-3-04B	美国	卡纳维拉尔角发射场	Atlas-5（401）	宇宙神-5（401）	20070615	对地观测卫星
5918	2007-28A	Genesis-2	起源-2	美国	杜巴罗夫斯基导弹基地	Dnepr	第聂伯号	20070628	科学与技术试验卫星
5919	2007-29A	Tselina-2-23	处女线-2-23	俄罗斯	拜科努尔航天发射场	Zenit-2M	天顶-2M	20070629	对地观测卫星
5920	2007-30A	SAR Lupe-2	合成孔径雷达-放大镜-2	德国	普列谢茨克航天发射中心	Cosmos-3M	宇宙-3M	20070702	对地观测卫星
5921	2007-31A	Chinasat-6B	中星-6B	中国	西昌航天发射中心	CZ-3B	长征-3B	20070705	通信广播卫星
5922	2007-32A	DirecTV-10	直播电视-10	美国	拜科努尔航天发射中心	Proton-M/Briz-M-P2	质子-M/微风 M-P2	20070707	通信广播卫星
5923	2007-33A	Progress M-61	进步 M-61	俄罗斯	拜科努尔航天发射中心	Soyuz-U	联盟-U	20070802	载人及货运航天器
5924	2007-34A	Phoenix	凤凰	美国	卡纳维拉尔角发射场	Delta-7925	德尔它-7925	20070804	空间探测器
5925	2007-35A	STS-118	空间运输系统-118	美国	卡纳维拉尔角发射场	Endeavour	奋进号	20070808	载人及货运航天器
5926	2007-36A	Spaceway-3	太空之路-3	美国	圭亚那航天中心	Ariane-5ECA	阿里安-5ECA	20070814	通信广播卫星
5927	2007-36B	BSAT-3A	广播卫星-3A	日本	圭亚那航天中心	Ariane-5ECA	阿里安-5ECA	20070814	通信广播卫星
5928	2007-37A	Insat-4CR	印度卫星-4CR	印度	萨提什达瓦航天中心	GSLV Mk.1（2）	同步轨道卫星运载火箭 Mk.1-2	20070902	通信广播卫星
5929	2007-38A	Parus-97	帆-97	俄罗斯	普列谢茨克航天发射中心	Cosmos-3M	宇宙-3M	20070911	导航定位卫星
5930	2007-39A	Kaguya	月女神	日本	种子岛航天中心	H-2A-2022	H-2A-2022	20070914	空间探测器
5931	2007-39B	Okina (Relay Satellite)	翁（"中继子卫星"）	日本	种子岛航天中心	H-2A-2022	H-2A-2022	20070914	空间探测器
5932	2007-39C	Ouna (VRAD Satellite)	媪（"月球重力场"子卫星）	日本	种子岛航天中心	H-2A-2022	H-2A-2022	20070914	空间探测器
5933	2007-40A	Foton-M3	光子 M-3	俄罗斯	拜科努尔航天发射中心	Soyuz-U	联盟-U	20070914	科学与技术试验卫星
5934	2007-41A	WorldView-1	世界观测-1	美国	范登堡空军基地	Delta-7920-10C	德尔它-792C-10C	20070918	对地观测卫星
5935	2007-42A	ZY-1-02B	资源-1-02B	中国	太原航天发射中心	CZ-4B	长征-4B	20070919	对地观测卫星

续表

序号	国际代号	外文名	中文名	所属国家、地区或组织	发射地点	发射工具外文名	发射工具中文名	发射时间	航天器类型
5936	2007-43A	Dawn	黎明	美国	卡纳维拉尔角发射场	Delta-7925H	德尔它-7925H	20070927	空间探测器
5937	2007-44A	Optus-D2	澳普图斯-D2	澳大利亚	圭亚那航天中心	Ariane-5GS	阿里安-5GS	20071005	通信广播卫星
5938	2007-44B	Intelsat-11	国际通信卫星-11	国际通信卫星公司	圭亚那航天中心	Ariane-5GS	阿里安-5GS	20071005	通信广播卫星
5939	2007-45A	Soyuz TMA-11	联盟TMA-11	俄罗斯	拜科努尔航天发射中心	Soyuz-FG	联盟-FG	20071010	载人及货运航天器
5940	2007-46A	WGS-1	宽带全球卫星通信-1	美国	卡纳维拉尔角发射场	Atlas-5（421）	宇宙神-5（421）	20071011	通信广播卫星
5941	2007-47A	GPS-2RM-04	导航星-2RM-04	美国	卡纳维拉尔角发射场	Delta-7925	德尔它-7925	20071017	导航定位卫星
5942	2007-48A	Globalstar-67	全球星-67	美国	拜科努尔航天发射中心	Soyuz-FG/Fregat	联盟-FG/弗雷盖特	20071020	通信广播卫星
5943	2007-48B	Globalstar-70	全球星-70	美国	拜科努尔航天发射中心	Soyuz-FG/Fregat	联盟-FG/弗雷盖特	20071020	通信广播卫星
5944	2007-48C	Globalstar-68	全球星-68	美国	拜科努尔航天发射中心	Soyuz-FG/Fregat	联盟-FG/弗雷盖特	20071020	通信广播卫星
5945	2007-48D	Globalstar-66	全球星-66	美国	拜科努尔航天发射中心	Soyuz-FG/Fregat	联盟-FG/弗雷盖特	20071020	通信广播卫星
5946	2007-49A	Oko-84	眼睛-84	俄罗斯	普列谢茨克航天发射中心	Molniya-M/Blok-2BL	闪电-M/上面级2BL	20071023	对地观测卫星
5947	2007-50A	STS-120	空间运输系统-120	美国	卡纳维拉尔角发射场	Discovery	发现号	20071023	载人及货运航天器
5948	2007-51A	Chang'e-1	嫦娥-1	中国	西昌航天发射中心	CZ-3A	长征-3A	20071024	空间探测器
5949	2007-52A	GLONASS-M-11	格洛纳斯-M-11	俄罗斯	拜科努尔航天发射中心	Proton-K/Blok-DM-2	质子-K/上面级DM-2	20071026	导航定位卫星
5950	2007-52B	GLONASS-M-10	格洛纳斯-M-10	俄罗斯	拜科努尔航天发射中心	Proton-K/Blok-DM-2	质子-K/上面级DM-2	20071026	导航定位卫星
5951	2007-52C	GLONASS-M-09	格洛纳斯-M-09	俄罗斯	拜科努尔航天发射中心	Proton-K/Blok-DM-2	质子-K/上面级DM-2	20071026	导航定位卫星
5952	2007-53A	SAR Lupe-3	合成孔径雷达·放大镜-3	德国	普列谢茨克航天发射中心	Cosmos-3M	宇宙-3M	20071101	对地观测卫星
5953	2007-54A	DSP-23	国防支援计划-23	美国	卡纳维拉尔角发射场	Delta-4H	德尔它-4H	20071111	对地观测卫星
5954	2007-55A	Yaogan-3	遥感-3	中国	太原航天发射中心	CZ-4C	长征-4C	20071111	对地观测卫星
5955	2007-56A	Star One-C1	星一-C1	巴西	圭亚那航天中心	Ariane-5ECA	阿里安-5ECA	20071114	通信广播卫星
5956	2007-56B	Skynet-5B	天网-5B	英国	圭亚那航天中心	Ariane-5ECA	阿里安-5ECA	20071114	通信广播卫星
5957	2007-57A	Sirius-4	西利乌斯-4	瑞典	拜科努尔航天发射中心	Proton-M/Briz-M-P1	质子-M/微风M-P1	20071117	通信广播卫星
5958	2007-58A	Raduga-1M-01	虹-1M-01	俄罗斯	拜科努尔航天发射中心	Proton-M/Briz-M-P1	质子-M/微风M-P1	20071209	通信广播卫星
5959	2007-59A	COSMO-SkyMed-2	地中海盆地观测小卫星星座-2	意大利	范登堡空军基地	Delta-7420-10C	德尔它-7420-10C	20071209	对地观测卫星
5960	2007-60A	SDS-3-5	卫星数据系统-3-5	美国	卡纳维拉尔角发射场	Atlas-5（401）	宇宙神-5（401）	20071210	通信广播卫星
5961	2007-61A	RADARSAT-2	雷达卫星-2	加拿大	拜科努尔航天发射中心	Soyuz-FG/Fregat	联盟-FG/弗雷盖特	20071214	对地观测卫星
5962	2007-62A	GPS-2RM-05	导航星-2RM-05	美国	卡纳维拉尔角发射场	Delta-7925	德尔它-7925	20071220	导航定位卫星

续表

序号	国际代号	外文名	中文名	所属国家、地区或组织	发射地点	发射工具外文名	发射工具中文名	发射时间	航天器类型
5963	2007-63A	RASCOM-QAF-1	非洲区域卫星通信组织-1	非洲区域卫星通信组织	圭亚那航天中心	Ariane-5GS	阿里安-5GS	20071221	通信广播卫星
5964	2007-63B	Horizons-2	地平线-2	日本	圭亚那航天中心	Ariane-5GS	阿里安-5GS	20071221	通信广播卫星
5965	2007-64A	Progress M-62	进步M-62	俄罗斯	拜科努尔航天发射中心	Soyuz-U	联盟-U	20071223	载人及货运航天器
5966	2007-65A	GLONASS-M-12	格洛纳斯-M-12	俄罗斯	拜科努尔航天发射中心	Proton-K/Blok-DM-2	质子-K/上面级DM-2	20071225	导航定位卫星
5967	2007-65B	GLONASS-M-13	格洛纳斯-M-13	俄罗斯	拜科努尔航天发射中心	Proton-K/Blok-DM-2	质子-K/上面级DM-2	20071225	导航定位卫星
5968	2007-65C	GLONASS-M-14	格洛纳斯-M-14	俄罗斯	拜科努尔航天发射中心	Proton-K/Blok-DM-2	质子-K/上面级DM-2	20071225	导航定位卫星
5969	2008-01A	Thuraya-3	瑟拉亚-3	阿拉伯联合酋长国	奥德赛海上发射平台	Zenit-3SL	天顶-3SL	20080115	通信广播卫星
5970	2008-02A	TecSAR	合成孔径雷达技术验证卫星	以色列	萨蒂斯达瓦航天中心	PSLV-CA	极轨卫星运载火箭-CA	20080121	对地观测卫星
5971	2008-03A	Express AM-33	快讯AM-33	俄罗斯	拜科努尔航天发射中心	Proton-M/Briz-M-P1	质子-M/微风M-P1	20080128	通信广播卫星
5972	2008-04A	Progress M-63	进步M-63	俄罗斯	拜科努尔航天发射中心	Soyuz-U	联盟-U	20080205	载人及货运航天器
5973	2008-05A	STS-122	空间运输系统-122	美国	卡纳维拉尔角发射场	Atlantis	阿特兰蒂斯号	20080207	载人及货运航天器
5974	2008-06A	Thor-5	索尔-5	挪威	拜科努尔航天发射中心	Proton-M/Briz-M-P1	质子-M/微风M-P1	20080211	通信广播卫星
5975	2008-07A	Kizuna	绊	日本	种子岛航天中心	H-2A-2024	H-2A-2024	20080223	通信广播卫星
5976	2008-08A	Jules Verne/ATV-1	儒勒·凡尔纳/自动转移飞行器-1	欧洲航天局	圭亚那航天中心	Ariane-5ES	阿里安-5ES	20080309	载人及货运航天器
5977	2008-09A	STS-123	空间运输系统-123	美国	卡纳维拉尔角发射场	Endeavour	奋进号	20080311	载人及货运航天器
5978	2008-10A	Trumpet-05	军号-05	美国	范登堡空军基地	Atlas-5(411)	宇宙神-5(411)	20080313	对地观测卫星
5979	2008-11A	AMC-14	美国通信卫星-14	美国	拜科努尔航天发射中心	Proton-M/Briz-M-P1	质子-M/微风M-P1	20080314	通信广播卫星
5980	2008-12A	GPS-2RM-06	导航星-2RM-06	美国	卡纳维拉尔角发射场	Delta-7925	德尔它-7925	20080315	导航定位卫星
5981	2008-13A	DirecTV-11	直播电视-11	美国	奥德赛海上发射平台	Zenit-3SL	天顶-3SL	20080319	通信广播卫星
5982	2008-14A	SAR Lupe-4	合成孔径雷达-放大镜-4	德国	普列谢茨克航天发射中心	Cosmos-3M	宇宙-3M	20080327	对地观测卫星
5983	2008-15A	Soyuz TMA-12	联盟TMA-12	俄罗斯	拜科努尔航天发射中心	Soyuz-FG	联盟-FG	20080408	载人及货运航天器
5984	2008-16A	ICO-G1	中圆轨道-G1	美国	卡纳维拉尔角发射场	Atlas-5(421)	宇宙神-5(421)	20080414	通信广播卫星
5985	2008-17A	C/NOFS	通信导航中断预报系统	美国	夸贾林基地	Pegasus-XL	飞马座-XL	20080416	科学与技术试验卫星
5986	2008-18A	VINASAT-1	越南卫星-1	越南	圭亚那航天中心	Ariane-5ECA	阿里安-5ECA	20080418	通信广播卫星
5987	2008-18B	Star One-C2	星一-C2	巴西	圭亚那航天中心	Ariane-5ECA	阿里安-5ECA	20080418	通信广播卫星
5988	2008-19A	Tianlian-1-01	天链-1-01	中国	西昌航天发射中心	CZ-3C	长征-3C	20080425	通信广播卫星
5989	2008-20A	GIOVE-B	伽利略在轨验证卫星-B	欧洲航天局	拜科努尔航天发射中心	Soyuz-FG/Fregat	联盟-FG/弗雷格特	20080426	导航定位卫星

续表

序号	国际代号	外文名	中文名	所属国家、地区或组织	发射地点	发射工具外文名	发射工具中文名	发射时间	航天器类型
5990	2008-21A	CartoSat-2A	制图卫星-2A	印度	萨提斯达瓦航天中心	PSLV-CA	极轨卫星运载火箭-CA	20080428	对地观测卫星
5991	2008-21B	CanX-6	加拿大先进航天试验纳卫星-6	加拿大	萨提斯达瓦航天中心	PSLV-CA	极轨卫星运载火箭-CA	20080428	科学与技术试验卫星
5992	2008-21C	CUTE-1.7	东京工业大学立方体工程试验卫星-1.7	日本	萨提斯达瓦航天中心	PSLV-CA	极轨卫星运载火箭-CA	20080428	科学与技术试验卫星
5993	2008-21D	IMS-1	印度小卫星-1	印度	萨提斯达瓦航天中心	PSLV-CA	极轨卫星运载火箭-CA	20080428	对地观测卫星
5994	2008-21E	Compass-1	指南针-1	德国	萨提斯达瓦航天中心	PSLV-CA	极轨卫星运载火箭-CA	20080428	科学与技术试验卫星
5995	2008-21F	AAU SAT-2	奥尔堡大学卫星-2	丹麦	萨提斯达瓦航天中心	PSLV-CA	极轨卫星运载火箭-CA	20080428	科学与技术试验卫星
5996	2008-21G	Delfi-C3	代尔夫特-C3	荷兰	萨提斯达瓦航天中心	PSLV-CA	极轨卫星运载火箭-CA	20080428	科学与技术试验卫星
5997	2008-21H	CanX-2	加拿大先进航天试验纳卫星-2	加拿大	萨提斯达瓦航天中心	PSLV-CA	极轨卫星运载火箭-CA	20080428	科学与技术试验卫星
5998	2008-21J	SEEDS-2	航天工程教育卫星-2	日本	萨提斯达瓦航天中心	PSLV-CA	极轨卫星运载火箭-CA	20080428	科学与技术试验卫星
5999	2008-22A	Amos-3	阿莫斯-3	以色列	拜科努尔航天发射中心	Zenit-3SLB	陆射天顶-3SLB	20080428	通信广播卫星
6000	2008-23A	Progress M-64	进步M-64	俄罗斯	拜科努尔航天发射中心	Soyuz-U	联盟-U	20080514	载人及货运航天器
6001	2008-24A	Galaxy-18	银河-18	国际通信卫星公司	奥德赛海上发射平台	Zenit-3SL	天顶-3SL	20080521	通信广播卫星
6002	2008-25A	Yubileyniy	51周年纪念卫星	俄罗斯	普列谢茨克航天发射中心	Rokot-KM	隆声-KM	20080523	通信广播卫星
6003	2008-25B	Strela-3-137	天箭座-3-137	俄罗斯	普列谢茨克航天发射中心	Rokot-KM	隆声-KM	20080523	通信广播卫星
6004	2008-25C	Strela-3-138	天箭座-3-138	俄罗斯	普列谢茨克航天发射中心	Rokot-KM	隆声-KM	20080523	通信广播卫星
6005	2008-25D	Strela-3-139	天箭座-3-139	俄罗斯	普列谢茨克航天发射中心	Rokot-KM	隆声-KM	20080523	通信广播卫星
6006	2008-26A	FY-3A	风云-3A	中国	太原航天发射中心	CZ-4C	长征-4C	20080527	对地观测卫星
6007	2008-27A	STS-124	空间运输系统-124	美国	卡纳维拉尔角发射场	Discovery	发现号	20080531	载人及货运航天器
6008	2008-28A	Chinasat-9	中星-9	中国	西昌航天发射中心	CZ-3B	长征-3B	20080609	通信广播卫星
6009	2008-29A	GLAST	伽马射线大区域空间望远镜	美国	卡纳维拉尔角发射场	Delta-7920H-10C	德尔它-7920H-10C	20080611	科学与技术试验卫星
6010	2008-30A	Skynet-5C	天网-5C	英国	圭亚那航天中心	Ariane-5ECA	阿里安-5ECA	20080612	通信广播卫星
6011	2008-30B	Turksat-3A	土耳其卫星-3A	土耳其	圭亚那航天中心	Ariane-5ECA	阿里安-5ECA	20080612	通信广播卫星
6012	2008-31A	Orbcomm-38	轨道通信-38	美国	卡普斯金亚尔航天发射中心	Cosmos-3M	宇宙-3M	20080619	通信广播卫星
6013	2008-31B	Orbcomm-41	轨道通信-41	美国	卡普斯金亚尔航天发射中心	Cosmos-3M	宇宙-3M	20080619	通信广播卫星
6014	2008-31C	Orbcomm-29	轨道通信-29	美国	卡普斯金亚尔航天发射中心	Cosmos-3M	宇宙-3M	20080619	通信广播卫星
6015	2008-31D	Orbcomm-39	轨道通信-39	美国	卡普斯金亚尔航天发射中心	Cosmos-3M	宇宙-3M	20080619	通信广播卫星
6016	2008-31E	Orbcomm-37	轨道通信-37	美国	卡普斯金亚尔航天发射中心	Cosmos-3M	宇宙-3M	20080619	通信广播卫星

续表

序号	国际代号	外文名	中文名	所属国家、地区或组织	发射地点	发射工具外文名	发射工具中文名	发射时间	航天器类型
6017	2008-31F	Orbcomm-40	轨道通信-40	美国	卡普斯金亚尔航天发射中心	Cosmos-3M	宇宙-3M	20080619	通信广播卫星
6018	2008-32A	Jason-2	贾森-2	法国/美国	范登堡空军基地	Delta-7320-10C	德尔它-7320-10C	20080620	对地观测卫星
6019	2008-33A	Prognoz-7	预报星-7	俄罗斯	拜科努尔航天发射中心	Proton-K/Blok-DM-2	质子-K/上面级DM-2	20080626	对地观测卫星
6020	2008-34A	ProtoStar-1	原恒星-1	美国	圭亚那航天中心	Ariane-5ECA	阿里安-5ECA	20080707	通信广播卫星
6021	2008-34B	Arabsat-4AR	阿拉伯卫星-4AR	阿拉伯卫星通信组织	圭亚那航天中心	Ariane-5ECA	阿里安-5ECA	20080707	通信广播卫星
6022	2008-35A	EchoStar-11	回声星-11	美国	奥德赛海上发射平台	Zenit-3SL	天顶-3SL	20080716	通信广播卫星
6023	2008-36A	SAR Lupe-5	合成孔径雷达-放大镜-5	德国	普列谢茨克航天发射中心	Cosmos-3M	宇宙-3M	20080722	对地观测卫星
6024	2008-37A	Persona-01	角色-01	俄罗斯	普列谢茨克航天发射中心	Soyuz-2-1b	联盟-2-1b	20080726	对地观测卫星
6025	2008-38A	Superbird-7	超鸟-7	日本	圭亚那航天中心	Ariane-5ECA	阿里安-5ECA	20080814	通信广播卫星
6026	2008-38B	AMC-21	美国通信卫星-21	美国	圭亚那航天中心	Ariane-5ECA	阿里安-5ECA	20080814	通信广播卫星
6027	2008-39A	Inmarsat-43	国际移动卫星-43	国际移动卫星公司	拜科努尔航天发射中心	Proton-M/Briz-M	质子-M/微风M	20080818	通信广播卫星
6028	2008-40A	RapidEye-2	快眼-2	德国	拜科努尔航天发射中心	Dnepr	第聂伯号	20080829	对地观测卫星
6029	2008-40B	RapidEye-5	快眼-5	德国	拜科努尔航天发射中心	Dnepr	第聂伯号	20080829	对地观测卫星
6030	2008-40C	RapidEye-1	快眼-1	德国	拜科努尔航天发射中心	Dnepr	第聂伯号	20080829	对地观测卫星
6031	2008-40D	RapidEye-3	快眼-3	德国	拜科努尔航天发射中心	Dnepr	第聂伯号	20080829	对地观测卫星
6032	2008-40E	RapidEye-4	快眼-4	德国	拜科努尔航天发射中心	Dnepr	第聂伯号	20080829	对地观测卫星
6033	2008-41A	HJ-1A	环境-1A	中国	太原航天发射中心	CZ-2C/SMA	长征-2C/SMA	20080906	对地观测卫星
6034	2008-41B	HJ-1B	环境-1B	中国	太原航天发射中心	CZ-2C/SMA	长征-2C/SMA	20080906	对地观测卫星
6035	2008-42A	GeoEye-1	地球眼-1	美国	范登堡空军基地	Delta-7420-10C	德尔它-7420-10C	20080906	对地观测卫星
6036	2008-43A	Progress M-65	进步M-65	俄罗斯	拜科努尔航天发射中心	Soyuz-U	联盟-U	20080910	载人及货运航天器
6037	2008-44A	Nimiq-4	尼米克-4	加拿大	拜科努尔航天发射中心	Proton-M/Briz-M-P1	质子-M/微风M-P1	20080919	通信广播卫星
6038	2008-45A	Galaxy-19	银河-19	国际通信卫星公司	奥德赛海上发射平台	Zenit-3SL	天顶-3SL	20080924	通信广播卫星
6039	2008-46A	GLONASS-M-15	格洛纳斯-M-15	俄罗斯	拜科努尔航天发射中心	Proton-K/Blok-DM-2	质子-K/上面级DM-2	20080925	导航定位卫星
6040	2008-46B	GLONASS-M-16	格洛纳斯-M-16	俄罗斯	拜科努尔航天发射中心	Proton-K/Blok-DM-2	质子-K/上面级DM-2	20080925	导航定位卫星
6041	2008-46C	GLONASS-M-17	格洛纳斯-M-17	俄罗斯	拜科努尔航天发射中心	Proton-K/Blok-DM-2	质子-K/上面级DM-2	20080925	导航定位卫星
6042	2008-47A	Shenzhou-7	神舟-7	中国	酒泉航天发射中心	CZ-2F	长征-2F	20080925	载人及货运航天器
6043	2008-47G	Banxing	伴星	中国	酒泉航天发射中心	CZ-2F	长征-2F	20080925	科学与技术试验卫星

续表

序号	国际代号	外文名	中文名	所属国家、地区或组织	发射地点	发射工具外文名	发射工具中文名	发射时间	航天器类型
6044	2008-48A	RATSAT	验证星	美国	夸贾林基地	Falcon-1	法尔肯-1	20080928	科学与技术试验卫星
6045	2008-49A	THEOS	泰国地球观测系统	泰国	杜巴罗夫斯基导弹基地	Dnepr	第聂伯号	20081001	对地观测卫星
6046	2008-50A	Soyuz TMA-13	联盟 TMA-13	俄罗斯	拜科努尔航天发射中心	Soyuz-FG	联盟-FG	20081012	载人及货运航天器
6047	2008-51A	IBEX	星际边界探测器	美国	夸贾林基地	Pegasus-XL	飞马座-XL	20081019	科学与技术试验卫星
6048	2008-52A	Chandrayaan-1	月船-1	印度	萨提斯达瓦航天中心	PSLV-XL	极轨卫星运载火箭-XL	20081022	空间探测器
6049	2008-53A	SJ-6-3A	实践-6-3A	中国	太原航天发射中心	CZ-4B	长征-4B	20081025	科学与技术试验卫星
6050	2008-53B	SJ-6-3B	实践-6-3B	中国	太原航天发射中心	CZ-4B	长征-4B	20081025	科学与技术试验卫星
6051	2008-54A	COSMO-SkyMed-3	地中海盆地观测小卫星星座-3	意大利	范登堡空军基地	Delta-7420-10C	德尔它-7420-10C	20081025	对地观测卫星
6052	2008-55A	Venesat-1	委内瑞拉卫星-1	委内瑞拉	西昌航天发射中心	CZ-3B	长征-3B	20081029	通信广播卫星
6053	2008-56A	Shiyan-3	试验-3	中国	酒泉航天发射中心	CZ-2D	长征-2D	20081105	科学与技术试验卫星
6054	2008-56B	CX-1-2	创新-1-2	中国	酒泉航天发射中心	CZ-2D	长征-2D	20081105	通信广播卫星
6055	2008-57A	Astra-1M	阿斯特拉-1M	卢森堡	拜科努尔航天发射中心	Proton-M/Briz-M-P1	质子-M/微风 M-P1	20081105	通信广播卫星
6056	2008-58A	Yantar-4K2M-04	琥珀-4K2M-04	俄罗斯	普列谢茨克航天发射中心	Soyuz-U	联盟-U	20081114	对地观测卫星
6057	2008-59A	STS-126	空间运输系统-126	美国	卡纳维拉尔角发射场	Endeavour	奋进号	20081115	载人及货运航天器
6058	2008-59B	PSSC testbed	皮卫星太阳能电池试验台	美国	卡纳维拉尔角发射场	Endeavour	奋进号	20081115	科学与技术试验卫星
6059	2008-60A	Progress M-01M	进步 M-01M	俄罗斯	拜科努尔航天发射中心	Soyuz-U	联盟-U	20081126	载人及货运航天器
6060	2008-61A	Yaogan-4	遥感-4	中国	酒泉航天发射中心	CZ-2D	长征-2D	20081201	对地观测卫星
6061	2008-62A	Oko-85	眼睛-85	俄罗斯	普列谢茨克航天发射中心	Molniya-M/Blok-2BL	闪电-M/上面级 2BL	20081202	对地观测卫星
6062	2008-63A	Ciel-2	天空-2	加拿大	拜科努尔航天发射中心	Proton-M/Briz-M-P2	质子-M/微风 M-P2	20081210	通信广播卫星
6063	2008-64A	Yaogan-5	遥感-5	中国	太原航天发射中心	CZ-4B	长征-4B	20081215	对地观测卫星
6064	2008-65A	Hot bird-9	热鸟-9	欧洲通信卫星公司	圭亚那航天中心	Ariane-5ECA	阿里安-5ECA	20081220	通信广播卫星
6065	2008-65B	Eutelsat-W2M	欧洲通信卫星-W2M	欧洲通信卫星公司	圭亚那航天中心	Ariane-5ECA	阿里安-5ECA	20081220	通信广播卫星
6066	2008-66A	FY-2E	风云-2E	中国	西昌航天发射中心	CZ-3A	长征-3A	20081223	对地观测卫星
6067	2008-67A	GLONASS-M-18	格洛纳斯-M-18	俄罗斯	拜科努尔航天发射中心	Proton-K/Blok-DM-2	质子-K/上面级 DM-2	20081225	导航定位卫星
6068	2008-67B	GLONASS-M-19	格洛纳斯-M-19	俄罗斯	拜科努尔航天发射中心	Proton-K/Blok-DM-2	质子-K/上面级 DM-2	20081225	导航定位卫星
6069	2008-67C	GLONASS-M-20	格洛纳斯-M-20	俄罗斯	拜科努尔航天发射中心	Proton-K/Blok-DM-2	质子-K/上面级 DM-2	20081225	导航定位卫星
6070	2009-01A	Mentor-04	顾问-04	美国	卡纳维拉尔角发射场	Delta-4H	德尔它-4H	20090118	对地观测卫星

续表

序号	国际代号	外文名	中文名	所属国家、地区或组织	发射地点	发射工具外文名	发射工具中文名	发射时间	航天器类型
6071	2009 - 02A	Ibuki	呼吸	日本	种子岛航天中心	H - 2A - 202	H - 2A - 202	20090123	对地观测卫星
6072	2009 - 02B	PRISM	遥感及创新空间任务皮卫星	日本	种子岛航天中心	H - 2A - 202	H - 2A - 202	20090123	科学与技术试验卫星
6073	2009 - 02C	SDS - 1	小型验证卫星 - 1	日本	种子岛航天中心	H - 2A - 202	H - 2A - 202	20090123	科学与技术试验卫星
6074	2009 - 02D	Kagayaki	辉	日本	种子岛航天中心	H - 2A - 202	H - 2A - 202	20090123	科学与技术试验卫星
6075	2009 - 02E	SOHLA - 1	东大阪宇宙开发协同组合 - 1	日本	种子岛航天中心	H - 2A - 202	H - 2A - 202	20090123	科学与技术试验卫星
6076	2009 - 02F	SpriteSat（Raijin）	雷神	日本	种子岛航天中心	H - 2A - 202	H - 2A - 202	20090123	对地观测卫星
6077	2009 - 02G	STARS（KuKai）	太空系绳自主机器人卫星	日本	种子岛航天中心	H - 2A - 202	H - 2A - 202	20090123	科学与技术试验卫星
6078	2009 - 02H	KKS - 1	航空高专卫星 - 1	日本	种子岛航天中心	H - 2A - 202	H - 2A - 202	20090123	科学与技术试验卫星
6079	2009 - 03A	CORONAS - Foton	日冕 - 光子	俄罗斯	普列谢茨克航天发射中心	Tsyklon - 3	旋风 - 3	20090130	科学与技术试验卫星
6080	2009 - 04A	Omid	希望	伊朗	塞姆南发射场	Safir - 1	信使 - 1	20090202	科学与技术试验卫星
6081	2009 - 05A	NOAA - N´	国家大气和海洋局卫星 - N´	美国	范登堡空军基地	Delta - 7320 - 10C	德尔它 - 7320 - 10C	20090206	对地观测卫星
6082	2009 - 06A	Progress M - 66	进步 M - 66	俄罗斯	拜科努尔航天发射中心	Soyuz - U	联盟 - U	20090210	载人及货运航天器
6083	2009 - 07A	Express AM - 44	快讯 AM - 44	俄罗斯	拜科努尔航天发射中心	Proton - M/Briz - M - P3	质子 - M/微风 M - P3	20090211	通信广播卫星
6084	2009 - 07B	Express MD - 1	快讯 MD - 1	俄罗斯	拜科努尔航天发射中心	Proton - M/Briz - M - P3	质子 - M/微风 M - P3	20090211	通信广播卫星
6085	2009 - 08A	NSS - 9	新天卫星 - 9	荷兰	圭亚那航天中心	Ariane - 5ECA	阿里安 - 5ECA	20090211	通信广播卫星
6086	2009 - 08B	Hot Bird - 10	热鸟 - 10	欧洲通信卫星公司	圭亚那航天中心	Ariane - 5ECA	阿里安 - 5ECA	20090211	通信广播卫星
6087	2009 - 08C	SPIRALE - A	红外预警准备系统 - A（螺旋）	法国	圭亚那航天中心	Ariane - 5ECA	阿里安 - 5ECA	20090211	对地观测卫星
6088	2009 - 08D	SPIRALE - B	红外预警准备系统 - B（螺旋）	法国	圭亚那航天中心	Ariane - 5ECA	阿里安 - 5ECA	20090211	对地观测卫星
6089	2009 - 09A	Telstar - 11N	电星 - 11N	加拿大	圣亚那航天发射中心	Zenit - 3SLB	陆射天顶 - 3SLB	20090226	通信广播卫星
6090	2009 - 10A	Raduga - 1 - 08	虹 - 1 - 08	俄罗斯	拜科努尔航天发射中心	Proton - K/Blok - DM - 2	质子 - K/上面级 DM - 2	20090228	通信广播卫星
6091	2009 - 11A	Kepler	开普勒	美国	卡纳维拉尔角发射场	Delta - 7925 - 10L	德尔它 - 7925 - 10L	20090307	科学与技术试验卫星
6092	2009 - 12A	STS - 119	空间运输系统 - 119	美国	卡纳维拉尔角发射场	Discovery	发现号	20090315	载人及货运航天器
6093	2009 - 13A	GOCE	重力场与稳态洋流探测器	欧洲航天局	普列谢茨克航天发射中心	Rokot - KM	隆声 - KM	20090317	对地观测卫星
6094	2009 - 14A	GPS - 2RM - 07	导航星 - 2RM - 07	美国	卡纳维拉尔角发射场	Delta - 7925	德尔它 - 7925	20090324	导航定位卫星
6095	2009 - 15A	Soyuz TMA - 14	联盟 TMA - 14	俄罗斯	拜科努尔航天发射中心	Soyuz - FG	联盟 - FG	20090326	载人及货运航天器
6096	2009 - 16A	Eutelsat - W2A	欧洲通信卫星 - W2A	欧洲通信卫星公司	拜科努尔航天发射中心	Proton - M/Briz - M - P2	质子 - M/微风 M - P2	20090403	通信广播卫星
6097	2009 - 17A	WGS - 2	宽带全球卫星通信 - 2	美国	卡纳维拉尔角发射场	Atlas - 5（421）	宇宙神 - 5（421）	20090404	通信广播卫星

续表

序号	国际代号	外文名	中文名	所属国家、地区或组织	发射地点	发射工具外文名	发射工具中文名	发射时间	航天器类型
6098	2009-18A	Beidou-2-G2	北斗-2-G2	中国	西昌航天发射中心	CZ-3C	长征-3C	20090414	导航定位卫星
6099	2009-19A	RISAT-2	雷达成像卫星-2	印度	萨提斯瓦达航天中心	PSLV-CA	极轨卫星运载火箭-CA	20090420	对地观测卫星
6100	2009-19B	ANUSAT	安娜大学微卫星	印度	萨提斯瓦达航天中心	PSLV-CA	极轨卫星运载火箭-CA	20090420	科学与技术试验卫星
6101	2009-20A	SICRAL-1B	锡克拉-1B	意大利	奥德赛海上发射平台	Zenit-3SL	天顶-3SL	20090420	通信广播卫星
6102	2009-21A	Yaogan-6	遥感-6	中国	太原航天发射中心	CZ-2C	长征-2C	20090422	对地观测卫星
6103	2009-22A	Yantar-4K2M-05	琥珀-4K2M-05	俄罗斯	普列谢茨克航天发射中心	Soyuz-U	联盟-U	20090429	对地观测卫星
6104	2009-23A	STSS-ATRR	空间跟踪与监视系统-先进技术风险降低	美国	范登堡空军基地	Delta-7920-10C	德尔它-7920-10C	20090505	对地观测卫星
6105	2009-24A	Progress M-02M	进步 M-02M	俄罗斯	拜科努尔航天发射中心	Soyuz-U	联盟-U	20090507	载人及货运航天器
6106	2009-25A	STS-125	空间运输系统-125	美国	卡纳维尔角发射场	Atlantis	阿特兰蒂斯号	20090511	载人及货运航天器
6107	2009-26A	Herschel	赫歇尔	欧洲航天局	圭亚那航天中心	Ariane-5ECA	阿里安-5ECA	20090513	科学与技术试验卫星
6108	2009-26B	Planck	普朗克	欧洲航天局	圭亚那航天中心	Ariane-5ECA	阿里安-5ECA	20090513	科学与技术试验卫星
6109	2009-27A	ProtoStar-2	原恒星-2	美国	拜科努尔航天发射中心	Proton-M/Briz-M-P2	质子-M/微风 M-P2	20090516	通信广播卫星
6110	2009-28A	TacSat-3	战术卫星-3	美国	沃洛普斯岛发射场	Minotaur-1	米诺陶-1	20090519	科学与技术试验卫星
6111	2009-28B	PharmaSat-1	制药卫星-1	美国	沃洛普斯岛发射场	Minotaur-1	米诺陶-1	20090519	科学与技术试验卫星
6112	2009-28C	HawkSat-1	鹰卫星-1	美国	沃洛普斯岛发射场	Minotaur-1	米诺陶-1	20090519	科学与技术试验卫星
6113	2009-28D	CP-6	加利福尼亚州立工业大学-6	美国	沃洛普斯岛发射场	Minotaur-1	米诺陶-1	20090520	科学与技术试验卫星
6114	2009-28E	AeroCube-3	宇航立方体-3	美国	沃洛普斯岛发射场	Minotaur-1	米诺陶-1	20090520	科学与技术试验卫星
6115	2009-29A	Meridian-2	子午线-2	俄罗斯	普列谢茨克航天发射中心	Soyuz-2-1a/Fregat	联盟-2-1a/弗雷盖特	20090521	通信广播卫星
6116	2009-30A	Soyuz TMA-15	联盟 TMA-15	俄罗斯	拜科努尔航天发射中心	Soyuz-FG	联盟-FG	20090527	载人及货运航天器
6117	2009-31A	LRO	月球勘测轨道器	美国	卡纳维拉尔角发射场	Atlas-5(401)	宇宙神-5(401)	20090618	空间探测器
6118	2009-31B	LCROSS	月球坑观测与感知卫星	美国	卡纳维拉尔角发射场	Atlas-5(401)	宇宙神-5(401)	20090618	空间探测器
6119	2009-32A	Measat-3A	马来西亚东亚卫星-3A	马来西亚	拜科努尔航天发射中心	Zenit-3SLB	陆射天顶-3SLB	20090621	通信广播卫星
6120	2009-33A	GOES-O	地球静止环境业务卫星-O	美国	卡纳维拉尔角发射场	Delta-4M+(4.2)	德尔它-4M+(4.2)	20090627	对地观测卫星
6121	2009-34A	Sirius FM-5	天狼星 FM-5	美国	拜科努尔航天发射中心	Proton-M/Briz-M-P2	质子-M/微风 M-P2	20090630	通信广播卫星
6122	2009-35A	TerreStar-1	地网星-1	美国	圭亚那航天中心	Ariane-5ECA	阿里安-5ECA	20090701	通信广播卫星
6123	2009-36A	Strela-3-140	天箭座-3-140	俄罗斯	普列谢茨克航天发射中心	Rokot-KM	隆声-KM	20090706	通信广播卫星
6124	2009-36B	Strela-3M-02	天箭座-3M-02	俄罗斯	普列谢茨克航天发射中心	Rokot-KM	隆声-KM	20090706	通信广播卫星

续表

序号	国际代号	外文名	中文名	所属国家、地区或组织	发射地点	发射工具外文名	发射工具中文名	发射时间	航天器类型
6125	2009-36C	Strela-3-141	天箭座-3-141	俄罗斯	普列谢茨克航天发射中心	Rokot-KM	隆声-KM	20090706	通信广播卫星
6126	2009-37A	MACSAT	中等口径相机卫星	马来西亚	夸贾林基地	Falcon-1	法尔肯-1	20090714	对地观测卫星
6127	2009-38A	STS-127	空间运输系统-127	美国	卡纳维拉尔角发射场	Endeavour	奋进号	20090715	载人及货运航天器
6128	2009-38B	DragonSat-2	龙卫星-2	美国	卡纳维拉尔角发射场	Endeavour	奋进号	20090715	科学与技术试验卫星
6129	2009-38E	ANDE-2 Pollux	大气中性密度实验-2北河三	美国	卡纳维拉尔角发射场	Endeavour	奋进号	20090715	对地观测卫星
6130	2009-38F	ANDE-2 Castor	大气中性密度实验-2北河二	美国	卡纳维拉尔角发射场	Endeavour	奋进号	20090715	对地观测卫星
6131	2009-39A	Parus-98	帆-98	俄罗斯	普列谢茨克航天发射中心	Cosmos-3M	宇宙-3M	20090721	导航定位卫星
6132	2009-39B	Sterkh-1	斯特赫-1	俄罗斯	普列谢茨克航天发射中心	Cosmos-3M	宇宙-3M	20090721	通信广播卫星
6133	2009-40A	Progress M-67	进步 M-67	俄罗斯	拜科努尔航天发射中心	Soyuz-U	联盟-U	20090724	载人及货运航天器
6134	2009-41A	Deimos-1	德莫斯-1	西班牙	拜科努尔航天发射中心	Dnepr	第聂伯号	20090729	对地观测卫星
6135	2009-41B	DubaiSat-1	迪拜卫星-1	阿拉伯联合酋长国	拜科努尔航天发射中心	Dnepr	第聂伯号	20090729	对地观测卫星
6136	2009-41C	UK DMC-2	灾害监测星座-2	英国	拜科努尔航天发射中心	Dnepr	第聂伯号	20090729	对地观测卫星
6137	2009-41D	AprizeSat-4	阿普拉兹卫星-4	阿根廷	拜科努尔航天发射中心	Dnepr	第聂伯号	20090729	通信广播卫星
6138	2009-41E	NanoSat-1B	纳卫星-1B	西班牙	拜科努尔航天发射中心	Dnepr	第聂伯号	20090729	科学与技术试验卫星
6139	2009-41F	AprizeSat-3	阿普拉兹卫星-3	阿根廷	拜科努尔航天发射中心	Dnepr	第聂伯号	20090729	通信广播卫星
6140	2009-42A	AsiaSat-5	亚洲卫星-5	中国	拜科努尔航天发射中心	Proton-M/Briz-M-P2	质子-M/微风M-P2	20090811	通信广播卫星
6141	2009-43A	GPS-2RM-08	导航星-2RM-08	美国	卡纳维拉尔角发射场	Delta-7925	德尔它-7925	20090817	导航定位卫星
6142	2009-44A	JCSAT-12	日本通信卫星-12	日本	圭亚那航天中心	Ariane-5ECA	阿里安-5ECA	20090821	通信广播卫星
6143	2009-44B	Optus-D3	澳普图斯-D3	澳大利亚	圭亚那航天中心	Ariane-5ECA	阿里安-5ECA	20090821	通信广播卫星
6144	2009-45A	STS-128	空间运输系统-128	美国	卡纳维拉尔角发射场	Discovery	发现号	20090829	载人及货运航天器
6145	2009-46A	Palapa-D1	帕拉帕-D1	印度尼西亚	西昌航天发射中心	CZ-3B	长征-3B	20090831	通信广播卫星
6146	2009-47A	PAN	黑夜守护神	美国	卡纳维拉尔角发射场	Atlas-5 (401)	宇宙神-5 (401)	20090908	通信广播卫星
6147	2009-48A	HTV-1	H2转移飞行器-1	日本	种子岛航天中心	H-2B-304	H-2B-304	20090910	载人及货运航天器
6148	2009-49A	Meteor M-1	流星 M-1	俄罗斯	拜科努尔航天发射中心	Soyuz-2-1b/Fregat	联盟-2-1b/弗雷盖特	20090917	对地观测卫星
6149	2009-49B	Sterkh-2	斯特赫-2	俄罗斯	拜科努尔航天发射中心	Soyuz-2-1b/Fregat	联盟-2-1b/弗雷盖特	20090917	通信广播卫星
6150	2009-49D	Universitetskiy-2	大学-2	俄罗斯	拜科努尔航天发射中心	Soyuz-2-1b/Fregat	联盟-2-1b/弗雷盖特	20090917	科学与技术试验卫星
6151	2009-49E	UGATUSAT	国立乌法航空技术大学卫星	俄罗斯	拜科努尔航天发射中心	Soyuz-2-1b/Fregat	联盟-2-1b/弗雷盖特	20090917	科学与技术试验卫星

续表

序号	国际代号	外文名	中文名	所属国家、地区或组织	发射地点	发射工具外文名	发射工具中文名	发射时间	航天器类型
6152	2009-49F	SumbandilaSat	先锋	南非	拜科努尔航天发射中心	Soyuz-2-1b/Fregat	联盟-2-1b/弗雷盖特	20090917	科学与技术试验卫星
6153	2009-49G	BLITS	空间球透镜	俄罗斯	拜科努尔航天发射中心	Soyuz-2-1b/Fregat	联盟-2-1b/弗雷盖特	20090917	科学与技术试验卫星
6154	2009-50A	Nimiq-5	尼米克-5	加拿大	拜科努尔航天发射中心	Proton-M/Briz-M-P2	质子-M/微风M-P2	20090917	通信广播卫星
6155	2009-51A	Oceansat-2	海洋卫星-2	印度	萨提斯达瓦航天中心	PSLV-CA	极轨卫星运载火箭-CA	20090923	对地观测卫星
6156	2009-51B	SwissCube	瑞士立方体	瑞士	萨提斯达瓦航天中心	PSLV-CA	极轨卫星运载火箭-CA	20090923	科学与技术试验卫星
6157	2009-51C	BEESAT	柏林试验科教育卫星	德国	萨提斯达瓦航天中心	PSLV-CA	极轨卫星运载火箭-CA	20090923	科学与技术试验卫星
6158	2009-51D	UWE-2	伍兹堡大学实验卫星-2	德国	萨提斯达瓦航天中心	PSLV-CA	极轨卫星运载火箭-CA	20090923	科学与技术试验卫星
6159	2009-51E	ITU p-SAT-1	伊斯坦布尔技术大学皮卫星-1	土耳其	萨提斯达瓦航天中心	PSLV-CA	极轨卫星运载火箭-CA	20090923	科学与技术试验卫星
6160	2009-52A	STSS-01	空间跟踪与监视系统-01	美国	卡纳维拉尔角发射场	Delta-7920-10C	德尔它-7920-10C	20090925	对地观测卫星
6161	2009-52B	STSS-02	空间跟踪与监视系统-02	美国	卡纳维拉尔角发射场	Delta-7920-10C	德尔它-7920-10C	20090925	对地观测卫星
6162	2009-53A	Soyuz TMA-16	联盟TMA-16	俄罗斯	拜科努尔航天发射中心	Soyuz-FG	联盟-FG	20090930	载人及货运航天器
6163	2009-54A	Amazonas-2	亚马逊-2	西班牙	圭亚那航天中心	Ariane-5ECA	阿里安-5ECA	20091001	通信广播卫星
6164	2009-54B	COMSATBw-1	联邦国防军通信卫星-1	德国	圭亚那航天中心	Ariane-5ECA	阿里安-5ECA	20091001	通信广播卫星
6165	2009-55A	WorldView-2	世界观测-2	美国	范登堡空军基地	Delta-7920-10C	德尔它-7920-10C	20091008	对地观测卫星
6166	2009-56A	Progress M-03M	进步M-03M	俄罗斯	拜科努尔航天发射中心	Soyuz-U	联盟-U	20091015	载人及货运航天器
6167	2009-57A	DMSP-5D3 F18	国防气象卫星计划-5D3 F18	美国	范登堡空军基地	Atlas-5（401）	宇宙神-5（401）	20091018	对地观测卫星
6168	2009-58A	Thor-6	索尔-6	挪威	圭亚那航天中心	Ariane-5ECA	阿里安-5ECA	20091029	通信广播卫星
6169	2009-58B	NSS-12	新天卫星-12	荷兰	圭亚那航天中心	Ariane-5ECA	阿里安-5ECA	20091029	通信广播卫星
6170	2009-59A	SMOS	土壤湿度和海洋盐度	欧洲航天局	普列谢茨克航天发射中心	Rokot-KM	隆声-KM	20091102	对地观测卫星
6171	2009-59B	Proba-2	星上自主项目-2	欧洲航天局	普列谢茨克航天发射中心	Rokot-KM	隆声-KM	20091102	科学与技术试验卫星
6172	2009-60A	Progress M-MIM2	进步M-MIM2	俄罗斯	拜科努尔航天发射中心	Soyuz-U	联盟-U	20091110	载人及货运航天器
6173	2009-61A	SJ-11	实践-11	中国	酒泉航天发射中心	CZ-2C	长征-2C	20091112	科学与技术试验卫星
6174	2009-62A	STS-129	空间运输系统-129	美国	卡纳维拉尔角发射场	Atlantis	阿特兰蒂斯号	20091116	载人及货运航天器
6175	2009-63A	Lotos-S-01	莲花-S-01	俄罗斯	普列谢茨克航天发射中心	Soyuz-U	联盟-U	20091120	对地观测卫星
6176	2009-64A	Intelsat-14	国际通信卫星-14	国际通信卫星公司	卡纳维拉尔角发射场	Atlas-5（431）	宇宙神-5（431）	20091123	通信广播卫星
6177	2009-65A	Eutelsat-W7	欧洲通信卫星-W7	欧洲通信卫星公司	拜科努尔航天发射中心	Proton-M/Briz-M-P2	质子-M/微风M-P2	20091124	通信广播卫星
6178	2009-66A	IGS-O3	情报采集卫星光学-3	日本	种子岛航天中心	H-2A-202	H-2A-202	20091128	对地观测卫星

续表

序号	国际代号	外文名	中文名	所属国家、地区或组织	发射地点	发射工具外文名	发射工具中文名	发射时间	航天器类型
6179	2009-67A	Intelsat-15	国际通信卫星-15	国际通信卫星公司	拜科努尔航天发射中心	Zenit-3SLB	陆射天顶-3SLB	20091130	通信广播卫星
6180	2009-68A	WGS-3	宽带全球卫星通信-3	美国	卡纳维拉尔角发射场	Delta-4M+(5.4)	德尔它-4M+(5.4)	20091206	通信广播卫星
6181	2009-69A	Yaogan-7	遥感-7	中国	酒泉航天发射中心	CZ-2D	长征-2D	20091209	对地观测卫星
6182	2009-70A	GLONASS-M-21	格洛纳斯-M-21	俄罗斯	拜科努尔航天发射中心	Proton-K/Blok-DM-2	质子-K/上面级DM-2	20091214	导航定位卫星
6183	2009-70B	GLONASS-M-22	格洛纳斯-M-22	俄罗斯	拜科努尔航天发射中心	Proton-K/Blok-DM-2	质子-K/上面级DM-2	20091214	导航定位卫星
6184	2009-70C	GLONASS-M-23	格洛纳斯-M-23	俄罗斯	拜科努尔航天发射中心	Proton-K/Blok-DM-2	质子-K/上面级DM-2	20091214	导航定位卫星
6185	2009-71A	WISE	宽视场红外测量探测器	美国	范登堡空军基地	Delta-7320-10C	德尔它-7320-10C	20091214	科学与技术试验卫星
6186	2009-72A	Yaogan-8	遥感-8	中国	太原航天发射中心	CZ-4C	长征-4C	20091215	对地观测卫星
6187	2009-72B	Hope-1	希望-1	中国	太原航天发射中心	CZ-4C	长征-4C	20091215	科学与技术试验卫星
6188	2009-73A	Helios-2B	太阳神-2B	法国	圭亚那航天中心	Ariane-5GS	阿里安-5GS	20091218	对地观测卫星
6189	2009-74A	Soyuz TMA-17	联盟TMA-17	俄罗斯	拜科努尔航天发射中心	Soyuz-FG	联盟-FG	20091220	载人及货运航天器
6190	2009-75A	DirecTV-12	直播电视-12	美国	拜科努尔航天发射中心	Proton-M/Briz-M-P2	质子-M/微风M-P2	20091229	通信广播卫星
6191	2010-01A	Beidou-2-G1	北斗-2-G1	中国	西昌航天发射中心	CZ-3C	长征-3C	20100116	导航定位卫星
6192	2010-02A	Raduga-1M-02	虹-1M-02	俄罗斯	拜科努尔航天发射中心	Proton-M/Briz-M-P1	质子-M/微风M-P1	20100128	通信广播卫星
6193	2010-03A	Progress M-04M	进步M-04M	俄罗斯	拜科努尔航天发射中心	Soyuz-U	联盟-U	20100203	载人及货运航天器
6194	2010-04A	STS-130	空间运输系统-130	美国	卡纳维拉尔角发射场	Endeavour	奋进号	20100208	载人及货运航天器
6195	2010-05A	SDO	太阳动力学观测台	美国	卡纳维拉尔角发射场	Atlas-5(401)	宇宙神-5(401)	20100211	科学与技术试验卫星
6196	2010-06A	Intelsat-16	国际通信卫星-16	国际通信卫星公司	拜科努尔航天发射中心	Proton-M/Briz-M-P1M1	质子-M/微风M-P1M1	20100212	通信广播卫星
6197	2010-07A	GLONASS-M-24	格洛纳斯-M-24	俄罗斯	拜科努尔航天发射中心	Proton-K/Blok-DM-2	质子-K/上面级DM-2	20100301	导航定位卫星
6198	2010-07B	GLONASS-M-26	格洛纳斯-M-26	俄罗斯	拜科努尔航天发射中心	Proton-K/Blok-DM-2	质子-K/上面级DM-2	20100301	导航定位卫星
6199	2010-07C	GLONASS-M-25	格洛纳斯-M-25	俄罗斯	拜科努尔航天发射中心	Proton-K/Blok-DM-2	质子-K/上面级DM-2	20100301	导航定位卫星
6200	2010-08A	GOES-P	地球静止环境业务卫星-P	美国	卡纳维拉尔角发射场	Delta-4M+(4.2)	德尔它-4M+(4.2)	20100304	对地观测卫星
6201	2010-09A	Yaogan-9	遥感-9	中国	酒泉航天发射中心	CZ-4C	长征-4C	20100305	对地观测卫星
6202	2010-09B	Yaogan-9 subsatellite 1	遥感-9子卫星1	中国	酒泉航天发射中心	CZ-4C	长征-4C	20100305	对地观测卫星
6203	2010-09C	Yaogan-9 subsatellite 2	遥感-9子卫星2	中国	酒泉航天发射中心	CZ-4C	长征-4C	20100305	对地观测卫星
6204	2010-10A	EchoStar-14	回声星-14	美国	拜科努尔航天发射中心	Proton-M/Briz-M-P3	质子-M/微风M-P3	20100320	通信广播卫星
6205	2010-11A	Soyuz TMA-18	联盟TMA-18	俄罗斯	拜科努尔航天发射中心	Soyuz-FG	联盟-FG	20100402	载人及货运航天器

续表

序号	国际代号	外文名	中文名	所属国家、地区或组织	发射地点	发射工具外文名	发射工具中文名	发射时间	航天器类型
6206	2010-12A	STS-131	空间运输系统-131	美国	卡纳维拉尔角发射场	Discovery	发现号	20100405	载人及货运航天器
6207	2010-13A	Cryosat-2	冷卫星-2	欧洲航天局	拜科努尔航天发射中心	Dnepr	第聂伯号	20100408	对地观测卫星
6208	2010-14A	Yantar-4K2M-06	琥珀-4K2M-06	俄罗斯	普列谢茨克航天发射中心	Soyuz-U	联盟-U	20100416	对地观测卫星
6209	2010-15A	X-37B OTV-1	X-37B轨道试验飞行器-1	美国	卡纳维拉尔角发射场	Atlas-5 (501)	宇宙神-5 (501)	20100422	科学与技术试验卫星
6210	2010-16A	SES-1	欧洲卫星公司-1	荷兰	拜科努尔航天发射中心	Proton-M/Briz-M-P2	质子-M/微风M-P2	20100424	通信广播卫星
6211	2010-17A	Parus-99	帆-99	俄罗斯	普列谢茨克航天发射中心	Cosmos-3M	宇宙-3M	20100427	导航定位卫星
6212	2010-18A	Progress M-05M	进步 M-05M	俄罗斯	拜科努尔航天发射中心	Soyuz-U	联盟-U	20100428	载人及货运航天器
6213	2010-19A	STS-132	空间运输系统-132	美国	卡纳维拉尔角发射场	Atlantis	阿特兰蒂斯号	20100514	载人及货运航天器
6214	2010-20A	Hayato	隼人	日本	种子岛航天中心	H-2A-202	H-2A-202	20100520	科学与技术试验卫星
6215	2010-20B	Waseda SAT-2	早稻田卫星-2	日本	种子岛航天中心	H-2A-202	H-2A-202	20100520	科学与技术试验卫星
6216	2010-20C	Negai	心愿星	日本	种子岛航天中心	H-2A-202	H-2A-202	20100520	科学与技术试验卫星
6217	2010-20D	Planet-C	行星-C	日本	种子岛航天中心	H-2A-202	H-2A-202	20100520	空间探测器
6218	2010-20E	IKAROS	伊卡洛斯	日本	种子岛航天中心	H-2A-202	H-2A-202	20100520	空间探测器
6219	2010-20F	UNITEC-1	大学空间工程联合会技术试验卫星-1	日本	种子岛航天中心	H-2A-202	H-2A-202	20100520	科学与技术试验卫星
6220	2010-20G	DCAM-1	数字相机卫星-1	日本	种子岛航天中心	H-2A-202	H-2A-202	20100520	科学与技术试验卫星
6221	2010-20H	DCAM-2	数字相机卫星-2	日本	种子岛航天中心	H-2A-202	H-2A-202	20100520	科学与技术试验卫星
6222	2010-21A	Astra-3B	阿斯特拉-3B	卢森堡	圭亚那航天中心	Ariane-5ECA	阿里安-5ECA	20100521	通信广播卫星
6223	2010-21B	COMSATBw-2	联邦国防军通信卫星-2	德国	圭亚那航天中心	Ariane-5ECA	阿里安-5ECA	20100521	通信广播卫星
6224	2010-22A	GPS-2F-01	导航星-2F-01	美国	卡纳维拉尔角发射场	Delta-4M+ (4.2)	德尔它-4M+ (4.2)	20100528	导航定位卫星
6225	2010-23A	SERVIS-2	空间环境可靠性检验集成系统-2	日本	普列谢茨克航天发射中心	Rokot-KM	隆声-KM	20100602	科学与技术试验卫星
6226	2010-24A	Beidou-2-G3	北斗-2-G3	中国	西昌卫星发射中心	CZ-3C	长征-3C	20100602	导航定位卫星
6227	2010-25A	Arabsat-5B	阿拉伯卫星-5B	阿拉伯卫星通信组织	拜科努尔航天发射中心	Proton-M/Briz-M-P2	质子-M/微风M-P2	20100603	通信广播卫星
6228	2010-26A	Dragon SQU	"龙"飞船鉴定模型	美国	卡纳维拉尔角发射场	Falcon-9 v1.0	法尔肯-9 V1.0	20100604	其他
6229	2010-27A	SJ-12	实践-12	中国	酒泉卫星发射中心	CZ-2D	长征-2D	20100615	科学与技术试验卫星
6230	2010-28A	Picard	皮卡尔	法国	杜巴罗夫斯基基导弹基地	Dnepr	第聂伯号	20100615	科学与技术试验卫星
6231	2010-28B	PRISMA Main (Mango)	原型研究仪器和实际任务技术改进-主星	瑞典	杜巴罗夫斯基基导弹基地	Dnepr	第聂伯号	20100615	科学与技术试验卫星
6232	2010-28C	BPA-1	先进电子装置-1	乌克兰	杜巴罗夫斯基基导弹基地	Dnepr	第聂伯号	20100615	科学与技术试验卫星

续表

序号	国际代号	外文名	中文名	所属国家、地区或组织	发射地点	发射工具外文名	发射工具中文名	发射时间	航天器类型
6233	2010-28F	PRISMA Target (Tango)	原型研究仪器和空间征务技术进一-靶星	瑞典	杜巴罗夫斯基导弹基地	Dnepr	第聂伯号	20100615	科学与技术试验卫星
6234	2010-29A	Soyuz TMA-19	联盟 TMA-19	俄罗斯	拜科努尔航天发射中心	Soyuz-FG	联盟-FG	20100615	载人及货运航天器
6235	2010-30A	TanDEM-X	陆地合成孔径雷达-数字高程模型-X	德国	拜科努尔航天发射中心	Dnepr	第聂伯号	20100621	对地观测卫星
6236	2010-31A	Ofeq-9	地平线-9	以色列	帕尔玛奇姆空军基地	Shavit-2	沙维特-2	20100622	对地观测卫星
6237	2010-32A	COMS-1	通信、海洋和气象卫星-1	韩国	圭亚那航天中心	Ariane-5ECA	阿里安-5ECA	20100626	对地观测卫星
6238	2010-32B	Arabsat-5A	阿拉伯卫星-5A	阿拉伯卫星通信组织	圭亚那航天中心	Ariane-5ECA	阿里安-5ECA	20100626	通信广播卫星
6239	2010-33A	Progress M-06M	进步 M-06M	俄罗斯	拜科努尔航天发射中心	Soyuz-U	联盟-U	20100630	载人及货运航天器
6240	2010-34A	EchoStar-15	回声星-15	美国	拜科努尔航天发射中心	Proton-M/Briz-M-P3	质子-M/微风 M-P3	20100710	通信广播卫星
6241	2010-35A	CartoSat-2B	制图卫星-2B	印度	萨提斯达瓦航天中心	PSLV-CA	极轨卫星运载火箭-CA	20100712	对地观测卫星
6242	2010-35B	StudSat	学生卫星	印度	萨提斯达瓦航天中心	PSLV-CA	极轨卫星运载火箭-CA	20100712	科学与技术试验卫星
6243	2010-35C	AISSat-1	自动识别系统卫星-1	挪威	萨提斯达瓦航天中心	PSLV-CA	极轨卫星运载火箭-CA	20100712	科学与技术试验卫星
6244	2010-35D	Alsat-2A	阿尔及利亚卫星-2A	阿尔及利亚	萨提斯达瓦航天中心	PSLV-CA	极轨卫星运载火箭-CA	20100712	对地观测卫星
6245	2010-35E	Tlsat-1	提契诺卫星-1	瑞士	萨提斯达瓦航天中心	PSLV-CA	极轨卫星运载火箭-CA	20100712	科学与技术试验卫星
6246	2010-36A	Beidou-2-II	北斗-2-II	中国	西昌航天发射中心	CZ-3A	长征-3A	20100731	导航定位卫星
6247	2010-37A	Nilesat-201	尼罗河卫星-201	埃及	圭亚那航天中心	Ariane-5ECA	阿里安-5ECA	20100804	通信广播卫星
6248	2010-37B	RASCOM-QAF-1R	非洲区域卫星通信组织-1R	非洲区域卫星通信组织	圭亚那航天中心	Ariane-5ECA	阿里安-5ECA	20100804	通信广播卫星
6249	2010-38A	Yaogan-10	遥感-10	中国	太原航天发射场	CZ-4C	长征-4C	20100809	对地观测卫星
6250	2010-39A	AEHF-1	先进极高频-1	美国	卡纳维拉尔角发射场	Atlas-5 (531)	宇宙神-5 (531)	20100814	通信广播卫星
6251	2010-40A	Tianhui-1	天绘-1	中国	酒泉航天发射中心	CZ-2D	长征-2D	20100824	对地观测卫星
6252	2010-41A	GLONASS-M-29	格洛纳斯-M-29	俄罗斯	拜科努尔航天发射中心	Proton-K/Blok-DM-2	质子-K/上面级 DM-2	20100902	导航定位卫星
6253	2010-41B	GLONASS-M-28	格洛纳斯-M-28	俄罗斯	拜科努尔航天发射中心	Proton-K/Blok-DM-2	质子-K/上面级 DM-2	20100902	导航定位卫星
6254	2010-41C	GLONASS-M-27	格洛纳斯-M-27	俄罗斯	拜科努尔航天发射中心	Proton-K/Blok-DM-2	质子-K/上面级 DM-2	20100902	导航定位卫星
6255	2010-42A	Sinosat-6	鑫诺卫星-6	中国	西昌航天发射中心	CZ-3B	长征-3B	20100904	通信广播卫星
6256	2010-43A	Strela-3-142	天箭座-3-142	俄罗斯	普列谢茨克航天发射中心	Rokot-KM	隆声-KM	20100908	通信广播卫星
6257	2010-43B	Strela-3M-03	天箭座-3M-03	俄罗斯	普列谢茨克航天发射中心	Rokot-KM	隆声-KM	20100908	通信广播卫星
6258	2010-43C	Gonets M-2	信使 M-2	俄罗斯	普列谢茨克航天发射中心	Rokot-KM	隆声-KM	20100908	通信广播卫星
6259	2010-44A	Progress M-07M	进步 M-07M	俄罗斯	拜科努尔航天发射中心	Soyuz-U	联盟-U	20100910	载人及货运航天器

续表

序号	国际代号	外文名	中文名	所属国家、地区或组织	发射地点	发射工具外文名	发射工具中文名	发射时间	航天器类型
6260	2010-45A	Michibiki	指路	日本	种子岛航天中心	H-2A-202	H-2A-202	20100911	导航定位卫星
6261	2010-46A	FIA-Radar-01	未来成像体系-雷达-01	美国	范登堡空军基地	Atlas-5 (501)	宇宙神-5 (501)	20100921	对地观测卫星
6262	2010-47A	Yaogan-11	遥感-11	中国	酒泉航天发射中心	CZ-2D	长征-2D	20100922	对地观测卫星
6263	2010-47B	Zheda Pixing-1A-1	浙大皮星1A-1	中国	酒泉航天发射中心	CZ-2D	长征-2D	20100922	科学与技术试验卫星
6264	2010-47C	Zheda Pixing-1A-2	浙大皮星1A-2	中国	酒泉航天发射中心	CZ-2D	长征-2D	20100922	科学与技术试验卫星
6265	2010-48A	SBSS-1	天基空间监视系统-1	美国	范登堡空军基地	Minotaur-4	米诺陶-4	20100926	科学与技术试验卫星
6266	2010-49A	Oko-86	眼睛-86	俄罗斯	普列谢茨克航天发射中心	Molniya-M/Blok-2BL	闪电-M/上面级2BL	20100930	对地观测卫星
6267	2010-50A	Chang'e-2	嫦娥-2	中国	西昌航天发射中心	CZ-3C	长征-3C	20101001	空间探测器
6268	2010-51A	SJ-6-4A	实践-6-4A	中国	太原航天发射中心	CZ-4B	长征-4B	20101006	科学与技术试验卫星
6269	2010-51B	SJ-6-4B	实践-6-4B	中国	太原航天发射中心	CZ-4B	长征-4B	20101006	科学与技术试验卫星
6270	2010-52A	Soyuz TMA-01M	联盟TMA-01M	俄罗斯	拜科努尔航天发射中心	Soyuz-FG	联盟-FG	20101007	载人及货运航天器
6271	2010-53A	XM-5	XM-5	美国	拜科努尔航天发射中心	Proton-M/Briz-M-P3	质子-M/微风-M-P3	20101014	通信广播卫星
6272	2010-54A	Globalstar-79	全球星-79	美国	拜科努尔航天发射中心	Soyuz-2-1a/Fregat	联盟-2-1a/弗雷盖特	20101019	通信广播卫星
6273	2010-54B	Globalstar-74	全球星-74	美国	拜科努尔航天发射中心	Soyuz-2-1a/Fregat	联盟-2-1a/弗雷盖特	20101019	通信广播卫星
6274	2010-54C	Globalstar-76	全球星-76	美国	拜科努尔航天发射中心	Soyuz-2-1a/Fregat	联盟-2-1a/弗雷盖特	20101019	通信广播卫星
6275	2010-54D	Globalstar-77	全球星-77	美国	拜科努尔航天发射中心	Soyuz-2-1a/Fregat	联盟-2-1a/弗雷盖特	20101019	通信广播卫星
6276	2010-54E	Globalstar-75	全球星-75	美国	拜科努尔航天发射中心	Soyuz-2-1a/Fregat	联盟-2-1a/弗雷盖特	20101019	通信广播卫星
6277	2010-54F	Globalstar-73	全球星-73	美国	拜科努尔航天发射中心	Soyuz-2-1a/Fregat	联盟-2-1a/弗雷盖特	20101019	通信广播卫星
6278	2010-55A	Progress M-08M	进步M-08M	俄罗斯	拜科努尔航天发射中心	Soyuz-U	联盟-U	20101027	载人及货运航天器
6279	2010-56A	Eutelsat-W3B	欧洲通信卫星-W3B	欧洲通信卫星公司	圭亚那航天中心	Ariane-5ECA	阿里安-5ECA	20101028	通信广播卫星
6280	2010-56B	BSAT-3B	广播卫星-3B	日本	圭亚那航天中心	Ariane-5ECA	阿里安-5ECA	20101028	通信广播卫星
6281	2010-57A	Beidou-2-G4	北斗-2-G4	中国	西昌航天发射中心	CZ-3C	长征-3C	20101031	导航定位卫星
6282	2010-58A	Meridian-3	子午线-3	俄罗斯	普列谢茨克航天发射中心	Soyuz-2-1a/Fregat	联盟-2-1a/弗雷盖特	20101102	通信广播卫星
6283	2010-59A	FY-3B	风云-3B	中国	太原航天发射中心	CZ-4C	长征-4C	20101104	对地观测卫星
6284	2010-60A	COSMO-SkyMed-4	地中海盆地观测小卫星星座-4	意大利	范登堡空军基地	Delta-7420-10C	德尔它-7420-10C	20101106	对地观测卫星
6285	2010-61A	SkyTerra-1	天地通-1	美国	拜科努尔航天发射中心	Proton-M/Briz-M-P2	质子-M/微风-M-P2	20101114	通信广播卫星
6286	2010-62A	STPSat-2	空间试验计划卫星-2	美国	科迪亚克发射场	Minotaur-4 HAPS	米诺陶-4 胼辅助推进系统	20101120	科学与技术试验卫星

续表

序号	国际代号	外文名	中文名	所属国家、地区或组织	发射地点	发射工具外文名	发射工具中文名	发射时间	航天器类型
6287	2010-62B	RAX-1	无线电极光探测器-1	美国	科迪亚克发射场	Minotaur-4 HAPS	米诺陶-4-肼辅助推进系统	20101120	科学与技术试验卫星
6288	2010-62C	O/OREOS	有机物/有机体轨道应力暴露器	美国	科迪亚克发射场	Minotaur-4 HAPS	米诺陶-4-肼辅助推进系统	20101120	科学与技术试验卫星
6289	2010-62D	FASTSat-HSV 01	亨茨维尔快速低成本科技卫星-01	美国	科迪亚克发射场	Minotaur-4 HAPS	米诺陶-4-肼辅助推进系统	20101120	科学与技术试验卫星
6290	2010-62E	FalconSat-5	隼卫星-5	美国	科迪亚克发射场	Minotaur-4 HAPS	米诺陶-4-肼辅助推进系统	20101120	科学与技术试验卫星
6291	2010-62F	FASTRAC-1	推力、相对导航、姿态与交链路自主编队飞行器-1	美国	科迪亚克发射场	Minotaur-4 HAPS	米诺陶-4-肼辅助推进系统	20101120	科学与技术试验卫星
6292	2010-62L	NanoSail-D2	纳帆-D2	美国	科迪亚克发射场	Minotaur-4 HAPS	米诺陶-4-肼辅助推进系统	20101120	科学与技术试验卫星
6293	2010-62M	FASTRAC-2	推力、相对导航、姿态与交链路自主编队飞行器-2	美国	科迪亚克发射场	Minotaur-4 HAPS	米诺陶-4-肼辅助推进系统	20101120	科学与技术试验卫星
6294	2010-62X	Ballast-A	模拟星-A	美国	科迪亚克发射场	Minotaur-4 HAPS	米诺陶-4-肼辅助推进系统	20101120	其他
6295	2010-62Y	Ballast-B	模拟星-B	美国	科迪亚克发射场	Minotaur-4 HAPS	米诺陶-4-肼辅助推进系统	20101120	其他
6296	2010-63A	Mentor-05	顾问-05	美国	卡纳维拉尔角发射场	Delta-4H	德尔它-4H	20101121	对地观测卫星
6297	2010-64A	Chinasat-20A	中星-20A	中国	西昌航天发射中心	CZ-3A	长征-3A	20101124	通信广播卫星
6298	2010-65A	HYLAS-1	高适应性卫星-1	英国	圭亚那航天中心	Ariane-5ECA	阿里安-5ECA	20101126	通信广播卫星
6299	2010-65B	Intelsat-17	国际通信卫星-17	国际通信卫星公司	圭亚那航天中心	Ariane-5ECA	阿里安-5ECA	20101126	通信广播卫星
6300	2010-66A	Dragon-C1	龙-C1	美国	卡纳维拉尔角发射场	Falcon-9 v1.0	法尔肯-9 V1.0	20101208	载人及货运航天器
6301	2010-66B	QbX-2	立方体卫星试验-2	美国	卡纳维拉尔角发射场	Falcon-9 v1.0	法尔肯-9 V1.0	20101208	科学与技术试验卫星
6302	2010-66C	SMDC-ONE-1	空间与导弹防御司令部-作战纳卫星效果-1	美国	卡纳维拉尔角发射场	Falcon-9 v1.0	法尔肯-9 V1.0	20101208	科学与技术试验卫星
6303	2010-66D	Perseus-3	珀尔修斯-3	美国	卡纳维拉尔角发射场	Falcon-9 v1.0	法尔肯-9 V1.0	20101208	科学与技术试验卫星
6304	2010-66E	Perseus-1	珀尔修斯-1	美国	卡纳维拉尔角发射场	Falcon-9 v1.0	法尔肯-9 V1.0	20101208	科学与技术试验卫星
6305	2010-66F	QbX-1	立方体卫星试验-1	美国	卡纳维拉尔角发射场	Falcon-9 v1.0	法尔肯-9 V1.0	20101208	科学与技术试验卫星
6306	2010-66G	Perseus-2	珀尔修斯-2	美国	卡纳维拉尔角发射场	Falcon-9 v1.0	法尔肯-9 V1.0	20101208	科学与技术试验卫星
6307	2010-66H	Perseus-0	珀尔修斯-0	美国	卡纳维拉尔角发射场	Falcon-9 v1.0	法尔肯-9 V1.0	20101208	科学与技术试验卫星
6308	2010-66J	Mayflower-Caerus	五月花-时机	美国	卡纳维拉尔角发射场	Falcon-9 v1.0	法尔肯-9 V1.0	20101208	科学与技术试验卫星
6309	2010-67A	Soyuz TMA-20	联盟 TMA-20	俄罗斯	拜科努尔航天发射中心	Soyuz-FG	联盟-FG	20101215	载人及货运航天器
6310	2010-68A	Beidou-2-I2	北斗-2-I2	中国	西昌航天发射中心	CZ-3A	长征-3A	20101217	导航定位卫星
6311	2010-69A	KA-SAT	Ka 频段卫星	欧洲通信卫星公司	拜科努尔航天发射中心	Proton-M/Briz-M-P3	质子-M/微风 M-P3	20101226	通信广播卫星
6312	2010-70A	Hispasat-1E	西班牙卫星-1E	西班牙	圭亚那航天中心	Ariane-5ECA	阿里安-5ECA	20101229	通信广播卫星
6313	2010-70B	Koreasat-6	高丽卫星-6	韩国	圭亚那航天中心	Ariane-5ECA	阿里安-5ECA	20101229	通信广播卫星

续表

序号	国际代号	外文名	中文名	所属国家、地区或组织	发射地点	发射工具外文名	发射工具中文名	发射时间	航天器类型
6314	2011-01A	Elektro L-1	电子 L-1	俄罗斯	拜科努尔航天发射中心	Zenit-3F	天顶-3F	20110120	对地观测卫星
6315	2011-02A	KH-12-06	锁眼-12-06	美国	范登堡空军基地	Delta-4H	德尔它-4H	20110120	对地观测卫星
6316	2011-03A	HTV-2	H2转移飞行器-2	日本	种子岛航天中心	H-2B-304	H-2B-304	20110122	载人及货运航天器
6317	2011-04A	Progress M-09M	进步 M-09M	俄罗斯	拜科努尔航天发射中心	Soyuz-U	联盟-U	20110128	载人及货运航天器
6318	2011-04B	RadioSkaf-2	无线电大空服-2	美国/俄罗斯	拜科努尔航天发射中心	Soyuz-U	联盟-U	20110128	通信广播卫星
6319	2011-05A	Geo-IK-2-01	测地-IK-2-01	俄罗斯	普列谢茨克航天发射中心	Rokot-KM	隆声-KM	20110201	对地观测卫星
6320	2011-06A	RPP	快速探路者计划	美国	范登堡空军基地	Minotaur-1	米诺陶-1	20110206	科学与技术试验卫星
6321	2011-07A	Johannes Kepler/ATV-2	约翰内斯·开普勒/自动转移飞行器-2	欧洲航天局	圭亚那航天中心	Ariane-5ES	阿里安-5ES	20110216	载人及货运航天器
6322	2011-08A	STS-133	空间运输系统-133	美国	卡纳维拉尔角发射场	Discovery	发现号	20110224	载人及货运航天器
6323	2011-09A	GLONASS-K1-01	格洛纳斯-K1-01	俄罗斯	普列谢茨克航天发射中心	Soyuz-2-1b/Fregat	联盟-2-1b/弗雷盖特	20110226	导航定位卫星
6324	2011-10A	X-37B OTV-2	X-37B轨道试验飞行器-2	美国	卡纳维拉尔角发射场	Atlas-5(501)	宇宙神-5(501)	20110305	科学与技术试验卫星
6325	2011-11A	SDS-3-6	卫星数据系统-3-6	美国	卡纳维拉尔角发射场	Delta-4M+(4.2)	德尔它-4M+(4.2)	20110311	通信广播卫星
6326	2011-12A	Soyuz TMA-21	联盟 TMA-21	俄罗斯	拜科努尔航天发射中心	Soyuz-FG	联盟-FG	20110404	载人及货运航天器
6327	2011-13A	Beidou-2-I3	北斗-2-I3	中国	西昌航天发射中心	CZ-3A	长征-3A	20110409	导航定位卫星
6328	2011-14A	NOSS-3-05A	海军海洋监视系统-3-05A	美国	范登堡空军基地	Atlas-5(411)	宇宙神-5(411)	20110415	对地观测卫星
6329	2011-14B	NOSS-3-05B	海军海洋监视系统-3-05B	美国	范登堡空军基地	Atlas-5(411)	宇宙神-5(411)	20110415	对地观测卫星
6330	2011-15A	Resourcesat-2	资源卫星-2	印度	萨提什达瓦航天中心	PSLV(3)	极轨卫星运载火箭-3	20110420	对地观测卫星
6331	2011-15B	Youthsat	青年卫星	印度/俄罗斯	萨提什达瓦航天中心	PSLV(3)	极轨卫星运载火箭-3	20110420	科学与技术试验卫星
6332	2011-15C	XSat	X卫星	新加坡	萨提什达瓦航天中心	PSLV(3)	极轨卫星运载火箭-3	20110420	科学与技术试验卫星
6333	2011-16A	Intelsat New Dawn	国际通信卫星公司·新黎明	国际通信卫星公司	圭亚那航天中心	Ariane-5ECA	阿里安-5ECA	20110422	通信广播卫星
6334	2011-16B	Yahsat-1A	阿联酋卫星-1A	阿拉伯联合酋长国	圭亚那航天中心	Ariane-5ECA	阿里安-5ECA	20110422	通信广播卫星
6335	2011-17A	Progress M-10M	进步 M-10M	俄罗斯	拜科努尔航天发射中心	Soyuz-U	联盟-U	20110427	载人及货运航天器
6336	2011-18A	Meridian-4	子午线-4	俄罗斯	普列谢茨克航天发射中心	Soyuz-2-1a/Fregat	联盟-2-1a/弗雷盖特	20110504	通信广播卫星
6337	2011-19A	SBIRS-01	天基红外系统-01	美国	卡纳维拉尔角发射场	Atlas-5(401)	宇宙神-5(401)	20110507	对地观测卫星
6338	2011-20A	STS-134	空间运输系统-134	美国	卡纳维拉尔角发射场	Endeavour	奋进号	20110516	载人及货运航天器
6339	2011-21A	Telstar-14R	电星-14R	加拿大	拜科努尔航天发射中心	Proton-M/Briz-M-P3	质子-M/微风 M-P3	20110520	通信广播卫星
6340	2011-22A	GSAT-8	地球静止卫星-8	印度	圭亚那航天中心	Ariane-5ECA	阿里安-5ECA	20110520	通信广播卫星

续表

序号	国际代号	外文名	中文名	所属国家、地区或组织	发射地点	发射工具外文名	发射工具中文名	发射时间	航天器类型
6341	2011-22B	ST-2	中新-2	新加坡/中国台湾地区	圭亚那航天中心	Ariane-5ECA	阿里安-5ECA	20110520	通信广播卫星
6342	2011-23A	Soyuz TMA-02M	联盟 TMA-02M	俄罗斯	拜科努尔航天发射中心	Soyuz-FG	联盟-FG	20110607	载人及货运航天器
6343	2011-24A	SAC-D	科学应用卫星-D	阿根廷/美国	范登堡空军基地	Delta-7320-10C	德尔它-7320-10C	20110610	对地观测卫星
6344	2011-25A	Rasad-1	观测-1	伊朗	塞姆南发射场	Safir-1A	信使-1A	20110615	对地观测卫星
6345	2011-26A	Chinasat-10	中星-10	中国	西昌航天发射中心	CZ-3B	长征-3B	20110620	通信广播卫星
6346	2011-27A	Progress M-11M	进步 M-11M	俄罗斯	拜科努尔航天发射中心	Soyuz-U	联盟-U	20110621	载人及货运航天器
6347	2011-28A	Yantar-4K2M-07	琥珀-4K2M-07	俄罗斯	普列谢茨克航天发射中心	Soyuz-U	联盟-U	20110627	对地观测卫星
6348	2011-29A	ORS-1	作战响应空间-1	美国	沃洛普斯岛发射场	Minotaur-1	米诺陶-1	20110630	对地观测卫星
6349	2011-30A	SJ-11-03	实践-11-03	中国	酒泉航天发射中心	CZ-2C	长征-2C	20110706	科学与技术试验卫星
6350	2011-31A	STS-135	空间运输系统-135	美国	卡纳维拉尔角发射场	Atlantis	阿特兰蒂斯号	20110708	载人及货运航天器
6351	2011-31B	PSSC-2	皮卫星太阳能电池试验台-2	美国	卡纳维拉尔角发射场	Atlantis	阿特兰蒂斯号	20110708	科学与技术试验卫星
6352	2011-32A	Tianlian-1-02	天链-1-02	中国	西昌航天发射中心	CZ-3B	长征-3B	20110711	通信广播卫星
6353	2011-33A	Globalstar-83	全球星-83	美国	拜科努尔航天发射中心	Soyuz-2-1a/Fregat	联盟-2-1a/弗雷盖特	20110713	通信广播卫星
6354	2011-33B	Globalstar-88	全球星-88	美国	拜科努尔航天发射中心	Soyuz-2-1a/Fregat	联盟-2-1a/弗雷盖特	20110713	通信广播卫星
6355	2011-33C	Globalstar-91	全球星-91	美国	拜科努尔航天发射中心	Soyuz-2-1a/Fregat	联盟-2-1a/弗雷盖特	20110713	通信广播卫星
6356	2011-33D	Globalstar-85	全球星-85	美国	拜科努尔航天发射中心	Soyuz-2-1a/Fregat	联盟-2-1a/弗雷盖特	20110713	通信广播卫星
6357	2011-33E	Globalstar-81	全球星-81	美国	拜科努尔航天发射中心	Soyuz-2-1a/Fregat	联盟-2-1a/弗雷盖特	20110713	通信广播卫星
6358	2011-33F	Globalstar-89	全球星-89	美国	拜科努尔航天发射中心	Soyuz-2-1a/Fregat	联盟-2-1a/弗雷盖特	20110713	通信广播卫星
6359	2011-34A	GSAT-12	地球静止卫星-12	印度	萨提什达瓦航天中心	PSLV-XL	极轨卫星运载火箭-XL	20110715	通信广播卫星
6360	2011-35A	SES-3	欧洲卫星公司-3	荷兰	拜科努尔航天发射中心	Proton-M/Briz-M-P3	质子-M/微风 M-P3	20110715	通信广播卫星
6361	2011-35B	KazSat-2	哈萨克斯坦卫星-2	哈萨克斯坦	拜科努尔航天发射中心	Proton-M/Briz-M-P3	质子-M/微风 M-P3	20110715	通信广播卫星
6362	2011-36A	GPS-2F-02	导航星-2F-02	美国	卡纳维拉尔角发射场	Delta-4M+(4.2)	德尔它-4M+(4.2)	20110716	导航定位卫星
6363	2011-37A	Spektr-R	光谱-R	俄罗斯	拜科努尔航天发射中心	Zenit-3F	天顶-3F	20110718	科学与技术试验卫星
6364	2011-38A	Beidou-2-I4	北斗-2-I4	中国	西昌航天发射中心	CZ-3A	长征-3A	20110726	导航定位卫星
6365	2011-39A	SJ-11-02	实践-11-02	中国	酒泉航天发射中心	CZ-2C	长征-2C	20110729	科学与技术试验卫星
6366	2011-40A	Juno	朱诺	美国	卡纳维拉尔角发射场	Atlas-5（551）	宇宙神-5（551）	20110805	空间探测器
6367	2011-41A	Astra-1N	阿斯特拉-1N	卢森堡	圭亚那航天中心	Ariane-5ECA	阿里安-5ECA	20110806	通信广播卫星

续表

序号	国际代号	外文名	中文名	所属国家、地区或组织	发射地点	发射工具外文名	发射工具中文名	发射时间	航天器类型
6368	2011-41B	BSAT-3C	广播卫星-3C	日本	圭亚那航天中心	Ariane-5ECA	阿里安-5ECA	20110806	通信广播卫星
6369	2011-42A	Paksat-1R	巴基斯坦卫星-1R	巴基斯坦	西昌航天发射中心	CZ-3B	长征-3B	20110811	通信广播卫星
6370	2011-43A	HY-2A	海洋-2A	中国	太原航天发射中心	CZ-4B	长征-4B	20110815	对地观测卫星
6371	2011-44A	EduSat	教育卫星	意大利	杜巴罗夫斯基基导弹基地	Dnepr	第聂伯号	20110817	科学与技术试验卫星
6372	2011-44B	NigerSat-2	尼日利亚卫星-2	尼日利亚	杜巴罗夫斯基基导弹基地	Dnepr	第聂伯号	20110817	对地观测卫星
6373	2011-44C	NigerSat-X	尼日利亚卫星-X	尼日利亚	杜巴罗夫斯基基导弹基地	Dnepr	第聂伯号	20110817	对地观测卫星
6374	2011-44D	Rasat	观测	土耳其	杜巴罗夫斯基基导弹基地	Dnepr	第聂伯号	20110817	对地观测卫星
6375	2011-44E	AprizeSat-5	阿普拉兹卫星-5	阿根廷	杜巴罗夫斯基基导弹基地	Dnepr	第聂伯号	20110817	通信广播卫星
6376	2011-44F	AprizeSat-6	阿普拉兹卫星-6	阿根廷	杜巴罗夫斯基基导弹基地	Dnepr	第聂伯号	20110817	通信广播卫星
6377	2011-44G	Sich-2	西奇-2	乌克兰	杜巴罗夫斯基基导弹基地	Dnepr	第聂伯号	20110817	对地观测卫星
6378	2011-44H	BPA-2	先进电子装置-2	乌克兰	杜巴罗夫斯基基导弹基地	Dnepr	第聂伯号	20110817	科学与技术试验卫星
6379	2011-45A	Express AM-4	快讯 AM-4	俄罗斯	拜科努尔航天发射中心	Proton-M/Briz-M-P3	质子-M/微风 M-P3	20110817	通信广播卫星
6380	2011-46A	GRAIL-A	引力恢复与内部实验室-A	美国	卡纳维拉尔角发射场	Delta-7920H-10C	德尔它-7920H-10C	20110910	空间探测器
6381	2011-46B	GRAIL-B	引力恢复与内部实验室-B	美国	卡纳维拉尔角发射场	Delta-7920H-10C	德尔它-7920H-10C	20110910	空间探测器
6382	2011-47A	Chinasat-1A	中星-1A	中国	西昌航天发射中心	CZ-3B	长征-3B	20110917	通信广播卫星
6383	2011-48A	Garpun-1	鱼叉-1	俄罗斯	拜科努尔航天发射中心	Proton-M/Briz-M-P1M1	质子-M/微风 M-P1M1	20110920	通信广播卫星
6384	2011-49A	SES-2	欧洲卫星公司-2	美国	圭亚那航天发射中心	Ariane-5ECA	阿里安-5ECA	20110921	通信广播卫星
6385	2011-49B	Arabsat-5C	阿拉伯卫星-5C	阿拉伯卫星通信组织	圭亚那航天发射中心	Ariane-5ECA	阿里安-5ECA	20110921	通信广播卫星
6386	2011-50A	IGS-O4	情报采集卫星 光学-4	日本	种子岛航天中心	H-2A-202	H-2A-202	20110923	对地观测卫星
6387	2011-51A	Atlantic Bird-7	大西洋鸟-7	欧洲通信卫星公司	奥德赛海上发射平台	Zenit-3SL	天顶-3SL	20110924	通信广播卫星
6388	2011-52A	Tacsat-4	战术卫星-4	美国	科迪亚克发射场	Minotaur-4+	米诺陶-4+	20110927	科学与技术试验卫星
6389	2011-53A	Tiangong-1	天宫-1	中国	酒泉航天发射中心	CZ-2F/G	长征-2F/G	20110929	载人及货运航天器
6390	2011-54A	QuetzSat-1	圣鸟卫星-1	墨西哥	拜科努尔航天发射中心	Proton-M/Briz-M-P3	质子-M/微风 M-P3	20110929	通信广播卫星
6391	2011-55A	GLONASS-M-33	格洛纳斯-M-33	俄罗斯	普列谢茨克航天发射中心	Soyuz-2-1b/Fregat	联盟-2-1b/弗雷盖特	20111002	导航定位卫星
6392	2011-56A	Intelsat-18	国际通信卫星-18	国际通信卫星公司	拜科努尔航天发射中心	Zenit-3SLB	陆射天顶-3SLB	20111005	通信广播卫星
6393	2011-57A	Eutelsat-W3C	欧洲通信卫星-W3C	欧洲通信卫星公司	西昌航天发射中心	CZ-3B	长征-3B	20111007	通信广播卫星
6394	2011-58A	Megha Tropiques	热带云	印度/法国	萨提斯达瓦航天中心	PSLV-CA	极轨卫星运载火箭-CA	20111012	对地观测卫星

续表

序号	国际代号	外文名	中文名	所属国家、地区或组织	发射地点	发射工具外文名	发射工具中文名	发射时间	航天器类型
6395	2011 – 58B	Jugnu	萤火虫	印度	萨提斯达瓦航天中心	PSLV – CA	极轨卫星运载火箭 – CA	20111012	科学与技术试验卫星
6396	2011 – 58C	VesselSat – 1	船舶卫星 – 1	卢森堡	萨提斯达瓦航天中心	PSLV – CA	极轨卫星运载火箭 – CA	20111012	通信广播卫星
6397	2011 – 58D	SRMSat	SRM 大学卫星	印度	萨提斯达瓦航天中心	PSLV – CA	极轨卫星运载火箭 – CA	20111012	对地观测卫星
6398	2011 – 59A	ViaSat – 1	卫讯 – 1	美国	拜科努尔航天发射中心	Proton – M/Briz – M – P3	质子 – M/微风 M – P3	20111019	通信广播卫星
6399	2011 – 60A	Galileo IOV – 1	伽利略在轨验证 – 1	欧洲航天局	圭亚那航天中心	Soyuz – 2 – 1b/Fregat – MT	联盟 – 2 – 1b/弗雷盖特 MT	20111021	导航定位卫星
6400	2011 – 60B	Galileo IOV – 2	伽利略在轨验证 – 2	欧洲航天局	圭亚那航天中心	Soyuz – 2 – 1b/Fregat – MT	联盟 – 2 – 1b/弗雷盖特 MT	20111021	导航定位卫星
6401	2011 – 61A	NPP	国家极轨环境业务卫星系统预备项目	美国	范登堡空军基地	Delta – 7920 – 10C	德尔它 – 7920 – 10C	20111028	对地观测卫星
6402	2011 – 61B	AubieSat – 1	奥本大学卫星 – 1	美国	范登堡空军基地	Delta – 7920 – 10C	德尔它 – 7920 – 10C	20111028	科学与技术试验卫星
6403	2011 – 61C	DICE – 1	动态电离层立方体卫星试验 – 1	美国	范登堡空军基地	Delta – 7920 – 10C	德尔它 – 7920 – 10C	20111028	科学与技术试验卫星
6404	2011 – 61D	DICE – 2	动态电离层立方体卫星试验 – 2	美国	范登堡空军基地	Delta – 7920 – 10C	德尔它 – 7920 – 10C	20111028	科学与技术试验卫星
6405	2011 – 61E	RAX – 2	无线电极光探测器 – 2	美国	范登堡空军基地	Delta – 7920 – 10C	德尔它 – 7920 – 10C	20111028	科学与技术试验卫星
6406	2011 – 61F	M – Cubed	密歇根大学立方体卫星	美国	范登堡空军基地	Delta – 7920 – 10C	德尔它 – 7920 – 10C	20111028	科学与技术试验卫星
6407	2011 – 61G	E1P – 2	探测者 1Prime – 2	美国	范登堡空军基地	Delta – 7920 – 10C	德尔它 – 7920 – 10C	20111028	科学与技术试验卫星
6408	2011 – 62A	Progress M – 13M	进步 M – 13M	俄罗斯	拜科努尔航天发射中心	Soyuz – U	联盟 – U	20111030	载人及货运飞行器
6409	2011 – 62B	Chibis – M	麦鸡 – M	俄罗斯	拜科努尔航天发射中心	Soyuz – U	联盟 – U	20111030	科学与技术试验卫星
6410	2011 – 63A	Shenzhou – 8	神舟 – 8	中国	酒泉航天发射中心	CZ – 2F/G	长征 – 2F/G	20111031	载人及货运飞行器
6411	2011 – 64A	GLONASS – M – 35	格洛纳斯 – M – 35	俄罗斯	拜科努尔航天发射中心	Proton – M/Briz – M – P1M1	质子 – M/微风 M – P1M1	20111104	导航定位卫星
6412	2011 – 64B	GLONASS – M – 36	格洛纳斯 – M – 36	俄罗斯	拜科努尔航天发射中心	Proton – M/Briz – M – P1M1	质子 – M/微风 M – P1M1	20111104	导航定位卫星
6413	2011 – 64C	GLONASS – M – 34	格洛纳斯 – M – 34	俄罗斯	拜科努尔航天发射中心	Proton – M/Briz – M – P1M1	质子 – M/微风 M – P1M1	20111104	导航定位卫星
6414	2011 – 65A	Fobos – Grunt	福布斯 – 土壤	俄罗斯	拜科努尔航天发射中心	Zenit – 2FG/Fregat – SB	天顶 – 2FG/弗雷盖特 SB	20111108	空间探测器
6415	2011 – 66A	Tianxun – 1	天巡 – 1	中国	太原航天发射中心	CZ – 4B	长征 – 4B	20111109	科学与技术试验卫星
6416	2011 – 66B	Yaogan – 12	遥感 – 12	中国	太原航天发射中心	CZ – 4B	长征 – 4B	20111109	对地观测卫星
6417	2011 – 67A	Soyuz TMA – 22	联盟 TMA – 22	俄罗斯	拜科努尔航天发射中心	Soyuz – FG	联盟 – FG	20111114	载人及货运飞行器
6418	2011 – 68A	CX – 1 – 3	创新 – 1 – 3	中国	酒泉航天发射中心	CZ – 2D	长征 – 2D	20111120	通信广播卫星
6419	2011 – 68B	Shiyan – 4	试验 – 4	中国	酒泉航天发射中心	CZ – 2D	长征 – 2D	20111120	科学与技术试验卫星
6420	2011 – 69A	AsiaSat – 7	亚洲卫星 – 7	中国	拜科努尔航天发射中心	Proton – M/Briz – M – P3	质子 – M/微风 M – P3	20111125	通信广播卫星
6421	2011 – 70A	MSL	火星科学实验室	美国	卡纳维拉尔角发射场	Atlas – 5 (541)	宇宙神 – 5 (541)	20111126	空间探测器

续表

序号	国际代号	外文名	中文名	所属国家、地区或组织	发射地点	发射工具外文名	发射工具中文名	发射时间	航天器类型
6422	2011 – 71A	GLONASS – M – 37	格洛纳斯 – M – 37	俄罗斯	普列谢茨克航天发射中心	Soyuz – 2 – 1b/Fregat	联盟 – 2 – 1b/弗雷盖特	20111128	导航定位卫星
6423	2011 – 72A	Yaogan – 13	遥感 – 13	中国	太原航天发射中心	CZ – 2C	长征 – 2C	20111129	对地观测卫星
6424	2011 – 73A	Beidou – 2 – 15	北斗 – 2 – 15	中国	西昌航天发射中心	CZ – 3A	长征 – 3A	20111201	导航定位卫星
6425	2011 – 74A	Amos – 5	阿莫斯 – 5	以色列	拜科努尔航天发射中心	Proton – M/Briz – M – P3	质子 – M/微风 – M – P3	20111211	通信广播卫星
6426	2011 – 74B	Luch – 5A	射线 – 5A	俄罗斯	拜科努尔航天发射中心	Proton – M/Briz – M – P3	质子 – M/微风 – M – P3	20111211	通信广播卫星
6427	2011 – 75A	IGS – R3	情报采集卫星雷达 – 3	日本	种子岛航天中心	H – 2A – 202	H – 2A – 202	20111212	对地观测卫星
6428	2011 – 76A	Elisa – W11	电子情报卫星 – W11	法国	圭亚那航天中心	Soyuz – 2 – 1a/Fregat	联盟 – 2 – 1a/弗雷盖特	20111217	对地观测卫星
6429	2011 – 76B	Elisa – E24	电子情报卫星 – E24	法国	圭亚那航天中心	Soyuz – 2 – 1a/Fregat	联盟 – 2 – 1a/弗雷盖特	20111217	对地观测卫星
6430	2011 – 76C	Elisa – W23	电子情报卫星 – W23	法国	圭亚那航天中心	Soyuz – 2 – 1a/Fregat	联盟 – 2 – 1a/弗雷盖特	20111217	对地观测卫星
6431	2011 – 76D	Elisa – E12	电子情报卫星 – E12	智利	圭亚那航天中心	Soyuz – 2 – 1a/Fregat	联盟 – 2 – 1a/弗雷盖特	20111217	对地观测卫星
6432	2011 – 76E	SSOT	地球观测卫星系统	法国	圭亚那航天中心	Soyuz – 2 – 1a/Fregat	联盟 – 2 – 1a/弗雷盖特	20111217	对地观测卫星
6433	2011 – 76F	Pleiades – 1	昴宿星 – 1	尼日利亚	圭亚那航天中心	Soyuz – 2 – 1a/Fregat	联盟 – 2 – 1a/弗雷盖特	20111217	通信广播卫星
6434	2011 – 77A	NigComSat – 1R	尼日利亚通信卫星 – 1R	俄罗斯	西昌航天发射中心	CZ – 3B	长征 – 3B	20111219	载人及货运航天器
6435	2011 – 78A	Soyuz TMA – 03M	联盟 TMA – 03M	中国	拜科努尔航天发射中心	Soyuz – FG	联盟 – FG	20111221	对地观测卫星
6436	2011 – 79A	ZY – 1 – 02C	资源 – 1 – 02C	美国	太原航天发射中心	CZ – 4B	长征 – 4B	20111222	通信广播卫星
6437	2011 – 80A	Globalstar – 84	全球星 – 84	美国	拜科努尔航天发射中心	Soyuz – 2 – 1a/Fregat	联盟 – 2 – 1a/弗雷盖特	20111228	通信广播卫星
6438	2011 – 80B	Globalstar – 80	全球星 – 80	美国	拜科努尔航天发射中心	Soyuz – 2 – 1a/Fregat	联盟 – 2 – 1a/弗雷盖特	20111228	通信广播卫星
6439	2011 – 80C	Globalstar – 82	全球星 – 82	美国	拜科努尔航天发射中心	Soyuz – 2 – 1a/Fregat	联盟 – 2 – 1a/弗雷盖特	20111228	通信广播卫星
6440	2011 – 80D	Globalstar – 92	全球星 – 92	美国	拜科努尔航天发射中心	Soyuz – 2 – 1a/Fregat	联盟 – 2 – 1a/弗雷盖特	20111228	通信广播卫星
6441	2011 – 80E	Globalstar – 90	全球星 – 90	美国	拜科努尔航天发射中心	Soyuz – 2 – 1a/Fregat	联盟 – 2 – 1a/弗雷盖特	20111228	通信广播卫星
6442	2011 – 80F	Globalstar – 86	全球星 – 86	中国	拜科努尔航天发射中心	Soyuz – 2 – 1a/Fregat	联盟 – 2 – 1a/弗雷盖特	20111228	通信广播卫星
6443	2012 – 01A	ZY – 3A	资源 – 3A	卢森堡	太原航天发射中心	CZ – 4B	长征 – 4B	20120109	对地观测卫星
6444	2012 – 01B	VesselSat – 2	船舶卫星 – 2	中国	太原航天发射中心	CZ – 4B	长征 – 4B	20120109	通信广播卫星
6445	2012 – 02A	FY – 2F	风云 – 2F	美国	西昌航天发射中心	CZ – 3A	长征 – 3A	20120113	对地观测卫星
6446	2012 – 03A	WGS – 4	宽带全球卫星通信 – 4	俄罗斯	卡纳维拉尔角发射场	Delta – 4M + (5.4)	德尔它 – 4M + (5.4)	20120120	通信广播卫星
6447	2012 – 04A	Progress M – 14M	进步 M – 14M	伊朗	拜科努尔航天发射中心	Soyuz – U	联盟 – U	20120125	载人及货运航天器
6448	2012 – 05A	Navid	纳维德		塞姆南发射场	Safir – 1B	信使 – 1B	20120203	对地观测卫星

续表

序号	国际代号	外文名	中文名	所属国家、地区或组织	发射地点	发射工具外文名	发射工具中文名	发射时间	航天器类型
6449	2012－06A	LARES	激光相对论卫星	意大利	圭亚那航天中心	Vega	织女号	20120213	对地观测卫星
6450	2012－06B	ALMASat 1	母校卫星－1	意大利	圭亚那航天中心	Vega	织女号	20120213	科学与技术试验卫星
6451	2012－06C	e－st@r	教育星	意大利	圭亚那航天中心	Vega	织女号	20120213	科学与技术试验卫星
6452	2012－06J	Goliat	巨人	罗马尼亚	圭亚那航天中心	Vega	织女号	20120213	科学与技术试验卫星
6453	2012－06E	MaSat－1	匈牙利卫星－1	匈牙利	圭亚那航天中心	Vega	织女号	20120213	科学与技术试验卫星
6454	2012－06G	PW－Sat 1	波兰华沙理工大学卫星－1	波兰	圭亚那航天中心	Vega	织女号	20120213	科学与技术试验卫星
6455	2012－06D	ROBUSTA	双极辐射测试应用大学卫星	法国	圭亚那航天中心	Vega	织女号	20120213	科学与技术试验卫星
6456	2012－06H	UniCubeSat－GG	大学立方体卫星－重力梯度	意大利	圭亚那航天中心	Vega	织女号	20120213	科学与技术试验卫星
6457	2012－06F	XaTcobeo	西班牙维哥大学卫星	西班牙	圭亚那航天中心	Vega	织女号	20120213	科学与技术试验卫星
6458	2012－07A	SES－4	欧洲卫星公司－4	荷兰	拜科努尔航天发射中心	Proton－M/Briz－M＋P3	质子－M/微风 M＋P3	20120214	通信广播卫星
6459	2012－08A	Beidou－2－G5	北斗－2－G5	中国	西昌航天发射中心	CZ－3C	长征－3C	20120224	导航定位卫星
6460	2012－09A	MUOS－1	移动用户目标系统－1	美国	卡纳维拉尔角发射场	Atlas－5（551）	宇宙神－5（551）	20120224	通信广播卫星
6461	2012－10A	ATV－3	自动转移飞行器－3	欧洲航天局	圭亚那航天中心	Ariane－5ES	阿里安－5ES	20120323	载人及货运航天器
6462	2012－11A	Intelsat－22	国际通信卫星－22	国际通信卫星公司	拜科努尔航天发射中心	Proton－M/Briz－M＋P3	质子－M/微风 M＋P3	20120325	通信广播卫星
6463	2012－12A	Prognoz－8	预报－8	俄罗斯	拜科努尔航天发射中心	Proton－K/Blok－DM－2	质子－K/上面级 DM－2	20120330	对地观测卫星
6464	2012－13A	APStar－7	亚太星－7	中国	西昌航天发射中心	CZ－3B	长征－3B	20120331	通信广播卫星
6465	2012－14A	FIA－Radar－02	未来成像体系－雷达－02	美国	范登堡空军基地	Delta－4M＋（5.2）	德尔它－4M＋（5.2）	20120403	对地观测卫星
6466	2012－15A	Progress M－15M	进步 M－15M	俄罗斯	拜科努尔航天发射中心	Soyuz－U	联盟－U	20120420	载人及货运航天器
6467	2012－16A	Yahsat－1B	阿联酋卫星－1B	阿拉伯联合酋长国	拜科努尔航天发射中心	Proton－M/Briz－M＋P3	质子－M/微风 M＋P3	20120423	通信广播卫星
6468	2012－17A	RISAT－1	雷达成像卫星－1	印度	萨提斯达瓦航天中心	PSLV－XL	极轨卫星运载火箭－XL	20120426	对地观测卫星
6469	2012－18A	Beidou－2－M3	北斗－2－M3	中国	西昌航天发射中心	CZ－3B	长征－3B	20120429	导航定位卫星
6470	2012－18B	Beidou－2－M4	北斗－2－M4	中国	西昌航天发射中心	CZ－3B	长征－3B	20120429	导航定位卫星
6471	2012－19A	AEHF－2	先进极高频－2	美国	卡纳维拉尔角发射场	Atlas－5（531）	宇宙神－5（531）	20120504	通信广播卫星
6472	2012－20A	Tianhui－1－02	天绘－1－02	中国	酒泉航天发射中心	CZ－2D	长征－2D	20120506	对地观测卫星
6473	2012－21A	Yaogan－14	遥感－14	中国	太原航天发射中心	CZ－4B	长征－4B	20120510	对地观测卫星
6474	2012－21B	Tiantuo－1	天拓－1	中国	太原航天发射中心	CZ－4B	长征－4B	20120510	科学与技术试验卫星
6475	2012－22A	Soyuz TMA－04M	联盟 TMA－04M	俄罗斯	拜科努尔航天发射中心	Soyuz－FG	联盟－FG	20120515	载人及货运航天器

续表

序号	国际代号	外文名	中文名	所属国家、地区或组织	发射地点	发射工具外文名	发射工具中文名	发射时间	航天器类型
6476	2012 - 23A	JCSAT - 13	日本通信卫星 - 13	日本	圭亚那航天中心	Ariane - 5ECA	阿里安 - 5ECA	20120515	通信广播卫星
6477	2012 - 23B	VINASAT - 2	越南卫星 - 2	越南	圭亚那航天中心	Ariane - 5ECA	阿里安 - 5ECA	20120515	通信广播卫星
6478	2012 - 24A	Yantar - 4K2M - 08	琥珀 - 4K2M - 08	俄罗斯	普列谢茨克航天发射中心	Soyuz - U	联盟 - U	20120517	对地观测卫星
6479	2012 - 25A	GCOM - W1	全球变化观测任务 - 水 1	日本	种子岛航天中心	H - 2A - 202	H - 2A - 202	20120517	对地观测卫星
6480	2012 - 25B	KOMPSAT - 3	韩国多用途卫星 - 3	韩国	种子岛航天中心	H - 2A - 202	H - 2A - 202	20120517	对地观测卫星
6481	2012 - 25C	SDS - 4	小型验证卫星 - 4	日本	种子岛航天中心	H - 2A - 202	H - 2A - 202	20120517	科学与技术试验卫星
6482	2012 - 25D	Horyu - 2	高电压技术验证卫星 - 2	日本	种子岛航天中心	H - 2A - 202	H - 2A - 202	20120517	科学与技术试验卫星
6483	2012 - 26A	Nimiq - 6	尼米克 - 6	加拿大	拜科努尔航天发射中心	Proton - M/Briz - M - P3	质子 - M/微风 M - P3	20120517	通信广播卫星
6484	2012 - 27A	Dragon - C2	龙 - C2	美国	卡纳维拉尔角发射场	Falcon - 9 v1.0	法尔肯 - 9 V1.0	20120522	载人及货运航天器
6485	2012 - 28A	Chinasat - 2A	中星 - 2A	中国	西昌航天发射中心	CZ - 3B	长征 - 3B	20120526	通信广播卫星
6486	2012 - 29A	Yaogan - 15	遥感 - 15	中国	太原航天发射中心	CZ - 4C	长征 - 4C	20120529	对地观测卫星
6487	2012 - 30A	Intelsat - 19	国际通信卫星 - 19	国际通信卫星公司	奥德赛海上发射平台	Zenit - 3SL	天顶 - 3SL	20120601	通信广播卫星
6488	2012 - 31A	NuSTAR	核光谱望远镜阵列	美国	夸贾林基地	Pegasus - XL	飞马座 - XL	20120613	科学与技术试验卫星
6489	2012 - 32A	Shenzhou - 9	神舟 - 9	中国	酒泉航天发射中心	CZ - 2F/G	长征 - 2F/G	20120616	载人及货运航天器
6490	2012 - 33A	SDS - 3 - 7	卫星数据系统 - 3 - 7	美国	卡纳维拉尔角发射场	Atlas - 5（401）	宇宙神 - 5（401）	20120620	通信广播卫星
6491	2012 - 34A	Mentor - 06	顾问 - 06	美国	卡纳维拉尔角发射场	Delta - 4H	德尔它 - 4H	20120629	对地观测卫星

附录 B1　航天器条目中文索引

附录 B2　航天器条目英文索引

附录 C　缩略语

缩写	外文全称	中文全称
ACeS	Asia Cellular Satellite	亚洲蜂窝卫星公司（印度尼西亚）
ACTS	Advanced Communication Technology Satellite	先进通信技术卫星
ADEOS	Advanced Earth Observation Satellite	先进地球观测卫星
AEHF	Advanced Extremely High Frequency	先进极高频
AFRL	Air Force Research Laboratory	空军研究实验室（美国）
AFSPC	Air Force Space Command	空军航天司令部（美国）
AIS	Automatic Identification System	自动识别系统
ALOS	Advanced Land Observation Satellite	先进陆地观测卫星
Alsat	Algeria Satellite	阿尔及利亚卫星
AMC	Americom	美国通信
AMOS	Afro – Mediterranean Orbital System	非洲–地中海轨道系统/阿莫斯
ANS	Astronomical Netherlands Satellite	荷兰天文卫星
APEC	Asia – Pacific Economic Cooperation	亚太经济合作组织
APL	Applied Physics Laboratory	应用物理实验室（美国）
APPLE	Ariane Passenger Payload Experiment	阿里安搭乘有效载荷试验
ARTEMIS	Advanced Data Relay and Technology Mission Satellite	先进数据中继和技术任务卫星/阿特米斯
ARTES	Advanced Research in Telecommunications System	先进通信系统研究
ASAL	Algerian Space Agency	阿尔及利亚航天局
ASI	Agenzia Spaziale Italiana	意大利航天局
ASI	Alcatel Space Industries	阿尔卡特航天工业公司（法国）
ATS	Applications Technology Satellite	应用技术卫星
ATSB	Astronautic Technology（M）Sdn. Bhd	航天技术公司（马来西亚）
ATV	Automated Transfer Vehicle	自动转移飞行器
BAC	British Aircraft Corporation	英国飞机公司
BATC	Ball Aerospace & Technologies Corp.	鲍尔航空航天技术公司（美国）
BNSC	British National Space Centre	英国国家航天中心
BSS	Boeing Satellite System	波音卫星系统公司（美国）
BWB	Bundesamt für Wehrtechnik und Beschaffung	联邦国防技术和采购办公室（德国）

CALIPSO	Cloud-Aerosol Lidar and Infrared Pathfinder Satellite Observations	云－气溶胶激光雷达和红外探路者卫星观测
CAN	Comunidad Andina	安第斯共同体
CartoSat	Cartographic Satellite	制图卫星
CAST	China Academy of Space Technology	中国空间技术研究院
CCD	Charge – Coupled Device	电荷耦合器件
CDMA	Code Division Multiple Access	码分多址
CGRO	Compton Gamma Ray Observatory	康普顿伽马射线天文台
CGWIC	China Great Wall Industry Corporation	中国长城工业总公司／中国长城工业集团有限公司
CHAMP	Challenging Minisatellite Payload	挑战性小卫星有效载荷
CIFAS	Consortium Industriel Franco – Allemand pour le Satellite Symphonie	法德交响乐卫星产业联盟
CNES	Centre National d'Études Spatiales	国家空间研究中心（法国）
CNRS	Centre National de la Recherche Scientifique	国家科学研究中心（法国）
CNTS	Centre National des Techniques Spatiales	国家空间技术中心（阿尔及利亚）
COBE	Cosmic Background Explorer	宇宙背景探测器
COMPASS	Complex Orbital Magneto – Plasma Autonomous Small Satellite	复杂轨道磁－等离子体自主小卫星／康帕斯卫星
COMS	Communication Ocean and Meteorological Satellite	通信、海洋与气象卫星
CONAE	Comisión Nacional de Actividades Espaciales	国家空间活动委员会（阿根廷）
CORONAS	Complex Orbital Observations Near – Earth of Activity of the Sun	太阳活动近地综合轨道观测／日冕
CoRoT	Convection Rotation and planetary Transits	对流、旋转与行星凌日
Cosmo-Skymed	Constellation of Small [Satellites] for Mediterranean [Basin] Observation	地中海盆地观测小卫星星座
CRL	Communications Research Laboratory	通信研究实验室（日本）
CSA	Canadian Space Agency	加拿大航天局
CXO	Chandra X – ray Observatory	钱德拉 X 射线天文台
DARPA	Defense Advanced Research Projects Agency	国防高级研究计划局（美国）
DART	Demonstration of Autonomous Rendezvous Technology	自主交会技术验证
DEMETER	Detection of Electro – Magnetic Emissions Transmitted from Earthquake Regions	震区电磁辐射探测
DFVLR	Deutsche Forschungs – und Versuchsanstalt für Luft – und Raumfahrt	联邦德国航空航天试验研究院
DGA	Delegation Generale pour l'Armement	武器装备部（法国）

DLR	Deutsches Zentrum für Luft – und Raumfahrt	德国航空航天中心
DMC	Disaster Monitoring Constellation	灾害监测星座
DMSP	Defense Meteorological Satellite Program	国防气象卫星计划
DoD	Department of Defense	国防部（美国）
DRTS	Data Relay Test Satellite	数据中继试验卫星
DSCS	Defese Satellite Communication System	国防卫星通信系统
DSN	Deep Space Network	深空网
DSP	Defense Support Program	国防支援计划
DSRI	Danish Space Research Institute	丹麦空间研究所
DTH	Direct to Home	直播到户
EADS	European Aeronautic Defence and Space	欧洲航空航天防务集团
ECS	European Communication Satellite	欧洲通信卫星
EDL	Entry，Descent and Landing	进入、下降和着陆
EHF	Extremely High Frequency	极高频
EIAST	Emirates Institution for Advanced Science & Technology	阿联酋先进科学与技术研究所
EIRP	Equivalent Isotropically Radiated Power	等效全向辐射功率
ELDO	European Launcher Development Organization	欧洲运载火箭发展组织
El – Op	Electrooptics Industries	光电工业公司（以色列）
EnviSat	Environmental Satellite	环境卫星
EORSAT	ELINT Ocean Reconnaissance Satellite	电子型海洋监视卫星
EOS	Earth Observation System	地球观测系统
ERBS	Earth Radiation Budget Satellite	地球辐射收支卫星
EROS	Earth Remote Observation Satellite	地球遥感观测卫星
ERS	European Remote – Sensing Satellite	欧洲遥感卫星
ERTU	Egyptian Radio and Television Union	埃及无线电与电视联盟
ESA	European Space Agency	欧洲航天局
ESRO	European Space Research Organisation	欧洲空间研究组织
ESRTC	European Space Research and Technology Center	欧洲空间研究和技术中心
ESSP	Earth System Science Pathfinder	地球系统科学探路者
ETS	Engineering Test Satellite	工程试验卫星
EUMETSAT	Europran Ogranisation for the Exploiation of Meteorlogical Satellites	欧洲气象卫星开发组织
EURECA	European Retrievable Carrier	欧洲可回收平台/尤里卡
EUVE	Extreme Ultraviolet Explorer	极紫外探险者
FDIR	Fault Detection，Isolation and Recovery	故障检测、隔离和恢复

FDMA	Frequency Division Multiple Access	频分多址
FGST	Fermi Gamma – ray Space Telescope	费米伽马射线空间望远镜
FIA	Future Imagery Architecture	未来成像体系
Fltsatcom	Fleet Satellite Communications System	舰队卫星通信系统
FUSE	Far Ultraviolet Spectroscopic Explorer	远紫外光谱探测器
GBS	Global Broadcast System	全球广播系统
GCOM	Global Change Observation Mission	全球变化观测任务
GE	General Electric	通用电气公司（美国）
GEO	Geosationary Earth Orbit	地球静止轨道
GEOS	Geodetic Earth Orbiting Satellite	地球轨道测地卫星
Geosat	Geodetic Satellite	测地卫星
GFZ	GeoForschungsZentrum	地球科学研究中心（德国）
GISTDA	Geo – Informatics and Space Technology Development Agency	地理信息和空间技术发展局（泰国）
GLAST	Gamma – ray Large Area Space Telescope	伽马射线大区域空间望远镜
GLONASS	Global Navigation Satellite System	全球导航卫星系统/格洛纳斯
GMD	German Ministry of Defence	德国国防部
GMES	Global Monitoring for Environment and Security	全球环境与安全监测
GOCE	Gravity Field and Stead – state Ocean Circulation Explorer	重力场与稳态洋流探测器
GOES	Geostationary Operational Environmental Satellite	地球静止环境业务卫星
GOMS	Geostationary Orbit Meteorological Satellite	地球静止轨道气象卫星
GOSAT	Greenhouse Gases Observing Satellite	温室气体观测卫星
GPS	Global Positioning System	全球定位系统
GRACE	Gravity Recovery and Climate Experiment	重力恢复与气候实验
GRAIL	Gravity Recovery and Interior Laboratory	引力恢复与内部实验室
GRS	German Research Satellite	德国研究卫星
GSAT	Geostationary Satellite	地球静止卫星
GSFC	Goddard Space Flight Center	戈达德航天飞行中心（美国）
GSLV	Geosynchronous Satellite Launch Vehicle	地球同步卫星运载火箭
GSTP	General Support Technology Programme	通用支持技术计划
HEAO	High Energy Astronomy Observatory	高能天文观测台
HGA	High Gain Antenna	高增益天线
HST	Hubble Space Telescope	哈勃空间望远镜
HTV	H2 Transfer Vehicle	H2 转移飞行器

HYLAS	Highly Adaptable Satellite	高适应性卫星
IAI	Israel Aerospace Industries	以色列航空航天工业公司
IBEX	Interstellar Boundary Explorer	星际边界探测器
ICE	International Cometary Explorer	国际彗星探险者
ICESAT	Ice Cloud and Land Elevation Satellite	冰、云和陆地高程卫星/冰卫星
IGN	Institut Géographique National	国家地理研究所（法国）
IGS	Information Gathering Satellite	情报采集卫星
IGSO	Inclined Geo – Synchronous Orbit	倾斜地球同步轨道
IKAROS	Interplanetary Kite – craft Accelerated by Radiation Of the Sun	太阳辐射加速星际风筝 – 飞行器/伊卡洛斯
IMU	Inertial Measurement Unit	惯性测量单元
INPE	Instituto Nacional de Pesquisas Espaciais	国家空间研究院（巴西）
INSAT	Indian Satellite	印度卫星
INTEGRAL	International Gamma – Ray Astrophysics Laboratory	国际伽马射线天体物理学实验室
Intelsat	International Telecommunications Satellite	国际通信卫星
IRAS	Infrared Astronomical Satellite	红外天文卫星
IRS	Indian Remote Sensing Satellite	印度遥感卫星
ISA	Israel Space Agency	以色列航天局
ISAS	Institute of Space and Astronautical Science	宇宙科学研究所（日本）
ISEE	International Sun – Earth Explorer	国际日 – 地探险者
ISRO	Indian Space Research Organisation	印度空间研究组织
ISS	International Space Station	国际空间站
ISS Reshetnev	Information Satellite System Reshetnev	信息卫星系统 – 列舍特涅夫公司（俄罗斯）
ISTP	International Solar – Terrestrial Physics	国际日 – 地物理
Italsat	Italy Satellite	意大利卫星
ITT	International Telephone and Telegraph Corporation	国际电话电报公司
ITU	International Telecommunication Union	国际电信联盟
JAXA	Japan Aerospace Exploration Agency	日本宇宙航空研究开发机构
JCSAT	Japanese Communications Satellite	日本通信卫星
JERS	Japan Earth Resources Satellite	日本地球资源卫星
JHU	Johns Hopkins University	约翰·霍普金斯大学
JOP	Jena – Optronik GmbH	耶拿光电股份有限公司（德国）
JPL	Jet Propulsion Laboratory	喷气推进实验室（美国）
JPSS	Joint Polar Satellite System	联合极轨卫星系统
JWST	James Webb Space Telescope	詹姆斯·韦伯空间望远镜

KARI	Korea Aerospace Research Institute	韩国航空航天研究院
KH	Keyhole	锁眼
Kompsat	Korea Multi – Purpose Satellite	韩国多用途卫星
KT	Korea Telecom	韩国电信公司
LARES	Laser Relativity Satellite	激光相对论卫星
LCROSS	Lunar Crater Observation and Sensing Satellite	月球坑观测与感知卫星
LDEF	Long Duration Exposure Facility	长期暴露设施
LGA	Low Gain Antenna	低增益天线
LM	Lockheed Martin	洛克希德·马丁公司（美国）
LRO	Lunar Reconnaissance Orbiter	月球勘测轨道器
MACSat	Medium – sized Aperture Camera Satellite	中等口径相机卫星
MAP	Microwave Anisotropy Probe	微波各向异性探测器
MBSat	Mobile Broadcasting Satellite	移动广播卫星
MDA	MacDonald Dettwiler Associates	麦克唐纳·德特威勒联合公司（加拿大）
MDS	Mission Demonstration Satellite	任务验证卫星
Measat	Malaysia – East Asia Satellite	马来西亚东亚卫星
MELCO	Mitsubishi Electric Corp.	三菱电机公司（日本）
MEO	Medium Earth Orbit	中地球轨道
MER	Mars Exploration Rover	火星探测漫游车
MESSENGER	MEcury Surface, Space ENvironment, GEochemistry and Ranging	水星表面、空间环境、地质化学与测距/信使
MFG	Meteosat First Generation	第一代气象卫星
MGA	Medium Gain Antenna	中增益天线
MGS	Mars Global Surveyor	火星全球勘测者
Milstar	Military, Strategic and Tactical Relay Satellite	军事、战略和战术中继卫星/军事星
MiTEx	Microsatellite Technology Experiment	微卫星技术试验
MMRTG	Multi – Mission Radioisotope Thermoelectric Generator	多任务放射性同位素热电发生器
MMS	Multimission Modular Satellite	多任务模块化卫星
MOL	Manned Orbiting Laboratory	载人轨道实验室
MOS	Marine Observation Satellite	海洋观测卫星
MPL	Mars Polar Lander	火星极地着陆器
MPSC	Mabuhay Philippines Satellite Corporation	马部海菲律宾卫星公司
MRO	Mars Reconnaissance Orbiter	火星勘测轨道器
MSG	Meteosat Second Generation	第二代气象卫星
MSL	Mars Science Laboratory	火星科学实验室

MTG	Meteosat Third Generation	第三代气象卫星
MUOS	Mobile User Objective System	移动用户目标系统
MUSIS	Multinational Space – based Imaging System	多国天基成像系统
NASA	National Aeronautics and Space Administration	国家航空航天局（美国）
NASDA	National Space Development Agency	宇宙开发事业团（日本）
NASRDA	National Space Research and Development Agency	国家空间研究发展局（尼日利亚）
NATO	North Atlantic Treaty Organization	北大西洋公约组织
NEAR	Near Earth Asteroid Rendezvous	近地小行星交会
NGA	National Geospatial – Intelligence Agency	国家地理空间情报局（美国）
NICT	National Institute of Information and Communications Technology	国家信息通信技术研究所（日本）
NII KP	Nauchno – Issledovatelsky Institut Kosmicheskogo Priborostroeniya	航天仪表科学研究所（俄罗斯）
NNSS	Navy Navigation Satellite System	海军导航卫星系统
NOAA	National Oceanic and Atmospheric Administration	国家海洋和大气管理局（美国）
NOSS	Navy Ocean Surveillance System	海军海洋监视系统
NPO PM	Nauchno – Proizvodstvennoe Obiedinenie Prikladnoi Mekhaniki	应用力学科研生产联合体（俄罗斯）
NPO Radio	Nauchno – Proizvodstvennoe Obiedinenie Radio	无线电科研生产联合体（俄罗斯）
NPOESS	National Polar – orbiting Operational Environmental Satellite System	国家极轨环境业务卫星系统
NPP	NPOESS Preparatory Project	国家极轨环境业务卫星系统预备项目
NRO	National Reconnaissance Office	国家侦察局（美国）
NRSA	National Remote Sensing Agency	国家遥感局（印度）
NSAU	National Space Agency of Ukraine	乌克兰国家航天局
NSS	New Skies Satellites	新天卫星
NSWL	Navy Surface Weapons Laboratory	海军水面武器实验室（美国）
NuSTAR	Nuclear Spectroscopic Telescope ARray	核光谱望远镜阵列
OAO	Orbiting Astronomical Observatory	轨道天文观测台
OE	Orbital Express	轨道快车
OHB	Orbital High – technology Bremen	不莱梅轨道高技术公司（德国）
OICETS	Optical Inter – orbit Communications Engineering Test Satellite	光学轨道间通信工程试验卫星
ONERA	Office National d'Etudes et de Recherches Aerospatials	国家航空航天研究局（法国）
ORS	Operationally Responsive Space	作战响应空间

OSC	Orbital Sciences Corporation	轨道科学公司（美国）
OTS	Orbital Test Satellite	轨道试验卫星
OTV	Orbital Test Vehicle	轨道试验飞行器
PAS	PanAmSat	泛美卫星
PPF	Polar Platform	极轨平台
PROBA	Project for On – Board Autonomy	星上自主项目
PSLV	Polar Satellite Launch Vehicle	极轨卫星运载火箭
QuikScat	Quick Scatterometer	快速散射计
QZSS	Quasi – Zenith Satellite System	准天顶卫星系统
RCA	Radio Corponation of America	美国无线电公司
RISAT	Radar Imaging Satellite	雷达成像卫星
RORSAT	Radar Ocean Reconnaissance Satellite	雷达型海洋监视卫星
ROSAT	Roentgen Satellite	伦琴卫星
RSA	Russian Space Agency	俄罗斯航天局
RSCC	Raussian Satellite Communications Company	俄罗斯卫星通信公司
RTG	Radioisotope Thermoelectric Generator	放射性同位素热电发生器
RXTE	Rossi X – Ray Timing Explorer	罗西 X 射线定时探险者
SAC	Satélite de Aplicaciones Científicas	科学应用卫星
SAO	Smithsonian Astrophysical Observatory	史密森天体物理观测台
SAR	Synthetic Aperture Radar	合成孔径雷达
SBIRS	Space – based Infrared System	天基红外系统
SBWASS	Space – Based Wide Area Surveillance System	天基广域监视系统
SCORE	Signal Communication by Orbiting Relay Equipment	轨道中继设备信号通信/斯科尔
SDS	Satellite Data System	卫星数据系统
SDSC	Satish Dhawan Space Centre	萨提斯达瓦航天中心（印度）
SELENE	SELenological and ENgineering Explorer	月球学与工程探测器/月女神
SES	Société Européenne des Satellites	欧洲卫星公司
SFU	Space Flyer Unit	空间飞行器装置
SHF	Super High Frequency	超高频
SICRAL	Sistema Italiana de Communicazione Riservente Allarmi	意大利保密通信和告警系统/锡克拉
SMART	Small Missions for Advanced Research in Technology	小型先进技术研究任务
SMC	Space and Missile Systems Center	空间与导弹系统中心（美国）

SMDC－ONE	Space and Missile Defense Command Operational Nanosatellite Effect	空间与导弹防御司令部－作战纳卫星效果
SMEX	Small Explorer	小型探险者
SMOS	Soil Moisture and Ocean Salinity	土壤湿度和海洋盐度
SNAP	Surrey Nanosatellite Applications Platform	萨瑞纳卫星应用平台/快照
SNR	Signal－to－Noise Ratio	信噪比
SOHO	Solar and Heliospheric Observatory	太阳与日光层观测台
SORCE	Solar Radiation and Climate Experiment	太阳辐射和气候实验
SpaceX	Space Exploration Technologies	空间探索技术公司（美国）
SPAWAR	Space and Naval Warfare Systems Command	空间和海战系统司令部（美国）
SPIRALE	Système Préparatoire Infra－Rouge pour l'Alerte	红外预警准备系统/螺旋
SPOT	Satellite Pour l'Observation de la Terre	地球观测卫星/斯波特
SRE	Space Capsule Recovery Experiment	太空舱返回实验
SS/L	Space System/Loral	劳拉空间系统公司（美国）
SSOT	Sistema Satelital para Observacion de la Tierra	地球观测卫星系统
SSPA	Solid State Power Amplifier	固态功率放大器
SST	Spitzer Space Telescope	斯皮策空间望远镜
SSTL	Surrey Satellite Technology Ltd.	萨瑞卫星技术公司（英国）
ST	Space Technology	空间技术
STEREO	Solar TErrestrial RElations Observatory	日地关系观测台
STP	Solar Terrestrial Probes program	日地探测器计划
STPSat	Space Test Program Satellite	空间试验计划卫星
STRV	Space Technology Research Vehicle	空间技术和研究飞行器
STSS	Space Tracking and Surveillance System	空间跟踪与监视系统
STUDSAT	Student Satellite	学生卫星
SUPARCO	Space and Upper Atmosphere Research Commission	空间和高层大气研究委员会（巴基斯坦）
SWAS	Submillimeter Wave Astronomy Satellite	亚毫米波天文卫星
Syracuse	Systeme de Radio Communication Utilisant un Satellite	卫星无线电通信系统/锡拉库斯
TacSat	Tactical Satellite	战术卫星
TanDEM－X	TerraSAR－X add－on for Digital Elevation Measurement	X 频段陆地雷达附加数字高程测量
TAS	Thales Alenia Space	泰雷兹·阿莱尼亚航天公司
TDF	Télédiffusion de France	法国电视直播卫星
TDI	Time Delay Integration	时间延迟积分
TDRS	Tracking and Data Relay Satellite	跟踪与数据中继卫星
TecSAR	SAR Technology Demonstration Satellite	合成孔径雷达技术验证卫星

TES	Technology Experiment Satellite	技术试验卫星
THEOS	Thailand Earth Observation System	泰国地球观测系统
TOMS – EP	Total Ozone Mapping Spectrometer – Earth Probe	臭氧总量测量光谱计 – 地球探测器
TopSat	Tactical Optical Satellite	战术光学卫星
TRMM	Tropical Rainfall Measuring Mission	热带降雨测量任务
TRW	Thompson Ramo Wooldrige Inc	汤普森 – 拉莫 – 伍尔德里奇公司（美国）
TWTA	Travelling – Wave Tube Amplifier	行波管放大器
UARS	Upper Atmosphere Research Satellite	高层大气研究卫星
UFO	UHF Follow – on	特高频后继
UHF	Ultra High Frequency	特高频
USCENTCOM	US Central Command	美国中央司令部
USERS	Unmanned Space Expeiment Recovery System	无人空间实验回收系统
USGS	United States Geological Survey	美国地质调查局
VHF	Very High Frequency	甚高频
VNPT	Vietnam Posts and Telecommunications Group	越南邮电集团
VSAT	Very Small Apenture Terminal	甚小孔径终端
WGS	Wideband Global SATCOM	宽带全球卫星通信
WINDS	Wideband Internetworking Engineering Test and Demonstration Satellite	宽带互联网工程试验与验证卫星
WISE	Wide – field Infrared Survey Explorer	宽视场红外测量探测器
WMAP	Wilkinson Microwave Anisotropy Probe	威尔金森微波各向异性探测器
WMO	World Meteorological Organization	世界气象组织
XMM	X – ray Multi – Mirror	X 射线多镜面
XSS	Experimental Satellite System	试验卫星系统
XTE	X – Ray Timing Explorer	X 射线定时探险者